装备科技译著出版基金

"十四五"时期国家重点出版物出版专项规划项目

石墨烯手册

第1卷：生长、合成和功能化

Handbook of Graphene

Volume 1: Growth,Synthesis,and Functionalization

[意]埃德维格·塞拉科(Edvige Celasco)
[俄]亚历山大·N. 柴卡(Alexander N. Chaika) 主编
戴圣龙 王旭东 杜真真 王珺 于帆 王晶 译

国防工业出版社
·北京·

著作权合同登记　图字:01-2022-4184号

图书在版编目(CIP)数据

石墨烯手册.第1卷,生长、合成和功能化/(意)埃德维格·塞拉科(Edvige Celasco),(俄罗斯)亚历山大·N.柴卡(Alexander N. Chaika)主编;戴圣龙等译.—北京:国防工业出版社,2023.1

书名原文:Handbook of Graphene Volume 1:Growth, Synthesis, and Functionalization

ISBN 978-7-118-12689-1

Ⅰ.①石… Ⅱ.①埃…②亚…③戴… Ⅲ.①石墨烯—手册 Ⅳ.①TB383-62

中国版本图书馆CIP数据核字(2022)第193189号

Handbook of Graphene, Volume 1: Growth, Synthesis, and Functionalization by Edvige Celasco and Alexander N. Chaika

ISBN 978-1-119-46855-4

Copyright © 2019 by John Wiley & Sons, Inc.

Allrights reserved. This translation published under license. Authorized translation from the English language edition, Published by John Wiley & Sons. No part of this book may be reproduced in any form without the written permission of the original copyrights holder.

Copies of this book sold without a Wiley sticker on the cover are unauthorized and illegal.

本书中文简体中文字版专有翻译出版权由John Wiley & Sons, Inc.公司授予国防工业出版社出版社。未经许可,不得以任何手段和形式复制或抄袭本书内容。

本书封底贴有Wiley防伪标签,无标签者不得销售。

版权所有,侵权必究。

※

国防工业出版社出版发行

(北京市海淀区紫竹院南路23号　邮政编码100048)
北京虎彩文化传播有限公司印刷
新华书店经售

＊

开本787×1092　1/16　印张35½　字数814千字
2023年1月第1版第1次印刷　印数1—1500册　定价338.00元

(本书如有印装错误,我社负责调换)

国防书店:(010)88540777　　书店传真:(010)88540776
发行业务:(010)88540717　　发行传真:(010)88540762

石墨烯手册 译审委员会

主　任　戴圣龙
副主任　李兴无　王旭东　陶春虎
委　员　王　刚　李炯利　郁博轩　党小飞　闫　灏　杨晓珂
　　　　潘　登　李文博　刘　静　王佳伟　李　静　曹　振
　　　　李佳惠　李　季　张海平　孙庆泽　李　岳　梁佳丰
　　　　朱巧思　李学瑞　张宝勋　于公奇　杜真真　王　珺
　　　　于　帆　王　晶

译者序

碳，作为有机生命体的骨架元素，见证了人类的历史发展；碳材料和其应用形式的更替，也通常标志着人类进入了新的历史进程。石墨烯这种单原子层二维材料作为碳材料家族最为年轻的成员，自 2004 年被首次制备以来，一直受到各个领域的广泛关注，成为科研领域的"明星材料"，也被部分研究者认为是有望引发新一轮材料革命的"未来之钥"。经过近 20 年的发展，人们对石墨烯的基础理论和在诸多领域中的功能应用方面的研究，已经取得了长足进展，相关论文和专利数量已经逐渐走出了爆发式的增长期，开始从对"量"的积累转变为对"质"的追求。回顾这一发展过程会发现，从石墨烯的拓扑结构，到量子反常霍尔效应，再到魔角石墨烯的提出，人们对石墨烯基础理论的研究可以说是深入且扎实的。但对于石墨烯的部分应用研究而言，无论在研究中获得了多么惊人的性能，似乎都难以真正离开实验室而成为实际产品进入市场。这一方面是由于石墨烯批量化制备技术的精度和成本尚未达到某些应用领域的要求；另一方面，尽管石墨烯确实具有优异甚至惊人的理论性能，但受实际条件所限，这些优异的性能在某些领域可能注定难以大放异彩。

我们必须承认的是，石墨烯的概念在一定程度上被滥用了。在过去数年时间内，市面上出现了无数以石墨烯为噱头的商品，石墨烯似乎成了"万能"添加剂，任何商品都可以在掺上石墨烯后身价倍增，却又因为不够成熟的技术而达不到宣传的效果。消费者面对石墨烯产品，从最初的好奇转变为一次又一次的失望，这无疑为石墨烯应用产品的发展带来了负面影响。在科研上也出现了类似的情况，石墨烯几乎曾是所有应用领域的热门材料，产出了无数研究成果和水平或高或低的论文。无论对初涉石墨烯领域的科研工作者，还是对扩展新应用领域的科研工作者而言，这些成果和论文都既是宝藏也是陷阱。

如何分辨这些陷阱和宝藏？石墨烯究竟在哪些领域能够为科技发展带来新的突破？石墨烯如何解决这些领域的痛点以及这些领域的前沿已经发展到了何种地步？针对这些问题，以及目前国内系统全面的石墨烯理论和应用研究相关著作较为缺乏的状况，北京石墨烯技术研究院启动了《石墨烯手册》的翻译工作，旨在为国内广大石墨烯相关领域的工作者扩展思路、指明方向，以期抛砖引玉之效。

《石墨烯手册》根据 Wiley 出版的 *Handbook of Graphene* 翻译而成，共 8 卷，分别由来自世界各国的石墨烯及相关应用领域的专家撰写，对石墨烯基础理论和在各个领域的应用研究成果进行了全方位的综述，是近年来国际石墨烯前沿研究的集大成之作。《石墨烯手册》按照卷章，依次从石墨烯的生长、合成和功能化；石墨烯的物理、化学和生物学特性研究；石墨烯及相关二维材料的修饰改性和表征手段；石墨烯复合材料的制备及应用；石墨烯在能源、健康、环境、传感器、生物相容材料等领域的应用；石墨烯的规模化制备和表征，以及与石墨烯相关的二维材料的创新和商品化展开每一卷的讨论。与国内其他讨论石墨烯基础理论和应用的图书相比，更加详细全面且具有新意。

《石墨烯手册》的翻译工作历时近一年半，在手册的翻译和出版过程中，得到国防工业出版社编辑的悉心指导和帮助，在此向他们表示感谢！

《石墨烯手册》获得中央军委装备发展部装备科技译著出版基金资助，并入选"十四五"时期国家重点出版物出版专项规划项目。

由于手册内容涉及的领域繁多，译者的水平有限，书中难免有不妥之处，恳请各位读者批评指正！

北京石墨烯技术研究院

《石墨烯手册》编译委员会

2022 年 3 月

前言

石墨烯材料因为其优异的性能和巨大的技术应用潜力成为近10年来最有吸引力的研究领域之一。尽管2009年发表的关于"化学气相沉积制备石墨烯"的开创性报告寥寥无几，但在过去的10年里，这些报告被引用了20000多次，这表明它们对许多不同领域的研究都影响巨大。然而，为了能够成功地应用并对石墨烯结构独特的二维特性进行基础性研究，很有必要采用合成方法和优化改进或是功能化法。因此，《石墨烯手册》第1卷主要研究石墨烯的生长、合成和功能化，以及如何优化可用于各种应用的石墨烯纳米结构。本书详细阐述了最新有关石墨烯在各种衬底（金属和半导体）上的合成和功能化，其性质和可能的应用方法。具体而言，章节内容主要包括：

- 石墨烯生长的优化以及合成高质量石墨烯和石墨烯用于金属材料中所面临的挑战；
- 利用超声波、球磨或使用聚合物和表面活性剂来剥离石墨烯片；
- 在六方和立方碳化硅基上生长的石墨烯的结构、电子性能、功能化方法和前景；
- 采用固态碳原子直接沉积法在 Si(111) 晶片上生长石墨烯，并对石墨烯在 Si 薄膜上的性质进行研究；
- Ni(111) 表面生长的石墨烯的化学反应性及电性能的改变；
- 利用石墨烯增强泡沫结构的胞壁强度和稳定性；
- 外加力和磁场对不同缺陷石墨烯的电学性质和传输性质的影响；
- 氢功能化石墨烯在自旋纳米元件中的应用；
- 石墨烯基材料的电化学性能和催化性；
- 石墨烯在柔性电子、生物系统、喷墨应用和涂料等高级应用中与分子或纳米粒子的功能化；
- 石墨烯基复合材料在超级电容器、锂离子电池和电极材料等电化学应用中的应用；
- 三维石墨烯基底结构不仅保留了二维石墨烯的固有特性，还因为其理想的特性能够为传感器、电池、超级电容器、燃料电池等广泛的应用提供高级功能；
- 金刚石和石墨是碳同素异形体，所以石墨烯及其相关结构也具有半导体性质。

本书共18章，主要对石墨烯的生长、合成和功能化的潜在应用进行了深入研究。

本书面向的是致力于研究石墨烯这种神奇的低维材料的基本特性及其在微纳米技术中的应用的学生和积极从事相关研究的人员。另外，本书也讨论了石墨烯的各种可能应用以及提高合成石墨烯质量的不同方法，所以也是企业家必备的阅读材料。

最后，感谢本书所有的作者，利用各自领域的专业知识为本书作出的贡献，同时也衷心感谢国际先进材料协会。

埃德维格·塞拉格（Edvige Celasco）
意大利热那亚
亚历山大·N. 柴卡（Alexander N. Chaika）
俄罗斯切诺戈洛夫卡
2019年2月2日

目录

- **第1章 金属材料中的石墨** ········· 001
  - 1.1 铸铁中的石墨 ········· 001
    - 1.1.1 球墨铸铁中的球状石墨 ········· 002
    - 1.1.2 灰铸铁中的片状石墨 ········· 003
    - 1.1.3 蠕墨铸铁中的蠕墨 ········· 004
  - 1.2 球状石墨在球墨铸铁中的生长 ········· 004
    - 1.2.1 淬火顺序和显微组织演变 ········· 005
    - 1.2.2 石墨粒度分布的演变 ········· 007
    - 1.2.3 液体中早期球状石墨的形成 ········· 012
    - 1.2.4 奥氏体和碳原子的再分布产生的石墨吞噬 ········· 012
    - 1.2.5 球墨铸铁中球状石墨的生长阶段 ········· 015
  - 1.3 石墨的结构 ········· 021
  - 1.4 石墨中的晶体学缺陷 ········· 024
    - 1.4.1 位错、倾斜晶界和孪晶界 ········· 024
    - 1.4.2 不全位错引起的2H/3R结构转变 ········· 026
    - 1.4.3 堆垛层错引起的2H/3R结构转变 ········· 028
    - 1.4.4 由c轴旋转缺陷引起的2H/3R结构转变 ········· 029
    - 1.4.5 由杂环缺陷引起的2H/3R结构转变 ········· 030
  - 参考文献 ········· 031

- **第2章 石墨烯的合成与质量优化** ········· 035
  - 2.1 引言 ········· 035
    - 2.1.1 石墨烯合成简史 ········· 035
    - 2.1.2 化学气相沉积法制备石墨烯的优点和局限 ········· 036
  - 2.2 化学气相沉积缺陷的表征 ········· 038

2.3 优化化学气相沉积条件以提高石墨烯质量 ········· 039
 2.3.1 优化生长动力学 ········· 040
 2.3.2 优化流体动力学 ········· 042
 2.3.3 优化合成规模 ········· 043
 2.3.4 优化衬底形貌 ········· 045
2.4 小结 ········· 047
参考文献 ········· 048

第3章 氟化石墨烯的合成方法及物理化学性质 ········· 055

3.1 引言 ········· 055
3.2 石墨烯-氟化石墨烯的化学修饰 ········· 056
3.3 氟化石墨烯的稳定相-CF、C_2F和C_4F ········· 066
3.4 氟化石墨烯的合成方法 ········· 068
3.5 氟化石墨烯的原子与电子结构 ········· 072
3.6 氟化石墨烯形成过程的量子化学模拟 ········· 073
 3.6.1 计算 ········· 073
 3.6.2 氟在清洁有序石墨烯表面的吸附 ········· 074
 3.6.3 纯有序石墨烯与FHF^-、H_2OF^-、H_2OFHF^-
   离子及其配合物的相互作用 ········· 074
 3.6.4 氟化石墨烯表面的缔合吸附 ········· 076
 3.6.5 纯石墨烯与晶界的缔合吸附 ········· 077
 3.6.6 水合氢离子在石墨烯表面的吸附 ········· 078
3.7 小结 ········· 079
参考文献 ········· 080

第4章 石墨烯-SiC增强复合材料泡沫对高应变速率变形的响应 ········· 086

4.1 引言 ········· 086
4.2 实验方法 ········· 087
 4.2.1 SiC和石墨烯增强铝合金混杂复合泡沫材料的制备 ········· 087
 4.2.2 石墨烯泡沫铝试样特性 ········· 088
 4.2.3 分离式霍普金森杆 ········· 088
4.3 结果 ········· 089
 4.3.1 石墨烯/泡沫铝复合材料的微观结构研究 ········· 089
 4.3.2 高应变速率压缩行为 ········· 090
4.4 讨论 ········· 093
4.5 小结 ········· 096
参考文献 ········· 097

第5章 SiC(001)基底少层石墨烯的原子结构与电子性质 ········· 100

5.1 引言 ········· 100

- 5.2 β-SiC/Si 晶片上的石墨烯 ………………………………………………… 102
- 5.3 β-SiC/Si(001)上合成的少层石墨烯的原子与电子结构 ………………… 104
- 5.4 超高真空条件下 SiC(001)/Si(001)晶片上少层石墨烯的生长 ………… 110
- 5.5 SiC(001)表面自对准石墨烯纳米带的原子结构与电子传输性质 ……… 115
- 5.6 石墨烯/SiC(001)的磁性 …………………………………………………… 118
- 5.7 小结 ………………………………………………………………………… 121
- 参考文献 ………………………………………………………………………… 122

第 6 章　SiC 上外延石墨烯的特点与展望 ………………………………… 132

- 6.1 引言 ………………………………………………………………………… 132
- 6.2 SiC 上外延石墨烯的生长机理 …………………………………………… 135
- 6.3 SiC 上外延石墨烯的结构特征 …………………………………………… 138
- 6.4 SiC 上生长石墨烯的电子结构与性能 …………………………………… 145
- 6.5 SiC 上生长石墨烯的发展前景 …………………………………………… 152
- 6.6 小结 ………………………………………………………………………… 155
- 参考文献 ………………………………………………………………………… 155

第 7 章　通过固态碳原子直接沉积于 Si(111)衬底上的石墨化炭/石墨烯的生长机理和薄膜表征 ……………………………………… 177

- 7.1 引言 ………………………………………………………………………… 177
- 7.2 电子束蒸发技术 …………………………………………………………… 178
  - 7.2.1 电子束蒸发原理 ………………………………………………… 178
  - 7.2.2 蒸发沉积速率 …………………………………………………… 178
  - 7.2.3 蒸发源 …………………………………………………………… 181
  - 7.2.4 蒸发材料 ………………………………………………………… 181
  - 7.2.5 电子束功率和沉积速率 ………………………………………… 181
  - 7.2.6 优点与缺点 ……………………………………………………… 181
- 7.3 实验装置 …………………………………………………………………… 181
  - 7.3.1 利用石墨棒蒸发方式搭建实验所需的主要部件 …………… 181
  - 7.3.2 运行原则 ………………………………………………………… 182
  - 7.3.3 碳蒸发实验条件 ………………………………………………… 183
- 7.4 生长机理 …………………………………………………………………… 183
  - 7.4.1 Si(111)7×7 衬底的制备 ………………………………………… 183
  - 7.4.2 实验细节 ………………………………………………………… 185
- 7.5 薄膜表征 …………………………………………………………………… 185
  - 7.5.1 实验结果 ………………………………………………………… 185
  - 7.5.2 讨论 ……………………………………………………………… 207
- 7.6 小结 ………………………………………………………………………… 212
- 参考文献 ………………………………………………………………………… 212

- **第 8 章 Ni(111)片石墨烯和还原石墨烯氧化物的化学反应性和电子性质的变化** ⋯⋯ 216
  - 8.1 引言 ⋯⋯ 216
  - 8.2 石墨烯对 CO 的反应性 ⋯⋯ 217
    - 8.2.1 石墨烯实验装置 ⋯⋯ 217
    - 8.2.2 石墨烯在不同温度下的反应性能 ⋯⋯ 218
    - 8.2.3 石墨烯在不同生长条件下的反应性能 ⋯⋯ 222
    - 8.2.4 缺陷 ⋯⋯ 229
  - 8.3 石墨烯在一些领域的应用 ⋯⋯ 233
    - 8.3.1 氧化石墨和还原氧化石墨实验装置 ⋯⋯ 233
    - 8.3.2 功能化 ⋯⋯ 235
    - 8.3.3 还原氧化石墨在喷墨打印中的应用 ⋯⋯ 242
    - 8.3.4 膜 ⋯⋯ 248
  - 8.4 小结 ⋯⋯ 249
  - 参考文献 ⋯⋯ 250

- **第 9 章 叶绿素和石墨烯的仿生"交响乐"新范式** ⋯⋯ 255
  - 9.1 引言 ⋯⋯ 255
    - 9.1.1 叶绿素自组装 ⋯⋯ 256
    - 9.1.2 叶绿素与石墨烯组合 ⋯⋯ 257
  - 9.2 石墨烯/叶绿素纳米复合物及应用 ⋯⋯ 259
    - 9.2.1 叶绿素滴涂石墨烯 ⋯⋯ 259
    - 9.2.2 叶绿素辅助石墨剥离 ⋯⋯ 263
    - 9.2.3 叶绿素辅助光还原氧化石墨烯 ⋯⋯ 271
  - 9.3 小结 ⋯⋯ 274
  - 参考文献 ⋯⋯ 275

- **第 10 章 石墨烯结构从制备到应用** ⋯⋯ 279
  - 10.1 引言 ⋯⋯ 279
  - 10.2 合成 ⋯⋯ 281
    - 10.2.1 剥离 ⋯⋯ 281
    - 10.2.2 外延生长石墨烯 ⋯⋯ 283
  - 10.3 石墨烯技术应用 ⋯⋯ 286
    - 10.3.1 热应用 ⋯⋯ 286
    - 10.3.2 纳米电子应用 ⋯⋯ 287
  - 参考文献 ⋯⋯ 297

- **第 11 章 三维石墨烯结构的生产方法、性能和应用** ⋯⋯ 310
  - 11.1 引言 ⋯⋯ 310

11.2 石墨烯的制备 311
11.3 三维石墨烯结构的制备方法 311
 11.3.1 氧化石墨烯层组装 311
 11.3.2 三维石墨烯结构的直接沉积 316
11.4 三维石墨烯结构 318
 11.4.1 球状 318
 11.4.2 网络 319
 11.4.3 薄膜 321
 11.4.4 其他新颖结构 322
11.5 三维石墨烯结构的应用 324
 11.5.1 超级电容器 324
 11.5.2 锂离子电池 325
 11.5.3 传感器 327
 11.5.4 燃料电池 327
11.6 小结 328
参考文献 329

第12章 石墨烯材料电化学 336

12.1 引言 336
12.2 电化学相关性能 338
12.3 加工和改性 338
 12.3.1 无机纳米颗粒复合材料 338
 12.3.2 聚合物或大分子复合材料 341
 12.3.3 带量子点、二维材料和三维金属有机框架的复合材料 342
 12.3.4 其他含有石墨烯材料的复杂结构 344
12.4 电化学应用 345
 12.4.1 超级电容器 346
 12.4.2 燃料电池 347
 12.4.3 锂离子电池 348
 12.4.4 水分解 349
 12.4.5 CO_2 还原反应 351
 12.4.6 N_2 还原反应 353
12.5 小结 354
参考文献 354

第13章 氢功能化石墨烯纳米结构材料在自旋电子学中的应用 362

13.1 引言 362
13.2 实验细节 363
 13.2.1 多层石墨烯与氢功能化石墨烯的制备 363

13.2.2　特征 364
　13.3　成果与探讨 364
　　　13.3.1　表面形貌和电子场发射 364
　　　13.3.2　拉曼光谱 364
　　　13.3.3　电子结构与键合性能 366
　　　13.3.4　在300~40K温度下的磁性行为（M-H循环） 370
　　　13.3.5　温度依赖性磁化 372
　　　13.3.6　原子力显微镜和磁力显微镜 373
　13.4　氢对石墨烯磁性行为的作用的理论构想 374
　　　13.4.1　石墨烯缺陷 376
　　　13.4.2　吸附原子缺陷——石墨烯的电磁感应 376
　　　13.4.3　石墨烯中的替位原子诱导磁性 377
　　　13.4.4　石墨烯空位诱导磁性 378
　　　13.4.5　石墨烯氢空位 378
　　　13.4.6　晶界缺陷诱导石墨烯磁性 379
　　　13.4.7　畴界缺陷诱导石墨烯磁性 379
　　　13.4.8　过渡金属原子诱导石墨烯磁性 379
　　　13.4.9　石墨烯的拓扑缺陷诱导磁性 380
　　　13.4.10　石墨烯的锯齿形边缘自旋极化态 380
　13.5　小结 380
　参考文献 380

第14章　单轴应变和缺陷模式对石墨烯磁电和输运性质的影响 388

　14.1　引言 389
　14.2　蜂巢晶格式超结构的热力学与动力学特性 391
　　　14.2.1　替位式超晶格 391
　　　14.2.2　间隙式超晶格 393
　　　14.2.3　超结构低温稳定性 396
　　　14.2.4　长程原子序动力学 399
　14.3　结构缺陷存在下的 Kubo-Greenwood 公式 401
　　　14.3.1　哈密顿模型、电子扩散系数和电导率 401
　　　14.3.2　原子键变形与缺陷模拟 402
　14.4　电子状态和传输中的应变和缺陷反应 406
　　　14.4.1　单轴拉伸应变方向灵敏度 406
　　　14.4.2　通过缺陷配置调谐电导性 411
　14.5　电子能谱外磁场指纹 415
　　　14.5.1　完美单层的分析与数值研究 416
　　　14.5.2　通过拉伸变形改变朗道能级 418
　　　14.5.3　点和线混乱对朗道能级的拖尾和抑制 419

14.6 缺陷驱动电荷载流子(自旋)定位 421
　　14.6.1 样本制备和测量条件 421
　　14.6.2 实验结果与分析 422
14.7 小结 424
参考文献 425

第15章 石墨烯作为有机转化高效催化模板剂 434

15.1 引言 434
　　15.1.1 氧化石墨、还原氧化石墨和非金属GNC催化的有机转化 436
　　15.1.2 石墨烯支撑的金属配合物催化的有机转变 441
　　15.1.3 石墨烯支撑的纳米粒子催化有机转化 443
15.2 小结 446
参考文献 447

第16章 剥离石墨烯基二维材料的合成及催化性能 454

16.1 导言 454
16.2 石墨烯基材料的合成 455
　　16.2.1 自上而下技术 456
　　16.2.2 石墨烯基材料自下而上合成 457
　　16.2.3 脱落石墨烯的仪器识别 458
　　16.2.4 石墨烯基材料的化学修饰 460
　　16.2.5 剥离型石墨烯(氧化物)的制备 460
　　16.2.6 剥离型石墨烯基材料的催化应用 469
16.3 小结 472
参考文献 473

第17章 分子和/或纳米粒子对石墨烯功能化的高级应用 480

17.1 石墨烯基材料及应用 480
17.2 能源工程 481
　　17.2.1 电化学超级电容器 481
　　17.2.2 电子学与光电子学 485
　　17.2.3 燃料电池 488
　　17.2.4 太阳能电池 488
17.3 传感器和生物传感器 490
17.4 生物医学工程 495
　　17.4.1 组织工程 495
　　17.4.2 药物输送 497
17.5 生物修复(水处理) 499
　　17.5.1 染料去除 499

17.5.2 金属离子去除 ... 500
17.6 催化工程 ... 500
17.6.1 工业应用合成 ... 501
17.6.2 绿色化学 ... 502
17.6.3 生物催化 ... 502
17.7 材料工程 ... 503
17.7.1 先进的热和力学性能 ... 503
17.7.2 润滑剂 ... 505
17.7.3 柔性电子 ... 506
17.7.4 光学限幅器 ... 507
17.7.5 海洋防污涂料 ... 508
17.8 小结 ... 508
参考文献 ... 508

第 18 章 在石墨烯及其相关结构中构建半导体性质 ... 522

18.1 引言 ... 522
18.2 "金刚石和石墨之间"碳异质体的半经验紧束缚模型 ... 523
18.2.1 总评 ... 523
18.2.2 实验数据 ... 524
18.2.3 碳膜的半经验紧束缚模型及其与实验数据的比较 ... 525
18.3 具有相对移动层的双层石墨烯的电导率各向异性 ... 529
18.3.1 介于石墨烯与石墨之间的双层石墨烯 ... 529
18.3.2 位移石墨烯层双层石墨烯的能带结构 ... 530
18.3.3 具有位移石墨烯层双层石墨烯的电导率各向异性 ... 534
18.3.4 模型可能应用的限制 ... 536
18.4 含氮石墨烯的能谱和电导率 ... 537
18.5 吸附钾原子的石墨烯的能谱 ... 541
18.6 小结 ... 543
附录 ... 544
参考文献 ... 545

第1章 金属材料中的石墨

——球状石墨在铸铁中的生长、结构和缺陷

Jingjing Qing[1], Mingzhi Xu[2]
[1] 美国佐治亚州佐治亚南方大学制造工程系
[2] 美国佐治亚州佐治亚南方大学机械工程系

摘　要　碳是金属材料中重要的合金元素,在金属材料中能够形成石墨颗粒的组成相,常见于铸铁、镍合金和钴合金等材料中。研究者在这些合金中发现了多种形态的石墨颗粒,常见的形态包括片状、球状和蠕虫状。不同形态的石墨颗粒能够为合金提供独特的力学性能和热性能。金属中的石墨颗粒通常是以多晶形态存在的,其内部具有复杂的亚结构,这些亚结构被晶体缺陷所分隔。石墨颗粒内的结晶缺陷取决于颗粒的生长机制,并最终决定了石墨颗粒的形态。球状石墨颗粒通过沿球体表面的基面与铁基体结合,c轴近似平行于径向方向,其基面沿棱柱方向生长出石墨球。结晶缺陷是适应球状石墨曲率的必要部分。本章将介绍有助于石墨形态调节的结晶缺陷,并讨论与六方菱形石墨结构转变相关的可能的结晶缺陷。这些晶体缺陷包括但不限于c轴的旋转缺陷、孪生/倾斜边界和堆垛层错。

关键词　球状石墨,生长阶段,结构,结晶缺陷,曲率调节,透射电子显微镜,球墨铸铁,凝固

1.1　铸铁中的石墨

碳是金属合金中的重要合金元素,能够以石墨的形式存在于金属合金中,如铁碳(Fe-C)合金、镍碳(Ni-C)合金和钴碳(Co-C)合金[1-3]。

铸铁是Fe-C合金家族中的重要成员,一般含有超过2%质量的碳和1%~4%质量的硅[4],其中,硅起到稳定石墨相的作用。在石墨铸铁中,部分碳以石墨颗粒的形式存在。铸铁中的石墨颗粒在异质晶核上成核,异质晶核来自孕育剂(含各种其他元素的硅铁合金,取决于铸铁的类型[4-5])的添加。在铁碳硅(Fe-C-Si)合金的凝固过程中,石墨是稳定的共晶相,碳化物是亚稳态的共晶相。亚稳态的碳化物是在高冷却速率或高含量碳化物稳定元素(如铬和碲)下形成的[4]。一般来说,为了避免形成脆性碳化物,必须严格控制石墨铸铁的凝固和化学成分。

铸铁中的石墨相可能表现为几种不同的形态,包括片状、球状、结节状、蠕虫状、块状和爆炸状,这取决于冷却条件和合金成分[4,6-8]。商业铸铁中最常见的形态是球状、片状和蠕虫状,如图1.1所示。铸铁可根据其微观结构进行分类,主要是取决于碳的形式[4]。所以,控制铸铁中的石墨形态是获得理想性能的关键。

众所周知,碱土金属(如镁和钙)和稀土金属(如铈和镧)能够促进铸铁中球状石墨的形成[7]。当镁(Mg)或铈(Ce)等球化元素的含量升高时,其形态可以完成从片状到紧密蠕虫状再到球状的变化[4]。在球墨铸铁生产中,最常用的元素是镁。然而,已球化的石墨形态在反球化元素(如钛、砷、铋和碲)存在时会发生退化[4,6]。

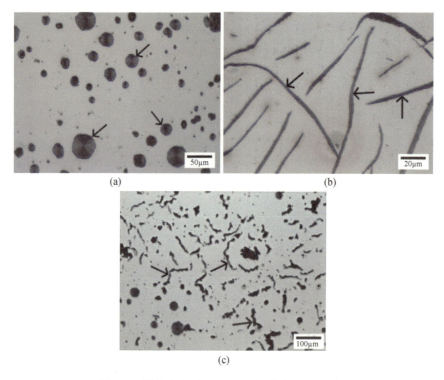

图1.1 铸铁中常见石墨形态(如箭头所示)示例
(a)球墨铸铁中的球状石墨颗粒;(b)灰铸铁中的片状石墨颗粒;(c)蠕墨铸铁中的蠕虫状石墨颗粒。

1.1.1 球墨铸铁中的球状石墨

石墨形态为球状的铸铁称为球墨铸铁,因其具有极高的延展性,也被称为延性铁。一般情况下,球墨铸铁中的石墨在三维结构中形成孤立且随机分布的球状石墨颗粒。球墨铸铁的抛光断面也显示出二维随机分布的石墨球。对提高球墨铸铁性能而言,大多数情况下首选高球墨数和高球化率。在熔融态金属中添加镁或铈可实现球墨铸铁中球状石墨的形成[4,6]。镁(质量分数约为0.04%)是球墨铸铁生产中最常用的球化剂。结合添加镁或镁合金,使用含有铝和稀土元素的孕育剂促进石墨的形成[5]。为了获得球状石墨形态,必须确保低硫和低氧含量[7-8]。商业球墨铸铁通常为过共晶成分(C%(质量分数)+1/3Si%(质量分数)>4.3%(质量分数)),其中石墨是在高于共晶反应温度的液体中形成的初生相。在共晶反应的过程中,液态转变为石墨+奥氏体的共晶结构。

球墨铸铁以其用途广泛和高性价比而闻名,并兼具高韧性和高强度的优点。与其他铸铁相比,它还具有更高的韧性、更好的抗冲击性能和更高的抗疲劳性能,这主要得益于单个球形石墨颗粒的"抗裂纹"作用[4,6]。球墨铸铁应用的实例包括风力涡轮机轮毂、三角钢琴竖琴、水管和曲轴[6,9]。

用化学蚀刻法提取的球状石墨颗粒显示出石墨球中的亚结构。从石墨球的横截面可观察石墨球的内部结构。石墨球被倾斜边界和孪晶边界分为柱状,每个柱状体被 c 轴旋转断层进一步划分为平行块状亚晶粒[10-15]。如图 1.2 所示,球墨铸铁中球墨的生长是分阶段进行的,遵循着不同的生长机制。下面将详细研究球墨铸铁中的球墨生长。

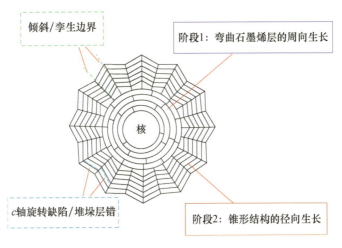

图 1.2 球墨铸铁中球墨颗粒的生长阶段[14]

1.1.2 灰铸铁中的片状石墨

灰铸铁是应用最为广泛的铸铁[16]。灰铸铁(GI)中含有片状石墨,由于其断裂表面呈灰色,因此被称为灰铸铁。灰铸铁中片状石墨的形貌可以进一步分为 A 型、B 型、C 型、D 型和 E 型[17]。在这些类型中,一般首选力学性能最好[4]的 A 型。良好的孕育处理和适当的冷却速度可以促进 A 型片状石墨的形成,其中通常需要含有少量亚共晶成分(CE < 4.3%)。A 型薄片在三维上呈现卷曲且相互连接的薄片形态。C 型薄片则是从过共晶灰铸铁的液态中析出的初生相,最终生长为厚而直的薄片。如果需要得到高电导率,则首选 C 型片状石墨。灰铸铁具有高刚度、高抗压强度、优异的阻尼性能、良好的可加工性、高导热和高比热容,被应用于内燃机气缸体、压力罩、机器底座和炊具等领域[4]。但是片状石墨部位会发生应力集中,使裂纹容易沿着石墨/基体的界面萌生和扩展,导致灰铸铁较脆。

片状石墨结构在多种合金特别是 Fe-C 和 Ni-C 合金中,已经得到了广泛的研究[18-20]。研究发现,石墨薄片通过其最宽基面与金属基体进行结合。沿柱面方向(或锥面方向)的横向阶跃式生长使石墨延伸扩大,沿基面法向的碳沉积式生长使石墨变厚,如图 1.3 所示[3]。横向的生长过程主导了石墨的生长,最终成型为薄片状。石墨薄片可以形成具有 c 轴旋转缺陷的不同晶体学取向分支[18-20],并且可以通过孪晶作用发生弯曲,从而偏离原始基面[18-19]。

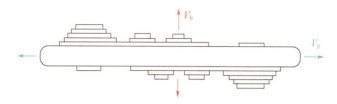

图1.3　片状石墨生长图示(根据文献[3]重绘)

1.1.3　蠕墨铸铁中的蠕墨

蠕墨铸铁(CGI)通常包含紧密蠕虫状石墨(CG)和球状石墨。一般认为,紧密蠕虫状石墨是片状石墨和球状石墨的中间形式。层析成像构造显示,一个CG颗粒的三维尺寸约为几毫米。三维的CG颗粒形貌类似一棵珊瑚树[21]。在紧密蠕虫状石墨颗粒的二维截面(抛光金相切片)上可以看到蠕虫状和球状的石墨特征。蠕虫状特征结构实际上是CG中分支的二维横截面,球状特征是CG圆管状尖端的横截面。在CGI的生产过程中,球化率是根据CGI的抛光横截面进行评估的,必须将球化率严格控制在0~20%的范围内,以达到预期的强度和延展性[22]。在CGI生产过程中,镁含量必须控制在0.007%~0.016%之间[22]。

一般情况下,CGI比灰铸铁具有更高的强度、延展性和韧性。当灰铸铁的强度不足时,CGI可以代替灰铸铁,但球墨铸铁因其性能较差而无法替代灰铸铁[4]。与球墨铸铁相比,CGI具有更高的导热性、更高的吸震能力和更低的热膨胀率,通常应用于柴油机缸盖、排气导管和涡轮增压器外壳。

一般认为紧密蠕虫状石墨颗粒是六边形的多面石墨片[23]的聚集体。石墨簇在紧密蠕虫状石墨颗粒中沿基面法向堆叠。在紧密蠕虫状石墨颗粒中发生频繁的扭曲、弯曲或分支,从而产生卷曲的石墨形态。紧密蠕虫状石墨颗粒具有非常复杂的内部结构,这方面的研究尚不深入。由于大颗粒中石墨的取向变化复杂,因而精确地构造致密石墨颗粒的内部晶格结构具有一定的挑战性。然而,在紧密蠕虫状石墨中预计也会有类似于球状石墨和片状石墨中所见的结晶缺陷。

1.2　球状石墨在球墨铸铁中的生长

本节着重介绍球墨铸铁中球墨相的研究进展,作为研究金属材料中石墨生长的一个实例。表1.1所示为以凝固石墨为主相的过共晶球墨铸铁及其成分。研究者研究了在球墨铸铁凝固的不同阶段球状石墨的生长和组织。当球状石墨颗粒在孕育剂作用下形成的非均匀形核部位成核后,石墨球在液体中长大。与灰铸铁中鳞片石墨-奥氏体共晶生长不同(遵循不规则共晶生长模型[24-27]),球墨铸铁的凝固表现为石墨和奥氏体的离异共晶生长[28]。奥氏体包裹石墨球,在其周围形成一个固体外壳,在奥氏体和石墨球独立形成后,将石墨球与液体隔离开来。球状石墨在固态奥氏体壳体内继续生长。下节所用的取样方法和分析技术也可用于其他合金中石墨的研究。

表 1.1　过共晶球墨铸铁的化学成分　　　　　　　%(质量分数)

Leco C	Leco S	Si	Mn	Mg	Cu	Al	Cr	Ni
3.67	0.0072	2.32	0.3	0.045	0.6	0.03	0.05	0.04

1.2.1　淬火顺序和显微组织演变

采用淬火法获得球墨铸铁不同凝固阶段的球墨颗粒。在制样5s后,将一个样品从熔融液体中直接淬火。另外5个样品分别在第11s、26s、40s和60s的时间依次淬火。这些淬火试样的实验冷却曲线如图1.4所示,该图展示了淬火时间与凝固阶段的关系。共晶凝固开始于18s(对应于共晶起始温度或TEN[29]),并结束于53s(对应于固相线温度或TS)。这些临界温度由60s淬火样品冷却曲线的一阶导数确定。根据该热分析,5s和11s样品在共晶起始温度(TEN[29])以上进行淬火,26s样品在最低共晶温度(TElow)下淬火,40s样品在金属达到最高共晶温度(TEhigh)后淬火,金属在固相线温度(TS)下完全凝固后,对60s试样进行淬火处理。最后一个样品在没有淬火的情况下凝固,作为与淬火样品的比较。

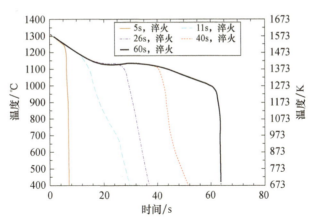

图 1.4　顺序淬火球墨铸铁样品的实验冷却曲线

图1.5和图1.6分别是按顺序淬火后的试样抛光和蚀刻后的微观结构。抛光后的微观结构清楚地表明,石墨球的尺寸随着凝固时间的增加而增大,如图1.5所示(a)5s,(b)11s,(c)26s,(d)40s,(e)60s和(f)未淬火样品。淬火后的液体转变为莱氏体,当用1%的硝酸酒精溶液腐蚀时,显示为渗碳体和珠光体(或马氏体)的复合结构。凝固过程中形成的奥氏体可通过典型转变奥氏体的枝晶形态和微观结构(即珠光体、贝氏体和马氏体)确定,这取决于试样淬火时施加的冷却速度。图1.6是淬火时间分别为(a)5s,(b)11s,(c)26s,(d)40s,(e)60s和(f)未淬火样品的蚀刻图像,从图中可以看出液相和奥氏体的演变。因此,石墨附近存在连续的奥氏体分解产物(珠光体、贝氏体或马氏体)可被认为是奥氏体壳的证据。液相是由在白口铸铁中通常称为莱氏体的碳化物共晶组织鉴定的,仅在淬火样品中观察到。从观察到的显微组织可以看出,在凝固过程中,石墨尺寸和奥氏体体积分数不断增加,而液相分数不断降低。图1.6(a)清楚地表明,在5s的样品中,奥氏

体和石墨是彼此独立的。在图 1.6(b)所示的 11s 样品中看到,试样开始形成奥氏体壳层并包围石墨。如图 1.6(d)所示,在 40s 的样品中奥氏体完全包围石墨,40s 后石墨球的分布明显呈双峰分布(图 1.5(d))。

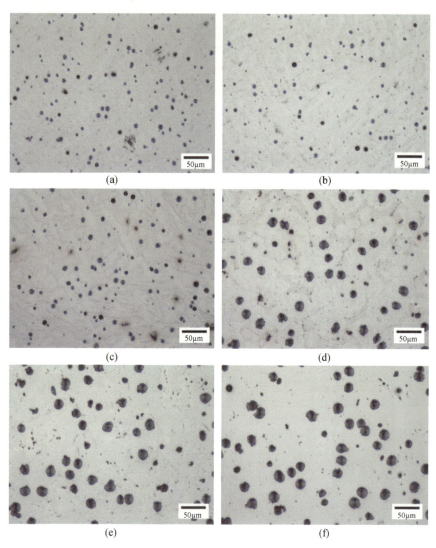

图 1.5　淬火(a)5s、(b)11s、(c)26s、(d)40s、(e)60s 以及
(f)未淬火的球墨铸铁样品的抛光微观结构

在淬火 5s 的试样中,可观察到小部分的石墨球周围有完整的奥氏体壳层,26s 后大部分石墨球被奥氏体壳层从液体中分离出来。一般认为,奥氏体包封后的球生长受到奥氏体的固态碳扩散的限制[30]。一个单一的奥氏体枝晶可以包裹多个石墨球[31],以图 1.7 为例,其中多个石墨球位于单个枝晶内,枝晶结构通过枝晶间的孔隙显示出来。对于每个具有多石墨球的奥氏体枝晶,在共晶生长过程中,较大的石墨颗粒可能以牺牲小石墨颗粒的代价而发生粗化。此外,在对石墨颗粒进行统计分析时发现,一些石墨颗粒在与枝晶间的其他石墨球接触时会发生团聚甚至聚结,这会使石墨颗粒的统计数量降低。在凝固末期,这些枝晶会发生相互接触。

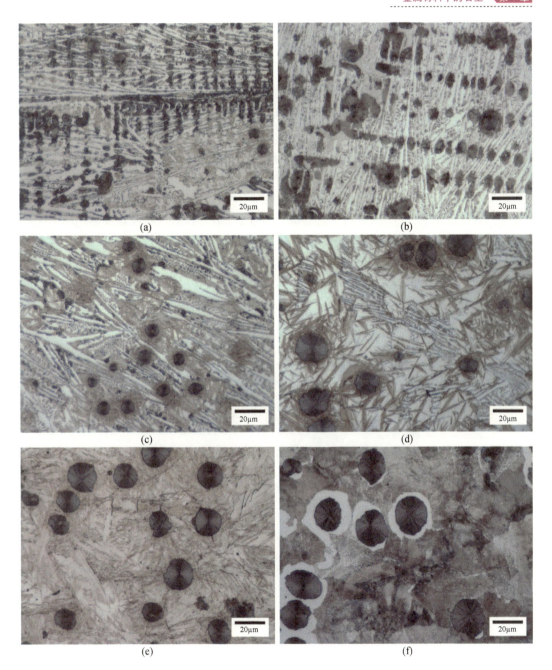

图1.6 淬火时间分别为(a)5s、(b)11s、(c)26s、(d)40s、(e)60s以及
(f)未淬火的球墨铸铁样品的经硝酸腐蚀后的显微结构

1.2.2 石墨粒度分布的演变

通过对扫描电子显微镜(SEM)得到的背散射电子图像进行自动特征分析,可确定抛光试样上石墨颗粒的大小分布。通过X射线能谱仪(EDX)探测器对每个颗粒的组成成分进行了采集。使用基于化学反应的软件的算法排除了石墨颗粒以外的成分特征(夹杂物、孔隙),只考虑石墨颗粒的尺寸分布。对超过3000个石墨颗粒的样品中石墨的尺寸进行了统计,结

果如图1.8所示。图1.8(a)、(b)表明,5s和11s的淬火样品中的石墨颗粒尺寸接近正态分布,且每个样品的尺寸分布都是单一的。在(TEN)前完成淬火的样品中,进行5s和11s淬火可看到样品中石墨颗粒的粒径均小于12μm。在26s后的样品(在TEN后的TElow淬火)中开始出现大于12μm粒径的石墨颗粒,但如图1.8(c)所示,大尺寸的石墨颗粒(超过12μm)的数量很少。在40s淬火样品中能观察到两种不同分布的双峰尺寸分布,如图1.8(d)所示,该样品在共晶过程中淬火。这表明在共晶反应之前发生了第一次成核反应,在共晶反应过程中又发生了第二次石墨成核反应。在5s和11s淬火样品中,初始的石墨成核反应导致只有一种石墨分布的峰存在。随着初始石墨颗粒的长大,对应初始石墨形核的峰逐渐变大。当共晶反应(对应冷却曲线上的TEN)开始时,共晶石墨形核反应产生了第二个峰,其尺寸分布较小。如图1.8(e)所示,随着石墨颗粒的持续生长,第一和第二尺寸均逐渐趋向更大的尺寸。共晶石墨颗粒尺寸逐渐超过初始石墨颗粒尺寸(对比图1.8(d)、(e))。因此,在未淬火的样品中第二尺寸分布有逐渐并入到第一尺寸分布中的趋势,很难区分两种不同形核反应,如图1.8(f)所示。实际上在图1.8(e)、(f)中存在第三种尺寸分布,发生在共晶反应的后期,图1.8(f)中的小尺寸分布(大约在1~9μm之间)说明在共晶凝固过程中可能存在两次共晶形核反应。共晶反应中的再结晶可能减缓石墨的形核,从而使石墨的生长占优势。再结晶后的进一步过冷,使形核恢复,并导致了第三种颗粒大小的分布。

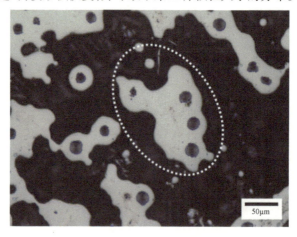

图1.7 由单个奥氏体枝晶包裹的多个石墨结核
(如虚线圆所示。枝晶结构通过枝晶区域的孔隙(深色区域)显示出来)

对石墨颗粒的统计分析表明,在球墨铸铁的凝固过程中,石墨形核存在多种分布。文献曾报道过球墨铸铁的多形核反应[32],图中尺寸分布的数量可能与合金成分、冷却速度、孕育过程和形核过程有关[32],并且上述现象并不罕见。除此之外,淬火样品中的连续石墨形核[33]以及等温过程中的逐步石墨形核过程也已有文献报道[30]。

每个样品选择了同样的约3000个颗粒,用以分别检测石墨分散面积百分比、平均石墨粒径和形核数量。在5~11s之间,石墨分散面积百分比(图1.9(a))、平均石墨粒径(图1.9(b))和形核数量(图1.9(c))均未表现明显的变化,此时许多石墨颗粒暴露在液相中:①石墨分散面积占比在5s淬火的样品中为1.63%,在11s的样品中为1.54%;②平均石墨粒径在5s淬火样品中为4.68μm,在11s样品中为4.66μm;③形核点数量在5s淬火样品中为829个/mm^2,在11s淬火样品中为810个/mm^2。在共晶反应开始之前(即共晶起始温18s前),5s(图1.8(a))和11s(图1.8(b))样品的尺寸分布几乎不存在差别。这表明,在共晶反应开始之前,石墨的生长(就尺寸而言)不明显。如上文所述[28,30],可能是因为在非平衡条件下,石墨在液体中的生长受限所致,也有可能是由于石墨的竞争性在成核过程中消耗了大量的溶质碳,继而抑制了石墨的生长。此外,在5~11s之间,单位体积内石墨形核点的数量(形核数量)略有减少,这可能是因为在成核过程中没有更多的石墨形核点产生的情况下,导致石墨形核点出现发生了团聚和"熟化"现象。也可能有石墨形核点在持续的产生,但新形核的石墨形核点在数量上无法弥补石墨形核点团聚和"熟化"造成的损失。也可能是初始形核密度与形核剂或其本身的尺寸分布存在关联。利用Image-J软件对刻蚀后的金相显微图上对液相百分比进行估算,如图1.10所示,在凝固过程中液相占比逐渐降低,在53s凝固结束时降低至零。

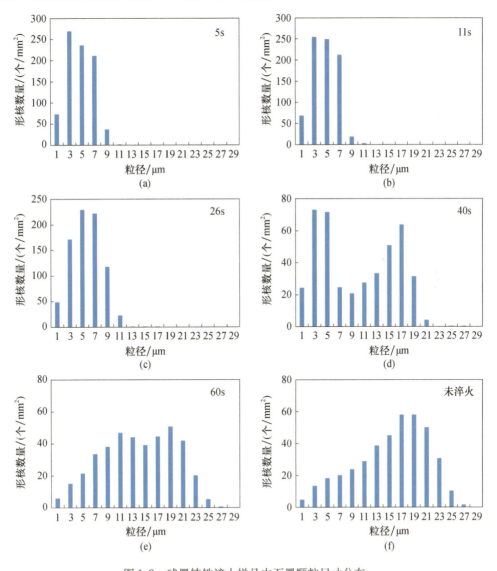

图1.8 球墨铸铁淬火样品中石墨颗粒尺寸分布,
分别在(a)5s、(b)11s、(c)26s、(d)40s、(e)60s以及(f)未淬火时的样品

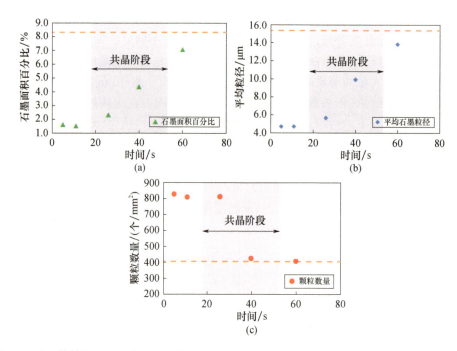

图1.9 球墨铸铁凝固过程中石墨分散面积百分比(a)、平均粒径(b)和颗粒数量(c)的演变情况

如图中虚线所示,未淬火样品中石墨分散面积百分比为8.3%,平均石墨粒径15.3μm,颗粒数量是402个/mm^2。

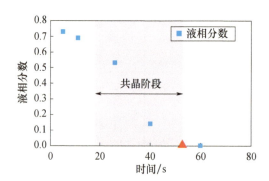

图1.10 球墨铸铁凝固过程中,液相分数逐渐减少,
三角形对应于固相温度下液相分数变为零的点

共晶反应在18s开始之后,石墨分散面积百分比、平均石墨粒径开始增加,然而形核数量开始减少。根据之前的分析[14-15],小尺寸石墨颗粒(粒径小于6μm)通常被液相包围,那些被奥氏体枝晶吞噬的石墨形核尺寸较大。随着共晶反应开始,更多的石墨颗粒被奥氏体相包围,两个共晶相(石墨和奥氏体)共同生长,并遵循异步共晶生长机制。如图1.9(a)、(b)所示,从26s开始石墨分散面积百分比和石墨直径明显增大,与共晶反应前相比,共晶反应中石墨生长明显。在奥氏体相中的石墨生长明显。在淬火样品中共晶反应开始(18s)后到凝固完成(53s)前,在剩余液相中能够观察到与液相接触的小尺寸石墨颗粒,这可能是在第二次共晶反应中,在剩余液相中形核生成的石墨颗粒(或第三次形核反应)。在26~60s之间的石墨颗粒数量减少,可能是由于石墨颗粒的团聚,或者是同一奥氏体枝晶中石墨烯颗粒的粗化。在统计学上,11s(810个/mm^2)到26s(814个/mm^2)之间的颗粒数量变化是微小

的。这表明在第二次形核反应中,石墨颗粒的成核补偿了因粗化导致的石墨颗粒数量减少。然而,在26s后,残余液中石墨颗粒的进一步成核,并没有弥补由于粗化或团聚引起的石墨颗粒数量的进一步下降。石墨颗粒数量在26s(814个/mm²)到40s(425个/mm²)之间急剧下降,同时液相分数也出现了急剧下降(从26s时的0.53下降到40s时的0.14)。在40s的淬火样品中,残余液相分数较低(约0.14),大部分石墨颗粒被奥氏体相吞没,其中包括第二尺寸分布(较小尺寸)对应的较晚成核的石墨颗粒,仅有少数与液相接触的小颗粒。较晚形核的石墨颗粒(在图1.8(d)中小于10μm以及在图1.8(e)中小于16μm)持续生长。它们的大小在40~60s内接近早期成核石墨的大小(在图1.8(d)中大于10μm以及在图1.8(e)中大于16μm)。在40~60s之间,平均石墨颗粒粒径从10.0μm增长到13.8μm,在26~40s之间有相似的增长率。然而,随着凝固结束的临近,石墨颗粒数量从40s(425个/mm²)到60s(409个/mm²)间变化微小。这有可能是奥斯特瓦尔德熟化导致的,较大尺寸石墨颗粒的生长是以较小尺寸石墨颗粒的消失为代价,特别是当石墨颗粒被相同的、连续的奥氏体相包围的时候。一旦发生这种情况,石墨颗粒附近奥氏体中的碳活性就会受到颗粒曲率半径的影响。颗粒越小,碳活性越高,促使小颗粒向大颗粒扩散。

金属在53s完全凝固后,在固相反应中石墨颗粒数量开始变小,但是石墨颗粒大小持续增长,在此期间,奥氏体中碳原子的溶解度随着温度的降低而降低,相邻奥氏体中的碳原子不断加入到石墨颗粒中,同时石墨颗粒周围的贫化区在共析结束温度后转变为铁素体。石墨分散面积百分比由淬火后60s样品中的7.1%增长到未淬火样品中的8.3%,平均石墨颗粒粒径由淬火后60s样品中的13.8μm增长到未淬火样品中的15.3μm。这表明在凝固结束后的固相反应中石墨颗粒发生了生长。石墨颗粒数量的微小变化(从淬火后60s样品中409个/mm²变为未淬火样品中的402个/mm²),说明了在固相反应中只有较少的石墨颗粒发生了团聚/粗化。

石墨周围的奥氏体壳近似为准球形,因此,奥氏体壳的二维截面近似为圆形。如图1.11所示,用Image-J软件在刻蚀后的显微镜照片上统计测量淬火样品中100个颗粒的奥氏体壳厚度。5s、11s、26s和40s样品中最小奥氏体壳的厚度是0,这是因为石墨颗粒完全与液相接触,没有被奥氏体壳包围。在53s凝固完成后,60s淬火试样的液相分数为零,同时60s淬火样品的奥氏体壳结构无法识别。从图1.11可以看出,奥氏体体积随着内部封装石墨生长的同时产生膨胀。

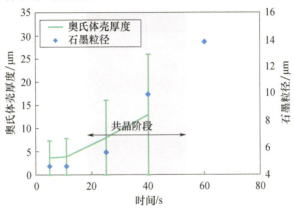

图1.11 球墨铸铁凝固过程中,奥氏体壳厚随石墨直径增大而增大

1.2.3 液体中早期球状石墨的形成

在经过液态淬火的球墨铸铁的样品中观察到了球状石墨形核点的早期生长。结果发现,在液体中,独立于奥氏体枝晶,形成了随机分布的小石墨形核点(小于 $4\mu m$),如图 1.12(a)所示。稍大的石墨形核点(约 $6\mu m$)部分地与奥氏体接触,或者附着在奥氏体枝晶臂之间,或者附着在奥氏体枝晶臂上,如图 1.12(b)所示。未与奥氏体壳体完全接触的石墨形核点在形状上延长,朝向奥氏体的一侧凸出进入奥氏体(图 1.13)。接触后,持续生长的奥氏体延形核点生长。图 1.14(a)显示一个刚好被持续生长的奥氏体吞噬的石墨形核点。当石墨被奥氏体吞噬后(图 1.14(b)),碳原子会穿过奥氏体外壳扩散到石墨上。

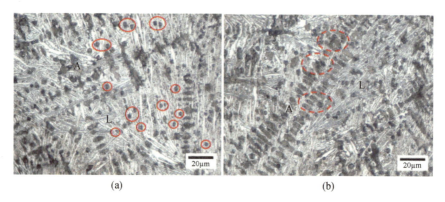

图 1.12 在淬火球墨铸铁中石墨和奥氏体独立形成(a)以及石墨被奥氏体部分侵蚀(b)
((a)中完全被液相包围的石墨形核点由实线圆圈标明。(b)中被奥氏体部分侵蚀的石墨由虚线圆圈标明。奥氏体(转变为珠光体)用"A"表明,液相(转变为莱氏体)用"L"表明)

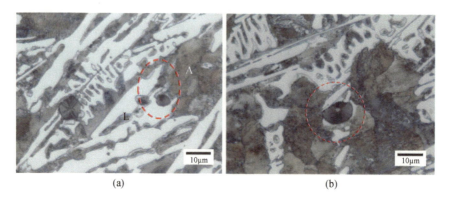

图 1.13 (a)和(b)均为球状石墨颗粒没有被奥氏体壳体完全包围的样品
(它们向奥氏体侵蚀方向延展,呈长条形)

1.2.4 奥氏体和碳原子的再分布产生的石墨吞噬

部分与液相接触的石墨球通常呈扁长形,面向奥氏体的一面凸入奥氏体中(图 1.13),表明石墨颗粒生长是各向异性的。这种各向异性可能与液体中碳原子不对称的浓度梯度有关。

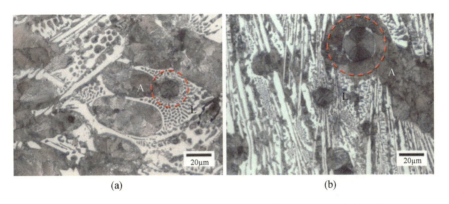

图 1.14 如图中虚线圆圈所示,(a)为一个开始被奥氏体包裹的石墨球,
(b)为一个在固态奥氏体壳内不断生长的石墨球

球墨铸铁的凝固是一个非平衡过程[30]。如果低于平衡共晶温度(TE)的过冷度(ΔT)小,则液体成分在生长前沿附近将接近合金成分(C_0 = 3.67%(质量分数))。在液 – 奥氏体生长界面处,液体的成分($C^{L/\gamma}$)将与奥氏体的成分($C^{\gamma/L}$)处于平衡状态。在液 – 石墨界面处,液相的成分($C^{L/Gr}$)将与石墨成分保持平衡。奥氏体 – 石墨界面的奥氏体成分($C^{\gamma/Gr}$)与石墨的成分处于平衡状态。这些成分可以从稳定的 Fe – C 相图的平衡液相线和固相线推断出来,如图 1.15 所示。采用热力学软件 Factsage 来计算各种界面处的平衡碳浓度,表 1.2 给出了 1150℃时的平衡碳浓度计算结果。

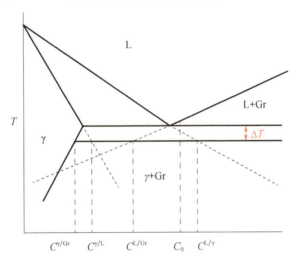

图 1.15 通过外推平衡 Fe – C 相图预测的各种界面处碳浓度示意图

表 1.2 采用 Factsage7.0 软件和 Factstel 数据库计算的各种界面处的碳浓度

T/℃	$C^{L/\gamma}$	$C^{L/Gr}$	$C^{\gamma/L}$	$C^{\gamma/Gr}$	固相分数
1150	0.0504	0.0311	0.0235	0.0160	47%

在奥氏体吞噬过程中生长界面附近碳溶质分布示意图如图 1.16 所示[30,34]。如图 1.16(a)所示,奥氏体凝固时将多余的碳原子留在奥氏体 – 液相界面处,使得奥氏体前

部液相中的碳原子浓度(5.04%(质量分数))高于奥氏体中的碳原子浓度(2.35%(质量分数))。相反,石墨球的生长会消耗周围液相中的碳,因此石墨球之前液相的碳浓度会下降(3.11%(质量分数))。当奥氏体生长前沿接近石墨颗粒时,碳溶质将重新分布。当奥氏体-液相界面接近石墨球时,碳浓度梯度将出现在石墨和奥氏体之间的液隙中。与另一面液相中的碳浓度差(0.56%(质量分数))相比,在奥氏体前部液体中的较大碳浓度差(1.93%(质量分数))会促进石墨的生长。因此可能会使得石墨向奥氏体一侧凸出,如图1.16(b)、(c)所示。基于相同的原理,奥氏体向石墨的生长也会增强。向奥氏体枝晶凸出的石墨球的例子如图1.13(a)、(b)所示。在石墨与奥氏体产生物理接触之后,会产生润湿(黏附)和吞噬作用。

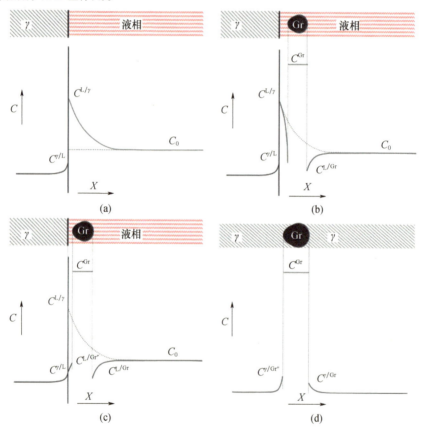

图1.16 (a)远离石墨颗粒时,奥氏体-液相界面附近的碳浓度曲线;(b)当奥氏体生长前沿接近石墨球时,与面对液相的一侧相比,面对奥氏体一侧的石墨生长更快,使得石墨颗粒变为扁长形;(c)当石墨球向奥氏体凸出时,碳溶质重新分布,也加速了奥氏体向石墨的生长;(d)当石墨球被奥氏体全部包裹后,在奥氏体上传输的碳原子会从高曲率表面迁移到低曲率表面,从而使石墨变得更接近球形[30,34]。

使用Thompson - Freundlich方程式(1.1)[35]可以得出类似的结论,石墨球的曲率半径与奥氏体和石墨之间的液相中的碳浓度高于一般液相中的碳浓度有关。

$$r = \frac{2\gamma\Omega}{kT\ln\left(\dfrac{C_r}{C}\right)} \qquad (1.1)$$

式中：r 为界面半径；γ 为表面张力；Ω 为原子体积；T 为绝对温度；C_r 为弯曲界面处的碳浓度；C 为平衡碳浓度；k 为玻耳兹曼常数。该公式表明，随着 C_r/C 比值的增加，石墨颗粒半径会减小，如图 1.16 所示。因此在高曲率区域的碳原子活性会更高。

实验观察也证实了上述分析结果。奥氏体包裹不完全的石墨球呈长条状，靠近奥氏体/熔体凝固界面的一侧向奥氏体凸出。石墨球面向奥氏体一侧的曲率（1/r）高于面向液相的一侧。由于奥氏体凝固时排出了碳溶质，因此石墨球附近的熔点也可能会降低。

当石墨球完全被奥氏体包裹完全时，石墨球会发生球化以降低界面表面能。此外，还可以研究石墨颗粒表面曲率对附近奥氏体中碳活性的影响。根据 Thompson-Freundlich 方程，在凝固过程中面对奥氏体一侧的石墨表面具备高曲率，会使凝固后相邻的奥氏体中产生更高的局部碳活性。因此，奥氏体上的碳原子迁移具有从高曲率表面向低曲率表面的趋势，如图 1.16（d）所示，颗粒在所有径向上尺寸更均匀（更接近球形）。实际上，扁长形石墨球中较高的曲率面是由多层的不完整生长阶跃组成的，这些阶跃也成为了碳原子聚积的有利位置。在石墨球的固态生长过程中，碳原子的聚积发生在已有的生长阶跃上，而不会在生长过程中产生新的阶跃。

该模型解释了石墨颗粒形状依赖于奥氏体的吞噬程度。液相中的各向异性的碳浓度场导致了各向异性石墨的生长。由于界面前部的碳再分布和受到侵蚀的奥氏体尖端处的熔点降低，奥氏体产生了吞噬现象。

1.2.5 球墨铸铁中球状石墨的生长阶段

用盐酸对球墨铸铁样品进行深腐蚀，以提取保留在各个生长阶段的石墨颗粒。对通过深蚀刻法提取的石墨球进行检测，发现不同尺寸的球形石墨颗粒的表面特征存在差异，这可能与生长机制的变化有关。例如，如图 1.17（a）、（b）中的箭头所示，在小尺寸石墨球中观察到了包裹在表面的弯曲石墨烯层形成的生长凸台/阶跃/前壁，但并没有明显的亚结构。在图 1.17（a）、（b）中，石墨颗粒的直径分别为 6μm 和 9μm。在颗粒表面上观察到的生长阶跃是平面状的，并且沿着球形石墨颗粒的表面向四周增长。在小尺寸石墨球的表面上观察到了多层生长阶跃，并且在图 1.17（a）的小尺寸石墨球中观察到了孔状缺陷（虚线圆圈突出显示）。在直径为 20μm 的球形石墨颗粒中，如图 1.17（c）所示，在表面可以观察到生长阶跃和裂缝状的缺陷（在虚线圆圈内）。如图 1.17（d）所示，在直径为 31μm 的球形石墨颗粒中发现了许多类似裂缝的缺陷，这些裂缝将石墨球分割成为多个圆锥形亚结构。大尺寸石墨形核中有明显的放射状锥形亚结构。大尺寸石墨形核的表面和裂缝中，沿石墨颗粒的径向堆叠的平面状生长阶跃清晰可辨（图 1.18），图 1.17（e）、（f）分别为直径 74μm 和 80μm 的石墨形核的示例图。

根据 SEM 的观察结果，在早期生长阶段，弯曲的石墨烯层围绕球形石墨形核表面沿周向生长，其生长层来源并非单一。石墨形核中有多个石墨烯层的来源，并且在早期阶段，多个生长阶跃同时推进，覆盖了整个石墨形核表面。小尺寸石墨形核的表面积很小，因此即使生长源不多，随着生长前沿在表面上沿周向扩展，也会更迅速且更完整地覆盖整个球面。多个来源的生长前沿将不断增长，直到它们相遇。应当注意，当石墨形核直径较小时，球形石墨颗粒曲率较大，为了适应高曲率，产生了许多晶体缺陷。否则，由于不同来源的生长前沿扩展而产生的不匹配现象，将导致孔洞或者裂缝的形成。

这些观察到的缺陷和孔洞可能与从高覆盖层到圆锥形的亚结构的转变有关。多个孔洞可能会聚集在一起形成裂缝,并且在石墨生长期间裂缝将加深加宽。随着局部过冷引起的生长过程中石墨颗粒表面积的增加,生长阶跃来源的数量可能会增加。当更多的生长阶跃相遇时,将会形成更多的裂缝,但这种过度不匹配现象,无法容纳晶体学缺陷。这些宽裂缝似乎限制了生长前沿的移动范围,即生长前沿不能越过这些大的缝隙进行扩展。失配导致的缝隙变得更加明显,并且石墨球在后期的生长阶段被分割成了圆锥形的亚结构,与较小尺寸的石墨球相比,较大尺寸石墨球的曲率变得更小。

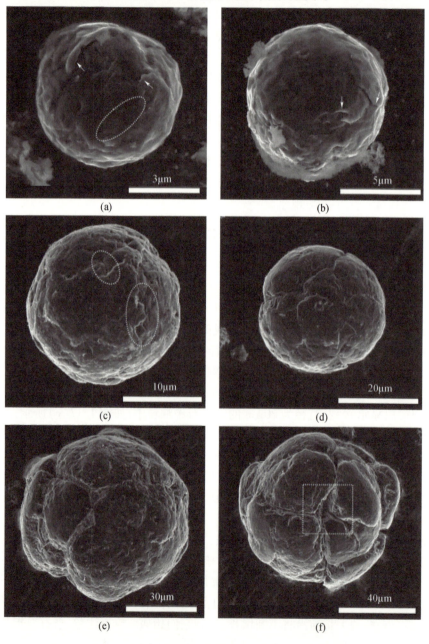

图1.17 刻蚀提取的石墨颗粒的二次电子显微图像
(a)6μm;(b)9μm;(c)20μm;(d)33μm;(e)74μm;(f)80μm。

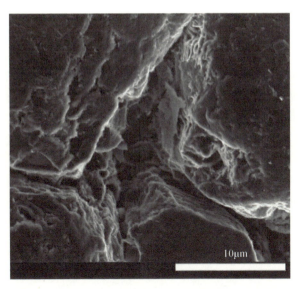

图 1.18　图 1.17(f)中的虚线框区域的放大图像

不同来源的多面形的生长阶跃在最初由基体填充的裂缝处停止增长,深刻蚀去除基体后,每个圆锥形亚结构中,由石墨烯层组成的生长阶跃沿石墨的径向相互堆叠。

石墨晶格的基面垂直于球形石墨颗粒[9-10]的径向,即石墨球的表面主要由基面制成。垂直于颗粒径向的生长前沿表面则由棱柱面组成。可以看出,在生长的早期阶段,生长前沿总是沿周向扩展,或在生长后期时在圆锥形亚结构表面传播,但当错配太大而无法协调时,则停止在裂缝处。当生长前沿继续扫过亚结构的表面时,更多的石墨烯层在石墨颗粒表面生成,造成颗粒的尺寸增加,但生长方向是沿 c 方向(基面的法线)。

当石墨球与液相完全接触时,液体对石墨球的沿不同方向的应力小且均匀,石墨烯层会更均匀地生长。但是,逐渐形成的奥氏体在石墨球周围产生各向异性的碳浓度场,并且会导致颗粒的生长不均匀。当固态的基体包围石墨球时,石墨烯层的生长取决于基体中的碳扩散,碳扩散可能随基体的不同结晶方向而变化。此外,石墨球可能处在与基体的晶体取向相关的各向异性的应力场中。生长阶跃的行进距离受到碳扩散的限制,阶跃的生长无法再到达整个表面。同时,石墨球倾向于球化生长以最小化界面能,因此在石墨球中形成了许多圆锥形的亚结构。当杂质元素在液相中偏析使残余液体的熔点降低时,圆锥形亚结构的突起可能与奥氏体的部分吞噬有关。这在石墨旁边留下了一个液体通道,在该位置石墨-奥氏体可能会加剧共晶生长的竞争性。在这种情况下,与液体接触的圆锥形亚结构会更快地生长,变得比石墨球中的其他亚结构更长,图 1.19 中显示了一个示例。圆锥形亚结构的突起可能会引发石墨的分解,就像爆炸的石墨颗粒一样。杂质元素可能会影响石墨的生长速率,这值得进一步研究。

使用透射电子显微镜(TEM)对球形石墨的内部结构进行研究,在石墨球的中心可以看到由复杂的硅酸盐和硫化物组成的核心。图 1.20 是由早期生长阶段残留的石墨颗粒制备的样品的明场 TEM 图像。在靠近核心的基面中曲率较高(参见图 1.20 中的基面)。基面的生长遵循连续的圆周路径,没有可识别的亚晶界。图 1.21(a)显示了早期生长阶段形成的石墨的选区衍射图样(SADP),电子束方向为 $\langle \bar{1}2\bar{1}0 \rangle$。衍射图显示出石墨晶格取向的变化。具体来说，基面连续弯曲了多个小角度（最大角度约为9°），在图1.21(a)的选定区域（直径150nm）中，基面的法向逐渐变化了约9°。在整个石墨球的中心都可以看到基面方向上的这种在早期生长阶段形成的连续变化。这些有着弯曲基面的石墨球开始的结构是相同的。在图1.21(b)中给出了接近球形石墨颗粒中心的石墨晶格的高分辨率图像，图中可明显观察到分层的基面。可以看到基面是弯曲的，并且其方向连续变化以适应球形石墨颗粒的曲率。靠近粒子中心的基面既不是完全平行也不是直的。在图1.21(b)中可以看到凹曲率和凸曲率。曲率的这种变化可能是由早期形成的共格与半共格的柱状结构导致的（参见第1.4.2节）。观察到随着石墨球的生长，共格性会降低，并且生长方式在相邻的石墨柱之间变得具有竞争性。如图1.21(b)中的箭头所示，经常在石墨球中心附近的石墨晶格中观察到缺陷。从高分辨率图像和衍射图样测得的基面间距约为0.347nm。

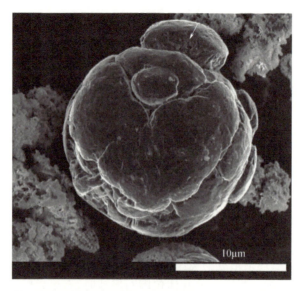

图1.19 箭头指示的圆锥形亚结构比石墨颗粒中的其他圆锥形亚结构更长

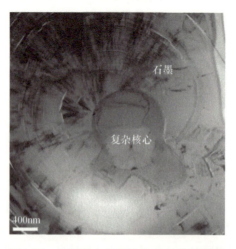

图1.20 石墨球中心区域的TEM明场图像

其核心部分为复杂的化合物，石墨的基面在石墨球中心显示出连续的曲率，在中心部位并未看到可辨别的石墨晶粒结构。

图 1.22(a)是来自后期生长阶段的大石墨球的明场 TEM 图像,显示出柱状亚晶结构。图 1.22(b)是石墨球表面附近位置的高倍暗场 TEM 图像。在该石墨球的外围观察到由径向取向的晶界隔开的晶柱(示例在图 1.22(a)中用虚线突出显示)。柱状亚结构在石墨球的外部区域表现为许多径向取向的扇形区域。在石墨颗粒的中心附近(在早期生长阶段形成)没有观察到柱状亚结构。图 1.20 和图 1.21 所示的石墨颗粒中也没有圆柱状的亚结构。这表明石墨结构可能在其早期生长阶段和后期生长阶段之间发生了改变。

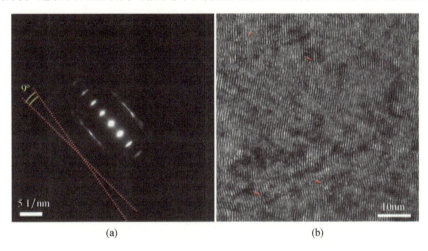

图 1.21 在石墨球中心区域的选区衍射图样(a),石墨晶格高度弯曲,因此在 c 轴方向上显示连续变化 9°(150nm 的圆形区域中)。石墨球中心的石墨晶格的高分辨率图像(b)也表明连续的晶格曲率(箭头表示缺陷的位置)

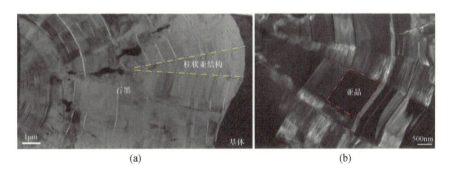

图 1.22 (a)石墨球后期生长阶段的 TEM 明场像,其中心在图的左侧;
(b)暗场像显示出明显的柱状结构和块状亚晶结构

柱状亚结构由倾斜边界和孪晶界分开。在选区衍射图样和高分辨率图像都可以在倾斜边界上看到 c 轴方向的急剧转变。图 1.23(a)是在石墨结核的倾斜边界处采集的选区衍射图样,该图显示了两组衍射图样,它们的 c 轴方向之间有 15°的倾斜角。图 1.23(b)是在另一个倾斜边界处的石墨结核的高分辨率图像,并且在该图像上测得的两个晶粒的 c 轴之间的角度为 30°~33°。

图 1.22(b)中不同的衍射衬度显示了颗粒中的亚晶粒结构。图中每个柱状亚结构都由许多微晶/亚晶粒组成,在图 1.22 中暗场像以不同的衍射衬度显示为块状。亚晶粒沿径向堆叠在圆柱状亚结构中。在同一圆柱状亚结构的径向上对齐的亚晶粒具有平行的

c 轴。但是,它们的晶体取向在柱状结构中从一个亚晶粒到下一个亚晶粒绕 c 轴旋转,这意味着在相邻的亚晶粒之间存在 c 轴旋转缺陷/扭转边界。图 1.24 是基体(奥氏体)界面附近的亚晶粒中石墨的高分辨率图像,图中的箭头指示了晶体缺陷。与在早期生长阶段形成的石墨相比,亚晶基面的弯曲程度较小。与从石墨颗粒中心开始的选区衍射图样上的多样的 c 轴方向相反,在亚晶粒(在随后的生长阶段形成)中获得的选区衍射图样显示出单个 c 轴方向。因此,在块状亚晶粒内,石墨的晶体取向基本不变。

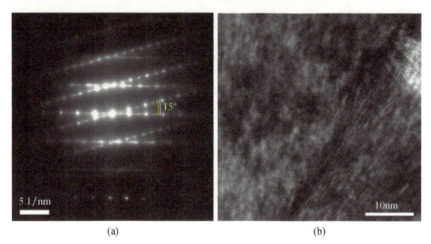

图 1.23 (a)在两个块状亚晶粒之间的边界处选定区域的衍射图样,每个亚晶粒都显示出明确定义的晶格方向;(b)亚晶粒边界的石墨晶格的高分辨率 TEM 图像,颗粒的中心方向在(b)的左下方

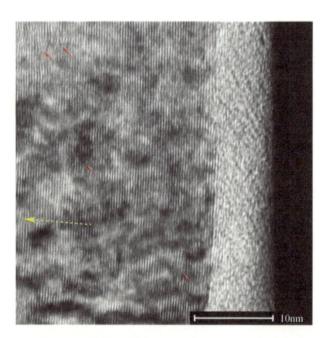

图 1.24 在生长阶段后期的球状石墨颗粒表面亚晶粒的高分辨率图像
右侧的深色区域是铁基体,在结晶石墨和基体之间存在无定形碳层,虚线箭头指示了石墨球的中心方向,小箭头指示缺陷的位置。

总之,球墨铸铁中球形石墨颗粒的生长是分阶段进行的,每个阶段在凝固过程中遵循不同的机理。在球形石墨颗粒的表面上观察到平面状的生长阶跃。生长阶跃沿颗粒的圆周方向扩展。在整个石墨球表面上石墨烯层/阶跃的周向生长产生了更光滑的表面,并且在早期生长阶段沿弯曲的基面观察到取向逐渐变化。

为了适应石墨颗粒表面的曲率,石墨晶格中会出现大量缺陷。在后期生长阶段,石墨烯层的局部形成了亚结构。在石墨球的外部区域观察到由平行的外围亚晶粒组成的圆柱状亚结构。柱状亚结构之间的不匹配会导致体积缺陷,并在石墨球中形成锥形亚结构。亚结构的形成表明石墨烯层的局部生长。单个石墨颗粒中圆锥形亚结构的生长并不一致。球状石墨颗粒中的圆锥形亚结构突出于其他圆锥形亚结构,引发了石墨分解形态的形成,如"爆炸"形。适应颗粒表面曲率的晶体学缺陷包括倾斜边界,c 轴旋转缺陷,堆垛层错和杂环缺陷,这些将在 1.3 节和 1.4 节中详细讨论。

1.3 石墨的结构

不难发现,完美的石墨晶格结构最终只会形成笔直的石墨块体,而不会产生各种石墨颗粒形态。正是晶体缺陷导致了不同形状的石墨颗粒的形成。本节将首先介绍石墨的晶体结构,然后对石墨中的缺陷进行讨论。以下的讨论和模型不仅适用于铸铁中的石墨,还适用于任何其他类型的石墨材料。

石墨晶体由一系列互相之间距离为 0.33~0.36nm 的平行的石墨烯薄片(每个平面都被视为基面)组成。碳原子在基面上通过 sp^2-杂化键结合,并具有三重对称性。平面内的 sp^2-杂化键(键能为 524 kJ/mol)比相邻基面的碳原子之间的 π 键(键能为 7 kJ/mol)强得多[36]。石墨中变化多样的基面堆叠序列可能与其 π 键较弱有关。石墨的晶体结构随着不同的基面堆叠序列而发生变化,包括 AA-六方结构、AB-六方结构和 ABC-菱方结构。一般认为,由于能量上的不稳定性,AA-六方结构不太可能出现在天然石墨中。但是据报道,AA-六方结构在人工合成的锂插层石墨中是可能存在的[37]。实验中所观察到的石墨晶体结构通常是 AB-六方 2H 型结构(空间群 194)和 ABC-菱方 3R 型结构(空间群 186)[36]。图 1.25(a)~(f)所示为 2H 型石墨和 3R 型石墨中的碳原子排列,分别垂直于(0001)基面、($10\bar{1}0$)柱面和($1\bar{2}10$)柱面。

AB-六方结构(2H)被认为是天然纯石墨中唯一可能存在的结构[36]。2H 石墨经过力学处理、化学处理或热处理,会形成具有 ABCABC…堆叠序列的菱方石墨(3R)结构。3R 结构主要通过部分位错与 2H 结构分开[37-42]。3R 结构通常被认为是 2H 结构的剪切变形形式[37,43]。在球墨铸铁的球形石墨中还可观察到 3R 结构与 2H 结构混合构型[14]。

在本章中,2H 石墨和 3R 石墨采用相似的坐标系:基面内的单位向量为晶向 $[2\bar{1}\bar{1}0]$,$[\bar{1}2\bar{1}0]$ 和 $[\bar{1}\bar{1}20]$,分别用 a_1、a_2 和 a_3 表示,其长度均等于六边形宽度,如图 1.25(a)、(d)所示,c 轴([0001])方向则为基面的法向。本章中的分析基于假定 2H 石墨和 3R 石墨具有相同的晶格参数:(1)六边形宽度 a 等于 0.246nm;(2)基面间距 c_0 等于 0.335nm[43-45]。值得注意的是,不同石墨结构的 c-间距基于 c 轴的周期性而变化。在 2H 结构中,重复基面的最小距离等于 $2c_0$(0.6710nm),而在 3R 结构中 c 间距则等于 $3c_0$(1.006nm)。在该坐标系中,与石墨晶格堆叠序列相关的 A、B 和 C 位置可以通过平移向量 $\frac{1}{3}a<10\bar{1}0>$ 进行变换。例如,通过将晶格平移$\frac{1}{3}a<10\bar{1}0>$向量,A 位置转换为 B 位置,并且利用同样的向量平移可以将 B 位置转换为 C 位置。还应注意,2H 石墨的$(10\bar{1}l)$①(l 为整数)柱面($l=0$)/锥面($l\neq0$)的变体与 3R 石墨不同,如图 1.25(c)、(f)所示。因此,对于 2H 石墨和 3R 石墨,沿 B(光束方向) = $<\bar{1}2\bar{1}0>$得到的选区衍射图样是不同的。

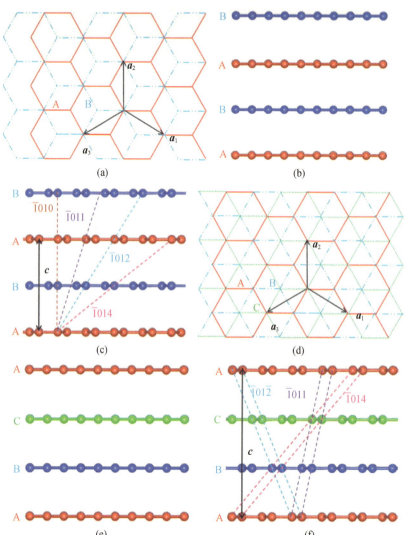

图 1.25　2H 型石墨(a),(b),(c)和 3R 型石墨(d),(e),(f)的碳原子排列示意图

(a)和(d)为$<0001>$方向视角,(b)和(e)为$<10\bar{1}0>$方向视角,(c)和(f)为$<\bar{1}2\bar{1}0>$方向视角。其中坐标系由单位向量$\boldsymbol{a}_1$、$\boldsymbol{a}_2$ 和 $\boldsymbol{c}$ 定义:$\boldsymbol{a}_1=\frac{1}{3}a[2\bar{1}\bar{1}0]$,$\boldsymbol{a}_2=\frac{1}{3}a[\bar{1}2\bar{1}0]$②、$\boldsymbol{c}=c[0001]$。$\boldsymbol{a}_3=\frac{1}{3}a[\bar{1}\bar{1}20]$。在 2H 结构中 c 值为 0.6710nm,在 3R 结构中 c 值为 1.006nm。(c)和(f)分别标记了在 AB - 六方石墨和 ABC - 菱方石墨中的$(10\bar{1}l)$③晶面。图中圆形不代表真实原子尺寸,两原子间的连线不代表真实原子间的键长。

---

① 原文为$<10\bar{1}l>$,该处指晶面指数,因此修改为$(10\bar{1}l)$。
② 原文为$<\bar{1}2\bar{1}0>$,该处为晶体晶向指数,应与上下文一致,因此修改为$[\bar{1}2\bar{1}0]$。
③ 原文为$<10\bar{1}l>$,该处为晶面指数,因此修改为$(10\bar{1}l)$。

利用透射电子显微镜进行实验观察获得的衍射图样包含了石墨晶体结构相关的信息,即基面的堆叠序列。利用 PDF4 + 软件可针对不同的石墨结构对沿两个棱柱方向 $<10\bar{1}0>$ 和 $<\bar{1}2\bar{1}0>$ 的选区衍射(SAD)图样进行模拟。应当注意的是,只有平行于电子束并满足相长干涉条件的晶面才会在衍射图样中产生明亮衍射斑。假设 2H 结构和 3R 结构的 a 和 c_0 值相同,那么沿 $<10\bar{1}0>$ 方向观察时,2H 结构和 3R 结构的原子排列相同(图 1.25(b)、(e))。对于 3R 和 2H 结构,由于其 $<10\bar{1}0>$ 晶带轴衍射图样相同,因此可以使用沿 $<\bar{1}2\bar{1}0>$ 方向得到的晶带轴衍射图样将 3R 与 2H 结构进行区分。模拟的选区衍射图样(SADP)表明,沿 B(光束方向) = $<10\bar{1}0>$ 方向得到的 2H(图 1.26(a))和 3R(图 1.26(a))的结果相同。作为对比,进一步验证 B = $<\bar{1}2\bar{1}0>$ 条件下的 SADP 中的 $10\bar{1}l$ 衍射斑,2H 和 3R 的结果则不同。与 3R 结构相比,2H 结构中存在更多满足相长干涉条件的 $10\bar{1}l$(l = 整数)锥面,因此在 2H 结构的 B = $<\bar{1}2\bar{1}0>$ 条件下的 SADP 中会产生更多的衍射斑。图 1.26(c)和图 1.26(d)分别显示了 2H 和 3R 结构在 B = $<\bar{1}2\bar{1}0>$ 条件下的模拟 SADP。在倒易空间中定义一个角度阿尔法(α),以区分两种晶体结构的锥面衍射斑。如图 1.26(c)所示,在 2H 结构中,α 角是通过连接 B = $<\bar{1}2\bar{1}0>$ SADP 中的 $10\bar{1}1$、$10\bar{1}2$ 和 $10\bar{1}4$ 衍射斑得到。在 3R 结构中,α 角是通过连接 $<\bar{1}2\bar{1}0>$ SAD 图样中的 $10\bar{1}1$、$10\bar{1}2$ 和 $10\bar{1}4$ 衍射斑得到,如图 1.26(d)所示。在 2H 结构的 $<\bar{1}2\bar{1}0>$ SAD 图样中,该角度为 90°,在 3R 结构的 $<\bar{1}2\bar{1}0>$ SAD 图样中,此角度约为 84°(具体值取决于晶体结构的 a/c 比值)。

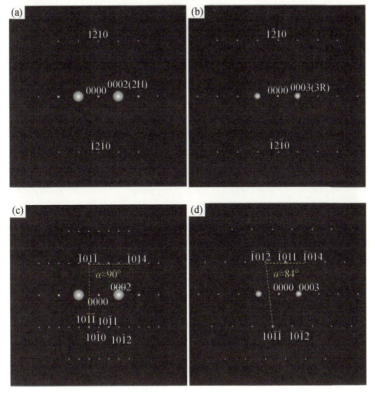

图 1.26　AB - 六方(2H)石墨(a)和 ABC - 菱方(3R)石墨(b)沿 $<10\bar{1}0>$ 晶带轴方向具有相同的模拟 SAD 图样。2H 石墨(c)和 3R 石墨(d)沿 $<\bar{1}2\bar{1}0>$ 晶带轴方向的模拟 SAD 图样则不同。对于 AB - 六方结构,α 角为 90°,而对于 ABC - 菱方结构,α 角则约为 84°。光斑的直径不代表衍射的相对强度

1.4 石墨中的晶体学缺陷

1.4.1 位错、倾斜晶界和孪晶界

石墨中的位错已得到相当详细的研究[39-41,46-51]。位错线和伯氏向量均位于基面上的位错称为基面位错[46,50],这是在天然石墨和合成石墨中观察到的最普遍的位错[46]。石墨中的基面全位错的伯氏向量为 $\frac{1}{3}a\langle 1\bar{2}10\rangle$ [46-47],图 1.27 所示为一个位于基面上的刃位错型全位错(位错线沿 $[10\bar{1}0]$ 方向)。在石墨晶格中引入全位错等效于将两个额外的原子面(相当于一个六边形宽度,在图 1.27 中由矩形虚线框标出)插入未变形晶格上方的石墨晶格中。如果沿 c 方向堆叠一系列连续的全位错而形成位错墙,则最终得到使石墨晶格发生弯曲的倾斜晶界。该晶界围绕 $\langle 01\bar{1}0\rangle$ 轴形成 $40°18'$ ($2\arctan(a/2c_0)$) 的倾斜角,并且属于不变平面为 $(2\bar{1}\bar{1}2)$ 的孪晶界。在球墨铸铁的石墨球中曾观察到一个 $40°18'$ 的共格孪晶界,但缺少具体的分析[12]。图 1.28 所示为这种 $40°18'$ 孪晶界的几何学结构。

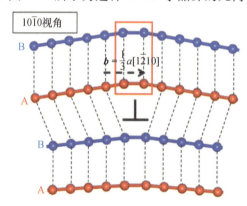

图 1.27 包含一个伯氏向量 $b = \frac{1}{3}a[1\bar{2}10]$ 的全位错的石墨晶格。刃位错周围的晶格发生了畸变

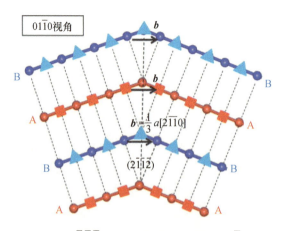

图 1.28 不变平面为 $(2\bar{1}\bar{1}2)$ 的孪晶界将基面围绕 $\langle 01\bar{1}0\rangle$ 轴倾斜 $40°18'$

○:在绘图平面内;□:在绘图平面前 $a\sqrt{3}/6$ 处;△:在绘图平面后 $a\sqrt{3}/6$ 处。

石墨中的全位错可以根据以下方程分解为两个不全位错[46-47]：

$$\frac{1}{3}a[2\bar{1}\bar{1}0] = \frac{1}{3}a[10\bar{1}0] + \frac{1}{3}a[1\bar{1}00] \tag{1.2}$$

式中：$\frac{1}{3}a[10\bar{1}0]$ 和 $\frac{1}{3}a[1\bar{1}00]$ 为夹角60°的两个不全位错。每个不全位错都相当于在晶格中插入半个额外的六边形宽度（一个原子面）。分解得到的两个不全位错可以由 c 方向的剪切应力分开[48]。此外，不全位错会改变基面的堆叠序列，这种情况将在以下各节中进行讨论。为便于讨论，将伯氏矢量为 $\frac{1}{3}a[10\bar{1}0]$ 的不全位错指定为不全位错1，(P_1)，将伯氏向量为 $\frac{1}{3}a[1\bar{1}00]$ 的不全位错指定为不全位错2，(P_2)。由于两个额外的半原子面可以被分开从而产生较小的晶格畸变，因此这种位错分解会使系统具有更低的能量。例如，如果 P_1 和 P_2 不全位错沿 $-c-$ 方向交替钉扎在位错墙上，则会形成绕 $<01\bar{1}0>$ 轴倾斜 20°48′ 的孪晶界（不变平面为 $(2\bar{1}\bar{1}1)$）[46-48, 52]。这种孪晶界在天然和合成石墨中已经得到了广泛的报道[46-48]，其结构如图1.29所示。利用自动晶体取向成图[13]，也已观察到其他可能的孪晶界/倾斜晶界的倾斜角度。

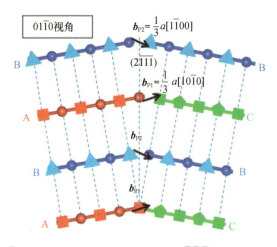

图1.29　围绕 $<01\bar{1}0>$ 轴倾斜 20°48′ 的不变平面为 $(2\bar{1}\bar{1}1)$ 的孪晶界是通过在每个基面中连续交替分布的不全位错组成（根据 Freise 和 Kelly 的研究绘制[47]）

○：在绘图平面内；□：在绘图平面前 $a\sqrt{3}/6$ 处；△：在绘图平面后 $a\sqrt{3}/6$ 处；◇：在绘图平面后 $a\sqrt{3}/3$ 处。

托马斯等[53]曾报道绕 $<11\bar{2}0>$ 轴倾斜 23°54′ 的孪晶界。贝克等[48]曾提出了一个2H石墨中 23°54′ 的孪晶界示意图模型，该模型的每个基面上均有一个不全位错。据报道，由于该孪晶结构会导致产生 CCBBAA 序列，因此这类孪晶界不会稳定存在。但是，除了不全位错引起的堆叠序列变化之外，他们没有考虑倾斜角引起的堆叠序列变化，因此他们模型中孪晶结构的最终堆叠序列是错误的。此倾斜晶界的模型如图1.30所示。图1.30（a）是分隔两个2H晶格的孪晶界的几何构造，其绕 $<11\bar{2}0>$ 轴倾斜 23°54′ $(2\arctan(a/(\sqrt{3}c_0)))$。不变平面为 $(\bar{3}30\bar{2})$，伯氏向量为 $\frac{1}{3}a[\bar{1}100]$（垂直于位错线）。这种孪生构型等效于在每个基面中引入相同的不全位错。除此之外，在两个3R结构之间，也可能存在围绕 $<11\bar{2}0>$

轴倾 23°54′的孪晶界，如图 1.30(b)所示。此时不变平面为 3R 结构之间的($\bar{1}10\bar{1}$)。

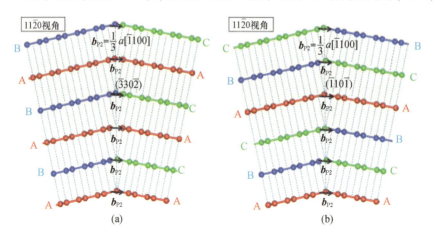

图 1.30 (a)两个 2H 结构之间的倾斜角为 23°54′(绕 <11$\bar{2}$0> 轴)、不变平面为($\bar{3}30\bar{2}$)的孪晶界，是通过在每个基面中放置一个不全位错 P_2 组成的；(b)两个 3R 结构之间的倾斜角为 23°54′(绕 <11$\bar{2}$0> 轴)、不变平面为($\bar{1}10\bar{1}$)的孪晶界，是通过在每个基面中放置一个不全位错 P_2 组成的

需要明确的是，本节中讨论的位错的伯氏向量位于基面内，并且不具有 c 方向的分量。因此，这里讨论的位错不同于具有 c 轴伯氏向量分量的堆垛层错(详细信息参见 1.4.3 节)。

1.4.2　不全位错引起的 2H/3R 结构转变

根据第 1.3 节内容，连接石墨晶格中 A,B 和 C 三位置的平移向量等效于不全位错，如图 1.31 和表 1.3 所示。可以看出，引入不全位错可以改变基面的堆叠序列，但是引入全位错则不会。表 1.3 总结了当用不全位错或全位错剪切晶格时得到的堆叠序列。从表 1.3 可以看出，不全位错可以将 C 层引入 ABAB…排列的六方晶体结构，从而形成 AB-CABC…的菱方晶体结构。如果将一系列不全位错引入 ABABABAB…排列的晶格中，则所产生的堆叠序列将与不全位错的顺序相关。通过在基面中引入交替排列的 P1 和 P2，将产生 CBCBCBCB…的堆叠结构；通过在交替的基面中添加 P1，可生成 CABCABCA…的堆叠结构。对于 CBCBCBCB…，它仍然是六方晶体结构。而另一种情况下，通过将相同的不全位错引入交替的基面，可以产生连续的菱方晶体结构。此外，通过向基面引入一系列位错，可以通过形成倾斜晶界/孪晶晶界使石墨晶格发生扭曲。图 1.32 是石墨晶格的几何结构，在交替的基面上具有相同的不全位错。实际上，图 1.32 中所示的两个晶界是从一个孪晶晶界分离而来的，如图 1.29 所示。假设左侧的晶界在交替的基面中由 P1 构成，而右侧的晶界是在交替的基平面中由 P2 构成，则在两个晶界处产生围绕 <0$\bar{1}$10> 轴的两个相等的倾斜角。图 1.32 的左边给出了一个围绕 <0$\bar{1}$10> 轴的 10°24′(arctan($a/4c_0$))倾斜角的倾斜晶界。同时，左侧的倾斜晶界将 2H 结构的区域和 3R 结构的区域分开。类似地，图 1.32 右侧的另一个 10°24′的倾斜晶界将 3R 结构与 2H 结构分开。在球墨铸铁中的球状石墨里，已经通过实验观测到了围绕 <0$\bar{1}$10> 轴的 10°24′的倾斜晶界。分析 <$\bar{1}$2$\bar{1}$0> 晶带轴的衍射图样，可以确认在该晶界处发生了从 2H 到 3R 的晶体结构转变[14]。

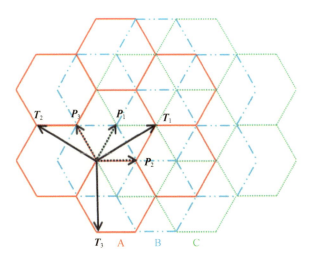

图 1.31 石墨中的不全位错(P_1,P_2 和 P_3)和全位错(T_1,T_2 和 T_3)。全位错由两个不全位错组成:$T_1 = a_1 = P_1 + P_2$,$T_2 = a_2 = P_3 - P_2$ 和 $T_3 = a_3 = P_1 - P_3$。P_1 和 P_2 之间以及 P_1 和 P_3 之间的角度均为 60°。

表 1.3 通过将不全位错引入石墨晶格来改变堆叠序列的示例,全位错不会改变堆叠序列

引入的位错	P_1	P_2	$T_1/T_2/T_3$
堆叠序列变化	A→C B→A C→B	A→B B→C C→A	A→A B→B C→C

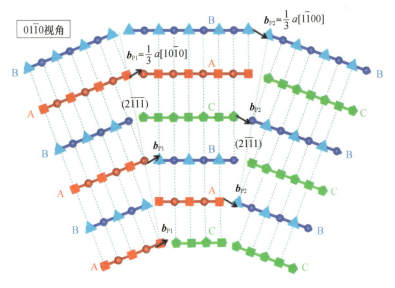

图 1.32 交替排列的基面中的不全位错在相邻的两个 2H 基面结构间产生了 3R 结构区域,并围绕 $<01\bar{1}0>$ 轴形成了两个 10°24′ 的倾斜角[47-48]

○:在所画平面中;□:在所画平面后面的 $a\sqrt{3}/6$ 处;△:在所画平面前面的 $a\sqrt{3}/6$ 处;⬠:在所画平面后面的 $a\sqrt{3}/3$ 处。

1.4.3 堆垛层错引起的 2H/3R 结构转变

在石墨晶格中引入堆垛层错可能会导致从 2H 到 3R 的转变[39-41,46,50]。图 1.33 给出了几种堆垛层错的例子:(a)基面滑移(肖克利不全位错),(b)空位型位错环(弗兰克位错),和(c)间隙型棱柱位错环(弗兰克位错)。基面滑移[50]是基本位错(伯氏向量在基面中),它是通过在不全位错后剪切碳六边形晶格而不破坏 C–C 键而形成的。在双层石墨烯材料中已通过实验观察到晶界处基面堆叠序列的转变,正是基面滑移位错[51]。通过从石墨晶格上去除"半个"原子面可形成空位型位错环;间隙型棱柱位错环可以简化为将半个原子面插入石墨晶格。由于伯氏向量中存在 c 轴分量,空位型位错环和间隙型棱柱位错环不是基本位错。

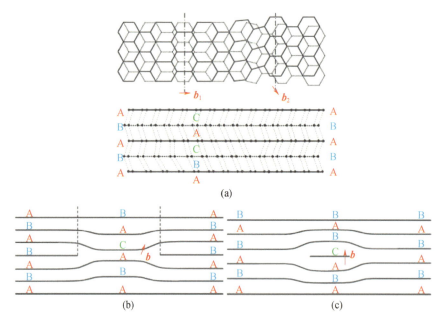

图 1.33 (a)基面滑移、(b)空位型位错环和(c)石墨晶格中的间隙型棱柱位错环的示意图[50](b 为伯氏向量)

根据 Amelinckx 等的研究结果[50],一个伯氏向量在 c 方向有分量的位错将在基平面上引起螺旋形生长。螺旋生长对于球状石墨的生长和形成有重要影响,因为许多包含球状石墨生长的理论都与这种机制有关[54-55]。

在球状石墨中经常观察到"额外半个"原子面插入石墨晶格中的情况,图 1.34 给出了几个示例。可以通过将 C 位置的半个原子面(也包括不全位错)插入 ABAB…晶格来形成间隙环,从而得到 ABC/ACB 的堆叠序列。但是,直接去除半个原子面将产生不稳定的 AA 或 BB 结构。因此,空位型位错环通常与其周围的不全位错相关联,以消除不稳定的结构,如图 1.33(b)所示。这样的缺陷足够薄,因此可以在电子衍射斑点中产生基面反射条纹。在天然和合成石墨中已观察到圆形和六边形环[50]。文献[46,50]观察到了在六方(2H)晶格中,用不全位错包围着的菱方(3R)结构晶格区域,在石墨晶格中存在可见的离解带/位错环[39,50]。

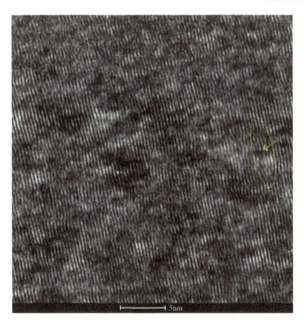

图 1.34　石墨晶格的高分辨图像（箭头所指为晶格中的堆垛层错）

在堆垛层错附近观察到了基面变形（例如：弯曲）；因此，堆垛层错对石墨球中的曲率调节是有益的。同时，局部（在几个基面上）的堆垛层错改变了石墨晶格的堆叠序列。大量随机分布的堆垛层错（例如，混合的空缺环和间隙环）可能会频繁地改变石墨的堆叠序列；但是它们可能不会使整个石墨晶格产生弯曲[14]。

应当指出，低的堆垛层错能促进了石墨中堆垛层错的形成。在这种情况下，六方晶格结构中可能会形成菱方晶格结构的区域。计算得到的石墨堆垛层错能量很小（0.0005～0.0007 J/m^2）；因此，在石墨中发生堆垛层错的可能性很高[46,49]。在天然石墨中，一个晶格错配区域的两侧晶界之间的距离约为80nm[39]。在球形石墨晶粒中观察到的2H和3R混合物[14]可能是由球形石墨颗粒中的小尺寸错配区和高密度堆垛层错导致的。

1.4.4　由 c 轴旋转缺陷引起的 2H/3R 结构转变

石墨中的 c 轴旋转缺陷可以简化为第二层石墨烯相对于第一层石墨烯旋转了特定角度（图 1.35[47]）。镀镍石墨[18-19,56]和铸铁[57-58]中的片状石墨颗粒能够证明 c 轴旋转缺陷的存在。

很多研究都声称 c 轴旋转缺陷能够改变石墨烯片层的堆叠序列[59-63]，如图 1.36 所示[60]。c 轴旋转缺陷导致的局部堆叠序列变化也解释了石墨样本研究中出现 2H 相和 3R 相混合物的原因。此外，由于旋转缺陷的存在，晶面的生成需要更多的步骤，这也促进了碳沉积/石墨生长的动力学过程[64-65]。

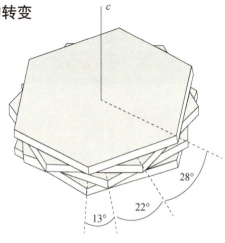

图 1.35　石墨中 c 轴旋转缺陷的几种可能情况的示意图（图像根据文献[47]重绘）

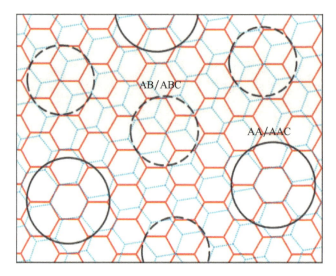

图1.36　c轴旋转缺陷导致的石墨晶格中不同的局部堆叠序列[60]
（石墨烯片层间的旋转角度约为9.3°）

1.4.5　由杂环缺陷引起的2H/3R结构转变

石墨晶格中硫原子或氧原子的存在会导致片状石墨的六方晶格中出现五元环等杂环缺陷[56]。碳原子本身能够形成五元环和七元环，正如其在富勒烯和碳纳米管中[66-67]。五元环或七元环的存在会扭曲相邻的六方晶格，（图1.37(a)、(b)），在这种情况下，缺陷周围会出现六方晶格的局部位错，导致局部堆叠序列的改变。因此，2H/3R结构转变可能在杂环缺陷周围出现。

杂环缺陷在向石墨烯中引入曲率方面也至关重要[67]。五元环和七元环成对出现被称为5-7缺陷（一种拓扑缺陷），这一缺陷能够在石墨晶格中引入局部或全局曲率[66]。周期性排列的5-7缺陷能够在基底面上产生一个晶界向错。基于5-7缺陷出现的不同周期，该晶界周围的晶格之间可能存在不同的扭转角度[66]。图1.37(c)展示了一个由5-7缺陷引起的晶格向错，扭转角约为21°[67]。

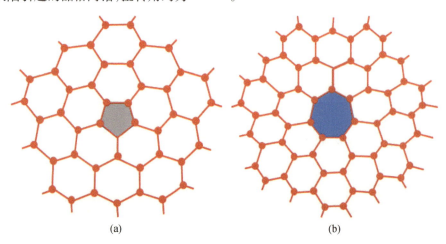

(a)　　　　　　　　　(b)

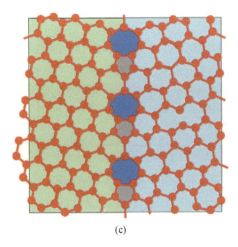

(c)

图 1.37 石墨中的五元环(a)和七元环(b)缺陷,缺陷周围的石墨晶格取向发生了变化。(c)展示了由周期性 5-7 缺陷引起的约 21°扭转角的晶界向错(图像根据文献[67]重绘)

参考文献

[1] Morrogh,H. and Williams,W. J.,Graphite formation in cast irons and in nickel – carbon and cobalt – carbon alloys. *J. Iron Steel Insts.*,155,321 – 371,1947.

[2] Double,D. D. and Hellawell,A.,Growth structure of various forms of graphite,in:*The Metallurgy of Cast Iron:Proceedings of the Second International Symposium on the Metallurgy of Cast Iron*,pp. 509 – 528,Georgi Publishing,Geneva,Switzerland,1974.

[3] Shaahin,A. and Reza,A.,Nucleation and growth kinetics of graphene layers from a molten phase. *Carbon*,51,110 – 123,2013.

[4] Goodrich,G. M.,Gundlach,R. B.,et al.,Cast irons,castings,in:*ASM Handbook*,vol. 15,ASM International,2008.

[5] Elkem,Inoculants,https://www. elkem. com/foundry/iron – foundry – products/inoculants/,2018.

[6] Ductile Iron Society,Ductile Iron Data,https://www. ductile. org/ductile – iron – data – 2/,2018.

[7] Lekakh,S. N.,Qing,J.,Richards,V. L.,Investigation of cast iron processing to produce controlled dual graphite structure in castings. *Trans. Am. Foundry Soc.*,120,297 – 306,2012. Paper No. 12 – 024.

[8] Qing,J.,Lekakh,S. N.,Richards,V. L.,No – bake S – containing mold – ductile iron metal interactions:Consequences and potential application. *Trans. Am. Foundry Soc.*,121,409 – 418,2013. Paper No. 13 – 1320.

[9] Wikipedia,Ductile iron,https://en. wikipedia. org/wiki/Ductile_iron,2018.

[10] Miao,B. and North Wood,D. O.,et al.,Structure and growth of platelets in graphite spherulites in cast iron. *J. Mater. Sci.*,29,255 – 261,1994.

[11] Miao,B.,Fang,K.,Bian,W.,On the microstructure of graphite spherulites in cast irons by TEM and HREM. *Acta Metal. Mater.*,38,2167 – 2174,1990.

[12] Monchoux,J. P.,Verdu,C.,et al.,Morphological changes of graphite spheroids during heat treatment of ductile cast irons. *Acta Mater.*,49,4355 – 4362,2001.

[13] Theuwissen,K.,Lacaze,J.,Laffont – Dantras,L.,Structure of graphite precipitates in cast iron. *Carbon*,96,1120 – 1128,2016.

[14] Qing, J., Richards, V. L., Van Aken, D. C., Growth stages and hexagonal – rhombohedral structural arrangements in spheroidal graphite observed in ductile iron. *Carbon*, 116, 456 – 469, 2017.

[15] Qing, J., Richards, V. L., Van Aken, D. C., Staged growth of spheroidal graphite in ductile irons. *Trans. Am. Foundry Soc.*, 125, 2017. Paper No. 17 – 087.

[16] Schweitzer, P. A., *Metallic Materials*, p. 72, CRC Press, 2003.

[17] Standard test method for evaluating the microstructure of graphite in iron castings, ASTM A 247, 2017.

[18] Double, D. D. and Hellawell, A., Defects in eutectic flake graphite. *Acta Metall.*, 19, 1303 – 1306, 1971.

[19] Double, D. D. and Hellawell, A., The structure of flake graphite in Ni – C alloy. *Acta Metall.*, 17, 1071 – 1083, 1969.

[20] Park, J. S. and Verhoeven, J. D., Transitions between Type A flake, Type D flake, and coral graphite eutectic structures in cast irons. *Metall. Mater. Trans.* A, 27A, 2740 – 2753, 1995.

[21] Chuang, C., Singh, D., et al., 3D quantitative analysis of graphite morphology in high strength cast iron by high – energy X – ray tomography. *Scr. Mater.*, 106, 5 – 8, 2015.

[22] Sintercast, Process control for the reliable high volume production of compacted Graphite iron, http://www.sintercast.com/file/process – control – for – the – reliable – high – volume – production – of – compacted – graphite – iron – 2.pdf, 2018.

[23] Stefanescu, D. M., Alonso, G., et al., On the crystallization of graphite from liquid iron – carbon – silicon melts. *Acta Mater.*, 107, 102 – 126, 2016.

[24] Kurz, W. and Fisher, D. J., *Fundamentals of Solidification*, third edition, Trans Tech Publications, 1989.

[25] Jones, H. and Kurz, W., Growth temperatures and the limits of coupled growth in unidirectional solidification of Fe – C eutectic alloys. *Metall. Mater. Trans.* A, 11A, 1265, 1980.

[26] Hillert, M. and Subba – Rao, V. V., Grey and white solidification of cast iron, in: *The Solidification of Metals*, pp. 204 – 212, London, 1968.

[27] Fredriksson, H. and Remaeus, B., The influence of sulphur on the transitions white to grey and grey to white in cast iron, in: *The Metallurgy of Cast Iron: Proceedings of the Second International Symposium on the Metallurgy of Cast Iron*, Geneva, Switzerland, pp. 315 – 326, Georgi Publishing, 1974.

[28] Stefanescu, D. M. and Brandyopadhyay, D. K., On the solidification kinetics of spheroidal graphite cast iron, in: *Physical Metallurgy of Cast Iron IV: Proceedings of the Fourth Intl Symposium Held in Tokyo, Japan*, pp. 15 – 26, Materials Research Society, 1990.

[29] Chaudhari, M. D., Heine, R. W., Loper, C. R., Principles involved in the use of cooling curves in ductile iron process control. *AFS Trans.*, 82, 431 – 440, 1974.

[30] Lux, B., Mollard, F., Minkoff, I., On the formation of envelopes around graphite in cast iron, in: *The Metallurgy of Cast Iron: Proceedings of the Second International Symposium on the Metallurgy of Cast Iron*, Geneva, Switzerland, Georgi Publishing, pp. 371 – 400, 1974.

[31] Rivera, G., Boeri, R., Sikora, J., Research advanced in ductile iron solidification. *AFS Trans.*, 111, 979 – 989, 2003.

[32] Lekakh, S. N., Qing, J., Richards, V. L., Peaslee, K. D., Graphite nodule size distribution in ductile iron. *AFS Trans.*, 121, 419 – 426, 2013. Paper No. 13 – 1321.

[33] Wetterfall, S. E., Fredriksson, H., Hillert, M., Solidification process of nodular cast iron. *J. Iron Steel Inst.*, 210, 323 – 333, 1972.

[34] Draper, P. H. and Lux, B., Carbon solute distribution around a spheroidal graphite crystal growing from a Fe – C melt, in: *The Metallurgy of Cast Iron*, B. Lux, I. Minkoff, F. Mollar (Eds.), pp. 371 – 400, Georgi Publishing, 1984.

[35] Lupis, C. H. P., *Chemical Thermodynamics of Materials*, p. 365, North Holland, 1983.

[36] Pierson, H. O., *Handbook of Carbon, Graphite, Diamond and Fullerenes: Properties, Processing, and Applications*, Noyes, Park Ridge (NJ), 1993.

[37] Xu, B., Su, M. S., et al., Understanding the effect of the layer-to-layer distance on Li-intercalated graphite. *J. Appl. Phys.*, 111, 124325, 2012.

[38] Lin, Q., Lin, T., et al., High-resolution TEM observations of isolated rhombohedral crystallites in graphite blocks. *Carbon*, 50, 2369-71, 2012.

[39] Delavignette, P. and Amelinckx, S., Dislocation ribbons and stacking faults in graphite. *J. Appl. Phys.*, 31, 1691-1692, 1960.

[40] Delavignette, P. and Amelinckx, S., Dislocation pattern in graphite. *J. Nucl. Mater.*, 5, 17-66, 1962.

[41] Amelinckx, S. and Delavignette, P., Electron optical study of basal dislocations in graphite. *J. Appl. Phys.*, 31, 2126-2135, 1960.

[42] Matuyama, E., Rate of transformation of rhombohedral graphite at high temperatures. *Nature*, 178, 1459-1460, 1956.

[43] Boehm, H. P. and Hofmann, U., Die rhomboedrische modifiaktion des graphits. *Z. Anorg. Allg. Chem.*, 278, 58-77, 1955.

[44] Franklin, R. E., The structure of graphitic carbons. *Acta Crystallogr.*, 4, 253-61, 1951.

[45] Wyckoff, R. W. G., *Crystal Structures*, pp. 9-45, John Wiley, New York, 1963.

[46] Kelly, B. T., *Physics of Graphite*, pp. 34-40, Allied Science Publisher, London, 1981.

[47] Freise, E. J. and Kelly, A., Twinning in Graphite. *Proc. R. Soc. Lond. A, Math. Phys. Sci.*, 264, 269-276, 1961.

[48] Baker, C., Gillin, L. M., Kelly, A., Twinning in graphite. *Second Conference on Industrial Carbon and Graphite, Society of Chemical Industry*, London, pp. 132-8, 1966.

[49] Heerschap, M., Delavignette, P., Amelinckx, S., Electron microscope study of interlamellar compounds of graphite with bromine, iodine monochloride and ferric chloride. *Carbon*, 1, 235-238, 1964.

[50] Amelinckx, S., Delavignette, P., Heerschap, M., Dislocation and stacking faults in graphite, in: *Chemistry and Physics of Carbon*, vol. 1, P. L. Walker (Ed.), pp. 1-77, 1966.

[51] Butz, B., Dolle, C., et al., Dislocations in bilayer graphene. *Nature*, 505, 533-537, 2014.

[52] Freise, E. J. and Kelly, A., The deformation of graphite crystals and the production of the rhombohedral form. *Philos. Mag.*, 8, 1519-1533, 1963.

[53] Thomas, J. H., Hughes, E. E. F., Williams, B. R., Unusual twining in graphite. *Nature*, 197, 682, 1963.

[54] Sadocha, J. P. and Gruzleski, J. E., The mechanism of graphite spheroid formation in pure Fe-C-Si alloys, in: *The Metallurgy of Cast Iron: Proceedings of the Second International Symposium on the Metallurgy of Cast Iron*, Geneva, Switzerland, Georgi Publishing, pp. 443-56, 1974.

[55] Minkoff, I., The Spherulitic Growth of graphite crystal. *Mater. Res. Soc. Symp. Proc.*, 34, 37-45, 1985.

[56] Double, D. D. and Hellawell, A., The nucleation and growth of graphite-the modification of cast iron. *Acta Metall. Mater.*, 43, 2435-2442, 1995.

[57] Purdy, G. and Audier, M., Electron microscopical observations of graphite in cast irons. *Mater. Res. Soc. Symp. Proc.: Symp. Phys. Metall. Cast Iron*, 34, 13-23, 1984.

[58] Park, J. and Lee, Y., Study on the stacking faults in eutectic flake graphite commercial graycast iron. *J. Korean Inst. Met. Mater.*, 32, 1103-1106, 1994.

[59] Zhu, P., Sha, R., Li, Y., Effect of twin/tilt on the growth of graphite. *Mater. Res. Soc. Symp. Proc.*, 34, 3, 1984.

[60] Campanera, J. M., Savini, G., et al., Density functional calculations on the intricacies of moiré patterns on graphite. *Phys. Rev. B*, 75, 235449, 2007.

[61] Cee, V. J., Patrick, D. L., Beebe, T. P., Jr., Unusual aspects of superperiodic features on highly oriented pyrolytic graphite. *Surf. Sci.*, 329, 141–8, 1995.

[62] Oron, M. and Minkoff, I., Growth wining in graphite dendrites. *Philos. Mag.*, 9, 1059–62, 1964.

[63] Minkoff, I. and Myron, S., Rotation boundaries and crystal growth in the hexagonal system. *Philos. Mag.*, 19, 379–87, 1969.

[64] Minkoff, I., *The Physical Metallurgy of Cast Iron*, pp. 37–45, John Wiley and Sons, 1983.

[65] Minkoff, I. and Lux, B., Graphite growth from metallic solution, in: *The Metallurgy of Cast Iron: Proceedings of the Second International Symposium on the Metallurgy of Cast Iron*, Geneva, Switzerland, Georgi Publishing, pp. 473–93, 1974.

[66] Terrones, H., Lv, R., et al., The role of defects and doping in 2D graphene sheets and 1D nanoribbons. *Rep. Prog. Phys.*, 75, 30, 2012.

[67] Kim, P., Graphene: Across the border. *Nat. Mater.*, 9, 792, 2010.

第 2 章 石墨烯的合成与质量优化

Dinh‑Tuan Nguyen Ya‑Ping Hsieh Mario Hofmann
中国台湾台北"中央研究院"原子与分子科学研究所

摘 要 石墨烯是一种具有原子级厚度的二维碳的同素异形体,在世界各地都受到了研究人员的关注。提出的许多应用依赖于具有高性能(如迁移率、缺陷浓度和纯度)的石墨烯的可扩展合成。本章将探讨利用化学气相沉积(CVD)技术生产高质量石墨烯的可能。首先简要概述 CVD 工艺和生长模型,接着讨论合成高质量石墨烯所面临的挑战。适当的表征方法揭示了晶格缺陷和不连续性的存在,这显著影响石墨烯的电子性质。我们将进一步揭示如何克服这些由石墨烯生长过程的基本限制造成的问题。这一研究将证明改变流体动力学状态、使用促进剂和改变生长条件以提高石墨烯质量的潜力。此外,研究还强调了催化剂形态的重要性,并阐述了提高催化剂质量的几种途径。优化后的方案不仅能提高石墨烯的质量,还可按工业规模生产,便于石墨烯今后投入应用。

关键词 石墨烯,化学气相蒸发,催化剂辅助化学气相沉积

2.1 引言

2.1.1 石墨烯合成简史

"石墨烯"一词是由 Boehm 于 1986 年[1]首次提出,在 1997[2]被国际纯粹与应用化学联合会(IUPAC)采用,"石墨烯"是指不饱和烃("‑ene")的无限石墨状薄片("graph‑"),但这一基础概念有着更长的历史。Wallace 在其 1947 年的理论著作[3]中提出了一种无限的薄片,其中石墨烯晶格中的每个碳原子与三个最近的相邻碳原子有一个 $2p_z$ 轨道重叠。石墨模型的这种简化导致了一种特殊的能带结构,其中 π(价带)和 π*(导带)能带在态密度为零的点相遇,在该点附近能量色散是线性的。在这些狄拉克点,电荷载流子以费米速度 $v_F \approx 10^6 \text{m/s}$ 移动,不受温度和无质量狄拉克费米子特性的影响[4]。

这种系统的实现首得益于对石墨和石墨插层化合物的研究[5‑6]。当物质插入石墨层之间时,增加了层间距并可导致物理分离。直观地说,如果物质随后被还原(热还原或化学还原),则可以形成独立薄片,其中一些可能为单层。这就是 Boehm 在 1962 年取得的成果,当时用德语发表,但并未引起全世界科学界的广泛关注[7]。

sp^2 晶格也可以在高温下通过气相碳原子的沉积并加上金属催化剂（金属铂，研究者 Morgan 和 Somorjai[8]；金属镍，研究者 Blakely 等[9]）或硅（Si）在碳化硅（SiC）表面的升华（研究者 van Bommel,1975）而自下而上形成。然而，由于处于自由态的 2D 晶体在 1930 年被 Landau 认为在热力学上是不可能的，因此很少有人致力于精确测量由此产生的石墨烯样品的厚度[10]。尽管如此，在之后的几十年里，由于其他碳纳米结构的出现，在理论和实验方面都取得了较大的进展（富勒烯,1985[11]；碳纳米管,1991[12]）[5,13]。2002 年，第一个与石墨烯有关的专利颁发给了 Nanotek 仪器公司的 Bor Jang，用于将纳米管展开成石墨烯板的工艺过程[14]。

另一种生产石墨烯的方法是机械剥离。2004 年[15]，A. Geim 和 K. Novoselov 发现，通过使用胶带反复剥离石墨，可以产生不同厚度的薄片，其中有单独的层，当将其湿转移到 Si 芯片上的 SiO_2 表面时，由于干涉效应，可以在光学显微镜下很容易地识别。由此得到的石墨烯质量极高，不仅没有官能基团和缺陷，且其在室温下的载流子迁移率比任何物质都高[16-17]。石墨烯的这一"重新发现"发表在《科学》杂志上，该作者因此获得了 2010 年诺贝尔物理学奖。同时使得石墨烯既是纳米领域基础研究的理想试验台，也是许多应用的"神奇材料"，这一发现也让人们对研究石墨烯的兴趣呈爆发式增长。

虽然能够生产出高质量的原始石墨烯，但著名的"胶带剥离法"不可扩展：单层以微米尺寸存在，分散在大量更大的多层剥离薄片中。要实现其应用价值，石墨烯需要以可控的厚度、大尺寸、行业相关的规模和有竞争力的价格生产，同时保持其优越的性能。为了实现这些目标，自 2004 年以来，人们对许多新老石墨烯合成方法进行了深入的研究，但到目前为止，还没有一种方法能完全实现这些目标[18]。

2.1.2 化学气相沉积法制备石墨烯的优点和局限

对于许多基于石墨烯的电子和光电子应用，高质量和大尺寸是重中之重，在这些情况下，化学气相沉积（CVD）是最可行的制备方法。接下来简单介绍 CVD 中石墨烯的生长情况，方便本课题的后续讨论。碳前驱体在金属催化剂表面分解成碳原子，形成薄膜（图 2.1）。

通过 CVD 生长的石墨烯可以具有任意尺寸，仅受金属衬底和反应室的尺寸限制。CVD 在工业上是一种很成熟的技术，可以很容易地集成到卷对卷工艺中[20]。此外，通过选择铜等低碳溶解度的衬底，可以干扰其生长机理，使其表面结合[21]。因此，CVD 能够生产大尺寸的单层石墨烯，然后可以容易地将其转移到适合于各种应用的其他衬底[22-23]。

然而，通过 CVD 生长的石墨烯表现出各种缺陷，比如 Stone-Wales 缺陷、旋错缺陷、空穴缺陷、边缘缺陷和线缺陷（图 2.2）。此外，石墨烯生长通常在金属表面上的多个位置同时发生，并且从这些成核中心，晶粒膨胀直到合并成多晶膜[24]。由于初始晶粒有不同的生长方向，当其膨胀和合并时，缝合将不完美，晶界也因此形成[25]。除此之外，其他缺陷（例如，位错）和杂质可以在生长或转移过程中引入到石墨烯膜中[26]。最后，在接近生长过程结束时，催化活性随着裸金属表面积的减小而逐渐降低，阻止了石墨烯在衬底上的 100% 覆盖[27]。

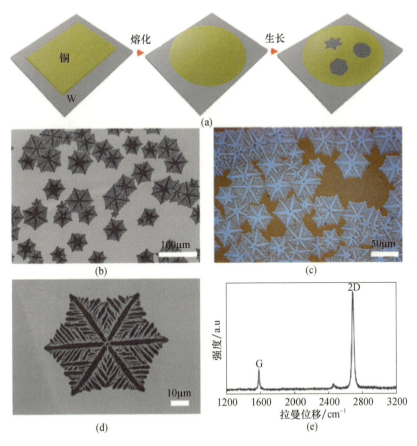

图 2.1 不同位置的石墨烯生长(a)~(d)和 CVD 石墨烯的典型拉曼光谱(e)
(经知识共享协议许可,转载自施普林格·自然期刊 Wu 等[19])

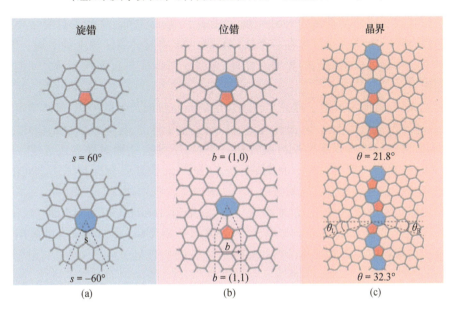

图 2.2 不同类型的石墨烯晶格缺陷
(施普林格·自然,自然纳米技术 Yazyev 和 Chen[28](2014)许可转载)

这些缺陷严重影响 CVD 石墨烯的性能,特别是阻碍其电子迁移率[29]。石墨烯最显著的特性之一是其创记录的电子迁移率,源于其独特的能带结构[30]。随后在石墨烯中测量到了巨大的迁移率值(霍尔效应迁移率超过 $200000\ cm^{-2}\cdot V^{-1}\cdot s^{-1}$ [31],场效应迁移率超过 $100000\ cm^{-2}\cdot V^{-1}\cdot s^{-1}$)[32],已经成为石墨烯研究的主要驱动力。遗憾的是,由于缺陷引起的电子散射,在大规模 CVD 生产的石墨烯中得到的典型值比上述值低了几个数量级[33-35]。缺陷改变键长,从而改变 p_z 轨道之间的重叠,导致与面内轨道的再杂交,并干扰电子轨道。然而,并非所有缺陷都有同等的影响。Song 等[29]研究了点缺陷、线缺陷(晶界)和表面污染对 CVD 石墨烯迁移率的有害影响,并得出结论,晶界是材料质量退化的主要因素。事实上,增加较大的石墨烯结构域(从而减少晶界)一直是 CVD 石墨烯中广泛采用的提高迁移率的方法之一[36-38]。

2.2 化学气相沉积缺陷的表征

为了研究缺陷对石墨烯的影响,必须能够首先检测和量化这些缺陷。为此可采用多种方法,每种方法各有优缺点[39]。光学显微镜和扫描电子显微镜(SEM)可以分辨大的缺陷结构,如晶界[40],但不能检测较小的缺陷,例如点缺陷。像差校正的高分辨透射电子显微镜(AC-HRTEM)是观察空位、边缘和晶界缺陷的理想工具[25,41-43]。遗憾的是,这一过程非常艰苦,需要花费数小时来获得纳米尺度的图像,还需要更多的时间来应用复杂的第一性原理计算来阐明结果。因此,所获得的图像可能不代表整个样品的整体缺陷,对于 CVD 生产的石墨烯,该缺陷可以是厘米级或更大的尺寸。

另一方面,光谱工具(PL、IR、Raman……)可以提供缺陷的定性和半定量信息[44]。例如,IR 对缺陷的化学性质敏感[45],而强度或光致发光是缺陷的有力指标[46-47]。拉曼特征(D 和 2D 能带)可以帮助推断缺陷的密集度[48-49],有时也有助于推断缺陷类型[50],了解这些特征有利于快速便捷地定位和可视化缺陷[51-52]。然而,这些工具的主要局限是空间敏感性有限。所获得的信号在各个缺陷位置的影响消失的区域上被平均。因此,仅靠光谱学不能精确地指出缺陷的类型。此外,拉曼光谱特征与石墨烯性质之间的关系有时并不明确[39,53]。

简言之,研究者面临着由于样品与缺陷尺度的不一致而产生的困境:显微镜可以以高精度定位缺陷,但覆盖范围太小,虽然光谱可以研究整个样品,但对缺陷微结构知之甚少。此外,大多数常规分析需要从生长衬底转移石墨烯,不可避免地对样品造成进一步的损伤,很难将这种损伤与需要研究的原始缺陷区分开[54]。需要弥合两种方法之间的差距,以获得快速而有效的分析石墨烯的方法。

一种思路是两种方法并用,相辅相成。例如,最近 Terrones 和其同事将 PL 和 STEM 与理论计算结合起来,将光学响应与 WS_2 [55]缺陷水平相关联,这种方式也可应用到石墨烯等其他二维材料中。然而其复杂性和耗时量并不亚于 TEM。

Hofmann 等开发了一种称为膜诱导受抑蚀刻(FIFE)的简单而有效的方法,该方法在很大程度上克服了这些障碍[56]。该工艺涉及铜衬底的石墨烯钝化刻蚀。只在石墨烯一侧用刻蚀剂冲洗便可以保护下面的铜,避开不完全生长或缺陷。短暂的曝光(约 10s)足以对样品质量进行目视检查(蚀刻区域为图 2.3(b)中的较暗区域)。随着长时间暴露于蚀刻剂,扩散导致在附近的石墨烯膜下蚀刻,加宽了蚀刻坑。这种欠蚀刻现象允许调整该方法以获得更大的通用性:通过改变曝光(通过调整蚀刻剂浓度或曝光时间),可以控制用于快速评估 CVD 石墨烯或集中研究缺陷的灵敏度。

低曝光将仅揭示大开口,如 CVD 石墨烯中常见的不完全生长区域。蚀刻区域部分 θ 可用于量化原始石墨烯覆盖[57-59]。注意,由于欠蚀刻,θ 与石墨烯的覆盖范围成比例或是前者对后者值的推算有参考意义,但两者绝不会相同(根据前者推出的后者值往往小于实际值)[56]。

同时,高曝光将大大提高小开口(例如晶格缺陷)的可见性,然后可以通过光学或电子显微镜或 AFM[60-61]对其进行观察和分析。假设蚀刻受蚀刻速率限制的简单模型允许计算小到几纳米缺陷的平均尺寸[62]。在大尺度下,数量 θ 可以很像拉曼光谱中的 I_D/I_G 比一样用来评估样品的缺陷浓度[56,63]。此外,由于该方法仅需要选择性蚀刻衬底而不是所研究材料的蚀刻剂,所以其也可用作其他二维材料的通用计量工具[64-65],而拉曼也可提供一些材料(如 h-BN[32])的部分信息。

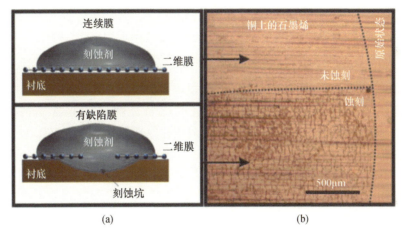

图 2.3 (a)晶格完整和断裂情况下的蚀刻示意图;(b)蚀刻 10s 后铜表面的光学显微照片
上部为完整的石墨烯,而在下部中,一些石墨烯在蚀刻之前被剥离。
(经施普林格·自然,纳米研究,Hofmann 等[56](2012)许可转载)

石墨烯作为电化学蚀刻中 Cu 或 Ni 衬底的保护层的作用也可以以类似的方式利用[62,66]。Ambrosi 等将金属电极固有的氧化还原信号与石墨烯覆盖率联系起来[66]。Kidambi等提出了蚀刻凹坑形成的定量模型,计算出该方法的灵敏度足以检测出小至 0.6nm[67]的缺陷。在另一种方法中,Duong 等在潮湿的环境条件下使用紫外线照射,产生穿透石墨烯边界的 O 和 OH 自由基,在显微镜下以与蚀刻法分辨率相当的方式可视化边界[68]。

2.3 优化化学气相沉积条件以提高石墨烯质量

CVD 有很多变体,这既是优点,也是一种挑战(优化参数)。本研究并不试图说明 CVD 石墨烯合成的所有不同方式,而是证明如何使用合理的设计来优化工艺。尽管如此,也将简要介绍尽可能多的实验过程和参数规划,以便广泛地了解这一领域。

在工艺过程方面,CVD 实验通常是由四个步骤组成。首先,衬底需要在接近工作温度的管式炉中加热(图 2.4)。然后是保持高温时的退火步骤,以减少衬底缺陷并使衬底表面平滑。在生长阶段,引入碳前驱体,引入催化剂进行石墨烯的化学沉积。最后,冷却腔室并重新注入惰性气体以防止石墨烯氧化。在整个阶段有许多需要控制的参数,包括混合气、流量、温度和时间等。本书将讨论其中一些参数。其他一些参数仍然存在争议,例如 H_2(与 CH_4 混合)在生长阶段的作用[69-70]。

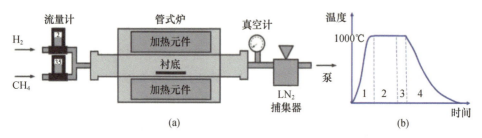

图 2.4 (a)CVD 实验装置(经 Li 等[21]许可转载,约翰威力出版公司版权所有);
(b)工艺过程中的温度曲线图

使用哪种碳素原料是一个重要的问题。在 Ruoff 团队(2009)[34]的首创研究论文中,使用的是 CH_4,由于其相对简单的化学式和几十年来积累的对其脱氢的广泛知识,甲烷仍是使用最广泛的前驱体材料。但其缺点是甲烷的分解需要非常高的温度(超过 1200℃)[71]。即使有催化剂,大尺寸的石墨烯最佳的生长温度也只有 1000℃[69]左右。因此,已经有相当多的研究利用液体(酒精[72]、苯[73]、甲苯[74])或固体(聚苯乙烯,PMMA)[73,75]来实现较低的工作温度,尽管这些方法往往会损害石墨烯的质量。有趣的是,石墨烯还可以通过糖[76]、巧克力、草和昆虫等[77]的热分解产生,为其应用于废物回收和水净化开辟了一条新的道路。同样,有研究探索等离子体辅助 CVD 以降低温度和/或缩短生长时间[78-79],但是等离子体诱导的缺陷极大地阻碍了其优点。而另一方面,研究人员已经努力避免普通 CVD 中的低压要求,因为大气压工艺将更有利于大规模生产[80-83]。尽管效果也不错,但在石墨烯质量方面,使用这些方法生长的石墨烯的质量仍然低于低压 CVD。

催化衬底的选择也有所考虑。已经观察到,在铜上生长的石墨烯遵循与其他过渡金属衬底(Ni、Pt、Ru 等)[84]不同的机制。例如,早在 20 世纪 70 年代进行的[85-86]对镍的研究中,碳氢化合物前驱体被化学吸附在金属表面并在金属表面脱氢,产生碳原子,然后扩散到块体镍中。当碳原子浓度超过阈值或在冷却过程中溶解度降低时,碳开始分离到表面,首先是单层,然后是多层[87]。相比之下,由于碳在铜中的溶解度非常低,石墨烯在铜上的生长纯粹是一种表面结合现象:前体解离成碳吸附原子,直接聚集在金属表面;一旦铜表面被石墨烯阻挡,就不可能再发生生长。因此,尽管有更高的温度要求[88],铜仍然是单层石墨烯生长的首选衬底材料。

2.3.1 优化生长动力学

然而,这种自限生长并不会形成连续的石墨烯薄膜。观察到,随着更多的石墨烯覆盖铜表面,由于碳对铜的催化剂中毒(也称为"焦化")[89],生长速率降低,在某个时间点后,石墨烯将不再增加,并且还会在石墨烯结构域之间留下小孔[90]。石墨烯薄膜的完整性程度取决于有多少碳吸附原子可用于成核,即临界过饱和水平(开始成核的阶段)时的碳浓度和在与其他物质(H_2,CH_4)达到平衡时的浓度之间的差异;两者都受到多项优化热力学因素的影响[27,88]。

克服这一障碍的一种方法是引入更具活性的物质作为促进剂。Hsieh等首先建议使用镍作为CVD中研究充分的催化剂来发挥这一作用[57]。实际上,由于两种金属的碳溶解度和活化能的不同,铜镍合金已经被用来控制多层石墨烯的厚度[91-92]。当在如图2.5(a)所示的装置中使用时,镍促进剂可以通过分布催化提供碳自由基,从而提高石墨烯的覆盖率:碳自由基首先在促进剂上生成,然后扩散到衬底中,在衬底中发生的第二个催化过程中,碳自由基与石墨烯晶格结合。

如图2.5(b)和(c)所示,使用促进剂的样品的拉曼光谱中I_D/I_G比率的幅度和变化减小,证实缺陷有明显减少,且均匀性有明显提高,而在图2.5(d)中,在G'能带的红移表明悬挂键减小[93]。令人惊讶的是,所有这些增强都伴随着可忽略不计的双层形成(图2.5(e)中G'能带稍稍变宽)。在使用镍或钼促进剂的研究中,覆盖率达到90%,这是考虑表面缺陷时可达到的最大值。促进剂的另一个益处是放宽温度要求或减少生长时间的潜力。

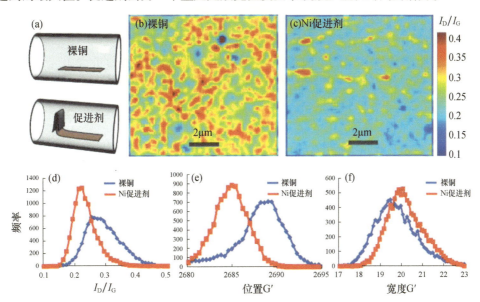

图2.5 (a)促进剂增强CVD实验示意图,镍箔附着在铜箔的上游;(b),(c)无促进剂和有促进剂石墨烯I_D/I_G比值的拉曼映射;(d)~(f)无促进剂和有促进剂的石墨烯拉曼特征直方图
(经爱思唯尔许可,转载自Hsieh等[57])

促进剂诱导自由基浓度增加的一个不利影响是晶粒的形核密度大,从而使晶粒尺寸变小,对电子迁移率产生不利的影响。为了解决这个问题,对CVD工艺进行了改进,改进后包含两个生长步骤:首先,常规生长(无促进剂)达到接近完全覆盖;其次是石墨作为促进剂的二次生长[94](图2.6)。由于在第二次生长开始时,大部分衬底表面已经被石墨烯覆盖,促进剂将加强在第一步生长的晶粒之间的连通性,而不引入新的成核点。另一个问

题是石墨烯本身也在镍上生长,所以随着时间的推移,该促进剂将因碳中毒而失去效力。为此,在随后的研究中选择石墨作为促进剂,尽管其催化效率相对较低(活化能垒为 2.32eV,而镍促进剂为 1.32eV)。石墨的高度耐火能力也有助于减轻生长期间的相互扩散。结果表明,该结构不仅显著提高了石墨烯的覆盖率(在衬底形貌假设限制因素的情况下,最大可达 95%),而且提高了石墨烯的质量(降低了缺陷率和霍尔迁移率)[94]。

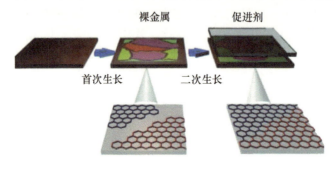

图 2.6　增加覆盖率的两步式增长(经英国皇家化学学会许可,转载自 Hsieh 等[94])

2.3.2　优化流体动力学

为了提高促进剂辅助 CVD 的效率,对实验装置的几何结构进行了改进。为了平衡促进效果的均匀性,促进剂盖在铜箔上,仅保留很小的间隙(图 2.7)。

结果发现,石墨烯的生长速率随孔隙的间距和位置的变化有显著的变化。Chin 等[95]研究发现,这种现象是由于前驱物浓度的空间变化而引起的,可以用以下式进行估算:

$$n(x) = n(0) - D\frac{dn_{gas}}{dx}$$

式中:D 为沿孔隙的碳前体扩散系数。将提取的生长速率代入到该方程,可以得出扩散系数,并观察到对间隙尺寸的强烈依赖。该扩散系数的变化提供了在具有不同直径的孔中出现不同流动状态的实验证明。孔隙较小时,必须要考虑壁面碰撞,流动以分子流动方式进行。在这些条件下,扩散系数取决于 Knudsen 数。

$$D_{Kn} = \frac{D_{free}}{Kn}$$

孔隙直径(d)与平均自由程(λ)的比值

$$Kn = \lambda/d$$

实际上,对于小间隙尺寸,扩散系数随间隙尺寸增加而呈线性增加,正如 Knudsen 体系中分子流动所预测的。当间隙尺寸较大时,扩散系数渐近达到其自由空间值,与无约束流体动力学条件相一致。两种流动状态之间的过渡可以由 Bosanquet 方程描述,并产生与间隙尺寸相关的扩散系数:

$$\frac{1}{D(d)} = \frac{1}{D_{free}} + \frac{1}{D_{Kn}} = \frac{1}{D_{free}}\left(1 + \frac{\lambda}{d}\right)$$

简单模型与实验数据的一致性具有几个重要的结果。首先,该方法对石墨烯的碳前驱体的传输性质进行了首次实验表征。更重要的是,对于不同位置和间隙尺寸的生长速率,可以建立一个简单的模型,而该模型仅取决于扩散系数和前驱体的部分压力:

$$k(x,d) = D(d)\left(\frac{4.0 n_{total}}{n_0} - x\right)$$

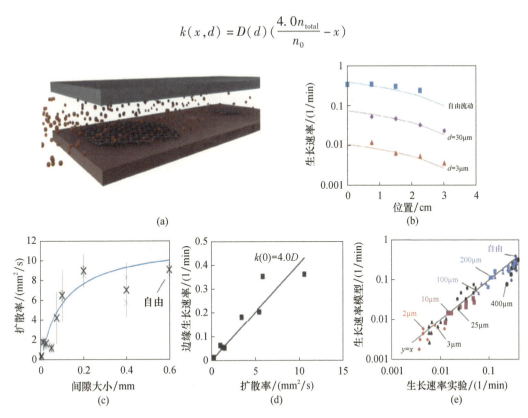

图2.7 （a）限制生长图示；（b）生长速率随间隙距离和孔内位置的变化；（c）扩散系数随间隙大小和拟合的变化，如文中所述；（d）孔隙边缘生长速率与扩散系数的函数关系；（e）实验确定的增长率对比文本所述模型预测的增长率。（经皇家化学学会许可，转载自 Chin 等）

预测生长速率与得出的生长速率非常吻合，表明石墨烯的生长在很大范围内受前驱体迁移速度的控制。

低压石墨烯生长过程的稳定性与大气压石墨烯 CVD 和传统的 CVD 都有本质的区别。相反，自限制生长或二维材料生长可与原子层沉积法相当。这些结果表明，石墨烯的 CVD 是一种独特且有应用前景的全新工艺，比如在具有超大长径比的复杂三维结构上生长。

2.3.3 优化合成规模

将此前改进后的动力学和调整后的流体动力学的研究成果相结合，试图增加石墨烯合成的可伸缩性和商业影响[58]。在此项研究中，通过铜箔层与石墨促进剂的交替设置，形成了纵横比大于 $10^{5[96]}$ 的超大型孔隙。这些层之间的粗糙度在 150nm 之内，足以容纳气体的输送，尽管扩散系数降低了 1000 倍。增长率的下降会导致生长时间的增加（完全生长最大时间可达 6h）（图 2.8）。

在该运输控制的过程中，成核种子的数量受到限制（下降 90%），从而使绝大部分生长位置的石墨烯质量得到大幅度提高。事实上，沿石墨叠层的垂直和水平方向，缺陷光学特性仅出现轻微的变化（图 2.9）。所有这些性能的测量表明显著改善了对照实验；例如，获得了 460Ω/口片电阻，比无间隙铜箔的方法获得的值低 40%。

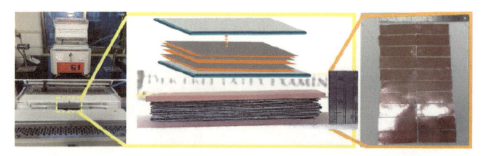

图 2.8　交替石墨和铜箔的堆叠,以提高可扩展性(经 Hsieh 等[58]许可改编,美国化学学会 2016 年版权所有)

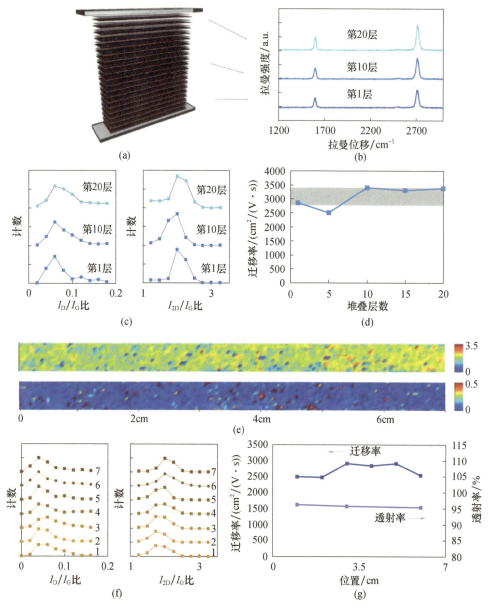

图 2.9　叠层之间和叠层内拉曼特征、透射率和迁移率的垂直(a)~(d)和
水平(e)~(g)变化(经 Hsieh 等[58]许可改编。美国化学学会 2016 版权所有)

这种新方法将传统的 1″熔炉系统中的石墨烯产量提高了 20 倍,大大填补较长生长时间的缺陷。也就是说:当用已建立的生长系统时,用这种方法获得的生长效率可以达到与工业相关的规模。例如,如果使用普通实验室规模的 3in 管,则可以增加 300 倍(总产量为 17m^2)。

2.3.4 优化衬底形貌

在优化动力学和流体动力学的基础上,CVD 石墨烯的质量可以通过控制生长衬底的细节来实现。石墨烯通常生长在商业化生产的铜箔上。虽然这些箔相对便宜,但其实存在一些问题。其具有多晶性质,含有表面污染物[74],且由于生产过程的原因导致表面粗糙[97]。

研究人员设计了许多方法来改善铜箔的形貌,包括蚀刻、热退火、氧化、机械抛光或电抛光,或两者并用[59,98-101]。强化质量的不同程序有时会带来相互矛盾的解释。例如,Wu 等研究发现非还原退火(在氩气环境中)有助于将核密度收缩到每平方毫米约 6 个核,从而使其生长出毫米大小的石墨烯单晶[100]。同时,也有其他研究者在退火步骤中加入了 Ar/H$_2$ 的混合物[101-102]。

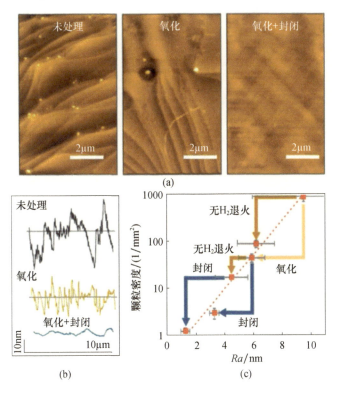

图 2.10 (a)未经处理、氧化和氧化 + 封闭的石墨烯样品的 AFM 图片、
(b)AFM 高度分析和(c)晶粒密度 - 粗糙度关系

这种多样化的预处理方法需要合理的设计来控制衬底的形貌。在这一研究方向上,Hsieh 等对铜氧化进行了三步研究(图 2.10)[103]。首先指出,无氢退火可以将成核密度降低一个以上的数量级。拉曼光谱分析表明,铜氧化的两种主要产物 CuO 和 Cu(OH)$_2$[104]

被氢气还原。温度依赖性实验发现,铜氧化的最佳温度为200℃,此时CuO产量最大,晶粒密度最小。CuO的主要作用是通过增强衬底再结晶(由于其与Cu相比更高的蒸发速率[105])或为铜提供防止氢蚀刻的保护来降低表面粗糙度[106]。这种假设可采用另一种已知的方法来验证,也就是受限退火[107]的方法使铜表面更加光滑。实际上,通过将铜箔夹在熔融石英滑片之间的方法来降低粗糙度,可使晶粒密度下降为原来的1/10。总之,适当的氧化、无H_2退火和受限配置的组合使得晶粒密度急剧降低到1.2晶粒/mm^2,导致以稳定和可重复的方式产生毫米大小的单晶石墨烯畴。

这些研究结果都表明了衬底形态与石墨烯质量之间的密切关系,并强调了在石墨烯生长期间发展对铜箔状态的理解的重要性。

首先要解决的问题是铜晶体学和长程有序性的问题。实验表明,只要晶粒间连通性良好,微米尺度长程粗糙度("波纹度")对电子输运的影响远大于多层区的出现[108]。提高材料结晶度的常用方法是退火。退火增强结晶度的机理在于铜晶格的表面自由能降低再结晶[109],由此改变了晶界,释放了在箔生产过程中引入的应变[110]。然而,当晶界和位错运动达到平衡时,该过程就会停止,而随后的持续退火时间对晶粒密度无影响[111]。

因此,需要驱动力来保持位错移动。Hsieh 等在研究过程中,在铜箔上使用了石墨帽作为铜的位错槽,从而保持位错运动[63]。电子背散射衍射(EBSD)图像(图2.11)表明,即使在退火时间较长(>12h)的情况下,常规退火也只能使晶粒尺寸增加到200μm,而盖帽设计可以突破这一限制,在厘米尺度上形成无晶界箔片。这一过程被证明与因晶界移动而引起的应变松弛一致[63]。该重组过程导致了纹理分布的差异。常规退火在很大程度上保留了原始箔的(100)取向,考虑到有利于(100)取向的大晶粒厚度比作为最低能态,这是可以理解的[112]。研究表明,盖帽结构可以稳定其他纹理结构,包括(111),众所周知,(111)生长的石墨烯比(100)铜生长的石墨烯质量更高[113]。

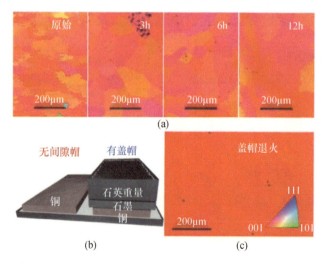

图2.11 常规/无间隙帽(a)和盖帽(c)退火前后铜结构域的EBSD图像,(b)盖帽退火的实验装置。石英重量用于稳定盖和铜箔之间的接触。(经英国皇家化学学会知识共享许可,转载自 Hsieh 等[63])

大规模生产单晶(111)铜箔的其他方法包括重复的化学/机械抛光和退火,其可以产生(111)厘米级大小的铜箔[114]。Xu 等利用一种类似于半导体中提拉法的巧妙退火装置获得了大尺寸的铜单晶[38]。在该研究中,锥形铜箔被轧制通过室中的热区。在铜的近熔点(1300K)时,在箔的最顶端形成了一个晶体,接近熔融的晶界被温度梯度驱动,容易形成更远更冷的箔尺寸(图2.12)。通过将石墨烯的超快生长和无缝拼接结合起来,研究者能够制造出具有优异电学性能的巨大(50cm×5cm)单晶石墨烯箔。

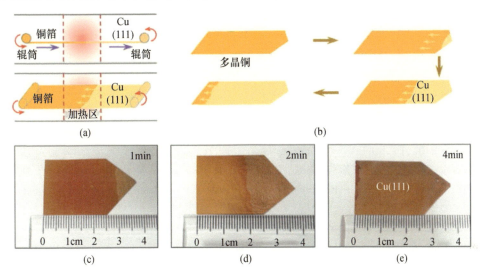

图 2.12　温度梯度形成的大型单晶铜(111):铜晶转变过程的
(a)实验设计、(b)原理图以及(c)~(e)示意图(经爱思唯尔许可,转载自 Xu 等[38])

改善催化剂衬底质量的第二个方法是减少近程粗糙度,如凸出、阶跃边缘和杂质。观察发现,铜上的杂质将成为多层生长的成核位置[22,106]。此外,粗糙度与阻碍高质量石墨烯生长的阶跃边缘有关,同时会促进无序石墨烯的形成[115]。

虽然当前的研究致力于通过电抛光[74]和退火[99]来降低近程粗糙度[116],但值得强调的是,粗糙度的控制可以为石墨烯优化到特定目标提供额外的自由度。Chen 等研究发现,石墨烯的层电阻实际上随着吸附层覆盖度的增加而减小[117]。这是令人惊讶的,因为用块状石墨作类比显示,层间的平面外电阻应该非常高。这种增强可以追溯到吸附层中较重的 p 型掺杂,如加宽的 2D 能带的形状所示,并且与数据很好拟合的简单集总电路模型表明,薄膜的电导得益于主层和更有效的吸附层的重叠。在研究中,电极化时间被用作控制铜形貌的途径,并间接操纵所得石墨烯的电性能。该优化可以应用于基于石墨烯的透明导电薄膜,其最大的优点是最大限度地提高导电性,同时不会过度影响透明度(对于像石墨烯这样的原子薄材料来说,这是较少关注的问题)。

2.4　小结

由此可以看出,在短短 10 年时间里,石墨烯的 CVD 工艺取得了很大进步。石墨烯 CVD[23,34,83]的三篇开创性报告合计被引用超过 15000 次,预示着该领域对许多研究领域的巨大影响。本章重点阐述了提高 CVD 生长的石墨烯质量所面临的挑战,以及石墨烯生长所涉及的基本工艺过程。在石墨烯于透明导体和传感器等应用中发挥其潜力之前,还有许多问题有待解决。这些未来的进展需要包括与工业生产规模兼容的改进的表征方法,以及在成核和生长期间对生长条件和衬底形态的相互作用的改进的理解。这些努力的最终目标是生产具有最小晶格缺陷的单晶、波级、单层石墨烯,提供"石墨烯"本意所代表的无限二维碳材料。

参考文献

[1] Boehm, H., Setton, R., Stumpp, E., Nomenclature and terminology of graphite intercalation compounds. *Carbon*, 24, 2, 241 – 245, 1986.

[2] Boehm, H. P., Setton, R., Stumpp, E., Nomenclature and terminology of graphite intercalation compounds (IUPAC Recommendations 1994). *Pure Appl. Chem.*, 66, 9, 1893 – 1901, 1994.

[3] Wallace, P. R., The band theory of graphite. *Phys. Rev.*, 71, 9, 622 – 634, 1947.

[4] Novoselov, K. S., Geim, A. K., Morozov, S. V., Jiang, D., Katsnelson, M. I., Grigorieva, I. V., Dubonos, S. V., Firsov, A. A., Two – dimensional gas of massless Dirac fermions in graphene. *Nature*, 438, 197, 2005.

[5] Geim, A. K., Graphene prehistory. *Phys. Scr.*, 2012, T146, 014003, 2012.

[6] Dresselhaus, M. S., Fifty years in studying carbon – based materials. *Phys. Scr.*, 2012, T146, 014002, 2012.

[7] Boehm, H., Clauss, A., Fischer, G., Hofmann, U., Dünnste kohlenstoff – folien. *Z. Naturforsch. B*, 17, 3, 150 – 153, 1962.

[8] Morgan, A. and Somorjai, G., Low energy electron diffraction studies of gas adsorption on the platinum (100) single crystal surface. *Surf. Sci.*, 12, 3, 405 – 425, 1968.

[9] Blakely, J. M., Kim, J. S., Potter, H. C., Segregation of carbon to the (100) surface of nickel. *J. Appl. Phys.*, 41, 6, 2693 – 2697, 1970.

[10] Dresselhaus, M. S. and Araujo, P. T., Perspectives on the 2010 Nobel Prize in Physics for Graphene. *ACS Nano*, 4, 11, 6297 – 6302, 2010.

[11] Kroto, H. W, Heath, J. R., O'Brien, S. C., Curl, R. F., Smalley, R. E., C_{60}: Buckminsterfullerene. *Nature*, 318, 6042, 162 – 163, 1985.

[12] Iijima, S., Helical microtubules of graphitic carbon. *Nature*, 354, 6348, 56 – 58, 1991.

[13] Dreyer, D. R., Ruoff, R. S., Bielawski, C. W., From conception to realization: An historical account of graphene and some perspectives for its future. *Angew. Chem. Int. Ed.*, 49, 49, 9336 – 9344, 2010.

[14] Jang, B. Z. and Huang, W. C., Nano – scaled graphene plates. Google Patents, 2006.

[15] Novoselov, K. S., Geim, A. K., Morozov, S. V., Jiang, D., Zhang, Y., Dubonos, S. V, Grigorieva, I. V., Firsov, A. A., Electric field effect in atomically thin carbon films. *Science*, 306, 5696, 666 – 669, 2004.

[16] Chen, J. – H., Jang, C., Xiao, S., Ishigami, M., Fuhrer, M. S., Intrinsic and extrinsic performance limits of graphene devices on SiO_2. *Nat. Nanotech.*, 3, 206, 2008.

[17] Geim, A. K. and Novoselov, K. S., The rise of graphene. *Nat. Mater.*, 6, 3, 183 – 191, 2007.

[18] Edwards, R. S. and Coleman, K. S., Graphene synthesis: Relationship to applications. *Nanoscale*, 5, 1, 38 – 51, 2013.

[19] Wu, B., Geng, D., Xu, Z., Guo, Y., Huang, L., Xue, Y., Chen, J., Yu, G., Liu, Y., Self – organized graphene crystal patterns. *NPG Asia Mater.*, 5, e36, 2013.

[20] Bae, S., Kim, H., Lee, Y., Xu, X., Park, J. – S., Zheng, Y., Balakrishnan, J., Lei, T., Ri Kim, H., Song, Y. I., Kim, Y. – J., Kim, K. S., Ozyilmaz, B., Ahn, J. – H., Hong, B. H., Iijima, S., Roll – to –

roll production of 30 – inch graphene films for transparent electrodes. *Nat. Nanotech.* ,5,8,574 – 578,2010.

[21] Li,X.,Colombo,L.,Ruoff,R. S.,Synthesis of graphene films on copper foils by chemical vapor deposition. *Adv. Mater.* ,28,29,6247 – 6252,2016.

[22] Suk,J. W.,Kitt,A.,Magnuson,C. W.,Hao,Y.,Ahmed,S.,An,J.,Swan,A. K.,Goldberg,B. B.,Ruoff,R. S.,Transfer of CVD – grown monolayer graphene onto arbitrary substrates. *ACS Nano*,5,9,6916 – 6924,2011.

[23] Kim,K. S.,Zhao,Y.,Jang,H.,Lee,S. Y.,Kim,J. M.,Kim,K. S.,Ahn,J. – H.,Kim,P.,Choi,J. – Y.,Hong,B. H.,Large – scale pattern growth of graphene films for stretchable transparent electrodes. *Nature*,457,706,2009.

[24] Wang,Z. – J.,Weinberg,G.,Zhang,Q.,Lunkenbein,T.,Klein – Hoffmann,A.,Kurnatowska,M.,Plodinec,M.,Li,Q.,Chi,L.,Schloegl,R.,Willinger,M. – G.,Direct observation of graphene growth and associated copper substrate dynamics by *in situ* scanning electron microscopy. *ACS Nano*,9,2,1506 – 1519,2015.

[25] Huang,P. Y.,Ruiz – Vargas,C. S.,van der Zande,A. M.,Whitney,WS.,Levendorf,M. P.,Kevek,J. W.,Garg,S.,Alden,J. S.,Hustedt,C. J.,Zhu,Y.,Park,J.,McEuen,P. L.,Muller,D. A.,Grains and grain boundaries in single – layer graphene atomic patchwork quilts. *Nature*,469,389,2011.

[26] Batzill,M.,The surface science of graphene:Metal interfaces,CVD synthesis,nanoribbons,chemical modifications,and defects. *Surf. Sci. Rep.* ,67,3,83 – 115,2012.

[27] Kim,H.,Saiz,E.,Chhowalla,M.,Mattevi,C.,Modeling of the self – limited growth in catalytic chemical vapor deposition of graphene. *New J. Phys.* ,15,5,053012,2013.

[28] Yazyev,O. V and Chen,Y. P.,Polycrystalline graphene and other two – dimensional materials. *Nat. Nanotech.* ,9,10,755 – 767,2014.

[29] Song,H. S.,Li,S. L.,Miyazaki,H.,Sato,S.,Hayashi,K.,Yamada,A.,Yokoyama,N.,Tsukagoshi,K.,Origin of the relatively low transport mobility of graphene grown through chemical vapor deposition. *Sci. Rep.* ,2,337,2012.

[30] Castro Neto,A. H.,Guinea,F.,Peres,N. M. R.,Novoselov,K. S.,Geim,A. K.,The electronic properties of graphene. *Rev. Mod. Phys.* ,81,1,109 – 162,2009.

[31] Bolotin,K. I.,Sikes,K. J.,Jiang,Z.,Klima,M.,Fudenberg,G.,Hone,J.,Kim,P.,Stormer,H. L.,Ultrahigh electron mobility in suspended graphene. *Solid State Commun.* ,146,9,351 – 355,2008.

[32] Dean,C. R.,Young,A. F.,Meric,I.,Lee,C.,Wang,L.,Sorgenfrei,S.,Watanabe,K.,Taniguchi,T.,Kim,P.,Shepard,K. L.,Hone,J.,Boron nitride substrates for high – quality graphene electronics. *Nat. Nanotech.* ,5,722,2010.

[33] Lee,J. – H.,Lee,E. K.,Joo,W. – J.,Jang,Y.,Kim,B. – S.,Lim,J. Y.,Choi,S. – H.,Ahn,S. J.,Ahn,J. R.,Park,M. – H.,Yang,C. – W.,Choi,B. L.,Hwang,S. – W.,Whang,D.,Wafer – scale growth of single – crystal monolayer graphene on reusable hydrogen – terminated germanium. *Science*,344,6181,286 – 289,2014.

[34] Li,X.,Cai,W.,An,J.,Kim,S.,Nah,J.,Yang,D.,Piner,R.,Velamakanni,A.,Jung,I.,Tutuc,E.,Banerjee,S. K.,Colombo,L.,Ruoff,R. S.,Large – area synthesis of high – quality and uniform graphene films on copper foils. *Science*,324,5932,1312 – 1314,2009.

[35] Tao,L.,Lee,J.,Holt,M.,Chou,H.,McDonnell,S. J.,Ferrer,D. A.,Babenco,M. G.,Wallace,R. M.,Banerjee,S. K.,Ruoff,R. S.,Uniform wafer – scale chemical vapor deposition of graphene on evaporated Cu(111) film with quality comparable to exfoliated monolayer. *J. Phys. Chem. C*,116,45,24068 –

[36] Calado, V. E., Zhu, S. -E., Goswami, S., Xu, Q., Watanabe, K., Taniguchi, T., Janssen, G. C. A. M., Vandersypen, L. M. K., Ballistic transport in graphene grown by chemical vapordeposition. *Appl. Phys. Lett.*, 104, 2, 023103, 2014.

[37] Banszerus, L., Schmitz, M., Engels, S., Dauber, J., Oellers, M., Haupt, F., Watanabe, K., Taniguchi, T., Beschoten, B., Stampfer, C., Ultrahigh-mobility graphene devices from chemical vapor deposition on reusable copper. *Sci. Adv.*, 1, 6, 2015.

[38] Xu, X., Zhang, Z., Dong, J., Yi, D., Niu, J., Wu, M., Lin, L., Yin, R., Li, M., Zhou, J., Wang, S., Sun, J., Duan, X., Gao, P., Jiang, Y., Wu, X., Peng, H., Ruoff, R. S., Liu, Z., Yu, D., Wang, E., Ding, F., Liu, K., Ultrafast epitaxial growth of metre-sized single-crystal graphene on industrial Cu foil. *Sci. Bull.*, 62, 15, 1074-1080, 2017.

[39] Araujo, P. T., Terrones, M., Dresselhaus, M. S., Defects and impurities in graphene-like materials. *Mater. Today*, 15, 3, 98-109, 2012.

[40] Lai, S., Kyu Jang, S., Jae Song, Y., Lee, S., Probing graphene defects and estimating graphene quality with optical microscopy. *Appl. Phys. Lett.*, 104, 4, 043101, 2014.

[41] Meyer, J. C., Kurasch, S., Park, H. J., Skakalova, V., Künzel, D., Groß, A., Chuvilin, A., Algara-Siller, G., Roth, S., Iwasaki, T., Starke, U., Smet, J. H., Kaiser, U., Experimental analysis of charge redistribution due to chemical bonding by high-resolution transmission electron microscopy. *Nat. Mater.*, 10, 209, 2011.

[42] Kotakoski, J., Krasheninnikov, A. V., Kaiser, U., Meyer, J. C., From point defects in graphene to two-dimensional amorphous carbon. *Phys. Rev. Lett.*, 106, 10, 105505, 2011.

[43] Meyer, J. C., Kisielowski, C., Erni, R., Rossell, M. D., Crommie, M. F., Zettl, A., Direct imaging of lattice atoms and topological defects in graphene membranes. *Nano Lett.*, 8, 11, 3582-3586, 2008.

[44] Nguyen, D.-T., Hsieh, Y.-P., Hofmann, M., Optical characterization of graphene and its derivatives: An experimentalist's perspective, in: *Carbon-Related Materials in Recognition of Nobel Lectures by Prof. Akira Suzuki in ICCE*, S. Kaneko, et al. (Eds.), pp. 27-59, Springer International Publishing, Cham, 2017.

[45] Li, B., He, T., Wang, Z., Cheng, Z., Liu, Y., Chen, T., Lai, W, Wang, X., Liu, X., Chemical reactivity of C-F bonds attached to graphene with diamines depending on their nature and location. *Phys. Chem. Chem. Phys.*, 18, 26, 17495-17505, 2016.

[46] Pal, S. K., Versatile photoluminescence from graphene and its derivatives. *Carbon*, 88, Supplement C, 86-112, 2015.

[47] Cao, L., Meziani, M. J., Sahu, S., Sun, Y.-P, Photoluminescence properties of graphene versus other carbon nanomaterials. *Acc. Chem. Res.*, 46, 1, 171-180, 2013.

[48] Cançado, L. G., Jorio, A., Ferreira, E. H. M., Stavale, F., Achete, C. A., Capaz, R. B., Moutinho, M. V. O., Lombardo, A., Kulmala, T. S., Ferrari, A. C., Quantifying defects in graphene via Raman spectroscopy at different excitation energies. *Nano Lett.*, 11, 8, 3190-3196, 2011.

[49] King, A. A. K., Davies, B. R., Noorbehesht, N., Newman, P., Church, T. L., Harris, A. T., Razal, J. M., Minett, A. I., A new Raman metric for the characterisation of graphene oxide and its derivatives. *Sci. Rep.*, 6, 19491, 2016.

[50] Eckmann, A., Felten, A., Mishchenko, A., Britnell, L., Krupke, R., Novoselov, K. S., Casiraghi, C., Probing the nature of defects in graphene by Raman spectroscopy. *Nano Lett.*, 12, 8, 3925-3930, 2012.

[51] Lee, T., Mas'ud, F. A., Kim, M. J., Rho, H., Spatially resolved Raman spectroscopy of defects, strains,

and strain fluctuations in domain structures of monolayer graphene. *Sci. Rep.*,7,1,16681,2017.

[52] Chrétien,P.,Noël,S.,Jaffré,A.,Houzé,F.,Brunei,D.,Njeim,J.,Electrical and structural mapping of friction induced defects in graphene layers,in:2016*IEEE 62nd Holm Conference on Electrical Contacts*,2016.

[53] Lucchese,M. M.,Stavale,F.,Ferreira,E. H. M.,Vilani,C.,Moutinho,M. V. O.,Capaz,R. B.,Achete,C. A.,Jorio,A.,Quantifying ion – induced defects and Raman relaxation length in graphene. *Carbon*,48,5,1592 – 1597,2010.

[54] Cheng,Z.,Zhou,Q.,Wang,C.,Li,Q.,Wang,C.,Fang,Y.,Toward intrinsic graphene surfaces:A systematic study on thermal annealing and wet – chemical treatment of SiO_2 – supported graphene devices. *Nano Lett.*,11,2,767 – 771,2011.

[55] Carozo,V,Wang,Y.,Fujisawa,K.,Carvalho,B. R.,McCreary,A.,Feng,S.,Lin,Z.,Zhou,C.,Perea – López,N.,Elías,A. L.,Kabius,B.,Crespi,V. H.,Terrones,M.,Optical identification of sulfur vacancies:Bound excitons at the edges of monolayer tungsten disulfide. *Sci. Adv.*,34,2017.

[56] Hofmann,M.,Shin,Y. C.,Hsieh,Y. – P.,Dresselhaus,M. S.,Kong,J.,A facile tool for the characterization of two – dimensional materials grown by chemical vapor deposition. *Nano Res.*,5,7,504 – 511,2012.

[57] Hsieh,Y. – P.,Hofmann,M.,Kong,J.,Promoter – assisted chemical vapor deposition of graphene. *Carbon*,67,417 – 423,2014.

[58] Hsieh,Y. – P.,Shih,C. – H.,Chiu,Y. – J.,Hofmann,M.,High – throughput graphene synthesis in gapless stacks. *Chem. Mater.*,28,1,40 – 43,2016.

[59] Kim,S. M.,Hsu,A.,Lee,Y. – H.,Dresselhaus,M.,Palacios,T.,Kim,K. K.,Kong,J.,The effect of copper pre – cleaning on graphene synthesis. *Nanotechnology*,24,36,365602,2013.

[60] Mas'ud,F. A.,Cho,H.,Lee,T.,Rho,H.,Seo,T. H.,Kim,M. J.,Domain size engineering of CVD graphene and its influence on physical properties. *J. Phys. D:Appl. Phys.*,49,20,205504,2016.

[61] Lee,Y. – J.,Seo,T. H.,Lee,S.,Jang,W.,Kim,M. J.,Sung,J. – S.,Neuronal differentiation of human mesenchymal stem cells in response to the domain size of graphene substrates. *J. Biomed. Mater. Res. Part A*,106,1,43 – 51,2018.

[62] Hsieh,Y. – P.,Hofmann,M.,Chang,K. – W.,Jhu,J. G.,Li,Y. – Y.,Chen,K. Y.,Yang,C. C.,Chang,W. – S.,Chen,L. – C.,Complete corrosion inhibition through graphene defect passivation. *ACS Nano*,8,1,443 – 448,2014.

[63] Hsieh,Y. – P.,Chen,D. – R.,Chiang,W. – Y.,Chen,K. – J.,Hofmann,M.,Recrystallization of copper at a solid interface for improved CVD graphene growth. *RSC Adv.*,7,7,3736 – 3740,2017.

[64] Lu,M. – Y.,Ruan,Y. – M.,Chiu,C. – Y.,Hsieh,Y. – P.,Lu,M. – P,Direct growth of ZnO nanowire arrays on UV – irradiated graphene. *Cryst. Eng. Comm.*,17,47,9097 – 9101,2015.

[65] Hussain,S.,Singh,J.,Vikraman,D.,Singh,A. K.,Iqbal,M. Z.,Khan,M. F.,Kumar,P,Choi,D. – C.,Song,W.,An,K. – S.,Eom,J.,Lee,W – G.,Jung,J.,Large – area,continuous and high electrical performances of bilayer to few layers MoS(2) fabricated by RF sputtering via post – deposition annealing method. *Sci. Rep.*,6,30791,2016.

[66] Ambrosi,A.,Bonanni,A.,Sofer,Z.,Pumera,M.,Large – scale quantification of CVD graphene surface coverage. *Nanoscale*,5,6,2379 – 2387,2013.

[67] Kidambi,P. R.,Terry,R. A.,Wang,L.,Boutilier,M. S. H.,Jang,D.,Kong,J.,Karnik,R.,Assessment and control of the impermeability of graphene for atomically thin membranes and barriers. *Nanoscale*,9,24,8496 – 8507,2017.

[68] Duong,D. L.,Han,G. H.,Lee,S. M.,Gunes,F.,Kim,E. S.,Kim,S. T.,Kim,H.,Ta,Q. H.,So,K. P,

Yoon, S. J., Chae, S. J., Jo, Y. W., Park, M. H., Chae, S. H., Lim, S. C., Choi, J. Y., Lee, Y. H., Probing graphene grain boundaries with optical microscopy. *Nature*, 490, 235, 2012.

[69] Li, X., Magnuson, C. W., Venugopal, A., Tromp, R. M., Hannon, J. B., Vogel, E. M., Colombo, L., Ruoff, R. S., Large-area graphene single crystals grown by low-pressure chemical vapor deposition of methane on copper. *J. Am. Chem. Soc.*, 133, 9, 2816-2819, 2011.

[70] Gao, L., Ren, W., Zhao, J., Ma, L.-P", Chen, Z., Cheng, H.-M., Efficient growth of high-quality graphene films on Cu foils by ambient pressure chemical vapor deposition. *Appl. Phys. Lett.*, 97, 18, 183109, 2010.

[71] Kassel, L. S., The thermal decomposition of methane. *J. Am. Chem. Soc.*, 54, 10, 3949-3961, 1932.

[72] Guermoune, A., Chari, T., Popescu, F., Sabri, S. S., Guillemette, J., Skulason, H. S., Szkopek, T., Siaj, M., Chemical vapor deposition synthesis of graphene on copper with methanol, ethanol, and propanol precursors. *Carbon*, 49, 13, 4204-4210, 2011.

[73] Li, Z., Wu, P., Wang, C., Fan, X., Zhang, W., Zhai, X., Zeng, C., Li, Z., Yang, J., Hou, J., Low-temperature growth of graphene by chemical vapor deposition using solid and liquid carbon sources. *ACS Nano*, 5, 4, 3385-3390, 2011.

[74] Zhang, B., Lee, W. H., Piner, R., Kholmanov, I., Wu, Y., Li, H., Ji, H., Ruoff, R. S., Low-temperature chemical vapor deposition growth of graphene from toluene on electropolished copper foils. *ACS Nano*, 6, 3, 2471-2476, 2012.

[75] Sun, Z., Yan, Z., Yao, J., Beitler, E., Zhu, Y., Tour, J. M., Growth of graphene from solid carbon sources. *Nature*, 468, 549, 2010.

[76] Gupta, S. S., Sreeprasad, T. S., Maliyekkal, S. M., Das, S. K., Pradeep, T., Graphene from sugar and its application in water purification. *ACS Appl. Mater. Interfaces*, 4, 8, 4156-4163, 2012.

[77] Ruan, G., Sun, Z., Peng, Z., Tour, J. M., Growth of graphene from food, insects, and waste. *ACS Nano*, 5, 9, 7601-7607, 2011.

[78] Nandamuri, G., Roumimov, S., Solanki, R., Remote plasma assisted growth of graphene films. *Appl. Phys. Lett.*, 96, 15, 154101, 2010.

[79] Woehrl, N., Ochedowski, O., Gottlieb, S., Shibasaki, K., Schulz, S., Plasma-enhanced chemical vapor deposition of graphene on copper substrates. *AIP Adv.*, 4, 4, 047128, 2014.

[80] Vlassiouk, I., Fulvio, P., Meyer, H., Lavrik, N., Dai, S., Datskos, P., Smirnov, S., Large scale atmospheric pressure chemical vapor deposition of graphene. *Carbon*, 54, 58-67, 2013.

[81] Hu, B., Ago, H., Ito, Y., Kawahara, K., Tsuji, M., Magome, E., Sumitani, K., Mizuta, N., Ikeda, K.-I., Mizuno, S., Epitaxial growth of large-area single-layer graphene over Cu(111)/sapphire by atmospheric pressure CVD. *Carbon*, 50, 1, 57-65, 2012.

[82] Dong, X., Wang, P., Fang, W., Su, C.-Y., Chen, Y.-H., Li, L.-J., Huang, W, Chen, P., Growth of large-sized graphene thin-films by liquid precursor-based chemical vapor deposition under atmospheric pressure. *Carbon*, 49, 11, 3672-3678, 2011.

[83] Reina, A., Jia, X., Ho, J., Nezich, D., Son, H., Bulovic, V, Dresselhaus, M. S., Kong, J., Large area, few-layer graphene films on arbitrary substrates by chemical vapor deposition. *Nano Lett.* 9, 1, 30-35, 2009.

[84] Seah, C.-M., Chai, S.-P., Mohamed, A. R., Mechanisms of graphene growth by chemical vapour deposition on transition metals. *Carbon*, 70, 1-21, 2014.

[85] Eizenberg, M. and Blakely, J. M., Carbon monolayer phase condensation on Ni(111). *Surf. Sci.*, 82, 1, 228-236, 1979.

[86] Shelton, J. C., Patil, H. R., Blakely, J. M., Equilibrium segregation of carbon to a nickel(111) surface: A

surface phase transition. *Surf. Sci.*, 43, 2, 493 – 520, 1974.

[87] Li, X., Cai, W, Colombo, L., Ruoff, R. S., Evolution of graphene growth on Ni and Cu by carbon isotope labeling. *Nano Lett.*, 9, 12, 4268 – 4272, 2009.

[88] Kim, H., Mattevi, C., Calvo, M. R., Oberg, J. C., Artiglia, L., Agnoli, S., Hirjibehedin, C. F., Chhowalla, M., Saiz, E., Activation energy paths for graphene nucleation and growth on Cu. *ACS Nano*, 6, 4, 3614 – 3623, 2012.

[89] Twigg, M. V and Spencer, M. S., Deactivation of supported copper metal catalysts for hydrogenation reactions. *Appl. Catal. A*, 212, 1, 161 – 174, 2001.

[90] Li, X., Magnuson, C. W, Venugopal, A., An, J., Suk, J. W, Han, B., Borysiak, M., Cai, W., Velamakanni, A., Zhu, Y., Fu, L., Vogel, E. M., Voelkl, E., Colombo, L., Ruoff, R. S., Graphene films with large domain size by a two – step chemical vapor deposition process. *Nano Lett.*, 10, 11, 4328 – 4334, 2010.

[91] Liu, X., Fu, L., Liu, N., Gao, T., Zhang, Y., Liao, L., Liu, Z., Segregation growth of graphene on Cu – Ni alloy for precise layer control. *J. Phys. Chem. C*, 115, 24, 11976 – 11982, 2011.

[92] Takesaki, Y., Kawahara, K., Hibino, H., Okada, S., Tsuji, M., Ago, H., Highly uniform bilayer graphene on epitaxial Cu – Ni(111) alloy. *Chem. Mater.*, 28, 13, 4583 – 4592, 2016.

[93] Ryu, S., Liu, L., Berciaud, S., Yu, Y. – J., Liu, H., Kim, P., Flynn, G. W, Brus, L. E., Atmospheric oxygen binding and hole doping in deformed graphene on a SiO_2 substrate. *Nano Lett.*, 10, 12, 4944 – 4951, 2010.

[94] Hsieh, Y. – P., Chiu, Y. – J., Hofmann, M., Enhancing CVD graphene's inter – grain connectivity by a graphite promoter. *Nanoscale*, 7, 46, 19403 – 19407, 2015.

[95] Chin, H. T., Shih, C. H., Hsieh, Y. P., Ting, C. C., Aoh, J. N., Hofmann, M., How does graphene grow on complex 3D morphologies? *Phys. Chem. Chem. Phys.*, 19, 34, 23357 – 23361, 2017.

[96] Elam, J. W., Routkevitch, D., Mardilovich, P. P., George, S. M., Conformal coating on ultrahigh – aspect – ratio nanopores of anodic alumina by atomic layer deposition. *Chem. Mater.*, 15, 18, 3507 – 3517, 2003.

[97] Procházka, P., Mach, J., Bischoff, D., Lišková, Z., Dvořák, P., Vaňatka, M., Simonet, P., Varlet, A., Hemzal, D., Petrenec, M., Ultrasmooth metallic foils for growth of high quality graphene by chemical vapor deposition. *Nanotechnology*, 25, 18, 185601, 2014.

[98] Han, G. H., Güneş, F., Bae, J. J., Kim, E. S., Chae, S. J., Shin, H. – J., Choi, J. – Y., Pribat, D., Lee, Y. H., Influence of copper morphology in forming nucleation seeds for graphene growth. *Nano Lett.*, 11, 10, 4144 – 4148, 2011.

[99] Lee, J. – K., Park, C. – S., Kim, H., Sheet resistance variation of graphene grown on annealed and mechanically polished Cu films. *RSC Adv.*, 4, 107, 62453 – 62456, 2014.

[100] Wu, X., Zhong, G., D'Arsié, L., Sugime, H., Esconjauregui, S., Robertson, A. W., Robertson, J., Growth of continuous monolayer graphene with millimeter – sized domains using industrially safe conditions. *Sci. Rep.*, 6, 21152, 2016.

[101] Eres, G., Regmi, M., Rouleau, C. M., Chen, J., Ivanov, I. N., Puretzky, A. A., Geohegan, D. B., Cooperative island growth of large – area single – crystal graphene on copper using chemical vapor deposition. *ACS Nano*, 8, 6, 5657 – 5669, 2014.

[102] Kim, M. – S., Woo, J. – M., Geum, D. – M., Rani, J. R., Jang, J. – H., Effect of copper surface pretreatment on the properties of CVD grown graphene. *AIP Adv.*, 4, 12, 127107, 2014.

[103] Hsieh, Y. – P, Chu, Y. – H., Tsai, H. – G., Hofmann, M., Reducing the graphene grain density in three steps. *Nanotechnology*, 27, 10, 105602, 2016.

[104] Roy, S. S. and Arnold, M. S., Improving graphene diffusion barriers via stacking multiple layers and grain

size engineering. *Adv. Funct. Mater.*, 23, 29, 3638 – 3644, 2013.

[105] Mack, E., Osterhof, G. G., Kraner, H. M., Vapor pressure of copper oxide and of copper. *J. Am. Chem. Soc.*, 45, 3, 617 – 623, 1923.

[106] Gan, L. and Luo, Z., Turning off hydrogen to realize seeded growth of subcentimeter single – crystal graphene grains on copper. *ACS Nano*, 7, 10, 9480 – 9488, 2013.

[107] Chen, S., Ji, H., Chou, H., Li, Q., Li, H., Suk, J. W, Piner, R., Liao, L., Cai, W, Ruoff, R. S., Millimeter – size single – crystal graphene by suppressing evaporative loss of Cu during low pressure chemical vapor deposition. *Adv. Mater.*, 25, 14, 2062 – 2065, 2013.

[108] Tsen, A. W., Brown, L., Levendorf, M. P., Ghahari, R, Huang, P. Y., Havener, R. W, Ruiz – Vargas, C. S., Muller, D. A., Kim, P, Park, J., Tailoring electrical transport across grain boundaries in polycrystalline graphene. *Science*, 336, 6085, 1143 – 1146, 2012.

[109] Schmidt, S., Nielsen, S. F., Gundlach, C., Margulies, L., Huang, X., Jensen, D. J., Watching the growth of bulk grains during recrystallization of deformed metals. *Science*, 305, 5681, 229 – 232, 2004.

[110] Williamson, G. K. and Smallman, R. E., III, Dislocation densities in some annealed and cold – worked metals from measurements on the X – ray Debye – Scherrer spectrum. *Phil. Mag.*, 1, 1, 34 – 46, 1956.

[111] Reed – Hill, R. E., Abbaschian, R., Abbaschian, R., *Physical Metallurgy Principles*, vol. 17, Van Nostrand, New York, 1973.

[112] Park, N. J., Field, D. P, Nowell, M. M., Besser, P. R., Effect of film thickness on the evolution of annealing texture in sputtered copper films. *J. Electron. Mater.*, 34, 12, 1500 – 1508, 2005.

[113] Ogawa, Y., Hu, B., Orofeo, C. M., Tsuji, M., Ikeda, K. – I., Mizuno, S., Hibino, H., Ago, H., Domain structure and boundary in single – layer graphene grown on Cu(111) and Cu(100) films. *J. Phys. Chem. Lett.*, 3, 2, 219 – 226, 2012.

[114] Nguyen, V. L., Shin, B. G., Duong, D. L., Kim, S. T., Perello, D., Lim, Y. J., Yuan, Q. H., Ding, F., Jeong, H. Y., Shin, H. S., Lee, S. M., Chae, S. H., Vu, Q. A., Lee, S. H., Lee, Y. H., Seamless stitching of graphene domains on polished copper(111) foil. *Adv. Mater.*, 27, 8, 1376 – 1382, 2015.

[115] Loginova, E., Bartelt, N. C., Feibelman, P. J., McCarty, K. F., Factors influencing graphene growth on metal surfaces. *New J. Phys.*, 11, 6, 063046, 2009.

[116] Dai, B., Fu, L., Zou, Z., Wang, M., Xu, H., Wang, S., Liu, Z., Rational design of a binary metal alloy for chemical vapour deposition growth of uniform single – layer graphene. *Nat. Comm.*, 2, 522, 2011.

[117] Chen, T. – W., Hsieh, Y. – P., Hofmann, M., Ad – layers enhance graphene's performance. *RSC Adv.*, 5, 114, 93684 – 93688, 2015.

[118] Primak, W, c – Axis electrical conductivity of graphite. *Phys. Rev.*, 103, 3, 544 – 546, 1956.

第3章 氟化石墨烯的合成方法及物理化学性质

Natalia Lvova, Michail Annenkov
俄罗斯莫斯科特洛伊茨克超硬和新型碳材料技术研究所
俄罗斯莫斯科多尔戈普鲁德内莫斯科物理技术学院
俄罗斯莫斯科俄罗斯国立科技大学 MISIS

摘 要 石墨烯的化学修饰有望改善其电子性质,并在其基础上(量子点、纳米棒)创造特定的量子结构的方法。通过改变氟的覆盖率,可以获得具有可调谐非零带隙的材料。本章将讨论氟化石墨烯的各种性质,以及其可能的用途。目前,氟化石墨烯的机械剥离和石墨烯在含氟气体中的处理是氟化石墨烯合成的常用方法。最近的一些研究表明,石墨烯和少层石墨烯薄膜在氢氟酸(HF)水溶液中能够发生氟化反应的可能性。本章主要讨论了石墨烯在 $HF:H_2O$ 中的氟化反应的量子化学模拟结果。计算结果表明,在 $HF:H_2O$ 中石墨烯功能化的初始阶段,F^- 和 FHF^- 离子最有可能从晶界上含有 H_2O 分子的化合物上吸附。此外,基于对建模结果的分析,提出了石墨烯"孤岛"氟包覆机理的假设。本章对氢氟酸水溶液氟化石墨烯反应的研究具有一定的指导意义。

关键词 石墨烯功能化,多晶石墨烯,吸附特性,量子化学模拟

3.1 引言

首个真正的二维晶体石墨烯的合成,以及对这种有潜能的纳米结构的显著电子性质的研究,促进了对碳纳米材料的关注。石墨烯的化学修饰是一种很有前景的方法,能管理其电子性质,并在其基础上(量子点、纳米棒)创造特定的量子结构。氟这种元素,若和氢一起使用,能使无间隙的原始石墨烯转化为半导体材料。吸附在石墨烯上的氟或氢原子与石墨烯的碳原子共价结合,将其杂化轨道从 sp^2 改变到 sp^3。通过改变石墨烯的形状和氟的覆盖度,可以获得具有可调谐的非零带隙的材料,为该材料在纳米电子中的应用提供了手段。

从2010年氟化石墨烯(FG)的合成[1-2]开始,这种杰出的新型二维材料激起了研究者们的巨大兴趣。物理和化学性质的独特组合,以及其变化的可能性,决定了氟化石墨烯未来在各种高科技领域的应用。

石墨烯的氟化引入了反应离子和碳原子之间的两种键:不干扰石墨烯平面性质的离子键和产生 sp^3 杂化的共价键[3]。由于氟化途径和起始碳材料的不同,C—F 键表现出不

同的性质,对最终的 FG 在许多领域的性能起着重要的决定作用[4]。

本章组织如下:3.2 节将讨论氟化石墨烯的各种性质及其可能的用途;此外,进一步讨论不同化学计量条件下稳定氟化石墨烯的结构和性能特点。3.4 节、3.5 节两节将讨论 FG 合成的基本方法及其原子和电子结构。3.6 节将介绍氢氟酸水溶液中石墨烯氟化的量子化学模拟结果。

3.2 石墨烯-氟化石墨烯的化学修饰

基于其各种有趣的特性,可以确定氟化石墨烯应用的以下可能领域:电子、光电、自旋电子学、微型和纳米设备、润滑剂、新石墨烯衍生物的创造、气体和生物标记传感器、生物应用、超疏水涂料、能量学、新型多孔吸附剂。

氟化石墨烯的电物理性质自其合成之初就引起了人们的极大兴趣。研究人员首次[5]合成了多层氟化石墨烯,并对其结构和电子性能进行了研究。实验数据表明,F/C 的比值接近 1。研究发现,氟化石墨烯的大电阻、温度依赖性和非线性电流电压特性都表明氟化石墨烯具有很强的绝缘特性,这与其能带间隙大有关。在氟化石墨烯中,不通过热激活,载流子在声子作用下通过跳跃相邻站点或通过更长的距离来传导(变程跳跃,VRH)。电阻的温度依赖性与 VRH 在二维中的传导有关[5]。

研究人员合成了每个碳上都连有一个氟原子的石墨烯化学计量衍生物[1](图 3.1)。合成的氟化石墨烯样品是一种高质量的绝缘材料(电阻率超过 $10^{12}\Omega$)。这种高含氟的状态在可见光频率下呈透明态,并且仅在蓝色范围内开始吸收光。这证明 FG 是一个能带间隙 E_g 大于 3.0eV 的宽间隙半导体。

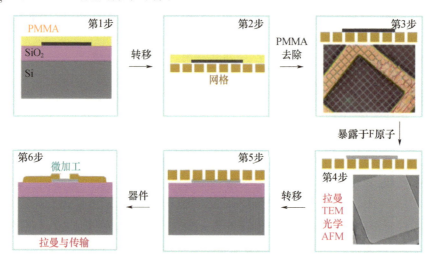

图 3.1 文献[1]调查的各个步骤(经威利出版社许可,转载自参考文献[1])

即使是弱氟化石墨烯也具有很高的绝缘性,在兆欧范围内表现出室温电阻率,即比石墨烯高出三个数量级。力-位移曲线分析表明,杨氏模量为 FG≈100N/m±30N/m,也就是说,FG 的刚度是石墨烯的 1/3。此外,还发现 FG 的热稳定性高于石墨烯、氧化石墨烯(GO),甚至氟化石墨(F-石墨)。拉曼光谱显示,只有在 400℃以上[1]才有明显的 F 损失。

在铜箔上生长的石墨烯薄膜在一侧或两侧用二氟化氙(XeF_2)气体氟化。当只有一面氟化时，F 的饱和覆盖度为 25%（C_4F），此时在光学上呈透明态，而且电阻率比石墨烯高出 6 个数量级。因此，单面氟化为石墨烯应用提供了必要的电子和光学变化。通过将石墨烯转移到绝缘体上硅衬底，使 XeF_2 气体能够蚀刻硅底层并氟化石墨烯膜的背面，从而在两侧氟化相同的膜，以形成氟化石墨烯（CF）[2]。

文献[6]的研究者们利用单层氟化石墨烯薄片制备了晶体管结构，研究了其在 4.2～300 K 温度下的电子输运性质。结果表明，与原始石墨烯相比，氟化石墨烯在电中性区具有很大的电阻，且具有很强烈的温度依赖性。氟化过程被证明会引起电中性区域内电阻的显著增加，这是由于电子能谱中产生了迁移率隙，其中电子传输通过局部态跳跃进行。在电中性区域中局域态的存在是无序的结果，这是由于部分氟化过程中 F 原子被随意分布在石墨烯上所造成[6]。

氟化石墨烯的一个重要优点是可以通过改变碳/氟比（C/F）来改变电物理性质。文献[7]的作者证明了通过氟功能化来调节石墨烯单层和多层电子输运性质的可能性。结果表明，通过将氟含量控制在 7%～100% 之间，可以在 4.2～300K 的温度范围内实现不同的电子传输模式。具有高氟浓度的多层氟化石墨烯表现出二维 Mott 变程跳跃，而 C/F 为 0.28 的多层薄片具有 0.25eV 的能隙并表现出热激活输运。在单分子层样品中，随着氟含量的增加，电子输运从二维 Mott 变程跳跃转变为 Efros – Shklovskii 变程跳跃。因此，实验结果表明，控制石墨烯功能化程度对设计具备不同电子性质石墨烯材料的有着重要作用[7]。

氟化石墨烯中的电子传输能力不仅取决于氟的含量和碳层的数量，还取决于表面上存在的其他元素。基于石墨的电化学插层，采用化学方法制备了氧氟化石墨烯（OFG）层。发现氟与氧的浓度比约为 1。利用拉曼光谱可以快速区分出单层和多层。由于 OFG 单分子层设备的导电被热活化，所以与原始石墨烯相比，其导电率更低[8]。

进一步的研究表明，氟化石墨烯片的电物理性质在中心和边缘处有所不同。观察发现，在氟化前后，单层石墨烯中心区和边缘区的拉曼光谱有很大的差异。这表明，采用 SF_6 等离子体处理进行的氟化可以诱导石墨烯的 p 型掺杂，这种掺杂在边缘区比在中心区域更为明显。边缘处的悬挂键可能是增强边缘反应性的主要因素[3]。

不同类型的 C—F 键共存是影响氟化石墨烯电物理性能的一个额外因素。采用液相一步氟化法可以合成半离子化石墨烯（s – FG）。s – FG 由两种不同类型的键组成，即共价 C—F 键和离子 C—F 键。通过从制备的高度绝缘的 s – FG 膜中选择性地消除离子 C—F 键，实现了对 s – FG 性能的控制。通过丙酮处理选择性消除离子 C—F 键后，s – FG 恢复了石墨烯的高导电性[9]。不同的方法被提出以改变氟含量，从而改变氟化石墨烯的电物理参数。文献[10]的作者证明了一种通过电子束辐照改变氟吸附原子的覆盖度来调节氟化石墨烯局域态与价带迁移率边之间的能隙的方法。结果表明，在 C/F 为 0.28 的薄片中，能隙随着辐照而单调减小。对于低辐照剂量，部分氟化石墨烯的导电被热活化，并可用轻掺杂半导体模型进行描述。另一方面，对于高辐射剂量，通过 Mott 变程跳跃发生导电。因此，在降低氟覆盖率时，部分氟化的石墨烯显示出绝缘体到金属的转变[10]。

众所周知，在合成过程以及随后的操作过程中，石墨烯薄片难免会形成一定数量的晶界。晶界和晶格缺陷会严重影响石墨烯片的氟化率以及损伤石墨烯片。而此时褶皱和波纹具有负曲率，因此，氟化速度较慢。这种线性晶格缺陷会在氟化石墨烯绝缘基体中形成导电网络，通过该网络进行电荷传输。结合形貌和电流映射，文献[11]的作者证明了氟在 CVD 石墨烯上的空间分布呈高度不均匀，其中多层岛和结构特征如褶皱、皱痕和波纹的石墨烯氟化程度较低。这种网络的特性体现在 FG 片的电子传输过程中。

石墨烯氟化过程中产生的结构也会对电子传输性质产生影响，并且也是一个额外的可控因素。研究表明，SF_6 调制的石墨烯单层的等离子体氟化产生了聚烯烃-石墨烯杂化物，为部分含氟化石墨烯存在多烯结构（聚丙烯酸和/或聚烯）提供了实验依据。这些多烯对石墨烯非常重要，因为其影响石墨烯的周期，从而形成可调的传输间隙。通过控制 F 原子的功能化，石墨烯可以从无间隙半金属变成传输间隙为 25meV[12] 的半导体。

表面形貌也是影响氟化石墨烯电子性能的一个因素。本章研究了在碳化硅上生长的外延石墨烯表面形貌对等离子体氟化后功函数增加的影响。石墨烯作为一种应用在有机电子器件中的透明电极材料，其功函数的控制至关重要。本章对等离子体氟化对 SiC 上外延石墨烯功函数的影响，以及确定了氟化外延石墨烯的功函数与碳氟键的极性之间的关系进行了研究。此外，FG 厚度的变化也会影响功函数。氟化前外延石墨烯的功函数为 4.45eV，相当于狄拉克点上方 250meV 的费米能级。SF_6 等离子体氟化 30s 后，氟浓度为 7%，功函数增加 650meV[13]。

由于氟化石墨烯是最薄的二维绝缘体之一，因此，它可用于形成独特的垂直异质结构。本章对氟化石墨烯的介电性能，包括介电常数、频率色散、击穿电场和热稳定性进行了全面的研究。研究发现，厚度极薄（5nm）的氟化石墨烯在 400℃ 的温度范围内具有较高的阻抗。测得的击穿电场大于 10MV/cm，为该厚度介质材料的最高击穿电场。一步氟化 10 层石墨烯可以获得氟化石墨烯/石墨烯异质结构，其中基于该结构的栅极顶部晶体管平均载流子迁移率在 $760cm^2/(V·s)$ 以上，高于 SiO_2 和 GO 作为栅介质材料获得的迁移率[14]。

外部暴露，如紫外线（UV）辐射，也会影响氟化石墨烯的电物理参数。在 SiC(0001) 衬底上对该材料进行了全面的实验和理论研究，结果表明，单面氟化石墨烯呈现出两相，一相为稳定相，带隙约为 6eV，另一相为亚稳相，带隙约为 2.5eV。在蓝光照射退火后，亚稳态结构变为稳定的"基态"相。通过极高剂量的紫外线或 X 射线可以完全去除氟化，建议应用光刻技术来产生具有相邻导电和绝缘区域的结构[15]。

一个新的技术方向是将二维打印用于现代电子产品的智能组件和系统。具有纳米尺寸薄片的氟化石墨烯的悬浮液对于二维喷墨打印技术的开发和用于纳米电子的热和化学稳定的介电膜的生产具有重要意义。研究者们研究了悬浮液的组成、氟化时间、温度、热应力等因素对片状结构破碎过程的影响。在氢氟酸（HF）水溶液中，采用悬浮法制备部分氟化的石墨烯片。印刷氟化石墨烯薄膜可以在硅和柔性衬底上制备，预估金属绝缘体半导体结构中的电荷的最小值为 $(0.5 \sim 2) \times 10^{10} cm^{-2}$ [16]。

寻找石墨烯悬浮液中的衍生物新组合能为现代电子二维打印技术的进一步发展提供新可能。最近的研究表明，在石墨烯氧化膜中添加氟化石墨烯可以大大提高其性能。氟化石墨烯在氧化石墨烯表面的双层膜和复合膜（氟化石墨烯和氧化石墨烯的复合悬浮液）表现出良好的绝缘性能。其漏电流比氧化石墨烯或氟化石墨烯低 3~5 个数量级。发现这些薄膜的热稳定性显著提高,薄膜中和与硅的界面处的电荷相对较低($3 \times 10^{10} \sim 1.4 \times 10^{11} cm^{-2}$)[17]。

构建薄膜异质结构是现代电子新技术发展中的一项重要任务。石墨烯经过氟功能化后变成了一种二维电介质,在现代晶体管器件的研制中具有广阔的应用前景。氟化石墨烯可用作绝缘基体,在这种基体将导电石墨烯和半导体石墨烯连接起来。研究了采用不同的方法来形成石墨烯/氟烯交替层。在文献[18]中,扫描探针光刻被用于创建基于石墨烯纳米带的器件,通过沉积聚合物掩模,然后进行氟化。氟化能产生稳定的 p 掺杂,而聚合物掩模封装了石墨烯纳米带,允许在真空外的稳定性能。图案化器件的脱氟恢复了初始器件的电子特性。

文献[19]的作者证明了通过电子束照射选择性地将绝缘氟化石墨烯还原为导电和半导体石墨烯的可能性。辐照使 C—F 键分离,因此,电子辐照的氟化石墨烯微结构显示出的电阻率降低有 7 个数量级。通过图案化形成的通道具有不同导电性,可导致新颖的电阻式存储器和数据存储应用。

文献[20]提出了另一种局部氟化方法。研究者设计了一种新方法,通过激光照射含氟聚合物覆盖的石墨烯从而进行选择性氟化。该氟聚合物在激光照射下产生的活性氟自由基能与石墨烯发生反应,但该反应只在激光照射区进行。氟化导致石墨烯的电阻急剧增加,而不会破坏碳键网络的基本结构。这种氟化石墨烯的结构和电学性能与 XeF_2 和氟化石墨烯合成的单面氟化石墨烯的几乎相同[20]。

氟化石墨烯是一种宽间隙绝缘体,其光学性质在光电子学中的应用也很重要。具体而言,氟化石墨烯可潜在地用作深紫外线发射器。文献[21]中记录了在不同温度下不同的光子能量引起的纳米晶体石墨单氟化物的光致发光的研究。其结构特征表明,纳米晶石墨烯单氟化物是合成化合物的主要结构单元。用 $2.41 \sim 5.08 eV$ 的激光激发,识别了单氟石墨的 6 种发射模式,跨越从红色到紫色的可见光谱。模式的能量和线宽指向缺陷诱导的中间隙态作为光发射源。这些缺陷可能是孤立或聚集的未氟化碳原子和纳米晶畴边界处的不饱和键[21]。研究了部分氟化石墨烯的发光性能。该材料多在紫外线照射下或有可见光区域发光,并且有和金刚石类似的光学性质,具有激子和直接光学吸收和发射特征。氟化石墨烯在约 3.80eV 和 3.65eV 处显示出两个不同的光致发光峰,证实了宽带隙半导体的形成。在间隙更深处,观察到一些 2.88eV 的蓝色光束[22]。

在文献[23]中,作者研究了氟化石墨烯分散在二甲基甲酰胺(DMF)中的三阶非线性光学响应,以及氟表面活性剂稳定的氟化石墨烯在可见光(532nm)和红外光(1064nm)、皮秒和纳秒激光激发下分散在水中的非线性光学响应。观测到的非线性折射的起源可以理解为电子从价带激发到中间态,导致产生大量的电子和空穴。因此,价带电子密度的降低和伴随的中间态电子密度的增加导致折射率的变化,包括非线性折射。此外,研究表明,DMF 分散的氟化石墨烯片具有重要的宽带光限幅作用,使其成为用于人眼和探测器保护的光限幅器件的候选材料[23]。

氟化石墨烯也将是以有机元素为基础的结构的介质层的理想材料。使用二异丙硅烷四烯基噻吩[2,3-b]噻吩(噻吩)或五苯作为半导体层,成功地制备了高性能有机光电晶体管(OPT)。含氟石墨烯纳米片用于修饰有机半导体层和栅极 SiO_2 电介质层之间的界面。与未改性的器件相比,FG 纳米片改性的器件不仅在有机场效应晶体管特性方面表现出优异的性能,而且在光响应方面也表现出优异的性能。发现在注入改性层之后,可以容易地实现增强的光响应度,并提高光电流/暗电流比。对于 FG 修饰的器件,由于氟原子强烈的捕获电子亲和力,光致电子会被 FG 纳米片捕获。因此,由于氟的高电负性和 C—F 键的高极性,更多的光致空穴将成为自由载流子。通道整体空穴密度的增加,改性后的有机场效应晶体管的光电响应度也相应提高。FG 的这些优良特性证明了其在光电探测设备中具有广阔的应用前景[24]。

研究了紫外辐照对分散在甲苯中的氟化石墨烯的影响。在辐照过程中,部分 C—F 键的性质由共价键转变为"半共价键"。此外,共价键 C—F 键比"半共价键"C—F 键对紫外线更敏感。发现 F/C 随着辐照而降低。在 432nm 处,光致发光出现了有利于光电场的"蓝光发射"。"蓝光发射"是由于在脱氟过程中石墨烯出现了小型 sp^2 结构域而引起的,通过控制紫外线照射过程可以调节其光致发光性能。此外,甲苯和苯(芳香溶剂)可以通过改变 FG 对紫外线的吸收而促进 FG 对紫外线的反应[25]。

氟化石墨烯的磁性能在自旋电子学中的应用前景非常广阔。文献[26]的作者利用 CF_4 等离子体制备了部分氟化的石墨烯,并研究了其磁性能。在低载流子密度下,电子系统具有很强的局域性,负磁电阻非常庞大。在最高磁场为 9T 时,零场电阻减小了 40 倍,并且没有显示出饱和的迹象。在 5K 以下观察到不寻常的"阶梯"场依赖性。此外,磁阻是高度各向异性的。作者基于磁极化子的形成和磁场的离域效应解释了观察到的现象。在磁极化子模型中,在局域电子自旋和附近的局域矩之间形成磁极化子。交换耦合,无论是铁磁的亦或反铁磁的,都增强了局域电子的裸结合能。极化子在外部磁场中的排列提高了其跳跃概率,导致极化子不被束缚。最后,研究人员得出结论,这并不是造成巨大负磁电阻的原因,这种现象的规模提供了磁性读出器所需的高灵敏度。此外,在自旋电子学应用中,可以探索大的磁各向异性,以控制不同方向上的自旋弛豫[26]。

结果表明,石墨烯中的点缺陷氟吸附原子和辐照缺陷(空位)携带自旋为 1/2 的磁矩。吸附氟原子浓度 x 逐渐增加到化学计量氟化石墨烯 $CF_x = 1.0$。通过拉曼光谱监测 F/C 的逐渐增加,以及颜色变化:从金属深灰色,通过棕色到淡黄色。暴露于原子氟导致强顺磁性,使得低 T 饱和磁化强度相对于初始样品中的背景信号增加了一个数量级以上。利用布里渊函数精确描述了 CF_x 样品的磁化强度。布里渊函数仅对自由电子自旋提供了良好的拟合。这种磁化行为通过对居里定律曲线的拟合得到证实。对于所有氟浓度,样品中测量的顺磁中心数比测量的 F 吸附原子数少 3 个数量级,即大约 1000 个吸附原子中只有一个与顺磁性有关。未检测到磁性有序,氟化和辐照样品都表现出纯顺磁行为,即使在 2K 的最低 T 处具有最大的缺陷密度[27]。

在弱局域化模型的框架下,测量部分氟化石墨烯的相位相干长度,其相位相干长度在低于 10K 时异常饱和,这不能用非磁性起源解释。相对应的断相率随着载流子密度的降低而增加,随氟浓度的增加而增加。这些结果导致了自旋翻转散射,并表明氟化石墨烯中存在氟原子诱导的局部磁矩。这种散射破坏了前后轨迹的时间反转对称性,导致了相位断裂。F 吸附原子诱导的磁矩假说自然地将异常的相位饱和与文献[27]中报道的巨大磁阻现象联系起来。在单场效应晶体管(FET)器件中,由 F - 吸附原子引起的自旋翻转散射的速率似乎可以通过氟化水平和载流子密度来调节。由于自旋轨道耦合较弱,原始石墨烯没有操纵自旋的内在机制,这对自旋电子学应用至关重要。控制氟化,结合栅极可调谐的载流子密度,可用作自旋FET。因此,磁性石墨烯在自旋电子学应用中也具有重要的技术意义[28]。

之后,报道了通过氟化在缺陷石墨烯(还原的氧化石墨烯)上产生局域自旋磁矩的实验证据。更有趣的是,结果表明,缺陷有助于增加所产生的磁矩密度的氟化效率。这可能是由于大量空位阻碍了F原子的聚集,并引入了许多磁边缘原子。空位缺陷和适当的F浓度都有利于在氟化还原氧化石墨烯中形成小的F簇和引入高磁矩。因此,石墨烯材料的磁性能受到人们的广泛关注,因为其在轻非金属磁体中的应用中非常重要[29]。

不久之后,研究者们开始了对含氟化石墨烯摩擦学特性的深入研究。调整其摩擦学特性是石墨烯基微纳米装置的重要任务。文献[30]的研究者报道了化学改性石墨烯的超强纳米摩擦性,以及与弯曲声子相关的理论分析。超高真空摩擦力显微镜测量结果表明,石墨烯表面的纳米摩擦在氟化后增加了6倍,而粘附力略有下降。随着F含量的增加,C—C键长度由1.42(C)逐渐增加到1.58Å(CF)。由于这些氟化诱导所引起的键长和sp^3/sp^2比值的变化,含氟化石墨烯的弹性性质也与原始石墨烯的有很大区别。密度泛函理论(DFT)的结果表明,石墨烯的平面外刚度在氟化后增加了4倍。由于弯曲刚度与二维系统中的弯曲声子有关,所以纳米级摩擦能量应该主要通过最软的声子的阻尼来耗散。因此,柔性较低的氟化石墨烯摩擦性更强。氟化后AFM尖端与石墨烯之间的粘附力略有下降约25%,这可归因于由于C—F键的突出,C_4F中尖端与F端之间的范德瓦尔斯力接触减少[30]。

文献[31]的作者对FG的摩擦学特性进行了显微镜摩擦力测量。测量结果表明,氟化石墨烯表面的纳米摩擦比原始石墨烯表面的摩擦增强了6倍。测量所得的纳米尺度摩擦应与化学改进石墨烯的黏着性和弹性有关。DFT计算表明,虽然化学改性石墨烯的附着性能降低到了原来的30%,但平面外弹性能大幅增加到800%。基于这些发现,作者提出石墨烯表面的纳米摩擦与传统固体表面的纳米摩擦在特征上不同;石墨烯表面摩擦力大小与硬度成正比,而普通三维固体表面摩擦力与其硬度成反比。石墨烯不寻常的摩擦力学归因于石墨烯固有的力学各向异性,其在平面内固有的刚性,但在平面外显著的柔性。通过对石墨烯表面进行化学处理,可以将平面外的柔度调整到一个数量级。测得的纳米尺度摩擦与计算出的平面外柔性之间的相关性表明,石墨烯中的摩擦能量主要通过面外振动耗散,或者石墨烯的弯曲声子耗散[31]。

结果表明,石墨烯氟化可以在很大程度上改变其摩擦力。硅原子力显微镜尖端和单层氟化石墨烯之间的摩擦力比石墨烯高出5~9倍。选择性氟化物便于研究者用摩擦力显微镜观察氟化区域旁边的原始石墨烯区域。石墨烯的氟化程度决定了其摩擦的大小,且氟化程度的影响非常明显。这种效应归因于顶部由于氟化而导致能量格局发生了明显的变化,而氟原子的高电负性可以解释这一现象。F原子上的高度局部化的负电荷以及其在碳基面上的突出导致在氟化位点的界面势能的强烈的局部变化。因此,静摩擦按该能量势垒的比例增加。实验中,摩擦力随氟化的增加而单调增加,证明AFM是表征氟化石墨烯化学状态的灵敏工具[32]。在最近的研究[33]中,作者通过氟等离子体处理对单层石墨烯和多层石墨烯的表面进行了改性,并考察了氟化石墨烯在宏观载荷下的摩擦性能和稳定性。表面氟化降低了摩擦界面间的附着力,提高了单层和多层石墨烯的耐久性。这是因为含氟的碳膜转移到摩擦偶件上,从而导致含氟的两个碳膜之间发生摩擦。

另一方面,氟等离子体处理使在多层石墨烯中的摩擦系数由 0.20 下降到 0.15,而在单层石墨烯中,摩擦系数由 0.21 提高到 0.27。据认为,在单层石墨烯中,表面结构的变化对摩擦系数的影响大于其对多层石墨烯的影响,摩擦系数增加主要是由于氟等离子体处理导致石墨烯表面缺陷增加所致[33]。

使用氟石墨烯的另一个有前景的方向是创造新的润滑剂来减少摩擦和节省能源。本章研究了 FG 作为新型润滑油添加剂在聚 α 烯烃 -40 基础油中的摩擦学性能。摩擦试验表明,基础油中添加的 FG 达到最佳浓度时,能显著提高其抗磨性能,抗磨能力与氟含量之间存在很强的比例关系。以含氟石墨为原料,采用可控化学反应和液相剥离法可以制备不同含氟量的氟化石墨烯片。通过调节温度,可以得到不同的 C/F 比值。根据形貌和微观结构观察,获得的 FG 样品具有纳米级厚度,对应于 2～5 层的层数。所制备的 FG 样品在基础油中表现出优异的分散稳定性。摩擦学测试表明,添加最佳浓度的 FG 可延长稳态摩擦时间,且效果随氟含量的增加而增强[34]。

含氟化石墨烯具有较高的疏水性,因此不能应用在水环境中。近年来,发展了一种无溶剂尿素熔融合成方法来制备亲水性尿素改性 FG(UFG)。证明了尿素分子可以部分取代氟对 FG 进行共价功能化,从而制备出亲水性 UFG。这种置换能使 FG 的表面润湿性由疏水性转变为亲水性。尿素的氨基是亲水性基团,这意味着尿素改性的 FG 可以很好地分散在水中。实验结果表明,添加适量的 UFG 可以大幅度提高水的抗磨损性能。与纯水相比,UFG 试样耐磨性更好,磨损率降低了 64.4%,表明所制备的 UFG 可作为一种新型有效的水基润滑剂添加剂[35]。

氟化石墨烯与各种分子的取代反应是合成新型石墨烯衍生物最重要且最快速的方法。该反应有两个过程。作为活性颗粒与氟相互作用的结果,F 原子从石墨烯上脱附,并伴随着悬挂键的形成。然后将功能化分子附着在石墨烯上的活性吸附中心上。因此,FG 可以作为制备具有所需化学结构和特定性能的各种石墨烯衍生物的理想前驱体。

文献[36]的作者描述了一种简单、可扩展的表面处理方法来实现石墨烯薄片的功能化。该方法首先用 CF_4 等离子体处理石墨烯片进行氟化,然后在室温下将所得的氟化石墨烯片暴露在有机基团中。实验数据表明,通过消除氟原子可以实现石墨烯的氟化以及使氨基附着在石墨烯片上。研究表明,石墨烯纳米片能在有机溶剂中成功分散,表明其能作为聚合物基复合材料及其他功能性应用的材料[36]。

首先使用等离子体对共价连接氟进行处理,然后在室温下将获得的氟化石墨烯片分散到脂族胺中,获得化学功能化的石墨烯片。化学衍生的少层石墨烯片用作透明电极的一部分,用于制备聚合物太阳能电池[37]。

文献[38]的作者提出了一种通过氟化活化 CVD 生长的石墨烯片,然后与乙二胺(EDA,胺封端的分子)反应形成共价键的方法。实验数据证实了氟化石墨烯的还原和破坏的 π 键网络的部分重新排序。在暴露于 EDA 之后,30% 的氟化位点反应与 EDA 分子形成键,而剩余的损失的氟最可能与重整的 C—C 键有关。一般来说,胺基在温和的条件下会发生更多的反应,例如,生物分子会附着在氨基末端表面[38]。

本章研究了利用 XeF_2 的氟功能化方法,用于提高外延石墨烯表面薄、高 k 介质原子层沉积(ALD)。氟的高电负性(4.0)和碳表面的黏附能力表明,其将是增强石墨烯与

ALD前驱体的表面反应的很好的反应性物种候选者。氟功能化的同时，石墨烯晶格的sp^2对称性被打破，导致碳sp^3与F原子结合。这种sp^3键结构可以为ALD提供一个附加的反应点，从而增强后续的氧化成核和覆盖。结果表明，15nm的ALD Al_2O_3薄膜在氟功能化的外延石墨烯表面均匀沉积，而下层的石墨烯性质仍未改变。所形成的C—F键表现出半离子性质，其允许平面石墨烯晶格的最小变形。此外，利用优化的氟功能化方法，石墨烯的迁移率提高了10%~25%。因此，对于需要将原子或分子附着到石墨烯上而不明显改变电学性质的研究目标而言，氟功能化方法很具有吸引力[39]。

在文献[40]中，作者系统地研究了氟化石墨烯在真空和极性环境中的反应性。用计算方法研究了FG的反应性，并通过实验验证了FG对NaOH取代反应的预测敏感性。与NaOH的反应会导致最初附着在石墨烯上的氟原子减少。反应的活化能为14kcal/mol±5kcal/mol(1cal=4.18J)。C—F键裂解所需的能量相当高，超过100kcal/mol[40]。这说明FG是制备其他石墨烯衍生物的有用前驱体材料。

对现有的理论计算和实验数据的分析表明，通过连接合适的杂原子对石墨烯进行共价修饰是定制其物理、化学和生物性能的一种有吸引力的方法。文献[41]的作者提出了在极性溶剂中氟原子简单亲核取代FG共价功能化的例子。用亲核巯基取代氟，得到了这种新的石墨烯衍生物（硫氟石墨烯）。通过密度泛函理论计算，确定了合适的硫氟石墨烯结构模型，并估算了该材料的电子结构。将这种新型石墨烯衍生物作为低成本生物传感器用于DNA杂交的阻抗检测。结果表明，硫氟化石墨烯中共价结合的硫增强了DNA的阻抗传感。可以通过调节SH/F比来进一步调整性能。这种新型石墨烯衍生物有可能作为先进的基因传感器[41]。不同分子和官能团与氟化石墨烯相互作用的性质取决于这些粒子的性质。将单层CVD生长的石墨烯暴露于XeF_2中得到的氟化石墨烯与一系列的胺、醇、含硫亲核试剂反应。实验结果表明，胺类和醇类亲核剂可以取代氟基团与石墨烯形成共价键。对于有多个反应位点的亲核材料，对X射线光电子能谱特征的仔细研究发现这些基团在石墨烯上的取向。硫亲核剂比嗜氧亲核剂更大且更极化，因此通常反应更强烈。硫亲核剂优先用作还原剂，在不进行取代反应的情况下除去氟，并直接结合在下面的石墨烯片上。在没有被亲核试剂取代的情况下除去氟应该恢复导电通路。因此，提出了胺和醇对FG的亲核取代和硫醇介导的GF还原的可能机理[42]。

考虑到卤素赋予的独特性质，用多种卤素同时修饰石墨烯进一步调节其电子和电化学性质，具有重要意义。文献[43]的作者合成了含氟和氯原子的多层功能化石墨烯。起始材料氟石盐在氯仿中与二氯卡宾反应，得到二氯卡宾功能化的氟石墨烯。二氯卡宾分子与非化学计量C_xF_y的反应是一个两步过程。在第一步中，CCl_2将氟原子从氟石墨烯中分离出来，在第二步中，CCl_2化学分解为sp^2碳原子。因此，石墨烯与两个或多个卤素原子的修饰可能实现石墨烯衍生物性质的精确调谐[43]。

尽管大量工作致力于通过石墨烯与各种官能团的相互作用来创造石墨烯的新衍生物，但衍生物反应机理仍有待揭示。文献[44]的作者提出了以2,2,6,6-四甲基哌啶1-氧基(TEMPO)为攻击剂的FG的一个特殊的衍生反应。结果表明，TEMPO引起的脱氟作用发生在一个自由基机制中，从而导致石墨烯纳米片和C═C键形成新的自旋中心。发现氟原子脱氟后，便转移到了TEMPO分子中。结果表明，在FG纳米片上，由于脱氟作用而发生了自由基与自旋中心的偶联反应，从而导致了TEMPO分子与石墨烯纳米片的共价结合。本研究揭示了萤光烯衍生物化学的自由基机制[44]。

上述方法在文献[45]中得到进一步发展,研究了 FG 在对胺、膦、氢氧化钾等常见亲核剂的攻击作用下的衍生反应机理。DFT 计算表明,亲核试剂与 FG 的 C—F 键发生单电子转移(SET)反应后,C—F 键的均解离在热力学上是优选项。通过电子顺磁共振波谱可以确定 FG 的相关自由基中间体和自旋中心的变化,表明 FG 的脱氟是通过亲核试剂与 C—F 键发生 SET 反应,在纳米片和氟离子上产生自旋中心后,以自由基机制发生。FG 中 C—F 键的亲核取代也被认为是在脱氟步骤产生的自由基机制中发生。通过 FG 的亲核取代,证明了三乙胺碎片与石墨烯纳米片的共价结合机理[45]。

因此,从实验和理论上证明了 FG 可能是用石墨烯制备石墨烯衍生物的一种可用替代材料。文献[46]中提出了一种高效的石墨烯共价双面高度功能化方法。即通过氟化石墨烯的剥离和格利雅反应来实现,这是有机化学中最成熟的 C—C 键形成方法之一。格利雅试剂由于与镁结合而产生亲核碳原子,而原位生成的碳氢化合物阴离子可以攻击亲电碳原子(如 FG 的碳原子)。三种不同类型的有机金属试剂,包括烷烃(戊基)、烯烃(烯丙基)和芳基(茴香醚或对甲氧基苯基)成功地反应,得到了均匀、高浓度(5.5% ~ 11.2%)和双面功能化的石墨烯。通过理论计算验证了亲核性的大小决定了 FG 上亲核取代是否成功[46]。

氟化石墨烯的一个特点是表面存在高度定向和极性结合。C—F 键的强极性有望引起生物反应。文献[47]的作者使用含氟化石墨烯薄片作为间充质干细胞(MSC)生长的支架。细胞黏附、形态、基因表达和分化的变化根据培养细胞的衬底的表面化学、地形学和力学性质进行了合理化。结果表明,FG 诱导 MSC 的增殖增强,极化增强。作者证明了含氟化石墨烯可以增强 MSC 的细胞黏附能力,并通过自发细胞极化而出现神经诱导效应。含氟化石墨烯薄膜对 MSC 生长具有促进作用,氟的覆盖对 MSC 细胞形态、细胞骨架和核伸长有显著的影响。该研究表明,大规模生产并图案化的氟化石墨烯片可能是组织工程应用的可行平台[47]。

在诸如传感器、太阳能电池等电化学装置中,诸如开放带隙和快速异质电子转移的氟石墨烯性质以及通过氟化水平控制其磁性和光学性质的可能性是非常重要的。研究了三种不同碳氟比的氟亚磷酸酯材料:$(CF_{0.33})_n$、$(CF_{0.47})_n$ 和 $(CF_{0.75})_n$,结果表明,氟化石墨烯的碳氟比对电化学性能有一定的影响。作者探索了氟亚磷酸盐材料对两种重要生物分子抗坏血酸和尿酸的氧化作用。这些生物分子是表面敏感的氧化还原探针,在生物医学传感领域有着广泛的应用。氟化石墨烯$(CF_{0.75})_n$是识别抗坏血酸和尿酸氧化峰性能最好的材料。氟化石墨在传感应用中的表现优于石墨,这将对氟化石墨和氟化石墨烯在传感和生物传感领域的应用产生深远影响[48]。

文献[49]的作者确定水溶性高氟含量石墨氧化物是生物传感和荧光探针应用的候选材料。通过在氟气氛中高温高压下氟化氧化石墨(GO)合成了氟化氧化石墨(FGO)。已知在石墨烯骨架中引入氟通常伴随着高疏水性材料的形成。在温和条件下进行氧化石墨氟化的情况下,作者观察到了完全不同的行为。GO 的氟化导致亲水性氟化氧化石墨的形成,其可以形成稳定的水悬浮液。光致发光的测量结果显示,含氟的 FGO 样品比含氟的 GO 样品有更强的发光性能。因此,水溶性含氟化石墨烯可以在水溶液中发生反应,产生亲水性粒子和具有可调谐荧光性质的薄膜[49]。

几年后，文献[50]的作者将 FG 用作氨检测的气敏材料。NH_3 是一种与人类活动密切相关的常见气体，基于半导体金属氧化物的 NH_3 气体传感器通常要求较高的工作温度。因此，在实际应用中，在低温/室温下工作的敏感 NH_3 气体传感器是很好的选择。本章采用可控 SF_6 等离子体处理方法合成了大面积氟化石墨烯（F 原子分数最大为 24.6%）。与原始石墨烯相比，FG 具有更好的氨检测性能。基于 DFT 模拟结果，FG 气体传感器的快速响应/恢复行为和高灵敏度归因于 FG 表面的 C—F 共价键增强了 NH_3 分子的物理吸收。

后来，文献[51]的作者提出了化学氟化石墨烯氧化物（CFGO）的室温气体传感特性。该传感器具有选择性、可逆、快速的 NH_3 传感特性，室温下的检出限为 6.12μg/L。根据 DFT 计算，氟掺杂改变了石墨烯氧化物中含氧官能团的电荷分布，增强了 GO 与 NH_3 分子的结合，使氨选择性吸附和解吸[51]。

除了使用含氟氧化石墨烯作为气体传感器的操作元件外，这种材料还可用于拉曼光谱[52]。本章采用 CF_4 等离子体处理还原 GO 制备了 FGO。结果表明，FGO 比还原的 GO 具有更好的表面增强拉曼光谱衬底。以罗丹明 B 为探针分子，通过调节 FGO 中的 F 含量，可以调节相对增强因子：等离子体处理时间越长，拉曼强度越高。最可能的解释是 FGO 上含有 F 键的局部偶极子，可以产生显著的局部电场，并导致拉曼强度增强。不同振型相对强度的差异或选择性可以用来匹配分子与衬底之间的相互作用，并最终确定吸附分子在衬底上的方向[52]。

除了含氟石墨烯的上述性质及其可能的用途外，其疏水性也具有实际意义。为了证明含氟化石墨烯的疏水性能，文献[53]的作者在被测试材料覆盖的硅片上进行了接触角测量。结果表明，接触角与氟浓度有明显的相关性。研究了具有不同原子碳氟比的样品：C/F 为 2.72（FG1）、1.40（FG2）和 0.95（FG3）。接触角由 FG1 的 43.9°增加到 FG2 的 86.8°，最后增加到 FG3 的 142.2°。因此，氟化石墨烯可用于表面改性，以制备具有可调疏水性能的表面涂层。研究结果表明，全氟化石墨烯可用于制备独特的超疏水表面[53]。

众所周知，在高水表面（在液体是水的情况下）的接触角（>150°）通常被称为超疏水表面，而如果接触角低于 90°，则称为亲水表面。以含氟化石墨烯氧化物（含氟量为 34.4%）、改性聚二甲基硅氧烷（PDMS）聚合物复合材料为涂料，在铝合金和玻璃基体上，使其具有超疏水和扩展疏油性。在 PDMS 中使用 60%（质量分数）的 FGO 实现了 173.7°的水接触角（CA）（接近有史以来报道的最高水接触角，175°），并且显示了的 94.9°椰子油接触角。发现 FGO 原子层不仅使表面粗糙以产生足够的气穴，而且显著降低了衬底的表面能。这项研究将有助于在不借助复杂的图案化技术的情况下制造透明自清洁表面[54]。

氟化碳（CF_x）是氟化物的极电负性导致，是一种高容量的锂离子电池阴极。Li/CF_x 电池在原电池系统中具有最高的理论比容量。用一系列的石墨烯氟化物（CF_x，x=0.47、0.66、0.89）研究了氟化石墨烯的结构和电化学性能。在 F_2/He 气氛中进行了氟化。结果表明，含氟化石墨烯作为锂离子电池的阴极材料，在理论容量的 75%~81% 之间具有较高的保留率。具体来说，$CF_{0.47}$ 保持了优于传统氟化石墨（F-石墨）的容量值。CF_x 中氟含量对操作电压有显著的影响，表明氟覆盖对 FG 的影响与电化学性能有很强的相关性。

在 $CF_{0.47}$ 中,较高的放电电压(约 2.8V)表明,由于高表面积石墨烯具有扩展的层间空间,锂离子扩散速度更快。结果表明,$CF_{0.47}$ 主要由表面氟组成,少量的 CF_2 和 CF_3 基团使总阻力降到最低。此外,大量的残余石墨烯结构域和缺陷位点也极大地提高了 $CF_{0.47}$ 的性能。仔细观察发现,氟含量相对较高的 $CF_{0.89}$ 是由具有表面绝缘层如 CF_2 和 CF_3 等的石墨烯层组成,导致溶解 Li^+ 扩散变慢,面内电导率降低[55]。

文献[56]中采用了 FG 合成的另一种方法。本章中,以低沸点的乙腈和氯仿为溶剂,通过溶剂热剥离含氟石墨制备了高质量的含氟石墨烯。X 射线光电子能谱表明,氯仿的插入导致了共价 C—F 键向半离子 C—F 键的部分转变。由于通过纳米片的良好的 Li^+ 扩散和电荷迁移率,使用 FG 阴极的锂一次电池表现出显著的放电速率性能。FG 纳米片由几层(<5)组成,F/C 比值约为 0.9。采用氯仿剥离 FG,比容量高,电压平台为 2.18V。与使用 F-石墨的锂电池相比,FG 纳米片阴极表现出优异的电化学性能,提高了放电电压、比容量和倍率性能。因此,与具有数千层的 F-石墨相比,少层 FG 的还原显示出基于锚定到阴极上的三维连续网络形成的电导率的显著增加。这些纳米结构即使在高放电速率下也能促进电荷的迁移率。此外,与 FG 纳米片不同,放电过程中绝缘 LiF 的形成更容易阻碍层间空间有限的 F-石墨中的电荷转移。总之,高质量的剥离 FG 纳米片可用于具有高倍率容量和放电电压的锂电池[56]。

文献[4]的作者研究了溶剂对 FG 片电化学性能的影响。在该论文中,经偶极溶剂处理后,即使在室温下,FG 的结构和性能也发生了一系列变化,如氟浓度降低约 40%,热稳定性降低,带隙由 3eV 减到 2eV,以及在高放电速率下的电化学性能得到了改善。发现在非极性溶剂的作用下,FG 的还原和强共价键 C—F 键的减弱。假定偶极溶剂通过偶极-偶极相互作用与 C—F 键的碳原子而不是氟原子相互作用,并释放出促进 C—F 键断裂的能量。与原 FG 相比,含氟化石墨烯纸的夹层间距由 7.2Å 增加到 9.5Å 左右。因此,与开始共价 C—F 键相比,弱 C—F 键的键长较大,夹层间距增大,从而促进了溶解 Li^+ 离子的扩散[4]。

在本节的结论中,应该提到氟化石墨烯的一个更有前途的应用。改变少层石墨烯的层间距以产生新型多孔材料将是开发用于气体捕获应用的具有定制性能的新型吸附剂的一种有吸引力的方法。基于石墨烯片上的反应性 C—F 键与各种胺封端分子的反应,通过 FG 的插层,构建了比表面积可调的石墨烯基多孔材料。在温和的条件下,通过氟置换反应制备多孔材料。在多孔材料中,石墨烯薄片就像积木一样,二胺共价接枝到石墨烯骨架上作为支柱。在石墨烯片上成功地连接了不同的二胺,但二胺的接枝率和 FG 的还原程度有很大的差异,且取决于二胺的化学反应活性。因此,测试了这些新型多孔材料的 CO_2 吸附。CO_2 吸附容量表征表明,乙二胺插层 FG 在 0℃和 0.11MPa 条件下具有较高的 CO_2 吸附密度(18.0 CO_2 分子/nm^2)和较高的吸附热。吸附表征表明,较大的 CO_2 吸附量是高密度、强碱性和窄微孔隙的综合作用结果[57]。

3.3 氟化石墨烯的稳定相 – CF、C_2F 和 C_4F

自 FG 合成开始以来[1-2],观察到对应于不同氟/碳原子比的氟化石墨烯的各种稳定相。在文献[2]中,在石墨烯薄膜一侧或两侧用 XeF_2 气体进行生长和氟化。利用 X 射线光电子能谱和拉曼光谱对该过程进行了表征。在铜箔上生长石墨烯薄膜时,氟含量随曝光时间增加而呈线性增长,直至浓度饱和到25%覆盖率或形成C_4F。这相当于石墨烯每两个原始晶胞中都有一个氟原子。石墨烯在硅绝缘体(SOI)上的氟化作用与在铜上的氟化作用相同,在铜上的氟含量开始增加,并在达到50%时饱和。这个浓度对应于每个晶胞中的两个氟原子和CF的经验结构。随着氟含量的急剧上升,XeF_2开始腐蚀硅底层,石墨烯薄膜的背面也会接触到XeF_2而开始氟化。作者计算了石墨烯上氟原子的几种单边周期排列。图3.2(a)展示了每个覆盖的总能量的最低的结构中每个F原子的结合能。在覆盖率达到25%(C_4F)时结合能最大,这与实验中观察到的25%覆盖一致。这个构型如图3.2(b)所示,在第三近邻位点上有F原子。不同F覆盖的石墨烯的相应态密度如图3.2(c)所示。为了增加F的覆盖,价带中的带隙变宽,费米能级降低。这些效应是由于F的p轨道与C的π轨道相互作用而产生的sp^3键,从而改变了电荷密度,并引入散射中心进行传导。在C_4F中,带隙为2.93eV,π键大部分被破坏。因此,预期C_4F具有光学透明性,这与实验观测结果一致[2]。

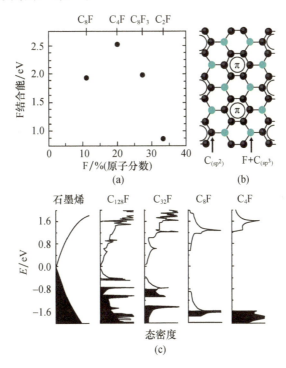

图3.2 (a)与F_2气体状态相比计算的每个F原子的结合能;(b)根据(a)计算的25%覆盖率的C_4F配置草图;(c)计算单面含氟化石墨烯的总态密度(经美国化学学会许可,转载自参考文献[2])

文献[58]的作者实现了C/F原子比可调的含氟化石墨烯的有效合成。本章采用均匀分散的GO与氢氟酸(HF)进行水热反应。结果表明,FGS的氟化程度可以通过改变反应温度、反应时间和HF含量来调节。为了估计带隙,采用了电导图与温度反比的活化能法。结果表明,F与C的p轨道相互作用,改变了电荷密度,引入散射中心,随着F覆盖的增加,带隙变宽。特别是,在$C_{2.1}F^{[58]}$的情况下,带隙估计约为2.99eV。

通过DFT计算,研究了不同F覆盖下FG的电子和磁性能。本章研究了不同F覆盖

($x=1.0$、0.944、0.875、0.5、0.25、0.125、0.056、0.031)下的氟化石墨烯(CF_x)片。结果表明,氟化度对 FG 片的电子和磁性有很强的依赖性。随着氟化度的增加,平均 C—F 键长从 $1.572Å$ 减少到 $1.383Å$,表明氟在石墨烯上的化学键合强烈地依赖于氟的覆盖。氟化石墨烯中 C—F 键的共价性比吸附在 C 原子顶部的单个 F 原子的共价性更显著。氟的精确吸附使得带隙能够从 0 调谐到约 3.13eV,以及从非磁性半金属向非磁性/磁性金属或磁性/非磁性半导体的转变[59]。

后来,文献[60]的作者证明,氟-石墨烯键的电离性(或共价)根据氟物质的局部浓度和排列而显著变化。结果表明,石墨烯上氟的三种键态占主导地位。首先,石墨烯上的孤立氟在 sp^2 轨道结构中与 C 原子形成半离子键;在这种键合状态下,F 充当石墨烯的 p-掺杂物。第二,属于聚(氟化碳,CF)的高度稳定结构域的氟物质,包括在石墨烯的两侧上在邻位彼此交替的共价 F—C 键。第三,氟物质形成聚(四碳氟化物,C_4F)的区域,其中 F—C 键彼此对位并且仅暴露在石墨烯的一侧;后者表现出介于半离子和共价之间的化学特性[60]。

实验数据显示,根据合成条件,可以观察到石墨烯的双面或单面氟化。文献[61]的作者使用 DFT 计算研究了含氟外延石墨烯(EG)。在没有氟化作用的情况下,两个原始的石墨烯片彼此相互作用,范德瓦尔斯力较弱。然而,含氟化石墨烯薄片中的不饱和 C 位点是由未配对电子引起的。因此,石墨烯片可以作为半氟化双层 EG 结合到氟化石墨烯片。作者考虑了单侧吸附的双层石墨烯(半氟化石墨烯)的各种构象,半氟化石墨烯作为 EG 上氟化的原型。当氟的吸附沿齿形方向时,表现出"箍筋"构象。这种稳定的结构源于 C—F 键的部分离子特性,导致 C—Fσ 键与石墨烯的 sp^2 网络的超共轭作用[61]。

3.4 氟化石墨烯的合成方法

目前报道的 FG 制备方法可分为两种。第一种是利用氟化试剂如 F_2、XeF_2、HF、等离子体(CF_4 和 SF_6)或使用含氟聚合物对石墨烯或氧化石墨烯(GO)进行氟化。通过这种方法获得的 FG 片可以达到不同的氟化度,但相关步骤复杂且成本高,限制了大规模生产。第二种方法是通过机械解理或液相剥离对氟化石墨进行剥离[34]。下面简单说明上述方法的例子。

文献[62]作者报道了 SF_6 等离子体处理 n 层石墨烯的分层依赖氟化作用。对天然石墨进行微机械剥离制备石墨烯。等离子体处理使用反应离子蚀刻系统进行。为了对石墨烯薄片进行改性,将石墨烯样品直接浸入 SF_6 等离子体中,SF_6 等离子体的功率为 5Pa,气体进料速率为 5L/min。SF_6 等离子体在直径为 250mm、间隔为 88mm 的两个金属平行板电极之间点燃。将样品放置在电极的中心。拉曼光谱表明,单层石墨烯比较厚的石墨烯更容易被氟化。这些结果可以很好地解释为,单层石墨烯的波纹比厚石墨烯的波纹更大。同时,真空退火后,n 层石墨烯的氟化是可逆的[62]。

文献[63]中采用了另一种气体成分(图 3.3)。作者报道了利用 CF_4 等离子体通过化学气相沉积(CVD)生长的单层石墨烯片合成 FG。之所以选择 CF_4 等离子体是因为其快速且与光刻兼容,还因为其先前用于氟化纳米管和剥离的石墨烯。该工艺要求室温下,并在反应离子蚀刻室进行。作者研究了两种合成 FG 的方法。在第一种方法中,CVD 石墨烯薄膜在铜衬底上生长后直接氟化。在第二种方法中,石墨烯薄片被转移到石英衬底上,然后在 450℃ 下,在 Ar/H_2(90%/10%)的混合物中退火 2h 后进行氟化。结果表明,氟在 CVD 生长石墨烯上的空间分布与生长和迁移过程中产生的不完善的结构特征密切相关。因此,FG 的电阻率在空间上不均匀。结果还表明,CVD 生长的石墨烯的缺陷丰富的晶界是增加化学反应活性和晶格损伤的来源[63]。

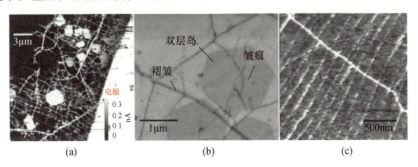

图 3.3 (a)用石英上的氟化 CVD 石墨烯制造器件的 c–AFM 电流图。右下角的亮区是电极。(b)转移到 SiO_2/Si 衬底上的生长石墨烯的 SEM 图像。各种特征的示例在图像中按照常见的标注进行标记。(c)另一转移的石墨烯薄片的 AFM 图像。残留的聚合物污染物勾勒出细波纹的轮廓
(经美国化学学会许可,转载自参考文献[63],2014 年版权所有)

在氮/氟气氛中,通过简单的氟化反应,在不同的暴露时间和温度下合成了一系列不同氟含量的氟化石墨烯。在这些实验中,氧化石墨被置于石英玻璃微波反应器中。将反应器反复抽空并用高纯氮气吹扫。在氢气氛下进行剥离。在剥离过程中,形成氢等离子体,进一步加速了氧化石墨的剥离和还原。还原的氧化石墨进一步用于氟化。用氮气–氟混合物(20%(体积分数)F_2)在高压釜中进行氟化。将高压釜抽空并在 0.3MPa 压力下填充 N_2/F_2 混合物。采用不同的氟化时间和温度仔细控制分别在 20℃ 72h、180℃ 24h 和 180℃ 72h 产生 FG 的氟化度。石墨烯中氟的含量与反应条件有关。研究的材料在光谱可见区出现强烈的发光,其最大值可以通过氟浓度调节。全氟化石墨烯的总化学计量 $C_1F_{1.05}$ 处有明亮的白色表示有明显的带隙变化[53]。

文献[64]的作者使用 GO 作为起始材料(图 3.4),得到少层氟化石墨烯片,其中单层 FG 片的产率约为 10%,层数主要在 2~5 层范围内。在装有真空管的不锈钢密室中进行氟化。氟/氮混合气体在室温下进入室内。调整 F_2 浓度,得到不同氟化程度的产物。氟化处理温度由 20℃ 提高到 180℃。F/C 摩尔比接近 $1.02^{[64]}$。

文献[65]中使用了另一种方法。作者报道了使用市售的氟亚磷酸酯作为起始原料制备氟化石墨烯。在该过程中,氟化石墨通过以 Na_2O_2 和 HSO_3Cl 为剥离剂,快速剥离,使其转化为少层氟化石墨烯(图 3.5)。在典型的实验中,先将氟化石墨粉和 Na_2O_2 放在刚玉坩埚中适当的研磨并均匀混合,接着,在搅拌下向混合物中滴加 HSO_3Cl。根据作者的建议,由于 Na_2O_2 与 HSO_3Cl 反应剧烈,滴加过程中释放出大量的光和热,HSO_3Cl 的加入操作应缓慢进行。反应体系冷却后,用去离子水稀释混合物,然后通过聚(偏二氟乙烯)膜过滤悬浮液。固体用去离子水洗涤并在 60℃ 下干燥。最终,原始氟化石墨的剥离成功完成[65]。

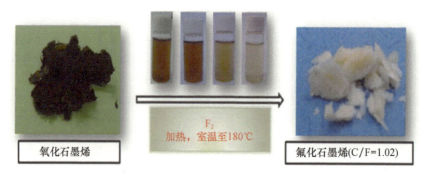

图 3.4　经美国化学学会许可,转载自参考文献[64],2013 年版权所有

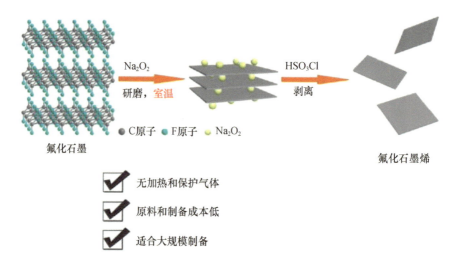

图 3.5　氟化石墨烯法制备氟化石墨烯的工艺(经美国化学学会许可,转载自参考文献[65])

以氟化石墨烯为原料,通过同时氟化和还原氧化石墨烯,有效地合成了具有可控元素覆盖的氟和氧共掺杂石墨烯(图 3.6)。为制备氟化氧化石墨烯(FGO),将氟化石墨放入 Al_2O_3 舟皿中。然后将带盖的舟皿放置在管式炉的中心,同时将坩埚中的 GO 膜布置在管口处。在 Ar 气流下将管从室温加热到 500℃、600℃和 700℃。形貌研究表明,掺杂石墨烯为少层石墨烯。化学成分分析表明,氟通过 C—F 共价键接枝到石墨烯支架上,只需调节反应温度即可控制掺杂水平[66]。

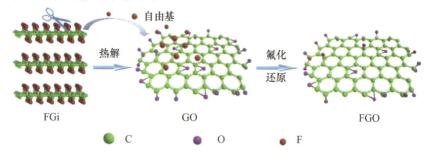

图 3.6　同时氟化和还原过程的分子模型

为了清晰起见,省略了石墨烯上的氢原子。(经爱思唯尔许可,转载自参考文献[66],2014 年版权所有)

采用乙二胺(EDA)可控化学反应和 N - 甲基 - 2 - 吡咯烷酮(NMP)液相剥离的方法,在一锅合成中由氟化石墨制备具有不同氟含量的 FG 片材(图 3.7)。在典型的步骤中,将 F - 石墨加入到 EDA 中,并将混合物转移到圆底烧瓶中,随后在氮气中,在不同温度的油浴下以恒定搅拌速度进行加热。当混合物冷却至室温时,加入 100mL NMP。然后,将得到的黑色分散体超声处理。然后吸移含有 FG 纳米片的上层液体,随后过滤并冷冻干燥。透射电镜和原子力显微镜分析表明,所得 FG 片具有大的横向尺寸和超薄厚度(1.8 ~ 4.0nm)。化学表征表明,用 EDA 调节反应温度可以很容易地调节 C/F 比,导致脱氟和少量的氟原子被亚烷基氨基取代[34]。

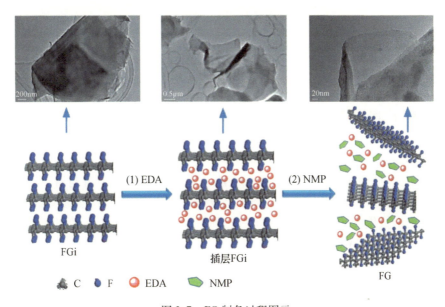

图 3.7 FG 制备过程图示
(1)EDA 在 60℃、90℃、120℃ 条件下的插层与反应;(2)采用 NMP 在室温下超声剥离。
(经英国皇家化学学会许可,转载自参考文献[34])

通过分散的氧化石墨烯与氢氟酸(HF)反应,实现了 C/F 原子比可调的氟化石墨烯的有效合成。在典型的方法中,通过超声处理将 GO 分散体和 HF(40.%(质量分数))混合。然后,将混合物转移到高压釜中并保持在 180℃,将高压釜自然冷却至室温。最后,用微孔膜过滤,用超纯水冲洗,然后用冷冻干燥法干燥。合成的含氟化石墨烯具有 1 ~ 2 层厚度的片状形貌。结果表明,GO 中含氧基团对 FG 的形成起重要作用,通过改变反应温度、时间和 HF 的含量,可以很容易地控制氟化程度[58]。

最近的一些研究表明,石墨烯和少层石墨烯薄膜与 3% ~ 7% 的 HF 水溶液发生氟化反应的可能性[16 - 17,67 - 69]。起始材料是石墨烯悬浮液。制备悬浮液的主要过程如下:机械剥离天然石墨,二甲基甲酰胺(DMF)夹层,用于分裂夹层颗粒的超声处理,以及用于去除非分裂石墨颗粒的离心分离。在悬浮液的制备中,将天然石墨变成特征尺寸为 1 ~ 2μm(长和宽)和高达 20 ~ 70nm(厚度)的颗粒。在获得石墨烯悬浮液后,对其进行氟化程序(图 3.8)。为此,将等体积的石墨烯悬浮液和 5% HF 的水溶液混合在一起。部分悬浮液定期用于薄膜的研究和制备。将沉积膜干燥后,用去离子水冲洗,去除水中残留的氢氟酸和悬浮液中的有机成分,再进行二次脱水处理。功能化反应在室温下进行,仅需几分钟即可。简单的功能化过程,没有腐蚀性介质的参与,高温允许可控地在绝缘介质氟电子阵中创建自形成的石墨烯量子点阵列[70]。该方法是一种新型方法,具有一定参考价值。

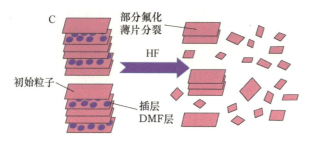

图 3.8　说明在氢氟酸水溶液中处理悬浮液期间发生的初始薄片的额外分裂及其在更细薄片中的分馏的示意图(经英国皇家化学学会许可,转载自参考文献[69])

3.5　氟化石墨烯的原子与电子结构

利用从头算方法,文献[71]的作者通过石墨烯上 F 原子的化学吸附对 CF、C_2F 和 C_4F 的形成进行了比较研究(图 3.8)。基于形成能,CF 是最有利的,并且与对于石墨烯的形成观察到的势垒相反,其形成没有成核势垒。根据 X 射线衍射结果,长期以来一直认为氟化石墨的结构由氟化 sp^3 碳的反式连接的环己烯键组成。对于 $(C_2F)n$ 有两种可能的叠加序列:AB/A′B′和 AA′/AA′,其中撇号和斜杠分别表示镜像对称和共价键合氟原子的存在。分子中 C—F 键的长度为 1.47Å。计算得到的 CF 和 C_2F 中的 C—F 键长分别为 1.38Å。C_4F 呈更长的 C—F 键长度(单面氟化的 C—F 键长度为 1.45Å),更接近分子中的 C—F 键。由此产生的与石墨烯的晶格失配(d_0 = 2.47Å)随着氟含量的增加而增加。CF 的晶格失配最大,为 5.7%,其次是 C_2F 为 3.2%,C_4F 在 0.4%(对于单面覆盖)和 0.8%(对于双面覆盖)之间。

石墨烯的无间隙电子结构在氟化后完全改变。在 CF、C_2F 和 C_4F 的电子能带结构中分别出现有限能隙(图 3.9),将其转变为宽带隙半导体。CF 的电子能带结构在 Γ 点呈现 3.12eV 的直接带隙。两种叠加序列的 C_2F 带隙非常相似,这与预期的一样,这是由于它们结构的相似性。计算的单面氟化 C_4F 的带隙为 2.93eV,略高于双面氟化 C_4F 的带隙 2.68eV[71]。

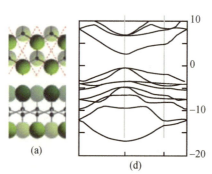

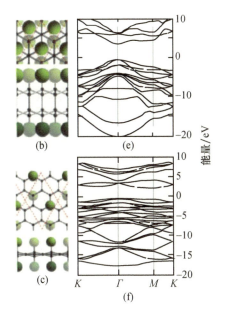

图 3.9 用于 AB 堆叠的(a)CF、(b)C_2F 和(c)C_4F 用于双面氟化的原子结构
（深色原子更近；红色虚线标记晶胞）；(d)~(f)相应的电子能带结构
CF 和 C_2F AB 在 Γ 点上有直接带隙，分别为 3.12eV 和 3.99eV，而 C_4F 的间接带隙为 2.94eV。
（经施普林格·自然许可，转载自参考文献[71]）

3.6 氟化石墨烯形成过程的量子化学模拟

在 HF 水溶液浓度为 3%~7% 范围内，通过氢键连接成缔合物的 HF 分子的最大数 n 对应于 $n \sim 2$[68]。解离过程导致在反应 $2HF \leftrightarrow FHF^- + H^+$ 之后形成正离子和负离子。在水溶液中，阳离子和阴离子可能结合单个水分子及其缔合物。特别是，在这样的过程中可以形成一个氢离子。此外，HF 单个分子解离导致 F^- 离子的形成，随后与水分子形成缔合物。

本章介绍了氢氟酸水溶液中石墨烯氟化的量子化学模拟结果。难点在于评估氟吸收的能量特性，研究晶界对石墨烯的影响，建立石墨烯与水分子的氟化机制。所得模拟结果与文献[67-70]对氢氟酸水溶液中石墨烯氟化的实验研究结果基本吻合。

3.6.1 计算

本章描述了离子和缔合物在有序石墨烯片表面和含有晶界的石墨烯上的吸附。使用 MOPAC2012 软件包中包含的半经验方案进行模拟[73]；进行了无限制的 Hartree-Fock 自洽场计算。以 $C_{96}H_{24}$ 和 $C_{97}H_{24}$ 簇为模型对象，簇边缘的悬垂键被氢原子饱和。$C_{96}H_{24}$ 簇模拟有序石墨烯表面，具有与基态构型相关的锯齿边缘的六角形结构[74]。由于簇的尺寸和形状，可以再现其中心部分的几何、电子和能量特性（例如原子之间的结合能），这与现有的实验和理论数据非常一致[71,75]。用氢原子饱和簇边缘的悬挂键（一价假原子模型）被广泛用于模拟体区域和固体表面。此外，根据石墨烯纳米团的模拟结果[74]，原子簇边缘饱和氢导致系统的基态。利用 Baker 的特征跟踪法（EF）确定了与系统能量最小相对应的最优簇几何。在系统稳定点,原子上的梯度不超过 3 kcal/Å。计算了簇几何和总能量、原子键序、电子密度值、原子轨道群和分子定域轨道。

3.6.2 氟在清洁有序石墨烯表面的吸附

首先,研究了通过串联连接 2～24 个氟原子的石墨烯氟化的初始步骤。对于每个 $C_{96}H_{24}F_n$ 簇,根据下式[71]计算了 $C_{96}H_{24}$ 簇和双原子 F_2 分子的每附加荧光原子的形成能:

$$E_f = (E_{C96H24Fn} - E_{C96H24} - nE_{F_2}/2)/n$$

式中:E_{C96H24} 和 $E_{C96H24Fn}$ 为清洁石墨烯簇和含有 n 个氟原子的簇的总能量;E_{F_2} 为 F_2 分子的能量,第一对 F 原子以邻位形式键合;随后的原子占据与其最接近的旁位和中位,其中相邻的氟原子位于石墨烯片的相对侧。MNDO、PM3、PM6 和 PM7 近似的计算结果如图 3.10 所示。PM3 近似值 E_f 与 $C_{54}H_{18}$ 簇的从头计算值相符合[71],而 MNDO 方法所得值偏大,PM6 和 PM7 方法所得值偏低。PM3 方法参数化良好,为所选择的系统提供了与实验数据吻合良好的结果。

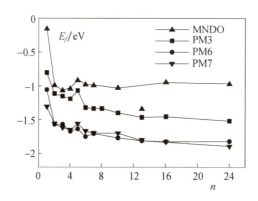

图 3.10 吸附氟原子的生成能量与 F 原子数的关系
给出了 MNDO、PM3、PM6 和 PM7 方法的计算结果。(经爱思唯尔许可,转载自参考文献[72])

此外,PM3 近似法适用于氢键的建模,因为其在能量计算中会使用一个额外的术语,可以认为是范德瓦尔斯力吸引能[73]。因此,在进一步的计算中,主要应用 PM3 方法。

3.6.3 纯有序石墨烯与 FHF^-、H_2OF^-、H_2OFHF^- 离子及其配合物的相互作用

在初始状态下,离子和分子远离簇表面。采用反应坐标计算方法,以氟离子与表面碳原子之间的距离为坐标,研究了吸附过程。对所有簇碳原子的位置进行了自由优化。对于有序的石墨烯,吸附模型是在簇的中心原子上进行。吸附化合物(分子)结合能等于清洁簇与孤立缔合物之和减去(簇 + 吸附缔合物)体系总能量 E_{sys}:

$$E_b = (E_{C96H24} + E_{associat}) - E_{sys}$$

缔合片段解吸的活化能被确定为解吸片段和具有剩余片段的簇的能量之和与 E_{sys} 能量之差。FHF^- 离子吸附模拟的结果是亚稳态,离子在不失去完整性的情况下被吸附在表面。氟离子与石墨烯表面的碳原子化学键合,其余的通过氢键与 HF 分子键合。亚稳态形成的激活能 E_{act} 为 1.01eV,FHF^- 离子与簇表面的结合能为 0.32eV。因此,由于 C—F

键形成而降低的(离子+簇)系统总能量被由于 F−HF 键减弱(键级从 0.48 降低到 0.04)引起的能量增加、定位在石墨烯上的电子的排斥能量的增加以及石墨烯晶格中的张力部分地补偿。

石墨烯表面的 HF 分子解吸活化能为 0.59eV。因此,中性分子脱附是比 FHF$^-$ 离子脱附更可能的过程。中性原子和负氟离子与石墨烯片的结合能,用文献[72]计算,分别为 1.62eV 和 1.40eV。离子结合能的降低可以用石墨烯上电子排斥能的增加来解释。

对由氟离子和水分子组成的缔合物进行了吸附模拟,研究了 H$_2$OF$^-$ 离子(F$^-$ 离子与其中一个氢原子形成的键)的初始稳定状态。这一过程,E_{act} = 0.27eV,E_b = 0.31eV。由于吸附作用,氟原子与簇中的一个碳原子形成化学键,而其余与 H 原子形成弱键。C—F 键和 C—H 键分别为 0.88 和 0.04。中性水分子脱附(F$^-$ 保留在簇上)的活化能为 0.34eV。因此,通过比较氟吸附的活化能,可以得出结论,F$^-$ 离子结合比 FHF$^-$ 吸附更易发生。

当建模 H$_2$OFHF$^-$ 化合物时,有两种不同的构型:一个氟离子与水分子的氢原子形成键(图 3.11(a)),或两个氟离子与两个原子键(图 3.11(b))。第二构型的缔合能比第一构型低 0.56eV。

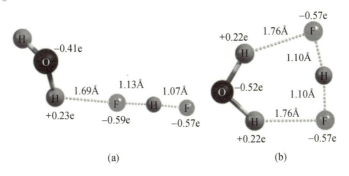

图 3.11 H$_2$OFHF$^-$ 关联

(a)构型 1;(b)构型 2。(经爱思唯尔许可,转载自参考文献[72])

计算表明,FHF$^-$ 离子与单个水分子(构型 1)的关系不会改变 E_{act} 值。对于构型 2,E_{act} = 0.87eV,比 FHF$^-$ 离子吸附低 0.14eV。因此,通过构型 1 和 2 的 H$_2$OFHF$^-$ 吸附模型获得的亚稳态系统能量(图 3.12(a)、(b))比初始状态低 0.28eV,高 0.59eV。作为比较,HF 分子在纯石墨烯相邻原子上的解离化学吸附导致能量增加 1.46eV[76]。中性 H$_2$OFHF 关联解吸活化能分别为 0.69eV 和 0.38eV,如图 3.12(a)、(b)所示。然而,应当注意,对于图 3.12(b)所示的亚稳态,H$_2$OFHF 伴随解吸也是可能的。

单氟阴离子在电中性石墨烯簇表面的吸附会形成高能轨道。最高能量轨道的能量为 −3.31eV,而原始石墨烯簇中,该值为 −8.48eV。吸附氟离子上的电荷为 −0.215e,而离吸附氟离子最近的 24 个碳原子上的总电荷为 −0.280e。因此,多余的负电荷被从被吸附的氟上转移到簇的边缘。在 HF 水溶液的氟化实验[67−68]中,石墨烯薄膜在 SiO$_2$ 覆盖的硅衬底上。文献[77]的理论研究表明,SiO$_2$ 衬底表面的缺陷使石墨烯能谱中出现杂质态。根据文献[77],位于衬底和石墨烯之间的水分子形成了局部静电场,这可能会引起这些杂质带和石墨烯孔掺杂的转移。因此,衬底原子上的缺陷态可以捕获多余的电子。需要注意的是,在中性系统中,如图3.12(a)、(b)所示,H_2OFHF与亚稳态的解吸能量分别降低到0.14eV和0.05eV。

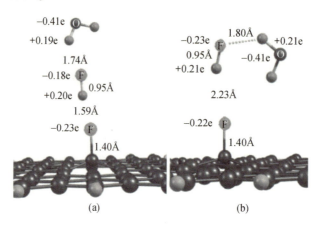

图3.12 在(a)构型1,(b)构型2中吸附H_2OFHF^-缔合物的有序石墨烯簇的片段
(经爱思唯尔许可,转载自参考文献[72])

水分子从原子团表面的中性F原子中解吸需要的最小活化能为0.01eV。由此,可以得出系统中和(除去衬底上的电荷)导致关联碎片的解吸能量显著降低。因此,用石墨烯与氢氟酸解离碎片的水缔合物相互作用的简单模型估计值表明,H_2O分子降低了氟在石墨烯上化学吸附的活化能和残余缔合碎片的解吸能。

为了进一步探索氟离子结合过程,选择了与构型2对应的H_2OFHF^-缔合物吸附在具有氟原子的簇的不同碳原子上的模型。由于在文献[68,70]氟化的初始阶段,只有一个石墨烯表面与水溶液直接接触(相反的是在衬底上),本章研究了两个氟离子键合到簇一侧的过程,以简化模型。分析了中性表面和带负电的表面。反应坐标计算确定最可能的过程是第二氟离子在最靠近第一吸附中心的六边形原子上的吸附。在带负电荷的表面的情况下,这一结果可以用簇原子中电荷的分布来解释:带正电的碳原子主要集中在与F^-连接的原子附近。在中性表面的情况下,可以通过在簇的相同区域中存在悬空键来解释。应当注意,对于两个吸附的F^-,电荷吸引到簇边缘的效果增加。此外,簇上过量的负电荷增加了负离子吸附的E_{act}。

3.6.4 氟化石墨烯表面的缔合吸附

其次,研究了簇表面中性氟原子对H_2OFHF^-吸附(构型2)能量的影响。石墨烯在HF水溶液的氟化过程中,通过缺陷和晶界,可能发生F的双向键合。氟化区域的波纹和SiO_2衬底的蚀刻导致HF:H_2O渗透到层间空间中,石墨烯膜的背面具有氟化的通道。通过穿过石墨烯薄膜中的针孔和边缘的Si底层蚀刻,将SiO_2衬底上的石墨烯暴露在XeF_2气氛中,也获得了双面氟化样品[2]。因此,在本研究中,吸附的氟原子被安排在簇的两侧最接近的23个碳原子,相邻的原子在相对的两侧,因为这是热力学最稳定的构型[71]。

计算表明,缔合H_2OF^-离子几乎是在未活化的情况下吸附在表面碳原子上的(E_{act}小于0.01eV)。在H_2OFHF^-(构型2)吸附过程中,E_{act}值为0.09eV,明显低于对清洁团簇表面的吸附E_{act}值。图3.13显示了$C_{96}H_{24}F_{23}$簇表面上的关联位置。当这种状态形成时,能量减少了 1.38eV。与氟在纯石墨烯表面的位置相比,氟的存在改变了 H_2OFHF^- 吸附缔合物的电荷结构和分布(图 3.12(b))。在 $C_{96}H_{24}$ 和 $C_{96}H_{24}F_{23}$ 上吸附缔合物的总电荷分别为 $-0.227e$ 和 $-0.211e$。氟离子与 $C_{96}H_{24}F_{23}$ 簇表面的距离比纯石墨烯大,F-H 距离减小。H_2OHF 片段从 $C_{96}H_{24}F_{24}$ 中性簇中解吸需要 0.46eV 活化能。因此,吸附在石墨烯上的氟的存在导致石墨烯相邻碳原子的 H_2OF^- 和 H_2OFHF^- 缔合物化学吸附氟的下一个原子(离子)的活化能值显著降低。显然,这些原子有一些未配对或弱结合的电子,因此成为活跃的吸附点。值得注意的是,在文献[78]的扫描隧道显微镜和 DFT 计算的理论中,以及 H 原子与石墨烯相互作用的理论研究中,还发现了相邻原子化学吸附的还原甚至消失的吸附障碍[79]。文献[72]的计算结果表明,在这些条件下石墨烯"孤岛"氟涂层机理的可能性更大。这种机理的特征是在石墨烯被氟饱和期间形成一些吸附室("岛")。

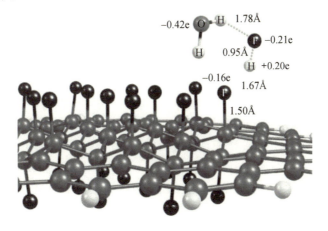

图 3.13 吸附有 H_2OFHF^- 缔合物的氟化石墨烯 $C_{96}H_{24}F_{23}$ 簇的片段(构型 2)

(经爱思唯尔许可,转载自参考文献[72])

3.6.5 纯石墨烯与晶界的缔合吸附

先前,利用量子化学方法研究了纯石墨烯表面的晶界结构[80]。在实验中观察到了由五边形-七边形对形成的理想晶界[81]。然而,晶粒间的边界通常是随机的。这些边界可以是粗糙的、波状的、突出的,并且具有一些悬空键和其他活性吸附位点。因此,利用量子化学方法研究带有任意晶体取向的晶界的结构和性质具有意义。文献[82-83]中用透射电镜技术研究了晶界的结构。统计分析表明,最常见的偏斜角度为 0°和 30°,中间值为 13°~17°。本章研究了偏离角 $\theta = 16°$ 的晶界以及相应晶界的吸附特性。不同晶粒对应的晶体取向相对于晶界呈对称排列。图 3.14(b)、(c)展示了 $C_{97}H_{24}$ 晶界和两个吸附氟原子的碎片。在文献[72]中,多层石墨烯以 7-5-6-6-7-8-5 序列形成了边界。由一组各种多边形组成的边界导致石墨片拓扑的变化:弯曲,沿着边界形成峰。相邻晶粒之间的 α 角约为 30°~35°(图 3.14(a))。文献[84]的作者利用分子动力学方法模拟了晶粒边界,得到了类似的石墨烯薄片曲率。文献[84]的错向角 θ 在 0°~30°之间,α 角在 0~85°范围内变化较大,且在 20°~40°范围内变化最大。分子轨道组成分析表明,最活跃的吸附中心是八角形的原子团,与邻近的原子形成两个键,并有一个悬挂的键。H_2OF^- 缔合物被吸附在保持其完整性的原子上,吸附参数如下:$E_{act}=0.20eV$,$E_b=4.82eV$。对于给定原子和 H_2OFHF^- 吸附,构型 1 和构型 2 的 E_{act} 值分别为 0.55eV 和 0.52eV。两种构型都导致了氟离子在簇上化学吸附,F^- 和 H_2OFHF 之间的键断裂。需要注意的是,与有序石墨烯的情况一样,H 和 O 原子不与簇结合,这不会导致在石墨烯上形成氧化物和氢化物。对于单个氟离子,$E_b=5.92eV$。附着的氟离子上的电荷为 -0.083e,周围 24 个碳原子上的总电荷为 -0.210e。因此,在晶界的吸附过程中还观察到了 F^- 到石墨烯的剩余电荷的再分布。第二个氟离子从 H_2OFHF^- 联结到与中性氟原子同一吸附中心的过程中,没有发生活化。每两个 F^- 键吸附在同一个碳原子上的 E_b 是 3.82eV,而中性系统每个原子的 E_b 是 4.34eV。因此,二氟化态可以在晶界上形成(图 3.14(b)、(c))。

当悬挂键饱和后,直接属于晶界的原子是随后吸附的最活跃中心。为确定后续离子吸附的一般模式,研究了 FHF^- 离子对簇中 10 个不同原子的吸附。对于研究的原子,第一个吸附中心的原子与原子之间的距离在 0.143~0.837nm 之间不等。计算结果表明,与有序表面原子相比,这 10 个原子中有 7 个是活跃的 FHF^- 吸附中心,因为其 E_{act} 小于 0.67eV。在文献[72]中发现的 FHF^- 离子的最小 $E_{act}=0.10eV$ 对应于五边形顶部的原子的吸附,与第一个原子的距离为 0.626nm。在同一原子上 H_2OFHF^- 相关吸附的 E_{act} 值(0.34eV)也小于在有序清洁表面上的吸附值。然而,相比于吸附在有悬空键的原子上,整个过程确保了缔合完整性。F^- 与单个束缚原子的结合能在 1.74~3.84eV 之间。与有序石墨烯原子相比,晶界上的碳原子是优选的吸附中心,但其反应活性并不相等。因此,假设在任意的晶界中,存在着许多不同组分的离子和缔合物的活性吸附位点。然而,键合模式取决于许多因素:原子上的电荷、轨道组成、边界周围石墨烯晶格中的应力以及是否存在被吸附的粒子。边界影响吸附能特性:FHF^- 的 E_{act} 降低,F^- 的 E_b 增加。这一结果与文献[67-68,70]的结论一致:在 $HF:H_2O$ 氟化初期,吸附主要发生在晶界。

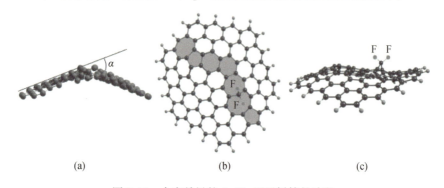

图 3.14　含有晶界的 $C_{97}H_{24}$ 石墨烯簇的片段

(a)侧视图;含有两个吸附氟原子的 $C_{97}H_{24}$ 石墨烯簇;(b)俯视图;(c)侧视图。(经爱思唯尔许可,转载自参考文献[72])

3.6.6　水合氢离子在石墨烯表面的吸附

最后,研究了离子与石墨烯表面的相互作用。计算结果表明,H_3O^+ 在清洁有序石墨烯簇面上形成束缚态,系统能量降低 0.72eV。然而,C—H 键合顺序是 0.14。对于上述负离子和缔合物的束缚态,C—F 键级在 0.86~0.89 的范围内,表明氟在石墨烯表面上的化学吸附。在氢离子吸附的情况下,这种情况不会发生;能量下降与 H_3O^+ 和最近的碳原子的库仑引力有关。H_3O^+ 的四个原子团的总电荷最可能的值是 $-0.163e$。因此,与氟离子吸附相反,负电荷从簇边缘被吸引到吸附中心。然而,与空穴掺杂衬底影响相关的石墨烯表面上的正电荷可能阻碍 H_3O^+ 的吸附。具有悬挂键的 $C_{97}H_{24}$ 原子簇上的 H_3O^+ 吸附需要的活化能 $E_{act}=0.70eV$。$H_2O—H^+$ 键断裂,$C—H$ 键的形成,伴随着系统总能量减少 $3.91eV$。对于相同的碳原子,构型 1 和构型 2 的 H_2OFHF^- 吸附使系统能量分别下降 $4.63eV$ 和 $4.24eV$。因此,F^- 吸附在能量上优于 H^+ 吸附。

H_3O^+ 吸附在氟化石墨烯簇表面的模拟结果表明,在这种情况下,水合氢离子与氟原子结合的可能性大于 $C—H$ 结合的可能性。图 3.15(a) 中系统的总能量比图 3.15(b) 中的高出 $0.16eV$。此外,当 $C—H$ 键形成时,$O—H$ 键断裂,需要约 $1.3eV$ 的活化能,因此,氢离子在石墨烯上的化学吸附是不可能的。图 3.15(b) 中的吸附状态没有被激活。该体系的分子轨道、电荷和几何参数分析表明,在这种情况下,H_3O^+ 离子不会失去其完整性,并由于物理吸附的库仑引力而与 $C_{96}H_{24}F_{23}$ 氟化石墨烯键合。

计算结果表明,在 $H:H_2O$ 中石墨烯功能化的初始阶段,F^- 和 FHF^- 离子从晶界上与水分子缔合的吸附是最可能的过程。对于所研究的在具有悬挂键的碳原子上的吸附,H_2OF^- 和 H_2OFHF^- 缔合的活化能分别为 $0.20eV$ 和 $0.52eV$。在有序区上的吸附需要较高的活化能(分别为 $0.27eV$ 和 $0.87eV$),其随着吸附的氟量的增加而显著降低(小于 $0.01eV$ 和 $0.09eV$)。这表明石墨烯"孤岛"氟包覆机制的概率更大。这种机理的特征是在石墨烯被氟饱和期间形成一些吸附室("岛")。氟化表面中和的可能过程是在衬底原子上的缺陷态上捕获过量的电子。

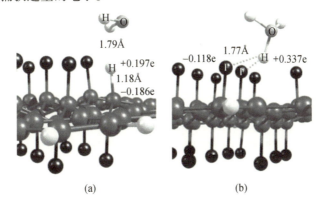

图 3.15　吸附有 H_3O^+ 离子的 $C_{96}H_{24}F_{23}$ 簇片段

(a)H—C 键形成;(b)H—F 键形成。(经爱思唯尔许可,转载自参考文献[72])

结果表明,无论是在晶界上还是在有序石墨烯上,水合氢离子 H_3O^+ 对氢的化学吸附和在石墨烯上形成氢化态的可能性都小于氟化物的键合。研究结果有助于在实验室中找到石墨烯功能化的最佳条件和参数。

3.7　小结

根据现有的实验数据和理论研究,可以得出结论,氟化石墨烯是一种非常有前景的二维材料。毫无疑问,氟化石墨烯会在许多现代高科技领域得到应用。碳以不同杂化态存在的能力,以及氟的高电负性,与持久灵活的二维结构相结合,导致了氟化石墨烯的有趣和实际重要的性质。在许多可能的应用中,可以确定以下应用:电子学、光电子学、自旋电子学、微纳米机械器件、润滑剂、新型石墨烯衍生物的产生、气体和生物标记传感器、生物应用、超疏水涂层、能量学和新的多孔吸附剂。到目前为止,在氟化石墨烯的性质的研究方面已经取得了重大进展。然而,为了充分揭示这种独特材料的可能性,还需要进一步的实验和理论研究。

参考文献

[1] Nair, R. R., Ren, W., Jalil, R., Riaz, I., Kravets, V. G., Britnell, L., Blake, P., Schedin, F., Mayorov, A. S., Yuan, S., Katsnelson, M. I., Cheng, H. – M., Strupinski, W., Bulusheva, L. G., Okotrub, A. V., Grigorieva, I. V., Grigorenko, A. N., Novoselov, K. S., Geim, A. K., Fluorographene: A two dimen – sional counterpart of Teflon. *Small*, 6, 24, 2877, 2010.

[2] Robinson, J. T., Burgess, J. S., Junkermeier, C. E., Badescu, S. C., Reinecke, T. L., Perkins, F. L., Zalalutdniov, M. K., Baldwin, J. W., Culbertson, J. C., Sheehan, P. E., Snow, E. S., Properties of fluorinated graphene films. *Nano Lett.*, 10, 8, 3001, 2010.

[3] Chen, M., Qiu, C., Zhou, H., Yang, H., Yu, F., Sun, L., Fluorination of edges and central areas of monolayer graphene by SF_6 and CHF_3 plasma treatments. *J. Nanosci. Nanotechnol.*, 13, 1331, 2013.

[4] Wang, X., Wang, W., Liu, Y., Ren, M., Xiao, H., Liu, X., Controllable defluorination of fluori – nated graphene and weakening of C – F bonding under the action of nucleophilic dipolar sol – vent. *Phys. Chem. Chem. Phys.*, 18, 3285, 2016.

[5] Cheng, S. – H., Zou, K., Okino, F., Gutierrez, H. R., Gupta, A., Shen, N., Eklund, P. C., Sofo, J. O., Zhu, J., Reversible fluorination of graphene: Evidence of a two – dimensional wide bandgap semiconductor. *Phys. Rev. B*, 81, 205435, 2010.

[6] Withers, F., Dubois, M., Savchenko, A. K., Electron properties of fluorinated single – layer graphene transistors. *Phys. Rev. B*, 82, 073403, 2010.

[7] Withers, F., Russo, S., Dubois, M., Craciun, M. F., Tuning the electronic transport properties of graphene through functionalisation with fluorine. *Nanoscale Res. Lett.*, 6, 526, 2011.

[8] Bruna, M., Massessi, B., Cassiago, C., Battiato, A., Vittone, E., Speranzad, G., Borini, S., Synthesis and properties of monolayer graphene oxyfluoride. *J. Mater. Chem.*, 21, 18730, 2011.

[9] Lee, J. H., Koon, G. K. W., Shin, D. W., Fedorov, V. E., Choi, J. – Y., Yoo, J. – B., Özyilmaz, B., Property control of graphene by employing "semi – ionic" liquid fluorination. *Adv. Funct. Mater.*, 23, 3329, 2013.

[10] Martins, S. E., Withers, F., Dubois, M., Craciun, M. F., Russo, S., Tuning the transport gap of functionalized graphene via electron beam irradiation. *N. J. Phys.*, 15, 033024, 2013.

[11] Wang, B., Wang, J., Zhu, J., Fluorination of graphene: A spectroscopic and microscopic study. *ACS Nano*, 8, 1862, 2014.

[12] Bruno, G., Bianco, G. V., Giangregorio, M. M., Losurdo, M., Capezzuto, P., Photothermally controlled structural switching in fluorinated polyene – graphene hybrids. *Phys. Chem. Chem. Phys.*, 16, 13948, 2014.

[13] Sherpa, S., Kunc, J., Hu, Y., Levitin, G., Heer, W. A. D., Berger, C., Hess, D., Local work function

measurements of plasma-fluorinated epitaxial graphene. *Appl. Phys. Lett.*,104,081607,2014.

[14] Ho,K.-I.,Huang,C.-H.,Liao,J.-H.,Zhang,W,Li,L.-J.,Lai,C.-S.,Su,S.-Y.,Fluorinated graphene as high performance dielectric materials and the applications for graphene nanoelec-tronics. *Sci. Rep.*,4,5893,2014.

[15] Walter,A. L.,Sahin,H.,Jeon,K. J.,Bostwick,A.,Horzum,S.,Koch,R.,Speck,F.,Ostler,M.,Nagel,P.,Merz,M.,Schupler,S.,Moreschini,L.,Chang,Y. J.,Seyller,T.,Peeters,F. M.,Horn,K.,Rotenberg,I.,Luminescence,patterned metallic regions,and photon-mediated electronic changes in single-sided fluorinated graphene sheets. *ACS Nano*,8,7801,2014.

[16] Nebogatikova,N. A.,Antonova,I. V.,Kurkina,I. I.,Soots,R. A.,Vdovin,V. I.,Timofeev,V. B.,Smagulova,S. A.,Prinz,V. Ya.,Fluorinated graphene suspension for inkjet printed technologies. *Nanotechnology*,27,205601(10pp),2016.

[17] Ivanov,A. I.,Nebogatikova,N. A.,Kotin,I. A.,Antonova,I. V.,Two-layer and composite films based on oxidized and fluorinated graphene. *Phys. Chem. Chem. Phys.*,19,19010,2017. Methods of Synthesis and Physicochemical Properties of Fluorographenes 97.

[18] Lee,W. K.,Robinson,J. T.,Gunlycke,D.,Stine,R. R.,Tamanaha,C. R.,King,W. P.,Sheehan,P. E.,Chemically isolated graphene nanoribbons reversibly formed in fluorographene using polymer nanowire masks. *Nano Lett.*,11,5461,2011.

[19] Withers,F.,Bointon,T. H.,Dubois,M.,Russo,S.,Craciun,M. F.,Nanopatterning of fluorinated graphene by electron beam irradiation. *Nano Lett.*,11,3912,2011.

[20] Lee,W. H.,Suk,J. W.,Chou,H.,Lee,J.,Hao,Y.,Wu,Y.,Piner,R.,Akinwande,D.,Kim,K. S.,Ruoff,R. S.,Selective-area fluorination of graphene with fluoropolymer and laser irradiation. *Nano Lett.*,12,2374,2012.

[21] Wang,B.,Sparks,J. R.,Gutierrez,H. R.,Okino,F.,Hao,Q.,Tang,Y.,Crespi,V. H.,Sofo,J. O.,Zhu,J.,Photoluminescence from nanocrystalline graphite monofluoride. *Appl. Phys. Lett.*,97,141915,2010.

[22] Jeon,K.-J.,Lee,Z.,Pollak,E.,Moreschini,L.,Bostwick,A.,Park,C.-M.,Mendelsberg,R.,Radmilovic,V.,Kostecki,R.,Richardson,T. J.,Rotenberg,E.,Fluorographene:A wide bandgap semiconductor with ultraviolet luminescence. *ACS Nano*,5,1042,2011.

[23] Liaros,N.,Bourlinos,A. B.,Zboril,R.,Couris,S.,Fluoro-graphene:Nonlinear optical properties. *Opt. Express*,21,21027,2013.

[24] Wang,L.,Xie,X.,Zhang,W,Zhang,J.,Zhu,M.,Guo,Y.,Chen,P.,Liub,M.,Yu,G.,Tuning the light response of organic field-effect transistors using fluorographene nanosheets as an inter-face modification layer. *J. Mater. Chem. C*,2,6484,2014.

[25] Ren,M.,Wang,X.,Dong,C.,Li,B.,Liu,Y.,Chen,T.,Wu,P.,Cheng,Z.,Liu,X.,Reduction and transformation of fluorinated graphene induced by ultraviolet irradiation. *Phys. Chem. Chem. Phys.*,17,24056,2015.

[26] Hong,H.,Cheng,S.-H.,Herding,C.,Zhu,J.,Colossal negative magnetoresistance in dilute fluorinated graphene. *Phys. Rev. B*,83,085410,2011.

[27] Nair,R. R.,Sepioni,M.,Tsai,I.-L.,Lehtinen,O.,Keinonen,J.,Krasheninnikov,A. V.,Thomson,T.,Geim,A. K.,Grigorieva,I. V,Spin-half paramagnetism in graphene induced by point defects. *Nat. Phys.*,8,199,2012.

[28] Hong,X.,Zou,K.,Wang,B.,Cheng,S.-H.,Zhu,J.,Evidence for spin-flip scattering and local moments in dilute fluorinated graphene. *Phys. Rev. Lett.*,108,226602,2012.

[29] Feng,Q.,Tang,N.,Liu,F.,Cao,Q.,Zheng,W,Ren,W,Wan,X.,Du,Y.,Obtaining high local-ized

spin magnetic moments by fluorination of reduced graphene oxide. *ACS Nano*,7,6729,2013.

[30] Kwon,S.,Ko,J. - H.,Jeon,K. - J.,Kim,Y. - H.,Park,J. Y.,Enhanced nanoscale friction on fluorinated graphene. *Nano Lett.*,12,6043,2012.

[31] Ko,J. - H.,Kwon,S.,Byun,I. - S.,Choi,J. S.,Park,B. H.,Kim,Y. - H.,Park,J. Y.,Nanotribological properties of fluorinated,hydrogenated,and oxidized graphenes. *Tribol. Lett.*,50,137,2013.

[32] Li,Q.,Liu,X. - Z.,Kim,S. - P.,Shenoy,VB.,Sheehan,P. E.,Robinson,J. T.,Carpick,R. W,Fluorination of graphene enhances friction due to increased corrugation. *Nano Lett.*,14,5212,2014.

[33] Matsumura,K.,Chiashi,S.,Maruyama,S.,Choi,J.,Macroscale tribological properties of fluo - rinated graphene. *Appl. Surf. Sci.*,432,190,2018.

[34] Hou,K.,Gong,P.,Wang,J.,Yang,Z.,Wang,Z.,Yang,S.,Structural and tribological character - ization of fluorinated graphene with various fluorine contents prepared by liquid - phase exfoli - ation. *RSC Adv.*,4,56543,2014.

[35] Ye,X.,Ma,L.,Yang,Z.,Wang,J.,Wang,H.,Yang,S.,Covalent functionalization of fluori - nated graphene and subsequent application as water - based lubricant additive. *ACS Appl. Mater. Interfaces*,8,2016.

[36] Bon,S. B.,Valentini,L.,Verdejo,R.,Fierro,J. L. G.,Peponi,L.,Lopez - Manchado,M. A.,Kenny,J. M.,Plasma fluorination of chemically derived graphene sheets and subsequent modification with butylamine. *Chem. Mater.*,21,3433,2009.

[37] Valentini,L.,Cardinali,M.,Bon,S. B.,Bagnis,D.,Verdejo,R.,Lopez - Manchad,M. A.,Kenny,J. M.,Use of butylamine modified graphene sheets in polymer solar cells. *J] Mater] Chem.*,20,995,2009.

[38] Stine,R.,Ciszek,J. W.,Barlow,D. E.,Lee,W. K.,Robinson,J. T.,Sheehan,P. E.,High - density amine - terminated monolayers formed on fluorinated CVD - grown graphene. *Langmuir*,28,7957,2012.

[39] Wheeler,V.,Garces,N.,Nyakiti,L.,Myers - Ward,R.,Jernigan,G.,Culbertson,J.,Eddy,C.,Jr.,Gaskill,D. K.,Fluorine functionalization of epitaxial graphene for uniform deposition of thin high - k dielectrics. *Carbon*,50,2307,2012.

[40] Dubecky,M.,Otyepkova,E.,Lazar,P,Karlicky,F" Petr,M.,Cepe,K.,Banas,P.,Zboril,R.,Otyepka,M.,Reactivity of fluorographene：A facile way toward graphene derivatives. *J. Phys. Chem. Lett.*,6,1430,2015.

[41] Urbanova,V.,Hola,K.,Bourlinos,A. B.,Cepe,K.,Ambrosi,A.,Loo,A. H.,Pumera,M.,Karlicky,F.,Otyepka,M.,Zboril,R.,Thiofluorographene - hydrophilic graphene derivative with semiconducting and genosensing properties. *Adv. Mater.*,27,2305,2015.

[42] Whitener,K. E.,Jr. Stine,R.,Robinson,J. T.,Sheehan,P. E.,Graphene as electrophile：Reactions of graphene fluoride. *J. Phys. Chem. C*,119,10507,2015.

[43] Lazar,P.,Chua,C. K.,Hola,K.,Zboril,R.,Otyepka,M.,Pumera,M.,Dichlorocarbene - functionalized fluorographene：Synthesis and reaction mechanism. *Small*,11,3790,2015.

[44] Lai,W.,Xu,D.,Wang,X.,Wang,Z.,Liu,Y.,Zhang,X.,Li,Y.,Liu,X.,Defluorination and cova - lent grafting of fluorinated graphene with TEMPO in a radical mechanism. *Phys. Chem. Chem. Phys.*,19,24076,2017.

[45] Lai,W.,Yuan,Y.,Wang,X.,Liu,Y.,Li,Y.,Liu,X.,Radical mechanism of nucleophilic reaction depending on two - dimensional structure. *Phys. Chem. Chem. Phys.*,20,489,2018.

[46] Chronopoulos,D. D.,Bakandritsos,A.,Lazar,P.,Pykal,M.,Cepe,K.,Zboril,R.,Otyepka,M.,High - yield alkylation and arylation of graphene via Grignard reaction with fluorographene. *Chem. Mater.*,29,926,2017.

[47] Wang,Y.,Lee,W. C.,Manga,K. K.,Ang,P. K.,Lu,J.,Liu,Y. P.,Lim,C. T.,Loh,K. P.,Fluorinated graphene for promoting neuro-induction of stem cells. *Adv. Mater.*,24,4285,2012.

[48] Chia,X.,Ambrosi,A.,Otyepka,M.,Zboril,R.,Pumera,M.,Fluorographites(CFx)n Exhibit Improved heterogeneous electron transfer rates with increasing level of fluorination:Towards the sensing of biomolecules. *Chem. Eur. J.*,20,1,2014.

[49] Jankovsky,O.,Simek,P.,Sedmidubsky,D.,Matejkova,S.,Janousek,Z.,Sembera,F.,Pumera,M.,Sofer,Z.,Water-soluble highly fluorinated graphite oxide. *RSC Adv.*,4,1378,2014.

[50] Zhang,H.,Fan,L.,Dong,H.,Zhang,P.,Nie,K.,Zhong,J.,Li,Y.,Guo,J.,Sun,X.,Spetroscopic investigation of plasma-fluorinated monolayer graphene and application for gas sensing. *ACS Appl. Mater. Interfaces*,8,8652,2016.

[51] Kim,Y. H.,Park,J. S.,Choi,Y.-R.,Park,S. Y.,Lee,S. Y.,Sohn,W.,Shim,Y.-S.,Lee,J.-H.,Park,C. R.,Choi,Y. S.,Hong,B. H.,Lee,J. H.,Lee,W. H.,Lee,D.,Jang,H. W.,Chemically fluorinated graphene oxide for room temperature ammonia detection capability at ppb levels. *J. Mater. Chem. A*,5,19116,2017.

[52] Yu,X.,Lin,K.,Qiu,K.,Cai,H.,Li,X.,Liu,J.,Pan,N.,Fu,S.,Luo,Y.,Wang,X.,Increased chemical enhancement of Raman spectra for molecules adsorbed on fluorinated reduced graphene oxide. *Carbon*,50,4512,2012.

[53] Mazánek,V.,Jankovský,O.,Luxa,J.,Sedmidubský,D.,Janoušek,Z.,Šembera,F.,Mikulics,M.,Sofer,Z.,Tuning of fluorine content in graphene:Towards large-scale production of stoichiometricfluorographene. *Nanoscale*,7,13646,2015.

[54] Bharathidasan,T.,Narayanan,T. N.,Sathyanaryanan,S.,Sreejakumari,S. S.,Above 170° watercontact angle and oleophobicity of fluorinated graphene oxide based transparent polymericfilms. *Carbon*,84,207,2014.

[55] Meduri,P.,Chen,H.,Xiao,J.,Martinez,J. J.,Carlson,T.,Zhang,J.-G.,Deng,Z. D.,Tunable electrochemical properties of fluorinated graphene. *J. Mater. Chem. A*,1,7866,2013.

[56] Sun,C.,Feng,Y.,Li,Y.,Qin,C.,Zhang,Q.,Feng,W,Solvothermally exfoliated fluorographene for high performance lithium primary batteries. *Nanoscale*,6,2634,2014.

[57] Li,B.,Fan,K.,Ma,X.,Liu,Y.,Chen,T.,Cheng,Z.,Wang,X.,Jiang,J.,Liu,X.,Graphene-based porous materials with tunable surface area and CO_2 adsorption properties synthesized by fluo-rine displacement reaction with various diamines. *J. Colloid Interface Sci.*,478,36,2016.

[58] Wang,Z.,Wang,J.,Li,Z.,Gong,P.,Liu,X.,Zhang,L.,Ren,J.,Wang,H.,Yang,S.,Synthesis of fluorinated graphene with tunable degree of fluorination. *Carbon*,50,5403,2012.

[59] Liu,H. Y.,Hou,Z. F.,Hu,C. H.,Yang,Y.,Zhu,Z. Z.,Electronic and magnetic properties of fluo-rinated graphene with deferent coverage of fluorine. *J. Phys. Chem. C*,116,18193,2012.

[60] Zhou,S.,Sherpa,S. D.,Hess,D. W.,Bongiorno,A.,Chemical bonding of partially fluorinated graphene. *J. Phys. Chem. C*,118,26402,2014.

[61] Gunasinghe,R. N.,Samarakoon,D. K.,Arampath,A. B.,Shashikala,H. B. M.,Vilus,J.,Hall,J. H.,Wang,X.-Q.,Resonant orbitals in fluorinated epitaxial graphene. *Phys. Chem. Chem. Phys.*,16,18902,2014.

[62] Yang,H.,Chen,M.,Zhou,H.,Qiu,C.,Hu,L.,Yu,F.,Chu,W,Sun,S.,Sun,L.,Preferential and reversible fluorination of monolayer graphene. *J. Phys. Chem. C*,115,16844,2011.

[63] Wang,B.,Wang,J.,Zhu,J.,Fluorination of graphene:A spectroscopic and microscopic study. *ACS Nano*,8,1862,2014.

[64] Wang, X., Dai, Y., Gao, J., Huang, J., Li, B., Fan, C., Yang, J., Liu, X., High-yield production of highly fluorinated graphene by direct heating fluorination of graphene-oxide. *ACS Appl. Mater. Interfaces*, 5, 8294, 2013.

[65] Yang, Y., Lu, Y., Li, G., Liu, Z., Huang, X., One-step preparation of fluorographene: A highly efficient, low-cost, and large-scale approach of exfoliating fluorographite. *ACS Appl. Mater. Interfaces*, 5, 13478, 2013.

[66] Gong, P., Wang, Z., Fan, Z., Hong, W., Yang, Z., Wang, J., Yang, S., Synthesis of chemically controllable and electrically tunable graphene films by simultaneously fluorinating and reducing graphene oxide. *Carbon*, 72, 176, 2014.

[67] Nebogatikova, N. A., Antonova, I. V., Volodin, V. A., Prinz, V. Ya., Functionalization of graphene and few-layer graphene with aqueous solution of hydrofluoric acid. *Phys. E*, 52, 106, 2013.

[68] Nebogatikova, N. A., Antonova, I. V., Prinz, V. Ya., Volodin, V. A., Zatsepin, D. A., Kurmaev, E. Z., Zhidkov, I. S., and Cholakh, S. O., Functionalization of graphene and few-layer graphene films in an hydrofluoric acid aqueous solution. *Nanotechnol. Russ.*, 9, 51, 2014.

[69] Nebogatikova, N. A., Antonova, I. V., Prinz, V. Ya., Kurkina, I. I., Vdovin, V. I., Aleksandrov, G. N., Timofeev, V. B., Smagulova, S. A., Zakirov, E. R., Kesler, V. G., Fluorinated graphene dielectric films obtained from functionalized graphene suspension: Preparation and properties. *Phys. Chem. Chem. Phys.*, 17, 13257, 2015.

[70] Nebogatikova, N. A., Antonova, I. V., Prinz, V. Ya., Timofeev, V. B., Smagulova, S. A., Graphene quantum dots in fluorographene matrix formed by means of chemical functionalization. *Carbon*, 77, 1095, 2014.

[71] Ribas, M. A., Singh, A. K., Sorokin, P. B., Yakobson, B. I., Patterning nanoroads and quantum dots on fluorinated graphene. *Nano Res.*, 4, 143, 2011.

[72] Lvova, N. A. and Ananina, O. Yu., Theoretical study of graphene functionalization by F^- and FHF^- ions from associates with water molecules. *Comput. Mater. Sci.*, 101, 287, 2015.

[73] MOPAC2012, James J. P. Stewart, Stewart Computational Chemistry, Version 12.357W, 14.083W, http://OpenMOPAC.net.

[74] Kosimov, D. P., Dzhurakhalov, A. A., Peeters, F. M., Carbon clusters: From ring structures to nano-graphene. *Phys. Rev. B*, 81, 195414, 2010.

[75] Rutter, G. M., Guisinger, N. P., Crain, J. N., Jarvis, E. A. A., Stiles, M. D., Li, T., First, P. N., Stroscio, J. A., Imaging the interface of epitaxial graphene with silicon carbide via scanning tunneling microscopy. *Phys. Rev. B*, 76, 235416, 2007.

[76] Boukhvalov, D. W. and Katsnelson, M. I., Chemical functionalization of graphene. *J. Phys.: Condens. Matter*, 21, 344205, 2009.

[77] Wehling, T. O., Lichtenstein, A. I., Katsnelson, M. I., First-principles studies of water adsorption on graphene: The role of the substrate. *Appl. Phys. Lett.*, 93, 202110, 2008.

[78] Hornekaer, L., Rauls, E., Xu, W., Sljivancnin, Z., Otero, R., Stensgaard, I., Laegsgaard, E., Hammer, B., Besenbacher, F., Clustering of chemisorbed H(D) atoms on the graphite (0001) surface due to preferential sticking. *Phys. Rev. Lett.*, 97, 186102, 2006.

[79] Butrimov, P. A., Ananina, O. Yu., Yanovskii, A. S., Quantum-chemical study of interaction of hydrogen atoms with graphene. *J. Surf. Invest X-ray Synchrotron Neutron Tech.*, 4, 476, 2010.

[80] Lvova, N. A. and Ananina, O. Yu., The adsorption properties of polycrystalline graphene: Quantum-chemical simulation. *Nanosystems: Phys. Chem. Math.*, 5, 148, 2014.

[81] Simonis, P., Goffaux, C., Thiry, P. A., Biro, L. P., Lambin, P., Meunier, V., STM study of a grain bound-

ary in graphite. *Surf. Sci.*, 511, 319, 2002.

[82] Huang, P. Y., Ruiz-Vargas, C. S., van der Zande, A. M., Whitney, W. S., Levendorf, M. P., Kevek, J. W., Garg, S., Alden, J. S., Hustedt, C. J., Zhu, Y., Park, J., McEuen, P. L., Muller, D. A., Grains and grain boundaries in single-layer graphene atomic patchwork quilts. *Nature*, 469, 389, 2011.

[83] Kim, K., Lee, Z., Regan, W., Kisielowski, C., Crommie, M. F., Zettl, A., Grain boundary mapping in polycrystalline graphene. *ACS Nano*, 5, 2142, 2011.

[84] Malola, S., Häkkinen, H., Koskinen, P., Structural, chemical, and dynamical trends in graphene grain boundaries. *Phys. Rev. B*, 81, 165447, 2010.

第4章 石墨烯-SiC增强复合材料泡沫对高应变速率变形的响应

Sourav Das
美国哥伦比亚密苏里大学机械与航空航天工程系

摘 要 本章研究了在应变速率为500~2760/s的动态压缩加载条件下,0.5%石墨烯增强铝基-SiC复合泡沫的压缩变形行为。采用液态冶金工艺制备了闭孔铝基复合泡沫材料。采用分离式霍普金森杆实验对复合泡沫的高应变速率压缩特性(相对密度:0.23~0.29)进行了研究。实验结果表明,泡沫铝的平台应力和能量吸收随应变速率的增大而增大。平台应力对应变速率敏感,而对致密化应变不敏感。还应注意,平台应力对复合泡沫的相对密度不敏感。平台应力随应变速率的增加而增加,当应变速率从1000/s增加到2000/s时,平台应力增加约2倍,而与材料的相对密度无关。泡沫的能量吸收也随应变速率而增加。能量吸收的增强约为3倍,而与材料的相对密度无关。

关键词 石墨烯增强泡沫铝,动态压缩,平台,应力,能量吸收,相对密度

4.1 引言

金属泡沫由于其轻质、优良的物理力学性能而成为多功能应用的候选材料[1]。由于其蜂窝状结构,它表现出优异的阻尼能力[2]、吸收声音和噪声[3]、抗冲击,并且能影响能量吸收[4-6]。已有实验尝试将这些泡沫用作夹层板、用于结构应用的泡沫填充管的芯,此外还有其他应用[7-10]。开孔泡沫是换热器[11-12]、催化转换器和过滤器[13-14]等的优良材料。金属泡沫能够承受突然的冲击,并且能够将大部分的冲击能量转换成塑性能量,而且比本体材料吸收更多的能量。由于这些特性,其被用作碰撞保护器、前发动机罩、保险杠、车顶板、发动机盖、车身框架元件等的吸能材料[15-16]。

金属泡沫在能量吸收和耐撞性方面的应用需要了解其在各种应变速率下的压缩响应[17-20]。在各种性能中,吸收冲击能量似乎才是泡沫铝的重要特性。泡沫铝的吸能能力取决于应力-应变曲线下的面积。闭孔泡沫铝的主要应用之一是碰撞缓冲器结构。将泡沫铝插入碰撞缓冲器结构的中空部分,以提高其吸能能力。目前,碰撞缓冲器结构是中空截面,通过将闭孔铝泡沫插入中空部分,可以显著提高碰撞缓冲器结构的能量吸收能力[21-24]。碰撞缓冲器结构位于汽车前车架上,是汽车碰撞能量吸收最重要的部件之一。

例如,发生正面碰撞事故时,碰撞缓冲器结构预计先于其他部分吸收能量,导致塌陷,使主驾驶室框架的损坏降至最低,从而保证乘客安全。泡沫铝的能量吸收能力取决于真实应力-应变图的面积,因此,为了从泡沫铝获得更高的能量吸收能力,应力-应变曲线必须具有宽的平台区。如需研究金属泡沫在能量吸收和耐撞性方面的应用,则需要了解其在各种应变速率下的压缩变形反应[25-26]。

石墨烯是一种呈一个原子厚度的片状纯碳。据估计,石墨烯的强度是钢的200倍,像橡胶一样柔软,导热和导电效率极高。在金属基体中引入石墨烯纳米片有望提高金属基纳米复合材料(MMNC)的强度。最新的文献报道,在铝合金中加入0.3%的石墨烯可以使基体合金的强度提高62%[27]。然而,通过将石墨烯纳米片层尽可能与金属熔体混合以获得块状石墨烯纳米片层增强MMNC,虽然可能实现,但却极其困难。目前的研究正在尝试通过分散碳纳米管来增强铝复合材料泡沫的孔壁强度[28-29]。迄今为止,尚未发现描述石墨烯复合泡沫铝压缩变形行为的文献。在高应变速率下,泡沫铝的压缩变形行为和能量吸收则有一些文献报道[30-36]。

采用分离式霍普金森杆(SHPB)装置,研究了铝合金SiC 0.5%(质量分数)石墨烯混杂复合泡沫材料在500~2760/s应变速率下的压缩行为。

4.2 实验方法

4.2.1 SiC和石墨烯增强铝合金混杂复合泡沫材料的制备

采用熔融法合成闭孔SiC和石墨烯增强复合铝合金泡沫。以铝合金(AA5083标称含5.5% Mg、0.3% Mn、0.25% Zn,其余为铝)为基体材料,通过搅拌铸造技术在铝合金熔体中加入10%(质量分数)SiC颗粒(尺寸:20~40m)和0.5%(质量分数)石墨烯。在铝合金熔体中加入SiC颗粒作为增稠剂,并加入石墨烯以增强孔壁和泡沫的强度。在铝合金熔体中加入金属氢化物(1%(质量分数))作为发泡剂。发泡成功后,用压缩空气冷却金属模具。图4.1(a)显示了典型的泡沫铝块,图4.1(b)显示了其中一个表面的金相抛光。抛光表面清晰地显示了孔的形态和孔分布。

(a)   (b)

图4.1 复合泡沫铝样品
(a)铸块;(b)显示泡沫块体的一个表面的抛光样本。

4.2.2 石墨烯泡沫铝试样特性

采用质量测量和体积测量的方法对闭孔复合泡沫铝的密度进行了表征。用固态铝合金密度(2.8g/mL)计算了复合泡沫的相对密度。平均相对密度约为 0.23~0.29g/mL,孔隙率为76%。对于微观结构观察,使用低速金刚石刀具切割样品,使得孔结构的表面不会变形,然后使用正常的金相实践抛光,并使用扫描电子显微镜进行观察。在 SEM 观察之前对样品进行镀金。孔为等轴状,尺寸约为 1~1.5mm。

4.2.3 分离式霍普金森杆

采用分离式霍普金森杆进行高应变速率压缩试验[37],分离式霍普金森杆装置的示意图如图 4.2 所示。分离式霍普金森杆的主要部件是气枪、撞击杆、入射杆、透射杆和吸收杆。图 4.3 展示了本研究使用的分离式霍普金森杆装置。撞击杆被放置在气枪室的枪管中(图 4.3(b))。撞击杆(图 4.3(c))是由气体压力推向入射杆。在冲击作用下,弹性压缩波作用于入射杆和样品。将待测试的样品放置在入射杆和透射杆之间(图 4.3(d))。当到达样品时,其内部的重复波传播会改变样品形状。一部分波流向入射杆(传输脉冲),一部分反射到入射杆(反射脉冲)中,每个杆都由安装在应变片上的测量器来测量(图 4.3(e))。采用入射杆和透射杆产生的弹性应变计算试样的应力应变。

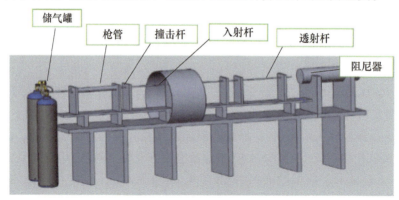

图 4.2 分离式霍普金森杆装置示意图

(a)

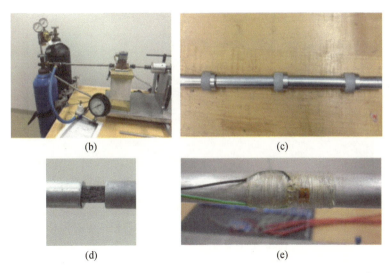

图 4.3 （a）本研究中使用的分离式霍普金森杆装置,从透射杆端观察;（b）枪管（发射管）;（c）撞击杆;（d）入射杆和透射杆之间的样本;（e）入射杆上的应变仪视图

4.3 结果

4.3.1 石墨烯/泡沫铝复合材料的微观结构研究

通过扫描电镜对得到的石墨烯薄片进行了研究。图 4.4 显示了所得石墨烯的 SEM 显微照片。石墨烯的片状性质在图 4.4 中清晰可见。图 4.5 显示了铝复合泡沫的微观结构。微观结构清楚地显示了孔和孔壁（箭头标记）。图中显示了尺寸为 1000～1500μm 的泡孔和分布在泡孔壁中的 SiC 颗粒。值得注意的是,在孔壁中 SiC 颗粒的存在确保了孔壁的稳定性,为壁提供了强度。

图 4.4 所得石墨烯的高倍放大显微图

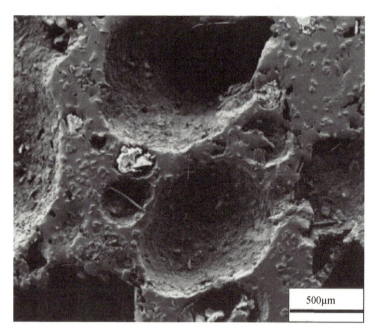

图 4.5　泡沫铝气孔及 SiC 颗粒分布的 SEM 图

4.3.2　高应变速率压缩行为

采用分离式霍普金森杆装置研究了铝复合材料混杂泡沫的动态压缩行为。本研究采用的应变速率范围(500～2700/s)。所用铝复合泡沫样品的相对密度(RD)在 0.23～0.29 的范围内。得到的应力-应变图如图 4.6 所示。应力-应变图清楚地显示了初始弹性区域,随后是峰值应力,然后,应力下降到较低的值,并且显示了整个金属泡沫样品已经变形的恒定应力值(平台应力)。峰值应力是金属泡沫样品所能承受的最大应力,称为屈服应力。图 4.6(a) 显示了 RD:0.23 的泡沫铝样品的典型应力-应变图。图 4.6(a) 清楚地描述了平台应力随应变速率增加。应变速率为 $500s^{-1}$ 和 $1000s^{-1}$ 时,平台应力约为 10MPa,应变速率为 $2300s^{-1}$ 和 $2750s^{-1}$ 时,平台应力增加到 20MPa。图 4.6(b)～(g)是泡沫铝合金在相对密度分别为 0.24、0.25、0.26、0.27、0.28 和 0.29 时的应力-应变图。所有图表显示了与图 4.6(a) 类似的趋势。通过求应力-应变图下的面积,求出了泡沫铝试样在动态载荷下的能量吸收,其结果如图 4.7 所示。图 4.7 显示了应变速率对能量吸收的影响。应变速率为 $500s^{-1}$ 时,能量吸收为 $0.08MJ/m^3$,当样品以 $2750s^{-1}$ 的应变速率测试时,能量吸收增加到 $4.4MJ/m^3$(图 4.7(a))。相对密度为 0.24～0.29 的其他泡沫铝样品也得到了类似的结果(图 4.7)。

表 4.1 显示了低密度(0.64g/mL)和高密度 0.81g/mL 的铝合金复合泡沫的压应力随应变的变化情况。值得注意的是,在目前的实验范围内选择的泡沫铝的密度对应力-应变值没有任何影响,而应力-应变图对应变速率较为敏感。同时观察到应变速率强化现象。另一点需要注意的是,当应变率从 $500s^{-1}$ 提高到 $2700s^{-1}$ 时,平台应力增加了一倍。

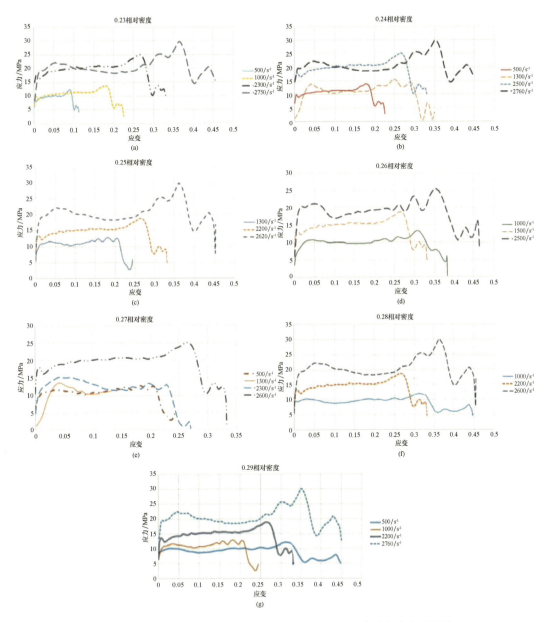

图 4.6 (a)~(g)不同应变速率(500~2760/s)下铝合金混杂复合泡沫
(相对密度:0.23~0.29)的应力-应变图

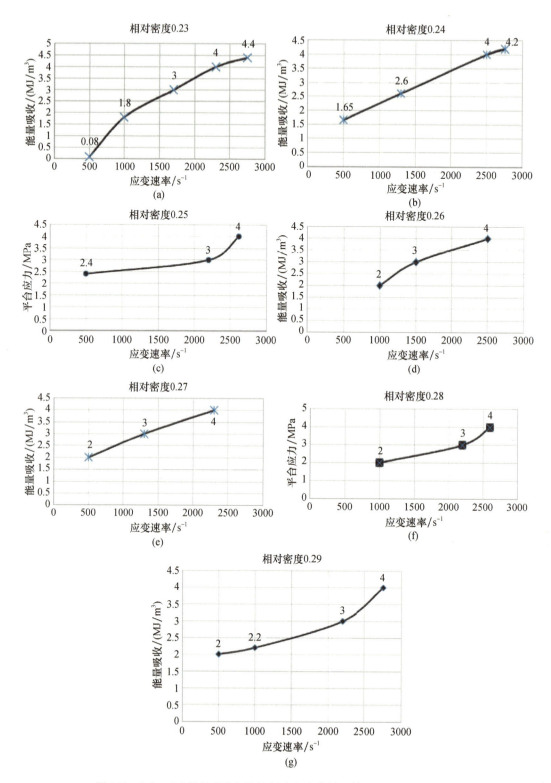

图4.7 （a）~（g）能量吸收与泡沫铝应变速率的函数（RD:0.23-0.29）

表 4.1　不同应变速率下铝复合泡沫的峰值应力、平台应力、平台应变、能量吸收和密度

相对密度	泡沫的实际密度/(kg/m³)	应变速率/s⁻¹	屈服应力/MPa	平台应力/MPa	平台应变	能量吸收/(MJ/m³)
0.23	640	500	8	10	0.08	0.8
		1000	10	12	0.15	1.8
		2300	18	20	0.20	4.0
		2750	22	22	0.25	5.5
0.24	670	500	10	11	0.15	1.65
		1300	14	13	0.20	2.6
		2500	18	20	0.24	4.8
		2760	23	21	0.25	5.25
0.25	700	1300	11	12	0.15	1.8
		2200	13	15	0.20	3.0
		2620	22	20	0.25	5.0
0.26	730	1000	11	10	0.25	2.5
		1500	13	15	0.20	3.3
		2500	21	20	0.27	5.4
0.27	750	500	12	12	0.15	1.8
		1300	14	13	0.14	1.82
		2300	15	14	0.20	2.80
		2600	18	20	0.22	4.40
0.28	780	1000	10	10	0.26	2.6
		2200	13	15	0.25	3.75
		2600	22	21	0.25	5.25
0.29	810	500	10	10	0.27	2.7
		1000	11	11	0.20	2.2
		2200	14	15	0.22	3.3
		2760	22	20	0.25	5.0

4.4　讨论

为了确定应变速率对泡沫铝变形响应的影响,进行了多项研究,得出了泡沫铝变形响应与应变速率几乎不变的结论。一些文献对泡沫铝在准静态应变速率下的压缩行为进行了研究[38-39]。泡沫铝的能量吸收能力取决于致密化应变的真应力-真应变图下的面积。因此,为了使泡沫铝实现更高的能量吸收,我们的目标是提高平台应力,保持高致密化应变。这是通过改变孔的几何形状或加入合金化元素/强化相改变孔壁的微观结构来实现的。此外,通过优化孔的大小,可以得到更大的表面积,从而增强平台应力。这反过来又提高了泡沫的吸能能力。近年来,人们提出将碳纳米管和纳米片分散在液态金属中,这可

以增强孔壁,提高平台应力和能量吸收能力。欲了解金属泡沫的能量吸收和耐冲击可以应用到哪些方面,需要了解其在不同应变速率下的压缩响应。目前已经能很好地理解泡沫铝在准静态条件下的压缩变形,但泡沫铝在高应变速率下的变形仍有待了解。许多研究人员[30-32,35,40-41]用分离式霍普金森杆装置研究了较高应变速率下泡沫铝的变形行为,并解释了其变形机理,但仍缺乏统一的认识和观点。在下面的章节中,将解释闭孔泡沫铝的高应变速率变形机理。

含纳米石墨薄片的泡沫铝在动态条件下(应变速率 $>100s^{-1}$)的变形行为尚未得到研究。因此,为了优化所需部件的设计,需要系统地研究闭孔泡沫铝在动态载荷条件下(应变速率 $>100s^{-1}$)的变形行为和能量吸收特性。如果在较高的动态载荷下,由于能量吸收率较高,最好减少泡沫材料的用量;但是,如果这些材料在较高的应变速率下的能量吸收率较低,则要增加泡沫材料的用量。因此,为了有效和优化设计用于冲击和冲击能量吸收的泡沫部件,必须检验和了解动态条件下的变形行为和机理(应变率 $>100s^{-1}$,最高可达 $3000s^{-1}$)。

以金属氢化物为发泡剂,采用液体冶金法制备泡沫铝合金。在制备泡沫的过程中,金属氢化物在铝合金的熔化温度下分解并放出氢气,使液态金属膨胀成泡沫结构。一旦发泡完成,需要稳定结构;否则,整个发泡结构将很快排出。因此,液体熔体应具有一些其他相(增稠剂)以稳定泡沫结构并不允许其排出。通常,在加入发泡剂之前,需要在液态金属中加入钙或陶瓷颗粒(SiC、Al_2O_3 或任何其他与液态金属兼容的颗粒),以提高熔体的黏度,促进泡沫结构的稳定性。在本章中,在铝合金熔体中加入10%(质量分数)碳化硅颗粒,提高了熔体的黏度,保证了泡沫结构的稳定性。图4.5显示了泡沫结构的SEM图。图中显示了尺寸为 $500\mu m$ 的孔隙和分布在孔壁中的 SiC 颗粒。孔壁尺寸约为 $200 \sim 250\mu m$。孔径和孔壁厚小于 Mukai 等[32]报道的 Alporas 泡沫。

此外,在本研究中,0.5%的石墨烯随着 SiC 颗粒的分散而分散。石墨烯是由二维碳原子组成的晶格,除具有其他优异的物理性能外,还具有高模量(1TPa)和高断裂强度(125GPa)等优异性能。纳米片的分散性增强了泡沫的孔壁强度,最终增强了泡沫的平台应力。表4.2展示了高应变速率下闭孔泡沫铝在压缩过程中的平台应力。对比目前研究所得的平台应力和以往文献得出的值,可以发现本研究所获得的平台应力远远高于其他人所报告的数值[30-32,35,40-41]。石墨烯纳米片通常附着在 SiC 颗粒上,在 Al – SiC 和石墨烯之间的结合,提高了强度。Wang 等[42]报道,在铝合金中添加0.3%的纳米石墨片比未增强的合金的抗拉强度提高了62%。

表4.2 高应变速率闭孔泡沫铝的屈服和平台应力

性质	调查						
	目前的研究应变速率:2700/s(RD:0.25)	Raj 等[35]应变速率:750/s(RD:0.24)	Zhao 等[31]冲击速度10m/s	Mukai 等[32](应变率:$1300s^{-1}$)	Kang 等[41]应变率:$1600s^{-1}$	Kathryn 等[41]应变率:$2500s^{-1}$	Deshpande 等[30]应变率:$3680s^{-1}$
屈服应力/MPa	闭孔泡沫:23	闭孔泡沫:25	IFAM:14 CYMAT:3	AL.PORAS:8	闭孔:5.8	AL.PORAS:6.5	泡沫铝:9
平台应力/MPa	闭孔泡沫:20	闭孔泡沫:25	IFAM:15 CYMAT:4	AL.PORAS:6	闭孔:5.5	AL.PORAS:7.5	泡沫铝:11
观测应变速率强化	是	是	是	是	是	是	否

铝合金混杂泡沫复合材料压缩变形研究的应力-应变曲线通常呈现三个不同的区域。分别是初始线弹性区、平坦塑性平台区(孔隙塌陷区域)和最后的致密化区(图4.8)。在泡沫的压缩变形过程中,变形机制是通过泡沫的逐层压缩来操作的。屈服应力对应于变形开始时的应力。在变形的初始阶段,泡沫样品的顶层在等于屈服应力的应力下被压缩。在变形的初始阶段,孔壁和边缘的弯曲抵抗压缩变形。一旦顶层被压缩,应力就会转移到下一层。进一步施加应力(不增加应力水平),下一层发生变形,因此,在固定应力下,整个样品(样品~80%)随着应变的增加而被压缩。随着应变

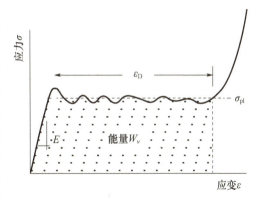

图4.8 显示三个区域的典型应力-应变曲线
(i)初始弹性区域(E);(ii)平坦塑性区域(ε_D);(iii)致密化区域(曲线的向上区域)。

值的增加,孔壁通常会开始互相接触,材料在恒定的平台应力下致密化。泡沫材料经历孔壁的弯曲变形,变形带垂直于孔发生塑性塌陷的加载方向。研究还发现,平台区的边缘生长主要就是孔壁材料的应变硬化。众所周知,铝合金具有应变硬化能力,含5.5%镁的5083合金具有延展性。加入铝基体的SiC颗粒作为增稠剂,主要提高了液态金属的黏度,有利于泡沫结构的稳定性。SiC_p是一种脆性相,加入在孔壁中很大程度上会影响泡沫样品的弹性性能,促进了孔壁和边缘的裂纹萌生,导致泡沫样品破坏。

本章研究了在应变速率为1000~2760s^{-1}的情况下,相对密度在0.23~0.29之间,复合泡沫铝的压缩变形行为。图4.9(a)和(b)分别展示了应变速率为1000s^{-1}、2300s^{-1}和2700s^{-1}的混合铝复合泡沫的平台应力和能量吸收。为简单起见,将整个应变速率范围划分为三个区域,在图4.9(a)和(b)中圈出。已经观察到,在应变速率为1000s^{-1}和相对密度为0.23~0.29的情况下,平台应力在10~13MPa的范围内。当应变速率增加到2300s^{-1}时,平台应力在14~18MPa范围内;进一步增加到2700s^{-1}时,平台应力在20~22MPa范围内。Kang等[41]在其密度为457kg/m^3(小于本研究的密度:650kg/m^3)的闭孔Al-SiC泡沫的实验中报道的结果的类似趋势表明,屈服应力和平台应力随应变速率增加。Kang等[41]报道的屈服应力(2.8MPa)和平台应力(3.4 MPa)小于我们的结果。这可能是由于密度较小所造成。然而,他们在动态实验中将应变速率定在1600s^{-1}。在本章中,应变速率强化现象是明显可见的,正如许多研究人员所报道的那样[6,32,34,40,43-44]。图4.9(b)显示了混合铝复合材料泡沫的能量吸收作为相对密度和应变速率效应的函数。它清楚地表明,能量吸收随着应变速率而增加。从表中还观察到,在1000s^{-1}的应变速率下,泡沫材料的能量吸收范围为1.8~2.6MJ/m^3,并且在2300s^{-1}的应变速率下,能量吸收在3.0~4.0MJ/m^3的范围内。在2700s^{-1}的应变速率下进一步测试泡沫,发现能量吸收在5.0~5.4MJ/m^3的范围内。研究表明,在动态实验条件下,铝基复合泡沫材料的平台应力和能量吸收很大程度上取决于应变速率。而应变率强化现象的已知原因有以下几个[34,40,43,45]。Cady等[43]认为孔隙形态、孔壁物质和孔壁相互作用都可能是导致加强的原因。Paul和Ramamurty[34]认为合金基体的应变速率敏感性和微观结合是造成应变速率敏

感性的原因。Dannemann 和 Lankford[40]认为,增强效应与穿过破裂的孔壁气体的流动有关。然而,Elnasri 等[45]认为,冲击波才是导致加强的原因。考虑到高应变速率变形引起的强化效应的整体效应,设想了铝合金流变应力与应变速率的关系。其次,孔的结构效应,即孔壁材料、形态、取向等是起作用的因素。两者同时起作用,增强了平台应力,能够在高速塑性变形中吸收更多的能量。

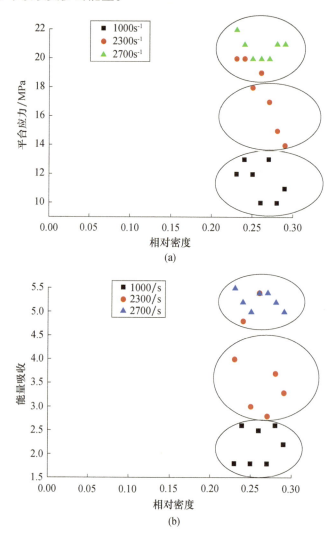

图 4.9 在不同应变速率下,相对密度对铝复合闭孔泡沫(a)平台应力和(b)能量吸收的影响

4.5 小结

采用分离式霍普金斯杆装置研究了孔径约为 1mm、相对密度为 0.23~0.29 的石墨烯闭孔铝复合泡沫材料在 500~2760s^{-1}应变速率下的动态载荷作用。铝复合材料的压缩试验表明了平台应力(10MPa)和能量吸收(3~5MJ/m^3)。在 Al-SiC-石墨烯复合泡沫材料的动态测试中,平台应力对应变速率敏感。还应注意,闭孔铝泡沫的压缩行为对在本实

验范围下使用的泡沫的相对密度不敏感。平台应力随应变速率增加;平台应力增加约2倍,而与材料的相对密度无关。泡沫的能量吸收也随着应变速率而增加。能量吸收增强约2倍,而与相对密度无关。本研究的实质在于,添加纳米石墨片的闭孔泡沫铝的发展存在着广阔的空间。石墨烯的存在提高了孔壁强度,有利于泡沫结构的稳定性。

参考文献

[1] Gibson, L. J. and Ashby, M. F., *Cellular Solids*, 2nd Edition, Cambridge University Press, New York, 1997.

[2] Jiejun, W., Chenggong, L., Dianbin, W., Manchang, G., Damping and sound absorption properties of particle reinforced Al matrix composite foams. *Compos. Sci. Technol.*, 63 - 3.4, 569 - 574, 2003.

[3] Byakovaa, A., Bezim'yannya, Y., Gnyloskurenkob, S., Nakamura, T., Fabrication method for closed - cell aluminum foam with improved sound absorption ability. *Procedia Mater. Sci.*, 4, 9 - 14, 2014.

[4] Merrett, R. P., Langdon, G. S., Theobald, M. D., The blast and impact loading of aluminum foam. *Mater. Design*, 44, 311 - 319, 2013.

[5] Wang, S., Ding, Y., Wang, C., Zheng, Z., Yu, J., Dynamic material parameters of closed - cell foams under high - velocity impact. *Int. J. Impact Eng.*, 99, 111 - 121, 2017.

[6] Ramachandra, S., Sudheer Kumar, P., Ramamurthy, U., Impact energy absorption. *Scr. Mater.*, 49, 8, 741 - 745, 2003.

[7] Jing, L., Wang, Z., Zhao, L., The dynamic response. *Compos. Part B: Eng.*, 94, 52 - 63, 2016.

[8] Xia, Z., Wang, X., Fan, H., Li, Y., Jin, F., Blast resistance of metallic tube - core sandwich panels. *Int. J. Impact Eng.*, 97, 10 - 28, 2016.

[9] Lamanna, E., Gupta, N., Cappa, P., Strbik, O. M., Cho, K., Evaluation of the dynamic properties of an aluminum syntactic foam core sandwich. *J. Alloys Comp.*, 695, 2987 - 2994, 2017.

[10] Qingxian, H., Sawei, Q., Yuebo, H., Development on preparation technology of aluminum foam sandwich panels. *Rare Metal Mater. Eng.*, 44, 3, 548 - 552, 2015.

[11] Alhusseny, A., Turan, A., Nasser, A., Rotating metal foam structures for performance enhancement of double - pipe heat exchangers. *Int. J. Heat Mass Transfer*, 105, 124 - 139, 2017.

[12] Abadi, G. B. and Kim, K. C., Experimental heat transfer and pressure drop in a metal - foamfilled tube heat exchanger. *Exp. Therm. Fluid Sci.*, 82, 42 - 49, 2017.

[13] von Rickenbach, J., Lucci, F., Eggenschwiler, P. D., Poulikakos, D., Pore scale modeling of coldstart emissions in foam based catalytic reactors. *Chem. Eng. Sci.*, 138, 446 - 456, 2015.

[14] Lucci, F., Narayanan, C., Eggenschwiler, P. D., Poulikakos, D., von Rickenbach, J., Multi - scale modeling of mass transfer limited heterogeneous reactions in open cell foams. *Int. J. Heat Mass Transfer*, 75, 337 - 346, 2014.

[15] García - Moreno, F., Commercial applications of metal foams: Their properties and production. *Materials*, 9, 2, 85, 2016.

[16] Lefebvre, L. - P., Banhart, J., Dunand, D. C., Porous metals and metallic foams: Current status and recent developments. *Adv. Eng. Mater.*, https://doi.org/10.1002/adem.200800241.

[17] Thornton, P. H. and Magee, C. L., The deformation of aluminum foams. *Metall. Trans. A*, 6A, 1253 - 1263, 1975.

[18] Han, F., Zhu, Z., Ga, J., Compressive deformation and energy absorbing characteristic of foamed aluminum. *Metall. Trans. A*, 29A, 2497 - 2502, 1998.

[19] Andrews, W., Sanders, W., Gibson, L. J., Compressive and tensile behavior of aluminum foams. *Mater. Sci. Eng. A*, 270, 113 – 124, 1999.

[20] Tan, P. J., Reid, S. R., Harrigan, J. J., Zou, Z., Li, S., Dynamic compressive strength properties of aluminum foams. Part I—Experimental data and observations. *J. Mech. Phys. Solids*, 53, 2174 – 2205, 2005.

[21] Zhang, X. and Cheng, G., A comparative study of energy absorption characteristics of foamfilled and multi – cell square columns. *Int. J. Impact Eng.*, 34, 1739 – 1752, 2007.

[22] Li, Z., Yu, J., Guo, L., Deformation and energy absorption of aluminum foam – filled tubes subjected to oblique loading. *Int. J. Mech. Sci.*, 54, 48 – 56, 2012.

[23] Pinto, P., Peixinho, N., Silva, F., Soares, D., Compressive properties and energy absorption of aluminum foams with modified cellular geometry. *J. Mater. Process. Technol.*, 214, 571 – 577, 2014.

[24] Karagiozova, D., Shu, D. W., Lub, G., Xiang, X., On the energy absorption of tube reinforced foam materials under quasi – static and dynamic compression. *Int. J. Mech. Sci.*, 105, 102 – 116, 2016.

[25] Alvandi – Tabrizi, Y., Whisler, D. A., Kim, H., Rabiei, A., High strain rate behavior of composite metal foams. *Mater. Sci. Eng. A*, 631, 248 – 257, 2015.

[26] Karagiozova, D., Shu, D. W., Lub, G., Xiang, X., On the energy absorption of tube reinforced foam materials under quasi – static and dynamic compression. *Int. J. Mech. Sci.*, 105, 102 – 116, 2016.

[27] Wang, J., Li, Z., Fan, G., Pan, H., Chenb, Z., Zhang, D., Reinforcement with graphene nanosheets in aluminum matrix composites. *Scr. Mater.*, 66, 594 – 597, 2012.

[28] Wang, J., Yang, X., Zhang, M., Li, J., Shi, C., Zhao, N., Zou, T., A novel approach to obtain *in – situ* growth carbon nanotube reinforced aluminum foams with enhanced properties. *Mater. Lett.*, 161, 763 – 766, 2015.

[29] Duarte, I., Ventura, E., Olhero, S., Ferreira, J. M. F., A novel approach to prepare aluminium alloy foams reinforced by carbon nano tubes. *Mater. Lett.*, 160, 162 – 166, 2015.

[30] Deshpande, V. S. and Fleck, N. A., High strain rate compressive behavior of aluminum alloy foams. *Int. J. Impact Eng.*, 24, 277 – 298, 2000.

[31] Das, S., Khanna, S., Mondal, D. P., Graphene – reinforced aluminum hybrid foam: Response to high strain rate deformation. *J. of Mat. Eng. and Perform.*, 28: 526, 2019.

[32] Mukai, T., Miyoshi, T., Nakano, S., Somekawa, H., Higashi, K., The compressive response of a closed – cell aluminum foam at high strain rate. *Scr. Mater.*, 54, 4, 533 – 537, 2006.

[33] Peroni, M., Peroni, L., Avalle, M., High strain – rate compression test on metallic foam using a multiple pulse SHPB apparatus. *J. Phys. IV*, 134, 609 – 616, 2006.

[34] Paul, A. and Ramamurty, U., Strain rate sensitivity of a closed – cell aluminum foam. *Mater. Sci. Eng. A*, 281, 1 – 7, 2000.

[35] Raj, E., Parameswaran, R. V., Daniel, B. S. S., Comparison of quasi – static and dynamic compression behavior of closed – cell aluminum foam. *Mater. Sci. Eng. A*, 526, 11 – 15, 2009.

[36] Alvandi – Tabrizi, Y., Whisler, D. A., Kim, H., Rabie, A., High strain rate behavior of composite metal foams. *Mater. Sci. Eng. A*, 631, 248 – 257, 2015.

[37] Gama, B. A., Lopatnikov, S. L., Gillespie, J. W., Jr., Hopkinson bar experimental technique: A critical review. *Appl. Mech. Rev.*, 57, 4, 223 – 250, 2004.

[38] Kenny, L. D., Mechanical properties of particle stabilised aluminum foam. *Mater. Sci. Forum*, 217 – 222, 1883 – 1890, 1996.

[39] Lankford, J. and Dannemann, K. A., Strain rate effect in porous materials. *Proceedings of the Symposium of the Materials Research Society*, vol. 521, Materials Research Society, 1998.

[40] Dannemann, k. A. and Lankford, J., High strain rate compression of closed-cell aluminum foams *Mater. Sci. Eng. A*, 293, 157-164, 2000.

[41] Kang, Y., Zhang, J., Tan, J., Compressive behavior of aluminum foams at low and high strain rates. *J. Cent. South Univ. Technol.*, s1-0301-05, 2007.

[42] Wang, J., Li, Z., Fan, G., Pan, H., Chenb, Z., Zhanga, D., Reinforcement with graphene nanosheets in aluminum matrix composites. *Scr. Mater.*, 66, 594-597, 2012.

[43] Cady, C. M., Gray, G. T., III, Liua, C., Lovato, M. L., Mukai, T., Compressive properties of a closed-cell aluminum foam as a function of strain rate and temperature. *Mater. Sci. Eng. A*, 525, 1-6, 2009.

[44] Mukai, T., Kanahashi, H., Miyoshi, T., Mabuchi, M., Nieh, T. G., Higashi, K., Experimental study of energy absorption in a close-celled aluminium foam under dynamic loading. *Scr. Mater.*, 40, 921-928, 1999.

[45] Elnasri, I., Pattofatto, S., Zhao, H., Tsitsiris, H., Hild, F., Girard, Y., Shock, Enhancement of cellular structures under impact loading: Part I Experiments. *J. Mech. Phys. Solids*, 55, 12, 2652-2671, 2007.

第5章 SiC(001)基底少层石墨烯的原子结构与电子性质

Alexander N. Chaika[1], Victor Y. Aristov[1,2], Olga V. Molodtsova[2,3]

[1] 俄罗斯切尔诺戈洛夫卡俄罗斯科学院固体物理研究所
[2] 德国汉堡市德国同步加速器研究中心
[3] 俄罗斯圣彼得堡比伊特诺大学

摘　要　少层石墨烯表现出优异的性能,对基础研究和技术应用具有重要意义。具有自对准畴界和波纹的纳米结构石墨烯是一种很有前途的材料,因为纳米畴边缘可以反射大范围能量的电子和主体自旋极化电子态。本章讨论了 SiC/Si(001)晶片上少层石墨烯的合成及其原子和电子结构与输运和磁性的关系。通常,在 SiC(001)上合成的石墨烯由具有两个优先边界方向的纳米材料组成。利用邻近的 SiC/Si(001)衬底允许制造具有自对准域边界的石墨烯纳米带系统。电子传输测量结果表明,这种纳米域系统的制造打开了大于 1.3eV 的传输间隙,产生了高达 10^4 的高电流通断比。磁性传输测量显示石墨烯在 SiC(001)上的平行磁场中出现了前所未有的正巨磁电阻。根据理论计算,石墨烯/SiC(001)的电子传输和磁性能与纳米晶界的局域态有关。实验和理论研究证明了在 SiC/Si(001)晶片上制备具有独特输运和磁性的新型石墨烯基纳米结构的可行性,及用于电子和自旋电子器件的可能性。

关键词　石墨烯,合成,SiC(001),纳米带,电子光谱,扫描隧道显微镜,低能电子显微镜,电子输运

5.1 引言

自 2004 年"发现"石墨烯以来,对石墨烯的广泛研究揭示了这种二维材料的许多令人惊讶的性质,例如,量子霍尔效应、甚至在室温下作为低能准粒子的无质量狄拉克费米子、石墨烯蜂窝晶格上的电子–空穴对称性、电荷载流子的极高迁移率、微米范围内的电子平均自由程、巨大自旋弛豫时间和超过 $100\mu m$[1-13]的扩散长度等。石墨烯是碳的一种二维同素异形体,由一层以蜂窝晶格连接的 sp^2 杂化碳原子组成(图 5.1(a)、(b))。然而,"石墨烯"一词往往应用于双层和三层石墨烯,甚至应用于超薄石墨多层膜(图 5.1(c)),其也被认为是二维晶体[2]。石墨烯的独特性能使其成为未来碳基电

子技术的理想材料。例如,其在光电传感器、透明电接点和存储单元中的应用前景最近也引起了广泛关注[14-20]。此外,石墨烯独特的电子传输特性使其成为用新型纳米碳电子取代传统硅基电子技术和开发超互补金属氧化物半导体(CMOS)技术的非常有吸引力的候选材料[21-22]。为了大规模生产石墨烯及纳米技术的应用,需要仔细研究石墨烯的基本特性,并研究出在足够大尺寸的绝缘或半导体衬底上合成低成本、高质量的石墨烯薄膜的方法。这种在非导体衬底上生长的石墨烯可以有效地运用到现有的硅基技术中。

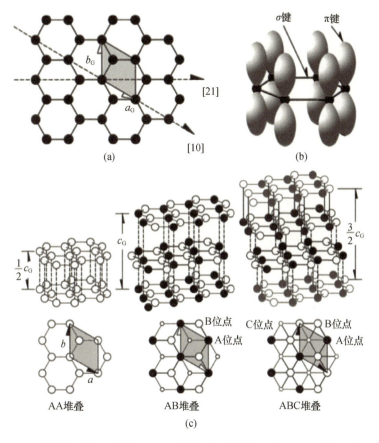

图 5.1 (a)石墨烯蜂窝结构。同时展示了晶胞与晶胞向量 a_G 和 b_G。(b)平面内 σ 键和平面外 π 轨道的示意图。(c)石墨烯层的三种不同堆叠次序的结构:六方 AAA 堆叠(左),Bernal ABA 堆叠(中),菱形 ABC 堆叠(右)。晶胞用阴影菱形表示(经 IOP 许可,转载自参考文献[74])

目前已许多制备超薄石墨烯薄膜的方法。例如,可以用天然单晶石墨或高定向热解石墨(HOPG)的机械或化学剥离来制备石墨烯[1,5-6,23-26]。这种石墨烯样品很难用于技术用途。然而,剥离的石墨烯层是基础研究中的质量最高的样品。在单层石墨烯中二维电子气体的许多特殊性质,如电荷载流子的迁移率达到 $200000 cm^2/(V·s)$,即使在室温下[27-28],也在剥离的超薄石墨薄膜体现出来。这些结果引发了更深入的基础研究和应用研究。利用碳纳米管纵向拉拔、氧化石墨还原、化学气相沉积(CVD)和金属和半导体衬底的高温热石墨化工艺制备大面积的石墨烯薄膜[1,29-43]。采用 CVD 制备了大面积(高达 30in)过渡金属基底上的高质量石墨烯[32-35]。然而,如果是用于制造电子纳米装置,需要将在大尺寸过渡金属表面上获得的石墨烯层转移到绝缘或半导体衬底上,石墨烯层的转移会降低其质量。例如,对载体衬底[44-45]的污染、折叠、波纹和低黏附性会阻碍高质量石墨烯基电子器件的制造[46-47]。

为了解决金属向半导体或绝缘衬底转移的相关问题,已经研究出了许多直接在非金属衬底上生长石墨烯的方法,例如,采用硅、碳化硅、锗、蓝宝石、石英、氧化镁、铝和氮化硼[48-56]。在这种衬底上合成的石墨烯可广泛应用于微型和纳米电子器件,如太阳能电池、高频场效应晶体管、光调制器和传感器等[57-63]。六方碳化硅(α-SiC)表面被认为是合成高质量晶圆尺寸石墨烯最有可能的半导体衬底[64-72]。在α-SiC上制备多层石墨烯的基础是热分解反应,使硅原子升华,然后在超过1300℃[65]的温度下将富碳表面层重塑成蜂窝状结构。在21世纪初,发表了一系列关于α-SiC上多层石墨烯二维电子气体性质的研究[73-76]。值得注意的是,在α-SiC上合成的多层石墨烯的电子性质几乎与单层石墨烯的电子性质相似[1,77]。因此,用角分辨光电子能谱(ARPES)对生长在6H-SiC($000\bar{1}$)上的11层石墨烯薄膜的研究,在K点出现几乎理想的线性色散,这也是一个独立的单层石墨烯应具备的特性[78]。

为了直接集成到现有的硅技术中,直接在硅上生长石墨烯将是非常有吸引力的。本章主要研究在标准Si(001)晶片上生长的低成本、技术相关的(立方)β-SiC薄膜上合成的少层石墨烯的原子结构和物理性质。通过详细的原子和电子结构研究,揭示了在β-SiC/Si(001)上逐层生长石墨烯的机理,为在低成本硅片上合成具有理想层数和自对准纳米畴边界的均匀少层石墨烯纳米带奠定了基础。尽管β-SiC/Si(001)衬底上的石墨覆盖层的质量仍不足以大规模生产,但可以优化合成,以制备具有独特物理性能的新型石墨烯基纳米结构。

5.2 β-SiC/Si 晶片上的石墨烯

多年来,碳化硅一直是高功率、高温、高压和高频电子应用的主要候选材料,因其具有巨大的带隙(对于不同的SiC多型,从2.4eV到3.3eV)、高载流子迁移率以及优异的物理和化学稳定性[79]。然而,单晶SiC晶片的高价格和小尺寸(典型直径为5~7cm)与大规模生产的需求不兼容。为了降低价格,20世纪80年代Nishino等[80]在cm级大小的单晶Si(001)晶片上合成了β-SiC(001)薄膜,提出了在硅上异质外延生长立方碳化硅多型(β-SiC)单晶薄膜。然后进行了大量的研究,以提高分别在Si(111)和Si(001)衬底[81-82]上合成的β-SiC(111)和β-SiC(001)外延层的质量。用这种方法可以在直径超过300mm[81-84]的大尺寸硅片上重复生长单晶β-SiC薄膜。这些SiC/Si晶片价格便宜,并且与现有的电子技术完全兼容。在20世纪90年代,对硅晶片上生长的β-SiC结合物的原子和电子结构进行了详细的研究[85-87]。然而,与α-SiC[64]不同的是,直到2009年,Miyamoto等在超高真空(UHV)中成功地在β-SiC/Si(011)晶片上合成了少层石墨烯,才观察到高温下β-SiC表面的石墨烯生长[88]。在此基础上,发表了一系列关于不同取向的β-SiC/Si晶圆片石墨烯合成的可行性的文章[88-134]。这些研究主要是在β-SiC(111)薄膜[91-101,105-112]和单晶SiC(111)晶片[102-104]上进行的。然而,一些研究已经在β-SiC(001)[90,101,113-124,132-133]上进行,

甚至在多晶 β-SiC[125] 上也进行了一些研究,这些多晶 β-SiC 可以在碳化硅上制备低成本石墨烯。

UHV 中 β-SiC 表面在形成各种原子重构后,在 1000 ℃ 以上发生石墨化。在三重对称的 β-SiC(111) 和 Si 封端的 α-SiC 表面上合成少层石墨烯薄膜非常相似[98]。石墨化不能立即从 (1×1)SiC 相开始:($\sqrt{3}\times\sqrt{3}$)R30° 重建是石墨烯生长之前的必要阶段。Gupta 等的 STM 研究表明,Si 原子在高温下升华导致了 β-SiC(111) 表面从 ($\sqrt{3}\times\sqrt{3}$)R30° 到 (3/2×$\sqrt{3}$)R30° 的转变,其可以进一步转化为稍微扭曲的石墨烯 (2×2) 相(这两个重构之间的失配低于 1%),然后转化为 (1×1) 石墨烯结构。SiC(111) 晶片的进一步退火导致形成少层石墨烯,其层数取决于退火温度和持续时间[110]。SiC(111) 上合成的少层石墨烯由 Bernal(ABA) 和菱形(ABC) 堆叠的少层石墨烯块组成,其中大量的菱形堆叠块[103,112],大大超过了天然晶体中菱面体石墨的比例。

虽然最近报道了通过微图案和纳米图案化控制堆叠块分数(从而控制能带结构)的可行性[128,131],但仍然可以通过石墨烯覆盖层与衬底的相互作用来改变 β-SiC(111) 上少层石墨烯的电子结构和物理性质。实验研究表明,石墨烯薄膜与 β-SiC(111) 衬底之间存在一个缓冲层,类似于在 α-SiC 表面生长的石墨烯。少层石墨烯与 β-SiC(111) 衬底的相互作用可以减少,例如,在界面层[97]下使用氢插层,类似于通常用于在 α-SiC 上制备准独立式石墨烯的过程,而与支撑碳化硅衬底弱相互作用的准独立式石墨烯可以直接在其他取向的 β-SiC 表面上合成。

利用拉曼光谱和芯级光电发射光谱(PES)对不同 β-SiC 衬底上生长的少层石墨烯的性能进行了首次比较研究[91]。最近,还发表了其他一些研究(例如,更详细的描述可以在文献[122]中找到)。图 5.2 显示了从热石墨化 SiC(111)、SiC(001) 和 SiC(011) 表面获得的拉曼光谱(a)和 C 1s 芯能级光电子发射谱(b)[122]。在所有的 C 1s 光谱中,可以检测到与 sp^2 碳原子相关的峰,证明了石墨烯覆盖层的形成,以及位于较低结合能(BE)的 SiC 体峰。然而,在从 SiC/Si(111) 衬底上生长的少层石墨烯记录的光谱中,可以看到在较高 BE 处有更强烈的肩部。该峰在图 5.2 中表示为相对于石墨烯 sp^2 组分向更高的 BE 移动约 1eV 的界面峰。该峰表明在未测量的石墨烯/SiC(111) 体系中存在界面层和电荷转移。在 β-SiC/Si(111) 表面上形成 Bernal 堆叠的少层石墨烯解释了 C 1s 芯能级谱中反应性界面组分的存在,这与报道的在 Si-表面/6h-SiC(0001) 上生长石墨烯的结果一致[69,102,131]。根据核级 PES 研究,与在 β-SiC(111) 和 α-SiC 表面上合成石墨烯相比,在 β-SiC/Si(011) 和 β-SiC/Si(001) 晶片上合成石墨烯不伴随反应缓冲层的形成。拉曼光谱分析也证实了在 β-SiC(111) 上生长的石墨烯与其他低折射率 β-SiC 表面的主要差异。图 5.2(a) 显示,β-SiC/Si(111) 上的石墨烯光谱中的 G′峰分裂为多个组分(反应和非反应),而其他两个 β-SiC/Si 取向则不同[122]。已知界面结构对碳化硅晶体上合成的石墨烯的电子性质有显著影响[73-76,78,135]。因此,在 SiC(001) 和 SiC(011) 上生长的石墨烯中缺少缓冲层,使得这些衬底更有希望用于微制造和纳米制造具有所需电子性能的准独立式少层石墨烯。SiC/Si(001) 是最有潜力的衬底,因为 Si(001) 是现有硅电子技术的关键元素。

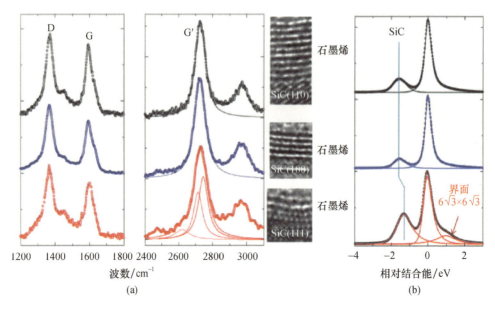

图 5.2 从 β-SiC/Si(111)（底部）、β-SiC/Si(001)（中间）和 β-SiC/Si(011)（顶部）生长的单层石墨烯中提取的拉曼光谱(a)和 C 1s 芯能级光电子发射谱(b)
透射电镜图像（中）显示了多层石墨烯与碳化硅衬底之间的界面结构。（经 IOP 许可，转载自参考文献[122]）

5.3 β-SiC/Si(001)上合成的少层石墨烯的原子与电子结构

Aristov 等[90]首次报道了在 β-SiC/Si(001)晶片上合成少层石墨烯，利用横向平均近边缘 X 射线吸收精细结构（NEXAFS）、芯级 PES、ARPES 和局部扫描隧道显微镜（STM）数据证实了 SiC(001)表面的石墨化。随后，通过拉曼光谱实验[113]证实了 SiC(001)上的少层石墨烯的形成。这两个研究都揭示了 SiC(001)上生长的石墨烯覆盖层的准自立式特性。拉曼光谱数据还揭示了 SiC(001)上的少层石墨烯中存在大量缺陷，它们之间的平均距离为 10nm[113]。然而，从首次石墨烯/SiC/Si(001)的研究来看[90,113]，这些缺陷的形成原因尚不清楚。利用 STM、低能电子显微镜（LEEM）和参考文献[116,118]中发表的 ARPES 数据，在原子水平上揭示了 SiC(001)上少层石墨烯的结构。

图 5.3 显示了在 UHV[116,118]中合成三层石墨烯前后从 SiC(001)表面拍摄的大面积 STM 图像。在合成石墨烯之前，SiC(001)-c(2×2)表面上的额外碳原子被分解为阶梯上的明亮突起（图 5.3(a)）。STM 研究[118]揭示，微米尺度（1μm×1μm）SiC(001)-c(2×2) STM 图像的均方根（RMS）粗糙度仅在极少数情况下超过 1.5Å。图 5.3(d)显示了(001)定向阶梯内较小（100nm×100nm）表面积的粗糙度分析。该表面区域的 RMS 低于 1.0Å。从 SiC(001)-c(2×2)和石墨烯/SiC(001)表面拍摄的 STM 图像上的单原子阶跃的高度与公知的 β-SiC 晶格参数（图 5.3(k)、(l)）非常一致，证明图 5.3 中所示的 RMS 值对应于表面的实际粗糙度。STM 研究[118]证明了石墨烯/SiC(001)样品上不存在裸露的碳化硅区。例如，图 5.3(b)、(c)分别在 β-SiC 带隙的偏置电压 -1.0V 和 -0.8V 下拍摄 STM 图像。在如此低的偏差下在 SiC(001)表面重构进行 STM 实验是不可能的。图 5.3

(b)、(c)证明即使在微米级石墨烯/SiC(001)表面存在缺陷的区域,即多原子阶跃(图5.3(b))和反相畴(APD)边界(图5.3(c)),STM 成像也是稳定的。在如此小的偏置电压下没有跳跃接触,这证实了石墨烯覆盖层的连续性,其不会被多原子阶跃边缘和 APD 边界破坏,其中 β-SiC 晶格旋转了 90°。

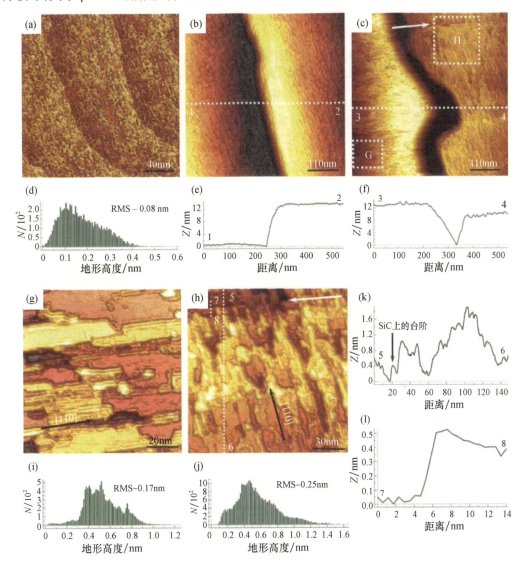

图 5.3 SiC(001)-c(2×2)(a)和石墨烯/SiC(001)(b)、(c)、(g)、(h)的大面积 STM 图像。(b)、(c)说明了多原子阶跃(b)和 APD 边界(c)附近石墨烯覆盖层的连续性。(g)和(h)中的图像分别强调在(c)中的 APD 边界左侧(G 区)和右侧(H 区)分别沿 $[1\bar{1}0]$(g)和 $[110]$方向(H)拉长的纳米域。STM 图像为 $U=-3.0$ V, $I=60$ pA(a), $U=-1.0$ V, $I=60$ pA(b), $U=-0.8$ V, $I=50$ pA(c), $U=-0.8$ V, $I=60$ pA(g), $U=-0.7$ V, $I=70$ pA(h)。(c)和(h)中的白色箭头表示 SiC 衬底上的单原子阶跃。(d)、(i)和(j)为(a)、(g)和(h)中 STM 图像的粗糙度分析。从相同尺寸(100nm×100nm)的表面积计算直方图,用于直接比较少层石墨烯合成前后的表面粗糙度。(e)、(f)、(k)和(l)为(b)、(c)和(h)中图像的横截面(1-2)、(3-4)、(5-6)和(7-8)(经 IOP 许可,转载自参考文献[118])

如图5.3(g)、(h)中的 STM 图像所示,顶部石墨烯层由通过畴边界彼此连接的纳米体组成。纳米域边界(NB)优先与 SiC 晶格的两个正交方向对齐 <110>,如图5.3(g)、(h)所示。在 APD 边界的右侧和左侧,畴分别在 $[1\bar{1}0]$ 和 $[110]$ 方向伸长(图5.3(c))。SiC(001)衬底上的纳米尺度具有在 20nm 和 200nm 之间变化的长度和在 5~30nm 范围内的宽度,尽管也观察到更宽的纳米尺度。这些值与从早期拉曼研究得出的石墨烯/SiC(001)中缺陷之间的平均距离密切相关[88,113]。

STM 研究[118]表明,单个石墨烯畴具有波纹形态,这导致微米尺度 STM 图像的 RMS 粗糙度在几埃的量级,大大超过 SiC(001) $-c(2×2)$ 重构的 RMS 粗糙度。例如,图5.3(i)、(j)表明,对于 $100×100nm^2$ 石墨烯/SiC(001)表面积,RMS 分别为 1.7Å 和 2.5Å。在 SiC(001)上合成的三层石墨烯的 $1\mu m×1\mu m$ STM 图像的粗糙度通常在 2.5Å 和 4.5Å 之间,这对于独立式石墨烯是典型的[77,136]。在 STM 研究[116]后,再对同一样品进行 LEEM 实验,可以精准确定石墨烯层数[116]。

图5.4(a)显示了石墨烯/SiC(001)表面的明场(BF) LEEM 显微照片($E=3.4eV$),显示了直径为 $20\mu m$ 的整个探测表面区域的均匀对比度,证明了合成石墨烯的均匀厚度[69],甚至在 APD 边界附近也是如此。在 7eV 能量窗中获得的反射率 $I-V$ 曲线中,可以推导出石墨烯层数[137-138]。虽然最近的研究[139-140]已经证明单层石墨烯薄膜在 $I-V$ 曲线上可以产生 $n-1$ 极小值(其中 n 是石墨烯层数),但是对于在 SiC(001)上生长的少层石墨烯不是这种情况,其与 SiC(001)表面的结合非常弱[90]。如图5.4(h)所示,不同表面积的反射率光谱存在三个明显的极小值,对应均匀的三层。石墨烯覆盖在整个表面上非常均匀,并且 $I-V$ 曲线在不同的表面区域中几乎相同,包括在从特定衍射点获得的暗场(DF) LEEM 图像中呈现深色或白色的区域(例如,图5.4(b)中的区域 1 和 2)。

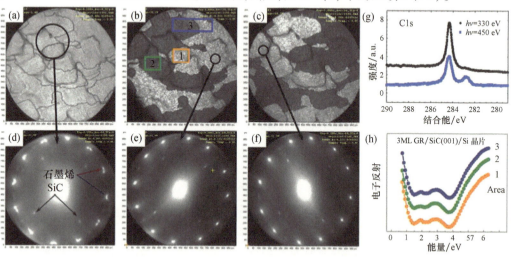

图5.4 (a)$20\mu m$ BF LEEM 微图,记录的电子能量为 3.4eV,表明 SiC/Si(001)晶圆片上三能级石墨烯的厚度均匀。(b)、(c)DF LEEM 图像来自不同衍射点(如(e)、(f)所示),显示有两个旋转石墨烯结构域家族的微米尺度区域的对比度反转。(d)~(f)从(a)~(c)中显示的表面区域中提取的 μ-LEED 模式。取样面积的直径为 $5\mu m$(a)和 $1.5\mu m$((b)和(c)),$E=52eV$。(g)在两个不同光子能量下拍摄的 μ-PES C 1s 光谱。探测面积的直径为 $10\mu m$。(h)在(b)中标记的为表面区域 1、2 和 3 记录的电子反射率谱,其中谱中的凹陷数将区域 1-3 识别为三层石墨烯(经清华大学和施普林格许可,转载自参考文献[116])

从 5μm 区域获得的微低能电子衍射(μ-LEED)图案显示了来自石墨烯三层的 12 个尖锐的双分裂衍射点、双点之间的 12 个强度较低的奇异石墨烯点以及来自 SiC(001)衬底的分辨率良好的奇异点(图 5.4(d))。相同表面积的 DF LEEM 图像(图 5.4(b)、(c))和来自不同 1.5μm 区域的 μ-LEED 图像(图 5.4(e)、(f))表明,相对于 SiC 衬底斑点旋转的 12 个双分裂斑点源自不同的微米尺度表面积(例如,图 5.4(b)中的 1 和 2),产生具有 12 个非等距斑点的 90°旋转的 μ-LEED 图案(图 5.4(e)、(f))。这些区域在相应的反射中呈现白色和深色(图 5.4(b)、(c))。

图 5.4(g)所示的 C 1s 光谱仅揭示了两个窄成分,其结合能分别对应于 SiC 衬底(较低 BE)和石墨烯三层(较高 BE)(例如,图 5.2),证明覆盖层与衬底的弱相互作用。ARPES 和 STM 研究还证明了 SiC(001)上的三层石墨烯的准独立特性,并揭示了 LEED 图案中 12 个双分裂衍射点的来源(图 5.4(d)),其与顶部石墨烯层中具有四个优先晶格取向的纳米材料有关[116,118,124]。

图 5.5(a)、(b)中的原子分辨 STM 图像显示了分别在[110]和[$\bar{1}$10]方向伸长的纳米域,并阐明了 SiC(001)上的石墨烯域网络的结构。原子分辨 STM 图像的二维快速傅里叶变换(FFT)(图 5.5(b)中的插图)由两个斑点系统(由六边形表示)组成,这与两个相对旋转 27°的石墨烯晶格有关。用 CVD[141]在铜箔上生长的多晶单层石墨烯的电子显微镜研究中,也观察到相邻畴晶格之间相同的取向差角。根据 μ-LEED 数据(图 5.4(e)、(f)),石墨烯/SiC(001)畴晶格优先从[110]和[$\bar{1}$10]方向旋转 ±13.5°,而 STM 数据(图 5.5(a)、(b))揭示了沿这些方向取向的纳米畴边界。这两族 27°旋转域相对于彼此旋转 90°,并在 FFT 和 μ-LEED 模式中产生 12 个非等距光点的两个系统(例如,见图 5.4(e)、(f))。两个具有 12 个非等距斑点的 90°旋转图案的总和产生具有 12 个双分裂斑点的石墨烯/SiC(001)的 LEED 图案,如图 5.5(c)~(e)所示的模型所示。这两个正交的 27°旋转的域族通常在 STM 图像中被分辨为水平和垂直纳米带,如图 5.3(g)、(h)所示。从两个双分裂点的不同反射拍摄的 DF LEEM 图像显示出相反的对比度,并证实 27°旋转的域族通常覆盖微米大小的表面区域(图 5.4(b)、(c))。

在 SiC(001)上合成的少层石墨烯的原子分辨 STM 研究,揭示了畴的波纹形态和由表面缺陷(畴界)[142-143]引起的电子态密度的额外调制。($\sqrt{3}\times\sqrt{3}$)R30°调制在图 5.5(a)、(b)中的域边缘附近是可辨别的。该($\sqrt{3}\times\sqrt{3}$)R30°在 FFT 图案中也可以看到六边形斑点(图 5.5(b)中的插图)。远离纳米域边界拍摄的 STM 图像显示六边形(图 5.6(a))或蜂窝状(图 5.6(d))晶格因独立石墨烯的典型原子尺度波纹而扭曲[77]。图 5.6(c)所示的 STM 图像的横截面有随机的垂直波纹,这是由于石墨烯覆盖层的波纹和振荡周期约为 2.5 Å,振幅为 0.1~0.2 Å,与石墨烯蜂窝晶格相对应。图 5.6(b)所示的横截面表明,波纹的尺寸横向为几纳米,纵向为 1Å,与独立单层石墨烯[77]的计算值和在 SiO_2/Si 衬底[144]支撑的剥离石墨烯上实验观察到的值一致。图 5.6(d)~(f)说明了 SiC(001)上的波纹少层石墨烯中的碳-碳键长的畸变。图 5.6(d)中的图像显示了蜂窝晶格和随机原子尺度的波纹。调整在其中一个波纹顶部拍摄的 STM 图像中的对比度(图 5.6(e)、(f)),以增强小畴区域(可以认为是平面的)中的键长分布。图 5.6(e)中的图像显示了由理论[77]预测的蜂窝晶格的随机皮米级畸变。

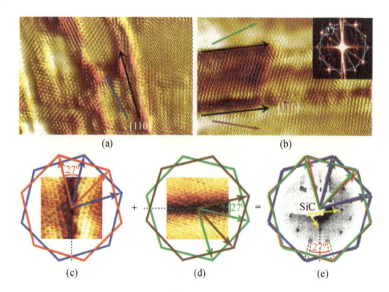

图 5.5 (a)、(b)SiC(001)上沿[110](a)和[1$\bar{1}$0]方向(b)伸长的石墨烯纳米体的 19.5nm×13nm 原子分辨率 STM 图像。在 $U=-10$ mV 和 $I=60$ pA 时下从不同表面积拍摄图像。(b)中的插图显示了具有两个 27°旋转的斑点系统的 FFT 图案。(c)~(e)模型解释了图 5.4(d)中石墨烯/SiC(001)的 LEED 图案中 24 个衍射点的起源。(c)和(d)中的插图是<110>有向域边界的 STM 图像。4 个不同颜色的六边形红、蓝、绿色和棕色代表 4 个优先畴取向。(e)中的插图显示了在 $E_p=65$eV 处获得的 LEED 图案,显示了 1×1 衬底斑点(由黄色箭头突出显示)以及 12 个双分裂石墨烯斑点,由每个取向的一个虚线箭头指示(经 IOP 许可,转载自参考文献[118])

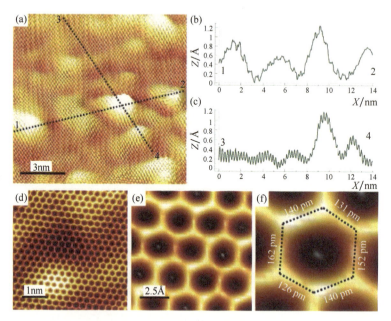

图 5.6 (a)SiC(001)上三层石墨烯的 13.4nm×13.4nm STM 图像,说明了独立式石墨烯的典型原子尺度波纹。图像测量 $U=0.1$V,$I=60$pA。(b)、(c)第(1-2)及(3-4)款自第(a)栏内的图像的横断面,证明了具有 2.46 Å(c)的周期的波纹(b)和原子波纹的宽度和高度。(d)~(f)三阶石墨烯的 STM 图像,显示了蜂窝晶格的随机皮米级变形。测量的图像为 $U=22$mV,$I=70$pA(d),$U=22$mV,$I=65$pA(e),(f)。为了清晰起见,在(f)中示出了扭曲的六边形之一(经爱思唯尔许可,转载自参考文献[134])

图 5.6(e)显示了理论预测的蜂窝晶格的随机皮米级变形。

SiC(001)上三层石墨烯的准自立特性通过 π 带的 ARPES 测量得到进一步证实,如图 5.7 和图 5.8 所示。根据图 5.7(a)所示的模型,由于 ARPES 汇总了来自毫米级样品区域的光电子,SiC(001)上石墨烯的有效表面布里渊区包括所有旋转晶格的布里渊区。图 5.7(b)、(c)所示的色散表明,从不同旋转域变量采样的狄拉克锥是相同的,狄拉克点非常接近费米能级。旋转畴的电子结构、电荷中性和不存在与衬底的杂化效应的相似性进一步强调了 SiC(001)上的三层石墨烯的准自立式特性。观察到的 ARPES 分散体与三层石墨烯纳米域网络的形成一致,石墨烯晶格优先从[110]和[1$\bar{1}$0]方向旋转了 ±13.5°。

沿 $\bar{\Gamma}-\bar{K}$ 方向的布里渊区测量石墨烯/SiC(001)样品的能带结构表明(图 5.8(a)中的长黑线),测量结果揭示了 π 带达到费米能级的特征色散。图 5.8(b)还展示了一个 π 能带的色散,该能带的背折约为 2.5eV,并且起源于旋转的石墨烯区域的 M 点。为了确定狄拉克点的能量和三能级石墨烯的电荷掺杂,沿着垂直于干涉效应被抑制的 $\bar{\Gamma}-\bar{K}$ 方向的探测几何(图 5.8(a)中的短黑线)测量了色散,狄拉克点的两侧都能在光电子能谱中观测到[145]。由此得到的 ARPES 数据(图 5.8(c))表明在两个分裂的狄拉克点之间有明显的线性分散和微小的附加带。这些带偏离了 E_F,符合独立三能级石墨烯的电子结构特征。根据文献[124]中进行的模拟,观察到的 ARPES 分散体最可能对应于在 β - SiC(001)上形成的 Bernal 堆叠的 ABA 三层石墨烯。

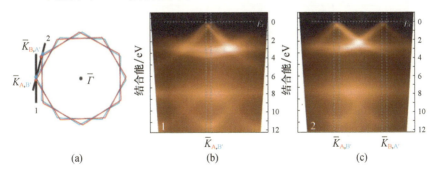

图 5.7　SiC(001)上生长的石墨烯的 ARPES 表征

(a)在 ARPES 中看到的有效表面布里渊区,这是由于来自四个旋转域变体的信号的叠加。四个域由字母 A、B、A′和 B′标记。(b)、(c)沿(a)1 和 2 方向测量的石墨烯 π 带的色散。(经清华大学和斯普林格许可,转载自参考文献[116])

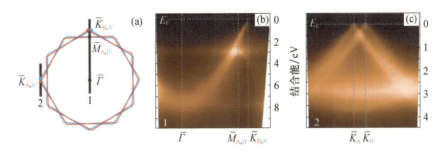

图 5.8　(a)~(c)在 β - SiC(001)上生长的石墨烯的 ARPES 特征

(a)由于来自四个畴格的信号叠加而在 ARPES 中看到的有效表面布里渊区。由字母 A、B、A′和 B′标记。(b)、(c)沿(a)所指的方向 1 和 2 测量石墨烯 π 带的色散。(经清华大学和斯普林格许可,转载自参考文献[116])

5.4 超高真空条件下 SiC(001)/Si(001) 晶片上少层石墨烯的生长

为了详细了解高温下 SiC/Si(001) 表面转变和逐层生长石墨烯的机理,最近进行了一系列加热过程中原位控制表面原子和电子结构的实验研究[133,146]。图 5.9 总结了在超高真空退火过程中 SiC(001) 的表面转变,使用原位核心级 PES(图 5.9(b)~(g))和原位 LEED 和 STM(图 5.9(h)~(l))进行监测。在 β-SiC/Si(001) 晶片上合成石墨烯的第一步涉及去除保护性氧化硅层和制备无污染的 SiC(001)1×1 表面结构。这种重构是在样品保持器脱气并在 1000~1100 ℃ 下对 β-SiC/Si(001) 晶片进行闪蒸加热后制备的。然后,石墨烯覆盖层的制造包括将硅原子沉积到清洁的富碳 SiC(001)1×1 表面上,并在逐渐升高的温度下退火。

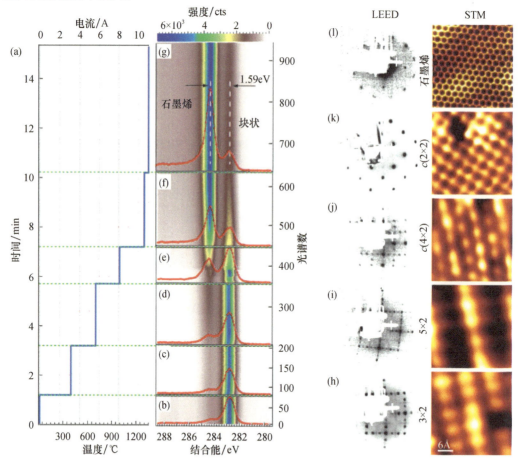

图 5.9 (a)~(g) 在超高真空中样品加热期间 SiC/Si(001) 的原位芯能级 PES 研究

(a)在 PES 测量期间样本的温度。(b)~(g)在加热过程中记录的 C 1s 芯能级光谱的时间演化。示出了在相应的温度区间中(图(a))采集的单光谱。(h)~(l) LEED 和 STM 对 SiC(001) 表面原子结构的演化。在生长石墨烯覆盖层之前,在 800~1300 ℃ 的温度范围内,在 SiC(001) 表面连续形成了 3×2,5×2,c(4×2) 和 c(2×2) 重建(经爱思唯尔许可,转载自参考文献[134])

图 5.9(a)~(g) 显示了在直流样品加热过程中实时控制 C 1s 芯能级谱形状的 PES

实验结果[146]。在测量过程中,用直流电将样品加热到1350℃(图5.9(a))。利用750eV的光子能量,在SiC/Si(001)样品加热和石墨烯合成过程中,在SiC/Si(001)样品的捕获时间为1s/谱的情况下,利用快照模式获得了C 1s的芯能级谱。图5.9(b)~(g)显示了在表面石墨化不同阶段所得到的6个核心级光谱。光谱中可以分辨出两个主要的C 1s峰,随着温度的升高,其相对强度发生了变化。注意,在该实验中各个组分的绝对(不是相对)结合能可以通过施加在SiC/Si晶片上的电压来修改。

在较低温度下(图5.9(b)),对应于块状碳原子的强峰在PES光谱中占主导地位。在高于1200℃的温度下(图5.9(d)~(f)),一个额外的组分(向更高的BE移动1.6eV)开始生长,同时块状组分的相对强度降低。C 1s芯能级谱形状的变化对应于顶表面层在高温下的碳化。在接近硅熔点(1350℃)的温度下,碳—碳键发生转变到sp^2杂化,对应于石墨烯晶格形成(图5.9(g))。非原位LEED测量证明了用于图5.9(b)~(g)所示的PES实验的SiC/Si(001)晶片上存在石墨烯覆盖层。

图5.9(h)~(l)显示了在超高真空中在不同温度下加热后SiC(001)表面原子结构的逐步LEED和STM研究[116,118]。证明了各种SiC(001)表面重构的连续制备符合参考文献[147-153]。图5.9(h)~(l)中的LEED和STM数据是在超高真空中将相同的SiC/Si(001)样品连续加热到1000℃、1150℃、1200℃、1250℃和1350℃,并冷却到室温后获得的。在700~1000℃的温度下长期退火后,制备出具有大的(001)取向阶跃的均匀、富含Si的SiC(001)3×2-再结晶表面(图5.9(h))。将退火温度从1000℃提高到1250℃,可连续制备5×2(图5.9(i))、c(4×2)(图5.9(j))、2×1和碳端c(2×2)重构(图5.9(k))。根据LEED和STM的研究,在重构温度1350℃和退火温度600~700℃条件下,$c(2×2)$的闪蒸(10~20s)能使SiC(001)上得到最均匀的石墨烯覆盖层,类似于α-SiC上合成石墨烯的方法[74,154-155]。图5.9(l)所示的LEED图案揭示了尖锐的衬底斑点和12个与少层石墨烯纳米域网络的形成有关的双分裂石墨烯斑点(图5.3和图5.5)。由于LEED实验中探测面积为毫米级,衍射斑点的锐度证明了所制备的少层石墨烯/SiC/Si(001)样品的均匀性。

本章用所描述的方法主要用于研究β-SiC(001)的石墨化[90,113-124,132]。然而,合成的少层石墨烯的厚度从单层到多个单层不等。生长的石墨烯层的确切数量可能强烈地取决于真空条件、退火温度和持续时间。为了揭示在β-SiC/Si(001)上逐层生长石墨烯的机理,控制合成石墨烯的层数和优先纳米畴边界方向,最近开展了原位横向分辨高分辨核级和角分辨光电子能谱、LEEM和μ-LEED研究[133]。图5.10显示了高温表面石墨化过程中从同一样品区域原位获得的μ-LEED、LEEM $I-V$、ARPES和微X射线光电子能谱(μ-XPS)数据。仅对其中一个APD的实验数据进行了分析(例如,图5.4(b)中的1或2),如图5.10所示,因为另一个也具有相同的特性。根据图5.10(顶部图)中给出的电子反射率曲线($I-V$)的低能量部分中的最小值数量估计石墨烯层的数量。从图5.10可以看出,薄膜厚度随着退火处理的持续时间而增加。图5.10(底部图)中的曲线图描述了石墨烯(a)单层、(b)双层和(c)三层在330eV、400eV和450eV光子能量下的C 1s光谱(在选定圆形样品区域的正常发射中获得,$d=2\mu m$)的演变。选择的光子能量对应于XPS测量的不同表面灵敏度,在330eV时灵敏度最高。C 1s光谱被分解单一成分,并且与不同碳原子化学键相对应[133]。图5.10中给出了C 1s光谱分解的结果以及实验数据(黑色圆圈),其中红线是石墨烯峰(Gr),蓝线是 SiC 峰,绿色虚线是背景,青线是去卷积的包络。可以注意到,每个光谱仅显示两个主要分量。Gr 峰在 282.9eV 处相对于体 SiC 峰向更高的 BE 移动了约 1.6eV。这两个峰的能量位置在所有三种不同的石墨烯厚度上几乎相同。块状 SiC 组分的强度随着光子能量的降低和石墨烯层数的增加而降低。在 C 1s 光谱中没有检测到除 Gr 和 SiC 之外的其他组分,证实了石墨烯覆盖层和 β - SiC 之间不存在强的化学相互作用,这将在 C 1s 光谱中提供具有更高 BE 的额外组分[134]。

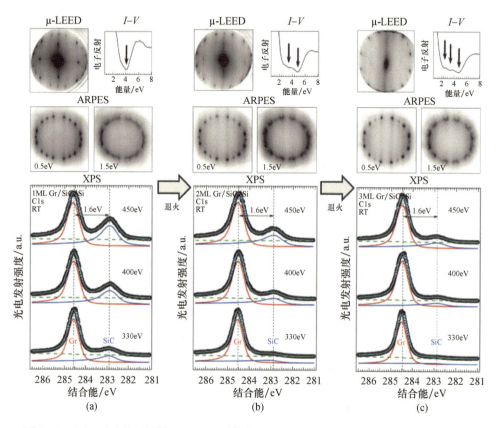

图 5.10 (a)~(c)从石墨烯/SiC(001)系统的一个 APD 在 1 ML(a)、2 ML(b)和 3 ML(c)下获得的 μ - LEED、反射率光谱、ARPES 恒定能量图和 μ - XPS 数据

上图:使用 44eV 电子束能量从圆形样品区域(d = 0.5μm)获得的 μ - LED(左)和 LEEM I - V 曲线,展示了对应于合成石墨烯层数的一层(a)、两层(b)和三层(c)最小值(由箭头指示)(右)。中间:在 0.5eV(左)和 1.5eV(右)结合能下拍摄的光电发射角分布图,使用 47eV 光子能量测量。下图:用 330eV、400eV 和 450eV 光子束从选定的圆形样品区域(d = 2μm))获得的 1、2 和 3 ML 的实验 XPS C 1s 光谱(黑色圆圈)以及光谱去卷积的结果(红色、蓝色、绿色和青色)。(改编自参考文献[133])

原位 ARPES 和 μ - LEED 测量(图 5.10)揭示了在 SiC(001)上合成的三层石墨烯的 LEED 图案中位于 12 个双点之间的 12 个微弱奇异点的起源(图 5.4(d)),并详细解释了逐层石墨烯生长的机理。图 5.4(d)中的奇异点与 SiC 衬底点对齐,而与图 5.5 所示的旋转石墨烯纳米晶格对应的 ± 13.5°旋转衍射模式相反。图 5.10 中的中间图显示了 $E = E_F - 0.5eV$ 和 $E = E_F - 1.5eV$ 的 ARPES 强度恒定能量图,能够体现石墨烯的覆盖率。取值 0.5eV 和 1.5eV 的结合能处绘制的 ARPES 恒定能量图证明了费米表面的圆锥形形状

是所有可能的单、双和三层石墨烯覆盖层上形成墨烯纳米畴晶格取向（非旋转和±13.5°旋转）方向。值得注意的是，对 1 ML（单层）石墨烯/SiC(001)系统测量的 μ-LEED 和 ARPES 图显示了与非旋转和 ±13.5°旋转的畴晶格相对应的特征的几乎相同的强度。当石墨烯覆盖率从单层（图 5.10（a））增加到双层（图 5.10（b）），然后增加到 3 层（图 5.10（c））时，对应于非旋转晶格的衍射点和 ARPES 特征的强度被系统地抑制。很明显，仅在 SiC(001)表面石墨化开始时观察到两个非旋转的石墨烯晶格取向（与正交的 <110> 立方-SiC 晶格方向对准）。相反，当石墨烯覆盖达到几个单层时，大部分 SiC(001)表面被具有四个优先石墨烯晶格取向的纳米膜覆盖，相对于两个正交 <110> 方向旋转±13.5°。即使在三层石墨烯覆盖率下，未旋转石墨烯特征的强度也明显小于±13.5°旋转畴变体的强度（图 5.4（d））。

图 5.11 显示了从单层石墨烯/SiC(001)样品获得的(a)LEEM 和(b)～(e)ARPES 数据。图 5.11（b）和（c）显示了从图 5.11（a）中标记为 B 和 C 的不同 APD 测量的恒定能量 ARPES 强度图。图 5.11（d）和（e）显示了通过（a）截取实验数据获得的分散体，如图 5.11（b）和（c）中的虚线所示。在 ARPES 图中清楚地分辨出 18 个锥体（图 5.11（d）和（e）），证明了在单层石墨烯覆盖下具有所有六个优先晶格取向（不旋转和相对于 <110> 方向旋转±13.5°）的畴表现出相同的电子结构。与亚单层覆盖下非旋转晶格相关的 μ-LEED 和 ARPES 特征的普遍存在是理解 SiC/Si(001)晶片上石墨烯生长机理的关键。图 5.12（a）～（c）说明了未旋转的石墨烯畴晶格如何与 SiC(001)-$c(2×2)$ 重构相匹配。如果 $c(2×2)$ 正方形晶胞（红色正方形）的晶格参数加倍，其与连接石墨烯晶格碳原子的稍微扭曲的正方形（绿色）完美匹配，该正方形可以横向平移以通过石墨烯覆盖层覆盖整个 $c(2×2)$ 表面（图 5.12（a）和（c））。这两个四边形的失配低于 2%，可能足以引发 SiC(001)-$c(2×2)$ 上非旋转石墨烯单层的生长。对于 SiC(001)的其他可能的($n×2$)和($1×1$)重构，不发现此类失配。因此，SiC(001)-$c(2×2)$ 重构是在 β-SiC(001)上成功合成高温石墨烯的必要步骤。这与 SiC(111)[111]的先前 STM 研究一致，在蜂窝($1×1$)表层形成之前，石墨烯($2×2$)单元细胞从典型($\sqrt{3}×\sqrt{3}$)$R30°$ 到转变成中间结构($3/2×\sqrt{3}$)$R30°$。

图 5.12 中的模型表明，$c(2×2)$ 重构的碳二聚体（图 5.12（a）中的黑色虚线椭圆表示）可能被认为是非旋转石墨烯晶格中最小的构成块，因为二聚体中碳原子之间的距离（1.31 Å）相当接近石墨烯蜂窝晶格（1.46 Å）。从图 5.12（a）可以清楚地看到，为了让石墨烯开始生长，$c(2×2)$ 表面上必须有额外的碳原子，为石墨烯晶格提供更高的碳原子密度。在 STM 研究过程中，实际上观察到额外的碳原子作为随机的明亮突起（图 5.3（a））或 <110> 装饰 SiC(001)-$c(2×2)$ 重建的线性方向的原子链（图 5.12（e））。这些吸附原子在高温下与 $c(2×2)$ 重构的二聚体形成化学键，并引发晶格相对于 SiC <110> 方向不旋转的石墨烯纳米材料的生长。

由于 SiC(001)-$c(2×2)$ 表面上存在线性缺陷（图 5.12（e）），以及 $c(2×2)$ 和石墨烯晶格之间的失配在覆盖层中产生应变，这些非旋转畴不能生长到微米尺度。然而，$c(2×2)$ 和石墨烯晶格的合理小失配（图 5.12（a））导致石墨烯/SiC(001)系统中两个非旋转晶格变体占主导地位，直到第一个单层完成。在第一个石墨烯单层完成后，下一个层可能从第一个单层的顶部表面的线性缺陷开始生长（步骤或 <110> 定向的线性原子链),这是由于随着石墨烯覆盖加大,在掩盖层和 ARPES 图中非旋转的域特征被快速抑制(图 5.10)。第二和第三石墨烯层很可能是从线性缺陷开始生长的,线性缺陷决定了几层石墨烯/SiC(001)纳米域边界的位置和方向(图 5.12(f))。在这种情况下,相邻纳米域中的石墨烯晶格相对于彼此旋转 27°是有利的,如图 5.12(d)(底部)中的模型所示。SiC(001) – c(2×2)和三层石墨烯/SiC(001)的原子分辨率 STM 图像比较清楚地显示了前者结构中的碳原子链方向(图 5.12(e))和后者中的纳米域边界方向(图 5.12(f))的一致性。这一结果表明控制 SiC/Si(001)上缺陷的密度和取向(例如,相邻衬底上的阶跃)可以允许调节石墨烯畴的平均尺寸和其取向。这可以为合成具有独特物理性质(由技术相关的 SiC 衬底支撑)(如传输或磁性)的自对准石墨烯纳米带开辟一条途径。

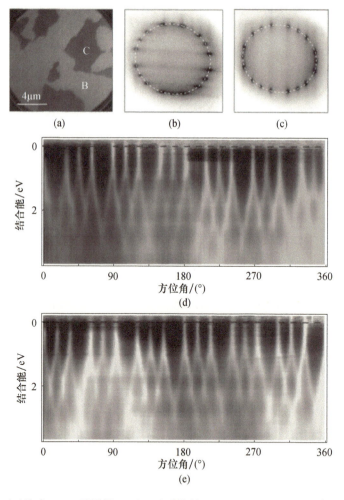

图 5.11 (a)取自 1 ML 石墨烯/SiC(001)系统的 DF – LEEM。(b)、(c)在 $E - E_F = 0.5\text{eV}$ 时为(a)中的畴 B 和 C 拍摄的相应光电发射图案,在 $h\nu = 47\text{eV}$ 时从圆形样品区域($d = 2\mu\text{m}$)测量。(d)、(e)通过切割坐标中的数据而获得的狄拉克锥的色散,该坐标对应于(b)和(c)中的虚线(经 ACS 许可,转载自参考文献[133])

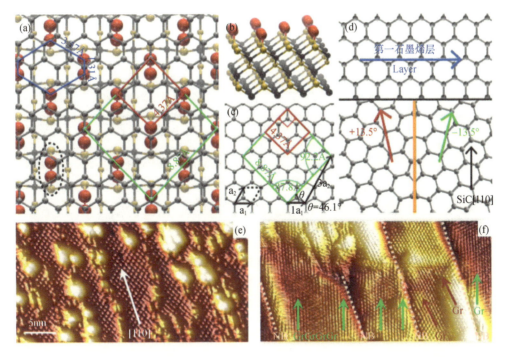

图 5.12 (a)显示 SiC(001)-$c(2\times2)$ 表面重构顶部未旋转的石墨烯晶格的示意性模型。碳和硅原子分别显示为灰色和黄色球体,红色球体突出显示了 $c(2\times2)$ 碳二聚体。红色方块表示 $c(2\times2)$ 晶胞;绿色方块表示类似于双 $c(2\times2)$ 晶胞的扭曲重合四边形。(b)SiC(001)-$c(2\times2)$ 重建的准三维视图。(c)具有四边形的石墨烯蜂窝晶格的模型,其显示具有小失配的表面和覆盖层单元。(d)SiC(001)上少层石墨烯生长的示意模型:在表面石墨化开始时,具有非旋转晶格的畴按照(a)成核,然后 $\pm13.5°$ 旋转的晶格从线性缺陷开始生长,这些缺陷成为纳米结构少层石墨烯中的纳米畴边界。(e)、(f)SiC(001)-$c(2\times2)$ 表面(e)和在 SiC/Si(001)晶片(f)上合成的三层石墨烯的原子分辨 STM 图像。(经 ACS 许可,转载自参考文献[133])

5.5 SiC(001)表面自对准石墨烯纳米带的原子结构与电子传输性质

Ouerghi 等[115]首次报道了使用相邻(阶梯)β-SiC/Si(001)衬底提高石墨烯质量的可行性。本章以邻位 β-SiC/Si(001)样品的 LEEM、μ-LEED、NEXAFS 和 Raman 光谱数据为基础,将 4°的错切到 <011>,获得了高质量的单畴石墨烯。该方法利用邻位 β-SiC/Si(001)衬底改善石墨烯质量的步骤,与文献[128,131]记录的微纳米化和纳米化方法相似。图 5.13 显示了分别在低折射率和高折射率硅片上生长的 SiC 薄膜上合成的石墨烯的 LEEM 数据,以及双畴和单畴生长的示意图。图 5.13 中所示的 LEEM 数据证实了在所使用的 β-SiC/离硅(001)晶片上仅具有两个优先石墨烯晶格取向的石墨烯的合成,其错切方向为 <011> 偏差 4°。所提出的增长机制的差异如图 5.13(a)、(d)所示。尽管单层和双层石墨烯在 SiC(001)/4°离硅(001)衬底上有单畴生长,但拉曼光谱数据显示,经过冷却过程后,单层石墨烯存在实质性的压缩应变和大量缺陷[115]。提出在氩气气氛中采用较高的退火温度可以在离轴 SiC(001)样品上获得更均匀的石墨烯层。

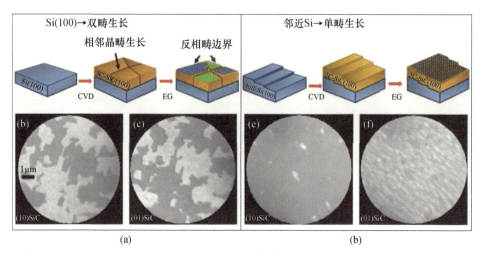

图 5.13 (a)在 β-SiC/Si(100)衬底上合成石墨烯的示意图。在 Si(100)上生长的 β-SiC 薄膜上形成了 APD 边界,给出了随机取向的畴。(b)从(10)$_{SiC}$ LEED 点获得的 DF LEEM 图像。(c)从(01)$_{SiC}$ 点获得的 DF LEEM 图像。(d)使用邻位 Si(100)衬底生长具有受控畴取向的均匀石墨烯的示意图。(e)、(f)从(10)$_{SiC}$(e)和(01)$_{SiC}$(f)LEED 点获得的 β-SiC(100)/4°离硅(100)晶片上合成的石墨烯的 DF LEEM 图像。视场为 10μm(经 AIP 许可,转载自参考文献[115])

在文献[124]中,以 2°的错切在 β-SiC/离轴 Si(001)晶片上制备了均匀的三层石墨烯。STM 研究表明,邻近样品上的微畴包含优先在一个方向(裸 SiC(001)衬底的阶跃方向)上伸长的纳米畴系统,如图 5.14(a)、(b)所示。值得注意的是,在 2°偏 β-SiC/Si(001)样品的不同反相域中,三阶石墨烯的纳米畴边界方向是相同的。图 5.14(c)包含了三个纳米域和三个边界(NB)的原子分辨 STM 图像。对从各种石墨烯/SiC/Si(001)样品测量的 STM 图像的详细分析表明,在大多数情况下,NB 相对于[110]方向旋转 3.5°,如图 5.14(e)所示。由于相邻纳米体中的石墨烯晶格从相同的[110]方向旋转 ±13.5°,因此其相对于 NB 不对称旋转(图 5.14(c))。相邻畴的晶格相对于 NB 逆时针旋转 10°(Gr_L)和顺时针旋转 17°(Gr_R)。如图 5.14(e)所示,NB 附近的这种不对称性导致沿边界形成周期为 1.37nm 的周期性结构。周期结构由畸变的七边形和五边形组成(图 5.14(e)),这与在 NB 处测量的原子分辨 STM 图像一致(图 5.14(d))。

最近的理论研究[156]表明,具有周期原子结构的石墨烯能够反射在其晶域边界长度范围内的大多数电子(和图 5.14(e)所示相似)。这也将为在不引入能量带隙的情况下控制石墨烯的电荷载流子提供一种方法。图 5.15(a)显示了用电子束光刻在石墨烯/SiC/2°离轴 Si(001)[124]上制作的石墨烯纳米隙装置的示意图。在电子传输性能测量[124]中,将偏置电压垂直于纳米域边界,以研究由于非对称旋转石墨烯区域的形成而引起的局部电子传输,如图 5.14 所示的。理论上来讲[156],在相邻域中,石墨烯晶格的非对称旋转可以形成 $E_g = \hbar v_F \frac{2\pi}{3d} \approx \frac{1.38}{d(\text{nm})}$(eV)的电子传输隙,从而导致边界线上的晶格误配,其中 $\hbar$ 是简化的普朗克常数,v_F 是费米速度,d 是沿 NB 方向的周期性。如图 5.14(d)、(e)所示,与 NB 的不对称旋转有关的在 SiC/2°-离轴 Si(001)上合成的三能级石墨烯晶格在 NB 沿线上形成了 1.37nm 周期性结构。沿边界形成的这种周期性原子结构可能导致大约 1.0eV 的传输间隙,这与图 5.15 所示的传输测量结果一致。

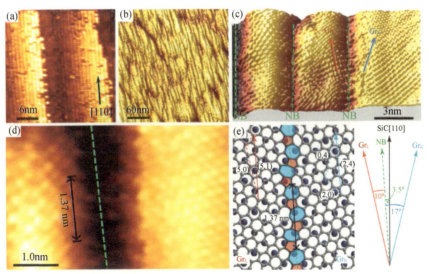

图 5.14 (a)邻近 SiC(001)3 14 表面($U=-2.3$ V,$I=80$ pA)的 STM 图像。阶跃方向接近 SiC 晶格的[110]方向。(b)在 β-SiC/2°在离轴 Si(001)样品上合成的自对准石墨烯纳米带的大面积 STM 图像。畴边界优先与[110]方向对准。(c)、(d)石墨烯纳米带的原子分辨 STM 图像,显示了相对于 NB 顺时针旋转 17°(Gr_R)和逆时针旋转 10°时(Gr_L)的畴系统,NB 从[110]方向逆时针旋转 3.5°(c)和 NB 的原子结构(d)。在 $U=-100$mV 和 $I=68$pA 下测量图像。(e)、(c)和(d)中的非对称旋转纳米波导管的 NB 的示意性模型。对于所示的角度,形成扭曲的五边形和七边形的周期性结构(经爱思唯尔许可,转载自参考文献[134])

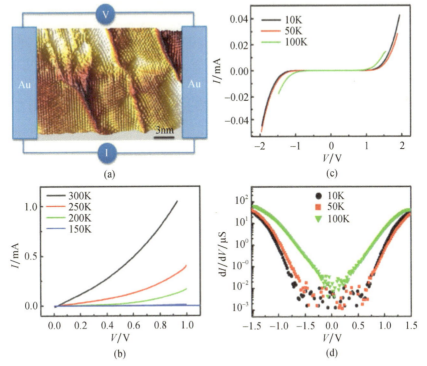

图 5.15 演示邻近 SiC/2°离轴 Si(001)衬底上三层石墨烯中传输带隙打开的电学测量
(a)纳米间隙器件示意图,(b)~(d)在不同温度下使用垂直于自对准 NB 的电流测量的 $I-V$ 曲线。(b)在 150K、200K、250K 和 300K 下测量的 $I-V$ 曲线。(c)在 10K、50K 和 100K 下测量的 $I-V$ 曲线。(d)温度低于 150K 时的相应 dI/dV 曲线(经 ACS 许可,转载自参考文献[124])

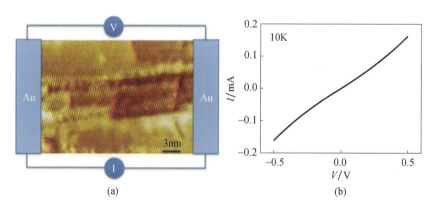

图 5.16　沿 NB 施加电流的 I-V 测量

(a)纳米间隙器件的示意图;(b)在 10K 下沿着 NB 测量的 I-V 曲线。((b)经 ACS 许可,转载自参考文献[124])

图 5.15(b)、(c)显示了在不同温度下从 2°离轴 SiC(001)上的三层石墨烯测量的 I-V 曲线。在低于 100K 的温度下观察到传输间隙。为了确定传输间隙值,在图 5.15(d)中绘制了温度低于 150K 时的 dI/dV 曲线。当偏置电压过低时,不能检测出合理的电流信号,相应的 dI/dV 在 0.01μS 左右,表明存在传输间隙。在 50K 和 10K(约 1.3eV)时,传输间隙基本不变,但在 100K 时,传输间隙明显减小(约 0.4eV)。当偏置电压小于传输间隙时,器件的电导率仅为 10^{-2}μS,但偏置电压大于传输间隙时,电导率增加到 10^2μS,从而获得 10^4 的高开关电流比。注意,在纳米间隙接触器件中,NB 是均匀的,并沿着邻近 SiC(001)的阶跃方向(图 5.14),这使该系统具有高密度存储器应用的潜力。

纳米结构三层石墨烯 SiC(001)/2°离轴 Si(001)晶片中的输运间隙开口也通过理论计算和沿纳米域边界的输运测量得到了证实[124]。在 10K 下,沿边界施加电流,从石墨烯/SiC(001)测量的 I-V 曲线如图 5.16 所示。未观测到传输间隙 I-V 曲线为非线性。这表明,观察到的电流通过 NB 的电荷输运间隙主要是由相邻样品上的自对准纳米带的形成引起的。

5.6　石墨烯/SiC(001) 的磁性

尽管具有石墨烯晶格不对称旋转的 NB 最容易被观察到,但在 β-SiC/Si(001) 晶片[116,118,124,132]上生长的少层石墨烯的原子分辨 STM 研究中也分辨出了与其他原子结构的边界。尽管原子结构不同,STM 图像通常显示了 NB 附近的超覆层的极端扭曲(例如,见图 5.5(b) 和 5.12(f))。这些区域的石墨烯薄片通常先向上弯曲,然后向下弯曲,形成半管形,沿 <110> 方向(沿 NB 方向)排列,通常直径为几纳米。β-SiC 上的(001)纳米结构石墨烯(NB)中紧邻 NB 的 <110> 定向半管形的宽度在 2~5nm 之间[132]。在 NB 上形成的波纹也是诱导形成石墨烯/SiC(001)中的传输间隙的因素,还能增加石墨烯的自旋自由度,因为自旋轨道耦合(SOC)可以通过从 p_z 轨道的 σ 键出开始与 p_x 轨道和 p_y 轨道重叠而产生的波纹曲率来诱导和调谐[157]。为了研究 NB 和纳米尺度波纹的作用,在宽温区内进行了磁性传输测量,并在参考文献[132]中进行了理论计算。

图 5.17(b)显示了在面内磁场下在 10K 下测量的石墨烯 Hall-bar 装置的磁阻(MR)

曲线,如图 5.17(a)所示。SiC/Si(001)上的少层石墨烯的电子迁移率在 10K 时约为 250cm^2/(V·s),300K 时电子迁移率约为 60cm^2/(V·s)。由于存在大量的线状缺陷 (NB),这些值远小于机械剥离法制备的三能级石墨烯的常规值(1000cm^2/(V·s))[158], 因为大量的电子被抑制在 NB 处。值得注意的是,在 SiC(001)上的纳米结构三能级石墨烯中发现了几个百分点的正 MR,这表明低场是线性 B 依赖性而高场是二次 B^2 依赖性 (图 5.17(c))。MR 随温度的下降而降低,在 100K 时值为零(图 5.17(d)、(e))。温度的进一步降低导致 MR 比值再次升高。图 5.17(f)和(g)绘制了石墨烯/SiC/Si(001)在温度作用下的电阻变化。电阻随温度的降低而单调增加,当温度从 300K 降到 10K,表现为非金属特性。在 $T<150K$ 时,可以用一维(1D)变程跃迁电导(VRH)模型 $R(T) \approx R_0 \exp\left[\left(\frac{C}{k_B T}\right)^{1/2}\right]$[159] 描述导电机理,其中 R_0 和 C 是拟合常数,表明 150K 以下的传输仅局限于 NB[159]。于低温获得的数据与此不同,在 150K 以上的 R-T 曲线具有不同的斜率,并且立方体根表达式 $R(T) \approx R_0 \exp\left[\left(\frac{C}{k_B T}\right)^{1/3}\right]$ 拟合得更好更适合,表明其传输性是二维的。这意味着载体可以在高温状态下穿越 NB。图 5.17(h)和(i)显示了不同温度下的 I-V 曲线和相应的 dV/dI。在 150K 以上,电流随外加电压呈线性增长,在这个温度范围内,二维传输机制占主导。在 100K 以下,观察到非线性 I-V 曲线,dV/dI 在 $I=0$mA 时表现出最大值, 表明电荷传输间隙低于 100K。在低温下,NB 有一维局域边缘态[160],因为其形成一个扁平波带,可以有效地定位这些态[161]。局域边缘状态为热激活传输提供了一个平台,因此, 根据一维 VRH 模型,载流子沿着 NB[124] 传输。随着温度的升高,热能在石墨烯区域和 NB 之间传递,这导致了基本的二维 VRH 传输。

基于非平衡格林函数(NEGF)和 Landauer–Keldysh 公式[162]的计算[124]证明了石墨烯/SiC(001)磁性传输性质的温度依赖性与 NB 的波纹结构有关。模拟系统的示意图如图 5.18(a)所示。图 5.18(b)显示了含有单个 NB 的石墨烯在面内磁场下的计算 MR。通过计算,预测了低场线性 B 依赖和高场 B^2 依赖的正 MR,与实验结果一致。图 5.18(c)将计算了在 $B=4$T 值为 μ 时,$\sigma(\mu)$ 的值,证实了对于石墨烯有 NB,$\sigma(\mu)$ 具有一个亚线性行为 $\sigma(\mu) \propto \mu^\alpha$ 而 $\alpha \approx 0.839$,证明了在低温平面磁场下的 MR 为正取决于 μ。图 5.18(d)给出了不同偏置电压下带有 NB 的石墨烯的电荷密度分布。在 NB 处有明显的电荷密度积累,当偏压增加到 0.5 V 时,电荷密度开始根据前一节中的传输测量在 NB 处扩散[124]。 此外,NB 的电荷密度比原始石墨烯的电荷密度大,清楚地显示了 NB 在低偏置电压下的一维传输性质。图 5.18(e)显示了该装置在 0.4 V 偏置电压下的自旋密度分布。将 SOC 被设置为 3.5meV,作为对直径数纳米的 CNT 的观测值。在 0.4 V 的偏置电压下,只有具有特定自旋的电子才能穿过 NB,这表明带波纹的 NB 可以作为自旋滤波器,而波纹的 SOC 会产生自旋相关的能量分裂。此外,当平面内磁场垂直于 NB 时,能够穿过 NB 的电子就会减少,这意味着 MR 为正,这与 MR 计算是一致的。

一旦温度足够高,带 NB 的石墨烯就可以变成量子阱,可以通过偏置电压或热激法来克服。NB 量子阱的深度为 0.4~1V[124],宽度为 6nm[132]。在石墨烯/SiC(001)中,自对准 NB 的平均距离为 12~15nm。每个量子阱的基态(E_0)和第一激发态(E_1)之间的能量差根据有限深度量子阱约束估计为 0.1eV。一旦被施加的偏置电压或热扰动激发,电子就能跳到第一激发态，与 NB 相关的局域边缘态的波函数就会更容易消失（图 5.18(f)）。当相邻量子阱的波函数之间的重叠足够大时，电子就可以克服其 NB 约束，从而可以穿越整个二维石墨烯平面。此外，在 NB 上限制的不同自旋会由于波纹上的 SOC 而具有不同的潜在深度。因此，基态和第一激发态之间的能量差也是自旋相关的。当温度升高到 100K 时，不管电子的自旋状态如何，都可以跳转到激发态，因为自旋态之间的能量差别比 $k_B T$ 小。在 100K 时 NB 限制弱，因此 MR 值从限制到 NB 由正值变为零。在较高的温度下，大多数电子跳跃到激发态，而 NB 波函数之间的重叠为二维传输创造了路径。然而，一旦平面内磁场被应用，齐曼分裂提高了其中一个自旋的能级，使具有这种特殊自旋方向的电子更难到达激发态。因此，在平面内磁场作用下，具有一个自旋方向的电子在一维 NB 中变得更加局域化。这种由塞曼效应分离的自旋降低了传输可能，并在温度超过 100K 时产生一个正的 MR。因此，在 100K 以下，MR 仅由 NB 产生，而在 100K 以上，MR 来自于自旋约束，对于具有特定自旋方向的电子，二维传输的减少，被限制为一维。

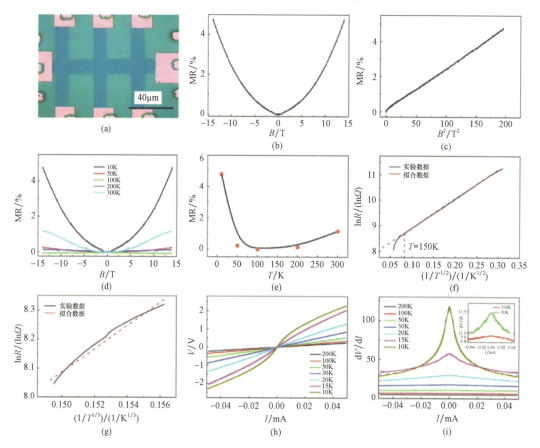

图 5.17 （a）石墨烯 Hall-bar 装置的光学图像；（b）在 10K 下用平面内磁场测量的 MR 曲线；（c）平面内磁场的 MR 随 B^2 变化而变化；（d）沿电流方向用面内磁场测量的 MR 曲线的温度依赖性；（e）MR 比值随温度变化而变化；（f）电阻 R 在 10~150K 温度范围内的变化。在变量为 $1/T^{1/2}$ 时，$\ln R$ 的低温行为用一条直线表示，表明 VRH 模型中的一维通道行为；（g）在高温下（高达 300K），$\ln R$ 可以更好地拟合函数 $1/T^{1/3}$，此时符合二维 VRH 传输。在不同温度下测量的 $I-V$ 曲线（h）和相应的 dV/dI 曲线（i）（经许可转载自参考文献[132]）

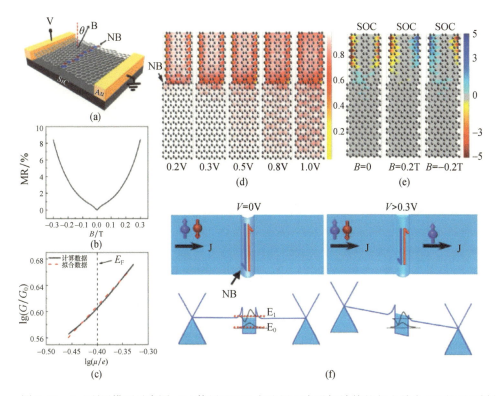

图 5.18 (a)所用模型示意图;(b)使用 NEGF 方法用面内磁场计算的包含单个 NB 的石墨烯的 MR;(c)在 4 T 场及 $G_0 = \frac{2e^2}{h}$ 条件下,以 $\frac{G}{G_0} \propto \sigma(\mu)$ 为 μ 的方程计算出的电导率 $\sigma(\mu) \propto \mu^\alpha \approx 0.839 < 1$ 拟合最佳;(d)从 NEGF 模拟计算的不同偏置电压下的电荷分布,表明存在低于 0.3eV 的传输间隙和沿着 NB 的高电荷密度。偏置电压从顶部到底部施加,电流通过 NB。颜色强度表示电荷密度的相对大小;(e)使用 NEGF 计算的 0.4V 偏置电压下 z 方向(垂直于石墨烯平面)上的自旋密度分布,以证明由于在波纹处的 NB 和 SOC 处的局域态引起的自旋过滤效应。该符号表示自旋的方向;(f)NB 处的局域态和波纹处的 SOC 引起的电输运和自旋过滤效应的示意图(经许可转载自参考文献[132])

5.7 小结

本章总结了近年来在超高真空下在相关技术的 β‑SiC/Si(001)晶片上生长的少层石墨烯的原子结构和电子性质的研究。在 β‑SiC(001)上合成的少层石墨烯展示了准自立式石墨烯的性质(即,原子尺度波动、碳‑碳键扭曲、在费米能级具有狄拉克点的线性能量色散等)。β‑SiC(001)上连续的少层石墨烯覆盖由具有多个优先晶格方向的纳米畴组成。这种具有波纹的纳米畴系统和沿边界的周期性结构可以在无间隙半金属石墨烯中产生电荷传输间隙。最近在邻近 SiC/Si(001)样品上进行的研究表明,通过打开传输间隙获得 10^4 的电流通断比,证明了合成具有自对准边界的三层石墨烯纳米材料的可能性。根据非平衡格林函数计算和磁输运测量,带波纹的纳米畴边界可以用作自旋滤波器,并能在宽温度范围内产生正磁阻。结果表明,少层石墨烯/SiC/Si(001)体系在开发新型石墨烯纳米结构方面具有广阔的应用前景。

参考文献

[1] Novoselov, K. S., Geim, A. K., Morozov, S. V., Jiang, D., Zhang, Y., Dubonos, S. V., Grigorieva, I. V., Firsov, A. A., Electric field effect in atomically thin carbon films. *Science*, 306, 666, 2004.

[2] Geim, A. K. and Novoselov, K. S., The rise of graphene. *Nat. Mater.*, 6, 183, 2007.

[3] Heersche, H. B., Jarillo-Herrero, P., Oostinga, J. B., Vandersypen, L. M. K., Morpurgo, A. F., Bipolar supercurrent in graphene. *Nature*, 446, 56, 2007.

[4] Zhang, Y., Jiang, Z., Small, J. P., Purewal, M. S., Tan, Y.-W., Fazlollahi, M., Chudow, J. D., Jaszczak, J. A., Stormer, H. L., Kim, P., Landau-level splitting in graphene in high magnetic fields. *Phys. Rev. Lett.*, 96, 136806, 2006.

[5] Zhang, Y., Tan, Y.-W., Stormer, H. L., Kim, P., Experimental observation of the quantum Hall effect and Berry's phase in graphene. *Nature*, 438, 201, 2005.

[6] Novoselov, K. S., Geim, A. K., Morozov, S. V., Jiang, D., Katsnelson, M. I., Grigorieva, I. V., Dubonos, S. V., Firsov, A. A., Two-dimensional gas of massless Dirac fermions in graphene. *Nature*, 438, 197, 2005.

[7] Han, W., Kawakami, R. K., Gmitra, M., Fabian, J., Graphene spintronics. *Nat. Nanotechnol.*, 9, 794, 2014.

[8] Tombros, N., Jozsa, C., Popinciuc, M., Jonkman, H. T., van Wees, B. J., Electronic spin transport and spin precession in single graphene layers at room temperature. *Nature*, 448, 571, 2007.

[9] Han, W., Pi, K., McCreary, K. M., Li, Y., Wong, J. J. I., Swartz, A. G., Kawakami, R. K., Tunneling spin injection into single layer graphene. *Phys. Rev. Lett.*, 105, 167202, 2010.

[10] Han, W. and Kawakami, R. K., Spin relaxation in single-layer and bilayer graphene. *Phys. Rev. Lett.*, 107, 47207, 2011.

[11] Yang, T.-Y., Balakrishnan, J., Volmer, F., Avsar, A., Jaiswal, M., Samm, J., Ali, S. R., Pachoud, A., Zeng, M., Popinciuc, M., Guntherodt, G., Beschoten, B., Özyilmaz, B., Observation of long spin-relaxation times in bilayer graphene at room temperature. *Phys. Rev. Lett.*, 107, 47206, 2011.

[12] Dlubak, B., Martin, M.-B., Deranlot, C., Servet, B., Xavier, S., Mattana, R., Sprinkle, M., Berger, C., De Heer, W. A., Petroff, F., Anane, A., Seneor, P., Fert, A., Highly efficient spin transport in epitaxial graphene on SiC. *Nat. Phys.*, 8, 557, 2012.

[13] Zomer, P. J., Guimarães, M. H. D., Tombros, N., van Wees, B. J., Long-distance spin transport in high-mobility graphene on hexagonal boron nitride. *Phys. Rev. B*, 86, 161416, 2012.

[14] Novoselov, K. S., Nobel lecture: Graphene: materials in the Flatland. *Rev. Mod. Phys.*, 83, 837, 2011.

[15] Novoselov, K. S., Falko, V. I., Colombo, L., Gellert, P. R., Schwab, M. G., Kim, K., A roadmap for graphene. *Nature*, 490, 192, 2012.

[16] Zhou, S. Y., Gweon, G.-H., Fedorov, A. V., First, P. N., de Heer, W. A., Lee, D.-H., Guinea, F., CastroNeto, A. H., Lanzara, A., Substrate-induced bandgap opening in epitaxial graphene. *Nat. Mater.*, 6, 770, 2007.

[17] Chen, Z., Lin, Y.-M., Rooks, M. J., Avouris, P., Graphene nano-ribbon electronics. *Physica E*, 40, 228, 2007.

[18] de Heer, W. A., Berger, C., Wu, X., First, P. N., Conrad, E. H., Li, X., Li, T., Sprinkle, M., Hass, J., Sadowski, M. L., Potemski, M., Martinez, G., Epitaxial graphene. *Solid State Commun.*, 143, 92, 2007.

[19] Geim, A. K., Graphene: Status and prospects. *Science*, 324, 1530, 2009.

[20] Berger, C., Song, Z., Li, X., Wu, X., Brown, N., Naud, C., Mayou, D., Li, T., Hass, J., Marchenkov, A. N., Conrad, E. H., First, P. N., de Heer, W. A., Electronic confinement and coherence in patterned ep-

itaxial graphene. *Science*,312,1191,2006.

[21] Kim,Y. - B. ,Challenges for Nanoscale MOSFETs and Emerging Nanoelectronics. *Trans. Electr. Electron. Mater.* ,11,93,2010.

[22] Bernstein,K. ,Cavin,R. K. ,III,Porod,W. ,Seabaugh,A. ,Welser,J. ,Device and architecture outlook for beyond - CMOS switches. *Proc. IEEE*,98,2169,2010.

[23] Novoselov,K. S. ,Jiang,D. ,Schedin,F. ,Booth,T. J. ,Khotkevich,V. V. ,Morozov,S. V. ,Geim,A. K. ,Two - dimensional atomic crystals. *Proc. Natl. Acad. Sci. USA*,102,10451,2005.

[24] Stankovich,S. ,Dikin,D. A. ,Dommett,G. H. B. ,Kohlhaas,K. M. ,Zimney,E. J. ,Stach,E. A. ,Piner,R. D. ,Nguyen,S. B. T. ,Ruoff,R. S. ,Graphene - based composite materials. *Nature*,442,282,2006.

[25] Hernandez,Y. ,Nicolosi,V. ,Lotya,M. ,Blighe,F. M. ,Sun,Z. ,De,S. ,McGovern,I. T. ,Holland,B. ,Byrne,M. ,Gun'Ko,Y. K. ,Boland,J. J. ,Niraj,P. ,Duesberg,G. ,Krishnamurthy,S. ,Goodhue,R. ,Hutchison,J. ,Scardaci,V. ,Ferrari,A. C. ,Coleman,J. N. ,High - yield production of graphene by liquid - phase exfoliation of graphite. *Nat. Nanotechnol.* ,3,563,2008.

[26] Blake,P. ,Brimicombe,P. D. ,Nair,R. R. ,Booth,T. J. ,Jiang,D. ,Schedin,F. ,Ponomarenko,L. A. ,Morozov,S. V. ,Gleeson,H. F. ,Hill,E. W. ,Geim,A. K. ,Novoselov,K. S. ,Graphene - based liquid crystal device. *Nano Lett.* ,8,1704,2008.

[27] Bolotin,K. I. ,Sikes,K. ,Jiang,Z. ,Klima,M. ,Fudenberg,G. ,Hone,J. ,Kim,P. ,Stormer,H. ,Ultra high electron mobility in suspended graphene. *Solid State Commun.* ,146,351,2008.

[28] Du,X. ,Skachko,I. ,Barker,A. ,Andrei,E. Y. ,Approaching ballistic transport in suspended graphene. *Nat. Nanotechnol.* ,3,491,2008.

[29] Jiao,L. ,Zhang,L. ,Wang,X. ,Diankov,G. ,Dai,H. ,Narrow graphene nanoribbons from carbon nanotubes. *Nature*,458,877,2009.

[30] Choucair,M. ,Thordarson,P. ,Stride,J. A. ,Gram - scale production of graphene based on solvothermal synthesis and sonication. *Nat. Nanotechnol.* ,4,30,2008.

[31] Chakrabarti,A. ,Lu,J. ,Skrabutenas,J. C. ,Xu,T. ,Xiao,Z. ,Maguire,J. A. ,Hosmane,N. S. ,Conversion of carbon dioxide to few - layer graphene. *J. Mater. Chem.* ,21,9491,2011.

[32] Rümmeli,M. H. ,Gorantla,S. ,Bachmatiuk,A. ,Phieler,J. ,Geßler,N. ,Ibrahim,I. ,Pang,J. ,Eckert,J. ,On the role of vapor trapping for chemical vapor deposition(CVD) grown graphene over copper. *Chem. Mater.* ,25,4861,2013.

[33] Li,X. ,Cai,W. ,An,J. ,Kim,S. ,Nah,J. ,Yang,D. ,Piner,R. ,Velamakanni,A. ,Jung,I. ,Tutuc,E. ,Banerjee,S. K. ,Colombo,L. ,Ruoff,R. S. ,Large - area synthesis of high - quality and uniform graphene films on copper foils. *Science*,324,1312,2009.

[34] Yu,X. Z. ,Hwang,C. G. ,Jozwiak,C. M. ,Köhl,A. ,Schmid,A. K. ,Lanzara,A. ,New synthesis method for the growth of epitaxial graphene. *J. Electron. Spectrosc. Relat. Phenom.* ,184,100,2011.

[35] Bae,S. ,Kim,H. ,Lee,Y. ,Xu,X. ,Park,J. - S. ,Zheng,Y. ,Balakrishnan,J. ,Lei,T. ,Ri Kim,H. ,Song,Y. ,Kim,Y. - J. ,Kim,K. S. ,Özyilmaz,B. ,Ahn,J. - H. ,Hong,B. H. ,and Iijima,S. ,Roll - to - roll production of 30 - inch graphene films for transparent electrodes. *Nat. Nanotechnol.* ,5,574,2010.

[36] Rümmeli,M. H. ,Bachmatiuk,A. ,Scott,A. ,Börrnert,F. ,Warner,J. H. ,Hoffman,V. ,Lin,J. - H. ,Cuniberti,G. ,Buchner,B. ,Direct low - temperature nanographene CVD synthesis over a dielectric insulator. *ACS Nano*,4,4206,2010.

[37] Hagstrom,S. ,Lyon,H. B. ,Somorjai,G. A. ,Surface structures on the clean platinum(100) surface. *Phys. Rev. Lett.* ,15,491,1965.

[38] Lyon,H. B. and Somorjai,G. A. ,Low - energy electron - diffraction study of the clean(100),(111),and

(110) faces of platinum. *J. Chem. Phys.*, 46, 2539, 1967.

[39] Morgan, A. E. and Somorjai, G. A., Low energy electron diffraction studies of gas adsorption on the platinum (100) single crystal surface. *Surf. Sci.*, 12, 405, 1968.

[40] May, J. W., Platinum surface LEED rings. *Surf. Sci.*, 17, 267, 1969.

[41] Grant, J. T. and Haas, T. W., A study of Ru(0001) and Rh(111) surfaces using LEED and Auger electron spectroscopy. *Surf. Sci.*, 21, 76, 1970.

[42] Schlögl, R., Ammonia synthesis, in: *Handbook of Heterogeneous Catalysis*, Wiley-VCH Verlag GmbH & Co. KGaA, Weinheim, Germany, 2008.

[43] Moulijn, J. A., van Diepen, A. E., Kapteijn, F., Deactivation and regeneration, in: *Handbook of Heterogeneous Catalysis*, Wiley-VCH Verlag GmbH & Co. KGaA, Weinheim, Germany, 2008.

[44] Koenig, S. P., Boddeti, N. G., Dunn, M. L., Bunch, J. S., Ultrastrong adhesion of graphene membranes. *Nat. Nanotechnol.*, 6, 543, 2011.

[45] Yoon, T., Shin, W. C., Kim, T. Y., Mun, J. H., Kim, T.-S., Cho, B. J., Direct measurement of adhesion energy of monolayer graphene as-grown on copper and its application to renewable transfer process. *Nano Lett.*, 12, 1448, 2012.

[46] Ni, G.-X., Zheng, Y., Bae, S., Kim, H. R., Pachoud, A., Kim, Y. S., Tan, C.-L., Im, D., Ahn, J.-H., Hong, B. H., Özyilmaz, B., Quasi-periodic nanoripples in graphene grown by chemical vapor deposition and its impact on charge transport. *ACS Nano*, 6, 1158, 2012.

[47] Zang, J., Ryu, S., Pugno, N., Wang, Q., Tu, Q., Buehler, M. J., Zhao, X., Multifunctionality and control of the crumpling and unfolding of large-area graphene. *Nat. Mater.*, 12, 321, 2013.

[48] Wei, D. and Xu, X., Laser direct growth of graphene on silicon substrate. *Appl. Phys. Lett.*, 100, 23110, 2012.

[49] Mun, J. H., Lim, S. K., Cho, B. J., Local growth of graphene by ion implantation of carbon in a nickel thin film followed by rapid thermal annealing. *J. Electrochem. Soc.*, 159, G89, 2012.

[50] Michon, A., Tiberj, A., Vézian, S., Roudon, E., Lefebvre, D., Portail, M., Zielinski, M., Chassagne, T., Camassel, J., Cordier, Y., Graphene growth on AlN templates on silicon using propane-hydrogen chemical vapor deposition. *Appl. Phys. Lett.*, 104, 71912, 2014.

[51] Chen, J., Wen, Y., Guo, Y., Wu, B., Huang, L., Xue, Y., Geng, D., Wang, D., Yu, G., Liu, Y., Oxygen-aided synthesis of polycrystalline graphene on silicon dioxide substrates. *J. Am. Chem. Soc.*, 133, 17548, 2011.

[52] Wang, G., Zhang, M., Zhu, Y., Ding, G., Jiang, D., Guo, Q., Liu, S., Xie, X., Chu, P. K., Di, Z., Wang, X., Direct growth of graphene film on germanium substrate. *Sci. Rep.*, 3, 2465, 2013.

[53] Tang, S., Ding, G., Xie, X., Chen, J., Wang, C., Ding, X., Huang, F., Lu, W., Jiang, M., Nucleation and growth of single crystal graphene on hexagonal boron nitride. *Carbon*, 50, 329, 2012.

[54] Hwang, J., Kim, M., Campbell, D., Alsalman, H. A., Kwak, J. Y., Shivaraman, S., Woll, A. R., Singh, A. K., Hennig, R. G., Gorantla, S., Rummeli, M. H., Spencer, M. G., van der Waals epitaxial growth of graphene on sapphire by chemical vapor deposition without a metal catalyst. *ACS Nano*, 7, 385, 2013.

[55] Ismach, A., Druzgalski, C., Penwell, S., Schwartzberg, A., Zheng, M., Javey, A., Bokor, J., Zhang, Y., Direct chemical vapor deposition of graphene on dielectric surfaces. *Nano Lett.*, 10, 1542, 2010.

[56] Pasternak, I., Wesolowski, M., Jozwik, I., Lukosius, M., Lupina, G., Dabrowski, P., Baranowski, J. M., Strupinski, W., Graphene growth on Ge(100)/Si(100) substrates by CVD method. *Sci. Rep.*, 6, 21773, 2016.

[57] Lin, Y.-M., Valdes-Garcia, A., Han, S.-J., Farmer, D. B., Meric, I., Sun, Y., Wu, Y., Dimitrako-

poulos, C., Grill, A., Avouris, P., Jenkins, K. A., Wafer-scale graphene integrated circuit. *Science*, 332, 1294, 2011.

[58] Lin, Y.-M., Dimitrakopoulos, C., Jenkins, K. A., Farmer, D. B., Chiu, H.-Y., Grill, A., Avouris, P., 100-GHz transistors from wafer-scale epitaxial graphene. *Science*, 327, 662, 2010.

[59] Xia, F., Farmer, D. B., Lin, Y., Avouris, P., Graphene field-effect transistors with high on/off current ratio and large transport band gap at room temperature. *Nano Lett.*, 10, 715, 2010.

[60] Ichinokura, S., Sugawara, K., Takayama, A., Takahashi, T., Hasegawa, S., Superconducting calcium-intercalated bilayer graphene. *ACS Nano*, 10, 2761, 2016.

[61] Bi, H., Sun, S., Huang, F., Xie, X., Jiang, M., Direct growth of few-layer graphene films on SiO_2 substrates and their photovoltaic applications. *J. Mater. Chem.*, 22, 411, 2012.

[62] Kim, K., Choi, J.-Y., Kim, T., Cho, S.-H., Chung, H.-J., A role for graphene in silicon-based semiconductor devices. *Nature*, 479, 338, 2011.

[63] Bresnehan, M. S., Hollander, M. J., Wetherington, M., Wang, K., Miyagi, T., Pastir, G., Snyder, D. W., Gengler, J. J., Voevodin, A. A., Mitchel, W. C., Robinson, J. A., Prospects of direct growth boron nitride films as substrates for graphene electronics. *J. Mater. Res.*, 29, 459, 2014.

[64] Van Bommel, A. J., Crombeen, J. E., Van Tooren, A., LEED and Auger electron observations of the SiC (0001) surface. *Surf. Sci.*, 48, 463, 1975.

[65] Forbeaux, I., Themlin, J.-M., Debever, J.-M., Heteroepitaxial graphite on 6H-SiC(0001): Interface formation through conduction-band electronic structure. *Phys. Rev. B*, 58, 16396, 1998.

[66] Rollings, E., Gweon, G.-H., Zhou, S. Y., Mun, B. S., McChesney, J. L., Hussain, B. S., Fedorov, A. V., First, P. N., de Heer, W. A., Lanzara, A., Synthesis and characterization of atomically thin graphite films on a silicon carbide substrate. *J. Phys. Chem. Solids*, 67, 2172, 2006.

[67] Hass, J., Feng, R., Li, T., Li, X., Zong, Z., de Heer, W. A., First, P. N., Conrad, E. H., Jeffrey, C. A., Berger, C., Highly ordered graphene for two dimensional electronics. *Appl. Phys. Lett.*, 89, 143106, 2006.

[68] Virojanadara, C., Syväjarvi, M., Yakimova, R., Johansson, L. I., Zakharov, A. A., Balasubramanian, T., Homogeneous large-area graphene layer growth on 6H-SiC(0001). *Phys. Rev. B*, 78, 245403, 2008.

[69] Emtsev, K. V., Bostwick, A., Horn, K., Jobst, J., Kellogg, G. L., Ley, L., McChesney, J. L., Ohta, T., Reshanov, S. A., Röhrl, J., Rotenberg, E., Schmid, A. K., Waldmann, D., Weber, H. B., Seyller, T., Towards wafer-size graphene layers by atmospheric pressure graphitization of silicon carbide. *Nat. Mater.*, 8, 203, 2009.

[70] Ohta, T., Bostwick, A., Seyller, T., Horn, K., Rotenberg, E., Controlling the electronic structure of bilayer graphene. *Science*, 313, 951, 2006.

[71] Riedl, C., Starke, U., Bernhardt, J., Franke, M., Heinz, K., Structural properties of the graphene-SiC (0001) interface as a key for the preparation of homogeneous large-terrace graphene surfaces. *Phys. Rev. B*, 76, 245406, 2007.

[72] First, P. N., de Heer, W. A., Seyller, T., Berger, C., Stroscio, J. A., Moon, J.-S., Epitaxial graphenes on silicon carbide. *MRS Bull.*, 35, 296, 2010.

[73] Berger, C., Song, Z., Li, T., Li, X., Ogbazghi, A. Y., Feng, R., Dai, Z., Marchenkov, A. N., Conrad, E. H., First, P. N., de Heer, W. A., Ultrathin epitaxial graphite: 2D electron gas properties and a route toward graphene-based nanoelectronics. *J. Phys. Chem. B*, 108, 19912, 2004.

[74] Hass, J., de Heer, W. A., Conrad, E. H., The growth and morphology of epitaxial multilayer graphene. *J. Phys. Condens. Matter*, 20, 323202, 2008.

[75] de Heer, W. A., Berger, C., Wu, X., Sprinkle, M., Hu, Y., Ruan, M., Stroscio, J. A., First, P. N., Had-

don, R., Piot, B., Faugeras, C., Potemski, M., Moon, J. – S., Epitaxial graphene electronic structure and transport. *J. Phys. D. Appl. Phys.*, 43, 374007, 2010.

[76] Tejeda, A., Taleb – Ibrahimi, A., de Heer, W., Berger, C., Conrad, E. H., Electronic structure of epitaxial graphene grown on the C – face of SiC and its relation to the structure. *New J. Phys.*, 14, 125007, 2012.

[77] Fasolino, A., Los, J. H., Katsnelson, M. I., Intrinsic ripples in graphene. *Nat. Mater.*, 6, 858, 2007.

[78] Sprinkle, M., Siegel, D., Hu, Y., Hicks, J., Tejeda, A., Taleb – Ibrahimi, A., Le Fèvre, P., Bertran, F., Vizzini, S., Enriquez, H., Chiang, S., Soukiassian, P., Berger, C., de Heer, W. A., Lanzara, A., Conrad, E. H., First direct observation of a nearly ideal graphene band structure. *Phys. Rev. Lett.*, 103, 226803, 2009.

[79] Nakajima, Y., Epitaxial growth of SiC single crystal films, in: *Silicon Carbide Ceramics—1 Fundamental and Solid Reaction*, pp. 45 – 75, Springer Netherlands, Dordrecht, 1991.

[80] Nishino, S., Powell, J. A., Will, H. A., Production of large – area single – crystal wafers of cubic SiC for semiconductor devices. *Appl. Phys. Lett.*, 42, 460, 1983.

[81] Feng, Z. C., Mascarenhas, A. J., Choyke, W. J., Powell, J. A., Raman scattering studies of chemical – vapor – deposited cubic SiC films of (100) Si. *J. Appl. Phys.*, 64, 3176, 1988.

[82] Shigeta, M., Fujii, Y., Furukawa, K., Suzuki, A., Nakajima, S., Chemical vapor deposition of single – crystal films of cubic SiC on patterned Si substrates. *Appl. Phys. Lett.*, 55, 1522, 1989.

[83] Golecki, I., Reidinger, F., Marti, J., Single – crystalline, epitaxial cubic SiC films grown on (100) Si at 750℃ by chemical vapor deposition. *Appl. Phys. Lett.*, 60, 1703, 1992.

[84] Coletti, C., Frewin, C. L., Saddow, S. E., Hetzel, M., Virojanadara, C., Starke, U., Surface studies of hydrogen etched 3C – SiC(001) on Si(001). *Appl. Phys. Lett.*, 91, 61914, 2007.

[85] Hoechst, H., Tang, M., Johnson, B. C., Meese, J. M., Zajac, G. W., Fleisch, T. H., The electronic structure of cubic SiC grown by chemical vapor deposition on Si(100). *J. Vac. Sci. Technol. A Vacuum, Surfaces, Film*, 5, 1640, 1987.

[86] Aristov, V. Y., β – SiC(100) surface: Atomic structures and electronic properties. *Physics – Uspekhi*, 44, 761, 2001.

[87] Soukiassian, P. G. and Enriquez, H. B., Atomic scale control and understanding of cubic silicon carbide surface reconstructions, nanostructures and nanochemistry. *J. Phys. Condens. Matter*, 16, S1611, 2004.

[88] Miyamoto, Y., Handa, H., Saito, E., Konno, A., Narita, Y., Suemitsu, M., Fukidome, H., Ito, T., Yasui, K., Nakazawa, H., Endoh, T., Raman – scattering spectroscopy of epitaxial graphene formed on SiC film on Si substrate. *e – J. Surf. Sci. Nanotechnol.*, 7, 107, 2009.

[89] Suemitsu, M., Miyamoto, Y., Handa, H., Konno, A., Graphene formation on a 3C – SiC(111) thin film grown on Si(110) substrate. *e – J. Surf. Sci. Nanotechnol.*, 7, 311, 2009.

[90] Aristov, V. Y., Urbanik, G., Kummer, K., Vyalikh, D. V., Molodtsova, O. V., Preobrajenski, A. B., Zakharov, A. A., Hess, C., Hanke, T., Büchner, B., Vobornik, I., Fujii, J., Panaccione, G., Ossipyan, Y. A., Knupfer, M., Graphene synthesis on cubic SiC/Si wafers. Perspectives for mass production of graphene – based electronic devices. *Nano Lett.*, 10, 992, 2010.

[91] Suemitsu, M. and Fukidome, H., Epitaxial graphene on silicon substrates. *J. Phys. D. Appl. Phys.*, 43, 374012, 2010.

[92] Fukidome, H., Miyamoto, Y., Handa, H., Saito, E., Suemitsu, M., Epitaxial growth processes of graphene on silicon substrates. *Jpn. J. Appl. Phys.*, 49, 01AH03, 2010.

[93] Ouerghi, A., Kahouli, A., Lucot, D., Portail, M., Travers, L., Gierak, J., Penuelas, J., Jegou, P., Shukla, A., Chassagne, T., Zielinski, M., Epitaxial graphene on cubic SiC(111)/Si(111) substrate. *Appl. Phys.*

Lett. ,96,191910,2010.

[94] Ouerghi, A. , Belkhou, R. , Marangolo, M. , Silly, M. G. , El Moussaoui, S. , Eddrief, M. , Largeau, L. , Portail, M. , Sirotti, F. , Structural coherency of epitaxial graphene on 3C – SiC(111) epilayers onSi(111). *Appl. Phys. Lett.* ,97,161905,2010.

[95] Abe, S. , Handa, H. , Takahashi, R. , Imaizumi, K. , Fukidome, H. , Suemitsu, M. , Surface chemistry involved in epitaxy of graphene on 3C – SiC(111)/Si(111). *Nanoscale Res. Lett.* ,5,1888,2010.

[96] Ouerghi, A. , Marangolo, M. , Belkhou, R. , El Moussaoui, S. , Silly, M. G. , Eddrief, M. , Largeau, L. , Portail, M. , Fain, B. , Sirotti, F. , Epitaxial graphene on 3C – SiC(111) pseudosubstrate: Structural and electronic properties. *Phys. Rev. B*,82,125445,2010.

[97] Coletti, C. , Emtsev, K. V. , Zakharov, A. A. , Ouisse, T. , Chaussende, D. , Starke, U. , Large area quasi – free standing monolayer graphene on 3C – SiC(111). *Appl. Phys. Lett.* ,99,81904,2011.

[98] Takahashi, R. , Handa, H. , Abe, S. , Imaizumi, K. , Fukidome, H. , Yoshigoe, A. , Teraoka, Y. , Suemitsu, M. , Low – energy – electron – diffraction and X – ray – phototelectron – spectroscopy studies of graphitization of 3C – SiC(111) thin film on Si(111) substrate. *Jpn. J. Appl. Phys.* ,50,70103,2011.

[99] Handa, H. , Takahashi, R. , Abe, S. , Imaizumi, K. , Saito, E. , Jung, M. – H. , Ito, S. , Fukidome, H. , Suemitsu, M. , Transmission electron microscopy and Raman – scattering spectroscopy observation on the interface structure of graphene formed on Si substrates with various orientations. *Jpn. J. Appl. Phys.* ,50,04DH02,2011.

[100] Otsuji, T. , Boubanga Tombet, S. A. , Satou, A. , Fukidome, H. , Suemitsu, M. , Sano, E. , Popov, V. , Ryzhii, M. , Ryzhii, V. , Graphene – based devices in terahertz science and technology. *J. Phys. D. Appl. Phys.* ,45,303001,2012.

[101] Portail, M. , Michon, A. , Vézian, S. , Lefebvre, D. , Chenot, S. , Roudon, E. , Zielinski, M. , Chassagne, T. , Tiberj, A. , Camassel, J. , Cordier, Y. , Growth mode and electric properties of graphene and graphitic phase grown by argon – propane assisted CVD on 3C – SiC/Si and 6H – SiC. *J. Cryst. Growth*,349,27,2012.

[102] Starke, U. , Coletti, C. , Emtsev, K. , Zakharov, A. A. , Ouisse, T. , Chaussende, D. , Large area quasi – free standing monolayer graphene on 3C – SiC(111). *Mater. Sci. Forum*,617,717 – 720,2012.

[103] Coletti, C. , Forti, S. , Principi, A. , Emtsev, K. V. , Zakharov, A. A. , Daniels, K. M. , Daas, B. K. , Chandrashekhar, M. V. S. , Ouisse, T. , Chaussende, D. , MacDonald, A. H. , Polini, M. , Starke, U. , Revealing the electronic band structure of trilayer graphene on SiC: An angle – resolved photoemission study. *Phys. Rev. B*,88,155439,2013.

[104] Darakchieva, V. , Boosalis, A. , Zakharov, A. A. , Hofmann, T. , Schubert, M. , Tiwald, T. E. , Iakimov, T. , Vasiliauskas, R. , Yakimova, R. , Large – area microfocal spectroscopic ellipsometry mapping of thickness and electronic properties of epitaxial graphene on Si – and C – face of 3C – SiC(111). *Appl. Phys. Lett.* ,102,213116,2013.

[105] Aryal, H. R. , Fujita, K. , Banno, K. , Egawa, T. , Epitaxial graphene on Si(111) substrate grown by annealing 3C – SiC/carbonized silicon. *Jpn. J. Appl. Phys.* ,51,01AH05,2012.

[106] Fukidome, H. , Abe, S. , Takahashi, R. , Imaizumi, K. , Inomata, S. , Handa, H. , Saito, E. , Enta, Y. , Yoshigoe, A. , Teraoka, Y. , Kotsugi, M. , Ohkouchi, T. , Kinoshita, T. , Ito, S. , Suemitsu, M. , Controls over structural and electronic properties of epitaxial graphene on silicon using surfacetermination of 3C – SiC(111)/Si. *Appl. Phys. Express*,4,115104,2011.

[107] Sanbonsuge, S. , Abe, S. , Handa, H. , Takahashi, R. , Imaizumi, K. , Fukidome, H. , Suemitsu, M. , Improvement in film quality of epitaxial graphene on SiC(111)/Si(111) by SiH4 pretreatment. *Jpn. J. Ap-*

pl. Phys., 51, 06FD10, 2012.

[108] Hsia, B., Ferralis, N., Senesky, D. G., Pisano, A. P., Carraro, C., Maboudian, R., Epitaxial graphene growth on 3C – SiC(111)/AlN(0001)/Si(100). *Electrochem. Solid – State Lett.*, 14, K13, 2011.

[109] Jiao, S., Murakami, Y., Nagasawa, H., Fukidome, H., Makabe, I., Tateno, Y., Nakabayashi, T., Suemitsu, M., High quality graphene formation on 3C – SiC/4H – AlN/Si heterostructure. *Mater. Sci. Forum*, 806, 89, 2014.

[110] Gupta, B., Notarianni, M., Mishra, N., Shafiei, M., Iacopi, F., Motta, N., Evolution of epitaxial graphene layers on 3C SiC/Si(111) as a function of annealing temperature in UHV. *Carbon*, 68, 563, 2014.

[111] Gupta, B., Placidi, E., Hogan, C., Mishra, N., Iacopi, F., Motta, N., The transition from 3C SiC(111) to graphene captured by ultra high vacuum scanning tunneling microscopy. *Carbon*, 91, 378, 2015.

[112] Pierucci, D., Sediri, H., Hajlaoui, M., Girard, J. – C., Brumme, T., Calandra, M., Velez – Fort, E., Patriarche, G., Silly, M. G., Ferro, G., Souliere, V., Marangolo, M., Sirotti, F., Mauri, F., Ouerghi, A., Evidence for flat bands near the Fermi level in epitaxial rhombohedral multilayer graphene. *ACS Nano*, 9, 5432, 2015.

[113] Ouerghi, A., Ridene, M., Balan, A., Belkhou, R., Barbier, A., Gogneau, N., Portail, M., Michon, A., Latil, S., Jegou, P., Shukla, A., Sharp interface in epitaxial graphene layers on 3C – SiC(100)/Si(100) wafers. *Phys. Rev. B*, 83, 205429, 2011.

[114] Gogneau, N., Balan, A., Ridene, M., Shukla, A., Ouerghi, A., Control of the degree of surface graphitization on 3C – SiC(100)/Si(100). *Surf. Sci.*, 606, 217, 2012.

[115] Ouerghi, A., Balan, A., Castelli, C., Picher, M., Belkhou, R., Eddrief, M., Silly, M. G., Marangolo, M., Shukla, A., Sirotti, F., Epitaxial graphene on single domain 3C – SiC(100) thin films grown on off – axis Si(100). *Appl. Phys. Lett.*, 101, 21603, 2012.

[116] Chaika, A. N., Molodtsova, O. V., Zakharov, A. A., Marchenko, D., Sánchez – Barriga, J., Varykhalov, A., Shvets, I. V., Aristov, V. Y., Continuous wafer – scale graphene on cubic – SiC(001). *Nano Res.*, 6, 562, 2013.

[117] Abe, S., Handa, H., Takahashi, R., Imaizumi, K., Fukidome, H., Suemitsu, M., Temperatureprogrammed desorption observation of graphene – on – silicon process. *Jpn. J. Appl. Phys.*, 50, 70102, 2011.

[118] Chaika, A. N., Molodtsova, O. V., Zakharov, A. A., Marchenko, D., Sánchez – Barriga, J., Varykhalov, A., Babenkov, S. V., Portail, M., Zielinski, M., Murphy, B. E., Krasnikov, S. A., Lubben, O., Shvets, I. V., Aristov, V. Y., Rotated domain network in graphene on cubic – SiC(001). *Nanotechnology*, 25, 135605, 2014.

[119] Velez – Fort, E., Silly, M. G., Belkhou, R., Shukla, A., Sirotti, F., Ouerghi, A., Edge state in epitaxial nanographene on 3C – SiC(100)/Si(100) substrate. *Appl. Phys. Lett.*, 103, 83101, 2013.

[120] Gogneau, N., Ben Gouider Trabelsi, A., Silly, M., Ridene, M., Portail, M., Michon, A., Oueslati, M., Belkhou, R., Sirotti, F., Ouerghi, A., Investigation of structural and electronic properties of epitaxial graphene on 3C – SiC(100)/Si(100) substrates. *Nanotechnol. Sci. Appl.*, 7, 85, 2014.

[121] Hens, P., Zakharov, A. A., Iakimov, T., Syväjärvi, M., Yakimova, R., Large area buffer – free graphene on non – polar(001) cubic silicon carbide. *Carbon*, 80, 823, 2014.

[122] Suemitsu, M., Jiao, S., Fukidome, H., Tateno, Y., Makabe, I., Nakabayashi, T., Epitaxial graphene formation on 3C – SiC/Si thin films. *J. Phys. D. Appl. Phys.*, 47, 94016, 2014.

[123] Iacopi, F., Mishra, N., Cunning, B. V., Goding, D., Dimitrijev, S., Brock, R., Dauskardt, R. H., Wood, B., Boeckl, J., A catalytic alloy approach for graphene on epitaxial SiC on silicon wafers. *J. Mater. Res.*, 30, 609, 2015.

[124] Wu, H. - C., Chaika, A. N., Huang, T. - W., Syrlybekov, A., Abid, M., Aristov, V. Y., Molodtsova, O. V., Babenkov, S. V., Marchenko, D., Sanchez - Barriga, J., Mandal, P. S., Varykhalov, A. Y., Niu, Y., Murphy, B. E., Krasnikov, S. A., Lubben, O., Wang, J. J., Liu, H., Yang, L., Zhang, H., Abid, M., Janabi, Y. T., Molotkov, S. N., Chang, C. - R., Shvets, I., Transport gap opening and high on - off current ratio in trilayer graphene with self - aligned nanodomain boundaries. *ACS Nano*, 9, 8967, 2015.

[125] Huang, H., Liang Wong, S., Tin, C. - C., Qiang Luo, Z., Xiang Shen, Z., Chen, W., Shen Wee, A. T., Epitaxial growth and characterization of graphene on free - standing polycrystalline 3C - SiC. *J. Appl. Phys.*, 110, 14308, 2011.

[126] Ide, T., Kawai, Y., Handa, H., Fukidome, H., Kotsugi, M., Ohkochi, T., Enta, Y., Kinoshita, T., Yoshigoe, A., Teraoka, Y., Suemitsu, M., Epitaxy of graphene on 3C - SiC(111) thin films on microfabricated Si(111) substrates. *Jpn. J. Appl. Phys.*, 51, 06FD02, 2012.

[127] Cunning, B. V., Ahmed, M., Mishra, N., Kermany, A. R., Wood, B., Iacopi, F., Graphitized silicon carbide microbeams: Wafer - level, self - aligned graphene on silicon wafers. *Nanotechnology*, 25, 325301, 2014.

[128] Fukidome, H., Kawai, Y., Fromm, F., Kotsugi, M., Handa, H., Ide, T., Ohkouchi, T., Miyashita, H., Enta, Y., Kinoshita, T., Seyller, T., Suemitsu, M., Precise control of epitaxy of graphene by microfabricating SiC substrate. *Appl. Phys. Lett.*, 101, 41605, 2012.

[129] Bantaculo, R., Fukidome, H., Suemitsu, M., Correlation between the residual stress in 3C - SiC/ Si epifilm and the quality of epitaxial graphene formed thereon. *IOP Conf. Ser. Mater. Sci. Eng.*, 79, 12004, 2015.

[130] Yazdi, G. R., Vasiliauskas, R., Iakimov, T., Zakharov, A., Syväjärvi, M., Yakimova, R., Growth of large area monolayer graphene on 3C - SiC and a comparison with other SiC polytypes. *Carbon*, 57, 477, 2013.

[131] Fukidome, H., Ide, T., Kawai, Y., Shinohara, T., Nagamura, N., Horiba, K., Kotsugi, M., Ohkochi, T., Kinoshita, T., Kumighashira, H., Oshima, M., Suemitsu, M., Microscopically - tuned band structure of epitaxial graphene through interface and stacking variations using Si substrate microfabrication. *Sci. Rep.*, 4, 5173, 2014.

[132] Wu, H. - C., Chaika, A. N., Hsu, M. - C., Huang, T. - W., Abid, M., Abid, M., Aristov, V. Y., Molodtsova, O. V., Babenkov, S. V., Niu, Y., Murphy, B. E., Krasnikov, S. A., Lübben, O., Liu, H., Chun, B. S., Janabi, Y. T., Molotkov, S. N., Shvets, I. V., Lichtenstein, A. I., Katsnelson, M. I., Chang, C. - R., Large positive in - plane magnetoresistance induced by localized states at nanodomain boundaries in graphene. *Nat. Commun.*, 8, 14453, 2017.

[133] Aristov, V. Y., Chaika, A. N., Molodtsova, O. V., Babenkov, S. V., Locatelli, A., Menteş, T. O., Sala, A., Potorochin, D., Marchenko, D., Murphy, B., Walls, B., Zhussupbekov, K., Shvets, I. V., Layer - bylayer graphene growth on β - SiC/Si(001), *ACS Nano*, 13, 526, 2019.

[134] Chaika, A. N., Aristov, V. Y., Molodtsova, O. V., Graphene on cubic - SiC. *Prog. Mater. Sci.*, 89, 1, 2017.

[135] Emtsev, K. V., Speck, F., Seyller, T., Ley, L., Riley, J. D., Interaction, growth, and ordering of epitaxial graphene on SiC{0001} surfaces: A comparative photoelectron spectroscopy study. *Phys. Rev. B*, 77, 155303, 2008.

[136] Meyer, J. C., Geim, A. K., Katsnelson, M. I., Novoselov, K. S., Booth, T. J., Roth, S., The structure of suspended graphene sheets. *Nature*, 446, 60, 2007.

[137] Hibino, H., Kageshima, H., Maeda, F., Nagase, M., Kobayashi, Y., Yamaguchi, H., Microscopic thickness determination of thin graphite films formed on SiC from quantized oscillation in reflectivity of low - energy electrons. *Phys. Rev. B*, 77, 75413, 2008.

[138] Riedl, C., Coletti, C., Iwasaki, T., Zakharov, A. A., Starke, U., Quasi-free-standing epitaxial graphene on SiC obtained by hydrogen intercalation. *Phys. Rev. Lett.*, 103, 246804, 2009.

[139] Srivastava, N., He, G., Luxmi, Feenstra, R. M., Interface structure of graphene on SiC(0001). *Phys. Rev. B*, 85, 41404, 2012.

[140] Feenstra, R. M., Srivastava, N., Gao, Q., Widom, M., Diaconescu, B., Ohta, T., Kellogg, G. L., Robinson, J. T., Vlassiouk, I. V., Low-energy electron reflectivity from graphene. *Phys. Rev. B*, 87, 41406, 2013.

[141] Huang, P. Y., Ruiz-Vargas, C. S., van der Zande, A. M., Whitney, W. S., Levendorf, M. P., Kevek, J. W., Garg, S., Alden, J. S., Hustedt, C. J., Zhu, Y., Park, J., McEuen, P. L., Muller, D. A., Grains and grain boundaries in single-layer graphene atomic patchwork quilts. *Nature*, 469, 389, 2011.

[142] Tao, C., Jiao, L., Yazyev, O. V., Chen, Y.-C., Feng, J., Zhang, X., Capaz, R. B., Tour, J. M., Zettl, A., Louie, S. G., Dai, H., Crommie, M. F., Spatially resolving edge states of chiral graphene nanoribbons. *Nat. Phys.*, 7, 616, 2011.

[143] Tapasztó, L., Dobrik, G., Lambin, P., Biró, L. P., Tailoring the atomic structure of graphene nanoribbons by scanning tunnelling microscope lithography. *Nat. Nanotechnol.*, 3, 397, 2008.

[144] Klimov, N. N., Jung, S., Zhu, S., Li, T., Wright, C. A., Solares, S. D., Newell, D. B., Zhitenev, N. B., Stroscio, J. A., Electromechanical properties of graphene drumheads. *Science*, 336, 1557, 2012.

[145] Shirley, E. L., Terminello, L. J., Santoni, A., Himpsel, F. J., Brillouin-zone-selection effects in graphite photoelectron angular distributions. *Phys. Rev. B*, 51, 13614, 1995.

[146] Babenkov, S. V., Aristov, V. Y., Molodtsova, O. V., Winkler, K., Glaser, L., Shevchuk, I., Scholz, F., Seltmann, J., Viefhaus, J., A new dynamic-XPS end-station for beamline P04 at PETRA III DESY. *Nucl. Instrum. Methods Phys. Res. Sect. A Accel. Spectrom., Detect. Assoc. Equip.*, 777, 189, 2015.

[147] Derycke, V., Soukiassian, P., Mayne, A., Dujardin, G., Scanning tunneling microscopy investigation of the C-terminated β-SiC(100) c(2×2) surface reconstruction: Dimer orientation, defects and antiphase boundaries. *Surf. Sci.*, 446, L101, 2000.

[148] Derycke, V., Soukiassian, P., Mayne, A., Dujardin, G., Gautier, J., Carbon atomic chain formation on the β-SiC(100) surface by controlled sp→sp3 transformation. *Phys. Rev. Lett.*, 81, 5868, 1998.

[149] Semond, F., Soukiassian, P., Mayne, A., Dujardin, G., Douillard, L., Jaussaud, C., Atomic structure of the β-SiC(100)-(3×2) surface. *Phys. Rev. Lett.*, 77, 2013, 1996.

[150] Aristov, V. Y., Douillard, L., Fauchoux, O., Soukiassian, P., Temperature-induced semiconducting c(4×2) metallic (2×1) reversible phase transition on the β-SiC(100) surface. *Phys. Rev. Lett.*, 79, 3700, 1997.

[151] Douillard, L., Fauchoux, O., Aristov, V., Soukiassian, P., Scanning tunneling microscopy evidence of background contamination-induced 2×1 ordering of the β-SiC(100) c(4×2) surface. *Appl. Surf. Sci.*, 166, 220, 2000.

[152] Soukiassian, P., Semond, F., Douillard, L., Mayne, A., Dujardin, G., Pizzagalli, L., Joachim, C., Direct observation of a β-SiC(100)-c(4×2) surface reconstruction. *Phys. Rev. Lett.*, 78, 907, 1997.

[153] Douillard, L., Aristov, V. Y., Semond, F., Soukiassian, P., Pairs of Si atomic lines self-assembling on the β-SiC(100) surface: An 8×2 reconstruction. *Surf. Sci.*, 401, L395, 1998.

[154] Hupalo, M., Conrad, E. H., Tringides, M. C., Growth mechanism for epitaxial graphene on vicinal 6H-SiC(0001) surfaces: A scanning tunneling microscopy study. *Phys. Rev. B*, 80, 41401, 2009.

[155] Wang, Q., Zhang, W., Wang, L., He, K., Ma, X., Xue, Q., Large-scale uniform bilayer graphene pre-

pared by vacuum graphitization of 6H – SiC(0001) substrates. *J. Phys. Condens. Matter*, 25, 95002, 2013.

[156] Yazyev, O. V. and Louie, S. G., Electronic transport in polycrystalline graphene. *Nat. Mater.*, 9, 806, 2010.

[157] Huertas – Hernando, D., Guinea, F., Brataas, A., Spin – orbit coupling in curved graphene, fullerenes, nanotubes, and nanotube caps. *Phys. Rev. B*, 74, 155426, 2006.

[158] Craciun, M. F., Russo, S., Yamamoto, M., Oostinga, J. B., Morpurgo, A. F., Tarucha, S., Trilayer graphene is a semimetal with a gate – tunable band overlap. *Nat. Nanotechnol.* , 4, 383, 2009.

[159] Mott, N. F., Conduction in non – crystalline materials. *Philos. Mag.*, 19, 835, 1969.

[160] Song, J., Liu, H., Jiang, H., Sun, Q., Xie, X. C., One – dimensional quantum channel in a graphene line defect. *Phys. Rev. B*, 86, 85437, 2012.

[161] Feng, L., Lin, X., Meng, L., Nie, J. – C., Ni, J., He, L., Flat bands near Fermi level of topological line defects on graphite. *Appl. Phys. Lett.*, 101, 113113, 2012.

[162] Lahiri, J., Lin, Y., Bozkurt, P., Oleynik, I. I., Batzill, M., An extended defect in graphene as a metallic wire. *Nat. Nanotechnol.*, 5, 326, 2010.

第6章 SiC 上外延石墨烯的特点与展望

Wataru Norimatsu[1], Tomo-o Terasawa[2], Keita Matsuda[1], Jianfeng Bao[3], Michiko Kusunoki[2]

[1] 日本名古屋,名古屋大学材料化学系
[2] 日本名古屋,名古屋大学可持续发展材料与系统研究所
[3] 通辽市内蒙古民族大学物理电子信息学院

摘 要 SiC 上生长外延石墨烯是目前唯一直接在绝缘衬底上获得晶圆尺寸单晶石墨烯的技术。而所获得的石墨烯可以用于制作电子设备。单层石墨烯覆盖在几毫米宽的正方形衬底的整个表面。石墨烯在 SiC 上的载流子迁移率随载体浓度的降低而增加,2K 时石墨烯的载流子迁移率最高可达 $46000 cm^2/(V·s)$,说明 SiC 上生长的石墨烯质量很高。SiC 上生长的石墨烯的这些特性高频晶体管领域的应用,通常这些晶体管多用于通信设备,如手机、广播电台、通信卫星和雷达。本章综述了石墨烯在原子力显微镜(AFM)、拉曼光谱、透射电子显微镜(TEM)、角分辨光发射光谱(ARPES)和霍尔效应测量中的基本特性。还描述了进一步改善 SiC 上石墨烯电性能的技术和前景。

关键词 外延石墨烯,SiC,迁移率,电子结构,生长机理,原子结构

6.1 引言

石墨烯是一种具有六边蜂窝晶格的二维碳材料[1]。可以通过碳化硅(SiC)表面的热分解(升华)进行石墨烯的外延生长。图 6.1 是高分辨率透射电子显微镜(HRTEM)图像和 SiC[2-3] 上生长的石墨烯的结构模型。单层石墨烯可以观察为暗线对比度,如图(a)所示。如图 6.1(b)所示,当将 SiC 衬底加热到 1200℃以上时,硅原子离开表面,剩下的碳原子形成石墨烯。

E. G. Acheson 在其 1896 年的专利中首次提出了这种碳化硅石墨化现象[4]。专利上说,"可以……在炉中加入结晶或非晶状态的硅的碳化物,并将其加热到比碳化物形成时高得多的温度,可以使形成化合物的元素解离,分离出石墨形式的碳"。当然,在那个时代,无法对由 SiC 生产的石墨进行晶体学研究,因为 1896 年是伦琴发现 X 射线之后的一年[5]。此外,碳化硅的晶体质量还需要几十年才能得到改善。

1965 年 D. V. Badami 研究了在 2180℃以上用碳化硅分解得到的石墨烯的结构[6]。他发现石墨的 c 轴是垂直于 SiC(0001)表面的。6H-SiC 的晶体结构如图 6.1(c)所示,

图中碳化硅和石墨的晶格参数分别为 3.08Å 和 2.46Å。该 SiC 结构是由 Si 和 C 原子层的堆叠构成的,这就是 Si – C 双层。堆叠序列决定了 SiC 呈现不同的类型。例如,ABC、ABCB 和 ABCACB 堆叠分别对应立方 3C、六方 4H 和六方 6H 多型。Badami 还指出,Si – C 双层和石墨烯中碳原子的面积密度约为 $0.12/Å^2$ 和 $0.38/Å^2$。这表明,制备单层石墨烯需要三个 Si – C 双层结构,这对讨论石墨烯的生长机理非常重要。

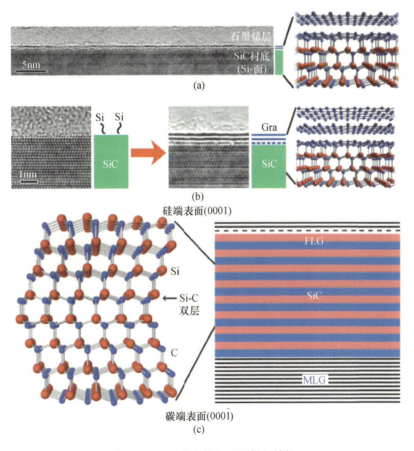

图 6.1 SiC 上生长的石墨烯的结构

(a)SiC(0001)上单层石墨烯的 HRTEM 图像。虚线为缓冲层。(b)SiC 上通过热分解进行的石墨烯生长现象。(c){0001}表面的 6H – SiC 和 Si 面和 C 面的晶体结构,以及上面的石墨烯特征的简化说明(经许可转载自参考文献[3])

图 6.1(c)中 SiC 的晶体结构也说明 SiC 的 {0001} 表面包括 Si 端(0001) 和 C 端 $(000\bar{1})$ 面,分别称为 Si 面和 C 面。A. J. Van Bommel 及其同事在低能电子衍射(LEED)研究中探索了生长在硅和 C 表面的石墨烯的晶体学取向关系[7]。结果表明,硅表面形成的石墨烯相对于碳化硅方向旋转了 30°。换句话说,取向关系是 $(0002)_{石墨}//(0006)_{碳化硅}$ 和 $[11\bar{2}0]_{石墨}//[1\bar{1}00]_{碳化硅}$。他们还指出,特征表面重构先于两个表面生成石墨烯。特别是在硅面,最先观察到一个 $6\sqrt{3} \times 6\sqrt{3}R30°(6R30)$ 的重构。I. Forbeaux 等在 1998 年有过一篇更详细的研究[8]。即使石墨烯晶格旋转 30°,石墨烯与碳化硅的失配也很大。2×2 石墨烯晶格和 $\sqrt{3} \times \sqrt{3}R30$ SiC 晶格的晶格参数分别为 4.92Å 和 5.33Å。而 13×13 石墨烯晶格

和 6R30 SiC 晶格的晶格参数分别为 31.98Å 和 32.01Å,此时晶格失配率极小,约为 0.09%。在 Forbeaux 的论文中,在 1150℃ 的超高真空条件下形成了 6R30 结构,在 1400℃ 左右形成了 1×1 石墨烯。所以得出结论,石墨的外延生长是在硅表面。M. Kusunoki 及其同事在 2000 年利用 HRTEM 首次对 SiC 表面硅面上的多层外延石墨烯进行了直接观察[9]。另一方面,在 C 面上,Forbeaux 等发现了石墨烯的环状衍射[10]。这意味着在 C 面生长的石墨层呈方位无序,即包括旋转堆垛层错断层。综上所述,可以在 Si 面上生长具有 6R30 缓冲层的少层石墨烯(FLG),可以在 C 面上生长具有旋转堆垛层错的多层石墨烯(MLG),如图 6.1(c)所示。

在 20 世纪的研究之后,研究者们开始关注单层石墨烯作为潜在最好的二维电子气体(2DEG)候选材料的用途。2004 年,A. K. Geim 和 K. S. Novoselov 揭示了由机械切割技术获得的"薄碳膜"的电场效应[1]。以这种方式形成的石墨烯具有理想的 2DEG 性质[11-12]。他们曾在 2010 年因"关于二维材料石墨烯的开创性实验"被授予诺贝尔物理学奖。在同一年发表的第一篇文章中,C. Berger、W. de Heer 及其同事报告了 SiC 上"超薄外延石墨"的 2DEG 特性[13]。该研究将石墨烯的研究变成最受欢迎的研究领域。还揭示了外延石墨烯中电荷载流子的狄拉克性质,并报告了高载流子迁移率为 25000cm^2/(V·s)[14]。T. Ohta 等在 2006 年还采用角分辨光发射电子能谱(ARPES)对石墨烯的电子能带结构进行了研究[15]。这是首次直接观察到石墨烯的狄拉克锥,并通过掺杂改变电子结构。

到目前为止,石墨烯都是在超高真空条件下生长的。但超高真空的生长导致石墨烯成核不均匀。在 2009 年左右,分别以 C. Virojanadara 为首和 K. V. Emtsev 为首的两个研究小组,在大气压氩的条件下,在 1650℃ 的高温下加热碳化硅衬底,得到了均匀的单层石墨烯[16-17]。在其研究中,用低能量电子显微镜(LEEM)观察证实了石墨烯的均匀性。LEEM 是一个在微观尺度上直接统计石墨烯层数的强大工具,由 H. Hibino 及其同事开发[18-19]。LEEM 技术也可用于观察石墨烯的未占据能带色散[20]。利用光电子发射显微镜(PEEM)可以进行类似的厚度分布实验[21]。

SiC(0001)Si 面上的外延石墨烯结构的特征在于存在缓冲层,缓冲层位于石墨烯和 SiC 表面之间,如图 6.1(a)中的虚线所示。该缓冲层实际上具有上述 6R30 超结构,因此也称为 6R30 层[22-29]。如上所述,首先在 SiC 表面上形成 6R30 层。进一步加热导致在 SiC 顶部形成新的 6R30 层,将之前的 6R30 层转化为新缓冲层顶部的石墨烯[30]。如上所述,首先在 SiC 表面上形成 6R30 层。进一步加热导致在 SiC 顶部形成新的 6R30 层,将之前的 6R30 层转化为新缓冲层顶部的石墨烯。因此,对于无孔石墨烯的生长,可以首先选用在高温下氩环境中生长[31]。此外,石墨烯生长越厚,石墨烯生长速率越低[32]。

6R30 缓冲层结构如图 6.2(a)和(b)所示。面内原子排列与石墨烯几乎相同,但该层中的一些碳原子与正下方的硅原子有很强的共价键[24,33-37]。这些特性使缓冲层的电子结构不同于石墨烯,而缓冲层本身是绝缘的[38-41]。缓冲层样品和石墨烯/缓冲/SiC 样品的 LEED 模式也如图 6.2(c)和(d)所示。在这两种情况下,除了石墨烯(红色)和 SiC(黄色)引起的斑点外,6R30 结构(绿色箭头)的超晶格反射都是可见的。

如前所述,通常用于石墨烯生长的 SiC 衬底包括 6H-、4H- 或 3C-SiC。市售的单晶 SiC 晶片是 6H-SiC 和 4H-SiC。在过去的 20 年里，SiC 的晶体生长技术已经快速发展，用于电力电子。得益于这一进展，现在可以获得高质量的 SiC 衬底。实际上可以选择多型、Si 或 C 面、同轴或离轴以及 n、p 掺杂或半绝缘衬底。所形成的石墨烯的结构特征取决于多型和表面终止。虽然不取决于衬底是 n 掺杂还是半绝缘衬底，但为了测量石墨烯的电特性，需要半绝缘衬底。本章介绍了 SiC 外延石墨烯的生长机理、结构特征、电子性质及其发展前景。

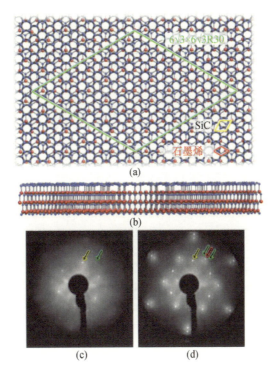

图 6.2 （a）$6\sqrt{3}\times6\sqrt{3}$R30°缓冲层之上的 SiC(0001)表面结构。相对于 SiC 方向旋转了 30°。（b）在 SiC 上的缓冲层的横截面。（c）SiC 上的 6R30 缓冲层的 LEED 模式和（d）缓冲层上的单层石墨烯（由黄色、绿色和红色箭头表示的衍射斑点分别是由 SiC、石墨烯和 6R30 缓冲层引起的）

6.2 SiC 上外延石墨烯的生长机理

SiC(0001) 和 (000$\bar{1}$) 上生长的石墨烯的生长机制是不同的。本章讨论了碳化硅的成核和生长机理，重点讨论了 SiC 的表面结构。SiC 原子的平面由平台和阶跃组成。平面层是 SiC(0001) 和 (000$\bar{1}$) 平面，而阶跃层是叠加的 Si-C 双层，所以呈凸起型。这里需要再次指出的是，就碳原子密度而言，需要三个 Si-C 双层来形成单层石墨烯。理想的同轴衬底应该没有阶跃。然而，市售的"标称"同轴衬底具有约 0.1°~0.3° 的误切角。这意味着从晶锭切割晶片，切割方向不是与 (0001) 平面完全平行，而是倾斜 0.1°~0.3°。在离轴衬底上，切割方向通常从 [11$\bar{2}$0] 方向故意倾斜 4° 或 8°。在离轴衬底上，对于相同的阶跃高度，阶跃密度远高于同轴基板上的阶跃密度。表面阶跃在石墨烯成核过程中起着至关重要的作用。

首先,讨论硅端 SiC(0001)表面的机理。图 6.3 显示了 SiC(0001)上石墨烯的 HR-TEM 图像,对应于成核和生长阶段[42]。图 6.4 是生长机制的示意图。如两图中的(a)所示,阶跃边缘处的硅原子首先升华。这是因为其比其他表面区域或体中的硅原子具有更多的悬空键,因此相对不稳定[43]。除去硅原子之后,剩余的碳原子形成几层石墨烯原子核,覆盖在弧形的阶跃上。这里的其他特征是石墨烯核只有几层厚,位于较低的平台上。成核后,石墨烯开始在上部平台上横向生长,如图(b)~(d)所示。如图 6.3(c)中的箭头所示,当表面出现缺陷时,石墨烯的生长偶尔会停止。类似的横向生长也发生在较低的平台上,但之后都会在阶跃(e),(f)处结合。这里需要强调的是,第一层碳层是缓冲层(图 6.4 中的虚线),第二层是石墨烯(实线),如 6.1 节所示。最后,通过重复这些逐层现象,形成层层覆盖的石墨烯层。

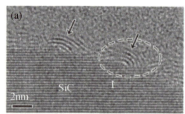

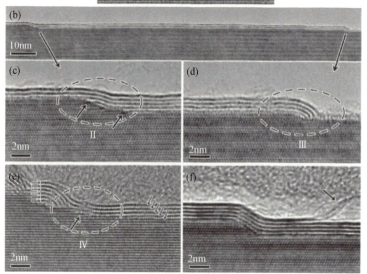

图 6.3 硅端 SiC(0001)上石墨烯的 HRTEM 图像,显示了生长过程中的快照
(a)石墨烯在阶跃上成核。(b)由右至左的横向生长。(c)、(d)、(b)的扩大,表示生长方向,(e)在阶跃处合并,(f)连续石墨烯层的形成。(经许可转载自参考文献[3])

如图 6.4(g)所示,当连续单层和缓冲层形成时,由阶跃组成的平面上开始出现双层石墨烯,这是因为缓冲层产生于碳层与 SiC(0001)表面的相互作用。换句话说,在平面上没有缓冲层[34]。这对于石墨烯纳米带的生长是很重要的,一维石墨烯只发生在 SiC 的层面上,该内容将在最后一节讨论。

这些结果和模型也有很多其他实验支持,如 HRTEM、LEEM、扫描隧道显微镜和原子力显微镜(AFM)研究[44-53]。逐层生长是在 Si 面上均匀生长石墨烯和控制石墨烯层数的关键。这种增长也与理论报告一致[54-59]。在这些步骤中,在硅升华之后,剩余的碳原子

首先形成一维链。当供给足够的碳原子时,形成碳网络[56]。在任何情况下,表面阶跃对于控制 SiC(0001)上石墨烯的成核是重要的。下一节将讨论表面阶跃对电子性质的影响和阶跃聚束的控制。

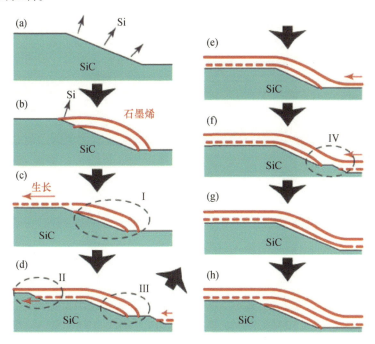

图 6.4　硅面石墨烯生长示意图

(a)在阶跃处优先分解;(b)石墨烯的成核;(c)6R30 缓冲层的生长;(d)在石墨烯生长之后;(e)、(f)在阶跃处合并;(f)单层生长的完成;(g)带有缓冲层的单层石墨烯;(h)进一步增长。(经许可转载自参考文献[3])

这种生长机制表明,当平台非常宽时,在单层生长完成之前,双层从阶跃边缘开始生长。换句话说,较窄的平台更适合于生长均匀单层石墨烯。用化学气相沉积(CVD)和分子束外延(MBE)在 SiC 上低温生长石墨烯是在具有窄阶跃和低阶跃密度的表面上生长的最佳技术[60-64]。最近报道指出,为缓冲层提供前驱碳源有利于单双层均匀增长[65]。石墨烯生长过程中 SiC 表面周围的环境是影响石墨烯分解速率的另一个关键因素。如上一节所示,在氩气环境中生长比超高压要好,因为氩能降低分解速度,缩小石墨烯的成核点。同理,在分解期间将 SiC 衬底限制在封闭(或半封闭)坩埚中成功地提高了石墨烯的质量[66]。精确测量了生长过程中气体组成的影响,残余气体与 SiC 的反应对石墨烯的质量也至关重要[67]。

继续讨论碳面的石墨烯生长机制。图 6.5 和图 6.6 是 HRTEM 图像和生长机制[68]。在氩气氛中加热碳化硅衬底,当温度达到 1350℃ 左右,石墨烯开始成核。这里的显著特征是石墨烯不仅在阶跃边缘发生核化,而且在阶跃上也发生核化。这是因为 C 面的反应性高于 Si 面[69-70]。低温下硅升华可以发生在平台上的不同地方,并形成小孔,最终多层石墨烯成核,如图(b)所示。成核后,石墨烯从成核位置向表面的各个方向生长,保持了石墨烯层数。大约在 1600℃ 时,石墨烯层聚在一起。温度的进一步升高会迅速增加石墨烯层数,以及图(g)中箭头所示的褶皱形成。C 面的生长不是逐层进行的,因此控制均匀性和层的数量与 Si 面相比非常困难[71-74]。利用 C 面的阶跃独立生长,成功地形成了长石墨烯带[75-76]。限制升华可以有效地在 C 面生长相对均匀的石墨烯[73,77-80]。

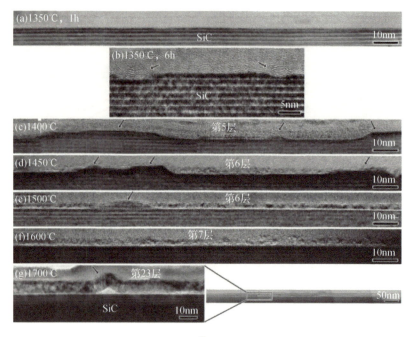

图 6.5　显示 C 封端 SiC(000$\bar{1}$)上石墨烯生长的 HRTEM 图像
(a)生长前。(b)平台上多层石墨烯的成核。(c)~(e)横向生长保持层的数量。(f)石墨烯的全部覆盖范围。(g)层数迅速增加,褶皱形成。(经许可转载自参考文献[3])

6.3　SiC 上外延石墨烯的结构特征

除了生长机制外,石墨烯层的许多其他特性还依赖于表面终止。一是多层石墨烯的结构特点。图 6.7 显示多层石墨烯在 4H-、6H-SiC(0001)和 6H-SiC(000$\bar{1}$)上的 HR-TEM 图像[81]。在 Si 面,从$[\bar{1}100]_{SiC}$方向可以看到石墨烯层沿$[11\bar{2}0]$方向的暗线对比。沿着这个方向,石墨烯层之间的低原子势区表现为黄色圆圈所示的亮点。在硅表面的多层石墨烯中,这些亮点呈线性排列,但稍微偏离垂直于阶跃的方向。这些特征不依赖于 SiC 的多型。在快速傅里叶变换(FFT)模式(a′)和(b′)中,衍射斑点如红色箭头所示,从$00l$方向倾斜 78°~79°。这些事实意味着石墨烯层叠具有 ABC 型堆叠(菱形堆叠),不受 SiC 衬底的堆叠序列影响[82]。这点很有趣,因为在块状石墨烯中,AB 堆叠(Bernal 堆叠)才是最稳定的[83]。在块状石墨中,AB：ABC：混层的体积分数约为 80：14：6,AA 与 AB 的总能量差 17.31meV/原子,ABC 与 AB 的总能量差 0.11meV/原子[84]。这种小的能量差通常会使选择性堆叠变得困难。然而,SiC(0001)上的多层石墨烯选择性地表现出 ABC 堆叠,这很重要。因为 ABC 堆叠石墨烯可能有一个电场打开了带隙,这是克服无间隙层石墨烯缺点的关键[85-87]。通过 ARPES 和扫描隧道光谱学(STS)测量证实了 ABC 堆叠三能级石墨烯的电子结构[88-89]。块状石墨形式的 AB 堆叠能量比 ABC 堆叠能量稳定,但在 SiC 上 ABC 堆叠石墨烯的总能量低于 AB 堆叠石墨烯,尽管这种能量差在计算误差范围内[82]。造成这种行为的原因尚不清楚。然而,SiC 上的石墨烯的菱形 ABC 堆叠是一个寻找新性质的平台。

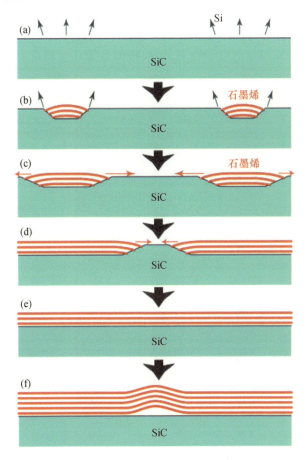

图6.6 C面石墨烯生长的机理。(a)硅升华不仅发生在阶跃上,而且发生在平台上。(b)小孔内的多层石墨烯成核。(c)、(d)横向生长保持层数不变。(e)表面的石墨烯覆盖层。(f)褶皱的形成及厚度增加。(经许可转载自参考文献[3])

另一方面,C面的情况是完全不同的。如图 6.7(c)所示,光点排列紊乱,FFT 模式由于局部无序而出现许多衍射斑点[68]。这些结果与以前的环形 LEED 模式一致[10]。在[0001]方向的 HRTEM 研究中也观察到了同样的特征[90]。这是由于旋转堆垛层错错误造成的,石墨烯堆叠是随机旋转,这与固定的30°旋转硅面形成对比。旋转的原因之一是在低温形成的多层石墨烯核质量低下[68]。石墨烯在 C 面的旋转堆垛层错仍具有争议。一些团体认为石墨烯的排列是旋转的[90-98],但其他团体则认为石墨烯颗粒有不同的取向,不存在任何旋转堆垛层错[99-105]。两组都报告了有说服力但矛盾的实验结果。造成这种差异的原因是生长条件的差异,以及两种情况的可能并存。

C面石墨烯的另一个显著特征在其界面内。如图 6.7(c)所示,在某些区域,多层石墨烯直接附着在 SiC 衬底上,但在其他区域,界面具有无定形层,如图 6.7(d)所示[68]。不同组分别记录了类似的非晶界面层[95,106-109]。这与硅表面石墨烯的界面缓冲层形成了明显的对比。该界面非晶层包括 Si、C 和 O 作为化学物种,由电子能量损失谱揭示[107]。这里需要注意的是,在 HRTEM 观察的样品制备过程中,可能会出现额外的损坏或夹胶。因此,不能得出结论,这种界面非晶层是存在于 C 面生长的石墨烯中的。然而,这些情况不会发生在硅表面生长的石墨烯。因此可以说,至少石墨烯与衬底的相互作用在 C 面的比在 Si 面的要弱得多。由于与衬底的弱相互作用和弱层间相互作用,尽管石墨烯均匀性较低,但多层石墨烯表现出明显的电子性质,如独特的范德瓦耳斯奇点、非常高的载流子迁移率等[14,96,110-119]。

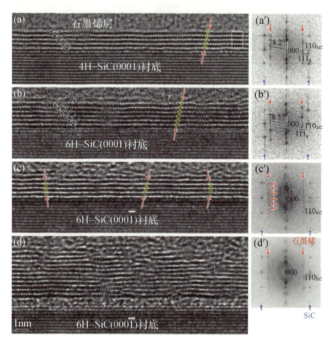

图 6.7 石墨烯堆叠序列的 HRTEM 图像。(a)4H-SiC(0001)上的 4 个石墨烯和缓冲层表现出菱形 ABC 堆叠,并由(a)证实了相应的 FFT 模式。(b)5 层石墨烯和 6H-SiC(0001)上的缓冲层也是 ABC 堆叠。(c)6H-SiC(000$\bar{1}$)上的多层石墨烯是混合堆叠或旋转堆叠。(d)6H-SiC(000$\bar{1}$)上多层石墨烯的另一区域。(经许可转载自参考文献[81])

石墨烯也可以生长在 SiC 的其他低折射率表面,如($\bar{1}$100)面(m 平面)和(11$\bar{2}$0)面(a 平面)。在这种情况下,可以得到均匀性和取向不同的石墨烯[120-123]。

石墨烯的另一个重要问题是衬底的表面形貌。图 6.8 是石墨烯生长前后衬底的 AFM 图像[2]。为了获得一个有平坦原子平面的石墨烯生长表面,通常会进行氢蚀刻处理,因为工业碳化硅晶片表面有许多划痕和缺陷。目前,精密化学机械抛光技术非常成功地实现了由 0.25nm 高度阶跃组成的平坦表面,对应于单个 Si-C 双层的厚度[81,124]。然而,总体上仍然存在大量的表面缺陷。为了消除这些缺陷,可以在氢气氛中加热 SiC 衬底。例如,当在 1375℃的大气压下加热 6H-SiC(0001)衬底时,可以得到如图 6.8(a)所示的表面。在这种情况下,形成原子级的平台和高度为 1.5nm 的周期性阶跃阵列。1.5nm 的阶跃高度等于 6h-SiC 的晶格参数 c(晶胞高度),对应于六个 Si-C 双层。阶跃高度 0.75nm(三个 Si-C 双层)也在较低的加热温度下产生。使用 4H-SiC,可获得 1.0nm 和 0.5nm 的阶跃高度。在图 6.8(a)的图像中,平台宽度约为 350nm。阶跃高度和平台宽度表明错切角约为 0.24°,如第 6.1 节所述。

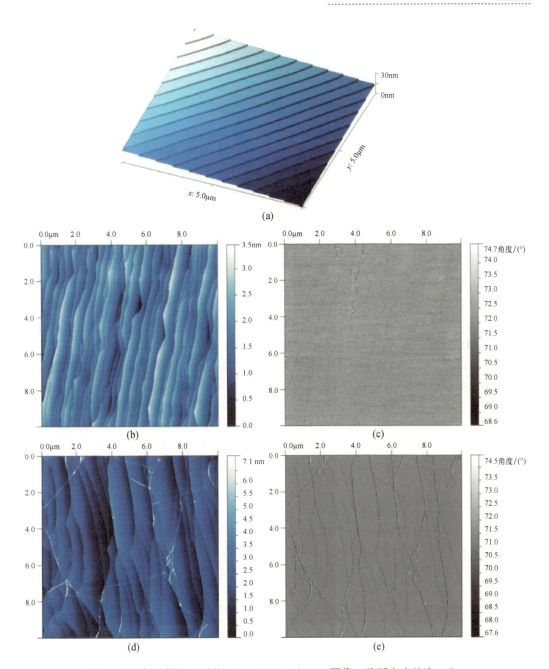

图 6.8 （a）氢蚀刻处理后的 6H-SiC(0001)AFM 图像。阶跃高度约为 1.5nm，错切角度约为 0.24°。（b）、（c）硅面单层石墨烯的 AFM 相貌及相像。（d）、（e）C 面石墨烯的相貌及相像，也可以看到褶皱（经许可转载自参考文献[2]）

在 1700℃、流动的高纯氩大气压下，通过加热 SiC(0001) 衬底，可以生长石墨烯。如图 6.8(b) 所示，尽管完美的阶跃周期性消失，石墨烯生长后的表面形态仍然保持平坦。在图 6.8(c) 中，还显示了 (b) 中相同区域的 AFM 相位图像。AFM 相位图像反映了表面硬度、黏度和弹性方面的信息。对于 SiC 上的石墨烯，在相图中出现较大的相移，表明石墨烯层数较多[81,125]。均匀的相衬，如图 6.8(c) 中所示，表示石墨烯层数均匀。将该信息与来自其他实验(例如 HRTEM、拉曼光谱和 ARPES 测量)的信息组合揭示,该样品在 5mm×5mm 衬底的整个表面上具有均匀的单层石墨烯。

图 6.8(d)和(e)是通过在流动氩气氛围中、在 1750℃ 下加热从 SiC($000\bar{1}$)生长的石墨烯的 AFM 形貌和相位图像。这种相位图像也具有均匀的对比度,表明均匀的石墨烯厚度。石墨烯在 C 面上的一个特征表面特征是存在皱痕(也称为嵴、皱痕或褶皱),也在图 6.5(g)的 HRTEM 图像中发现了褶皱[97,126-128]。图 6.8(d)的褶皱高度约为 2nm,随着石墨烯厚度的增加,褶皱增加到 20nm 以上。据报道,通过 AFM 探针的纳米操作,该皱痕是可移动的[129]。褶皱形成的原因是石墨烯与($000\bar{1}$)C 面的相互作用较弱,且石墨烯的热膨胀系数(TEC)非常低(甚至为负值)[130]。在高温生长后,石墨烯很可能附着在 SiC 衬底上。然而,当温度降低到室温时,SiC 衬底明显收缩,而石墨烯几乎没有收缩(而是膨胀)。石墨烯与($000\bar{1}$)C 面的相互作用较弱,然后产生褶皱,以减少弹性能。这些褶皱降低了电子传输性能[131]。

利用拉曼光谱也可以研究石墨烯的结构特征[132-133]。在石墨烯的拉曼光谱中,能在 1580cm^{-1}、1350cm^{-1} 和 2700cm^{-1} 处分别观察到 G、D 和 2D(或 G′)带。G 带是由于石墨结构的 E_{2g} 声子模式所致。D 带是由于石墨烯的缺陷或边缘所致。2D 带是由狄拉克锥在倒数空间的 K 点附近的双共振拉曼过程产生的,该过程随着石墨烯层数的增加而改变其形状、宽度和位置。G 和 2D 能带的相对位置反映了石墨烯的应变和掺杂[134-137]。在 532nm 的激发波长下,游离石墨烯和中性电荷石墨烯的 G 和 2D 带分别出现在 1583cm^{-1} 和 2679cm^{-1} [137]。

图 6.9(a)是生长在 4H-SiC(0001)上的单层石墨烯的拉曼光谱。可以很容易地发现,由于 SiC 衬底的许多峰出现在 1000~2000cm^{-1} 范围内,也就是 G 和 D 带出现的地方,所以应该减去 SiC 分量,减去后的光谱如图 6.9(b)所示。可以在 1593cm^{-1} 和 2710cm^{-1} 处分别找到尖锐的 G 峰和 2D 峰。2D 带在 2710~2730cm^{-1} 附近的高波数主要是由于压缩应变,这可以再次归因于石墨烯和 SiC 的层压差异,以及与衬底的强相互作用[138-142]。二维带的强度与 G 带的强度基本相同。2D 带峰值的半峰宽度(FWHM)约为 36cm^{-1}。2D/G 相对强度值和小于 40cm^{-1} 的 FWHM 值均为 SiC(0001)上单层石墨烯的特征[2]。石墨烯生长越厚,2D 峰越大,I_{2D}/I_G 比值越低,发现的 2D 位置越高[133,143]。经验上,当 2D 带的强度与 SiC 衬底 1800~1900cm^{-1} 附近平台的强度相当时,单层石墨烯的覆盖在使用 532nm 激光器的激光光斑尺寸内几乎为 100%。这里需要指出的是,这些强度取决于激光波长、样品几何形状和采用的数值孔径[67,137,144]。此外,在 1350cm^{-1}、1495cm^{-1} 和 1585cm^{-1} 处还观察到微弱的宽峰。这些宽峰似乎来自非晶态碳[132]。然而,这些峰主要来自于 6R30 缓冲层[145-146]。实际上,当只在 SiC 上生长缓冲层时,就会得到如图 6.9(c)所示的光谱。

图 6.9(d)~(f)是 4H-SiC($000\bar{1}$)上的石墨烯的拉曼光谱。这些光谱取自同一样品的不同区域。(d)中的光谱与硅面的光谱相似。然而,在图 6.9(e)和(f)中,2D 和 G 带峰非常强。这首先是由于石墨烯厚度的不均匀性。如上一节所述,在 C 面上制备石墨烯很难均匀;不同区域的层数不同。另一个原因是与基底的弱相互作用。拉曼散射光主要发射到 SiC 衬底中[137],当石墨烯与衬底的相互作用较弱,石墨烯与衬底之间存在一定间距时,如之前所示[68]这样区域的强度会强很多。另一个原因是石墨烯的旋转堆叠。由于相

邻层的两个狄拉克锥相互作用[147],G 和 2D 能带的强度强烈地依赖于堆叠的石墨烯层的旋转角。基于这些发现,通常从 C 面的石墨烯观察到显著强的 G 或 2D 能带。因此,当想要使用均匀石墨烯的时候,Si 面是更好的衬底选择,并且对于研究由于石墨烯层的弱相互作用而引起的异常电子性质,C 面更适合。

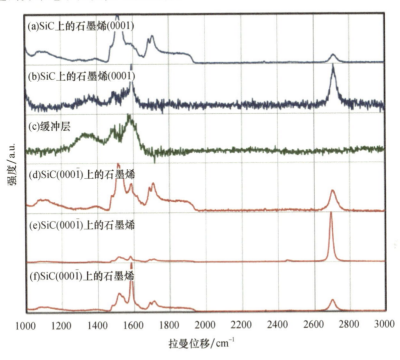

图 6.9　生长在 SiC 上的石墨烯的拉曼光谱

(a)硅表面单层石墨烯的原始光谱。(b)除去 SiC 组分后的频谱。观察到尖锐的 G 和 2D 峰。(c)$6\sqrt{3} \times 6\sqrt{3}R30°$ 缓冲层相减后的拉曼光谱。可见 $1300 \sim 1600 cm^{-1}$ 宽峰。(d) ~ (f)石墨烯在 C 面衬底上无减法生长的拉曼光谱。光谱的特征因地而异。(经许可转载自参考文献[2])

如前所述,在 Si 面上的均匀石墨烯生长受到表面形态,特别是阶跃的存在的高度影响。此外,表面阶跃对电子性能有很大的影响。研究表明,场效应晶体管(FET)器件跨越阶跃时的电阻要远远高于平台上的晶体管的电阻[148-150]。这种载流子散射不仅是由于石墨烯在阶跃上的变形,而且是由于石墨烯与基体之间的间距不均匀而引起阶跃周围的电位波动[151]。从这个意义上说,在无阶跃 SiC 表面生长石墨烯是最好的选择。这通过对衬底进行特殊预处理来实现[152-153]。然而,获得无阶跃衬底在工业上是非常困难的。

另一方面,当普通 SiC 衬底加热到 1300℃以上时,会出现阶跃聚束现象。这是表面原子在高温下运动,形成高阶跃和宽平台(稳定(0001)表面)[154]。阶跃聚束现象可分为两类。一个是最小阶跃聚束(MSB),产生的阶跃高度为 4H - SiC 或 6H - SiC 的单元高度的一个或一半,之前已在本节中提到。另一种是大阶跃聚束(LSB),以形成大于单位单元高度的高阶跃。后者有时被称为巨步聚束,其导致高度超过 10nm 的阶跃。MSB 的驱动力是(0001)表面的高热力学稳定性和单位 - 晶胞高度阶跃,而 LSB 的高热力学稳定性是影响阶跃移动速率的外源性动力学效应[43,155-156]。特别是，MSB 中的单位 - 晶胞高度阶跃是由于六方 SiC 晶体中各 Si - C 双层体表面能量的差异造成[43]。换句话说，在立方 SiC 衬底中，阶跃聚束可能被抑制。在之前的文献中已有报道[157]，即使在石墨烯生长之后，也经常观察到 0.25nm 高度的阶跃。然而，高质量的 3C - SiC 目前还无法用于商用。在氩气条件下六方 SiC 上均匀石墨烯生长的开创性研究中，观察了石墨烯生长后的 LSB[16-17]。2011 年，也有报道说，不管初始阶跃有多高（0.3nm，0.75nm 或 13nm），在石墨烯生长之后，LSB 都以 10～20nm 的高度发生[158]。另一方面，图 6.8（b）中的 AFM 图像展示了阶跃高度为 0.75～1.5nm 的石墨烯。这些显然是不一致的。

为了解决这一问题，控制石墨烯生长过程中的温度分布是非常重要的。图 6.10 是不同的温度分布和相应的实验结果，以及石墨烯生长与阶梯聚束现象关系的示意图模型[159]。在图 6.10（b）～（e）中，显示了在 1600℃下以 270℃/min、160℃/min、80℃/min 和 40℃/min 的加热速率加热并在该温度下保持 10 min 的样品的 AFM 形貌和相位图像。根据所有相位图像中堆叠的拉曼光谱，没有石墨烯或缓冲层。然而，阶跃高度却不相同。对于快速加热和慢速加热，分别出现 MSB 和 LSB。在 1650℃，如图 6.10（f）～（i）所示，单层石墨烯生长如拉曼光谱所示，并且阶梯聚束的程度与石墨烯生长之前非常相似。结果表明：①在1200～1600℃（图 6.10（a）中的蓝色阶跃聚束区域）的温度范围内；②阶跃聚束区域中的时间决定了聚束的程度；③在大气压下的流动氩气中，石墨烯在超过 1600℃时开始生长；④石墨烯生长在没有任何的阶跃聚束的情况下进行。

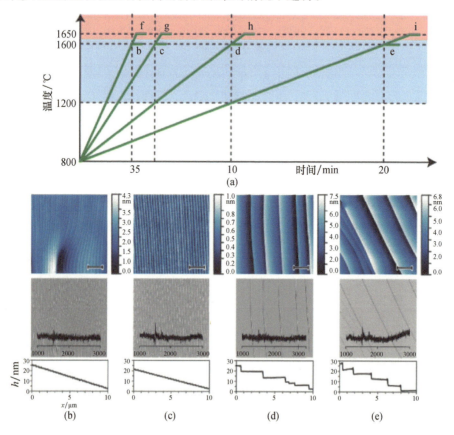

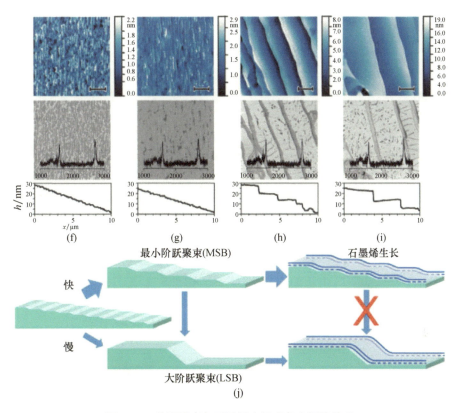

图 6.10 阶跃聚束与石墨烯生长现象之间的关系

(a)实验的温度分布;(b)~(e)在 1600℃下以 270℃/min、160℃/min、80℃/min 和 40℃/min 的加热速率加热并保持 10min 的样品的 AFM 形貌和相位图像以及拉曼光谱;(f)~(i)在 1650℃下加热样品的结果;(j)阶跃聚束和石墨烯生长示意图。(经许可转载自参考文献[159])

图 6.10(j)总结了石墨烯生长和阶跃聚束之间的关系示意图。在石墨烯生长期间和之后没有发生阶跃聚束的结果表明由于缓冲层的存在,石墨烯覆盖强烈抑制了阶跃聚束在缓冲层中,一部分碳原子与它们下面的硅原子有很强的共价键。它抑制了缓冲层下面的原子运动,因为它需要相当高的能量来断键和重新键合。这意味着阶跃聚束现象可以通过石墨烯覆盖来抑制。因此,可以通过控制加热速率来控制阶跃聚束的程度。例如,为了获得最佳记录的电特性,在没有阶跃的宽平台上的石墨烯 FET 器件是最佳选择,可以通过使用轴上衬底以慢加热速率生长来实现。另一方面,生长在低阶跃的表面的石墨烯,在快速加热速率,通过整个晶圆片低错切 SiC 衬底,可以获得拥有高产量的设备[160]。这不仅是石墨烯生长领域的重要成果,也是 SiC 基功率电子学领域的重要成果,而其表面形貌影响了碳化硅绝缘热氧化层的质量和厚度。

6.4 SiC 上生长石墨烯的电子结构与性能

石墨烯研究之所以如此受欢迎,最突出的原因是其表现为理想的 2DEG,并且具有极高的载流子迁移率。因此,石墨烯的电子结构和电子性质是非常值得研究的问题。电子能带结构 $E(k)$ 可用紧束缚框架中的下列方程表示[161-162]:

$$E(\boldsymbol{k}) = \frac{\in_{2p} \pm t\omega(k)}{1 \pm s\omega(k)}$$

和

$$\omega(\boldsymbol{k}) = \sqrt{1 + 4\cos\frac{\sqrt{3}k_x a}{2}\cos\frac{k_y a}{2} + 4\cos^2\frac{k_y a}{2}}$$

式中:ε_{2p}、t 和 s 分别为 $2p$ 能级的轨道能量、传递积分和堆叠积分。π 键的电子结构如图 6.11(a)所示,$\varepsilon_{2p}=0, t=-3.033\text{eV}, s=0.129$[163]。导电带和价带在倒易晶格中的 K 点相遇。在 K 点附近,能量与波数成比例。根据相对论量子理论,这相当于没有质量的狄拉克粒子的状态。然后,该接触点被称为狄拉克点或电荷中立点。这些特征是石墨烯许多异常性质的起源。即使在早期,SiC(0001)上石墨烯外延层的生长也是获得高单晶石墨烯的唯一技术。因此,利用双层石墨烯在 SiC 上直观观测了石墨烯电子能带结构[15]。在这篇义章报道不久之后,关于 SiC 上生长的单层石墨烯的 ARPES 结果也公布了[164]。图 6.11(b)是 4H-SiC(0001)生长的单层石墨烯的 ARPES 光谱[165]。在光谱中,可以清楚地看到狄拉克锥。无法在 SiC 衬底上观察到带,因为 SiC 价带和导带分别比费米能量 E_F 低 2.6eV 和高 0.4eV[166]。相反,可以看到由 6R30 重构的复制带[164]。

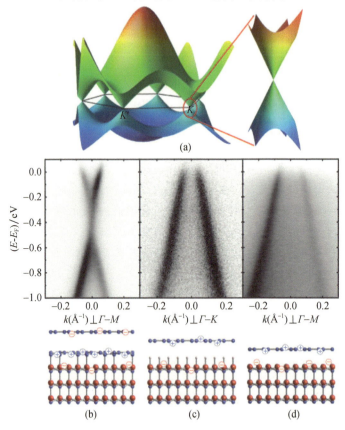

图 6.11 (a)石墨烯的电子能带结构;(b)外延单层石墨烯;(c)氢插层法制备的准独立式石墨烯;(d)通过快速冷却技术制备的准独立式石墨烯的 ARPES 光谱和结构模型(经许可转载自参考文献[165])

狄拉克点的能量 E_D 大约比 E_F 低 0.4eV。这表明石墨烯是电子掺杂的。从费米能级上的能量图可以估计出电子浓度约为 $1\times10^{13}\mathrm{cm}^{-2}$。电子掺杂是由于 SiC 晶体存在自发极化和缓冲层[167-168]。由于 SiC 晶体无反转对称,所以具有较大的自发极化,导致 SiC 表面局部电荷为负。由于这种效应,导致缓冲层的局域电荷为正,因此石墨烯呈电子掺杂。费米速度也可以从能带的 $\hbar^{-1}\mathrm{d}E(k)/\mathrm{d}k$ 的斜率估计为 1×10^6 m/s,约为 $c/300$,其中 c 是光速[164]。

从单层石墨烯的能带结构可以理解,如图 6.11(b),下部能带的线性外推不通过上部能带。因此,可以推测 SiC 上的单层石墨烯具有带隙[169]。这一点一直以来都是争论的主题[170]。虽然 K 点的能量分布曲线呈下降趋势,但在上带和下带之间似乎存在一定的能量散射。这可能可能是因为衬底相互作用产生了间隙。然而,电测量中的传输间隙始终没有被观察到过。因此,SiC(0001)上的单层石墨烯没有带隙。与理想狄拉克锥的偏差现在被认为是由于电子-电子、电子-声子和电子-等离子体相互作用。其中,电子-等离子体相互作用在能带重整化中起主要作用[164]。

SiC(0001)上的双层石墨烯具有能带结构,与计算的 AB 堆叠双层石墨烯能带基本吻合。然而,其带隙约为 0.1eV,这是由于石墨烯/SiC 界面处存在的电偶极子诱导的石墨烯 A 和 B 亚晶格的对称性破坏[15,88,171]。狄拉克能量 E_D 比 E_F 低 0.3eV 左右,比单层石墨烯稍高一点,这是因为空间上衬底相互作用的减少[88]。三层石墨烯的能带结构存在争议。一个研究小组报道了该带可以用 ABA 堆叠和 ABC 堆叠的三层石墨烯的带的混合来解释[88]。后面将提到的 Si 面上的准重建三层石墨烯显示出 ABC 堆叠的清晰带[89]。如上一节所述,块状石墨主要具有 ABA 堆叠。所以,SiC 上的多层石墨烯有稳定 ABC 堆叠的石墨烯层的趋势[82]。事实上,已经报道了在离轴6H-SiC(0001)衬底上的3C-SiC 上生长的 ABC 堆叠菱形多层石墨烯的能带结构[172]。

石墨烯的掺杂可以直接用霍尔效应测量。图 6.12(a)和(b)显示了薄膜电阻(Ω/sq)的温度依赖性,以及在 4H-SiC(0001)上生长的单层石墨烯的迁移率($\mathrm{cm}^2/(\mathrm{V}\cdot\mathrm{s})$)和载流子密度($\mathrm{cm}^{-2}$)。室温下电子密度约为 $1\times10^{13}\mathrm{cm}^{-2}$,与温度无关[2]。20K 时电子迁移率约为 $1800\mathrm{cm}^2/(\mathrm{V}\cdot\mathrm{s})$,而且随温度的升高而升高,在 RT 时电子迁移率约为 $900\mathrm{cm}^2/(\mathrm{V}\cdot\mathrm{s})$。因此,电阻也随温度的升高而增大。在 RT 处形成的片层电阻约为 600Ω/sq。在图 6.12(c)中,用马蒂森定律和下列方程分析了电阻值[165,173-176]:

$$R = R_0 + R_{\mathrm{LAP}} + R_{\mathrm{IP}}$$

式中:R_0、R_{LAP} 和 R_{IP} 分别为由于缺陷和杂质(与温度无关)造成的剩余电阻、石墨烯的纵向声子散射和界面声子散射。均可用以下式表示:

$$R_{\mathrm{LAP}} = \frac{\pi D_A^2 k_B}{e^2 \hbar \rho_s v_s^2 v_F^2} T$$

式中:D_A 为石墨烯的形变势;k_B 为玻耳兹曼常数;e 为电子电荷;$\hbar$ 为普朗克常数;ρ_s 为石墨烯的二维质量密度;v_s 为声速;v_F 为费米速度。

$$R_{\mathrm{IP}} = \sum_{i=1}^{2}\left\{\frac{C_i}{\exp(E_i/k_B T) - 1}\right\}$$

式中:C_i 为电子-声子耦合的系数;E_i 为相应的声子能量。此处,使用 $E_1 = 70$,$E_2 = 16\mathrm{meV}$,对应于缓冲层的声子能量。16meV 声子模式和 70meV 声子模分别与 Γ 点和 M 点的面外声模有关。拟合结果及参数见图 6.12(c) 和表 6.1。

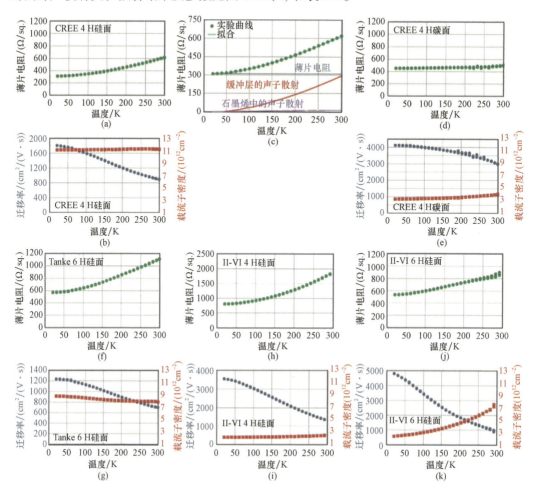

图 6.12 不同 SiC 衬底上生长的石墨烯的薄膜电阻、迁移率和载流子密度

(a)、(b) HPSI CREE 4H-SiC(0001) 上的单层石墨烯；(c)(a) 中电阻值的分析。(d)、(e) CREE HPSI4H-SiC(000$\bar{1}$) 上的多层石墨烯；(f)、(g) TankeBlueSI6H-SiC(0001) 上的单层石墨烯；(h)、(I) V 掺杂 SI II-VI-4H-SiC(0001) 上的单层石墨烯；(j)、(k) V 掺杂 SI II-VI 6H-SiC(0001) 上的单层石墨烯。（经许可转载自参考文献[2]）

根据图 6.12(c) 中的拟合，20K 时的电阻主要是由于残余电阻。随着温度的升高，缓冲层项的声子散射增加，在室温时，两者的贡献几乎相等。石墨烯中的声子散射几乎可以忽略。这些结果表明，缓冲层中的声子是电阻增加的主要来源，这降低了载流子迁移率。因此，缓冲层对 SiC 上石墨烯的电子性质起着非常重要的作用[177]。研究了光激载流子动力学，揭示了电子—声子和电子—缺陷相互作用[178-189]。

缓冲层本身是电非活性的，但是其分散了石墨烯中的电载流子。注意，在缓冲层中，面内原子排列与石墨烯几乎相同，但部分碳原子与其下方的硅原子有共价键。换句话说，C—Si 键的断裂将导致缓冲层转化为石墨烯。为了实现这一效果，插层技术是最佳的。最常用的是氢插层[190]。在这种情况下，首先在 SiC(0001) 上生长缓冲层。然后，样品在 700~800℃ 的纯氢气氛中退火，导致悬垂键被氢原子饱和。尽管缓冲层没有表现出石墨烯的能带结构，而且是绝缘的，但在氢嵌入后出现了清晰的狄拉克锥，如图 6.11(c) 所示。

与具有缓冲层的外延单层石墨烯(EMLG)相比,这种石墨烯与 SiC 具有弱的相互作用,因此被称为准重建单层石墨烯(QFSMLG)。

氢插层后,石墨烯被轻微空穴掺杂,然后 E_D 在 ARPES 光谱中刚好高于 E_F。空穴掺杂的是由 SiC 的极化和缓冲层的缺失导致的[167-168,191-192]。由于 3C-SiC 的结构各向同性,使 3C-SiC 的净极化较弱,因此在 3C-SiC 上的 QFSMLG 略有电子掺杂[168]。在扫描隧道显微镜(STM)实验中,氢插层后未观察到 6R30 图案[193]。通过高分辨率二次离子质谱证实了界面处氢的存在[194]。由于不再存在缓冲层,界面声子散射明显降低。然后,迁移率不再依赖于温度,并且由于减小的载流子密度估计为约 $5×10^{12}\,cm^{-2}$,所以室温下的迁移率值约为 $3100\,cm^2/(V·s)$[195-196]。通过扫描隧道光谱(STS)测量直接检测载流子类型转换[197]。反映了与衬底的弱相互作用,ARPES 光谱中的能带重整化降低,QFSMLG 拉曼光谱中的 2D 能带出现在 $2665\,cm^{-1}$ 处[195,198-200]。QFSMLG 的电学性能与氢处理条件密切相关。如果温度太低,不饱和硅键仍然存在,迁移率降低[201-203]。在较高的温度下,氢从界面解吸,QFSMLG 转换回缓冲层[190]。

表 6.1 阻力分析的拟合参数(图 6.12(c))

D_A/eV	C_1/Ω	C_2/Ω	R_0/Ω
14	994	191	311

通过氢插层将缓冲层转化为单层石墨烯。因此,EMLG 可以转换为准独立式双层石墨烯(QFSBLG)[190,204-206]。外延双层石墨烯可以转化为准独立式的三层石墨烯(QFSTLG)。对 QFSTLG 的 ARPES 谱进行了观察,并用 ABC 叠层菱形三层石墨烯进行了解释[89]。

用不同种类的插层来修饰石墨烯的电子结构。所用插层物质包括氧[146,207-211]、氮[212-214]、氟[215-217]、硅[218-220]、锗[221-224]、金[225-226]、铜[227-228]、锰[229-233]、铁[234]、锡[235-236]、铷[237]、镱[238]、铅[239]、锂[240-243]、铋[244]、铽[245]。插层后,6R30 衍射斑消失,因为缓冲层转化为石墨烯。插层后的 ARPES 光谱显示掺杂水平,掺杂水平由插层剂的功函数、原子结构以及与石墨烯或 SiC 的相互作用决定。还报道了另一种利用快速冷却技术获得 QFSMLG 的技术[165]。通过该技术制备的材料的 ARPES 谱如图 6.11(d)所示。在这种情况下,石墨烯是高度空穴掺杂的。由此可见,界面改性对石墨烯的电子性能有很大的影响。插层现象证明,缓冲层与 SiC 之间的界面可以看作二维材料生长的二维反应场,这将在最后一节中描述。

对于石墨烯的电学测量,需要半绝缘(SI)衬底以消除 SiC 衬底的导电。图 6.12(a) 和(b)所示的电特性来自从 CREE 公司购买的高纯半绝缘(HPSI)4H-SiC(0001)衬底 ($\rho > 1×10^5\,\Omega·cm$)上的单层石墨烯。用磁场为 0.5 T 的四根电极在 5mm×5mm 样品的角部进行霍尔效应测量,得到了该样品的迁移率和载流子密度值。在图 6.13 中,还将迁移率值绘制在 20K(封闭符号)和 300K(开放符号)作为 21 个样本的载流子浓度的函数。这些值紧密相连,20K 时的迁移率几乎是 300K 时的 2 倍。结果表明,使用 CREE HPSI Si 面基材的这些性能具有高再现性。

硅衬底也可由其他晶片制造商提供。这里比较了在各种硅衬底上生长的石墨烯的电性质的结果。在图 6.12 中,在温度 20~300K 内,CREE($\rho > 1×10^5\,\Omega·cm$)测定了生长在

(d),(e)上 HPSI 4H-SiC($000\bar{1}$),TankeBlue 有限公司($\rho > 1 \times 10^5 \, \Omega \cdot cm$)测定了生长在(f)(g)上 I6H-SiC(0001)上、II-VI Inc.($\rho > 1 \times 10^7 \, \Omega \cdot cm$)测定了生长在(h),(i)上钒掺杂 SI4 H-SiC(0001)、II-VI($\rho > 1 \times 10^9 \, \Omega \cdot cm$)测定了生长在(j),(k)上钒掺杂 Si 6H-SiC(0001)的石墨烯的层电阻、载流子迁移率和载流子密度值。所有结果均表现出电子传导。所有这些曲线图都包括在冷却和加热过程中测量的值,表明在测量期间没有滞后。

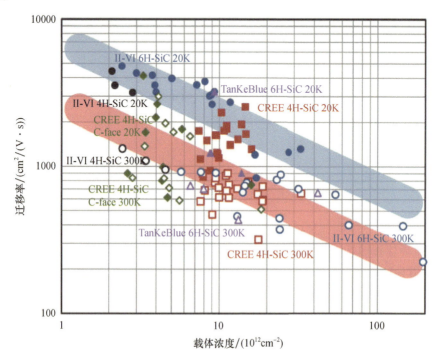

图6.13 在不同 SiC 衬底上生长的石墨烯样品的迁移率与载流子浓度

打开符号和关闭符号分别是 300K 和 20K 的值。红色方块、绿色菱形、紫色三角、蓝色圆圈和黑色圆圈分别来自 CREE 4H-SiC 界面、CREE 4H-SiC 界面、TankeBlue 6H-SiC 界面、II-VI 6H-SiC 界面和 II-VI 4H-SiC 界面上的石墨烯。红色和蓝色的粗线是 300K 和 20K 的变化路线。

C 面石墨烯电阻的温度依赖性较弱,分别反映了载流子密度和迁移率的正温度依赖性和负温度依赖性,如图6.12(d)和(e)所示。载流子密度为 $4 \times 10^{12} cm^{-2}$,室温下的迁移率约为 $3000 cm^2/(V \cdot s)$。迁移率较高,主要是由于载流子密度较低所致。迁移率对温度的依赖性并不强,这表明从界面或基片表面发出的声子散射很弱。值得注意的是,C 面石墨烯的界面不能像6.3节所说的那样唯一地确定。在图6.13中,石墨烯在 C 面的迁移率和载流子浓度用绿色菱形表示。C 面石墨烯值的特征是分布范围很广。迁移率在 600 ~ $4000 cm^2/(V \cdot s)$ 内,载流子浓度为 $2.8 \times 10^{12} \sim 1.8 \times 10^{13} cm^{-2}$。这些大的改变是由于石墨烯的不均匀性造成的。然而,C 面石墨烯的 RT 迁移率最高[117]。当能够实现良好的结构均匀性时,C 面石墨烯将适合于需要高迁移率值的应用。

在 TankeBlue 6H-SiC(0001)上生长的石墨烯的结果如图6.12(f)和(g)和图6.13中的紫色三角形所示。其与生长在 CREE 硅面上的材料有着相似的温度低依赖性。载流子密度稍低,且与温度无关。在 $8 \times 10^{12} cm^{-2}$ 的载流子密度下,室温迁移率约为 $700 cm^2/(V \cdot s)$。

图 6.13 中的路径也表现出类似的特征,如 CREE 硅面所示。

使用Ⅱ-Ⅵ SI 4H-和 6H-SiC(0001)研究了各种混合型的这种性能的比较,分别如图 6.12(h)、(i)和(j)、(k)所示。在Ⅱ-Ⅵ 4H-SiC 上,载流子密度约为 $2 \times 10^{12} cm^{-2}$,比 CREE 4H-SiC 小一个数量级,且与温度无关。由于这种效应,导致迁移率很高,在 20K 时,迁移率约为 $3600 cm^2/(V \cdot s)$。在这些样品中,其总电阻最高。如图 6.13 所示,载流子浓度和迁移率值位于载流子浓度较低和迁移率较高的小区域。另一方面,在 6H-SiC 上,载流子密度强烈地依赖于温度,约为 $8 \times 10^{12} cm^{-2}$,随温度的降低,约为 $2 \times 10^{12} cm^{-2}$。RT 时的迁移率约为 $1000 cm^2/(V \cdot s)$,20K 时约为 $4800 cm^2/(V \cdot s)$。然而,在Ⅱ-Ⅵ 6H-SiC 上的迁移率和载流子密度值有很大的变化,如图 6.13 所示。特别是载流子密度在 $2 \times 10^{12} \sim 2 \times 10^{14} cm^{-2}$ 范围内,所有曲线均表现出载流子密度的较大温度依赖性。

基底不同导致了这些差异。特别是,Ⅱ-Ⅵ-4H-和 6H-SiC 衬底表现出的特征明显不同。在 4H-SiC(0001)上,载流子密度明显较小,而在 6H-SiC(0001)上,载流子密度与温度密切相关。导致这些差异的原因尚不完全清楚。然而,有一点需要考虑的是:如何生产半绝缘性能的石墨烯。在 CREE 制造的 HPSI4H-SiC 衬底中,通过引入晶体中的点缺陷(如 Si 或 C 空位)来补偿 SiC 的浅层杂质而实现[246-248]。相反,在Ⅱ-Ⅵ制备的 SI-4H-和 6H-SiC 衬底中,掺杂钒原子用于电荷补偿[249]。这些缺陷或掺杂会产生一个深层的水平,而这并不影响导电,然后产生半绝缘特性。不同晶体结构中的不同缺陷和掺杂剂导致不同的能级。例如,掺杂钒在 6H-SiC 中的受主能级比在 4H-SiC[250]中的受主能级浅,这将导致石墨烯性质的不同的温度依赖性。

当观察图 6.13 时,发现迁移率随着载流子浓度的降低而增加。在图 6.13 中,分别绘制了一条 $\mu \propto 1/\sqrt{n}$ 的蓝色线和温度在 20K 和 300K 的红色线,这与实验值大致相符。这种 $\mu - n$ 关系与石墨烯的低场迁移率是一致的,因为极性衬底的表面存在极性声子[173,251]。SiC(0001)上石墨烯的结果很好地遵循这一关系。

这种 $\mu - n$ 关系可以广泛地应用于实验结果。图 6.14 显示了载流子浓度随文献中载流子浓度的变化,以及和 $\mu \propto 1/\sqrt{n}$ 蓝色粗线的关系。载流子密度可由场效应晶体管栅压来控制,而迁移率随载流子浓度的降低而增加,如红色方块所示[175]。在这种情况下,当温度为 2K,载流子浓度在 $1.5 \times 10^9 cm^{-2}$ 时,迁移率最高为 $46000 cm^2/(V \cdot s)$。化学掺杂也可以控制载电体。例如,当强电负性分子如四氟四氰醌二甲烷(F4-TCNQ)沉积在石墨烯上时,电子从石墨烯中抽出,E_F 转移到 E_D 上 10meV 左右[148]。载流子浓度可降低到 $5 \times 10^{11} cm^{-2}$,迁移率可达 $29000 cm^2/(V \cdot s)$(蓝色圆圈)。臭氧水处理还能使载体浓度降低到 $4 \times 10^{10} cm^{-2}$,迁移率为 $11000 cm^2/(V \cdot s)$(蓝色圆圈)[252]。对近年来磁阻实验的分析表明,在载流子浓度为 $2 \times 10^{12} cm^{-2}$ 和 $5 \times 10^{12} cm^{-2}$ 的情况下,单层和双层石墨烯区域的磁阻和载流子浓度分别为 $20000 cm^2/(V \cdot s)$ 和 $1450 cm^2/(V \cdot s)$(蓝色方块)[253]。范德堡方法的霍尔效应测量是一种简便方法,主要使用大面积石墨烯样品测量这些值即可,无需制造复杂的装置(黑色十字和紫色菱形)[176,254]。石墨烯从 SiC 转移到 SiO_2/Si 衬底上,与转移前(红色和绿色圆圈)表现出类似的 $\mu - n$ 依赖性[255-256]。通过聚合物辅助升华生长(PASG)获得了无双层包裹体和高阶跃的完整单层石墨烯,在 2.2K(橙色菱形)时,载流子浓度为 $7.5 \times 10^{11} cm^{-2}$,迁移率为 $9500 cm^2/(V \cdot s)$[65]。采用氢插层法制备的准非支撑单层石墨烯具有较好的迁移率,特别是在高温下(蓝色、橙色、红色三角形和绿线)[196,202,257-258]。大多数氢插层的迁移率值高于蓝线,这表明插层可能是改善迁移率的最佳方法。氧插层法也适用于高迁移率插层法,在载流子浓度为 $2 \times 10^{13} cm^{-2}$(绿三角形)时,其迁移率约为 $790 cm^2/(V \cdot s)$ [209]。

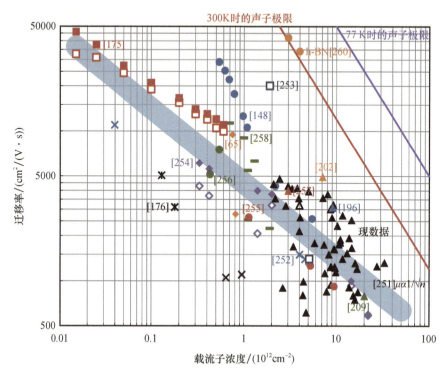

图 6.14 在 SiC 上生长的石墨烯的迁移率与载流子浓度

大多数迁移率值与载流子浓度的平方根成反比,如蓝色粗线所示。把 h-BN 夹在石墨烯层中间,理论上来讲,石墨烯的迁移率会受其中光学声子限制,如橙色圆圈所示、300K 时用红线表示,77K 时用紫色线表示。

虽然有很大的差异,但这些变化大多遵循 $\mu \propto 1/\sqrt{n}$ 的关系。RT 时的标准迁移率约为 $1000 cm^2/(V \cdot s)$,标准载体密度为 $1 \times 10^{13} cm^{-2}$。另一方面,受声子限制的石墨烯的理论迁移率值与载体浓度 $\mu \propto 1/n$(红线为有关(红线为 300K,紫线为 20K)。例如,载流子密度为 $4 \times 10^{12} cm^{-2}$ 时,迁移率为 $30000 cm^2/(V \cdot s)$ [173,259]。实验结果表明,在载流子密度为 $4.5 \times 10^{12} cm^{-2}$ 的条件下,由六方氮化硼层包裹的石墨烯的迁移率约为 $40000 cm^2/(V \cdot s)$,其数值实际上遵循 $\mu \propto 1/n$ 这一关系,如图 6.14 中的橙色圈所示[260]。同一报告中,室温时的载体浓度为 $2 \times 10^{12} cm^{-2}$,最高迁移率约为 $140000 cm^2/(V \cdot s)$。SiC 上生长的石墨烯的迁移率值低于这些值,这可能是由于界面和/或衬底的影响造成的。

6.5 SiC 上生长石墨烯的发展前景

SiC 上生长石墨烯最显著的特征是能够直接在绝缘衬底上进行圆片规模生长。使得能够容易地制造电子器件。高迁移率石墨烯 FET 是石墨烯最受欢迎的应用前景之一[13,174-175,261-264]。石墨烯 FET 将取代硅基器件,后者现在正接近其物理性能极限。报道了在 SiC 上使用石墨烯的晶圆级石墨烯集成电路[265]。然而,在这些情况下,石墨烯的无间隙特性限制了数字设备的开/关比率[266]。

另一方面,用于高速通信设备的模拟射频(rf)晶体管是 SiC 上生长的石墨烯应用的另一个有吸引力的领域。在这些设备中,不再需要带隙,仅需要高机动性。电子速度越高,器件的工作频率就越高。事实上,已经发表了关于其高性能的报告。例如,使用 SiC (0001)上生长的石墨烯的装置的截止频率高达 300GHz[149,196,267-269]。这个数值令人惊讶,因为 40 GHz 左右已是硅基器件的极限。此外,C 面外延石墨烯的振荡频率在 70GHz[113]。由于市场需求量增长,使用这种材料的通信设备将在未来几十年变得更加普遍。外延石墨烯极有可能为下一代高速通信器件的发展做出贡献。

2DEG 系统最复杂的使用是量子霍尔效应(QHE)[270]。石墨烯热实际上始于 QHE 的观察[11-12]。在 SiC 生长的外延石墨烯上也观察到 QHE[271-278]。从应用的角度,QHE 被用于量子电阻标准。绝缘 SiC 衬底上的硅片尺寸石墨烯也适合此应用。使用 SiC 上生长的均匀石墨烯的装置表现出宽的量子霍尔平台,使得电阻量化精度达到十亿分之三[279]。近年来,实现了无制冷剂桌面量子霍尔电阻标准系统[280]。

石墨烯 FET 还用于感测、等离子体和自旋电子学。已报道了用于检测气体[281]、离子[282]、水和湿度[283-285]和光[286-287]的传感器应用。发现 SiC 上的零维纳米石墨烯和石墨烯量子点可用于太赫兹辐射计[288]。对于等离子体,外延石墨烯的表面等离子体是可以直接观察到的[289-290]。还研究了等离子体激元色散关系[291-292]。石墨烯的电子-等离子体相互作用有利于发挥石墨烯装置的性能,特别是光电探测[293]。此外,石墨烯的等离子体传输可以通过电子测试测到[294]。自旋传输对实现自旋电子装置也很重要。SiC 上生长的石墨烯的高效自旋传输已经进行了相关报道[115,295-298]。尽管石墨烯中的自旋轨道相互作用非常弱,但通过波纹或接近较重的原子可以增强自旋轨道分裂[226,299]。为了获得更多的石墨烯 FET,与石墨烯的电接触是很重要的。为了获得最高的石墨烯迁移率,与石墨烯边缘形成电接触实际上是必要的[260]。对于 SiC 上生长的外延石墨烯,可以增加石墨烯/金属界面的边缘接触区域,降低接触电阻,从而提高装置性能[300-301]。石墨烯/金属界面中碳化物的形成是改善电接触的另一个候选材料[302]。

由于其大带隙(3C:2.36eV,4H:3.23eV,6H:3.05eV)、高击穿电压和高热导率,衬底 SiC 也是用于电力电子的有吸引力的材料。高导电性石墨烯可用于 SiC 器件中的互连。此处,石墨烯与 SiC 之间的电接触非常重要。石墨烯/SiC 界面表现为肖特基势垒,势垒高度为 $0.3 \sim 0.5 eV$,可以通过插层技术进行调谐[166,303-304]。另一方面,为了克服石墨烯的无间隙特性,研制出了一种石墨烯/碳化硅单片晶圆尺度器件[305]。

超导现象在材料科学中引起了极大的兴趣,同样,石墨烯的超导现象也是如此。历史上,超导现象是在石墨插层化合物中观察到的,其中石墨烯的载流子浓度是可能调节的[306-307]。因此,高载流子浓度是实现超导的关键。事实上,在 SiC 上的钙插层多层石墨烯中观察到了超导电性[308]。通过高分辨率的 ARPES 测量,可以看到在 SiC 上修饰的单层石墨烯中存在超导间隙[309]。在此基础上,可以观察到钙插层 SiC 上生长的多层石墨烯的电阻为零[310]。扫描隧道光谱学观测发现,超导临近效应也是一个值得研究的目标[311]。

半绝缘 SiC 衬底使我们能够容易地制造石墨烯器件。另一方面,将石墨烯转移到另一衬底上并重复使用衬底也是一个重要问题,因为 SiC 衬底仍然十分昂贵。之前的研究证明,Au 和聚酰亚胺沉积在石墨烯/SiC 上,石墨烯可以剥离,然后转移到另一个衬底上[312]。近年来,由于 Ni 与石墨烯的结合能更高,Ni 被更有效地用于剥离石墨烯[255-256]。在该技术中,SiC 衬底可以重复使用,并且在多次生长/剥离重复之后石墨烯的质量仍然保持较高水平。

另一种克服 SiC 高成本的方法是生产 SiC 薄膜,然后用于生长石墨烯。可以在硅衬底上生长高质量的 SiC 薄膜。在这种情况下,生产 3C-SiC,在其上外延生长高电子掺杂的石墨烯[313]。3C-SiC 的结构特点取决于硅衬底的表面取向,并影响石墨烯的生长[314]。在 3C-SiC(100)/Si(100) 上的外延石墨烯具有类似于 6H- 和 4H-SiC 单晶衬底的性质[315-316]。由于硅的熔点较低,应降低 SiC/Si 衬底上的石墨烯生长温度,而硅的熔点与石墨烯的质量都会受到影响[317]。在该技术中,表面终止也是可控的[318]。由 SiC/Si(001) 获得的纳米石墨烯颗粒在晶界表现为局域态,导致平面内磁阻较大[319]。

为了在石墨烯中引入带隙,一维约束是有效的,被称为石墨烯纳米带(GNR)。一般来说,带隙与 GNR 的宽度成反比[320]。GNR 的结构可分为三类:椅形,锯齿形和手性形,取决于其边缘结构[321-322]。椅型 GNR 具有较大的带隙,其强度随宽度的减小而增大。锯齿型 GNR 具有异常的边缘状态,这是由局域态的自旋排列引起的。由于石墨烯与 SiC 衬底的取向关系,SiC 上的石墨烯是获得边缘确定的 GNR 的良好平台。采用光刻蚀刻法可以获得宽度为 10~20nm 的窄 GNR,带隙约为 0.14eV,通过电测测得[323-325]。用 Fe 纳米颗粒对石墨烯进行线性刻蚀,可以获得齿型 GNR[326]。宽度大于 3nm 的齿形 GNR 的带隙可达 0.39eV,与理论一致。能带越窄,带隙越大,带隙与宽度成反比。通过在 SiC 表面上的阶跃,可以得到可伸缩的 GNR。在这种情况下,GNR 生长在 $(1\bar{1}0n)$ 或 $(11\bar{2}n)$ 面上,可以被有意或自发地引入到 SiC(0001) 表面。该技术的一个优点是明确定义的边缘终端[327-328]。控制面可通过光刻技术引入,而 GNR 只能在宽度为 20~40nm 的面上生长[329-330]。在 GNR 中,可以观察到弹道传输和边缘状态[331-333]。在相邻 SiC 表面的平面上可以生长出大约 10nm 宽的 GNR,其带隙为 0.14eV[334]。利用揭示电子干涉效应(例如 Fabry-Perot 型共振)的 STM 光刻技术,使得进一步的限制成为可能[335]。通过部分形成单层石墨烯并随后插氧获得准独立式 GNR[336-338]。在 $(11\bar{2}0)$ SiC 衬底上生长了纺锤形 GNR[123]。刻面和平台的周期性阵列引入了重叠石墨烯的电子性质的周期性调制[339-340]。此外,也有一些报道提出能带隙大的石墨烯是在缓冲层生长和石墨烯层生长之间的小过程窗口生长的[341-342]。

SiC 上圆片规模的石墨烯是具有很高发展潜力的新材料。尤其是,可用于生长与现有衬底具有高晶格失配的材料。换句话说,SiC 上的石墨烯可以作为范德瓦耳斯外延的衬底[343-344]。在众多材料中,已经在 SiC 上的石墨烯上生长了二维材料。首次报道了分子束外延生长的拓扑绝缘体 Bi_2Se_3[345]。还成功地生长出了低缺陷密度的单晶氮化镓,并利用上述技术将其转移到任意衬底上[346]。另外还报道了过渡金属二硫醇类化合物的大面积生长,如 MoS_2[347-350]、WS_2[351]、WSe_2[347,352-353] 和 $MoSe_2$[354]。虽然目前的质量不高,但迫切期待 h-BN 与石墨烯一起生长用于电子器件应用[355-356]。此外,还实现了 Sb_2Te_3[357]、Sb_2Te_3[358] 和 $GaSe$[359] 的生长和 WSe_2 和 MoS_2[360] 的异质外延。硅烯、锗烯、锡烯和铋烯是可以在石墨烯/SiC 或 SiC 衬底上生长的其他候选材料[361-363]。

6.6 小结

通过 SiC 的热分解生长石墨烯是唯一可用于直接在绝缘衬底上获得圆片规模单晶石墨烯的技术。在逐层生长方案的帮助下，可以在 SiC(0001) 上获得受控层数的石墨烯层。作为石墨烯结构的证据，通过 ARPES 测量直接观察到了被称为狄拉克锥的电子能带结构。在 2K 下，载流子浓度为 $1.5\times10^9 cm^{-2}$ 时，迁移率最高为 $46000 cm^2/V \cdot s$，迁移率与载流子浓度的平方根成反比。利用绝缘 SiC 上的圆片规模石墨烯生长，有望成为石墨烯 FET 器件、用于高速电信系统的 rf 晶体管、量子电阻标准和许多其他应用的有前景的平台。

参考文献

[1] Novoselov, K. S., Geim, A. K., Morozov, S. V., Jiang, D., Zhang, Y., Dubonos, S. V., Grigorieva, I. V., Firsov, A. A., Electric field effect in atomically thin carbon films. *Science*, 306, 666, 2004.

[2] Kusunoki, M., Norimatsu, W., Bao, J., Morita, K., Starke, U., Growth and features of epitaxial graphene on SiC. *J. Phys. Soc. Jpn.*, 84, 978, 2015.

[3] Norimatsu, W. and Kusunoki, M., Growth of graphene from SiC{0001} surfaces and its mechanisms. *Semicond. Sci. Technol.*, 29, 064009, 2014.

[4] Acheson, E. G., Manufacture of graphite. US568323A patent, 1896.

[5] Roentgen, W. C., Ueber eine neue Art von Strahlen. *Aus den Sitzungsberichten der Würzburg. Phys.*, 137, 1895.

[6] Badami, V., X-Ray Formed Studies of Graphite. *Carbon N. Y.*, 3, 53, 1965.

[7] Van Bommel, A. J., Crombeen, J. E., Van Tooren, A., Leed and auger electron observations of the SiC (0001) surface. *Surf. Sci.*, 48, 463, 1975.

[8] Forbeaux, I., Themlin, J.-M., Debever, J.-M., Heteroepitaxial graphite on 6H-SiC(0001): Interface formation through conduction-band electronic structure. *Phys. Rev. B*, 58, 16396, 1998.

[9] Kusunoki, M., Suzuki, T., Hirayama, T., Shibata, N., Kaneko, K., A formation mechanism of carbon nanotube films on SiC(0001). *Appl. Phys. Lett.*, 77, 531, 2000.

[10] Forbeaux, I., Themlin, J. M., Debever, J. M., High-temperature graphitization of the 6H-SiC($000\bar{1}$) face. *Surf. Sci.*, 442, 9, 1999.

[11] Novoselov, K. S., Geim, A. K., Morozov, S. V., Jiang, D., Katsnelson, M. I., Grigorieva, I. V., Dubonos, S. V., Firsov, A. A., Two-dimensional gas of massless Dirac fermions in graphene. *Nature*, 438, 197, 2005.

[12] Zhang, Y., Tan, Y. W., Stormer, H. L., Kim, P., Experimental observation of the quantum Hall effect and Berry's phase in graphene. *Nature*, 438, 201, 2005.

[13] Berger, C., Song, Z., Li, T., Li, X., Ogbazghi, A. Y., Feng, R., Dai, Z., Marchenkov, A. N., Conrad, E. H., First, P. N., de Heer, W., Ultrathin Epitaxial Graphite: 2D Electron Gas Properties and a Route toward Graphene-based Nanoelectronics. *J. Phys. Chem. B*, 108, 19912, 2004.

[14] Berger, C., Electronic confinement and coherence in patterned epitaxial graphene. *Science*, 312, 1191, 2006.

[15] Ohta, T., Bostwick, A., Seyller, T., Horn, K., Rotenberg, E., Controlling the electronic structure of bilayer graphene. *Science*, 313, 951, 2006.

[16] Virojanadara, C., Syväjärvi, M., Yakimova, R., Johansson, L. I., Zakharov, A. A., Balasubramanian, T., Homogeneous large-area graphene layer growth on 6H-SiC(0001). *Phys. Rev. B*, 78, 245403, 2008.

[17] Emtsev, K. V., Bostwick, A., Horn, K., Jobst, J., Kellogg, G. L., Ley, L., McChesney, J. L., Ohta, T., Reshanov, S. A., Röhrl, J., Rotenberg, E., Schmid, A. K., Waldmann, D., Weber, H. B., Seyller, T., Towards wafer-size graphene layers by atmospheric pressure graphitization of silicon carbide. *Nat. Mater.*, 8, 203, 2009.

[18] Hibino, H., Kageshima, H., Maeda, F., Nagase, M., Kobayashi, Y., Yamaguchi, H., Microscopic thickness determination of thin graphite films formed on SiC from quantized oscillation in reflectivity of low-energy electrons. *Phys. Rev. B*, 77, 075413, 2008.

[19] Hibino, H., Mizuno, S., Kageshima, H., Nagase, M., Yamaguchi, H., Stacking domains of epitaxial few-layer graphene on SiC(0001). *Phys. Rev. B*, 80, 085406, 2009.

[20] Tromp, R. M., Molen, S. J., Van Der, Jobst, J., Kautz, J., Nanoscale measurements of unoccupied band dispersion in few-layer graphene. *Nat. Commun.*, 6, 8926, 2015.

[21] Hibino, H., Kageshima, H., Kotsugi, M., Maeda, F., Guo, F.-Z., Watanabe, Y., Dependence of electronic properties of epitaxial few-layer graphene on the number of layers investigated by photoelectron emission microscopy. *Phys. Rev. B*, 79, 125437, 2009.

[22] Riedl, C., Starke, U., Bernhardt, J., Franke, M., Heinz, K., Structural properties of the graphene-SiC(0001) interface as a key for the preparation of homogeneous large-terrace graphene surfaces. *Phys. Rev. B*, 76, 245406, 2007.

[23] Mallet, P., Varchon, F., Naud, C., Magaud, L., Berger, C., Veuillen, J.-Y., Electron states of mono- and bilayer graphene on SiC probed by scanning-tunneling microscopy. *Phys. Rev. B*, 76, 041403, 2007.

[24] Qi, Y., Rhim, S. H., Sun, G. F., Weinert, M., Li, L., Epitaxial graphene on SiC(0001): More than just honeycombs. *Phys. Rev. Lett.*, 105, 085502, 2010.

[25] Emtsev, K. V., Speck, F., Seyller, T., Ley, L., Riley, J. D., Interaction, growth, and ordering of epitaxial graphene on SiC{0001} surfaces: A comparative photoelectron spectroscopy study. *Phys. Rev. B*, 77, 155303, 2008.

[26] Lauffer, P., Emtsev, K. V., Graupner, R., Seyller, T., Ley, L., Reshanov, S. A., Weber, H. B., Atomic and electronic structure of few-layer graphene on SiC(0001) studied with scanning tunneling microscopy and spectroscopy. *Phys. Rev. B*, 77, 155426, 2008.

[27] Varchon, F., Mallet, P., Veuillen, J.-Y., Magaud, L., Ripples in epitaxial graphene on the Si-terminated SiC(0001) surface. *Phys. Rev. B*, 77, 235412, 2008.

[28] Langer, T., Pfnür, H., Schumacher, H. W., Tegenkamp, C., Graphitization process of SiC(0001) studied by electron energy loss spectroscopy. *Appl. Phys. Lett.*, 94, 112106, 2009.

[29] Sorkin, V. and Zhang, Y. W., Rotation-dependent epitaxial relations between graphene and the Si-terminated SiC substrate. *Phys. Rev. B*, 82, 085434, 2010.

[30] Hannon, J. B., Copel, M., Tromp, R. M., Direct measurement of the growth mode of graphene on SiC(0001) and SiC(0001.). *Phys. Rev. Lett.*, 107, 166101, 2011.

[31] Sun, G. F., Liu, Y., Rhim, S. H., Jia, J. F., Xue, Q. K., Weinert, M., Li, L., Si diffusion path for pit-free graphene growth on SiC(0001). *Phys. Rev. B*, 84, 195455, 2011.

[32] Tanaka, S., Morita, K., Hibino, H., Anisotropic layer-by-layer growth of graphene on vicinal SiC(0001) surfaces. *Phys. Rev. B*, 81, 041406, 2010.

[33] Norimatsu, W. and Kusunoki, M., Transitional structures of the interface between grapheme and 6H-SiC(0001). *Chem. Phys. Lett.*, 468, 52, 2010.

[34] Nicotra, G., Ramasse, Q. M., Deretzis, I., La Magna, A., Spinella, C., Giannazzo, F., Delaminated graphene at silicon carbide facets: Atomic scale imaging and spectroscopy. *ACS Nano*, 7, 3045, 2013.

[35] Yamasue, K., Fukidome, H., Funakubo, K., Suemitsu, M., Cho, Y., Interfacial charge states in graphene on SiC studied by noncontact scanning nonlinear dielectric potentiometry. *Phys. Rev. Lett.*, 114, 226103, 2015.

[36] Hass, J., Millan-Otoya, J. E., First, P. N., Conrad, E. H., Interface structure of few layer epitaxial graphene grown on 4H_SiC(0001). *Phys. Rev. B*, 78, 205424, 2008.

[37] Weng, X., Robinson, J. A., Trumbull, K., Cavalero, R., Fanton, M. A., Snyder, D., Structure of few-layer epitaxial graphene on 6H-SiC(0001) at atomic resolution. *Appl. Phys. Lett.*, 97, 201905, 2010.

[38] Varchon, F., Feng, R., Hass, J., Li, X., Nguyen, B. N., Naud, C., Mallet, P., Veuillen, J. Y., Berger, C., Conrad, E. H., Magaud, L., Electronic structure of epitaxial graphene layers on SiC: Effect of the substrate. *Phys. Rev. Lett.*, 99, 126805, 2007.

[39] Mattausch, A. and Pankratov, O., *Ab initio* study of graphene on SiC. *Phys. Rev. Lett.*, 99, 076802, 2007.

[40] Kim, S., Ihm, J., Choi, H. J., Son, Y. W., Origin of anomalous electronic structures of epitaxial graphene on silicon carbide. *Phys. Rev. Lett.*, 100, 176802, 2008.

[41] Hill, H. M., Rigosi, A. F., Chowdhury, S., Yang, Y., Nguyen, N. V., Tavazza, F., Elmquist, R. E., Newell, D. B., Hight Walker, A. R., Probing the dielectric response of the interfacial buffer layer in epitaxial graphene via optical spectroscopy. *Phys. Rev. B*, 96, 195437, 2017.

[42] Norimatsu, W., and Kusunoki, M., Formation process of graphene on SiC(0001). *Phys. E Low-Dimensional Syst. Nanostruct.*, 42, 691, 2010.

[43] Kimoto, T., Itoh, A., Matsunami, H., Okano, T., Kimoto, T., Itoh, A., Matsunami, H., Step bunching mechanism in chemical vapor deposition of 6H- and 4H-SiC{0001}. *J. Appl. Phys.*, 81, 3494, 1997.

[44] Robinson, J., Weng, X., Trumbull, K., Cavalero, R., Wetherington, M., Frantz, E., LaBella, M., Hughes, Z., Fanton, M., Snyder, D., Nucleation of epitaxial graphene on SiC(0001). *ACS Nano*, 4, 153, 2010.

[45] Borysiuk, J., Boek, R., Strupiński, W., Wysmoek, A., Grodecki, K., Stpniewski, R., Baranowski, J. M., Transmission electron microscopy and scanning tunneling microscopy investigations of graphene on 4H-SiC(0001). *J. Appl. Phys.*, 105, 023503, 2009.

[46] Ohta, T., Bartelt, N. C., Nie, S., Thurmer, K., Kellogg, G. L., Role of carbon surface diffusion on the growth of epitaxial graphene on SiC. *Phys. Rev. B*, 81, 121411, 2010.

[47] Hibino, H., Kageshima, H., Nagase, M., Epitaxial few-layer graphene: Towards single crystal growth. *J. Phys. D. Appl. Phys.*, 43, 374005, 2010.

[48] Hupalo, M., Conrad, E. H., Tringides, M. C., Growth mechanism for epitaxial graphene on vicinal 6H-SiC(000) surfaces: A scanning tunneling microscopy study. *Phys. Rev. B*, 80, 041401, 2009.

[49] Borovikov, V. and Zangwill, A., Step-edge instability during epitaxial growth of graphene from SiC(0001). *Phys. Rev. B*, 80, 121406, 2009.

[50] Bolen, M. L., Harrison, S. E., Biedermann, L. B., Capano, M. A., Graphene formation mechanisms on 4H-SiC(0001). *Phys. Rev. B*, 80, 115433, 2009.

[51] Tromp, R. M. and Hannon, J. B., Thermodynamics and kinetics of graphene growth on SiC(0001). *Phys. Rev. Lett.*, 102, 106104, 2009.

[52] Hannon, J. B. and Tromp, R. M., Pit formation during graphene synthesis on SiC(0001): *In situ* electron microscopy. *Phys. Rev. B*, 77, 241404, 2008.

[53] Murata, Y., Petrova, V., Petrov, I., Kodambaka, S., *In situ* high-temperature scanning tunneling microscopy study of bilayer graphene growth on 6H-SiC(0001). *Thin Solid Films*, 520, 5289, 2012.

[54] Ming, F. and Zangwill, A., Model for the epitaxial growth of graphene on 6H-SiC(0001). *Phys. Rev. B*, 84, 115459, 2011.

[55] Inoue, M., Kageshima, H., Kangawa, Y., Kakimoto, K., First-principles calculation of 0th-layer graphene-like growth of C on SiC(0001). *Phys. Rev. B*, 86, 085417, 2012.

[56] Morita, M., Norimatsu, W., Qian, H., Irle, S., Kusunoki, M., Atom-by-atom simulations of graphene growth by decomposition of SiC (0001): Impact of the substrate steps. *Appl. Phys. Lett.*, 103, 141602, 2013.

[57] Kageshima, H., Hibino, H., Yamaguchi, H., Nagase, M., Stability and reactivity of steps in the initial stage of graphene growth on the SiC(0001) surface. *Phys. Rev. B*, 88, 235405, 2013.

[58] Deretzis, I. and La Magna, A., Simulating structural transitions with kinetic Monte Carlo: The case of epitaxial graphene on SiC. *Phys. Rev. E*, 93, 033304, 2016.

[59] Inoue, M., Kangawa, Y., Wakabayashi, K., Kageshima, H., Kakimoto, K., Tight-binding approach to initial stage of the graphitization process on a vicinal SiC surface. *Jpn. J. Appl. Phys.*, 50, 038003, 2011.

[60] Moreau, E., Godey, S., Ferrer, F. J., Vignaud, D., Wallart, X., Avila, J., Asensio, M. C., Bournel, F., Gallet, J. J., Graphene growth by molecular beam epitaxy on the carbon-face of SiC. *Appl. Phys. Lett.*, 97, 241907, 2010.

[61] Park, J., Mitchel, W. C., Grazulis, L., Smith, H. E., Eyink, K. G., Boeckl, J. J., Tomich, D. H., Pacley, S. D., Hoelscher, J. E., Epitaxial graphene growth by Carbon Molecular Beam Epitaxy (CMBE). *Adv. Mater.*, 22, 4140, 2010.

[62] Al-Temimy, A., Riedl, C., Starke, U., Low temperature growth of epitaxial graphene on SiC induced by carbon evaporation. *Appl. Phys. Lett.*, 95, 231907, 2009.

[63] Strupiński, W., Grodecki, K., Wysmolek, A., Stepniewski, R., Szkopek, T., Gaskell, P. E., Gruneis, A., Haberer, D., Bozek, R., Krupka, J., Baranowski, J. M., Graphene epitaxy by chemical vapor deposition on SiC. *Nano Lett.*, 11, 1786, 2011.

[64] Maeda, F. and Hibino, H., Molecular beam epitaxial growth of graphene and ridge-structure networks of graphene. *J. Phys. D. Appl. Phys.*, 44, 435305, 2011.

[65] Kruskopf, M., Pakdehi, D. M., Pierz, K., Wundrack, S., Stosch, R., Dziomba, T., Götz, M., Baringhaus, J., Aprojanz, J., Tegenkamp, C., Lidzba, J., Seyller, T., Hohls, F., Ahlers, F. J., Schumacher, H. W., Comeback of epitaxial graphene for electronics: Large-area growth of bilayer-free graphene on SiC. *2D Mater.*, 3, 041002, 2016.

[66] De Heer, W. A., Berger, C., Ruan, M., Sprinkle, M., Li, X., Hu, Y., Zhang, B., Large area and structured epitaxial graphene produced by confinement controlled sublimation of silicon carbide. *Proc. Natl. Acad. Sci.*, 108, 16899, 2011.

[67] Kunc, J., Rejhon, M., Belas, E., Dědič, V., Moravec, P., Franc, J., Effect of residual gas composition on epitaxial graphene growth on SiC. *Phys. Rev. Appl.*, 8, 044011, 2017.

[68] Norimatsu, W., Takada, J., Kusunoki, M., Formation mechanism of graphene layers on SiC(000-1) in a high-pressure argon atmosphere. *Phys. Rev. B*, 84, 035424, 2011.

[69] Ray, E. A., Rozen, J., Dhar, S., Feldman, L. C., Williams, J. R., Pressure dependence of SiO_2 growth kinetics and electrical properties on SiC. *J. Appl. Phys.*, 103, 023522, 2008.

[70] Luxmi, Srivastava, N., He, G., Feenstra, R. M., Fisher, P. J., Comparison of graphene formation on C-face and Si-face SiC {0001} surfaces. *Phys. Rev. B*, 82, 235406, 2010.

[71] Hite, J. K., Twigg, M. E., Tedesco, J. L., Friedman, A. L., Myers-Ward, R. L., Eddy, C. R., Gaskill, D. K., Epitaxial graphene nucleation on C-face silicon carbide. *Nano Lett.*, 11, 1190, 2011.

[72] Ferrer, F. J., Moreau, E., Vignaud, D., Deresmes, D., Godey, S., Wallart, X., Initial stages of graphitization on SiC(000-1), as studied by phase atomic force microscopy. *J. Appl. Phys.*, 109, 054307, 2011.

[73] Zhang, R., Dong, Y., Kong, W., Han, W., Tan, P., Growth of large domain epitaxial graphene on the C-face of SiC Growth of large domain epitaxial graphene on the C-face of SiC. *J. Appl. Phys.*, 112, 104307, 2012.

[74] Tedesco, J. L., Jernigan, G. G., Culbertson, J. C., Hite, J. K., Yang, Y., Daniels, K. M., Myers-Ward, R. L., Eddy, C. R., Robinson, J. A., Trumbull, K. A., Wetherington, M. T., Campbell, P. M., Gaskill, D. K., Morphology characterization of argon-mediated epitaxial graphene on C-face SiC. *Appl. Phys. Lett.*, 96, 222103, 2010.

[75] Camara, N., Rius, G., Huntzinger, J. R., Tiberj, A., Magaud, L., Mestres, N., Godignon, P., Camassel, J., Early stage formation of graphene on the C face of 6H-SiC. *Appl. Phys. Lett.*, 93, 263102, 2008.

[76] Camara, N., Huntzinger, J.-R., Rius, G., Tiberj, A., Mestres, N., Pérez-Murano, F., Godignon, P., Camassel, J., Anisotropic growth of long isolated graphene ribbons on the C face of graphitecapped 6H-SiC. *Phys. Rev. B*, 80, 125410, 2009.

[77] Yu, X. Z., Hwang, C. G., Jozwiak, C. M., Köhl, A., Schmid, A. K., Lanzara, A., New synthesis method for the growth of epitaxial graphene. *J. Electr. Spectrosc. Relat. Phenom.*, 184, 100, 2011.

[78] Jin, H. B., Jeon, Y., Jung, S., Modepalli, V., Kang, H. S., Lee, B. C., Ko, J. H., Shin, H. J., Yoo, J. W., Kim, S. Y., Kwon, S. Y., Eom, D., Park, K., Enhanced crystallinity of epitaxial graphene grown on hexagonal SiC surface with molybdenum plate capping. *Sci. Rep.*, 5, 9615, 2015.

[79] Hu, Y., Zhang, Y., Guo, H., Chong, L., Zhang, Y., Preparation of few-layer graphene on on-axis 4H-SiC(0001) substrates using a modified SiC-stacked method. *Mater. Lett.*, 164, 655, 2016.

[80] Sharma, B., Schumann, T., de Oliveira, M. H., Lopes, J. M. J., Controlled synthesis and characterization of multilayer graphene films on the C-face of silicon carbide. *Phys. Status Solidi Appl. Mater. Sci.*, 214, 1600721, 2017.

[81] Norimatsu, W. and Kusunoki, M., Structural features of epitaxial graphene on SiC{0001} surfaces. *J. Phys. D. Appl. Phys.*, 47, 094017, 2014.

[82] Norimatsu, W. and Kusunoki, M., Selective formation of ABC-stacked graphene layers on SiC(0001). *Phys. Rev. B*, 81, 161410, 2010.

[83] Bernal, J. D., The Structure of Graphite. 7 49. *Proc. R. Soc. A Math. Phys. Eng. Sci.*, 106, 749, 1924.

[84] Charlier, J. C., Gonze, X., Michenaud, J. P., First-principles study of the stacking effect on the electronic properties of graphite(s). *Carbon N. Y.*, 32, 289, 1994.

[85] Latil, S. and Henrard, L., Charge carriers in few-layer graphene films. *Phys. Rev. Lett.*, 97, 036803, 2006.

[86] Aoki, M. and Amawashi, H., Dependence of band structures on stacking and field in layered graphene. *Solid State Commun.*, 142, 123, 2007.

[87] Zhang, Y., Tang, T. T., Girit, C., Hao, Z., Martin, M. C., Zettl, A., Crommie, M. F., Shen, Y. R., Wang, F., Direct observation of a widely tunable bandgap in bilayer graphene. *Nature*, 459, 820, 2009.

[88] Ohta, T., Bostwick, A., McChesney, J. L., Seyller, T., Horn, K., Rotenberg, E., Interlayer interaction and electronic screening in multilayer graphene investigated with angle-resolved photoemission spectroscopy. *Phys. Rev. Lett.*, 98, 206802, 2007.

[89] Coletti, C., Forti, S., Principi, A., Emtsev, K. V., Zakharov, A. A., Daniels, K. M., Daas, B. K., Chandrashekhar, M. V. S., Ouisse, T., Chaussende, D., MacDonald, A. H., Polini, M., Starke, U., Revealing the electronic band structure of trilayer graphene on SiC: An angle-resolved photoemission study. *Phys.*

Rev. B,88,155439,2013.

[90] Kuroki,J. ,Norimatsu,W. ,Kusunoki,M. ,Plan – view of few layer graphene on 6H – SiC by transmission electron microscopy*. E. J. Surf. Sci. Nanotechnol. ,10,396,2012.

[91] Miller, D. L. ,Kubista, K. D. ,Rutter, G. M. ,Ruan, M. ,De Heer, W. A. ,Kindermann, M. ,First, P. N. , Stroscio, J. A. ,Real – space mapping of magnetically quantized graphene states. Nat. Phys. , 6, 811,2010.

[92] Borysiuk,J. ,Sotys,J. ,Piechota,J. ,Stacking sequence dependence of graphene layers on SiC(000$\bar{1}$) – experimental and theoretical investigation. J. Appl. Phys. ,109,093523,2011.

[93] Hicks,J. ,Sprinkle, M. ,Shepperd, K. ,Wang, F. ,Tejeda, A. ,Taleb – Ibrahimi, A. ,Bertran, F. ,Le Fèvre, P. ,de Heer, W. A. ,Berger, C. ,Conrad, E. H. ,Symmetry breaking in commensurate graphene rotational stacking:Comparison of theory and experiment. Phys. Rev. B,83,205403,2011.

[94] Mathieu,C. ,Barrett, N. ,Rault, J. ,Mi, Y. Y. ,Zhang, B. ,de Heer, W. A. ,Berger, C. ,Conrad, E. H. , Renault,O. ,Microscopic correlation between chemical and electronic states in epitaxial graphene on SiC (000 – 1). Phys. Rev. B,83,235436,2011.

[95] Weng, X. ,Robinson, J. A. ,Trumbull, K. ,Cavalero, R. ,Fanton, M. A. ,Weng, X. ,Robinson, J. A. ,Trumbull, K. ,Cavalero, R. ,Epitaxial graphene on SiC(000 – 1):Stacking order and interfacial structure. Appl. Phys. Lett. ,100,031904,2012.

[96] Brihuega,I. ,Mallet,P. ,Gonzalez – Herrero,H. ,De Laissardie,G. T. ,Ugeda, M. M. ,Magaud,L. ,Unraveling the intrinsic and robust nature of van hove singularities in twisted bilayer grapheme by scanning tunneling microscopy and theoretical analysis. Phys. Rev. Lett. ,109,196802,2012.

[97] Varchon,F. ,Mallet,P. ,Magaud,L. ,Veuillen,J. – Y. ,Rotational disorder in few – layer grapheme films on 6H – SiC(000 – 1):A scanning tunneling microscopy study. Phys. Rev. B,77,165415,2008.

[98] Hass,J. ,Feng, R. ,Millán – Otoya, J. E. ,Li, X. ,Sprinkle, M. ,First, P. N. ,de Heer, W. A. ,Conrad, E. H. ,Berger,C. ,Structural properties of the multilayer graphene/4H – SiC(000 – 1) system as determined by surface x – ray diffraction. Phys. Rev. B,75,214109,2007.

[99] Johansson, L. I. ,Watcharinyanon, S. ,Zakharov, A. A. ,Iakimov, T. ,Yakimova, R. ,Virojanadara, C. , Stacking of adjacent graphene layers grown on C – face SiC. Phys. Rev. B,84,125405,2011.

[100] Moreau, E. ,Godey, S. ,Wallart, X. ,Razado – Colambo, I. ,Avila, J. ,Asensio, M. – C. ,Vignaud, D. , High – resolution angle – resolved photoemission spectroscopy study of monolayer and bilayer graphene on the C – face of SiC. Phys. Rev. B,88,075406,2013.

[101] Johansson, L. I. ,Armiento, R. ,Avila, J. ,Xia, C. ,Lorcy, S. ,Abrikosov, I. A. ,Asensio, M. C. ,Virojanadara, C. ,Multiple p – bands and Bernal stacking of multilayer graphene on C – face SiC, Photoemission. Sci. Rep. ,4,4157,2014.

[102] Tison, Y. ,Lagoute, J. ,Repain, V. ,Chacon, C. ,Girard, Y. ,Joucken, F. ,Sporken, R. ,Gargiulo, F. , Yazyev, O. V. ,Rousset, S. ,Grain boundaries in graphene on SiC(000 – 1) substrate. Nano Lett. , 14, 6382,2014.

[103] Razado – Colambo, I. ,Avila, J. ,Chen, C. ,Nys, J. – P. ,Wallart, X. ,Asensio, M. – C. ,Vignaud, D. , Probing the electronic properties of graphene on C – face SiC down to single domains by nanoresolved photoelectron spectroscopies. Phys. Rev. B,92,035105,2015.

[104] Bouhafs,C. ,Stanishev, V. ,Zakharov, A. A. ,Hofmann, T. ,Kühne, P. ,Iakimov, T. ,Yakimova, R. ,Schubert, M. ,Darakchieva, V. ,Decoupling and ordering of multilayer graphene on C – face 3C – SiC(111). Appl. Phys. Lett. ,109,203102,2016.

[105] Razado – Colambo, I. ,Avila, J. ,Nys, J. P. ,Chen, C. ,Wallart, X. ,Asensio, M. C. ,Vignaud, D. ,Nano-

ARPES of twisted bilayer graphene on SiC: Absence of velocity renormalization for small angles. *Sci. Rep.*, 6, 27261, 2016.

[106] Colby, R., Bolen, M. L., Capano, M. A., Stach, E. A., Amorphous interface layer in thin graphite films grown on the carbon face of SiC. *Appl. Phys. Lett.*, 99, 101904, 2011.

[107] Nicotra, G., Deretzis, I., Scuderi, M., Spinella, C., Longo, P., Yakimova, R., Giannazzo, F., La Magna, A., Interface disorder probed at the atomic scale for graphene grown on the C face of SiC. *Phys. Rev. B*, 91, 155411, 2015.

[108] Yamasue, K., Fukidome, H., Tashima, K., Suemitsu, M., Cho, Y., Graphene on C-terminated face of 4H-SiC observed by noncontact scanning nonlinear dielectric potentiometry. *Jpn. J. Appl. Phys.*, 55, 08NB02, 2016.

[109] Srivastava, N., He, G., Luxmi, Feenstra, R. M., Interface structure of graphene on SiC(000-1). *Phys. Rev. B*, 85, 041404, 2012.

[110] Magaud, L., Hiebel, F., Varchon, F., Mallet, P., Veuillen, J.-Y., Graphene on the C-terminated SiC (000-1) surface: An *ab initio* study. *Phys. Rev. B*, 79, 161405, 2009.

[111] Siegel, D. A., Hwang, C. G., Fedorov, A. V., Lanzara, A., Quasifreestanding multilayer grapheme films on the carbon face of SiC. *Phys. Rev. B*, 81, 241417, 2010.

[112] Wu, X., Hu, Y., Ruan, M., Madiomanana, N. K., Hankinson, J., Sprinkle, M., Berger, C., De Heer, W. A., Half integer quantum Hall effect in high mobility single layer epitaxial graphene. *Appl. Phys. Lett.*, 95, 223108, 2009.

[113] Miller, D. L., Kubista, K. D., Rutter, G. M., Ruan, M., de Heer, W. A., First, P. N., Stroscio, J. A., Observing the quantization of zero mass carriers in graphene. *Science*, 324, 924, 2009.

[114] Singh, R. S., Wang, X., Chen, W., Wee, A. T. S., Singh, R. S., Wang, X., Chen, W., Wee, A. T. S., Large room-temperature quantum linear magnetoresistance in multilayered epitaxial graphene: Evidence for two-dimensional magnetotransport. *Appl. Phys. Lett.*, 101, 183105, 2013.

[115] Guo, Z., Dong, R., Chakraborty, P. S., Lourenco, N., Palmer, J., Hu, Y., Ruan, M., Hankinson, J., Kunc, J., Cressler, J. D., Berger, C., De Heer, W. A., Record maximum oscillation frequency in C-face epitaxial graphene transistors. *Nano Lett.*, 13, 942, 2013.

[116] Nemec, L., Lazarevic, F., Rinke, P., Scheffler, M., Blum, V., Why graphene growth is very different on the C face than on the Si face of SiC: Insights from surface equilibria and the (3×3)-3C-SiC(-1-1-1) reconstruction. *Phys. Rev. B*, 91, 161408, 2015.

[117] Van Den Berg, J. J., Yakimova, R., Van Wees, B. J., Spin transport in epitaxial graphene on the C-terminated (000 1)-face of silicon carbide. *Appl. Phys. Lett.*, 109, 012402, 2016.

[118] Orlita, M., Faugeras, C., Plochocka, P., Neugebauer, P., Martinez, G., Maude, D. K., Barra, A. L., Sprinkle, M., Berger, C., De Heer, W. A., Potemski, M., Approaching the dirac point in highmobility multilayer epitaxial graphene. *Phys. Rev. Lett.*, 101, 267601, 2008.

[119] Hass, J., Varchon, F., Millán-Otoya, J. E., Sprinkle, M., Sharma, N., De Heer, W. A., Berger, C., First, P. N., Magaud, L., Conrad, E. H., Why Multilayer Graphene on 4H-SiC(000-1) behaves like a single sheet of graphene. *Phys. Rev. Lett.*, 100, 125504, 2008.

[120] Daas, B. K., Omar, S. U., Shetu, S., Daniels, K. M., Ma, S., Sudarshan, T. S., Chandrashekhar, M. V. S., Comparison of epitaxial graphene growth on polar and nonpolar 6H-SiC faces: On the growth of multilayer films. *Cryst. Growth Des.*, 12, 3379, 2012.

[121] Ostler, M., Deretzis, I., Mammadov, S., Giannazzo, F., Nicotra, G., Spinella, C., Seyller, T., La Magna, A., Direct growth of quasi-free-standing epitaxial graphene on nonpolar SiC surfaces. *Phys. Rev. B*,

88,085408,2013.

[122] Xu, P., Qi, D., Schoelz, J. K., Thompson, J., Thibado, P. M., Wheeler, V. D., Nyakiti, L. O., Myers-Ward, R. L., Eddy, C. R., Gaskill, D. K., Neek-Amal, M., Peeters, F. M., Multilayer graphene, Moire patterns, grain boundaries and defects identified by scanning tunneling microscopy on the m-plane, non-polar surface of SiC. *Carbon N. Y.*, 80, 75, 2014.

[123] Jia, Y., Guo, L., Lin, J., Yang, J., Chen, X., Direct growth of unidirectional spindle-shaped graphene nanoribbons on SiC. *Carbon N. Y.*, 114, 585, 2017.

[124] Hattori, A. N., Okamoto, T., Sadakuni, S., Murata, J., Arima, K., Sano, Y., Hattori, K., Daimon, H., Endo, K., Yamauchi, K., Formation of wide and atomically flat graphene layers on ultraprecisionfigured 4H-SiC(0001) surfaces. *Surf. Sci.*, 605, 597, 2011.

[125] Norimatsu, W. and Kusunoki, M., Epitaxial graphene on SiC{0001}: Advances and perspectives. *Phys. Chem. Chem. Phys.*, 16, 3501, 2014.

[126] Hiebel, F., Mallet, P., Varchon, F., Magaud, L., Veuillen, J.-Y., Graphene-substrate interaction on 6H-SiC(000-1): A scanning tunneling microscopy study. *Phys. Rev. B*, 78, 153412, 2008.

[127] Fisher, P. J., Srivastava, N., Feenstra, R. M., Sun, Y., Kedzierski, J., Healey, P., Gu, G., Luxmi, Morphology of graphene on SiC(000 1-) surfaces. *Appl. Phys. Lett.*, 95, 073101, 2009.

[128] Borysiuk, J., Bozek, R., Grodecki, K., Wysmołek, A., Strupiński, W., Strupniewski, R., Baranowski, J. M., Transmission electron microscopy investigations of epitaxial graphene on C-terminated 4H-SiC. *J. Appl. Phys.*, 108, 013518, 2010.

[129] Prakash, G., Bolen, M. L., Colby, R., Stach, E. A., Capano, M. A., Reifenberger, R., Nanomanipulation of ridges in few-layer epitaxial graphene grown on the carbon face of 4H-SiC. *New J. Phys.*, 12, 125009, 2010.

[130] Prakash, G., Capano, M. A., Bolen, M. L., Zemlyanov, D., Reifenberger, R. G., AFM study of ridges in few-layer epitaxial graphene grown on the carbon-face of 4H-SiC(000$\bar{1}$). *Carbon N. Y.*, 48, 2383, 2010.

[131] Zhu, W. J., Low, T., Perebeinos, V., Bol, A. A., Zhu, Y., Yan, H. G., Tersoff, J., Avouris, P., Structure and electronic transport in graphene Wrinkles. *Nano Lett.*, 12, 3431, 2012.

[132] Saito, R., Hofmann, M., Dresselhaus, G., Jorio, A., Raman spectroscopy of graphene and carbon nanotubes. *Adv. Phys.*, 60, 37, 2011.

[133] Malard, L. M., Nilsson, J., Elias, D. C., Brant, J. C., Plentz, F., Alves, E. S., Castro Neto, A. H., Pimenta, M. A., Probing the electronic structure of bilayer graphene by Raman scattering. *Phys. Rev. B*, 76, 201401, 2007.

[134] Mohiuddin, T. M. G., Lombardo, A., Nair, R. R., Bonetti, A., Savini, G., Jalil, R., Bonini, N., Basko, D. M., Galiotis, C., Marzari, N., Novoselov, K. S., Geim, A. K., Ferrari, A. C., Uniaxial strain in graphene by Raman spectroscopy: G peak splitting, Gruneisen parameters, and sample orientation. *Phys. Rev. B*, 79, 205433, 2009.

[135] Das, A., Pisana, S., Chakraborty, B., Piscanec, S., Saha, S. K., Waghmare, U. V., Novoselov, K. S., Krishnamurthy, H. R., Geim, A. K., Ferrari, A. C., Sood, A. K., Monitoring dopants by Raman scattering in an electrochemically top-gated graphene transistor. *Nat. Nanotechnol*, 3, 210, 2008.

[136] Lee, J. E., Ahn, G., Shim, J., Lee, Y. S., Ryu, S., Optical separation of mechanical strain from charge doping in graphene. *Nat. Commun.*, 3, 1024, 2012.

[137] Fromm, F., Wehrfritz, P., Hundhausen, M., Seyller, T., Looking behind the scenes: Raman spectroscopy of top-gated epitaxial graphene through the substrate. *New J. Phys.*, 15, 113006, 2013.

[138] Ferralis,N. ,Maboudian,R. ,Carraro,C. ,Evidence of structural strain in epitaxial grapheme layers on 6H – SiC(0001). *Phys. Rev. Lett.* ,101,156801,2008.

[139] Röhrl,J. ,Hundhausen,M. ,Emtsev,K. V. ,Seyller,T. ,Graupner,R. ,Ley,L. ,Raman spectra of epitaxial graphene on SiC(0001). *Appl. Phys. Lett.* ,92,201918,2008.

[140] Lee,D. S. ,Riedl,C. ,Krauss,B. ,von Klitzing,K. ,Starke,U. ,Smet,J. H. ,Raman spectra of epitaxial graphene on SiC and of epitaxial graphene transferred to SiO 2. *Nano Lett.* ,8,4320,2008.

[141] Ni,Z. H. ,Chen,W. ,Fan,X. F. ,Kuo,J. L. ,Yu,T. ,Wee,A. T. S. ,Shen,Z. X. ,Raman spectroscopy of epitaxial graphene on a SiC substrate. *Phys. Rev. B*,77,115416,2008.

[142] Schmidt,D. A. ,Ohta,T. ,Beechem,T. E. ,Strain and charge carrier coupling in epitaxial graphene. *Phys. Rev. B*,84,235422,2011.

[143] Ferrari,A. C. ,Meyer,J. C. ,Scardaci,V. ,Casiraghi,C. ,Lazzeri,M. ,Mauri,F. ,Piscanec,S. ,Jiang,D. ,Novoselov,K. S. ,Roth,S. ,Geim,A. K. ,Raman spectrum of graphene and graphene layers. *Phys. Rev. Lett.* ,97,187401,2006.

[144] Kunc,J. ,Hu,Y. ,Palmer,J. ,Berger,C. ,De Heer,W. A. ,A method to extract pure Raman spectrum of epitaxial graphene on SiC. *Appl. Phys. Lett.* ,103,201911,2013.

[145] Fromm,F. ,Oliveira,M. H. ,Molina – Sánchez,A. ,Hundhausen,M. ,Lopes,J. M. J. ,Riechert,H. ,Wirtz,L. ,Seyller,T. ,Contribution of the buffer layer to the Raman spectrum of epitaxialgraphene on SiC (0001). *New J. Phys.* ,15,043031,2013.

[146] Schumann,T. ,Dubslaff,M. ,Oliveira,M. H. ,Hanke,M. ,Lopes,J. M. J. ,Riechert,H. ,Effect of buffer layer coupling on the lattice parameter of epitaxial graphene on SiC (0001). *Phys. Rev. B*, 90, 041403,2014.

[147] Kim,K. ,Coh,S. ,Tan,L. Z. ,Regan,W. ,Yuk,J. M. ,Chatterjee,E. ,Crommie,M. F. ,Cohen,M. L. ,Louie,S. G. ,Zettl,A. ,Raman spectroscopy study of rotated double – layer graphene:Misorientation – angle dependence of electronic structure. *Phys. Rev. Lett.* ,108,246103,2012.

[148] Jobst,J. ,Waldmann,D. ,Speck,F. ,Hirner,R. ,Maude,D. K. ,Seyller,T. ,Weber,H. B. ,Transport properties of high – quality epitaxial graphene on 6H – SiC (0001). *Solid State Commun.* , 151, 1061,2011.

[149] Lin,Y. M. ,Farmer,D. B. ,Jenkins,K. A. ,Wu,Y. ,Tedesco,J. L. ,Myers – Ward,R. L. ,Eddy,C. R. ,Gaskill,D. K. ,Dimitrakopoulos,C. ,Avouris,P. ,Enhanced performance in epitaxial grapheme FETs with optimized channel morphology. *IEEE Electr. Device Lett.* ,32,1343,2011.

[150] Ji,S. ,Hannon,J. B. ,Tromp,R. M. ,Perebeinos,V. ,Tersoff,J. ,Ross,F. M. ,Atomic – scale transport in epitaxial graphene. *Nat. Mater.* ,11,114,2012.

[151] Low,T. ,Perebeinos,V. ,Tersoff,J. ,Avouris,P. ,Deformation and scattering in graphene over substrate steps. *Phys. Rev. Lett.* ,108,096601,2012.

[152] Bolen,M. L. ,Colby,R. ,Stach,E. A. ,Capano,M. A. ,Graphene formation on step – free 4H – SiC (0001). *J. Appl. Phys.* ,110,074307,2011.

[153] Nyakiti,L. O. ,Myers – Ward,R. L. ,Wheeler,V. D. ,Imhoff,E. A. ,Bezares,F. J. ,Chun,H. ,Caldwell,J. D. ,Friedman,A. L. ,Matis,B. R. ,Baldwin,J. W. ,Campbell,P. M. ,Culbertson,J. C. ,Eddy,C. R. ,Jernigan,G. G. ,Gaskill,D. K. ,Bilayer graphene grown on 4H – SiC (0001) step – free mesas. *Nano Lett.* ,12,1749,2012.

[154] Matsunami,H. and Kimoto,T. ,Step – controlled epitaxial growth of SiC:High quality homoepitaxy. *Mater. Sci. Eng. R Rep.* ,20,125,1997.

[155] Ishida,Y. and Yoshida,S. ,Investigation of giant step bunching in 4H – SiC homoepitaxial:Proposal of

cluster effect model. *Jpn. J. Appl. Phys.*,54,061301,2015.

[156] Ishida,Y. and Yoshida,S.,Investigation of the giant step bunching induced by the etching of 4H – SiC in Ar – H2 mix gases. *Jpn. J. Appl. Phys.*,55,095501,2016.

[157] Yazdi,G. R.,Vasiliauskas,R.,Iakimov,T.,Zakharov,A.,Syväjärvi,M.,Yakimova,R.,Growth of large area monolayer graphene on 3C – SiC and a comparison with other SiC polytypes. *Carbon N. Y.*,57,477,2013.

[158] Oliveira,M. H.,Schumann,T.,Ramsteiner,M.,Lopes,J. M. J.,Riechert,H.,Influence of the silicon carbide surface morphology on the epitaxial graphene formation. *Appl. Phys. Lett.*,99,111901,2011.

[159] Bao,J.,Yasui,O.,Norimatsu,W.,Matsuda,K.,Kusunoki,M.,Sequential control of stepbunching during graphene growth on SiC(0001). *Appl. Phys. Lett.*,109,081602,2016.

[160] Dimitrakopoulos,C.,Grill,A.,McArdle,T. J.,Liu,Z.,Wisnieff,R.,Antoniadis,D. A.,Effect of SiC wafer miscut angle on the morphology and Hall mobility of epitaxially grown graphene. *Appl. Phys. Lett.*,98,222105,2011.

[161] Wallace,P. R.,The band theory of graphite. *Phys. Rev.*,329,622,1947.

[162] Saito,R.,Dresselhaus,G.,Dresselhaus,M. S.,*Physical Properties of Carbon Nanotubes*,Imperial College Press,London 2005.

[163] Painter,G. S. and Ellis,D. E.,Electronic band structure and optical properties of graphite from a variational approach. *Phys. Rev. B*,1,4747,1969.

[164] Bostwick,A.,Ohta,T.,Seyller,T.,Horn,K.,Rotenberg,E.,Quasiparticle dynamics in graphene. *Nat. Phys.*,3,36,2007.

[165] Bao,J.,Norimatsu,W.,Iwata,H.,Matsuda,K.,Ito,T.,Kusunoki,M.,Synthesis of freestanding graphene on SiC by a rapid – cooling technique. *Phys. Rev. Lett.*,117,205501,2016.

[166] Seyller,T.,Emtsev,K. V.,Speck,F.,Gao,K. Y.,Ley,L.,Schottky barrier between 6H – SiC and graphite:Implications for metal/SiC contact formation. *Appl. Phys. Lett.*,88,242103,2006.

[167] Ristein,J.,Mammadov,S.,Seyller,T.,Origin of doping in quasi – free – standing graphene on silicon carbide. *Phys. Rev. Lett.*,108,246104,2012.

[168] Mammadov,S.,Ristein,J.,Koch,R. J.,Ostler,M.,Raidel,C.,Wanke,M.,Vasiliauskas,R.,Yakimova,R.,Seyller,T.,Polarization doping of graphene on silicon carbide. *2D Mater.*,1,035003,2014.

[169] Zhou,S. Y.,Gweon,G. H.,Fedorov,A. V.,First,P. N.,De Heer,W. A.,Lee,D. H.,Guinea,F.,Castro Neto,A. H.,Lanzara,A.,Substrate – induced bandgap opening in epitaxial graphene. *Nat. Mater.*,6,770,2007.

[170] Zhou,S. Y.,Siegel,D. A.,Fedorov,A. V.,Gabaly,F.,El,Schmid,A. K.,Neto,A. H. C.,Lee,D. H.,Lanzara,A.,Origin of the energy bandgap in epitaxial graphene[2]. *Nat. Mater.*,7,259,2008.

[171] Riedl,C.,Zakharov,A. A.,Starke,U.,Precise *in situ* thickness analysis of epitaxial grapheme layers on SiC(0001) using low – energy electron diffraction and angle resolved ultraviolet photoelectron spectroscopy. *Appl. Phys. Lett.*,93,033106,2008.

[172] Pierucci,D.,Sediri,H.,Hajlaoui,M.,Girard,J. C.,Brumme,T.,Calandra,M.,Velez – Fort,E.,Patriarche,G.,Silly,M. G.,Ferro,G.,Soulière,V.,Marangolo,M.,Sirotti,F.,Mauri,F.,Ouerghi,A.,Evidence for flat bands near the Fermi level in epitaxial rhombohedral multilayer graphene. *ACS Nano*,9,5432,2015.

[173] Chen,J. H.,Jang,C.,Xiao,S.,Ishigami,M.,Fuhrer,M. S.,Intrinsic and extrinsic performance limits of graphene devices on SiO2. *Nat. Nanotechnol.*,3,206,2008.

[174] Farmer,D. B.,Perebeinos,V.,Lin,Y. – M.,Dimitrakopoulos,C.,Avouris,P.,Charge trapping and

scattering in epitaxial graphene. *Phys. Rev. B*,84,205417,2011.

[175] Tanabe,S. ,Sekine,Y. ,Kageshima,H. ,Nagase,M. ,Hibino,H. ,Carrier transport mechanism in graphene on SiC(0001). *Phys. Rev. B*,84,115458,2011.

[176] Giesbers,A. J. M. ,Prochazka,P. ,Flipse,C. F. J. ,Surface phonon scattering in epitaxial grapheme on 6H – SiC. *Phys. Rev. B*,87,195405,2013.

[177] Ray,N. ,Shallcross,S. ,Hensel,S. ,Pankratov,O. ,Buffer layer limited conductivity in epitaxial graphene on the Si face of SiC. *Phys. Rev. B*,86,125426,2012.

[178] Johannsen,J. C. ,Ulstrup,S. ,Cilento,F. ,Crepaldi,A. ,Zacchigna,M. ,Cacho,C. ,Turcu,I. C. E. ,Springate,E. ,Fromm,F. ,Raidel,C. ,Seyller,T. ,Parmigiani,F. ,Grioni,M. ,Hofmann,P. ,Direct view of hot carrier dynamics in graphene. *Phys. Rev. Lett.* ,111,027403,2013.

[179] Someya,T. ,Fukidome,H. ,Ishida,Y. ,Yoshida,R. ,Iimori,T. ,Yukawa,R. ,Akikubo,K. ,Yamamoto,S. ,Yamamoto,S. ,Yamamoto,T. ,Kanai,T. ,Funakubo,K. ,Suemitsu,M. ,Itatani,J. ,Komori,F. ,Shin,S. ,Matsuda,I. ,Observing hot carrier distribution in an n – type epitaxial graphene on a SiC substrate. *Appl. Phys. Lett.* ,104,161103,2014.

[180] Iglesias,J. M. ,Martin,M. J. ,Pascual,E. ,Rengel,R. ,Substrate influence on the early relaxation stages of photoexcited carriers in monolayer graphene. *Appl. Surf. Sci.* ,424,52,2017.

[181] Wendler,F. ,Mittendorff,M. ,König – Otto,J. C. ,Brem,S. ,Berger,C. ,De Heer,W. A. ,Böttger,R. ,Schneider,H. ,Helm,M. ,Winnerl,S. ,Malic,E. ,Symmetry – breaking supercollisions in landau-quantized graphene. *Phys. Rev. Lett.* ,119,067405,2017.

[182] Mihnev,M. T. ,Tolsma,J. R. ,Divin,C. J. ,Sun,D. ,Asgari,R. ,Polini,M. ,Berger,C. ,De Heer,W. A. ,MacDonald,A. H. ,Norris,T. B. ,Electronic cooling via interlayer Coulomb coupling in multilayer epitaxial graphene. *Nat. Commun.* ,6,8105,2015.

[183] Mihnev,M. T. ,Kadi,F. ,Divin,C. J. ,Winzer,T. ,Lee,S. ,Liu,C. ,Zhong,Z. ,Berger,C. ,De Heer,W. A. ,Malic,E. ,Knorr,A. ,Norris,T. B. ,Microscopic origins of the terahertz carrier relaxation and cooling dynamics in graphene. *Nat. Commun.* ,7,11617,2016.

[184] Mittendorff,M. ,Winzer,T. ,Kadi,F. ,Malic,E. ,Knorr,A. ,Berger,C. ,De Heer,W. A. ,Pashkin,A. ,Schneider,H. ,Helm,M. ,Winnerl,S. ,Box,P. O. ,Slow noncollinear coulomb scattering in the vicinity of the dirac point in graphene. *Phys. Rev. Lett.* ,117,087401,2016.

[185] Shearer,A. J. ,Johns,J. E. ,Caplins,B. W. ,Suich,D. E. ,Hersam,M. C. ,Harris,C. B. ,Shearer,A. J. ,Johns,J. E. ,Caplins,B. W. ,Suich,D. E. ,Hersam,M. C. ,Harris,C. B. ,Electron dynamics of the buffer layer and bilayer graphene on SiC Electron dynamics of the buffer layer and bilayer graphene on SiC. *Appl. Phys. Lett.* ,104,231604,2014.

[186] Johannsen,J. C. ,Ulstrup,S. ,Crepaldi,A. ,Cilento,F. ,Zacchigna,M. ,Miwa,J. A. ,Cacho,C. ,Chapman,R. T. ,Springate,E. ,Fromm,F. ,Raidel,C. ,Seyller,T. ,King,P. D. C. ,Parmigiani,F. ,Grioni,M. ,Hofmann,P. ,Tunable carrier multiplication and cooling in graphene. *Nano Lett.* ,15,326,2015.

[187] Ulstrup,S. ,Johannsen,J. C. ,Crepaldi,A. ,Cilento,F. ,Zacchigna,M. ,Cacho,C. ,Chapman,R. T. ,Springate,E. ,Fromm,F. ,Raidel,C. ,Seyller,T. ,Parmigiani,F. ,Grioni,M. ,Hofmann,P. ,Ultrafast electron dynamics in epitaxial graphene investigated with time – and angle – resolved photoemission spectroscopy. *J. Phys. Condens. Matter.* ,27,164206,2015.

[188] Gierz,I. ,Mitrano,M. ,Petersen,J. C. ,Cacho,C. ,Turcu,I. C. E. ,Springate,E. ,Stöhr,A. ,Köhler,A. ,Starke,U. ,Cavalleri,A. ,Population inversion in monolayer and bilayer graphene. *J. Phys. Condens. Matter.* ,27,164204,2015.

[189] Someya,T. ,Fukidome,H. ,Watanabe,H. ,Yamamoto,T. ,Okada,M. ,Suzuki,H. ,Ogawa,Y. ,Iimori,T. ,

Ishii, N., Kanai, T., Tashima, K., Feng, B., Yamamoto, S., Itatani, J., Komori, F., Okazaki, K., Shin, S., Matsuda, I., Suppression of supercollision carrier cooling in high mobility graphene on SiC(000 − 1). *Phys. Rev. B*, 95, 165303, 2017.

[190] Riedl, C., Coletti, C., Iwasaki, T., Zakharov, A. A., Starke, U., Quasi − free − standing epitaxial graphene on SiC obtained by hydrogen intercalation. *Phys. Rev. Lett.*, 103, 246804, 2009.

[191] Slawinska, J., Aramberri, H., Munoz, M. C., Cerda, J. I., *Ab initio* study of the relationship between spontaneous polarization and p − type doping in quasi − freestanding graphene on H − passivated SiC surfaces. *Carbon N. Y.*, 93, 88, 2015.

[192] Pankratov, O., Hensel, S., Götzfried, P., Bockstedte, M., Graphene on cubic and hexagonal SiC: A comparative theoretical study. *Phys. Rev. B*, 86, 155432, 2012.

[193] Watcharinyanon, S., Virojanadara, C., Osiecki, J. R., Zakharov, A. A., Yakimova, R., Uhrberg, R. I. G., Johansson, L. I., Surface Science Hydrogen intercalation of graphene grown on 6H − SiC(0001). *Surf. Sci.*, 605, 1662, 2011.

[194] Michałowski, P. P., Kaszub, W., Merkulov, A., Strupiński, W., Michałowski, P. P., Kaszub, W., Merkulov, A., Secondary ion mass spectroscopy depth profiling of hydrogen − intercalated graphene on SiC. *Appl. Phys. Lett.*, 109, 011904, 2016.

[195] Speck, F., Jobst, J., Fromm, F., Ostler, M., Waldmann, D., Hundhausen, M., Weber, H. B., Seyller, T., The quasi − free − standing nature of graphene on H − saturated SiC(0001). *Appl. Phys. Lett.*, 99, 122106, 2011.

[196] Robinson, J. A., Hollander, M., Labella, M., Trumbull, K. A., Cavalero, R., Snyder, D. W., Epitaxial graphene transistors: Enhancing performance via hydrogen. *Nano Lett.*, 11, 3875, 2011.

[197] Rajput, S., Li, Y. Y., Li, L., Direct experimental evidence for the reversal of carrier type upon hydrogen intercalation in epitaxial graphene/SiC(0001). *Appl. Phys. Lett.*, 104, 041908, 2014.

[198] Forti, S., Emtsev, K. V., Coletti, C., Zakharov, A. A., Riedl, C., Starke, U., Large − area homogeneous quasifree standing epitaxial graphene on SiC(0001): Electronic and structural characterization. *Phys. Rev. B*, 84, 125449, 2011.

[199] Siegel, D. A., Park, C. − H., Hwang, C., Deslippe, J., Fedorov, A. V., Louie, S. G., Lanzara, A., Many-body interactions in quasi − freestanding graphene. *Proc. Natl. Acad. Sci.*, 108, 11365, 2011.

[200] Johannsen, J. C., Ulstrup, S., Bianchi, M., Hatch, R., Guan, D., Mazzola, F., Hornekaer, L., Fromm, F., Raidel, C., Seyller, T., Hofmann, P., Electron − phonon coupling in quasi − freestanding graphene. *J. Phys. Condens. Matter.*, 25, 094001, 2013.

[201] Murata, Y., Mashoff, T., Takamura, M., Tanabe, S., Hibino, H., Beltram, F., Murata, Y., Mashoff, T., Takamura, M., Tanabe, S., Hibino, H., Correlation between morphology and transport properties of quasi − free − standing monolayer graphene. *Appl. Phys. Lett.*, 105, 221604, 2014.

[202] Tanabe, S., Takamura, M., Harada, Y., Kageshima, H., Hibino, H., Effects of hydrogen intercalation on transport properties of quasi − free − standing monolayer graphene. *Jpn. J. Appl. Phys.*, 53, 04EN01, 2014.

[203] Murata, Y., Cavallucci, T., Tozzini, V., Pavliček, N., Gross, L., Meyer, G., Takamura, M., Hibino, H., Beltram, F., Heun, S., Atomic and electronic structure of Si dangling bonds in quasi − free − standing monolayer graphene. *Nano Res.*, 11, 864, 2018.

[204] Lee, K., Kim, S., Points, M. S., Beechem, T. E., Ohta, T., Tutuc, E., Magnetotransport properties of quasi − free − standing epitaxial graphene bilayer on SiC: Evidence for Bernal stacking. *Nano Lett.*, 11, 3624, 2011.

[205] Tanabe, S., Sekine, Y., Kageshima, H., Hibino, H., Electrical Characterization of Bilayer Graphene

Formed by Hydrogen Intercalation of Monolayer Graphene on SiC(0001). *Jpn. J. Appl. Phys.*, 51, 02BN02, 2012.

[206] Yu, C., Liu, Q., Li, J., Lu, W., He, Z., Cai, S., Feng, Z., Yu, C., Liu, Q., Li, J., Lu, W., He, Z., Cai, S., Feng, Z., Preparation and electrical transport properties of quasi free standing bilayer grapheme on SiC(0001) substrate by H intercalation. *Appl. Phys. Lett.*, 105, 183105, 2014.

[207] Mathieu, C., Lalmi, B., Menteş, T. O., Pallecchi, E., Locatelli, A., Latil, S., Belkhou, R., Ouerghi, A., Effect of oxygen adsorption on the local properties of epitaxial graphene on SiC(0001). *Phys. Rev. B*, 86, 035435, 2012.

[208] Oliveira, M. H., Schumann, T., Fromm, F., Koch, R., Ostler, M., Ramsteiner, M., Seyller, T., Lopes, J. M. J., Formation of high-quality quasi-free-standing bilayer graphene on SiC(0 0 0 1) by oxygen intercalation upon annealing in air. *Carbon N. Y.*, 52, 83, 2012.

[209] Ostler, M., Fromm, F., Koch, R. J., Wehrfritz, P., Speck, F., Vita, H., Böttcher, S., Horn, K., Seyller, T., Buffer layer free graphene on SiC(0001) via interface oxidation in water vapor. *Carbon N. Y.*, 70, 258, 2014.

[210] Kowalski, G., Tokarczyk, M., Dąbrowski, P., Ciepielewski, P., MoZdZonek, M., Strupiński, W., Baranowski, J. M., New X-ray insight into oxygen intercalation in epitaxial graphene grown on 4H-SiC(0001). *J. Appl. Phys.*, 117, 105301, 2015.

[211] Oida, S., McFeely, F. R., Hannon, J. B., Tromp, R. M., Copel, M., Chen, Z., Sun, Y., Farmer, D. B., Yurkas, J., Decoupling graphene from SiC(0001) via oxidation. *Phys. Rev. B*, 82, 041411, 2010.

[212] Ouerghi, A., Silly, M. G., Marangolo, M., Mathieu, C., Eddrief, M., Large-Area and High-Quality Epitaxial Graphene on Off-Axis SiC Wafers. *ACS Nano*, 6, 6075, 2012.

[213] Caffrey, N. M., Armiento, R., Yakimova, R., Abrikosov, I. A., Charge neutrality in epitaxial graphene on 6H-SiC(0001) via nitrogen intercalation. *Phys. Rev. B*, 92, 081409, 2015.

[214] Masuda, Y., Norimatsu, W., Kusunoki, M., Formation of a nitride interface in epitaxial grapheme on SiC(0001). *Phys. Rev. B*, 91, 075421, 2015.

[215] Walter, A. L. et al., Highly-doped epitaxial graphene obtained by fluorine intercalation. *Appl. Phys. Lett.*, 98, 184102, 2014.

[216] Si, C., Zhou, G., Li, Y., Wu, J., Duan, W., Özyilmaz, B., Interface engineering of epitaxial graphene on SiC(000) via fluorine intercalation: A first principles study. *Appl. Phys. Lett.*, 100, 103105, 2012.

[217] Wong, S. L., Huang, H., Wang, Y., Cao, L., Qi, D., Santoso, I., Chen, W., Wee, A. T. S., Quasi-free-standing epitaxial graphene on SiC(0001) by fluorine intercalation from a molecular source. *ACS Nano*, 5, 7662, 2011.

[218] Xia, C., Watcharinyanon, S., Zakharov, A. A., Yakimova, R., Hultman, L., Johansson, L. I., Virojanadara, C., Si intercalation/deintercalation of graphene on 6H-SiC(0001). *Phys. Rev. B*, 85, 045418, 2012.

[219] Wang, F., Shepperd, K., Hicks, J., Nevius, M. S., Tinkey, H., Tejeda, A., Taleb-Ibrahimi, A., Bertran, F., Le Fèvre, P., Torrance, D. B., First, P. N., de Heer, W. A., Zakharov, A. A., Conrad, E. H., Silicon intercalation into the graphene-SiC interface. *Phys. Rev. B*, 85, 165449, 2012.

[220] Visikovskiy, A., Kimoto, S. I., Kajiwara, T., Yoshimura, M., Iimori, T., Komori, F., Tanaka, S., Graphene/SiC(0001) interface structures induced by Si intercalation and their influence on electronic properties of graphene. *Phys. Rev. B*, 94, 245421, 2016.

[221] Emtsev, K. V., Zakharov, A. A., Coletti, C., Forti, S., Starke, U., Ambipolar doping in quasifree epitaxial graphene on SiC(0001) controlled by Ge intercalation. *Phys. Rev. B*, 84, 125423, 2011.

[222] Baringhaus, J., Stöhr, A., Forti, S., Starke, U., Tegenkamp, C., Ballistic bipolar junctions in chemically gated graphene ribbons. *Sci. Rep.*, 5, 9955, 2015.

[223] Kim, H., Dugerjav, O., Lkhagvasuren, A., Seo, J. M., Origin of ambipolar graphene doping induced by the ordered Ge film intercalated on SiC(0001). *Carbon N. Y.*, 108, 154, 2016.

[224] Baringhaus, J., Stöhr, A., Forti, S., Krasnikov, S. A., Zakharov, A. A., Starke, U., Tegenkamp, C., Bipolar gating of epitaxial graphene by intercalation of Ge. *Appl. Phys. Lett.*, 104, 261602, 2014.

[225] Gierz, I., Suzuki, T., Weitz, R. T., Lee, D. S., Krauss, B., Riedl, C., Starke, U., Höchst, H., Smet, J. H., Ast, C. R., Kern, K., Electronic decoupling of an epitaxial graphene monolayer by gold intercalation. *Phys. Rev. B*, 81, 235408, 2010.

[226] Marchenko, D., Varykhalov, A., Sánchez-Barriga, J., Seyller, T., Rader, O., Rashba splitting of 100 meV in Au-intercalated graphene on SiC. *Appl. Phys. Lett.*, 108, 172405, 2016.

[227] Yagyu, K., Tajiri, T., Kohno, A., Takahashi, K., Tochihara, H., Tomokage, H., Suzuki, T., Fabrication of a single layer graphene by copper intercalation on a SiC(0001) surface. *Appl. Phys. Lett.*, 104, 053115, 2014.

[228] Forti, S., Stöhr, A., Zakharov, A. A., Coletti, C., Emtsev, K. V., Starke, U., Mini-Dirac cones in the band structure of a copper intercalated epitaxial graphene superlattice. *2D Mater.* 3, 035003, 2016.

[229] Magnano, E., Bondino, F., Cepek, C., Sangaletti, L., Mozzati, M. C., Parmigiani, F., Ferromagnetism in graphene-Mn(x)Si(1-x) heterostructures grown on 6H-SiC(0001). *J. Appl. Phys.*, 111, 013917, 2016.

[230] Gao, T., Gao, Y., Chang, C., Chen, Y., Liu, M., Xie, S., He, K., Ma, X., Zhang, Y., Liu, Z., Atomicscale morphology and electronic structure of manganese atomic layers underneath epitaxial graphene on SiC(0001). *ACS Nano*, 6, 6562, 2012.

[231] Kahaly, M. U., Kaloni, T. P., Schwingenschlögl, U., Pseudo Dirac dispersion in Mn-intercalated graphene on SiC. *Chem. Phys. Lett.*, 578, 81, 2013.

[232] Li, Y. and Fang, Y., The design of d-character Dirac cones based on graphene. *J. Phys. Condens. Matter.*, 26, 385501, 2014.

[233] Li, Y., West, D., Huang, H., Li, J., Zhang, S. B., Duan, W., Theory of the Dirac half metal and quantum anomalous Hall effect in Mn-intercalated epitaxial graphene. *Phys. Rev. B*, 92, 201403, 2015.

[234] Sung, S. J., Yang, J. W., Lee, P. R., Kim, J. G., Ryu, M. T., Park, H. M., Lee, G., Hwang, C. C., Kim, K. S., Kim, J. S., Chung, J. W., Spin-induced band modifications of graphene through intercalation of magnetic iron atoms. *Nanoscale*, 6, 3824, 2014.

[235] Kim, H., Dugerjav, O., Lkhagvasuren, A., Seo, J. M., Charge neutrality of quasi-free-standing monolayer graphene induced by the intercalated Sn layer. *J. Phys. D. Appl. Phys.*, 49, 135307, 2016.

[236] Hayashi, S., Visikovskiy, A., Kajiwara, T., Iimori, T., Shirasawa, T., Nakastuji, K., Miyamachi, T., Nakashima, S., Yaji, K., Mase, K., Komori, F., Tanaka, S., Triangular lattice atomic layer of Sn(1×1) at graphene/SiC(0001) interface. *Appl. Phys. Express*, 11, 015202, 2018.

[237] Kleeman, J., Sugawara, K., Sato, T., Takahashi, T., Direct evidence for a metallic interlayer band in Rb-intercalated bilayer graphene. *Phys. Rev. B*, 87, 195401, 2013.

[238] Watcharinyanon, S., Johansson, L. I., Xia, C., Ingo Flege, J., Meyer, A., Falta, J., Virojanadara, C., Ytterbium intercalation of epitaxial graphene grown on Si-Face SiC. *Graphene*, 02, 66, 2013.

[239] Yurtsever, A., Onoda, J., Iimori, T., Niki, K., Miyamachi, T., Abe, M., Mizuno, S., Tanaka, S., Komori, F., Sugimoto, Y., Effects of Pb intercalation on the structural and electronic properties of epitaxial graphene on SiC. *Small*, 12, 3956, 2016.

[240] Virojanadara, C., Watcharinyanon, S., Zakharov, A. A., Johansson, L. I., Epitaxial graphene on 6H – SiC and Li intercalation. *Phys. Rev. B*, 82, 205402, 2010.

[241] Bisti, F., Profeta, G., Vita, H., Donarelli, M., Perrozzi, F., Sheverdyaeva, P. M., Moras, P., Horn, K., Ottaviano, L., Electronic and geometric structure of graphene/SiC(0001) decoupled by lithium intercalation. *Phys. Rev. B*, 91, 245411, 2015.

[242] Johansson, L. I., Xia, C., Virojanadara, C., Li induced effects in the core level and π – band electronic structure of graphene grown on C – face SiC. *J. Vac. Sci. Technol. A*, 33, 061405, 2015.

[243] Caffrey, N. M., Johansson, L. I., Xia, C., Armiento, R., Abrikosov, I. A., Jacobi, C., Structural and electronic properties of Li – intercalated graphene on SiC(0001). *Phys. Rev. B*, 93, 195421, 2016.

[244] Stöhr, A., Forti, S., Link, S., Zakharov, A. A., Kern, K., Starke, U., Benia, H. M., Intercalation of graphene on SiC(0001) via ion implantation. *Phys. Rev. B*, 94, 085431, 2016.

[245] Daukiya, L., Nair, M. N., Hajjar – Garreau, S., Vonau, F., Aubel, D., Bubendorff, J. L., Cranney, M., Denys, E., Florentin, A., Reiter, G., Simon, L., Highly n – doped graphene generated through intercalated terbium atoms. *Phys. Rev. B*, 97, 035309, 2018.

[246] Jenny, J. R., Malta, D. P., Müller, S. G., Powell, A. R., Tsvetkov, V. F., Hobgood, H. M., Glass, R. C., Carter, C. H., High – purity semi – insulating 4H – SiC for microwave device applications. *J. Electron. Mater.*, 32, 432, 2003.

[247] Jenny, J. R., Malta, D. P., Calus, M. R., Muller, S. G., Powell, A. R., Tsvetkov, V. F., Hobgood, H. M., Glass, R. C., Carter, J. C. H., Development of Large Diameter High – Purity Semi – insulating 4H – SiC Wafers for Microwave Devices. *Mater. Sci. Forum*, 35, 457 – 460, 2004.

[248] Mitchel, W. C., Mitchell, W. D., Smith, H. E., Landis, G., Smith, S. R., Glaser, E. R., Compensation mechanism in high purity semi – insulating 4H – SiC. *J. Appl. Phys.*, 101, 053716, 2007.

[249] Bickermann, M., Weingärtner, R., Winnacker, A., On the preparation of vanadium doped PVT grown SiC boules with high semi – insulating yield. *J. Cryst. Growth*, 254, 390, 2003.

[250] Mitchel, W. C., Mitchell, W. D., Landis, G., Smith, H. E., Lee, W., Zvanut, M. E., Vanadium donor and acceptor levels in semi – insulating 4H – and 6H – SiC. *J. Appl. Phys.*, 101, 013707, 2007.

[251] Perebeinos, V. and Avouris, P., Inelastic scattering and current saturation in graphene. *Phys. Rev. B*, 81, 195442, 2010.

[252] Yager, T., Webb, M. J., Grennberg, H., Yakimova, R., Lara – avila, S., Kubatkin, S., High mobility epitaxial graphene devices via aqueous – ozone processing. *Appl. Phys. Lett.*, 106, 063503, 2015.

[253] Endo, A., Bao, J., Norimatsu, W., Kusunoki, M., Katsumoto, S., Iye, Y., Two – carrier model on the magnetotransport of epitaxial graphene containing coexisting single – layer and bilayer areas. *Philos. Mag.*, 97, 1755, 2017.

[254] Tedesco, J. L., VanMil, B. L., Myers – Ward, R. L., McCrate, J. M., Kitt, S. A., Campbell, P. M., Jernigan, G. G., Culbertson, J. C., Eddy, C. R., Gaskill, D. K., Hall effect mobility of epitaxial graphene grown on silicon carbide. *Appl. Phys. Lett.*, 95, 122102, 2009.

[255] Kim, J., Park, H., Hannon, J. B., Bedell, S. W., Fogel, K., Sadana, D. K., Dimitrakopoulos, C., Layer – resolved graphene transfer via engineered strain layers. *Science*, 342, 833, 2013.

[256] Bae, S. – H., Zhou, X., Kim, S., Lee, Y. S., Cruz, S. S., Kim, Y., Hannon, J. B., Yang, Y., Sadana, D. K., Ross, F. M., Park, H., Kim, J., Seog, Y., Cruz, S. S., Kim, Y., Hannon, J. B., Unveiling the carrier transport mechanism in epitaxial graphene for forming wafer – scale, single – domain graphene. *Proc. Natl. Acad. Sci.*, 114, 4082, 2017.

[257] Pallecchi, E., Lafont, F., Cavaliere, V., Schopfer, F., Mailly, D., Poirier, W., Ouerghi, A., High Elec-

tron mobility in epitaxial graphene on 4H – SiC(0001) via post – growth annealing under hydrogen. *Sci. Rep.* ,4 ,4558 ,2014.

[258] Ciuk,T. ,Petruk,O. ,Kowalik,A. ,Jozwik,I. ,Rychter,A. ,Szmidt,J. ,Ciuk,T. ,Petruk,O. ,Kowalik, A. ,Jozwik,I. ,Rychter,A. ,Low – noise epitaxial graphene on SiC Hall effect element for commercial applications. *Appl. Phys. Lett.* ,108 ,223504 ,2016.

[259] Hwang,E. H. and Das Sarma,S. ,Acoustic phonon scattering limited carrier mobility in twodimensional extrinsic graphene. *Phys. Rev. B* ,77 ,115449 ,2008.

[260] Wang,L. ,Meric,I. ,Huang,P. Y. ,Gao,Q. ,Gao,Y. ,Tran,H. ,Taniguchi,T. ,Watanabe,K. ,Campos, L. M. ,Muller,D. A. ,Guo,J. ,Kim,P. ,Hone,J. ,Shepard,K. L. ,Dean,C. R. ,One – dimensional electrical contact to a two – dimensional material. *Science* ,342 ,614 ,2013.

[261] Wu,Y. Q. ,Ye,P. D. ,Capano,M. A. ,Xuan,Y. ,Sui,Y. ,Qi,M. ,Cooper,J. A. ,Shen,T. ,Pandey,D. , Prakash,G. ,Reifenberger,R. ,Top – gated graphene field – effect – transistors formed by decomposition of SiC. *Appl. Phys. Lett.* ,92 ,092102 ,2008.

[262] Gu,G. ,Luxmi,Fisher,P. J. ,Srivastava,N. ,Feenstra,R. M. ,The influence of the band structure of epitaxial graphene on SiC on the transistor characteristics. *Solid State Commun.* ,149 ,2194 ,2009.

[263] Hopf,T. ,Vassilevski,K. V. ,Escobedo – Cousin,E. ,King,P. J. ,Wright,N. G. ,O'Neill,A. G. ,Horsfall,A. B. ,Goss,J. P. ,Wells,G. H. ,Hunt,M. R. C. ,Dirac point and transconductance of top – gated graphene field – effect transistors operating at elevated temperature. *J. Appl. Phys.* ,116 ,154504 ,2014.

[264] Waldmann,D. ,Jobst,J. ,Speck,F. ,Seyller,T. ,Krieger,M. ,Weber,H. B. ,Bottom – gated epitaxial graphene. *Nat. Mater.* ,10 ,357 ,2011.

[265] Lin,Y. – M. ,Valdes – Garcia,A. ,Han,S. – J. ,Farmer,D. B. ,Meric,I. ,Sun,Y. ,Wu,Y. ,Dimitrakopoulos,C. ,Grill,A. ,Avouris,P. ,Jenkins,K. A. ,Wafer – Scale Graphene Integrated Circuit. *Science* , 332 ,1294 ,2011.

[266] Schwierz,F. ,Graphene transistors. *Nat. Nanotechnol.* ,5 ,487 ,2010.

[267] Lin,Y. – M. ,Dimitrakopoulos,C. ,Jenkins,K. A. ,Farmer,D. B. ,Chiu,H. – Y. ,Grill,A. ,Avouris, P. ,100 – GHz Transistors from wafer – scale epitaxial graphene. *Science* ,327 ,662 ,2010.

[268] Avouris,P. and Xia,F. ,Graphene applications in electronics and photonics. *MRS Bull.* ,37 ,1225 ,2012.

[269] Wu,Y. ,Jenkins,K. A. ,Valdes – Garcia,A. ,Farmer,D. B. ,Zhu,Y. ,Bol,A. A. ,Dimitrakopoulos,C. , Zhu,W. ,Xia,F. ,Avouris,P. ,Lin,Y. M. ,State – of – the – art graphene high – frequency electronics. *Nano Lett.* ,12 ,3062 ,2012.

[270] Klitzing,K. V. ,Dorda,G. ,Pepper,M. ,New method for high accuracy determination of the fine structure constant based on quantized Hall resistance. *Phys. Rev. Lett.* ,45 ,494 ,1980.

[271] Shen,T. ,Gu,J. J. ,Xu,M. ,Wu,Y. Q. ,Bolen,M. L. ,Capano,M. A. ,Engel,L. W. ,Ye,P. D. ,Observation of quantum – Hall effect in gated epitaxial graphene grown on SiC(0001). *Appl. Phys. Lett.* ,95 , 172105 ,2009.

[272] Lee,D. S. ,Riedl,C. ,Beringer,T. ,Castro Neto,A. H. ,Von Klitzing,K. ,Starke,U. ,Smet,J. H. ,Quantum hall effect in twisted bilayer graphene. *Phys. Rev. Lett* ,107 ,216602 ,2011.

[273] Tanabe,S. ,Takamura,M. ,Harada,Y. ,Kageshima,H. ,Hibino,H. ,Quantum hall effect and carrier scattering in quasi – free – standing monolayer graphene. *Appl. Phys. Express* ,5 ,125101 ,2012.

[274] Iagallo,A. ,Tanabe,S. ,Roddaro,S. ,Takamura,M. ,Hibino,H. ,Heun,S. ,Tuning of quantum interference in top – gated graphene on SiC. *Phys. Rev. B* ,88 ,235406 ,2013.

[275] Yang,M. ,Couturaud,O. ,Desrat,W. ,Consejo,C. ,Kazazis,D. ,Yakimova,R. ,Syväjärvi,M. ,Goiran, M. ,Béard,J. ,Frings,P. ,Pierre,M. ,Cresti,A. ,Escoffier,W. ,Jouault,B. ,Puddle – induced resistance

oscillations in the breakdown of the graphene quantum hall effect. *Phys. Rev. Lett.*, 117, 237702, 2016.

[276] Alexander – Webber, J. A., Huang, J., Maude, D. K., Janssen, T. J. B. M., Tzalenchuk, A., Antonov, V., Yager, T., Lara – Avila, S., Kubatkin, S., Yakimova, R., Nicholas, R. J., Giant quantum Hall plateaus generated by charge transfer in epitaxial graphene. *Sci. Rep.*, 6, 30296, 2016.

[277] Nachawaty, A., Yang, M., Desrat, W., Nanot, S., Jabakhanji, B., Kazazis, D., Yakimova, R., Cresti, A., Escoffier, W., Jouault, B., Magnetic field driven ambipolar quantum Hall effect in epitaxial graphene close to the charge neutrality point. *Phys. Rev. B*, 96, 075442, 2017.

[278] Yang, Y., Cheng, G., Mende, P., Calizo, I. G., Feenstra, R. M., Chuang, C., Liu, C. W., Liu, C. I., Jones, G. R., Hight Walker, A. R., Elmquist, R. E., Epitaxial graphene homogeneity and quantum Hall effect in millimeter – scale devices. *Carbon N. Y.*, 115, 229, 2017.

[279] Tzalenchuk, A., Lara – Avila, S., Kalaboukhov, A., Paolillo, S., Syväjärvi, M., Yakimova, R., Kazakova, O., Janssen, T. J. B. M., Fal'ko, V., Kubatkin, S., Towards a quantum resistance standard based on epitaxial graphene. *Nat. Nanotechnol.*, 5, 186, 2010.

[280] Janssen, T. J. B. M., Rozhko, S., Antonov, I., Tzalenchuk, A., Williams, J. M., Melhem, Z., He, H., Lara – Avila, S., Kubatkin, S., Yakimova, R., Operation of graphene quantum Hall resistance standard in a cryogen – free table – top system. *2D Mater.*, 2, 035015, 2015.

[281] Iezhokin, I., Offermans, P., Brongersma, S. H., Giesbers, A. J. M., Flipse, C. F. J., High sensitive quasi freestanding epitaxial graphene gas sensor on 6H – SiC. *Appl. Phys. Lett.*, 103, 053514, 2013.

[282] Mitsuno, T., Taniguchi, Y., Ohno, Y., Nagase, M., Mitsuno, T., Taniguchi, Y., Ohno, Y., Nagase, M., Ion sensitivity of large – area epitaxial graphene film on SiC substrate. *Appl. Phys. Lett.*, 111, 213103, 2017.

[283] Zhou, H., Ganesh, P., Presser, V., Wander, M. C. F., Fenter, P., Kent, P. R. C., Jiang, D., Chialvo, A. A., McDonough, J., Shuford, K. L., Gogotsi, Y., Understanding controls on interfacial wetting at epitaxial graphene: Experiment and theory. *Phys. Rev. B*, 85, 035406, 2012.

[284] Melios, C., Winters, M., Strupiński, W., Panchal, V., Giusca, C. E., Imalka Jayawardena, K. D. G., Rorsman, N., Silva, S. R. P., Kazakova, O., Tuning epitaxial graphene sensitivity to water by hydrogen intercalation. *Nanoscale*, 9, 3440, 2017.

[285] Panchal, V., Giusca, C. E., Lartsev, A., Yang, C., Mahmood, A., Kim, B., Kitaoka, M., Nagahama, T., Nakamura, K., Aritsuki, T., Carrier doping effect of humidity for single – crystal graphene on SiC studies. *Jpn. J. Appl. Phys.*, 56, 085102, 2017.

[286] Higuchi, T., Heide, C., Ullmann, K., Weber, H. B., Hommelhoff, P., Light – field – driven currents in graphene. *Nature*, 550, 224, 2017.

[287] Sarker, B. K., Cazalas, E., Chung, T., Childres, I., Jovanovic, I., Chen, Y. P., Position – dependent and millimetre – range photodetection in phototransistors with micrometre – scale graphene on SiC. *Nat. Nanotechnol.*, 12, 668, 2017.

[288] El Fatimy, A., Myers – Ward, R. L., Boyd, A. K., Daniels, K. M., Gaskill, D. K., Barbara, P., Epitaxial graphene quantum dots for high – performance terahertz bolometers. *Nat. Nanotechnol.*, 11, 335, 2016.

[289] Chen, J., Nesterov, M. L., Nikitin, A. Y., Thongrattanasiri, S., Alonso – gonza, P., Slipchenko, T. M., Speck, F., Ostler, M., Seyller, T., Crassee, I., Koppens, F. H. L., Martin – moreno, L., Garc, F. J., Kuzmenko, A. B., Hillenbrand, R., Strong Plasmon Reflection at Nanometer – Size Gaps in Monolayer Graphene on SiC. *Nano Lett.*, 13, 6210, 2013.

[290] Mitrofanov, O., Yu, W., Thompson, R., Probing terahertz surface plasmon waves in grapheme structures. *Appl. Phys. Lett.*, 103, 111105, 2013.

[291] Tegenkamp, C., Pfnür, H., Langer, T., Baringhaus, J., Schumacher, H. W., Plasmon electron – hole resonance in epitaxial graphene. *J. Phys. Condens. Matter.*, 23, 012001, 2011.

[292] Koch, R. J., Fryska, S., Ostler, M., Endlich, M., Speck, F., Hänsel,, T., Schaefer, J. A., Seyller, T., Robust phonon – plasmon coupling in quasifreestanding graphene on silicon carbide. *Phys. Rev. Lett.*, 116, 106802, 2016.

[293] Cai, X., Sushkov, A. B., Jadidi, M. M., Nyakiti, L. O., Myers – Ward, R. L., Gaskill, D. K., Murphy, T. E., Fuhrer, M. S., Drew, H. D., Plasmon – enhanced terahertz photodetection in graphene. *Nano Lett.*, 15, 4295, 2015.

[294] Kumada, N., Tanabe, S., Hibino, H., Kamata, H., Hashisaka, M., Muraki, K., Fujisawa, T., Plasmon transport in graphene investigated by time – resolved electrical measurements. *Nat. Commun.*, 4, 1363, 2013.

[295] Dlubak, B., Martin, M. – B., Deranlot, C., Servet, B., Xavier, S., Mattana, R., Sprinkle, M., Berger, C., De Heer, W. A., Petroff, F., Anane, A., Seneor, P., Fert, A., Highly efficient spin transport in epitaxial graphene on SiC. *Nat. Phys.*, 8, 557, 2012.

[296] Van den Berg, J. J., Kaverzin, A., van Wees, B. J., Hanle precession in the presence of energydependent coupling between localized states and an epitaxial graphene spin channel. *Phys. Rev. B*, 94, 235417, 2016.

[297] Maassen, T., Van Den Berg, J. J., Huisman, E. H., Dijkstra, H., Fromm, F., Seyller, T., Van Wees, B. J., Localized states influence spin transport in epitaxial graphene. *Phys. Rev. Lett.*, 110, 067209, 2013.

[298] Lara – Avila, S., Kubatkin, S., Kashuba, O., Folk, J. A., L??scher, S., Yakimova, R., Janssen, T. J. B. M., Tzalenchuk, A., Fal'ko, V., Influence of impurity spin dynamics on quantum transport in epitaxial graphene. *Phys. Rev. Lett.*, 115, 106602, 2015.

[299] Marchenko, D., Varykhalov, A., Scholz, M. R., Sánchez – Barriga, J., Rader, O., Rybkina, A., Shikin, A. M., Seyller, T., Bihlmayer, G., Spin – resolved photoemission and *ab initio* theory of graphene/SiC. *Phys. Rev. B*, 88, 075422, 2013.

[300] Smith, J. T., Franklin, A. D., Farmer, D. B., Dimitrakopoulos, C. D., Reducing contact resistance in graphene devices through contact area patterning. *ACS Nano*, 7, 3661, 2013.

[301] Yager, T., Lartsev, A., Cedergren, K., Yakimova, R., Panchal, V., Kazakova, O., Tzalenchuk, A., Kim, K. H., Park, Y. W., Lara – avila, S., Kubatkin, S., Low contact resistance in epitaxial grapheme devices for quantum metrology. *AIP Adv.*, 5, 087134, 2015.

[302] Le Quang, T., Huder, L., Bregolin, F. L., Artaud, A., Okuno, H., Mollard, N., Pouget, S., Lapertot, G., Jansen, A. G. M., Le, F., Driessen, E. F. C., Chapelier, C., Renard, V. T., Epitaxial electrical contact to graphene on SiC. *Carbon N. Y.*, 121, 48, 2017.

[303] Dharmaraj, P., Jesuraj, P. J., Jeganathan, K., Tuning a Schottky barrier of epitaxial graphene/4H – SiC (0001) by hydrogen intercalation. *Appl. Phys. Lett.*, 108, 051605, 2016.

[304] Shtepliuk, I., Iakimov, T., Khranovskyy, V., Eriksson, J., Giannazzo, F., Yakimova, R., Role of the potential barrier in the electrical performance of the graphene/SiC interface. *Crystals*, 7, 162, 2017.

[305] Hertel, S., Waldmann, D., Jobst, J., Albert, A., Albrecht, M., Reshanov, S., Schöner, A., Krieger, M., Weber, H. B., Tailoring the graphene/silicon carbide interface for monolithic wafer – scale electronics. *Nat. Commun.*, 3, 1955, 2012.

[306] Hannay, N. B., Geballe, T. H., Matthias, B. T., Andres, K., Schmidt, P., MacNair, D., Superconductivity in graphitic compounds. *Phys. Rev. Lett.*, 14, 225, 1965.

[307] Smith, R. P., Weller, T. E., Howard, C. A., Dean, M. P. M., Rahnejat, K. C., Saxena, S. S., Ellerby, M., Superconductivity in graphite intercalation compounds. *Phys. C Supercond. its Appl.*, 514, 50, 2015.

[308] Li, K., Feng, X., Zhang, W., Ou, Y., Chen, L., He, K., Wang, L. - L., Guo, L., Liu, G., Xue, Q. - K., Ma, X., Superconductivity in Ca - intercalated epitaxial graphene on silicon carbide. *Appl. Phys. Lett.*, 103, 062601, 2013.

[309] Ludbrook, B., Levy, G., Nigge, P., Zonno, M., Schneider, M., Dvorak, D., Veenstra, C., Zhdanovich, S., Wong, D., Dosanjh, P., Stra. er, C., Stöhr, A., Forti, S., Ast, C., Starke, U., Damascelli, A., Evidence for superconductivity in Li - decorated monolayer graphene. *Proc. Natl. Acad. Sci.*, 112, 11795, 2015.

[310] Ichinokura, S., Sugawara, K., Takayama, A., Takahashi, T., Hasegawa, S., Superconducting Calcium - Intercalated Bilayer Graphene. *ACS Nano*, 10, 2761, 2016.

[311] Natterer, F. D., Ha, J., Baek, H., Zhang, D., Cullen, W. G., Zhitenev, N. B., Kuk, Y., Stroscio, J. A., Scanning tunneling spectroscopy of proximity superconductivity in epitaxial multilayer graphene. *Phys. Rev. B*, 93, 045406, 2016.

[312] Unarunotai, S., Murata, Y., Chialvo, C. E., Kim, H. S., MacLaren, S., Mason, N., Petrov, I., Rogers, J. A., Transfer of graphene layers grown on SiC wafers to other substrates and their integration into field effect transistors. *Appl. Phys. Lett.*, 95, 202101, 2009.

[313] Ouerghi, A., Marangolo, M., Belkhou, R., El Moussaoui, S., Silly, M. G., Eddrief, M., Largeau, L., Portail, M., Fain, B., Sirotti, F., Epitaxial graphene on 3C - SiC(111) pseudosubstrate: Structural and electronic properties. *Phys. Rev. B*, 82, 125445, 2010.

[314] Suemitsu, M. and Fukidome, H., Epitaxial graphene on silicon substrates. *J. Phys. D. Appl. Phys.*, 43, 374012, 2010.

[315] Ouerghi, A., Ridene, M., Balan, A., Belkhou, R., Barbier, A., Gogneau, N., Portail, M., Michon, A., Latil, S., Jegou, P., Shukla, A., Sharp interface in epitaxial graphene layers on 3C - SiC(100)/Si(100) wafers. *Phys. Rev. B*, 83, 205429, 2011.

[316] Velez - Fort, E., Silly, M. G., Belkhou, R., Shukla, A., Sirotti, F., Ouerghi, A., Edge state in epitaxial nanographene on 3C - SiC(100)/Si(100) substrate. *Appl. Phys. Lett.*, 103, 083101, 2013.

[317] Handa, H., Takahashi, R., Abe, S., Imaizumi, K., Saito, E., Jung, M. H., Ito, S., Fukidome, H., Suemitsu, M., Transmission electron microscopy and raman - scattering spectroscopy observation on the interface structure of graphene formed on Si substrates with various orientations. *Jpn. J. Appl. Phys.*, 50, 04DH02, 2011.

[318] Sambonsuge, S., Jiao, S., Nagasawa, H., Fukidome, H., Diamond & Related Materials Formation of qualified epitaxial graphene on Si substrates using two - step heteroexpitaxy of C - terminated 3C - SiC(- 1 - 1 - 1) on Si(110). *Diam. Relat. Mater.*, 67, 51, 2016.

[319] Wu, H. C. et al., Large positive in - plane magnetoresistance induced by localized states at nanodomain boundaries in graphene. *Nat. Commun.*, 8, 14453, 2017.

[320] Han, M. Y., Özyilmaz, B., Zhang, Y., Kim, P., Energy band - gap engineering of graphene nanoribbons. *Phys. Rev. Lett.*, 98, 206805, 2007.

[321] Nakada, K., Fujita, M., Dresselhaus, G., Dresselhaus, M. S., Edge state in graphene ribbons: Nanometer size effect and edge shape dependence. *Phys. Rev. B*, 54, 17954, 1996.

[322] Yang, L., Park, C. H., Son, Y. W., Cohen, M. L., Louie, S. G., Quasiparticle energies and band gaps in graphene nanoribbons. *Phys. Rev. Lett.*, 99, 186801, 2007.

[323] Hwang, W. S., Tahy, K., Zhao, P., Nyakiti, L. O., Wheeler, V. D., Myers - Ward, R. L., Eddy, C. R., Kurt

Gaskill, D., Xing, H. G., Seabaugh, A., Jena, D., Electronic transport properties of topgated epitaxial – graphene nanoribbon field – effect transistors on SiC wafers. *J. Vac. Sci. Technol. B*, *Nanotechnol. Microelectron. Mater. Process. Meas. Phenom.*, 32, 012202, 2014.

[324] Hwang, W. S. *et al.*, Graphene nanoribbon field – effect transistors on wafer – scale epitaxial graphene on SiC substrates. *APL Mater.*, 3, 011101, 2015.

[325] Liu, G., Wu, Y., Lin, Y. M., Farmer, D. B., Ott, J. A., Bruley, J., Grill, A., Avouris, P., Pfeiffer, D., Balandin, A. A., Dimitrakopoulos, C., Epitaxial graphene nanoribbon array fabrication using BCP – assisted nanolithography. *ACS Nano*, 6, 6786, 2012.

[326] Li, Y. Y., Chen, M. X., Weinert, M., Li, L., Direct experimental determination of onset of electronelectron interactions in gap opening of zigzag graphene nanoribbons. *Nat. Commun.*, 5, 4311, 2014.

[327] Sorkin, V. and Zhang, Y. W., Partial – epitaxial morphology of graphene nanoribbon on the Si – terminated SiC(0001) surfaces. *Phys. Rev. B*, 81, 085435, 2010.

[328] Le, N. B. and Woods, L. M., Graphene nanoribbons anchored to SiC substrates. *J. Phys. Condens. Matter.*, 28, 364001, 2016.

[329] Sprinkle, M., Ruan, M., Hu, Y., Hankinson, J., Rubio – Roy, M., Zhang, B., Wu, X., Berger, C., De Heer, W. A., Scalable templated growth of graphene nanoribbons on SiC. *Nat. Nanotechnol.*, 5, 727, 2010.

[330] Nevius, M. S., Wang, F., Mathieu, C., Barrett, N., Sala, A., Menteş, T. O., Locatelli, A., Conrad, E. H., The bottom – up growth of edge specific graphene nanoribbons. *Nano Lett.*, 14, 6080, 2014.

[331] Baringhaus, J., Ruan, M., Edler, F., Tejeda, A., Sicot, M., Taleb – Ibrahimi, A., Li, A. P., Jiang, Z. G., Conrad, E. H., Berger, C., Tegenkamp, C., de Heer, W. A., Exceptional ballistic transport in epitaxial graphene nanoribbons. *Nature*, 506, 349, 2014.

[332] Baringhaus, J., Aprojanz, J., Wiegand, J., Laube, D., Halbauer, M., Hübner, J., Oestreich, M., Tegenkamp, C., Growth and characterization of sidewall graphene nanoribbons. *Appl. Phys. Lett.*, 106, 043109, 2016.

[333] Baringhaus, J., Edler, F., Tegenkamp, C., Edge – states in graphene nanoribbons: A combined spectroscopy and transport study. *J. Phys. Condens. Matter.*, 25, 392001, 2013.

[334] Kajiwara, T., Nakamori, Y., Visikovskiy, A., Iimori, T., Komori, F., Nakatsuji, K., Mase, K., Tanaka, S., Graphene nanoribbons on vicinal SiC surfaces by molecular beam epitaxy. *Phys. Rev. B*, 87, 121407, 2013.

[335] Baringhaus, J., Settnes, M., Aprojanz, J., Power, S. R., Jauho, A. P., Tegenkamp, C., Electron interference in ballistic graphene nanoconstrictions. *Phys. Rev. Lett.*, 116, 186602, 2016.

[336] Oliveira, M. H., Lopes, J. M. J., Schumann, T., Galves, L. A., Ramsteiner, M., Berlin, K., Trampert, A., Riechert, H., Synthesis of quasi – free – standing bilayer graphene nanoribbons on SiC surfaces. *Nat. Commun.*, 6, 7632, 2015.

[337] Galves, L. A., Wofford, J. M., Soares, G. V., Jahn, U., Pfuller, C., Riechert, H., Lopes, J. M. J., The effect of the SiC(0001) surface morphology on the growth of epitaxial mono – layer grapheme nanoribbons. *Carbon N. Y.*, 115, 162, 2017.

[338] Miccoli, I., Aprojanz, J., Baringhaus, J., Lichtenstein, T., Galves, L. A., Lopes, J. M. J., Tegenkamp, C., Quasi – free – standing bilayer graphene nanoribbons probed by electronic transport. *Appl. Phys. Lett.*, 110, 051601, 2017.

[339] Palacio, I. *et al.*, Atomic structure of epitaxial graphene sidewall nanoribbons: Flat. *Nano Lett.*, 15, 182, 2015.

[340] Ienaga, K., Iimori, T., Yaji, K., Miyamachi, T., Nakashima, S., Takahashi, Y., Fukuma, K., Hayashi, S., Kajiwara, T., Visikovskiy, A., Mase, K., Nakatsuji, K., Tanaka, S., Komori, F., Modulation of electron-phonon coupling in one-dimensionally nanorippled graphene on a macrofacet of 6H-SiC. *Nano Lett.*, 17, 3527, 2017.

[341] Nevius, M. S., Conrad, M., Wang, F., Celis, A., Nair, M. N., Taleb-Ibrahimi, A., Tejeda, A., Conrad, E. H., Semiconducting graphene from highly ordered substrate interactions. *Phys. Rev. Lett.*, 115, 136802, 2015.

[342] Conrad, M., Rault, J., Utsumi, Y., Garreau, Y., Vlad, A., Coati, A., Rueff, J.-P., Miceli, P. F., Conrad, E. H., Structure and evolution of semiconducting buffer graphene grown on SiC(0001). *Phys. Rev. B*, 96, 195304, 2017.

[343] Koma, A., Sunouchi, K., Miyajima, T., Fabrication and characterization of heterostructures with subnanometer thickness. *Microelectron. Eng.*, 2, 129, 1984.

[344] Koma, A., Van der Waals epitaxy - a new epitaxial growth method for a highly latticemismatched system. *Thin Solid Films*, 216, 72, 1992.

[345] Liu, Y., Weinert, M., Li, L., Spiral growth without dislocations: Molecular beam epitaxy of the topological insulator Bi2Se3 on epitaxial graphene/SiC(0001). *Phys. Rev. Lett.*, 108, 115501, 2012.

[346] Kim, J., Bayram, C., Park, H., Cheng, C., Dimitrakopoulos, C., Ott, J. A., Reuter, K. B., Bedell, S. W., Sadana, D. K., Principle of direct van der Waals epitaxy of single-crystalline films on epitaxial graphene. *Nat. Commun.*, 5, 4836, 2014.

[347] Lin, Y.-C., Lu, N., Perea-Lopez, N., Li, J., Lin, Z., Peng, X., Lee, C. H., Sun, C., Calderin, L., Browning, P. N., Bresnehan, M. S., Kim, M. J., Mayer, T. S., Terrones, M., Robinson, J. A., Direct synthesis of van der Waals solids. *ACS Nano*, 8, 3715, 2014.

[348] Miwa, J. A., Dendzik, M., Gronborg, S. S., Bianchi, M., Lauritsen, J. V., Hofmann, P., Van der Waals epitaxy of heterostructures in ultrahigh vacuum. *ACS Nano*, 9, 6502, 2015.

[349] Liu, X., Balla, I., Bergeron, H., Campbell, G. P., Bedzyk, M. J., Hersam, M. C., Rotationally commensurate growth of MoS2 on epitaxial graphene. *ACS Nano*, 10, 1067, 2016.

[350] Pierucci, D., Henck, H., Naylor, C. H., Sediri, H., Lhuillier, E., Balan, A., Rault, J. E., Dappe, Y. J., Bertran, F., Fevre, P., Le, Johnson, A. T. C., Ouerghi, A., Large area molybdenum disulphide epitaxial graphene vertical van der Waals heterostructures. *Sci. Rep.*, 6, 26656, 2016.

[351] Forti, S., Rossi, A., Buch, H., Cavallucci, T., Bisio, F., Sala, A., Mente, O., Locatelli, A., Electronic properties of single-layer tungsten disulfide on epitaxial graphene on silicon carbide. *Nanoscale*, 9, 16412, 2017.

[352] Azizi, A., Eichfeld, S., Geschwind, G., Zhang, K., Jiang, B., Mukherjee, D., Hossain, L., Piasecki, A. F., Kabius, B., Robinson, J. A., Alem, N., Freestanding van der Waals heterostructures of graphene and transition metal dichalcogenides. *ACS Nano*, 9, 4882, 2015.

[353] Eichfeld, S. M., Hossain, L., Lin, Y., Piasecki, A. F., Kupp, B., Birdwell, A. G., Burke, R. A., Lu, N., Peng, X., Li, J., Azcatl, A., McDonnell, S., Wallace, R. M., Kim, M. J., Mayer, T. S., Redwing, J. M., Robinson, J. A., Highly Scalable, Atomically Thin WSe2 Grown via Metal-Organic Chemical Vapor Deposition. *ACS Nano*, 9, 2080, 2015.

[354] Ugeda, M. M., Bradley, A. J., Shi, S., Jornada, F. H., Zhang, Y., Qiu, D. Y., Ruan, W., Mo, S., Hussain, Z., Shen, Z., Wang, F., Louie, S. G., Crommie, M. F., Giant bandgap renormalization and excitonic effects in a monolayer transition metal dichalcogenide semiconductor. *Nat. Mater.*, 13, 1091, 2014.

[355] Sediri, H., Pierucci, D., Hajlaoui, M., Henck, H., Patriarche, G., Dappe, Y. J., Yuan, S., Toury, B., Belk-

hou, R. , Silly, M. G. , Sirotti, F. , Boutchich, M. , Ouerghi, A. , Atomically sharp interface in an h-BN-epitaxial graphene van der Waals heterostructure. *Sci. Rep.* ,5 ,16465 ,2015.

[356] Shin, H. C. , Jang, Y. , Kim, T. H. , Lee, J. H. , Oh, D. H. , Ahn, S. J. , Lee, J. H. , Moon, Y. , Park, J. H. , Yoo, S. J. , Park, C. Y. , Whang, D. , Yang, C. W. , Ahn, J. R. , Epitaxial growth of a single-crystal hybridized boron nitride and graphene layer on a wide-band gap semiconductor. *J. Am. Chem. Soc.* , 137 ,6897 ,2015.

[357] Boschker, J. E. , Galves, L. A. , Flissikowski, T. , Lopes, J. M. J. , Coincident-site lattice matching during van der Waals epitaxy. *Sci. Rep.* ,5 ,18079 ,2015.

[358] Rajput, S. , Li, Y. Y. , Weinert, M. , Li, L. , Indirect interlayer bonding in graphene-topological insulator van der Waals heterostructure: Giant spin-orbit splitting of the graphene Dirac states. *ACS Nano* ,10 , 8450 ,2016.

[359] Aziza, Z. , Ben, Henck, H. , Pierucci, D. , Silly, M. G. , Lhuillier, E. , Patriarche, G. , Sirotti, F. , Eddrief, M. , Ouerghi, A. , Van der Waals epitaxy of GaSe/graphene heterostructure: Electronic and interfacial properties. *ACS Nano* ,10 ,9679 ,2016.

[360] Lin, Y. C. , Ghosh, R. K. , Addou, R. , Lu, N. , Eichfeld, S. M. , Zhu, H. , Li, M. Y. , Peng, X. , Kim, M. J. , Li, L. J. , Wallace, R. M. , Datta, S. , Robinson, J. A. , Atomically thin resonant tunnel diodes built from synthetic van der Waals heterostructures. *Nat. Commun.* ,6 ,7311 ,2015.

[361] Nigam, S. and Pandey, R. , Impact of van der Waal's interaction in the hybrid bilayer of silicene/SiC. *RSC Adv.* ,6 ,21948 ,2016.

[362] Matusalem, F. , Koda, D. S. , Bechstedt, F. , Marques, M. , Teles, L. K. , Deposition of topological silicene, germanene and stanene on graphene-covered SiC substrates. *Sci. Rep.* ,7 ,15700 ,2017.

[363] Reis, F. , Li, G. , Dudy, L. , Bauernfeind, M. , Glass, S. , Hanke, W. , Thomale, R. , Bismuthene on a SiC substrate. *Science* ,357 ,287 ,2017.

第7章 通过固态碳原子直接沉积于Si(111)衬底上的石墨化炭/石墨烯的生长机理和薄膜表征

Trung T. Pham[1,2,3], Robert Sporken[1]
[1] 比利时那慕尔市那慕尔大学物理系那慕尔结构物质研究所(NISM)
[2] 越南胡志明市越南科技和教育国家大学材料科学系
[3] 越南胡志明市西贡高科技园区纳米-SHTP实验室

摘　要　石墨烯在硅片衬底上的生长是一种理想方法,但仍然具有挑战性。由于Si(111)上石墨烯的生长具有重要的科学价值和技术意义,这一直是前人研究的课题。在当前纳米技术的背景下,电子束蒸发原位沉积,被认为是在任意半导体衬底上制备超清洁、高质量薄膜的一种潜在方法。这一技术的基础是来自炽热灯丝的电子束,它会产生热量,使靶上的原子转变为气相,然后沉淀在衬底上。为了充分理解制备材料的物理原理、生长机理以及结晶质量,本章将提供有关石墨化炭/石墨烯如何通过固态碳原子在适当条件下在Si(111)上直接沉积而生长的更为详细的信息。通过用反射式高能电子衍射、俄歇电子能谱、X射线光电子谱、拉曼光谱、扫描电子显微镜、原子力显微镜、扫描隧道显微镜等分析技术对结果进行了清晰的表征。

关键词　电子束蒸发,石墨化炭,硅片基底石墨烯,碳原子,碳沉积

7.1 引言

由于石墨烯优异的物理和化学性质,其在过去的10年[1-2]引起了广泛的关注。它不仅开辟了基础物理学研究的新途径,也为其工业应用带来了新的可能性。为了使石墨烯在不同的基底上生长和转移,人们付出了巨大的努力,采用了如高定向热解石墨(HOPG)的机械剥离,原始氧化石墨氧化物的化学剥离,Hummers法提纯天然石墨中的氧化石墨烯的化学剥离、液相剥离、石墨通过静电作用化学自组装石墨烯薄片、电化学剥离和石墨插层化合物(作为单个掺杂石墨烯的堆叠)、金属衬底上的化学气相沉积、超高真空中SiC的热分解、电子束蒸发等不同方法。由于硅在电子设备领域扮演着重要的角色,找到直接在硅上生长石墨烯的方法是一个重要的课题。石墨烯和硅的结合可能克服了传统的缩小硅技术所面临的设备规模的限制。因此,最近出现了几种直接在硅片上生长石墨烯的尝试。

例如,化学气相沉积(CVD)硅或二氧化硅/硅晶片上游离石墨烯的生长,其中镍或铜薄膜在典型生长温度为1000℃[3-5]时充当催化剂,而硅上的石墨烯是由使用氢气端锗缓冲层的[6]低压CVD生长控制的。催化剂材料与基体之间的相互扩散可能会对纳米尺度的集成应用产生不良的污染。用气态源分子束外延(MBE)[7]或在Si(111)[8]上用250nm厚的3C-SiC热壁低压CVD方法在Si衬底上生长100nm厚的SiC薄膜后,在Si衬底上生长出不同取向的石墨烯外延层,然后在1300℃以上进行热分解,而不是使用块体SiC晶体。然而,这个过程需要很高的温度来生长石墨烯,这使得它不能直接兼容标准的硅晶体管处理技术。Ochedowski等[9]证明了在室温超高真空系统中,通过机械剥离高取向热解石墨(HOPG),在Si(111)7×7上实现了石墨烯薄片的转移。由于石墨烯与基体之间的晶格不匹配,尽管片状尺寸达数百纳米,但薄膜粘附性能较差。这可能是进一步增长的一大障碍。其他一些研究使用电子束蒸发器作为碳源直接生长在Si(111)衬底上的石墨化炭薄膜。Hackley等[10]研究了在较低温度下形成碳缓冲层时,在碳沉积过程中将衬底温度提高到830℃,石墨薄膜的性能。结果表明,在较低的衬底温度下,只有非晶态碳能够在较高的温度下生长并生成碳化硅。Tang等[11]报道了不同的结果:碳在800℃以上的衬底上蒸发形成碳化硅层,在较低温度下形成无定形碳薄膜。然而,在所有这些情况下,石墨烯薄膜的结晶度很低,这点目前还没有完全理解。在当前纳米技术的背景下,电子束蒸发由于在特高压中原子的原位沉积,被认为是在任意半导体衬底上制备超清洁、高质量薄膜的一种潜在方法。这项技术是基于热灯丝(钨)中的电子束,它产生热量,使目标(固体)中的原子发生轰击,转化为气态,然后沉淀在衬底上。为了全面了解所制备材料的物理原理、生长机理以及结晶质量,本章将提供有关石墨化炭/石墨烯如何在Si(111)衬底上通过在适当的条件下直接沉积固态碳原子而形成的更详细的信息。利用反射式高能电子衍射(RHEED)、俄歇电子能谱(AES)、X射线光电子谱(XPS)、拉曼光谱(RS)、光学显微镜(OM)、扫描电子显微镜(SEM)、原子力显微镜(AFM)和扫描隧道显微镜(STM)等分析技术对实验结果进行了清晰的表征。

7.2 电子束蒸发技术

7.2.1 电子束蒸发原理

在物理学中,电子束蒸发是一种物理气相沉积[12],如图7.1所示。通常,在超高真空中,热灯丝(钨)的电子束直接轰击固体靶。电子束产生热量,使目标中的原子转变为气态,然后沉淀在衬底上。

7.2.2 蒸发沉积速率

根据气体动力学理论,固体的蒸发通量(Φ_{evap})由赫兹克努森定律[13]给出:

$$\Phi_{evap} = \frac{dN_{evap}}{A_{evap}dt} = \frac{\alpha_{evap} N_A (P_{evap} - P_h)}{\sqrt{2\pi MRT}} \tag{7.1}$$

式中:N_{evap}、A_{evap}、α_{evap}、P_{evap}、P_h、M、R、N_A以及T分别为蒸发原子数(无量纲)、蒸发源面积(m^2)、蒸发系数($0 \leq \alpha_{evap} \leq 1$)、蒸发物质的平衡蒸汽压($N/m^2$)、蒸发物质的静水压力($N/m^2$)、摩尔质

量(kg/mol)、理想气体常数(J/(mol·K))、阿伏伽德罗常数和材料的温度(K)。

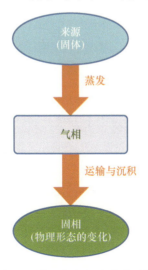

图 7.1 物理气相沉积的流程图

当 $\alpha_{evap}=1$ 和 $P_h=0$,蒸发通量为最大时,表示 Φ_{evap} 的最大值的表达式

$$\Phi_{evap} = \frac{dN_{evap}}{A_{evap}dt} = \frac{N_A P_{evap}}{\sqrt{2\pi MRT}} = \sqrt{\frac{N_A}{2\pi k_B MT}} P_{evap} \tag{7.2}$$

式中:k_B 为波耳兹曼常数(J/K)。

对于电子束蒸发,光源的加热功率是由电子束蒸发来表示:

$$W = I_e U_{HV} \tag{7.3}$$

式中:I_e 和 U_{HV} 分别为用于加热棒的发射电流(A)和高压(V)。根据斯特藩-玻耳兹曼定律,这种能量主要通过辐射产生:

$$W = \sigma A_{evep} T^4 \tag{7.4}$$

式中:$\sigma = 5.67 \times 10^{-8} W/m^2 K^4$,为斯特藩-玻耳兹曼常数。结合式(7.3)和式(7.4),得出

$$T = 4\sqrt{\frac{I_e U_{HV}}{\sigma A_{evep}}} \tag{7.5}$$

例如,如果 $W \sim 100\ W$,A_{evep} 为 $10^4\ m^2$,蒸发材料的温度 T 为 2050K。

一般来说,可以通过改变光源功率来控制蒸发速率。

(1)当 $N_A = 6.023 \times 10^{23} mol^{-1}$,$k_B = 1.38 \times 10^{-23} J/K$ 时,蒸发通量 Φ_{evep}(原子数/cm^2)改写为摩尔质量 M(g/mol)和 P_{evap}(Mbar):

$$\Phi_{evep} = 2.64 = 10^{22} \frac{P_{evap}}{\sqrt{MT}} \tag{7.6}$$

(2)对于单分子层标准厚度(1ML)为 10^{15} 原子数/cm^2,接近源的蒸发通量 Φ_{evap}(ML/s)就变成了:

$$\Phi_{evep} = 2.64 \times 10^7 \frac{P_{evap}}{MT} \tag{7.7}$$

从式(7.6)中,我们可以用通量乘以摩尔质量 M(g/mol)来描述这个蒸发率,单位为质量(g/(cm²·s))

$$R_{evap} = \Phi_{evap} M = 4.4 \times 10^{-2} \sqrt{\frac{M}{T}} P_{evap} \tag{7.8}$$

蒸汽压力 P_{evap} 通过克拉伯龙—克劳修斯方程确定

$$P_{evap} = K e^{-\frac{\Delta H}{RT}} \tag{7.9}$$

对于给定的材料,数值 K 可以通过以下方式计算

$$K = P_0 e^{\frac{\Delta H}{RT_{boiling}}} \tag{7.10}$$

式中:ΔH、R、P_0 和 $T_{boiling}$ 分别为蒸发焓(J/mol)、理想气体常数(J/(mol·K))、标准压力(1.013×10⁵Pa)和沸腾温度(K)。不同材料的 ΔH 和 $T_{boiling}$ 值见文献[14]。

对于大多数元素,P_{evap} 为 10^{-2} mbar 时[13],R_{evap} 为 10^{-4} g/cm²。

因此,在时间内蒸发的物质的质量为

$$M_{evep} = \int_0^t \int_0^{A_{evap}} R_{evap} dA dt \tag{7.11}$$

同样,为了控制晶圆表面的沉积速率,晶圆在晶圆室中的位置和方向如图7.2所示。

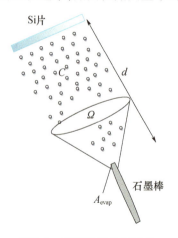

图7.2 碳蒸发的几何形状

$$R_{dep} = \frac{R_{evap} A_{evap}}{\Omega d^2 \rho} \cos\theta \tag{7.12}$$

式中:ρ、Ω、A_{evep} 和 d 分别为沉积材料的密度(g/cm³)、蒸发源的立体角(立体角)、蒸发源的面积(m²)和从棒的顶部到晶片表面的距离(m);θ 为 0°(晶圆片表面垂直于晶圆表面)。在 Ω 中,通量被认为是均匀一致的[15]。

在实验上,沉积速率 R_{dep} 可以用石英振荡器来标定,该振荡器放置在特高压室中光源前方约10cm处。石英振荡器在沉积过程中谐振频率 Δf 的变化与石英表面沉积膜的厚度有关[16]:

$$\ell = -\frac{v_q \rho_q \Delta f}{2 \rho_g f^2} \tag{7.13}$$

式中:v_q、ρ_q、ρ_g 和 f 分别为石英中纵波的速度(m/s)、石英和石墨的密度(kg/m³)和石英振

荡器的初始共振频率(Hz)。

因为,当 $v_q = 5900\text{m/s}, p_q = 2650\text{kg/m}^3, f = 6 \times 10^6 \text{Hz}$ 时,式(7.13)中的厚度 ℓ 可以改写为

$$\ell = 22 \times 10^{-8} \frac{|\Delta f|}{\rho_g} \tag{7.14}$$

石墨的密度 $\rho_g = 2230\text{kg/m}^3$,因此通过测量 Δf 可以很容易地通过式(7.14)来确定薄膜的厚度。

7.2.3 蒸发源

蒸发源是由缠绕在导电靶材(坩埚或棒)周围的几圈钨丝制成的灯丝。它发射电子,这些电子在高压下加速,朝向蒸发目标,从而提供必要的加热功率。

7.2.4 蒸发材料

蒸发物质可以是以下两种常见形式之一[15]:

(1)坩埚式:材料被放入由高熔点和低蒸气压材料制成的导电坩埚中,通过电子轰击加热,使材料蒸发。一般情况下,对于绝缘体或其他劣质导电体以及熔点较低的材料,这一方法是首选。

(2)棒式:将材料置于蒸发釜的中间,受到电子的直接轰击,然后迅速上升到蒸发温度。随着物料的蒸发,更多的物料可以通过直线运动馈送进入蒸发区。它适用于高熔点的导电材料。

在本项研究中,碳是使用 Tectra GmbH 公司的电子束蒸发器和英国顾特服剑桥有限公司 99.997% 纯度的石墨棒来沉积。

7.2.5 电子束功率和沉积速率

电子束蒸发器的电源可达到 600 W 的电子束功率。沉积速率可以从每分钟的亚单层到每秒几纳米[15]。

7.2.6 优点与缺点

优点:因为只有蒸发剂在超高真空中加热,所以才有可能生长出最纯净的薄膜。在蒸发源前方直径约 4.5cm 的区域内,通量是稳定的、可控的、高度均匀的。

缺点:由于灯丝的降解,在较长时间后不可能保持蒸发速率恒定。

7.3 实验装置

7.3.1 利用石墨棒蒸发方式搭建实验所需的主要部件

图 7.3 显示了 Tectra 典型的电子束蒸发器及其基本部件如下:

(1)电子通量蒸发器由石墨棒(最大长度为 5cm,标准直径为 2mm),盘绕钨丝,以及用于开启和关闭熔剂的通量驱动器组成。

(2)电子通量电源,用于在运行期间向石墨棒提供高电压,该电源从附近的热灯丝中提取电子电流,然后升高温度,在石墨棒上形成热尖端。

(3)通量监测器用于收集碳原子的离子,这些原子被入射的电子束电离,从而产生一个小的正电流,这与碳通量的大小有关。

(4)水冷减少了周围地区的废气排放。

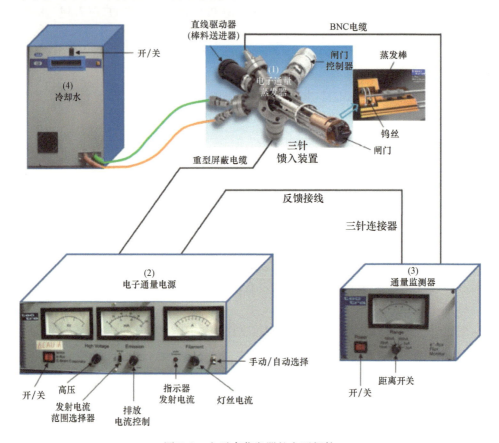

图 7.3　电子束蒸发器的主要部件

7.3.2　运行原则

图 7.4(a)显示了使用石墨棒形式实现碳蒸发的几个步骤。

原则上,当施加 7~8A 的灯丝电流时,石墨棒周围的灯丝会发出超热电子。然后,由于正的高压,这些电子将直接轰击石墨棒尖端。因此,石墨棒将被局部加热到非常高的温度,并将产生连续的碳原子通量。通过调节高压和发射电流,可以获得稳定可控的碳通量。在蒸发过程中,由于电子碰撞,一些碳原子会被电离(如蓝色所示)。它们将被位于前孔的负偏压电极收集。该离子电流是使用石英振荡器在晶片表面沉积碳原子速率的量度,如图 7.4(b)所示。由于碳的蒸发,棒会变短,因此需要更大的灯丝电流才能保持相同的流量。当棒变得非常短并且远离灯丝中心时,可能还需要增加功率以保持通量。

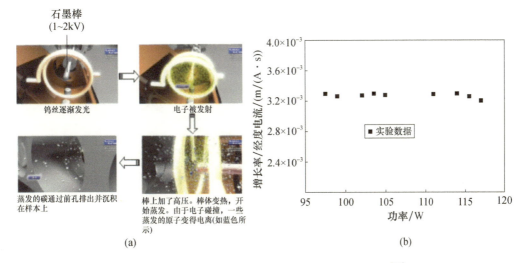

图 7.4 （a）石墨棒形式碳蒸发的模拟过程（资料来源：Tectra 公司[15]）；（b）在 d～10cm，HV=1.5～1.6kV，I_F=8A，I_e=60～80mA，蒸气压为 10^{-5}～10^{-4} mbar（仪表读数压力≤$6.0×10^{-8}$ mbar）的条件下，用式（7.9）计算，测量了沉积速率与离子电流的关系

7.3.3 碳蒸发实验条件

当高压设为 1.5 kV 时，发射电流为零，灯丝电流（I_F）逐渐增大。一旦 I_F 达到 7～8 A，发射电流（I_e）有以下两种可能性：

(1) I_e 应该为上升状态，直到 LED①（排放条件下）熄灭。

(2) 如果未观察到发射电流，石墨棒可能离灯丝太远。在这种情况下，应该慢慢地把杆子向前推。一旦它进一步渗透到蒸发器本体中，排放电流就必须上升。最佳位置距离发射电流开始上升的位置约 1～2mm。

然后，将发射拨盘顺时针旋转约 10～15mA，直到 LED 亮起。此时，稍微顺时针转动灯丝刻度盘，直到 LED 再次熄灭。这可能是足够蒸发碳的能量。根据我们的实验程序，对于石墨棒，在 1.5kV 时碳蒸发的发射电流应大于 60mA。

7.4 生长机理

7.4.1 Si(111)7×7 衬底的制备

本研究使用的是 n 型 Si（ρ>50Ωcm）样本。在基压为 10^{10} mbar 的超高真空中进行原位清洗，获得了纯硅表面。用 LEED、AES 和 STM 对样本进行了表征。

样本（未经处理的 Si(111) 的单晶衬底）被加载到超高真空中。由于表面污染（自然氧化层和一些暴露在空气中的有机/无机材料），并未观察到 LEED 图案，AES 光谱如图 7.5 所示。

---

① LED 是一个指示灯，显示在最高允许灯丝电流下无法达到选定的发射电流。

除了氧化硅在 75eV 处的峰外,在 500eV 和 260eV 的动能处还检测到了 O 和 C 峰值,证实了样本上存在污染物。因此,在进一步的步骤之前,需要对其进行清洗。

首先,在压力低于 1.0×10^{-9} mbar 的特高压室中,用直流电在 450℃ 左右脱气 12h。为了去除污染物,我们尝试了以下两种方法:

(1) 用 Ar^+ 溅射方法①:用 1keV 离子枪中的 Ar^+ 离子在 Si(111) 表面溅射 2~3min,然后在 1050℃ 进行退火。溅射过程中的压力保持在 7.0×10^{-6} mbar 左右,离子电流约为 30~40μA(由 Keithley 4200 读出)。

(2) 不通过用 Ar^+ 溅射②:直接退火的 Si(111) 表面高达 1050℃。

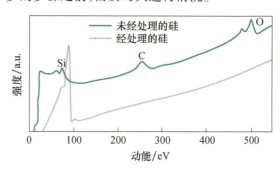

图 7.5 未处理硅(暗青)和 Ar^+ 溅射后的 AES 光谱,随后退火至 1050℃(灰色)。Ar^+ 在不溅射的情况下,晶硅表面的 AES 谱经退火后得到了相似的结果

在此过程中,如果压力高于 5.0×10^{-9} mbar,衬底温度会降低一段时间。当压力足够低时,加热过程再次开始,直到 1050℃,腔压力低于 1.0×10^{-9} mbar。然后将样本以 20℃/min 的速率冷却到 20℃。

得到的 AES 光谱是图 7.5 中的灰色曲线,而 LEED 图案显示了良好的 Si(111)(7×7) 重构表面(图 7.6(a))。STM 图像确认了大规模清洁的表面和原子分辨率,如图 7.6(b) 的插图所示,以及相应的高度剖面,其中显示了 (7×7) 表面的一些阶梯(橄榄绿)和两个相邻角孔之间的距离(橙色)(图 7.6(c))。

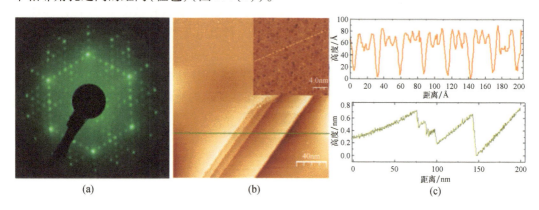

图 7.6 (a)57eV 时的 LEED 图案;(b)Si(111) 表面在 200×200 nm^2 ($V_s=+3V, I_T=0.25$ nA) 面积上的扫描隧道显微镜(STM)图像,原子级分辨率以及 ($V_s=+2V, I_T=0.2$ nA);(c) 相应 STM 图像的高度轮廓。在退火前,用 Ar^+ 溅射方法制备了样本。通过这样做,我们经常发现退火后的步骤

---

① 在退火前,硅表面的原子层和表面的污染会被 Ar^+ 溅射除去。
② 退火过程中表面污染物被解吸。

7.4.2 实验细节

碳使用 Tectra 公司的电子束蒸发器沉积,石墨来自英国顾特服剑桥有限公司,棒纯度为 99.997%。硅是在碳沉积的同一腔室中从电阻加热的 n 型硅中蒸发而来。

通过在 Si(111) 表面上蒸发碳,制备了样本。衬底温度是用红外高温计(Raytek MM2MH[450~2250℃]波长为 1.6μm,发射率设置为 0.65)。用石英晶体振荡器测量碳沉积速率。在蒸发过程中,室内的压力保持在 1.0×10^{-8} mbar 以下。

碳沉积速率保持在约 1.2×10^{13} 个原子/$(cm^2 \cdot s)$,直到碳通量关闭。在使用碳化硅作为缓冲剂的情况下,样本暴露在碳和硅中,如图 7.7 所示。按照 Liu 等所描述的方法[17],在衬底温度为 800℃的情况下,首先用一个约 3nm 厚的硅缓冲器覆盖 Si(111) 表面,从而使(7×7)表面光滑。然后,样本在相同温度下暴露在碳通量下 30min(表面碳化)。然后,缓慢加热到 1000℃,由硅和碳熔剂共沉积,以获得良好的 3C-SiC 薄膜的结晶度(硅和碳熔剂的比例约为 1.5∶1)。

利用反射式高能电子衍射、俄歇电子能谱和扫描隧道显微镜(STM)对样本进行了原位分析,并进行了拉曼光谱、X 射线光电子能谱、高分辨扫描电镜和原子力显微镜分析。在非现场测量之后,将样本重新引入超高真空,AES 测量(在 350℃下排气 20min 后)得到与下面报告相似的结果。

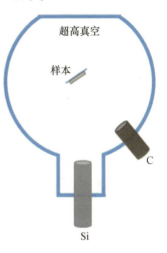

图 7.7　超高真空室的硅和碳源

7.5 薄膜表征

本节将重点介绍碳层生长的薄膜表征,在电子束蒸发的背景下,在适当的条件下使用各种配方在 Si(111) 上获得石墨化碳和石墨烯的生长结构模型如下所建议的结构模型。此外,在本章结束之前,还将详细讨论硅扩散分布的计算。

7.5.1 实验结果

7.5.1.1 模型 1:C/a-C/Si(111)

以下部分引自《应用物理快报》Trung 等,102,013118(2013):

我们在文献中发现,石墨化炭薄膜是在 Si(111) 衬底上形成,首先是在低温下沉积的碳缓冲层(即非晶碳(a-C),然后在碳沉积过程中退火至高温(830℃)。然而,目前 a-C 层的作用还未被完全理解。因此,我们研究了碳缓冲厚度对 Si(111) 衬底上石墨化炭薄膜形成的影响。

在 Si(111) 上使用在室温下沉积的碳缓冲层获得石墨烯的过程如图 7.8 所示。首先,在室温下,样本被不同厚度的碳层覆盖,这一层被称为缓冲层。然后,衬底温度逐渐升高(约 4min)到 820℃,并在此温度保持 5min。然后关闭碳通量,样本以 20℃/min 的速率冷却到

200℃,然后自由冷却到室温。分析了 4 种不同缓冲层厚度的样本(1 号、2 号、3 号和 4 号),缓冲层厚度分别为约 3.5×10^{15} 个原子/cm^2(1ML)、约 5.2×10^{15} 个原子/cm^2(1.5ML)、约 1.1×10^{16} 个原子/cm^2(3ML)和约 1.4×10^{16} 个原子/cm^2(4ML)。作为参照物的 SiC 和 HOPG 晶体在约 600℃放气数小时后,在同一超高真空系统中进行了分析(XPS 和拉曼光谱除外)。在这种放气后,SiC 上仍然存在氧化层[18],而 HOPG 显示没有氧污染。

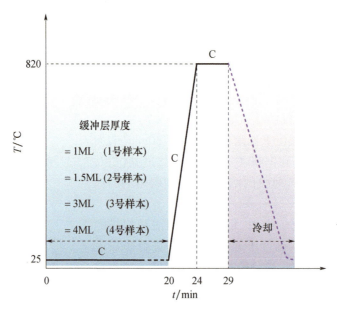

图 7.8 一种在 Si(111)7×7 衬底上形成石墨烯的生长过程

其中 C 代表碳源。如第 7.4.1 节所述,Si(111)衬底通过 Ar^+ 溅射清洁,然后退火至约 1050℃。

图 7.9(a)和(b)显示了 C_{KLL} 转变附近的俄歇谱及其导数,并与 SiC 和 HOPG 的谱进行了比较。很明显,我们可以在图 7.9(a)中看到,1 号样本的曲线形状与碳化物的曲线相似,而 2 号、3 号和 4 号样本与石墨化炭信号(HOPG)相似。光谱之间的差异在分异光谱上更明显(图 7.9(b))。表 7.1 给出了曲线最大值和最小值之间的能量差 D(图 7.9(b)所示为 HOPG 谱)。这些差异可用于确定碳化合物中 sp^2 杂化碳与 sp^3 杂化碳的比率[19-20]。从这些值我们可以得出结论,1 号样本中的碳原子与碳化硅中的碳原子处于相同的状态(sp^3 杂化),而 2 号、3 号和 4 号样本中的碳原子与其他碳原子都是 sp^2 键合的,就像在 HOPG 中一样。图 7.9(c)显示的 LEED 模式证实了 1 号样本上的 SiC 生成。有六个主要的衍射点(用圆圈标记,用红色箭头突出显示),对应的晶格常数为 3.1Å。这与 3C-SiC(111)是一致的,这是预期在此温度下在 Si(111)上生长的 SiC 多型体[21]。

暗色箭头指出了衍射点,虽然没有很好地分辨,但可以对应于在该表面观察到的 $\sqrt{3} \times \sqrt{3}$ 重构[7,22]。

表 7.1 图 7.9(b)中四个样品与 SiC、HOPG 的 D 值比较 (单位:eV)

SiC	1 号	2 号	3 号	4 号	HOPG
11.0	11.0	22.0	22.6	22.6	22.7

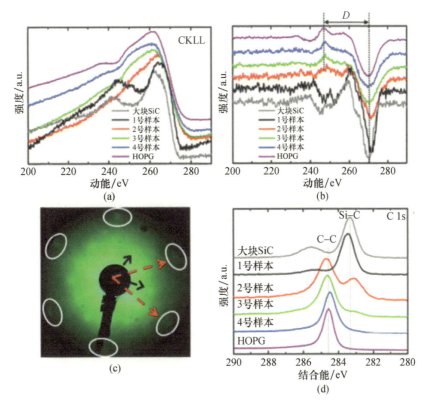

图7.9 (a)四种样本以及 HOPG 和 SiC 的 C_{KLL} 转变附近的 AES 谱;(b)差别光谱。(c)1 号~4 号样本的 C 1s XPS 谱(以及 HOPG 和 SiC 作为参考);(d)1 号样本在 50.2eV 时的 LEED 图,显示与 SiC 形成相对应的斑点(晶格常数约 3.1Å)

2 号、3 号和 4 号样本上的碳膜的石墨化性质和 1 号样本上的碳化物膜的碳化物性质由图 7.9(d)所示的 C 1s 芯层的 XPS 数据进一步证实。1 号样本的光谱与 SiC 光谱非常相似(除了 285.5eV 处的成分,它对应于在 SiC[18]上发现的自然氧化物)。2 号样本的峰值出现在 284.7eV 处,对应于 C—C 键,而对应于 SiC 形成的较弱组分出现在 283.2eV 处。4 号样本的光谱与 HOPG 的光谱基本相同,表明该样本上的碳膜具有石墨性质。

在 1200~2800cm^{-1} 范围内进行了拉曼测量,以研究样本中与 C—C 键相关的振动。记录的光谱如图 7.10 所示,其中已减去基线。为了对数据进行定量分析,进行了洛伦兹拟合。根据 Ferrari 和 Robertson[23]提出的公式(假设我们的材料从无定形碳到纳米晶石墨的演化过程),计算了集成区的 I_D/I_G 比值以及相关的微晶尺寸(L_a)。仔细查看数据后发现,1 号样本没有显示典型的 C—C 键的 sp^2 相关特征;然而,在约 1450cm^{-1} 处出现了一个强信号(用*标记)。这种特征以前在非晶态 SiC 系统中已经被观察到,当石墨化发生在系统中[24,25]时显示了它的损耗。这一趋势在我们的样本中得到了证实,以下将讨论:在其余的样本中存在石墨键;因此,在 1450cm^{-1} 处的特征强度不那么重要(图 7.10 中的灰色曲线)。

2 号、3 号和 4 号样本中存在 G 带(1600cm^{-1},图 7.10 中的绿色拟合带),证实了石墨键的存在,这与我们的 AES 表征一致。在这些样本中也有与无序相关的特征(在 1350 cm^{-1} 处的 D 带,蓝色拟合带和在 1620 cm^{-1} 处的 D' 带,红色拟合带)。对我们的材料的 I_D/I_G 比值的分析显示出晶体尺寸的增加:对于 2 号样本,$L_a = 17$Å;对于 3 号样本,$L_a = 19$Å;对于 4 号样本,$L_a = 22$Å。对于 3 号和 4 号样本,2D 能带出现(图 7.10 中的橙色拟合带),这表明与样本 2 号相比,叠加顺序更高。总体而言,我们的样本中 1450 cm^{-1} 特征的消失和 sp^2 相关特征(D、G 和 2D 带)的存在证实了在硅衬底上生长石墨薄膜的成功。

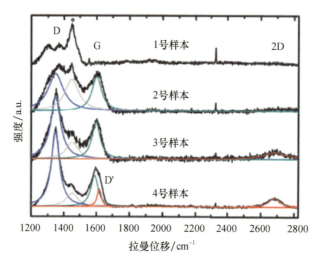

图 7.10 研究样本的拉曼光谱测量;不同的光谱被垂直移动以更好地说明差异。在 2 号、3 号和 4 号样本的光谱中出现的不同峰值已经适合于单个洛伦兹

通过以上分析,我们得出结论:要在 Si(111) 上生长石墨化炭,缓冲层的最小厚度约为 3ML(2 号样本标志着 SiC 和石墨化炭之间的转变;3 号样本是石墨)。

STM 成像有力地支持了前面的结论。图 7.11(a) 显示了样本 4 号的大比例尺图像。Si(111) 衬底的阶梯仍然清晰可分辨,但表面的均方根粗糙度(约 1.2 Å;衬底阶梯之间)远高于裸 Si(111) 7×7(0.3 Å)。尽管有这样的粗糙性,我们还是设法在 2 号、3 号和 4 号样本上实现了原子分辨率,如图 7.11(b)~(d)所示。虽然 2 号和 3 号样本图像的分辨率不是很好,但三角形网格仍然可见。高度剖面分析表明,晶格常数确实约为 2.5 Å,这与石墨表面所期望的一样。这些图像呈现三角形对称对应于碳层的伯纳尔(ABA)叠加[26]。然而,4 号样本(d)的图像显示了自由石墨烯的蜂窝状晶格。这可以解释为被扫描的层和下面的层之间的旋转不匹配,恢复了石墨烯单元的两个碳原子之间的对称性[26]。观察到的三角形和蜂窝状结构与已报道的 HOPG[27] 和 SiC(000$\bar{1}$)[28] 上的外延石墨烯相似。我们必须指出,表面的粗糙度以及微晶的小尺寸(参见拉曼分析)使我们无法系统地获得不同样本的原子分辨率。

总之,我们成功地在 Si(111) 上直接生长石墨层,在室温下通过电子束蒸发沉积非晶碳的缓冲层(其最小厚度在 3 ML 时计算)。特别地,我们获得了这类薄膜的实空间 (STM) 图像。然而,对非晶态缓冲层的需求导致了衬底上的粗糙度,我们认为这限制了石墨纳米晶的尺寸。

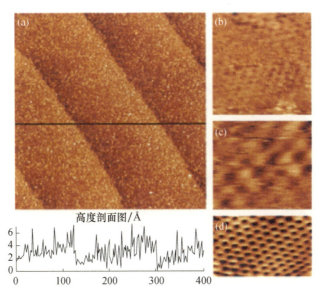

图 7.11 2 号、3 号和 4 号样本的 STM 图像

(a)4 号样本的大比例(400×400nm²)图像,高度剖面($V_{Sample} = +3V, I_{Tunnel} = 0.35nA$);(b)2 号样本的 2.5×2.5nm² 图像($V_S = -1V, I_T = 6nA$);(c)3 号样本的 1×1nm² 图像($V_S = -1.5V, I_T = 4nA$);(d)4 号样本的 2.5×1.5nm² 图像($V_S = -1V, I_T = 4nA$)。

7.5.1.2 模型 2:C/a-C/3 C-SiC/Si(111)

以下部分引自《IKEEE》期刊 Trung 等,21,297-308(2017):

此外,众所周知,由于硅从衬底中扩散出来并与沉积的碳混合,当退火温度高于 700℃ 时,碳原子的沉积会导致 SiC 膜的形成,而不是石墨膜的形成[10]。为了提高 Si(111) 薄膜的质量,在石墨化炭形成过程中,要防止 Si—C 键的形成是一个挑战。因此,我们首先在 Si(111) 上生成了一些 SiC 层,这被认为是抑制硅从衬底上扩散的一个关键障碍。在室温下(约 $1.4×10^{16}$ 原子/cm²(约 4ML))沉积几层碳质缓冲层之后,样本被慢慢加热到 1000℃。根据碳沉积时间的不同,我们发现石墨烯具有不同的性质。

生长过程如图 7.12 所示。

在碳和硅熔剂作用下,碳化硅生成 1h 后,我们停止了熔剂,并在积炭 20min 内将基体温度逐渐降低到室温。碳沉积在 1000℃ 持续 1h(1 号样本)、3h(2 号样本)、5h(3 号样本)和 7h(4 号样本)。然后关闭碳通量,样本以 20℃/min 的速率冷却到 200℃,然后自由冷却到室温。

图 7.13 显示了碳化硅生长和碳层沉积后样本的 RHEED 图样。

正如所观察到的,在 SiC 层顶部积碳后,样本 1 号的 RHEED 图样中可以看到衍射环,尽管它们仍然非常微弱。除了 SiC 条纹外,还可在表面观察到一些 Si 暗点,这可能是由衬底扩散的[29]。在 2 号、3 号样本和非常微弱的 SiC 条纹中,环的出现更加明显,这意味着在生长过程中,表面的碳化物仍在形成,而在碳覆盖更多之后,SiC 条纹从 4 号样本的 RHEED 图样中消失。在样本[10-11] 上方的多晶石墨材料上存在尖锐的同心圆,这些圆环的位置可以在图 7.13 所示的 RHEED 图样中确定。

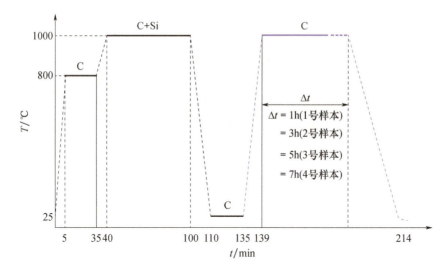

图 7.12 Si(111)7×7 衬底上石墨烯的生长过程,其中 Si 和 C 分别代表硅和碳源。第 7.4.1 节所述,Si(111)衬底经直接退火至约 1050℃ 后得到清洗

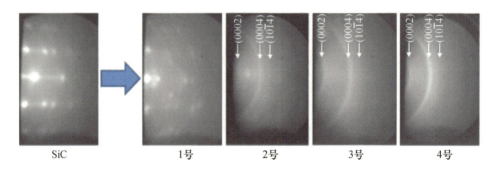

图 7.13 不同生长时间下各样本在 Si(111)上的 RHEED 图样

基于这种 RHEED 技术,衍射环可以表示为

$$\alpha = 2\theta_{\text{Bragg}} = \frac{R}{L'} \tag{7.15}$$

式中:θ_{Bragg} 非常小;R 为环形半径;L 为样本到荧光屏的距离。

将式(7.15)与布拉格条件相结合,得到具有指数($hkil$)的六方石墨结构的晶格间距:

$$d_{\text{hkil}} = \frac{\lambda L}{R'} \tag{7.16}$$

式中:在已知 L 和 λ 的情况下,R 是直接在屏幕上测量。

通过使用 3 号样本中的(0002)和($10\bar{1}4$)环,式(7.16)中的晶格间距约为 3.39Å,非常接近相邻石墨层 3.35Å 的预期值(误差约为 1.1%)。

实际上,我们的样本上的 C_{KLL} 跃迁附近的 AES 光谱的导数记录在图 7.14(a)中。通过与 SiC 和 HOPG 的光谱比较,发现 1 号样本曲线的形状与 SiC 曲线相似,而 2 号、3 号和 4 号样本曲线的形状与 HOPG 曲线相似。在 HOPG 中,2 号样本→4 号的最大值和最小值之间的能量差 D 约为 22.6eV,在 SiC 中,1 号样本的能量差 D 约为 11eV。

图 7.14(b)上显示的 C 1s 芯能级的 XPS 数据进一步证实了碳薄膜在三个,2 号、3 号

和 4 号样本上的石墨性质以及 1 号样本上的碳化物。1 号样本的光谱形状与 SiC 光谱非常相似(除了 285.5eV 的较弱组分,它对应于 SiC[18]上的原生氧化物),而其他的看起来与 HOPG 相似。可以看出,当生长时间较长时,这些样本逐渐从 Si—C 键转变为 C—C 键。2 号样本的主峰值出现在 284.7eV(对应于 C—C 键合),与 HOPG 的主峰值几乎相同,而在 283.3eV(对应于 Si—C 的形成)仍有较弱的组分。该组分在 3 号样本中强烈还原,在 4 号样本中消失,石墨化炭形成较厚。它与 2 号样本中的弱 SiC 条纹的出现呈一致性,在 4 号样本中不再像 RHEED 图样所提出的那样被观察到。

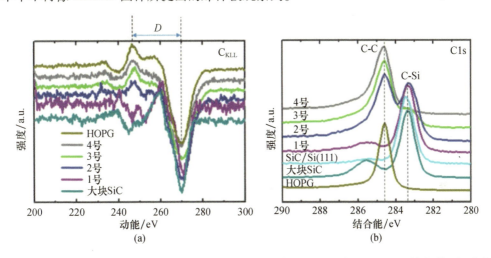

图 7.14　(a)在 1000℃不同时间沉积碳的 Si(111)上预制 SiC 层上碳生长后,C_{KLL}转变附近的微分 AES 能谱 1 号→4 号样本;(b)在相应样本上记录的 C 1s XPS 谱(以 HOPG 和块体 SiC 为参考)

用 514nm(2.41eV)激光源测量了样本中与 C—C 键有关的振动。将 4 个样本与商用多壁碳纳米管(MWCNT)和 CVD 单层石墨烯(SL)的拉曼光谱进行比较,如图 7.15(a)所示。数据显示,1 号样本没有表现出体系中典型的 C—C 键的 sp^2 相关特征,而其余样本上存在石墨键,其中 G(1587cm^{-1})、2D(2696cm^{-1})以及与缺陷相关的 D(1350cm^{-1})和 D'(1620cm^{-1})带的出现证实了生长层的石墨化性质,这与我们的 AES 能谱和 X 射线光电子能谱表征很好地一致。一般来说,G 带和 2D 带的存在被认为是石墨烯的特征[30]。因此,可以推断在 2 号→4 号样本表面形成石墨烯层。与 HOPG 相比,在我们的样本上可以生长几层石墨烯层。根据图 7.12 中的实验过程,石墨烯沉积前产生了一层薄的碳化硅层,这可能导致石墨烯相关带的拉曼位移。实际上,在 C 端 SiC 上生长的外延石墨烯的 G 带频率(1586~1590cm^{-1})与 HOPG(1580cm^{-1})[31-32]相比,有 6~10 cm^{-1} 上升。这是由于石墨烯与 SiC 晶格失配而引起的应力。然而,与 HOPG(2726cm^{-1})相比,2D 能带有很大的不同。在 C 面 SiC 上外延多层石墨烯,其厚度约为 2730cm^{-1}(高),而在 Si 面 SiC 上,多层石墨烯的厚度为 2702cm^{-1}(低)[33]。这归因于石墨烯与硅表面 SiC 的界面相互作用(石墨烯第一层的碳原子约 30% 的共价键与 SiC[34-35]),而石墨烯与碳面 SiC[28,35]之间的界面没有共价键。我们的材料 G 和 2 D 能带的频率与 3 C - SiC 表面外延石墨烯的频率相似。Ouerghi 等[22]也做了类似的观察。在超高真空条件下,在硅表面 3C - SiC/Si(111)上生成外延石墨烯。然而,这些光谱的观察揭示了非常强烈的缺陷相关带(D 和 D'能带)。通过峰拟合(以 4 号样本为代表的洛伦兹拟合),对主要光谱特征进行了定量分析,得到了各峰的强度和半高宽(FWHM)信息。图 7.15(b)总结了石墨样本和孤立点的强度比值 I_D/I_G 和 I_{2D}/I_G 的信息,这些信息代表了 MWCNT 和 SL 石墨烯数据计算的相似比值。I_{2D}/I_G 比值的值,从 0.74(2 号样本)、0.75(4 号样本)到 1.05(3 号样本)不等,表明结构高度有序,而 MWNT 的低值为 0.44(由于净化和功能化的强处理导致质量下降)。这些高 I_{2D}/I_G 比值表明,晶区可能由两层或两层以上的石墨烯构成,因为这三个样本的二维带的 FWHM 值大约在 60cm^{-1} 左右(图 7.15(c)),而 SL 值为 30cm^{-1}。虽然二维带的这些高强度表明了样本的结晶度,但 I_D/I_G 比值的值甚至大于 I_{2D}/I_G 比值的值。通常,强的和宽的 D 能带的存在表明蜂窝网络存在缺陷;然而,在这种情况下,D 能带非常锋利(在我们的样本中,35 ~ 40cm^{-1},而在 MWCNT 中 60cm^{-1}),这可能是一些特殊类型的对称破坏元素的迹象,例如多晶体之间的边界,而不是空缺或光边。

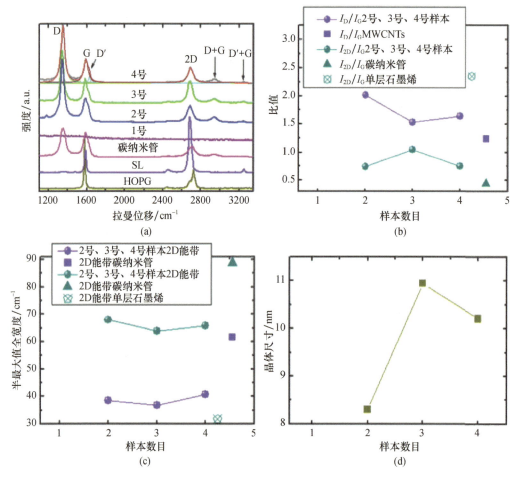

图 7.15 (a)在 λ =514nm 处(E_{laser} =2.41eV)记录的 1 号样本、2 号、3 号、4 号、多壁碳纳米管和 CVD 生产的单层石墨烯的拉曼测量;(b)相应的强度比;(c)D 和 2D 能带的半最大值全宽度;(d)由 I_D/I_G 比值得出测量样本的晶体尺寸

此外,为确定这些强烈、尖锐的 D 能带的确切性质,进一步的表征已经在实行。为了将拉曼数据与晶体尺寸联系起来,我们使用了由 Cançado 等推导的公式[36]。结果表明,根据生长时间的不同,晶体的平均尺寸为 8 ~ 11nm,如图 7.15(d)所示。

用 SEM 技术对所有样本进行了表征。除了 1 号样本外,在相应 2 号→4 号样本上的图像显示出相似的表面形态,形成小的多孔状结构,如图 7.16 所示。正如观察到的那样,我们的材料垂直排列在衬底上,并随机插入彼此之间,形成许多尺寸为 10～40nm 的小磁畴,就像 Zhang 等提出的独立的石墨烯插层纳米片[37]。这就是为什么 RHEED 图样表明这些磁畴是随机定向的(见上面)。此外,样本表面纳米孔的密度随沉积碳原子数量的增加而增加,在 2 号→4 号样本中可见。

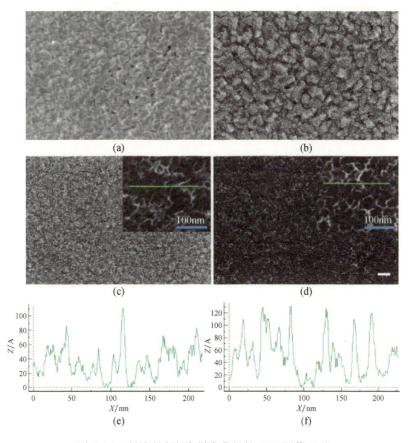

图 7.16 所从所有研究样本获得的 SEM 图像显示

(a)1 号样本、(b)2 号样本、(c)3 号样本和(d)4 号样本(e)、(f)相应 3 和 4 号样本的高度轮廓的表面形貌。比例尺为 200nm。

为了证实以上分析,我们在 3 号样本上拍摄了一些 STM 和 AFM 图像,以获得更精确的评价,如图 7.17 所示。图 7.17(a)显示了一个 $2\mu m \times 2\mu m$ 的大比例 STM 图像,其平均粗糙度约为 3.65nm。我们的样本的表面是相当粗糙的许多区域的形成,这些区域是由微小的聚束的 sp^2 杂化碳纳米片。这个结果与样本上 SEM 图像的观察结果一致。

尽管粗糙度很高,但在 $80\text{Å} \times 80\text{Å}$(图 7.17(b))的较小尺度上仍然可以找到原子分辨率,并且在同一样本上采集的插图为 $15 \times 15\text{Å}^2$。这种三角形的观察结果与 HOPG 上的 STM 测量结果很好地吻合,这可以解释为石墨中各层的 AB 堆叠破坏了对称性,导致每个单位晶胞有两个不等价的碳原子[27]。因此,它们表现为图像中的亮点,图中电子密度较高的碳原子直接位于平面下面的原子之上,只代表平面中碳原子总数的一半。此外,

图 7.17(c)是 3 号样本的 AFM 表面形貌图像,它显示了一个包含许多不同晶粒的粗糙形貌,不同石墨烯晶粒内部对应的 AFM 相位图像仅显示了微弱的对比度差异,如图 7.17(d)所示。这表明不同粒间理化性质的差异并不大。这与我们通过光电子能谱、拉曼光谱、SEM 和 STM 对样本的分析一致。

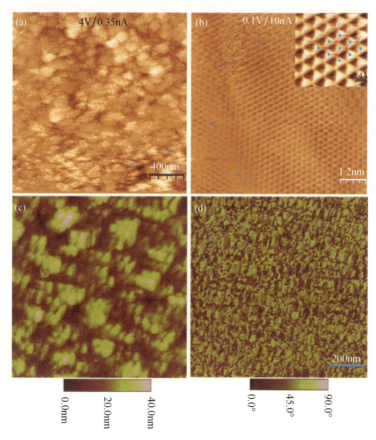

图 7.17 (a)3 号样本上的大比例 STM 图像:$2\mu m \times 2\mu m$,有可能是石墨烯纳米片的微束;(b)一个 $80Å \times 80Å$ 的纳米尺度图像,在石墨烯层中嵌入 AB 层原子分辨率,带有箭头所指的电子噪声;(c)3 号样本的表面形态 AFM 图像;(d)相应的相位图像

通过以上分析,必须指出,晶体的结构和电子性质以及表面粗糙度和尺寸(参考:拉曼分析)阻碍了在石墨烯插层纳米材料上系统地达到原子分辨率。

7.5.1.3 模式 3:C/3 C – SiC/Si(111)

该部分引自《应用物理学杂志》Trung 等,115,163106(2014):

我们尝试在 1000℃ 的衬底温度下去除 a – C 缓冲层,直接在 3 C – SiC/Si(111) 上沉积碳原子。在这种情况下,SiC 缓冲层有望成为石墨烯形成的直接模板。图 7.18 概述了石墨烯和 3 C – SiC/Si(111) 衬底之间的原子排列。

石墨烯薄膜的质量分析如下。

图 7.19 是在 1000℃ 的衬底温度下直接沉积碳的生长过程。

在碳和硅熔剂下形成 SiC 1h 后,停止硅熔剂,并在此衬底温度下以不同的时间(5h(1 号样本)、7h(2 号样本)、9h(3 号样本)、12h(4 号样本)和 15h(5 号样本)继续沉积碳。然后关闭碳通量,以 20℃/min 的速率将样本冷却到 200℃,然后自然冷却到室温。

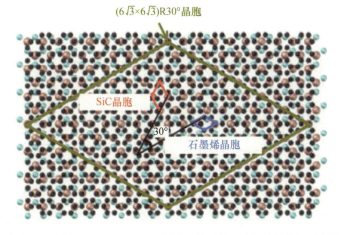

图 7.18　实际空间中石墨烯和 3 C – SiC/Si(111)原子排列的示意图(图像根据参考文献[38]改编)

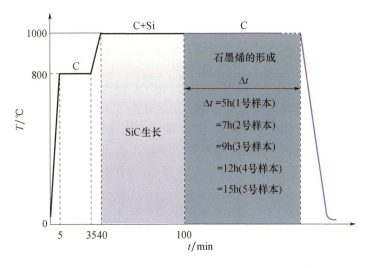

图 7.19　碳原子直接沉积在 3C – SiC/Si(111)上(Si 和 C 分别代表硅和碳源)

第 7.4.1 节所述,Si(111)衬底经直接退火至约 1050℃后得到清洗。

图 7.20 显示了 Si(111)7 × 7 衬底和碳膜形成后的 RHEED 图样。

1 号样本在碳化硅上沉积碳后的 RHEED 图样中可以看到衍射环,尽管它们仍然相对较暗。除碳化硅条纹外,仍可观察到一些微弱的 Si 斑点。这可能是由于衬底的扩散所导致。2 号样本中的环与非常微弱的碳化硅条纹一起出现得更加清晰,这意味着碳化物的形成仍然发生在这段生长时间内。在更多的碳覆盖后,3 号、4 号和 5 号样本中的 RHEED 图样中的 SiC 条纹消失。尖锐的同心圆可以归因于样本顶部存在多晶石墨材料[10-11]。换句话说,薄膜包含许多不同方向的小区域。

根据 Trung 等建立的方程[39],可以计算出期望半径 G_e(理论),并将其与实测半径 G_m(实验)进行比较,如表 7.2 所列。从这些环半径可以确定晶格常数。利用 2 号样本中的环(0002)和($10\bar{1}4$),发现晶格常数为 $a \approx 2.50$Å(接近石墨烯的期望值 2.46Å)和 $c = 6.78$Å(对应于的晶格间距 3.39Å)。

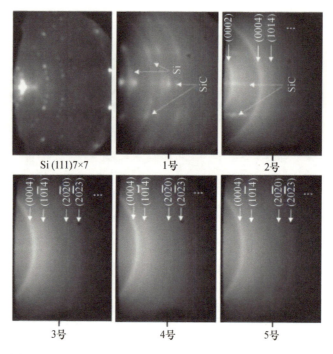

图7.20 不同生长时间下各样本在Si(111)上的RHEED图样

我们的样本上的AES谱及其衍生物分别记录在图7.21(a)和(b)中。C_{KLL}与SiC和HOPG的光谱相比,1号样本曲线的形状与SiC曲线相似,而2号、3号、4号和5号样本曲线的形状与HOPG曲线相似。在曲线的最大值和最小值之间的能量差D(对于2号→5号样本,如在HOPG中约为22.6eV,对于1号样本,如在SiC中约为11eV)在微分光谱(图7.21(b))上显示得更清楚,这已经在这样的薄膜上进行了分析[40]。

表7.2 期望(G_e)和实测(G_m)环半径(对于石墨烯薄膜,使用2.46Å的晶格常数来计算预期半径)

(hkil)	G_e/Å^{-1}	G_m/Å^{-1}	百分比误差/%
(0002)	1.87	1.85	1.1
(10$\bar{1}$2)	3.49	未观察到	—
(0004)	3.75	3.69	1.6
(10$\bar{1}$4)	4.77	4.70	1.5
(20$\bar{2}$3)	6.53	未观察到	—

图7.21C上的C 1s能级XPS数据进一步证实了碳薄膜在4个样本,即2号、3号、4号和5号样本上的石墨性质以及1号样本上的碳化物。1号样本的光谱与SiC光谱非常相似(除了1号样本在285.5eV中相对较弱的组分,后者对应于SiC[18]中的原生氧化物),而其他的光谱与HOPG的光谱相似。当生长时间较长时,这些样本中逐渐出现由Si—C键向C—C键的转变。2号样本的主峰值出现在284.7eV(对应于C—C键合),与HOPG的主峰值几乎相同,而在283.3eV(对应于Si—C的形成)仍有较弱的组分。这与样本上的RHEED图样所证实的SiC条纹的外观一致。此外,在这4个样本(0.96eV(2号样本)、

0.88eV(3号样本)、0.79eV(4号样本)和 0.75eV(5号样本)中,优势 C 1s 峰的半峰宽(FWHM)显著降低,接近 HOPG(0.64eV)的值,这意味着均匀杂化碳膜。Si 2p 谱也反映了图 7.21(d)中关于 Si—C 键和 Si—Si 键的信息。与 Si(111)标准不同,峰只在 101eV 时检测,这与所有样本中的 SiC 形成相对应。在 103.5eV 时 Si(111)的宽峰对应于暴露于大气后的氧化。

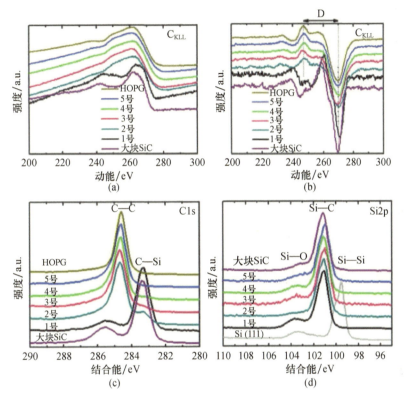

图 7.21 (a)五种不同样本 C_{KLL} 过渡过程中的 AES 谱;(b)AES 谱,与动能相区别;(c)C 1s;(d)Si 2p XPS 谱图 1 号~5 号样本(纯 Si(111)、HOPG 和 SiC)

利用 514nm 激光进行拉曼光谱测量,研究了样本中 C—C 键的振动。2 号、3 号、4 号和 5 号样本分别呈现典型的 sp^2 碳相关能带(D、G、D'和 2D 能带分别在 1350cm^{-1}、1580cm^{-1}、1620cm^{-1}和 2700cm^{-1}),符合我们的 AES 和 XPS 表征。图 7.22(a)显示了样本所记录的光谱,以及商业多壁碳纳米管(MWCNT)和 CVD 单层石墨烯(SL)的光谱。

这些光谱揭示了高强度的二维和缺陷相关的能带(D 和 D'能带)。采用峰拟合的方法,对各峰的主要光谱特征进行了定量分析,得到了各峰的强度和 FWHM 信息。图 7.22(b)总结了强度比 I_D/I_G 和 I_{2D}/I_G 的信息,孤立点表示 MWCNT 和 SL 石墨烯数据计算的相似比值。I_{2D}/I_G 的值从 1.1(2 号样本)到 1.9(5 号样本)不等,表明结构高度有序,而 MWCNT 的值为 0.44(由于净化和功能化的强处理导致质量下降)。这些高 I_{2D}/I_G 比值表明结晶区可能由两层或多层石墨烯组成,因为所有样本的 2D 能带 FWHM 值约为 60cm^{-1}(图 7.22(c)),而 SL 值为 30cm^{-1}。虽然 2D 能带的高强度表明了样本的结晶度,但 I_D/I_G 的比值甚至大于 I_{2D}/I_G 的比值。通常,强的和宽的 D 能带的存在表明了蜂窝网络的缺陷;

然而,在这种情况下,D 能带非常尖锐(在样本中 35~40cm^{-1},而 MWCNT 为 60cm^{-1}),这可能表明了特定类型的对称破坏元素,例如多晶体之间的边界,而不是空缺或光边。进一步的表征也正在进行,以确定这些强烈、尖锐的 D 能带的确切性质。为了将拉曼数据与晶体尺寸联系起来,我们使用了由 Cançado 等定义的公式[36]。结果表明,晶体的平均尺寸为 9~12nm,并且这个值取决于生长时间,如图 7.22(d)所示。

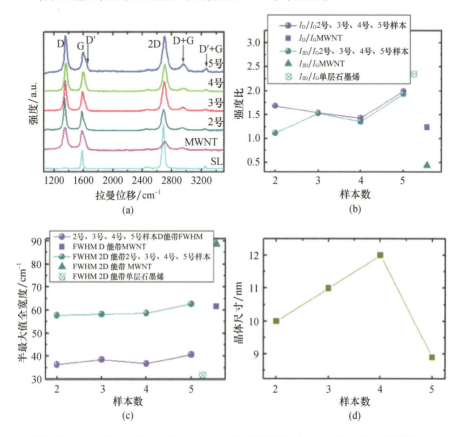

图 7.22 (a)在 $\lambda = 514$nm($E_{laser} = 2.41$eV)处记录的 2 号、3 号、4 号、5 号样本、MWCNT 和 CVD 单层石墨烯的拉曼测量,(b)相应的强度比,(c)D 和 2D 能带的 FWHM,以及(d)由 I_D/I_G 比值得出的被测样本的晶粒尺寸

为了在更大比例尺上评价样本的均匀性,绘制了 $45\mu m \times 30\mu m$ 的拉曼图。产生的强度图如图 7.23 所示,其中三列分别表示从左到右的 I_{2D}/I_G 比、I_D/I_G 比和相应区域的光学图像的图。这些图揭示了光学图像与光强比之间的关系。光学图像中的彩色区域对应着最高的 I_D/I_G 和最低的 I_{2D}/I_G 比值。一般情况下,在光学图像中发现的形状是由强度比再现的,这表明宏观尺度上的形态与晶体结构之间的关系,在样本退火的时间内必然会得到。

所有的石墨样本都用高分辨扫描电子显微镜(HR-SEM)进行了表征,其表面形貌与岛屿形成相似,这可能是由碳生长过程中的碳化物缓冲层引起的,如图 7.24(a)所示。

在这里,我们只展示了 5 号样本经过 15h 的直接碳沉积后的图像,以解释这些薄膜的微观结构特性。正如我们所观察到的,我们的材料表面似乎是折叠和弯曲的,不规则地形成许多小的区域,大小为 10~40nm,像一个多孔石墨烯网络(图 7.24(b)),正如 Zhang 等所提出的[37]。RHEED 图像表明这些域是随机定向的(见上面)。此外,图 7.24(c)是 4 号样本的 AFM 表面形貌图像,它显示了一个包含许多不同晶粒的粗糙形貌,而在不同石墨烯晶粒内部得到的 AFM 相位图像仅表现出微弱的对比差异,如图 7.24(d)所示。这表明不同粒间理化性质的差异并不大。这与我们对这个样本的 XPS 和拉曼分析一致。

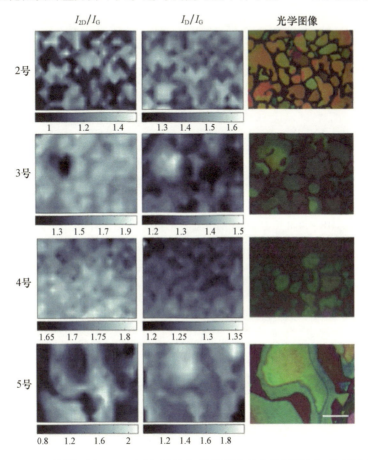

图 7.23　I_{2D}/I_G 的图(左),I_D/I_G(中)强度比,以及相应的光学图像(右,比例尺 10μm)

STM 图像有力地支持了前面的结论。我们在 5 号样本上拍摄了一个大比例的 STM 图像,RMS 粗糙度约为 4.1nm,如图 7.25(a)所示。

尽管有这样的粗糙度,在同一样本上,原子分辨率仍然可在 100Å × 100Å(图 7.25(b))、70Å × 70Å(图 7.25(c))和 30Å × 30Å(图 7.25(d))的较小尺度上找到,并在图 7.25(b)的插图中显示了相应的 FFT 图像,在该样本上显示了六方结构的衍射图案。这些图像可以用这样一个事实来解释,即层的 AB 堆叠破坏了石墨烯六角晶格的对称性,导致每个单位晶胞中有两个不相等的碳原子[27]。因此,它们表现为图像中的亮点,其中电子密度较高的碳原子直接位于平面下面的原子之上,只代表平面中碳原子总数的一半。

总之,我们已经在 Si(111)上直接生长了石墨烯,通过之前的几个 SiC 层的形成,这可以作为石墨烯形成的模板。结果表明,在 1000℃ 的衬底温度下,生长时间对石墨烯质量的影响是决定性的。我们得到了真实空间的 STM 图像,这些图像显示了典型的石墨烯层堆叠顺序。

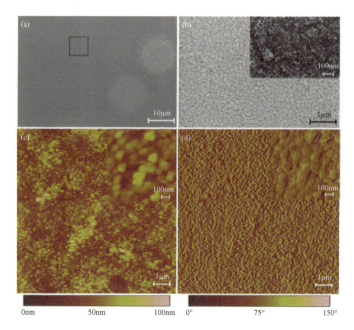

图 7.24 （a）HR-SEM 图像显示表面形态；（b）放大 5 号样本的正方形区域，观察类似三维多孔网络的表面结构；（c）4 号样本的表面形态 AFM 图像；（d）相应的相位图像

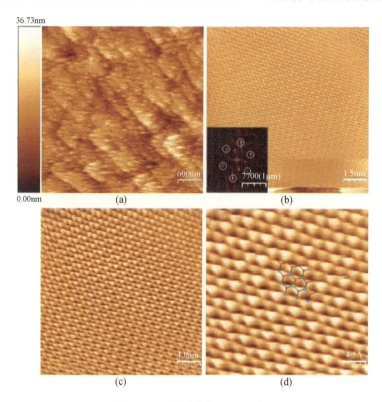

图 7.25　5 号样本的 STM 图像

（a）$4\mu m \times 4\mu m$（$V_{Sample}=+5.5V$, $I_{Tunnel}=0.45nA$）；（b）$100Å \times 100Å$（$V_s=-0.12V$, $I_T=10nA$）与相应的 FFT 图像嵌入，显示六角形薄膜结构的衍射图案；（c）$70Å \times 70Å$（$V_s=-0.12V$, $I_T=10nA$）；（d）$30Å \times 30Å$（$V_s=-0.12V$, $I_T=10nA$）显示石墨烯薄片的蜂窝晶格。

7.5.1.4 模型4：C/Si/3 C – SiC/Si(111)

由于低表面粗糙度和均匀薄膜的制备仍然是一个挑战，我们继续研究材料在不同衬底温度下的结构和电子性能，使用不同厚度的 SiC 缓冲层。目的是减少石墨烯形成前的表面粗糙度。为了测试，我们培养了一个 SiC 缓冲，它比模型3厚4倍。然后，在硅源的硅升华作用下，将试样缓慢退火至约1200℃，以补偿并使 SiC 表面变平。在900～1100℃的不同衬底温度下，我们制作了4个不同的样本进行比较。结果表明，石墨烯薄膜的表面粗糙度有所改善，但由于硅原子从衬底向外扩散，石墨烯薄膜中仍存在许多缺陷，表面出现了随机取向的岛状 SiC。为了克服这一问题，在1100℃的相同衬底温度下，用不同厚度的 SiC 缓冲层制备了其他样本，并在相同的条件下进行了碳的生长。我们发现石墨烯形成前生长较厚的 SiC 缓冲层可以提高石墨烯层的结构质量。

直接在 Si(111)上获得石墨烯形成的过程如图 7.26 所示。

在碳及硅熔剂作用下，碳化硅生成4h 后，我们停止了碳通量，并逐渐将基体温度升高到1200℃，以补偿和压扁 SiC 表面[8,41]。然后，我们停止硅通量，在不同衬底温度下重新启动碳沉积 2h：900℃（1号样本）、1000℃（2号样本）、1050℃（3号样本）和1100℃（4号、5号、6号和7号样本）。5号样本具有较薄的 SiC 缓冲层，而6号和7号的 SiC 缓冲层较厚（5号、6号和7号样本的生长时间分别为1h、2h 和8h，而不是其他样本的4h）。对每个样本计算出相应的 SiC 缓冲层厚度：3nm（5号样本）、6nm（6号样本）、12nm（1号→4号样本）和24nm（7号样本）。我们选择1100℃的衬底温度作为生长不同厚度的 SiC 缓冲层的实验，以评估这种缓冲层对石墨烯形成质量的影响。然后关闭碳通量，在相同的衬底温度（退火后）下，样本保持30min。最后，在以20℃/min 的速率冷却到200℃，然后自由冷却到室温。

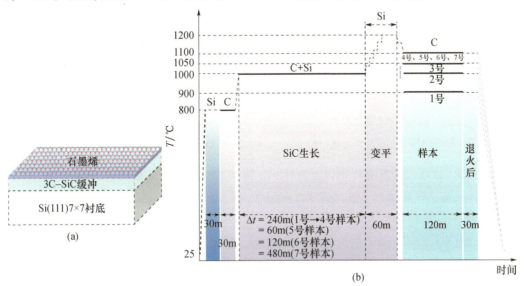

图 7.26 Si(111)7×7 衬底上石墨烯形成的(a)示意图和(b)生长过程（其中 Si 和 C 分别代表硅和碳源）第7.4.1节所述，采用直接退火至约1050℃的方法对 Si(111)衬底进行了清洗。

图 7.27(a)显示了我们样本的Si_{LVV}、C_{KLL}跃迁周围的俄歇谱。

从1号到4号样本，Si_{LVV}强度逐渐增加，而C_{KLL}转变曲线形状略有变化。这可以用硅原子通过 SiC 层的增强扩散来解释，因为随着衬底温度的升高，硅原子底层的活性很高[42]。众所周知,这增加了 SiC 缓冲层的厚度,因为 Si 与表面的碳原子结合[10-11,43]。在对光谱进行微分(图 7.27(b))后,HOPG 的能差 D 值为 22.6eV,SiC 的能差值为 11eV[40,44]。与 HOPG 相比,除 5 号和 6 号样本外,所有样本均含有石墨化炭。此外,我们可以看到,在前 4 个样本中,与 SiC 标记的垂直虚化椭圆相关的小特征在 4 号样本中最强,这意味着石墨化炭向碳化物的转变在样本中发生得更强烈。5 号和 6 号样本呈现与碳化硅碳相同状态的 C_{KLL},但 6 号样本仍可观察到约 248.5eV 处有一个非常小的峰,这表明在该样本中可以开始形成少量的石墨化炭。随着 SiC 缓冲层厚度的增加,4 号样本中石墨化炭含量最高,7 号样本中石墨化炭含量最高。因此,这种情况下 4 号、5 号、6 号和 7 号样本的 AES 光谱差异主要是由于 SiC 层厚度的不同造成的,SiC 层起到了稳定表面的屏障作用,防止硅原子与 Si 层顶部碳原子的反应[11]。

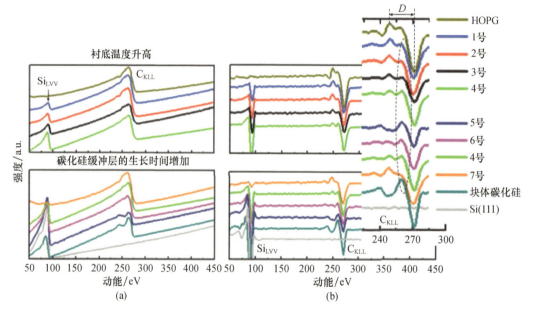

图 7.27 (a)七种不同样本的 Si_{LVV} 和 C_{KLL} 跃迁周围的 AES 谱,以及作为参考的 HOPG、体相 SiC 和 Si(111);(b)差别光谱(放大 C_{KLL} 光谱中的点状椭圆显示了 SiC 的特征所在的区域)

图 7.28(a)所示的所有样本以及块体 SiC 和 HOPG 的 C 1s 芯能级的 XPS 测量证实了 AES 分析。除了主峰值在 284.7eV 处(对应于 sp^2 C—C 键)外,还观察到第二个峰值在 283.3eV 处(对应于 Si—C 键)。在 285.4eV 处的第三个分量对应于 C—C sp^3 键,它与 3C—SiC 的 $(6\sqrt{3} \times 6\sqrt{3})$ R30°重构与第一石墨烯层之间的界面层有关[22,45-46]。286.3eV 的第四个分量对应于 C—O 键,这是由于它们转移到 XPS 光谱仪时暴露在空气中[46]。对于前四个样本,可以看到随着生长温度的升高,由 sp^2 C—C 键逐渐转变为 Si—C 键。事实上,这四个样本的 sp^2 峰值面积(I_C^G)和 Si—C 峰值面积(I_C^{SiC})的强度比随着温度的升高而减小,如表 7.3 所列。很明显,结合 sp^2 碳的形成是随生长温度和 SiC 缓冲层厚度的变化而变化的。SiC 缓冲层厚度越大,观察到的 sp^2 C—C 峰值强度越大。这证实了在相同衬底温度下石墨烯的沉积过程中,SiC 缓冲层在防止硅碳在表面附近或表面形成更多的 Si—C 键合方面的重要作用。这与这四个样本的 AES 分析结果一致。

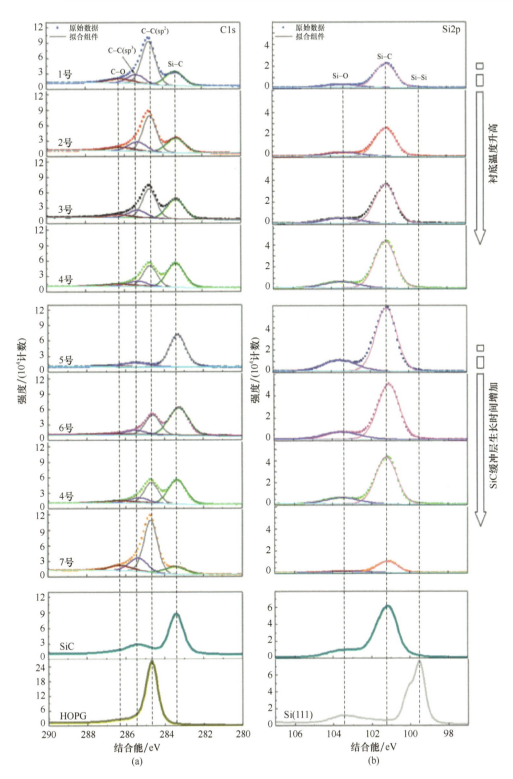

图 7.28 （a）C 1s 和（b）1 号到 7 号样本的 Si 2p XPS 光谱
（HOPG、Si 表面的 6 H－SiC 和 Si(111) 作为参考）

3C—SiC/Si(111)表面的石墨烯层数 n 可用 Trung 等[39]分析的公式,由 C 1s 光谱中 sp^2 和 SiC 组分的强度估算。根据比尔-朗伯定律,这种强度是衰减的。因此,sp^2 碳峰值的强度为

$$I_C^G \propto N_G \frac{1 - e^{\frac{-nh}{\lambda_C^G \cos\theta}}}{1 - e^{\frac{-h}{\lambda_C^G \cos\theta}}}, \quad (7.17)$$

而 Si—C 峰值的强度则表示为

$$I_C^{SiC} \propto N_{SiC} \frac{e^{\frac{-(n-1)h+k}{\lambda_C^G \cos\theta}}}{1 - e^{\frac{-l}{\lambda_C^{SiC} \cos\theta}}}, \quad (7.18)$$

式中:N_G 和 N_{SiC} 是指在相应材料内的一个原子平面内每平方厘米的碳原子数($N_G = 3.8 \times 10^{15} \mathrm{cm}^{-2}$,$N_{SiC} = 1.2 \times 10^{15} \mathrm{cm}^{-2}$);$\lambda$ 为石墨烯(λ_C^G)中或 SiC 层 λ_C^{SiC} 中碳原子光电子的非弹性平均自由程(IMFP),可以从 NIST 标准参考数据库 71 中找到;θ 是发射角(相对于表面法线测量)。

表 7.3 不同研究样本的 I_C^G / I_C^{SiC} 比率汇总

比率	1 号	2 号	3 号	4 号	5 号	6 号	7 号
I_C^G / I_C^{SiC}	2.19	1.80	1.42	0.71	0.0	0.52	4.25

由式(7.17)和式(7.18),给出 I_C^G / I_C^{SiC} 比值为

$$\frac{I_C^G}{I_C^{SiC}} \propto \frac{N_G}{N_{SiC}} \times \left(\frac{1 - e^{\frac{-nh}{\lambda_C^G \cos\theta}}}{1 - e^{\frac{-h}{\lambda_C^G \cos\theta}}} \right) \times \left(\frac{e^{\frac{-[(n-1)h+k]}{\lambda_C^G \cos\theta}}}{1 - e^{\frac{-l}{\lambda_C^{SiC} \cos\theta}}} \right)^{-1} \quad (7.19)$$

通过考虑石墨烯层间距 $h = 3.37\text{Å}$、SiC 层间距 $l = 2.52\text{Å}$、SiC 层石墨烯界面间距 $k = 1.65\text{Å}$(图 7.29),可以求解石墨烯层数 n 的方程(7.19)[22,47-48]。根据我们的计算,在 7 号样本(平均误差 ±0.5)的情况下,在 3C—SiC 表面形成了大约 8 个石墨烯层。这里我们只计算 7 号样本层的数量,因为它是完全均匀的,表面上没有岛状 SiC(见 STM 分析)。

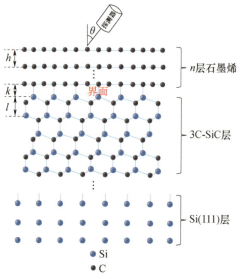

图 7.29 用于计算 3C-SiC/Si(111)衬底上石墨烯层数的模型

同样,关于 Si—C 和 Si—Si 键的信息可以从 Si-2p 谱中导出,如图 7.28(b)所示。与 Si(111)参考值相比,该峰值仅在 101.2eV 时检测,这与所有样本中的 SiC 相对应。Si—C 峰强度随衬底温度的变化证实了我们的结论。宽峰值 103.5eV 对应于暴露于大气后的氧化。

为了研究石墨层的质量和均匀性,用 514nm 激光测量了拉曼光谱。结果如图 7.30 所示,并以 Si(111)、6H—SiC 和 HOPG 的光谱作为参考。G($1587cm^{-1}$)、2D($2696cm^{-1}$)和缺陷相关 D($1350cm^{-1}$)和 D′($1620cm^{-1}$)能带的存在证实了生长层的石墨性质。这与我们的 AES-XPS 特性一致。如图中的虚线标记,$794cm^{-1}$ 和 $972.5cm^{-1}$ 的峰值应该是在 Si(111)[49]上形成的 3C—SiC 层的 TO 和 LO 声子。$520.7cm^{-1}$ 处的尖峰来自晶态 Si 衬底。

每个样本的 I_D/I_G 和 I_{2D}/I_G 比率见表 7.4。I_{2D}/I_G 不同的比值反映了样本堆垛顺序的不同程度。4 号样本显示有序结构的最低程度,而最多的石墨薄膜是 2 号样本。虽然 2D 能带的高强度表明了样本的结晶度,但由于 D 能带非常尖锐($35 \sim 40cm^{-1}$),I_D/I_G 的值甚至比 I_{2D}/I_G 的值还要大。正如上一节所讨论的那样,它可以表示特殊类型的对称破缺元素,如多晶体之间的边界,而不是空位或光边。同样,与 4 号样本相比,7 号样本显示了较低的 D 能带和较高的 2D 能带,证实了较厚的 SiC 层有助于在相同衬底温度下提高石墨烯的生成质量。为了估计石墨烯结构域的大小,我们使用了来自 Cançado 等的公式[36]。平均晶体尺寸如表 7.4 所列。

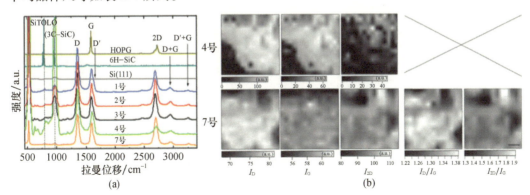

图 7.30 (a)在 $\lambda = 514nm(E_{laser} = 2.41eV)$处记录的 1 号、2 号、3 号、4 号、7 号样本、纯 Si(111)、6H-SiC 和 HOPG 的拉曼光谱,作为参考;(b)4 号和 7 号样本(比例尺 5μm)的 I_D、I_G、I_{2D}、I_D/I_G 和 I_{2D}/I_G 在 30μm×30μm 上的强度图

图 7.30(b)显示了 4 号和 7 号样本在 30μm×30μm 区域内的 D、G、2D、I_D/I_G 和 I_{2D}/I_G 的拉曼图,以比较我们样本的均匀性。对于 7 号样本,I_{2D}/I_G 比值图显示的强度比甚至超过了 I_D/I_G 比值。这表明 7 号样本的晶体结构比 4 号样本的缺陷少。

表 7.4 不同样本的 I_D/I_G 和 I_{2D}/I_G 比率比较,以及由 I_D/I_G 比率得出的平均域尺寸

样本	1 号	2 号	3 号	4 号	7 号
I_D/I_G	1.93	1.89	1.95	2.44	1.30
I_{2D}/I_G	1.30	1.82	1.80	0.81	1.83
域尺寸/nm	8.7	8.9	8.6	6.9	12.9

由于表面未完全覆盖石墨化炭,所以不计算 4 号样本的强度比。

我们在 2 号样本(图 7.31(a))和 7 号样本(图 7.31(d))(石墨质量最好)上拍摄了一些大比例的 SEM 图像,显示出样本表面相当平坦。类似地,也将大比例 STM 图像记录在相应的样本上,以确认 2 号和 5 号样本的均方根粗糙度分别约为 0.42nm(图 7.31(b))和 0.88nm(图 7.31(e))。与模型 3(C/3C - SiC/Si(111))制备的样本相比,表面粗糙度提高了 4.1nm。2 号样本的图像包含随机分布的物体,表面有不同的对比度,这可能是退火过程中产生的岛状 SiC。它们的尺寸可以达到 3nm,宽度可以达到 18nm。STM 也对 1 号和 3 号样本进行了类似的观察(此处未显示),而 7 号样本没有这些岛状形成。这支持了我们先前关于 SiC 缓冲层作用的结论。在石墨烯的形成过程中,它是防止硅原子在石墨烯附近或表面出现的必要屏障。

同样地,图 7.31(c)和(f)显示了 2 号和 7 号样本的原子分辨率较小(30Å × 30Å)。一般来说,这些图像具有 AB(Bernal)堆叠顺序的特征,就像典型的石墨烯六边形晶格一样。然而,石墨烯网络中的亮点组合也能在表面观察到六角形的形状(图 7.31(c))。它们只出现在曲折的方向上,这最初是来自在伯纳尔堆积石墨烯晶格相应的扶手椅方向上电子密度较高的碳原子,如图所示。红色的点菱形表示超周期模式的单位晶格($\sqrt{3} \times \sqrt{3}$) R30°[50]。这可以解释为电子波在扶手椅型边界附近的干扰,导致在石墨烯薄片中产生这样的蜂窝状超晶格样式[50-51]。

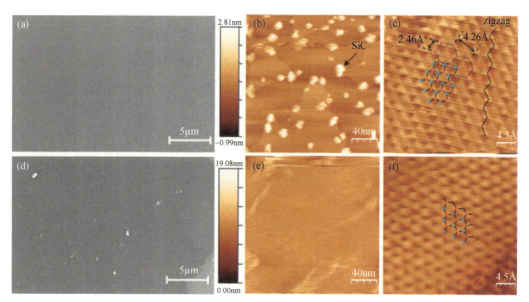

图 7.31 (a)2 号样本及其 STM 图像的 SEM 图像;(b)200 × 200nm²(V_{Sample} = + 3.0V, I_{Tunnel} = 0.35nA); (c)30 × 30 Å²(V_s = - 1.4V, I_T = 30nA);(d)样本 7 的 SEM 图像及其对应的 STM 图像;(e)200 × 200nm²(V_S = + 5.0V, I_T = 0.35nA);(f)30 × 30 A²(V_s = - 0.2V, I_T = 25nA), 显示了典型石墨烯晶格 AB 堆叠有序的原子分辨率

通过以上分析,可以通过 SiC 缓冲层的形成在 Si(111)晶圆上生长石墨烯,而缓冲层是石墨烯形成的模板。然而,使表面变平所需的高温退火(1200℃)会导致硅原子从衬底中扩散。因此,为了防止硅的扩散,需要有足够厚的 SiC 缓冲层。

总之,直接碳沉积法在 Si(111)上得到的石墨烯的质量不仅取决于衬底温度,还取决于 SiC 缓冲层的厚度。正如所证明的,在石墨烯生长过程中,sp^2 键合碳的形成确实是衬底温度的强烈作用。此外,我们还观察到增加 SiC 缓冲层厚度和 XPS 在 1100℃ 相同衬底温度下增加石墨烯层数时石墨烯质量的改善。STM 图像证实了薄膜的结构性质、表面粗糙度以及石墨烯结构域的大小,虽然仍然存在 D 能带的拉曼光谱显示了高缺陷密度。

7.5.1.5 总结

通过对四种不同模型的实验分析,总结出一些主要参数进行比较,如表 7.5 所列。结果表明,模型 4 在 Si(111)衬底上获得了最好的石墨化薄膜。

表 7.5 四种不同研究模型主要参数的总结

参数	RMS/nm	I_D/I_G	I_{2D}/I_G	L_a/nm
模型 1:C/a − C/Si(111)	极差结晶度			
模型 2:C/a − C/3 C − SiC/Si(111)	1.35	2.11 ~ 2.2	1.0 ~ 1.2	7.9
模型 3:C/3 C − SiC/Si(111)	4.1	1.65 ~ 1.8	1.2 ~ 1.35	11.9
模型 4:C/Si/3 C − SiC/Si(111)	**0.88**	**1.22 ~ 1.38**	**1.3 ~ 1.9**	**13**

7.5.2 讨论

实验表明,硅原子在硅衬底上的扩散对石墨烯在 Si(111)上生长过程中的质量有很大的影响。为了支持我们的解释,这里将 SiC 缓冲层视为硅的扩散屏障。因此,我们集中讨论了硅从衬底通过 SiC 缓冲层的扩散分布的计算。研究发现,硅原子在特定时间的浓度取决于衬底温度和 SiC 缓冲层的厚度。

7.5.2.1 扩散基础

扩散是物质(原子、离子或分子)从一个高浓度区域向另一个低浓度区域的定向运动。这一运动可以一直持续到达到平衡状态。扩散的动力学可以用两种方法来描述:现象学方法或统计学方法。在本研究中,仅使用现象学方法;详情将在以下章节中介绍。关于这个主题的更详细的信息可以在参考文献[52]中找到。

7.5.2.2 现象学方法

对于一般情况,固体中的扩散可以用菲克第一定律来表示:

$$\boldsymbol{J} = -D\,\nabla C(x,y,z,t) \tag{7.20}$$

在三维笛卡儿坐标系中,浓度梯度被写为 $\nabla C(x,y,z,t)$

$$\nabla C(x,y,z,t) = \frac{\partial C(x,y,z,t)}{\partial x}\boldsymbol{i} + \frac{\partial C(x,y,z,t)}{\partial y}\boldsymbol{j} + \frac{\partial C(x,y,z,t)}{\partial z}\boldsymbol{k}$$

式中:$\boldsymbol{J}$、D、$C(x,y,z,t)$ 分别为扩散通量向量、扩散系数(扩散率)和原子浓度;$\boldsymbol{i}$、$\boldsymbol{j}$ 和 $\boldsymbol{k}$ 是标准单位矢量。对于一维扩散,菲克第一定律降为

$$J = -D\frac{\partial C(x,t)}{\partial x} \tag{7.21}$$

式中:J 为扩散通量的大小(原子数/(m²·s))。

从菲克第一定律可以看出,原子的通量与浓度梯度成正比。在浓度梯度较大的区域,扩散速度快于浓度梯度较小的区域。在有限的材料体积中,原子的局部浓度随时间的变

化而变化。实际上,如果假定通量 $J_1 = J(x)$ 进入材料的一个截面,并与通量 $J_2 = J(x + \mathrm{d}x)$ 离开同一截面,如图 7.32 所示,我们得出:

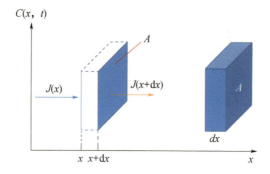

图 7.32　位置 x 处通过单位面积(A)的局部浓度和扩散通量示意图

$$\mathrm{d}C(x,t) = \frac{(J_1 - J_2)}{A\mathrm{d}x} = \frac{[J(x) - J(x + \mathrm{d}x)]\mathrm{d}tA}{A\mathrm{d}x} \quad (7.22)$$

与 $J(x + \mathrm{d}x) = J(x) + \frac{\partial J}{\partial x}\mathrm{d}x$

然后,可以得到

$$\frac{\partial C(x,t)}{\partial t} = \frac{\partial J}{\partial x} \quad (7.23)$$

结合方程式(7.21)和式(7.23),我们得到了菲克第二定律如下:

$$\frac{\partial C(x,t)}{\partial t} = D\frac{\partial^2 C(x,t)}{\partial x^2} \quad (7.24)$$

考虑到所给出的限定条件:

$$\begin{cases} C(x = 0, t > 0) = C_s \\ C(x = \infty, t > 0) = C_0 \end{cases}$$

然后,得到的解为[52]

$$C_x = C_s - (C_s - C_0)\,\mathrm{erf}\left(\frac{x}{2\sqrt{Dt}}\right) \quad (7.25)$$

7.5.2.3　扩散系数

在物理学中,扩散系数 D 是扩散系统中最重要的参数,根据阿仑尼乌斯方程,常被描述为图 7.33(a)所示的热激活效应。

$$D = D_0 \exp(-E_a/k_g T) \quad (7.26)$$

式中:D 为扩散系数(m^2/s);E_a 为扩散的活化能(eV/atom);k_B 为玻耳兹曼常数($8.62 \times 10^{-5}\mathrm{eV}/(\mathrm{atom} \cdot \mathrm{K})$);$T$ 为绝对温度(K);D_0 为与温度无关的指数前常数(m^2/s),它取决于下列因素[53-54]:

(1)扩散类型:扩散是间质性的还是替代性的;

(2)晶体结构类型:六方晶体结构中的扩散速度低于 BCC/FCC 晶体结构中的扩散速度;

(3)晶体缺陷类型:晶界增加会增加扩散(在多晶材料中扩散速度快于单晶材料)。

实际上,上述方程通常被重写为

$$\ln D = \ln D_0 - \left(\frac{E_a}{k_B}\right)\frac{1}{T} \quad (7.27)$$

因此,阿伦尼乌斯方程可以通过在图 7.33(b)中绘制 $\ln D$ 与 $1/T$ 的曲线图来说明。

对于 3C—SiC/Si(111)在衬底温度从 900~1100℃ 的范围内形成石墨烯的情况,随着衬底温度的升高,Si 的扩散系数会增大。我们在 SiC 缓冲层顶部的碳沉积过程中的实验观察结果与先前的研究结果是一致的事实上,参考文献[55-56]中的不同组表明硅在 SiC 膜上的扩散表现出阿伦尼乌斯行为,如图 7.33(b)所示。

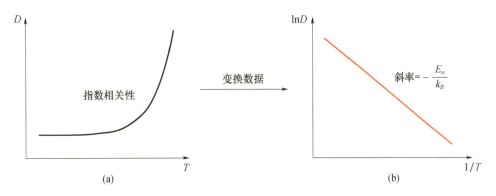

图 7.33 (a)由方程(7.26)推导出扩散系数 D 与生长温度 T 的关系和(b)数据以 $\ln D$ 与 $1/T$ 进行转换。

7.5.2.4 硅通过 3C-SiC 缓冲层扩散

现在我们将考虑通过在 Si(111)上生长的 3C-SiC 扩散的特殊情况,如图 7.34 所示。

硅原子不仅在退火过程中扩散到 SiC 层,而且在 Si(111)衬底上的 3C-SiC 生长过程中扩散到硅层。当退火温度升高时,扩散速度加快。两种材料(SiC 和 Si)退火后的界面并不理想(图 7.34(a))。它应该如图 7.34(b)所示。

在这种情况下,限定为

$$\begin{cases} C(x=0, t>0) = \dfrac{C_s + C_0}{2} \\ C(x=\infty, t>0) = C_0 \end{cases}$$

因此,菲克第二定律的解为

$$C_x = \frac{C_s + C_0}{2} - \frac{C_s - C_0}{2}\mathrm{erf}\left(\frac{x}{2\sqrt{Dt}}\right) \quad (7.28)$$

图 7.35 显示 SiC 薄膜在 Si(111)和在 1100℃ 退火后的 LEED 图。

除了 SiC 斑点外,还可以观察到一些内部斑点。这些衍射斑点的位置与硅衬底的 (1×1)硅斑点的位置几乎相同。这可能是由于硅原子在退火过程中从基体中扩散而引起。

为了确定 Si(C_{Si})的原子浓度,采用 Ar^+ 离子交替溅射的方法在 3C-SiC/Si(111)衬底上测量了 XPS 深度分布(3keV 时,溅射速率约为 0.02nm/s)。首先,我们测量了 19nm 厚的 3C-SiC/Si(111)样本的深度分布,以确定硅原子(C_0)在 SiC 缓冲层中的初始浓度。结果如图 7.36(a)所示。第 7.4.3.1 节提到了在 Si(111)上生长 3C-SiC 的实验细节,接下来样本在 1100℃ 下退火 2h(图 7.36(b)),并在同一样本上测量另一深度剖面,距离测

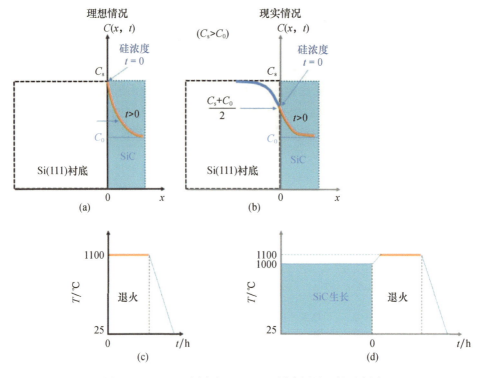

图 7.34 Si(111)衬底与 3C–SiC 缓冲层界面的示意图

(a)假设具有突变界面的样本(理想情况)立即在 1100℃加热,(c)则以 T/t 描述;(b),(d)在 1000℃(实际情况)下在 Si(111)上生长 SiC 后,然后缓慢退火至 1100℃,持续 2h,如 T 与 t 的橙色实线所示。

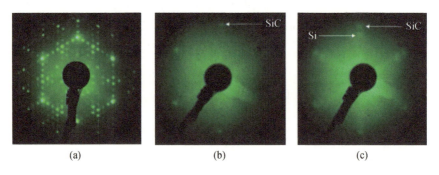

图 7.35 Si(111)衬底在 57eV 处的 LEED 图

(a)在涂上 ~19nm 厚 3C–SiC 后,(c)2h 后,退火 1100℃。

量第一剖面的区域足够远。

Si 和 C 原子在 3C–SiC 中的浓度几乎恒定,在纯度 52.0% Si 和 43.0% C(5% O + Ar),数值接近纯 Si 表面 6H–SiC(51.0% Si 和 44.0% C)的浓度。退火后硅原子的浓度略有增加(图 7.36(b))。这是由于硅在退火过程中从衬底中扩散。图 7.37 显示了 SiC 中测得的 Cx 浓度与基于方程(7.28)的计算值的比较,该方程对扩散系数进行了调整,得到了最佳的拟合值。在 1100℃下,Si 原子通过 SiC 缓冲层的扩散系数为 $5.4 \times 10^{-17} \text{cm}^2/\text{s}$。这个值大于 Ollivier 等[57]报告的 $4 \times 10^{-18} \text{cm}^2/\text{s}$ 值[57],在相同衬底温度下,Si(100)上通过 3nm 厚 3C–SiC 晶膜扩散。

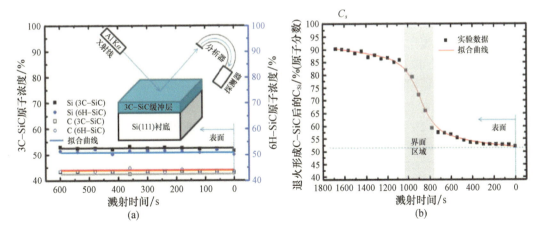

图 7.36 (a) Si 原子 C_{Si} 浓度的 XPS 深度分布。在退火前(C_0 52.0% Si 和 43.0% C)测量了 SiC 缓冲层中 Si 含量与溅射时间的关系。(b 样本在 1100℃下退火,Si(111)面形成 19nm 厚的 3C-SiC 后,硅原子浓度 C_{Si} 与溅射时间的关系

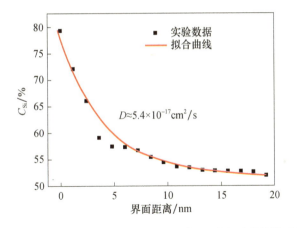

图 7.37 求硅浓度分布方程(7.28)的拟合,以确定硅的扩散系数 D

这可以用硅衬底上 SiC 层结晶质量的差异来解释,这意味着我们工作中 Si(111)上的 3C-SiC 缓冲层含有更多的晶界和其他缺陷,如凹坑和空隙[49,55,58]。现在,可以用改写方程式(7.21)来计算在不同的 SiC 缓冲层厚度下扩散硅原子的通量:

$$J = D_{Si}\frac{C_s - C_0}{2\sqrt{\pi D_{st}t}}e^{-\frac{x^2}{4D_{Si}t}} \tag{7.29}$$

硅的原子百分比(原子的碳通量 1.2×10^{13} 原子/($cm^2 \cdot s$))。结果见表 7.6。

研究发现,在碳生长过程中,由于基体在高温度下通过 SiC 缓冲层从基体中扩散,总是存在硅通量。这可能导致 SiC 缓冲层厚度的增加。总通量中硅原子的原子百分比随着界面距离 x 的增加而减小。

现在,让我们考虑模型 4 中的示例 7 号,如图 7.26(b)所示。我们增加了 24nm 厚的 3C-SiC/Si(111),然后缓慢加热至 1200℃,使碳化物表面变平。在该衬底温度下退火时,硅从本体扩散到 SiC 层的速度更快,然后降低到 1100℃进行碳沉积。正如 XPS 之前对这

个样本的分析所指出的,在 2h 的碳沉积后,在 SiC 缓冲层顶部形成了 8 个石墨烯层(2.7nm),然后在退火后形成 30min。我们计算了石墨烯层下的碳化物厚度,通过外加硅原子与沉积的碳原子之间的相互作用,增加了大约 6nm①。因此,SiC 缓冲层的厚度估计约为 30nm,这就足以在一定的生长时间(Si/C 通量比接近10^{-5})阻断 Si 扩散。这就解释了为什么 7 号样本上的石墨烯质量要好于 4 号样本上的石墨烯质量。

表 7.6 采用体硅中 $C_s 5.0 \times 10^{22}$ 原子/cm³和 3C-SiC 中 $C_0 4.8 \times 10^{22}$)原子/cm³,在 1100℃ 退火 2h 后,测量了不同厚度 SiC 缓冲层中 Si 的扩散通量和原子百分含量
（Si 的原子百分比是根据沉积碳的流量计算,约为 1.2×10^{13} 原子/(cm²·s)）

x/nm	4	7	13	25	30	35
J/(原子/(cm²·s))	4.4×10^{10}	3.6×10^{10}	1.7×10^{10}	8.8×10^{8}	2.0×10^{8}	1.85×10^{7}
硅/%	0.37	0.3	0.14	0.007	0.0013	1.5×10^{-4}

7.5.2.5 总结

固体碳原子直接沉积在 Si(111)上生长石墨烯,衬底温度和缓冲层厚度一直是影响石墨烯生长的重要因素。高衬底温度有助于降低薄膜表面粗糙度,但由于 Si 从衬底中扩散和与沉积碳在表面的混合而对石墨烯质量造成损害。因此,需要一个足够厚的缓冲层来防止 Si 在生长过程中向外扩散。在 C 生长过程中,SiC 的最小厚度取决于衬底温度;在本文的情况下(1100℃时 C 生长),30nm 似乎是一个合适的值。

7.6 小结

对于通过直接沉积碳原子在 Si(111)上生长石墨烯,衬底温度和 SiC 层厚度始终起着重要的作用。高衬底温度有助于减少表面粗糙度,但对石墨烯的质量有害,因为它刺激了 Si 从衬底的扩散和与沉积的碳在表面的混合。石墨烯生长过程 sp^2 中,杂化碳的形成与基体温度密切相关。此外,我们还观察到在 1100℃相同衬底温度下增加 SiC 层厚度时石墨烯质量的改善。STM 图像证实了结构性质,表面粗糙度,以及石墨烯结构域的大小。虽然这种薄膜的拉曼光谱上的 D 能带仍然显示出很高的缺陷密度,但这显示了最小 SiC 厚度,这是阻止硅从衬底扩散所需的厚度。这项研究为更好地理解超高真空中石墨烯的直接生长开辟了道路。

参考文献

[1] Novoselov, K. S., Geim, A. K., Morozov, S. V., Jiang, D., Zhang, Y., Dubonos, S. V., Grigorieva, I. V., Firsov, A. A., Electric field effect in atomically thin carbon films. *Science*, 306, 666-669, 2004.

---

① 2h→24ML 碳
XPS→8ML 石墨烯
⇒16ML 与 Si→SiC 反应
16ML = 16 × 1.9×10^{15} 原子/cm²;1ML SiC = 1.2×10^{15} 原子/cm²
⇒25 ML SiC = 6.4nm

[2] Geim, A. K. and Novoselov, K. S., The rise of graphene. *Nat. Mater.*, 6, 183 – 191, 2007.

[3] Liu, W., Chung, C. – H., Miao, C. – Q., Wang, Y. – J., Li, B. – Y., Ruan, L. – Y., Patel, K., Park, Y. – J., Woo, J., Xie, Y. – H., Chemical vapor deposition of large area few layer graphene on Si catalyzed with nickel films. *Thin Solid Films*, 518, 6, Supplement 1, S128 – S132. Sixth International Conference on Silicon Epitaxy and Heterostructures, 2010.

[4] Park, H. J., Meyer, J., Roth, S., Skakalova, V., Growth and properties of few – layer graphene prepared by chemical vapor deposition. *Carbon*, 48, 4, 1088 – 1094, 2010.

[5] Howsare, C. A., Weng, X., Bojan, V, Snyder, D., Robinson, J. A., Substrate considerations for graphene synthesis on thin copper films. *Nanotechnology*, 23, 13, 135601, 2012.

[6] Lee, J. – H., Lee, E. K., Joo, W. – J., Jang, Y., Kim, B. – S., Lim, J. Y., Choi, S. – H., Ahn, S. J., Ahn, J. R., Park, M. – H., Yang, C. – W., Choi, B. L., Hwang, S. – W., Whang, D., Wafer – scale growth of single – crystal monolayer graphene on reusable hydrogen – terminated germanium. *Science*, 344, 6181, 286 – 289, 2014.

[7] Suemitsu, M. and Fukidome, H., Epitaxial graphene on silicon substrates. *J. Phys. D: Appl. Phys.*, 43, 374012, 2010.

[8] Gupta, B., Notarianni, M., Mishra, N., Shafiei, M., Iacopi, F., Motta, N., Evolution of epitaxial graphene layers on 3c SiC/Si(111) as a function of annealing temperature in UHV. *Carbon*, 68, 0, 563 – 572, 2014.

[9] Ochedowski, O., Begall, G., Scheuschner, N., El Kharrazi, M., Maultzsch, J., Schleberger, M., Graphene on Si(111) 7 × 7. arXiv:1206.0655v1, 2012.

[10] Hackley, J., Ali, D., DiPasquale, J., Demaree, J. D., Richardson, C. J. K., Graphitic carbon growth on Si (111) using solid source molecular beam epitaxy. *Appl. Phys. Lett.*, 95, 133114, 2009.

[11] Tang, J., Kang, C. Y., Li, L. M., Yan, W. S., Wai, S. Q., Xu, P. S., Graphene films grown on Si substrate via direct deposition of solid – state carbon 原子. *Phys. E*, 43, 1415, 2011.

[12] Wikipedia.org. Physical vapor deposition. http://en.wikipedia.org/wiki/Physical_vapor_depo – sition, 2015.

[13] Ohring, M. (Ed.), *Materials science of thin films*, Academic Press, 2002.

[14] Tectra GmbH. e – flux electron beam evaporator. Technical report.

[15] http://www.tectra.de/e – flux.htm.

[16] Mac, M. C., *Structural and electronic properties of (Zn, M) O fabricated by thermal diffusion of a M thin film grown by evaporation on polar surfaces of ZnO (M = Co or Mn)*, PhD thesis, 2011.

[17] Liu, Z., Liu, J., Ren, P., Wu, Y., Xu, P., Effects of carbonization and substrate temperature on the growth of 3C – SiC on Si(111) by ssmbe. *Appl. Surf. Sci.*, 254, 10, 3207 – 3210, 2008.

[18] Johansson, L. I., Glans, P. – A., Hellgren, N., A core level and valence band photoemission study of 6h – SiC(000 – 1). *Surf. Sci.*, 405, 288 – 297, 1998.

[19] Mednikarov, B., Spasov, G., Babeva, Tz., Pirov, J., Sahatchieva, M., Popova, C., Kulischa, W., Optical properties of diamond – like carbon and nanocrystalline diamond films. *J. Optoelectron. Adv. Mater.*, 7, 1407 – 1413, 2005.

[20] Jackson, S. T. and Nuzzo, R. G., Determining hybridization differences for amorphous carbon from the xps c 1s envelope. *Appl. Surf. Sci.*, 90, 2, 195 – 203, 1995.

[21] Matsunami, H. and Kimoto, T., Step – controlled epitaxial growth of sic – high quality homoepitaxy. *Mater. Sci. Eng.*, 20, 3, 125 – 166, 1997.

[22] Ouerghi, A., Kahouli, A., Lucot, D., Portail, M., Travers, L., Gierak, J., Penuelas, J., Jegou, P., Shukla, A., Chassagne, T., Zielinski, M., Epitaxial graphene on cubic SiC(111)/Si(111) substrate. *Appl. Phys. Lett.*, 96, 19, 2010.

[23] Ferrari, A. C. and Robertson, J., Interpretation of Raman spectra of disordered and amorphous carbon. *Phys. Rev. B*, 61, 14095 – 14107, 2000.

[24] Inoue, Y., Nakashima, S., Mitsuishi, A., Tabata, S., Tsuboi, S., Raman spectra of amorphous sic. *Solid State Commun.*, 48, 12, 1071 – 1075, 1983.

[25] Calcagno, L., Musumeci, P., Roccaforte, F., Bongiorno, C., Foti, G., Crystallization process of amorphous silicon – carbon alloys. *Thin Solid Films*, 411, 2, 298 – 302, 2002.

[26] Latil, S. and Henrard, L., Massless fermions in multilayer graphitic systems with misoriented layers: Ab initio calculations and experimental fingerprints. *Phys. Rev. B*, 76, 201402, 2007.

[27] Wang, Y., Ye, Y., Wu, K., Simultaneous observation of the triangular and honeycomb structures on highly oriented pyrolytic graphite at room temperature: An stm study. *Surf. Sci.*, 600, 3, 729 – 734, 2006.

[28] Hass, J., de Heer, W. A., Conrad, E. H., The growth and morphology of epitaxial multilayer graphene. *J. Phys. Condens. Matter*, 20, 32, 323202, 2008.

[29] Pham, T. T., Santos, C. N., Joucken, F., Hackens, B., Raskin, J. – P., Sporken, R., The role of sic as a diffusion barrier in the formation of graphene on Si(111). *Diamond Relat. Mater.*, 66, 141 – 148, 2016.

[30] Ferrari, A. C., Meyer, J. C., Scardaci, V., Casiraghi, C., Lazzeri, M., Mauri, F., Piscanec, S., Jiang, D., Novoselov, K. S., Roth, S., Geim, A. K., Raman spectrum of graphene and graphene layers. *Phys. Rev. Lett.*, 97, 187401, 2006.

[31] de Heer, W. A., Berger, C., Ruan, M., Sprinkle, M., Li, X., Hu, Y., Zhang, B., Hankinson, J., Conrad, E., Large area and structured epitaxial graphene produced by confinement controlled sublimation of silicon carbide. *Proc. Natl. Acad. Sci.*, 108, 41, 16900 – 16905, 2011.

[32] Sharma, N., Oh, D., Abernathy, H., Liu, M., First, P. N., Orlando, T. M., Signatures of epitaxial graphene grown on Si – terminated 6h – SiC(0 0 0 1). *Surf. Sci.*, 604, 2, 84 – 88, 2010.

[33] Kazakova, O., Panchal, V, Burnett, T. L., Epitaxial graphene and graphene – based devices studied by electrical scanning probe microscopy. *Crystals*, 3, 1, 191, 2013.

[34] Emery, J. D., Detlefs, B., Karmel, H. J., Nyakiti, L. O., Gaskill, D. K., Hersam, M. C., Zegenhagen, J., Bedzyk, M. J., Chemically resolved interface structure of epitaxial graphene on SiC(0001). *Phys. Rev. Lett.*, 111, 215501, 2013.

[35] Emtsev, K. V, Speck, F., Seyller, Th., Ley, L., Riley, J. D., Interaction, growth, and ordering of epitaxial graphene on sic0001 surfaces: A comparative photoelectron spectroscopy study. *Phys. Rev. B*, 77, 155303, 2008.

[36] Cançado, L. G., Takai, K., Enoki, T., Endo, M., Kim, Y. A., Mizusaki, H., Jorio, A., Coelho, L. N., Magalhaes – Paniago, R., Pimenta, M. A., General equation for the determination of the crystallite size la of nanographite by Raman spectroscopy. *Appl. Phys. Lett.*, 88, 16, 2006.

[37] Zhang, L., Zhang, F., Yang, X., Long, G., Wu, Y., Zhang, T., Leng, K., Huang, Y., Ma, Y., Yu, A., Chen, Y., Porous 3d graphene – based bulk materials with exceptional high surface area and excellent conductivity for supercapacitors. *Sci. Rep.*, 3, 1408, 2013.

[38] Ide, T., Kawai, Y., Handa, H., Fukidome, H., Kotsugi, M., Ohkochi, T., Enta, Y., Kinoshita, T., Yoshigoe, A., Teraoka, Y., Suemitsu, M., Epitaxy of graphene on 3C – SiC(111) thin films on microfabricated Si(111) substrates. *Jpn. J. Appl. Phys.*, 51, 6S, 06FD02, 2012.

[39] Trung, P., *Direct growth of graphitic carbon/graphene on Si(111) by using electron beam evaporation*, PhD thesis, 2015.

[40] Trung, P. T., Joucken, F., Campos – Delgado, J., Raskin, J. – P., Hackens, B., Sporken, R., Direct growth of graphitic carbon on Si(111). *Appl. Phys. Lett.*, 102, 1, 2013.

[41] Moreau, E., Godey, S., Ferrer, F. J., Vignaud, D., Wallart, X., Avila, J., Asensio, M. C., Bournel, F., Gallet, J.-J., Graphene growth by molecular beam epitaxy on the carbon-face of sic. *Appl. Phys. Lett.*, 97, 24, 2010.

[42] Scholz, R., Gosele, U., Wischmeyer, F., Niemann, E., Formation and prevention of micropipes and voids in cvd carbonization experiments on(111) silicon. *Mater. Sci. Forum*, 264-268, 219222, 1998.

[43] Suemitsu, M., Jiao, S., Fukidome, H., Tateno, Y., Makabe, I., Nakabayashi, T., Epitaxial graphene formation on 3c-SiC/Si thin films. *J. Phys. D Appl. Phys.*, 47, 9, 094016, 2014.

[44] Trung, P. T., Campos-Delgado, J., Joucken, F., Colomer, J.-F., Hackens, B., Raskin, J.-P., Santos, C. N., Robert, S., Direct growth of graphene on Si(111). *J. Appl. Phys.*, 115, 22, 2014.

[45] Riedl, C., Coletti, C., Starke, U., Structural and electronic properties of epitaxial graphene on SiC(000-1): A review of growth, characterization, transfer doping and hydrogen intercalation. *J. Phys. D Appl. Phys.*, 43, 37, 374009, 2010.

[46] Park, O.-K., Choi, Y.-M., Hwang, J. Y., Yang, C.-M., Kim, T.-W., You, N.-H., Koo, H. Y., Lee, J. H., Ku, B.-C., Goh, M., Defect healing of reduced graphene oxide via intramolecular cross-dehydrogenative coupling. *Nanotechnology*, 24, 18, 185604, 2013.

[47] Varchon, F., Feng, R., Hass, J., Li, X., Nguyen, B. N., Naud, C., Mallet, P., Veuillen, J.-Y., Berger, C., Conrad, E. H., Magaud, L., Electronic structure of epitaxial graphene layers on sic: Effect of the substrate. *Phys. Rev. Lett.*, 99, 12, 126805, 2007.

[48] Zhang, S., Tu, R., Goto, T., High-speed epitaxial growth of sic film on Si(111) single crystal by laser chemical vapor deposition. *J. Am. Ceram. Soc.*, 95, 9, 2782-2784, 2012.

[49] Perova, T. S., Wasyluk, J., Kukushkin, S. A., Osipov, A. V., Feoktistov, N. A., Grudinkin, S. A., Micro-Raman mapping of 3C-SiC thin films grown by solid-gas phase epitaxy on Si(111). *Nanoscale Res. Lett.*, 5, 9, 1507-1511, 2010.

[50] Enoki, T., Role of edges in the electronic and magnetic structures of nanographene. *Phys. Scr.*, T146, 014008, 2012.

[51] Sakai, K., Takai, K., Fukui, K., Nakanishi, T., Enoki, T., Honeycomb superperiodic pattern and its fine structure near the armchair edge of graphene observed by low-temperature scanning tunneling microscopy. *Phys. Rev. B*, 81, 235417, 2010.

[52] Helmut, M. (Ed.), *Diffusion in solids: Fundamentals, methods, materials, diffusion-controlled processes*, Springer, 2007.

[53] Jones Scotten, W., Diffusion in silicon, 2008.

[54] Dept. of Materials Sciences University of Tennessee and Engineering. Diffusion, 2015.

[55] Moro, L., Paul, A., Lorents, D. C., Malhotra, R., Ruoff, R. S., Lazzeri, P., Vanzetti, L., Lui, A., Subramoney, S., Silicon carbide formation by annealing c60 films on silicon. *J. Appl. Phys.*, 81, 9, 6141-6146, 1997.

[56] Cimalla, V., Stauden, Th., Eichhorn, G., Pezoldt, J., Influence of the heating ramp on the heteroepitaxial growth of SiC on Si. *Mater. Sci. Eng.*, B61-62, 553-558, 1999.

[57] Ollivier, M., Latu-Romain, L., Martin, M., David, S., Mantoux, A., Bano, E., Soulière, V., Ferro, G., Baron, T., Si-SiC core-shell nanowires. *J. Crystal Growth*, 363, 0, 158-163, 2013.

[58] Volz, K., Schreiber, S., Gerlach, J. W., Reiber, W., Rauschenbach, B., Stritzker, B., Assmann, W., Ensinger, W, Heteroepi-taxial growth of 3C-SiC on(100) silicon by c60 and Si molecular beam epitaxy. *Mater. Sci. Eng. A*, 289, 255-264, 2000.

第8章　Ni(111)片石墨烯和还原石墨烯氧化物的化学反应性和电子性质的变化

EdvigeCelasco

意大利热那亚热那亚大学物理系

意大利热那亚国家研究会电磁材料学院

摘　要　在本章中,作者将说明附着在 Ni(111)片上的石墨烯(G)和还原石墨烯氧化物(rGO)上的化学反应性和电子性质的变化。这种双重选择背后的原因是为了从根本上对这一创新材料进行完整的概述,并进行更具应用性的研究。这些研究是在热那亚大学、都灵理工大学和意大利理工学院及其下属空间人类机器人中心的框架内开展。在本章的第一部分将介绍在 Ni(111)衬底上生长的原始石墨烯对 CO 的反应性的主要结果。在不同的实验条件下,用乙烯脱氢法在镍上生长了单层石墨烯薄膜,并用 X 射线光电子能谱和高分辨电子能量损失谱对该体系在 87K 和室温下 CO 暴露前后的单层石墨烯薄膜进行了原位研究。

主要结果是:①低温下 Ni(111)片石墨烯 top–fcc 结构[1-2]的最佳 CO 反应活性[3];②在生长过程中仍然存在最小百分比的污染物或 Ni_2C 的情况下,会出现更高的反应性[2]。第二步是通过控制溅射来修饰在室温下是惰性的原始石墨烯,从而产生点状缺陷。本章作者也在室温下获得了对 CO 的意想不到的反应性,带有可能应用,例如气体传感[4-5]。在本章的第二部分,作者将描述以前在都灵理工大学和 IIT@PoliTo 开发的 GO 和 rGO 系统的更多应用方面。通过对这种材料进行改性,在还原过程中,本章作者研究了改善其电学性能的可能性,使其可能应用于作为导电打印系统的喷墨打印机理[6],或用于石墨烯的功能化[7]。特别是 GO 的表面改性,通过两步紫外线(UV)法,可以改善 GO 在有机溶剂和基质中的分散性。该工艺产生了特别吸引人的效果,例如,应用于可印刷油墨和涂层的制造中。最后,本章作者将解释 rGO 膜在水的淡化过程中的日常使用。

关键词　石墨烯,氧化石墨烯,化学反应性,表面化学

8.1　引言

之所以选择石墨烯,是因为它具有多种优越的性能。其作为一种二维材料,在室温下

具有良好的电子迁移率($2.5\times10^5\text{cm}^2/(\text{V}\cdot\text{s})$)、高导热系数($5000\text{ W}/(\text{m}\cdot\text{K})$),以及优异的力学性能[8-9],特别适合各种应用。

石墨烯被证明具有非凡的电子传输特性[10],再加上一系列其他奇特的性能[11]。由于其低的化学反应活性,也可以用作催化纳米颗粒的活性载体。

石墨烯可被应用于电子器件中的活性物质,如传感器[12-14]、电池[15-16]、超级电容器[17-18]、储氢系统[19-20],或作为制造多功能纳米复合材料的填充材料[21]。

当石墨烯独立存在时,它是惰性的;相反,当它生长在特定的衬底上或被掺杂时,则表现出很有前景的化学反应性[22]。

这些特殊的特性允许我们根据石墨烯的具体应用来调整其化学反应活性。

在 Ni(111)片石墨烯(G)的选择是受较低的石墨烯衬底间距的驱动,而石墨烯衬底的潜在作用最大,而且其生长机制已经很好地建立[23]。

另一方面,研究石墨烯的化学反应活性时,选择 CO 作为探针分子,既是出于对更灵敏的 CO 探测器的需要,也是为了将其作为原型分子广泛应用。

在这一章中,作者想从这个材料的基本方面,特别是从它的化学反应性开始。

在下面将介绍一些从氧化石墨烯(GO)到还原氧化石墨烯(rGO)的导电性的改变,以及在日常应用中确定的特定功能化。

这种材料的最后应用将是利用氧化还原石墨烯薄膜用于海水淡化。

分子在石墨烯上的吸附可能与几个应用有关,例如

(1)传感类应用;

(2)催化活性载体;

(3)电子应用带隙工程;

(4)环境应用(即:从水或海水淡化中去除有毒物质)。

8.2 石墨烯对 CO 的反应性

8.2.1 石墨烯实验装置

本章的第一部分将着重研究在 Ni(111)衬底上生长的石墨烯。在每次生长实验之前,必须对基质进行准确计量的清洗。用 3keV Ne^+ 离子溅射循环清洗 Ni(111)晶体,然后退火至 $T=1200\text{K}$。用低能电子衍射(LEED)和 X 射线光电子能谱(XPS)分别对表面的排列顺序和清洁度进行了检验。

为了更有效地去除溶解在近表面的 C,在石墨烯生长之前,我们进行了几次清洁,在 $T=673\text{K}$ 时,样本暴露在 2.5L 的 O_2 下,然后在超高真空条件下退火至 783K。

Langmuir(L)对应于 1s 期间 10^{-6}Torr(1 Torr = 133.322Pa)的暴露。

根据文献[5,23]中著名的化学配方,采用表面催化乙烯脱氢的方法原位生长单层 G 膜。不同生长条件下,Ni(111)衬底生长温度(T_g)在 $T_g=753\text{K}$ 和 $T_g=873\text{K}$ 之间变化,时间为 660s。

将纯瓶子中的乙烯通过放置在距 Ni(111)衬底 1cm 处的剂量引入超高真空反应室。根据坎贝尔的[24]理论,据估计,这些条件与超高真空反应室测量值相比,局部压力增加了

5%左右。

在接下来的论述中,作者将用原始的石墨烯来说明"完美的"石墨烯是在原位生长的,无诱导缺陷。

XPS 用来检查石墨烯的生长,并监测可能的污染或不同的碳键,如镍化碳(Ni_2C)的形成。XPS 由一个半球分析仪和一个用于光电子能谱(XPS)的 X 射线源(Omicron 的 EA125 + DAR400)组成;被用于表面的光谱研究。

源极不是单色化的,铝 – kα 线的电压为 1486.6eV。

利用高分辨能量损失谱(HREELS)对吸附质振动谱进行了研究。

用入射角 $\theta_i = \theta_f = 62°$ 的方法对表面法线和初级电子能 $E = 4eV$ 的 HREEL 谱进行了记录。

这些参数条件是本章描述的所有实验的标准。

8.2.2 石墨烯在不同温度下的反应性能

值得注意的是,游离石墨烯呈惰性。相反,石墨烯在不同衬底上的化学性质发生了极大的变化。

正如 A. Dahal 和 M. Batzill 近期对石墨烯进行的详尽的综述中所说[1],石墨烯在不同衬底上的相互作用或多或少取决于衬底与石墨烯的分离。图 8.1(a)给出了不同金属与石墨烯分离的示意图。

呈现了两个族:第一组在图的顶部被圈出,对应于与石墨烯的弱相互作用的物质,例如 Ag、Au、Pt、Cu 和 I;第二组元素,在图的底部被圈出,代表与石墨烯强相互作用的金属,例如,Ni、Rh、Pd、Co 和 Re。

衬底膜相互作用的不同强度将在石墨烯能带的较大或较弱的变形中表现出来。

作为高相互作用的结果,图 8.1(b)中报告的距离越小,能带变形越大。

例如,Ni 和 Cu 与石墨烯层的相互作用程度相当不同:Cu 是典型的弱相互作用的金属衬底,石墨烯 – 金属分离约为 3.3 Å。相反,Ni 是强相互作用的,距离缩短到 2.1 Å。

作为对比,石墨的层间距为 3.35 Å。一般来说,与弱相互作用的衬底(如 Cu)相比,在强相互作用的衬底(如 Ni)上生长需要较低的衬底温度和用于 CVD 的前体碳氢化合物的压力。

反应性的完全不同行为与石墨烯与其衬底之间的相对距离有关。这使得衬底和石墨烯之间的相互作用更少或更多。

正如我们将在 8.2.3 小节中看到的,根据衬底和衬底的质量,它有可能调整其化学反应性。

观察到反应活性最强的情况之一是生长在镍衬底上的石墨烯。[1]

研究了不同温度下的 CO 反应性,增加了 CO 剂量。

在图 8.2 中,给出了一个 CO 剂量后石墨烯在镍表面的 HREEL 光谱的例子。

底部的更多细节:红色光谱对应于在 RT 下 400L CO 后原始石墨烯上的 HREEL 光谱。

光谱并未显示出表面有 CO 吸附的证据,即使在大量 CO 剂量的情况下也是如此。CO 的伸缩模峰值在 259meV 左右。

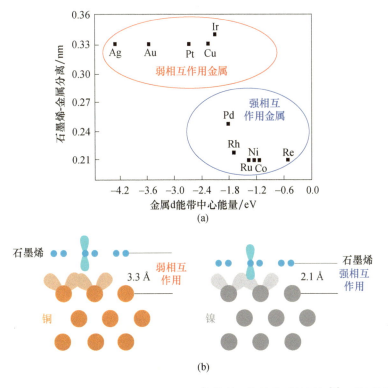

图 8.1 （a）石墨烯-金属分离与过渡金属 d 能带中心能量关系的图解[1]。从"弱"相互作用到"强"相互作用的转变发生在 d 能带中心位置低于费米能级 2eV 处。（2014 年皇家化学学会版权所有）。（b）石墨烯与衬底原子之间的距离示意图（在铜和镍的特定几乎极端情况下）

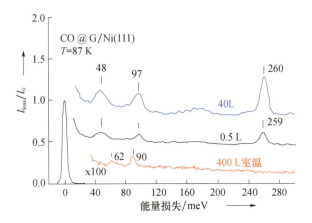

图 8.2 在 CO 曝光后，归一化为弹性峰值强度的 HREEL 光谱
在给药温度下记录光谱。为了清晰起见，光谱相对于底部的光谱垂直移动。

不同的性能出现在低温（87K）下。在增加 CO 剂量时，样本被液氮保持在 87K。从 CO 的 0.5L 开始，在 259meV（黑线）下呈现与 CO 的拉伸模式有关的振动。

在随后的 CO 剂量（40L）后，在蓝色光谱中出现一个作为伸缩 CO 模的特征的巨大信号。

第一个结果是在室温下 G/Ni(111) 上没有反应性的证据,相反,在低温下呈现反应性。

分析室温光谱中存在的其他峰值,可以得出以下结论:

(1)在 CO 投加之前,在 90meV 出现的特征已经存在,并且可以将其指定为石墨烯的 ZO 声子模式[25]。这种损耗是由偶极子不活动的碰撞散射而引起的。

(2)在 62meV 的损失是由于吸附在 Ni(111)[26]上的孤立碳原子所造成。

(3)97meV 的特征与轻微的水污染有关[27]。

相反,当 CO 在低温下(87K)时,48meV 的特征就会出现。

它与 259meV 的辐射有关,并且总是存在于低 CO 暴露(暗光谱)和顶部蓝色光谱中的高(40L)CO 剂量。

48meV 损失对应于 CO 表面的拉伸[28]。

进一步曝光后,由于偶极 - 偶极相互作用,CO 相关损耗增加,CO 伸展模频率上移 1meV[28]。

从而对吸附的种类进行猜测。

我们提出两个可能的假设:物理吸附和化学吸附。

在物理吸附中,预期频率为 265meV,相对于这种情况(259meV)来说,这个频率更高;在石墨和气相中确实存在 265meV 频率[29]。

化学吸附假说一方面是由于图 8.3 所报道的闪光实验确定的。

闪光实验包括在 CO 剂量监测 HREELS 特性后,在增量温度下闪烁样本。

详细地说,我们同时监测了 49meV(左图)和 259meV(右图)峰值。

温度由 87K(绿线)逐渐升高到 250K(蓝线)。

在图 8.3 中,很明显,CO 拉伸模式强度稳定到 125K,闪烁到 175K 后减半,最终在 200K 以上消失。

这个解吸值也与弱化学吸附完全一致,因为物理吸附的 CO 在明显较低的温度下确实会解吸(如,Ag(111) 的 55K)[30]。

在这种情况下,90meV 的峰值没有被考虑,因为这是由于水的污染所造成。

样本上的最后一个峰值是 259~260meV,对应于内部的 CO 拉伸频率。

上述频率不能归因于裸镍上的 CO 振动,因为该频率不同(桥为 229meV)和 250meV(顶部),金属分子拉伸的频率为 50meV[31]。

另一个可确认的是由于在室温下投加 CO 后完全没有这一特性。

同时,利用扫描隧道显微镜,没有发现样本上的无镍区的证据。

在图 8.4 中,给出了加入 CO 剂量前后裸石墨烯的高分辨率低温 STM 图像。图 8.4(a) 显示了一个由原始石墨烯层覆盖的 Ni(111) 区域的例子。高度对称方向标记在 a 板下面。图中显示了一个放大,其中三角对称典型 top - fcc 或 top - hcp 石墨烯[23,32-34]很明显。

原始的表面显示出一系列亮点,在表面形成各种不规则的链条,很可能与 Stone - Wales 缺陷相对应[35]。

在 $T = 90K$ 下暴露 1L CO 后,表面的外观发生了显著变化(图 8.4(b))。现在,它完全被形成主要沿 <-211> 方向排列的短链的白点特征所覆盖。这个白点对应于吸附在石墨烯域上的 CO 分子。从 c 板的大概述中可以看出,CO 在所有石墨烯薄膜上都是均匀吸附。在图(d)中的行扫描显示,同一行中 CO 分子之间的平均距离约 4.5Å。

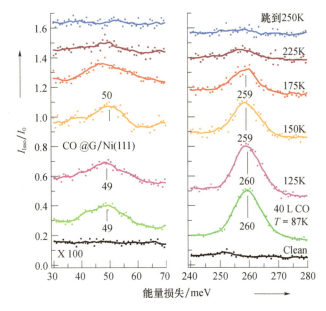

图 8.3　HREEL 光谱,显示共衬底振动(左)和 CO 频率伸展(右),将 CO 复盖层逐级闪光至 250K 后记录光谱

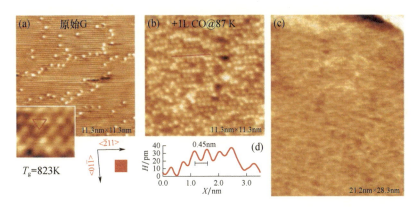

图 8.4　(a)石墨烯 G/Ni(111)清洁表面的 STM 图像。图像尺寸:11.3nm×11.3nm,V = 0.19V,I = 85Pa。在插图中,G 层的原子分辨的六边形晶格是可见的;三角形单元格被标记。较亮的斑点对应于缺陷。图(a)(下)显示了 Ni(111)衬底的高对称性方向。(b)G/Ni(111)在 90K 下暴露于 1L CO 后,图像尺寸为 11.3nm×11.3nm,V = 0.02V,I = 0.55nA。CO 行主要沿 <-211> 方向排列。(c)图(b)中报告的同一区域的大图。结果表明,共加成分子均匀地覆盖了整个石墨烯层。图像尺寸 21.2nm×28.3nm。(d)沿着(b)中标记的红线(即沿着 <-211> 方向)切割的一个 CO 行的线轮廓

尽管如此,要确定分子相对于下面的石墨烯晶格的确切吸附位置不可能;这个距离与每隔一个石墨烯单位晶胞吸附一个 CO 分子很好地兼容。

垂直于 <01-1> 方向的堆积较不规则。然而,我们观察到相邻 CO 行之间的最近距离约 3.8Å,这又相当于每隔一个石墨烯单位晶胞就有一个 CO 单位。

最大局域 CO 覆盖率约为石墨烯的单层(ML)的 1/6(Ni(111)的单层(ML)的 1/3)。

当然,总体覆盖率较小,这是由于行的包装不规则和存在干净的 Ni_2C 区域。

镍负载石墨烯能够以较高的吸附能实现 CO 的化学吸附,有可能应用于催化应用。因此,吸附能高到足以使平衡覆盖率显著高于无载体石墨烯,但低到足以确保从石墨烯中去除 CO 的步骤不会限制速率[36]。

本研究的第一部分结论如下:

(1)在 87K 时,CO 化学吸附在 G/Ni(111)表面,吸附概率几乎是单一的。

(2)附加层稳定至 125K,并在此温度以上逐渐解吸。

(3)CO 吸附发生在原始石墨烯区域,不只是在缺陷或领域边界。

8.2.3 石墨烯在不同生长条件下的反应性能

作者继续研究了石墨烯生长条件与 CO 反应性之间的关系。

目标是找到一种可重复的方法来调节石墨烯在镍上的反应性。

标签如下:

单剂量 SD1,在 $P = 5 \times 10^{-6}$ mbar 条件下,用曝光乙烯生长 660s。

单剂量 SD2,样本在氧处理后、溅射前,在 $P = 5 \times 10^{-6}$ mbar 条件下生长 660s,如下所述。

双剂量 DD,在 $P = 1 \times 10^{-5}$ mbar 的条件下,用曝光乙烯生长 600s。

偏析:将纯净的 Ni(111)晶体在超高真空中退火至 788K,30min 后,溶解在体相中的 C 原子偏析到表面。

原始石墨烯的生长条件范围见表 8.1。

为了清楚起见,表 8.1 总结了用不同符号标识的所有生长条件。

主要参数变化是在偏析情况下,生长温度从 688K 上升到 873K。

表 8.1 原始石墨烯的不同生长条件

生长规程	温度 T_g/K	乙烯加药压力/mbar	生长时间/s	乙烯剂量/L	无乙烷气体等待时间热化/s
753K SD	753	5×10^{-6}	660	2500	600
823K DD1	823	1×10^{-5}	660	5000	600
823K DD2	823	1×10^{-5}	660	5000	600
873K DD	873	1×10^{-5}	660	5000	600
偏析	688		1800		

在 823K DD1 和 823K DD2 制备中,主要区别在于溅射过程。

对于 823K DD2 的情况,增加了一个额外的温度氧气循环,目的是减少镍基体中的碳污染,减少其在表层的偏析。

氧处理包括将样本暴露在 $T = 673K$ 的 $2.5L\ O_2$ 中,然后在超真空条件下退火到 783K。这种处理提高了基材的表面质量,从而提高了反应性,正如我们将在下面看到的。

用 XPS 对原始石墨烯的质量和 CO 与 HREELS 的反应性进行了详细的研究。

如前所述,CO 剂量是在将 G/Ni(111)样本冷却到 RT 或 87K 后,于腔内进行回填。

在 Ni(111)上石墨烯存在不同的吸附构型,如图 8.5 所示。

在图 8.5(a)中,给出了 top-fcc 配置,而在图 8.5(b)和(c)中,分别给出了桥顶和 top-hcp 配置。

结合高分辨率 XPS 同步加速器实验和 DFT[33]计算表明,在最稳定的几何条件下,G 单元中的两个 C 原子占据了底层 Ni(111)晶格的顶部和 fcc 位点,这种构型在下面被称为 top – fcc。在顶部和桥位(top – bridge)[33]中,一个近似等能的组装对应于 C 原子,而 C 原子位于顶部和 hcp 位点(top – hcp)的稳定性则稍弱一些。这些构型的相对浓度很大程度上取决于不断增长的参数条件[33]。

总之,石墨烯可以有三种不同的结构:

(1) top – fcc 几何[37]表征为 C 1s 区域在 285.1 和 284.5eV 之间有一个双晶;
(2) 相反,桥顶域呈现的是以 284.8eV 为中心的单一成分的 X 射线光电子能谱;
(3) top – hcp 域中心为 285.3eV[33]。

遗憾的是,用传统的实验室 X 射线源不可能解决此类问题;它们的相对重量会改变光电发射峰的形状和最大值的位置。但是,通过将 C 1s 峰与文献[33]中同步辐射实验中确定的成分进行拟合,可以提取有用的信息。

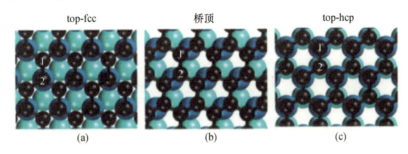

图 8.5 石墨烯的不同结构示意图

(a) top – fcc;(b)桥顶;(c) top – hcp。经许可转载自参考文献[33]。2011 年美国化学学会版权所有。
颜色说明:黑色,C;蓝色,第一层镍;浅蓝色,第二层镍。

首先,对于这个范围,需要仔细校准能量标度,并以金属 Ni(不含溶解 C)的 Ni(2p)峰值作为参考值[38]得到。

在实验中,样本冷却到 87K,暴露于 40L 的 CO。

图 8.6,给出了在 CO 拉伸区获得的 HREEL 谱,给出了在不同生长参数下发现的不同反应性的概念。在所有的光谱中,拉伸振动存在于 256meV 左右,是稳定 CO 吸附的明确证明。

其强度与 CO 反应性成正比很明显,不同构型的反应性发生了剧烈的变化。

特别是,在 T_g =823K 下,CO 覆盖率最大,而在其他情况下,覆盖率显著降低。

稍后作者将更详细地讨论另一个证据:两种名义上相同的制剂(分别命名为 823 – DD1 粉色和 823 – DD2 灰色)对 CO 的反应性明显不同。

在浅蓝色(偏析情况)、灰色 753K 和蓝色 873K 中,这种 CO 特征仍然存在,但强度较小。

在所有的光谱中,在 90meV 附近总是会出现另一个能量损失峰值。

它对应于 H_2O 天平动模式,表明一些轻微的水污染,很可能来自于多余的气体吸附。

由于这种能量损失的强度与吸附的 CO 的量无关,所以得出结论,水起到了旁观者的作用,对此,作者不再作进一步讨论。

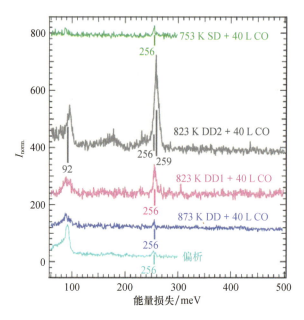

图 8.6 在不同方案制备的 G/Ni(111) 表面上注入 40L CO 后,在 LT 记录的 HREEL 谱

在所有的情况下,作者强调,当暴露在室温[3]时,并未发现 CO 吸附。直接结论是连续 G 膜完全覆盖表面。事实上,裸镍块的存在会导致 CO 吸附,相反,在 RT 时 G 层呈惰性。

图 8.7 报道了不同生长制剂的 X 射线光电子能谱,以了解不同生长条件下观察到的反应性差异的原因。

图 8.7(a)对不同制剂的 C 1s 光谱进行了比较。图 8.7(b)和(c)显示在 783K SD 和 873K DD 制剂上有两个 C 1s 代表拟合。

C 1s 区的光谱显示一个以 284.6eV 为中心的单峰值。它们在形状和强度上存在小的差异,这与桥顶、top-fcc 和 top-hcp 结构的相对石墨烯量以及表面镍碳化物(Ni_2C)的数量有关。分析图 8.7,部分结论如下:

(1)相当大一部分具有 top-fcc 结构的域决定了 C 1s 特征的质心向较低的 BE(相对于独立的石墨烯)的移动,因为 top-fcc 结构具有 -0.63eV 的核心能级位移(CLS)贡献,并且两个组件的平均 CLS 为 -0.41eV [33];

(2)具有桥顶结构的域的很大一部分会导致(较小的)重心向较低的 BE 移动,因为平均 CLS 为 -0.38eV;

(3)由于该组件的平均 CLS 为 +0.31eV,所以具有 top-hcp 结构的区域会导致在较高的区域出现额外的强度(即负担);

(4)大量的 Ni_2C 和溶解碳决定了较低 BE 的额外强度;

(5)C 1s 的宽度越大,表明存在大量的 top-fcc 立方结构域,其特征是两个不等价碳原子的 CLS 差异最大。

此类定性参数使我们预计 823K D1 和 873K DD 协议的 top-fcc 结构域的比例相对较大,这两种协议表现出最大的负质心,而 753K 和偏析协议的 top-fcc 结构域的比例相对较低,这两种协议的特点是 BE 较高,以质心为特征。

对 XPS 谱进行了更详细的分析,证实了以上讨论的定性信息。

在图 8.7(b)和(c)中,报告了 XPS 拟合过程的两个例子。
首先,从所有光谱中去除雪莉背景。然后将实验曲线拟合为多个分量的叠加:
—285.1eV 和 284.5eV 的二重态,相当于面心立方顶位的石墨烯(浅蓝色和蓝色痕迹)
—284.8eV 处的单线态(桥顶 G,绿色曲线)

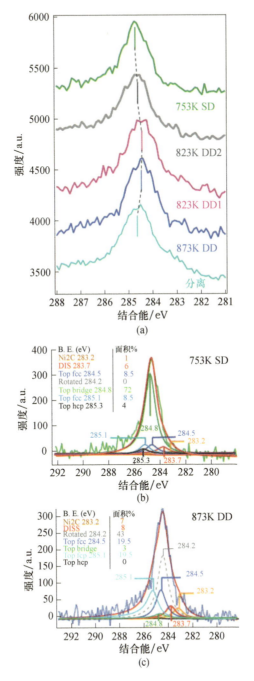

图 8.7 (a)所有制剂的 C 1s 区;(b)和(c)753 和 873K 下 SD 和 DD 制剂的 XPS
拟合过程的结果示例:top–hcp 组分(暗色)、top–fcc(蓝色和浅蓝色)、桥顶式(绿色)、旋转石墨烯(灰色)、溶解(红色)和 Ni_2C(橙色)的 XPS 谱。

——旋转石墨烯(284.2eV);

——以及在285.3eV时的石墨烯(top-hcp石墨烯,暗色迹线);

——283.3eV(Ni$_2$C,橙色曲线[23,38]);

——283.7eV(溶解C,红色曲线[23,38])。

与文献中给出的数值有少许差异,以确保拟合的收敛。

对CO的反应性可以通过衬底质量来调节。

我们注意到两种不同的过程对Ni(111)上石墨烯的生长有贡献:脱氢过程中镍衬底的温度和本体中溶解碳的量[23]。

在图8.8和图8.9所示的直方图中,总结了所有被调查样本的拟合过程的结果。

图8.8显示了考虑C 1s峰值的总面积获得的碳总量。总的XPS强度是强烈变化的,在最小和最大值之间的最大差异为30%。

碳含量最高的光谱对应于含大量镍碳化物和/或溶解碳的光谱。

图8.8 XPS拟合程序的直方图,显示总的碳含量,相对于图8.7(a)中报告的光谱

很明显,表面几乎完全覆盖单层石墨烯,其最大贡献率为15%。额外估计C的15%是由于Ni$_2$C或溶解C的体积。考虑到这一点,XPS技术提供了至少5nm的表面化学组成信息。

图8.9(a)报告了每种薄膜的不同石墨结构(top-hcp、桥顶、top-fcc)和非石墨结构(Ni$_2$C和溶解C)。对于873K DD的制备,还考虑了旋转石墨烯(E_b=284.2eV[23],这是一种特别类型,尤其形成于Ni$_2$C上)的额外贡献。

在开始描述上述小组之前,有必要回顾一下参考文献[33]进行的工作,其中Zhao等发现了不同石墨烯元素与温度的温度依赖关系。

当表面温度从300降到150K时,根据参考文献[33],top-fcc元件的增长率低于15%。这一趋势一直持续到87K。因此,RT估计的不同石墨烯部分的相对浓度代表了top-fcc组分的下限。关于top-bridge的配置,相反,将有一个上限,以保持总的石墨烯覆盖。

图8.9(a)显示top-hcp配置中的石墨烯含量非常小。它随温度的升高而降低,符合DFT计算,预测它比top-fcc和top-bridge石墨烯更不稳定[33]。

需要强调的是,在823K-DD时,这两种制备方法并不等同。两者均在823K的镍衬底上生长,但经过多次溅射和退火循环,制备出823K-DD2标记的镍衬底,以耗尽溶解C

的近地下镍层。

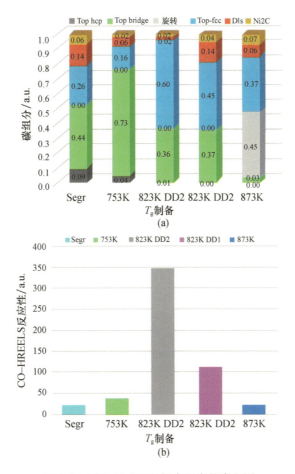

图 8.9　图 8.6(a)XPS 拟合程序的直方图

(a)(top–hcp、top–bridge、top–fcc、Ni_2O 及溶解 C)组分的相对量;(b)图 8.6 所示的 CO–HREELS 拉伸峰值的强度,在 40–L 曝露于 87K 后,正常化为非弹性背景。

更详细地分析图 8.9(a),823K 制备(最高反应温度)的特征是 Ni_2C 的量、溶解 C 的量和 top–fcc 石墨烯的量非常不同。

相反,缺少 top–hcp 石墨烯配置,并且存在类似数量的 top–bridge 石墨烯。

部分结论如下:

—Ni_2C 和/或溶解 C 的存在抑制 CO 的吸附。

—Top–fcc G 是反应最活跃的阶段。

—Top–bridge G 不是反应性组分。

最后一个假设显然被 753K SD 下较低反应性制备中存在的双倍 top–bridge 构型(相对于 823K)所证实。

对图 8.9 的直方图(a)进行更详细的分析,另一个重要的结论是旋转的石墨烯基本上呈惰性。事实上,873K–DD 样本的反应性很低,它是唯一存在旋转石墨烯域的样本。

在 87K 条件下,40L 剂量后吸附 CO 的含量随着非石墨碳量的增加而降低。

来自同一布局的另一个重要信息是,对 CO 的反应性不仅取决于 top–fcc 石墨烯配置的绝对数量(与反应性有关),也取决于 Ni_2C 或溶解 C(反应性抑制剂)的绝对数量,而且还取决于这些组合。见 753K SD 协议;此反应性略高于偏析得到的石墨烯和 873K DD,尽管 top-fcc 石墨烯的含量较低,因为在 753K SD 制备的 Ni_2C 和溶解碳含量较低。

最后,Ni_2C 不能大量存在于表面,因为我们会观察到它的 CO 吸附,与实验结果相反。因此,它只能在旋转的石墨烯结构域之下。

图 8.9(b)显示了 CO HREELS 反应性与生长温度(T_g)的关系,表明制备 823K DD2 的反应性最高。

图 8.10 显示了 823K DD1 和 823K DD2 样本在 LT 时经过 1L 和 40L CO 剂量后记录的 HREEL 光谱的详细检查。

这两个样本表现出不同的 CO 伸缩频率。

在 87K 时首次暴露 1L 的 CO 之后,256meV 的拉伸振动已经很明显了。

在 40L 的 CO 暴露后,823K DD2C 耗尽样本的大部分反应性(超过 3 倍)显示明显。

对于 823 DD2 样本,增加 40L CO 的暴露会导致其 3 个以上因素增加损失强度,使 823 DD1 的光谱几乎不受影响。

在 C 贫化样本(823K DD2)中,40L 后的 CO 伸缩强度随 1L CO 剂量的增加而增加,对 823K DD1 样本的伸缩强度也较高。

另外,823K DD2 的 CO 伸缩模式呈现 4meV 的蓝移。这种蓝移可能是 823K DD2 样本上 CO 覆盖率较高的原因之一,而且由于偶极相互作用的增强,这些分子在更高的频率上振动。

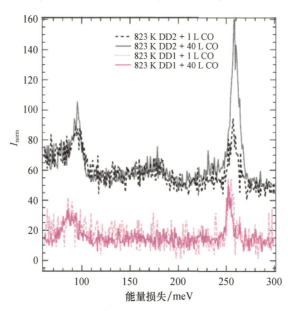

图 8.10　823K DD1 和 823K DD2(贫碳)在 1L 和 40L CO 暴露后的 HREEL 光谱

这种转变的另一个解释可能是随着覆盖范围的增加吸附能量的显著降低。

本实验的部分结论可概括如下:

——Top-fcc 组分活性最强,C 原子离 Ni 衬底最远。这种结构很可能会导致 top-fcc 石墨烯结构的轻微屈曲,从而导致杂化向 sp^3 的变化;

——所有其他可能的位置(顶位、桥位和空位)的 C 原子仅存在于非反应性构型中;

—旋转的石墨烯域,可能形成在镍碳化物之上,相对于底层衬底的附着力较弱,因此几乎是惰性的[1]。这些结果对于原子理解衬底在决定单层石墨烯反应性方面的作用具有意义;

—表面层中非石墨化碳的存在避免了 CO 的吸附。

8.2.4 缺陷

在本节即关于石墨烯 CO 反应性的最后一节中,不仅描述了石墨烯在原始体系上的反应性,也描述了它在缺陷体系上的反应性。

如前所述,独立的石墨烯具有惰性。

根据与衬底相互作用的不同,在 87K 时石墨烯与 CO 发生反应。

有缺陷的石墨烯显示出一个令人惊讶的特征:它在室温下也会产生反应。

首先,重要的是强调石墨烯的缺陷必须以如下所述的受控方式诱导。

在原始石墨烯的生长之后,在低能(150eV)下进行了一段带有氖离子的溅射;这一过程允许在石墨烯上产生单或双空位[39-41]。

与原始石墨烯有关的较大差异见图 8.11。

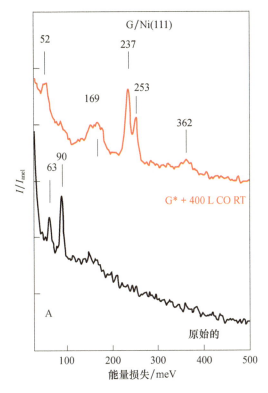

图 8.11 在 Ni(111)片石墨烯上记录的 HREEL 光谱

在每个图中,光谱被归一化为 450~500meV 损耗能量之间的非弹性本底 I_{anel},并且为了清晰起见进行了垂直移位。

暗(底)光谱对应于 CO 剂量前的原始石墨烯,而红色光谱对应于室温下 400L CO 剂量后的溅射石墨烯。

选择的溅射剂量(χ)为 $\chi_{Ne^+} = 3.2 \times 10^{14} Ne^+/cm^2$,以于石墨烯中产生低密度的孤立

空位(3.85×10^{15}个原子/cm^2)。

在Ne$^+$轰击之前,63MeV和90MeV的微弱损失已经存在。这些损耗对应于石墨烯[26]的缺陷(63 MeV)和z极化声子[25]的缺陷(90 MeV)。

在图8.11所示的红色光谱中,很明显原始石墨烯在室温下呈惰性。相反,在52、237meV和253meV的溅射石墨烯G*峰值出现在室温下加入CO之后。它们分别对应于桥位和顶位的分子表面和内部C—O伸缩模式[31]。

在90K时,CO的拉伸频率明显低于文献报道的CO在原始G/Ni上的化学吸附频率[3,42]。

在169meV,可见一个宽的峰值;这个频率接近拉曼光谱[43]中的D能带之一,这被认为是表面无序的标志。

此功能也适用于未暴露在CO中的缺陷样本(未显示),因此将其指定为扭曲的G配置。在362meV的最后一次损失对应于水解离引起的C–H伸缩[44]。

图8.12展示了G/Cu的实验,其中显示了多晶铜上溅射石墨烯的不同情况。在第二种情况下,由于Cu基底和G之间极少发生反应,因此无法表明CO的反应性[1]。

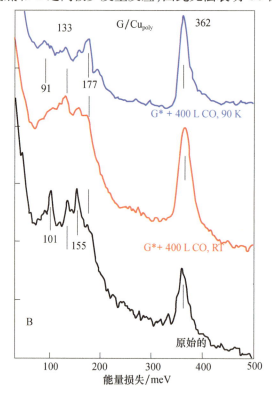

图8.12 多晶铜片石墨烯的HREEL光谱

在每个图中,光谱被归一化为450~500meV损耗能量之间的非弹性本底I_{anel},并且为了清晰起见进行了垂直移位。

这是G*层在Cu表面有惰性行为的明确证据。

更详细地说,初始光谱(暗色)表示在101meV、133meV、155meV、177meV和362meV处的损耗。

在177meV和362meV处的损耗与CH基团的出现相对应[44]。另外,其他的则对应于污染物的残留痕迹,因为样本被导入真空中,只经过温和退火至 390K 的处理。

在图 8.13 中,还以方程的方式研究了 CO 的吸附与溅射剂量 χ_{Ne+} 的关系。

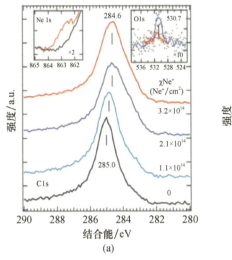 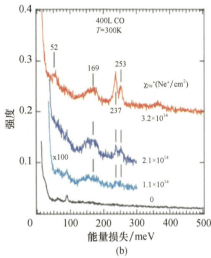

图 8.13 (a)离子轰击后和 CO 暴露前 C 1s 线的 XPS 光谱。左侧小图记录了溅射在最高剂量后的情况,证明 Ne^+ 插入[46];黑/红光谱对应于原始/有缺陷的 G 层。右边的小图显示了 χ_{Ne+} = 2.1 × $10^{14} Ne^+/cm^2$(蓝色)和退火到 450K(红色)后 400L CO 后的 O1s 信号。(b)在 RT 条件下,将原始材料和 G^*/Ni 暴露在 400-L CO 中后,HREEL 光谱记录在镜面上,并归一化为弹性强度

图 8.13(a)的 XPS 光谱是在溅射后和 CO 暴露前的记录;另一方面,是将样本暴露在 400L CO 之后,面板 b 的 HREEL 光谱记录。

在 χ_{Ne+} = 1.1 × $10^{14} Ne^+/cm^2$ 处,C 1s 的 XPS 峰向较低的结合能方向移动,同时在 HREEL 谱的 169meV 附近产生较宽的能量损失。

这种现象的产生与空位形成过程中 G 从 Ni(111)衬底上的脱落以及 Ne 原子的嵌入有关。C 1s 结合能的下限值与文献报道的在 Ni(111)上经过 CO 插层并去耦合的石墨烯结合能的值在相同范围[45]。

在最高 Ne^+ 剂量(3.2 × $10^{14} Ne^+/cm^2$)下,在 863eV 时可见 Ne 1s 信号,作为 Ni $2p^{3/2}$ 峰的肩部,对应于 C 的约 4% 浓度。

以参考文献[40]中给出的缺陷产生概率为前提,因此,可以分别从 1.5% ~ 4.5% 估计出单空缺和双空缺的数量。考虑相对覆盖率的 ±0.5% 的不确定度,这一估计符合单空缺和双空缺数量的 5:2 比例。

桥位和顶位对 CO 的吸附以伸缩方式进行。

在低溅射剂量下,两个点的数量相等,而随着溅射剂量的增加,观察到的裸 Ni(111)相对数量接近。

CO 伸缩模式的低强度是由于 G^* 层中空位浓度较低以及后者对模式的筛选所致。

将测量的 Θ_{CO} 强度与报道的 $Ni(111)^{42}$ 覆盖 Θ_{CO} = 0.5ML 的强度进行比较,估算出 χ_{Ne+} = 2.1 × $10^{14} Ne^+/cm^2$ 的情况下,Θ_{CO} ~ 0.03 $ML_{Ni(111)}$(1 $ML_{Ni(111)}$ = 1.86 × 10^{15} 个原子/cm^2)。

与之前的结果一致,XPS 检查仅显示在 531eV 附近的 O1s 强度非常弱(见图 8.13(a)

的小图),而 CO 预计在 286eV[46] 周围的 C 1s 信号太弱,在 285eV[33] 不能从较高的 G 相关组份中出现。从 O1s 和 C 1s 强度的比较中,估计 O/C 比约为 2%,即 $\Theta_{CO} \sim 0.04\ ML_{Ni(111)}$,这与 HREELS 估算的覆盖度是一致的。

研究 G* 的最后一个重要方面是图 8.14 中报道的 CO/G*/Ni(111) 系统的退火效应。

在图 8.14(a) 中,很明显消除相关损失所需的最低温度约为 400K,而在 169meV 附近的广义能量损失特征仍然存在,这证实了其损失是由于 G* 中 C—C 键的扭曲造成的。

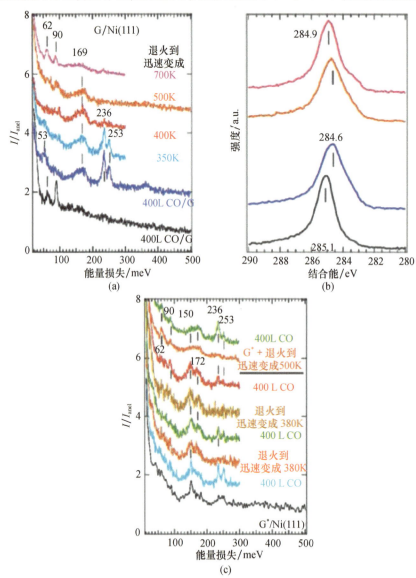

图 8.14 (a) 从室温到 700K,CO 覆盖的 G* 层退火后在镜面上记录的 HREEL 光谱;(b) 在 $3.2 \times 10^{14} Ne^+$ 溅射(蓝色)、500K(橙色)和 700K(粉色)退火后,原始的 G/Ni(111)(暗色),CO 覆盖 G*/Ni 的 XPS 光谱;(c) 离子轰击($\chi_{Ne+} = 2.8 \times 10^{14} Ne^+/cm^2$)后,(暗色迹线)G*/Ni(111) 的 HREEL 谱(浅蓝色到红色迹线)。随后的循环包括在室温下暴露于 400L,然后退火到 380K(顶位橙色和绿色痕迹)G*/Ni(111),这是在新鲜溅射的 G/Ni(111)($\chi_{Ne+} 3.2 \times 10^{14} Ne^+/cm^2$) 退火到 500K 而没有 CO 暴露和 RT 暴露在 400L CO 之后获得的。χ_{Ne+} 不同,顶位 CO 和桥位 CO 的比例也不同

这一特征在图 8.14(c)报告了低剂量溅射($\chi_{Ne^+}=2.8\times10^{14}Ne^+/cm^2$)后也存在。

图 8.14(b)显示的是 C 1s 线。它在温度达到 500K 时仍保持不变,当加热到 700K 时,它向原始的 G/Ni(111)值上移。

在 700K 时,169meV 的振动损耗减弱,表明 G 片再次附着在镍衬底上。

在 283.4eV 处,C 1s 区的肩部对应于碳化镍[45]溅射,而在 62meV 处的振动与其垂直拉伸趋势相同(在 Na[26]存在下,C/Ni(111)在 59meV 处的振动报告)。

在这个系统上进行的另一个实验是随后的吸附/退火循环,目的是监测 CO 的行为(图 8.14(c))。在第二次和第三次吸收中,CO1 的吸附量减少。

更详细的频谱分析表明,顶位的失活速度比桥位更快。

图 8.14(c)的顶部显示,G^*/Ni(111)衬底退火到 500K,没有预吸附 CO。

在这种情况下,空位仍然是反应性的,因为空位的热愈合发生在肯定更高的温度(920K 是基于 Jacobson 等的研究[47])。

以下报告了一个可能的解释。

CO 不可能在规则的裸 Ni(111)位上解离,但在 G^*/Ni(111)体系中,ad 分子被捕获在金属衬底和 G 层之间。

一种假设是,在镍的催化下,已经发生了[48-49]溅射的鲍氏反应。

$$2CO(ad) \xrightarrow{Ni} C + CO(g)$$

因为当退火到 450K 时,只留下了氧气的痕迹。

结论如下:

——空位允许在反应性衬底(如 Ni)存在的情况下吸附 CO。

——当系统超过 380K 退火时,嵌入的 CO 分子会发生反应,从而导致碳化物的形成。

这种机制修复了空位,并在随后的曝光中抑制了 CO 的进一步吸附。

8.3 石墨烯在一些领域的应用

在本章 8.2 节作者描述了石墨烯/氧化石墨烯系统的应用方面,特别是能够使该系统功能化的可能性。

作者描述的方法提供了从低成本材料开始即在紫外光下还原石墨烯氧化物作为起始材料的优势。

该方法的新颖之处在于采用两步紫外法还原石墨烯,同时在石墨烯表面进行共价接枝。

这一过程使得随后的各种石墨烯表面功能化单体的光接枝成为可能。

8.3.1 氧化石墨和还原氧化石墨实验装置

在实验中被采用的是商用 GO(美国 Cheap Tubes 公司提供),厚度从 0.7~1.2nm 不等。锚定剂为二苯甲酮 BP(Sigma – Aldrich),聚甲基丙烯酸乙二醇酯(PEGMA;MW 475,Sigma – Aldrich),全氟丙烯酸丁酯(PFBA;大金化工)和甲基丙烯酸 2 –(二甲氨基)乙酯(DMAEM;Sigma – Aldrich)用于功能化还原 GO。

溶剂为二甲基甲酰胺(DMF)和乙醇。

第一个功能化过程包括：

—10mg GO 置于 DMF(0.5mg/mL 溶液)中并放置在 100mL 三颈烧瓶内。

—将混合物在超声波槽中超声,直到得到均匀分散。

—然后在溶液中加入 30mg 的 BP 粉末,磁力搅拌,用氮气鼓泡 30min 脱气。

—在室温下搅拌 5min 时,用高压水银灯(滨松 LC8,配备 8mm 光导管)对混合物进行紫外线照射(强度:40mW/cm^2)。

—反应后,将溶液转移到离心管中,以 5000r/min 的速度分离 10min。

—将沉淀物用乙醇洗涤,离心数次,以去除未反应的 BP 和副产品。

—最后,纯化后的产品在 333K 处过夜干燥。

第二个功能化步骤包括：

—在含有 50mg 所需丙烯酸单体或齐聚物的情况下,将 10mg 改性粉末分散在 20ml DMF 中。

—磁力搅拌溶液,用氮气泡 30min 除气,然后用紫外线照射不同时间。

—然后将混合物离心分离、清洗和烘干,如前所述。

对于形态和化学表征,我们采用了不同的装置。

第一次分析是使用配备有 ATR(衰减全反射)扩展工具的 Thermo – Nicolet 5700 仪器的红外光谱进行的。

采用 Mettler TGA/SDTA 851 仪器进行热重量分析(TGA)。

为了消除吸附水,在分析开始前,所有样本在 373K 下保持 30min,然后在 373～1073K 之间,以 10K/min 的升温速率,在 60mL/min 的氮气流量下加热。最后,使用氮气吹扫流量(20mL/min)。

采用 X 射线光电子能谱(XPS)PHI 5000 多功能探针进行了化学和半定量分析。

X 射线束为单色 Al – K – α 源(1486.6eV)。

为避免分析过程中的充电效应,采用了电子和氩离子枪中和系统对所有样本进行分析。

所有探测扫描的通过能量为 187.85eV,而所有高分辨率扫描的通过能量为 23.50eV。通过 XPS 分析,可以用 Multipak 9.0 专用软件计算半定量原子组成。

在拟合过程中,采用了 Shierly 设置的背景,用单个元素的灵敏度因子修正了每个区域的值。XPS、TEM 和 FESEM 表征的样本制备方法如下所述：

将固体样本分散在水中(浓度为 0.5mg/mL),在超声波槽中浸泡 30min,然后在加热至 323K 的硅片上沉积,形成均匀层。

在蕾丝碳网上沉积了相同的水溶液,用于 TEM 和 FESEM 分析。

在每次透射电子显微镜(TEM)(FEI Tecnai F20ST)分析之前,将样本分散在起始悬浮液浓度为 0.5mg/mL 的水中,将分散液滴在 lacey 碳铜栅上。

采集了 200 kV 的 TEM 亮场图像。

为了检测样本的形貌,采用场发射扫描电子显微镜(FESEM、ZEISS 双束 FESEM – FIB Auriga)。

用 EDAX 探测器对 PFBA 功能化的样本进行能量色散 X 射线谱(EDS)。

在 FESEM – FIB 室内进行了两点电测量(标准电流电压曲线),配备了两个 Kleindiek

操作器,并配备了安捷伦万用表。

溶液沉积在SiO_2涂层硅片上,然后用电子和离子诱导的原位Pt沉积将rGO薄膜结合到衬底上。

采用双光束UNICAM UV2分光光度计(ATI Unicam,英国剑桥),以1nm的扫描步长监测350~800nm的范围。UICAM UV2有一个光谱范围从190~1100nm的可变狭缝,通过"Vison 32"软件与PC连接,用于数据精加工。

所有试验均以0.05mg/mL的水开展。

喷墨实验:用标准的两点微接触装置(Keithley 2635A万用表)测量厚膜和薄印刷膜上的电流/电压($I-V$)。

在-200~+200 V范围内,对所有样本进行了室温(RT)电表征。

比较了GO/PEGDA厚膜和几种厚度的印刷薄膜的电阻率。厚度随分辨率(dpi)和在同一轨道上打印的重复次数而变化,并通过轮廓术测量。

8.3.2 功能化

在下面,作者报告了非常成熟的功能化方法[50-51]。在图8.15中,报告了整个功能化过程。

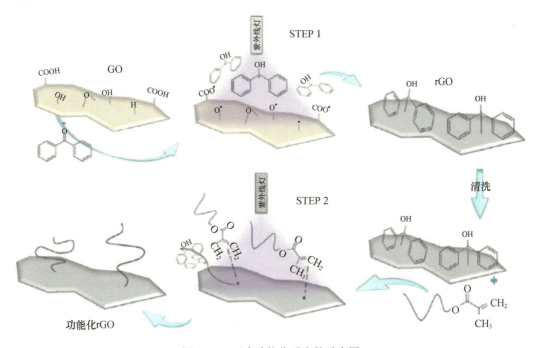

图8.15 两步功能化反应的示意图

在DMF溶液中,紫外线激发的BP能够产生半频那醇自由基,可以重组,与GO片上的自由基形成共价键。

在这个过程中,GO经历了光诱导的还原[6,52-55]生成rGO。rGO具有良好的导电性和导热性,但在聚合物中的溶解性较差[9]。

由于第二次紫外线照射,半氨基酚和表面GO之间的结合是同质的断裂。紫外线辐照允许在合适的单体存在下产生自由基聚合的起始点。

该工艺有可能获得聚合物功能化的 rGO，而该 rGO 呈现出石墨烯的理想性质，并改善了与聚合物基体的兼容性。

ATRIR 分析是研究接枝效率的一种方法。

图 8.16 从底部显示了原始 GO，用 BP 处理的 GO（从第一个照射步骤开始），以及在不同的照射时间（30min、90min、180min）用 PEGMA 功能化的最终修饰 GO。

在 PEGMA 存在下，紫外线辐照得到的所有光谱中都可见 2900 cm^{-1}（C—H 拉伸峰）的峰值。

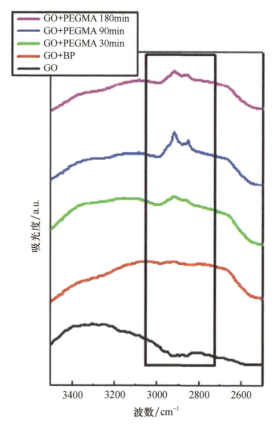

图 8.16　用 BP 和 PEGMA 改性的 GO 和紫外线样本在照射 30min、90min、180min 时的 ATR 光谱

上述峰值可归因于接枝聚合物链的存在，是接枝过程有效性的初步证据。

图 8.17 中的 TGA 曲线证实了第一个紫外线辐照步骤中的 GO 还原。

在图 8.17 中，GO 样本用深色线条表示，红线表示 GO + BP；绿色、蓝色和粉色分别表示粉末照射 30min、90min 和 180min。

由于不稳定的含氧官能团的热解，暗色光谱显示了 493K 左右的质量损失[56-57]。

在 BP 存在下辐照的样本显示在 453K 左右有相当大的质量损失，这可能与 BP 的降解有关，在相同温度下样本的降解非常大。

在 PEGMA 接枝的材料中，这种低温重量下降仍然很明显，这表明石墨烯表面存在未反应的半片呐醇基团。

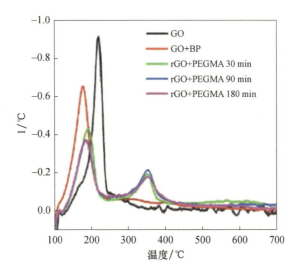

图 8.17　GO 和紫外线改性样本在照射 30min、90min、180min 时的一阶导数热重量分析(TGA)曲线

在这些光谱中,也很明显在较高的温度下出现第二次失重。

对于所有 PEGMA 功能化样本,这种与 PEGMA 降解相关的降解机制在相同的温度下发生。

所有处理过的样本都没有降解,这可以用 GO 中典型的含氧官能团的缺失来解释,这证实了 rGO 的还原过程。

这与文献中有关紫外线诱导的 GO 还原的数据一致[6,52-55]。

XPS 分析为评价辐照过程中 GO 还原的发生情况提供了一种很好的技术手段。

这是一种表面敏感的分析,给我们提供了组成信息,经过拟合过程,有可能获得表面化学键的半定量概念。

图 8.18 分为六个图:GO(a),GO 在紫外线照射 5min 后(b),在 BP 存在的情况下,GO 在紫外线照射 5min 后(c)、rGO/PEGMA(d)、rGO/PFBA(e)和 rGO/DMAEM,(f)C 1s 的 XPS 光谱。

相同的面板报告了拟合过程[58,59],给我们提供了氧化/还原处理后表面的氧化/还原状态的信息。

在单个解卷积峰上报告的增量数分别对应为 C—C、、C—O、C=O、O—C=O。

通过比较含氧键与 C—C 键的比值,可以估计氧化/还原状态。

通过比较原始 GO(图 8.18(a))的 C1 光谱与通过紫外线照射简单还原的 GO 的 C1 光谱(图 8.18(b))以及相对于第一功能化步骤(图 8.18(c))在 BP 存在下与紫外线还原的 GO 的光谱,GO 还原更加明显。

BP 步骤起到了还原剂的作用,也改善了简单的紫外线还原。

峰值"3"的强烈下降和峰值"4"的消失证实了这一点(图 8.18(c))。

峰值"2"的残留存在也可能与半频那醇部分的 C—O 基团的出现有关。

XPS 图上方证实了单个边界的原子百分比值报告。

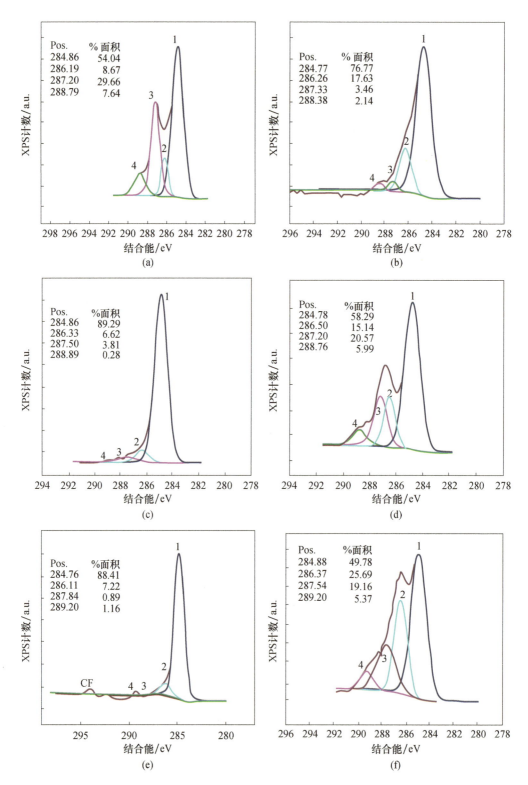

图 8.18 GO(a),GO 在紫外线照射 5min 后(b),在 BP 存在的情况下,GO 在紫外线照射 5min 后(c)、rGO/PEGMA(d)、rGO/PFBA(e)和 rGO/DMAEM,(f)C 1s 的 XPS 光谱

一个更定量的指标来自 C—C 与氧化基的比率(峰值 2、3 和 4 的总和),给出了原始 GO(图 8.18(a))的值:1.2,紫外线暴露的 GO(图 8.18(b)):3.3,以及紫外线暴露的 GO/BP(图 8.18(c)):8.3。

在紫外线照射 90min 后,用聚合物对样本进行功能化处理。

与 rGO/PB(图 8.18(c))相比,在 rGO/BP 片上接枝 PEGMA 单体的样本(在第二步反应过程中),峰值"2"、"3"和"4"(图 8.18(d))明显比 RGO/PB(图 8.18(c))增加。解释是这些峰属于接枝链中存在的醚基和丙烯酸基团。

通过选择碳/氧键结合能不同的杂原子,研究其接枝形式,以考察其有效的接枝机理。选择的杂原子是 PFBA 为 F,DMAEM 为 N。

在图 8.18(e)中,峰值与 293eV 的 CF 键有关,与 PFBA 的存在毫无关系,而对于与 DMAEM 的功能化,C—N 键的存在可能与峰值"2"(图 8.18(f))的强烈增加有关。

所有样本的测量光谱(本章未显示)也证实了 C—N 的存在。

XPS 数据清楚地显示了在第一辐照步骤中 GO 的减少,并在第二步骤中证实了接枝的可靠性。

用透射电子显微镜(TEM)和场发射扫描电子显微镜(FESEM)结合能谱仪(EDX)对样本进行了详细的形态学表征。

图 8.19 显示了改性样本的 TEM 图像,图 8.20 显示了 FESEM 的特征。

从 TEM 表征开始,图 8.19(a)显示了原始的 GO,具有大量的单层或双层薄片。这与 GO 优异的水溶性是一致的。

它们在大面积内(几微米)呈现光滑表面,并且其解开状态极易被发现。

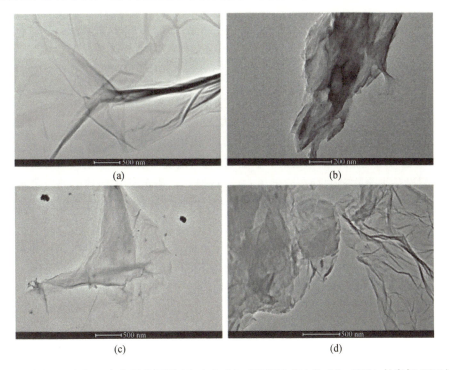

图 8.19　(a)GO、(b)BP 存在下的还原 GO、(c)rGO + PEGMA 和(d)rGO + PFBA 的亮场 TEM 图像

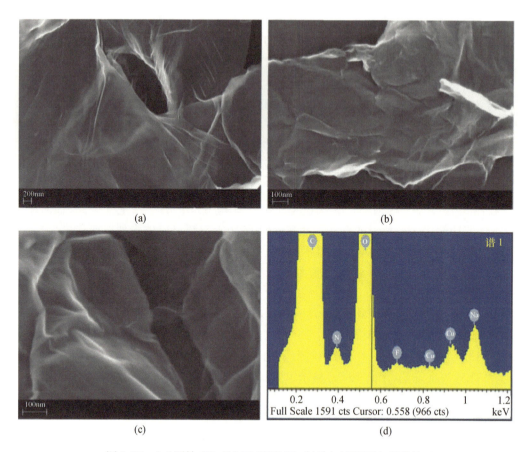

图 8.20 （a）原始 GO,(b)BP 还原 GO,以及(c)PEGMA 接枝的 rGO 的 FESEM 图像；(d)PEGMA 接枝 rGO 的 EDX 谱

在其他图中,形态结果不同。

图 8.19(b)报告样本紫外线在 BP 存在下减少。在这种情况下,由于 rGO 的层间相互作用更高,表面修饰会导致高度聚集,石墨烯层被包装包裹在一起。

图 8.19(c),其中聚合物被嫁接在表面,表现出中间行为。

经 rGO/PEGMA 辐照 90min 后,样本团聚较少,出现单层或几层解缠现象。

一个假设是聚合物链的存在改善了水的分散性,也避免了 rGO 片层的再聚集。

最后,在图 8.19(d)中,对辐照 90min 后的 PFBA(RGO/PFBA)功能化样本进行了 TEM 表征。

在这种情况下,与使用 PEGMA 功能化的样本相比,样本结果更具包裹性和聚集性。

由此产生的影响是由于全氟链的存在导致相关的疏水性增加。

然而,与图 8.19(b)和(d)相比,聚合明显减少。这是由于聚合物链的存在阻碍了再聚合。

通过图 8.19(a)和(c)中原始 GO 样本的比较,证实了石墨烯薄片上聚合物的存在。

图 8.20 显示原始 GO(a)、GO 与 BP 还原(b)、rGO 与 PEGMA 接枝(c)的 FESEM 图。

在相同的图中,图 8.20(d)显示了 GO 与 PFBA 接枝的 EDX 谱。

此外，FESEM 特征证实了 TEM 观测结果(图 8.19(a)~(c))。

对接枝了 PFBA 的 rGO 进行了 EDX 分析(图 8.20(d))；它支持接枝过程的成功,得到了 PFBA 链中包含的杂原子的存在,这与 XPS 分析一致。

最后一个电特性是通过两点法现场操作完成,使用了安装在双束 FESEM–FIB 腔内的机械手(Kleindiek)。

图 8.21 显示了紫外线照射 90min 后,放置在 rGO/PEGMA 上进行电气测量的铂电极和微操作器接触的薄板。也显示了两个微操作器专用于电气特性。

第一个结果是高体积电导率(σ)；根据电导率的严格相关性和长程共轭结构的恢复,这清楚地表明了还原的程度[60]。

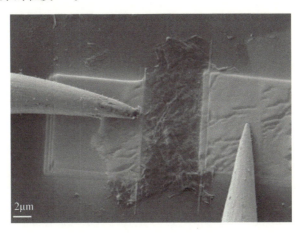

图 8.21　rGO/PEGMA 上 Pt 电极的 FESEM 图像(紫外线照射 90min 后)

在 BP 存在的情况下,rGO 的电导率为 13S/cm；这一值与 rGO 文献[60]一致,比没有 BP 的紫外线照射 5min 的相应样本高两个数量级($\sigma = 0.1$S/cm)。

这些数据证明了 BP 在还原机理中的作用。

XPS 分析也支持这些结果。

聚合物功能化样本的体积电导率较低($\sigma = 1.5$S/cm),其值低于 GO + BP 样本。

一种可能的解释与聚合物链的存在有关。聚乙二醇的衍生聚合物是绝缘材料,会影响接枝片材的整体电导率。

所制备材料的分散性和在溶剂中的稳定性,如图 8.22 所示,为还原和接枝的效果提供了最后的证据。

用 PEGMA(90min)进行功能化的 GO、rGO–BP 和 rGO,分散于聚乙二醇甲基醚二甲基丙烯酸酯,一种基于 PEG 的双官能甲基丙烯酸酯,可溶解 PEGMA。

样本浓度为 0.5 mg/mL。

结果表明,超声作用 4h 后,GO 完全分散在单体中,而 rGO–BP 由还原的 GO 组成,仍呈聚集态。

对于第三个样本,其在单体中的分散性再次完全。在这种情况下,PEGMA 链被添加到 rGO 的表面。

为 UV–Vis 实验制备的水悬浮液在制备后 6 个月内进行观察,以评价分散体的稳定性。

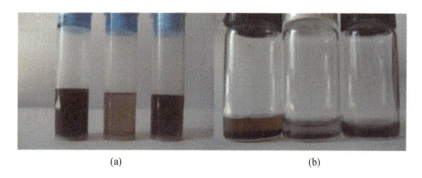

(a)　　　　　　　　　　(b)

图 8.22 (a) GO(左)、rGO - BP(中)和带有 PEGMA 功能化的 rGO(右)在聚乙二醇甲醚二甲基丙烯酸酯(Aldrich,MW 550)中超声 4h 后的分散性。(b)右:样本制备 6 个月后 GO(左)、rGO - BP(中)和用 PEGMA 功能化的 rGO 在水中的稳定性

结果如图 8.22 所示:GO 悬浮液和 rGO - PEGMA 仍然稳定,再次证明了该方法的有效性。

此外,含有 rGO - BP 的样本在水中的稳定性与还原 GO 时的预期不同。

这项研究的结果为石墨烯薄片表面易获取的角度提供了新视角,这些位置对于快速的功能化有积极作用。

8.3.3　还原氧化石墨在喷墨打印中的应用

rGO 的另一个应用可能是喷墨打印,这为导电打印系统提供了可能性[6]。

它是最有前景的制造技术,可用于在各种衬底上沉积聚合物[61]。

在喷墨打印中,聚合物前驱体应保持低黏度,沉积后需要快速聚合。紫外线固化过程似乎非常有趣,因为它是在室温下进行,允许油墨聚合甚至在热敏衬底上,如纸张,此外,它是一个快速的整体制造过程[62]。

降低聚合物电介质网络的表面电阻率是必要的;因此,导电填料分散在前驱体中形成导电网络(参照渗流理论,即无限团簇,可以确保要求的电性能)。

流变性、油墨黏度、表面张力和溶剂挥发率[63-64]的优化对于油墨应用是必要的,例如,必须通过微米尺寸(例如,20~80μm)的喷嘴喷射。

第一种可能的选择是在油墨的制备过程中加入金属纳米粒子,但它们有一个限制,因为通常它们需要在高温下烧结,而不是大多数柔性衬底的电阻[65-66]。

一种有效的替代方案是碳基材料。由于它们成本低、导电性好,而且最重要的方面是不需要退火或淬火等温度处理,最后这些是导电油墨的良好前景。

石墨烯是最适合分散在光固化配方中以获得紫外线固化导电油墨的候选材料。

石墨烯具有大比表面积、良好的化学稳定性、导电性和导热性,以及高载流子迁移率$(20m^2/(V \cdot s))$[67-68]。

在目前的技术条件下,石墨烯基聚合物复合材料的制造不仅要求石墨烯片材的生产规模足够大,而且要求石墨烯片材作为单层均匀分布在不同的聚合物基体中,这会产生擦伤和高昂的生产成本,这就要求石墨烯聚合物复合材料的制备不仅要有足够的规模,而且要将它们作为单层均匀分布在不同的聚合物基体中。

另一种选择是将水性分散 GO 引入丙烯酸树脂基质中,如聚乙二醇二丙烯酸酯(PEG-DA),从而制造一种环保型的导电印刷油墨。

采用紫外线照射的方法实现了 GO 还原。该方法允许作为黏结剂的聚合物基质[69]同时进行光聚合。

为了检验从 GO 到 rGO 的还原活性,在印刷的测试图案上进行了结构和电学特性的测试。该表征表明了还原方法的有效性及良好的电导率值。厚度为 0.7nm 和 1.2nm 的 GO 购自 Cheap Tubes 公司(美国),无须进一步提纯即可使用。PEGDA,分子量 = $575g/mol^2$ (Sigma – Aldrich),DAROCUR_1173 自由基光引发剂(PI)(BASF 公司)。值得注意的是,PEGDA 呈现出两个积极的特性:良好的水溶性和无毒的聚合物基质。它是制造环保油墨的最佳选项之一。

将 GO 粉与 PI 在 1g 去离子水中混合,得到 GO 水分散体。

石墨烯在水中的浓度在每百份树脂(phr)的 1~4 之间变化,而 PI 含量在 1~8phr 之间变化。为了评价 PI 含量对 GO 还原的影响(样本将被称为 GO_x),GO/PI 的相对含量在 1∶0.25 到 1∶8 重量比之间变化。

采用异丙醇超声预洗、水漂洗、氮气干燥等方法对单晶掺磷硅片($1cm^2$)的正方形衬底进行了预清洗。

采用旋涂技术在先前描述的衬底上沉积了 GO 水分散体。

涂覆剂用紫外线照射 2min(光强:60 mW/cm^2)。

为去除残余水分,在 80℃ 真空条件下干燥 2h。

用 GOi 表示,0.02g GO 粉与 4.5g 去离子水混合,可配制成可打印的 GO/水分散体。使用较低浓度的 GO 将黏度降低到与喷墨喷嘴的使用可兼容的值。为了获得均匀的分散,使用高速超声波 5min。

然后使用两步超声浴(在 40 kHz 时保持 30min,在 59 kHz 时再保持 30min)来另外研磨和分散 GO 凝聚体。

最后一步,在 14000r/min 离心分离得到的分散体 5min,以便在试管底部沉淀更大、更重的颗粒。

只有离心分散体的上部被插入到墨盒中,从而丢弃了大的沉淀颗粒。利用 80lm 压电喷头在 250Hz 频率下振动,在一台具有自动三维位置控制的微型 MicroFab 喷墨打印机中,对所得墨水进行了室温测试。选择硅衬底来评价 GOi 配方的系统可打印性。

将 0.5g 的 PEGDA 和 0.08g 的 PI 添加到 4.5g 的蒸馏水中,其中预先分散了 0.02g 的 GO(GO/PI 的比例为 1∶4;GOp 如下)。

图 8.23(a)通过喷墨显示直线模式来测试 GO/PEGDA/水墨。测试采用可变分辨率(每英寸 85~190 点,dpi),在同一轨道上重复 1~5 次(图 8.23(b))。用紫外线照射印刷薄膜 2min。大块纳米复合材料的参考样本为 100lm 厚的 GOp 薄膜,是通过在显微镜玻片上用线绕条沉积得到的。它随后暴露在紫外线下 2min。

电学表征的参比样本 PEGDA/PI 厚膜也同样不加 GO 而制备。

喷墨直接打印是通过使用水基氧化石墨烯/丙烯酸纳米复合油墨的商用压电微加工装置进行的。值得注意的是,氧化石墨烯具有很强的亲水性,易于分散在水中;这是由于其包含大量含氧官能团导致的结果。

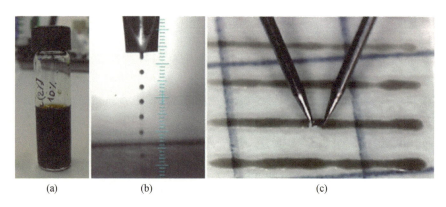

图 8.23 （a）GO/PEGDA/水墨,（b）喷墨喷嘴打印 GO/PEGDA/水墨的图片,（c）用于喷墨打印 GOp 薄膜的 $I-V$ 测量的两点微接触装置

紫外线照射后,油墨中的氧化石墨烯在聚合物基体的光固化过程中被还原为石墨烯。

以含 GO 的水性丙烯酸紫外线固化配方为基础,对导电油墨进行了研究。GO 的主要特性是它可以很容易地分散在水中,并且在紫外线照射下可以很容易地还原。在这个过程中,一个交叉连接网络的形式被激活。

聚合物网络在印刷过程中基本上类似于黏合剂,而在导电渗流网络的形成过程中,由于丙烯酸聚合物电阻率的降低,从 GO 原位还原为 rGO。

在文献[70]中描述了一种不同的还原 GO 的方法。本章提出了一种原位还原环氧树脂中石墨烯氧化物的新方法,即在胺化条件下原位还原石墨烯氧化物。这种热处理在一些衬底与温度梯度不兼容的应用中存在很大的局限性。

文献[69]里未作说明,含有还原氧化石墨烯的导电丙烯酸树脂的制备已经进行了优化。在丙烯酸树脂光聚合过程中,从 GO 的均相水分散体开始,由紫外线辐射引发的反应,证明了一步法反应的发生。

由于这种优化的方法,有可能用它来制备黏度可调的丙烯酸水性配方,适用于喷墨台式紫外光固化油墨的制备。

图 8.23 的树形图显示了喷墨打印薄膜测量的标准设置。更详细地,图(a)显示了 GO/PEGDA/水墨;图(b)显示了喷墨喷嘴打印 GO/PEGDA/水墨的图片,而在图(c)中,显示了用于喷墨打印的 GO_p 薄膜的 $I-V$ 测量的两点微接触装置。

XPS 是一种很有用的技术,可以通过紫外辐照来验证 GO 还原的有效性。可以监测紫外线照射后的还原效果。

所研究的样本是在硅片上沉积的 GO_x,比较了紫外光照射前后的差异。在实验过程中,GO/PI 的质量比从 1∶0.25 到 1∶8 变化,并对样本进行了如下标记:

S1 = 1∶0.25；

S2 = 1∶0.5；

S3 = 1∶1；

S4 = 1∶2；

S5 = 1∶4；

S6 = 1∶8 重量比。

图 8.24 显示了在紫外线照射 2min 后，S5 样本相对于水样弥散的 C 1s 峰。在照射前，图 8.24(a)报告样本，而图(b)在紫外线照射后显示相同。羰基的证据在峰的拟合过程中得到证实[4]。可可以估计 C═O 束缚和 O—C═O 的量，并计算相对于 C—C 主峰的相对量。

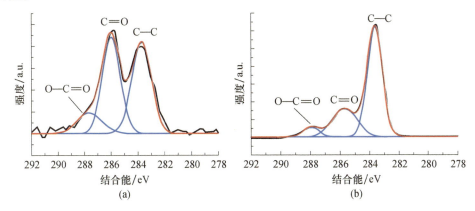

图 8.24　在 S5 结构中，(a)原始 GO 和(b)GO$_x$ 样本在 S5 构型的紫外线照射 2min 后的 XPS 光谱

紫外线辐照后，b 层中羰基强度显著降低，可见光诱导的 GO 还原[39]。

为了评价 GO/PI 的最佳性能，图 8.25 显示了对不同 GO 和 PI 含量不同的 GO 水分散体系的拟合结果。左侧组图报告高 C═O/C—C 和 O—C═O/C—C，而右侧组图报告在拟合过程后获得的相同比率的面积。在该反褶积之后，可以得出结论：所有样品在紫外线照射后，与碳结合的氧减少，而在 S5 样本中，氧的还原值最高。

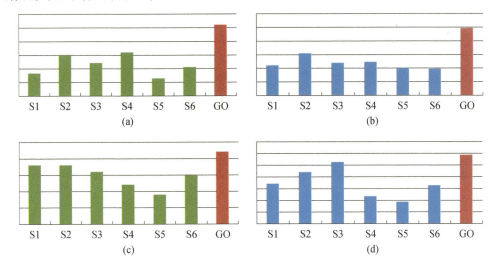

图 8.25　S1－S5 和 GO 样本的 XPS C 1s 峰值去卷积分析

左边的图显示 C═O/C—C(a)和 O—C═O/C—C(c)的高值;右边的图报告面积 C═O/C—C(b)和 O—C═O/C—C(d)。

图 8.26 显示了玻璃衬底上喷墨打印的不同厚度的 GOp 配方直线的图像。可以通过提高定位分辨率(dpi 的变化)或在多次重复同一轨迹(最多 5 次)来改变印刷薄膜的厚度。在该图的插图中，基底的均匀性和覆盖率都很明显。

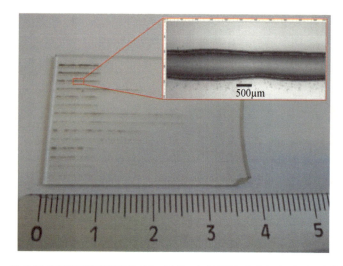

图 8.26　图片喷墨打印不同厚度的 GOp 墨迹,在显微镜玻璃上实现,经过紫外线照射

不同的厚度对应于分辨率(dpi)的变化或打印的多次重复。插图显示了打印轨迹的光学显微镜放大图,3 通道,分辨率为 125dpi。

从图 8.27 的 FESEM 表征也可以确认打印轨迹的质量。

GO 片均匀分布在衬底上,彼此形成连续的一层,保证了电信号的连续性。

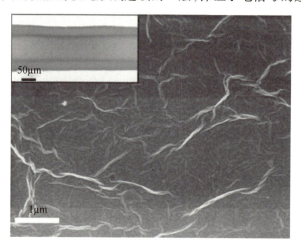

图 8.27　FESEM 图像,显示了 GOi 悬挂喷墨打印轨迹的微观结构(插图为印刷轨迹的低分辨率图像)

图 8.28 显示了与层分辨率/厚度(行数据)无关的相应 $I-V$ 特性。蓝色数据对应于 PEGDA,暗色对应于 GO_p 厚膜(TF),绿色对应于 GOp 喷墨打印薄膜(JjP)。薄喷墨打印轨迹功能和纯矩阵厚膜的 $I-V$ 响应呈现绝对电流,意外出现在相同范围内。

原则上,一个更直观的配置也是 PEGDA 矩阵或还原 GO 填料的非线性效应,这是由于电响应的不同贡献的叠加(至少在直流区域)所引起。

从图 8.28 可以明显看出,这种非线性效应不会发生。一种可能的解释是,在粗线的紫外线照射过程中,并非所有的 GO 都完全减少。这种机制导致在垂直于薄膜平面的方向上形成不均匀样本,正如已经在不同种类的具有紫外线原位还原过程的材料上观察到的那样[68,71]。

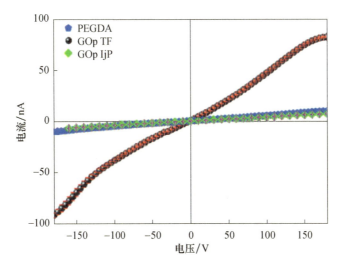

图 8.28 （蓝色痕迹）纯 PEGDA,（暗色）和 GOp 厚膜（TF），（绿色）GOp 喷墨打印薄膜（IJP）的原始 $I-V$ 特征（蓝色痕迹）

一种解释可以从填料的屏蔽效应中找到，它限制了光的穿透深度，从而限制了紫外线诱导的 GO 还原。

相反，GOp 厚膜（暗圈）显示的是非线性反应。

图 8.29 显示了薄印刷层（绿色迹线）样本的电阻率随样本厚度的变化而变化，与厚膜（蓝色迹线）和纯 PEDGA（绿色孤立点）相比。

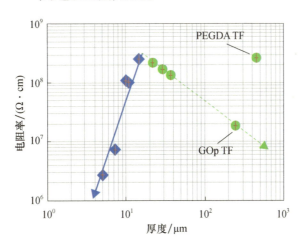

图 8.29 GOp 喷墨打印（蓝色实线箭头）和厚膜（TF）样本的电阻率与厚度的比值

实验数据与带有相应误差条的平均 $I-V$ 曲线线性拟合。

相对于 PEGDA-TF 值，随着 GO 添加到 PEGDA 中，在紫外线照射下还原后，GOp-TF 的电阻率明显降低了一个数量级以上。印刷样本有两种不同的趋势：

（1）随着通道数量的增加以及轨道厚度的增加，电阻率略有下降，如绿色虚线箭头所示（图 8.29）。

第一个解释可能与电子漂移可用的体积增加有关。

(2)减少分辨率(dpi),单通道上的墨点数量减少了。其结果是减小了线路厚度,氧化石墨烯(图 8.29 中的蓝色实心箭头)明显减小,电阻率相对于纯矩阵降低了两个数量级。

与厚轨相比,薄轨的紫外线降低效率更高,而由于屏蔽效应较高,氧化石墨烯的光还原效果较差[68,71]。

作为结论,有必要强调检查程序的高效率,以验证 XPS 对氧化石墨烯还原。主要结果是纳米复合材料的电阻率相对于纯基体降低了两个数量级,且薄层的电阻率远低于厚层的电阻率。为了证明这一效果,一种假设是从用于启动基质聚合的光引发剂中形成自由基,这可能在氧化石墨烯的还原中起作用。

这种机制与入射紫外线的数量成比例,在薄层中更有效,在薄层中光穿透率比在厚层中更高。

如此制备的油墨可能应用于刚性的有机电子设备。

为了实现有源器件诸如晶体管或光伏电池的电极,包括有机半导体,需要导电聚合物或高真空工艺。而基于金属纳米粒子基油墨需要烧结热处理,这与有机材料特性不兼容。

本章描述的用于喷墨打印的导电油墨的方法只需要像紫外线固化这样的快速沉积后处理,从工业角度来看也非常有趣。

8.3.4 膜

在本章的最后部分,作者想研究石墨烯基膜可能应用于水脱盐的另一个方面。这一应用提供了特别实际的结果,因为它通过使用还原氧化石墨烯膜作为潜在的低成本纳米孔材料用于水过滤技术,提供了从非传统替代来源生产淡水的可能性。这种膜是由单原子厚度的带有纳米孔的薄片形成。众所周知最近通过分子动力学模拟预测,纳米多孔石墨烯可以根据尺寸[72]从水中分离离子,并在反渗透(RO)膜中发挥高效作用。

根据石墨烯的特性,这种纳米多孔石墨烯是一种坚固的基础材料,它有极高的渗透性—比目前的反渗透膜高两个数量级以上。

尽管这些研究突出了海水淡化的纳米多孔石墨烯材料的优势,但对于这种超薄膜的大规模低成本制造是否可行(作为参考,当前基于聚酰胺的反渗透膜每个组件由约 $40m^2$ 的活性物质组成),仍然存在一个关键问题。仍然无法实现利用可伸缩技术在材料中制造可靠尺寸的纳米孔:要么达到必要的尺寸(约 1nm),但不能扩展到大范围(如电子束曝光);要么可以扩展到大范围(如嵌段共聚物沉积),但不能达到足够小的孔径范围。

对碳纳米管[73]、仿生水孔膜[74-75]、金属—有机骨架,以及最近的薄层或石墨烯纳米材料[76-77]的研究表明,与传统材料相比,这些材料的渗透性和化学易损性较低。

对这些膜进行彻底的重新设计可以改善膜。在这些新方法中,最有希望的是使用多孔石墨烯,据报道,多孔石墨烯具有增强的水面量和排盐效率[72]。

尽管取得了这一重要成果,但这种材料在反渗透海水淡化膜中的应用仍处于初级阶段:目前还缺乏一种可扩展的、廉价的工艺,能够生产大面积的多孔石墨烯,并且孔隙率可控。

与原始石墨烯相比,还原氧化石墨烯的生产速度更快、成本更低。还原氧化石墨烯中的缺陷是在还原过程中形成的,它们可以作为纳米孔隙进行海水淡化。

如图8.30所示,还原氧化石墨烯纳米孔结构具有高度可调的孔隙率、化学性质和孔径尺寸。

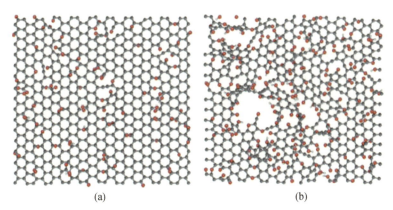

图8.30　初始氧含量为20%(a)和33%(b)的还原氧化石墨烯片材形态(来自参考文献[78]。2010年《自然化学》版权所有)

当氧气从氧化石墨烯中去除时,还原氧化石墨烯就形成了。在去还原过程中,孔隙在分层结构中形成,可以作为纳米孔隙进行海水淡化。氧化石墨烯还原可能提供一个可行的途径来产生所需的多孔结构,这可能代表一种低成本和工业上可扩展的多孔石墨烯替代品。事实上,在过去的几年里,文献中已经提出了几种还原过程,如紫外线照射和化学、热和电化学还原[79],以进行完整的描述。

最初,这一领域的研究是为了寻找一种更低价的方法来生产石墨烯,而不是制造多孔结构。然而,这些研究表明,在某些情况下,在还原过程中,氧化石墨烯的结构是通过去除含氧官能团而演变的,其中包括碳的提取和CO或CO_2分子的演化。

目前,基于膜的工艺用于净水的方法有几种,其中包括反渗透的海水淡化。

由于其潜在的能源效率和紧凑性,在可持续提供安全水的努力中,与其他技术相比,基于膜的技术有望变得越来越重要[80]。

膜起到半渗透屏障的作用,允许一种成分(水)快速通过,同时保留部分或完全其他成分。

最近,有人提出一类新的纳米材料可能成为下一代反渗透膜的关键。这种材料在独立构型时表现出惰性,而在特定衬底上生长时表现出良好的反应性。

这些特殊的特性使得有可能根据特定的应用来调整其反应性。

在本章中,作者想从此材料的基本方面开始,特别是从其化学反应性开始,而在第二部分,作者将描述氧化石墨烯到还原氧化石墨烯的导电性的一些修改和特定的功能化,最终决定其在实际应用中的应用。

8.4　小结

在这一章中,作者研究了石墨烯和还原氧化石墨烯的主要性质。发现G/Ni(111)体系在低温下对CO具有良好的反应活性。

另一方面,在溅射石墨烯的情况下,CO反应也发生在室温下。选择CO分子是因为它们经常被用作表面科学的原型。它们的反应性取决于石墨烯结构域相对于衬底[1-2,38]

的相对位置,以及表面层中存在的非石墨烯碳量。

top-fcc 结构的反应活性最高[2],而 Ni₂C 等非石墨化碳的存在则避免了它的反应活性。

本章强调的另一个出人意料的结果是,修饰石墨烯/Ni(111)(具有准时状陷)在室温下也会发生 CO 反应。在这种情况下,CO 吸附(分子嵌入)发生在反应性基体镍的存在下。

如前所述,所有这些实验结果都是通过 XPS、HREELS 和 STM 工艺得到。

基于石墨烯基材料可以根据其物理特性和紫外线诱导功能化的可能性,在不同的体系中得到应用。

在氢气提取的第一步之后,利用氧化石墨烯的光敏特性,各种单体发生功能化。

将这种材料分散到有机溶剂和聚合物基质中是可能的,这对于制备可用于制造可印刷油墨和涂料的聚合物纳米复合材料特别有吸引力。

需要强调,基于石墨烯/丙烯酸纳米复合材料,有可能获得可喷墨打印的环保油墨。

配方的优良流变特性保证了具有良好重复性的印刷性。特别是观察到薄层的电阻率比厚层的电阻率低得多。这种效应可以用自由基的形成来解释,自由基可能在用于引发基质聚合的光引发剂还原氧化石墨烯时起重要作用。

因此,这种反应与入射紫外线光的数量成比例,在薄层中更有效,而薄层中的透光率要高于厚层中的透光率。

XPS 分析证实了 PEGDA 基体紫外驱动聚合和石墨烯氧化物填料的还原共时性。

在不需要热处理的情况下,这种材料在柔性和有机电子领域有非常引人关注的应用。热处理正如前面所讨论的那样,会减少应用领域。

基于石墨烯系统的最后一个应用是还原氧化石墨烯膜,通过反渗透进行海水淡化。由于需求的增加和可用性的降低,这种方法产生了一种创新和低成本的饮用水生产工艺,也被称为"蓝金"。这种膜可以帮助许多现在无法获得饮用水的人改善生活条件。

参考文献

[1] Dahal, A. and Batzill, M., Graphene – Nickel interfaces: A review. *Nanoscale*, 6, 2548, 2014.

[2] Celasco, E., Carraro, G., Smerieri, M., Savio, L., Rocca, M., Vattuone, L., Influence of growing conditions on the reactivity of Ni supported graphene towards CO. *J. Chem. Phys.*, 146, 2017.

[3] Smerieri, M., Celasco, E., Carraro, G., Lusuan, A., Pal, J., Bracco, G., Rocca, M., Savio, L., Vattuone, L., Enhanced chemical reactivity of pristine graphene interacting strongly with a substrate: Chemisorbed carbon monoxide on graphene/nickel(111). *Chem. Cat. Chem.*, 7, 2328 – 2331, 2015.

[4] Schedin, F., Geim, A. K., Morozov, S. V., Hill, E. W., Blake, P., Katsnelson, M. I., Novoselov, K. S., Detection of individual gas molecules adsorbed on graphene. *Nat. Mater.*, 6, 652 – 655, 2007.

[5] Celasco, E., Carraro, G., Lusuan, A., Smerieri, M., Pal, J., Rocca, M., Savio, L., Vattuone, L., CO chemisorption at vacancies of supported graphene films: A candidate for a sensor? *Phys. Chem. Chem. Phys.*, 18, 18692 – 18696, 2016.

[6] Giardi, R., Porro, S., Chiolerio, A., Celasco, E., Sangermano, M., Inkjet printed acrylic formulations based on UV – reduced graphene oxide nanocomposites. *J. Mater. Sci.*, 48, 1249 – 1255, 2013.

[7] Roppolo, I., Chiappone, A., Bejtka, K., Celasco, E., Chiodoni, A., Giorgis, F., Sangermano, M., Porro, S., A powerful tool for graphene functionalization: Benzophenone mediated UV – grafting. *Carbon N. Y.*, 77,

226 – 235,2014.

[8] Singh,S. K. ,Singh,M. K. ,Nayak,M. K. ,Kumari,S. ,Grácio,J. J. A. ,Dash,D. ,Size distribution analysis and physical/fluorescence characterization of graphene oxide sheets by flow cytometry. *Carbon N. Y*,49,684 – 692,2011.

[9] Zhu,Y. ,Murali,S. ,Cai,W,Li,X. ,Suk,J. W,Potts,J. R. ,Ruoff,R. S. ,Graphene and graphene oxide：Synthesis,properties,and applications. *Adv. Mater.* ,22,3906 – 3924,2010.

[10] Berger,C. ,Song,Z. ,Li,T. ,Li,X. ,Ogbazghi,A. Y. ,Feng,R. ,Dai,Z. ,Marchenkov,A. N. ,Conrad,E. H. ,First,P. N. ,de Heer,W. A. ,Ultrathin epitaxial graphite：2D electron gas properties and a route toward graphene – based nanoelectronics. *J. Phys. Chem. B*,108,19912 – 19916,2004.

[11] Stankovich,S. ,Dikin,D. A. ,Dommett,G. H. B. ,Kohlhaas,K. M. ,Zimney,E. J. ,Stach,E. A. ,Piner,R. D. ,Nguyen,S. T. ,Ruoff,R. S. ,Graphene – based composite materials. *Nature*,442,282 – 286,2006.

[12] Fowler,J. D. ,Allen,M. J. ,Tung,V. C. ,Yang,Y. ,Kaner,R. B. ,Weiller,B. H. ,Practical chemical sensors from chemically derived graphene. *ACS Nano*,3,301 – 306,2009.

[13] Lu,Y. ,Goldsmith,B. R. ,Kybert,N. J. ,Johnson,A. T. C. ,DNA – decorated graphene chemical sensors. *Appl. Phys. Lett.* ,97,83107,2010.

[14] Huang,Y. ,Dong,X. ,Shi,Y. ,Li,C. M. ,Li,L. – J. ,Chen,P. ,Nanoelectronic biosensors based on CVD grown graphene. *Nanoscale*,2,1485,2010.

[15] Yoo,E. ,Kim,J. ,Hosono,E. ,Zhou,H. ,Kudo,T. ,Honma,I. ,Large reversible Li storage of graphene nanosheet families for use in rechargeable lithium ion batteries. *Nano Lett.* ,8,2277 – 2282,2008.

[16] Wang,G. ,Shen,X. ,Yao,J. ,Park,J. ,Graphene nanosheets for enhanced lithium storage in lithium ion batteries. *Carbon N. Y.* ,47,2049 – 2053,2009.

[17] Yoo,J. J. ,Balakrishnan,K. ,Huang,J. ,Meunier,V. ,Sumpter,B. G. ,Srivastava,A. ,Conway,M. ,Mohana Reddy,A. L. ,Yu,J. ,Vajtai,R. ,Ajayan,P. M. ,Ultrathin planar graphene supercapacitors. *Nano Lett.* ,11,1423 – 1427,2011.

[18] Liu,C. ,Yu,Z. ,Neff,D. ,Zhamu,A. ,Jang,B. Z. ,Graphene – based supercapacitor with an ultrahigh energy density. *Nano Lett.* ,10,4863 – 4868,2010.

[19] Dimitrakakis,G. K. ,Tylianakis,E. ,Froudakis,G. E. ,Pillared graphene：A new 3 – D network nanostructure for enhanced hydrogen storage. *Nano Lett.* ,8,3166 – 3170,2008.

[20] Lee,H. ,Ihm,J. ,Cohen,M. L. ,Louie,S. G. ,Calcium – decorated graphene – based nanostructures for hydrogen storage. *Nano Lett.* ,10,793 – 798,2010.

[21] Soldano,C. ,Mahmood,A. ,D. E. ,Production,properties and potential of graphene. *Carbon N. Y*,48,2127 – 50,2010.

[22] Carraro,G. ,Celasco,E. ,Smerieri,M. ,Savio,L. ,Bracco,G. ,Rocca,M. ,Vattuone,L. ,Chemisorption of CO on N – doped graphene on Ni(111). *Appl. Surf. Sci.* ,428,775 – 780,2018.

[23] Patera,L. L. ,Africh,C. ,Weatherup,R. S. ,Blume,R. ,Bhardwaj,S. ,Castellarin – Cudia,C. ,Knop – gericke,A. ,Schloegl,R. ,Comelli,G. ,Hofmann,S. ,Cepek,C. ,*In situ* observations of the atomistic mechanisms of Ni catalyzed low temperature graphene growth. *ACS Nano*,7,7901 – 7912,2013.

[24] Campbell,C. ,Ultrathin metal films and particles on oxide surfaces：Structural,electronic and chemisorptive properties. *Surf. Sci. Rep.* ,27,1 – 111,1997.

[25] Aizawa,T. ,Souda,R. ,Ishizawa,Y. ,Hirano,H. ,Yamada,T. ,Tanaka,K. ,Oshima,C. ,Phonon dispersion in monolayer graphite formed on Ni(111)and Ni(001). *Surf. Sci.* ,237,194 – 202,1990.

[26] Cupolillo,A. ,Chiarello,L. P. G. ,F. Veltri,D. ,Papagno,M. ,Formoso,V. ,Colavita,E. ,CO dissociation and CO_2 formation catalysed by Na 原子 adsorbed on Ni(111). *Chem. Phys. Lett.* ,398,118 –

122,2004.

[27] Chakarov, D. V. , Osterlund, L. , Kasemo, B. , Water adsorption and coadsorption with potassium on graphite(0001). *Langmuir*, 11, 1201 – 1214, 1995.

[28] Ibach, H. and Mills, D. L. , Electron energy loss spectroscopy and surface vibrations. *Acad. Press*, 285 – 286, 1992.

[29] Boyd, D. A. , Hess, F. M. , Hess, G. B. , Infrared absorption study of physisorbed carbon monoxide on graphite. *Surf. Sci.*, 519, 125 – 138, 2002.

[30] Hansen, W. , Bertolo, M. , Jacobi, K. , Physisorption of CO on Ag(111): Investigation of the monolayer and the multilayer through HREELS, ARUPS, and TDS. *Surf. Sci.*, 253, 1 – 12, 1991.

[31] Tang, S. L. , Lee, M. B. , Yang, Q. Y. , Beckerle, J. D. , Ceye, S. L. , Bridge/atop site conversion of CO on Ni(111): Determination of the binding energy difference. *J. Chem. Phys.*, 84, 1876 – 1883, 1986.

[32] Gebhardt, G. , Vines, F. , Görling, A. , Influence of the surface dipole layer and Pauli repulsion on band energies and doping in graphene adsorbed on metal surfaces. *Phys. Rev. B*, 86, 195431, 2012.

[33] Zhao, W, Höfert, S. M. , Hofert, O. , Gotterbarm, K. , a Lorenz, M. P. , Viñes, F. , Papp, C. , Görling, A. , Steinrück, H. – P. , Graphene on Ni(111): Coexistence of different surface structures. *J. Phys. Chem. Lett.*, 2, 759 – 764, 2011.

[34] Bianchini, F. , Patera, L. L. , Peressi, M. , Africh, C. , Comelli, G. , Atomic scale identification of coexisting graphene structures on Ni(111). *J. Phys. Chem. Lett.*, 5, 467 – 473, 2014.

[35] Rasool, H. I. , Ophus, C. , Zhang, Z. , Crommie, M. F. , Yakobson, I. B. , Zetti, A. , Conserved atomic bonding sequences and strain organization of graphene grain boundaries. *Nanolett*, 14, 7057 – 7063, 2014.

[36] Zecchina, A. , Platero Escalona, E. , Arean, C. O. , Low temperature CO adsorption on alum – derived active alumina: An infrared investigation. *Catalysts*, 107, 1987.

[37] Parreiras, D. E. , Soares, E. A. , Abreu, G. J. P. , Bueno, T. E. P. , Fernandes, W. P. , De Carvalho, V. E. , Carara, S. S. , Chacham, H. , Paniago, R. , Graphene/Ni(111) surface structure probed by low – energy electron diffraction, photoelectron diffraction, and first – principles calculations. *Phys. Rev. B Condens. Matter Mater. Phys.*, 90, 1 – 9, 2014.

[38] Weatherup, R. S. , Amara, H. , Blume, R. , Dlubak, B. , Bayer, B. C. , Diarra, M. , Bahri, M. , Cabrero – Vilatela, A. , Caneva, S. , Kidambi, P. R. , Martin, M. – B. , Deranlot, C. , Seneor, P. , Schloegl, R. , Ducastelle, F. , Bichara, C. , Hofmann, S. , Interdependency of subsurface carbon distribution and graphene – catalyst interaction. *J. Am. Chem. Soc.*, 136, 13698 – 13708, 2014.

[39] Ugeda, M. M. , Brihuega, I. , Hiebel, F. , Mallet, P. , Veuillen, J. – Y. , Gómez – Rodríguez, J. M. , Yndurúin, F. , Electronic and structural characterization of divacancies in irradiated graphene. *Phys. Rev. B*, 85, 121402, 2012.

[40] Lehtinen, O. , Kotakoski, J. , Krasheninnikov, A. V. , Tolvanen, A. , Nordlund, K. , Keinonen, J. , Effects of ion bombardment on a two – dimensional target: Atomistic simulations of graphene irradiation. *Phys. Rev. B*, 81, 153401, 2010.

[41] Ugeda, M. M. , Fernández – Torre, D. , Brihuega, I. , Pou, P. , Martínez – Galera, A. J. , Pérez, R. , , Gómez – Rodríguez, J. M. , Point defects on graphene on metals. *Phys. Rev. Lett.*, 107, 116803, 2011.

[42] Ambrosetti, A. and Silvestrelli, P. , Communication: Enhanced chemical reactivity of graphene on a Ni(111) substrate. *J. Chem. Phys.*, 144, 111101, 2016.

[43] Ferrari, A. C. and Basko, D. M. , Raman spectroscopy as a versatile tool for studying the properties of graphene. *Nat. Nanotechnol.*, 8, 235 – 246, 2013.

[44] Politano, A. , Cattelan, M. , Boukhvalov, D. W, Campi, D. , Cupolillo, A. , Agnoli, S. , Apostol, N. G. , Laco-

vig, P. , Lizzit, S. , Farias, D. , Chiarello, G. , Granozzi, G. , Larciprete, R. , Unveiling the mechanisms leading to H_2 production promoted by water decomposition on epitaxial graphene at room temperature. *ACS Nano* ,2016. acsnano. 6b00554.

[45] Wei, M. , Fu, Q. , Yang, Y. , Wei, W. , Crumlin, E. , Bluhm, H. , Bao, X. , Modulation of surface chemistry of CO on Ni(111) by surface graphene and carbidic carbon. *J. Phys. Chem. C*, 119, 13590 – 13597, 2015.

[46] Borca, B. , Barja, S. , Garnica, M. , Minniti, M. , Politano, A. , Rodriguez – García, J. M. , Hinarejos, J. J. , Farías, D. , de Parga, A. L. V. , Miranda, R. , Electronic and geometric corrugation of periodically rippled, self – nanostructured graphene epitaxially grown on Ru(0001). *New J. Phys.* ,12,93018,2010.

[47] Jacobson, P. , Stöger, B. , Garhofer, A. , Parkinson, G. S. , Schmid, M. , Caudillo, R. , Mittendorfer, F. , Redinger, J. , Diebold, U. , Disorder and defect healing in graphene on Ni(111). *J. Phys. Chem. Lett.* , 3, 136 – 139, 2012.

[48] Osaki, T. and Mori, T. , Role of potassium in carbon – free CO_2 reforming of methane on K – promoted Ni/Al_2O_3 catalysts. *J. Catal.* ,204, 89 – 97, 2001.

[49] Nakano, H. , Ogawa, J. , Nakamura, J. , Growth mode of carbide from C_2H_4 or CO on Ni(111). *Surf. Sci.* , 514, 256 – 260, 2002.

[50] Ma, H. , Davis, R. , Bowman, C. , A novel sequential photoinduced living graft polymerization. *Macromolecules* ,33, 331 – 5, 1999.

[51] Park, J. , Park, D. , Youk, J. , Yu, W. – R. , Lee, J. , Functionalization of multi – walled carbon nanotubes by free radical graft polymerization initiated from photoinduced surface groups. *Carbon N. Y.* ,48, 2899 – 905, 2010.

[52] Akhavan, O. , Abdolahad, M. , Esfandiar, A. , Mohatashamifar, M. , Photodegradation of graphene oxide sheets by TiO_2 nanoparticles after a photocatalytic reduction. *J. Phys. Chem. C*, 114, 12955 – 12959, 2010.

[53] Akhavan, O. and Ghaderi, E. , Photocatalytic reduction of graphene oxide nanosheets on TiO_2 thin film for photoinactivation of bacteria in solar light irradiation. *J. Phys. Chem. C*, 113, 20214 – 20220, 2009.

[54] Williams, G. , Seger, B. , Kamat, P. V. , TiO_2 – graphene nanocomposites. UV – assisted photocatalytic reduction of graphene oxide. *ACS Nano* ,2, 1487 – 1491, 2008.

[55] Ding, Y. H. , Zhang, P. , Zhuo, Q. , Ren, H. M. , Yang, Z. M. , Jiang, Y. , A green approach to the synthesis of reduced graphene oxide nanosheets under UV irradiation. *Nanotechnology* ,22, 215601, 2011.

[56] Lerf, A. , He, H. , Forster, M. , Klinowski, J. , Structure of graphite oxide revisited. *J. Phys. Chem. B*, 102, 4477 – 4482, 1998.

[57] Wang, G. , Yang, Z. , Li, X. , Li, C. , Synthesis of poly(aniline – co – o – anisidine) – intercalated graphite oxide composite by delamination/reassembling method. *Carbon N. Y.* ,43, 2564 – 2570, 2005.

[58] Stankovich, S. , Dikin, D. A. , Piner, R. D. , Kohlhaas, K. A. , Kleinhammes, A. , Jia, Y. , Wu, Y. , Nguyen, S. T. , Ruoff, R. S. , Synthesis of graphene – based nanosheets via chemical reduction of exfoliated graphite oxide. *Carbon N. Y.* ,45, 1558 – 1565, 2007.

[59] Yang, D. , Velamakanni, A. , Bozoklu, G. , Park, S. , Stoller, M. , Piner, R. D. , Stankovich, S. , Jung, I. , Field, D. A. , Ventrice, C. A. , Ruoff, R. S. , Chemical analysis of graphene oxide films after heat and chemical treatments by X – ray photoelectron and Micro – Raman spectroscopy. *Carbon N. Y.* ,47, 145 – 152, 2009.

[60] Pei, S. and Cheng, H. M. , The reduction of graphene oxide. *Carbon N. Y.* ,50, 3210 – 3228, 2012.

[61] Klauk, H. , Plastic electronics: Remotely powered by printing. *Nat. Mater.* ,6, 397 – 398, 2007.

[62] Sangermano, M., Bongiovanni, R., Malucelli, G., Priola, A., New developments in cationics photopolymerization process and properties. *Nov. Sci. Publ. Inc.*, *New York*, 61, 2006.

[63] Yoshioka, Y., Calvert, P. D., Jabbour, G. E., Simple modification of sheet resistivity of conducting polymeric anodes via combinatorial ink-jet printing techniques. *Macromol. Rapid Commun.*, 26, 238–246, 2005.

[64] Jang, D., Kim, D., Moon, J., Influence of fluid physical properties on ink-jet printability. *Langmuir*, 25, 2629–2635, 2009.

[65] Park, B., Kim, D., Jeong, S., Moon, J., Kim, J. S., Direct writing of copper conductive patterns by ink-jet printing. *Thin Solid Films*, 7708, 2007.

[66] Chiolerio, A., Cotto, M., Pandolfi, P., Martino, P., Camarchia, V., Pirola, M., Ghione, G., Ag nanoparticle-based inkjet printed planar transmission lines for RF and microwave applications: Considerations on ink composition, nanoparticle size distribution and sintering time. *Microelectron. Eng.*, 97, 8–15, 2012.

[67] Novoselov, K. S., Geim, A. K., Morozov, S. V., Jiang, D., Katsnelson, M. I., Grigorieva, I. V., Dubonos, S. V., Firsov, A. A., Two-dimensional gas of massless Dirac fermions in graphene. *Nature*, 438, 197–200, 2005.

[68] Novoselov, K. S., Jiang, Z., Zhang, Y., Morozov, S. V., Stormer, H. L., Zeitler, U., Maan, J. C., Boebinger, G. S., Kim, P., Geim, A. K., Room-temperature Quantum Hall effect in graphene. *Science*, 80, 315, 1379–1379, 2007.

[69] Sangermano, M., Marchi, S., Valentini, L., Bon, S. B., Fabbri, P., Transparent and conductive graphene oxide/poly(ethylene glycol) diacrylate coatings obtained by photopolymerization. *Macromol. Mater. Eng.*, 296, 401–407, 2011.

[70] Sangermano, M., Tagliaferro, A., Foix, D., Castellino, M., Celasco, E., In situ reduction of graphene oxide in an epoxy resin thermally cured with amine. *Macromol. Mater. Eng.*, 299, 757–763, 2014.

[71] He, H., Klinowski, J., Forster, M., Lerf, A., A new structural model for graphite oxide. *Chem. Phys. Lett.*, 287, 53–56, 1998.

[72] Cohen-Tanugi, D. and Grossman, J. C., Water desalination across nanoporous graphene. *Nano Lett.*, 12, 3602–3608, 2012.

[73] Hu, Z., Chen, Y., Jiang, J., Zeolitic imidazolate framework-8 as a reverse osmosis membrane for water desalination: Insight from molecular simulation. *J. Chem. Phys.*, 134, 134705, 2011.

[74] Qin, Z. and Buehler, M., Bioinspired design of functionalised graphene. *Mol. Simul.*, 38, 695–703, 2012.

[75] Liu, H., Cooper, V. R., Dai, S., Jiang, D., Windowed carbon nanotubes for efficient CO_2 removal from natural gas. *J. Phys. Chem. Lett.*, 3, 3343–3347, 2012.

[76] Wang, E. N. and Karnik, R., Graphene cleans up water. *Nat. Nanotechnol.*, 7, 552–554, 2012.

[77] Mahmoud, K. A., Mansoor, B., Mansour, A., Khraisheh, M., Functional graphene nanosheets: The next generation membranes for water desalination. *Desalination*, 356, 208–225, 2015.

[78] Bagri, A., Mattevi, C., Acik, M., Chabal, Y. J., Chhowalla, M., Shenoy, V. B., Structural evolution during the reduction of chemically derived graphene oxide. *Nat. Chem.*, 2, 581–587, 2010.

[79] Gao, W., Reduction recipes, spectroscopy, and applications, in: *Graphene Oxide*, pp. 61–95, Springer International Publishing, Cham, 2015.

[80] Geise, G. M., Lee, H.-S., Miller, D. J., Freeman, B. D., McGrath, J. E., Paul, D. R., Water purification by membranes: The role of polymer science. *J. Polym. Sci. Part B Polym. Phys.*, 48, 1685–1718, 2010.

第9章 叶绿素和石墨烯的仿生"交响乐"新范式

Jhimli Sarkar Manna[1], Debmallya Das[2]
[1] 印度西孟加拉邦卡拉普印度理工学院 DST
[2] 印度西孟加拉邦加尔各答印度种植科学协会

摘 要 生物系统中信息处理的惊人准确性源于身体组织——从基因、蛋白质到胚胎和神经层面的同步协作。这种趋向于最优化的自组装几何学依赖于协同同步模式,其中时间嵌套在分形空间中作为与自然完美和谐的交响乐出现。例如,由光触发的最原始的信息处理系统是"光合作用",它涉及叶绿素的自组装纳米结构,其中的几何结构确保了高效率的光转换。受这一概念的启发,科学家们一直致力于构建设计原则,通过这个原则,可以利用自组装来创新具有更好功能的新材料。在设计人造材料时,石墨烯是最好的选择之一,因为它具有优越的热、电和力学性能,以及在各种二维界面上具有更高的比表面积。将叶绿素和石墨烯结合起来,形成高效的光诱导信息处理系统,是近年的研究热点。在本章中,我们提出利用自组装和其他方法开发的石墨烯叶绿素纳米杂化系统的合成和功能,重点讨论在下一代电子能源和生物医学工业中可能产生的可能性。

关键词 石墨烯叶绿素纳米复合材料,单层LB膜,光还原,生物混合电极,场效应晶体管,光动力疗法,生物燃料电池,分子电子学

9.1 引言

由于自然界独特的优化功能,生物设计的基本原理是动态的"自组装",它在无休止的组装和拆卸循环中不断消耗能量,用于重要的信息处理[1]。当两条DNA链合在一起形成编码我们基因组的双螺旋时,或者当细胞自组装成胚胎组织并进一步发育成完全成型的人类和动物时,也会出现同样的模式[2]。这些自组装的超结构也被用于各种生物系统,如鸟类指南针、传感、生物系统中的嗅觉机制、光合作用和通过脑微管进行信息处理,其中噪声辅助的传输和动态定位被认为是最重要的信息传输现象[3]。受这一概念的启发,科学研究一直致力于识别自然界中信息处理的真实状态。这一方向引导人类使用自组装这一设计原则,从无序的小部件集合中制造出有组织的结构,这可以自发地创造出与周围生物节奏同步的交响乐,从而承诺以更高的效率发挥作用。

在这一章中,我们介绍了一些研究,这些研究是由开始向这个方向发展的思维过程所

启发的,包括叶绿素自组装,以构建石墨烯纳米杂化材料,从而拥有更先进的功能。

9.1.1 叶绿素自组装

叶绿素分子是光合作用的关键参与者,光合作用是自然界最基本的信息处理系统之一。光合作用装置主要包含自组织的叶绿素,形成纳米尺度的捕光复合物,通过光激发激子捕获和漏斗阳光,这些激子可以离域为规则排列的卟啉阵列中的相干激发态,能量通过一系列总距离为20~100nm的能量转移过程进行传递,近单位量子效率与生色团的完美堆积模式耦合到反应中心。这个中心由两个叶绿素和其他发生激子解离的色素-蛋白质复合体组成(图9.1)。

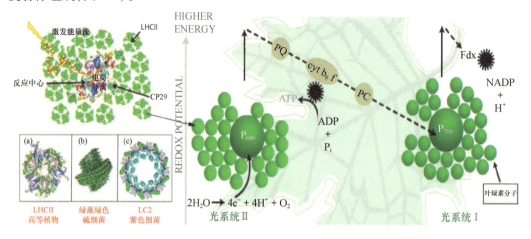

图9.1 光合作用天线复合物以及光合系统Ⅰ和Ⅱ(PSⅠ和PSⅡ)

PSⅠ和PSⅡ之间的关系、连接的载流链,以及高能化合物的产生被显示为一个电子通过该系统,获得和损失能量。P680 = PSⅡ反应中心;P700 = PSⅠ反应中心;PQ = 质体醌;cytb6f = 细胞色素 c b6f;PC = 质体蓝素;Fdx = 铁氧化还原蛋白(取自 http:/photobiology. info/Brennan. htm)。

在反应中心,被氧化的叶绿素生成阳离子 π-自由基,这是电荷分离化学储能的第一步。叶绿素从其他卟啉生物分子中脱颖而出的一个独特性质是它的两亲性,与它的植醇链相关,它与卟啉头之间以酯键相连。

植物链负责控制堆积因子,以及适当的间距和方向。这种堆叠是需要微调吸收组合,整体的光合效率。控制与最大太阳光吸收和激子迁移相关的纳米结构的自组装过程的算法被编码在这种两亲性中。这些纳米结构被称为天线系统,它通过在体内保持明确几何结构的自组装单体来配置,以有效地为反应提供动力[4-7]。

为了实现这种有效的自组装,在熵和焓项之间必须存在一个非常精细的平衡,这由反应条件决定。对于单染色体发色体,自组装通常伴随着熵损失。然而,这种损失通常是由初生单体或二聚体的分解和溶剂的熵增益来补偿。通常熵项是最稳定纳米结构形成热力学中的控制因素。叶绿素中的中心镁原子主要通过组氨酸残基,通过金属连接提供一个锚定点。第二种最常见的配体是水。相应的叶绿素通常通过附加的弱相互作用结合在蛋白质基质中,如与镁结合水分子的氢键,与V环的13-羰基的氢键,或与7-位的叶绿素-b的氢键[8]。已经提出了几个结构模型用于 BChl 在叶绿体中的自组装[9-10],最终发现在所有这些模型中,中心镁原子之间的协同作用,即一个氯的31-羟基与第三个氯的13-

酮基之间的氢键配位,主要通过 π-π 相互作用和大环之间有利的静电相互作用在体内得到增强(图9.2)。

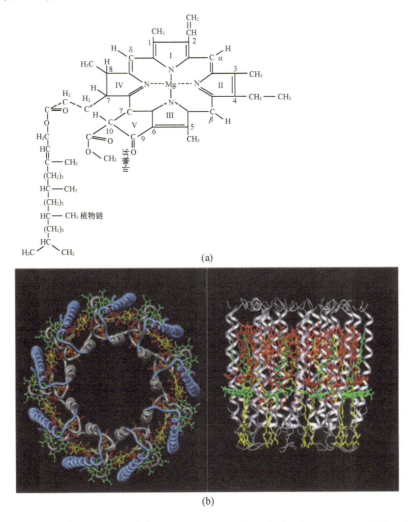

图 9.2 (a)叶绿素 a 分子图(取自 https://encyclopedia2.thefreedictionary.com/chlorophyll)。(b)光合天线复合物以及光合系统Ⅰ及Ⅱ。PSⅠ和PSⅡ之间的关系、连接的载体链,以及高能化合物的生成(经《自然杂志》允许转载。1995 年 Macmillan Magazines 有限公司版权所有)

因此,不仅可以将叶绿体排列在超分子三维结构(见上文)中,还可以排列在高度有序的一维或二维阵列(图9.2)中,这在含有特定耦合几何的卟啉阵列的各种信息处理系统中具有重要的意义,因为它的 π-网络的长程关联可以模拟天线的功能,并且可以为光电和有机电子的应用提供良好的激子迁移。

9.1.2 叶绿素与石墨烯组合

在光诱导信息处理方面,石墨烯材料提供了极好的机会,因为它具有综合性能,例如高导电性/导热系数[11-12],灵活但强大的力学性能[13-14],高热稳定性/化学稳定性[15-16],以及在二维界面内的超大表面积[17]。在石墨烯中,C 原子通过强 sp² 键连接,另外每个 C

原子还与 1/2π-π 键相连。因此，π 能带已被填满一半。1947 年，Wallace 第一个用紧束缚方法引起人们对石墨烯非凡的电子性质的关注[18]。很明显，与其他固体不同，电子和空穴的能波向量色散关系是线性的（就光子而言），至少足够接近布里渊区的基本 K 点。因此，与光子相比，π 电子的费米速度取代了光速（$v_F = c/300$）。足够接近 K 点的电子模仿相对论，无质量电子（狄拉克电子）（图 9.3）。该离域 π-电子云为具有离域平面 π 共轭结构的分子提供了一个优雅的 π 堆叠平台。

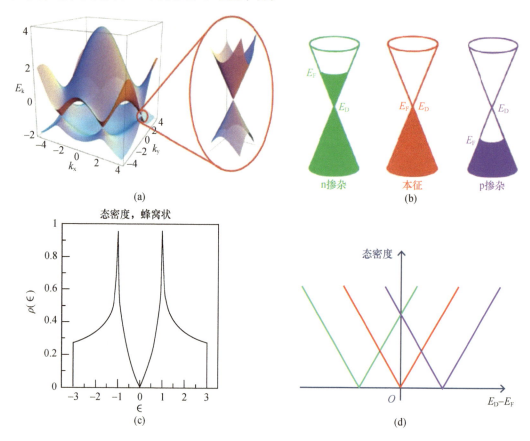

图 9.3　(a) 单层石墨烯片的能带结构；(b)，(d) 单层石墨烯片的掺杂活性；(c) 单层石墨烯片的态密度。(《现代物理》Neto 等, 81, 109, 2009)

具有轻微畸变的方形平面结构和离域 π 共轭结构的叶绿素分子有机会在二维石墨烯表面进行 π 堆叠。在石墨烯-有机分子杂化系统中，高迁移率的石墨烯充当载流子传输的快速路，自组装的叶绿素用作吸收光的敏化剂，因此有可能设计能级对齐，从而优化电荷分离和转移（图 9.4）。非共价相互作用（主要是 π-π 相互作用）为多维空间中的分子网络提供了多功能性。较高的轨道对称性和较长的路径长度降低了重组能。简单地说，低重组能导致更好的电荷传输系统；石墨烯具有必要的轨道对称性，具有非常低的重组能量，并且具有非常低的 LUMO 状态，因此有可能匹配多个不同的电荷提供者。

以上讨论为石墨烯/叶绿素纳米杂化的自组装制备提供了基础，以解决石墨烯在实际应用中存在的各种固有局限性，如分散性差，石墨烯负载低，以及石墨烯与其他特别强调能量收集和生物电子学的基质之间的弱界面等。

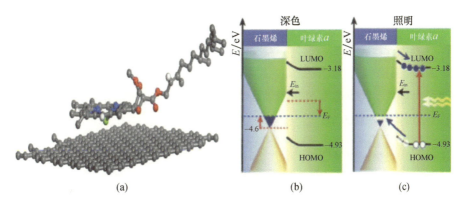

图9.4 （a）石墨烯/叶绿素纳米复合物；（b）叶绿素功能化引起的氮掺杂效应；
（c）照明下的光掺杂效应（碳,63,23-29,2013）

9.2 石墨烯/叶绿素纳米复合物及应用

目前已经开发了三种主要的方法来制备石墨烯/叶绿素纳米复合物。①叶绿素滴涂石墨烯，②叶绿素辅助剥落石墨，③叶绿素辅助氧化石墨烯光还原。根据适用性，每个过程中都有其自身的优点。

在接下来的小节中，将讨论与其特定功能相关的详细流程。

9.2.1 叶绿素滴涂石墨烯

有多种工艺可以设计和合成石墨烯/叶绿素功能纳米复合物。滴涂法是结合叶绿素设计石墨烯基场效应管的一种简单方法。Chen等通过采用原位和非共价功能化的无抗蚀剂制造，获得了原始的石墨烯/叶绿素界面条件[19]。在功能化的SiO_2（300nm）/Si衬底上机械剥离了单层石墨烯薄膜，它具有很高的迁移率，这对于展示大的光响应极为重要（图9.5）。

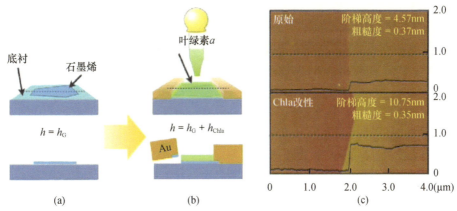

图9.5 （a）薄层石墨烯和（b）叶绿素/石墨烯双分子层的厚度测量测序示意图；
（c）薄层石墨烯（上）和叶绿素/石墨烯双分子层（下）的AFM图像。显示了叶绿素
功能化前后的阶梯高度和粗糙度。（碳,63,23-29,2013）

石墨烯的功能化会形成带正电荷的叶绿素薄膜,从而导致石墨烯中电荷的不均匀性。在光照条件下,器件的电荷传递降低了叶绿素膜的正电荷,从而降低了石墨烯的电荷不均匀性,降低了石墨烯的导电率。因此,研究结果提示了石墨烯在光照条件下的内在状态趋向。这些器件表现出每14个光子106个电子的高增益和106A/W的高响应度,这归功于高迁移率石墨烯和吸收光的叶绿素分子的整合。光响应的厚度依赖性增量可以解释载流子在石墨烯中的扩散(图9.6)。

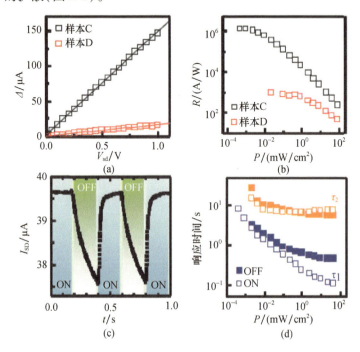

图9.6 (a)样本C(50nm)和D(10nm)的光电流与源漏电压的函数;(b)样本C和D的响应度的比较。样本C和D的饱和响应度分别为 1.3×10^6 A/W 和 1.0×10^3 A/W;(c)当激发功率为22mW/cm^{2}时,样本A的时间光电流动力学为 = -55GVV;(d)亮(开放正方形)和暗(闭合正方形)周期的响应时间($12\tau < \tau$)与激发功率的关系。(carbon,63,23-29,2013)

采用简单溶液混合法制备叶绿素石墨烯复合物,在最大功率(60 W)条件下,叶绿素与石墨烯混合20min。将薄膜滴涂到玻璃片上,在黑暗中让其在空气中干燥,然后是水凝胶,这是一种稳定叶绿素层的涂层。然后简单地将薄膜从衬底上剥离以进行电子表征[20]。

覆盖在薄膜上的聚合物水凝胶提供了一个可补充的电子源,可以重建叶绿素。叶绿素分子[21]的弛豫时间很慢。该薄膜的开路电压为0.4V,短路电流为12μA。这些都是很好的数值,但是系统仍然被寄生电阻所控制,因为电流电压特性显示出一种比二极管响应更线性的趋势。然而,这是第一次证明叶绿素敏化石墨烯。

除叶绿素外,光系统 I 被隔离并滴涂在 CVD 生长的石墨烯薄膜上制备了一种厚度小于10nm 的光活性生物杂化电极。使用石墨烯作为透明导电电极的好处在于它具有介质选择和浓度的灵活性。例如,通过在玻璃上安装石墨烯,人们可以通过透明石墨烯电极而不是通过溶液照射细胞,从而使在较高浓度下使用不透明介质同时提高光电流[22](图9.7)。

光系统I也被涂在旋转涂覆的氧化石墨烯玻璃上。还原氧化石墨烯电极的透明度提供了在光电化电池中使用(有机的、廉价的、无毒的)不透明介质的机会,因为它不再需要通过介质照亮电极。观察到的光电流与改性的金电极相当($1.2 \sim 7.9 \mu A/cm^2$),而明显高于PSI改性的石墨烯电极($0.5 \mu A/cm^2$),这是因为它可以用多层PSI膜代替单层膜,从而增加光的吸收。

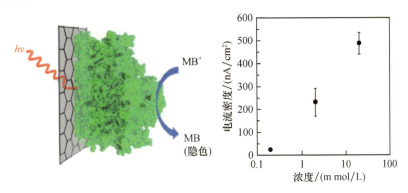

图9.7 电子转移活性与电流密度和浓度的关系(《Langmuir》,29,4177-4180,2013)

滴涂法不支持PSI膜的特定取向,因此导电基板能够从PSI膜接受和向其提供电子。因此,多层膜内的PSI复合物的混合取向导致金属衬底上的大部分光电流被抵消,而不是半导体衬底上的光电流,从而导致显著较低的光电流密度[23](图9.8)。

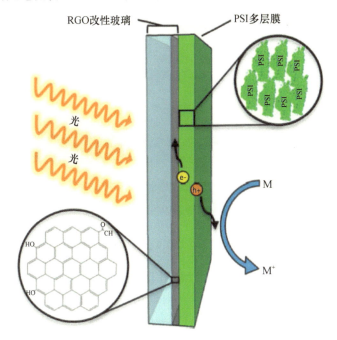

图9.8 描绘生物杂化电极系统的电子传递过程的示意图

光通过还原氧化石墨烯电极能够到达PSI多层膜(绿色)。用电化学介质(M)向PSI薄膜提供电子,在那里它们被激发并传递到还原氧化石墨烯电极上。(《Langmuir》,30,8990-8994,2014)

9.2.1.1 带光合系统 I 的石墨烯培育

用 PSI 系统通过对 π-3 和 π-4 改性石墨烯电极,将改性后的石墨烯(0.5μmol/L,磷酸钾缓冲层 5mmol/L,pH7)在 4℃下培育 48h,然后用缓冲层进行最后的漂洗步骤,从而实现了定向 PSI 的组装。在疏水石墨烯表面上,PSI 分子与其疏水壳层相互作用,而不是与分子的极性管腔或基质侧相互作用,从而不产生光电流。

通过 π 堆叠以及修饰石墨烯电极上存在的各种官能团,加速了对 PSI 的特异性和定向吸附,从而显著改善了阴极光电流的产生。基于萘的 π-4 电极在定向界面上表现出更好的性能,其阴极光电流响应值仅为 $(4.5 \pm 0.1) \mu A/cm^2$,这表明在较大的电位窗口上跟随驱动力时,腔面朝向碳基界面的 PSI 的定向吸附具有更高和更稳定的光电流。这些电极结合石墨烯和光电系统可以用于光发电系统。这些实验也证明了定向自组装对于有效的光捕获非常重要[24](图 9.9)。

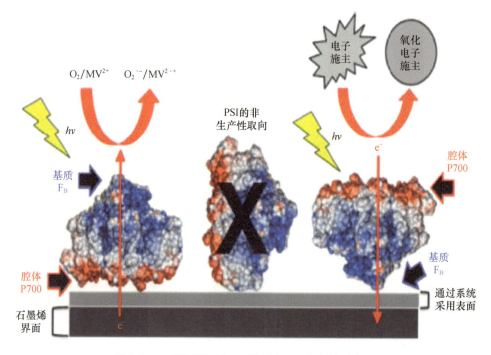

图 9.9 π 系统石墨烯 PSI 界面上 PSI 取向的示意图

在界面上显示了不同的 PSI 分子的可能取向。在左侧,灯具侧(P700 所在处)朝向电极,产生阴极光电流。在右侧,PSI 的基质侧(FB 簇所在的地方)面对电极,导致阳极电流。提出了电极、PSI、氧气和 MV^{2+} 之间电子流动的一个建议的反应顺序(红色箭头)。(《Langmuir》,31,10590-10598,2015)

9.2.1.2 滴涂法制成的类囊体膜(TM)对石墨烯电极电化学改性的影响

通过氧化石墨烯的电还原和 TM 的同时电沉积以及进一步的氨基芳基功能化,制备了定向的类囊体膜改性石墨烯电极,它允许光合膜的定向固定,并防止 TM 从三维电极表面泄漏。在光电化学装置中使用完整的光合作用装置或 TM 比使用单独的 PSS 有更大的潜在稳定性,因为这些蛋白质复合物保留了它们的原生环境[25-26]。此外,TM 的提取和纯化方法成本低、快速、操作简单。为了增加石墨烯的比表面积,采用循环伏安法(CV)同时电沉积-电还原氧化石墨烯制备了三维扩展的石墨烯表面。

优化后的无介质 TM 基生物阳极产生的光生物电流密度高达 $(5.24±0.50)\mu A/cm$。得到的石墨烯表面具有高度多孔的构象,但同时具有接近平面的微观结构。这种有利的组合确保了高负载的光活性生物催化单元与对生物材料的无干扰效应相结合,从而产生最高的电流密度输出。本研究所构建的无介质光生物电流,包括开发的光合能转换生物阳极和氧还原生物催化剂,对光合能转换技术具有重要意义,其中电极与生物催化剂的相互作用问题是决定光合能转换技术整体性能的重要因素之一[27]。

虽然这些工作是很有前景的,但由于界面问题的限制,导致了滴涂法方向性、负载可控性和分散性的丧失。为了制造具有多种加工能力的材料,稳定化一直是一个重要问题。自然系统通过各种非共价相互作用和自组装来实现这一点。考虑到这一点,叶绿素自组装方法也被用来剥离石墨烯[28],其中叶绿素使纳米杂化材料稳定地悬浮在水中。该方法采用 Langmuir – Blodgett(LB)沉积法解决了利用叶绿素两亲性来控制薄膜沉积的问题。

9.2.2 叶绿素辅助石墨剥离

利用超声波在叶绿素存在下剥离石墨是一种非常通用的技术,可以使石墨烯稳定地分散在溶剂中,通过非共价相互作用产生协同的光学和电学性质。不需要额外的化学物种,像其他剥离方法通过离子液体,暗色素表面活性剂等。因此排除表面活性剂的去除步骤。

这个概念很简单。众所周知,石墨材料的疏水特性,加上石墨层间相对稳定的附着力,使得石墨烯难以直接在水中剥离。在受控介质中,叶绿素克服了这一困难,最初用作"分子楔",通过超声将单个石墨烯薄片劈开,从而在石墨烯表面形成稳定的两亲性层,通过非共价 π - π 堆叠而不干扰 sp^2 杂交。叶绿素的亲水羧基或酯基有利于形成稳定的石墨烯水分散体,通过超声搅拌,石墨烯片层的剥离是两个关键方面的结果:

叶绿素的两亲性,由于存在疏水植物链和亲水卟啉环;

水和乙醇的存在,它们在去角质过程中起着不同的作用。

9.2.2.1 叶绿素两亲性贡献

叶绿素与乙醇均匀混合,其两亲性与极性低得多的 – CH_3 基团(偶极矩)1.70(0.02D)上的极性醇 – OH 基团相似[29]。这使得叶绿素完全溶解在乙醇中的分子实体。当石墨粉末加入到叶绿素 – 乙醇溶液中,并加入所需数量的水,叶绿素可以通过以下机制与暴露的石墨表面相互作用。

由于石墨也是呈疏水性,并且受到强有力的层间相互作用的束缚,极性四吡咯环和非极性叶绿醇尾在极性介质中的存在不足以使石墨烯薄片脱落并将其带入溶剂介质中。当这个系统与水混合时,这是一个较极性介质(偶极矩)1.8546(0.0040 D)[29],并在一个小型浴式超声波仪中搅动,从而引发两个重要步骤。第一个步骤是,在纯乙醇中稳定的叶绿素现在暴露在一个越来越极性的介质中,当加入水的时候,这使得非极性叶绿醇尾变得越来越难溶解。

叶绿素的极性四吡咯环部分具有完全共轭的 π - 网络,即它具有单键和双键的连续交替模式,并且是芳香族的,被离域的 π - 电子云包围。石墨烯被认为是多芳香碳氢化合物的无限互变异构物,因此也是完全芳香的。由于平面亲水性四吡咯基的存在,叶绿素很容易通过 π - π 相互作用(又称芳香族相互作用)堆积在石墨烯表面,这种相互作用比其他非共价相互作用(如范德瓦耳斯力相互作用、离子相互作用和配位相互作用)更强。通过这种方式,母石墨片的顶部、底部和其他暴露的石墨烯层接受带有非极性叶绿醇尾的四吡咯。

第二个步骤是,这种搅拌有助于打开石墨烯薄片边缘之间的小缺口。两亲性叶绿素分子试图最小化其与水的疏水相互作用,在石墨表面形成大量的 π-π 功能化基团,也找到了到达边缘开口的缝隙的途径。实际上,叶绿素分子形成了"分子楔",在持续的激荡中被驱使深入石墨层。

石墨烯－叶绿素复合物的平面外悬挂疏水叶绿醇尾基团和亲水性羰基官能团诱导的两亲性使石墨烯－叶绿素复合物能够稳定地悬浮在水中[30-31](图9.10)。

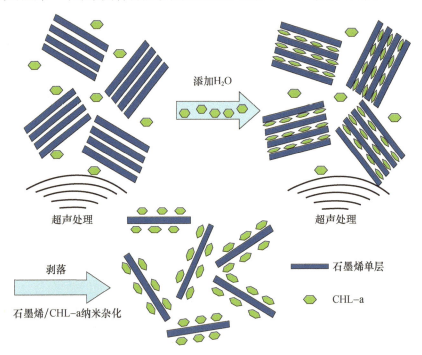

图9.10 通过非共价表面功能化实现的石墨剥离,通过叶绿素在水、乙醇双溶剂中 π 堆叠完成

9.2.2.2 水、溶剂极性和叶绿素浓度对去角质形成的贡献

溶剂表面张力、焓混合和溶剂极性是整个过程的主要控制因素。具有适当表面张力的溶剂可以降低去角质的力阈值[32-33]。有机溶剂在降低去角质能方面可能表现出优势,而叶绿素在去角质发生后可能主要起去角质剂和稳定剂的作用。

Das 等已经定量地表明,石墨烯的浓度强烈地依赖于水的质量分数,在叶绿素的存在下,几乎45%(质量分数)的水可以得到最大的分散。探讨了加水对剥离的影响[28]。遵循 Coleman 等[32]提出的有机溶剂－石墨混合物混合焓的概念,假设石墨烯片被两面的部分叶绿素分子所覆盖,而叶绿素－石墨烯－叶绿素结构则充满溶剂中的空隙。其他孤立的叶绿素分子填满了其他空隙。焓通过下列方程计算:

$$\frac{\Delta H_{mix}}{V_{mix}} \approx \frac{2}{T^2}(\delta_G - \delta_{sol})^2 \varphi + \frac{\varphi}{T^2}L \tag{9.1}$$

式中:$\Delta H_{mix}/V_{mix}$ 为分散体的单位体积混合焓;T^2 为片状厚度;$\delta = \sqrt{Esur}$ 为表面能的平方根,与表面张力 γ 有关(G 表示石墨烯和溶胶表示溶剂);φ 为石墨的体积分数。在式(9.1)中,L 为一个相对固定的参数,它与石墨烯、叶绿素和溶剂之间的结合能有关,表明表面活性剂对混合焓有固定的影响。尽管在乙醇中加入水,体系的总表面张力从 21.41mN/m,即 100%(质量分数)乙醇在 30℃时的表面张力[34],在 30℃时仍保持在 22.46~27.45mN/m 之间,这是降低石墨表面能从而降低其剥离能的理想途径。由于体系表面张力和溶剂极性的累积效应[28],水含量的最佳比例为 45%(质量分数)。在此条件下,表面张力保持在 30mN/m 以下,体系的混合焓保持在 CHL-a 剥离范围内,溶剂极性高,足以驱动 CHL-a 分子通过石墨层悬崖。然而,超过这个水分含量,表面张力会起主要作用,可能会超过剥落的极限。

叶绿素浓度效应:

表面能接近石墨烯的水—乙醇混合物只能达到极低浓度(叶绿素 10^{-5}mol)(图 9.11(a))。这表明,在没有叶绿素的情况下,即使是适当的水—乙醇混合物也具有较弱的性能,即叶绿素在叶片脱落和稳定过程中起着重要的作用。如沉积曲线所示(图 9.11(B)),水—叶绿素—乙醇分散具有良好的稳定性。水—叶绿素—乙醇混合物在混合 700h 后约有 55% 的石墨烯残留。在无叶绿素的水乙醇分散条件下,石墨烯薄片迅速团聚,在 10h 内完全转化为沉积物。这证明叶绿素在稳定石墨烯的分散性方面起着至关重要的作用。当两个薄片接近时,渗透斥力先于范德瓦耳斯力[35]。加入两亲性[33,36-37]叶绿素构成了石墨烯在有机溶剂中的不稳定性,同时保持了水—乙醇分散的优势。

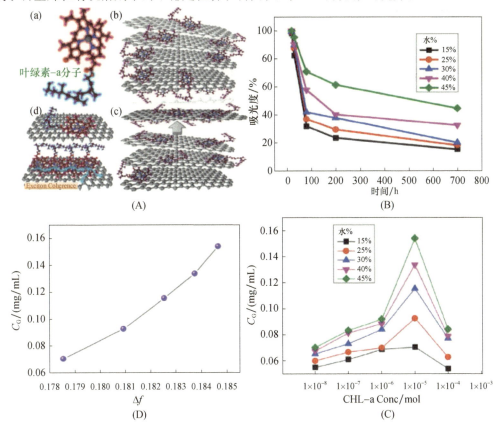

图 9.11 (A)在水、乙醇、溶剂(a)~(c)中,通过对 CHL-a 进行 π 标记,非共价表面功能化使石墨剥离。CHL-a 分子在石墨烯表面上的激子相干和电子从 CHL-a 转移到石墨烯(d)。(B)不同水体质量分数叶绿素—乙醇分散度随时间变化的沉积曲线。(C)C_G 与叶绿素浓度增加相关性的图形表示。在系统中有不同的水分百分比。(D)水—乙醇双溶剂石墨烯/叶绿素体系中 C_G 和 Δf 的图解关系

在叶绿素浓度较低的情况下,系统中有效叶绿素分子的数量不足以去除和稳定石墨,但随着体系含水率的增加,溶剂表面能和石墨烯剥离能因焓混合而降低,但在一定程度上有助于较少的叶绿素分子发生剥离和稳定。在叶绿素浓度较高的情况下,系统中有效叶绿素分子数量过多,它们之间形成聚结与团聚,而不是参与石墨的剥脱和稳定,但在 10^{-5} mol 的叶绿素浓度下,系统中有效叶绿素分子的数量是完美的,因为几乎所有分子都参与石墨烯的剥脱和稳定过程(图 9.11(C))。

双溶剂混合物的极性是叶绿素辅助石墨烯剥离过程的重要参数之一。正如前面提到的,水含量的增长增加了双溶剂介质的极性。为了减少能量,叶绿素找到了进入石墨层内部的途径,从而剥离石墨烯[38]。用估算的有效极性参数 $\Delta f = (\varepsilon - 1/2\varepsilon + 1) - (n^2 - 1/2n^2 + 1)$,其中 ε 是介电常数,用有关溶剂或溶剂混合物的 n 折射率观察其与水-乙醇双溶剂石墨烯/叶绿素体系中单层石墨烯浓度(C_G)的关系,结果表明,C_G 随有效极性参数 Δf 的增大而增大(图 9.11(D))。

9.2.2.3 通过透射电镜(TEM)分析统计石墨烯单层产率

分散材料的剥落程度可以使用 HRTEM 进行估计,并由 Das 等进行优化。优化后的叶绿素浓度表现为单层数分数(单层数/片层总数)为 66%。而石墨烯(单层石墨烯的质量/所有薄片的质量)的质量分数为 15.4%。他们还估计石墨烯的总收率为石墨烯的质量,而石墨的起始质量为 95%[28]。

剥离过程具有回收利用的优点,因为分离的沉淀物与原石墨烯/CHL-a 样本的离心分离可以按照相同的程序回收。Das 等通过 TEM 显示了石墨烯单层的显著恢复。由直方图计算的单层数密度和单层石墨烯的质量分数分别为 65% 和 15.4%(图 9.12)。

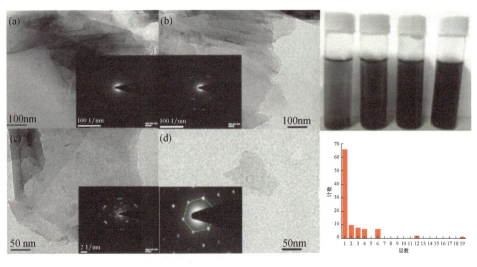

图 9.12 TEM 和 SAED 分别随超声后乙醇/水中 Chl-a 浓度(a)~(d)和石墨浓度的增加而增加;超声辅助下,乙醇/水中的石墨烯/CHL-a 分别随 CHL-a 浓度的增加而剥离。CHL-a 在 10^{-5} mol 浓度下剥离的每片石墨烯层数的直方图。(《物理化学》期刊,C,119(13),6939-6946,2015)

9.2.2.4 能量收集的适用性

所制备的剥离型石墨烯/叶绿素纳米复合材料在能量收集应用方面显示出良好的特性(图 9.13)。

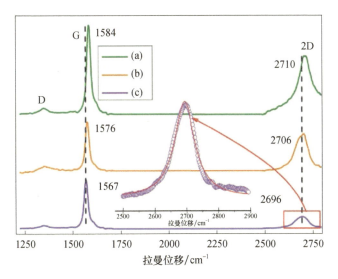

图 9.13 随着 CHL-a 浓度从(a)增加到(c),纳米复合物的拉曼光谱(2015 年 ACS 版权所有)

拉曼谱的详细研究[28]揭示了叶绿素在石墨烯费米速度重整过程中的作用。由于卟啉嵌合导致电子掺杂从卟啉到石墨烯二维峰的结果,二维峰的位置随着电子浓度的增加而降低,这源于二阶双共振(DR)拉曼散射机制,其中动态效应的影响可以忽略不计,因为产生二维峰的声子远离 K 处的科恩反常(Kohn anomaly)。因此,二维模式的动态校正较小,因此二维峰位置作为掺杂的函数,主要受电荷传递中晶格弛豫效应的支配,其中叶绿素掺杂导致缺陷和散射电子在非绝热状态[39]。与电化学门控不同,叶绿素掺杂石墨烯[39]与其他芳香族分子一样,本质上是分子性质的,这种电荷转移络合物通过诱导缺陷影响平衡晶格参数,并在非绝热状态散射电子,从而发生位移[40],从而使石墨烯的费米速度降低 46%。

Das 等清楚地表明,卟啉种之间的激子相干与辐射衰减速率的增加以及偶极强度的增加都可以解释,激子相干扩展到多个单体,而非辐射寿命的缩短则是由叶绿素向石墨烯的电子转移的结果,它可以像光合反应中心一样,捕获能量,光化学反应发生在飞秒时间尺度上。基态能量转移的可能性已经被排除,因为没有发现发光漂移的证据,这可能是由于电子从高电荷密度的分子过渡到低电荷密度的分子而引起[41]。

9.2.2.5 分子电子学的适用性

叶绿素自组装法制备 Langmuir-Blodgett(LB)单层膜:

均匀薄大面积石墨烯薄膜的制备对电子应用具有重要意义。LB 是通过利用叶绿素的两亲性来克服其他方法(如滴涂、旋涂、喷涂或过滤)提出的困难的理想方法,这些方法通常会产生亚微米尺寸的褶皱薄片。叶绿素/石墨烯首先溶解在挥发性有机溶剂中,然后扩散到水面。在溶剂蒸发过程中,分子被吸附在水面上,形成一个单层。然后使用移动势垒来改变单层的面积,从而有效地调整分子间的距离。先前的研究表明,石墨烯倾向于崩溃,并在"较差"的极性溶剂(如丙酮[42-43])中采用三维构象。因此,选择了最简单的极性原醇甲醇作为扩散溶剂。用玻璃注射器以 $100\mu L/min$ 的速度将叶绿素剥落的石墨烯缓慢地滴涂到水面上,总计达 $8\sim12mL$。薄膜以 $20cm^2/min$ 速度被障碍物压缩。初始表面积约为 240cm²,最终表面积约为 40cm²。在压缩过程中,薄薄的叶绿素剥离的石墨烯层以 12n/m² 的速度转移到衬底上,方法是将 ITO 衬底(以前用温和的酸清洗)垂直浸入槽中,然后缓慢向上拉(2mm/min)(图 9.14)。

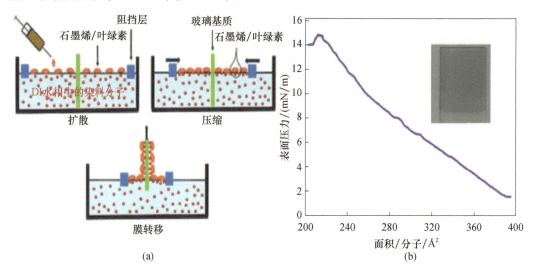

图 9.14 (a)单层沉积。单层在第一次浸泡衬底(下冲程)时不会被衬底拾取,但在随后的行程中,沉积总是发生在下冲程和上冲程中。(《RSC Adv.》,2015,5,552-557)。(b)ITO 衬底上石墨烯/CHL-a LB 膜的 π-a 等温线。插图显示沉积的薄膜

在等温线上观察到几个转折点,当单层在 240Å²/分子、280Å²/分子和 310Å²/分子附近进入凝聚相时,反映了单层之间不同类型的相互作用。在压力增加的第一个阶段,石墨烯薄片开始互相"接触",最终形成一个紧密的单层,在那里他们将整个二维表面贴合。表面压力的增加可能是由于石墨烯薄片之间的静电排斥,但作为一个整体,等温线是非常稳定和均匀的。

为了进一步了解这种剥离的石墨烯纳米杂化材料的态密度和费米能级,对所制备的薄膜进行了 STS 测量。STM 针尖在垂直于表面的方向上的自由定位允许整个系统的对称性被打破。由于电极的不同工作功能有足够大的间隙,其中一个井中的分子将有双阱势(图 9.15(D))。纳米复合结构最可能存在于接近 ITO 衬底的井中,在共振隧穿模型[44]中,向前偏置方向的反转很明显。

在受体石墨烯上面的供体叶绿素,如果样本偏差为负,电流就为正[45]。相称的周期性波纹超结构(图 9.15(A))反映在规则图案的 STM 拓扑图中。在暗(色)和亮(色)区,电流剖面是均匀的,这反映了激子耦合的 π 电子在整个纳米杂化过程中均匀分布。这也揭示了叶绿素在二维界面上的定向自组装。

当叶绿素大环 π(从平面到四面体)在平面石墨烯表面堆叠时,晶格对称性可以被打破,在不破坏 c—c 键长度的情况下,在能态密度(DOS)的狄拉克点周围出现 VHS 现象。这可能导致费米速度的降低。费米速度的重整化可与石墨烯表面电子密度的增加有关,在石墨烯表面,系统演化为半金属类似裸叶绿素反应的响应。计算出在石墨烯-叶绿素纳米杂化载体上,叶绿素剥离石墨烯的载流子密度约为 $1.53 \times 10^{15}/m^2$。在 STS 谱(图 9.15(C))中,非零 40meV 的微分电导或 DOS 由不对称的 VHS 组成(图 9.15(C))是

金属纳米混杂的标志。

在 DOS 谱中发现了一个很强的峰值特征,这是电子与集体模相互作用的结果,由于色散的电子-空穴不对称性,占据态比空态更强,这意味着叶绿素的存在增加了纳米复合物的电子密度。Das 等还通过随机模型拟合光物理数据,得到了石墨烯表面叶绿素的表面覆盖度,并显示了与石墨烯表面平行的宏观周期方向相关的高表面覆盖度。考虑到大循环对石墨烯表面电子密度的贡献,通过拟合单能级模型中的 IV 组合,计算了石墨烯的取向。

因此,叶绿素组装起了积极的作用,通过对传输的强量子修正直接干扰载流子的传输,为先进的电子学和光电技术中对隧穿能态密度进行微调提供了机会。

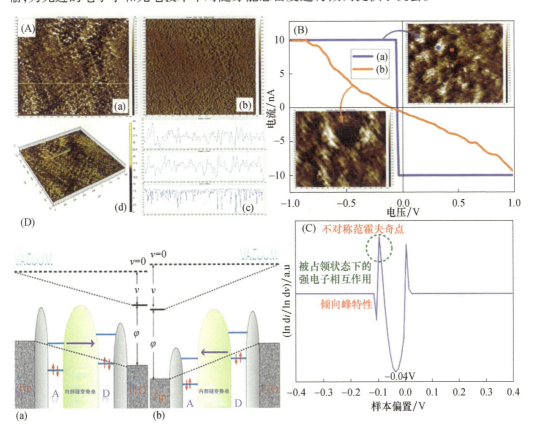

图 9.15　(A)(a)CHL-a/石墨烯 LB 薄膜的 STM 形态(扫描区域 1.6μm×1.6μm)。(b)电流迹线 CHL-a/石墨烯 LB 膜的光谱。(c)纳米复合物的高度剖面显示平均高度 0.8nm,电流剖面显示平均表面电流 1.8 nA。(d)表面形貌的三维视图。(B)(a)CHL-a/石墨烯 LB 膜 STM 形貌的电流-电压分布(扫描区域 200nm×200nm,蓝点和红点表示膜的上下区域)。(b)ITO 衬底上 CHL-a LB 膜(扫描区域 200nm×200nm)施加-1~1V 的电流-电压分布和 STM 形貌(取 200 个循环的平均值)。(C)显示纳米复合物范霍夫奇点的电导剖面。(D)ITO 表面 CHL-a 施体和石墨烯受体在(a)正向偏置和(b)反向偏置下共振隧穿的示意图。(2015 年 ACS 版权所有)

9.2.2.6　光动力疗法的适用性

叶绿素衍生物[叶绿素-a MPPa 衍生物光敏剂、对溴苯腙-甲基焦磷酰胺-a(BPMppa)]也被用来探索在水中通过直接石墨剥离(π-π 堆叠)进行光动力治疗的可能性。首先，疏水 PS BPMppa 溶解于少量二甲基亚砜（DMSO）中，可将溶解性差的 BPMppa 从有机相转移到水溶液中，然后分散在大量的石墨烯水溶液中。最后，通过持续 24h 浴超声法制备了 G-BPMppa 复合材料，使大量石墨烯悬浮在水溶液中。所得 G-BPMppa 具有良好的水溶性、分散性和在水中的稳定性，与游离 BPMppa（$\phi G = 29.2\%$）相比，单线态氧量子产率（$\phi G = 60.55\%$）显著提高。由于增强了细胞内的摄取行为和较高的氧量子产率，G-BPMppa 复合材料在辐照后表现出明显的光细胞毒性，在 $0.35\mu g/mL$ 时的 IC50 值为 1.36，但在没有辐照的情况下暗毒性较低。HeLa 细胞的形态学变化进一步证明 G-BPMppa 主要通过产生单线态氧诱导细胞损伤和凋亡（图 9.16）。

因此，叶绿素衍生物剥离石墨烯复合材料还可以用于未来的药物输送和光动力治疗。

剥离法是大规模生产稳定悬浮在水中的薄层石墨烯/叶绿素纳米复合材料，并在石墨烯表面制备可控 LB 膜用于有机电子学的有效方法。

现在我们转到讨论利用叶绿素光激子还原氧化石墨烯的其他方法，Das 等已经探索了将这种材料用于生物燃料电池中氧还原反应的可能性。

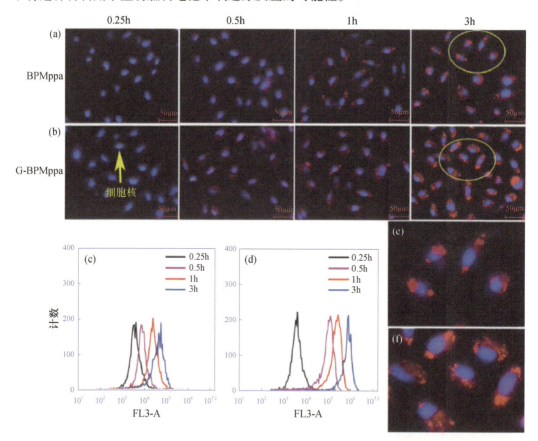

图 9.16　G-BPMppa 复合物细胞内摄取。游离 BPMppa 培育 HeLa 晶胞（a）和 GBPMppa 复合物（b）分别与等量 BPMppa 浓度（1mL，$6.25\mu g/mL$），37℃下培育 0.25h、0.5h、1h、3h 后的荧光倒置显微镜图像。流式细胞仪分析游离 BPMppa（c）和 G-BPMppa（d）分别培育不同时间（0.25h、0.5h、1h、3h）后 HeLa 细胞的平均荧光强度（$n=10,000$ 个细胞）。（a）3h 和（b）3h 的黄色区域分别扩大为（e）和（f）。DAPI 染色显示细胞核呈蓝色荧光，红色荧光是 G-BPMppa 复合物中游离 BPMppa 和 BPMppa 的产物。（《New J. Chem.》期刊 41，10069，2017）

9.2.3 叶绿素辅助光还原氧化石墨烯

叶绿素分子可以利用其光生电子来减少化学合成的氧化石墨烯。该方法克服了还原剂的使用,通过范德瓦耳斯力的相互作用,避免了悬浮液中 rGO 的团聚。由于它的高功函数(4.42eV)[49],GO 可以接受来自叶绿素最低分子轨道(LUMO)的光生电子,并通过还原可能促进功能石墨烯纳米片的形成,这是由 Das 等完成,作者在水溶液中还原了用改进 Hummers 法制备的氧化石墨烯,并将叶绿素分子引入氧化石墨烯分散体中,在白光曝光下进行还原过程。(图 9.17(a))。GO 还原以褐色黄色中暗色分散物质的出现而进行,提示电子共轭的恢复。这背后的理念具有深远意义。

在被氧化后,光化学产生的叶绿素根可以通过水分裂获得电子,从而恢复到基态。因此,可以推测,电子从受激发的叶绿素单位能级转移到 GO 能级,修复了 GO 的缺陷,从而减少了 GO 向 rGO 的转化。由 XPS 计算,叶绿素还原产生的 rGO/叶绿素为 57.2%(图 9.17(b)和(c))。

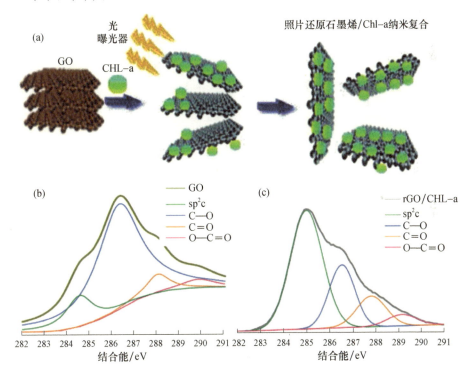

图 9.17 (a)CHL-a 辅助光还原 GO 过程的示意图,GO(b)和(c) GO 和 rGO/CHL 纳米杂化产物的碳 1S XPS 谱(2015 年 RSC 版权所有)

9.2.3.1 能量采集的适用性

循环伏安法测定叶绿素 a 自由基的去向:

光激发的叶绿素可以很容易地 π 堆叠在 rGO 表面,也可以得到质子。这导致了叶绿素+自由基阳离子的形成,这可能有利于水的氧化,这是一个随着吉布斯熵的降低而进行的过程。用不同溶剂循环伏安法测量 Chl/Chl + 和 Chl/Chl - 偶的基态氧化还原电位分别为 +0.94V 和 +0.80V(SHE)[46]。将 -0.7eV 和 -1.33eV 归因于单重态和三重态激发能[47],得到了叶绿素的激发态氧化还原电位。以光化学 rGO/叶绿素纳米杂化物为可能的电催化剂,循环伏安法用于能量转换系统的氧还原是值得探讨的。玻璃碳电极(GCE)表面涂覆 rGO,滴注增加叶绿素浓度,不影响纳米杂化体系中的叶绿素取向。在 Ag/AgCl 电极上,电解质 pH 值保持为 7(中性)左右。图 9.18(a)和(b)中的循环伏安法显示了光激的叶绿素分子,它们介导了 GO 片上电子从电极到氧官能团的转移。另一方面,孔预计会转移到水中,水充当孔的接受者,并被氧化。比 chl/chl + 对的减水电位高 0.5V 左右[48]。因此,如图 9.18(c)中的能量图所示,由此产生的氯离子自由基阳离子可能会随着放氧而氧化水,这一过程是随着吉布斯焓的降低进行,如图 9.18(c)中的能量图所示。

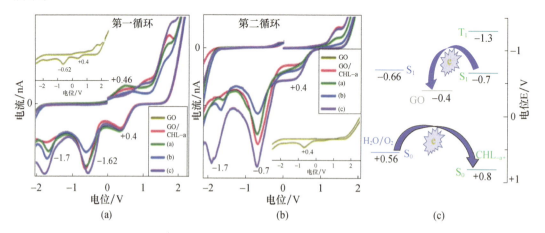

图 9.18 (a)和(b)rGO/CHL‐a 纳米复合材料在第一循环和第二循环中随 CHL‐a 浓度增加而电化学还原和氧化的循环伏安曲线;(c)显示 CHL‐a 纳米杂化物的阴极和阳极电流可能涉及的化学过程的势能图。(2015 年 RSC 版权所有)

叶绿素组装的氧化还原特性与单体的不同,因为它是 π 堆叠在石墨烯表面,参与水溶液中的氧还原反应(ORR)。在第一步中,氧与大环叶绿素的 Mg 中心之间形成加合物,随后是从 Mg 离子到氧的加合物内电子转移。Alt 等解释[49],在氧和镁的相互作用中,Mg 中心的电子首先从氧转移到空的 dz^2 轨道,形成 σ 键,降低了中心镁的反键 π 轨道,提高了中心镁的 dxz 和 dyz 轨道的能量,从而允许电子从这些填充轨道转移到反键 π 轨道,从而增强了相互作用。在 0.7V 时,电解液中的质子加和电子转移生成 H_2O_2。H_2O_2 不是最终产物,可以在 1.7V 进一步还原成水,导致叶绿素石墨烯表面氧的四个电子还原[50]。其机理可概括为以下几个方面:

$$[LMg_{II}] + O_2 \leftrightarrow [LMg\delta + \cdots O_2\delta-]$$

$$[LMg\delta + \cdots O_2\delta-] + H^+ \rightarrow [LMg_{III}\cdots O_2H] +$$

$$[LMg_{III}\cdots\cdots\cdots O_2H] + +H^+ +2e^- \rightarrow [LMg_{II}] + H_2O_2$$

$$H_2O_2 + 2H^+ + 2e^- \rightarrow 2H_2O$$

$$H_2O_2 \rightarrow H_2O + \frac{1}{2}O_2$$

式中:L 代表配体;Mg 代表镁中心。

Das 等[50]通过循环伏安法证明了这一点,表明在水环境中光激发的叶绿素可以恢复到中性阶段,从周围的水中获取电子。因此,在适当的时候,水总是有分裂的可能性。虽然有必要在这方面进一步研究,以证明水的分解,但这种一锅法制备 rGO/叶绿素纳米杂化材料的过程为构建下一代电极材料铺平了道路,在这种电极材料中,石墨烯表面的叶绿素可以有效地促进阴极上的氧还原机理,而不需要任何界面修饰或介体响应,并为生物燃料电池和金属-空气电池等清洁能源技术奠定了基础。

9.2.3.2 分子电子学的适用性

利用叶绿素两亲性制备了 rGO LB 薄膜(Das 等)。STS 结果表明精馏效果与石墨烯的剥离相反。Aviram 和 Ratner 提出,电极的费米能级相对于供体受体部分的局域前沿分子轨道的不同能量排列是整流效应的原因[45]。由于共轭核中的石墨烯分子轨道和 CHL-a 分子轨道的电子密度相对于供体受体功能的极化,引入了 CHL-a 分子不对称的分子几何结构的局域化效应。因此,纠正(如 $I-V$ 曲线所示)可能是通过传导分子轨道与电极的不对称耦合而导致电极间电位的不对称下降。电位降与石墨烯费米能级的变化成正比,可以描述为分子覆盖的函数(N):

$$\Delta V = \frac{e\mu N}{\varepsilon_0(1+c\alpha N^{3/2})}$$

式中:μ_z 为分子的修正偶极矩;α 为分子 Z 方向的极化率;c 为表示偶极晶格几何的常数[51-53]。

在 Z 方向上的极化率可以是分子表面几何改变的一个特征,因为它只来自于卟啉头的去局域化 pie 电子。利用光物理数据中的随机模型计算了表面覆盖率,得到 Ex-G 纳米杂化和 Photo-rGO 纳米杂化的 Z 向极化率分别为 $1.42\times10^{-15}\,\text{m}^3$ 和 $2.37\times10^{-15}\,\text{m}^3$。与剥落的 rGO 相比,rGO 的这一比例更高,如图 9.19 所示。

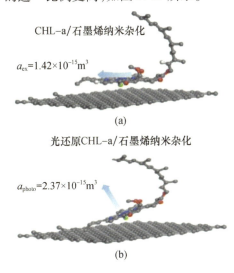

图 9.19 图片显示 CHL-a 分子在(a)剥离的石墨烯和(b)光还原的石墨烯上的吸附

这些数据表明,在 STM(图 9.20)聚合中,石墨烯/叶绿素的分子几何形态和取向决定了石墨烯/叶绿素的电子行为,而石墨烯/叶绿素的电子行为又受缺陷控制的表面覆盖控制。

9.2.3.3 生物相容性涂层在骨组织置换中的应用

无缺陷、光还原的氧化石墨烯可以稳定地悬浮在中性 pH 值的水浴中,已成功地共沉积在羟基磷灰石层中,以改善其低的断裂韧性和固有的脆性,这些脆性随着组织的再生和生长而增加,可长期用作骨植入物。有趣的是,rGO 增强的羟基磷灰石-磷酸钙复合材料由于其缺陷驱动的磷灰石更快形成速度和随后更多的碳结构沉积作为增强剂,在防腐方面很有前景。另一方面,叶绿素剥离石墨烯增强为引入新生的羟基磷灰石和镁三八面体提供了新的途径,有利于磷灰石相的均匀成核和随后的骨重塑。叶绿素组织再生能力也增强了骨传导活性[54]。

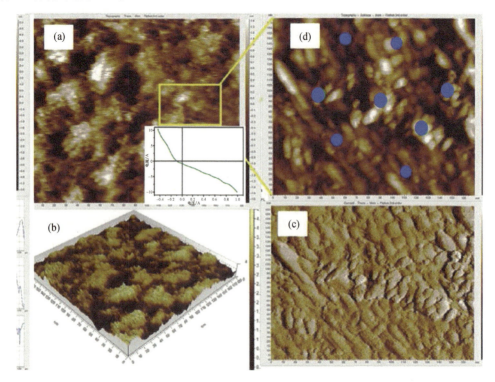

图 9.20 (a) Photo-G/CHL-a LB 膜(扫描区域 1.6μm×1.6μm)的 STM 形态图;(b) 表面形貌的三维视图;(c) 电流示踪 Photo-G/CHL-a 光谱 LB 膜;(d) Photo-G/CHL-a LB 薄膜的 STM 形态图(扫描区域 200mm×200nm;蓝点表示从该薄膜不同区域获得的电流电压剖面)

9.3 小结

本章主要介绍了石墨烯材料与类囊体膜、光系统 I、叶绿素分离自组装等多种天然光合设备之间的相互作用,以及它们在生物电化学池、生物电子学、生物医学等领域的应用。在利用这一概念方面已经取得了很大进展,但主要的瓶颈在于这种天然色素或蛋白质系统的方向稳定,已经被大自然毫不费力地开发。

利用叶绿素自组装一锅法剥离和光还原石墨烯具有良好的生物电子学应用前景,其产物在水溶液以及各种极性和双溶剂介质中表现出较好的稳定性,使其能够通过利用叶绿素的两亲性更好地制备均相 LB 膜,从而以可控的精度提高其在各种衬底上的载荷量。

另一方面,滴涂法在 FET 制备和石墨烯电极制备中得到了广泛的应用,其中薄膜的可控性和方向性一直是个问题。虽然在光系统Ⅰ和类囊体膜(其中叶绿素和蛋白质复合物被使用)中已经观察到了积极的结果,但是这些材料面临着同样的可控性问题和需要直接和快速电子转移的界面问题。石墨烯表面必须进一步功能化以吸附这些具有特定取向的大型蛋白质簇。叶绿素在石墨烯表面的聚集增强了石墨烯的界面性质,例如,原始石墨烯可以通过利用叶绿素的极化率直接电化学沉积在不同的表面上,并可以用来制造各种复合材料。这一特性可用于生物医学工业的导电支架生产,也可用于提高生物材料(如羟基磷灰石)的力学性能,其中需要无缺陷的石墨烯插层。

光还原石墨烯的另一个优点是利用光化学产生的叶绿素自由基,它可以通过返回基态而有可能通过水的裂解获得电子,这种材料可以作为潜在的电催化剂用于下一代生物燃料电池。在石墨烯表面上的叶绿素组装可以有效地在二维界面上实现对其费米速度的电子调谐。在扫描隧道显微镜下,植物链的自组装驱动取向与缺陷状态有关,被证明是调节传导性质的主要标准;组装几何决定了石墨烯/叶绿素分子结的距离和整流效应。因此,叶绿素分子组装始终具有灵活性,可以根据可控的反应参数为新一代的分子电子学和人工光捕获装置铺平道路。

叶绿素纳米复合材料无疑可以改变下一代电子能源和生物医药产业的范式,通过自组装铅动态优化来解决上述问题,这是自然现象的奇妙原理。

参考文献

[1] Grzybowski, B. A., Fitzner, K., Paczesny, J., and Granick, S. From dynamic self – assembly to networked chemical systems. *Chem. Soc. Rev.*, 46(18), 5647 – 5678, 2017.

[2] Chambers, A. L., and Downs, J. A. (2012) The RSC and INO80 Chromatin – Remo deling Complexes in DNA Double – Strand Break Repair, in *Progress in Molecular Biology and Translational Science* (eds. Doetsch, P. W.), Elsevier, Oxford, pp. 229 – 261. 2012.

[3] Chin, A. W., Huelga, S. F., and Plenio, M. B. Coherence and decoherence in biological systems: Principles of noise – assisted transport and the origin of long – lived coherences. *Phil. Trans. R. Soc. A*, 370, 3638 – 3657, 2012.

[4] Bernhard Grimm, Robert J. Porra, Wolfhart Rudiger, H. S. (ed.) *Chlorophylls and Bacterio – chlorophylls Biochemistry, Biophysics, Functions and Applicationsy Springer*, Netherlands, 2006.

[5] Angerhofer, a, Bornhauser, F., Aust, V., Hartwich, G., and Scheer, H. Triplet energy transfer in bacterial photosynthetic reaction centres. *Biochim. Biophys. Acta*, 1365(3), 404 – 420, 1998.

[6] Kobayashi, M., Oh – oka, H., Akutsu, S., Akiyama, M., Tominaga, K., Kise, H., Nishida, F., Watanabe, T., Amesz, J., Koizumi, M., Ishida, N., and Kano, H. The primary electron acceptor of green sulfur bacteria, bacteriochlorophyll 663, is chlorophyll a esterified with △2,6 – phytadienol. *Photosynth. Res.*, 63(3), 269 – 280, 2000.

[7] Blauer, G., and Sund, H. (eds.) *Optical Properties and Structure of Tetrapyrroles*: Proceedings of a Symposium Held at the University of Konstanz, West Germany, 1984, Elsevier, Berlin; New York, W de Gruyter, 1985.

[8] R E Blankenship, M T Madigan, C. E. B. *Anoxygenic photosynthetic bacteria*, Kluwer Academic Publishers, Dordrecht, The Netherlands, 1995.

[9] Nalwa, H. S., and Smalley, R. E. *Encyclopedia of nanoscience and nanotechnology*; *Volume* 10, American Scientific Publishers, California, 2004.

[10] Holzwarth, A. R., Griebenow, K., and Schaffner, K. Chlorosomes, photosynthetic antennae with novel self-organized pigment structures. *J. Photochem. Photobiol. A Chem.*, 65(1–2), 61–71, 1992.

[11] Novoselov, K. S., Geim, A. K., Morozov, S. V, Jiang, D., Zhang, Y., Dubonos, S. V, Grigorieva, I. V, and Firsov, A. A. Electric field effect in atomically thin carbon films. *Science*, 306, 666–669, 2004.

[12] Balandin, A. A., Ghosh, S., Bao, W, Calizo, I., Teweldebrhan, D., Miao, F., and Lau, C. N. Superior thermal conductivity of single-layer graphene. *Nano Lett.*, 8(3), 902–907, 2008.

[13] Eda, G., Fanchini, G., and Chhowalla, M. Large-area ultrathin films of reduced graphene oxide as a transparent and flexible electronic material. *Nat. Nanotechnol.*, 3, 270, 2008.

[14] Kim, K. S., Zhao, Y., Jang, H., Lee, S. Y., Kim, J. M., Kim, K. S., Ahn, J.-H., Kim, P., Choi, J.-Y., and Hong, B. H. Large-scale pattern growth of graphene films for stretchable transparent electrodes. *Nature*, 457, 706, 2009.

[15] Park, S., and Ruoff, R. S. Chemical methods for the production of graphenes. *Nat. Nanotechnol.*, 4, 217, 2009.

[16] Tung, V. C., Allen, M. J., Yang, Y., and Kaner, R. B. High-throughput solution processing of large-scale graphene. *Nat. Nanotechnol.*, 4, 25, 2008.

[17] Chae, H. K., Siberio-Pérez, D. Y., Kim, J., Go, Y., Eddaoudi, M., Matzger, A. J., O'Keeffe, M., and Yaghi, O. M. A route to high surface area, porosity and inclusion of large molecules in crystals. *Nature*, 427, 523, 2004.

[18] Wallace, P. R. The Band Theory of Graphite. *Phys. Rev.*, 71(9), 622–634, 1947.

[19] Chen, S. Y., Lu, Y. Y., Shih, F. Y., Ho, P. H., Chen, Y. F., Chen, C. W., Chen, Y. T., and Wang, W. H. Biologically inspired graphene-chlorophyll phototransistors with high gain. *Carbon N. Y.*, 63, 23–29, 2013.

[20] King, A. A. K., Hanus, M. J., Harris, A. T., and Minett, A. I. Nanocarbon-chlorophyll hybrids: Self assembly and photoresponse. *Carbon N. Y.*, 80(1), 746–754, 2014.

[21] Greulach, V. A. *Plant Function and Structure*, Macmillan, New York, 1973.

[22] Gunther, D., LeBlanc, G., Prasai, D., Zhang, J. R., Cliffel, D. E., Bolotin, K. I., and Jennings, G. K. Photosystem i on graphene as a highly transparent, photoactive electrode. *Langmuir*, 29(13), 4177–4180, 2013.

[23] Darby, E., Leblanc, G., Gizzie, E. A., Winter, K. M., Jennings, G. K., and Cliffel, D. E. Photoactive films of photosystem I on transparent reduced graphene oxide electrodes. *Langmuir*, 30(29), 8990–8994, 2014.

[24] Feifel, S. C., Lokstein, H., Hejazi, M., Zouni, A., and Lisdat, F. Unidirectional photocurrent of photosystem i on π-system-modified graphene electrodes: Nanobionic approaches for the construction of photobiohybrid systems. *Langmuir*, 31(38), 10590–10598, 2015.

[25] Rasmussen, M., and Minteer, S. D. Photobioelectrochemistry: Solar energy conversion and biofuel production with photosynthetic catalysts. *J. Electrochem. Soc.*, 161(10), H647–H655, 2014.

[26] Sekar, N., and Ramasamy, R. P. Photosynthetic energy conversion: Recent advances and future perspective. *Electrochem. Soc. Interface*, 24(3), 67–73, 2015.

[27] Pankratova, G., Pankratov, D., Di Bari, C., Goni-Urtiaga, A., Toscano, M. D., Chi, Q., Pita, M., Gorton, L., and De Lacey, A. L. Three-dimensional graphene matrix-supported and thylakoid membrane-based high-performance bioelectrochemical solar cell. *ACS Appl. Energy Mater.*, 1(2), 319–323, 2018.

[28] Das, D., Sarkar Manna, J., and Mitra, M. K. Electron donating chlorophyll a on graphene: A way toward tuning fermi velocity in an extended molecular framework of graphene/chlorophyll a nanohybrid. *J. Phys. Chem. C*, 119(13), 6939–6946, 2015.

[29] Rumble, J. R. (ed.) *Handbook of Chemistry and Physics*, CRC press, Taylor & Francis Group, Boca Raton, FL, 2009.

[30] Thiele, H. Über die Quellung von Graphit. *Zeitschrift fur Anorg. und Allg. Chemie*, 206(4), 407–415, 1932.

[31] Hummers, W. S., and Offeman, R. E. Preparation of Graphitic Oxide. *J. Am. Chem. Soc.*, 80(6), 1339, 1958.

[32] Hernandez, Y., Nicolosi, V., Lotya, M., Blighe, F. M., Sun, Z., De, S., McGovern, I. T., Holland, B., Byrne, M., Gun'ko, Y. K., Boland, J. J., Niraj, P., Duesberg, G., Krishnamurthy, S., Goodhue, R., Hutchison, J., Scardaci, V, Ferrari, A. C., and Coleman, J. N. High-yield production of graphene byliquid-phase exfoliation of graphite. *Nat. Nanotechnol.*, 3(9), 563–568, 2008.

[33] Lotya, M., King, P. J., Khan, U., De, S., and Coleman, J. N. High-concentration, surfactant-stabilized graphene dispersions. *ACS Nano*, 4(6), 3155–3162, 2010.

[34] Fong, H., Chun, I., and Reneker, D. H. Beaded nanofibers formed during electrospinning. *Polymer (Guildf).*, 40(16), 4585–4592, 1999.

[35] de Gennes, P. G. Polymers at an interface; a simplified view. *Adv. Colloid Interface Sci.*, 27(3), 189–209, 1987.

[36] Lotya, M., Hernandez, Y., King, PJ., Smith, R. J., Nicolosi, V, Karlsson, L. S., Blighe, F. M., De, S., Wang, Z., McGovern, I. T., Duesberg, G. S., and Coleman, J. N. Liquid phase production of graphene by exfoliation of graphite in surfactant/water solutions. *J. Am. Chem. Soc.*, 131(10), 3611–3620, 2009.

[37] Nawaz, K., Ayub, M., Khan, M. B., Hussain, A., Malik, A. Q., Niazi, M. B. K., Hussain, M., Khan, A. U., and Ul-Haq, N. Effect of concentration of surfactant on the exfoliation of graphite to graphene in aqueous media. *Nanomater. Nanotechnol.*, 6, 14, 2016.

[38] Dean, J. A. (ed.) *Lange's handbook of chemistry*, McGraw-Hill, New York, 1987.

[39] Zhang, Z., Huang, H., Yang, X., and Zang, L. Tailoring electronic properties of graphene by π–π stacking with aromatic molecules. *J. Phys. Chem. Lett.*, 2(22), 2897–2905, 2011.

[40] Das, B., Voggu, R., Rout, C. S., and Rao, C. N. R. Changes in the electronic structure and proper-ties of graphene induced by molecular charge-transfer. *Chem. Commun.*, 0, 5155–5157, 2008.

[41] Davis, P. D. Fundamentals of photochemistry (Rohatgi-Mukherjee, K. K.). *J. Chem. Educ.*, 57(8), A241, 1980.

[42] Wen, X., Garland, C. W., Hwa, T., Kardar, M., Kokufuta, E., Li, Y., Orkisz, M., and Tanaka, T. Crumpled and collapsed conformation in graphite oxide membranes. *Nature*, 355, 426, 1992.

[43] Hwa, T., Kokufuta, E., and Tanaka, T. Conformation of graphite oxide membranes in solution. *Phys. Rev. A*, 44(4), R2235–R2238, 1991.

[44] Lazzaroni, R., Calderone, A., and Brédas, J. L. Electronic structure of molecular van der Waals complexes with benzene: Implications for the contrast in scanning tunneling microscopy of molecular adsorbates on graphite. *J. Chem. Phys.*, 107, 99–105, 1997.

[45] Aviram, A., and Ratner, M. A. Molecular rectifiers. *Chem. Phys. Lett.*, 29(2), 277–283, 1974.

[46] Watanabe, T., and Kobayashi, M. Chlorophylls, in *Chlorophylls* (ed. H. Scheer), CRC Press Inc, Florida, pp. 287–315, 1991.

[47] Seely, R. The energetics of electron-transfer reactions of chlorophyll and other compounds, 27, (5), 639–

654,1978. https://doi.org/10.1111/j.1751-1097.1978.tb07658.x.

[48] Tadini Buoninsegni, F., Becucci, L., Moncelli, M. R., Guidelli, R., Agostiano, A., and Cosma, P. Electrochemical and photoelectrochemical behavior of chlorophyll a films adsorbed on mercury. *J. Electroanal. Chem.*, 550-551, 229-240, 2003.

[49] Alt, H., Binder, H., and Sandstede, G. Mechanism of the electrocatalytic reduction of oxygen on metal chelates. *J. Catal.*, 28(1), 8-19, 1973.

[50] Das, D., Sarkar Manna, J., and Mitra, M. K. Unravelling the photo-excited chlorophyll-a assisted deoxygenation of graphene oxide: Formation of a nanohybrid for oxygen reduction. *RSC Adv.*, 5(80), 65487-65495, 2015.

[51] Li, Z., Wang, Y., Kozbial, A., Shenoy, G., Zhou, F., McGinley, R., Ireland, P., Morganstein, B., Kunkel, A., Surwade, S. P., Li, L., and Liu, H. Effect of airborne contaminants on the wettability of supported graphene and graphite. *Nat. Mater.*, 12(10), 925-931, 2013.

[52] Monti, O. L. A. Understanding interfacial electronic structure and charge transfer: An electrostatic perspective. *J. Phys. Chem. Lett.*, 3(17), 2342-2351, 2012.

[53] Xu, G., Bai, J., Torres, C. M., Song, E. B., Tang, J., Zhou, Y., Duan, X., Zhang, Y., and Wang, K. L. Low-noise submicron channel graphene nanoribbons. *Appl. Phys. Lett.*, 97(7), 073107-073109, 2010.

[54] Chakraborty, R., Manna, J. S., Das, D., Sen, M., and Saha, P. A comparative outlook of corrosion behaviour and chlorophyll assisted growth kinetics of various carbon nano-structure reinforced hydroxyapatite-calcium orthophosphate coating synthesized in-situ through pulsed electrochemical deposition. *Appl. Surf. Sci.*, 475(November 2018), 28-42, 2019.

第10章 石墨烯结构从制备到应用

Yuliana Elizabeth Avila Alvarado[1]、María Teresa Romero de la Cruz[2]、
Heriberto Hernández – Cocoletzi[3] 和 Gregorio H. Cocoletzi[4]

[1] 墨西哥阿特阿加,马德里自治大学系统学院
[2] 墨西哥萨尔蒂约,马德里自治大学物理数学学院
[3] 墨西哥普埃布拉,普埃布拉自治大学化学工程学院
[4] 西哥普埃布拉,普埃布拉自治大学"Ing. Luis Rivera Terrazas"物理研究所

摘 要 石墨烯是一种碳的同素异形体,在这种同素异形体中,排列在二维蜂窝结构中的原子形成单原子厚度的层,由于其特殊的性质而引起了科学界的注意。它具有特殊的化学(sp^2键)、物理(最薄的材料和高表面积)、机械(高硬度)和电子(高载流子迁移率)特性,这些使它成为许多技术应用的优秀候选材料。它被认为是零带隙半导体。其理论研究已经有50多年的历史;然而近年来,在 Geim 和 Novoselov(2010 年诺贝尔物理学奖)通过微机械剥离石墨制备了石墨烯之后,它受到了极大的关注。自石墨烯首次合成以来,为了方便地制备具有所需性能的石墨烯,人们采用了多种方法。制备石墨烯的方法包括使用微机械剥离和化学剥离方法从石墨中产生石墨烯,以及从外延生长和化学气相沉积(CVD)等非石墨源产生石墨烯的方法。用电子显微镜(TEM 和 SEM)和扫描探针显微镜(STM 和 AFM)对石墨烯层进行了形貌和结构表征,而 FTIR 和拉曼等光谱技术对石墨烯层的还原和功能化过程进行了监测。此外,利用 X 射线光电子能谱(XPS)对元素化学组成和表面改性进行了研究。另一方面,人们利用石墨烯的特性进行了理论和实验研究,这些特性可以通过分子吸附、掺杂、氢化或功能化等过程进行修饰。通过密度泛函理论进行石墨烯的理论研究,其中一些研究涉及结构缺陷如空位、杂质以及电荷转移相互作用等。石墨烯有许多用途;与它的热学和电学性质关联最紧密。一些电子应用涉及石墨烯电池、传感器、晶体管或涂层,用于柔性电子。另一方面,热应用主要是关于石墨烯支持的电子热管理。本章将对石墨烯的性质、制备方法和表征方法以及可能的应用进行综述。

关键词 石墨烯,合成,表征,应用,传感器

10.1 引言

单层原子厚的碳原子层排列在二维六角形晶格中,称为石墨烯[1]。石墨烯可以通过自组装转变成各种维度的碳材料;这样,石墨烯就可以成为许多碳材料的二维构建块,比

如周期性堆叠石墨烯层(三维系统),通过滚动石墨烯形成一维纳米管,或者通过包裹石墨烯形成零维富勒烯[2],如图 10.1 所示。2004 年,A. K. Geim 和 K. S. Novoselov 首次利用石墨的微观力学解理得到石墨烯[3]。石墨烯原子与 sp^2 杂化形成键[4]。单个碳原子有 4 个价电子,可用于化学键。在石墨烯中,每个原子与 3 个碳原子成键,在第三维空间留下 1 个自由电子用于电子传导。这些电子形成 π 键,并在石墨烯平面上形成离域态[5]。这些离域状态被称为"键"(π)和"反键"(π*)带,它们靠近布里渊区的 K 边缘,在狄拉克点处产生一个线性色散带;这导致了石墨烯中非常高的电子迁移率。经测量单层机械剥离的石墨烯的载流子迁移率超过 $200000 cm^2/(V·s)$[6]。

另一方面,石墨烯被认为是一种优良的导热体;一些研究发现,石墨烯在室温下的导热系数在 $3000 \sim 5000 W/(m·K)$ 范围内[7-9]。Balandin 等[7]发现石墨烯的室温热导率高达 $(5.30 \pm 0.48) \times 10^3 W/(m·K)$。该测量在对悬浮 Si/SiO_2 衬底宽沟槽上的单个单层石墨烯进行。石墨烯的这一特性有利于电子应用,如热界面材料(TIM)[10]、基于石墨烯的纳米复合材料[11]、散热器[12]等。

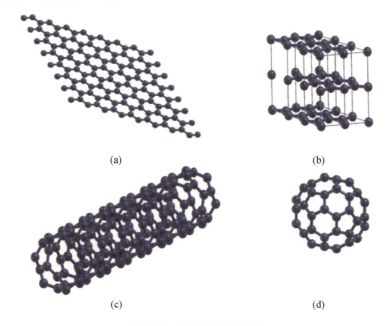

图 10.1 碳的同素异形体

(a)石墨烯;(b)石墨;(c)碳纳米管;(d)富勒烯(巴克球)。(用 XCrysDen 软件生成图像[213])

高导电率和低光学吸收使石墨烯成为透明导电电极的诱人材料[13]。例如,Bae 等[14]开发并演示了在超大型铜衬底上卷对卷生产石墨烯。所得薄膜的方阻低至约 125 $Ω^{-1}$,光学透过率为 97.4%,表现出半整数量子霍尔效应,显示出其高质量。他们采用逐层堆积的方法制备了掺杂的四层膜,在 90% 的透明度下测得了低至 30 $Ω^{-1}$ 的层电阻,优于工业用的铟锡氧化物等透明电极。

石墨烯和石墨烯多层膜(GML)的多重和新颖的技术应用强烈激发了人们对制备这种单原子厚层和多层膜的实验研究。本章介绍了获得石墨烯和石墨烯多层膜结构的实验技术。

10.2 合成

自从石墨烯被获得以来[3],人们提出了不同的合成方法。这些方法可分为两大领域:石墨源和非石墨源[15]。使用石墨源的方法包括机械剥离、液相剥离和氧化石墨的化学还原[16],而来自非石墨源的方法包括外延生长[17-18]和化学气相沉积[19-20]。

10.2.1 剥离

10.2.1.1 微机械剥离(黏合带)

最简单且成本最低的技术之一是石墨的微机械剥离方法[21],可使用透明胶带分离石墨层。这一方法可行,因为相邻石墨层之间的范德瓦耳斯力相互作用在 $2eV/nm^2$ 处附近很弱,所以剥离石墨所需的力大约是 $300nN/lm^2$ [22-23]。为了使石墨烯可视化,Geim 和 Novoselov 将磁带粘在硅晶片上,并在光学显微镜下检查晶片。用这种方法生产的石墨烯通常具有小尺寸、数微米和不规则形状[24]。这种技术在基材表面留下胶水残余物,从而影响载体的迁移性[15,25]。尽管该技术简单且经济,但它不能够获得大量或大尺寸的石墨烯[21,26]。

10.2.1.2 化学剥离

与微机械剥离相反,石墨烯的低产量使其无法大规模生产,而化学方法提供了大量生产石墨烯的方法。自从 2004 年报道以来,石墨烯因其优异的性质引起了人们极大的兴趣[3]。然而,到目前为止,缺乏生产石墨烯的有效方法一直是在大多数应用中使用这种材料的一个缺点。研究人员已经开发了几种合成方法,以期保持石墨烯的大部分性质,从而提高产量。已报道的化学技术有氧化石墨烯还原、石墨烯的超声剥离和石墨的插层[27]。所有这些都是石墨烯制备技术,涉及了通过在易获取的溶剂中分散石墨源产生胶体悬浮液[28-29]。根据技术的不同,一种更常见的石墨源用于生产悬浮液,如氧化石墨、膨胀石墨和筛分石墨[30]。

1. 氧化石墨还原

氧化石墨还原是大规模生产大尺寸石墨烯的最常用方法之一。该技术可以产生还原氧化石墨烯的单层薄片[31]。然而,这种方法产生的石墨烯片会出现许多结构缺陷,从而降低电学性能。石墨烯氧化还原是获得石墨烯的两步过程:首先,石墨氧化物从块体材料中剥离;其次,每个石墨氧化物薄片被还原,最终得到石墨烯。

氧化石墨是一种层状结构,类似于石墨,然而,每一个薄片都具有化学功能化的基团,如环氧化合物和羟基。在石墨氧化物中可能存在羧基等官能团[29]。这种复合物的历史可以追溯到 1859 年,当时一些关于石墨活性的首次实验报告说,石墨反复与硝酸接触被氧化[32]。实验后获得的材料失去了它的金属灰黑色,变成了红橙色。一个多世纪以来,人们对氧化石墨进行了深入的研究。目前,石墨氧化物可以用不同的技术生产,如 Brodie 法[33]、Staudenmaier 法[34]和 Hummers 法[35]。这三种方法都涉及石墨在强酸和氧化剂存在下的氧化。各种制备方法产生性能不同的氧化石墨[36]。氧化石墨烯具有强烈的亲水性,因此,它可以在水中分散[37]。水分子增加了氧化物石墨层之间的距离,使分散容易发生[28]。研究表明,氧化石墨可以通过超声或长期搅拌在水中形成胶体悬浮物。超声波提供额外能量,即通过高频声波的照射,破坏了石墨氧化物薄片之间的弱层间结合,产生单层和多层石墨烯氧化物。将通过离心石墨烯氧化片从悬浮液中分离出来[29,38]。值得注意的是,氧化过程带来了许多缺陷。氧化石墨烯薄片与松散材料中的一层有类似的结构,因此功能基团的存在导致了相当大的电子性质的退化。一些研究人员使用水和有机溶剂制备了均匀的胶体悬浮液[28]。随后使用任何数量的试剂还原获得的氧化石墨烯已获得石墨烯。例如,在氩/氢退火时使用肼也制备石墨烯薄膜。后来,氧化方案得到了改进,生成了具有几乎完整碳骨架的氧化石墨烯,可以有效地去除官能团,而这两种官能团最初不可能完全去除。还对还原的氧化石墨烯进行了光谱分析[39-40]。然而,在这个过程中获得的材料与原始石墨烯具有不同的性质,因此它被称为还原氧化石墨烯。

2. 超声辅助石墨烯剥离

超声波支持的化学剥离过程包括将石墨烯层从石墨中分离出来。在此过程中将石墨放置在方便的溶剂中,然后通过超声波形成胶体悬浮液。在这里,它类似于还原氧化石墨烯的合成,除了石墨,几乎所有的碳同素异形体,由于其疏水性,在普通实验室条件下是不溶解的。事实上,这一观察结果引发了寻找溶剂的显著调查[41-44]。有两种方法可以避免这种缺陷,并隔离保存化学性质的石墨烯片层。其中一种方法是将石墨烯与水和表面活性剂混合,然后进行超声波处理。表面活性剂的亲水性部分与石墨相互作用形成胶体悬浮液。另一种方法是直接将石墨烯混合在合适的溶剂中。最初的研究概述了如何从分散碳纳米管中选择溶剂。

Bergin 等给出了碳纳米管分散的实验结果,并建立了相应的热力学模型,证明了溶剂体积混合熔与表面溶剂能和表面纳米管能量有关。这项研究表明,与具有类似于纳米管表面能量的容积相比,溶剂将提供更好的纳米管分散性。一旦建立了纳米管能量的依赖性,并考虑到它与石墨相似,这说明某些溶剂可以从石墨中剥离石墨烯。已经有一些关于使超声辅助化学剥离结果的报道。报道在 N-甲基吡咯烷酮溶剂中,通过简单的超声波作用使原始石墨烯剥离的方法。结果表明,可以得到高质量的石墨烯薄片,其产率为1%(质量分数),并且通过额外的处理可以提高7%~12%(质量分数)的产率[38,45]。用合适的离子液体作为分散介质,可以在较高的浓度下生产[46]。如上所述,由于范德瓦耳斯力的存在会导致石墨烯层的重新堆叠,所以这种方法可以在低浓度下生成石墨烯单层。为了避免重新堆叠,可以在超声之前添加表面活性剂。

3. 插层石墨剥离

石墨层间化合物包括通过在两层石墨层之间插入客体分子/离子将石墨分解成单一的石墨烯层,这取决于改变其性能的插层化合物石墨;甚至在氧化石墨生成之前,关于改性石墨的记载就已经有了[29]。1841 年,人们首次使用强氧化剂或还原剂对石墨进行插层,这种强氧化剂或还原剂会破坏材料的理想性能。Kovtyukhova 在 1999 年开发了一种氧化插层方法。此外,在 2014 年已经可以使用非氧化性的 Brønsted 酸实现插层,无需使用氧化剂。新方法可以获得足以商业化的产量[47]。另一方面,有报道称碱金属是利用该技术生产石墨烯的有效方法。碱金属向石墨层产生电子,从而产生负电荷的石墨薄片,由于静电相互作用而容易分离[28,48]。该技术与以往技术的不同之处在于,最初的胶体悬浮液是由改性石墨烯在溶剂中形成的。

10.2.2 外延生长石墨烯

如今,新的石墨烯应用要求并依赖于能否大面积制备高质量均匀石墨烯[49]。石墨烯的外延生长是一种允许在不同衬底上大量获得石墨烯的技术。该技术的主要方法有碳化硅(SiC)升华、化学气相沉积(CVD)和分子束外延(MBE)。这些技术在提供碳的方式上不同:在第一种方法中,碳存在于衬底中,而在第二种方法中,碳是以气体[5]的形式提供;在第三种方法中,用光束将碳原子沉积在衬底上。在 CVD 和 MBE 技术中,也可以使用不同的金属衬底,如 Ni[19,50-53]或六角形氮化硼片(h - BN)[54]。接下来,我们对所提到的每种技术的最重要的方面进行回顾。

10.2.2.1 SiC 升华

碳化硅是一种广泛用于外延生长石墨烯的衬底[55],已有几十年的研究史。1975 年,Bommel 等[56]从 SiC - (0001)的单晶中升华了硅,得到了与石墨烯结构一致的片状碳单分子层,并用 LEED 和俄歇光谱进行了表征。碳化硅的升华可以通过在超高真空中或在常压下碳化硅衬底中的惰性气氛(Ar)中加热而获得石墨烯[57]。这种加热温度超过 1300℃,导致硅原子的升华和残留在衬底中的碳原子的重组,形成外延石墨烯的薄片。

硅以立方相和几种六方多型体生长[58]。大多数石墨烯的生长都集中在六角形上,这是外延石墨烯生长中最常用的两种多型体:4H 和 6H[17,59]。需要强调的是,SiC 具有两个极面:Si 端 SiC - (0001)面和 C 端 SiC - (000 $\bar{1}$)面。结果表明,Si 端表面的生长速率比 C 端表面的生长速率慢[60]。此外,硅面上生长的几层石墨烯导致电子结构强烈依赖于厚度和逐层生长,而 C 面石墨烯易于以多层形式生长[61]。硅表面生长的缓慢速度可以更好地控制石墨烯的层的数量;此外,在该表面生长的石墨烯可以在原位使用,而不需要将其转移到另一个绝缘衬底[24]。除了碳化硅的六方相外,我们还研究了用于石墨烯生长的立方形碳化硅[62-63],它还表现出两个面:Si 和 C 端面。Darakchieva 等[62]发现,在 3C - SiC(111)的 Si 面上,石墨烯层是大面积均匀的(图 10.2(a)),而在 C 面上,石墨烯层以多层形式生长(图 10.2(b))。我们还观察到单层石墨烯的 LEED 图样显示出与单层石墨烯相关的 1×1 个衍射点,周围环绕着与 SiC 表面相关的 $6\sqrt{3}\times6\sqrt{3} - R30°$ 衍射点;这些结果与 6H - SiC 和 4H - SiC 多型体在硅面上的结果相似(图 10.2(c)和图 10.2(d))。用于形成(SGL)的 SiC 表面对厚度、迁移率和载流子密度有很大影响。

如上所述,石墨烯附生生长已持续几年。Berger 等[17]利用 6H - SiC(0001)表面通过 Si 升华制备了外延石墨超细薄膜。结果表明,这种方法可以生长出连续数毫米的石墨薄膜,他们发现这些薄膜表现出很大的各向异性和很高的迁移率。石墨烯最重要的应用之一是作为晶体管的基础材料[64]。Kedzierski 等[59]以碳化硅上的外延石墨烯为基材,首次对采用标准微电子方法生产的大量晶体管进行了演示和系统评估。他们在 SiC 上通过真空分解 4H - SiC 单晶(0001)制备了石墨薄膜。将该材料加热到 1400℃,诱导碳化硅升华,生成有序和外延叠层石墨烯。对硅的两个面(硅表面和 C 面)进行结果分析,发现硅表面上的迁移率明显低于 C 面,后者迁移率可达 $5000cm^2/(V·s)$,而 C 面的最小导电率高于硅表面。控制石墨烯类型的一种方法是在 SiC 衬底上应用预处理[65]。Kruskopf 等对衬底进行了两种预处理,一种是在氩气气氛中退火,另一种是在气体中刻蚀 H_2,这两种预处理都是在 1400℃下进行。结果表明,用氩气预处理衬底可以得到高质量的石墨烯单层,这是因为预处理过程中形成了缓冲层条纹,抑制了巨大的阶跃聚束。然而,氢预处理会产生巨大的阶梯聚束,边缘被双层条纹所覆盖。

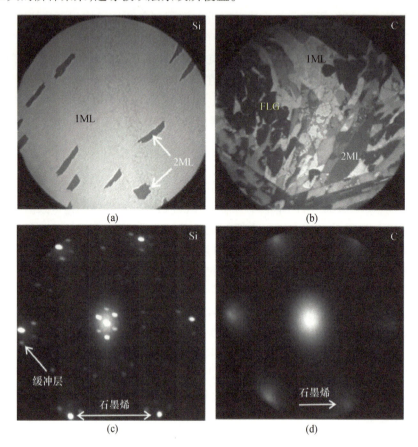

图 10.2 Si 面(a)和 C 面 3C – SiC(b)上 EG 的选定样本区域的 LEEM 图像(视场 50lm)

LEEM 图像上显示了具有 1、2 和更少单层(FML:3 和 4 单层)石墨烯的结构域。分别在 40eV 和 44eV 拍摄的来自硅面(c)和 C 面(d)的 SLG(ML)区域的 l – LEED 图案。(经许可改编自参考文献[62]。2013 年 AIP 出版有限公司版权所有)

10.2.2.2 化学气相沉积

化学气相沉积(CVD)方法是一种用于沉积或生长具有固体、液体[66]或气态[67]前驱体的薄层、晶态或非晶态薄膜广泛使用的工艺。其中使用了不同类型的 CVD 工艺;最常用于石墨烯合成的 CVD 工艺有热[68]、低压和大气压[69-71]、热丝[50]、等离子体增强(PECVD)[52]、冷壁[72]和热壁[73]。在 CVD 方法中,石墨烯是通过碳饱和在高温下作为前驱体暴露于烃类气体中直接在过渡金属衬底上生长。使用的主要过渡金属是铜(Cu)[50,68,70]、镍(Ni)[19,74]、铂(Pt)[75]、钴(Co)[76]和铱(Ir)[77];还使用了如蓝宝石[78]和半导体如锗(Ge)[79]和氧化锌[80]等绝缘材料。至于前驱气体,甲烷是最常用的前驱体[19,68,79],但也开展了乙炔[19]、乙醇[69]、苯[80]和乙烷[77]的研究。

在 CVD 过程中,过渡金属在石墨烯沉积物中起着重要作用。因为碳在镍中的溶解度(2.03%)大于铜(0.04%)[81],石墨烯的生长机制不同。在镍中,碳原子在高温下溶解形成固溶体,然后过饱和碳从镍表面分离出来形成石墨烯[64],而在铜中,碳原子被吸收并在铜表面结晶形成石墨烯。通常在 CVD 热工过程中,将铜或镍等金属衬底放置在烤箱中,加热到 1000℃ 左右。前驱体和氢气通过炉膛流动;氢催化前驱体和金属衬底表面之间的反应,使甲烷碳原子通过化学吸附沉积在金属表面。炉被迅速冷却,以防止积存的碳层被添加到大块石墨中,石墨在金属表面的连续层结晶[29,82]。

主要前驱体和前驱体的反应温度都会影响其生长过程,因为前驱体的数量越多,可以沉积大量的碳原子。例如,在镍衬底上,由于多核和不可预测的碳量,很难获得结构缺陷最小的石墨烯[82]。另一方面,虽然两种材料的热生长过程均相似,但在镍的情况下,它往往更易冷却[29]。例如,Nandamuri 等[19]报道了以乙炔为前体的生长温度为 700℃。他们在 Ar 环境中对 Ni 衬底进行了 1000℃ 的退火处理,得到了 Ni 薄膜的多晶相。在 800mTorr (1mTorr = 0.1333Pa)压力下引入乙炔和氢气,变温条件下观察到石墨烯沉积,在 650℃ 时可以初步检测到石墨烯沉积,而在 700℃ 时,生长时间为 2min,可以得到均匀的石墨烯薄膜。研究发现,石墨烯生成的层数很少,因为石墨烯薄片中的碳含量较低,且时间较短,因此石墨烯析出的层数较少。关于石墨烯薄片的测量,他们被限制在反应堆的大小[50]。

一般情况下,在镍上生长的石墨烯只在微区域内获得,且层不均匀,这限制了镍的生长。然而,由于碳在 Cu 中的溶解度较低,石墨烯以一种自限的方式生长,并在石墨烯片状中停止生长,这在 Ni[24]中很难控制。因此,Cu 是制作单层和大面积厚度均匀的石墨烯薄膜的理想材料[81]。近年来,以 Cu 为基材的 CVD 合成石墨烯的产品层出不穷[50-53],其中最早的工作是由 Li 等在 2009 年提出,他们获得了大面积高质量的石墨烯薄膜[83]。自那时以来,Cu 已成为 CVD 工艺中非常流行的材料。通常以甲烷为前驱体,生长时间分别为 10s 和 45min[50,68];然而,研究表明,CVD 过程的时间可以缩短,即利用乙醇加速生长动力学[69]。Lisi 等[69]在 20~60s 的时间内在 Cu 上合成了石墨烯薄膜;他们还发现,氢气的存在对 CVD 过程并不是必不可少的,这与使用其他前体生长石墨烯有很大的不同。

另一种用于制备石墨烯薄膜的技术是在不同衬底[84-85]上进行等离子体增强化学气相沉积(PECVD),但主要使用的是 Cu[86-87]。PECVD 过程有不同的方法,如表面波等离子体[86]、微波等离子体[84,87]、快速加热[85]和射频[88-89]。PECVD 工艺的一个重要特点是生长温度低于 700℃,与热工过程相比有显著差异[85]。Malesevic 等[84]使用微波等离子体 CVD 在不同的衬底(石英、硅、镍、铂、锗、钛、钨、钽和钼)上制造石墨烯,使用甲烷作为前体气体。在 700℃ 下沉积石墨烯,通过微波等离子体中碳自由基的控制重组,可以合成 4 层石墨烯。一些石墨烯的生长条件还不能准确地解释,大多数研究在 PECVD 过程中,前驱气体的生长时间和流动时间也有所不同。Qi 等[88]利用 PECVD 射频在镍膜上合成了石墨烯,考虑了不同的生长时间和不同的前驱体气体含量。石墨烯是在相对较低的温度(650℃)下生长,沉积时间在 30~60s 之间,前体气体的量在 2~8cm^3/min 之间变化。他们得到了单层和多层石墨烯,发现随着沉积时间的增加或前驱气体流量的增加,层的数量也在增加。此外,降低 CVD 过程中的生长温度对于一些应用非常重要,例如,当考虑将其应用于互补金属氧化物半导体(CMOS)器件时[90-91]。

CVD 石墨烯的电学性质不能在导电金属衬底上进行现场测试,因此人们开发了将石墨烯转移到合适的绝缘衬底上的工艺。最常用的材料之一是 SiO_2/Si[52-53,69,83],它是一种亲水性材料,容易含有缺陷[24]。另一种材料是六角形氮化硼(h-BN),发现与 SiO_2[70]相比,石墨烯转移的电荷传输具有更好的均匀性。由于石墨烯转移到衬底的过程非常复杂,许多研究集中在石墨烯生长及其在晶体管器件中的应用而不转移石墨烯层上[79,85,92-93]。Wang 等[79]在不含有金属层作为基底的锗(Ge)上制备了大面积石墨烯。他们使用甲烷作为前体气体,在910℃的温度下生长石墨烯,获得了可与剥离的石墨烯相媲美的高质量石墨烯。

10.2.2.3 分子束外延

分子束外延采用高真空或超高真空($10^{-12} \sim 10^{-8}$ Torr, 1Torr = 133.3Pa)。MBE 最重要的方面是沉积速率控制,允许薄膜外延生长。沉积速率需要较好的真空来达到与其他沉积技术相同的杂质水平。由于没有载气和超高真空环境,生长薄膜的纯度最高。蓝宝石上石墨烯的高温分子束外延和蓝宝石上六方氮化硼片的高温分子束外延一直是人们研究的课题。在六方氮化硼(h-BN)衬底上生长,显著提高了石墨烯层的质量。蓝宝石和 h-BN 片表面碳的粘附系数存在显著差异。原子力显微镜测量结果表明,在最佳条件下,在 h-BN 薄片上生长 MBE 层石墨烯,形成了一个扩展的六边形莫列波纹。莫列波纹被认为是由于结晶石墨烯在 h-BN 上的相应增长。原子力显微镜(AFM)测量显示,在最佳条件下生长 h-BN 薄片上的分子束外延层石墨烯时,形成了扩展的六边形莫列波纹[54]。

探索了用于石墨烯高温分子束外延生长的原子碳源。原子力显微镜测量揭示了石墨烯单层在 h-BN 薄片上生长形成的六边形莫列波纹。用升华碳源和原子碳源生长在 h-BN 和蓝宝石上的石墨烯薄膜的拉曼光谱相似,但碳聚集体的性质不同——升华碳源生长的石墨烯为石墨烯,原子碳源生长的石墨烯为非晶态。在分子束外延生长温度下,观察到原子碳源的助熔剂对蓝宝石晶片表面的刻蚀作用,这在升华碳源的分子束外延生长中未被观察到[94]。

分子束外延原位生长 GL/h-BN 范德瓦耳斯异质结构是近年来研究的热点。利用分子束外延技术在钴衬底上合成了石墨烯/六方氮化硼(h-BN)异质结构。对异质结构进行了各种表征。实现了由单层/双层石墨烯和多层 h-BN 组成的晶圆尺度异质结构。GL 和 h-BN 之间的失配角小于 1°。用拉曼光谱、扫描电子显微镜(SEM)、X 射线光电子能谱(XPS)、透射电子显微镜(TEM)和电子衍射对其进行了表征[95]。

本章报道了一种基于 MBE 的混合生长方法,用于大面积合成层状六方氮化硼/石墨烯异质结构。同步辐射入射衍射、X 射线光致发光光谱和紫外-拉曼光谱的研究表明,当 h-BN 被放松时,GL 晶格常数显著降低,可能是由于氮掺杂所致。结果揭示了 h-BN/GL 异质结构产生的不同途径,为 GL 及其他二维或三维材料的大面积制备开辟了新的视角[96]。

10.3 石墨烯技术应用

石墨烯的各种技术应用,包括软纳米光电子和生物医药。本部分全面回顾了电子学、热和热管理领域中最相关的应用。石墨烯电池、传感器、晶体管和柔性电子设备被视为电子应用。

10.3.1 热应用

在过去的几十年里,热电(TE)材料因其新颖的性能和在节能和发电方面的广阔应用前景而引起了人们的关注。基于 Mg、PbTe 合金、含氧硒化物以及硫系化合物的化合物已在更为宽泛的温度范围内进行了研究。化学稳定性、无毒和富集性是 SnSe 在该领域应用的主要特点。

众所周知,低维材料比块体材料具有更好的性能。例如,Hu 等[97]发现SnSe$_2$单层材料的热电响应比块体材料高。有效换算(与温度有关的量)$ZT = S2\sigma T/k$,其中 S 是塞贝克系数,σ 是电导率,k 是总热导率,T 是温度,这是实际应用中经常考虑的参数。在 600K 时,SnSe$_2$单分子膜的这个参数为 0.94[97]。这种单层膜的其他相(β SnSe、γ - SnSe、δ - SnSe 和 ε - SnSe)具有和 α - SnSe 相一样好的热电性能;ZT 值也依赖于温度;对于 β - SnSe,这个参数在 300K 时为 2.06K,在 800K 时为 2.66K,这为热电器件的应用提供了巨大的潜力[98]。

众所周知,石墨烯的高载流子迁移率和导热性使得石墨烯成为未来高速电子器件的优良材料;然而,人们对石墨烯器件的热性能仍然知之甚少。2010 年,人们发现,在大规模石墨烯中,偏置电压不仅决定绝对温度,而且还决定温度分布。研究表明,电导率极小值的位置在狄拉克点,并且可以由栅极电压控制[99]。

改性后的石墨烯也获得了极大的关注,例如还原氧化石墨烯。将还原氧化石墨烯与弹性导电纤维和热致变色材料相结合,通常可以得到结构简单的电热变色纤维。以聚二乙炔(PDA)为热致变色材料,碳纳米管纤维为电阻加热材料,制备了部分电热变色纤维。这些纤维的颜色只在 70℃ 时由蓝色变为红色,降低了应用的可能性[100];它们不适合可穿戴领域的应用。基于还原氧化石墨烯的多层结构克服了这一限制。由此产生的系统提供了可逆的颜色变化,从绿色到蓝色到白色,从橙色到黄色到白色,以及紫色到蓝色到白色;它们可以被人眼直接观察到。此外,该纤维还具有良好的电热性能、伸长性和循环稳定性,即使在 1000 次循环后也表现出优异的变色稳定性。这些以还原氧化石墨烯为基础的纤维的另一个优点是,它们可以大规模生产,并且生产可以扩展到其他材料[101]。

还原氧化石墨烯能与聚多巴胺(PDA)相互连接,形成骨骼。即使在低石墨烯载量(2%(质量分数))下,聚二甲基硅氧烷 - 甲基丙烯酸缩水甘油酯共聚物(PDMS - PGMA)和聚(3 - 巯基丙基)三甲氧基硅烷(PMMS)具有高导热系数(0.816W/(m·K))、50% 压缩应力(3.4MPa)和良好的吸油性能[102]。

10.3.2 纳米电子应用

10.3.2.1 电池

化石燃料的替代品和能源储存是 21 世纪需要面对的重大挑战。目前对生态影响最小的廉价电化学系统正在努力开发中。纳米结构材料改善电池电化学性能的优点引起了人们的关注。本主题中的实际参考是锂基电池。例如,Li$_2$MnO$_3$ 材料是原位形成纳米尺度无序岩盐材料的基础,在 10 次循环后,平均电位为 3V 时,可逆容量为 250mA H/g[103]。为提高锂基电池的使用效率,提出了锂基电池的锚固材料。二维结构是很有前途的候选材料,因为如果锚定发生在表面附近,它们表现出比块状结构材料更好的反应性。各种形式的石墨烯[104]和二维层状氧化物[105]可用于此目的。用密度泛函理论[106]从理论上论证了锚定效应。结果表明,LiNG 具有良好的抑制梭形效应的性能,是 Li - S 电池的主要缺点。石墨烯有希望克服这些困难的材料。它被用作获得高性能储能(在 5mV/s 时,比容量为2043F/g)的衬底[107]以及用于电极生产的复合形式[108]。掺杂石墨烯也被广泛使用[109]。

为了有效地实现碳宿主的高硫含量,需要提高 Li – S 电池的性能。为实现这一目标,设计了H_2S双重氧化策略,以合成含硫量高达 80%(质量分数)的石墨烯/硫复合材料。特别地,H_2S在含H_2O_2的氧化石墨烯水分散体中形成气泡,在此过程中H_2S被H_2O_2和 GO 双重氧化生成硫。有趣的是,如此形成的硫是无定形的,并且牢固地固定在石墨烯纳米片上。得益于结构上的优点,石墨烯/硫纳米复合材料具有 680mA·h/g 的高比容量。除了高效地生产高性能的 Li – S 电池正极外,这种方法还为污染物控制提供了巨大的希望[110]。

锚定也被用来制备具有催化性能的新材料。这就是三嗪功能化石墨烯纳米片(TfGNP)的例子,它被用于锚定铂(Pt)纳米颗粒。在 TfGnP(Pt/TfGNP)上稳定的铂纳米粒子在氧还原反应(ORR)和碘还原反应(IRR)上的催化性能均优于工业的铂基催化剂。它也是 ORR 的阴极材料,即使在低浓度的 Pt[111]下,它也能获得较高的活性和稳定性。这一原理允许生长石墨烯锚定的 $NiCoO_2$(G/$NiCoO_2$)纳米阵列作为超级电容电极,在 0.5 A/g 时比容量为 1286 C/g[112]。

通过氧化石墨烯(GO)与氮掺杂碳纳米管(CNT)的静电相互作用,制备了具有优异电化学性能的纳米石墨烯/碳纳米管(PG/CNT)复合材料。该复合材料在 0.5 A/g 处获得了 288 F/g 的高比电容[113]。这些由于这些性质起到离子扩散通道的作用,因此它们被归因于促进跨平面离子扩散的孔道。石墨烯/聚苯胺(G/PANI)复合材料也产生了增强的比电容。所制备的超级电容器在电流密度为 1 A/g 时的比电容为 912 F/g。这些强大的特性与石墨烯和聚苯胺的高比面积有关[114]。交联空心球MoO_2/氮掺杂石墨烯(MoO_2/N – G)复合材料也是一种很好的锂硫电池材料。掺氮石墨烯提供了导电网络和高的硫负载量,提高了电极在 0.1C 下 500 次循环后的电化学性能,容量为 600mA·h/g[115]。用镍泡沫/石墨烯/Co_3S_4(Ni – f/G/Co_3S_4)复合膜混合电极[116]可以得到广泛的比电容。石墨烯具有非凡的电学性能和极高的化学稳定性,结合了镍泡沫的高稳定性。石墨碳氮化物/石墨烯(CN/G)作为超级电容器电极的替代材料[117]。使用酸性电解液时性能较好,比电容高达 265.5 F/g。在碱性电解液中,当电流密度为 1A/g 时,该参数在三电极配置下降至 243.8F/g。

电容器的性能也与温度有关。较高的能量和功率密度通常会在高温下使其降解。最近,Miah 等[118]探索了La_2O_3纳米片状修饰的还原石墨烯氧化物(La_2O_3/GO)作为电极材料的热稳定性热激活载流子增强了氧化锌和氧化镧界面的电荷转移,当 30℃ 和 70℃ 时,氧化镧分别使电容增加了 158% 和 205%。在温度为 70℃,电流密度为 1A/g 的条件下,所报道的最高电容为 751F/g。利用Fe_3O_4纳米片阵列,可以获得电容较小(最高可达 732F/g)的 G/Fe_3O_4电极[119]。

注意,超级电容器的性能取决于电极材料、导电类型以及它们之间的相互作用。用 G/PANI 电极测得比电容为 912F/g[114]。近期,Luo 等[120]以聚苯胺/氧化石墨烯水凝胶(PANI/rGOHG)为阳极,Cu(Ⅱ)离子为阴极活性电解质,将该参数提高到 1120F/g。但是,如果将 PANI 用作自悬浮液(S – PANI)并与 rGO 结合使用,电容将大大降低[121](表 10.1)。酸性电解质提供了更好的性能;垂直石墨烯纳米片(VGN)电极在H_2SO_4非常有效[122]。相反,凝胶复合材料(硼交联石墨烯氧化物/聚乙烯醇(GO-B/PVA))框架大大降低了电容[123]。到目前为止,石墨烯作为基底的研究取得了较好的成果。

表10.1 各种石墨烯基复合材料和原始石墨烯的比电容

石墨烯基复合材料	比电容/(F/g)	参考文献
衬底	2043	[107]
PG/CNT	288	[113]
G/PANI	912	[114]
CN/G(酸)	265.5	[117]
CN/G(碱)	243.8	[117]
La_2O_3/GO	751	[118]
G/Fe_3O_4	732	[119]
PANI/rGOHG	1120	[120]
RGO/S-PANI	480	[121]
GO-B/PVA	141.8	[123]

孔隙率是电容器性能的基础。以CO_2为原料,通过与钾的一步放热反应,设计合成了具有表面微孔石墨烯(MFSMG)中孔/大孔结构的超级电容器电极。在2mol/L KOH中,MFSMG电极在0.2 A/g下表现出178F/g的高重量电容。将MFSMG电极与活性炭(AC)电极结合在一起,可以构造一个不对称的AC/MFSMG电容,电容提高了242.4F/g;AC电容是97.4F/g,也就是说,结合复合材料,可以达到电容的2倍[124]。

三维多孔结构可以提高锂离子电池的容量。为此,构建了一种简单、可扩展的方法,以聚合物球体(PS)微凝胶为模板,制备了锂离子电池(LIB)用三维、分级的大/中孔还原石墨烯氧化物(3D-rGO)阳极。高孔隙结构缩短了锂离子的传输长度。多孔/起皱的rGO阳极材料实现了高可逆容量和耐久性,以及高倍率容量[125]。在同样的趋势下,开发了三维石墨烯包裹的ZnO-ZnFe_2O_4(3D-G/ZnO-ZnFe_2O_4)复合空心微球作为锂离子电池负极[126]。系统的主要特点是可逆性为625mA·h/g,比容量为461mA·h/g。如果将三维多孔结构组装成三聚氰胺泡沫,则所得材料在KOH电解液中的电容为213F/g[127]。这个值低于AC/MFSMG电极得到的值[124]。一般来说,三维石墨烯基复合材料具有独特的结构和优良的性能,在锂离子电池中具有潜在的应用前景。然而,孔隙率的夹杂物并不能像原始石墨烯那样发现电容。

最近,在微波剥离GO电极的基础上建立了一种无金属超级电容器,其中使用GO膜作为隔膜[128]。这个装置提供了1.66F的容量;如果没有它,这个参数的值是0.015F,比它低100倍以上。因此,石墨烯电池的应用不会减少到电极上。这种隔板可以丰富可接近的活性中心,缩短质量和电子传输路径,促进电极的发展。微孔/介孔石墨烯状壁(2.8nm厚度)很好地实现了这一功能[129]。在6.0mol/L KOH电解液中,制备的电极在0.5A/g时的比电容高达222F/g。复合材料具有更高的电容。

外形和几何控制是制造更有效的阳极的关键[130]。在高导电rGO网络(促进快速电子转移)的基础上,制备了片状 $Na_3V_2(PO_4)_3$@rGO 作为钠离子电池阴极,它拥有速度快、寿命长的优势[131]。该电极在100℃时的可逆容量为80mA·h/g。层级胺化石墨烯蜂窝(AGH)在电化学电容储能(重量比电容为207F/g)方面具有广阔的应用前景。多孔分层结构还将在多相催化、分离和药物输送方面得到应用,这些领域需要通过介孔、反应物储存库和可调表面化学进行快速传质[132]。石墨烯纳米带(GNR)对高容量电极也很有吸引力。用 $KMnO_4$ 氧化剂纵向解压 MWCNT 合成的 GNR,在 $5mV/s$[133] 的扫描速率下,电容可达202F/g,高于用 GO 和 CNT 合成的 GNR。大电容来自边缘区域产生的准电容。Li 等[134]利用具有可调谐表面功能的亚 10nm GNR,在 100 次循环后制备了容量为 490.4mA·h/g 的锂离子电池。

石墨烯电池应用的重要性也激发了理论上的灵感。它们可以阐明一些控制参数,以提高性能。利用密度泛函理论(DFT)计算,对钠电池功能化石墨烯进行了深入的研究。根据 DFT 计算[135]得出的结论,应小心控制氧化水平,以最大限度地提高电池性能。

10.3.2.2 传感器

传感在许多领域都很重要,当做出某些重大决策时,如在刑事调查、爆炸物探测、环境问题和工业问题中确定某些特定的分析物提供了许多方面的保障。同时监控多个分析程序也是当今面临的一个挑战。例如,当使用单一的生物标记物时,疾病状态的病理诊断是不够的。本节将重点介绍基于石墨烯的传感技术的最新进展。

在环境方面,CO_2 和 NO_2 的传感和消除是一个巨大的挑战。研究和应用最多的材料之一是 GO,既有原始形式的,也有复合形式的。例如,还原氧化石墨烯 – 碳点(rGO – CD)混合体通过绿色一锅方法同步大小,可以在室温下检测到非常低(10mg/L)浓度的 NO_2,大约是 rGO 的 3.3 倍[136]。碳点在 rGO 表面的引入增加了 rGO 表面的空穴密度,形成了全碳纳米尺度的异质结,其中残留的 N 原子很少,有利于电荷转移,解释了气敏性能增强的原因。

甲醛(HCHO)和氨(NH_3)是主要的空气污染物,对人体健康有害。前者通常从室内装饰材料和建筑物中释放出来;它被国际癌症研究机构(IARC)列为人类致癌物质。后者在室内主要由尿素水解产生,尿素可能存在于混凝土建筑物的防冻剂中。那么,对其在环境中的实时监测就显得尤为重要。为此,基于金属氧化物(MO_x)修饰的石墨烯传感器应运而生[137]。分别以二氧化锡(SnO_2)纳米球和氧化铜(CuO)纳米氧化物作为氧化物进行甲醛和氨气体检测。

在石墨烯基复合材料和杂化材料领域,可以发现多种对这种优异材料敏感的分子。结果表明,$AuNP/MnO_2/GP – CNT$ 复合材料具有明显的电催化氧化活性;检测灵敏度为 $452\mu A/[(mmol/L)\cdot cm^2]$ 且检测限(LOD)为 $0.1\mu mol/L$(信噪比为3)可获得作为传感器[138]。利用掺钴锡酸盐 $rGO(Co – SnO_3/rGO)$ 复合材料对 H_2O_2 氧化的催化活性,研制了该化合物的传感器[139]。在灵敏度为 $0.43\mu A/[(mmol/L)\cdot cm^2]$ 和 LOD 为 $0.31\mu mol/L$ 的情况下,得到了电流与过氧化氢浓度之间的线性关系。为此目的采用了安培测量法。石墨烯也探测到金属。在这个意义上,我们构建了一种基于石墨烯和金纳米粒子(G – AuNP)的电化学传感器(G – AuNP)来检测 Cu^{2+} [140]。在最佳实验条件下,Au – GR/GCE 电极的检测限为 0.028nmol/L(信噪比为3)。其导电性能好、表面积大、吸附能力强等协同效应是性能传感器的基础。水不仅受到金属的污染,而且还受到抗生素等新出现的污染物的污染。一些研究报告说它们存在于排放物、地下水和地表水中。极性抗生素可用 Ag-石墨烯纳米复合传感器原位检测[141]。由于石墨烯和抗生素之间弱的 π-π 相互作用,传感成为可能。用这种传感器可以区分四种具有亚纳米检测水平的抗生素。

石墨烯也显示了 CO_2 吸附能力。在 11bar(1bar=100Pa)和室温(25℃)条件下,用氢致石墨氧化物剥离法制备的板材的最大吸附量为 21.6mmol/g[142]。理论上证明,缺陷石墨烯也是一种很好的吸附和传感选择。O_2、CO、N_2、B_2 和 H_2O 等分子与石墨烯层中的双空位有很强的相互作用[143]。在 H_2 的情况下,N 原子在缺陷附近解离,取而代之的是双空位的缺失原子。此外,H_2S 分子与空位周围的碳原子的相互作用比完美排列的碳原子的相互作用强[144];在完美的石墨烯中,发生了物理吸附过程[145]。检测限制的有效性取决于污染物种类和基于石墨烯的系统类型。例如,与 $CoSnO_3$-/rGO 复合材料相比,AuNP/MnO_2/GP-CNT 杂化材料对过氧化氢的感测效果更好(表 10.2)。

表 10.2 石墨烯系统检测到的污染物及其检测限(对于金属来说,有显著的区别)

分析物	石墨烯体系	检测限	参考文献
NO_2	rGO-CD	10mg/L	[136]
H_2O_2	AuNP/MnO_2/GP-CNT	0.1μmol/L	[138]
H_2O_2	Co-SnO_3/rGO	0.31μmol/L	[139]
Cu^{2+}	Au-GR/GCE	0.028nmol/L	[140]
CO_2	石墨烯		[142]

感知生物分子也非常重要。石墨烯和石墨烯材料在这一领域表现出了很强的性能。针对高效酶基生物传感器,研制了一种化学气相沉积法生长的高导电三维氮掺杂石墨烯结构(3D-NG)。它的高电导率、大孔隙率和可调谐氮掺杂比对葡萄糖(226.24μA/(mmol/L·m^2))具有极高的灵敏度[146]。这种 3D-NG 不限于负载特定的酶,但也证实了负载其他酶(如 Mb)的可行性。

更复杂的石墨烯体系被开发用于癌胚抗原(CEA)的检测。该电化学适配传感器是基于铅离子(Pb^{2+})依赖的脱氧核酶辅助信号放大和石墨烯量子点-离子液体-Nafion(GQD-IL-NF)复合膜。该生物传感器灵敏度高,能在 0.5fg/mL 到 0.5ng/mL 范围内检测 CEA,在最佳条件下 LOD 为 0.34fg/mL[147]。血清样品中 CEA 的测定是该应用的成功探针。

氧化石墨烯由于具有与生物分子直接连接的优良性能、异质的化学和电子结构、可在溶液中加工以及可作为绝缘体、半导体或半金属进行调谐等优点,显示出作为生物传感平台的优势。结果表明,GO 多重体系适用于人类免疫缺陷病毒(HIV)、天花病毒(VV)和埃博拉病毒(EV)三种病毒基因的同时检测[148]。复合 GO 传感器溶液中病毒的多个基因序列的存在导致了三个荧光团的荧光增强。基于自组装的单链 DNA-氧化石墨烯(ssDNA-GO)结构,开发了一种多功能的类似分子信标(MB)的探针,用于对序列特异的 DNA、蛋白质、金属离子和小分子化合物等目标的多重传感[149]。它的制备和操作都很简单。该方法背景干扰小,已成功应用于序列特异性 DNA、凝血酶、Ag^+、Hg^{2+} 和半胱氨酸的多重检测,检测限分别为 1nmol/L、5nmol/L、20nmol/L、5.7nmol/L 和 60nmol/L。ssDNA-GO 结构可以是一个用于检测多种分析物的优秀且多功能的平台。通过 DNA/GO 组件,可以开发多功能系统来检测丙型肝炎病毒(HCV)中存在的螺旋酶生物标记物[150];值得指出的是,全世界有超过 1.7 亿人感染 HCV。氧化石墨烯也可以作为一个平台,将两个不同发射颜色的荧光染料结合在一起。有了这一点,就有可能生产一种集成的荧光复合材料,它为同时探测各种配体-蛋白质相互作用提供了一种简明的手段,这些相互作用是操纵各种细胞事件的基本生物过程[151]。

检测癌胚抗原(CEA)和前列腺特异性抗原(PSA)的 rGO 生物标志物也已经建立起来[152]。该传感器由端-COOH 端基还原氧化石墨烯(COOH-rGO)上的三金属 Pd@Au@Pt 纳米复合平台组成,具有良好的电催化活性、较高的灵敏度和较好的稳定性,可用于 CEA 和 PSA 生物标志物的检测。在第一种情况下,得到的检测限为 8pg/mL,比使用 GQD-IL-NF 复合膜获得的灵敏度要低[147]。PSA 检测的检测限为 2pg/mL。检测肿瘤细胞至关重要。为此,构建了检测 K562 细胞的超灵敏电化学生物传感器[153]。采用氧化石墨烯-聚苯胺(GO/PANI)复合材料作为电极捕集材料。该复合材料不仅提高了电子传递速率,而且提高了肿瘤细胞负荷率。该传感器的检测限为 3 个细胞 m/L(信噪比为 3),线性范围为 $10 \sim 1.0 \times 10^7$ m/L。

还原羧基石墨烯(rCG)是生物传感的一种替代方法。Liang 等提出了一种基于 RCG 的生物传感器,它对葡萄糖浓度在 2~18mmol/L 范围内表现出线性响应,检测限为 0.02mmol/L[154]。此外,这种简便、快速、环保、经济的制备传感器可用于检测糖尿病血糖浓度。

在智能手机上使用石墨烯改性的丝网印刷(G-SP)电极可以产生便携式葡萄糖传感器。该装置显示对葡萄糖的线性和敏感反应,低至 0.026mmol/L[155]。可见,葡萄糖敏感取决于石墨烯的类型。一般情况下,会得到线性响应,但是会得到不同的灵敏度。例如,镍中空球-还原石墨烯氧化物-Nafion(Ni-S/rGO-Nafion)复合材料是传感器的衬底,线性浓度范围为 0.6246μmol/L~10.50mmol/L,检测限为 0.03μmol/L(3s/N)[156]。酶掺杂的石墨烯纳米片用于葡萄糖生物传感的灵敏度较低(3μmol/L)[157]。可在参考文献[158]中找到用于评估早期糖尿病生物标志物的生物传感器技术。

作为葡萄糖,检测胆固醇具有重要的临床价值。例如,这种生物标志物的高水平与心血管疾病、糖尿病和高血压的发展的危险因素相关。不同的方法已经被开发来面对这个问题。离子液体(IL)-含金纳米粒子的功能化氧化石墨烯在总胆固醇测定中具有良好的线性范围[159]。用比色法测定了该 IL-GO 生物传感器的分析响应范围为 25~340μmol/L。以前的工作是使用石墨烯为基础的设备,如石墨烯/离子液体修饰的玻碳(G/IL-GC)电极生物传感器来检测胆固醇[160]。此外,在最佳条件下,铂-钯-壳聚糖-石墨烯混合纳米复合材料(PtPd-CS-GS)对胆固醇有广泛的线性反应范围[161]。该生物传感器的检测限为 0.75μmol/L(信噪比为 3),响应时间小于 7s,重现性好,稳定性好。

壳聚糖-石墨烯(Ch/G)纳米复合材料是另一种检测胆固醇的方法。在这种情况下,用微波合成石墨烯氧化物,然后用简单的原位还原壳聚糖-石墨烯氧化物制备复合材料。所获得的传感电极检测限为 0.715μmol/L(信噪比为 3)[162]。另一种用于检测胆固醇的有用混合材料是石墨烯-铂纳米颗粒体系(G/PtNP)。这种基于安培表的胆固醇生物传感器灵敏度高,选择性好,响应时间快,检测限为 0.2μmol/L[163]。

许多其他生物物质已经用石墨烯和基于石墨烯的装置进行了传感。例如,利用1,4-二氨基甲基苯(BAMB)和氢氧化钴($Co(OH)_2$)在氧化石墨烯表面制备了一种简易的检测多巴胺(DA)的电化学传感器。该多巴胺传感器具有宽的线性范围(3~20μmol/L 和 25~100μmol/L)、低的精密度(0.4μmol/L)和良好的储存稳定性[164]。尿样用于评估传感器的可行性。基于组氨酸功能化石墨烯量子点-石墨烯/微气凝胶(HGQD/AG)的伏安传感器获得了更好的多巴胺的检测限[165]。其微分脉冲伏安信号随多巴胺浓度的增加呈线性增长,检测限为 2.9×10^{-10} mol/L(信噪比为3)。多巴胺是一种以儿茶酚胺为基础的生物活性神经递质,负责将中枢神经系统的信号传送到大脑。这种神经递质的缺失或异常浓度与精神分裂症、帕金森病和阿尔茨海默症等疾病有关。除了检测多巴胺外,找到供应这种或其他神经递质的途径也很重要。在此方向上,用于苯巴比妥存在下DDP的测定,开发了Pt纳米粒子/还原氧化石墨烯(PtNP/rGO)纳米片作为传感平台[166]。这种合成氨基酸是治疗帕金森病和直立性低血压的有效方法。检测限为 3.1×10^{-8} mol/L。

基于石墨烯的平台也可以感知病原体。最常见的病原体之一是大肠杆菌,它能感染和引起宿主组织的疾病。Jijie等[167]提出了一种基于氧化石墨烯/聚乙烯亚胺(rGO/PL)的免疫传感器,用于选择性、灵敏地检测致泌尿系大肠杆菌。该传感器在水、血清和尿液介质中表现良好,同时也表现为乙状病毒样,检测限为10cfu/mL。寨卡检测也是一种显著的突破,寨卡的长期影响包括胎儿严重的脑部缺陷。最近,Afsahi等[168]制造了一种基于石墨烯的生物传感器,用于早期检测寨卡病毒感染。

灵敏度取决于生物物质以及石墨烯传感器(表10.3)。用Ni-S/rGO-Nafion复合材料能更好地检测葡萄糖。胆固醇对G/Pt纳米粒子高度敏感。用HGQD/AG检测多巴胺可获得较高的检测限。根据成本和设计传感器的设施,可以对传感器进行更好的选择。

表10.3 石墨烯基复合材料检测到的具有代表性的生物分子(检测的极限取决于所使用的分子,也取决于所使用的化合物。敏感度也包括在内)

分析物	系统	检测限	敏感度	参考文献
葡萄糖	rCG	0.02mmol/L	2~18mmol/L	[154]
葡萄糖	G-SP	0.026mmol/L		[155]
葡萄糖	Ni-S/rGO-nafion	0.03μmol/L	0.6246μmol/L~10.50mmol/L	[156]
葡萄糖	Enzyme-doped-G	0.3μmol/L		[157]
胆固醇	G/IL-GC	4.163mA/(mmol/L·cm^2)	0.25~215μmol/L	[160]
胆固醇	PtPd-CS-GS	0.75μmol/L	2.2~520μmol/L	[161]
胆固醇	Ch/G	0.715μmol/L	0.005~1.0 mmol/L	[162]
胆固醇	G/PtNP	0.2μmol/L		[163]
多巴胺	BAMB	0.4μmol/L	3~20μmol/L、25~100μmol/L	[164]
多巴胺	HGQD/G-AG	0.29nmol/L	1nmol/L~0.8μmol/L	[165]

光致发光是石墨烯氧化物的另一性质。电子-空穴对的复合,位于嵌入在碳-氧sp^3基质中的小sp^2碳畴中,起源于近紫外到蓝色荧光[169]。GO的光致发光和Au纳米粒子的荧光猝灭剂的结合可以作为DNA-DNA杂交相互作用的选择性和灵敏检测的基础。GO应用于阵列格式,其中DNA被连接在其表面,是生物传感应用的基础,如纳米药物、纳米

生物技术和免疫分析[170]。基于二茂铁-石墨烯(Fe$(C_5H_5)_2$/G)纳米片的电致发光技术可用于凝血酶的简便快速检测。随着荧光信号从"关"到"开"的转换,生物传感器的检测限为 0.21nmol/L,用于凝血酶的测定[171]。它在血液中的高度敏感检测是非常有趣和重要的,因为它在血液中的微微摩尔浓度已知与疾病有关。

用单应变 DNA/GO 荧光猝灭法检测Hg^{2+} [172]。该传感器在与其他金属离子共存时,对Hg^{2+}有很好的选择性,检测灵敏度低至 0.92nmol/L。该传感器是一种无标签检测方法,节省了成本,简化了操作传感器,检测时间仅为 5min。利用氧化石墨烯和改性的 CdSe/ZnS 量子点(QD)形成一个 GO/aptamer-QD 集成体,可作为荧光生物传感器检测铅(II)[173]。它是基于 QD 向 GO 层的能量转移,从而关闭 QD 的荧光发射。痕量Pb^{2+}离子的存在可以开启系综分析的荧光发射。所设计的铅传感器的检测限低至 90mg/L,对Pb^{2+}具有良好的选择性。该装置还可以检测到其他重金属离子、小分子和生物分子。用氧化石墨烯荧光检测溶液中的Cu^{2+}也是可能的[174]。分子信标(MB)与 GO 结合是检测饮用水中Cu^{2+},特别是Cu^{2+}的灵敏传感器的基础。其检测下限为 50nmol/L,适合于多种实际应用。

最后,基于荧光的石墨烯装置也能检测胆固醇。氮掺杂石墨烯量子点(N-GQD)与吡啶铬(CrPic)相结合,形成 N-GQD/CrPic 复合材料用于胆固醇检测[175]。该方法已成功地用于线性范围为 0~520μmol/L、检测限为 0.4μmol/L 的胆固醇选择性测定。CrPic 作为电子供体基团,N-GQD 作为电子受体基团。石墨烯的这种性质对各种物质的存在提供了更好的反应。用这个性质得到了纳米的检测限(表 10.4)。凝血酶的检测限为 0.21nmol/L,如果使用 ssDNA-GO,检测限为 5nmol/L。Hg^{2+}的传感也呈现出同样的趋势。然而,在Cu^{2+}的情况下,这种性质并没有得到改善;Au-GR/GCE 复合材料的检测限为 0.028nmol/L,而荧光 MB-GO 复合材料中的这个参数为 50nmol/L。在胆固醇的情况下,检测限与用 G/PtNP 复合材料得到的检测限相当[163]。

广泛的生物石墨烯应用也包括释放治疗药物。使石墨烯表面功能化有助于达到这一目的。利用功能基团聚甘油胺和聚甘油硫酸盐(正带和负带)对石墨烯表面进行功能化,以传递和控制细胞内阿霉素(DOX)的释放[176]。由于 π-π 堆叠和静电作用,正电石墨烯薄片释放氧化还原的速度比正电石墨烯片快。

表 10.4 荧光石墨烯基复合材料的传感应用(在某些情况下,可以获得更好的性能)

分析物	系统	检测限	参考文献
凝血酶	Fe$(C_5H_5)_2$/G	0.21nmol/L	[171]
Hg^{2+}	DNA/GO	0.92nmol/L	[172]
铅(II)	GO/aptamer-QD	90mg/L	[173]
Cu^{2+}	MB/GO	50nmol/L	[174]
胆固醇	N-GQD/CrPic	0.4μmol/L	[175]

10.3.2.3 晶体管

自从石墨烯被发现后,其立即被探索的应用之一就是场效应晶体管(FET)。第一个基于石墨烯的场效应管是由 Novoselov 等[3]报道,通过机械剥离高度定向的热解石墨制备了尺寸可达 10μm 的单层和少层石墨烯。在此基础上,我们制作了顶栅级石墨烯场效应管,并观察了饱和晶体管的特性[177]。在低通断电流比的情况下,可获得高达 $150\mu S/\mu m$ 的跨导。石墨烯纳米带非常适合晶体管设计。例如,宽度小于 10nm 的石墨烯纳米带是室温下开关比约为 10^7 的场效应晶体管的基极[178]。

有了石墨烯,即使使用传统的制备 FET 的方法,硅和绝缘体上的硅的迁移率也迅速超过了通用迁移率。第一个使用标准微电子方法的顶级门控晶体管是于 2008 年初生产[59]。它具有高 k 介电性能,迁移率高达 $5000cm^2/(V \cdot s)$,$I_{on}I_{off}$ 比高达 7。石墨烯晶体管在千赫兹频率下的运行,最初降低了载流子迁移率到 $2000cm^2/(V \cdot s)$[179]。这一结果在顶栅级石墨烯晶体管中部分克服了石墨烯和传统栅介质之间的有机聚合物缓冲层[180]。这种电介质堆叠不会显著降低载流子迁移率,允许高场效应迁移率为 $7700cm^2/(V \cdot s)$。利用氧化锆纳米线作为巨大的介电常数栅介电材料,可在顶栅级石墨烯纳米晶体管中获得了较低的磁导率($1300cm^2/(V \cdot s)$)[181]。类似的工作也在双藻酸盐双层石墨烯 FET 上进行[182]。该装置在室温下的通断电流比分别为 100 和 2000,在室温下的通断电流比分别为 20K。有关石墨烯晶体管的初步进展可以在文献[183]中找到。

传统的器件制造工艺最初并未用于生产高速石墨烯晶体管,因为它们常常在碳格的单层中引入重大缺陷,严重地降低器件性能。这一点最初被沟道长度低至 140nm 的石墨烯晶体管所克服,其最高刻度导通电流($3.32mA/\mu m$)和跨导($1.27mS/\mu m$)已经被报道[184]。然后设计了栅长缩小到 40nm 的顶栅 CVD - 石墨烯射频晶体管,其截止频率高达 155GHz,在参考文献[186]的 100~300GHz 范围内,截止频率达到了 1/栅长[185]。对于其他石墨烯晶体管,截止频率大致在相同的范围内,差别在栅极长度上(表 10.5)。在前一种情况下,晶体管是于碳化硅硅片表面合成的外延石墨烯上制造[186]。基于大面积石墨烯场效应晶体管[187],2014 年达到了太赫兹(频率范围从 0.4~1.5THz)量级的性能。

范德瓦耳斯异质结构中二维晶体的晶体结构排列有许多深刻的物理现象;这被用来证明双层石墨烯由于宏观自旋转而从不相称的扭曲堆叠状态转变为相应的 AB 堆叠[188]。

表 10.5 某些晶体管的截止频率和栅极长度(太赫兹频率是于 2014 年早些时候获得)

截止频率	栅长	参考文献
100~300GHz	140nm	[184]
155GHz	40nm	[185]
100GHz	240nm	[186]
0.4~1.5THz		[187]

共振隧穿晶体管等有前途的新颖应用可能基于这些特性。在这个方向上,我们研究了机械剥离的几层石墨烯和 $Cr_2O_3(0001)$ 表面之间的界面电荷转移[189]。石墨烯/铬酸界面的 p - 型性质表明,铬酸能够在石墨烯层中引起明显的载流子自旋极化。因此,在基于该系统的晶体管结构中,可以预期有较大的磁电控制磁阻。开发基于石墨烯的自旋电子学可能是主要的应用。此前,Georgiou 等[190]提出了场效应垂直隧道晶体管,其中二维二硫化钨作为机械剥离或化学气相沉积生长的石墨烯两层之间的原子薄屏障。室温下电流调制量大于 1×10^6,电流调制量很大。这些设备被建议用于在透明和易弯曲的基底上操作。

基于石墨烯的 FET 在传感领域有着广泛的应用。利用还原氧化石墨烯 - 羧基聚吡咯纳米管混合物,对葡萄糖进行了检测[191]。使用这种场效应型生物传感器,可以达到 1nmol/L 的检测限;这个值比用石墨烯复合材料得到的值提高了三个数量级[154-157]。

10.3.2.4 柔性部件

柔性部件非常有吸引力,因为它们可以弯曲并符合三维曲线形状。这些特性对于制造各种器件非常重要。医疗设备、智能服装、柔性显示器和可穿戴设备只是其中一些应用。石墨烯在这一新兴领域也有很好的应用前景。这就是离子凝胶/石墨烯/PET 柔性 THz 石墨烯调制器的例子,它在 THz 范围内工作(0.8THz),即使消耗 1000 倍[192]之后也是如此。用刚性晶体管得到了类似的值[188]。石墨烯与二硫化钼(MoS_2)、钨二硒化物(WSe_2)等二维过渡金属二卤代化物(2D TMD)的组合也是制备透明柔性器件的基础。利用化学气相沉积技术,成功地制备了基于石墨烯纤维的光纤型光电探测器和具有高光响应率的 2D TMD 纳米片[193]。

二维和一维纳米材料之间的杂交是迈向柔性、可穿戴电子设备和植入式生物传感器的一种很好的初步策略。一种基于多晶石墨烯和金属纳米线亚渗流网络的复合材料被认为适用于光伏、柔性电子和显示器[194]。近年来,以石墨烯和银纳米线(AgNW)为透明和可拉伸电极的混合纳米结构被提出[195]。杂化电极表现出极好的机械柔韧性和可伸缩性,可以完成对半折叠,Chen 等[196]报道了类似的杂化结构,采用了共渗石墨烯包裹的银纳米线网络。得到了高透明度(在 $\lambda = 550$nm 时为 88%)。方阻是 15.25Ω/sq 的 AgNW/石墨烯杂化电极的透过率较低(77.4%)[197]。该隐形简单刷涂装置用于柔性有机电池,转化率为 2.681%。还原的石墨烯氧化物也与银纳米线结合形成电极[198]。rGO_x(1~3 单层厚)和 AgNW 的原始网络分别具有 100~1000kΩ/sq 和 100~900Ω/sq 的较高方阻。如果将 G/AgNW 杂化材料 CVD 涂覆在 PET 表面,则可获得透过率 $T = 81.5\%$(550nm 时)的透明导电膜(TCF)[199]。然而,使用 GO 代替 G,得到了高透明的 GO/AgNW/PET TCF($T > 92\%$,550nm)[200]。为了改进这个参数,我们做了进一步的努力。提出了以大尺寸石墨烯微片为保护层的方法[201];除导电性好、抗氧化性能好、热稳定性好外,其电阻为 27kΩ/sq,透光率为 80%,低于 GO/AgNW/PET 混合材料的透光率。对嵌入有 AgNW 的 rGO 膜进行了另外的尝试,其中使用了 GO 的气体阻隔特性[202]。但所得的薄膜电阻为 27Ω/sq,透明度降低(550nm 为 72%)。迄今为止,用 AgNW/石墨烯网格代替 AgNW/石墨烯薄片达到了最佳的性能[203]。采用有限元方法设计了高透光率和电导率的最佳网架结构;在 98.5% 的透光率下,网架的电阻为 330Ω/sq。

由于 GO 的优异性能,杂化材料的性能得到了很好的实现。较薄的 rGO 层具有较高的柔韧性,且对气体或水分子具有较低的渗透性。前者导致了 rGO/AgNW 杂交种的化学稳定性提高,Hwang 等证明了这一点[204]。石墨烯透明导体具有多种用途。触摸屏、液晶显示器、发光二极管、太阳能电池和晶体管,以及传感器和超级电容器是其中的一小部分[205]。

石墨烯和氧化石墨烯薄膜在锂离子电池电极、超级电容器、散热片、气体分离和海水淡化等领域具有广阔的应用前景。由于大规模组装结构与有序组装结构之间的不相容,如何获得大面积组装的石墨烯厚膜仍然是一个巨大的挑战。最近,有报道了一种快速湿法纺丝法生产连续 GO 和石墨烯厚膜的方法[206]。一张长度为 20m,宽度为 5cm 的清晰 GO 薄膜可以在 1m/min 的速度下很容易地实现。连续、坚固的 GO 薄膜很容易被编织成竹席状的面料,并滚动成高度柔韧的连续纤维。还原石墨烯薄膜具有较高的热导率和中等电导率,直接用作快速响应除冰电热垫。利用大面积氧化石墨烯(rLGO)[207]制备了一种改进的柔性薄膜。所提出的方法允许获得1592 μm^2 的表面积。该薄膜的电导率为243 ± 12S/cm,导热系数为1390 ± 65W/(m·K),优于传统还原小面积氧化石墨烯。rLGO 的优异性能是由于较大面积的 LGO 片含有更少的缺陷,这些缺陷主要是由于边缘边界附近石墨烯sp^2结构的破坏所造成,从而导致了较大的导电性。该材料具有优异的刚度和柔韧性,杨氏模量为6.3GPa,抗拉强度为77.7MPa,在1GHz 时的电磁干扰(EMI)屏蔽效能为20dB。使用简单的球磨技术,剥离的几层水分散石墨烯大大改善了导电和导热性能[209]。制备的石墨烯纸的电学和导热系数分别达到2385S/cm 和1324W/(m·K),优于参考文献[208]报道的结果。电子封装和大功率热管理是这种石墨烯纸的潜在用途。另一方面,采用柔性多层互连的三维石墨烯 – 碳纳米管 – 氧化铁($3DG - CNT - Fe_2O_3$)异构体结构,EMI 提高到130dB[209]。该薄膜在8.0 ~ 12.0 GHz 的带宽范围内工作良好,在1000 次以上的反复弯曲试验中表现出良好的柔韧性和耐久性,性能没有明显下降。

柔性石墨烯也可用于设计发光二极管(LED)。Kim 等[210]介绍了透明石墨烯的制作和设计,该透明石墨烯连接在可伸缩阵列的微型无机发光二极管(LED)在橡胶衬底上。

用柔性石墨烯进行传感也可以实现。4 – 氨基苯酚(4 – AP)和4 – 氯苯酚(4 – CP)可用柔性包覆SnO_2球形电极同时测定[211]。用差分脉冲伏安法测定4 – AP 和4 – CP 的检测限分别为2.2nmol/L 和3.1nmol/L。该电极可作为酚类污染物检测的良好平台。检测限在最佳刚性电极的范围内[165,171 – 172,174]。

参考文献

[1] Wehling, T. O., Katsnelson, M. I., Lichtenstein, A. I., Adsorbates on graphene: Impurity states and electron scattering. *Chem. Phys. Lett.*, 476, 125, 2009.

[2] Banerjee, S. and Bhattacharyya, D., Electronic properties of nano – graphene sheets calculated using quantum chemical DFT. *Comput. Mater. Sci.*, 44, 41, 2008.

[3] Novoselov, K. S., Geim, A. K., Morozov, S. V., Jiang, D., Zhang, Y., Dubonos, S. V., Grigorieva, I. V., Firaov, A. A., Electric field effect in atomically thin carbon films. *Science*, 306, 666, 2004.

[4] Alzahrani, A. Z. and Srivastava, G. P., Applied surface science structural and electronic properties of H – passivated graphene. *Appl. Surf. Sci.*, 256, 5783, 2010.

[5] Tetlow, H., De Boer, J. P., Ford, I. J., Vvedensky, D. D., Coraux, J., Kantorovich, L., Growth of epitaxial graphene: Theory and experiment. *Phys. Rep.*, 542, 195, 2014.

[6] Chi, M. and Zhao, Y., First principle study of the interaction and charge transfer between graphene and organic molecules. *Comput. Mater. Sci.*, 56, 79, 2012.

[7] Balandin, A., Ghosh, S., Bao, W., Calizo, I., Teweldebrhan, D., Miao, F., Lau, C., Superior thermal conductivity of single – layer graphene. *Nano Lett.*, 8, 902, 2008.

[8] Pop, E., Varshney, V., Roy, A. K., Thermal properties of graphene: Fundamentals and applications. *MRS Bull.*, 37, 1273, 2012.

[9] Nika, D. L., Ghosh, S., Pokatilov, E. P., Balandin, A. A., Lattice thermal conductivity of graphene flakes: Comparison with bulk graphite. *Appl. Phys. Lett.*, 94, 203103, 2009.

[10] Shahil, K. M. F. and Balandin, A. A., Graphene – multilayer graphene nanocomposites as highly efficient

thermal interface materials. *Nano Lett.*, 12, 861, 2012.

[11] Song, P., Cao, Z., Cai, Y., Zhao, L., Fang, Z., Fu, S., Fabrication of exfoliated graphene – based polypropylene nanocomposites with enhanced mechanical and thermal properties. *Polymer*, 52, 4001, 2011.

[12] Song, N. – J., Chen, C. – M., Lu, C., Liu, Z., Kong, Q. – Q., Cai, R., Thermally reduced graphene oxide films as flexible lateral heat spreaders. *J. Mater. Chem. A*, 2, 16563, 2014.

[13] Jo, G., Choe, M., Lee, S., Park, W., Kahng, Y. H., Lee, T., The application of graphene as electrodes in electrical and optical devices. *Nanotechnology*, 23, 112001, 2012.

[14] Bae, S., Kim, H., Lee, Y., Xu, X., Park, J., Zheng, Y., Balakrishnan, J., Lei, T., Ri, K. H., Song, Y., Kim, Y., Kim, K., Ozyilmaz, B., Ahn, J., Hong, B., Iijima, S., Roll – to – roll production of 30 – inch graphene films for transparent electrodes. *Nat. Nanotechnol.*, 5, 574, 2010.

[15] Zheng, Q. and Kim, J. – K., Synthesis, structure, and properties of graphene and graphene oxide, in: *Graphene for Transparent Conductors*, pp. 29 – 94, Springer New York, New York, 2015.

[16] Pei, S. and Cheng, H. M., The reduction of graphene oxide. *Carbon N. Y.*, 50, 3210, 2012.

[17] Berger, C., Song, Z., Li, T., Li, X., Ogbazghi, A., Feng, R., Dai, Z., Marchenkov, A., Conrad, E., First, P., de Heer, W, Ultrathin epitaxial graphite: 2D electron gas properties and a route toward graphene – based nanoelectronics. *J. Phys. Chem. B*, 108, 19912, 2004.

[18] Enderlein, C., Kim, Y. S., Bostwick, A., Rotenberg, E., Horn, K., The formation of an energy gap in graphene on ruthenium by controlling the interface. *New J. Phys.*, 12, 33014, 2010.

[19] Nandamuri, G., Roumimov, S., Solanki, R., Chemical vapor deposition of graphene films. *Nanotechnology*, 21, 145604, 2010.

[20] Bjelkevig, C., Mi, Z., Xiao, J., Dowben, P., Wang, L., Mei, W., Kelber, J., Electronic structure of a graphene/hexagonal – BN heterostructure grown on Ru(0001) by chemical vapor deposition and atomic layer deposition: Extrinsically doped graphene. *J. Phys. Condens. Matter*, 22, 302002, 2010.

[21] Cai, M., Thorpe, D., Adamson, D. H., Schniepp, H. C., Methods of graphite exfoliation. *J. Mater. Chem.*, 22, 24992, 2012.

[22] Soldano, C., Mahmood, A., Dujardin, E., Production, properties and potential of graphene. *Carbon N. Y.*, 48, 2127, 2010.

[23] Zhang, Y., Small, J. P., Pontius, W. V., Kim, P., Fabrication and electric – field – dependent transport measurements of mesoscopic graphite devices. *Appl. Phys. Lett.*, 86, 73104, 2005.

[24] Avouris, P. and Dimitrakopoulos, C., Graphene: Synthesis and applications. *Mater. Today*, 15, 86, 2012.

[25] Song, J., Ko, T. – Y., Ryu, S., Raman spectroscopy study of annealing – induced effects on graphene prepared by micromechanical exfoliation. *Bull. Korean Chem.*, 31, 2679, 2010.

[26] Fu, Y. – X., Wang, X. – M., Mo, D. – C., Lu, S. – S., Production of monolayer, trilayer, and multi – layer graphene sheets by a re – expansion and exfoliation method. *J. Mater. Sci.*, 49, 2315, 2014.

[27] Dang, D. K. and Kim, E. J., Solvothermal – assisted liquid – phase exfoliation of graphite in a mixed solvent of toluene and oleylamine. *Nanoscale Res. Lett.*, 10, 4, 2015.

[28] Park, S. and Ruoff, R. S., Chemical methods for the production of graphenes. *Nat. Nanotechnol.*, 4, 217, 2009.

[29] Whitener, K. E. and Sheehan, P. E., Diamond and related materials graphene synthesis. *Diam. Relat. Mater.*, 46, 25, 2014.

[30] Qian, W., Hao, R., Hou, Y., Tian, Y., Shen, C., Gao, H., Liang, X., Solvothermal – assisted exfoliation process to produce graphene with high yield and high quality. *Nano Res.*, 2, 706, 2009.

[31] Boehm, Von, H. P. and Clauss, A. G., Dunnste Kohlenstoff – Folien. *Z. Naturforschg.*, 17b, 150, 1962.

[32] Brodie, B. C., On the atomic weight of graphite. *Phil. Trans. R. Soc.* London, 149, 249, 1859.

[33] Brodie, B. C., Sur le poids atomique du graphite. *Ann. Chim. Phys.*, 59, 466, 1860.

[34] Staudenmaier, L., Verfahren zur Darstellung der Graphitsaure. *Ber. Deut. Chem. Soc.*, 31, 1481, 1898.

[35] Hummers, W. S. and Offeman, R. E., Preparation of graphitic oxide. *J. Am. Chem. Soc.*, 80, 1339, 1958.

[36] Dreyer, D. R., Park, S., Bielawski, C. W., Ruoff, R. S., The chemistry of graphene oxide. *Chem. Soc. Rev.*, 39, 228, 2010.

[37] Buchsteiner, A., Lerf, A., Pieper, J., Water dynamics in graphite oxide investigated with neutron scattering. *J. Phys. Chem. B*, 110, 22328, 2006.

[38] Hernandez, Y., Nicolosi, V, Lotya, M., Blighe, F., Sun, Z., De, S., McGovern, I., Holland, B., Byrne, M., Gun'ko, Y., Boland, J., Niraj, P., Duesberg, G., Krishnamurthy, S., Goodhue, R., Hutchison, J., Scardaci, V., Ferrari, A., Coleman, J., High-yield production of graphene by liquid-phase exfoliation of graphite. *Nat. Nanotechnol.*, 3, 563, 2008.

[39] Yamada, Y., Yasuda, H., Murota, K., Nakamura, M., Sodesawa, T., Sato, S., Analysis of heat-treated graphite oxide by X-ray photoelectron spectroscopy. *J. Mater. Sci.*, 48, 8171, 2013.

[40] Ji, L., Xin, H., Kuykendall, T., Wu, S., Zheng, H., Rao, M., Cairns, E., Bataglia, V, Zhang, Y., SnS_2 nanoparticle loaded graphene nanocomposites for superior energy storage. *Phys. Chem. Chem. Phys.*, 14, 6981, 2012.

[41] Fan, X., Peng, W., Li, Y., Li, X., Wang, S., Zhang, G., Zhang, F., Deoxygenation of exfoliated graphite oxide under alkaline conditions: A green route to graphene preparation. *Adv. Mater.*, 20, 4490, 2008.

[42] Tung, V. C., Allen, M. J., Yang, Y., Kaner, R. B., High-throughput solution processing of large-scale graphene. *Nat. Nanotechnol.*, 4, 25, 2009.

[43] Li, D., Müller, M. B., Gilje, S., Kaner, R. B., Wallace, G. G., Processable aqueous dispersions of graphene nanosheets. *Nat. Nanotechnol.*, 3, 101, 2008.

[44] Li, X., Zhang, G., Bai, X., Sun, X., Wang, X., Wang, E., Dai, H., Highly conducting graphene sheets and Langmuir-Blodgett films. *Nat. Nanotechnol.*, 3, 538, 2008.

[45] Alzari, V, Nuvoli, D., Scognamillo, S., Piccinini, M., Gioffredi, E., Malucelli, G., Marceddu, S., Sechi, M., Sanna, V, Mariani, A., Graphene-containing thermoresponsive nanocomposite hydrogels of poly(N-isopropylacrylamide) prepared by frontal polymerization. *J. Mater. Chem.*, 21, 8727, 2011.

[46] Nuvoli, D., Valentini, L., Alzari, V, Scognamillo, S., Bon, S., Piccinini, M., Illescas, J., Mariani, A., High concentration few-layer graphene sheets obtained by liquid phase exfoliation of graphite in ionic liquid. *J. Mater. Chem.*, 21, 3428, 2011.

[47] Kovtyukhova, N., Wang, Y., Berkdemir, A., Cruz-Silva, R., Terrones, M., Crespi, V., Mallout, T., Non-oxidative intercalation and exfoliation of graphite by Bronsted acids. *Nat. Chem.*, 6, 957, 2014.

[48] Valles, C., Drummond, C., Saadaoui, H., Furtado, C., He, M., Roubeau, O., Ortolani, L., Monthioux, M., Pe, A., Solutions of negatively charged graphene sheets and ribbons solutions of negatively charged graphene sheets and ribbons. *J. Am. Chem. Soc.*, 130, 1, 2008.

[49] Kruskopf, M., Pakdehi, D., Pierz, K., Wundrack, S., Stosch, R., Dziomba, T., Götz, M., Baringhaus, J., Aprojanz, J., Tegenkamp, C., Lidzba, J., Seyller, T., Hohls, F., Ahlers, F., Schumacher, H., Comeback of epitaxial graphene for electronics: Large-area growth of bilayer-free graphene on SiC. *2D Mater.*, 3, 41002, 2016.

[50] Stojanović, D., Woehrl, N., Buck, V., Synthesis and characterization of graphene films by hot filament chemical vapor deposition. *Phys. Scr.*, T149, 14068, 2012.

[51] Fan, L., Zou, J., Li, Z., Li, X., Wang, K., Wei, J., Zhong, M., Wu, D., Xu, Z., Zhu, H., Topology evolu-

tion of graphene in chemical vapor deposition, a combined theoretical/experimental approach toward shape control of graphene domains. *Nanotechnology*, 23, 115605, 2012.

[52] Wimalananda, M. D. S. L., Kim, J., Lee, J., Rapid synthesis of a continuous graphene film by chemical vapor deposition on Cu foil with the various morphological conditions modified by Ar plasma. *Carbon N. Y.*, 120, 176, 2017.

[53] Lai, Y.-C., Rafailov, P., Vlaikova, E., Marinova, V., Lin, S., Yu, P., Yu, S., Chi, G., Dimitrov, D., Sveshtarov, P., Mehandjiev, V., Gospodinov, M., Chemical vapour deposition growth and Raman characterization of graphene layers and carbon nanotubes. *J. Phys. Conf. Ser.*, 682, 12009, 2016.

[54] Cheng, T., Davies, A., Summerfield, A., Cho, Y., Cebula, I., Hill, R., Mellor, C., Khlobystov, A., Taniguchi, T., Watanabe, K., Beton, P., Foxon, C., Eaves, L., Novikov, S., High temperature MBE of graphene on sapphire and hexagonal boron nitride flakes on sapphire. *J. Vac. Sci. Technol. B, Nanotechnol. Microelectron. Mater. Process. Meas. Phenom.*, 34, 02L101, 2016.

[55] Luxmi, N., Srivastava, R. M., Feenstra, P. J., Fisher, Formation of epitaxial graphene on SiC(0001) using vacuum or argon environments. *J. Vac. Sci. Technol. B, Nanotechnol. Microelectron. Mater. Process. Meas. Phenom.*, 28, C5C1, 2010.

[56] Van Bommel, A., Crombeen, J., Van Tooren, A., LEED and Auger electron observations of the SiC (0001) surface. *Surf. Sci.*, 48, 463, 1975.

[57] Yazdi, G., Iakimov, T., Yakimova, R., Epitaxial graphene on SiC: A review of growth and characterization. *Crystals*, 6, 53, 2016.

[58] Fan, J. and Chu, P. K., *General Properties of Bulk SiC, in Silicon Carbide Nanostructures. Engineering Materials and Processes*, pp. 7–114, Springer, 2014.

[59] Kedzierski, J., Hsu, P., Healey, P., Wyatt, P., Keast, C., Sprinkle, M., Berger, C., de Heer, W, Epitaxial graphene transistors on SiC substrates. *IEEE Trans. Electron Devices*, 55, 2078, 2008.

[60] Luxmi, Srivastava, N., He, G., Feenstra, R. M., Fisher, P. J., Comparison of graphene formation on C-face and Si-face SiC {0001} surfaces. *Phys. Rev. B*, 82, 235406, 2010.

[61] Hibino, H., Tanabe, S., Mizuno, S., Kageshima, H., Growth and electronic transport properties of epitaxial graphene on SiC. *J. Phys. D. Appl. Phys.*, 45, 154008, 2012.

[62] Darakchieva, V., Boosalis, A., Zakharov, A., Hofmann, T., Schubert, M., Tiwald, T., Iakimov, T., Vasiliauskas, R., Yakimova, R., Large-area microfocal spectroscopic ellipsometry mapping of thickness and electronic properties of epitaxial graphene on Si- and C-face of 3C-SiC(111). *Appl. Phys. Lett.*, 102, 213116, 2013.

[63] Ouerghi, A., Belkhou, R., Marangolo, M., Silly, M., El Moussaoui, S., Eddrief, M., Largeau, L., Portail, M., Sirotti, F., Structural coherency of epitaxial graphene on 3C-SiC(111) epilayers on Si(111). *Appl. Phys. Lett.*, 97, 161905, 2010.

[64] Zhan, B., Li, C., Yang, J., Jenkins, G., Huang, W., Dong, X., Graphene field-effect transistor and its application for electronic sensing. *Small*, 2014.

[65] Kruskopf, M., Pierz, K., Wundrack, S., Stosch, R., Dziomba, T., Kalmbach, C., Müller, A., Baringhaus, J., Tegenkamp, C., Ahlers, F., Schumacher, H., Epitaxial graphene on SiC: Modification of structural and electron transport properties by substrate pretreatment. *J. Phys. Condens. Matter*, 27, 185303, 2015.

[66] Maury, F., Duminica, F., Senocq, F., Optimization of the vaporization of liquid and solid CVD precursors: Experimental and modeling approaches. *Chem. Vap. Depos.*, 13, 638, 2007.

[67] Malek Abbaslou, R., Soltan, J., Dalai, A., The effects of carbon concentration in the precursor gas on the quality and quantity of carbon nanotubes synthesized by CVD method. *Appl. Catal. A Gen.*, 372,

147,2010.

[68] Nguyen,V.,Le,H.,Nguyen,V.,Tam Ngo,T.,Le,D.,Nguyen,X.,Phan,N., Synthesis of multilayer graphene films on copper tape by atmospheric pressure chemical vapor deposition method. *Adv. Nat. Sci. Nanosci. Nanotechnol.*,4,35012,2013.

[69] Lisi,N.,Buonocore,F.,Dikonimos,T.,Leoni,E.,Faggio,G.,Messina,G.,Morandi,V.,Ortolani,L.,Capasso,A., Rapid and highly efficient growth of graphene on copper by chemical vapor deposition of ethanol. *Thin Solid Films*,571,139,2014.

[70] Joucken,F.,Colomer,J.,Sporken,R.,Reckinger,N., Structural and electronic characterization of graphene grown by chemical vapor deposition and transferred onto sapphire. *Appl. Surf. Sci.*,378,397,2016.

[71] Mastrapa,G.,da Costa,M.,Larrude,D.,Freire,F., Synthesis and characterization of graphene layers prepared by low–pressure chemical vapor deposition using triphenylphosphine as precursor. *Mater. Chem. Phys.*,166,37,2015.

[72] Mu,W.,Fu,Y.,Sun,S.,Edwards,M.,Ye,L.,Jeppson,K.,Liu,J., Controllable and fastsynthesis of bilayer graphene by chemical vapor deposition on copper foil using a cold wall reactor. *Chem. Eng. J.*,304,106,2016.

[73] Li,K.,Zhang,D.,Guo,L.,Li,H., Micro–and nano–structure characterization of isotropic pyro–carbon obtained via chemical vapor deposition in hot wall reactor. *J. Mater. Sci. Technol.*,26,1133,2010.

[74] Obraztsov,A.,Obraztsova,E.,Tyurnina,A.,Zolotukhin,A., Chemical vapor deposition of thin graphite films of nanometer thickness. *Carbon N. Y.*,45,2017,2007.

[75] Nam,J.,Kim,D.,Yun,H.,Shin,D.,Nam,S.,Lee,W.,Hwang,J.,Lee,S.,Weman,H.,Kim,K., Chemical vapor deposition of graphene on platinum:Growth and substrate interaction. *Carbon N. Y.*,111,733,2017.

[76] Ago,H.,Ito,Y.,Mizuta,N.,Yoshida,K.,Hu,B.,Orofeo,C.,Tsuji,M.,Ikeda,K.,Mizuno,S., Epitaxial chemical vapor deposition growth of single–layer graphene over cobalt film crystallized on sapphire. *ACS Nano*,4,7407,2010.

[77] TN'Diaye,A.,Engler,M.,Busse,C.,Wall,D.,Buckanie,N.,Meyer zu Heringdorf,F.,van Gastel,R.,Poelsema,B.,Michely,T., Growth of graphene on Ir(111). *New J. Phys.*,11,23006,2009.

[78] Lin,M.,Su,C.,Lee,S.,Lin,S., The growth mechanisms of graphene directly on sapphire substrates by using the chemical vapor deposition. *J. Appl. Phys.*,115,223510,2014.

[79] Wang,G.,Zhang,M.,Zhu,Y.,Ding,G.,Jiang,D.,Guo,Q.,Liu,S.,Xie,X.,Chu,P.,Di,Z.,Wang,X., Direct growth of graphene film on germanium substrate. *Sci. Rep.*,3,2465,2013.

[80] Li,X.,Liu,Z.,Wang,B.,Yang,J.,Ma,Y.,Feng,X.,Huang,W.,Gu,M., Chemical vapor deposition of amorphous graphene on ZnO film. *Synth. Met.*,174,50,2013.

[81] Chen,X.,Zhang,L.,Chen,S., Large area CVD growth of graphene. *Synth. Met.*,210,95,2015.

[82] Kalita,G. and Tanemura,M., *Fundamentals of Chemical Vapor Deposited Graphene and Emerging Applications*,pp. 41–66,InTech,2017.

[83] Li,X.,Cai,W.,An,J.,Kim,S.,Nah,J.,Yang,D.,Piner,R.,Velamakanni,A.,Jung,I.,Tutuc,E.,Banerjee,S.,Colombo,L.,Ruoff,R., Large–area synthesis of high–quality and uniform graphene films on copper foils. *Science*,324,1312,2009.

[84] Malesevic,A.,Vitchev,R.,Schouteden,K.,Volodin,A.,Zhang,L.,Tendeloo,G.,Vanhulsel,A.,Haesendonck,C., Synthesis of few–layer graphene via microwave plasma–enhanced chemical vapour deposition. *Nanotechnology*,19,305604,2008.

[85] Kato, T. and Hatakeyama, R., Direct growth of doping – density – controlled hexagonal graphene on SiO_2 substrate by rapid – heating plasma CVD. ACS Nano, 6, 8508, 2012.

[86] Kim, J., Ishihara, M., Koga, Y., Tsugawa, K., Hasegawa, M., Iijima, S., Low – temperature synthesis of large – area graphene – based transparent conductive films using surface wave plasma chemical vapor deposition. *Appl. Phys. Lett.*, 98, 91502, 2011.

[87] Yamada, T., Kim, J., Ishihara, M., Hasegawa, M., Low – temperature graphene synthesis using microwave plasma CVD. *J. Phys. D. Appl. Phys.*, 46, 63001, 2013.

[88] Qi, J., Zhang, L., Cao, J., Zheng, W., Wang, X., Feng, J., Synthesis of graphene on a Ni film by radio – frequency plasma – enhanced chemical vapor deposition. *Chin. Sci. Bull.*, 57, 3040, 2012.

[89] Khalid, A., Mohamed, M. A., Umar, A. A., Graphene growth at low temperatures using RF – plasma enhanced chemical vapour deposition. *Sains Malaysiana*, 46, 1111, 2017.

[90] Bonaccorso, F., Lombardo, A., Hasan, T., Sun, Z., Colombo, L., Ferrari, A. C., Production and processing of graphene and 2d crystals graphene is at the center of an ever growing research effort due to its unique to these crystals, accelerating their journey towards applications. *Mater. Today*, 15, 564, 2012.

[91] Lupina, G., Strobel, C., Dabrowski, J., Lippert, G., Kitzmann, J., Krause, H., Wenger, C., Lukosius, M., Wolff, A., Albert, M., Bartha, J., Plasma – enhanced chemical vapor deposition of amorphous Si on graphene. *Appl. Phys. Lett.*, 108, 193105, 2016.

[92] Scaparro, A., Miseikis, V., Coletti, C., Notargiacomo, A., Pea, M., De Seta, M., Di Gaspare, L., Investigating the CVD synthesis of graphene on Ge(100): Toward layer – by – layer growth. *ACS Appl. Mater. Interfaces*, 8, 33083, 2016.

[93] Kiraly, B., Jacobberger, R., Mannix, A., Campbell, G., Bedzyk, M., Arnold, M., Hersam, M., Guisinger, N., Electronic and mechanical properties of graphene – germanium interfaces grown by chemical vapor deposition. *Nano Lett.*, 15, 7414, 2015.

[94] Albar, J., Summerfield, A., Cheng, T., Davies, A., Smith, E., Khlobystov, A., Mellor, C., Taniguchi, T., Watanabe, K., Foxon, C., Eaves, L., Beton, P., Novikov, S., An atomic carbon source for high temperature molecular beam epitaxy of graphene. *Sci. Rep.*, 7, 6598, 2017.

[95] Zuo, Z., Xu, Z., Zheng, R., Khanaki, A., Zheng, J., Liu, J., In – situ epitaxial growth of graphene/ h – BN van der Waals heterostructures by molecular beam epitaxy. *Sci. Rep.*, 5, 14760, 2015.

[96] Wofford, J., Nakhaie, S., Krause, T., Liu, X., Ramsteiner, M., Hanke, M., Riechert, H., Lopes, J., A hybrid MBE – based growth method for large – area synthesis of stacked hexagonal boron nitride/ graphene heterostructures. *Sci. Rep.*, 7, 43644, 2017.

[97] Ding, G. and Gao, G., Thermoelectric properties of $SnSe_2$ monolayer. *J. Phys. Condens. Matter*, 29, 15001, 2017.

[98] Hu, Z. – Y., Li, K. – Y., Lu, Y., Huang, Y., Shao, X. – H., High thermoelectric performances of monolayer SnSe allotropes. *Nanoscale*, 9, 16093, 2017.

[99] Freitag, M., Chiu, H. Y., Steiner, M., Perebeinos, V, Avouris, P., Thermal infrared emission from biased graphene. *Nat. Nanotechnol.*, 5, 497, 2010.

[100] Lu, X., Zhang, Z., Sun, X., Chen, P., Zhang, J., Guo, H., Shao, Z., Peng, H., Flexible and stretchable chromatic fibers with high sensing reversibility. *Chem. Sci.*, 7, 5113, 2016.

[101] Li, Q., Li, K., Fan, H., Hou, C., Li, Y., Zhang, Q., Wang, H., Reduced graphene oxide functionalized stretchable and multicolor electrothermal chromatic fibers. *J. Mater. Chem. C*, 5, 11448, 2017.

[102] Song, S. and Zhang, Y., Construction of a 3D multiple network skeleton by the thiol – Michael addition click reaction to fabricate novel polymer/graphene aerogels with exceptional thermal conductivity and me-

chanical properties. *J. Mater. Chem. A*, 5, 22352, 2017.

[103] Freire, M., Lebedev, O. I., Maignan, A., Jordy, C., Pralong, V, Nanostructured Li_2MnO_3: A disordered rock salt type structure for high energy density Li ion batteries. *J. Mater. Chem. A*, 5, 21898, 2017.

[104] Zhang, F., Zhang, X., Dong, Y., Wang L., Facile and effective synthesis of reduced graphene oxide encapsulated sulfur via oil/water system for high performance lithium sulfur cells. *J. Mater. Chem.*, 22, 11452, 2012.

[105] Zhang, Q., Wang, Y., She, Z. W., Fu, Z., Zhang, R., Cui, Y., Understanding the anchoring effect of two-dimensional layered materials for lithium-sulfur batteries. *Nano Lett.*, 153780, 2015.

[106] Yi, G. S., Sim, E. S. and Chung, Y. -C., Effect of lithium-trapping on nitrogen-doped graphene as an anchoring material for lithium-sulfur batteries: A density functional theory study. *Phys. Chem. Chem. Phys.*, 19, 28189, 2017.

[107] Naveen, N., Park, C., Pyo, M., Nickel hydroxide nanoplatelets via dendrimer-assisted growth on graphene for high-performance energy-storage applications. *Electrochim. Acta*, 248, 2017.

[108] Fu, M., Qiu, Z., Chen, W., Lin, Y., Xin, H., Yang, B., Fan, H., Zhu, C., Xu, J., $NiFe_2O_4$ porous nanorods/graphene composites as high-performance anode materials for lithium-ion batteries. *Electrochim. Acta*, 248, 292, 2017.

[109] Wang, M. and Ma, Y., Nitrogen-doped graphene forests as electrodes for high-performance wearable supercapacitors. *Electrochim. Acta*, 250, 320, 2017.

[110] Gao, F., Qu, J., Zhao, Z., Qiu, J., Efficient synthesis of graphene/sulfur nanocomposites with high sulfur content and their application as cathodes for Li-S batteries. *J. Mater. Chem. A*, 4, 16219, 2016.

[111] Jeon, I., Kweon, D., Kim, S., Shin, S., Im, Y., Yu, S., Ju, M., Baek, J., Enhanced electrocatalytic performance of Pt nanoparticles on triazine-functionalized graphene nanoplatelets for both oxygen and iodine reduction reactions. *J. Mater. Chem. A*, 5, 21936, 2017.

[112] Zhu, Y., Huang, H., Li, G., Liang, X., Zhou, W, Guo, J., Wei, W, Tang, S., Graphene-anchored $NiCoO_2$ nanoarrays as supercapacitor electrode for enhanced electrochemical performance. *Electrochim. Acta*, 248, 562, 2017.

[113] Choi, Y., Kim, H., Lee, S., Kim, Y., Youn, H., Roh, K., Kim, K., Surfactant-free synthesis of nanoperforated graphene/nitrogen-doped carbon nanotube composite for supercapacitors. *J. Mater. Chem. A*, 5, 22607, 2017.

[114] Zheng, X., Yu, H., Xing, R., Ge, X., Sun, H., Li, R., Zhang, Q., Multi-growth site graphene/polyaniline composites with highly enhanced specific capacitance and rate capability for supercapacitor application. *Electrochim. Acta*, 260, 504, 2018.

[115] Wu, X., Du, Y., Wang, P., Fan, L., Cheng, J., Wang, M., Qiu, Y., Guan, B., Wu, H., Zhang, N., Sun, K., Kinetics enhancement of lithium-sulfur batteries by interlinked hollow MoO_2 sphere/nitrogen-doped graphene composite. *J. Mater. Chem. A*, 5, 25187, 2017.

[116] Zhang, Q., Xu, C., Lu, B., Super-long life supercapacitors based on the construction of Ni foam/graphene/Co_3S_4 composite film hybrid electrodes. Electrochim. Acta, 132, 180, 2014.

[117] Lin, R., Li, Z., Abou El Amaiem, D., Zhang, B., Brett, D., He, G., Parkin, I., A general method for boosting the supercapacitor performance of graphitic carbon nitride/graphene hybrids. *J. Mater. Chem. A*, 5, 25545, 2017.

[118] Miah, M., Bhattacharya, S., Dinda, D., Saha, S. K., Temperature dependent supercapacitive performance in La_2O_3 nano sheet decorated reduce graphene oxide. *Electrochim. Acta*, 260, 449, 2018.

[119] Lin, J., Liang, H., Jia, H., Chen, S., Guo, J., Qi, J., Qu, C., Cao, J., Fei, W., Feng, J., *In situ* encapsu-

lated Fe_3O_4 nanosheet arrays with graphene layers as an anode for high-performance asymmetric supercapacitors. *J. Mater. Chem. A*, 5, 24594, 2017.

[120] Luo, Y., Zhang, Q., Hong, W., Xiao, Z., Bai, H., A high-performance electrochemical supercapacitor based on a polyaniline/reduced graphene oxide electrode and a copper(ii) ion active electrolyte. *Phys. Chem. Chem. Phys.*, 20, 131, 2018.

[121] Gao, Z., Yang, J., Huang, J., Xiong, C., Yang, Q., A three-dimensional graphene aerogel containing solvent-free polyaniline fluid for high performance supercapacitors. *Nanoscale*, 9, 17710, 2017.

[122] Ghosh, S., Sahoo, G., Polaki, S. R., Krishna, N. G., Kamruddin, M., Mathews, T., Enhanced supercapacitance of activated vertical graphene nanosheets in hybrid electrolyte. *J. Appl. Phys.*, 122, 214902, 2017.

[123] Huang, Y.-F., Wu, P.-F., Zhang, M.-Q., Ruan, W.-H., Giannelis, E. P., Boron cross-linked graphene oxide/polyvinyl alcohol nanocomposite gel electrolyte for flexible solid-state electric double layer capacitor with high performance. *Electrochim. Acta*, 132, 103, 2014.

[124] Chang, L., Stacchiola, D. J., Hu, Y. H., Direct conversion of CO_2 to meso/macro-porous frameworks of surface-microporous graphene for efficient asymmetrical supercapacitors. *J. Mater. Chem. A*, 5, 23252, 2017.

[125] Wang, H., Xie, J., Almkhelfe, H., Zane, V., Ebini, R., Sorensen, C., Amama, P., Microgel-assisted assembly of hierarchical porous reduced graphene oxide for high-performance lithium-ion battery anodes. *J. Mater. Chem. A*, 5, 23228, 2017.

[126] Lu, X., Xie, A., Zhang, Y., Zhong, H., Xu, X., Liu, H., Xie, Q., Three dimensional graphene encapsulated ZnO-ZnFe$_2$O$_4$ composite hollow microspheres with enhanced lithium storage performance. *Electrochim. Acta*, 249, 79, 2017.

[127] Chen, Y., Xiao, Z., Liu, Y., Fan, L.-Z., A simple strategy toward hierarchically porous graphene/nitrogen-rich carbon foams for high-performance supercapacitors. *J. Mater. Chem. A*, 5, 24178, 2017.

[128] Baskakov, S., Baskakova, Y., Lyskov, N., Dremova, N., Irzhak, A., Kumar, Y., Michtchenok, A., Shulga, Y., Fabrication of current collector using a composite of polylactic acid and carbonnano-material for metal-free supercapacitors with graphene oxide separators and microwave exfoliated graphite oxide electrodes. *Electrochim. Acta*, 260, 557, 2018.

[129] Yao, Y., Chen, Z., Zhang, A., Zhu, J., Wei, X., Guo, J., Wu, W., Chen, X., Wu, Z., Surface-coating synthesis of nitrogen-doped inverse opal carbon materials with ultrathin micro/mesoporous graphene-like walls for oxygen reduction and supercapacitors. *J. Mater. Chem. A*, 5, 25237, 2017.

[130] Ahn, W., Song, H., Park, S., Kim, K., Shin, K., Lim, S., Yeon, S., Morphology-controlled graphene nanosheets as anode material for lithium-ion batteries. *Electrochim. Acta*, 132, 172, 2014.

[131] Li, F., Zhu, Y.-E., Sheng, J., Yang, L., Zhang, Y., Zhou, Z., GO-induced preparation of flakeshaped Na3V2(PO4)3@rGO as high-rate and long-life cathodes for sodium-ion batteries. *J. Mater. Chem. A*, 5, 25276, 2017.

[132] Chen, C., Zhang, Q., Zhao, X., Zhang, B., Kong, Q., Yang, M., Yang, Q., Wang, M., Yang, Y., Schlögl, R., Su, D., Hierarchically aminated graphene honeycombs for electrochemical capacitive energy storage. *J. Mater. Chem.*, 22, 14076, 2012.

[133] Ping, Y., Zhang, Y., Gong, Y., Cao, B., Fu, Q., Pan, C., Edge-riched graphene nanoribbon for high capacity electrode materials. *Electrochim. Acta*, 250, 84, 2017.

[134] Li, Y.-S., Ao, X., Liao, J.-L., Jiang, J., Wang, C., Chiang, W.-H., Sub-10-nm graphene nanoribbons with tunable surface functionalities for lithium-ion batteries. *Electrochim. Acta*, 249, 404412,

[135] Dobrota,A. S. ,Pašti,I. A. ,Mentus,S. V. ,Johansson,B. ,Skorodumova, N. V. ,Functionalized graphene for sodium battery applications:The DFT insights. *Electrochim. Acta*,250,185,2017.

[136] Hu,J. ,Zou,C. ,Su,Y. ,Li,M. ,Hu,N. ,Ni,H. ,Yang,Z. ,Zhang,Y. ,Enhanced NO_2 sensing performance of reduced graphene oxide by *in situ* anchoring carbon dots. *J. Mater. Chem. C*,5,27,6862 – 6871,2017.

[137] Zhang,D. ,Liu,J. ,Jiang,C. ,Liu,A. ,Xia,B. ,Quantitative detection of formaldehyde and ammonia gas via metal oxide – modified graphene – based sensor array combining with neural network model. *Sensors Actuators B Chem.* ,240,55,2017.

[138] Li,S. – J. ,Zhang,J. – C. ,Li,J. ,Yang,H. – Y. ,Meng,J. – J. ,Zhang,B. ,A 3D sandwich structured hybrid of gold nanoparticles decorated MnO_2/graphene – carbon nanotubes as high performance H_2O_2 sensors. *Sensors Actuators B Chem.* ,260,1,2018.

[139] Venegas,C. J. ,Yedinak,E. ,Marco,J. F. ,Bollo,S. ,Ruiz – León,D. ,Co – doped stannates/reduced graphene composites:Effect of cobalt substitution on the electrochemical sensing of hydrogen peroxide. *Sensors Actuators B Chem.* ,250,412,2017.

[140] Wang,S. ,Wang,Y. ,Zhou,L. ,Li,J. ,Wang,S. ,Liu,H. ,Fabrication of an effective electrochemical platform based on graphene and AuNPs for high sensitive detection of trace Cu^{2+}. *Electrochim. Acta*, 132,7,2014.

[141] Li,Y. – T. ,Qu,L. – L. ,Li,D. – W. ,Song,Q. – X. ,Fathi,F. ,Long,Y. – T. ,Rapid and sensitive *in – situ* detection of polar antibiotics in water using a disposable Ag – graphene sensor based on electrophoretic preconcentration and surface – enhanced Raman spectroscopy. *Biosens. Bioelectron.* ,43,94,2013.

[142] Mishra,A. K. and Ramaprabhu,S. ,Carbon dioxide adsorption in graphene sheets. *AIP Adv.* ,1,32152, 2011.

[143] Sanyal, B. , Eriksson O. , U. , Grennberg, H. , Molecular adsorption in graphene with divacancy defects. *Phys. Rev. B*,79,113409,2009.

[144] Borisova,D. ,Antonov,V. ,Proykova,A. ,Hydrogen sulfide adsorption on a defective graphene. *Int. J. Quantum Chem.* ,113,786,2013.

[145] Castellanos Águila,J. E. ,Cocoletzi,H. H. ,Cocoletzi,G. H. ,A theoretical analysis of the role of defects in the adsorption of hydrogen sulfide on graphene. *AIP Adv.* ,3,32118,2013.

[146] Guo,J. ,Zhang,T. ,Hu,C. ,Fu,L. ,A three – dimensional nitrogen – doped graphene structure:A highly efficient carrier of enzymes for biosensors. *Nanoscale*,7,1290,2015.

[147] Huang,J. ,Zhao,L. ,Lei,W. ,Wen,W. ,Wang,Y. ,Bao,T. ,Xiong,H. ,Zhang,X. ,Wang,S. ,A high – sensitivity electrochemical aptasensor of carcinoembryonic antigen based on graphene quantum dots – ionic liquid – nafion nanomatrix and DNAzyme – assisted signal amplification strategy. *Biosens. Bioelectron.* ,99,28,2018.

[148] Zhu,Q. ,Xiang,D. ,Zhang,C. ,Ji,X. ,He,Z. ,Multicolour probes for sequence – specific DNA detection based on graphene oxide. *Analyst*,138,5194,2013.

[149] Zhang,M. ,Yin,B. – C. ,Tan,W. ,Ye,B. – C. ,A versatile graphene – based fluorescence 'on/off' switch for multiplex detection of various targets. *Biosens. Bioelectron.* ,26,3260,2011.

[150] Jang,H. ,Ryoo,S. ,Kim,Y. ,Yoon,S. ,Kim,H. ,Han,S. ,Choi,B. ,Kim,D. ,Min,D. ,Discovery of hepatitis C virus NS3 helicase inhibitors by a multiplexed,high – throughput helicase activity assay based on graphene oxide. *Angew. Chemie Int. Ed.* ,52,2340,2013.

[151] Ji,D. – K. ,Chen,G. – R. ,He,X. – P. ,Tian,H. ,Simultaneous detection of diverse glycoligand – re-

[152] Barman, S. C., Hossain, M. F., Yoon, H., Park, J. Y., Trimetallic Pd@Au@Pt nanocomposites platform on‐COOH terminated reduced graphene oxide for highly sensitive CEA and PSA biomarkers detection. *Biosens. Bioelectron.*, 100, 16, 2018.

[153] Wang, J., Wang, X., Tang, H., Gao, Z., He, S., Li, J., Han, S., Ultrasensitive electrochemical detection of tumor cells based on multiple layer CdS quantum dots‐functionalized polystyrene microspheres and graphene oxide‐polyaniline composite. *Biosens. Bioelectron.*, 100, 1, 2018.

[154] Liang, B., Fang, L., Yang, G., Hu, Y., Guo, X., Ye, X., Direct electron transfer glucose biosensor based on glucose oxidase self‐assembled on electrochemically reduced carboxyl graphene. *Biosens. Bioelectron.*, 43, 131, 2013.

[155] Ji, D., Liu, L., Li, S., Chen, C., Lu, Y., Wu, J., Liu, Q., Smartphone‐based cyclic voltammetry system with graphene modified screen printed electrodes for glucose detection. *Biosens. Bioelectron.*, 98, 449, 2017.

[156] Lu, P., Yu, J., Lei, Y., Lu, S., Wang, C., Liu, D., Guo, Q., Synthesis and characterization of nickel oxide hollow spheres‐reduced graphene oxide‐nafion composite and its biosensing for glucose. *Sensors Actuators B Chem.*, 208, 90, 2015.

[157] Alwarappan, S., Liu, C., Kumar, A., Li, C.‐Z., Enzyme‐doped graphene nanosheets for enhanced glucose biosensing. *J. Phys. Chem. C*, 114, 12920, 2010.

[158] Salek‐Maghsoudi., A., Vakhshiteh, F., Torabi, R., Hassani, S., Ganjali, M., Norouzi, P., Abdollahi, M., Recent advances in biosensor technology in assessment of early diabetes biomarkers. *Biosens. Bioelectron.*, 99, 122, 2018.

[159] Galdino, N. M., Brehm, G. S., Bussamara, R., Gonçalves, W. D. G., Abarca, G., Scholten, J. D., Sputtering deposition of gold nanoparticles onto graphene oxide functionalized with ionic liquids: Biosensor materials for cholesterol detection. *J. Mater. Chem. B*, 5, 9482, 2017.

[160] Gholivand, M. B. and Khodadadian, M., Amperometric cholesterol biosensor based on the direct electrochemistry of cholesterol oxidase and catalase on a graphene/ionic liquid‐modified glassy carbon electrode. *Biosens. Bioelectron.*, 53, 472, 2014.

[161] Cao, S., Zhang, L., Chai, Y., Yuan, R., Electrochemistry of cholesterol biosensor based on a novel Pt‐Pd bimetallic nanoparticle decorated graphene catalyst. *Talanta*, 109, 167, 2013.

[162] Li, Z., Xie, C., Wang, J., Meng, A., Zhang, F., Direct electrochemistry of cholesterol oxidase immobilized on chitosan‐graphene and cholesterol sensing. *Sensors Actuators B Chem.*, 208, 505, 2015.

[163] Dey, R. S. and Raj, C. R., Development of an amperometric cholesterol biosensor based on graphene‐Pt nanoparticle hybrid material. *J. Phys. Chem. C*, 114, 21427, 2010.

[164] Ejaz, A., Joo, Y., Jeon, S., Fabrication of 1,4‐bis(aminomethyl)benzene and cobalt hydroxide@graphene oxide for selective detection of dopamine in the presence of ascorbic acid and serotonin. *Sensors Actuators B Chem.*, 240, 297, 2017.

[165] Ruiyi, L., Sili, Q., Zhangyi, L., Ling, L., Zaijun, L., Histidine‐functionalized graphene quantum dot‐graphene micro‐aerogel based voltammetric sensing of dopamine. *Sensors Actuators B Chem.*, 250, 372, 2017.

[166] Baghayeri, M., Pt nanoparticles/reduced graphene oxide nanosheets as a sensing platform: Application to determination of droxidopa in presence of phenobarbital. *Sensors Actuators B Chem.*, 240, 255‐263, 2017.

[167] Jijie, R., Kahlouche, K., Barras, A., Yamakawa, N., Bouckaert, J., Gharbi, T., Szunerits, S., Boukherroub, R., Reduced graphene oxide/polyethylenimine based immunosensor for the selective and sensitive electrochemical detection of uropathogenic *Escherichia coli*. *Sensors Actuators B Chem.*, 260, 255, 2018.

[168] Afsahi, S., Lerner, M., Goldstein, J., Lee, J., Tang, X., Bagarozzi, D., Pan, D., Locascio, L., Walker, A., Barron, F., Goldsmith, B., Novel graphene – based biosensor for early detection of Zika virus infection. *Biosens. Bioelectron.*, 100, 85, 2018.

[169] Eda, G., Lin, Y., Mattevi, C., Yamaguchi, H., Chen, H., Chen., I., Chen, C., Chhowalla, M., Blue photoluminescence from chemically derived graphene oxide. *Adv. Mater.*, 22, 505, 2010.

[170] Liu, F., Choi, J. Y., Seo, T. S., Graphene oxide arrays for detecting specific DNA hybridization by fluorescence resonance energy transfer. *Biosens. Bioelectron.*, 25, 2361, 2010.

[171] Zhuo, B., Li, Y., Huang, X., Lin, Y., Chen, Y., Gao, W., An electrochemiluminescence aptasens – ing platform based on ferrocene – graphene nanosheets for simple and rapid detection of thrombin. *Sensors Actuators B Chem.*, 208, 518, 2015.

[172] Li, M., Zhou, X., Ding, W., Guo, S., Wu, N., Fluorescent aptamer – functionalized graphene oxide biosensor for label – free detection of mercury(II). *Biosens. Bioelectron.*, 41, 889, 2013.

[173] Li, M., Zhou, X., Guo, S., Wu, N., Detection of lead(II) with a 'turn – on' fluorescent biosensor based on energy transfer from CdSe/ZnS quantum dots to graphene oxide. *Biosens. Bioelectron.*, 43, 69, 2013.

[174] Huang, J., Zheng, Q., Kim, J. – K., Li, Z., A molecular beacon and graphene oxide – based fluorescent biosensor for Cu^{2+} detection. *Biosens. Bioelectron.*, 43, 379, 2013.

[175] Sun, L., Li, S., Ding, W., Yao, Y., Yang, X., Yao, C., Fluorescence detection of cholesterol using a nitrogen – doped graphene quantum dot/chromium picolinate complex – based sensor. *J. Mater. Chem. B*, 5, 9006, 2017.

[176] Tu, Z., Wycisk, V., Cheng, C., Chen, W., Adeli, M., Haag, R., Functionalized graphene sheets for intracellular controlled release of therapeutic agents. *Nanoscale*, 9, 47, 18931, 2017.

[177] Meric, I., Han, M. Y., Young, A. F., Ozyilmaz, B., Kim, P., Shepard, K. L., Current saturation in zero – bandgap, top – gated graphene field – effect transistors. *Nat. Nanotechnol.*, 3, 654, 2008.

[178] Li, X., Wang, X., Zhang, L., Lee, S., Dai, H., Chemically derived, ultrasmooth graphene nanoribbon semiconductors. *Science*, 319, 1229, 2008.

[179] Lin, Y. – M., Jenkins, K. A., Valdes – Garcia, A., Small, J. P., Farmer, D. B., Avouris, P., Operation of graphene transistors at gigahertz frequencies. *Nano Lett.*, 9, 1, 422, 2009.

[180] Farmer, D. B., Chiu, H. – Y., Lin, Y. – M., Jenkins, K. A., Xia, F., Avouris, P., Utilization of a buffered dielectric to achieve high field – effect carrier mobility in graphene transistors. *Nano Lett.*, 9, 4474, 2009.

[181] Liao, L., Bai, J., Lin, Y. – C., Qu, Y., Huang, Y., Duan, X., High – performance top – gated graphene – nanoribbon transistors using zirconium oxide nanowires as high – dielectric – constant gate dielectrics. *Adv. Mater.*, 22, 1941, 2010.

[182] Xia, F., Farmer, D. B., Lin, Y., Avouris, P., Graphene field – effect transistors with high on/off current ratio and large transport band gap at room temperature. *Nano Lett.*, 10, 715, 2010.

[183] Schwierz, F., Graphene transistors. *Nat. Nanotechnol.*, 5, 487, 2010.

[184] Liao, L., Lin, Y. C., Bao, M., Cheng, R., Bai, J., Liu, Y., Qu, Y., Wang, K. L., Huang, Y., Duan, X., High – speed graphene transistors with a self – aligned nanowire gate. *Nature*, 467, 305, 2010.

[185] Wu, Y., Lin, Y., Bol, A., Jenkins, K., Xia, F., Farmer, D., Zhu, Y., Avouris, P., High – frequency, scaled graphene transistors on diamond – like carbon. *Nature*, 472, 74, 2011.

[186] Lin, Y., Dimitrakopoulos, C., Jenkins, K., Farmer, D., Chiu, H., Grill, A., Avouris, P., 100 - GHz transistors from wafer - scale epitaxial graphene. *Science*(80),327,5966,662 - 662,2010.

[187] Mao, Q., Wen, Q., Tian, W., Wen, T., Chen, Z., Yang, Q., Zhang, H., High - speed and broadband terahertz wave modulators based on large - area graphene field - effect transistors. *Opt. Lett.*, 39, 5649,2014.

[188] Zhu, M., Ghazaryan, D., Son, S., Woods, C., Misra, A., He, L., Taniguchi, T., Watanabe, K., Novoselov, K., Cao, Y., Mishchenko, A., Stacking transition in bilayer graphene caused by thermally activated rotation. *2D Mater.*,4,11013,2016.

[189] Cao, S., Zhiyong Xiao, Z., Kwan, C. P., Zhang, K., Bird, J. P., Lu Wang, L., Mei, W. N., Hong, X., Dowben, P. A., Moving towards the magnetoelectric graphene transistor. *Appl. Phys. Lett.*,111,182402,2017.

[190] Georgiou, T., Jalil, R., Belle, B., Britnell, L., Gorbachev, R., Morozov, S., Kim, Y., Gholinia, A., Haigh, S., Makarovsky, O., Eaves, L., Ponomarenko, L., Geim, A., Novoselov, K., Mishchenko, A., Vertical field - effect transistor based on graphene - WS2 heterostructures for flexible and transparent electronics. *Nat. Nanotechnol.*,8,100,2013.

[191] Park, J. W., Lee, C., Jang, J., High - performance field - effect transistor - type glucose biosensor based on nanohybrids of carboxylated polypyrrole nanotube wrapped graphene sheet transducer. *Sensors Actuators B Chem.*,208,532,2015.

[192] Liu, J., Li, P., Chen, Y., Song, X., Mao, Q., Wu, Y., Qi, F., Zheng, B., He, J., Yang, H., Wen, Q., Zhang, W., Flexible terahertz modulator based on coplanar - gate graphene field - effect transistor structure. *Opt. Lett.*,41,816,2016.

[193] Kim, S., Kang, M., Jeon, I., Ji, S., Song, W., Myung, S., Lee, S., Lim, J., An, K., Fabrication of high - performance flexible photodetectors based on Zn - doped MoS 2/graphene hybrid fibers. *J. Mater. Chem. C*,5,12354,2017.

[194] Jeong, C., Nair, P., Khan, M., Lundstrom, M., Alam, M. A., Prospects for nanowire - doped polycrystalline graphene films for ultratransparent, highly conductive electrodes. *Nano Lett.*,11,5020,2011.

[195] Lee, M., Lee, K., Kim, S., Lee, H., Park, J., Choi, K., Kim, H., Kim, D., Lee, D., Nam, S., Park, J., High - performance, transparent, and stretchable electrodes using graphene - metal nanowire hybrid structures. *Nano Lett.*,13,2814,2013.

[196] Chen, R., Das, S. R., Jeong, C., Khan, M. R., Janes, D. B., Alam, M. A., Co - Percolating graphene - wrapped silver nanowire network for high performance, highly stable, transparent conducting electrodes. *Adv. Funct. Mater.*,23,5150,2013.

[197] Seo, K., Lee, J., Cho, N., Kang, S., Kim, H., Na, S., Koo, H., Kim, T., Simple brush painted Ag nanowire network on graphene sheets for flexible organic solar cells. *J. Vac. Sci. Technol. A Vacuum, Surfaces, Film.*,32,61201,2014.

[198] Shaw, J. E., Perumal, A., Bradley, D. D. C., Stavrinou, P. N., Anthopoulos, T. D., Nanoscale current spreading analysis in solution - processed graphene oxide/silver nanowire transparent electrodes via conductive atomic force microscopy. *J. Appl. Phys.*,119,2016.

[199] Liu, Y., Chang, Q., Huang, L., Transparent, flexible conducting graphene hybrid films with a subpercolating network of silver nanowires. *J. Mater. Chem. C*,1,2970,2013.

[200] Moon, I. K., Kim, J., Lee, H., Hur, K., Kim, W. C., Lee, H., 2D graphene oxide nanosheets as an adhesive over - coating layer for flexible transparent conductive electrodes. *Sci. Rep.*,3,1,1112,2013.

[201] Zhang, X., Yan, X., Chen, J., Zhao, J., Large - size graphene microsheets as a protective layer for trans-

parent conductive silver nanowire film heaters. *Carbon N. Y.*, 69, 437, 2014.

[202] Meenakshi, P., Karthick, R., Selvaraj, M., Ramu, S., Investigations on reduced graphene oxide film embedded with silver nanowire as a transparent conducting electrode. *Sol. Energy Mater. Sol. Cells*, 128, 264, 2014.

[203] Cho, E., Kim, M., Sohn, H., Shin, W., Won, J., Kim, Y., Kwak, C., Lee, C., Woo, Y., A graphene mesh as a hybrid electrode for foldable devices. *Nanoscale*, 628, 2018.

[204] Hwang, B., Park, M., Kim, T., Han, S. M., Effect of rGO deposition on chemical and mechanical reliability of Ag nanowire flexible transparent electrode. *RSC Adv.*, 6, 67389, 2016.

[205] Gotasa, K., Grzeszczyk, M., Korona, K., Bożek, R., Binder, J., Szczytko, J., Wysmotek, A., Babiński, A., Optical properties of molybdenum disulfide (MoS_2). *Acta Phys. Pol.* A, 124, 849, 2013.

[206] Liu, Z., Li, Z., Xu, Z., Xia, Z., Hu, X., Kou, L., Peng, L., Wei, Y., Gao, C., Wet-spun continuous graphene films. *Chem. Mater.*, 26, 6786, 2014.

[207] Kumar, P., Shahzad, F., Yu, S., Hong, S. M., Kim, Y. H., Koo, C. M., Large-area reduced graphene oxide thin film with excellent thermal conductivity and electromagnetic interference shielding effectiveness. *Carbon N. Y.*, 94, 494, 2015.

[208] Ding, J., Zhao, H., Wang, Q., Dou, H., Chen, H., Yu, H., An ultrahigh thermal conductive graphene flexible paper. *Nanoscale*, 9, 16871, 2017.

[209] Lee, S. H., Kang, D., Oh, I. K., Multilayered graphene-carbon nanotube-iron oxide threedimensional heterostructure for flexible electromagnetic interference shielding film. *Carbon N. Y.*, 111, 248, 2017.

[210] Kim, R., Bae, M., Kim, D., Cheng, H., Kim, B., Kim, D., Li, M., Wu, J., Du, F., Kim, H., Kim, S., Estrada, D., Hong, S., Huang, Y., Pop, E., Rogers, J., Stretchable, transparent graphene interconnects for arrays of microscale inorganic light emitting diodes on rubber substrates. *Nano Lett.*, 11, 3881, 2011.

[211] Gan, T., Wang, Z., Wang, Y., Li, X., Sun, J., Liu, Y., Flexible graphene oxide-wrapped SnO_2 hollow spheres with high electrochemical sensing performance in simultaneous determination of 4-aminophenol and 4-chlorophenol. *Electrochim. Acta*, 250, 1, 2017.

[212] Kokalj, A., XCrySDen - a new program for displaying crystalline structures and electron densities. *J. Mol. Graph. Model.*, 17, 176, 1999.

第11章 三维石墨烯结构的生产方法、性能和应用

Leila Haghighi Poudeh[1,2], Mehmet Yildiz[1,2],
Yusuf Menceloglu[1,2], Burcu Saner Okan[2]

[1]土耳其伊斯坦布尔,Orhanli-Tuzla,萨班哲大学工程和自然科学、材料科学和纳米技术学院

[2]土耳其伊斯坦布尔彭迪克 Teknopark istanbul
萨班哲大学综合制造技术研究与应用中心及综合技术中心

摘 要 石墨烯是一种二维 sp^2 杂化碳膜,独特的结构使其具有优异的化学、力学和物理性能,在储能器件、传感器、复合材料和生物技术等领域具有巨大的应用潜力。由于强 π-π 相互作用和范德瓦耳斯力的作用,使得石墨烯薄片在宏观结构中的应用成为重要的问题之一。石墨层的聚集及其破碎导致石墨烯导电率、表面积和机械强度显著降低,这对石墨烯在实际应用中的应用产生了负面影响。近年来,三维石墨烯材料引起了人们的广泛关注,因为它们不仅通过抑制二维石墨烯的团聚行为保持了二维石墨烯的固有性质,而且在各种应用中提供了先进的功能和改进的性能。

本章主要内容包括:①二维石墨烯的生产工艺及其缺陷;②三维石墨烯结构发展的主要策略;③生产方法;④三维石墨烯结构在复合材料和储能器件中的应用。

关键词 三维石墨烯,褶皱,储能器件,复合材料

11.1 引言

石墨烯是一种由 sp^2 碳原子组成的二维六方晶格,一直是人们研究的热点。石墨烯的长程 π 共轭产生了诸如高导电性和热导率[1-2]、大表面积[3]、良好的化学稳定性[4]、优良的机械强度[5]等有趣的特性,在储能系统、聚合物复合材料和传感器[3]等各种应用中具有很好的应用前景。然而,在实际应用中,由于 π-π 相互作用和范德瓦耳斯力的作用,二维石墨烯片材的导电率和表面积明显下降,这对石墨烯在许多领域的利用都有负面影响。为了克服这一问题并提供具有改进性能的高级功能,构建了几种三维石墨烯结构,如石墨烯网络[6]、石墨烯纤维[7]和石墨烯球体[8]。三维结构与石墨烯固有特性的结合,为三维石墨烯结构提供了高的表面积、优良的机械强度和快速的质量和电子输运。到目前为止,许多研究都集中在利用不同的方法制备不同的三维石墨烯结构上。一般来说,合成三维石墨烯的主要途径有两种:①二维石墨烯薄片的组装;②三维石墨烯的直接合成[9]。应该依据所需石墨烯的质量和数量选取合适的制备方法。虽然一些应用需要高质量的石墨

烯,如在电子器件和传感器中,但其他领域,如聚合物复合材料和储能设备,则需要相对大量的石墨烯。

本章首先介绍了三维石墨烯结构合成的主要路线和最新进展。第二部分详细讨论了三维石墨烯的不同形态及其应用前景。

11.2 石墨烯的制备

石墨烯最初是通过微机械剥离石墨制成[10]。通过这种方法,可以获得高质量的单层或多层石墨烯。然而,这种技术并不适合大规模生产。为了解决这个问题,我们开发了自下而上和自上而下的方法来合成二维石墨烯薄片。外延生长[11]和化学气相沉积法[12]是应用最广泛的自下而上法,而自上而下法包括电化学剥离[13]和化学剥离[14]。在自上而下的方法中,化学法因其易于加工和大规模生产而引起人们的极大兴趣,因此可以应用于许多领域[15]。另一方面,化学衍生的二维石墨烯薄片是三维石墨烯结构的主要组成部分[16]。该技术涉及石墨的氧化,然后是剥离过程,以获得氧化石墨烯(GO)[17]。图 11.1 显示了不同制备石墨烯方法的示意图[18]。许多研究都集中在石墨氧化成石墨氧化物上。Brodie[19]首次报道了在氯酸钾和硝酸存在下合成氧化石墨。后来,Staudenmaier[20]通过在混合物中加入浓硫酸(H_2SO_4)改进了工艺。然而,这种方法既费时又危险。1958 年,Hummers[21]在硝酸钠存在的情况下使用了高锰酸钾和浓H_2SO_4的混合物。到目前为止,经过一些改进的 Hummers 方法是合成石墨氧化物最常用的方法[22-23]。首先将合成的石墨氧化物剥离成分散在水溶液中的单层或几层 GO 层或通过热处理膨胀[24]。然后,通过应用热退火[25]或使用还原剂如肼[26]、对苯二酚[27]和硼氢化钠[28]将氧化石墨烯还原为石墨烯薄片。

11.3 三维石墨烯结构的制备方法

在过去的几年中,人们致力于对不同形态和功能的三维石墨烯材料进行利用。在这一部分中,将三维石墨烯结构的制备方法分为利用不同技术组装 GO 片层和通过化学气相沉积直接沉积三维石墨烯结构。本章对所有的方法和最近的研究都进行了详细的讨论。

11.3.1 氧化石墨烯层组装

组装法是构建三维石墨烯结构的一种很有前途的策略,因为它具有石墨烯产量高、成本低、易于功能化等显著优点[29]。在这种技术中,氧化石墨烯(GO)溶液比石墨烯更好,因为 GO 表现为具有亲水边缘和疏水性基面的两亲性材料[30]。在组装技术的最后一步,为了获得三维石墨烯结构,GO 层通过化学路线或是通过热退火还原为还原氧化石墨烯(rGO)[31]。值得注意的是,通过组装方法形成三维石墨烯结构背后的驱动力是诸如范德瓦耳斯力、氢键、偶极相互作用、静电相互作用和 π-π 堆叠等相互作用[32]。

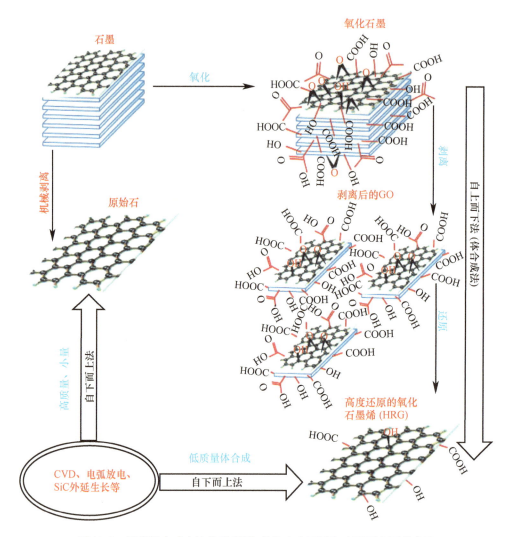

图 11.1 石墨烯合成方法的示意图,分为自上而下和自下而上两种方法

自上而下的方法被广泛用于石墨烯的可伸缩合成,这种方法产生质量相对较低的石墨烯类材料,通常称为还原氧化石墨烯或大量石墨烯,这是制备石墨烯纳米复合材料所需[18]。(经英国皇家化学学会许可转载)

11.3.1.1 自组装法

自组装是将二维石墨烯转换为具有不同功能的三维宏观石墨烯结构的最广泛使用的技术之一。所得结构具有广阔的应用前景,如储能器件[33]、医学[34]和光电[35]。该技术通过 GO 分散的凝胶化和 GO 到 rGO[31]的还原过程得到三维石墨烯结构。基本上,在胶体化学中,胶体之间的静电力改变时就会发生凝胶化[36]。在稳定的 GO 色散情况下,GO 基面的范德瓦耳斯引力与 GO 基面功能群的斥力之间存在着平衡。一旦这种力平衡被打破,凝胶过程就开始了,然后盖层重叠,形成不同的 GO 形态,例如水凝胶、有机凝胶或气凝胶,它们在物理上或化学上相互联系[37-38]。在最后一步,GO 水凝胶被简化成三维石墨烯网络。有许多方法可以启动稳定的 GO 分散的凝胶过程。例如,通过改变色散 pH 值[31]和应用超声技术[39]制备了无添加剂的 GO 水凝胶。在超声波探伤过程中,GO 片会断裂到较小的片材上。因此,产生的新的边缘含

有不稳定的羧基。GO 表面的这种变化引发了凝胶化(图 11.2(a),(b))。此外,加入交联剂如聚乙烯醇(PVA)[40]、DNA[41]和金属离子[42]可以引发凝胶过程。Bai 和他的同事[40]报道了通过将水溶性聚合物 PVA 作为交联剂添加到 GO 水溶液中来合成 GO 水凝胶。高羟基聚合物链与氧官能团之间的氢键相互作用形成交联点,从而制备了 GO 水凝胶。

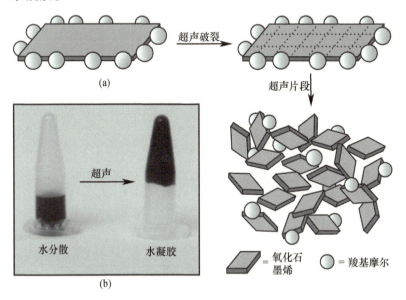

图 11.2 (a)这张示意图说明了在超声波作用下 GO 片的断裂和碎裂,其中沿着片材碎块边缘的羧基部分(表示为球体)的覆盖率降低导致了凝胶化;(b)数字图像,展示超声作用后将制备的氧化石墨烯水分散体(左)转化为水凝胶(右)[39]。(经爱思唯尔许可下转载)

另一方面,通过水热或化学还原工艺,可以直接获得三维石墨烯结构。在这些技术中,GO 片直接自组装,并在同一时间还原到 rGO[37]。例如,在常压下,在氧化铁纳米颗粒[43]的存在下,用硫化钠在 95℃ 的温和化学还原 GO,制备了导电多孔的三维石墨烯网络。He 等[44]报道了用水热和化学还原技术相结合的方法制备含钯和铟的三维石墨烯海绵。此研究以含钯铟盐的 GO 水溶液为研究对象,以维生素 C 为还原剂,在 110℃ 的水热条件下处理 6h。通常,在凝胶和还原三维石墨烯结构之后,需要一个干燥过程来去除结构中的水和有机分子,同时保留主框架[45]。冷冻干燥是一种可行的干燥技术,通常作为装配方法的最后一步。利用该技术,可以制造出具有更好的机械和电气性能的高孔隙结构,因为可以通过监测温度等工艺参数来控制孔隙的大小[46]。图 11.3 显示了在不同温度下冻干的三维石墨烯结构的 SEM 图像[46]。

另外,电化学还原作为一种众所周知的途径通常被用来在电极表面沉积活性物质,如三维石墨烯结构[47]。Chen 等[48]通过两个电化学沉积步骤制备了三维多孔石墨烯基复合材料。如图 11.4 所示,GO 片首先被电化学还原为多孔的三维石墨烯骨架,然后通过原位电化学沉积,将 3 种不同的成分作为导电聚合物、贵金属和金属氧化物集成到三维多孔石墨烯骨架上。电化学沉积三维石墨烯结构可直接作为高性能电极材料应用于电化学器件中。

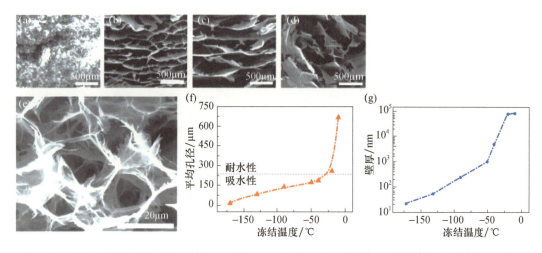

图 11.3 (a)~(d)海绵石墨在 -170℃、-40℃、-20℃和 -10℃不同温度下的微结构;(e)由与 a 板相对应的石墨烯纳米片组成的孔壁的高倍扫描电子显微镜图像。孔壁平均厚度为 10nm;(f)与冻结温度有关的平均孔径及(g)壁厚的统计。平均孔径从 10~700mm[46]不等。(经施普林格·自然许可转载)

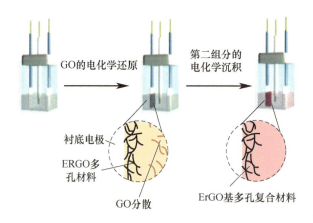

图 11.4 使用电化学沉积的 GO 片自组装的示意图[48](经英国皇家化学学会许可转载)

11.3.1.2 模板辅助法

通过减少 GO 和从结构中除去模板,利用聚苯乙烯(PS)[49]和二氧化硅(SiO_2)[50]预先设计的三维模板,可以作为另一种简便可行的制作三维石墨烯结构的方法。通常,该方法所使用的模板是通过带负电荷的石墨烯片和带正电的模板之间的静电相互作用而被石墨烯片包围的。与自组装策略相比,利用该技术可以获得更多具有理想形态的控制结构[37]。然而,架构的大小直接取决于模板的大小[8]。到目前为止,大量的工作都集中在使用模板辅助方法生产三维石墨烯材料上。在其中一项工作中,如图 11.5(a)所示,以带正电的聚苯乙烯球体为模板,包覆 GO 片层,然后用肼将 GO 还原为 rGO。最后,通过在 420℃下煅烧 2h 来制备石墨烯空心球,以去除芯部的 PS[51]。Wu 等[52]报道了一条制备石墨烯类空心球作为氧还原电催化剂的简便合成路线。如图 11.5(b)所示,聚乙烯亚胺功能化的 SiO_2 微球与石墨烯薄片之间强烈的静电相互作用导致了 GO - SiO_2 球形粒子的形成。经过还原和氢氟酸洗涤,得到了石墨烯基空心球。

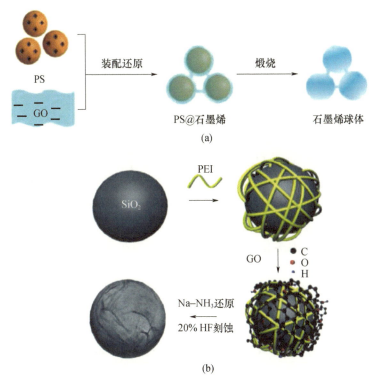

图 11.5 用(a)PS[51]和(b)SiO$_2$[52]作为模板制作石墨烯基空心球的示意图
（经英国皇家化学学会许可转载）

为了更好地控制三维石墨烯结构，Huang 和他的同事[53]报道了一种简单的多孔石墨烯泡沫的组装方法，该方法借助 GO 片层和功能化的 SiO$_2$ 球形模板之间的疏水相互作用，然后煅烧和二氧化硅刻蚀，从而制备出孔径可控的多孔石墨烯泡沫。图 11.6 为可控制孔径为 30~120nm 的纳米多孔石墨烯泡沫的合成过程示意图。

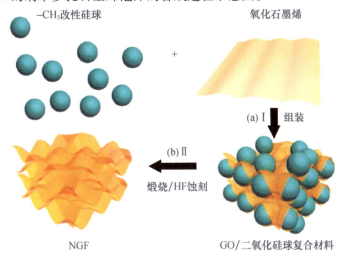

图 11.6 纳米多孔石墨烯泡沫塑料合成工艺示意图
(a)发生在 GO 和疏水二氧化硅模板之间的自组装；(b)煅烧和二氧化硅刻蚀制备 NGF[53]。（经威利许可转载）

11.3.1.3 电雾化

静电纺丝/电雾化是通过调整工艺参数生产石墨烯基纤维和直径从几微米到纳米的球形或珠状结构的一种简单而著名的技术。在这个过程中,在含有石墨烯基溶液的喷嘴和作为收集器的接地金属板之间施加强电场。溶液在喷嘴尖端的表面张力被克服到电场时,液滴拉伸并形成连续的射流,这种射流被作为石墨烯基纤维或球形结构收集在收集器上[54]。

近年来,核壳静电纺丝/电雾化因其可以像自组装和模板辅助方法那样省去沉积步骤,在一步工艺中实现多功能和利用不同材料而受到广泛关注,从而拓展了预制结构在药物输送、储能、传感器和纳米复合材料等领域的潜在应用[8,55]。在该技术中,最终形态受到各种溶液性质(如黏度和导电性)和工艺参数(如电压和流量)的影响[56]。目前,利用经典和核壳静电纺丝技术将石墨烯集成到纤维结构中的尝试很多[57-59]。然而,最近,Poudeh 等[8]通过一步核壳电雾化技术提出了一种新的在三维石墨烯中空填充聚合物球的设计方案。在本研究中,为了获得理想的球形形态,需要适当的聚合物浓度和溶液黏度,利用 Mark-Houwink-Sakurada 方程确定适合球形生产的聚合物浓度。在空位的情况下,核心材料应该含有比壳体溶液高蒸汽压的溶剂。图11.7 显示了使用核壳电雾化制备石墨烯球体的示意图,该方法消除了二维石墨烯薄片的崩塌和团聚问题,并通过聚合物链提供了更好的石墨烯层分散性。在球体形成过程中,聚合链和石墨烯薄片之间可能的相互作用也如图11.7(左)所示。

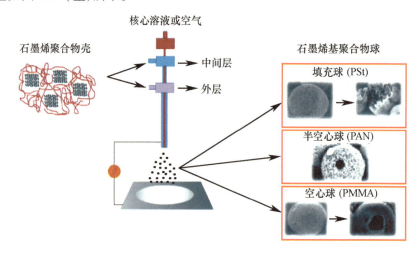

图11.7 核壳电雾化技术制备三维石墨烯基球的示意图以及(左)在球体形成过程中聚合链与石墨烯薄片之间可能的相互作用[8](经英国皇家化学学会许可转载)

11.3.2 三维石墨烯结构的直接沉积

化学气相沉积(CVD)是一种构建三维多孔石墨烯网络的简便方法,具有与原始石墨烯相当的大比表面积和高导电性[12]。此外,在上述三维石墨烯合成路线中,在上述三维石墨烯合成路线中,以化学衍生的石墨烯为起始原料,由于 GO 氧化还原过程中会引入一些缺陷,与 CVD 生长的三维石墨烯结构相比,所制备的三维石墨烯结构具有较低的导电性。在这种方法中,石墨烯直接从衬底上的有机前体中生长[60]。与传统的 CVD 工艺相比,传统方法使用扁平的金属衬底作为模板,能够产生少量的石墨烯,而三维石墨烯结构可以通过使用不同的三维模板(如大量的泡沫镍)来制备[37]。

由 Chen 等[61]首创,他们报道了一种在常压下,通过在1000℃下分解甲烷(CH_4),直接在三维镍模板上生长石墨烯薄膜的一般策略。由于镍与石墨烯的热膨胀系数的差异,石墨烯薄膜表面出现的皱纹为石墨烯薄膜与聚合物的相互作用提供了良好的条件。因此,在所制备的石墨烯薄膜表面容易沉积一层聚甲基丙烯酸甲酯,以便在蚀刻模板期间保护石墨烯网络。最后,在盐酸或氯化铁溶液中蚀刻镍支架,然后浸泡在热丙酮中去除聚合层。图 11.8 展示了用镍模板生产三维石墨烯泡沫的示意图。

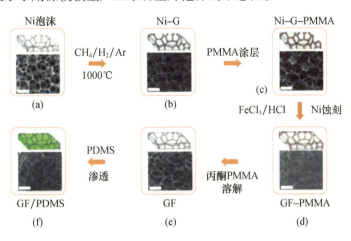

图 11.8　合成三维石墨烯泡沫(GF)及其与聚二甲基硅氧烷(PDMS)的集成

(a),(b)以泡沫镍为模板 CVD 生长石墨烯薄膜;(c)在涂覆薄的 PMMA 支撑层之后生长的石墨烯薄膜;(d)用热 HCl(或 $FeCl_3$/HCl)溶液腐蚀泡沫镍后,涂上 PMMA 的 GF;(e)用丙酮溶解 PMMA 层后的独立 GF;(f)PDMS 渗入 GF 后的 GF/PDMS 复合材料。所有的比例尺都是 500μm[61]。(经施普林格·自然许可转载)

应该注意的是,所制造的三维石墨烯网络的表面积取决于石墨烯薄膜中的层数[9]。例如,据报道,在三层石墨烯泡沫的情况下,比表面积高达 850 m^2/g[61]。另一个重要参数是所选模板的孔径,因为它直接影响泡沫石墨的最终性能[9]。因此,除了三维泡沫镍之外,还探索了另一种模板前体。在其中一项研究中,在氩气、氢气和甲烷的流动下,三维石墨烯被生长在平均孔径为 95nm 的阳极氧化铝模板上,在 1200℃ 的温度下生长 30min[62]。Ning 等[63]证明了以多孔 MgO 层为模板,甲烷为碳源,在模板表面形成了 1～2 层石墨烯,其比表面积为 1654 m^2/g,平均孔径为 10nm。除上述模板外,还报告使用诸如金属盐等其他模板[64-65]。除此之外,为了调整三维石墨烯泡沫的孔径,Ito 等[66]设计了一种新型的纳米镍模板,即在弱酸溶液中电化学浸出 $Ni_{30}Mn_{70}$ 前驱体中的锰。通过监测化学气相沉积时间和温度来控制镍韧带的尺寸,得到孔径为 100nm～2.0μm 的三维石墨烯泡沫。

作为替代方法,也对通过等离子体增强 CVD 非模板直接沉积三维石墨烯网络的方法做了报道。通过使用甲烷作为碳源以及金和不锈钢等基板,石墨烯薄片牢固地附着在基板上并相互连接,形成三维石墨烯结构[67]。

11.4 三维石墨烯结构

为了提高石墨烯材料在不同应用领域的功能和性能,人们投入了大量的精力来开发不同形态的三维石墨烯结构。在本节中,对最典型的结构及其特点进行了详细的讨论。

11.4.1 球状

基于石墨烯的球体具有高导电性和大比表面积等优良性能,是目前报道最多的三维石墨烯结构之一。模板辅助方法和组装方法是制备石墨烯基球的主要技术[52,68-69]。典型的球形模板如SiO_2和PS用于将二维石墨烯薄片转化为三维石墨烯球体。例如,石墨烯/聚苯胺(PANI)空心杂化微球是通过在磺化PS微球表面逐层组装带负电荷的GO片和带正电荷的PANI,然后去除模板来制备的(图11.9(a))[69]。最近,利用图11.9(b)和(c)所示的气溶胶辅助毛细管压缩方法制备了具有皱缩结构的石墨烯纳米布片。将含有各种金属或金属氧化物(如Pt和SnO_2)的GO水溶液在800℃的温度下喷入携带氮气的管路中,导致溶剂迅速蒸发,从而使GO片压缩和聚集,形成皱缩的三维石墨烯球状[70]。在另一种新方法中,通过一步核-壳雾化技术制备了填充石墨烯的空心球体,无需任何后处理或使用任何模板(图11.9(d)、(e))[8]。利用前驱体辅助CVD技术,Lee等分别以氯化铁和聚苯乙烯球为催化剂前驱体和碳源合成了介孔石墨烯纳米球状。得到的石墨烯纳米带,如图11.9(f)所示,显示了一个大的比表面积$508m^2/g$。图11.9(j)显示了所制备的介孔纳米球的示意图,其中PS球首先用羧酸和磺酸基团进行功能化,以增强PS球在$FeCl_3$溶液中的分散性,然后在氢气气氛中在1000℃下退火。在此过程中,吸附在PS表面的铁离子被还原为离子金属,从而通过CVD方法对石墨烯的生长起到三维结构和催化剂的作用[71]。

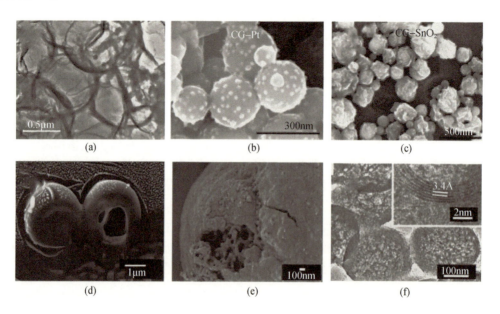

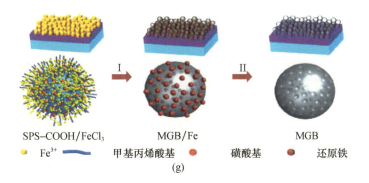

图11.9 （a）层层组装法制备rGO/PANI空心球的透射电镜图像[69]（经爱思唯尔许可转载）；（b）、（c）由GO悬浮液与前驱离子直接雾化合成的皱缩石墨烯球的SEM图像：由（c）SnO_2和Pt（b）合成的石墨烯球[70]（经美国化学学会许可转载）；（d）核壳式电雾化石墨烯基PMMA空心球的FIB-SEM图像；（e）电喷石墨烯基PS球状的SEM图像[8]（经英国皇家化学学会许可转载）；（f）用化学气相沉积（CVD）制备了层间距为0.34nm的介孔石墨烯纳米球，获得了高分辨率的TEM图像；（g）介孔石墨烯纳米球的制备工艺：步骤Ⅰ、将SPS-COOH/$FeCl_3$溶液滴入衬底上，然后石墨烯CVD生长；步骤Ⅱ、去除纳米球上的铁畴[71]（经美国化学学会许可转载）

11.4.2 网络

三维石墨烯网络，包括石墨烯泡沫[72-73]、水凝胶[74-75]、气凝胶[76-77]和海绵[78-79]，是报道最多的三维石墨烯结构。CVD技术是制备高质量的三维石墨烯网络的主要方法，通过碳溶解和分离机理，在金属衬底表面沉积少量石墨烯。图11.10(a)~(d)表示模板蚀刻前后的CVD生长石墨烯网络[80]。得到的三维石墨烯网络比化学衍生的石墨烯具有更少的缺陷，这也可以通过拉曼表征技术[61,80]得到证实。由于D能带（约1350cm^{-1}）是石墨烯拉曼谱中的一个特征峰，它与结构缺陷引起的细度及其强度变化有关[81]，在拉曼光谱中CVD生长石墨烯网络的D能带消失证实了无缺陷石墨烯的形成（图11.10(f)）。

尽管CVD生长石墨烯网络的质量很好，但它的孔径很大（如数百微米），孔隙度很高（99.7%），因此产量较低[61]。为了解决这个问题，许多研究都集中在使用不同的模板上。在其中一项工作中，Lee等[82]报道了以六水氯化镍为催化剂前驱体，在600℃下退火制备高密度三维石墨烯网络。退火后，在氢气和氩气气氛中，在不同温度下在交联镍骨架上生长了三维石墨烯泡沫。图11.11(a)和(b)显示了使用商用泡沫镍的CVD生长三维石墨烯网络与交联镍骨架之间的差异。用商用镍模板生长的三维石墨烯网络的孔径比用交联镍模板生长的三维石墨烯网络的孔径大1~2个数量级。结果表明，与泡沫镍（1mg/cm^3）相比，退火模板的孔径较小，导致了较高的三维石墨烯网络密度（22~100mg/cm^3）。

利用拉曼光谱（图11.12(a)、(b)）研究了生长温度对三维石墨烯网络结构的影响。Lee等[82]证明了将生长温度提高到1000℃可以改善三维石墨烯网络的质量，因为结构中的缺陷减少了，随着D能带（约1340cm^{-1}）的消失和二维能带（约2750cm^{-1}）强度的增加，形成了更薄的石墨烯层（图11.12(a)）。在石墨烯的拉曼光谱中，二维能带与G能带的强度比（约1575cm^{-1}）和二维能带半高全宽可估计石墨烯的层数（图11.12(b)）[81]。结构中同时存在单层、双层和多层石墨烯的原因是模板中不同尺寸的交联镍颗粒（图11.12

(f)~(k)。

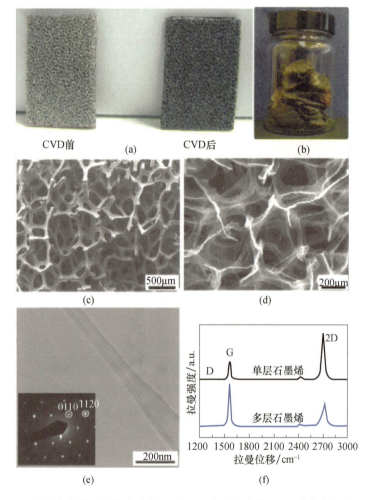

图11.10 (a)石墨烯生长前后的镍泡沫的照片;(b)去除泡沫镍后,一次化学气相沉积得到0.1g三维石墨烯网络;(c)CVD后泡沫镍上生长的三维石墨烯网络的SEM图像;(d)去除泡沫镍后三维石墨烯网络的SEM图像;(e)石墨烯薄片的TEM图像,小图:石墨烯薄片的SAED图;(f)三维石墨烯网络的拉曼光谱[80](经威利出版社许可转载)

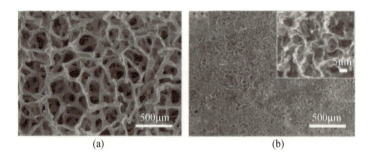

图11.11 使用(a)商用泡沫镍和(b)交联镍骨架两种不同模板获得的三维石墨烯网络的比较[82](经施普林格·自然许可转载)

除 CVD 外,还可以通过装配方法[47,83]和模板辅助技术[84]等不同的方法合成三维石墨烯网络。

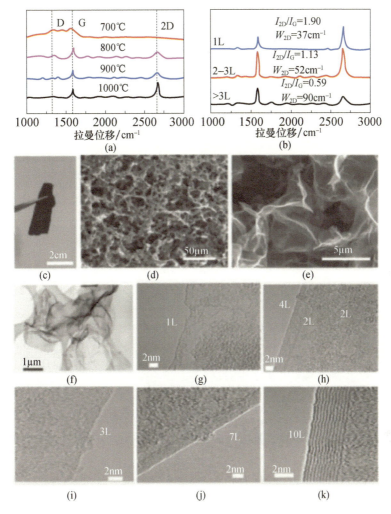

图 11.12 (a)三维石墨烯网络在不同温度下生长 1.5min 的典型拉曼光谱。拉曼光谱分析表明,随着生长温度提高到 1000℃,三维石墨烯网络的质量逐渐提高。(b)三维石墨烯网络的典型拉曼光谱。根据二维峰与 G 峰的强度比,结合二维能带半高全宽(FWHM,W_{2D}),从下到上估算了多层、双层和单层石墨烯。(c)单一三维石墨烯网络的照片。(d)、(e)用 $FeCl_3$/HCl 溶液在不同放大率下刻蚀镍模板后蜂窝样石墨烯层的 SEM 图像。(f)三维石墨烯网络中石墨烯层的低分辨率 TEM 图像。(g)~(k)三维石墨烯网络中不同石墨烯层的高分辨率 TEM 图像。(g)单层膜。(h)双层及四层。(i)三层。(j)七层。(k)十层[82](经施普林格·自然许可转载)

11.4.3 薄膜

近年来,由于石墨烯薄膜表面面积大,结构复杂,机械强度高,已成为许多应用的理想材料,特别是能源相关领域。然而,π-π 相互作用和二维石墨烯片间范德瓦耳斯力在表面积上造成了显著的损失,从而限制了石墨烯薄膜在实际应用中的应用[37,85]。为了理解石墨薄膜在笨重结构中的行为,可以考虑把石墨作为石墨烯的包装盒,尽管由于紧密堆积的原因,它缺少许多单层石墨烯的优良特性[86]。为了解决这个问题,添加隔片材料是必要的,以抑制片间叠片。到目前为止,已经有报道聚合物[87]、贵金属[88]、金属氧化物和氢氧化物[89-90]、碳材料[91]和金属有机框架[92]在二维石墨烯薄片之间的结合。除了上述材料外,还可以使用不同的模板(如 PS、PMMA 和 SiO_2 球形颗粒)来防止石墨烯片的团聚问题。Choi 等[93]通过使用 PS 球形颗粒作为模板,然后过滤和去除模板,制备了 MnO_2 沉积的三维大孔石墨烯骨架(图 11.13)。该材料具有较高的电导率和比表面积,是一种极具潜力的超级电容器电极材料。

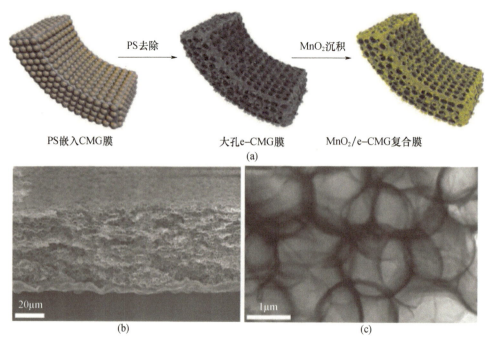

图 11.13　(a)三维大孔 MnO_2 化学改性石墨烯薄膜制备工艺示意图,化学改性的石墨烯薄膜;
(b)SEM 和(c)TEM 图像[93](经美国化学学会许可转载)

在另一项研究中,Yang 等[86]从大自然中获得灵感,证明了水分子可以起到天然间隔物的作用,扩大石墨烯之间的空间,抑制石墨烯的团聚。因此,合成的石墨烯薄膜可以作为高性能的电极材料,因为水分子提供了一个多孔的结构,允许电解质离子单独进入每个薄片的内部表面积。有趣的是,虽然所得到的薄膜含有近92%(质量分数)的水,但它表现出很高的电导率,这可能是由于湿膜的表面堆积形态,并提供了结构中的电子输运路径。

同时,一些不同的方法,如流延[94]、膨化[95]、光刻[96]和化学活化[97]已经被开发出来,用于在不使用间隔材料的情况下制备多孔石墨烯薄膜。

11.4.4　其他新颖结构

除了前面提到的三维石墨烯结构之外,还报道了三维石墨烯卷[98]、管[99]和蜂巢[100]等不同结构的制造。图 11.14 显示了文献中报道的一些三维石墨烯结构。在 Zhang 等[98]

报道的一项工作中,采用水热辅助自组装和氮掺杂策略相结合的方法制备了掺氮石墨烯带组装的芯-鞘 MnO@石墨烯卷(图 11.14(a)、(b))。所获得的三维结构可以作为锂存储器件的高性能电极。

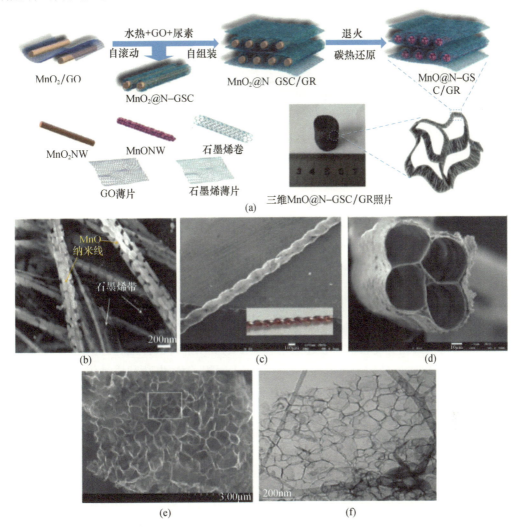

图 11.14 (a)三维分层 MnO@N-掺杂石墨烯卷/石墨烯带结构的制作过程的示意图,涉及 MnO₂ 纳米线和 GO 板之间的自滚动和自组装过程的两个主要步骤,以及随后的退火处理;(b)不同倍率下 MnO@N-掺杂石墨烯卷/石墨烯带的 FESEM 图像[98](经威利许可转载);(c)用两根直径为 100μm 的铜丝绞合而成的螺旋石墨烯微管的扫描电镜图像(插图);(d)多通道石墨烯微管的扫描电镜图像,通道数为 4(使用的铜丝直径为 40μm)[99](经美国化学学会许可转载);(e)高角度环形暗场图像;(f)蜂窝结构石墨烯的 TEM 图像[101](经威利许可转载)

在另一项研究中,采用水热法和铜丝作为模板制备了三维石墨烯微管。石墨烯基管的形貌与碳纳米管相似,但与 CNT 相比,其内径要大得多。在这项工作中,铜丝被放置在一条玻璃管道内,然后在管道中填充 GO 分散体。在水热还原过程中,将 GO 片绕在铜丝周围,通过去除模板和管道获得三维石墨烯微管(图 11.14(c)、(d))[99]。

在550℃低压条件下,通过锂氧化物和一氧化碳气体的简单反应,制备出了蜂窝状的三维石墨烯结构,如图11.14(e)和(f)所示。所得结构具有较高的能量转换效率,是一种很有前途的储能器件材料[101]。

11.5 三维石墨烯结构的应用

如上所述,与二维石墨烯相比,三维石墨烯结构具有更好的性能和更先进的功能,在储能器件、传感器、聚合物复合材料和催化等领域得到了广泛的应用。

11.5.1 超级电容器

由于超级电容器具有较高的功率密度和较长的循环寿命等优点,因此与其他储能器件相比,超级电容器受到了极大的关注[102]。根据储能机理的不同,超级电容器主要分为准电容器和电化学双层电容器(EDLC)两大类。过渡金属氧化物和导电聚合物等准电容器通过表面的化学氧化还原反应存储电荷,而EDLC(如碳基材料)则通过电极-电解质表面的离子吸附来存储能量。在各种碳基材料中,石墨烯作为EDLC电极因其尺寸多样、表面积大而在电化学储能系统中得到了广泛的应用[103]。最近,三维石墨烯结构因其多孔结构、高比表面积和相互联结的网络而成为超级电容器的候选材料,这改善了电解质离子在电极表面的可获得性,并增加了电导率[104]。到目前为止,球体[49]、网状结构[80]和薄膜[105]等不同结构的三维石墨烯材料已被报道为超级电容器的潜在电极。另外,对已报道的石墨烯结构及其相关复合材料在超级电容器中的应用进行了详细的讨论。

具有中空微/纳米结构的石墨烯球具有高比表面积、缩短电荷和质量传输双熔合长度短等先进特性,可以大大提高其作为超级电容器电极的性能[106]。例如,通过将聚苯胺聚合物沉积在磺化的聚苯乙烯球形模板上,然后去除模板,制备了石墨烯包裹的聚苯胺空心球。然后将带负电荷的GO片包裹在带正电荷的PANI空心球上,通过静电作用的电化学还原将其片还原为石墨烯(图11.15(a)、(b))。所制得的石墨烯包裹聚苯胺空心球在电流密度为1A/g时表现出614F/g的优异比电容,500次充放电循环后的电容保持率超过90%(图11.15(c)、(d))[107]。在Lee等[71]报道的另一项工作中,用CVD法制备了介孔石墨烯纳米球作为超级电容器的电极,在5mV/s的扫描速率下,其比电容高达206F/g,经过10000次充放电循环后,即使在高电流密度下,介孔石墨烯纳米球仍保持着96%的电容保持率。

三维石墨烯网络,如石墨烯泡沫、海绵和水凝胶,由于其理想的多孔结构而引起了人们的极大关注,这些结构增强了电解质离子在石墨烯骨架内的运动,从而提高了电极材料的导电性和电化学性能[45]。通过微波合成石墨烯和碳纳米管制备的海绵状石墨烯纳米结构在48000W/kg的超高功率密度下具有7.1W·h/kg的高能量密度,在1mol/L硫酸中充放电10000次后的保留率为98%。所获得结构的高性能可能归功于$418m^2/g$的大比表面积和完全可达的多孔网络[78]。

到目前为止,人们已经致力于制造柔性超级电容器,作为未来可穿戴和便携式设备(如电子纺织品)的潜在电源[108]。对此,Xu等[109]以石墨烯水凝胶膜为电极、聚乙烯醇和硫酸为电解液制备了一种柔性固态超级电容器。所制备的厚度为$120\mu m$的电极在电流密度为 1A/g 时的重量比容量为 186F/g，10000 次充放电循环后的保持率为 91.6% (图 11.15(f)、(g))。此外,具有互联网络的三维石墨烯水胶膜具有很高的电气和机械鲁棒性,这对于柔性超级电容器的应用是必不可少的。最近,He 等[110]提出了一种超轻、独立的石墨烯/MnS_2 复合网络的柔性超级电容器,如图 11.15(e)所示,方法是先在泡沫镍上 CVD 生长石墨烯,然后在三维石墨烯网络上电化学沉积 MnS_2。在扫描速度为 2mV/s 的情况下,获得了 130 F/g 的高比电容,弯曲到 180°时电阻变化小,证实了所得到的三维石墨烯网络具有良好的电化学性能。

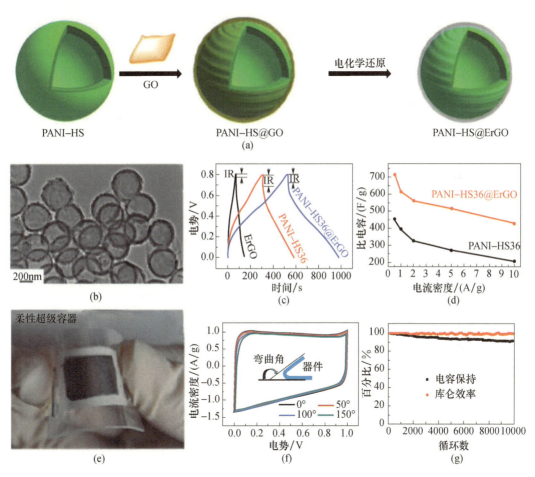

图 11.15 (a)制备步骤的示意图;(b)石墨烯包裹聚苯胺空心球的 TEM 图像;(c)电化学还原 GO、PANI 空心球和石墨烯包裹 PANI 空心球在 1A/g 电流密度下 0~0.80V 电位窗口内的恒流充放电曲线;(d)PANI 空心球和石墨烯包裹 PANI 空心球在不同电流密度下的比电容图[107](经美国化学学会许可转载);(e)作为柔性超级电容器的三维石墨烯/MnO_2 复合网络的数码照片[110](经美国化学学会许可转载);(f)基于三维石墨烯水凝胶,在 10 mV/s 弯曲角度的柔性固态超电容器的 CV 曲线;(g)基于三维石墨烯水凝胶,柔性固态超电容器在电流密度为 10A/g 时的循环稳定性[109](经美国化学学会许可转载)

11.5.2 锂离子电池

近年来,三维石墨烯结构可作为电池活性电极被利用,科学家对此进行了广泛的研究。由于与超级电容器相比,三维石墨烯的可逆容量和循环寿命较低,因此将三维石墨烯集成到电极结构中可以提高电极的寿命和能量密度以及电化学性能。因此,在电池(如锂离子电池,LIB)的设计中,应该考虑锂电池组件(如电极和电解质)在提高电池性能中的重要性。三维石墨烯结构由于具有高比表面积、多孔结构、快速传质/电荷转移和网络互联等突出特点,成为高性能锂离子电池的优秀候选材料。

到目前为止,人们已经研究了各种金属或金属氧化物(如 Sn[111]、NiO[112]、Fe_3O_4[113]、$LiFePO_4$[114])和 CNT[115]与石墨烯的复合以及制备三维石墨烯复合材料。Yu 和他的同事[116]通过一种简单的水热自组装策略开发了嵌入在三维石墨烯网络中的介孔 TiO_2 球。与纯 TiO_2 的 38mA·h/g 相比,所制备的复合材料作为锂离子电池负极在 20C 下的高倍率比容量高达 124mA·h/g(图 11.16(a)、(b))。这种制备的复合材料的电化学性能的提高可以归因于电解质与电极之间的高接触面积、电子和锂离子的扩散动力学要求、三维石墨烯网络的高导电性以及 TiO_2 球的多孔结构。

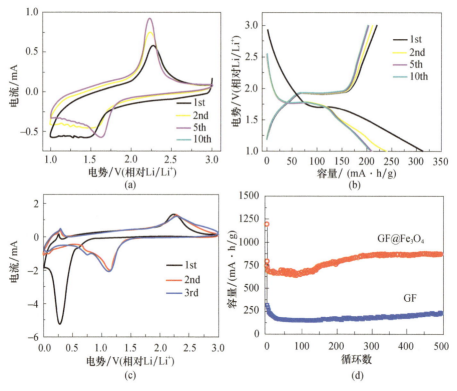

图 11.16 (a)在三维石墨烯网络中嵌入 TiO_2 球的典型循环伏安图,扫描速率为 1mV/s;(b)嵌入三维石墨烯复合材料中的 TiO_2 微球在 0.5C 电流下的充放电电压分布[116](经英国皇家化学学会许可转载);(c)石墨烯泡沫支承的 Fe_3O_4 电极的 CV 曲线;(d)石墨烯泡沫及石墨烯泡沫支承的 Fe_3O_4 电极在 1C 速率下的循环曲线[113](经美国化学学会许可转载)

利用微波辅助合成三维石墨烯/CNT/镍自组装电极,Bae 等[115]开发了一种新的锂离子电池电极,其中 CNT 通过 Ni 纳米颗粒的尖端生长机制生长在石墨烯上,并通过阻止二维石墨烯的重新堆积起到了间隔层的作用。合成的三维复合材料作为 LIB 阳极电极,在电流密度为 100 mA/g 的情况下,经 50 次循环后,其可逆性比容为 648.2mA·h/g。

Fe_3O_4 具有理论容量高、成本低、无毒等优点,被认为是一种很有前途的锂离子电池电极。然而,Fe_3O_4 的高体积膨胀和低电导率阻碍了电极的稳定性能。石墨烯等导电纳米材料的集成和三维结构的构建是提高电极性能的主要策略之一。为达到这一目的,Luo 等[113]制备了三维型泡沫石墨烯负载 Fe_3O_4 锂离子电池,在 1C 充放电倍率下的容量高达 785mA·h/g,循环次数不超过 500 次。石墨烯负载的 Fe_3O_4 锂离子电池电极的电化学性质如图 11.16(c)和(d)所示。

在所有上述研究中,三维石墨烯提供了一个短路径长度的锂离子和电子输运,并通过消除团聚增加电导率,从而提高了电极性能。

11.5.3 传感器

近年来,由于石墨烯优异的光电性能和金属/金属氧化物的高催化活性,金属和金属氧化物修饰的石墨烯材料在各种传感器件(如电化学传感和生物传感)中得到了广泛的研究[117]。例如,Yavari 等[118]制备了一种三维石墨烯网络,用于在室温和大气压下检测 NH_3 和 NO_2,在毫克每升范围内具有很高的气体检测灵敏度。在另一项研究中,Kung 等[119]设计了一种集成三维石墨烯泡沫的铂-钌双金属纳米催化剂作为传感器,通过增强反应的表面积和改善反应中的有效传输来检测过氧化氢。该材料对 H_2O_2 的电化学氧化表现出很高的性能,其灵敏度为 $1023.1\mu A/[(mmol/L)\cdot cm^2]$,检测限为 $0.04mmol/L$。

Yang 等构建了聚苯胺纳米纤维连接的大面积三维石墨烯互连 GO,用于鸟嘌呤和腺嘌呤的测定[120]。在强 π-π 相互作用和静电吸附作用下,正电荷鸟嘌呤和腺嘌呤被吸附到带负电荷的结构上。上述制备的材料灵敏度高、长期稳定性好、检测下限低,是测定其他小分子物质的可靠方法。

11.5.4 燃料电池

如今,由于化石燃料的有限性和能源消费的迅速增长,科学家们开始设计和开发可再生能源。为此,三维石墨烯结构在燃料电池中作为催化剂或催化剂载体在氧化还原反应(ORR)中负载金属和合金,从而改善燃料电池的性能引起了人们的极大关注[45]。微生物燃料电池(MFC)通过生物氧化过程将生物可降解有机物中的化学能转化为电能,从而提供环境生物修复。然而,大多数商业化的 MFC 都存在功率密度低、电极表面细菌载量低的问题。为了解决这个问题,许多研究都集中在将催化剂材料集成到 MFC 的阳极和阴极上[121-122]。近年来,由于三维石墨烯结构具有较大的比表面积和较高的导电性,因此三维石墨烯作为催化剂或载体材料的应用受到了极大的关注。在其中一项研究中,Yong 等[122]提出了一种基于 PANI 杂化三维石墨烯的大孔整体式阳极电极。由于石墨烯具有较大的比表面积,提高了与细菌膜的结合能力,从而使更多的电子通过多路复用和导电途径。三维石墨烯/PANI 电极与细菌的界面和相互作用的示意图如图 11.17(a)所示。如图 11.17(b)和(c)所示,所制得的 MFC 具有 $768mW/m^2$ 的高功率密度,是相同条件下碳布 MFC 的 4 倍。同样,我们还制备了 Pt 纳米粒子修饰的三维石墨烯气凝胶作为 MFC 的独立阳极,其功率密度为 $1460mW/m^2$。制备的 MFC 具有较高的细菌负载能力、细菌与三维石墨烯/Pt 之间的电子传递以及三维孔隙中离子的快速扩散等优点[123]。

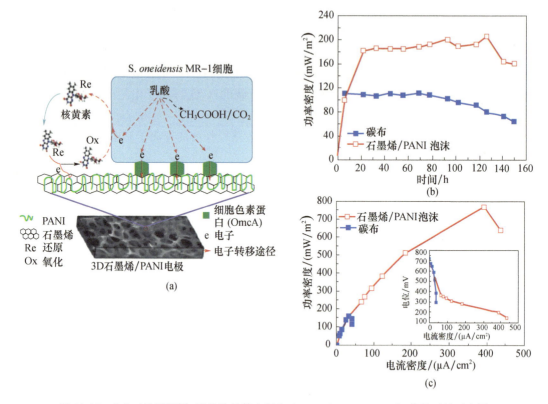

图 11.17 （a）三维石墨烯/聚苯胺整体电极和 S. oneidensis MR-1 细菌界面的示意图；（b）碳布阳极和石墨烯/聚苯胺泡沫阳极的 MFC 输出功率密度的时间进程；（c）两种 MFC 的极化曲线,插图显示 $I-V$ 关系[122]（经美国化学学会许可转载）

11.6 小结

　　本章根据三维石墨烯材料的特点和应用,综述了三维石墨烯材料的形貌剪裁技术的最新研究进展。到目前为止,人们已经在球体、薄膜和网络形式的三维石墨烯材料的设计和制备上投入了相当大的努力。三维石墨烯不仅通过抑制薄片的再堆叠和聚集来保持二维石墨烯的固有特性,而且在超级电容器、燃料电池、电池、传感器等各种应用中提供了具有理想特性的高级功能。三维石墨烯结构的施工方法主要有组装法、模板辅助法、化学气相沉积法和电喷雾法。然而,在三维石墨烯体系结构的生产中仍然存在一些挑战。例如,构造结构的大小及其属性很大程度上取决于构造块（如模板）。此外,石墨烯片材的主要问题是容易团聚,这严重降低了石墨烯在本体应用中的导电性和利用率。因此,仍有必要设计新的可行方法来防止石墨烯层的再堆叠,制造出理想的三维石墨烯结构,并通过降低成本将生产规模从实验室跨越到中试级别。最后,三维石墨烯结构为石墨烯产品的商业化带来了新的机遇,并在能源、电子和复合材料领域开辟了新的应用空间。

参考文献

[1] Du,X.,Skachko,I.,Barker,A.,Andrei,E. Y., Approaching ballistic transport in suspended graphene. *Nat. Nanotechnol.*,3,8,491-495,2008.

[2] Balandin,A. A.,Ghosh,S.,Bao,W.,Calizo,I.,Teweldebrhan,D.,Miao,F.,Lau,C. N., Superior thermal conductivity of single-layer graphene. *Nano Lett.*,8,3,902-907,2008.

[3] Zhu,Y.,Murali,S.,Cai,W.,Li,X.,Suk,J. W.,Potts,J. R.,Ruoff,R. S., Graphene and graphene oxide: Synthesis,properties,and applications. *Adv. Mater.*,22,35,3906-3924,2010.

[4] Galashev,A. E. and Rakhmanova,O. R., Mechanical and thermal stability of graphene and graphene-based materials. *Physics-Uspekhi*,57,10,970-989,2014.

[5] Lee,C.,Wei,X.,Kysar,J. W.,Hone,J., Measurement of the elastic properties and intrinsic strength of monolayer graphene. *Science*(80),321,5887,385-388,2008.

[6] Mao,S.,Lu,G.,Chen,J., Three-dimensional graphene-based composites for energy applications. *Nanoscale*,2014.

[7] Zhao,Y.,Jiang,C.,Hu,C.,Dong,Z.,Xue,J.,Meng,Y.,Zheng,N.,Chen,P.,Qu,L., Large-scale spinning assembly of neat,morphology-defined,graphene-based hollow fibers. *ACS Nano*,7,3,2406-2412,2013.

[8] Haghighi Poudeh,L.,Saner Okan,B.,Seyyed Monfared Zanjani,J.,Yildiz,M.,Menceloglu,Y. Z., Design and fabrication of hollow and filled graphene-based polymeric spheres *via* coreshell electrospraying. *RSC Adv.*,5,91147-91157,2015.

[9] Bagoole,O.,Rahman,M.,Younes,H.,Shah,S.,Al Ghaferi,A., Three-dimensional graphene interconnected structure,fabrication methods and applications:Review. *J. Nanomed. Nanotechnol.*,8,2,2017.

[10] Novoselov,K. S.,Geim,A. K.,Morozov,S. V.,Jiang,D.,Zhang,Y.,Dubonos,S. V.,Grigorieva,I. V.,Firsov,A. A., Electric field effect in atomically thin carbon films. *Science*(80),306,5696,666-669,2004.

[11] Sutter,P. W.,Flege,J.-I.,Sutter,E. A., Epitaxial graphene on ruthenium. *Nat. Mater.*,7,5,406411,2008.

[12] Kim,K. S.,Zhao,Y.,Jang,H.,Lee,S. Y.,Kim,J. M.,Kim,K. S.,Ahn,J.-H.,Kim,P.,Choi,J.-Y.,Hong,B. H., Large-scale pattern growth of graphene films for stretchable transparent electrodes. *Nature*,457,7230,706-710,2009.

[13] Lu,J.,Yang,J.,Wang,J.,Lim,A.,Wang,S.,Loh,K. P., One-pot synthesis of fluorescent carbon nanoribbons,nanoparticles,and graphene by the exfoliation of graphite in ionic liquids. *ACS Nano*,3,8,2367-2375,2009.

[14] Stankovich,S.,Dikin,D. A.,Piner,R. D.,Kohlhaas,K. A.,Kleinhammes,A.,Jia,Y.,Wu,Y.,Nguyen,S. T.,Ruoff,R. S., Synthesis of graphene-based nanosheets *via* chemical reduction of exfoliated graphite oxide. *Carbon N. Y.*,45,1558-1565,2007.

[15] Park,S. and Ruoff,R. S., Chemical methods for the production of graphenes. *Nat. Nanotechnol.*,4,march,217-224,2009.

[16] Li,C. and Shi,G., Three-dimensional graphene architectures. *Nanoscale*,4,18,5549,2012.

[17] Dreyer,D. R.,Park,S.,Bielawski,C. W.,Ruoff,R. S., The chemistry of graphene oxide. *Chem. Soc. Rev.*,39,1,228-240,2010.

[18] Khan,M.,Tahir,M. N.,Adil,S. F.,Khan,H. U.,Siddiqui,M. R. H.,Al-warthan,A. A.,Tremel,W., Graphene based metal and metal oxide nanocomposites:Synthesis,properties and their applications. *J.*

Mater. Chem. A,3,37,18753 – 18808,2015.

[19] Brodie,B. C. ,On the atomic weight of graphite. *Phil. Trans. R. Soc. Lond.* ,149,January,249259,1859.

[20] Staudenmaier,L. ,Verfahren zur Darstellung der Graphitsaure. *Ber. Dtsch. Chem. Ges.* ,31,1481 – 1487,1898.

[21] William,J. ,Hummers,S. ,Offeman,R. E. ,Preparation of graphitic oxide. *J. Am. Chem. Soc.* ,80,1937,1339,1958.

[22] Chen,J. ,Yao,B. ,Li,C. ,Shi,G. ,An improved Hummers method for eco – friendly synthesis of graphene oxide. *Carbon N. Y.* ,64,1,225 – 229,2013.

[23] Marcano,D. C. ,Kosynkin,D. V. ,Berlin,J. M. ,Sinitskii,A. ,Sun,Z. ,Slesarev,A. ,Alemany,L. B. ,Lu,W,Tour,J. M. ,Improved synthesis of graphene oxide. ACS Nano,4,8,4806 – 4814,2010.

[24] Saner,B. ,Okyay,F. ,Yürüm,Y. ,Utilization of multiple graphene layers in fuel cells. 1. An improved technique for the exfoliation of graphene – based nanosheets from graphite. *Fuel*,89,8,1903 – 1910,2010.

[25] McAllister,M. J. ,Li,J. – L. ,Adamson,D. H. ,Schniepp,H. C. ,Abdala,A. A. ,Liu,J. ,Herrera – Alonso,M. ,Milius,D. L. ,Car,R. ,Prud'homme,R. K. ,Aksay,I. A. ,Single sheet functionalized graphene by oxidation and thermal expansion of graphite. *Chem. Mater.* ,19,18,4396 – 4404,2007.

[26] Stankovich,S. ,Dikin,D. A. ,Piner,R. D. ,Kohlhaas,K. A. ,Kleinhammes,A. ,Jia,Y. ,Wu,Y. ,Nguyen,S. T. ,Ruoff,R. S. ,Synthesis of graphene – based nanosheets *via* chemical reduction of exfoliated graphite oxide. *Carbon N. Y*,45,7,1558 – 1565,2007.

[27] Saner,B. ,Ding,F. ,Yürüm,Y. ,Utilization of multiple graphene nanosheets in fuel cells:2. the effect of oxidation process on the characteristics of graphene nanosheets. *Fuel*,90,8,26092616,2011.

[28] Si,Y. and Samulski,E. T. ,Synthesis of water soluble graphene. *Nano Lett.* ,8,1679 – 82,2008.

[29] Xu,Y. ,Sheng,K. ,Li,C. ,Shi,G. ,Self – assembled graphene hydrogel *via* a one – step hydrothermal process. ACS Nano,4,7,4324 – 4330,2010.

[30] Kim,J. ,Cote,L. J. ,Kim,F. ,Yuan,W. ,Shull,K. R. ,Huang,J. ,Graphene oxide sheets at interfaces. *J. Am. Chem. Soc.* ,132,23,8180 – 8186,2010.

[31] Bai,H. ,Li,C. ,Wang,X. ,Shi,G. ,On the gelation of graphene oxide. *J. Phys. Chem. C*,115,13,5545 – 5551,2011.

[32] Luan,V. H. ,Tien,H. N. ,Hoa,L. T. ,Hien,N. T. M. ,Oh,E. – S. ,Chung,J. ,Kim,E. J. ,Choi,W. M. ,Kong,B. – S. ,Hur,S. H. ,Synthesis of a highly conductive and large surface area graphene oxide hydrogel and its use in a supercapacitor. *J. Mater. Chem. A*,1,2,208 – 211,2013.

[33] Wang,D. ,Kou,R. ,Choi,D. ,Yang,Z. ,Nie,Z. ,Li,J. ,Saraf,L. V. ,Hu,D. ,Zhang,J. ,Graff,G. L. ,Liu,J. ,Pope,M. A. ,Aksay,I. A. ,Ternary self – assembly of ordered metal oxide – graphene nanocomposites for electrochemical energy storage. ACS Nano,4,3,1587 – 1595,2010.

[34] Patil,A. J. ,Vickery,J. L. ,Scott,T. B. ,Mann,S. ,Aqueous stabilization and self – assembly of graphene sheets into layered bio – nanocomposites using DNA. *Adv. Mater.* ,21,31,3159 – 3164,2009.

[35] Eda,G. and Chhowalla,M. ,Chemically derived graphene oxide:Towards large – area thin – film electronics and optoelectronics. *Adv. Mater.* ,22,22,2392 – 2415,2010.

[36] Zeng,M. ,Wang,W. L. ,Bai,X. D. ,Preparing three – dimensional graphene architectures:Review of recent developments. *Chinese Phys. B*,22,9,2013.

[37] Cao,X. ,Yin,Z. ,Zhang,H. ,Three – dimensional graphene materials:Preparation,structures and application in supercapacitors. *Energy Environ. Sci.* ,7,1850,2014.

[38] Ji,X. ,Zhang,X. ,Zhang,X. ,Three – dimensional graphene – based nanomaterials as electrocatalysts for oxygen reduction reaction. *J. Nanomater.* ,2015,1 – 9,2015.

[39] Compton, O. C., An, Z., Putz, K. W., Hong, B. J., Hauser, B. G., Catherine Brinson, L., Nguyen, S. T., Additive-free hydrogelation of graphene oxide by ultrasonication. *Carbon N. Y.*, 50, 10, 3399-3406, 2012.

[40] Bai, H., Li, C., Wang, X., Shi, G., A pH-sensitive graphene oxide composite hydrogel. *Chem. Commun.*, 46, 14, 2376, 2010.

[41] Xu, Y., Wu, Q., Sun, Y., Bai, H., Shi, G., Three-dimensional self-assembly of graphene oxide and DNA into multifunctional hydrogels. *ACS Nano*, 4, 12, 7358-7362, 2010.

[42] Cong, H. P., Ren, X. C., Wang, P., Yu, S. H., Macroscopic multifunctional graphene-based hydrogels and aerogels by a metal ion induced self-assembly process. *ACS Nano*, 6, 3, 2693-2703, 2012.

[43] Chen, W., Li, S., Chen, C., Yan, L., Self-assembly and embedding of nanoparticles by *in situ* reduced graphene for preparation of a 3D graphene/nanoparticle aerogel. *Adv. Mater.*, 23, 47, 5679-5683, 2011.

[44] He, G., Tang, H., Wang, H., Bian, Z., Highly selective and active Pd-In/three-dimensional graphene with special structure for electroreduction CO_2 to formate. *Electroanalysis*, 1-11, 2017.

[45] Ma, Y. and Chen, Y., Three-dimensional graphene networks: Synthesis, properties and applications. *Natl. Sci. Rev.*, 2, 40-53, 2014.

[46] Xie, X., Zhou, Y., Bi, H., Yin, K., Wan, S., Sun, L., Large-range control of the microstructures and properties of three-dimensional porous graphene. *Sci. Rep.*, 3, 1-6, 2013.

[47] Sheng, K., Sun, Y., Li, C., Yuan, W., Shi, G., Ultrahigh-rate supercapacitors based on eletro-chemically reduced graphene oxide for ac line-filtering. *Sci. Rep.*, 2, 1, 247, 2012.

[48] Chen, K., Chen, L., Chen, Y., Bai, H., Li, L., Three-dimensional porous graphene-based composite materials: Electrochemical synthesis and application. *J. Mater. Chem.*, 22, 39, 20968, 2012.

[49] Zhang, J., Yu, Y., Liu, L., Wu, Y., Graphene-hollow PPy sphere 3D-nanoarchitecture with enhanced electrochemical performance. *Nanoscale*, 5, 7, 3052-7, 2013.

[50] Cai, D., Ding, L., Wang, S., Li, Z., Zhu, M., Wang, H., Facile synthesis of ultrathin-shell graphene hollow spheres for high-performance lithium-ion batteries. *Electrochim. Acta*, 139, 96-103, 2014.

[51] Shao, Q., Tang, J., Lin, Y., Zhang, F., Yuan, J., Zhang, H., Shinya, N., Qin, L.-C., Synthesis and characterization of graphene hollow spheres for application in supercapacitors. *J. Mater. Chem. A*, 1, 15423-15428, 2013.

[52] Wu, L., Feng, H., Liu, M., Zhang, K., Li, J., Graphene-based hollow spheres as efficient electrocatalysts for oxygen reduction. *Nanoscale*, 5, 10839-43, 2013.

[53] Huang, X., Qian, K., Yang, J., Zhang, J., Li, L., Yu, C., Zhao, D., Functional nanoporous graphene foams with controlled pore sizes. *Adv. Mater.*, 24, 32, 4419-4423, 2012.

[54] Seyyed Monfared Zanjani, J., Saner Okan, B., Letofsky-Papst, I., Yildiz, M., Menceloglu, Y. Z., Rational design and direct fabrication of multi-walled hollow electrospun fibers with controllable structure and surface properties. *Eur. Polym. J.*, 62, 66-76, 2015.

[55] Forward, K. M., Flores, A., Rutledge, G. C., Production of core/shell fibers by electrospinning from a free surface. *Chem. Eng. Sci.*, 104, 250-259, 2013.

[56] Zanjani, J. S. M., Saner Okan, B., Menceloglu, Y. Z., Yildiz, M., Design and fabrication of multiwalled hollow nanofibers by triaxial electrospinning as reinforcing agents in nanocomposites. *J. Reinf. Plast. Compos.*, 34, 16, 1273-1286, 2015.

[57] Shilpa, S., Basavaraja, B. M., Majumder, S. B., Sharma, A., Electrospun hollow glassy carbon-reduced graphene oxide nanofibers with encapsulated ZnO nanoparticles: A free standing anode for Li-ion batteries. *J. Mater. Chem. A*, 3, 10, 5344-5351, 2015.

[58] Lin, C. - J. , Liu, C. - L. , Chen, W. - C. , Poly(3 - hexylthiophene)/graphene composites based aligned nanofibers for high performance field effect transistors. *J. Mater. Chem. C*, 2015.

[59] Promphet, N. , Rattanarat, P. , Rangkupan, R. , Chailapakul, O. , Rodthongkum, N. , An electrochemical sensor based on graphene/polyaniline/polystyrene nanoporous fibers modified electrode for simultaneous determination of lead and cadmium. *Sensors Actuators B Chem.*, 207, 526 - 534, 2015.

[60] Allen, M. J. , Tung, V. C. , Kaner, R. B. , Honeycomb carbon: A review of graphene. *Chem. Rev.*, 110, 1, 132 - 145, 2010.

[61] Chen, Z. , Ren, W. , Gao, L. , Liu, B. , Pei, S. , Cheng, H. - M. , Three - dimensional flexible and conductive interconnected graphene networks grown by chemical vapour deposition. *Nat. Mater.*, 10, 6, 424 - 428, 2011.

[62] Zhou, M. , Lin, T. , Huang, F. , Zhong, Y. , Wang, Z. , Tang, Y. , Bi, H. , Wan, D. , Lin, J. , Highly conductive porous graphene/ceramic composites for heat transfer and thermal energy storage. *Adv. Funct. Mater.*, 23, 18, 2263 - 2269, 2013.

[63] Ning, G. , Fan, Z. , Wang, G. , Gao, J. , Qian, W. , Wei, F. , Gram - scale synthesis of nanomesh graphene with high surface area and its application in supercapacitor electrodes. *Chem. Commun.*, 47, 21, 5976, 2011.

[64] Li, W. , Gao, S. , Wu, L. , Qiu, S. , Guo, Y. , Geng, X. , Chen, M. , Liao, S. , Zhu, C. , Gong, Y. , Long, M. , Xu, J. , Wei, X. , Sun, M. , Liu, L. , High - density three - dimension graphene macroscopic objects for high - capacity removal of heavy metal ions. *Sci. Rep.*, 3, 1, 2125, 2013.

[65] Lee, J. - S. , Ahn, H. - J. , Yoon, J. - C. , Jang, J. - H. , Three - dimensional nano - foam of few - layer graphene grown by CVD for DSSC. *Phys. Chem. Chem. Phys.*, 14, 22, 7938, 2012.

[66] Ito, Y. , Tanabe, Y. , Qiu, H. J. , Sugawara, K. , Heguri, S. , Tu, N. H. , Huynh, K. K. , Fujita, T. , Takahashi, T. , Tanigaki, K. , Chen, M. , High - quality three - dimensional nanoporous graphene. *Angew. Chemie Int. Ed.*, 53, 19, 4822 - 4826, 2014.

[67] Mao, S. , Yu, K. , Chang, J. , Steeber, D. A. , Ocola, L. E. , Chen, J. , Direct growth of vertically - oriented graphene for field - effect transistor biosensor. *Sci. Rep.*, 3, 33 - 36, 2013.

[68] Wang, H. , Shi, L. , Yan, T. , Zhang, J. , Zhong, Q. , Zhang, D. , Design of graphene - coated hollow mesoporous carbon spheres as high performance electrodes for capacitive deionization. *J. Mater. Chem. A*, 2, 4739 - 4750, 2014.

[69] Luo, J. , Ma, Q. , Gu, H. , Zheng, Y. , Liu, X. , Three - dimensional graphene - polyaniline hybrid hollow spheres by layer - by - layer assembly for application in supercapacitor. *Electrochim. Acta*, 173, 184 - 192, 2015.

[70] Mao, S. , Wen, Z. , Kim, H. , Lu, G. , Hurley, P. , Chen, J. , A general approach to one - pot fabrication of crumpled graphene - based nanohybrids for energy applications. *ACS Nano*, 6, 8, 7505 - 7513, 2012.

[71] Lee, J. S. , Kim, S. I. , Yoon, J. C. , Jang, J. H. , Chemical vapor deposition of mesoporous graphene nanoballs for supercapacitor. *ACS Nano*, 7, 7, 6047 - 6055, 2013.

[72] Huang, X. , Qian, K. , Yang, J. , Zhang, J. , Li, L. , Yu, C. , Zhao, D. , Functional nanoporous graphene foams with controlled pore sizes. *Adv. Mater.*, 24, 32, 4419 - 4423, 2012.

[73] Ahn, H. S. , Kim, J. M. , Park, C. , Jang, J. - W. , Lee, J. S. , Kim, H. , Kaviany, M. , Kim, M. H. , A novel role of three dimensional graphene foam to prevent heater failure during boiling. *Sci. Rep.*, 3, 1, 1960, 2013.

[74] Gao, H. , Xiao, F. , Ching, C. B. , Duan, H. , High - performance asymmetric supercapacitor based on graphene hydrogel and nanostructured MnO_2. *ACS Appl. Mater. Interfaces*, 4, 5, 2801 - 2810, 2012.

[75] Chen, P., Yang, J. -J., Li, S. -S., Wang, Z., Xiao, T. -Y., Qian, Y. -H., Yu, S. -H., Hydrothermal synthesis of macroscopic nitrogen – doped graphene hydrogels for ultrafast supercapacitor. *Nano Energy*, 2, 2, 249 – 256, 2013.

[76] Han, Z., Tang, Z., Li, P., Yang, G., Zheng, Q., Yang, J., Ammonia solution strengthened threedimensional macro – porous graphene aerogel. *Nanoscale*, 5, 12, 5462, 2013.

[77] Sun, H., Xu, Z., Gao, C., Multifunctional, ultra – flyweight, synergistically assembled carbon aerogels. *Adv. Mater.*, 25, 18, 2554 – 2560, 2013.

[78] Xu, Z., Li, Z., Holt, C. M. B., Tan, X., Wang, H., Amirkhiz, B. S., Stephenson, T., Mitlin, D., Electrochemical supercapacitor electrodes from sponge – like graphene nanoarchitectures with ultrahigh power density. *J. Phys. Chem. Lett.*, 3, 20, 2928 – 2933, 2012.

[79] Yao, H. -B., Ge, J., Wang, C. -F., Wang, X., Hu, W., Zheng, Z. -J., Ni, Y., Yu, S. -H., A flexible and highly pressure – sensitive graphene – polyurethane sponge based on fractured microstructure design. *Adv. Mater.*, 25, 46, 6692 – 6698, 2013.

[80] Cao, X., Shi, Y., Shi, W., Lu, G., Huang, X., Yan, Q., Zhang, Q., Zhang, H., Preparation of novel 3D graphene networks for supercapacitor applications. *Small*, 7, 22, 3163 – 3168, 2011.

[81] Ferrari, A. C., Meyer, J. C., Scardaci, V., Casiraghi, C., Lazzeri, M., Mauri, F., Piscanec, S., Jiang, D., Novoselov, K. S., Roth, S., Geim, A. K., Raman spectrum of graphene and graphene layers. *Phys. Rev. Lett.*, 97, 18, 2006.

[82] Li, W., Gao, S., Wu, L., Qiu, S., Guo, Y., Geng, X., Chen, M., Liao, S., Zhu, C., Gong, Y., Long, M., Xu, J., Wei, X., Sun, M., Liu, L., High – density three – dimension graphene macroscopic objects for high – capacity removal of heavy metal ions. *Sci. Rep.*, 3, 2125, 2013.

[83] Sui, Z. Y., Cui, Y., Zhu, J. H., Han, B. H., Preparation of Three – dimensional graphene oxide – polyethylenimine porous materials as dye and gas adsorbents. *ACS Appl. Mater. Interfaces*, 5, 18, 9172 – 9179, 2013.

[84] Bin Yao, H., Ge, J., Wang, C. F., Wang, X., Hu, W., Zheng, Z. J., Ni, Y., Yu, S. H., A flexible and highly pressure – sensitive graphene – polyurethane sponge based on fractured microstructure design. *Adv. Mater.*, 25, 46, 6692 – 6698, 2013.

[85] Shao, Y., El – Kady, M. F., Lin, C. W., Zhu, G., Marsh, K. L., Hwang, J. Y., Zhang, Q., Li, Y., Wang, H., Kaner, R. B., 3D freeze – casting of cellular graphene films for ultrahigh – power – density supercapacitors. *Adv. Mater.*, 6719 – 6726, 2016.

[86] Yang, X., Zhu, J., Qiu, L., Li, D., Bioinspired effective prevention of restacking in multilayered graphene films: Towards the next generation of high – performance supercapacitors. *Adv. Mater.*, 23, 25, 2833 – 2838, 2011.

[87] Wu, Q., Xu, Y., Yao, Z., Liu, A., Shi, G., Supercapacitors based on flexible graphene/polyaniline nanofiber composite films. *ACS Nano*, 4, 4, 1963 – 1970, 2010.

[88] Tan, C., Huang, X., Zhang, H., Synthesis and applications of graphene – based noble metal nanostructures. *Mater. Today*, 16, 1 – 2, 29 – 36, 2013.

[89] Shi, W., Zhu, J., Sim, D. H., Tay, Y. Y., Lu, Z., Zhang, X., Sharma, Y., Srinivasan, M., Zhang, H., Hng, H. H., Yan, Q., Achieving high specific charge capacitances in Fe_3O_4/reduced graphene oxide nanocomposites. *J. Mater. Chem.*, 21, 10, 3422, 2011.

[90] Cheng, Q., Tang, J., Shinya, N., Qin, L. C., $Co(OH)_2$ nanosheet – decorated graphene – CNT composite for supercapacitors of high energy density. *Sci. Technol. Adv. Mater.*, 15, 1, 2014.

[91] Li, M., Tang, Z., Leng, M., Xue, J., Flexible solid – state supercapacitor based on graphene – based hy-

brid films. *Adv. Funct. Mater.* ,24,47,7495 − 7502,2014.

[92] Jahan,M. ,Bao,Q. ,Loh,K. P. ,Electrocatalytically active graphene − porphyrin MOF composite for oxygen reduction reaction. *J. Am. Chem. Soc.* ,134,15,6707 − 6713,2012.

[93] Choi,B. G. ,Yang,M. ,Hong,W. H. ,Choi,J. W. ,Huh,Y. S. ,3D macroporous graphene frameworks for supercapacitors with high energy and power densities. *ACS Nano*,6,5,4020 − 4028,2012.

[94] Korkut,S. ,Roy − Mayhew,J. D. ,Dabbs,D. M. ,Milius,D. L. ,Aksay,I. A. ,High surface area tapes produced with functionalized graphene. *ACS Nano*,5,6,5214 − 5222,2011.

[95] Niu,Z. ,Chen,J. ,Hng,H. H. ,Ma,J. ,Chen,X. ,A leavening strategy to prepare reduced graphene oxide foams. *Adv. Mater.* ,24,30,4144 − 4150,2012.

[96] El − Kady,M. F. ,Strong,V. ,Dubin,S. ,Kaner,R. B. ,Laser scribing of high − performance and flexible graphene − based electrochemical capacitors. *Science*(80),335,6074,1326 − 1330,2012.

[97] Zhang,L. ,Zhang,F. ,Yang,X. ,Long,G. ,Wu,Y. ,Zhang,T. ,Leng,K. ,Huang,Y. ,Ma,Y. ,Yu,A. ,Chen,Y. ,Porous 3D graphene − based bulk materials with exceptional high surface area and excellent conductivity for supercapacitors. *Sci. Rep.* ,3,1,1408,2013.

[98] Zhang,Y. ,Chen,P. ,Gao,X. ,Wang,B. ,Liu,H. ,Wu,H. ,Liu,H. ,Dou,S. ,Nitrogen − doped graphene ribbon assembled core − sheath MnO@ graphene scrolls as hierarchically ordered 3D porous electrodes for fast and durable lithium storage. *Adv. Funct. Mater.* ,26,43,7754 − 7765,2016.

[99] Hu,C. ,Zhao,Y. ,Cheng,H. ,Wang,Y. ,Dong,Z. ,Jiang,C. ,Zhai,X. ,Jiang,L. ,Qu,L. ,Graphene microtubings:Controlled fabrication and site − specific functionalization. *Nano Lett.* ,12,58795884,2012.

[100] Wei,X. ,Li,Y. ,Xu,W. ,Zhang,K. ,Yin,J. ,Shi,S. ,Wei,J. ,Di,F. ,Guo,J. ,Wang,C. ,Chu,C. ,Sui,N. ,Chen,B. ,Zhang,Y. ,Hao,H. ,Zhang,X. ,Zhao,J. ,Zhou,H. ,Wang,S. ,From two − dimensional graphene oxide to three − dimensional honeycomb − like Ni3S2@ graphene oxide composite:Insight into structure and electrocatalytic properties. *R. Soc. Open Sci.* ,4,12,171409,2017.

[101] Wang,H. ,Sun,K. ,Tao,F. ,Stacchiola,D. J. ,Hu,Y. H. ,3D honeycomb − like structured graphene and its high efficiency as a counter − electrode catalyst for dye − sensitized solar cells. *Angew. Chemie Int. Ed.* ,52,35,9210 − 9214,2013.

[102] Wang,G. ,Zhang,L. ,Zhang,J. ,A review of electrode materials for electrochemical supercapacitors. *Chem. Soc. Rev.* ,41,2,797 − 828,2012.

[103] Pandolfo,G. and Hollenkamp,F. ,Carbon properties and their role in supercapacitors. *J. Power Sources*, 157,1,11 − 27,2006.

[104] Ke,Q. and Wang,J. ,Graphene − based materials for supercapacitor electrode—A review. *J. Mater.* ,2, 1,37 − 54,2016.

[105] Qin,K. ,Liu,E. ,Li,J. ,Kang,J. ,Shi,C. ,He,C. ,He,F. ,Zhao,N. ,Free − standing 3D nanoporous duct − like and hierarchical nanoporous graphene films for micron − level flexible solid − state asymmetric supercapacitors. *Adv. Energy Mater.* ,1600755,2016.

[106] Fan,W. ,Xia,Y. Y. ,Tjiu,W. W. ,Pallathdka,P. K. ,He,C. ,Liu,T. ,Nitrogen − doped graphene hollow nanospheres as novel electrode materials for supercapacitor applications. *J. Power Sources*,243,973 − 981,2013.

[107] Fan,W,Zhang,C. ,Tjiu,WW,Pramoda,K. P. ,He,C. ,Liu,T. ,Graphene − wrapped polyaniline hollow spheres as novel hybrid electrode materials for supercapacitor applications. *ACS Appl. Mater. Interfaces*, 5,8,3382 − 3391,2013.

[108] Yan,Z. ,Yao,W,Hu,L. ,Liu,D. ,Wang,C. ,Lee,C. − S. ,Progress in the preparation and application of three − dimensional graphene − based porous nanocomposites. *Nanoscale*,7,13,55635577,2015.

[109] Xu, Y., Lin, Z., Huang, X., Liu, Y., Huang, Y., Duan, X., Flexible solid – state supercapacitors based on three – dimensional graphene hydrogel films. *ACS Nano*, 7, 5, 4042 – 4049, 2013.

[110] He, Y., Chen, W., Li, X., Zhang, Z., Fu, J., Zhao, C., Xie, E., Freestanding three – dimensional graphene/MnO_2 composite networks as ultralight and flexible supercapacitor electrodes. *ACS Nano*, 7, 1, 174 – 182, 2013.

[111] Wang, C., Li, Y., Chui, Y. – S., Wu, Q. – H., Chen, X., Zhang, W., Three – dimensional Sn – graphene anode for high – performance lithium – ion batteries. *Nanoscale*, 5, 21, 10599, 2013.

[112] Chu, L., Li, M., Wang, Y., Li, X., Wan, Z., Dou, S., Chu, Y., Multishelled NiO hollow spheres decorated by graphene nanosheets as anodes for lithium – ion batteries with improved reversible capacity and cycling stability. *J. Nanomater.*, 2016, 2016.

[113] Luo, J., Liu, J., Zeng, Z., Ng, C. F., Ma, L., Zhang, H., Lin, J., Shen, Z., Fan, H. J., Three – dimensional graphene foam supported Fe_3O_4 lithium battery anodes with long cycle life and high rate capability. *Nano Lett.*, 13, 12, 6136 – 6143, 2013.

[114] Tang, Y., Huang, F., Bi, H., Liu, Z., Wan, D., Highly conductive three – dimensional graphene for enhancing the rate performance of $LiFePO_4$ cathode. *J. Power Sources*, 203, 130 – 134, 2012.

[115] Bae, S. H., Karthikeyan, K., Lee, Y. S., Oh, I. K., Microwave self – assembly of 3D graphene – carbon nanotube – nickel nanostructure for high capacity anode material in lithium ion battery. *Carbon N. Y.*, 64, 527 – 536, 2013.

[116] Yu, S. X., Yang, L. W, Tian, Y., Yang, P., Jiang, F., Hu, S. W., Wei, X. L., Zhong, J. X., Mesoporous anatase TiO_2 submicrospheres embedded in self – assembled three – dimensional reduced graphene oxide networks for enhanced lithium storage. *J. Mater. Chem. A*, 1, 41, 12750, 2013.

[117] Yang, W., Ratinac, K. R., Ringer, S. P., Thordarson, P., Gooding, J. J., Braet, F., Carbon nanomaterials in biosensors: Should you use nanotubes or graphene? *Angew. Chemie Int. Ed.*, 49, 12, 2114 – 2138, 2010.

[118] Yavari, F., Chen, Z., Thomas, A. V., Ren, W., Cheng, H. M., Koratkar, N., High sensitivity gas detection using a macroscopic three – dimensional graphene foam network. *Sci. Rep.*, 1, 1 – 5, 2011.

[119] Kung, C. C., Lin, P. Y., Buse, F. J., Xue, Y., Yu, X., Dai, L., Liu, C. C., Preparation and characterization of three dimensional graphene foam supported platinum – ruthenium bimetallic nanocatalysts for hydrogen peroxide based electrochemical biosensors. *Biosens. Bioelectron.*, 52, 1 – 7, 2014.

[120] Yang, T., Guan, Q., Li, Q. H., Meng, L., Wang, L. L., Liu, C. X., Jiao, K., Large – area, threedimensional interconnected graphene oxide intercalated with self – doped polyaniline nanofibers as a free – standing electrocatalytic platform for adenine and guanine. *J. Mater. Chem. B*, 1, 23, 2926 – 2933, 2013.

[121] Wang, H., Wang, G., Ling, Y., Qian, F., Song, Y., Lu, X., Chen, S., Tong, Y., Li, Y., High power density microbial fuel cell with flexible 3D graphene – nickel foam as anode. *Nanoscale*, 5, 21, 10283, 2013.

[122] Yong, Y. C., Dong, X. C., Chan – Park, M. B., Song, H., Chen, P., Macroporous and monolithic anode based on polyaniline hybridized three – dimensional Graphene for high – performance microbial fuel cells. *ACS Nano*, 6, 3, 2394 – 2400, 2012.

[123] Zhao, S., Li, Y., Yin, H., Liu, Z., Luan, E., Zhao, F., Tang, Z., Liu, S., Three – dimensional graphene/Pt nanoparticle composites as freestanding anode for enhancing performance of microbial fuel cells. *Sci. Adv.*, 1, 10, e1500372 – e1500372, 2015.

第12章 石墨烯材料电化学

Wei Sun, Lu Wang
加拿大安大略省多伦多大学
化学系材料化学与纳米化学研究小组

摘 要 自2004年石墨烯首次实验制备以来,石墨烯材料引起了新一轮更广泛的关注。石墨烯属于平坦多环芳烃族,是一种无限大的芳香分子。凭借其独特的二维原子薄层结构,改变了包括电子、生物医学、传感、电催化、储能和能量转换在内的许多科学技术领域的格局。通过过去几年的广泛研究,这种"奇特材料"的迷人特性现在已经得到了很大程度的理解和认可。石墨烯固有的大比表面积和优异的导电率使其成为最受欢迎的电催化材料和衬底材料之一。尽管原始石墨烯的催化能力和固有带隙的缺乏限制了其实际应用价值,但因这类极佳材料具有高度可调谐特性,因此其传奇仍在续写。杂原子/助催化剂/官能团修饰的石墨烯在性能和应用的几个方面表现出令人印象深刻的增强,特别是在电化学性能方面。本章将介绍不同种类的改性石墨烯材料,从合成、功能化到电化学应用。

关键词 石墨烯,装饰,复合,电催化

12.1 引言

原始石墨烯是一种二维sp^2键合的碳纳米结构,是碳的重要衍生物,它是许多碳基纳米结构的"基本构成要素",如零维富勒烯(C_{60})、一维碳纳米管(CNT)和三维石墨(图12.1)[1]。IUPAC将石墨烯定义为"石墨结构的单层碳层,其性质类似于准无限大的多环芳烃"[2]。

"奇特材料"石墨烯的传奇故事,以及它在科学视界的表现,令人着迷。石墨烯从20世纪40年代开始在理论上被探索,自20世纪60年代以来就已经存在。然后在2004/2005年,Novoselov等报道了一种生产石墨烯的简单、但是耗时的"透明黏合带法",以及石墨烯的独特性能[3-4]。因此,2010年诺贝尔物理学奖被联合授予Geim和Novoselov,以表彰他们在"关于二维材料石墨烯方面做出的开创性实验。"

发表于2005年的报告开创性地介绍了石墨烯的独特性质,包括高标称表面积($2630m^2/g$),高导热系数($5000W/(m·K)$),高光学透明度(97.7%),以及超高电子迁

率(200000cm²/(V·s))[3,5-8]。从这一点开始,独特的石墨烯可以满足许多科学家的想象力,现在是一种广为人知的活性材料,在广泛的研究领域,尤其是在电化学领域,石墨烯可以作为电极材料,据报道各项性能非常优异[9-13]。

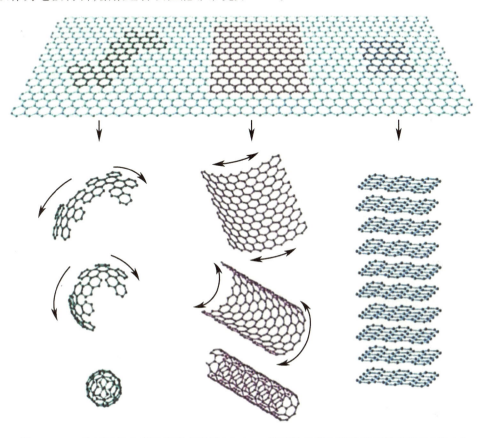

图12.1 二维石墨烯充当了零维富勒烯(C_{60})、一维碳纳米管(CNT)和三维石墨的"积木"
(经自然出版集团许可,转载自参考文献[1])

为了开发这些卓越的特性,人们进行了大量的研究工作。从自下而上的外延生长[14-15]到自上而下的石墨[16-17]剥离,制备石墨烯及其衍生物的各种有用和可靠的合成方法已经被开发出来,特别是为了开发低成本和大规模生产化学剥离的氧化石墨烯(GO)[18-24]和还原氧化石墨烯(rGO)纳米片[18-24],它们具有许多反应性官能团,可以用于进一步的改性和性能调节。结合这些优点,将石墨烯及其衍生物的有用性质通过与不同类型的功能材料结合在一起制成纳米复合材料是一种理想的方法。因此,所制备的纳米复合材料有望进一步增强石墨烯和功能材料的特殊性能。到目前为止,基于金属和金属氧化物的纳米结构、聚合物、金属有机骨架(MOF)、量子点[25-28]等已经成功地合成了石墨烯基纳米复合材料,并在电化学领域得到了广泛的探索,包括储能[29-32]、CO_2还原[33-34]、N_2还原[13]和水分解[35-37]。

本章将概述石墨烯及其衍生物与各种功能材料的非共价改性的最新进展。将介绍和讨论合成方法、基本性质和电化学应用。最后,介绍非共价改性石墨烯的挑战和前景。

12.2 电化学相关性能

碳基材料已广泛应用于分析和工业领域,比传统贵金属具有许多先进的性能。在这些领域的成功很大程度上取决于它们的性能,包括广阔的潜在窗口、低成本、丰富的表面化学和几个重要的氧化还原反应的电催化性能。

作为一种电极材料,石墨烯基材料的电子性能具有非常重要的相关性。在此基础上,石墨烯的导电性能达到 64mS/cm,比单壁碳纳米管(SWCNT)高 60 倍左右。理论比表面面积 2630m^2/g 也超过石墨($10m^2$/g)的 260 倍,比碳纳米管(CNT)[38]大 2 倍。此外,还报道了室温下 200000cm^2/(V·s)的超高电子迁移率,约为硅(1000cm^2/(V·s))[39-40]的 200 倍。因此,考虑到这些优点,石墨烯可以作为一种理想的电催化剂载体,进一步增加复合材料的整体表面积、活性中心数和电子转移速率,与此同时又降低了总成本。

12.3 加工和改性

虽然广泛的研究集中在石墨烯和 GO 的合成以及它们的化学改性衍生物上,但在本节主要强调通过非共价方法或未指定成键作用的情况下制备的复合材料,在本节后面描述的各种应用中使用这些复合材料。表 12.1 列出了各种基于石墨烯的复合材料,并简要概述了它们的结构、制造技术和应用,而在每一部分详细介绍了一些典型的例子,并根据混合材料的形式和组成进行分类。

12.3.1 无机纳米颗粒复合材料

用无机纳米结构改性石墨烯、氧化石墨烯及其衍生物的表面已做了大量的工作,其中大部分是含有金属或金属氧化物的纳米颗粒。一种策略是以异位杂交的方式将已经合成的纳米颗粒沉积到石墨烯表面,因为预期的纳米颗粒的成核和生长可能没有太多的活性位点。对于 GO 来说,原位生长的策略更受欢迎,因为它比原始石墨烯具有更多的氧功能,在那里可以发生成核。这里我们描述了用于电化学应用的一些结构及其合成方法。

表 12.1 各种石墨烯非共价复合材料的电化学应用总结

用于杂交的材料	石墨烯形态	制造特点	电化学应用	参考文献
无机				
Pt NC、Ni(OH)$_2$ 纳米粒子	rGO 片	NiAc$_2$ 水解,然后微波还原 GO 和 H$_2$PtCl$_6$	莫尔	[10]
Fe$_3$O$_4$ 纳米粒子	N 掺杂石墨烯薄片	水热法。Fe$_3$O$_4$ 水解并锚定到 N 位	锂离子电池	[102]
CeO$_x$ 和 Au 纳米粒子	rGO	CeO$_x$ 诱导的 Au 非晶化	NRR	[13]
TiO$_2$ 纳米管	石墨烯纳米片	阵列电沉积	锂离子电池	[101]
Cu 纳米粒子	富含吡啶氮的石墨烯	醋酸铜还原分解	CO$_2$RR	[41]
MnO$_2$	硝酸处理石墨烯纺织品	锰溶液电化学沉积(NO$_3$)$_2$	超级电容器	[42]
聚合物和大分子				
苯基或芘末端聚乙二醇	rGO	简单超声真空过滤和 π-π 堆叠	电导率研究	[43]

续表

用于杂交的材料	石墨烯形态	制造特点	电化学应用	参考文献
PVP	GO 还原石墨烯	温和加热和 π-π 堆叠。与离子液体兼容	葡萄糖检测	[44]
全氟磺酸	GO 还原石墨烯	溶液混合物与涂层在玻碳上的超声研究	镉检测	[45]
P3HT	苯基异氰酸酯封端氧化石墨烯	功能化是为分散在 1,2-二氯苯	光电反应	[46]
聚苯胺	石墨纸	电聚合	超级电容器	[9,47]
DNA	GO 纳米血小板	单链 DNA 优先 π-π 堆叠	单核苷酸多态性检测	[48]
QD 和二维材料、MOF				
2H-MoS_2 QD	石墨烯薄片	从 2H-MoS_2 薄片开始的溶剂热方法	HER	[51]
石墨烯 QD	GO	B、N 进一步还原和掺杂	ORR	[50]
MoS_2 纳米片	石墨烯薄片	水热法。$Mo_7O_{24}^{6-}$ 在 GO 上的吸附。垂直增长	锂离子电池	[106]
Sn 量子片	石墨烯薄片	非晶态碳的同时转化 SnO_2	CO_2 RR	[33]
SiO_2 纳米片	GO	作为牺牲层。SiO_2 被还原为硅	锂离子电池	[52]
Co-MOF(ZIF-67)	B/N 共掺杂石墨烯纳米管	MOF 作为 Co 和 CoP 的前驱体	HER	[118]
普鲁士蓝纳米立方体	rGO	铅作为合铁核壳结构的前驱体	ORR	[54]
含钛 MOF	GO	石墨烯@氮掺杂碳@TiO_2 纳米粒子的前驱体	钠离子电池	[55]
三维复杂结构				
Si NW	石墨烯纳米带	简单过滤卷入纸张中	锂离子电池	[56]
硅微粒	石墨烯保持架	Ni 既是石墨烯生长的催化剂，又是为石墨烯提供空隙的牺牲层	稳定电池阳极	[57]
N,P 共掺杂碳壳包裹 Mo_2C	N,P 共掺杂 rGO	($H_3PMo_{12}O_{40}$)—以 PPy 为前驱体	HER	[12]

Rogers 等[34]通过混合两种成分的简单策略制备了一种复合材料，用于二氧化碳的电催化还原。分别合成了窄石墨烯纳米带(GNR)和油胺封端的单分散 Au 纳米粒子。通过将这两个成分结合在一起，金纳米粒子对 GNR 支持的高度亲和力允许有效吸收，使得金纳米粒子(NP)嵌入到三维 GNR 网络中。在类似的情况下，由醋酸铜还原分解合成的单分散 Cu 纳米粒子具有更好的尺寸和形状控制[41]。透射电子显微镜(TEM)分析表明，7~13nm 的 Cu 纳米粒子均匀分散并组装在富含吡啶氮的石墨烯表面。通过 X 射线衍射(XRD)和高分辨率透射电镜(HRTEM)证实了 Cu 纳米粒子的表面氧化。在这种情况下，可以更好地研究纳米粒子的催化性能，以便更好地识别催化活性位点。

纳米颗粒也可以在石墨烯及其衍生物上原位生长。Yu 等[42]采用了一种简单的方法，即首先在含有胆酸钠作为墨水的水溶液中超声石墨粉，然后将其涂覆在纺织品上使其导电，从而通过电化学沉积过程实现了随后的纳米结构 MnO_2 纳米材料的控制沉积。将经硝酸处理的石墨烯织构浸泡在含 $Mn(NO_3)_2$ 和 $NaNO_3$ 的溶液中，制得较薄且均匀的

MnO_2 表面层(厚度小于 $1\mu m$),以保证良好的导电性。电极定位 MnO_2 粒子具有典型尺寸为 300~800nm、随机分支的纳米低阶结构,形成 5~30nm 的小介孔。这种混合石墨烯/MnO_2 基纺织品具有较高的电容性能。

同时,石墨烯的表面也可以沉积出多种无机纳米结构。铂-氢氧化镍-石墨烯三元杂化催化剂被制备出来,用于甲醇的电化学氧化[10]。如图 12.2 所示,第一步是通过控制水解醋酸镍($NiAc_2$)在悬浮液上生长 $Ni(OH)_2$ 纳米粒子。随后,通过微波加热将六氯铂酸(H_2PtCl_6)还原为纳米片上的金属铂纳米晶,同时还将 GO 还原为 rGO。由 EDS 映射显示,几个纳米尺寸的 Pt 纳米晶充分地与缺陷$Ni(OH)_2$ 交织在一起。但由于结晶度低、对比度低,在显微镜下不能很好地分辨。通过改变 Pt、Ni 和 GO 前驱体的起始摩尔比,对三元体系中三个不同组分的相对量进行了调整。在另一种情况下,两种纳米粒子同时形成在 rGO 上,而不是相继沉积在石墨烯层上,以构建三元体系[13]。以氧化石墨烯水溶液为 rGO 源,$HAuCl_4$ 和 $Ce(NO_3)_3 \cdot 6H_2O$ 为 Au 和 CeO_x 前驱体,体系中引入 $NaBH_4$ 作为还原剂,反应在室温下进行。在这种情况下,含氧基团在 GO 上为 Au^{3+} 和 Ce^{3+} 离子提供了成核和生长的亲和力。有趣的是,CeO_x 的形成能够将平均粒径约为 5nm 的晶态 Au 纳米粒子转变为非晶态,与未添加 Ce 前驱体的晶态 Au 纳米粒子相比,CeO_x 对电化学还原 N_2 的催化作用更强。

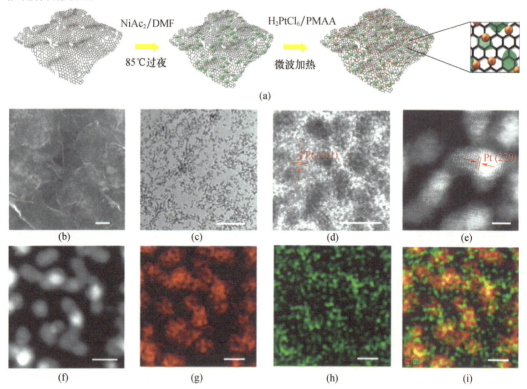

图 12.2 (a)三元杂化材料的制备示意图;(b)Pt/$Ni(OH)_2$/rGO 的 SEM 图;(c)、(d)Pt/$Ni(OH)_2$/rGO 的 TEM 图;(e)Pt/$Ni(OH)_2$/rGO 图在 STEM(STEM-ADF)图像下的环形暗场像;有代表性的;(f)STEM 图像及其对应的(g)Pt EDS 映射;(h)Ni EDS 映射;(i)Pt/$Ni(OH)_2$/rGO 的 Pt 和 Ni 组合映射。比例尺:100nm(b),20nm(c),2nm(d)~(e)和4nm(f)~(i)(经自然出版集团许可转载自参考文献[10])

12.3.2 聚合物或大分子复合材料

石墨烯衍生物一般通过与聚合物结合来增强聚合物的机械性能、热性能和电学性能。在本节中,我们将重点讨论与电催化有关的合成和结构。

石墨烯衍生物和含有芳香环的聚合物之间的 π-π 堆叠是这种组成的常见推动力。例如,苯基或芘端功能化聚乙二醇(FPEG)可以通过简单的超声和真空过滤的方式轻而易举地与石墨烯进行合成[43]。芘的功能化是为了修饰聚乙二醇分子,因为它与石墨烯有很强的 π-π 相互作用,而且当 π-π 相互作用发生时,它还可以通过光诱导电荷转移猝灭荧光来确认成功的组成。一般来说,随着聚乙二醇含量的增加,复合薄膜的电导率下降,如电导率从 0% 时的 440S/m 下降到体积分数为 9.3% py_2-PEG-py_2 时的 3.4S/m,这是因为电子空穴坑和散射位的密度增加。

由于 π-π 堆叠,石墨烯纳米片往往形成不可逆的团聚体。为了提高石墨烯的分散性,用聚乙烯吡咯烷酮(M_w = 360000, PVP)对石墨烯进行表面保护[44]。将 GO 分散体与聚乙烯吡咯烷酮水溶液混合,在 50℃ 下搅拌 12h。在冷却回到室温后,加入肼溶液和氨水溶液,以减少石墨烯的分散。成功的成分主要通过傅里叶变换红外光谱(FTIR)来证实。PVP 保护石墨烯在水中具有很好的分散性,稳定性能维持几个月。同样,全氟磺酸作为一种质子导电聚合物被用于涂覆石墨烯制备电极[45]。水合肼溶液(质量分数为 50%)和 0.7mL 氨溶液(质量分数为 28%)先还原石墨烯,再用 1.0%(质量分数)全氟磺酸-异丙醇进行超声乳化。将所得混合物涂覆在玻碳电极上,用阳极溶出伏安法(ASV)对 Cd^{2+} 进行超敏测定。另外,如果 GO 需要分散在有机溶剂中,以便与聚合物进一步组合,则需要用配体进行表面改性,以覆盖亲水性基团。在一个例子中,苯基异氰酸酯被用于改性 GO 的表面,并有助于分散在 1,2-二氯苯[46]。然后将功能化的 GO 与聚(3-己基噻吩)混合,涂于 ITO 玻璃上,制成光伏器件。

与直接共轭不同,聚苯胺(PANI)可以在石墨烯纸上原位电聚合。合成的石墨烯纸具有柔韧、导电性好、易于放大的特点,如图 12.3 所示,可直接作为工作电极,以 Pt 板作为电极,SCE 作为参考电极。多组的合成用于不同的电化学应用,如高性能的超级电容器[9]和高性能的柔性电极[47]。苯胺的聚合发生在石墨烯纸的表面和石墨烯片之间的内部表面。随着 PANI 电化学沉积次数的增加,制备的复合材料的颜色也发生了变化,并与内部微结构的转变有关。

石墨烯和 GO 也能与蛋白质和 DNA 等大分子结合。例如,通过 π-π 堆叠作用,单链 DNA(ssDNA)序列很容易存在于石墨烯薄片表面,但双链 DNA(dsDNA)与石墨烯纳米片的亲和力较低,因为双螺旋结构中的氮基被屏蔽。Bonanni 等[48]通过氧化商业石墨纳米纤维获得氧化石墨纳米血小板(GONP)的水溶液。孔的平均直径在 37nm 左右,在超声作用下从纳米纤维中剥离。然后,GONP 被用于一个智能的基因传感设计。DNA 探针固定在电极表面。进行了三种类型的杂交。将探针修饰电极在三种不同的溶液中进行培养,其中包括①互补靶(野生型);②单失配序列(突变);③非互补靶(nc)。这些不同类型的杂交提供了不同数量的暴露的单链 DNA,这些单链 DNA 可以与 GONP 结合,从而提供不同的电化学信号。

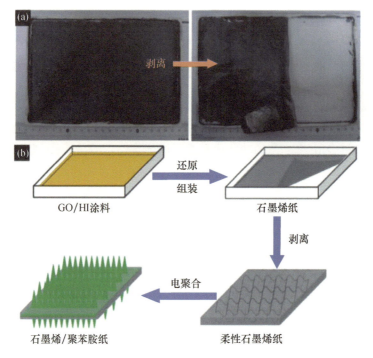

图 12.3　石墨烯纸的放大制备及石墨烯－聚苯胺纸的成型工艺
（a）在聚四氟乙烯基板上制备的剥落的石墨烯纸张的照片；（b）石墨烯－聚苯胺纸形成过程的示意图。（经皇家化学学会的许可转载自参考文献[9]）

12.3.3　带量子点、二维材料和三维金属有机框架的复合材料

本节将描述一些由石墨烯材料合成的独特结构。这种结构可能具有量子约束效应，不同于相对较大的纳米粒子，也可能形成与非晶态聚合物涂层不同的有组织的二维堆叠或三维网络。

除了二维纳米片，石墨烯可以作为零维量子点（QD）存在。因此，石墨烯可以与自身作为 GQD/G－纳米片进行杂交。在 H_2SO_4/HNO_3 酸氧化无烟煤的条件下，用简便的方法制备了尺寸为 15～20nm 的 GQD[49]。在水悬浮液中，GQD 与 GO 的质量比为 2∶1 混合，在高比表面积的二维模板上对 GQD 的定向自组装进行了水热处理[50]。在石墨烯片状结构的形成过程中，GQD 与 GO 的质量比很低。在高温条件下，可以进一步添加 B 和 N 源，有效地进行氧还原反应的电催化。

与石墨烯类似，MoS_2 也可以 QD 或二维纳米片的形式存在。Najafi 等[51]通过液相剥离法制备了 2H－MoS_2 薄片，并用溶剂热法将其转化为 MoS_2 QD。两种形态的平均厚度约为 2.7nm，晶体结构相同。采用真空过滤法在尼龙膜上连续沉积石墨烯薄片和 MoS_2 薄片（或 MoS_2 QD），得到了石墨烯薄片/2H－MoS_2 薄片（或 QD）复合材料，从而直接比较了它们的电化学制氢能力。

高活性金属通常会被氧化，但将金属限制在石墨烯中可以避免氧化。研制了 Sn 量子片/石墨烯夹层结构，通过在电解液中溶解，CO_2 可以扩散到石墨烯层中[33]。在 180℃ 的葡萄糖溶液中，通过水热方法合成了超薄 SnO_2 层，然后用非晶态碳均匀包封（图 12.4）。在随后的退火过程中,非晶态碳转化为石墨烯(拉曼光谱证实),而在石墨烯层之间的 SnO_2 超薄层同时被还原为 Sn 量子层。对于这种超薄的 Sn 薄膜,X 射线光电子能谱(XPS)和 X 射线衍射(XRD)不适合作为表征手段,但 HRTEM 图像显示二维 Sn 量子层为单分散状态,同步辐射 X 射线吸收精细结构(XAFS)谱成功地证实了 Sn–Sn 金属键的存在以及配位数的减少。此外,热重分析(TGA)结果表明,Sn 量子片受到石墨烯保护层的保护,以防氧化。

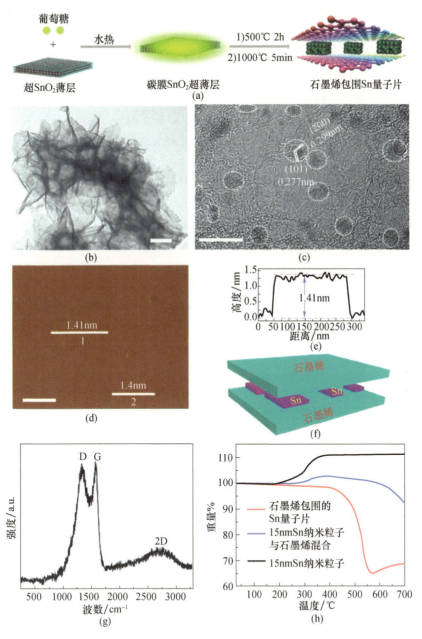

图 12.4　(a)石墨烯包围的 Sn 量子片的形成示意图;(b)TEM 图;(c)HRTEM 图,(d)~(f)AFM 图,相应的高度剖面图和图例;(g)在石墨烯包围中的 Sn 量子片的显微拉曼谱;(h)石墨烯、15nm 锡和 15nm 锡掺杂石墨烯的锡量子片的 TG 分析;(b)~(d)中的比例尺分别为 100nm、10nm 和 200nm;(c)中的圆圈表示 Sn 量子片的存在(经自然出版集团许可转载自参考文献[33])

由于 GO 纳米片的整体形状,在与其他材料合成后,可作为牺牲层,用于其他二维结构的合成。Lu 等[52]采用溶胶-凝胶法在单层 GO 的两侧涂覆了 1.4nm 的 SiO_2 薄层,厚度为 0.9nm。随后,在 500℃的空气中煅烧去除 GO,发现生成的 SiO_2 保持了二维结构。用镁热还原法制备了硅纳米片,并用于锂离子电池的制备。

金属有机框架(MOF)通常与石墨烯材料复合,作为合成过渡金属基电催化剂的前体,用于氢的演化或氧的演化。沸石型 MOF Co(2-MIM)$_2$(2-MIM=2-甲基咪唑)是一种非常合适的前驱体,可以在热解过程中转化为 CoO_x 基复合材料。Jiao 等[53]首先在 GO 表面生长了粒径为 100~200nm 的分子筛,然后在氮气中加热到 700℃,用在 400℃的空气中加热,得到了 Co_3O_4/rGO 结构,其比表面积达到 $40m^2/g$。在管式炉的上游用 NaH_2PO_2 加热,这种结构可进一步转化为 CoP/rGO。

同样,普鲁士蓝(PB)作为 MOF 的一个亚类也被用作前体,用于 rGO 上含铁纳米结构的氧还原反应[54]。首先用水热法合成了边缘长度约为 500nm 的均匀 PB 纳米立方体,然后将其与 GO 分散混合,在 80℃下干燥。在 Ar 气流中 800℃的退火释放出含氮气体,形成气孔并提供氮源,从而制备出核壳结构的多孔 N 掺杂 Fe/Fe_3C@C/rGO 杂化材料。N 掺杂的 Fe/Fe_3C@C 是由 PB 纳米立方体衍生而来的边长约为 400nm 的纳米方块。这种以 MOF 为前驱体的方法也可用于制备掺氮碳和石墨烯包裹的 TiO_2,作为钠离子电池负极材料[55]。

12.3.4 其他含有石墨烯材料的复杂结构

将石墨烯材料作为精心设计的复杂结构中的一部分,常见于电池材料的研究。各种成分可以包括聚合物、无机材料或它们的复合材料,每种材料都有不同的功能,可以以不同的形式存在,杂交的方式不再是简单地在二维纳米片上装饰材料。

例如,当石墨烯被制成石墨烯纳米棒,合成材料是硅纳米线(SiNW)[56]时,这种混合物不再是二维平台上常见的粒子。用金属辅助化学腐蚀法制备了直径为 10~100nm、平均长度为 $10\mu m$ 的高掺硼硅片,然后与多壁 CNT 还原劈裂制备的尺寸相当的石墨烯纳米带分散共滤,形成纸状活性电极。电线和丝带缠绕在一起,形成许多接触点,有利于良好的导电性。硅代表了大部分的质量,石墨烯纳米带不会占用太多的体积。或者,石墨烯被构造成笼子,包裹在微型硅周围(图 12.5)[57]。制作过程涉及多个步骤。首先,将聚多巴胺(3nm)包覆在 $1~3\mu m$ Si 颗粒上,以 Sn(Ⅱ)离子对硅表面增敏,从而使钯溶液中的钯含量降低到种子中。这些钯金属种子有助于均匀镀层的镍层,其中厚度可以通过化学镀镍溶液的浓度或沉积反应的次数来调整。在 185℃的温度下,碳原子通过三甘醇和氢氧化钠的渗碳过程扩散到镍层中。在退火和 $FeCl_3$ 刻蚀后,Ni 层被排除在外,在形成的 G 笼和内部 Si 核之间留下了空隙,这为 Si 在锂化过程中的扩展提供了空间。X 射线光电子能谱(XPS)中的 Si 2p 峰强度急剧降低,证实了石墨烯骨架的共形涂层。这种结构可作为锂离子电池的稳定负极材料。

含有 rGO 的三元结构可作为前体合成进一步的电催化结构。特别是通过绿色一锅氧化还原反应合成了 $H_3PMo_{12}O_{40}$-PPy/rGO 纳米复合材料[12]。大量的 $PPy/PMo_{12}NPs$ 被均匀地涂覆在具有空隙的 rGO 纳米片上。然后将纳米复合材料在 900℃的氮气中碳化 2h,然后在 H_2SO_4 中酸蚀 24h,在 80℃的连续搅拌下去除不稳定和不活跃的成分。通常在高反应温度下碳化会导致钼基复合纳米粒子的烧结和聚集。然而,随着 Py 单体的聚合,多金属氧酸盐(POM)被分散到聚吡咯体系中。同时,在合成过程中,rGO 被 POM 和 PPy 均分散和分离。用这种方法制备了 N、P 共掺杂碳壳包裹 Mo_2C 和 N、P 共掺杂 rGO 的杂化材料。相应的孔径分布主要集中在 1~10nm 范围内,具有微孔和介孔结构特征。

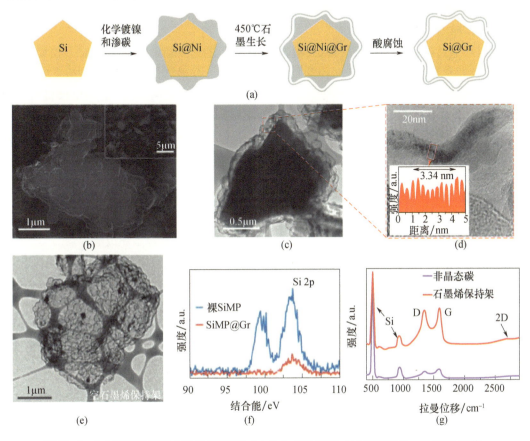

图 12.5 (a)石墨烯封装硅微粒(SiMP@Gr)的合成示意图;(b)SiMP@Gr. 的 SEM 图像,插图给出了一个更广阔的视角;(c)SiMP@Gr. 单个粒子的 TEM 图像;(d)石墨烯保持架层状结构的高分辨率 TEM 图像,强度图显示,10 层的间距为 3.34nm(平均层间距离:0.334nm),清楚地显示了石墨烯层;(e)空心石墨烯保持架在氢氧化钠中刻蚀硅后的 TEM 图像;(f)裸露和石墨烯包裹的 SIMP 的 Si2p 峰的 XPS 谱;(g)非晶态碳包覆(SiMP@aC)和石墨烯包覆 SiMP 的拉曼光谱(经自然出版集团许可从参考文献[57]复制)

12.4 电化学应用

在前面的章节[25-26]中已经展示了几条非共价键修饰石墨烯材料的合成路线。非共价改性石墨烯材料通常有两种形式:①沉积在石墨烯材料表面的功能性纳米材料;②包覆石墨烯材料的功能性纳米材料。这些材料在能源材料、绿色化学、生物传感器、环境科学、设备以及电催化等领域得到了广泛的研究[9-13]。本节将介绍和讨论最近在电化学领域的先进应用。

12.4.1 超级电容器

与电池装置类似,超级电容器是一种能提供快速充电/放电、高功率密度和长循环寿命的电化学储能装置[58]。因此,超级电容器可以广泛应用于便携式设备、计算机和车辆的供电。一般来说,有两种类型的超级电容器可以通过它们的充放电机制来区分:①双电层电容器(EDLC);②准电容器[59]。

EDLC通过静电过程存储。例如,电荷通过极化在电极和电解质的界面上积累。因此,EDLC通常需要较大的比表面积和良好的电导率。石墨烯体系由于具有超高的比表面积、良好的导电性、低成本和规模化合成等优点,被广泛地应用于EDLC的电极材料中。此外,由石墨烯纳米片聚集引起的开孔型结构可用于电解质离子的容易进入以形成双电层[60]。2008年,Ruoff及其同事报道了第一个基于石墨烯的EDLC,其在水溶液中的比电容为135F/g,可与传统的碳基电极材料相媲美[5]。

准电容器是基于电极中化学物种的快速氧化还原反应[59]。无机纳米粒子和导电聚合物均用作电极材料,单位面积比电容($1\sim 5F/m^2$)高于碳基EDLC($0.1\sim 0.2F/m^2$)。然而,相对过高的成本和较低的电导率阻碍了进一步的发展。为了解决这一问题,将石墨烯与金属氧化物/导电聚合物复合成纳米复合材料,并将其用作混合型超级电容器。

12.4.1.1 石墨烯金属氧化物超级电容器

许多类型的金属氧化物纳米颗粒被引入 rGO/GO 作为超级电容器的电极材料,包括 ZnO、SnO_2、Co_3O_4、MnO_2、Mn_3O_4、RuO_2、TiO_2、MoS_2、ZrO_2 和 Nb_2O_5[29-32,61-63]。由于其价格低廉、理论比容高,MnO_2 在准电容材料中引起了广泛的关注。然而,由于 MnO_2 导电性差,所产生的器件通常性能有限。因此,为了克服这一问题,我们将 MnO_2 与石墨烯混合制成混合型超级电容器。

MnO_2 纳米粒子通过 Mn 在Ⅲ和Ⅳ之间的氧化态的氧化还原反应起到储能作用,并参与了电解液中碱金属离子的相互作用,如 N^+、Li^+ 和 K^+(见式(12.1))。同时,由石墨烯纳米片组成的衬底材料石墨烯纸,通过碳表面的电子双层提供了电容。它还作为修饰 MnO_2 纳米粒子的导电网络,为电解质和纳米粒子之间的相互作用提供了较大的表面积。结果,如图12.6所示,复合电极在50mA/g时的比容为243F/g,比石墨烯纸高4倍(67F/g)。

$$MnO_2 + A^+ + e^- \longleftrightarrow MnOOA \qquad (12.1)$$

式中:$A^+ = Na^+$,Li^+ 或 K^+。

同样的方法也适用于低、中、高浓度 MoS_2 的石墨烯/MoS_2。在10mV/s下,负载 MoS_2/石墨烯的比电容最大,为265F/g,约为石墨烯(40F/g)的6倍。然而,与电池系统相比,超级电容系统通常具有较高的功率密度,但能量密度较低。为了解决这一问题,在石墨烯表面修饰增加了浓度的 MoS_2,高浓度 MoS_2 体系的最大能量密度为63Wh/kg,比中等浓度 MoS_2 体系(29Wh/kg)高2倍,比低浓度(6Wh/kg)体系高10倍。此外,所制备的超级电容器在1000次循环中表现出92%的优异循环稳定性[65]。

12.4.1.2 石墨烯导电高分子电容器

导电聚合物以其低成本、中等导电性和薄膜基制备的灵活性,在超电容器领域引起了广泛的关注。迄今为止,用石墨烯对几种导电聚合物进行了改性,例如聚吡咯和聚苯胺(PANI)[9,66-70]。以聚苯胺为例,Yu 等制备了重量密度为 $0.2g/cm^3$、高电导率为 $15\Omega/sq$ 的聚苯胺纳米棒/石墨烯纸[9]。采用电聚合方法在石墨烯纸表面生长 PANI 纳米棒。因此，石墨烯纸具有良好的导电性和较大的表面积，并防止了 PANI 在充放电循环过程中的收缩和膨胀。另一方面，经过修饰的 PANI 多聚体可以通过其准电容特性显著提高电容。结果表明，PANI 质量分数为 22.3% 的 PANI 纳米棒/石墨烯纸体系的比电容高达 763F/g，是石墨烯纸(180F/g)的 4 倍多。另外，在 1000 次循环后，循环稳定性良好，容量保持率达到 82%。PANI 纳米棒与石墨烯纸的接触失效可能导致电容的下降。

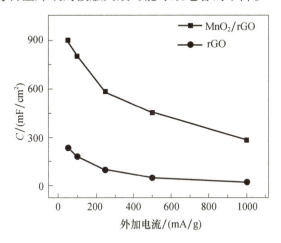

图 12.6　不同外加电流下 MnO_2/rGO 和 rGO 纸的电容

(经 Wiley - VCH Verlag GmbH & Co. KGaA,Weinheim. 的许可从参考文献[64]复制)

12.4.2　燃料电池

燃料电池是另一种能量装置，它通过燃料(阳极)和氧化剂(阴极)之间的反应产生电能。在燃料电池系统中，燃料和氧化剂都是不断从外部来源提供的。已经提出了几种燃料和氧化剂的组合，如氢/氧电池和甲醇/氧电池(直接甲醇燃料电池，DMFL)[71-79]。

由于 DMFL 比气基燃料电池具有更高的能量密度、更易于储存和运输等优点，在能源器件领域引起了广泛的关注。人们普遍认为，DMFL 的整体性能和成本主要取决于阴极氧还原反应(ORR，式(12.2))和阳极甲醇氧化反应(MOR，式(12.3))的电催化剂。

$$3/2O_2 + 6H^+ + 6e^- \longrightarrow 3H_2O \tag{12.2}$$

$$CH_3OH + H_2O \longrightarrow 6H^+ + CO_2 + 6e^- \tag{12.3}$$

迄今为止，铂基催化剂是 MOR 和 ORR 最常用的电催化剂。然而，由于成本过高、利用率低、对甲醇的耐受性差等原因，铂的负载必须降到最低，催化剂上的碳质毒物可以被去除。最近，戴和他的同事们开发了一种独特的电催化剂，即 $Pt-Ni(OH)_2/rGO$ 三元杂化催化剂，并将其用作 MOR 的阳极材料。在这种情况下，Pt 金属充当活性中心，$Ni(OH)_2$ 促进金属表面碳毒的去除，石墨烯为快速电子转移提供高比表面积和导电性[10]。

如图 12.7 所示，基准质量分数为 20% Pt/C 的耐用性较差，初始电流密度在 200s 下降了 50%(120mA/mg)。相反，合成的三元复合体系在 1h 以上后仍保持 80%(>460mA/mg) 的电流密度，比 Pt/C 高出约 2 倍。此外，$Pt-Ni(OH)_2/rGO$ 可在 1M KOH 溶液中重新活化，连续稳定性试验达到 10 次，循环 50000s，未发现明显的抑制现象，因此，$Pt-Ni(OH)_2/$

rGO 催化剂可在 1M KOH 溶液中被活化。

另一方面,另一种半细胞反应 ORR 也取得了令人印象深刻的进展。几种材料已被用作 ORR 的电催化剂,其中一些材料的催化性能与基准催化剂 Pt/C 相当[80-85]。Chen 及其同事设计了一种催化剂,既有氮掺杂的石墨烯,又有负载的多孔 Fe_3C@碳纳米盒(以铁基 MOF 为前体)[54]。与石墨烯纳米片类似,多孔的 Fe_3C@碳纳米盒起到了活性中心的作用,同时也提高了催化剂的总比表面积。因此,所得催化剂的起始电位为 0.93V(相对 RHE),比 Pt/C 高出约 10 mV。与有意修饰的助催化剂不同,微量杂质(mg/L ~ μg/L 水平)也可能污染石墨烯,石墨主要来自前驱石墨和添加化学物[86-94]。一些报道表明,这些被污染的杂质对许多重要反应(如 ORR)的电催化性能有显著的影响。Wang 等展示了一系列关于石墨烯及其衍生物受 Mn 基杂质污染的电催化性能的报告[88-89,92-93]。在这些报告中,被锰基杂质污染的石墨烯材料对 ORR 的电催化性能明显优于代表原始石墨烯的基面热解石墨(BPPG)。

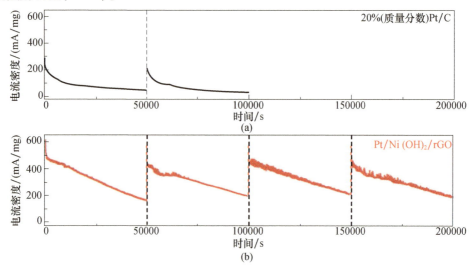

图 12.7 (a)标准质量分数 20% Pt/C 和(b)Pt/Ni(OH)$_2$/rGO 的长期稳定性测试
(经自然出版集团许可从参考文献[10]复制)

12.4.3 锂离子电池

锂离子电池(Lib)具有理论能量密度高(约 400Wh/kg)、原子量低(6.94g/mol)、可长期循环等优点,被认为是到目前为止最有前途的储能系统之一,已经发现了大量有前途的过渡金属基纳米材料(MX),如 TiS_2、SnO_2、MoS_2 和 Co_3O_4[95-99] 等通过氧化还原反应促进锂的插入/提取:

$$MX + aLi^+ + ae^- \longleftrightarrow Li_aX + aM \quad (12.4)$$

式中:M = Ti、Sn、Co 等;X = O 和 S。

尽管过渡金属基纳米材料在 LIB 方面表现出了良好的性能,但其电导率低、堆积密度低、体积膨胀严重等缺点阻碍了其进一步发展。因此,为了克服这些问题,石墨烯材料通常与纳米材料结合,以增加比表面积,加速反应动力学,提高电子转移,减轻体积膨胀,从而提高整体电化学性能。因此,许多过渡金属基纳米材料与石墨烯复合作为锂离子电池的电极材料,如SnO_2、Co_3O_4、TiO_2、Fe_3O_4、MnO_2和MoS_2[11,100-106]。

研究表明,基于两种纳米薄片之间的强亲和力,层次式结构是一种有效的 LIB 结构[11]。以石墨烯为基质锚定金属氧化物纳米片,可以进一步提高导电性,加速反应动力学。最近,Dou 等成功地合成了原子薄介孔Co_3O_4纳米薄片/石墨烯,并将其用作 LIB 的负极材料[11]。在 0.01~3V 的电位范围内,采用插锂/拔锂的方法对所制备材料的电化学性能进行了评价。基于循环伏安(CV)、充放电电压分布、倍率性能和在高电流密度(2.25C)下的长循环性能,显示出优异的电化学性能。在接下来的循环中循环伏安稳定,可逆容量增加,充放电平台缩短,循环性能稳定到 2000 次,显示了锂离子电池优异的性能(图 12.8)。

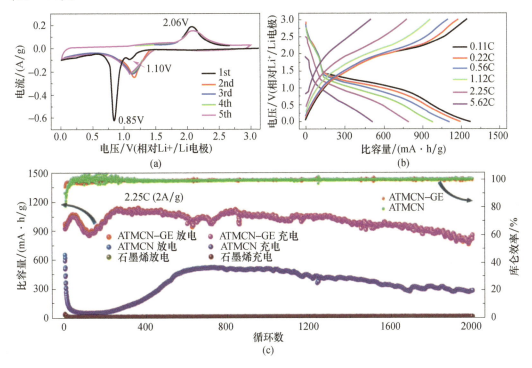

图 12.8 (a)在 0.05mV/s 扫描速率下的前五个循环的 CV 曲线;(b)放电 – 电荷分布;(c)原子薄介孔Co_3O_4纳米片/石墨烯(ATMCNs – Ge)、原子薄介孔Co_3O_4纳米片(ATMCN)和石墨烯在 2.25C 大电流密度下的循环性能和库仑效率(经 Wiley – VCH Verlag GmbH & Co. KGaA,Weinheim 许可从参考文献[11]复制)

在循环测量中(在 2.25C),257 次循环后的放电容量从 975.4mA·h/g 增加到 1134.4mA·h/g,2000 次循环后容量保持在 92.1%。经过 300 次循环后,库仑效率由 94.8%提高到 99.7%,进一步证实了库仑效率的高可逆性和优异的循环稳定性。与参考原子薄的介孔Co_3O_4纳米片相比,石墨阳极修饰使材料在长循环测试中的比容量提高了约 40%,相似的循环比容量接近 100%。

12.4.4 水分解

H_2O 制氢将开创廉价、清洁、可再生能源的新时代,例如由CO_2和可再生H_2合成的液体燃料。由于电催化析氢反应(HER,式(12.5))具有很高的能量转换效率,因此受到学术界和工业界的广泛关注。人们一直在努力开发适合于 HER 的电催化剂,多种种材料被报道为高效的电催化剂,如碳基催化剂、贵金属基催化剂和非贵金属基催化剂[23,107-114]。

$$2H^+ + 2e^- \longrightarrow H_2 \tag{12.5}$$

虽然其最好的电催化剂是铂基材料,但它们的低丰度和高成本限制了大规模的利用。同时,作为非贵金属催化剂的一员,钼基催化剂对 HER 表现出良好的电催化性能,包括 MoS_2、$MoSe_2$、Mo_2C 和 MoN[35-36,115-117]。制备了一种由 N、P 共掺杂碳壳包裹 Mo_2C 和 N、P 共掺杂石墨烯纳米片组成的二维耦合杂化材料[12]。Mo_2C 纳米粒子起到了活性中心的作用,碳层阻止了 Mo_2C 的聚集,促进了电子传递,石墨烯纳米片提供了更大的比表面积和更多的活性中心。总体来看,在酸性电解质中,起始电位为 0mV(相对 RHE),塔费尔斜率为 33.6mV/dec,10h 以上的稳定性良好。所得的电催化性能与工业 Pt/C 催化剂相当,优于大多数报道的非贵金属触媒。

尽管在酸性电解液中的半电池分解水反应已经取得了令人印象深刻的进展,但大多数过渡金属基电催化剂在碱性溶液中另一个半电池反应是析氧反应(OER,式(12.6))对表现不佳。为了满足实际应用,HER 和 OER 均应在同一电解质中进行,以实现整体的水分裂。不幸的是,大多数的水分裂系统需要两种类型的电催化剂分别为 HER 和 OER,这通常是不兼容的,导致了糟糕的整体性能。因此,双功能电催化剂对 HER 和 OER 都具有良好的催化性能,对水分馏具有重要意义。

$$4OH^- \longrightarrow O_2 + 2H_2O + 4e^- \tag{12.6}$$

过渡金属膦(TMP)由于具有良好的酸碱稳定性、低成本、高丰度等优点,已被认为是一种很有前途的电催化剂,可用于光解水[53,118-120]。开发了一种与 rGO(CoP/rGO)复合的 CoP 基金属有机骨架(MOF),并将其用作 HER 和 OER 的双功能催化剂[53]。基于 CoP 的 MOF 作为 HER 和 OER 的催化活性位点,石墨烯纳米片改善了电导率和扩大的表面积。因此,如图 12.9 所示,所制备的催化剂在酸性和碱性电解液中的过电位分别为 105mV(50mV/dec)和 150mV(38mV/dec),在 10mA/cm^2 时对其具有良好的电催化性能。在 10mA/cm^2 的碱性电解液中,对 OER 的电催化性能达到 340mV(66mV/dec)。在连续测试的 22h 以上,对 HER 和 OER 都观察到了可靠的稳定性。

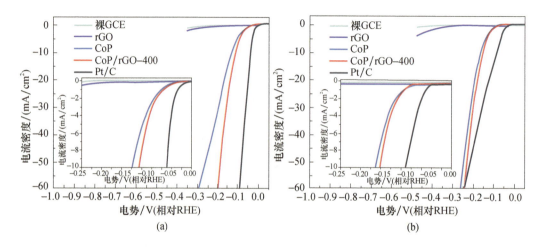

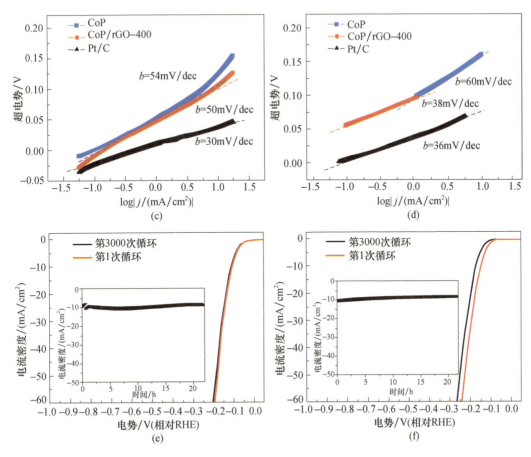

图12.9 (a),(b)LSV曲线;(c),(d)塔费尔斜率;(e),(f)分别在0.5M H_2SO_4(左)和1M KOH(右)溶液中的稳定性试验。在(e)和(f)中的插图分别是在0.5M H_2SO_4 和1MKOH 溶液中的静态过电位分别为105 mV 和150 mV 时,电流密度随时间变化的曲线(经皇家化学学会的许可从参考文献[53]复制)

12.4.5 CO_2还原反应

对气候变化的担忧和全球能源需求的预期增长促使研究人员开发替代性的、高效的、更可持续的方法,从天然丰富的和可再生能源中生产能源。为了解决这一问题,CO_2电催化转化为高附加值燃料被认为是一个有前途的战略。与HER和OER不同,CO_2还原反应(CO_2RR)是不同的,因为反应途径有多个步骤,每个步骤都有不同数量的电子和不同的产物。CO_2RR产物有CO、CH_4和甲酸等几种类型。典型的半电池反应列在下面[121-122]。

$$CO_2 + e^- \longrightarrow CO_2^{\cdot -} \quad (12.7)$$

$$CO_2 + H^+ + 2e^- \longrightarrow HCOO^- \quad (12.8)$$

$$CO_2 + 4H^+ + 4e^- \longrightarrow HCHO + H_2O \quad (12.9)$$

$$CO_2 + 6H^+ + 6e^- \longrightarrow CH_3OH + H_2O \quad (12.10)$$

$$CO_2 + 8H^+ + 8e^- \longrightarrow CH_4 + H_2O \quad (12.11)$$

金属电极对CO_2RR[123-125]表现出良好的催化性能。根据产物的不同,这些金属电极可分为产生CO的金属(Au和Ag)、产生甲酸的金属(Sn和Pb)和产生金属的高阶碳氢化合物(Cu)。但由于选择性差、催化活性位点数量少、稳定性差、能耗低,严重阻碍了金属电极的实际应用。为了解决这些问题,减小粒子的尺寸是在表面暴露更多催化活性位点的一般方法。加入石墨烯可以进一步改善表面积、暴露活性位点数、导电性和稳定性。

最近,Fischer 等报道了一种由 Au 纳米颗粒和石墨烯纳米带组成的复合材料,并将其用作CO_2还原为 CO 的电催化剂[34]。在 -0.47V(相对 RHE)时,对 CO 的最大法矢效率(FE)为 87%,比参考的 Au NP/炭黑(22%)高 4 倍。在 -0.47V 处进行了 10h 以上的稳定性实验,在 CO 生产过程中,铁的稳定性保持在 71%。并进一步计算出塔费尔曲线为 66mV/dec,约为标准物质(Au NP/炭黑为 141mV/dec)的一半,CO 产生率为 33mL/mg(CO/Au 纳米粒子)。

对于生产甲酸的催化剂,Xie 及其同事报道了一种三明治状催化剂,它由金属锡量子纳米片(QS)和 rGO 纳米片组成[33]。所制备的 Sn QS/rGO 复合材料在空气中表现出很好的稳定性,在空气中的锡金属相含量为 570℃,X 射线吸收精细结构谱(XAFS)进一步证实了该复合材料的稳定性。如图 12.10 所示,Sn QS/石墨烯的电流密度为 $21.1mA/cm^2$,分别比 15nm Sn 纳米粒子、15nm Sn 纳米粒子和石墨烯物理混合物 Sn 高 2 倍、2.5 倍和 13 倍。此外,催化剂上对甲酸的铁含量最高达 89%,比参考物质高 1.45 倍、1.5 倍和 2 倍。计算的塔费尔曲线为 83mV/dec,约为所有参比物质的一半,表明CO_2还原速率随过电位的增加而加快。最后,在 -1.8V(相对 SCE)处进行了 50h 以上的稳定性实验,并观察到 85% 以上的稳定 FE,表明对CO_2RR 有显著的稳定性。

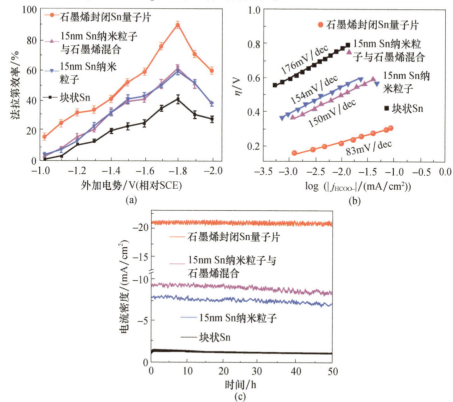

图 12.10 (a)在每个给定电势下生产甲酸 4h 的法拉第效率,(b)产生甲酸的塔费尔曲线,(c)在 -1.8V(相对 SCE)的电位下,石墨烯中的 Sn 量子片、15nm 的 Sn 纳米颗粒与石墨烯的混合、15nm 的 Sn 纳米颗粒以及块状 Sn 在CO_2饱和的 0.1mol/L $NaHCO_3$水溶液中的稳定性(经自然出版集团许可从参考文献[33]复制)

Sun 和他的同事合成了负载在富吡啶-N-石墨烯结构上的单分散 Cu 纳米颗粒,发现它们具有将CO_2还原为乙烯(C_2H_4)的活性[41]。

详细地,在-0.9V(相对 RHE)条件下,乙烯的最大铁含量达到19%,比参考的 Cu(质量分数6.3%,1.1V)高出约3倍。负载型石墨烯对C_2H_4没有催化作用,但对甲酸的生成有很高的活性和选择性。此外,该催化剂对碳氢化合物的选择性也达到了79%。在他们的设计中,铜纳米颗粒似乎与石墨烯偶联,特别是在吡啶-N 位,而$COOH^*$中间体可能经历二次质子化/脱水步骤,进一步形成CO^*。因此,表面吸附的CO^*可以质子化,然后转化为更高级的碳氢化合物。

12.4.6 N_2还原反应

氨(NH_3)合成是工业领域最具挑战性的化学过程之一。尽管NH_3可以提供很大一部分营养,养活地球上不断增长的人口,但工业合成过程也消耗了世界年能源供应量的1~2%,产生了1/3 的温室气体排放[126-128]。因此,如果能在常温条件下将N_2电化学还原为NH_3,将具有重要的科学技术价值。此外,N_2和NH_3的热力学表明,N_2的电化学还原应与 HER 相似,并在负电位下进行,半反应如下:

$$N_2 + 6H^+ + 6e^- \longrightarrow 2NH_3 \tag{12.12}$$
$$6OH^- \longrightarrow 3/2 O_2 + 3H_2O + 6e^- \tag{12.13}$$

然而,目前在氮气还原反应(NRR)领域的发展仅限于石墨烯类催化剂。已有研究表明,在-0.2V(相对 RHE)[129]下,金纳米棒可以将N_2电化学还原为NH_3,FE 约为4%。因此,我们开发了一种由非晶态 Au Np、CeO_x和 rGO 纳米片([Au-CeO_x/rGO])组成的纳米复合催化剂,并将其应用于电化学 NRR[13]。结果,如图12.11所示,在-0.2V(相对 RHE)下,NH_3的产率为$8.3\mu g/(h \cdot mg)$,FE 为10.1%,NH_3选择性为100%。比 Au/G($3.5\mu g/(h \cdot mg)$)高约2倍,比石墨烯纳米片($0.3\mu g/(h \cdot mg)$)高27倍。在实际应用之前,还需要在这一领域做出巨大的努力来进一步改善催化剂的性能。尽管目前在这一领域的研究还很有限,但电化学 NRR 是电化学领域的一颗冉冉升起的新星,因为它的反应条件比工业过程 Harber-Bosch 要温和得多。这一新兴领域的光明前景是可以预见的。

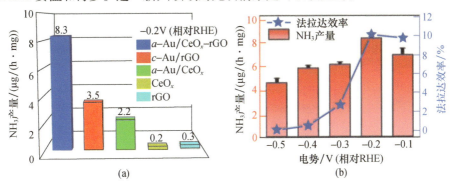

图12.11 (a)在室温和大气压力下,不同催化剂在-0.2V(相对 RHE)下NH_3的产率。
(b)在每个给定的电位下,NH_3的产率(红色)和法拉第效率(蓝色)
(经 Wiley-VCH Verlag GmbH & Co. KGaA,Weinheim. 许可从参考文献[13]复制)

12.5 小结

石墨烯及其衍生物的各种有用性质的发展、大规模生产的可用性以及低成本使其成为功能复合材料的潜在候选者,可以进一步融合多种类型的功能材料,如金属、金属氧化物和聚合物。不同的非共价相互作用和杂交策略是上述成功组合物的原因。在复合材料性能不断优化需求的推动下,对功能材料的选择和特殊设计结构的合成进行了深入研究。重点介绍了相关的例子,如无机纳米颗粒的复合材料、聚合物和大分子、量子点、二维材料、MOF 和其他一些复杂结构。它们是通过简单的 π-π 相互作用或范德瓦耳斯力,在原位生长的帮助下,在一些经过讨论的情况下,通过牺牲前驱物质来制造的。在不断寻求有针对性的应用和更好的催化性能的过程中,未来仍有可能开发出更多的新型功能复合材料的合成策略。

在复合材料中掺入石墨烯材料可以比使用不同种类的传统载体材料的性能更好,并进一步提高金属氧化物和聚合物等导电性较差的负载材料的整体热、力学和电学性能。目前,石墨烯基复合材料在电化学领域得到了广泛的研究,如超级电容器、锂离子电池和几种重要反应的电极材料。尽管取得了这些进展,但仍需要更多的研究努力来提高CO_2RR对生产高级碳氢化合物的选择性。此外,在实验室条件下,电化学N_2还原为氨领域的未来里程碑还有待于实现。因此,对于生活在电气化世界中的我们来说,电化学在能源工业和环境应用中的潜在实施所面临的这些重大挑战是令人兴奋的。

参考文献

[1] Geim, A. K. and Novoselov, K. S., The rise of graphene. *Nat. Mater.*, 6, 183, 2007.

[2] IUPAC. *Compendium of Chemical Terminology*, 2nd ed. (the Gold Book), https://doi.org/10.1351/goldbook.G02683, 1997.

[3] Novoselov, K. S., Geim, A. K., Morozov, S. V., Jiang, D., Zhang, Y., Dubonos, S. V., Grigorieva, I. V., Firsov, A. A., Electric field effect in atomically thin carbon films. *Science*, 306, 666, 2004.

[4] Novoselov, K. S., Jiang, D., Schedin, F., Booth, T. J., Khotkevich, V. V., Morozov, S. V., Geim, A. K., Two-dimensional atomic crystals. *Proc. Natl. Acad. Sci. USA*, 102, 10451, 2005.

[5] Stoller, M. D., Park, S., Zhu, Y., An, J., Ruoff, R. S., Graphene-based ultracapacitors. *Nano Lett.*, 8, 3498, 2008.

[6] Nair, R. R., Blake, P., Grigorenko, A. N., Novoselov, K. S., Booth, T. J., Stauber, T., Peres, N. M. R., Geim, A. K., Fine structure constant defines visual transparency of graphene. *Science*, 320, 1308, 2008.

[7] Lee, C., Wei, X., Kysar, J. W., Hone, J., Measurement of the elastic properties and intrinsic strength of monolayer graphene. *Science*, 321, 385, 2008.

[8] Balandin, A. A., Ghosh, S., Bao, W., Calizo, I., Teweldebrhan, D., Miao, F., Lau, C. N., Superior thermal conductivity of single-layer graphene. *Nano Lett.*, 8, 902, 2008.

[9] Cong, H.-P., Ren, X.-C., Wang, P., Yu, S.-H., Flexible graphene-polyaniline composite paper for high-performance supercapacitor. *Energy Environ. Sci.*, 6, 1185, 2013.

[10] Huang, W., Wang, H., Zhou, J., Wang, J., Duchesne, P. N., Muir, D., Zhang, P., Han, N., Zhao, F., Zeng, M., Zhong, J., Jin, C., Li, Y., Lee, S.-T., Dai, H., Highly active and durable methanol oxidation electro-

catalyst based on the synergy of platinum – nickel hydroxide – graphene. *Nat. Commun.* ,6,10035,2015.

[11] Dou,Y. ,Xu,J. ,Ruan,B. ,Liu,Q. ,Pan,Y. ,Sun,Z. ,Dou,S. X. ,Atomic layer – by – layer $CO_3O_4/$ graphene composite for high performance lithium – ion batteries. *Adv. Energy Mater.* ,6,1501835,2016.

[12] Li,J. – S. ,Wang,Y. ,Liu,C. – H. ,Li,S. – L. ,Wang,Y. – G. ,Dong,L. – Z. ,Dai,Z. – H. ,Li,Y. – F. ,Lan,Y. – Q. ,Coupled molybdenum carbide and reduced graphene oxide electrocatalysts for efficient hydrogen evolution. *Nat. Commun.* ,7,11204,2016.

[13] Li,S. – J. ,Bao,D. ,Shi,M. – M. ,Wulan,B. – R. ,Yan,J. – M. ,Jiang,Q. ,Amorphizing of Au nanoparticles by CeOx – RGO hybrid support towards highly efficient electrocatalyst for N_2 reduction under ambient conditions. *Adv. Mater.* ,29,n/a,2017.

[14] Kim,K. S. ,Zhao,Y. ,Jang,H. ,Lee,S. Y. ,Kim,J. M. ,Kim,K. S. ,Ahn,J. – H. ,Kim,P. ,Choi,J. – Y. ,Hong,B. H. ,Large – scale pattern growth of graphene films for stretchable transparent electrodes. *Nature*,457,706,2009.

[15] Li,X. ,Cai,W. ,An,J. ,Kim,S. ,Nah,J. ,Yang,D. ,Piner,R. ,Velamakanni,A. ,Jung,I. ,Tutuc,E. ,Banerjee,S. K. ,Colombo,L. ,Ruoff,R. S. ,Large – area synthesis of high – quality and uniform graphene films on copper foils. *Science*,324,1312,2009.

[16] Li,D. ,Muller,M. B. ,Gilje,S. ,Kaner,R. B. ,Wallace,G. G. ,Processable aqueous dispersions of graphene nanosheets. *Nat. Nanotechnol.* ,3,101,2008.

[17] Hernandez,Y. ,Nicolosi,V. ,Lotya,M. ,Blighe,F. M. ,Sun,Z. ,De,S. ,McGovern,I. T. ,Holland,B. ,Byrne,M. ,Gun'Ko,Y. K. ,Boland,J. J. ,Niraj,P. ,Duesberg,G. ,Krishnamurthy,S. ,Goodhue,R. ,Hutchison,J. ,Scardaci,V. ,Ferrari,A. C. ,Coleman,J. N. ,High – yield production of graphene by liquid – phase exfoliation of graphite. *Nat. Nanotechnol.* ,3,563,2008.

[18] He,Q. ,Sudibya,H. G. ,Yin,Z. ,Wu,S. ,Li,H. ,Boey,F. ,Huang,W. ,Chen,P. ,Zhang,H. ,Centimeter – long and large – scale micropatterns of reduced graphene oxide films:Fabrication and sensing applications. *ACS Nano*,4,3201,2010.

[19] Li,B. ,Cao,X. ,Ong,H. G. ,Cheah,J. W. ,Zhou,X. ,Yin,Z. ,Li,H. ,Wang,J. ,Boey,F. ,Huang,W. ,Zhang,H. ,All – carbon electronic devices fabricated by directly grown single – walled carbon nanotubes on reduced graphene oxide electrodes. *Adv. Mater.* ,22,3058,2010.

[20] Wang,L. ,Sofer,Z. ,Simek,P. ,Tomandl,I. ,Pumera,M. ,Boron – doped graphene:Scalable and tunable p – type carrier concentration doping. *J. Phys. Chem. C*,117,23251,2013.

[21] Wang,L. ,Sofer,Z. ,Luxa,J. ,Pumera,M. ,Nitrogen doped graphene:Influence of precursors and conditions of the synthesis. *J. Mater. Chem. C*,2,2887,2014.

[22] Wang,L. ,Sofer,Z. ,Ambrosi,A. ,Šimek,P. ,Pumera,M. ,3D – graphene for electrocatalysis of oxygen reduction reaction:Increasing number of layers increases the catalytic effect. *Electrochem. Commun.* ,46,148,2014.

[23] Wang,L. ,Sofer,Z. ,Zboril,R. ,Cepe,K. ,Pumera,M. ,Phosphorus and halogen co – doped graphene materials and their electrochemistry. *Chem. Eur. J.* ,22,15444,2016.

[24] Latiff,N. M. ,Mayorga – Martinez,C. C. ,Wang,L. ,Sofer,Z. ,Fisher,A. C. ,Pumera,M. ,Microwave irradiated N – and B, Cl – doped graphene:Oxidation method has strong influence on capacitive behavior. *Appl. Mater. Today*,9,204,2017.

[25] Huang,X. ,Qi,X. ,Boey,F. ,Zhang,H. ,Graphene – based composites. *Chem. Soc. Rev.* ,41,666,2012.

[26] Georgakilas,V. ,Tiwari,J. N. ,Kemp,K. C. ,Perman,J. A. ,Bourlinos,A. B. ,Kim,K. S. ,Zboril,R. ,Noncovalent functionalization of graphene and graphene oxide for energy materials,biosensing,catalytic,and biomedical applications. *Chem. Rev.* ,116,5464,2016.

[27] Guo,S. and Dong,S. ,Graphene nanosheet:Synthesis,molecular engineering,thin film,hybrids,and ener-

gy and analytical applications. *Chem. Soc. Rev.* ,40,2644,2011.

[28] Solis-Fernandez,P. ,Bissett,M. ,Ago,H. ,Synthesis,structure and applications of graphene-based 2D heterostructures. *Chem. Soc. Rev.* ,46,4572,2017.

[29] Bello,A. ,Fashedemi,O. O. ,Lekitima,J. N. ,Fabiane,M. ,Dodoo-Arhin,D. ,Ozoemena,K. I. ,Gogotsi,Y. ,Johnson,A. T. C. ,Manyala,N. ,High-performance symmetric electrochemical capacitor based on graphene foam and nanostructured manganese oxide. *Aip Adv.* ,3,082118,2013.

[30] Chen,S. ,Zhu,J. ,Wu,X. ,Han,Q. ,Wang,X. ,Graphene oxide-MnO_2 nanocomposites for supercapacitors. *ACS Nano* ,4,2822,2010.

[31] Yan,J. ,Fan,Z. ,Wei,T. ,Qian,W. ,Zhang,M. ,Wei,F. ,Fast and reversible surface redox reaction of graphene-MnO_2 composites as supercapacitor electrodes. *Carbon* ,48,3825,2010.

[32] Yan,J. ,Wei,T. ,Qiao,W ,Shao,B. ,Zhao,Q. ,Zhang,L. ,Fan,Z. ,Rapid microwave-assisted synthesis of graphene nanosheet/Co_3O_4 composite for supercapacitors. *Electrochim. Acta* ,55,6973,2010.

[33] Lei,F. ,Liu,W. ,Sun,Y. ,Xu,J. ,Liu,K. ,Liang,L. ,Yao,T. ,Pan,B. ,Wei,S. ,Xie,Y. ,Metallic tin quantum sheets confined in graphene toward high-efficiency carbon dioxide electroreduction. *Nat. Commun.* ,7,12697,2016.

[34] Rogers,C. ,Perkins,W. S. ,Veber,G. ,Williams,T. E. ,Cloke,R. R. ,Fischer,F. R. ,Synergistic enhancement of electrocatalytic CO_2 reduction with gold nanoparticles embedded in functional graphene nanoribbon composite electrodes. *J. Am. Chem. Soc.* ,139,4052,2017.

[35] Liao,L. ,Wang,S. ,Xiao,J. ,Bian,X. ,Zhang,Y. ,Scanlon,M. D. ,Hu,X. ,Tang,Y. ,Liu,B. ,Girault,H. H. ,A nanoporous molybdenum carbide nanowire as an electrocatalyst for hydrogen evolution reaction. *Energy Environ. Sci.* ,7,387,2014.

[36] Ma,L. ,Ting,L. R. L. ,Molinari,V ,Giordano,C. ,Yeo,B. S. ,Efficient hydrogen evolution reaction catalyzed by molybdenum carbide and molybdenum nitride nanocatalysts synthesized via the urea glass route. *J. Mater. Chem. A* ,3,8361,2015.

[37] Wang,H. ,Tsai,C. ,Kong,D. ,Chan,K. ,Abild-Pedersen,F. ,Nørskov,J. K. ,Cui,Y. ,Transition-metal doped edge sites in vertically aligned MoS2 catalysts for enhanced hydrogen evolution. *Nano Res.* ,8,566,2015.

[38] Brownson,D. A. C. and Banks,C. E. ,Graphene electrochemistry:An overview of potential applications. *Analyst* ,135,2768,2010.

[39] Brownson,D. A. C. ,Varey,S. A. ,Hussain,F. ,Haigh,S. J. ,Banks,C. E. ,Electrochemical properties of CVD grown pristine graphene:Monolayer-vs. quasi-graphene. *Nanoscale* ,6,1607,2014.

[40] Reina,A. ,Thiele,S. ,Jia,X. ,Bhaviripudi,S. ,Dresselhaus,M. S. ,Schaefer,J. A. ,Kong,J. ,Growth of large-area single-and Bi-layer graphene by controlled carbon precipitation on polycrystalline Ni surfaces. *Nano Res.* ,2,509,2009.

[41] Li,Q. ,Zhu,W. ,Fu,J. ,Zhang,H. ,Wu,G. ,Sun,S. ,Controlled assembly of Cu nanoparticles on pyridinic-N rich graphene for electrochemical reduction of CO_2 to ethylene. *Nano Energy* ,24,1,2016.

[42] Yu,G. ,Hu,L. ,Vosgueritchian,M. ,Wang,H. ,Xie,X. ,McDonough,J. R. ,Cui,X. ,Cui,Y. ,Bao,Z. ,Solution-processed graphene/MnO_2 nanostructured textiles for high-performance electrochemical capacitors. *Nano Lett.* ,11,2905,2011.

[43] Zhang,J. ,Xu,Y. ,Cui,L. ,Fu,A. ,Yang,W. ,Barrow,C. ,Liu,J. ,Mechanical properties of graphene films enhanced by homo-telechelic functionalized polymer fillers via $\pi-\pi$ stacking interactions. *Compos. A Appl. Sci. Manuf.* ,71,1,2015.

[44] Shan,C. ,Yang,H. ,Song,J. ,Han,D. ,Ivaska,A. ,Niu,L. ,Direct electrochemistry of glucose oxidase and biosensing for glucose based on graphene. *Anal. Chem.* ,81,2378,2009.

[45] Li,J.,Guo,S.,Zhai,Y.,Wang,E.,Nafion – graphene nanocomposite film as enhanced sensing platform for ultrasensitive determination of cadmium. *Electrochem. Commun.*,11,1085,2009.

[46] Liu,Z.,Liu,Q.,Huang,Y.,Ma,Y.,Yin,S.,Zhang,X.,Sun,W.,Chen,Y.,Organic photovoltaic devices based on a novel acceptor material:Graphene. *Adv. Mater.*,20,3924,2008.

[47] Wang,D.-W.,Li,F.,Zhao,J.,Ren,W,Chen,Z.-G.,Tan,J.,Wu,Z.-S.,Gentle,I.,Lu,G.Q.,Cheng,H.-M.,Fabrication of graphene/polyaniline composite paper via *in situ* anodic electropolymerization for high – performance flexible electrode. *ACS Nano*,3,1745,2009.

[48] Bonanni,A.,Chua,C.K.,Zhao,G.,Sofer,Z.,Pumera,M.,Inherently electroactive graphene oxide nanoplatelets as labels for single nucleotide polymorphism detection. *ACS Nano*,6,8546,2012.

[49] Ye,R.,Xiang,C.,Lin,J.,Peng,Z.,Huang,K.,Yan,Z.,Cook,N.P.,Samuel,E.L.G.,Hwang,C.-C.,Ruan,G.,Ceriotti,G.,Raji,A.-R.O.,Marti,A.A.,Tour,J.M.,Coal as an abundant source of graphene quantum dots. *Nat. Commun.*,4,2943,2013.

[50] Fei,H.,Ye,R.,Ye,G.,Gong,Y.,Peng,Z.,Fan,X.,Samuel,E.L.G.,Ajayan,P.M.,Tour,J.M.,Boron – and nitrogen – doped graphene quantum dots/graphene hybrid nanoplatelets as efficient electrocatalysts for oxygen reduction. *ACS Nano*,8,10837,2014.

[51] Najafi,L.,Bellani,S.,Martín – García,B.,Oropesa – Nuñez,R.,Del Rio Castillo,A.E.,Prato,M.,Moreels,I.,Bonaccorso,F.,Solution – processed hybrid graphene flake/2H – Mo S_2 quantum dot heterostructures for efficient electrochemical hydrogen evolution. *Chem. Mater.*,29,5782,2017.

[52] Lu,Z.,Zhu,J.,Sim,D.,Zhou,W,Shi,W,Hng,H.H.,Yan,Q.,Synthesis of ultrathin silicon nanosheets by using graphene oxide as template. *Chem. Mater.*,23,5293,2011.

[53] Jiao,L.,Zhou,Y.-X.,Jiang,H.-L.,Metal – organic framework – based CoP/reduced graphene oxide:High – performance bifunctional electrocatalyst for overall water splitting. *Chem. Sci.*,7,1690,2016.

[54] Hou,Y.,Huang,T.,Wen,Z.,Mao,S.,Cui,S.,Chen,J.,Metal – organic framework – derived nitrogen – doped core – shell – structured porous Fe/Fe3C@ C nanoboxes supported on graphene sheets for efficient oxygen reduction reactions. *Adv. Energy Mater.*,4,1400337,2014.

[55] Zhang,Z.,An,Y.,Xu,X.,Dong,C.,Feng,J.,Ci,L.,Xiong,S.,Metal – organic framework – derived graphene@ nitrogen doped carbon@ ultrafine TiO_2 nanocomposites as high rate and long – life anodes for sodium ion batteries. *Chem. Commun.*,52,12810,2016.

[56] Salvatierra,R.V.,Raji,A.-R.O.,Lee,S.-K.,Ji,Y.,Li,L.,Tour,J.M.,Silicon nanowires and lithium cobalt oxide nanowires in graphene nanoribbon papers for full lithium ion battery. *Adv. Energy Mater.*,6,1600918,2016.

[57] Li,Y.,Yan,K.,Lee,H.-W.,Lu,Z.,Liu,N.,Cui,Y.,Growth of conformal graphene cages on micrometre – sized silicon particles as stable battery anodes. *Nat. Energy*,1,15029,2016.

[58] Council,N.R.,Sciences,D.E.P.,Technology,B.A.S.,Systems,C.S.P.E.,*Meeting the Energy Needs of Future Warriors*,National Academies Press,2004.

[59] Conway,B.E.,*Electrochemical Supercapacitors:Scientific Fundamentals and Technological Applications*,Springer US,2013.

[60] Liu,C.,Li,F.,Ma,L.-P.,Cheng,H.-M.,Advanced materials for energy storage. *Adv. Mater.*,22,E28,2010.

[61] Zhang,Y.,Li,H.,Pan,L.,Lu,T.,Sun,Z.,Capacitive behavior of graphene – ZnO composite film for supercapacitors. *J. Electroanal. Chem.*,634,68,2009.

[62] Fenghua,L.,Jiangfeng,S.,Huafeng,Y.,Shiyu,G.,Qixian,Z.,Dongxue,H.,Ari,I.,Li,N.,One – step synthesis of graphene/SnO_2 nanocomposites and its application in electrochemical supercapacitors. *Nanotechnology*,

20,455602,2009.

[63] Kim, F., Luo, J., Cruz – Silva, R., Cote, L. J., Sohn, K., Huang, J., Self – propagating domino – like reactions in oxidized graphite. *Adv. Funct. Mater.*, 20, 2867, 2010.

[64] Sumboja, A., Foo, C. Y., Wang, X., Lee, P. S., Large areal mass, flexible and free – standing reduced graphene oxide/manganese dioxide paper for asymmetric supercapacitor device. *Adv. Mater.*, 25, 2809, 2013.

[65] da Silveira Firmiano, E. G., Rabelo, A. C., Dalmaschio, C. J., Pinheiro, A. N., Pereira, E. C., Schreiner, W. H., Leite, E. R., Supercapacitor electrodes obtained by directly bonding 2D MoS_2 on reduced graphene oxide. *Adv. Energy Mater.*, 4, 1301380, 2014.

[66] Snook, G. A., Kao, P., Best, A. S., Conducting – polymer – based supercapacitor devices and electrodes. *J. Power Sources*, 196, 1, 2011.

[67] Ryu, K. S., Lee, Y. – G., Hong, Y. – S., Park, Y. J., Wu, X., Kim, K. M., Kang, M. G., Park, N. – G., Chang, S. H., Poly(ethylenedioxythiophene) (PEDOT) as polymer electrode in redox supercapacitor. *Electrochim. Acta*, 50, 843, 2004.

[68] Mastragostino, M., Arbizzani, C., Soavi, F., Polymer – based supercapacitors. *J. Power Sources*, 97 – 98, 812, 2001.

[69] Zhao, Y., Liu, J., Hu, Y., Cheng, H., Hu, C., Jiang, C., Jiang, L., Cao, A., Qu, L., Highly compression – tolerant supercapacitor based on polypyrrole – mediated graphene foam electrodes. *Adv. Mater.*, 25, 591, 2013.

[70] Qu, G., Cheng, J., Li, X., Yuan, D., Chen, P., Chen, X., Wang, B., Peng, H., A fiber supercapacitor with high energy density based on hollow graphene/conducting polymer fiber electrode. *Adv. Mater.*, 28, 3646, 2016.

[71] Seger, B. and Kamat, P. V., Electrocatalytically active graphene – platinum nanocomposites. Role of 2 – D carbon support in PEM fuel cells. *J. Phys. Chem. C*, 113, 7990, 2009.

[72] Shao, Y., Zhang, S., Wang, C., Nie, Z., Liu, J., Wang, Y., Lin, Y., Highly durable graphene nanoplatelets supported Pt nanocatalysts for oxygen reduction. *J. Power Sources*, 195, 4600, 2010.

[73] Liu, S., Wang, J., Zeng, J., Ou, J., Li, Z., Liu, X., Yang, S., "Green" electrochemical synthesis of Pt/graphene sheet nanocomposite film and its electrocatalytic property. *J. Power Sources*, 195, 4628, 2010.

[74] Yoo, E., Okata, T., Akita, T., Kohyama, M., Nakamura, J., Honma, I., Enhanced electrocatalytic activity of Pt subnanoclusters on graphene nanosheet surface. *Nano Lett.*, 9, 2255, 2009.

[75] Li, Y., Gao, W., Ci, L., Wang, C., Ajayan, P. M., Catalytic performance of Pt nanoparticles on reduced graphene oxide for methanol electro – oxidation. *Carbon*, 48, 1124, 2010.

[76] Imran Jafri, R., Rajalakshmi, N., Ramaprabhu, S., Nitrogen doped graphene nanoplatelets as catalyst support for oxygen reduction reaction in proton exchange membrane fuel cell. *J. Mater. Chem.*, 20, 7114, 2010.

[77] Zhang, L. – S., Liang, X. – Q., Song, W. – G., Wu, Z. – Y., Identification of the nitrogen species on N – doped graphene layers and Pt/NG composite catalyst for direct methanol fuel cell. *Phys. Chem. Chem. Phys.*, 12, 12055, 2010.

[78] Li, Y., Tang, L., Li, J., Preparation and electrochemical performance for methanol oxidation of pt/graphene nanocomposites. *Electrochem. Commun.*, 11, 846, 2009.

[79] Dong, L., Gari, R. R. S., Li, Z., Craig, M. M., Hou, S., Graphene – supported platinum and platinum – ruthenium nanoparticles with high electrocatalytic activity for methanol and ethanol oxidation. *Carbon*, 48, 781, 2010.

[80] Fu, X., Choi, J. – Y., Zamani, P., Jiang, G., Hoque, M. A., Hassan, F. M., Chen, Z., Co – N Decorated

hierarchically porous graphene aerogel for efficient oxygen reduction reaction in acid. ACS *Appl. Mater. Interfaces*, 8, 6488, 2016.

[81] Cui, X., Yang, S., Yan, X., Leng, J., Shuang, S., Ajayan, P. M., Zhang, Z., Pyridinic – nitrogen – dominated graphene aerogels with Fe – N – C coordination for highly efficient oxygen reduction reaction. *Adv. Funct. Mater.*, 26, 5708, 2016.

[82] Zhang, C., Sha, J., Fei, H., Liu, M., Yazdi, S., Zhang, J., Zhong, Q., Zou, X., Zhao, N., Yu, H., Jiang, Z., Ringe, E., Yakobson, B. I., Dong, J., Chen, D., Tour, J. M., Single – atomic ruthenium catalytic sites on nitrogen – doped graphene for oxygen reduction reaction in acidic medium. *ACS Nano*, 11, 6930, 2017.

[83] Tong, X., Chen, S., Guo, C., Xia, X., Guo, X. – Y., Mesoporous $NiCo_2O_4$ nanoplates on three – dimensional graphene foam as an efficient electrocatalyst for the oxygen reduction reaction. ACS Appl. Mater. Interfaces, 8, 28274, 2016.

[84] Yu, Q., Xu, J., Wu, C., Zhang, J., Guan, L., MnO_2 nanofilms on nitrogen – doped hollow graphene spheres as a high – performance electrocatalyst for oxygen reduction reaction. *ACS Appl. Mater. Interfaces*, 8, 35264, 2016.

[85] El – Sawy, A. M., Mosa, I. M., Su, D., Guild, C. J., Khalid, S., Joesten, R., Rusling, J. F., Suib, S. L., Controlling the active sites of sulfur – doped carbon nanotube – graphene nanolobes for highly efficient oxygen evolution and reduction catalysis. *Adv. Energy Mater.*, 6, 1501966, 2016.

[86] Jankovský, O., Libánská, A., Bouša, D., Sedmidubský, D., Matějková, S., Sofer, Z., Partially hydrogenated graphene materials exhibit high electrocatalytic activities related to unintentional doping with metallic impurities. *Chem. Eur. J.*, 22, 8627, 2016.

[87] Choi, C. H., Lim, H. – K., Chung, M. W., Park, J. C., Shin, H., Kim, H., Woo, S. I., Long – range electron transfer over graphene – based catalyst for high – performing oxygen reduction reactions: Importance of size, N – doping, and metallic impurities. *J. Am. Chem. Soc.*, 136, 9070, 2014.

[88] Wang, L., Ambrosi, A., Pumera, M., "Metal – free" catalytic oxygen reduction reaction on heteroatom – doped graphene is caused by trace metal impurities. *Angew. Chem., Int. Ed.*, 52, 13818, 2013.

[89] Wang, L. and Pumera, M., Residual metallic impurities within carbon nanotubes play a dominant role in supposedly "metal – free" oxygen reduction reactions. *Chem. Commun.*, 50, 12662, 2014.

[90] Wang, L. and Pumera, M., Electrochemical catalysis at low dimensional carbons: Graphene, carbon nanotubes and beyond—A review. *Appl. Mater. Today*, 5, 134, 2016.

[91] Wang, L., Ambrosi, A., Pumera, M., Could carbonaceous impurities in reduced graphenes be responsible for some of their extraordinary electrocatalytic activities? *Chem. Asian J.*, 8, 1200, 2013.

[92] Wang, L., Chua, C. K., Khezri, B., Webster, R. D., Pumera, M., Remarkable electrochemical properties of electrochemically reduced graphene oxide towards oxygen reduction reaction are caused by residual metal – based impurities. *Electrochem. Commun.*, 62, 17, 2016.

[93] Wang, L., Wong, C. H. A., Kherzi, B., Webster, R. D., Pumera, M., So – called "metal – free" oxygen reduction at graphene nanoribbons is in fact metal driven. *Chem. Cat. Chem.*, 7, 1650, 2015.

[94] Wang, L., Ambrosi, A., Pumera, M., Carbonaceous impurities in carbon nanotubes are responsible for accelerated electrochemistry of cytochrome c. *Anal. Chem.*, 85, 6195, 2013.

[95] Li, Y., Tan, B., Wu, Y., Mesoporous Co_3O_4 nanowire arrays for lithium ion batteries with high capacity and rate capability. *Nano Lett.*, 8, 265, 2008.

[96] Xiao, J., Choi, D., Cosimbescu, L., Koech, P., Liu, J., Lemmon, J. P., Exfoliated MoS. nanocomposite as an anode material for lithium ion batteries. Chem. Mater., 22, 4522, 2010.

[97] Yao, J., Shen, X., Wang, B., Liu, H., Wang, G., *In situ* chemical synthesis of SnO_2 – graphene nanocom-

posite as anode materials for lithium – ion batteries. *Electrochem. Commun.* ,11 ,1849 ,2009.

[98] Liu,J. ,Li,Y. ,Huang,X. ,Ding,R. ,Hu,Y. ,Jiang,J. ,Liao,L. ,Direct growth of SnO$_2$ nanorod array electrodes for lithium – ion batteries. *J. Mater. Chem.* ,19 ,1859 ,2009.

[99] Taberna,P. L. ,Mitra,S. ,Poizot,R ,Simon,R ,Tarascon,J. M. ,High rate capabilities Fe$_3$O$_4$ – based Cu nano – architectured electrodes for lithium – ion battery applications. *Nat. Mater.* ,5 ,567 ,2006.

[100] Lee,J. – I. ,Song,J. ,Cha,Y. ,Fu,S. ,Zhu,C. ,Li,X. ,Lin,Y. ,Song,M. – K. ,Multifunctional SnO$_2$/3D graphene hybrid materials for sodium – ion and lithium – ion batteries with excellent rate capability and long cycle life. *Nano Res.* ,10 ,4398 ,2017.

[101] Meng,R. ,Hou,H. ,Liu,X. ,Duan,J. ,Liu,S. ,Binder – free combination of graphene nanosheets with TiO$_2$ nanotube arrays for lithium ion battery anode. *J. Porous Mat.* ,23 ,569 ,2016.

[102] Qi,W. ,Li,X. ,Li,H. ,Wu,W. ,Li,R ,Wu,Y. ,Kuang,C. ,Zhou,S. ,Li,X. ,Sandwich – structured nanocomposites of N – doped graphene and nearly monodisperse Fe$_3$O$_4$ nanoparticles as high – performance Li – ion battery anodes. *Nano Res.* ,10 ,2923 ,2017.

[103] Jiao,J. ,Qiu,W. ,Tang,J. ,Chen,L. ,Jing,L. ,Synthesis of well – defined Fe$_3$O$_4$ nanorods/N – doped graphene for lithium – ion batteries. *Nano Res.* ,9 ,1256 ,2016.

[104] Chae,C. ,Kim,K. W. ,Yun,Y. J. ,Lee,D. ,Moon,J. ,Choi,Y. ,Lee,S. S. ,Choi,S. ,Jeong,S. ,Rolyethylenimine – mediated electrostatic assembly of MnO$_2$ nanorods on graphene oxides for use as anodes in lithium – ion batteries. *ACS Appl. Mater. Interfaces* ,8 ,11499 ,2016.

[105] Jiang,L. ,Lin,B. ,Li,X. ,Song,X. ,Xia,H. ,Li,L. ,Zeng,H. ,Monolayer MoS$_2$ – graphene hybrid aerogels with controllable porosity for lithium – ion batteries with high reversible capacity. *ACS Appl. Mater. Interfaces* ,8 ,2680 ,2016.

[106] Teng,Y. ,Zhao,H. ,Zhang,Z. ,Li,Z. ,Xia,Q. ,Zhang,Y. ,Zhao,L. ,Du,X. ,Du,Z. ,Lv,P. ,Swierczek,K. ,MoS$_2$ nanosheets vertically grown on graphene sheets for lithium – ion battery anodes. *ACS Nano* ,10 ,8526 ,2016.

[107] Lim,C. S. ,Wang,L. ,Chua,C. K. ,Sofer,Z. ,Jankovsky,O. ,Pumera,M. ,High temperature superconducting materials as bi – functional catalysts for hydrogen evolution and oxygen reduction. *J. Mater. Chem. A* ,3 ,8346 ,2015.

[108] Wang,L. ,Sofer,Z. ,Luxa,J. ,Pumera,M. ,Mo$_x$W1 – xS2 solid solutions as 3D electrodes for hydrogen evolution reaction. *Adv. Mater. Interfaces* ,2 ,1500041 ,2015.

[109] Mohamad Latiff,N. ,Wang,L. ,Mayorga – Martinez,C. C. ,Sofer,Z. ,Fisher,A. C. ,Pumera,M. ,Valence and oxide impurities in MoS$_2$ and WS$_2$ dramatically change their electrocatalytic activity towards proton reduction. *Nanoscale* ,8 ,16752 ,2016.

[110] Wang,L. ,Sofer,Z. ,Luxa,J. ,Sedmidubský,D. ,Ambrosi,A. ,Pumera,M. ,Layered rhenium sulfide on free – standing three – dimensional electrodes is highly catalytic for the hydrogen evolution reaction: Experimental and theoretical study. *Electrochem. Commun.* ,63 ,39 ,2016.

[111] Wang,L. ,Sofer,Z. ,Bouša,D. ,Sedmidubský,D. ,Huber,Š. ,Matějková,S. ,Michalcova,A. ,Pumera,M. ,Graphane nanostripes. *Angew. Chem.* ,128 ,14171 ,2016.

[112] Presolski,S. ,Wang,L. ,Loo,A. H. ,Ambrosi,A. ,Lazar,P. ,Ranc,V ,Otyepka,M. ,Zboril,R. ,Tomanec,O. ,Ugolotti,J. ,Sofer,Z. ,Pumera,M. ,Functional nanosheet synthons by covalent modification of transition – metal dichalcogenides. *Chem. Mater.* ,29 ,2066 ,2017.

[113] Zhu,Y. P. ,Ma,T. Y. ,Jaroniec,M. ,Qiao,S. Z. ,Self – templating synthesis of hollow Co$_3$O$_4$ microtube arrays for highly efficient water electrolysis. Angew. Chem. ,Int. Ed. ,56 ,1324 ,2017.

[114] Wang,J. ,Cui,W. ,Liu,Q. ,Xing,Z. ,Asiri,A. M. ,Sun,X. ,Recent progress in cobalt – based heteroge-

neous catalysts for electrochemical water splitting. *Adv. Mater.*, 28, 215, 2016.

[115] Wu, H. B., Xia, B. Y., Yu, L., Yu, X. -Y., Lou, X. W., Porous molybdenum carbide nano-octahedrons synthesized via confined carburization in metal-organic frameworks for efficient hydrogen production. *Nat. Commun.*, 6, 6512, 2015.

[116] Zhao, Y., Kamiya, K., Hashimoto, K., Nakanishi, S., *In situ* CO_2 - emission assisted synthesis of molybdenum carbonitride nanomaterial as hydrogen evolution electrocatalyst. *J. Am. Chem. Soc.*, 137, 110, 2015.

[117] Ma, F. -X., Wu, H. B., Xia, B. Y., Xu, C. -Y., Lou, X. W., Hierarchical β-Mo_2C nanotubes organized by ultrathin nanosheets as a highly efficient electrocatalyst for hydrogen production. *Angew. Chem., Int. Ed.*, 54, 15395, 2015.

[118] Tabassum, H., Guo, W, Meng, W, Mahmood, A., Zhao, R., Wang, Q., Zou, R., Metal-organic frameworks derived cobalt phosphide architecture encapsulated into B/N co-doped graphene nanotubes for all pH value electrochemical hydrogen evolution. *Adv. Energy Mater.*, 7, 1601671, 2017.

[119] Li, W., Gao, X., Xiong, D., Xia, F., Liu, J., Song, W. -G., Xu, J., Thalluri, S. M., Cerqueira, M. F., Fu, X., Liu, L., Vapor-solid synthesis of monolithic single-crystalline CoP nanowire electrodes for efficient and robust water electrolysis. *Chem. Sci.*, 8, 2952, 2017.

[120] Zhang, G., Wang, G., Liu, Y., Liu, H., Qu, J., Li, J., Highly active and stable catalysts of phytic acid-derivative transition metal phosphides for full water splitting. *J. Am. Chem. Soc.*, 138, 14686, 2016.

[121] Appel, A. M., Bercaw, J. E., Bocarsly, A. B., Dobbek, H., DuBois, D. L., Dupuis, M., Ferry, J. G., Fujita, E., Hille, R., Kenis, P. J. A., Kerfeld, C. A., Morris, R. H., Peden, C. H. F., Portis, A. R., Ragsdale, S. W, Rauchfuss, T. B., Reek, J. N. H., Seefeldt, L. C., Thauer, R. K., Waldrop, G. L., Frontiers, opportunities, and challenges in biochemical and chemical catalysis of CO_2 fixation. *Chem. Rev.*, 113, 6621, 2013.

[122] Vasileff, A., Zheng, Y., Qiao, S. Z., Carbon solving carbon's problems: Recent progress of nanostructured carbon-based catalysts for the electrochemical reduction of CO_2. *Adv. Energy* Mater., 7, 1700759, 2017.

[123] Feaster, J. T., Shi, C., Cave, E. R., Hatsukade, T., Abram, D. N., Kuhl, K. P., Hahn, C., Nørskov, J. K., Jaramillo, T. F., Understanding selectivity for the electrochemical reduction of carbon dioxide to formic acid and carbon monoxide on metal electrodes. *ACS Catal.*, 7, 4822, 2017.

[124] Hori, Y., *Modern Aspects of Electrochemistry*, Vayenas, White, Gamboa-Aldeco (Eds.), pp. 89-189, Springer New York, 2008.

[125] Hori, Y., Wakebe, H., Tsukamoto, T., Koga, O., Electrocatalytic process of CO selectivity in electrochemical reduction of CO_2 at metal electrodes in aqueous media. *Electrochim. Acta*, 39, 1833, 1994.

[126] Kitano, M., Inoue, Y., Yamazaki, Y., Hayashi, F., Kanbara, S., Matsuishi, S., Yokoyama, T., Kim, S. -W., Hara, M., Hosono, H., Ammonia synthesis using a stable electride as an electron donor and reversible hydrogen store. *Nat. Chem.*, 4, 934, 2012.

[127] Oshikiri, T., Ueno, K., Misawa, H., Selective dinitrogen conversion to ammonia using water and visible light through plasmon-induced charge separation. *Angew. Chem. Int. Ed.*, 55, 3942, 2016.

[128] Association, I. -I. F., Fertilizers and Climate Change. Enhancing Agricultural Productivity and Reducing Emission, https://www.fertilizer.org/Search? SearchTerms = Fertilizers,%20Climate%20Change%20and%20Enhancing%20Agricultural, 2009.

[129] Bao, D., Zhang, Q., Meng, F. -L., Zhong, H. -X., Shi, M. -M., Zhang, Y., Yan, J. -M., Jiang, Q., Zhang, X. -B., Electrochemical reduction of N_2 under ambient conditions for artificial N_2 fixation and renewable energy storage using N_2/NH_3 cycle. *Adv. Mater.*, 29, 1604799, 2017.

第13章 氢功能化石墨烯纳米结构材料在自旋电子学中的应用

Sekhar Chandra Ray
南非约翰内斯堡佛罗里达公园
南非大学科学工程与技术学院物理系

摘 要 本章报道了微波等离子体增强化学气相沉积法合成的部分氢功能化垂直排列的多层石墨烯(FLG)的磁性和电子性能。在不同的衬底温度(50~200℃)下进行加氢处理,以改变加氢程度和深度分布。这种结构的独特形态产生了一种独特的几何结构,其中石墨烷(全氢化)/石墨酮(部分氢化)是由石墨烯层支撑的,这与其他被广泛研究的结构(如一维纳米带)有很大的不同。利用同步加速器的X射线吸收精细结构光谱学方法研究了影响磁性能的电子结构和潜在氢化机理。铁磁相互作用似乎占主导地位,同时也观察到了反铁磁相互作用的存在。通过sp^2到sp^3杂化结构的转变而获得的自由自旋和氢化诱导的缺陷产生未配对电子的可能性被认为是产生所观察到的铁磁有序的可能机制。从理论上详细讨论了石墨烯材料磁性形成的不同可能原因。

关键词 石墨烯,氢化石墨烯,石墨烷,XANES,SPEEM,磁化,M-H环,磁力显微镜

13.1 引言

由单原子层碳原子层组成的石墨烯已经成为常用设计材料,它已经成为设计新型电子和磁存储设备的新平台,其中尺寸起着重要作用[1-6]。在自旋电子学的应用中,由于碳原子的自旋-轨道耦合很小,石墨烯被认为是一种很有前途的材料。由于石墨烯与碳纳米管(CNT)的物理及化学性能的调制相类似,其电子和磁性的调制策略已经被建议应用于多种实践[7-9]。Sofo等预测,石墨烷(即完全氢化石墨烯)可能是一种带隙为4.5eV的非磁性半导体,后来经实验证实[7-8]。Zhou等预测,半氢石墨烯薄片在室温下可以变成铁磁性,带隙为0.46eV,远小于石墨烷的带隙(4.5eV)[9]。这种带隙的变化是通过四面体碳(ta-C)的形成而发生的,它降低了石墨烯的p层的连通性和局域双键的$\pi-\pi$能隙(即交替sp^2—sp^3—sp^2—sp^3杂交模式的形成)。此外,计算还表明,排列成线的氢对可以通过限制效应产生半导体或金属波导。氢气覆盖区域的大带隙开放将导致电子的有效势

垒。实验表明,无序的氢吸附通过局域效应[10]影响石墨烯的输运性质,这种局域效应可能是由于氢在独立的石墨烯[11]和支撑的石墨烯层[12-13]上吸附而发生的。Zhou等预测,在半氢化双层石墨烯(BL-石墨烯)中,最稳定的构象经历了(1×2)表面重构[14]。将石墨烯支撑在衬底上,随后进行氢化处理;或者移除石墨烷上一半的氢原子,可以制备半氢化石墨烯片[9,15]。在这个过程中,石墨烯导致未成对电子的形成和剩余的离域键合网络,这是形成居里温度在278~417K之间的铁磁性材料的原因,可能是未来自旋电子学应用的最有前途的材料[9,16]。由于石墨烯、石墨烷和半氢化石墨烯各自表现出卓越的性能,并有望在电子和磁性器件中得到广泛的应用,当石墨烯和石墨烷或石墨烯和半氢化石墨烯两种结构相互结合时,对其电子结构和磁性能的研究是十分引人注目的。卓越的性能延伸到双层和多层石墨烯,甚至是石墨烯和半氢化石墨烯层的组合[14]。当石墨烯和半氢化石墨烯同时结合在一起时,金属非磁性的特性就像Zhou等的理论预测的那样[14]。他们表明,由于普遍的范德瓦尔斯力的弱相互作用,两个原始的石墨烯薄片不能粘在一起。但是,在氢存在下,半氢化薄片中的不饱和碳位点由于未配对电子而发生反应。石墨烯薄片可以与半氢化石墨烯结合,该体系可以看作是半氢化双层石墨烯(BL-半氢化石墨烯)或简单的石墨烯支撑的半氢化石墨烯[14]。此外,在石墨烯和石墨烷之间的界面上,从边缘产生的磁性可以被调谐[17]。

在本研究中,我们研究了石墨烯支撑的半氢化石墨烯/石墨烷双层结构,以阐明它们的电子结构和磁性行为,以期在自旋电子自旋电子学的应用中得到应用。碳基材料中的磁性本身是非常独特的,因为它只由s和p轨道的电子产生,而不是由传统磁性材料中的3d或4f电子更直观地产生。利用微波等离子体增强化学气相沉积技术,在裸硅(100)衬底上合成了垂直排列的多层石墨烯(FLG)纳米结构,并进行了氢等离子体处理。在不同的衬底温度下进行加氢,以改变加氢深度和工艺。这种结构的特殊形态产生了一种独特的几何结构,在这种结构中石墨烷/半氢化石墨烯层是由石墨烯层所支撑的,这与其他更广泛研究的结构,如一维纳米带是非常不同的。利用X射线吸收光谱、拉曼光谱和磁力显微镜测量了材料的电磁性能随氢含量的变化及其与温度的关系。利用SQUID型磁强计对典型样品的变场磁化强度进行了研究。这项工作为新出现的与石墨烯和基于石墨烯的纳米结构的磁性相关的实验和理论数据提供了进一步的知识和贡献。

13.2 实验细节

13.2.1 多层石墨烯与氢功能化石墨烯的制备

FLG的合成是在SEKI微波等离子体增强化学气相沉积系统中进行的,该系统配备了1.5kW、2.45GHz的微波源。所使用的衬底为裸n型重掺杂硅片(电阻率<0.005Ω·cm)(10mm×10mm)。在生长前,用650W、40Torr的N_2等离子体对衬底进行预处理,同时将衬底温度维持在900℃。然后用CH_4/N_2(气体流量比=1:4)等离子体在800W下合成60s。N_2样品被允许在恒定的流动下冷却。所使用的条件与我们以前的出版物所使用的条件相似[18-21]。在约2Torr的腔压力、150W的微波功率下,在50℃、100℃、200℃三种不同衬底温度下进行了氢微波等离子体处理。

13.2.2 特征

拉曼光谱是使用 ISA Labram 系统进行的,该系统配备了 632.8nm 的 He-Ne 激光器,光斑尺寸为 2~3μm,光谱分辨率优于 $2cm^{-1}$。在使用低于 2mW 的低激光功率时,应注意将样品加热降至最低。芯级 X 射线光电子能谱是使用南非的南非大学(佛罗里达科技园)Kratos-Supra 光谱仪单色 Al $K_α$ 辐射记录的,激发能为 $hν = 1486.6eV$,基压为 $1.2×10^{-8}$Torr。X 射线吸收近边结构(XANES)谱是使用台湾新竹国家同步辐射研究中心(NSRRC)的高能球面光栅单色仪 20A 光束线获得的。XES 和相应的 C K 边 XANES 测量是在劳伦斯伯克利国家实验室高级光源的 Beamline-7.0.1 上进行的。XES 和 XANES 测量的能量分辨率分别为约 0.35eV 和 0.1eV。用 SQUID 对样品的磁性进行了表征,其灵敏度优于 $5×10^{-8}$。使用 Veeco Dimension 3100 原子力显微镜(AFM)以轻敲模式连接到纳米显微镜 IIIa 控制器,进行了地形力显微镜和磁力显微镜(MFM)的测量。为了检测制备的样品中的磁畴,采用了 Co/Cr 涂层的低力矩磁性探针。为了评估表面特征的相关性和磁化的影响,对常规地形成像和磁测量的地形(高度)、振幅和相位信号进行了同时成像。MFM 数据是在保持高于形貌(高度)数据约 10nm 的恒定升力扫描高度的情况下获得的,以减少范德瓦尔斯力和磁力之间的耦合,并显示磁畴产生的场强。此外,使用 Keithley 电源测量了电子场发射(EFE)。

13.3 成果与探讨

13.3.1 表面形貌和电子场发射

原始的和氢化的 FLG(FLG:H)的扫描电子显微镜(SEM)图像如图 13.1(a)和(b)所示,从图 13.1(a)和(b)可以明显看出,合成的 FLG 垂直排列在底层衬底上,并且相互随机插入,形成了一个多孔的网状网络。H_2 等离子体处理过程并不影响石墨烯片层的垂直排列特性,但却增加了石墨烯表面上的锐利石墨烯边缘。结果表明,由于等离子体刻蚀作用,石墨烯片边缘的表观厚度减小。图 13.1(c)为电子场发射(EFE)电流密度(J)与外加电场(E_A)的函数关系图。这个数字表明存在一个电场的阈值,在这个阈值的后面,J 大约以指数的形式增加。E_A Fowler-Nordheim(F-N)图,如图 13.1(d)所示,更好地说明了阈值电场或打开电场(E_{TOE})。如图 13.1(d)所示,在高电场区域通过线性曲线拟合得到了 E_{TOE},发现对于 FLG:H@50℃,E_{TOE} 从 26.5V/mm(纯 FLG)增加到 36.3V/mm(而对于 FLGS:H@200℃,E_{TOE} 增加到 64.4V/mm),这表明 H 掺杂增强了 sp^3 的三维成键构型[22]。这些观察清楚地表明氢在 FLG 表面是功能化的。

13.3.2 拉曼光谱

图 13.2(a)显示了在不同温度下处理的原始 FLG 和经过氢等离子体处理的 FLG 的拉曼光谱。原始光 FLG 的拉曼光谱显示出三个特征峰:D 能带在约 $1335cm^{-1}$,G 能带在约 $1583cm^{-1}$,2D 能带在约 $2664cm^{-1}$。氢等离子体处理后,随着 $1617cm^{-1}$、$2462cm^{-1}$ 和 $2920cm^{-1}$ 峰强度的增加,FLG 的拉曼光谱发生了显著变化。在约 $2460cm^{-1}$ 和 $2920cm^{-1}$

的峰是通过(D+D′)能带的组合产生的,并且是缺陷激活的[23-26]。D峰也是缺陷激活通过谷间双共振过程,其强度提供了一个方便的测量无序量[23-27]。氢化后D峰增强,是由于氢键作用,破坏了C═C sp^{2}键的平移对称性[28]。加氢后,FLG:H的2D能带也变得强烈,并伴随着$I_{2D}I_G$比值的变化(图13.2(b))出现红移。现在,G和2D能带的位置和峰值强度可以用作单、双、三或多层石墨烯的指纹[23]。与原始样品相比,氢化样品从2664cm^{-1}移动到2660cm^{-1},表明形成了两层或三层石墨烯[23,27]。从2D峰和G峰的强度比进一步证实了石墨烯层数的减少。观察到($I_{2D}I_G$)比从0.75(FLG)→1.1(FLG:H@50℃)→0.80(FLG:H@100℃→0.85(FLG:H@200℃))变化。I_{2D}/I_G比值>1表示双层石墨烯的形成,而$I_{2D}I_G$<1表示三层或多层石墨烯[28]。D能带(50℃)强度的增加和1617cm^{-1}处新带的出现(记为D′)可以归因于氢物种附着在FLG的顶层或夹层上。由于C—C sp^{2}键的平移对称性和C—H sp^{3}键的形成[26],与原始的FLG:H相比,D、2D和(D+D′)能带的强度增加。非氢化石墨烯的D和2D的特征和峰位被鉴定为FLG,而氢功能化的石墨烯(FLG:H)被鉴定为两层或三层石墨烯。此外,随着加氢温度的升高,电荷密度的变化引起G能带位移约3cm^{-1}[29-30]。在过去,氢等离子体处理的石墨烯层数也有类似的减少[31]。

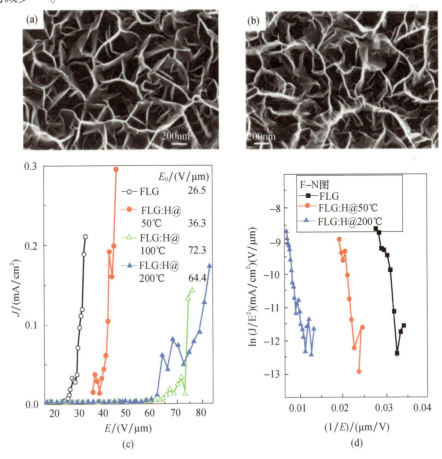

图13.1 (a)原始的和(b)氢化的FLG(FLGs:H@50℃)的SEM图像,显示无序增加;(c)FLG和FLG:H的电子场发射;(d)F-N图

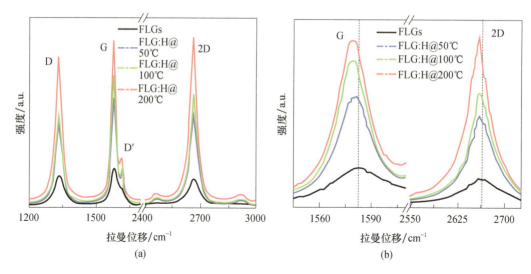

图 13.2 （a）原始和氢化 FLG 在不同温度下的拉曼光谱；
（b）在不同温度下加氢时,G 和 G′(2D)的红移达到峰值

由于 FLG 是垂直排列在硅衬底上的,所以预计只有 FLG 的最上面的表面才能主要接触到氢原子。在低温(本例中为 50℃)下,氢等离子体暴露预计不会导致石墨烯,因为氢原子附着在石墨烯薄片的两侧。与其他研究中使用的电容耦合射频系统(1Torr/0.03W/cm^3)相比,工作中使用的微波等离子体系统在中等压力(2Torr)和相对高功率密度(14W/cm^3)下工作[16]。在较高温度(100~200℃)功率下,可以预期产生的各种成分(H$^+$,H$_3^+$ 和氢自由基)能够钝化/渗入顶层,并与随后的石墨烯层形成 C—H 键。此外,在较高的温度(100~200℃)下,石墨烯片会同时进行功能化和退火。Luo 等观察到,石墨烯的退火过程开始于 75℃ 以上,在 350℃ 完成,退火时间较长[32]。如果在 100℃/200℃ 的温度下同时进行氢化和退火,那么一旦 FLG 的顶表面氢钝化,预计在 FLG 的内层将形成 C—H 键。与纯 FLG 相比,氢功能化 FLG 的 2D 能带非常尖锐、强烈和红移,表明石墨烯的层数减少了[23,27]。

13.3.3 电子结构与键合性能

对于石墨材料,一般而言,XANES 光谱可以细分为三个区域,以特定共振能量表征[33]。第一个 p* 共振区域出现在 285eV±1eV 附近,[C-H* 共振出现在 288eV±1eV 附近,290~315eV 之间有一个较宽的区域,对应于 s* 共振。p* 共振和 C—H*S 共振的存在分别为 sp^{2}C—C 键和 C—H 键的存在提供了一个指纹。样本的 C-K 边 XANES 谱在约 285.1(±1)eV、(292.6±1)eV 和约 291.6(±1)eV 处出现特征,分别归因于未占据的 1s→p*、1s→s* 和激子态跃迁[33],虽然 FLG:H@50℃ 的峰值位置与原始 FLG 的峰值位置相似,但 FLG:H@100℃(200℃)[285.3eV(FLG&FLG:H@50℃)285.1(FLG:H@100℃)284.9eV(FLG:H@200℃)]的吸收边向较低能级移动,如图 13.3 底部插图所示的一阶微分光谱清楚地显示。吸收边的这种变化归因于 FLG:H@100~200℃ 的带隙变化,这是通过氢键附着而产生的结构重排引起的[34]。在约 283.3eV 处也观察到一个非常低的强度峰,比 FLG:H@50℃ 的 p* 态低了近 2.0eV(如注 1 中的图 c 所示)。虽然在过去的石墨烯样品中已经观察到了这一特征,但它的起源仍然备受争议。Hou 等和 Entani 等认为这个

峰来自锯齿型边缘 C 原子,它们的自旋极化边缘态接近费米能级[34-35]。他们提出,位于石墨烯纳米团簇内部的碳原子和位于锯齿型边缘的碳原子之间的 1s 芯能级结合能存在差异[34]。或者,Pacile 等将此归因于石墨烯中 p* 带的分裂[36]。在 Hua 等的理论工作中,这种肩峰被归因于一种特殊的扩展终态或 Stone – Wales 缺陷[37]。正如 Hou 等所报道的,这一峰的强度和位置严格取决于石墨烯结构中的氢含量以及单氢(—CH)和双氢(—CH$_2$)末端的比例[35]。虽然单氢终端产生的肩峰比 p* 共振低约 2~2.5eV,但单氢终端只有在非常低的氢分压下才稳定。在"标准"条件下,结构更可能是沿石墨烯边缘的单氢和二氢末端的混合物[35]。对于我们的样品,在 FLG:H@ 100℃ (200℃) 样品的情况下,与 FLG:H@ 50 (图 13.3) 相比,p* 峰位于 0.2eV (0.4eV) 以下,从而得出结论:二氢(—CH$_2$)的终止随着温度的升高而增加。也有可能这些缺陷是由氢等离子体处理造成的。拉曼光谱显示在 50℃处缺陷增多,在 100℃和 200℃处出现反常行为。

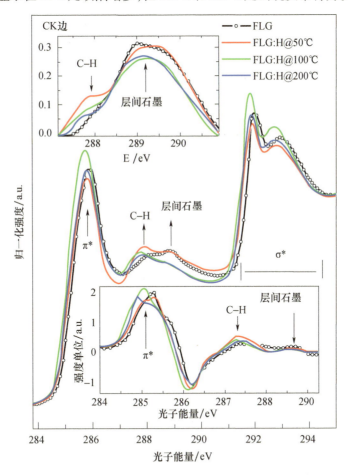

图 13.3 原始和 FLG:H 样本的 XANES 光谱
顶部插图显示 C – H 含量增加,而底部插图显示扫描的一阶微分谱(以下插图:绿色和蓝色的光谱移动约 0.2eV)。

除了 π* 和 σ* 共振峰外,还观察到约 287.4(±1)eV 和约 288.5(±1)eV 处的两个峰(图 13.3 顶部的插图),它们分别是 C—H 键和层间石墨状态的特征。与原始样品相比,FLG:H 谱显示 C—H 峰强度增加,层间石墨峰强度降低。这种 C—H 峰强度的增加证实

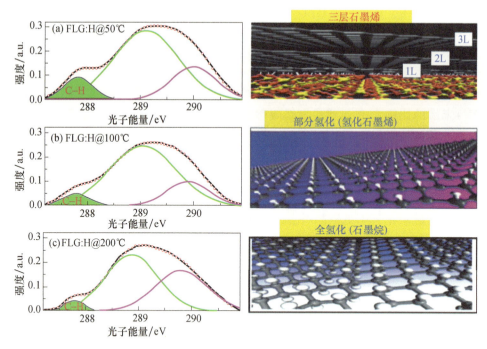

图 13.4 估算 C—H 含量的 XANES 拟合曲线

绿色阴影部分表示 C—H 含量,并从(a)在50℃下降到(b)100℃到(c)200℃。

了具有更高 C—H 键含量的富 sp^3 结构的形成。我们已经使用适当的基线校正曲线拟合程序(在 287~291eV 范围内)从 CK 边 XANES 光谱中的 C—H 峰估计了相对于原始 FLG 的 C—H 含量,如图 13.4 所示。在图中,绿色阴影区域的峰值是 C—H 键的贡献。另外两个峰是层间石墨态的贡献。结果表明,随着氢功能化温度(50℃→100℃→200℃)的升高,FLG:H 的 C—H 含量明显降低(0.065→0.032→0.019)。在功能化过程中,除了氢等离子体的温度外,所有条件都保持不变,并显示出 C—H 键。众所周知,随着氢含量的降低,石墨烯的能带间隙减小[38]。然而,在我们案例中,据估计,与原始的 FLG 和 FLG@H:50℃ 相比,FLG:H@100℃/200℃ 的带隙实际上略有增加。随着 C—H 含量的降低,CK 边向较低能级移动可以观察到这一点(图 13.3 下部插图)。然而,我们正试图借助 CK_α X 射线发射光谱(XES)和 CK 边 XANES 光谱[39]来寻找带隙,如图 13.5 所示和描述。观察到 XES 和 XANES 光谱前沿的外推导致明显的交叉,这意味着 FLG 和 FLG:H 具有"零"带隙,类似于金属高取向热解石墨(HOPG)。而可以预期的是,sp^3 组态的形成将导致带隙的变化,如石墨烷的带隙(带隙为 3.12eV)。石墨烷是一种电子和光学间隙相同的直接间隙材料;然而,大部分部分氢化系统显示间接光带间隙[40]。应注意的是,在电子屈服模式下测量的 XANES 是一种表面敏感技术,电子逸出深度为 3~5nm[33]。如前所述,CK 边吸收边的移动使我们得出结论:与原始的 FLG 和 FLG:H@50℃ 相比,FLG:H@100~200℃ 的带隙增大。在 XPS 测量中也观察到了这种现象,如图 13.6 所示。在这个图中,FLG 和 FLG:H 的碳 C(1s)XPS 谱在 sp^2 杂化碳原子的 284.65eV 处有一个峰值。这个值与石墨中的 C(1s)结合能(284.5eV)相当。与氢结合后,该峰对 FLG:H@100℃(200℃)的束缚能(图 13.6(b))转移至 0.15eV 较高的束缚能(图 13.6(b)),表明随着石墨烯的氢化,能带间隙略有变化。此外,对于 FLG:H@50℃,在 284.4eV 处观察到一个肩峰,该峰被指定为石墨烯"锯齿形"态的峰,类似于我们在 X 射线吸收近边结构(XANES)谱中在 283.5eV 处观察到的一个非常弱的峰(见附文注释[2]图 13.6(c)所示)。因此,考虑温度对 C—H 键形成和分布的影响是很重要的。在 50℃、100℃ 和 200℃ 条件下,C—H 含量估计约为 3:1.5:1($\approx$6:3:2),表明 C—H 键在石墨烯表面的三种不同温度下,以三种不同的方式分布。在相对较低的温度(50℃)下,我们可以考虑氢化只发生在 FLG 的"最上层"的可能性[41]。在较高的温度(100~200℃)下,我们认为氢可以钝化表面,也可以在 FLG 内层中形成 C—H 键,由于电子逸出深度的限制,XANES 谱可能无法探测到。氢化反应只有在克服能垒穿透最高表面层的六方碳中心之后,才能在 FLG 的中间层发生[42]。

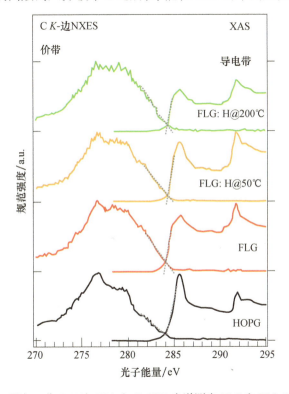

图 13.5 用归一化 C K 边 XAS 和 $K\alpha$XES 光谱测定 FLG 和 FLG:H 的带隙

因此,在 100~200℃ 温度下,XANES 谱中的 C—H 含量较低。在相同的加氢条件下,除温度外,第一层和第二层的氢气覆盖率不同,说明相应的加氢屏障不同。基于不同功能化温度下 FLG 中氢化和 C—H 键的形成,我们可以考虑形成石墨烯负载的葡萄糖酮/石墨烷两层或三层纳米结构材料。拉曼光谱再次表明,在 100~200℃ 的温度下,H 功能化的 FLG 的 I_D/I_G 比 FLG:H@50℃ 的 I_D/I_G 降低,这表明在 H_2 等离子体气氛中,伴随着氢化过程,可能还发生了一个缓慢的脱氢过程。这可能是在 100℃ 和 200℃ 条件下存在的 C—H 键含量较低的另一个原因。Luo 等观察到,脱氢过程在 75~100℃ 的温度下开始,并可以在 350℃ 下完成,退火时间很长,尽管在我们的情况下,氢化过程只进行了 90s 的持续时间[32]。因此,理想情况下,脱氢过程的效果应该是低的,从而得出结论:在较高的温度下,表面钝化之后是"最上层"的石墨烯层在 FLGS 的层间形成 C—H

键。在石墨烯支撑石墨烯/石墨烯双基/三层纳米结构材料形成的基础上,对这些材料的磁性行为进行了研究。

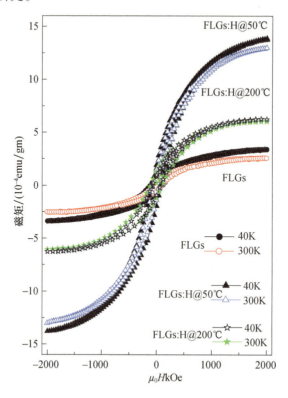

图 13.6　在 300K 和 40K 时,分别获得了 FLG 和 FLG:H 样本的磁滞回线

13.3.4　在 300～40K 温度下的磁性行为(M – H 循环)

在 300K 和 40K 温度下,于 – 2 kOe < H < 2 kOe① 范围内分别测定了 FLG 和 FLG:H 样品的磁性能。测得的磁滞回线如图 13.7 所示,其中 FLG:H@50℃ 样品显示出最佳的铁磁性能,饱和时具有最大的磁滞特性(M_s = 13.94 × 10^{-4} emu/g),而其他样品的饱和磁滞特性较低(见表 13.1)。与原始 FLG 相比,FLG:H@100℃ 和 FLG:H@200℃ 的磁矩值略高(如注释 1 中的图(a)和(b)所示),这是因为 FLG 中的氢通过单氢和/或双氢末端形成了 sp^3 杂化碳结构。由于 FLG 样品没有任何催化剂/磁性杂质(未显示),样品中观察到的磁性可归因于①合成过程中产生的缺陷和空位以及② sp^3 杂化结构的产生[43-45]。原始和氢化 FLG 的 ID/IG 比值趋势(图 13.2)表明,FLG:H@50℃ 温度样品的缺陷率最高,氢含量最高。因此,FLG:H@50℃ 样品是可以预期的,并且确实显示出最高的磁性行为。如前所述,在相对较低的 50℃ 温度下,氢化可能只发生在 FLG 的"最上层",从而有利于较高的观测磁矩[41]。

---

①　1Oe = 1A/m。

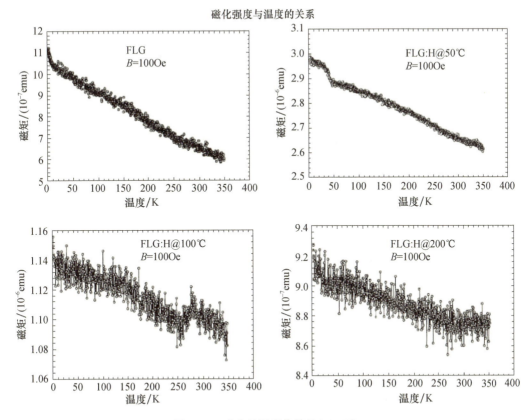

图 13.7 磁化的温度依赖性(M-T)

表 13.1 FLG 和 FLG:H 的磁化参数

样本	$M_s/(10^{-4}\text{emu/g})$		H_c/Oe	
	40K	300K	40K	300K
原始 FLG	3.47	2.59	111.25	82.63
FLG:H@50℃	13.94	12.91	75.32	54.36
FLG:H@200℃	6.10	6.40	76.15	110.06

与其他人报告的结果相似,在较低温度下,特别是在 FLG:H@50℃ 中,观察到了磁化的最大值[46]。基于石墨烯上不同的氢结合(见注释[2]),Yazyey 等预测[47],邻二聚体和对二聚体呈磁性,而单个氢结合(单体)呈磁性[16]。可能这就是为什么 FLG:H@50℃ 比 FLG:H@100℃(200℃)更有磁性的原因。

由于在 FLG:H 中观察到的磁性被归因于无可辩驳的内在机制,因此讨论氢在增强纳米结构碳的磁性中的作用以及如何在合成过程中促进它是很重要的。从理论上证明,氢化是石墨烯薄片中引入和增强磁性的有效方法。氢的加入导致石墨烯的离域 p 键合网络破裂,使未氢化碳原子中的 $2p_z$ 电子不成对,从而扩展 p—p 相互作用,导致长程铁磁耦合,可能具有更高的居里温度和更均匀的磁性[48-49]。现在,类似于其他纳米材料的功能化策略,氢化石墨烯的合成可以通过湿化学法或等离子体法进行。湿化学方法包括溶液基氧化石墨的伯奇还原生成石墨烷,或通过石墨的液相加氢/剥离[50-51]。等离子体功能化路线包括 sp^2 碳材料(如 CNT、石墨烯或氧化石墨烯)在氢气/等离子体环境中的氢化[51]。富氢环境中石墨的电弧放电也被证明是合成石墨烷的一种有效方法[52]。然而,理论计算表明,石墨烯的氢生成不会产生较大的石墨结构域,因为在加氢反应的早期阶段可能会形成不相关的 H 阻抑结构域[51]。这将不可避免地导致石墨烯薄片的收缩,导致大量的薄片波纹,从而使石墨烯的直接沉积更可取[51]。Zhou 等提出了一种物理方法来制备半氢化石墨烯薄片[49]。他们的想法围绕着使用石墨烷作为衬底来支撑氮化硼薄片,然后对 BN 薄片进行氟化。由于 F 与 N 的结合非常不稳定,F–BN 构型很容易实现。由于未配对电子的存在,N 原子在本质上是非常活泼的,在加压的情况下,会从石墨烷中拾取 H 原子。当所施加的压力解除时,产物结构实际上是半氢化的[49]。在本章的案例中,由于是从等离子体中的气相沉积 FLG,氢化石墨烯的直接沉积类似于 Wang 等所报道的工作,可能成为提高 FLG 在合成过程中的磁性能的一条可行的途径[53]。Wang 等报道的过程包括在超高真空源中使用 13.5MHz 的射频等离子体[53]。气体前驱体提前生成气相中的活性自由基,可以降低衬底温度,也可以限制在薄膜生长过程中由高能等离子体离子造成的损伤。生长过程是用预先混合的 5% CH_4 在 H_2 中进行,导致气相中原子氢过量,石墨烯薄膜不可避免地发生氢化反应[53]。在文献中,氢在 FLG 非催化生长过程中的作用与非晶碳膜的蚀刻有关,这可能发生在初始成核阶段[54-55]。因此,为了形成磁性石墨烯结构,需要仔细调整等离子体参数,如气体条件、等离子体功率、温度、离子能量和微波等离子体中的偏置。铁磁有序来自于通过 sp^2 向 sp^3 杂化结构的转变而获得的自由旋和/或来自氢化诱导的缺陷的未成对的自旋电子[56]。这两个因素在原则上都可能是产生基本磁性成分的原因。对于石墨烯平面中的 AA 分布,自旋的铁磁有序是有利的。因此,可以说,石墨烯中局域态自旋的铁磁交换只有在相邻碳原子交换的 H 空位缺陷中才能发生[57-58]。我们的双/三层石墨烯中的缺陷破坏了晶格的平移对称性,并在费米能量处创建局域态,从而产生有效的自掺杂,其中电荷从缺陷转移到体。在局部电子–电子相互作用的存在下,这些局域态变为自旋极化,导致伪局域矩的形成[59]。大多数理论[45,60-62]和实验[60-61]的工作发现,在室温下石墨烯的单位结构中,净自旋在一个大的共轭体系中是稳定的,其稳定性是由于这些分子中存在着巨大的 p 共轭。如果这些自旋的长程有序磁耦合确实可能通过单个石墨烯片内的分子内相互作用或相邻石墨烯片间的分子间相互作用而产生,那么稳定的铁磁性就可能出现[45]。

13.3.5 温度依赖性磁化

在图 13.7 中,我们展示了在 100 Oe 测量的 FLG 和 FLG:H 的磁化温度依赖性(M–T)。图 13.7 清楚地表明,FLG:H@50℃的磁化强度最高,而 FLG 的磁化强度最低。在 FLG:H@100℃/200℃的情况下,磁化强度低于 FLG:H@50℃,但高于 FLG。这种磁化的变化严格取决于与碳杂交的氢的含量,并形成了 C—H 键,与 C K 边 XANES 光谱得到的 C—H 含量是一致。

虽然碳纳米材料的铁磁性的起源还不清楚,但最近已经提出了各种理论预测和一些实验证据来理解其潜在的机制[63-65]。其中,质子辐照实验表明,少数层石墨烯中的本征碳缺陷,如晶格缺陷、空位、边缘、拓扑缺陷和空洞等,在费米能级上产生局域磁态,这些态的数量大致随缺陷周长而变化[66]。单层石墨烯的缺陷打破晶格的平移对称,在费米能量处产生局域态,产生有效的自掺杂,电荷被转移到/从缺陷转移到本体。在局部电子–电子相互作用的存在下,这些局域态变为自旋极化,导致局部矩的形成[67]。

13.3.6 原子力显微镜和磁力显微镜

我们一致认为室温铁磁性是石墨烯材料的固有特性,为了获得直接和确凿的证据,我们做了进一步的磁力显微镜(MFM)分析。

用 Co/Cr 涂层的低磁矩磁探针检测了原始和氢化 FLG 样本中的磁畴。图 13.8 和图 13.9 显示,分别为 AFM(TM – AFM)和 MFM 同时拍摄地形(高度)、振幅和相位信号,以评估表面特征的相关性,识别和消除可能存在的伪影,以及评估磁化效果。磁化的 Co/Cr 涂层探针与制备的样品中磁畴产生的磁场梯度相互作用,导致振动悬臂梁的相位和振幅发生变化。因此,从振幅和相位图像来看,样品中磁畴的存在应该是明显的。MFM 相位和振幅图像在磁畴位置显示出很好的相关性。对于所有的样本,在相位和振幅图像中,磁畴分别表现为暗区域和亮区域。图像清楚地显示,FLG:H 中的结构域比 FLG 中的结构域更局部化。一个简单的 MFM 位相数据标度表明,原始的 FLG 可能具有最弱的磁化强度,而 FLG@50℃ 可能具有最强的磁化强度,这与上述的 M – H 磁化结果一致。

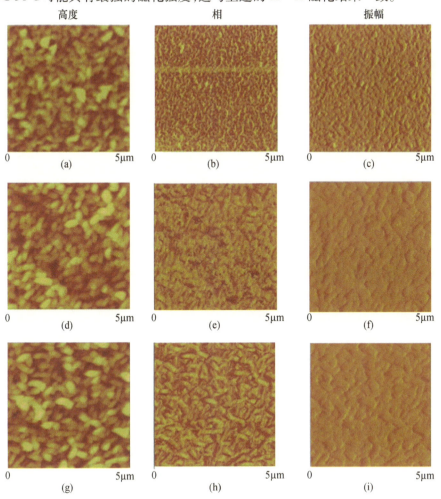

图 13.8　原始(a)～(c)和氢化 FLG;(d)～(f)@50℃;(g)～(i)@200℃的原子力显微镜图像

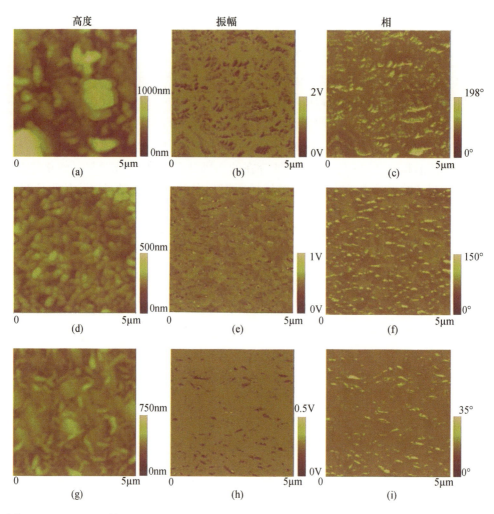

图 13.9 （a）~（c）原始 FLG；（d）~（f）氢化 FLG@50℃；（g）~（i）氢化 FLG@200℃ 的磁力显微镜图像

13.4 氢对石墨烯磁性行为的作用的理论构想

石墨烯是一种无金属的材料,没有磁性原子。它的蜂窝结构是一个二分晶格,可以看作是两个相互穿透的碳原子的六角形亚晶格,比如 A 和 B(图 13.10(a))。石墨烯磁性的基本思想在于 Lieb 二部晶格定理[68]。原始石墨烯的二元性在这样的缺陷处崩溃,不可能区分 N_A 和 N_B。这可能导致上下自旋的不对称分布,并可能诱发磁性,或者简单地由于两个子格点 A 和 B 之间的不平等(即 $N_A - N_B$)而产生磁矩。在石墨烯中,两个子晶格点,A 和 B 倾向于相反的自旋现象,使得整体净磁化为零(图 13.10(a))。因此,可以预期,空位缺陷可以在 N_A 和 N_B 之间引入不平等,从而使二维图形具有磁性[69-76]。尽管 $N_A = N_B$,沿着石墨烯的某一晶体方向形成的锯齿型边缘也能引入净磁化[77-80]。

这种半无限锯齿型边缘石墨烯的磁化可以归因于在费米能量附近形成特殊的边缘局域态,并且自旋倾向于平行排列在沿同一边缘的相同亚格点上,从而产生长程亚铁磁性耦合[81-84]。另一个平行的锯齿形边状几何的形成,将自旋沿相反的边缘放置在另一个晶格点上,从而导致完全的零磁化。此外,引入孔会引起锯齿型边缘石墨烯的净磁化[85-87]。石墨烯磁性的另一个来源是不寻常的结合和杂交。这是因为碳链的性质,它允许多种杂交的可能性。在CVD技术中,晶圆尺寸石墨烯的生长往往会导致一些缺陷,如点缺陷(PD),这是由于非周期性质和晶界(GB)所造成,也是由于原始石墨烯结构域之间具有不同的晶体学取向[88-93]的周期性质,显著地改变了石墨烯的电子、磁性和输运性质。此外,在这些缺陷上不存在二体现象(图13.10(b)),从而产生了称为缺陷感生磁性的异常磁性。石墨烯面一侧产生的H空位缺陷(或石墨烯面一侧的H原子取代)和相邻碳原子上的空位缺陷是铁磁性的来源,与单态相比,较大自旋数的状态具有较高的稳定性,即使在室温下也会持续存在[94]。Castro等在双层石墨烯中发现了铁磁行为[95]。关于石墨烯中磁矩的形成,人们提出了各种原因,如结构缺陷(图13.11;空位、替位原子、吸附原子)[96-98],锯齿型边缘的存在[99-100]等。

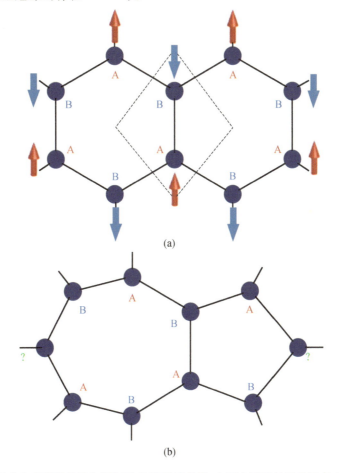

图13.10 (a)含有菱形晶胞(虚线框)的石墨烯晶格,由两个明显的子晶格点A和B组成,它们倾向于定位相反的自旋,使整个系统具有相同数目的A和B子晶格点的反铁磁,即,$N_A = N_B$。注意,每个A(B)子格点与三个B(A)子格点相连。(b)石墨烯的一个常见的缺陷,即石井的缺陷,该缺陷由熔合的五环和七环组成。由于"?"标记所强调的未定义的亚晶格性质,二部特征在这种缺陷中崩溃,产生了不寻常的磁性(经参考文献[85]许可使用)

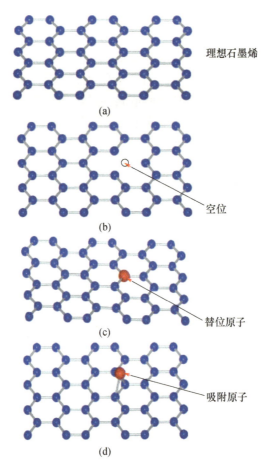

图 13.11 （a）理想石墨烯；（b）单原子空位石墨烯；（c）单替位原子石墨烯；（d）单原子缺陷石墨烯（经参考文献[97]许可使用）

13.4.1 石墨烯缺陷

石墨烯的磁性来源于各种缺陷,如空位、边缘形成、外加原子等。理想石墨烯的缺陷可以通过空位和外部掺杂引起。许多实验研究报告了电子或离子辐照在碳材料中存在磁性[78,101-102]。这些缺陷的共同特征是碳原子从石墨烯层中除去,费米能级达到石墨烯层中的准局域态[103-104]。石墨烯可能存在许多缺陷。有缺陷的石墨烯显示磁性,并取决于缺陷的类型和浓度。在此基础上,详细讨论了石墨烯的缺陷诱导磁化的不同类型。

13.4.2 吸附原子缺陷——石墨烯的电磁感应

原子或分子吸附产生的缺陷会产生磁性,从而产生磁矩。Yazyev[69]和 Boukhvalov 等[105]研究了氢原子在石墨烯上的吸附。他们的研究结果证实,这种吸附将导致相邻碳原子上的磁矩,这种自旋极化态主要集中在吸附氢周围。另一个特点是,石墨烯中的 sp^2 杂化碳原子在 H 原子上会变成 sp^3 杂化碳原子,从而使石墨烯失去 D_{3h} 对称性。Boukhvalov 等[105]也研究了氢对下的磁耦合。结果表明,只有分布在相同亚晶格上的 H 原子才能引入铁磁耦合,而在最近的碳原子对上,碳原子的悬挂键是饱和的,导致非磁性体系。其他可能的吸附原子包括碳原子[106]、氮原子[107]、氧原子[106]和硼原子。石墨烯[107-109]中的吸附原子缺陷有不同的可能结构,吸附的碳、氮、氧原子倾向于石墨烯表面的桥式位置。碳和氮原子在石墨烯中产生磁矩,而氧和硼原子则不能。不同吸附原子的缺陷石墨烯的吸附能和键长不同。B-吸附原子的吸附能与N-吸附原子的吸附能几乎相同,但比C-吸附原子的吸附能小。如图13.11(d)和图13.12所示,吸附原子缺陷使石墨烯结构永久地扭曲到缺陷附近的石墨烯结构平面。Singh 和 Kroll 观察到 C-吸附原子的磁矩为 $0.44\mu_B$,N-吸附原子的磁矩为 $0.56\mu_B$,而 B-吸附原子和 O-吸附原子的磁矩为零。因此,含有 C 原子和 N 原子的石墨烯[106-107]呈磁性,而 B 原子和 O 原子呈非磁性[106]。由于石墨烯上的 C-吸附原子所引起的磁矩,通过计数论点解释了 C-吸附原子的四个价电子中有两个参与石墨烯中 C-原子的共价键,一个电子进入 C-吸附原子的 sp^2 悬挂键,第四个电子在 sp^2 悬挂键和吸附原子的 P_z 轨道之间共享[107,109]。碳原子的 P_z 轨道与石墨烯的 π 轨道是正交的,不能形成任何带。因此,P_z 轨道保持定域和自旋极化。因此,P_z 轨道共享的半电子产生磁矩。吸附原子产生的磁矩还取决于石墨烯的 π 轨道和吸附原子的 P_z 轨道之间的耦合[107]。在 N-吸附原子中,两个价电子参与与石墨烯的 C 原子形成共价键,两个电子形成一对孤电子对,P_z 轨道上剩余的第五个电子产生磁矩,略高于 C-吸附原子的磁矩。由于孤电子对的排斥力,N 原子的 P_z 轨道与石墨烯的 π 轨道并不完全正交,而是在费米能级附近形成一个极化带。这个部分填充的带产生了一个分数的磁矩。而在 B-吸附原子中,两个价电子与石墨烯的 C 原子发生共价键,第三个电子位于吸附原子的 s 轨道上,与石墨烯的 π 轨道不正交,并与之形成带。因此,B-吸附原子不会诱发石墨烯的任何磁性。C-和 N-吸附原子产生的磁矩与吸附原子缺陷浓度无关,因为 C-和 N-吸附原子产生的磁矩主要取决于吸附原子的 π 电子和 P_z 不成对电子之间的耦合。这种耦合与原子缺陷浓度无关。

图 13.12 吸附原子扭曲了垂直于石墨烯平面的石墨烯结构(经参考文献[97]许可使用)

13.4.3 石墨烯中的替位原子诱导磁性

B 和 N 替位原子与石墨网络中的 C 原子一样是 sp^2 杂化的。如果 N 原子掺杂不占据石墨网络中的替位 sp^2 位,则它被吸附在石墨网络的表面[110-111]。N 原子提供两个电子,而 B 原子不提供电子给 C 原子的 π-电子系统。石墨烯中的置换原子和空位缺陷破坏了石墨烯中 C 原子的 π-电子体系的对称性。这种对称性破缺导致了石墨烯中的磁性准局域态[69,112]。B 和 N 替位原子根据缺陷密度浓度诱导石墨烯磁性。由于一个供体(受体)原子在费米能级之上形成一个狭窄的带,石墨烯中由取代原子引起的磁性可以理解[113-114]。在这种情况下,N 是供体原子,而 B 是受体原子。当缺陷密度足够低时,缺陷带向 π 能带的电荷转移完全,石墨烯不产生磁性。然而,当缺陷密度达到临界密度时,费米能级到达缺陷带,从而在费米能级上形成高密度的缺陷态。根据 Stoner 准则,这导致在石墨烯中产生净磁矩[115]。具有强长程磁耦合的局部磁矩是碳基材料中观察到的高温磁的主要原因[102]。在石墨烯中,B 原子或 N 原子取代 C 原子的位置掺杂破坏了 A 和 B 亚晶格的对称性,从而解释了诱导磁矩。当 α 亚晶格中产生替代缺陷时,B 亚晶格中相应的 C 原子的P_z轨道上的 π 电子被 B 亚晶格中 C 原子的缺陷态所共享,而 B 亚晶格中相应的 C 原子的P_z轨道中的 P_z电子则被 B 亚晶格中的 C 原子的缺陷态所共享。缺陷状态所共享的半电子给出了磁矩。置换缺陷是平面的,在置换缺陷附近有 C 原子的面内位移。

13.4.4　石墨烯空位诱导磁性

石墨烯中的空位诱导磁性取决于与移除单个原子(空位)和多个相邻原子(空穴)相关的磁性织构以及它们之间的磁性相互作用。石墨烯的空位缺陷破坏了石墨烯 C 原子 π – 电子体系的对称性。这种对称性断裂产生了石墨烯中的磁准局域态[69,112]。当空位附近的亚晶格(A 和 B)附近的对称性被局部破坏时,周围的磁矩被诱导。石墨烯由于空位而产生每一个缺陷的磁矩,这取决于缺陷的缺陷浓度和缺陷的填充几何形状。除去一个 C 原子后,三个相邻的 C 原子中的每一个都有一个sp^2悬挂的键。在松弛时,空位缺陷会发生 Jahn – Teller 畸变,相邻原子在空位上发生位移,形成弱键[116-117]。石墨烯产生了 C 原子的位移和空位缺陷松弛后弱键的形成。局部三重对称性的破坏是由于 Jahn – Teller 畸变引起的,重建后留下的一个 C 原子的悬挂键。这引起了石墨烯晶格空位附近其他 C 原子的平面内位移。石墨烯的空位缺陷诱导磁性取决于空位附近 C 原子共价键的可能性。同样,C 原子的位移和五边形的形成是由于空位附近弱键的形成。五边形的形成部分饱和了三个悬挂的键,而剩余的不饱和键是空位附近局部磁矩的贡献。空位附近额外键的形成导致磁矩减小。在石墨烯薄片中,空位缺陷最接近的填充磁矩为 1.15 μ_B[69]。Lehtinen[109]等预测了石墨薄片中空位基态的磁矩为 1.04 μ_B。

然而,在空位缺陷中,总磁矩由定域的sp^2悬挂键态和扩展的准定域缺陷态(定域P_z轨道)的分布决定。由于空位引起的碳系中的磁性很大程度上取决于其浓度以及局部结合环境[118]。随着空位密度的增加,磁化强度逐渐减小[118],这取决于缺陷的充填情况。由于石墨烯空位缺陷的松弛引起的结构变化的不同,空位缺陷引起的磁性对密度和填充几何的依赖。Singh 和 Kroll 提到,Ruderman – Kittel – Kasuya – Yosida(RKKY) – 型相互作用导致空位之间的局部磁矩,也是造成这种依赖的原因,因为 RKKY 相互作用衰变为(r是缺陷之间的距离)r^{-3}[119]。根据 Stonerpicture,磁序是由交换能驱动,交换能依赖于碳原子的P_z轨道。由于石墨烯的半金属性质,在同一子晶格中,由于磁化在同一子晶格中的非振荡行为而产生准局域态的磁序是唯一的可能[119]。

13.4.5　石墨烯氢空位

石墨烯中的氢空位是石墨烯不完全加氢的产物。缺失的 H 原子可以改变石墨烷的电子结构,从而调节复合材料的电子、磁性和光学特性[120]。在石墨烷中可以有许多分离良好的氢空位簇,其中包括三角形、平行四边形、六边形和矩形的几何形状。能级引起了 H 的缺失,使空位产生于纯石墨烷的宽带隙中。所有的 H 空位的三角形簇都是有磁性的;三角形越大,磁矩就越高。三角形和平行四边形团簇中缺失的 H 引入的缺陷能级是自旋极化的,可以在光学跃迁中得到应用。平行四边形和开放式矩形是反铁磁性的,可用于数字信息的纳米级配准。

13.4.6 晶界缺陷诱导石墨烯磁性

晶界是实现石墨烯磁性的另一条途径[91,121-127]。在石墨烯沉积过程中,几个石墨烯成核中心独立生长,面对不同寻常的结合环境,形成晶界。这种晶界中磁性的起源是让两个形核中心在它们的界面上互相作用。前所未有的点缺陷的形成是由熔融的三元环和较大的碳环组成,从而导致石墨烯的净磁化。在周期性的情况下,点缺陷阵列的出现导致磁晶边界的形成。这些缺陷的净磁化是由于原始石墨烯的双部分特征的偏离而产生。磁晶界在费米能量附近诱导了无分散平坦带,表现出更高的电子局域性。这些扁带可以通过小的掺杂获得,从而增强磁性。此外,晶界还可以沿横向诱导非对称自旋导电行为。这些特性可以用于传感器和自旋滤波应用。由五边形、八边形和七边形(5-8-7缺陷)组成的晶界位错是一种具有较低能量悬挂的典型结构元素。Akhukov 等[128]研究了密度泛函计算,发现 5-8-7 缺陷是磁矩的载体,它们的磁矩在氢化过程中仍然存在。这证实了通用的晶界应该包含足够坚固的磁矩,特别是在氢化方面。石墨烯中的晶界是一个一维物体,在任何有限的温度下都不能导致磁序。

13.4.7 畴界缺陷诱导石墨烯磁性

在大规模生产石墨烯的过程中,不可避免地会产生含有晶界(GB)的多晶材料[121],最近通过在金属衬底上控制沉积实现了石墨烯中畴边界(DB)的理论预测[122]和实验验证[91]。在 GBS 的情况下,最近几年已经积累了大量的工作[123-125],而对于 Lahiri 等[91]实验中产生的 DB,已经从理论上研究了晶界的谷滤波特性[126]及其对石墨烯带磁边缘态的影响[127]。DB 缺陷在石墨烯的态密度(DOS)中引入了尖锐的共振,而石墨烯的密度刚好在中性体系中的费米能级之上,并且与电子态联系在一起,这种电子态非常强烈地局限在缺陷的核心。当含有 DB 的石墨烯被掺杂并且这些准一维态被填充时,就实现了铁磁状态,这种状态被限制在沿着缺陷核心的锯齿链,这些缺陷链完全浸没在一个整体石墨烯矩阵中。晶界在石墨烯中引入的电子态只是部分限制在缺陷核心,而 DB 在费米水平附近引入了无占位的电子态,这些电子态非常强烈地限制在缺陷核心,当掺杂填充时,显示出一维缺陷中的铁磁基态,该缺陷完全包含在本体衬底中,并且完全由碳原子组成。由于完全沉浸体,这种铁磁状态是保护免受重建,应该比那些预测存在沿石墨烯边缘的更容易检测。

13.4.8 过渡金属原子诱导石墨烯磁性

过渡金属(TM)原子吸附在原始石墨烯和缺陷石墨烯上的原子结构包括单空位和双空位(SV 和 DV)。这些 TM 原子强烈结合在缺陷的石墨烯上,碳 sp^2 和金属 spd 轨道的杂化,再加上原子在 SV 和 DV 处的不同环境,导致了原子-空位复合物非常特殊的磁性[129]。在石墨烯薄片中,吸附在 SV 上的金属原子与石墨烯中的替代杂质有关。这些金属原子通过破坏重构空位中五角形的弱 C—C 键,与空位上配位不足的 C 原子形成共价键[109,123]。TM 原子半径大于碳原子半径,金属原子从石墨烯表面向外迁移,如前文报道的 Ni[130]。M@SV 配合物对具有单填充 d 态的 M 为 V、Cr 和 Mn 具有磁性。具有双占据态和偶数个电子的 Fe 和 Ni 杂质是非磁性的,而具有奇数个电子的 Co 和 Cu 是磁性的。对于从 V 到 Co 的所有 TM,M@dV 配合物的行为都呈磁性。

13.4.9 石墨烯的拓扑缺陷诱导磁性

非同寻常的机械刚度与石墨烯中的波纹共存[131],表明拓扑缺陷是曲率的主要来源[132-133]。在石墨的机械裂解制备石墨烯的过程中,位错成核几乎是不可避免的。这些类型的缺陷已经在悬浮石墨烯中产生,并用透射电子显微镜观察到[134]。这种拓扑缺陷打破了涉及非配位原子的次晶格对称性,并在晶格中诱导了局域磁矩。

13.4.10 石墨烯的锯齿形边缘自旋极化态

不规则边缘的石墨烯中存在铁磁性、反铁磁性、抗磁性以及可能的超导性。石墨烯有两种基本的边缘形状:扶手椅和锯齿形,它们决定了石墨烯的磁性。石墨烯中边缘的存在对 π 电子的低能谱有很强的影响[77-79]。锯齿形边缘的石墨烯具有局域边缘态,其能量接近费米能级[77-79,81],而扶手椅边缘没有这种局域边缘态。扫描隧道显微镜[135-137]和高分辨角分辨光发射谱(ARPES)[138]提供了边缘局域态的证据。在纳米尺度系统中,石墨烯边缘态的存在对费米能量附近态密度的贡献相对较大。这些边缘态对纳米石墨系统的磁性起着重要的作用。即使是弱的电子-电子相互作用也会使边缘状态为磁性,而铁磁自旋沿锯齿型边缘的排列也是最有利的[78,81]。沿着石墨烯锯齿型边缘的磁性结构形成了一系列空位。由于自旋-轨道间隙的打开,自旋-轨道耦合倾向于抑制上边和下边的弱极化铁磁耦合。因此,在子晶格平衡数的情况下,它将完全抑制这种铁磁序。但是,对于不平衡情况,两边都存在亚铁磁性有序,因为附加的零模不会受到自旋-轨道耦合的影响。

13.5 小结

总之,部分氢化石墨烯具有室温铁磁性。XANES 测定证实了氢的存在,并出现了 C—H 拉伸峰。通过氢化过程中未成对电子的形成,以及部分氢化石墨烯中残留的离域 p-键网络,解释了观察到的铁磁性的机理。各种自旋电子学器件的制造需要室温铁磁半导体。这种氢化过程可以很容易地将石墨烯转变为一种坚固的室温铁磁半导体,并为制造许多高度可调的基于石墨烯的重要器件提供了可能性,包括自旋电子学纳米器件、磁电阻、磁存储器件等。

参考文献

[1] Novoselov, K. S. *et al.*, Electric field effect in atomically thin carbon films. *Science*, 306, 666 – 669, 2004.

[2] Geim, A. K., Graphene: Status and prospects. *Science*, 324, 1530 – 1534, 2009.

[3] Gass, M. H. *et al.*, Free – standing graphene at atomic resolution. *Nat. Nanotech.*, 3, 676 – 681, 2008.

[4] Stankovich, S. *et al.*, Graphene – based composite materials. *Nat. Lett.*, 442, 282 – 286, 2006.

[5] Li, L. *et al.*, Functionalized graphene for high – performance two – dimensional spintronics devices. ACS Nano, 5, 4, 2601 – 2610, 2011.

[6] Hong, A. J. etal., Graphene flash memory. *ACS Nano*, 5, 10, 7812 – 7817, 2011.

[7] Sofo, J. O., Chaudhari, A. S., Barber, G. D., Graphane: A two – dimensional hydrocarbon. *Phys. Rev. B*, 75, 153401: 1 – 4, 2007.

[8] Elias, D. C. et al., Control of graphene's properties by reversible hydrogenation: Evidence for graphane. *Science*, 323, 610 – 613, 2009.

[9] Zhou, J. et al., Ferromagnetism in semihydrogenated graphene sheet. *Nano Lett.*, 9, 3867 – 3870, 2009.

[10] Bostwick, A. et al., Quasiparticle transformation during a metal – insulator transition in graphene. *Phys. Rev. Lett.*, 103, 5, 056404: 1 – 4, 2009.

[11] Haberer, D. et al., Tunable band gap in hydrogenated quasi – free – standing graphene. *Nano Lett.*, 10, 9, 3360 – 3366, 2010.

[12] Guisinger, N. P. et al., Exposure of epitaxial graphene on SiC(0001) to atomic hydrogen. *Nano Lett.*, 9, 4, 1462 – 1466, 2009.

[13] Jørgensen, R. et al., Atomic hydrogen adsorbate structures on graphene. *J. Am. Chem. Soc.*, 131, 25, 8744 – 8745, 2009.

[14] Zhou, J., Wang, Q., Sun, Q., Jena, P., Stability and electronic structure of bilayer graphone. *Appl. Phys. Lett.*, 98, 6, 063108: 1 – 3, 2011.

[15] Balog, R. et al., Bandgap opening in graphene induced by patterned hydrogen adsorption. *Nat. Mater.*, 9, 315 – 319, 2010.

[16] Xie, L. et al., Room temperature ferromagnetism in partially hydrogenated epitaxial grapheme. *Appl. Phys. Lett.*, 98, 19, 193113: 1 – 3, 2011.

[17] Schmidt, M. J. and Loss, D., Edge states and enhanced spin – orbit interaction at graphene/ graphane interfaces. *Phys. Rev. B*, 81, 165439: 1 – 12, 2010.

[18] Soin, N. et al., Exploring the fundamental effects of deposition time on the microstructure of graphene nanoflakes by Raman scattering and X – ray diffraction. *Cryst. Eng. Comm.*, 13, 312 – 318, 2011.

[19] Soin, N., Roy, S. S., Mitra, S. K., Thundat, T., McLaughlin, J. A., Nanocrystalline ruthenium oxide dispersed few layered graphene(FLG) nanoflakes as supercapacitor electrodes. *J. Mater. Chem.*, 22, 14944 – 14950, 2012.

[20] Soin, N. et al., Enhanced and stable field emission from *in situ* nitrogen – doped few – layered graphene nanoflakes. *J. Phys. Chem. C*, 115, 5366 – 5372, 2011.

[21] Soin, N., Roy, S. S., Sharma, S., Thundat, T., McLaughlin, J. A., Electrochemical and oxygen reduction properties of pristine and nitrogen – doped few layered graphene nanoflakes(FLGs). *J. Solid State Electrochem.*, 17, 2139 – 2149, 2013.

[22] Ray, S. C. et al., Field emission effects of nitrogenated carbon nanotubes on chlorination and oxidation. *J. Appl. Phys.*, 104, 063710: 1 – 5, 2008.

[23] Ferrari, A. C. et al., Raman spectrum of graphene and graphene layers. *Phys. Rev. Lett.*, 97, 187401: 1 – 4, 2006.

[24] Ferrari, A. C., Raman spectroscopy of graphene and graphite: Disorder, electron – phonon coupling, doping and nonadiabatic effects. *Solid State Commun.*, 143, 1, 47 – 57, 2007.

[25] Tuinstra, F. and Koenig, J. L., Raman spectrum of graphite. *J. Chem. Phys.*, 53, 3, 1126 – 1130, 1970.

[26] Ferrari, A. C. and Robertson, J., Interpretation of Raman spectra of disordered and amorphous carbon. *Phys. Rev. B*, 61, 14095 – 14107, 2000.

[27] Wu, W. et al., Control of thickness uniformity and grain size in graphene films for transparent conductive electrodes. *Nanotechnology*, 23, 035603: 1 – 10, 2012.

[28] Wang, Y. Y. et al., Raman studies of monolayer graphene: The substrate effect. *J. Phys. Chem. C*, 112, 10637–10640, 2008.

[29] Ryu, S. et al., Reversible basal plane hydrogenation of graphene. *Nano Lett.*, 8, 12, 4597–4602, 2008.

[30] Graf, D. et al., Spatially resolved Raman spectroscopy of single- and few-layer graphene. *Nano Lett.*, 7, 2, 238–242, 2007.

[31] Xie, L., Jiao, L., Dai, H., Selective etching of graphene edges by hydrogen plasma. *J. Am. Chem. Soc.*, 132, 42, 14751–14753, 2010.

[32] Luo, Z. et al., Thickness-dependent reversible hydrogenation of graphene layers. *ACS Nano*, 3, 7, 1781–1788, 2009.

[33] Stohr, J., *NEXAFS Spectroscopy*, Springer-Verlag, Berlin, 1991.

[34] Hou, Z. et al., Effect of hydrogen termination on carbon K-edge X-ray absorption spectra of nanographene. *J. Phys. Chem. C*, 115, 13, 5392–5403, 2011.

[35] Entani, S. et al., Growth of nanographite on Pt(111) and its edge state. *Appl. Phys. Lett.*, 88, 153126–153128, 2006.

[36] Pacilé, D. et al., Near-edge X-ray absorption fine-structure investigation of graphene. *Phys. Rev. Lett.*, 101, 6, 066806:1–4, 2006.

[37] Hua, W., Gao, B., Li, S., Agren, H., Luo, Y., X-ray absorption spectra of graphene from first-principles simulations. *Phys. Rev. B*, 82, 155433:1–7, 2010.

[38] Gao, H., Wang, L., Zhao, J., Ding, F., Lu, J., Band gap tuning of hydrogenated graphene: H coverage and configuration dependence. *J. Phys. Chem. C*, 115, 8, 3236–3242, 2011.

[39] Chiou, J. W. et al., Nitrogen-functionalized graphene nanoflakes (GNFs:N): Tunable photoluminescence and electronic structures. *J. Phys. Chem. C*, 116, 16251–16258, 2012.

[40] Shkrebtii, A. I. et al., Graphene and graphane functionalization with hydrogen: Electronic and optical signatures. *Phys. Status Solidi C*, 9, 6, 1378–1383, 2012.

[41] Bunch, J. S. et al., Impermeable atomic membranes from graphene sheets. *Nano Lett.*, 8, 8, 2458–2462, 2008.

[42] Zhou, Y. G., Zu, X. T., Gao, F., Nie, J. L., Xiao, H. Y., Adsorption of hydrogen on boron-doped graphene: A first-principles prediction. *J. Appl. Phys.*, 105, 1, 014309:1–4, 2009.

[43] Matte, H. R., Subrahmanyam, K. S., Rao, C. N. R., Novel magnetic properties of graphene: Presence of both ferromagnetic and antiferromagnetic features and other aspects. *J. Phys. Chem. C*, 113, 23, 9982–9985, 2009.

[44] Yang, H. X., Chshiev, M., Boukhvalov, D. W., Waintal, X., Roche, S., Inducing and optimizing magnetism in graphene nanomeshes. *Phys. Rev. B*, 84, 21, 214404:1–7, 2011.

[45] Rout, C. S., Kumar, A., Kumar, N., Sundaresan, A., Fisher, T. S., Room-temperature ferromagnetism in graphitic petal arrays. *Nanoscale*, 3, 900–903, 2011.

[46] Ning, G. et al., Ferromagnetism in nanomesh grapheme. *Carbon*, 51, 390–396, 2013.

[47] Yazyev, O. V. and Helm, L., Defect-induced magnetism in grapheme. *Phys. Rev. B*, 75, 25408125412, 2007.

[48] Zhou, J., Wu, M. M., Zhou, X., Sun, Q., Tuning electronic and magnetic properties of graphene by surface modification. *Appl. Phys. Lett.*, 95, 103108, 2009.

[49] Zhou, J. and Sun, Q., How to fabricate a semihydrogenated graphene sheet? A promising strategy explored. *Appl. Phys. Lett.*, 101, 073114, 2012.

[50] Eng, A. Y. S. et al., Searching for magnetism in hydrogenated graphene: Using highly hydrogenated graphene prepared via birch reduction of graphite oxides. *ACS Nano*, 7, 5930–5939, 2013.

[51] Pumera, M. and Wong, C. H. A., Graphane and hydrogenated grapheme. *Chem. Soc. Rev.*, 42, 5987–

5995,2013.

[52] Subrahmanyam, K. S. et al. , Chemical storage of hydrogen in few - layer graphene. *Proc. Natl. Acad. Sci.* ,108,2674 - 2677,2011.

[53] Wang, Y. et al. , Toward high throughput interconvertible graphane - to - graphene growth and patterning. *ACS Nano* ,4,6146 - 6152,2010.

[54] Burgess, J. S. et al. , Tuning the electronic properties of graphene by hydrogenation in a plasma enhanced chemical vapor deposition reactor. *Carbon* ,49,4420 - 4426,2011.

[55] Yuan, G. D. et al. , Graphene sheets via microwave chemical vapor deposition. *Chem. Phys. Lett.* ,467,361 - 364,2009.

[56] Wang, Y. et al. , Room - temperature ferromagnetism of graphene. *Nano Lett.* ,9,1,220 - 224,2009.

[57] Lee, H. , Son, Y. W. , Park, N. , Han, S. , Yu, J. , Magnetic ordering at the edges of graphitic fragments: Magnetic tail interactions between the edge - localized states. *Phys. Rev. B* ,72,174431 - 174438,2005.

[58] Berashevich, J. and Chakraborty, T. , Tunable band gap and magnetic ordering by adsorption of molecules on grapheme. *Phys. Rev. B* ,80,3,033404 - 033407,2009.

[59] Lehtinen, P. O. , Foster, A. S. , Ma, Y. , Krasheninnikov, A. V, Nieminen, R. M. , Irradiation – induced magnetism in graphite: A density functional study. *Phys. Rev. Lett.* ,93,18,187202 - 187205,2004.

[60] Harigaya, K. , The mechanism of magnetism in stacked nanographite: Theoretical study. *J. Phys.: Condens. Matter* ,13,6,1295 - 1302,2001.

[61] Esquinazi, P. et al. , Induced magnetic ordering by proton irradiation in graphite. *Phys. Rev. Lett.* ,91,227201 - 227204,2003.

[62] Han, K. H. , Spemann, D. , Esquinazi, P. , Hohne, R. V. R. , Butz, T. , Ferromagnetic spots in graphite produced by proton irradiation. *Adv. Mater.* ,15,1719 - 1722,2003.

[63] Otani, M. , Takagi, Y. , Koshino, M. , Okada, S. , Phase control of magnetic state of graphite thin films by electric field. *Appl. Phys. Lett.* ,96,242504,2010.

[64] Sheng, W. , Ning, Z. Y. , Yang, Z. Q. , Guo, H. , Magnetism and perfect spin filtering effect in graphene nanoflakes. *Nanotechnology* ,21,385201,2010.

[65] Ma, T. , Hu, F. , Huang, Z. , Lin, H. - Q. , Controllability of ferromagnetism in graphene. *Appl. Phys. Lett.* ,97,112504,2010.

[66] Ohldag, H. , Tyliszczak, T. , Hohne, R. , Spemann, D. , Esquinazi, P. , Ungureanu, M. , Butz, T. , π - electron ferromagnetism in metal - free carbon probed by soft x - ray dichroism. *Phys. Rev. Lett.* ,98,187204,2007.

[67] Lehtinen, P. O. , Foster, A. S. , Ma, Y. , Krasheninnikov, A. V. , Nieminen, R. M. , Irradiation - induced magnetism in graphite: A density functional study. *Phys. Rev. Lett.* ,93,187202,2004.

[68] Lieb, E. H. , Two theorems on the Hubbard model. *Phys. Rev. Lett.* ,62,1201 - 1204,1989.

[69] Yazyev, O. V. and Helm, L. , Defect - induced magnetism in graphene. *Phys. Rev. B* ,75,125408:1 - 5,2007.

[70] Nair, R. R. , Sepioni, M. , I - Ling Tsai, Lehtinen, O. , Keinonen, J. , Krasheninnikov, A. V. , Thomson, T. , Geim, A. K. , Grigorieva, I. V, Spin - half paramagnetism in graphene induced by point defects. *Nat Phys.* ,8,199 - 202,2012.

[71] Deng, H. Y. and Wakabayashi, K. , Edge effect on a vacancy state in semi - infinite graphene. *Phys. Rev. B* ,90,115413:1 - 13,2014.

[72] Yazyev, O. V. , Emergence of magnetism in graphene materials and nanostructures. *Rep. Prog. Phys.* ,73,056501:1 - 16,2010.

[73] Ma, Y. , Lehtinen, P. O. , Foster, A. S. , Nieminen, R. M. , Magnetic properties of vacancies in graphene and

single-walled carbon nanotubes. *New J. Phys.*,6,68:1-15,2004.

[74] Hashimoto, A., Suenaga, K., Gloter, A., Urita, K., Iijima, S., Direct evidence for atomic defects in graphene layers. *Nature*,430,870-873,2004.

[75] Fujii, S. and Enoki, T., Clar's aromatic sextet and π-electron distribution in nanographene. *Angew. Chem. Int. Ed.*,51,7236-7241,2012.

[76] Ziatdinov, M., Fujii, S., Kusakabe, K., Kiguchi, M., Mori, T., Enoki, T., Direct imaging of monovacancy-hydrogen complexes in a single graphitic layer. *Phys. Rev. B*,89,155405:1-17,2014.

[77] Nakada, K., Fujita, M., Dresselhaus, G., Dresselhaus, M. S., Edge state in graphene ribbons: Nanometer size effect and edge shape dependence. *Phys. Rev. B*,54,17954-17961,1996.

[78] Fujita, M., Wakabayashi, K., Nakada, K., Kusakabe, K., Peculiar localized state at zigzag graphite edge. *J. Phys. Soc. Jpn.*,65,1920-1923,1996.

[79] Wakabayashi, K., Fujita, M., Ajiki, H., Sigrist, M., Electronic and magnetic properties of nanographite ribbons. *Phys. Rev. B*,59,8271-8282,1999.

[80] Adams, D. J., Groning, O., Pignedoli, C. A., Ruffieux, P., Fasel, R., Passerone, D., Stable ferromagnetism and doping-induced half-metallicity in asymmetric graphene nanoribbons. *Phys. Rev. B*,85,245405:1-5,2012.

[81] Wakabayashi, K., Sigrist, M., Fujita, M., Spin wave mode of edge-localized magnetic states in nanographite zigzag ribbons. *J. Phys. Soc. Jpn.*,67,2089-2093,1998.

[82] Wakabayashi, K., Sasaki, K. I., Nakanishi, T., Enoki, T., Electronic states of graphene nanoribbons and analytical solutions. *Sci. Tech. Adv. Mater.*,11,054504:1-18,2010.

[83] Wakabayashi, K. and Dutta, S., Nanoscale and edge effect on electronic properties of grapheme. *Solid State Commun.*,152,1420-1430,2012.

[84] Tao, C., Jiao, L., Yazyev, O. V., Chen, Y.-C., Feng, J., Zhang, X., Capaz, R. B., Tour, J. M., Zettl, A., Louie, S. G., Dai, H., Crommie, M. F., Spatially resolving edge states of chiral graphene nanoribbons. *Nat. Phys.*,7,616-620,2011.

[85] Dutta, S. and Wakabayashi, K., Tuning charge and spin excitations in zigzag edgenanographene ribbons. *Sci. Rep.*,2,519:1-9,2012.

[86] Dutta, S. and Pati, S. K., Novel properties of graphene nanoribbons: A review. *J. Mater. Chem.*,20,8207-8223,2010.

[87] Baringhaus, J., Edler, F., Tegenkamp, C., Edge-states in graphene nanoribbons: A combined spectroscopy and transport study. *J. Phys.: Condens. Matter*,25,392001:1-5,2013.

[88] Coraux, J., N'Diaye, A. T., Engler, M., Busse, C., Wall, D., Buckanie, N., zu Heringdorf, F.-J. M., van Gastel, R., Poelsema, B., Michely, T., Growth of graphene on Ir(111). *New J. Phys.*,11,023006:1-22,2009.

[89] Geng, D., Wu, B., Guo, Y., Huang, L., Xue, Y., Chen, J., Yu, G., Jiang, L., Hu, W., Liu, Y., Uniform hexagonal graphene flakes and films grown on liquid copper surface. *Proc. Natl. Acad. Sci. USA*,109,7992-7996,2012.

[90] Kotakoski, J., Krasheninnikov, A. V., Kaiser, U., Meyer, J. C., From point defects in graphene to two-dimensional amorphous carbon. *Phys. Rev. Lett.*,106,105505:1-4,2011.

[91] Lahiri, J., Lin, Y., Bozkurt, P., Oleynik, I. I., Batzill, M., An extended defect in graphene as a metallic wire. *Nat. Nanotech.*,5,326-329,2010.

[92] Huang, P. Y., Ruiz-Vargas, C. S., van der Zande, A. M., Whitney, W. S., Levendorf, M. P., Kevek, J. W., Garg, S., Alden, J. S., Hustedt, C. J., Zhu, Y., Park, J., McEuen, P. L., Muller, D. A., Grains and grain boundaries in single-layer graphene atomic patchwork quilts. *Nature*,469,389-392,2011.

[93] Biró, L. P. and Lambin, P., Grain boundaries in graphene grown by chemical vapor deposition. *New J.*

Phys. ,15,035024:1-38,2013.

[94] Berashevich, J. and Chakraborty, T. , Sustained ferromagnetism induced by H-vacancies in graphane. *Nanotechnology*,21,355201:1-5,2010.

[95] Castro, E. V, Peres, N. M. R. , Stauber, T. , Silva, N. A. P. , Low-density ferromagnetism in biased bilayer graphene. *Phys. Rev. Lett.* ,100,186803:1-4,2008.

[96] Nelayev, V. V. and Mironchik, A. I. , Magnetism of graphene with vacancy clusters. *Mater. Phys. Mech.* , 9,26-34,2010.

[97] Singh, R. and Kroll, P. , Magnetism in graphene due to single-atom defects: Dependence on the concentration and packing geometry of defects. *J. Phys. : Condens. Matter* ,21,196002:1-7,2009.

[98] Palacios, J. J. , Fernndez Rossier, J. , Brey, L. , Vacancy-induced magnetism in graphene and graphene ribbons. *Phys. Rev. B*,77,195428:1-14,2008.

[99] Kumazaki, H. and Hirashima, D. S. , Local magnetic moment formation on edges of graphene. *J. Phys. Soc. Jpn.* ,77,044705:1-5,2008.

[100] Bhowmick, S. and Shenoy, V. B. , Edge state magnetism of single layer graphene nanostructures. *J. Chem. Phys.* ,128,244717:1-7,2008.

[101] Makarova, T. and Palacio, F. , *Carbon-Based Magnetism: An Overview of Metal Free Carbon-Based Compounds and Materials*, Elsevier, Amsterdam, 2006.

[102] Esquinazi, P. , Spemann, D. , Hohne, R. , Setzer, A. , Han, K.-H. , Butz, T. , Induced magnetic ordering by proton irradiation in graphite. *Phys. Rev. Lett.* ,91,227201:1-4,2003.

[103] Shibayama, Y. , Sato, H. , Enoki, T. , Endo, M. , Disordered magnetism at the metal-insulator threshold in nano-graphite-based carbon materials. *Phys. Rev. Lett.* ,84,1744-1747,2000.

[104] Khveshchenko, D. V. , Magnetic-field-induced insulating behavior in highly oriented pyrolitic graphite. *Phys. Rev. Lett.* ,87,206401:1-4,2001.

[105] Boukhvalov, D. W. , Katsnelson, M. I. , Lichtenstein, A. I. , Hydrogen on graphene: Electronic structure, total energy, structural distortions and magnetism from first-principles calculations. *Phys. Rev. B*,77, 035427:1-7,2008.

[106] Ma, Y. , Foster, A. S. , Krasheninnikov, A. V. , Nieminen, R. M. , Nitrogen in graphite and carbon nanotubes: Magnetism and mobility. *Phys. Rev. B*,72,205416:1-6,2005.

[107] Sorescu, D. C. , Jordan, K. D. , Avouris, P. , Theoretical study of oxygen adsorption on graphite and the (8, 0) single-walled carbon nanotube. *J. Phys. Chem. B*,105,11227-11232,2001.

[108] Li, L. , Reich, S. , Robertson, J. , Defect energies of graphite: Density-functional calculations. *Phys. Rev. B*,72,184109:1-10,2005.

[109] Lehtinen, P. O. , Foster, A. S. , Ma, Y. , Krasheninnikov, A. V. , Nieminen, R. M. , Irradiation-induced magnetism in graphite: A density functional study. *Phys. Rev. Lett.* ,93,187202:1-4,2004.

[110] Droppa, R. , Jr. , Ribeiro, C. T. M. , Zanatta, A. R. , dos Santos, M. C. , Alvarez, F. , Comprehensive spectroscopic study of nitrogenated carbon nanotubes. *Phys. Rev. B*,69,045405:1-9,2004.

[111] Zhao, M. W. , Xia, Y. Y. , Ma, Y. C. , Ying, M. J. , Liu, X. D. , Mei, L. M. , Exohedral and endohedral adsorption of nitrogen on the sidewall of single-walled carbon nanotubes *Phys. Rev. B*,66,155403:1-5,2002.

[112] Kumazaki, H. and Hirashima, D. S. , Nonmagnetic-defect-induced magnetism in graphene. *J. Phys. Soc. Jpn.* ,76,064713:1-5,2007.

[113] Carroll, D. L. , Redlich, P. , Blase, X. , Charlier, J.-C. , Curran, S. , Ajayan, P. M. , Roth, S. , Rúhle, M. , Effects of nanodomain formation on the electronic structure of doped carbon nanotubes. *Phys. Rev. Lett.* ,81,2332-2335,1998.

[114] Czerw, R., Terrones, M., Charlier, J. C., Blase, X., Foley, B., Kamalakaran, R., Grobert, N., Terrones, H., Tekleab, D., Ajayan, P. M., Blau, W., Ruhle, M., Carroll, D. L., Identification of electron donor states in n–doped carbon nanotubes. *Nano Lett.*, 1, 457–460, 2001.

[115] Mohan, P., *Magnetism in the Solid State*, Springer, Berlin, 2003.

[116] El-Barbary, A. A., Telling, R. H., Ewels, C. P., Heggie, M. I., Briddon, P. R., Structure and energetics of the vacancy in graphite. *Phys. Rev. B*, 68, 144107:1–7, 2003.

[117] Telling, R. H., Ewels, C. P., El-Barbary, A. A., Heggie, M. I., Wigner defects bridge the graphite gap. *Nat. Mater.*, 2, 333–337, 2003.

[118] Zhang, Y., Talapatra, S., Kar, S., Vajtai, R., Nayak, S. K., Ajayan, P. M., First-principles study of defect-induced magnetism in carbon. *Phys. Rev. Lett.*, 99, 107201:1–4, 2007.

[119] Vozmediano, M. A. H., López-Sancho, M. P., Stauber, T., Guinea, F., Local defects and ferromagnetism in graphene layers. *Phys. Rev. B*, 72, 155121:1–5, 2005.

[120] Ray, S. C., Soin, N., Makgato, T., Chuang, C. H., Pong, W. F., Roy, S. S., Ghosh, S. K., Strydom, A. M., McLaughlin, J. A., Graphene supported graphone/graphane bilayer nanostructure material for spintronics. *Sci. Rep.*, 4, 3862:1–6, 2014.

[121] Yu, Q., Jauregui, L. A., Wu, W., Colby, R., Tian, J., Su, Z., Cao, H., Liu, Z., Pandey, D., Wei, D., Chung, T. F., Peng, P., Guisinger, N. P., Stach, E. A., Bao, J., Pei, S.-S., Chen, Y. P., Control and characterization of individual grains and grain boundaries in graphene grown by chemical vapour deposition. *Nat. Mat.*, 10, 443–449, 2011.

[122] Kahaly, M. U., Singh, S. P., Waghmare, U., Carbon nanotubes with an extended line defect. *Small*, 4, 2209–2213, 2008.

[123] Simonis, P., Goffaux, C., Thiry, P. A., Biro, L. P., Lambin, Ph., Meunier, V., STM study of a grain boundary in graphite. *Surf. Sci.*, 511, 319–322, 2002.

[124] Cervenka, J. and Flipse, C. F. J., Structural and electronic properties of grain boundaries in graphite: Planes of periodically distributed point defects. *Phys. Rev. B*, 79, 195429:1–5, 2009.

[125] Yazyev, O. V. and Louie, S. G., Topological defects in graphene: Dislocations and grain boundaries. *Phys. Rev. B*, 81, 195420:1–7, 2010.

[126] Gunlycke, D. and White, C. T., Graphene valley filter using a line defect. *Phys. Rev. Lett.*, 106, 136806:1–4, 2011.

[127] Lin, X. and Ni, J., Half-metallicity in graphene nanoribbons with topological line defects. *Phys. Rev. B*, 84, 075461:1–7, 2011.

[128] Akhukov, M. A., Fasolino, A., Gornostyrev, Y. N., Katsnelson, M. I., Dangling bonds and magnetism of grain boundaries in graphene. *Phys. Rev. B*, 85, 115407:1–10, 2012.

[129] Krasheninnikov, A. V., Lehtinen, P. O., Foster, A. S., Pyykkö, P., Nieminen, R. M., Embedding transition-metal atoms in graphene: Structure, bonding, and magnetism. *Phys. Rev. Lett.*, 102, 126807:1–4, 2009.

[130] Banhart, F., Charlier, J. C., Ajayan, P. M., Dynamic behavior of nickel atoms in graphitic networks. *Phys. Rev. Lett.*, 84, 686–689, 2000.

[131] Booth, T. J., Blake, P., Nair, R. R., Jiang, D., Hill, E. W., Bangert, U., Bleloch, A., Gass, M., Novoselov, K. S., Katsnelson, M. I., Geim, A. K., Macroscopic graphene membranes and their extraordinary stiffness. *Nano Lett.*, 8, 2442–2462, 2008.

[132] Cortijo, A. and Vozmediano, M. A. H., Electronic properties of curved graphene sheets. *Europhys. Lett.*, 77, 47002:1–5, 2007.

[133] Cortijo, A. and Vozmediano, M. A. H., Effects of topological defects and local curvature on the electronic properties of planar graphene. *Nucl. Phys. B*, 763, 293 – 308, 2007.

[134] Meyer, J. C., Kisielowski, C., Erni, R., Rossell, M. D., Crommie, M. F., Zettl, A., Direct imaging of lattice atoms and topological defects in graphene membranes. *Nano Lett.*, 8, 3582 3586, 2008.

[135] Kobayashi, Y., Fukui, K., Enoki, T., Kusakabe, K., Kaburagi, Y., Observation of zigzag and armchair edges of graphite using scanning tunneling microscopy and spectroscopy. *Phys. Rev. B*, 71, 193406:1 – 4, 2005.

[136] Kobayashi, Y., Fukui, K., Enoki, T., Edge state on hydrogen – terminated graphite edges investigated by scanning tunneling microscopy. *Phys. Rev. B*, 73, 125415:1 – 8, 2006.

[137] Niimi, Y., Matsui, T., Kambara, H., Tagami, K., Tsukada, M., Fukuyama, H., Scanning tunneling microscopy and spectroscopy of the electronic local density of states of graphite surfaces near monoatomic step edges. *Phys. Rev. B*, 73, 085421:1 – 8, 2006.

[138] Sugawara, K., Sato, T., Souma, S., Takahashi, T., Suematsu, H., Fermi surface and edge – localized states in graphite studied by high – resolution angle – resolved photoemission spectroscopy. *Phys. Rev. B*, 73, 045124:1 – 4, 2006.

注释[1]

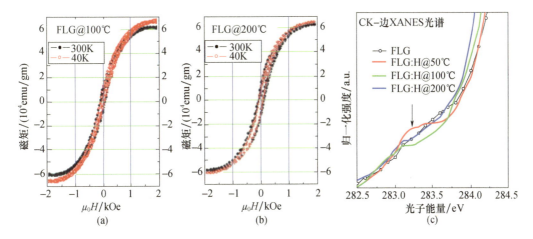

注1：在(a)100℃和(b)200℃温度下处理的氢等离子体 M – H 循环；
(c) C K 边 XANES 谱，其中在50℃温度下氢等离子体处理的石墨烯呈现"锯齿形"边

注释[2]

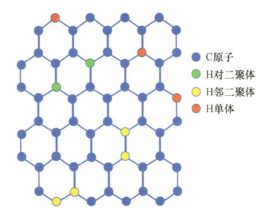

石墨烯上不同的氢附着物（邻二聚体：黄色；对二聚体：蓝色；单体：红色）

第14章 单轴应变和缺陷模式对石墨烯磁电和输运性质的影响

Taras M. Radchenko[1*], Ihor Y. Sahalianov[2], Valentyn A. Tatarenko[1],
Yuriy I. Prylutskyy[2], Paweł Szroeder[3], Mateusz Kempiński[4,5], Wojciech Kempiński[6]

[1] 乌克兰基辅乌克兰国家科学院 G. V. Kurdyumov 金属物理研究所
[2] 乌克兰基辅基辅塔拉斯·舍甫琴科国立大学
[3] 波兰彼得哥什卡基米日维尔基大学物理研究所
[4] 波兰波波兹南密茨凯维奇大学物理学院
[5] 波兰波波兹南密茨凯维奇大学纳米生物医学中心
[6] 波兰波兹南波兰科学院分子物理研究所

摘 要 本章总结了外加应变或/和磁场对具有不同缺陷(点缺陷等)石墨烯电子和输运性质影响的结果:共振(中性)吸附原子(含氧或氢分子或官能团)、空位或其与替代原子的络合物、带电杂质和局域畸变。为了观察分子-石墨烯吸附体系的电子性质,我们将电子顺磁共振技术应用于较广的温度范围内,为了解其他活性炭的电输运性质打下了良好的基础。应用这项技术,我们可以观察金属绝缘体相变和吸附泵送效应,并讨论与颗粒金属模型有关的结果。杂质(吸附)原子被认为是随机、相对或有序分布在不同类型的高对称石墨烯晶格上。电子和输运性质是在 Peierls 紧束缚模型和量子力学 Kubo 形式主义的框架内计算的。我们认为,在无应变石墨烯的情况下,只有当有序杂质充当替位式原子时,才能打开带隙,而作为间隙原子的杂质没有带隙。晶格(吸附)点的类型对随机和相关(吸附)原子的电导率有很大的影响,但实际上当它们形成具有等长周期的有序超结构时,电导率并没有改变。根据电子密度和位置的类型,相对于它们的随机位置,相关和有序(吸附)原子的导电性能提高了几十倍。相关和有序效应可以表现为较弱或更强,这取决于杂质是替位式原子还是间隙原子。电导率与随机或相关原子的吸附高度近似成线性关系,但随着有序原子高度的适当变化,电导率基本保持不变。有序杂质的无序分布和低含量会拖累和抑制垂直磁场中出现的离散电子能量朗道能级(狄拉克点处的峰值除外)。在应变(单轴拉伸)石墨烯的情况下,随机分布的缺陷的存在抵消了带隙的打开,甚至可以抑制当它们不存在时出现的带隙。然而,杂质有序导致了带隙的出现,从而重新打开了间隙,在石墨烯的随机掺杂沿着曲折的边缘方向被抑制。在缺陷有序和曲折变形共同作用下,带隙行为具有应变非单调性。因此,带隙开口所需的最小拉应变比无缺陷石墨烯的拉应变小,带隙能量达到原始石墨烯最大非破坏性应变的预测值。要有效调谐应变石墨烯的带隙和电输运特性以实现器件功能化,需要合理的掺杂:平衡有序掺杂剂的浓度,使其含量足以在两个替代亚晶格上产生显著的不对称效应,但又不能太多,以至于它们可能会抑制禁带或降低电子传输。在石墨烯(碳)材料中,石墨烯边缘的物理和化学状态,特别是其中一个边缘处于单轴应变时的物理和化学状态,对石墨烯(碳)材料中的电输运现象起着至关重要的作用。

关键词 不纯和应变石墨烯,吸附原子和吸附分子,能带隙,电子和输运性质

14.1 引言

二维材料之王,全部 sp^2 碳结构之母——这些指代石墨烯的别称并不是单纯用于文献之中对它的赞美,它们是用于突显石墨烯作为下一代电子器件(如晶体管)的后硅候选材料的独特特性。众所周知,原始(无缺陷)和结构完善的石墨烯具有优异的电子性能,如具有极高电荷载流子迁移率的弹道电子传播[1]或室温下的量子霍尔效应[2]。然而,石墨烯若要广泛应用于电子器件的大规模生产[3]和生物工程[4]之中,则需要面临的其中一个挑战是在其电子光谱中充足带隙的缺失、抑或是带隙调制方面的问题。相对于零电压点而言,石墨烯的电流-电压行为是对称的,因此不允许以高开关比切换基于石墨烯的晶体管。有几种方法可以巧妙制造出石墨烯中的带隙。其将石墨烯切割成纳米带[5]或纳米网[6],对双层石墨烯[7]施加垂直磁场,表面吸附或/和引入特定缺陷[8-9],使用衬底[10-11],配置(排列)杂质(吸附)原子[12-18],或者施加不同的应变,如单轴拉伸[19,23]和剪切[24-25]变形或它们的组合[26]。

石墨烯有诸多显著特征,其中,其力学性能让人觉得不可思议。石墨烯是迄今为止测试的强度最强的材料,其固有的抗拉强度约为 130GPa,杨氏模量(刚度)约为 1TPa[27],甚至随着缺陷密度的增加[28]。石墨烯片能承受 25%~27% 的可逆变形[27,29-30]。变形(应力)可以在石墨烯中自然产生,也可以通过不同的技术故意诱导和控制[31-32]。上述力学特性表明,应变为调节石墨烯的性质提供了一种可能,甚至开辟一个新研究领域,一些研究人员已经将其称为"应变电子学",即应变(机械、变形)电子学或应变工程学[31-34]。参考文献[40]评述了文献[19-26,35-39]内关于石墨烯电子结构中,特别是在可能出现的带隙开口中不同类型形变(如单轴、(非)各向同性双轴、剪切、局部应变等)指纹的不同观点。而文献[46]对石墨烯表面不同分布(随机、相关或有序)吸附原子稳定性的差异进行了评述[41-45]。这两类矛盾的存在并不奇怪,因为有两个原因。首先,"应变电子学"只开启了它的进化[32]。其次,在绝大多数应变石墨烯的理论和计算研究中,石墨烯计算域的大小大多局限于周期性的超细胞和含有相对较少(通常是数百个)原子(位)的局域碎片。这些限制是源于常用的第一原理密度泛函计算需要很高的计算能力。对解决变形效应的差异点进行了总结[40],其与没有任何结构缺陷和外加磁场情况下非常完美的石墨烯表现结果相关。然而,石墨烯制备样品实际上含有不同的点和/或扩展缺陷[47],这些缺陷会强烈地影响石墨烯的电子甚至其力学性能[48-50]。

众所周知,这些应变改变了石墨烯晶格中离子之间的距离,可以用矢量位来描述,这类

似于外部磁场[31,51]。因此,文献中经常将不同的非均匀应变对石墨烯电子性质的影响(见文献[52-53])与有效假磁场的影响联系在一起。然而,在倒易空间的第一布里渊区内的两个不等价的高对称性(狄拉克)点(K 和 K′)上,这样的磁场与实际磁场的方向相反。

在石墨烯物理学中各种结构(点或扩展)缺陷中,吸附原子或分子可能是最重要的例子[54]。作为晶格缺陷,这种缺陷控制着许多特性,如电子状态、导电性和电子(及其自旋)的局域化程度[47],因此对石墨烯的电子、输运、光学、热、机械和电化学特性有强烈的影响。杂质(吸附)原子在石墨烯晶格(吸附)点或间距上的分布并不总是随机的,因为它通常发生在三维金属和合金上,其中原子是通过合金化引入,这通常是一个随机过程[56]。稀释原子可能有空间相关的趋势[57],甚至有序[58-62]。此外,石墨烯是一个开放的表面;因此,可以使用扫描隧道[63]或传输电子[64]显微镜将(吸附)原子置于其表面之上,允许设计(吸附)原子结构以及具有原子精度的有序(超)结构。利用扫描隧道显微镜已经直接观察到石墨烯上氢原子的几种有序构型[65]。

为了模拟石墨烯薄片的电子输运性质,我们遵循 Kubo – Greenwood formalism 的方法[66-67],其中的输运性质是由电子的运动控制的。如果石墨烯表面没有缺陷,电子可以在没有任何反向散射的情况下传播,类似于经典的弹道粒子。因此,这种传输模式被称为弹道模式。吸附原子或分子作为散射中心的存在导致扩散输运过程,当电子扩散系数与时间无关时,欧姆定律有效。最后,随着时间的推移,载流子开始局域化,扩散系数减小,出现局域化现象。

由于不同原子和分子的吸附作用[68-69],在考虑石墨烯在储能、分子传感、光电和纳米电子学等多个领域的应用时,局域化过程是石墨烯物理学中的一个重要问题。利用电子顺磁共振(EPR)可以很好地观察到这种现象。EPR 探测材料结构中的未配对自旋,并允许观察它们与其他自旋和晶格的相互作用,在石墨烯材料的研究中被证明非常有用[70-71]。

本章主要总结和回顾乌克兰和波兰研究小组在其项目框架内取得的最新(理论和实验)成果,如下所述。主要结果在许多会议上得到认可,并在一系列出版物[40,46,72-74]中报道,涉及上述在无应变和应变缺陷石墨烯中发生的扩散输运和局域化区域中的电子行为。石墨烯的拉伸变形和不同的(点或线)缺陷通过石墨烯能量谱中的指纹表现为石墨烯在垂直磁场下的磁电子性质。在紧束缚模型和 Kubo – Greenwood 方法的框架内得到了扩散体系中电子态和量子输运的计算结果[66-67,75-77]。我们使用自己的数值模拟软件来计算电子态密度、电子扩散系数和电导率。由于计算能力与系统中原子数的线性关系,我们可以模拟含有数百万原子的石墨烯晶格,从而与大多数实验中使用的晶格大小近似。基于 EPR 的实验观测和电导率测量使用颗粒金属模型[78]解释,这意味着由于电荷载流子跃移势垒的存在,电荷载流子出现了强烈的局域化,这些势垒对温度、吸附物和外场等各种因素都很敏感。

上述两类文献的不一致促成了本研究的理论部分。首先,文献中关于石墨烯表面随机、相对或有序分布的原子的稳定性存在着分歧[41-45]。第二,应变对无缺陷石墨烯电子性能的影响存在矛盾[19-26,35-39]。对于由制造工艺而导致的含有不同结构缺陷的实际石墨烯样品而言,第二个动机原因更为重要。实验部分的重点是氧化石墨烯及其还原形式,其动机是:第一,由于制造过程相对简单且具有可重复性,这类材料目前很流行;第二,它们的结构缺陷(明显的褶皱、边缘等)是产生电传输特性和局部化现象的原因,其导致了更多的局域化位点[72]。

本章首先描述了一个统计热力学方法来预测可能的替代和间隙石墨烯超结构（缺陷模式），其中我们表明，掺杂在位置或间隙上的排列与控制杂质组态的原子间相互作用能有关。然后，基于原子间相互作用范围的大小，得出与相互作用能参数相关的低温稳定性图。展示了亚晶格间原子间相互作用（与亚晶格内相互作用竞争）对原子有序化动力学的影响。理论和数值方法用于模拟电子输运，应变和外加磁场的影响，零维和一维缺陷石墨烯，然后计算了电子态密度，扩散系数和电导率。最后，对吸附驱动电荷载流子（自旋）定位的实验方法、结果和分析进行了总结。

14.2 蜂巢晶格式超结构的热力学与动力学特性

让我们考虑杂质原子在蜂窝状晶格（图14.1）上的有序分布（图），即石墨烯基替位式和间隙式（超）结构，这些结构在形成反相界（域）时为稳定状态。

14.2.1 替位式超晶格

在化学计量比 $c_{st} = 1/2(CA)$、$1/4(C_3A)$、$1/8(C_7A)$、$1/3(C_2A)$ 和 $1/6(C_5A)$ 的蜂窝晶格位置上，杂质 A 原子的有序分布如图14.2所示。应用静态浓度波方法和自洽场（平均场）近似[79]，可以推导出不同蜂窝晶格结构的组态自由能表达式为

$$F = U - TS \tag{14.1}$$

式中：U 和 S 分别为内部能量和熵；T 为绝对温度。

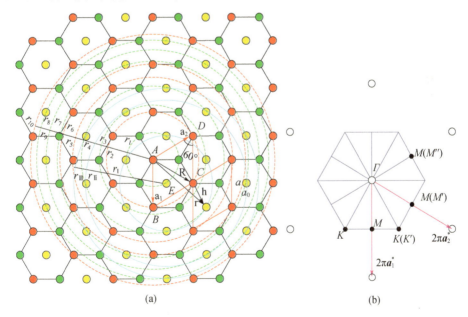

图14.1 （a）石墨烯蜂窝晶格[13]。此处，ABCD是一个原始晶胞晶格，并且 $a_1 a_2$ 是晶格的基本平移向量；a 是晶格的平移参数；a_0 是最近邻点之间的距离。圆（半径 $r_1, r_2, \cdots, r_{10}$ 和 r_I, r_{II}, r_{III}）分别表示相对于斜坐标系和间隙 E 原点的前10个置换（虚线）和3个间隙（实线）协调壳（区域）。（b）石墨烯晶格倒易空间的第一布里渊区（BZ），其中 Γ、M、K 为其高对称点，a_1^* 和 a_2^* 为二维倒易晶格的基平移向量

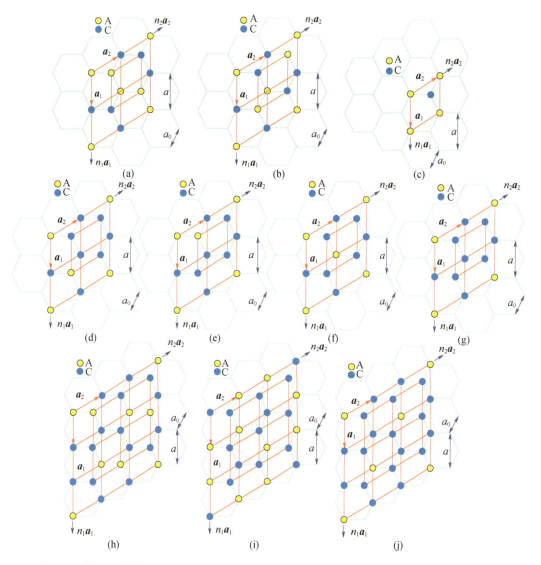

图 14.2 化学计量学 1/2(a)~(c)、1/4(d)~(f)、1/8(g)、1/3(h)~(i) 和 1/6(j) 的石墨烯制替位式(超)结构的原始晶胞。此处,C 和 A 分别表示母原子(碳)和杂质(掺杂)原子[13-14]

图 14.2(a)~(c)中 CA 型替位式(超)结构的特定(每个位置)构型相关部分自由能表达如下[80]:

$$F_1^{CA} \approx \frac{1}{2}c^2\lambda_1(\boldsymbol{0}) + \frac{1}{8}(\eta_1^I)^2\lambda_1(\boldsymbol{k}^M) - TS_1^{CA}(c,\eta_1^I) \quad (14.2a)$$

$$F_2^{CA} \approx \frac{1}{2}c^2\lambda_1(\boldsymbol{0}) + \frac{1}{8}(\eta_2^I)^2\lambda_2(\boldsymbol{k}^M) - TS_2^{CA}(c,\eta_2^I) \quad (14.2b)$$

$$F_3^{CA} \approx \frac{1}{2}c^2\lambda_1(\boldsymbol{0}) + \frac{1}{8}(\eta_0^I)^2\lambda_2(\boldsymbol{0}) - TS_3^{CA}(c,\eta_0^I) \quad (14.2c)$$

C_2A 型替位式(超)结构(图 14.2(h) 和 (i))的组态自由能(每个位置)为[80]

$$F_1^{C_2A} \approx \frac{1}{2}c^2\lambda_1(\boldsymbol{0}) + \frac{1}{9}(\eta_1^I)^2\lambda_2(\boldsymbol{k}^K) - TS_1^{C_2A}(c,\eta_1^I) \quad (14.3a)$$

$$F_3^{C_2A} \approx \frac{1}{2}c^2\lambda_1(\mathbf{0}) + \frac{1}{18}(\eta_0^{\mathrm{III}})^2\lambda_2(\mathbf{0}) + \frac{1}{36}[(\eta_1^{\mathrm{III}})^2 + (\eta_2^{\mathrm{III}})^2]\lambda_2(\mathbf{k}^K) - TS_3^{C_2A}(c,\eta_0^{\mathrm{III}},\eta_1^{\mathrm{III}},\eta_2^{\mathrm{III}})$$
(14.3b)

C_3A 型替位式(超)结构(图14.2(d)~(f))的组态自由能(每个位置)为[80]

$$F_1^{C_3A} \approx \frac{1}{2}c^2\lambda_1(\mathbf{0}) + \frac{3}{32}(\eta_2^{\mathrm{I}})^2\lambda_2(\mathbf{k}^M) - TS_1^{C_3A}(c,\eta_2^{\mathrm{I}})$$
(14.4a)

$$F_2^{C_3A} \approx \frac{1}{2}c^2\lambda_1(\mathbf{0}) + \frac{1}{32}[2(\eta_1^{\mathrm{II}})^2\lambda_1(\mathbf{k}^M) + (\eta_2^{\mathrm{II}})^2\lambda_2(\mathbf{k}^M)] - TS_2^{C_3A}(c,\eta_1^{\mathrm{II}},\eta_2^{\mathrm{II}})$$
(14.4b)

$$F_3^{C_3A} \approx \frac{1}{2}c^2\lambda_1(\mathbf{0}) + \frac{1}{32}[(\eta_0^{\mathrm{III}})^2\lambda_2(\mathbf{0}) + (\eta_1^{\mathrm{III}})^2\lambda_1(\mathbf{k}^M) + (\eta_2^{\mathrm{III}})^2\lambda_2(\mathbf{k}^M)] - TS_3^{C_3A}(c,\eta_0^{\mathrm{III}},\eta_1^{\mathrm{III}},\eta_2^{\mathrm{III}})$$
(14.4c)

C_5A 型替位式(超)结构(图14.2(j))的组态自由能(每个位置)为[81]

$$F^{C_5A} \approx \frac{1}{2}c^2\lambda_1(\mathbf{0}) + \frac{1}{72}(\eta_0^{\mathrm{III}})^2\lambda_2(\mathbf{0}) + \frac{1}{36}[(\eta_1^{\mathrm{III}})^2 + (\eta_2^{\mathrm{III}})^2]\lambda_2(\mathbf{k}^K) - TS^{C_5A}(c,\eta_0^{\mathrm{III}},\eta_1^{\mathrm{III}},\eta_2^{\mathrm{III}})$$
(14.5)

最后,C_7A 型替位式超结构的组态自由能(每个位置)(图14.2(g))[80]:

$$F^{C_7A} \approx \frac{1}{2}c^2\lambda_1(\mathbf{0}) + \frac{1}{128}[(\eta_0^{\mathrm{III}})^2\lambda_2(\mathbf{0}) + 3(\eta_1^{\mathrm{III}})^2\lambda_1(\mathbf{k}^M) + 3(\eta_2^{\mathrm{III}})^2\lambda_2(\mathbf{k}^M)] - TS^{C_7A}(c,\eta_0^{\mathrm{III}},\eta_1^{\mathrm{III}},\eta_2^{\mathrm{III}})$$
(14.6)

在式(14.2)~式(14.6)中,c 是掺杂原子(A)的原子分数;$\eta_\zeta^\aleph$($s=0$、1或2)是长程序(LRO)参数($\aleph$ 为给定结构表示它们的总数;$\aleph=$ Ⅰ、Ⅱ或Ⅲ);波矢 $\mathbf{k}$ 属于蜂窝晶格倒数空间的第一个布里渊区(图14.1(b)),并产生一定的上层建筑[12,13,82]。原子间相互作用参数 $\lambda_1(\mathbf{0})$、$\lambda_2(\mathbf{0})$、$\lambda_1(\mathbf{k}^M)$、$\lambda_2(\mathbf{k}^M)$、$\lambda_2(\mathbf{k}^K)$ 定义了图14.2中超结构的热力学状态,它与位于晶胞内第 p 和 qth($p,q=1,2$)亚晶格位置的 C—C、A—A 和 C—A 原子之间的成对相互作用能 $W_{pq}^{CC}(\mathbf{R}-\mathbf{R}')$、$W_{pq}^{AA}(\mathbf{R}-\mathbf{R}')$、$W_{pq}^{CA}(\mathbf{R}-\mathbf{R}')$ 有关,其起点为 R 和 R'("零"位)(表14.1)。成对的相互作用能定义了混合能,$w_{pq}(\mathbf{R}-\mathbf{R}') \equiv W_{pq}^{CC}(\mathbf{R}-\mathbf{R}') + W_{pq}^{AA}(\mathbf{R}-\mathbf{R}') - 2W_{pq}^{CA}(\mathbf{R}-\mathbf{R}')$ 在文献中也被称为"有序能"和"交换能"[12,13,79]。第一、第二、第 n 近邻的混合能量,$w_1 w_2 \cdots w_n$,(图14.1(a)和表14.1)常用来分析平衡原子序[13,83]以及有序动力学[12,14,81]。用傅里叶变换[79,84-85]来描述所有配位层或任意范围相互作用中的原子间相互作用,从而得到构型自由能方程(14.2)~式(14.6)的原子间相互作用参数 $\lambda(\mathbf{k})$。

14.2.2 间隙式超晶格

我们将石墨烯晶格中的间隙原子表示为 X,并将这些原子在间隙中的剩余空位表示为 Ø。蜂窝晶格的每个原始晶胞包含两个位置和一个蜂窝的中心(图14.1(a))。掺杂 X 原子占据所有间隙对应于相对杂质浓度 $\kappa=\kappa_{\mathrm{st}}=1$,并导致具有最大间隙掺杂原子比例的超结构团簇 $C_2X c=c_{\mathrm{st}}=1/3$。其原始晶胞晶格如图14.3(a)所示。静态浓度波和自洽场(平均场)近似法[79]所用杂质原子的屈服分布函数为 $P(\mathbf{R})\equiv 1$,以及每个间隙的特定组态自由能 $F^{C_2X}\approx w(\mathbf{0})/2$[86]。这里 $w(\mathbf{k}=0)$ 是间隙子系统 X 和分量 Ø 的傅里叶变换,$W(\mathbf{R}-\mathbf{R}')\equiv$

$W^{XX}(\boldsymbol{R}-\boldsymbol{R}) + W^{\varnothing\varnothing}(\boldsymbol{R}-\boldsymbol{R}') - 2W^{X\varnothing}(\boldsymbol{R}-\boldsymbol{R}')$,其中$W^{\alpha\beta}(\boldsymbol{R}-\boldsymbol{R}')$是$\alpha$和$\beta$($\alpha$、$\beta = X$、$\omega$)"原子"的有效成对相互作用的能量,它们分别以半径向量$\boldsymbol{R}$和$\boldsymbol{R}'$占据原始单胞内的空隙(见表14.2)[86]。

C_4X型间隙(超)结构的比组态自由能(图14.3(b))如下,其中,在全有序状态下(在0K),间隙原子的相对浓度$\kappa_{st}=1/2$,即它们的原子分数$c_{st}=1/5$,见[86]

$$F^{C_4X} \approx \frac{1}{2}\kappa^2\tilde{w}(\boldsymbol{0}) + \frac{1}{8}\eta^2\tilde{w}(\boldsymbol{k}^M) - TS^{C_4X}(\kappa,\eta) \tag{14.7}$$

表14.1 用于球对称原子间相互作用的参数(其中,对于占据蜂窝状晶格位置的原子,$\tilde{w}_{11}(\boldsymbol{k})$和$\tilde{w}_{12}(\boldsymbol{k})$是晶格内和晶格间混合(有序)能量($w_1, w_2, \cdots$)的傅里叶分量(对于准波向量$\boldsymbol{k}^\Gamma$、$\boldsymbol{k}^M$、$\boldsymbol{k}^K$的超结构"星"$\Gamma$、$M$、$K$)[17])

"星"	$\boldsymbol{k}$	$\tilde{w}_{11}(\boldsymbol{k})$	$\tilde{w}_{12}(\boldsymbol{k})$	$\lambda_1(\boldsymbol{k}) = \tilde{w}_{11}(\boldsymbol{k}) + \|\tilde{w}_{12}(\boldsymbol{k})\|$	$\lambda_2(\boldsymbol{k}) = \tilde{w}_{11}(\boldsymbol{k}) - \|\tilde{w}_{12}(\boldsymbol{k})\|$
Γ	$\boldsymbol{k}^\Gamma = 0$	$6w_2 + 6w_5 + 6w_6 + 12w_{10} + \cdots$	$3w_1 + 3w_3 + 6w_4 + 6w_7 + 3w_8 + 6w_9 + \cdots$	$6w_2 + 6w_5 + 6w_6 + 12w_{10} + \|3w_1 + 3w_3 + 6w_4 + 6w_7 + 3w_8 + 6w_9 + \cdots\| + \cdots$	$6w_2 + 6w_5 + 6w_6 + 12w_{10} - \|3w_1 + 3w_3 + 6w_4 + 6w_7 + 3w_8 + 6w_9 + \cdots\| + \cdots$
M	$\boldsymbol{k}^M = \{\frac{1}{2}, 0\}$	$-2w_2 - 2w_5 + 6w_6 - 4w_{10} + \cdots$	$w_1 - 3w_3 + 2w_4 + 2w_7 - 3w_8 + 2w_9 + \cdots$	$-2w_2 - 2w_5 + 6w_6 - 4w_{10} + \|w_1 - 3w_3 + 2w_4 + 2w_7 - 3w_8 + 2w_9 + \cdots\| + \cdots$	$-2w_2 - 2w_5 + 6w_6 - 4w_{10} - \|w_1 - 3w_3 + 2w_4 + 2w_7 - 3w_8 + 2w_9 + \cdots\| + \cdots$
M	$\boldsymbol{k}^{M'} = \{0, \frac{1}{2}\}$	$-2w_2 - 2w_5 + 6w_6 - 4w_{10} + \cdots$	$-w_1 + 3w_3 - 2w_4 - 2w_7 + 3w_8 - 2w_9 + \cdots$	$-2w_2 - 2w_5 + 6w_6 - 4w_{10} + \|w_1 - 3w_3 + 2w_4 + 2w_7 - 3w_8 + 2w_9 + \cdots\| + \cdots$	$-2w_2 - 2w_5 + 6w_6 - 4w_{10} - \|w_1 - 3w_3 + 2w_4 + 2w_7 - 3w_8 + 2w_9 + \cdots\| + \cdots$
M	$\boldsymbol{k}^{M'} = \{-\frac{1}{2}, \frac{1}{2}\}$	$-2w_2 - 2w_5 + 6w_6 - 4w_{10} + \cdots$	$w_1 - 3w_3 + 2w_4 + 2w_7 - 3w_8 + 2w_9 + \cdots$	$-2w_2 - 2w_5 + 6w_6 - 4w_{10} + \|w_1 - 3w_3 + 2w_4 + 2w_7 - 3w_8 + 2w_9 + \cdots\| + \cdots$	$-2w_2 - 2w_5 + 6w_6 - 4w_{10} - \|w_1 - 3w_3 + 2w_4 + 2w_7 - 3w_8 + 2w_9 + \cdots\| + \cdots$
K	$\boldsymbol{k}^K = \{\frac{2}{3}, -\frac{1}{3}\}$	$-3w_2 + 6w_5 - 3w_6 - 6w_{10} + \cdots$	0	$-3w_2 + 6w_5 - 3w_6 - 6w_{10} + \cdots$	$-3w_2 + 6w_5 - 3w_6 - 6w_{10} + \cdots$
K	$\boldsymbol{k}^{K'} = \{\frac{1}{3}, \frac{1}{3}\}$	$-3w_2 + 6w_5 - 3w_6 - 6w_{10} + \cdots$	0	$-3w_2 + 6w_5 - 3w_6 - 6w_{10} + \cdots$	$-3w_2 + 6w_5 - 3w_6 - 6w_{10} + \cdots$

表14.2 球对称原子间相互作用的能量参数(其中 $\tilde{w}(\boldsymbol{k}^s)$ 是蜂窝格子的空隙处混合(有序)能量($w_{\mathrm{I}},w_{\mathrm{II}},w_{\mathrm{III}}\cdots$)的傅里叶分量(对于准波向量 $\boldsymbol{k}^\Gamma、\boldsymbol{k}^M、\boldsymbol{k}^K$ 的超结构"星"Γ、M、K)。另外,提出了可能出现的间隙超结构类型[86])

"星"	$\boldsymbol{k}^s$	$\tilde{w}(\boldsymbol{k}^s)$	可能的间隙上层建筑类型
Γ	$\boldsymbol{k}^\Gamma = 0$	$6w_{\mathrm{I}} + 6w_{\mathrm{II}} + 6w_{\mathrm{III}} + \cdots$	$C_2X(c_{st}=1/3, \kappa_{st}=1)$
M	$\boldsymbol{k}^M = \left\{\dfrac{1}{2},0\right\}$	$-w_{\mathrm{I}} - 2w_{\mathrm{II}} + 6w_{\mathrm{III}} + \cdots$	$C_4X(c_{st}=1/5, \kappa_{st}=1/2)$
M	$\boldsymbol{k}^{M'} = \left\{0,\dfrac{1}{2}\right\}$	$-2w_{\mathrm{I}} - 2w_{\mathrm{II}} + 6w_{\mathrm{III}} + \cdots$	$C_8X(c_{st}=1/9, \kappa_{st}=1/4)$
M	$\boldsymbol{k}^{M''} = \left\{-\dfrac{1}{2},\dfrac{1}{2}\right\}$	$-2w_{\mathrm{I}} - 2w_{\mathrm{II}} + 6w_{\mathrm{III}} + \cdots$	
K	$\boldsymbol{k}^K = \left\{\dfrac{2}{3}, -\dfrac{1}{3}\right\}$	$-3w_{\mathrm{I}} + 6w_{\mathrm{II}} - 3w_{\mathrm{III}} + \cdots$	$C_6X(c_{st}=1/7, \kappa_{st}=1/3)$
K	$\boldsymbol{k}^{K'} = \left\{\dfrac{1}{3}, \dfrac{1}{3}\right\}$	$-3w_{\mathrm{I}} + 6w_{\mathrm{II}} - 3w_{\mathrm{III}} + \cdots$	

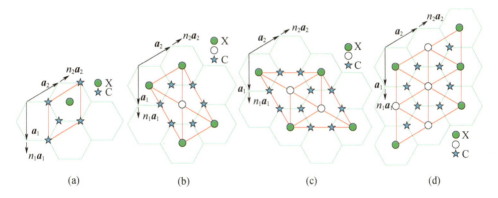

图14.3 具备化学计量比为1/3(a)、1/5(b)、1/7(c)和1/9(d)的间隙超结构原始晶胞晶格
(星表示碳原子,而开放的圆表示(在上层建筑中)空置的间隙[86])

图14.3(c)(全有序态 $\kappa_{st}=1/3, c_{st}=1/7$)中 C_6X 型间隙(超)结构的组态自由能(每个间隙)为

$$F^{C_6X} \approx \frac{1}{2}\kappa^2 \tilde{w}(\boldsymbol{0}) + \frac{1}{9}\eta^2 \tilde{w}(\boldsymbol{k}^K) - TS^{C_6X}(\kappa, \eta) \tag{14.8}$$

在图14.3(d)所示的 C_8X 型间隙(超)结构的全有序状态下,$\kappa_{st}=1/4, c_{st}=1/9$,其特定构型相关部分的自由能为[86]

$$F^{C_8X} \approx \frac{1}{2}\kappa^2 \tilde{w}(\boldsymbol{0}) + \frac{3}{32}\eta^2 \tilde{w}(\boldsymbol{k}^M) - TS^{C_8X}(\kappa, \eta) \tag{14.9}$$

在本章的结论中,注意在自洽场近似的框架内导出的所有自由能式(14.2)~式(14.9)都是由 α-β 粒子的有效成对相互作用"支配",其中 $\alpha、\beta$ = C、A 用于替位式体系,$\alpha、\beta$ = X、∅ 用于间隙式体系。因此,在所提出的模型框架内,所有替代原子或间隙原子和基质原子对给定的替代原子或间隙原子的总内场作用被一个自平均(自洽)场代替。这个场代表了区分原子与所有其他原子完全相互作用的最可能结果,这种分布是由相同

的(自洽)场产生的[79,87]。

14.2.3 超结构低温稳定性

从式(14.1)出发,当熵 S 对总自由能 F 的贡献很小时,结构的低温稳定性(即,在 $T=0\text{K}$ 时)取决于内能 U。在 $T=0$ 时,与相同组成的其他相相比,稳定性是具有最低内能的相(忽略形成纯组分和不同结构的机械混合物的可能性)。因此,为了计算低温稳定性范围,我们将组态自由能 $F=U|_{T=0}$ 最小化,在式(14.2)~式(14.6)中设定 $T=0$。这样的极小化是一个足够的稳定性条件。上述任何一个超结构出现的必要条件是,无序状态的稳定损失与原子长程秩序的出现有关的正温度:$T_s = -(1/k_B)c(1-c)\lambda_\omega(\boldsymbol{k}) > 0$,即,首先,$\min \lambda_\omega(\boldsymbol{k}) < 0$(此处,$k_B$ 是一个玻耳兹曼常数;$\omega=1、2;\boldsymbol{k} \in \text{BZ}$)[79]。这两个(充要)条件可以在一定范围内的原子间相互作用参数 $\lambda(\boldsymbol{k})$ 进入式(14.2)~式(14.6)中实现。CA-、C_2A-和 C_3A-型超结构似乎最有趣,因为在这些化学计量比下,有 $2\sim3$ 个不同(不等价)的原子有序分布(图14.2)。图14.4和图14.5表示了这些超结构的低温稳定区域,其中确定了提供这种稳定性的原子间相互作用参数的取值范围。考虑了两种情况:第一种情况(图14.4),只考虑第一、第二和第三邻的混合能(w_1、w_2、w_3),但在其他(远处)配位层中的混合能量为零;第二种情况(图14.5),考虑了所有配位层中的混合能量。

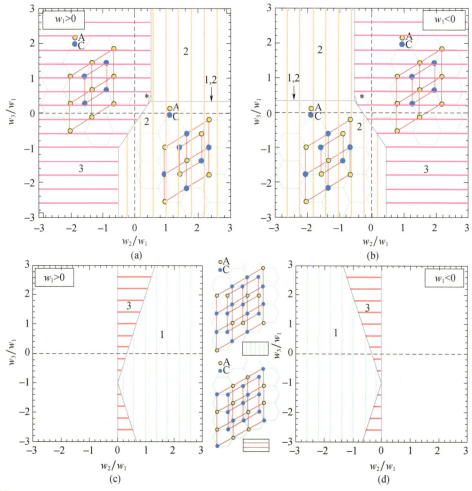

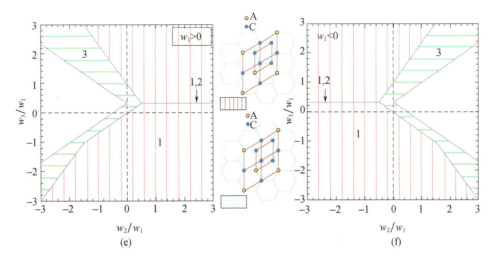

图 14.4 CA(a)、(b);C_2A(c)、(d);C_3A(e)、(f)超结构的低温稳定区(根据混合能比w_2/w_1和w_3/w_1)假定在前三个配位层中原子间相互作用[80,83](此处,(a)、(b)1、2、3表示代入CA式(14.2)的$\lambda_1(\boldsymbol{k}^M)$、$\lambda_2(\boldsymbol{k}^M)$、$\lambda_2(\boldsymbol{0})$;(c)~(f)1、2、3表示描述$C_2$A和$C_3$ALRO参数的数字)

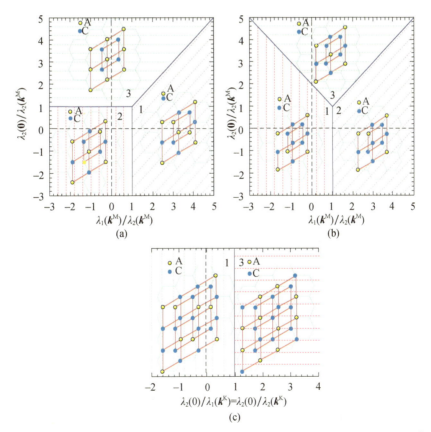

图 14.5 与上图相同,但包括CA(a)、C_3A(b)和C_2A(c)超结构中所有原子的相互作用[80,83]

第三近邻原子间相互作用的描述总是提供了超结构上的稳定性(图14.2(c)、(d)、(f)),其中替位式掺杂原子被相反类邻所包围。然而,仅考虑这些(短程)相互作用可能不足以为超结构(图 14.2(a)、(e))提供稳定性,其中一些掺杂原子占据最近邻晶格位置。图 14.5 表明,计算系统中包含的所有原子的相互作用,与在第三最近邻相互作用方法范围内得到的结果相比,得到了新的结果:每个预测的超结构都可以稳定在合适的原子间相互作用能范围内。

在化学计量学 1/8 和 1/6 中,原子只有一个可能的有序排列(见图 14.2(g)和(j)以及式(14.5)和式(14.6))。因此,在低温条件下,基于 C_7A 和 C_5A 型蜂窝状晶格的超结构在所有原子间相互作用能数值中均稳定。

因此,第三近邻伊辛模型(Ising model)带来了一些预测的超结构在热力学方面的不利情形(不稳定性)。与此模型相比,对原子间相互作用中所有配位层的考虑表明,在适当的原子间相互作用能值下,所有预测的基于蜂窝状晶格的超结构均稳定。此外,图 14.2(a)和(e)中的一些超结构,即图 14.2(a)和(e)中的 CA 和 C_3A,实际上可能仅仅由于长程原子间相互作用而稳定。

要实现某种间隙蜂窝晶格(超)结构,需要(且充分)$\tilde{w}(\boldsymbol{k}^s)<0$,其中 $\tilde{w}(\boldsymbol{k}^s)$ 进入相应的组态自由能表达式。能量参数 $\tilde{w}(\boldsymbol{k}^M)$、$\tilde{w}(\boldsymbol{k}^K)$ 和 $\tilde{w}(0)$ 负值的区域,以混合(有序)能量的比例 $w_{\mathrm{II}}/w_{\mathrm{I}}$ 和 $w_{\mathrm{III}}/w_{\mathrm{I}}$ 在图 14.6 中表示,而如图 14.7 所示的范围,其最小负值是 $\tilde{w}(\boldsymbol{k}^M)$、$\tilde{w}(\boldsymbol{k}^K)$ 和 $\tilde{w}(0)$ 之中的一个(在此,我们考虑了前三个间隙协调壳内原子间的相互作用)。

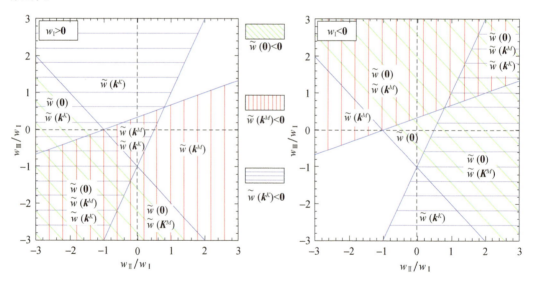

图 14.6 提供能量参数 $\tilde{w}(0)$、$\tilde{w}(\boldsymbol{k}^M)$、$\tilde{w}(\boldsymbol{k}^K)$ 为负的混合(有序)能量比 $w_{\mathrm{II}}/w_{\mathrm{I}}$ 和 $w_{\mathrm{III}}/w_{\mathrm{I}}$ 的取值范围,以及相应的间隙子系统无序态向有序(或簇集)转变的稳定性损失温度的正性:$T_s = -c(1-c)\tilde{w}(\boldsymbol{k}^s)/k_B > 0$。非阴影区表示,由于 $T_s < 0$,三个间隙配位层(w_{I}、w_{II}、w_{III})内隙 X 原子和空隙 X 的混合能有给定值的情况下,有序(和团簇)态是不可能实现的[86]

在蜂窝晶格间隙当中有特定的间隙原子分布,原子间相互作用而提供的与其相关的热力学有利条件最多,所得原子间相互作用的参数范围表明所有预测的(C_2X -型、C_4X -型、C_6X -型和 C_8X -型)间隙(超)结构在特定的原子间相互作用能范围内呈现稳定状态。即使仅在前三个间隙协调壳内考虑相互作用能,这依然有效。然而,如果只考虑第一个间隙配位层内的原子间相互作用,我们就不能预测某些(超)结构。具体地说,在第一间隙配位层(w_I)为正混合能的情况下,图14.3(a)中的C_2X超结构簇不可能,而在负w_I的情况下,图14.3(b)~(d)中的C_4X、C_6X和C_8X超结构不可能。

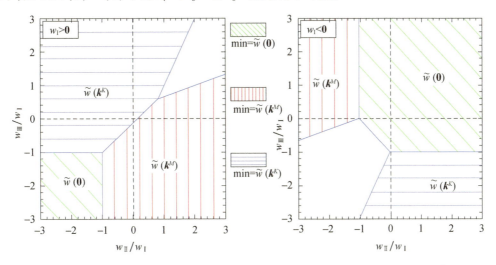

图14.7 当最小负值为原子间相互作用参数$\tilde{w}(\boldsymbol{k}^M)$、$\tilde{w}(\boldsymbol{k}^K)$或$\tilde{w}(\boldsymbol{0})$之一时,混合(排序)能量比$w_{II}/w_I$和$w_{III}/w_I$的取值范围[86](无阴影区域表示与前面的图相同)

研究了石墨烯结构在低温下的稳定性问题。在有限(或室温)温度下,当式(14.2)~式(14.6)中的LRO参数不等于一时,即$\eta_\zeta^{\aleph} \neq 1$,便会出现熵对自由能的贡献。它将导致图14.4~图14.7中稳定范围之间的边界发生变化,但不会改变定性结果,特别是长程原子间相互作用对石墨烯基(超)结构稳定性的影响。

14.2.4 长程原子序动力学

如上所述,所有间隙式(超)结构(图14.3)只用一个LRO参数(式(14.7)~式(14.9))描述,而替位式结构(图14.2)则不是这样,两个甚至三个LRO参数可以进入自由能方程式(14.2)~式(14.6)。这就是为什么我们在这里考虑一个更复杂的情况:替位式系统中LRO弛豫的动力学。(关于间隙石墨烯体系中LRO弛豫的详细情况见参考文献[86]。)

让我们在考虑交换(环)扩散机制控制基于石墨烯类型晶格(忽略晶格位置上的空位)的二维二元固溶体$C_{1-c}A_c$中原子有序化的情况下,描述长程原子序动力学。应用Önsager-型微扩散主方程[12,14,79]:

$$\frac{\mathrm{d}p_p^\alpha(\boldsymbol{R},t)}{\mathrm{d}t} \approx -\frac{1}{k_BT}\sum_{\beta=C,A}\sum_{q=1}^{2}\sum_{\boldsymbol{R}'}c_\alpha c_\beta L_{pq}^{\alpha\beta}(\boldsymbol{R}-\boldsymbol{R}')\frac{\delta\Delta F}{\delta P_q^\beta(\boldsymbol{R}',t)} \quad (14.10)$$

式中:$P_p^\alpha(\boldsymbol{R},t)$是在$(p,\boldsymbol{R})$位点上找到$\alpha$-原子的概率,即在单胞原点位置$R$内的第$p$个亚晶格位置;$c_\alpha(c_\beta)$是$\alpha$类($\beta$类)原子的相对分数;$\|L_{pq}^{\alpha\beta}(\boldsymbol{R}-\boldsymbol{R}')\|$是表示$a$和$\beta$原子对在$\boldsymbol{r} = \boldsymbol{R}+\boldsymbol{h}_p$和$\boldsymbol{r}' = \boldsymbol{R}'+\boldsymbol{h}_q$位的第$p$和第$q$个蜂窝晶格的相互位移向量$\boldsymbol{h}$($\alpha,\beta = C,A$;$p,q = 1,2$;$c_A = c, c_C = 1-c$)处的元素交换-扩散跃迁机率的Önsager型动力学系数矩阵。在空位浓度较小的情况下,蜂窝晶格中A原子和C原子分布的单位占据概率函数实际上是相

同的: $P_q^C(\mathbf{R},t) + P_q^A(\mathbf{R},t) \approx 1 \; \forall \mathbf{R} \wedge \forall q = 1,2 \wedge \forall t > 0$。因此,我们可以根据概率 $\{P_q(\mathbf{R},t)\}$ $(P_q(\mathbf{R},t) \equiv P_q^A(\mathbf{R},t) \; \forall t > 0)$ 的时间依赖性来考虑掺杂原子 A(仅)的交换 - 微扩散迁移。对于用其他机制描述扩散过程,我们可以使用相同的动力学方程式(14.10),因为它是半现象学,没有表现出一定的扩散机制。由于扩散机制是由动力学系数 $L_{pq}^{\alpha\beta}(\mathbf{R}-\mathbf{R}')$ 定义的,考虑任何其他机制都不需要改变方程的类型式(14.10),扩散机制应与系统的微观特征(原子跃移的势垒高度、原子在位上的热振动频率、空位浓度等)和外部热力学参数(温度等)相联系。

在推导 LRO 参数 $\eta_\zeta^\aleph$ 的时间演化时,我们必须使用以下条件:系统中每种原子的守恒性条件,假定任一位置都必须被 C 或 A 原子占据,建立了 Önsager 型对称关系,并将热力学驱动力 $\delta\Delta F/\delta P_q(\mathbf{R}')$ (以及 $P_q(\mathbf{R})$) 表示为浓度波的叠加。然后,应用式(14.10)中两项的傅里叶变换,我们得到了 LRO 参数 $\eta_\zeta^\aleph$ 随时间演化的微分方程:

$$\frac{d\eta_\zeta^\aleph}{dt} \approx -c(1-c)\tilde{L}(\mathbf{k})\left[\eta_\zeta^\aleph \frac{\lambda_\omega(\mathbf{k})}{k_B T} + \ln Z(c,\eta_0^\aleph,\eta_1^\aleph,\eta_2^\aleph)\right] \quad (14.11)$$

式中:$\tilde{L}(\mathbf{k})$ 是依赖于浓度的动力学系数组合 $L_{pq}^{\alpha\beta}(\mathbf{R}-\mathbf{R}')$,$\tilde{L}_{pq}^{\alpha\beta}(\mathbf{k}) \equiv \sum_R L_{pq}^{\alpha\beta}(\mathbf{R}-\mathbf{R}')$ $\exp[-i\mathbf{k}\cdot(\mathbf{R}-\mathbf{R}')]$ 的傅里叶分量,$Z(c,\eta_0^\aleph,\eta_1^\aleph,\eta_2^\aleph)$ 的具体表达式见参考文献[12、14、81]。用折减时间 $t^* = \tilde{L}(\mathbf{k})t$ 和对比温度 $T^* = k_B T/|\lambda_\omega(\mathbf{k})|$ 的方法求解方程式(14.11)很方便。

以 C_7A、C_3A 和 CA 三种有序超结构的动力学方程式(14.11)为例,给出了折减温度 $T^* = 0.1$ 时和某些原子间相互作用参数 $\lambda_\omega(\mathbf{k})$ 的数值计算结果。这些值对应于图14.5 (a)和(b)中稳定图(CA 和 C_3A 超结构)上的某个点(5/6, -5/8)。这一点表明,在给定的化学计量比下,超结构在能量上是有利(稳定)的,介于三种可能的超结构之间。图14.5中的稳定性图是在绝对零度下得到的,而图14.8中的动力学曲线是在非零度温度下进行计算。然而,我们可以很容易地看到统计热力学和动力学结果之间的对应关系。后者的结果改善了前者的结果;特别是,对于图中提到的点,在能量方面有利的是由 LRO 参数描述的结构,它松弛到其平衡状态是给定成分的 LRO 参数的其他平衡、稳定和当前值之间的最高平衡状态(图14.5(a)、(b)和图14.8(b)、(c))。

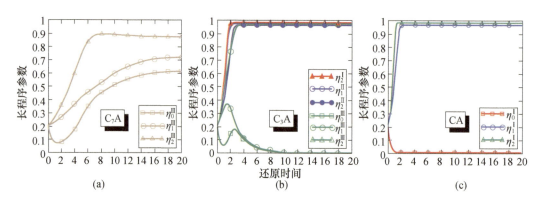

图 14.8 在温度 $T^* = k_B T/|\lambda_2(\mathbf{k}^M)|$ 和原子间相互作用参数 $\lambda_1(\mathbf{k}^M)/\lambda_2(\mathbf{k}^M) = 5/6$、$\lambda_2(\mathbf{0})/\lambda_2(\mathbf{k}^M) = -5/8 (\lambda_2(\mathbf{k}^M) < 0)^{[12,14,17,80]}$ 的情况下,石墨烯体系中 LRO 参数的时间演化

图 14.8(a)和(b)表明由两个或三个参数描述的 C_7A 型和 C_3A 型(超)结构的 LRO 参数动力学可以非单调。此非单调性的产生不仅是由于存在构成蜂窝状晶格的两个互穿子格,还是由于子格间混合能在与晶内相互作用能的竞争中具有优势。

14.3 结构缺陷存在下的 Kubo–Greenwood 公式

上述替位式和间隙式杂质原子(掺杂剂)在石墨烯晶格中以散射中心的形式表现为缺陷。这一部分介绍了基于随时间变化的实空间 Kubo–Greenwood 公式的理论依据,用于不同类型缺陷石墨烯的电子输运性质的建模。

14.3.1 哈密顿模型、电子扩散系数和电导率

在 Kubo–Greenwood 公式的框架内[88],能量(E)和时间(t)的相关扩散系数被设定为[66-67]

$$D(E,t) = \frac{\langle \Delta \hat{X}^2(E,t) \rangle}{t} \quad (14.12)$$

式中:沿空间 x 方向的波包平均二次扩展(传播)为[66-67]

$$\langle \Delta \hat{X}^2(E,t) \rangle = \frac{\mathrm{Tr}[(\hat{X}(t) - \hat{X}(0))^2 \delta(E - \hat{H})]}{\mathrm{Tr}[\delta(E - \hat{H})]} \quad (14.13)$$

式中:$\hat{X}(t) = \hat{U}^\dagger(t)\hat{X}\hat{U}(t)$ 作为海森堡表象中的位置算符,$\hat{U}(t) = \exp(-i\hat{H}t/\hbar)$ 是一个时间演化算符,紧束缚哈密顿量(具有前三个配位层的跃移积分)定义了伯纳尔堆叠多层蜂窝格子[89-90]:

$$\hat{H} = \sum_{l=1}^{N_{\mathrm{layer}}} \hat{H}_l + \sum_{l=1}^{N_{\mathrm{layer}}-1} \hat{H}'_l \quad (14.14)$$

式中,N_{layer} 层的数目,H_l 是 l 层的哈密顿贡献,并且 H'_l 描述了相邻层之间的跃移参数(在一个层的情况下消失),即

$$\hat{H} = -\gamma_0^1 \sum_{\langle i,j \rangle} c_i^\dagger c_j - \gamma_0^2 \sum_{\langle\langle i,j \rangle\rangle} c_i^\dagger c_j - \gamma_0^3 \sum_{\langle\langle\langle i,j \rangle\rangle\rangle} c_i^\dagger c_j + \sum_i V_i c_i^\dagger c_i \quad (14.15)$$

式中:$c_i^\dagger$ 和 c_i 是作用于位于位置 $i = (m,n)$ 的准粒子的产生或湮灭算符,其中 m 和 n 分别是沿着锯齿型边缘(x 方向)和扶手椅边缘(y 方向)的每个 i 位置的数量,如图 14.9 所示。i 的总和运算整个蜂巢晶格,而 j 仅限于第 i 个站点的最近邻位(第一项)、次最近邻位(第二项)和再次最近邻位(第三项)。参数 $\gamma_0^1 = 2.78\mathrm{eV}$ [3] 是占据 i 和 j 位的最近邻碳原子的层内跃移,它们之间的晶格参数距离为 $a = 0.142\mathrm{nm}$ [89-90]。参数 $\gamma_0^2 = 0.085\,\gamma_0^1$ 和 $\gamma_0^3 = 0.034\,\gamma_0^1$ 分别是在第二和第三配位层处的下一个(第二)和下一个(第三)最近邻位的层内跃移[22](图 14.9(a))。在位势 V_i 定义了给定石墨烯晶格各位 i 的缺陷强度,因为存在不同的无序源[89-90]。层间相互作用可以用石墨中电子态的标准 Slonczewski–Weiss–McClure(SWM)模型来描述[91-93]:

$$\hat{H}'_l = \gamma_1 \sum_j (a_{l,j}^\dagger b_{l+1,j} + \mathrm{H.c.}) - \gamma_3 \sum_{i,f} (b_{l,j}^\dagger a_{l+1,f} + \mathrm{H.c.}) \quad (14.16)$$

式中:$\gamma_1 = 0.12\gamma_0^1$,$\gamma_3 = 0.1\gamma_0^1$[90] 定义层间跃移振幅,即层间耦合强度(图 14.9(a))。为了简化计算过程,提高计算速度,省略了其他 SWM 紧束缚参数。

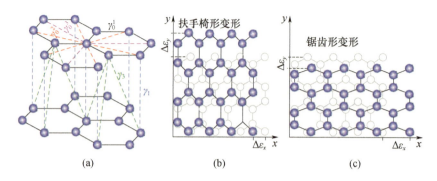

图 14.9 (a)伯纳尔堆叠多层石墨烯的两层(AB)的跃移参数内层 ($\gamma_0^1, \gamma_0^2, \gamma_0^3$)和中间层($\gamma_1, \gamma_3$);(b)单层石墨烯的边缘[40]沿扶手椅形的两种单轴拉伸应变(约30%),沿锯齿形的两种单轴拉伸应变(约30%)

当电子扩散系数 $D(E,t)$ 饱和达到最大值时,可以从电子扩散系数中提取直流电导率,

$$\lim_{t \to \infty} D(E,t) = D_{\max}(E)$$

零温下的半经典直流电导率定义为[94-95]

$$\sigma \equiv \sigma_{xx} = e^2 \rho_0(E) D_{\max}(E) \tag{14.17}$$

式中:$-e<0$ 为电子电荷;$\rho_0(E) = \rho/S = \mathrm{Tr}[\delta(E - \hat{H})]/S$ 为每单位面积 S(和每自旋)的态密度(DOS)的电子密度。DOS 可以用来计算电子密度:

$$n_e(E) = \int_{-\infty}^{E} \rho_0(E) \mathrm{d}E - n_{\mathrm{ions}}$$

式中:$n_{\mathrm{ions}} = 3.9 \times 10^{15} \mathrm{cm}^{-2}$ 为石墨烯中补偿 p 电子负电荷的正离子密度。对于无缺陷石墨烯,在中性点(狄拉克),$n_e(E) = 0$。将计算得到的 $n_e(E)$ 与 $\sigma(E)$ 相结合,可以计算出密度相关的电导率 $\sigma = \sigma(n_e)$。

用于 DOS、$D(E,t)$ 和 σ 数值计算的详细计算方法包含在文献[75]的附录中。它们是求解含时薛定谔方程的 Chebyshev 方法,用连分式技术计算格林函数的第一对角元,以及哈密顿矩阵的三对角化过程,平均杂质(吸附)原子的实现、初始波包和计算区域的大小、边界条件等。

14.3.2 原子键变形与缺陷模拟

让我们考虑石墨烯晶格中单轴拉伸应变的两个正交相关方向:沿着所谓的扶手椅(图 14.9(b))和锯齿形(图 14.9(c))方向。对于这些相互横向的方向(以及任何其他方向),单轴应变引起晶格变形:改变键长,从而改变不同位置之间的跃移参数。一般来说,跃移参数在不同的相邻站点之间是不同的。然而,在均匀弹性拉伸变形的情况下,虽然从一个给定的站点到它的相邻站点的跃移可能是完全不同的,但是对于每一个这样的站点,它们应该是相同的。因此,哈密顿模型只包含三个不同的跃移,我们的目标转向研究在这些跃移中引起的应变变化并影响电子结构。在文献[21-23、96-97]中,随机应变用高斯函数模拟,我们可以得到键长与形变张量分量的关系,然后通过指数衰减来关联应变(γ)

和无应变(γ_0^1)石墨烯的跃移参数

$$\gamma(l) = \gamma_0^1 \exp\left(-\beta\left(\frac{l}{a}-1\right)\right) \tag{14.18}$$

应变键长 l,从实验数据[98]中提取的衰减率 $\beta \approx 3.37$[21-22],泊松比 $\nu = 0.15$,介于石墨[99]的测量值和石墨烯[100]的计算值之间。

蜂窝晶格中的无序可以用不同类型的(0D 和 1D)缺陷来表示。它们可以通过上述(式(14.15))修改哈密顿矩阵中心对角线的现场电位 V_i 来模拟。下面,我们将介绍可用于描述不同类型缺陷的模型。

如图 14.10 所示,明显短程(弱或强)杂质的代表是中性吸附原子,在蜂窝晶格上占据不同类型吸附位置,或化学吸附分子(例如,羟基、甲基、硝基苯基[101])可以共价结合到 C 原子上,其可以用 delta – 函数势[75,89,102]加以模拟。

$$V_i \equiv V_i^\delta = \sum_{j=1}^{N_{imp}^\delta} V_i^\delta \delta_{ij} \tag{14.19}$$

对于蜂窝状晶格的每个 i 点,其中 N_{imp}^δ δ 样杂质占据 j 点,这种势的强弱取决于载流子(电子)的弱散射($V_j^\delta = V_0 \leqslant |\gamma_0^1|$)或强散射($V_j^\delta = V_0 \gg |\gamma_0^1|$)。基于从头算和 T 矩阵方法的强杂质吸附原子计算给出了位点势 $V_j^\delta = V_0 \leqslant 80|\gamma_0^1|$[103-106]的典型估计值,例如"对于共振杂质"[89](CH$_3$、C$_2$H$_5$OH、CH$_2$OH 以及羟基),$V_0 \approx 60|\gamma_0^1|$。在参考文献[75]研究强散射的情况下,选择了 $V_0 = 37|\gamma_0^1| \approx 100$eV。

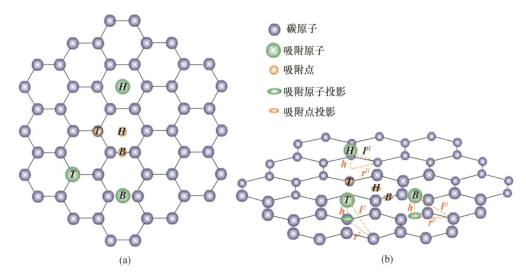

图 14.10 吸附原子 – 石墨烯系统的典型构型:具有空位中心(H)、桥位中心(B)和 (a)顶位(T)吸附位置的石墨烯晶格的俯视图(a)和透视图(b)

还有另一种方法可以通过哈密顿部分模拟 N_{imp} 共振杂质[89]

$$\hat{H}_{imp} = \epsilon_d \sum_i^{N_{imp}} d_i^\dagger d_i + V \sum_i^{N_{imp}} (d_i^\dagger d_i + \text{H. c.}) \tag{14.20}$$

参数 $V \approx 2\gamma_0^1$ 和 $\epsilon_d \approx -\gamma_0^1/16$ 由密度泛函理论计算得到[104]。共振杂质的行为与空位相似,这是因为电子在杂质位上完全局域化。空位对电子结构的影响与共振杂质效应的区别是强零能模[89-90,107]。一个空缺可以被看作被认为是一个跃移参数为零的空位,尽管另一种模拟空位的方法是$V_i \to \infty$[89-90]。在我们的模拟中,我们实现了在空位上去除原子的空位。

文献中通常通过高斯型现场散射势描述在石墨烯或其介质衬底上屏蔽的带电杂质离子、吸附原子(图14.10)或吸附分子[89-90]。

$$V_i \equiv V_i^{\text{Gauss}} = \sum_{j=1}^{N_{\text{imp}}^{\text{Gauss}}} U_j^{\text{Gauss}} \exp\left(-\frac{|\boldsymbol{r}_i - \boldsymbol{r}_j|^2}{2\xi^2}\right) \quad (14.21)$$

式中:$N_{\text{imp}}^{\text{Gauss}}$ 高斯杂质以 $\boldsymbol{r}_j$ 为矢径分布在矢径点;ξ 被解释为有效势半径;势高 U_j^{Gauss} 在 $[-\Delta_{\text{imp}}^{\text{Gauss}}, \Delta_{\text{imp}}^{\text{Gauss}}]$ 范围内均匀分布,其中 $\Delta_{\text{imp}}^{\text{Gauss}} = |\gamma_0^1|$ 为最大势高。根据有效势半径的不同,式(14.21)可以表现出短程(范围小于晶格常数)和长程(范围可比性或稍大于晶格常数,但仍比典型电子波长小得多)的特征。改变这些参数可以考虑两种类型的杂质:具有短程(如,$\xi = 0.65a$ 且 $\Delta = 3\gamma_0^1$)和长距离(如,$\xi = 5a$ 且 $\Delta = \gamma_0^1$)作用。

另一种在带电杂质上引入散射的方法是使用库仑势。例如,在吸附原子随机分布在蜂窝状晶格中心 j 上方(图14.10)或位于衬底的情况下,库仑在位(i)电势为[102]:

$$V_i \equiv V_i^{\text{Coulomb}} = \sum_{j=1}^{N_{\text{imp}}^{\text{Coulomb}}} \text{sign}(j) \frac{e^2}{4\pi\epsilon_0\epsilon|\boldsymbol{r}_i - \boldsymbol{r}_j|} \quad (14.22)$$

式中:i 点半径向量 $\boldsymbol{r}_i(\boldsymbol{r}_j)$($j$ 个六边形),真空介电常数 ϵ_0,衬底介电常数 ϵ。在原子位置的情况下,例如在 SiO_2 衬底上,距离石墨烯 $\approx (2\sim3)a_0$[108],介电常数 $\epsilon = 3.9$,这使得能够考虑屏蔽效应。对于其他衬底(如六方氮化硼[102]),介电常数的另一个值在数量上略有变化,但在质量上没有变化。函数符号(j)的不同符号允许考虑三种类型的 $N_{\text{imp}}^{\text{Coulomb}}$、库仑杂质[102]:①随机分布全样本的正电荷或负电荷,②正电荷,③负电荷。然而,我们之所以考虑情况①和②是因为情况③得出的DOS曲线类似于情况②,但其在狄拉克点上具有相反的不对称性。不同参数进入散射势式(14.21)和式(14.22),也可用于模拟混合(杂)掺杂,例如,观察到与B和Si原子的共掺杂[109]。

另一种缺陷是高斯跃移[90,102]。通常,它们源于替代杂质引起的原子尺寸失配效应,如原子的局部面内或面外位移,以及由于弯曲的波纹或褶皱引起的石墨烯晶格的短程或长程畸变。不同(i,j)点之间跃移信息的修正分布读为[90,102]:

$$\gamma_{i,j} = \gamma + \sum_{k=1}^{N_{\text{hop}}^\gamma} U_K^\gamma \exp\left(\frac{-|\boldsymbol{r}_i - \boldsymbol{r}_j - 2\boldsymbol{r}_k|^2}{8\xi_\gamma^2}\right) \quad (14.23)$$

当 N_{hop}^γ(高斯)应变中心在 $\boldsymbol{r}_k$ 位置时,ξ_γ 为有效势长,跳变幅度为 $U_k^\gamma \in [-\Delta_\gamma, \Delta_\gamma]$。畸变中心可以被认为是短距离($\xi_\gamma = 0.65a, \Delta_\gamma = 1.5\gamma_0^1$)的或更远距离($\xi_\gamma = 5a, \Delta_\gamma = 0.5\gamma_0^1$)的跃移。高斯杂质和跃移表达式的求和通常只限于属于同一层的位置,即不同层中高斯分布重叠的可能性通常被省略[40,90,102]。

最后,外延石墨烯中存在扩展的(线作用)缺陷,其中包括原子阶梯和阶跃[110-111],以及作为晶界的多晶化学气相沉积石墨烯[112-114]或准周期性纳米颗粒(褶皱)[115-116]。N线带电线的有效电势可以在托马斯-费米近似[117]内得到,并且可以很好地由洛伦兹形函数[76-77]拟合:

$$V_i \equiv V_i^{\text{Lorentz}} = \sum_{j=1}^{N_{\text{line}}} U_j^{\text{Lorentz}} \frac{A}{B + Cr_{ij}^2} \qquad (14.24)$$

式中：r_{ij}是i点和j线之间的距离。拟合参数 A、B 和 C 弱依赖于电子密度；它们在文献[76-77]中计算：$A = 1.544, B = 0.78, C = 0.046$。势能高度$U_j^{\text{Lorentz}}$通常在$[-\Delta^{\text{Lorentz}}, \Delta^{\text{Lorentz}}]$或$[0, \Delta^{\text{Lorentz}}]$范围内随机选择，势强(最大势高)$\Delta^{\text{Lorentz}} = 0.25|\gamma_0^1| = 0.675\text{eV}$，接近于用开尔文探针力显微镜观察到的外延石墨烯衬底原子阶跃的接触电势变化值[118-120]。根据范围$[-\Delta^{\text{Lorentz}}, \Delta^{\text{Lorentz}}] \ni U_j^{\text{Lorentz}}$或$[0, \Delta^{\text{Lorentz}}] \ni U_j^{\text{Lorentz}}$，我们考虑对称(变号，$V \neq 0$，即吸引和排斥)或非对称(恒号，$V > 0$，即电子排斥)的散射势。与高斯势(式(14.21))相反，高斯势即使在较大的有效势半径(x)时也不是很强的长程势，而洛伦兹势(式(14.24))和库仑势(式(14.22))绝对是长程势。

然而，有时高斯(甚至库仑)散射势并不适合描述各种(特定)点缺陷的散射，如图 14.11(a)所示[46]。因此，有时使用由独立自洽场从头计算法[121]改编的散射势更恰当，因为散射势已经对石墨烯表面高度 $h = 2.4\text{Å}$ 的钾原子实现了这一点，如图 14.11(a)所示，将散射势$V = V(r)$变换为它对从晶格位置直接到吸附原子距离的依赖，$V = V(l)$，其中 $l = r^2 + h^2$，如图 14.10 所示，人们可以得到散射势对 r 和 h 的依赖，$V = V(r, h)$，如图 14.11(b)所示。

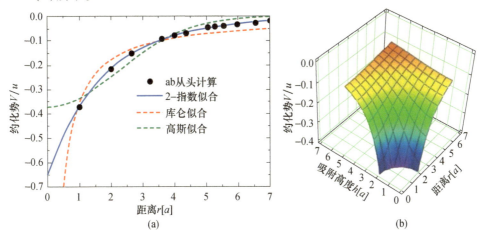

图 14.11 在(a)固定吸附高度 $h = 2.4\text{Å}$ 和(b)变化 h 的石墨烯中 K 原子的散射势

这里，从头计算(·)[121]用不同的函数拟合，即，高斯($V = U\exp(-r^2/2\xi^2)$，拟合参数 $U = -0.37\gamma_0^1$ 和 $\xi = 2.21a$，分别定义势高度和有效势半径)、库仑($V = Q/r, Q = -0.36\gamma_0^1 a$)和二指数($V = U_1\exp(-r/\xi_1) + U_2\exp(-r/\xi_2), U_1 = -0.45\gamma_0^1, \xi_1 = 1.47a, U_2 = -0.20\gamma_0^1, \xi_2 = 2.73a$)。$r$ 是从吸附原子投影到晶格位置的距离[46]。

在相互关联中(短程有序)，杂质不再是随机放置的。为了描述它们的空间相关性，我们可以方便地引入一对分布函数$p(\mathbf{R}_i - \mathbf{R}_j) \equiv p(r)$[122-123]：$r < r_0$时，$p(r) = 0$，$r \geq r_0$时，$p(r) = 1$，其中 $r = |\mathbf{R}_i - \mathbf{R}_j|$是两个原子之间的距离，相关长度$r_0$定义最小距离，它可以将任意两个原子分开。如果原子随机分布，则$r_0 = 0$。r_0最大关联长度$r_{0\max}$既取决于杂质的相对浓度，也取决于它们的(吸附)位置(替代或间隙)[46]。要获得显著的关联效应，最好选择最大可能的关联长度，如参考文献[46]中关联钾原子的$n_K = 3.125\%$，其中空位(H)和

桥位型(B)位的关联长度为$r_0 = r_{0\max} = 7a$,顶位型(T)位的关联长度为$r_0 = r_{0\max} = 5a$(图 14.10)。同理,在原子有序(长程有序)的情况下,对于明显的有序效应,有序杂质(吸附)原子的超晶格结构(如第 14.2 节中表示的结构)具有与随机和相关情况相同的相对含量,对其进行考虑是合理的[46]。

14.4 电子状态和传输中的应变和缺陷反应

利用上一节所报道的理论方法,本章展示了有关不完美(不纯)(无)应变石墨烯薄片中的电子态密度、扩散系数和电导率计算结果。在目前的大多数数值计算中,计算区域的大小为 1.7×10^6 个原子,相当于 210nm × 210nm 规格的石墨烯晶格。

14.4.1 单轴拉伸应变方向灵敏度

在继续研究各种类型缺陷的石墨烯之前,首先要考虑无缺陷的石墨烯沿上述两个方向的相对单轴张力 $\varepsilon \in [0\%, 30\%]$ 的不同值。图 14.12 中数值计算的态密度曲线与解析得到的结果一致[22]。光谱间隙外观要求沿锯齿形方向至少变形约 20%(图 14.12(a)),而沿扶手椅方向的变形(即使更大)也没有任何间隙打开(图 14.12(b))。一些研究者[22,26,32,36]用布里渊区中狄拉克点的位置来解释带隙打开(注意:狄拉克点是一个消失的态密度点,那里的价带和传导带以锥形的方式彼此接触)。他们[22,26,32,36]提出光谱间隙是由于在倒易空间的第一布里渊区内移动两个不等价的狄拉克点而出现的:它们以一个曲折的变形移动,彼此更接近,最终合并。然而,布里渊区的修饰仅仅是由于外加拉伸应变,从蜂窝状晶格转变为正交晶格的简单效应。事实上,带隙打开源于两个石墨烯亚晶格相对于彼此的额外位移,这种位移最明显地发生在沿着锯齿形变方向的变形中。实际上,扶手椅变形对所有键长的影响是相同的,增加了键长(图 14.9)并保持两个石墨烯亚晶格的位置(除有其平衡位移 $h = a_1/3 + 2a_2/3$,如图 14.1 ~ 图 14.3 所示)。而锯齿形变对键长的影响是不同的,增加了 Z 字形方向的键,同时又减少了扶手椅方向的键(图 14.9),并且(除有向 h 向量的移动外)替代了子晶格。

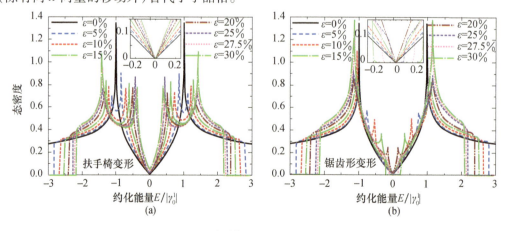

图 14.12 能态密度(单位:$1/|\gamma_0^1|$)作为原始石墨烯单层相对纵向应变(ε)的函数,沿着平行于扶手椅(a)和锯齿形(b)边缘的方向拉伸[40]

由于即使对原始石墨烯而言扶手椅变形也不会让带隙打开,因此图 14.13 和图 14.14 只处理沿锯齿方向的单轴拉伸变形。高能值(远离狄拉克点,通常在 $E=0$)在实践上(实验上)不太可能实现;因此,图 14.13 中没有描述高能值,图 14.13 中计算了具有固定(0.1%)随机缺陷含量的单层(主图)和双层(小图)应变石墨烯的态密度。单和双层石墨烯的态密度曲线(图 14.13)以及三层、四层和五层石墨烯的曲线(图 14.14)是相似的,但例外是在大能量 E 的光谱边缘附近(图 14.14 中的小图)的情况表明了带状结构的相似性,其独立于层数。对于未应变的石墨烯[90],造成这种相似性的原因在于定义图 14.9 中指定的层间跃移积分的能带参数:层内最近邻跃移积分比这两个层间参数都大约 10 倍,即层间相互作用比层内相互作用弱得多。

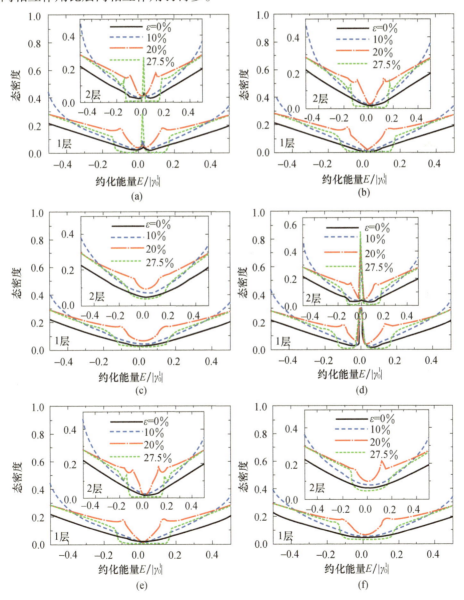

图 14.13 锯齿形应变($0\% \leqslant \varepsilon \leqslant 27.5\%$)单(主图)和双层(小图)石墨烯的 DOS,具有 0.1% 随机分布的点缺陷 (a)共振杂质(式(14.20));(b)短及(c)长程高斯杂质(式(14.21));(d)空位;(e)短程;(f)长程高斯掺杂(式(14.23))[40]。

如图 14.13(a)、(d) 和 14.14(a)、(d) 所示,共振杂质(O-或H-摩尔)和空位同样改变了应变石墨烯的态密度:它们在狄拉克点附近带来光谱重量(中心峰)的增加。中心峰由于杂质(或空位)带,随着共振杂质(或空位)浓度的增加和扩大:图 14.14(a)、(d)。含有 O-或H-的分子与它们对光谱影响的空位之间的主要区别在于态密度曲线的中心峰(杂质/空位带)的位置:在空位时,它位于中立点,而由于非零位(正位)对羟基的建模,它从中间转移到中间点。与共振杂质和空位相比,高斯势和跃移在中性点周围没有引起低能杂质(空位)带,如图 14.13(b)、(c)、(e) 和 (f) 所示。然而,范霍夫奇点也会受到抑制,特别是在长程电位(跃移)作用下(图 14.14(b)、(c)、(e)、(f))。

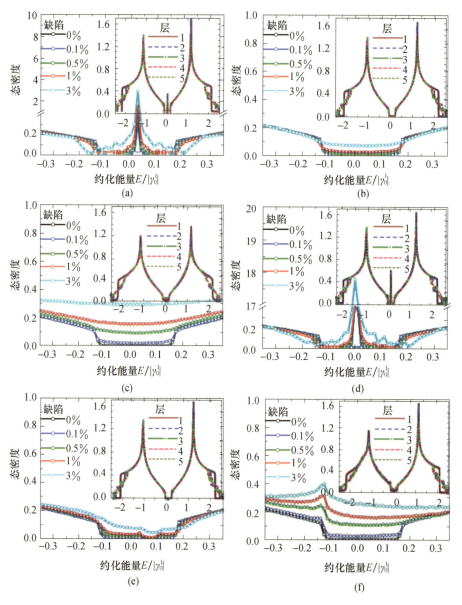

图 14.14 与上图相同,但在固定锯齿形应变($\varepsilon = 27.5\%$),不同浓度(0%~3%)缺陷(主图)及不同层数(小图)(1~5)[40] 方面则不同(主图:石墨烯是单层。小图:缺陷含量为 0.1%)

就像完美的石墨烯(图14.12(b))一样,对于少量甚至中等的不纯石墨烯,光谱也是几乎无隙的(图14.13)。克服间隙需要非长程作用杂质或空位的阈值(锯齿形)变形超过 $\varepsilon \approx 20\%$(图14.13(a)、(b)、(d)、(e)),而"长程"势(跃移)涂抹间隙区域,并在狄拉克点附近的DOS中将其转换为准或伪间隙平台形状的深极小值(图14.13(c)、(f))。缺陷浓度的增加不会改变平台宽度;但是,即使在短距离电位(跃移),它也会增加其光谱质量,使之达到完全的涂抹状态。如图14.14(b)、(c)、(e)和(f)所示。

图14.15(a)和(b)显示了具有固定有序H或O吸附原子浓度的单层石墨烯的费米能级附近的密度分布随拉伸应变 $\varepsilon \in [0\%, 30\%]$ 的变化。如果扶手椅变形增加,则带隙会缓慢减小(但会永久减小)。然而,在锯齿型应变的情况下,带隙最初($0\% \leq \varepsilon \leq 10\%$)变得越来越窄,直到完全消失,但随后,在一定的阈值应变值($\varepsilon_{\min} \approx 12.5\%$)下,带隙重新出现、长大,甚至可以比拉伸前更宽(图14.15(c))。重要的是,当带隙打开时,这个阈值 $\varepsilon_{\min}$ 比先前对于承受单轴锯齿形应变($\varepsilon_{\min} \approx 23\%$[22])和剪切应变($\varepsilon_{\min} \approx 16\%$[26])的完美无缺陷石墨烯层的阈值要低,几乎与剪切和扶手椅式单轴变形相结合时的期望值($\varepsilon_{\min} \approx 12\%$[26])一致。

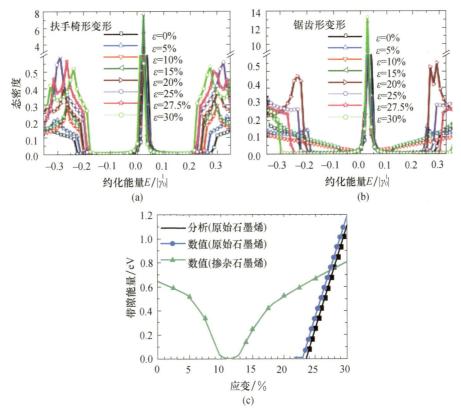

图14.15 (a)、(b)用3.125%的有序共振杂质(O-或H-分子)作为石墨烯单层的态密度,用于沿扶手椅形(a)和锯齿形(b)方向不同(高达30%)的张力应变值[40];(c)解析[22]和数值计算的带隙能量 vs. 无缺陷(正方形和圆形)且含有3.125%有序羟基(三角形)的单层石墨烯沿曲折方向的单轴变形[40]

比较文献[22]中解析计算的带隙能量和数值计算的原始石墨烯和掺杂石墨烯沿锯齿形方向单轴拉伸的带隙能量(图14.15(c)),人们可以看到应变石墨烯的曲线具有明显的非单调性和有序的缺陷图案。应变依赖性带隙的这种异常非单调行为主要来源于杂质有序和外加应变两个因素的共同作用。请注意,图 14.15(c)中缺陷石墨烯的数值获得的曲线对于超过 20% 的应变也是线性的,并且与原始石墨烯的另外两条曲线相交,接近其预测的失效极限点(27.5%[29])。

在图 14.15(c)中,对于预期的石墨烯破坏应变 27.5%,最大带隙达到 0.74eV。如果应变达到 30%,则能带隙能量预期为 0.8eV(图 14.15c)。这些计算的带隙值非常特殊,因为图 14.15(a)和(b)中的态密度曲线是根据模型现场电位描述的固定(3.125%)有序掺杂的含量计算的,模型带参数采用独立近似的模型带参数。其他杂质浓度和模型电位给出了不同的结果。例如,在图 14.13(b)和(e)以及图 14.14(b)和(e)中,对于 0.1% 的随机短程高斯杂质(跃移),在狄拉克点附近的带隙达到 0.75eV,没有像共振杂质那样被杂质带(中心峰)破坏。所有这些估算的带隙能都与文献[26,36,37,124]中理想(即清洁、未掺杂、无缺陷)石墨烯片在周期性非均匀[36]、局域[124]、各向异性双轴[37]或组合[26]应变场中的带隙能量(高达 $0.9 \sim 1.0 \mathrm{eV}$)相当。

场效应载流子电导率 s 和迁移率 $\mu = \sigma/en_e$ 沿固定的方向(如锯齿形边缘)计算,如图 14.16 所示。结果表明,电导率和迁移率对单轴应变方向敏感。沿着锯齿形的边缘伸展高达 27.5%,大大地降低了电导率和迁移率,而同样沿着扶手椅边缘伸展则略微提高了导电性和迁移率。载流子(电子)传输各向异性归因于键的变形不同,因此在蜂窝晶格沿锯齿形和扶手椅边缘方向单轴拉伸的情况下,跃移参数也不同(见图 14.9(b)、(c))。

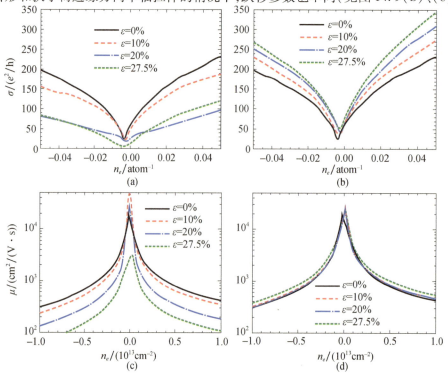

图 14.16 (a)、(b)载流子电导率(式(14.17))和(c)、(d)迁移率 $\mu = \sigma/en_e$ 与石墨烯(含 0.1% 随机弱杂质式(14.19))沿(a)、(c)锯齿形或(b)、(d)扶手椅边[73]单轴应变的电子(或空穴)密度 $n_e(-n_e)$ 的关系。此处和后文中电导率是以基本物理常数之比 e^2/h 为单位计算(e 是基本电荷,h 是普朗克常数)。电导率($\sigma \equiv \sigma_{xx} \equiv \sigma_{zigzag}$)和迁移率($\mu \equiv \mu_{xx} \equiv \mu_{zigzag}$)均沿锯齿形边缘计算(图 14.9(b)、(c))。

14.4.2 通过缺陷配置调谐电导性

以下讨论只考虑石墨烯单层,为了简单起见将层内最近邻跃移参数 γ_0^1 表示位为 u,即, $\gamma_0^1 \equiv u = 2.78\text{eV}$。

由于石墨烯晶格的蜂窝状结构;可能的吸附点可归结为三种高度对称的有利位置(稳定位置);图14.10所示的空位中心(H型)、桥位中心(B型)和(a)顶位(T型)吸附点。考虑到文献[41-45]中关于吸附位能量稳定性(有利度)的差异,研究无应变石墨烯的电输运性质如何依赖于掺杂剂占据的吸附位类型(H、B、T)具有意义。

在吸附原子随机构型的情况下,当电子扩散系数 $D_{\text{rnd}}(t)$ 饱和时,稳定的扩散区域达到相对较短的时间(图14.17(a))。如果原子是相关的(短程有序),扩散率表现出一个长期的不饱和行为,这意味着其尚未达到扩散状态。如果有相关吸附原子(短程有序),则扩散系数 $D_{\text{cor}}(t)$ 在较长时间内呈现不饱和行为,这意味着尚未达到扩散区域(图14.17(b))。这种扩散系数的准弹道特性表明,当散射过程效率较低,且引起准弹道输运大于准扩散输运时,是一种低散射的电子输运。但是,由于不存在总的长程有序化,当扩散系数 $D_{\text{cor}}(t)$ 达到最大值时,就会出现准扩散区。在理想长程有序的原子有序的情况下,当没有任何无序时,我们观察到 $D_{\text{ord}}(t)$ 的弹道线性行为比 $D_{\text{rnd}}(t)$ 和 $D_{\text{cor}}(t)$ 的时间要长得多(图14.17(c))。这种情况类似于电子主要在含有(有序)取代掺杂原子的亚晶格外传播的情况[125]。对于无限大的石墨烯薄片,我们预计这样的弹道状态会持续很长时间(甚至在 $t \to \infty$)。然而,尽管我们的石墨烯计算域包含数百万的原子,如上所述,它是有限的。当电子波包到达石墨烯区域的反射边缘时,准局域效应可以导致 $D_{\text{ord}}(t)$,特别是由于那些长程有序的吸附原子靠近样品界面,因此它们的局域配位环境不同于驻留在样品内部的原子。因为散射势的尾部具有长程特性,它成为造成固定障碍的另一个原因。这就是为什么在显示的时间间隔达到最大值之后 $D_{\text{ord}}(t)$ 会减少。尽管如此, $D_{\text{ord}}(t)$ 的最大值远高于 $D_{\text{cor}}(t)$ 和 $D_{\text{ord}}(t)$:两者的最大值(图14.17)。注意,如果没有完全达到扩散区,则半经典电导率 s 原则上无法定义。然而,当有序吸附原子的准弹道行为转变为准扩散行为时,对于具有最高 $D_{\text{ord}}(t)$ 的有序吸附原子, s 被提取出来。

图14.18表示石墨烯中吸附原子的不同位置(H、B、T)和分布(随机分布、相关分布和有序分布)的电导率(σ)与电子($n_e > 0$)或空穴($n_e < 0$),浓度 $\sigma = \sigma(n_e)$ 的函数关系。为了直观方便,图14.18中相同的(9条)曲线被分成两组:图14.18(a)~(c)展示了相关和排序如何影响H、B和T吸附类型的电导率;图14.18(d)~(f)展示了这三种类型的站点如何影响每一种随机、相关(最大相关长度)和有序的原子分布。电导率呈线性或非线性(亚线性)电子密度依赖关系。 $\sigma = \sigma(n_e)$ 的线性出现在随机分布的钾原子上,表明对散射势的长程贡献占优势,而次线性出现在K原子的非随机(相关和有序)位置,表明散射势的短程分量占优势。这与其他研究(例如,文献[75]及其参考文献)是一致的,在这些研究中,分别在长程散射势(适用于离子键合在石墨烯上的带电杂质)和短程势(适用于中性共价键吸附原子)中观察到 $\sigma = \sigma(n_e)$ 的显著线性和亚线性。这些结果说明了不同金属原子空间分布的散射机制的不同表现。

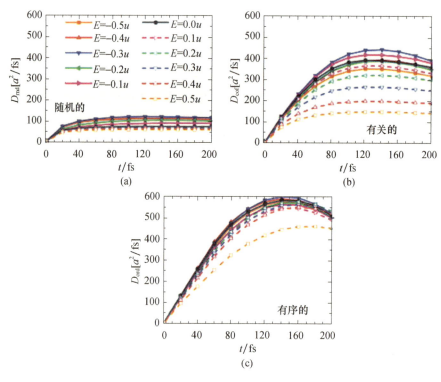

图 14.17 位于空位(H)吸附中心的随机(a)、关联(b)和有序(c)钾原子在能量范围($E \in [-0.5u, 0.5u]$)内的扩散系数随时间的演化,如图 14.10 所示[46])

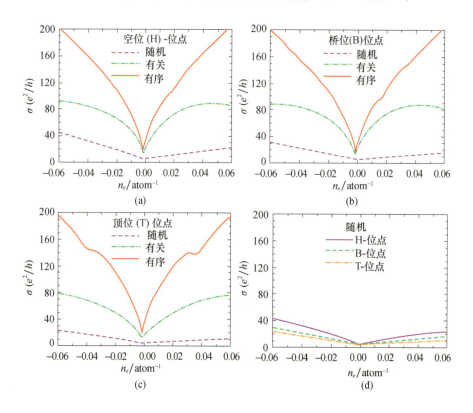

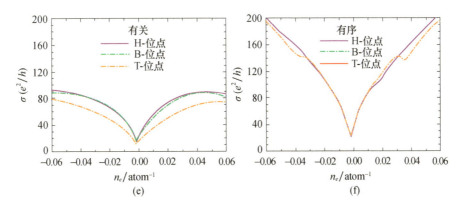

图 14.18 占据空位(H)、桥位(B)或顶位(T)吸附位的 3.125% 的随机、
关联和有序的钾原子的电导率与电子密度的关系(见图 14.10)[46]

因为有序杂质扩散率在时间演化中的最大值远大于相关缺陷的最大值,且在随机分布缺陷中的最大值更大(图 14.17),所以如图 14.18(a)~(c)所示,在相关性以及与原子的随机分布相比时,其电导率显著增加。图 14.18(d)~(f)显示了不同类型的吸附点对每种分布的电导率的影响。如果原子是随机分布的,电导率取决于附加物的类型:H、B 或 T 型(图 14.18(d)):$\sigma_{rnd}^{H} \approx \sigma_{rnd}^{B} > \sigma_{rnd}^{T}$。对于相关分布,电导率取决于吸附原子的表现形式:替代原子(在 T 位上)或间隙原子(在 H 位或 B 位上)(图 14.18(e)):$\sigma_{cor}^{H} \approx \sigma_{cor}^{B} > \sigma_{cor}^{T}$。如果原子形成有序的超结构、周期相等,电导率实际上与吸附类型无关,特别是在低电子密度(图 14.18(f)):$\sigma_{ord}^{H} \approx \sigma_{ord}^{B} > \sigma_{ord}^{T}$。

在现有的模型中,石墨烯表面上的较高(较低)原子高度对应着较弱(较强)的散射电位振幅。这意味着电子在带电杂质原子上的散射在物理上更弱(或更强)。尽管文献中报道钾的吸附高度 h 值与吸附能相差不大(见文献[46]中的表 1),但为了模型和计算的完整性,我们在很大的范围内测定 h(高达 $h = 3.6$ Å),包括当杂质原子作为严格的间隙原子时,$h = 0$ 的特殊情况。图 14.19 显示了原子电荷载流子密度依赖电导率的计算曲线,其代表(随机,关联且有序的)吸附在(最有利于钾的)空心位置上并在不同 h 升高的情况。(此处不考虑对钾桥位和顶位站点不利的情况,因为这会导致同样的结果。如图 14.19(a)和(b)所示,至少对于空穴密度($-n_e > 0$),随机分布或相关分布的钾原子的吸附高度 h 增加或减少 1/3~1/2 将分别导致 σ 增加或减少约 1/3~1/2。因此,电导率与随机或相关吸附原子的吸附高度近似成线性关系,$\sigma(H) \propto h$ 或更准确地说,$\sigma(h) = \sigma(0) + O(h)$,其中 $O(h)$ 记作 O。然而,对于有序的钾吸附原子,在实际吸附高度范围内(见文献[46]中的表 1),甚至在所有有争议的空穴密度范围内($0 \leqslant h \leqslant 3.6$ Å)内,σ 几乎保持不变(图 14.19(c))。我们将此归因于短距离散射体在其有序状态下的优势(如上所述)。实际上,图 14.11(a)中散射势的高斯拟合得到有效势半径 $\xi = 2.21a$,这与所讨论的吸附高度 h 的量是相称的(甚至小于 $h = 3.6$ Å)。

最后,我们将所得的数值结果与现有的(实验和理论)结果进行了比较。图 14.18 和图 14.19 的结果与实验观察到的钾掺杂石墨烯的 $\sigma = \sigma(n_e)$ 特征相吻合[57,126]。①在 K 掺杂时,电导率下降,在高(低)K 浓度时,电导率与电荷载流子密度(由栅极电压 $V_g \propto n_e$[127] 控制)呈线性(次线性)关系。②对于非对称(即,符号常数)散射势,电子-空穴的导电性是不对称的;然而,对于对称(即符号交替)势,不存在电子-空穴不对称[75]。③最小电导率 $\sigma_{min}=4e^2/h$(h 为普朗克常数)从电荷中性点移至与 n 型电荷载流子对应的正能量 E 侧,即负栅电压(见图 14.20(a))。④与电子密度相关的电导率变得更加次线性,并且随着吸附原子关联度的增加而增强。特征①~④不依赖于吸附位置的类型(H、B 或 T),因此对于吸附原子在随机类型的吸附位置的随机排列也变得明显,如图 14.20(a)所示。

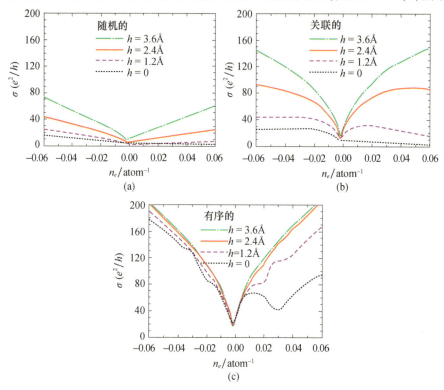

图 14.19 随机(a);关联(b)和有序(c)钾原子的 3.125% 的不同吸附高度 h 的电子密度依赖的电导率[46]驻留在空心吸附位置上(图 14.10)

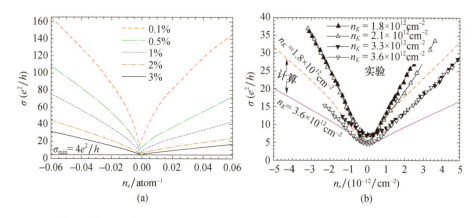

图 14.20 (a)对于不同浓度的钾吸附原子,$0.1\% \leq n_K \leq 3\%$,它们随机分布在石墨烯晶格的随机吸附位上,计算了电导率[46]作为载流子密度的函数;(b)比较实验[57,126]和计算得出的[46]电导率与实验中通常会观测到的石墨烯薄片中不同含量钾杂质的实际电子密度。实验数据▲[126]、△[57]、▼[57]、▽[126]分别对应于 $n_K=0.047\%$、0.055%、0.086%、0.094%。计算的虚线和实线(b)分别与 $n_K=0.047\%$ 和 0.094% 有关

在目前的数值计算中,使用了 $n_e \leq 6 \times 10^{-2}$ atom^{-1} 范围内的相对电子密度(即 $n_e \leq 2.3 \times 10^{14}$ cm^{-1})。这些数值大于实验中常用的数值,$n_e^{\exp} \leq 1.8 \times 10^{-3}$ atom^{-1} ($n_e^{\exp} \leq 7 \times 10^{12}$ cm^{-2})[57,126]。用较大的电子密度区间来模拟杂质密度 $n_{\rm imp} \leq 3.125\%$ ($n_{\rm imp} \leq 1.19 \times 10^{14}$ cm^{-2})的电子输运,这些密度大于典型实验样品的密度 $n_{\rm imp}^{\exp} \leq 0.14\%$ ($n_{\rm imp}^{\exp} \leq 5.4 \times 10^{12}$ cm^{-2})[57,126]。为了获得实验中典型杂质浓度的稳定扩散输运机制,有必要在含有更多原子的石墨烯片上进行计算,这需要更多的计算时间和能力。因此,为了比较 K 掺杂石墨烯的可计算性和实验电导率,我们将计算域的大小增加到 1000 万个原子,相当于 500nm × 500nm,但即使这个尺寸也不足以在杂质含量很小的情况下达到扩散体系的长期稳定性。图 14.20(b) 给出了石墨烯中电子和杂质钾原子的典型密度的实验和计算电导率。图 14.20(b) 中的电导都表现为线性(或拟线性)行为。然而,数量一致性就不那么好了。我们将其归因于准局域化效应的贡献,这是由于石墨烯薄片不够大,不足以在波包传播时达到稳定的长期扩散区域。

在带电杂质之间的空间相关处,电子密度相关的电导率及其饱和度具有显著的次线性行为,与不相关的随机带电杂质的严格线性密度石墨烯电导率相反(图 14.18(a)~(e) 和 14.19(a)、(b)),这也与文献[122-123]中的理论结果一致。在 Born 近似的标准半经典玻耳兹曼方法中,随着原子相关的增加,电导率的增加也在理论上保持[122-123]。

上述观点与文献[75]中的结果相矛盾,在参考文献[75]中,作者指出,与不相关的情况相比,强近程散射体和长程高斯势在空间分布上的相关性并不会导致电导率的任何增强。然而,其实没有任何分歧。文献[75]给出了势高 U 均匀分布在对称范围[$-\Delta,\Delta$](D 为最大势高)的交替(正负)高斯散射势(式(14.21))的结果。这样的势在文献中通常用作没有指定类型(种类)的杂质(吸附)原子的模型势。而在这里,在文献[46]中,电位是一个恒定的符号(负值),其从独立从头计算[121]严格选取石墨烯中的钾原子(图 14.11(a))。实际上,"对称"高斯势(带有 $U \in [-\Delta,\Delta]$)不会增加电导率(见文献[75]),而"非对称"高斯势(带有 $U < \Delta$ 或 $U > \Delta$)或其他任何(高斯或非高斯)仅有正势或仅有负势(图 14.11)会增加电导率。

14.5 电子能谱外磁场指纹

在石墨烯电子和输运性质中诱导产生目标导向效应的方法有很多,在已知及当前使用的方法中,施加磁场对于解决其基本性质非常有用,因为它提供了一个外部的和可调节的参数,这极大地改变了石墨烯的电子能带结构[128-129]。即使大平行磁场也不影响石墨烯的输运性质[130],但是垂直磁场可以使能量谱中形成非等距朗道能级(LL),包括狄拉克点的零能量朗道能级,引起了一些独特的物理性质,例如反常的整数量子霍尔效应和狄拉克点的有限电导率[131-132]。

本节研究了垂直磁场作用下石墨烯磁电性质中单轴拉伸应变和点缺陷或线缺陷的响应,特别是在计算的电子态密度下观察到的 LL 谱。这种研究也受到文献中关于石墨烯电子特性建模的计算细节和参数的限制信息的推动[102,133]。特别是在常用的不同计算软件包(如 Quantum ESPRESSO)中这些计算参数被隐式定义的情况下,如文献[133],其可以在计算过程中发挥重要作用。

14.5.1 完美单层的分析与数值研究

在应用于石墨烯层上的外部向量势 A 存在的情况下,运用标准的佩尔斯替代法来替换跃移积分[89,102,134−135]:

$$u_{j,j'} = u_0 \exp\left(\mathrm{i}e \int_j^{j'} A\mathrm{d}l\right) = u_0 \exp\left(\mathrm{i}\frac{2\pi}{\Phi_0} \int_j^{j'} A\mathrm{d}l\right) \tag{14.25}$$

式中:i 为一个虚数单位;$\int_j^{j'} A\mathrm{d}l$ 是从 j 到 j' 的最近邻点的向量势的线积分,磁通量子 $\Phi_0 = h/e$ 是基本物理常数的组合。在垂直磁场 $B = (0,0,B)$ 的朗道规范条件下,如图 14.21 所示,其中 x 和 y 笛卡儿轴分别沿锯齿形和扶手椅边缘指定(另见图 14.9(b) 和(c)),向量势为 $A = (-By, 0, 0)$。然后,应用微积分的基本定理(牛顿−莱布尼茨公式),将最近邻 j 和 j' 位置的跃移参数表示为

$$u_{j,j'} = u_0 \exp\left(\frac{e}{\hbar}\mathrm{i}\varphi_{j,j'}\right) = u_0 \exp\left\{\frac{e}{\hbar}\mathrm{i}\left[\pm\frac{\sqrt{3}}{2}B\left(y_j a \pm \frac{a^2}{4}\right)\right]\right\} \tag{14.26}$$

式中:符号"+"或"−"取决于图 14.21 和图 14.9(b) 和(c)中指定的沿 x 和 y 方向的 j 和 j' 位的 m 和 n 是偶数还是奇数。在式(14.26)中,以晶格参数 a 为单位表示 y 非常方便。

从理论上的量子力学预测可知,垂直于石墨烯平面的磁场会导致电子能量量子化为 LL,其电子空穴能量谱为[3,89,136−139]

$$E_n = E_0 \pm \hbar\omega_c \sqrt{|n|} \equiv E_0 + \mathrm{sgn}(n)\sqrt{2e\hbar v_F^2 B|n|} \tag{14.27}$$

在狄拉克点能量 E_0 与场无关的情况下,回旋频率 $\omega_c = v_F \sqrt{2eB/\hbar}$,费米(电子)速度 $v_F = 10^6 \mathrm{m/s}$[3],量子数 $n = 0、\pm 1、\pm 2、\cdots$ 表示整数 LL 索引,对于电子为正($n > 0$),对于空穴为负($n < 0$)。石墨中 LL 之间的不等($\propto \sqrt{B}$)距离早在 1956 年[140]就有报道[141]。本文首次通过扫描隧道光谱学对文献[142]中对生长在碳化硅上的石墨烯中的零质量载流子的非等距 LL 谱(式(14.27))进行了实验研究。石墨烯的次线性($\propto \sqrt{nB}$)依赖(式(14.27))关系不同于普通导体(正常金属和 2D 电子气)的 LL 能量对量子化整数 n 和磁场 B 的典型线性依赖:$E_n \propto (n + 1/2)B$[143]。

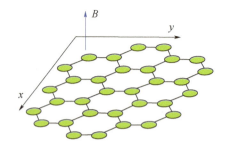

图 14.21　垂直磁场 B 中的石墨烯晶格(碎片)

在继续讨论具有无序的石墨烯之前,为了验证数值模型,应该先考虑在垂直磁场作用下的原始(即无缺陷和无应变)石墨烯单层[144]。图 14.22 中数值计算的态密度曲线上观测到的朗道能级证实了 LL 的不均匀(不等距)分布(不等距是因为载流子在石墨烯中表现为无质量粒子,其速度与其能量无关)。表 14.3 列出了不同幅度的垂直磁场(25T ≤

$B \leq 200\text{T}$)的电子能谱(E_n)值。E_n的数值计算值与式(14.27)的解析值完全吻合。

为了清晰起见,我们注意一些计算参数的重要性,这些参数通常对读者隐藏,但对态密度曲线(包括LL的位置和宽度)有强烈的影响。由于LL的厚度非常小,因此需要在曲线上观察到LL的能量阶梯非常窄。计算域的大小,即蜂窝晶格,不仅引起态密度的显著修改,而且在目前的计算机实验中对LL的观测也起着至关重要的作用。在晶格的尺寸相对较小的情况下,例如,小于数百万个位置(原子)的一半,即使对于高达50T的磁场,也不能清楚地观察到LL,这接近于在实验中可获得的最大值[145]。与较小的晶格尺寸相比,晶格尺寸较大的LL具有更明显的区分性和显着性。在对包含数百万个原子的蜂窝样品提供计算的有限计算工作的情况下,必须施加更高的磁场,以便在态密度曲线上清晰地观察到LL,如图14.22所示。因此,由于具有足够的计算域(1700×1000格点),但不足以在小磁场下清晰地观察到LL,因此,我们将B的最大值提高到200 T,与其他数值模拟[146]中考虑到的磁场相比,这个数值要低2倍。

表14.3 比较不同磁场值的电子能谱E_n($n = 0$、± 1、± 2、± 3),$B = [25, 200]$T垂直于石墨烯平面[144](从式(14.27)中提取E_n分析)

B/T	方法	$E_{n=0}$	$E_n = \pm 1\text{eV}$	$E_n = \pm 2\text{eV}$	$E_n = \pm 3\text{eV}$
25	分析	0	0.18	0.26	0.31
	数值	0	0.14	0.22	0.26
50	分析	0	0.26	0.36	0.44
	数值	0	0.23	0.32	0.40
100	分析	0	0.36	0.51	0.62
	数值	0	0.33	0.46	0.60
200	分析	0	0.51	0.72	0.88
	数值	0	0.46	0.66	0.81

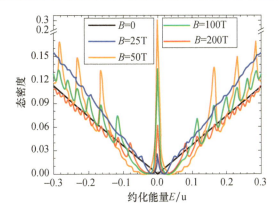

图14.22 朗道能级在态密度上出现(在相互跃移积分1/u的单位中),作为能量E(在u单位中)的函数,垂直于石墨烯层的均匀磁场$B \in [0, 200]$T[144]

另一个重要的计算参数是进入总态密度主表达式的平滑系数ζ(详见文献[75]附录1):$\rho(E) = \sum_i^N \rho_i(E) = -\sum_i^N (1/\pi)\text{Im}\, G_{ii}(E + i\zeta)$,其中$\rho_i(E)$是局部态密度值(在$i$点),$G_{ii}$表示格林函数的对角线元素,并且求和在所有位置进行。在我们以前的一些计算[46,73-77]中,这个系数的典型值被选择为 $\varsigma = 0.05$。然而,在外部磁场冲击的情况下,V 应该小几倍($\varsigma \leq 0.01$),这样才能在态密度曲线上明显地观察到 LLS 值。本节中的态密度曲线是在平滑系数 $\varsigma = 0.01$ 时进行计算。

14.5.2 通过拉伸变形改变朗道能级

在垂直磁场 B 和单轴拉伸应变 ε 的同时作用下,(无缺陷)石墨烯中的电子态密度如图 14.23 所示,其中 $B(\varepsilon)$ 在(a)和(b)中是固定的(变化的)和变化的(固定的)。为了检测单轴应变效应,图 14.23(a)包含计算的密度泛函曲线,在相同磁场 $B = 50$ T 下,与无应变石墨烯($\varepsilon = 0$)相比,扶手椅形和锯齿形边缘方向的相对单轴张力 $\varepsilon \in [10\%, 27.5\%]$ 范围很大。从图 14.23(a)可以看出,在没有外部磁场的情况下,能量谱仍然对拉伸方向敏感[21-23,31,32,36,40]。沿扶手椅方向的应变引起态密度的增强,而锯齿形应变导致态密度的降低。如果锯齿形应变达到 $\varepsilon > 20\%$ 的阈值,带隙就会打开,并且在没有磁场 B 的情况下它比在文献[40]中显示的更明显、更宽。有趣的是,当 B 值越高,这种效应(带隙增强)表现得越强:图 14.23(b)。

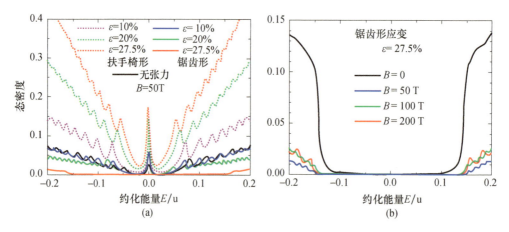

图 14.23 石墨烯在外加机械和磁场作用下的电子态密度
(a)不同(扶手椅形或锯齿形)张力($0 \leq \varepsilon \leq 27.5\%$)的固定磁场 $B = 50$ T;
(b)不同磁场值($0 \leq B \leq 200$ T)的固定锯齿形应变 $\varepsilon = 27.5\%$[144]。

在图 14.23(a)中,可以看到所有($n = 0$ LL 除外)LL 在相同磁场下相对于无应变石墨烯的位移。在单轴张力方向上,LL 逐渐向狄拉克点移动,从而减小了它们之间的距离。在文献[133]中,对于较小的 $\varepsilon \leq 20\%$ 的单轴应变,也揭示了这种几何方法的收缩,其中作者解释了受应变影响的费米速度 $v_F \approx 10^6$ m/s 对原始(无应变)石墨烯来说是各向同性的,而对于应变的石墨烯则是各向异性的。这种说法与文献[73]中的数值结果一致,在单轴应变掺杂石墨烯中检测到电子迁移率和输运的各向异性。LL 谱的应变诱导收缩表明量子化电子能 E_n 降低。从以下的考虑可以理解这一点[133]。在磁场中,单轴张力会影响圆电子运动的平均半径,使其半径变大,从而使其回旋频率 ω_c 变小,根据式(14.27),导致回旋轨道能量 $E_n \propto \omega_c$ 下降。从这个观点来看,在石墨烯的压缩情况下,可以预期 LL 位置远离零($n = 0$)LL 的位移,即它们之间的距离增加[133]。

14.5.3 点和线混乱对朗道能级的拖尾和抑制

类δ(式(14.19))和高斯型(式(14.21))散射势情形下,它们在图 14.24(a)和(b)中的总分布实际上显示了随机位置上杂质(散射中心)的分布,而它们的位置被期待拖到交替符号($V\neq 0$)和恒号($V>0$)长程(库仑)势(式(14.22))中,如图 14.25(a)和(b)所示。我们的数值计算再现了纯石墨烯的 LL 位置:如图 14.24(c)和 14.25(d)的固体曲线所示。这种曲线也可以从无缺陷石墨烯的式(14.27)中得到。

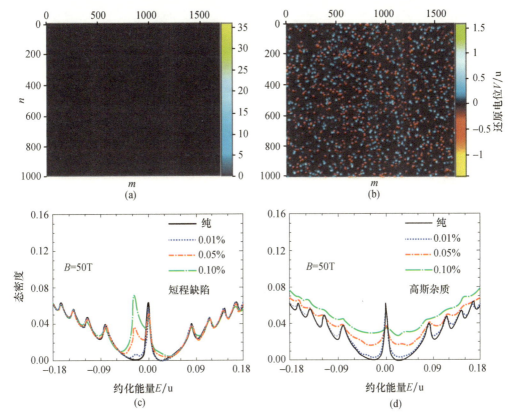

图 14.24 垂直磁场 $B=50$T 的情况下,石墨烯中不同浓度(a)、(c)强短程(式(14.19))和(b)、(d)高斯(式(14.21))散射体的(a)、(b)散射势分布和(c)、(d)态密度[144]。两种散射电位模式(a)、(b)都被描述为具有代表性的杂质含量:0.1%

不同来源(种类)的无序的存在会影响 LLS 曲线:图 14.24(c)和(d)以及 14.25(c)和(d)表明,无序度的增加降低了 LL 峰的幅度,使峰更宽,从而使它们变得模糊。然而,除了明显的浓度依赖性外,这种效应还取决于散射电势的振幅(最大电势高度),特别是其有效范围,即杂质显示为短距离散射体还是长距离散射体。高斯散射势(有效势半径 $\xi=5a$)与现场类δ势相比,库仑势的拖尾和抑制作用更强、更明显,库仑势的长程效应更大($\propto 1/r$)。由于库仑势(式(14.22))是我们这里考虑的式(14.19)~式(14.24)势中范围最长的,所以与图 14.24(d)中的态密度相比,图 14.25(d)中的态密度曲线从中性(狄拉克)点向正能量(电子)侧移动得更多:对于相同(0.1%)浓度的正电荷高斯和库仑杂质,比较这些图中的曲线。在这些数字中,正电荷高斯和库仑杂质相同(0.1%)浓度的曲线。

然而,对于带负电荷的库仑杂质来说,这种向负能量(空穴)方向的移动会出现。这就是为了更好地显示曲线,图14.25(c)和(d)中的库仑杂质浓度被选择为比图14.24(c)和(d)中的库仑杂质浓度更小的原因。

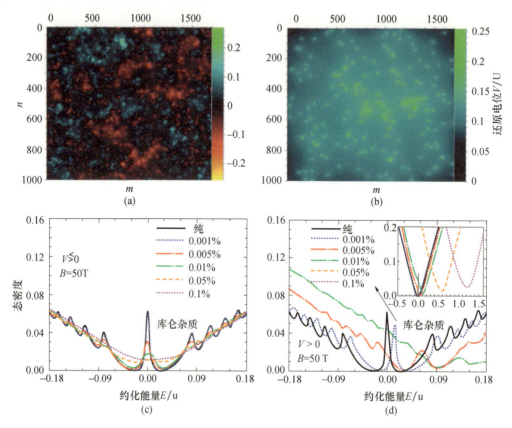

图14.25 在垂直磁场$B = 50T^{[144]}$的情况下,模拟石墨烯中点杂质(散射体)的(a)、(c)交替($V \neq 0$)或(b)、(d)严格正($V > 0$)库仑势的(a)、(b)散射势分布和(c)、(d)态密度
散射电势图(a、b)表示0.1%(a)和0.01%(b)的杂质。

虽然总体上,图14.24(c)中的能态密度曲线被缺陷所改变的相对较少,但我们可以看到零能量LL在一定浓度的短程杂质中开始分裂成两个峰。这种分裂也被有数字显示为共振(氢)杂质[89],环氧(O)缺陷[138]和其他一些无序源[146~147]。狄拉克的峰属于原始的$n = 0$LL,而另一个峰表明杂质带的形成:共振杂质与C原子杂化并形成它们自己的中间带隙态[89]。由于式(14.19)中的正现场能量,后一个峰从$E = 0$点移位。在空位不移位但位于中性点的情况下其也可归因于相类似的峰,从而有助于$n = 0$LL,这使得后者可以大大增加空位浓度[89]。在目前已知的各种无序对石墨烯发光影响的结果中,还没有涉及扩展缺陷的研究。因此,我们无法比较图14.26所表示的数值结果与其他任何结果(既不是理论结果,也不是实验结果),因为它们在物理文献中没有出现。

洛伦兹函数(式(14.24))从定义上讲是长程的,但是它的有效范围($\propto 1/r^2$)比库仑势的有效范围($\propto 1/r$)(式(14.22))要短。交替的空间分布(正负,$V \neq 0$)或常数符号(严格正负,$V > 0$)散射势(式(14.24))实际上反映了线缺陷的位置,这些缺陷要么是正负电荷(图14.26(a)),要么只是正电荷(图14.26(b))。除点状缺陷外,线缺陷不改变LL的位置,而且在散射电位(式(14.24))的标志上单独涂抹和抑制它们,如图14.26(c)和(d)所示。点缺陷和线缺陷之间的区别只涉及带正电的库仑杂质和线缺陷:在一维散射体的情况下,不存在像库仑杂质那样的费米能级的移动和零能LL的降低;图14.25(d)和图14.26(d)。

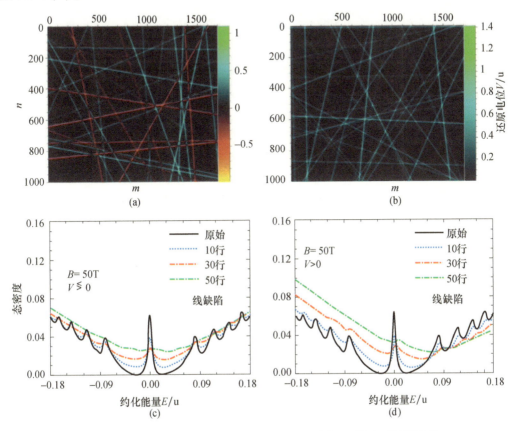

图14.26 与上图相同,但用于模拟带电扩展(线作用)缺陷(散射体)的散射势式(14.24)[144]。对于代表性线数:50,描绘了两个散射电势图案(a)、(b)

在本节结束时,请注意,最近提出了一种新的磁场中电子气理论[148]。Dubrovskyi[148]认为LL谱(由于数学错误导致)与薛定谔方程零边界条件特征值的数学定理相矛盾。

14.6 缺陷驱动电荷载流子(自旋)定位

14.6.1 样本制备和测量条件

以鳞片石墨为原料,采用改进的Hummers法生产氧化石墨烯(GO)[149]。一部分该材料采用联氨还原剂进行连续处理,得到还原氧化石墨烯(rGO)[150]。对GO和rGO的电子显微镜观察表明,它们是由高度皱折的微米级薄片组成,如图14.27所示。

在EPR实验之前,用X射线光电子能谱(XPS)检测结构中的氧含量。XPS实验表明,活性炭与氧的功能化程度明显高于rGO。

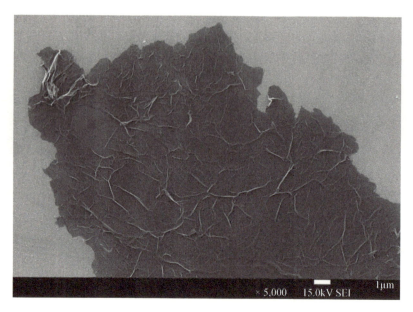

图 14.27　扫描电子显微镜图像显示的还原石墨烯氧化层(暗区)[72]

14.6.2　实验结果与分析

下面,我们介绍 EPR 实验各阶段中观察到的一些特征:1—净化样本;2—放置在空气中;3—净化;4—放置在氦中;5—净化;6—用重水(D_2O)饱和。

在 rGO 实验的 EPR 中,即使在最低温度下,纯化的 rGO 在 $g \approx 2.003$ 时也没有 EPR 信号。也没有来自其他顺磁组份的信号(如锰离子)。纯 rGO 在整个温度范围内 EPR 信号的缺乏表明,即使在最低温度下,载流子也是高度离域的。只有当样本与客体分子饱和并使温度降低到 100K 以下时,才能观察到 EPR 谱。图 14.28 给出了饱和后 rGO 的 EPR 谱比较。将样本管打开到空气中(第 2 阶段),导致 rGO 的 EPR 信号出现,但只出现在低温范围内。壳体分子吸附在石墨烯层表面,通过制造跃移潜在的阻碍物来阻止电荷载流子的输送。因此,在温度较低的情况下,我们得到了系统中的局部自旋。氦的引入导致的 EPR 信号比第 2 阶段强,最可能的原因是在 rGO 上吸附了更多的氦。在样本中加入重水(第 6 阶段),EPR 信号进一步增加。

在样本处理过程的各个阶段,在整个温度范围内观察到 GO 的 EPR 光谱。图 14.29(a)显示的低温行为与 rGO 相似——信号强度随序列的增加而增加:纯空气—氦—水。高温下出现了显著的变化(图 14.29(b)),由于高温下缺乏"吸附泵送"效应,充气和充氦样品的信号幅度相等。上述观察结果清楚地证明了石墨烯体系的电子性质强烈地依赖于吸附分子的数量。

图 14.30 显示了 rGO 和 GO 在 10K 时的第 1 阶段和第 6 阶段的 EPR 图谱。为了理解图谱之间的差异,请注意石墨烯边缘和缺陷(由于存在"悬空键"而具有化学活性,并显示一些 sp^3 杂化)与具有 sp^2 杂化的无缺陷层具有显著不同的化学和物理性质。因此,顺磁中心也应该表现出不同的行为,这取决于它们是来自边缘(缺陷)还是来自 sp^2 平面。

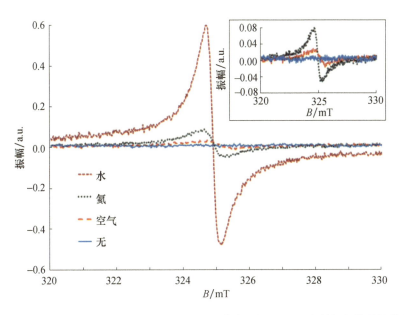

图 14.28　rGO 样品在 10K 时,不同环境下的 EPR 谱(插图显示了三个低振幅信号的放大[72])

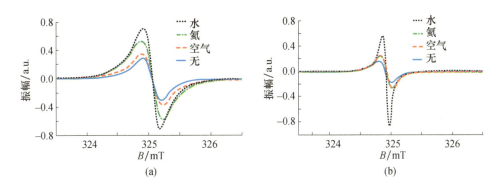

图 14.29　在 10K(a)和室温(b)条件下,不同介质中 GO 样品的 EPR 谱[72]

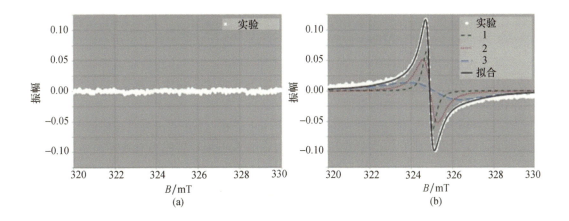

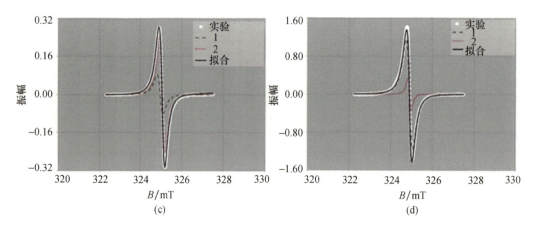

图 14.30　纯 rGO(a)、rGO + D2O(b)、纯 GO(c) 和 GO(d) 的 EPR 谱
（所有的光谱均在 10K 条件下记录[72]）

由于载流子的强烈离域作用，纯 rGO 完全没有 EPR 信号。然而，信号出现在吸附水之后，这可能是在石墨烯边缘与附加的官能团—亲水吸附点。这种行为可以解释为从具有大量渗流路径的"导电态"（纯 rGO）到"绝缘态"（rGO + 客体分子）的转变，在"绝缘态"中，由于主-客体相互作用（跃移传输），电荷需要热激发才能穿过在石墨烯边缘形成的势垒。

在整个样本处理阶段，GO 的 EPR 信号均发生在整个温度范围内：纯且饱和 D_2O。EPR 信号的存在是由于石墨烯的边缘和缺陷被含氧官能团封端，没有明显的导电 sp^2 石墨烯区域。

14.7　小结

针对不同的超结构类型，建立了二维石墨烯晶格中取代原子序和间隙原子序的统计热力学和动力学模型。预测和描述了在不同组成和温度下，替位式原子和间隙式原子在蜂窝状晶格上的有序分布。提供低温超结构稳定性的原子间相互作用参数的取值范围是在第三近邻伊辛模型的框架内确定的，更实际的是，该模型考虑了系统中所有原子的相互作用。第一个模型导致了一些预测的超结构的不稳定性，而第二个模型表明，所有预测的超结构在特定原子间相互作用能数值中均是稳定的。即使是短程原子间相互作用也提供了一些基于石墨烯的超结构的稳定性，而只有长距离相互作用才能稳定其他结构。由于亚晶格内原子交换（混合）能在与亚晶格间混合能的竞争中占据主导地位，长程原子序参量可能会非单调地弛豫到平衡值。

通过实现有效的含时实空间 Kubo – Greenwood 公式，对单层和多层石墨烯的电子和输运性质进行了数值研究。这样的数值实验与系统大小的计算能力有线性关系，因此在研究含有数百万原子的实际大的石墨烯薄片方面比其他方法有优势。通过哈密顿矩阵中跃移项的相应修改，引入了均匀弹性拉伸变形和垂直磁场，其原因是键长的应变变化和产生磁场的外矢量势的存在。通过各种适用于模拟（非）带电杂质（吸附）原子及外延或多晶石墨烯中扩展缺陷的在位散射势，将不同的点缺陷和线缺陷涵盖其中。

无缺陷石墨烯的电子态密度对应变轴敏感:沿扶手椅形或锯齿形边缘方向的拉伸分别导致态密度的增强或减少,这可以用来影响拉伸应变及其方向相关的竞争现象。带隙开度取决于拉伸应变的方向。随机分布点缺陷的存在并不能避免带隙形成所需的最小阈值曲折变形。点缺陷浓度的增加对所有缺陷的带隙打开都有影响,但是它们的影响不同。然而,空间有序的杂质有助于带隙的显示,并可以重新打开通常被随机位置的掺杂剂抑制的禁带。当锯齿形变和杂质有序同时作用时,带隙随应变非线性变化。

对于空位(H)、桥位(B)或(a)顶位(T)上的随机原子分布,电导率 σ 取决于它们的类型:$\sigma_{rnd}^H > \sigma_{rnd}^B > \sigma_{rnd}^T$。如果吸附原子是关联的,则 s 取决于它们是作为间隙式原子还是替位式原子:$\sigma_{cor}^H \approx \sigma_{cor}^T > \sigma_{cor}^B$。如果吸附原子形成等周期的有序超晶格,则 s 实际上与吸附类型无关:$\sigma_{ord}^H \approx \sigma_{ord}^B \approx \sigma_{ord}^T$。与它们的随机位置相比,关联和有序原子的导电性能提高了几十倍。对于充当替位式原子的吸附原子而言,相关或有序的影响变得更加明显,而对于充当间隙式原子的原子而言,相关或有序的影响则更加明显。

如果垂直磁场均匀地作用于石墨烯层,则可以在其能谱中观察到非等距的朗道能级。朗道能级对拉伸方向不敏感:它们向非移动零能级位移。因此,当单轴应变作用于这里考虑的两个正交相关方向中的任何一个时,朗道能级都会收缩——沿扶手椅形和锯齿形蜂窝格子边缘。石墨烯的垂直磁场和锯齿形应变的共同影响导致了能带隙的能量谱:与之相比,只有在没有任何外部磁场的情况下,锯齿形变形才会显得更为明显和更宽。

点缺陷和扩展缺陷的存在降低了朗道能级的峰值,扩大、拖拽,甚至可以抑制能级,这取决于无序的程度,它们的强度,特别是有效范围。石墨烯中某些无序源的零能朗道能级的分裂在强短程作用缺陷的数值结果中可以观察到。在中性点的一个峰归因于原始零能朗道能级,而另一个峰表示杂质带的形成是由于与碳原子共振杂质的杂化。

在较宽的温度范围内,纯还原氧化石墨烯的电子顺磁共振信号的缺失表明,即使有缺陷(sp^3贡献),材料中也没有局域自旋,石墨烯层上有一定数量的含氧官能团。然而,原子(分子)的吸附和系统在100K以下的冷却导致了载流子在局域态的捕获和电子顺磁共振信号的出现。这种行为可以解释为吸附驱动的金属绝缘体转变。然而,还需要进一步的研究来证明。提纯的氧化石墨烯的电子顺磁共振信号的存在是由于含氧官能团的石墨烯层中大部分边缘和缺陷的终止。电子传输被抑制,使石墨烯氧化物成为电绝缘体,即使在高温下也存在局部电荷载流子。在这种情况下,客体分子的吸附也增强了局域化,对水的影响最大。

对(还原的)氧化石墨烯样品的结果表明,局域载流子(自旋)的数量与吸附的分子的数量有关,这些分子负责形成势垒,进而产生局域效应。

石墨烯体系中的局域化现象在很大程度上取决于层边缘的状态、它们的功能化和"外来"分子的存在。这两个因素在材料合成过程中和合成后都可以控制,从而可以根据应用类型调整石墨烯的性质。

参考文献

[1] Novoselov, K. S. , Geim, A. K. , Morozov, S. V. , Jiang, D. , Zhang, Y. , Dubonos, S. V. , Grigorieva, I. V. , Firsov, A. A. , Electric field effect in atomically thin carbon films. *Science*, 306, 5696, 666 – 669, 2004.

[2] Novoselov, K. S., Jiang, Z., Zhang, Y., Morozov, S. V., Stormer, H. L., Zeitler, U., Maan, J. C., Boebinger, G. S., Kim, P., Geim, A. K., Room-temperature quantum Hall effect in graphene. *Science*, 315, 5817, 1379, 2007.

[3] Castro Neto, A. H., Guinea, F., Peres, N. M. R., Novoselov, K. S., Geim, A. K., The electronic properties of graphene. *Rev. Mod. Phys.*, 81, 109–162, 2009.

[4] Bai, R. G., Ninan, N., Muthoosamy, K., Manickam, S., Graphene: A versatile platform for nan-otheranostics and tissue engineering. *Prog. Mat. Sci.*, 91, 24–69, 2018.

[5] Han, M., Ozyilmaz, B., Zhang, Y., Kim, Ph., Energy band-gap engineering of graphene nanoribbons. *Phys. Rev. Lett.*, 98, 20, 206805-1–4, 2007.

[6] Bai, J., Zhong, X., Jiang, S., Huang, Yu., Duan, X., Graphene nanomesh. *Nat. Nanotechnol.*, 5, 190–194, 2010.

[7] Castro, E. V, Novoselov, K. S., Morozov, S. V, Peres, N. M. R., Lopes dos Santos, J. M. B., Nilsson, J., Guinea, F., Geim, A. K., Castro Neto, A. H., Biased bilayer graphene: Semiconductor with a gap tunable by the electric field effect. *Phys. Rev. Lett.*, 99, 21, 216802-1–4, 2007.

[8] Elias, D., Nair, R. R., Mohiuddin, T. M. G., Morozov, S. V, Blake, P Halsall, M. P., Ferrari, A. C., Boukhvalov, D. W., Katsnelson, M. I., Geim, A. K., Novoselov, K. S., Control of graphene's properties by reversible hydrogenation: Evidence for graphane. *Science*, 323, 610–613, 2009.

[9] Ouyang, F., Peng, S., Liu, Z., Liu, Z., Liu, Z., Bandgap opening in graphene antidot lattices: The missing half. *ACS Nano*, 5, 4023–4030, 2011.

[10] Zhou, S. Y., Gweon, G.-H., Fedorov, A. V., First, P. N., de Heer, W. A., Lee, D.-H., Guinea, F., Castro Neto, A. H., Lanzara, A., Substrate-induced bandgap opening in epitaxial graphene. *Nat. Mat.*, 6, 770–775, 2007.

[11] Giovannetti, G., Khomyakov, P. A., Brocks, G., Kelly, P. J., van den Brink, J., Substrate-induced band gap in graphene on hexagonal boron nitride: *Ab initio* density functional calculations. *Phys Rev B*, 76, 7, 079902-1–4, 2007.

[12] Radchenko, T. M. and Tatarenko, V. A., Statistical thermodynamics and kinetics of long-range order in metal-doped graphene. *Solid State Phenomena*, 150, 43–72, 2009.

[13] Radchenko, T. M. and Tatarenko, V. A., A statistical-thermodynamic analysis of stably ordered substitutional structures in graphene. *Phys. E*, 42, 8, 2047–2054, 2010.

[14] Radchenko, T. M. and Tatarenko, V. A., Kinetics of atomic ordering in metal-doped graphene. *Solid State Sci.*, 12, 2, 204–209, 2010.

[15] Radchenko, T. M., Tatarenko, V. A., Sagalianov, I. Yu., Prylutskyy, Yu. I., Effects of nitrogen-doping configurations with vacancies on conductivity in graphene. *Phys. Lett. A*, 378, 30–31, 2270–2274, 2014.

[16] Radchenko, T. M., Tatarenko, V. A., Sagalianov, I. Yu., Prylutskyy, Yu. I., Configurations of structural defects in graphene and their effects on its transport properties, in: *Graphene: Mechanical Properties, Potential Applications and Electrochemical Performance*, B. T. Edwards (Ed.), pp. 219–259, Nova Science Publishers, New York, 2014.

[17] Sagalyanov, I. Yu., Prylutskyy, I. Yu., Radchenko, T. M., Tatarenko, V. A., Graphene systems: Methods of fabrication and treatment, structure formation, and functional properties. *Usp. Fiz. Met.*, 11, 1, 95–138, 2010.

[18] Radchenko, T. M., Substitutional superstructures in the doped graphene lattice. *Metallofiz. Noveishie Tekhnol.*, 30, 8, 1021–1026, 2008.

[19] Ni, Z. H., Yu, T., Lu, Y. H., Wang, Y. Y., Feng, Y. P., Shen, Z. X., Uniaxial strain on graphene: Raman spectroscopy study and band-gap opening. *ACS Nano*, 2, 11, 2301-2305, 2008.

[20] Ni, Z. H., Yu, T., Lu, Y. H., Wang, Y. Y., Feng, Y. P., Shen, Z. X., Uniaxial strain on graphene: Raman spectroscopy study and band-gap opening(correction). *ACS Nano*, 3, 483-483, 2009.

[21] Ribeiro, R. M., Pereira, V. M., Peres, N. M. R., Briddon, P. R., Castro Neto, A. H., Strained graphene: Tight-binding and density functional calculations. *New J. Phys.*, 11, 115002-1-10, 2009.

[22] Pereira, V. M., Castro Neto, A. H., Peres, Tight-binding approach to uniaxial strain in graphene. *Phys. Rev. B*, 80, 4, 045401-1-8, 2009.

[23] Pereira, V. M. and Castro Neto, A. H., Strain engineering of graphene's electronic structure. *Phys. Rev. Lett.*, 103, 4, 046801-1-4, 2009.

[24] He, X., Gao, L., Tang, N., Duan, J., Mei, F., Meng, H., Lu, F., Xu, F., Wang, X., Yang, X., Ge, W., Shen, B., Electronic properties of polycrystalline graphene under large local strain. *Appl. Phys. Lett.*, 104, 243108-1-4, 2014.

[25] He, X., Gao, L., Tang, N., Duan, J., Xu, F., Wang, X., Yang, X., Ge, W., Shen, B., Shear strain induced modulation to the transport properties of graphene. *Appl. Phys. Lett.*, 105, 083108-1-4, 2014.

[26] Cocco, G., Cadelano, E., Colombo, L., Gap opening in graphene by shear strain. *Phys. Rev. B*, 81, 241412(R)-1-4, 2010.

[27] Lee, C., Wei, X., Kysar, J. W, Hone, J., Measurement of the elastic properties and intrinsic strength of monolayer graphene. *Science*, 321, 385-388, 2008.

[28] Lopez-Polin, G., Gomez-Navarro, C., Parente, V., Guinea, F., Katsnelson, M. I., Perez-Murano, F., Gomez-Herrero, J., Increasing the elastic modulus of graphene by controlled defect creation. *Nat. Phys.*, 11, 26-31, 2015.

[29] Liu, F., Ming, P., Li, J., Ab initio calculation of ideal strength and phonon instability of graphene under tension. *Phys. Rev. B*, 76, 064120-1-7, 2007.

[30] Cadelano, E., Palla, P. L., Giordano, S., Colombo, L., Nonlinear elasticity of monolayer graphene. *Phys. Rev. Lett.*, 102, 235502-1-4, 2009.

[31] Amorim, B., Cortijo, A., de Juan, F., Grushin, A. G., Guinea, F., Gutierrez-Rubio, A., Ochoa, H., Parente, V., Roldan, R., San-Jose, P., Schiefele, J., Sturla, M., Vozmediano, M. A. H., Novel effects of strains in graphene and other two dimensional materials. *Phys. Rep.*, 617, 1-54, 2016.

[32] Si, C., Sun, Z., Liu, F., Strain engineering of graphene: A review. *Nanoscale*, 8, 3207-3217, 2016.

[33] Novoselov, K. S. and Castro Neto, A. H., Two-dimensional crystals-based heterostructures: Materials with tailored properties. *Phys. Scr.*, T146, 014006-1-6, 2012.

[34] Bradley, D., Graphene straintronics: Carbon. *Mater. Today*, 15, 185, 2012.

[35] Gui, G., Li, J., Zhong, J., Band structure engineering of graphene by strain: First-principles calculations. *Phys. Rev. B*, 78, 075435-1-6, 2008.

[36] Naumov, I. I. and Bratkovsky, A. M., Gap opening in graphene by simple periodic inhomogeneous strain. *Phys. Rev. B*, 84, 245444-1-6, 2011.

[37] Kerszberg, N. and Suryanarayana, P., Ab initio strain engineering of graphene: Opening band-gaps up to 1 eV. *RSC Adv.*, 5, 43810-43814, 2015.

[38] Guinea, F., Katsnelson, M. I., Geim, A. K., Energy gaps and a zero-field quantum Hall effect in graphene by strain engineering. *Nat. Phys.*, 6, 30-33, 2010.

[39] Low, T., Guinea, F., Katsnelson, M. I., Gaps tunable by electrostatic gates in strained graphene. *Phys. Rev. B*, 83, 195436-1-7, 2011.

[40] Sagalianov, I. Yu., Radchenko, T. M., Prylutskyy, Yu. I., Tatarenko, V. A., Szroeder, P., Mutual influence of uniaxial tensile strain and point defect pattern on electronic states in graphene. *Eur. Phys. J. B*, 90, 112-1-9, 2017.

[41] Lugo-Solis, A. and Vasiliev, I., *Ab initio* study of K adsorption on graphene and carbon nanotubes: Role of long-range ionic forces. *Phys. Rev. B*, 76, 235431-1-8, 2007.

[42] Chan, K. T., Neaton, J. B., Cohen, M. L., First-principles study of metal adatom adsorption on graphene. *Phys. Rev. B*, 77, 235430-1-12, 2008.

[43] Wu, M., Liu, E.-Z., Ge, M. Y., Jiang, J. Z., Stability, electronic, and magnetic behaviors of Cu adsorbed graphene: A first-principles study. *Appl. Phys. Lett.*, 94, 102505-1-3, 2009.

[44] Cao, C., Wu, M., Jiang, K., Cheng, H.-P., Transition metal adatom and dimer adsorbed on graphene: Induced magnetization and electronic structures. *Phys. Rev. B*, 81, 205424-1-9, 2010.

[45] Nakada, K. and Ishii, A., Migration of adatom adsorption on graphene using DFT calculation. *Solid State Commun.*, 151, 13-16, 2010.

[46] Radchenko, T. M., Tatarenko, V. A., Sagalianov, I. Yu., Prylutskyy, Yu. I., Szroeder, P., Biniak, S., On adatomic-configuration-mediated correlation between electrotransport and electrochemical properties of graphene. *Carbon*, 101, 37-48, 2016.

[47] Banhart, E, Kotakoski, J., Krasheninnikov, A. V, Structural defects in graphene. *ACS Nano*, 5, 26-41, 2011.

[48] Blanc, N., Jean, F., Krasheninnikov, A. V., Renaud, G., Coraux, J., Strains induced by point defects in graphene on a metal. *Phys. Rev. Lett.*, 111, 085501-1-5, 2013.

[49] Ren, Y. and Cao, G., Effect of geometrical defects on the tensile properties of graphene. *Carbon*, 103, 125-133, 2016.

[50] He, X., Bai, Q. S., Bai, J. X., Molecular dynamics study of the tensile mechanical properties of polycrystalline graphene. *Acta Phys. Sin.*, 65, 116101-1-10, 2016.

[51] Vozmediano, M. A. H., Katsnelson, M. I., Guinea, F., Gauge fields in graphene. *Phys. Rep.*, 496, 109-148, 2010.

[52] Rybalka, D. O., Gorbar, E. V., Gusynin, V. P., Gap generation and phase diagram in strained graphene in a magnetic field. *Phys. Rev. B*, 91, 11, 115132-1-14, 2015.

[53] Shubnyi, V. O. and Sharapov, S. G., Density of states of Dirac-Landau levels in a gapped graphene monolayer under strain gradient. *Low Temp. Phys.*, 43, 1202-1207, 2017.

[54] Katsnelson, M. I., *Graphene: Carbon in Two Dimensions*, Cambridge University Press, New York, 2012.

[55] Szroeder, P., Sagalianov, I. Yu., Radchenko, T. M., Tatarenko, V. A., Prylutskyy, Yu. I., Strupiński, W, Effect of uniaxial stress on the electrochemical properties of graphene with point defects. *Appl. Surf. Sci.*, 442, 185-188, 2018.

[56] Castro Neto, A. H., Kotov, V. N., Nilsson, J., Pereira, V. M., Peres, N. M. R., Uchoa, B., Adatoms in graphene. *Solid State Commun.*, 149, 1094-1100, 2009.

[57] Yan, J. and Fuhrer, M. S., Correlated charged impurity scattering in graphene. *Phys. Rev. Lett.*, 107, 206601-1-5, 2011.

[58] Cheianov, V. V., Syljuasen, O., Altshuler, B. L., Fal'ko, V. I., Sublattice ordering in a dilute ensemble of monovalent adatoms on graphene. *Eur. Phys. Lett.*, 89, 56003-1-4, 2010.

[59] Cheianov, V. V., Syljuasen, O., Altshuler, B. L., Fal'ko, V. I., Ordered states of adatoms on graphene. *Phys. Rev. B*, 80, 233409-1-4, 2009.

[60] Cheianov, V. V., Fal'ko, V. I., Syljuasen, O., Altshuler, B. L., Hidden Kekule ordering of adatoms on

graphene. *Solid State Commun.*, 149, 1499 – 1501, 2009.

[61] Howard, C. A., Dean, M. P. M., Withers, F., Phonons in potassium – doped graphene: The effects of electron – phonon interactions, dimensionality, and adatom ordering. *Phys. Rev. B*, 84, 241404 – 1 – 4, 2011.

[62] Song, C. – L., Sun, B., Wang, Y. – L., Jiang, Y. – P., Wang, L., He, K., Chen, X., Zhang, P., Ma, X. – C., Xue, Q. – K., Charge – transfer – induced cesium superlattices on graphene. *Phys. Rev. Lett.*, 108, 156803 – 1 – 5, 2012.

[63] Eigler, D. M. and Schweizer, E. K., Positioning single atoms with a scanning tunnelling microscope. *Nature*, 344, 524 – 526, 1990.

[64] Meyer, J. C., Girit, C. O., Crommie, M. F., Zettl, A., Imaging and dynamics of light atoms and molecules on graphene. *Nature*, 454, 319 – 322, 2008.

[65] Lin, C., Feng, Y., Xiao, Y., Durr, M., Huang, X., Xu, X., Zhao, R., Wang, E., Li, X. – Z., Hu, Z., Direct observation of ordered configurations of hydrogen adatoms on graphene. *Nano Lett.*, 15, 903 – 908, 2015.

[66] Roche, S., Leconte, N., Ortmann, F., Lherbier, A., Soriano, D., Charlier, J. – Ch., Quantum transport in disordered graphene: A theoretical perspective. *Solid State Commun.*, 153, 1404 – 1410, 2012.

[67] Botello – Méndez, A. R., Lherbier, A., Charlier, J. – C., Modeling electronic properties and quantum transport in doped and defective graphene. *Solid State Commun.*, 175 – 176, 90 – 100, 2013.

[68] Kempiński, W., Markowski, D., Kempiński, M., Śliwińska – Bartkowiak, M., Charge carrier transport control in activated carbon fibers. *Carbon*, 57, 533 – 536, 2013.

[69] Náfrádi, B., Choucair, M., Southon, P. D., Kepert, C. J., Forró, L., Strong interplay between the electron spin lifetime in chemically synthesized graphene multilayers and surface – bound oxygen. *Chem. Eur. J.*, 21, 2, 770 – 777, 2015.

[70] Náfrádi, B., Choucair, M., Dinse, K. P., Forró, L., Room temperature manipulation of long lifetime spins in metallic – like carbon nanospheres. *Nat. Commun.*, 7, 12232 – 1 – 8, 2016.

[71] Kempiński, M., Kempiński, W., Kaszyńskii, J., Śliwińska – Bartkowiak, M., Model of spin localization in activated carbon fibers. *App. Phys. Lett.*, 88, 143103 – 1 – 3, 2006.

[72] Kempiński, M., Florczak, P., Jurga, S., Śliwińska – Bartkowiak, M., Kempiński, W., The impact of adsorption on the localization of spins in graphene oxide and reduced graphene oxide, observed with electron paramagnetic resonance. *Appl. Phys. Lett.*, 111, 084102 – 1 – 5, 2017.

[73] Sagalianov, I. Yu., Prylutskyy, Yu. I., Radchenko, T. M., Tatarenko, V. A., Effect of weak impurities on conductivity of uniaxially strained graphene. 2017 *IEEE International Young Scientists Forum on Applied Physics and Engineering*(*YSF*), pp. 151 – 154, 2017, arXiv: 1712. 08843 [condmat. mes – hall], 2017.

[74] Radchenko, T. M., Sagalianov, I. Yu., Tatarenko, V. A., Prylutskyy, Yu. I., Szroeder, P., Kempiński, M., Kempiński, W., Strain – and adsorption – dependent electronic states and transport or localization in graphene, in: *Springer Proceedings Phys. Nanooptics, Nanophotonics, Nanostructures, and Their Applications*, Vol. 210, Ch. 3, O. Fesenko and L. Yatsenko (Eds.), pp. 25 – 41, Springer, 2018.

[75] Radchenko, T. M., Shylau, A. A., Zozoulenko, I. V., Influence of correlated impurities on conductivity of graphene sheets: Time – dependent real – space Kubo approach. *Phys. Rev. B*, 86, 3, 035418 – 1 – 13, 2012.

[76] Radchenko, T. M., Shylau, A. A., Zozoulenko, I. V., Ferreira, A., Effect of charged line defects on conductivity in graphene: Numerical Kubo and analytical Boltzmann approaches. *Phys. Rev. B*, 87, 19, 195448 – 1 – 14, 2013.

[77] Radchenko, T. M., Shylau, A. A., Zozoulenko, I. V., Conductivity of epitaxial and CVD graphene with cor-

related line defects. *Solid State Commun.* ,195,88 – 94,2014.

[78] Fung,A. W. P. ,Dresselhaus,M. S. ,Endo,M. ,Transport properties near the metal – insulator transition in heat – treated activatedrotect carbon fibers. *Phys. Rev. B*,48,20,14953 – 14962,1993.

[79] Khachaturyan,A. G. ,*Theory of Structural Transformations in Solids*,Dover Publications,Minola,NY,2008.

[80] Radchenko,T. M. and Tatarenko,V. A. ,Statistical thermodynamics and kinetics of atomic order in doped graphene. I. Substitutional solution. *Nanosistemi,Nanomateriali,Nanotehnologii*,6,3,867 – 910,2008.

[81] Radchenko,T. M. and Tatarenko,V. A. ,Ordering kinetics of dopant atoms in graphene lattice with stoichiometric compositions of 1/3 and 1/6. *Materialwis. Werkst.* ,44,2 – 3,231 – 238,2013.

[82] Sagalianov,I. Yu. ,Prylutskyy,Yu. I. ,Radchenko,T. M. ,Tatarenko,V. A. ,Energies of graphene – based substitutional structures with impurities of nitrogen or boron atoms. *Metallofiz. Noveishie Tekhnol.* ,33,12, 1569 – 1586,2011.

[83] Radchenko,T. M. and Tatarenko,V. A. ,Stable superstructures in a binary honeycomb – lattice gas. *Int. J. Hydrogen Energy*,36,1,1338 – 1343,2011.

[84] Tatarenko,V. A. and Radchenko,T. M. ,The application of radiation diffuse scattering to the calculation of phase diagrams of f. c. c. substitutional alloys. *Intermetallics*,11,11 – 12,1319 – 1326,2003.

[85] Tatarenko,V. A. and Radchenko,T. M. ,Direct and indirect methods of the analysis of interatomic interaction and kinetics of a short – range order relaxation in substitutional(interstitial) solid solutions. *Usp. Fiz. Met.* ,3,2,111 – 236.

[86] Radchenko,T. M. and Tatarenko,V. A. ,Statistical thermodynamics and kinetics of atomic order in doped graphene. II. Interstitial solution. *Nanosistemi,Nanomateriali,Nanotehnologii*,8,3,619 – 650,2010.

[87] Bugaev,V. N. and Tatarenko,V. A. ,*Interaction and Arrangement of Atoms in Interstitial Solid Solutions Based on Close – Packed Metals*,Naukova Dumka,Kiev,1989.

[88] Madelung,O. ,*Introduction to Solid – State Theory*,Springer,Berlin,1996.

[89] Yuan,S. ,De Raedt,H. ,Katsnelson,M. I. ,Modeling electronic structure and transport properties of graphene with resonant scattering centers. *Phys. Rev. B*,82,11,115448 – 1 – 16,2010.

[90] Yuan,S. ,De Raedt,H. ,Katsnelson,M. I. ,Electronic transport in disordered bilayer and trilayer graphene. *Phys. Rev. B*,82,23,235409 – 1 – 13,2010.

[91] Dresselhaus,M. S. and Dresselhaus,G. ,Intercalation compounds of graphite. *Adv. Phys.* ,30,2,139 – 326,1981.

[92] McClure,J. W. ,Band structure of graphite and de Haas – van Alphen effect. *Phys. Rev.* ,108,3,612 – 618,1957.

[93] Slonczewski,J. C. and Weiss,P. R. ,Band structure of graphite. *Phys. Rev.* ,109,2,272 – 279,1958.

[94] Leconte,N. ,Lherbier,A. ,Varchon,R,Ordejon,P,Roche,S. ,Charlier,J. – C. ,Quantum transport in chemically modified two – dimensional graphene:From minimal conductivity to Anderson localization. *Phys. Rev. B*,84,235420 – 1 – 12,2011.

[95] Lherbier,A. ,Dubois,S. M. – M. ,Declerck,X. ,Niquet,Y. – M. ,Roche,S. ,Charlier,J. – Ch. ,Transport properties of graphene containing structural defects. *Phys. Rev. B*,86,075402 – 1 – 18,2012.

[96] Burgos,B. ,Warnes,J. ,Leandro Lima,L. R. F. ,Lewenkopf,C. ,Effects of a random gauge field on the conductivity of graphene sheets with disordered ripples. *Phys. Rev. B*,91,11,115403 – 1 – 10,2015.

[97] Leconte,N. ,Ferreira,A. ,Jung,J. ,Efficient multiscale lattice simulations of strained and disordered graphene. *Semiconduct. Semimet.* ,95,35 – 99,2015.

[98] Castro Neto,A. H. and Guinea,F. ,Electron – phonon coupling and Raman spectroscopy in graphene. *Phys. Rev. B*,75,4,045404 – 1 – 8,2007.

[99] Blakslee, L., Proctor, D. G., Seldin, E. J., Stence, G. B., Wen, T., Elastic constants of compression – annealed pyrolytic graphite. *J. Appl. Phys.*, 41, 8, 3373 – 3382, 1970.

[100] Farjam, M. and Rafii – Tabar, H., Comment on Band structure engineering of graphene by strain: First – principles calculations. *Phys. Rev. B*, 80, 16, 167401 – 1 – 3, 2009.

[101] Sandonas, L. M., Gutierrez, R., Pecchia, A., Dianat, A., Cuniberti, G., Thermoelectric properties of functionalized graphene grain boundaries. *J. Self – Assembly Molec. Electron.*, 3, 1 – 20, 2015.

[102] Zhao, P. – L., Yuan, S., Katsnelson, M. I., De Raedt, H., Fingerprints of disorder source in graphene. *Phys. Rev. B*, 92, 4, 045437 – 1 – 8, 2015.

[103] Robinson, J. P., Schomerus, H., Oroszlány, L., Fal'ko, V. I., Adsorbate – limited conductivity of graphene. *Phys. Rev. Lett.*, 101, 19, 196803 – 1 – 4, 2008.

[104] Wehling, T. O., Yuan, S., Lichtenstein, A. I., Geim, A. K., Katsnelson, M. I., Resonant scattering by realistic impurities in graphene. *Phys. Rev. Lett.*, 105, 5, 056802 – 1 – 4, 2010.

[105] Ihnatsenka, S. and Kirczenow, G., Dirac point resonances due to atoms and molecules adsorbed on graphene and transport gaps and conductance quantization in graphene nanoribbons with covalently bonded adsorbates. *Phys. Rev. B*, 83, 24, 245442 – 1 – 19, 2011.

[106] Ferreira, A., Viana – Gomes, J., Nilsson, J., Mucciolo, E. R., Peres, N. M. R., Castro Neto, A. H., Unified description of the dc conductivity of monolayer and bilayer graphene at finite densities based on resonant scatterers. *Phys. Rev. B*, 8316, 165402 – 1 – 22, 2011.

[107] Peres, N. M. R., Guinea, F., Castro Neto, A. H., Electronic properties of disordered two – dimensional carbon. *Phys. Rev. B*, 73, 12, 125411 – 1 – 23, 2006.

[108] Fan, X. F., Zheng, W. T., Chihaia, V., Shen, Z. X., Kuo, J. – L., Interaction between graphene and the surface of SiO2. *J. Phys.: Condens. Matter.*, 24, 305004 – 1 – 10, 2002.

[109] Dianat, A., Liao, Z., Gall, M., Zhang, T., Gutierrez, R., Zschech, E., Cuniberti, G., Doping of graphene induced by boron/silicon substrate. *Nanotechnology*, 28, 215701 – 1 – 6, 2017.

[110] Kuramochi, H., Odaka, S., Morita, K., Tanaka, S., Miyazaki, H., Lee, M. V., Li, S. – L., Hiura, H., Tsukagoshi, K., Role of atomic terraces and steps in the electron transport properties of epitaxial graphene grown on SiC. *AIP Adv.*, 2, 012115 – 1 – 10, 2012.

[111] Günther, S., Dänhardt, S., Wang, B., Bocquet, M. – L., Schmitt, S., Wintterlin, J., Single terrace growth of graphene on a metal surface. *Nano Lett.*, 11, 1895 – 1900, 2011.

[112] Gargiulo, F. and Yazyev, O. V., Topological aspects of charge – carrier transmission across grain boundaries in graphene. *Nano Lett.*, 14, 250 – 254, 2014.

[113] Zhang, H., Lee, G., Gong, C., Colombo, L., Cho, K., Grain boundary effect on electrical transport properties of graphene. *J. Phys. Chem. C*, 118, 2338 – 2343, 2014.

[114] Yazyev, O. V. and Louie, S. G., Electronic transport in polycrystalline graphene. *Nat. Mater.*, 9, 806 – 809, 2010.

[115] Ni, G. – X., Zheng, Y., Bae, S., Kim, H. R., Pachoud, A., Kim, Y. S., Tan, Ch. – L., Im, D., Ahn, J. – H., Hong, B. H., Ozyilmaz, B., Quasi – periodic nanoripples in graphene grown by chemical vapor deposition and its impact on charge transport. *ACS Nano*, 6, 1158 – 1164, 2012.

[116] Zhang, D., Jin, Z., Shi, J., Ma, P., Peng, S., Liu, X., Ye, T., The anisotropy of field effect mobility of CVD graphene grown on copper foil. *Small*, 10, 1761 – 1764, 2014.

[117] Ferreira, A., Xu, X., Tan, C. – L., Bae, S. – K., Peres, N. M. R., Hong, B. – H., Ozyilmaz, B., Castro Neto, A. H., Transport properties of graphene with one – dimensional charge defects. *Europhys. Lett.*, 94, 28003 – 1 – 6, 2011.

[118] Held, Ch., Seyller, T., Bennewitz, R., Quantitative multichannel NC – AFM data analysis of graphene growth on SiC(0001). *Beilstein J. Nanotechnol.*, 3, 179 – 185, 2012.

[119] Ji, S. – H., Hannon, J. B., Tromp, R. M., Perebeinos, V., Tersoff, J., Ross, F. M., Atomic – scale transport in epitaxial graphene. *Nat. Mater.*, 11, 114 – 119, 2012.

[120] Wang, W., Munakata, K., Rozler, M., Beasley, M. R., Local transport measurements at mesoscopic length scales using scanning tunneling potentiometry. *Phys. Rev. Lett.*, 110, 236802 – 1 – 5, 2013.

[121] Adessi, Ch., Roche, S., Blase, X., Reduced backscattering in potassium – doped nanotubes: *Ab initio* and semiempirical simulations. *Phys. Rev. B*, 73, 125414 – 1 – 5, 2006.

[122] Li, Q., Hwang, E. H., Rossi, E., Das Sarma, S., Theory of 2D transport in graphene for correlated disorder. *Phys. Rev. Lett.*, 107, 156601 – 1 – 5, 2011.

[123] Li, Q., Hwang, E. H., Rossi, E., Effect of charged impurity correlations on transport in monolayer and bilayer graphene. *Solid State Commun.*, 152, 1390 – 1399, 2012.

[124] Gui, G., Morgan, D., Booske, J., Zhong, J., Ma, Z., Local strain effect on the band gap engineering of graphene by a first – principles study. *Appl. Phys. Lett.*, 106, 053113 – 1 – 5, 2015.

[125] Lherbier, A., Botello – Mendez, A. R., Charlier, J. C., Electronic and transport properties of unbalanced sublattice N – doping in graphene. *Nano Lett.*, 13, 1446 – 1450, 2013.

[126] Chen, J. – H., Jang, C., Adam, S., Fuhrer, M. S., Williams, E. D., Ishigami, M., Charged – impurity scattering in graphene. *Nat. Phys.*, 4, 377 – 381, 2008.

[127] Peres, N. M. R., The transport properties of graphene: An introduction. *Rev. Mod. Phys.*, 82, 2673 – 2700, 2010.

[128] Abergela, D. S. L., Apalkovb, V., Berashevicha, J., Zieglerc, K., Chakraborty, T., Properties of graphene: A theoretical perspective. *Adv. Phys.*, 59, 4, 261 – 482, 2010.

[129] Orlita, M., Escoffier, W., Plochocka, P., Raquet, B., Zeitler, U., Graphene in high magnetic fields. *C. R. Phys.*, 14, 1, 78 – 93, 2013.

[130] Chiappini, F., Wiedmann, S., Titov, M., Geim, A. K., Gorbachev, R. V., Khestanova, E., Mishchenko, A., Novoselov, K. S., Maan, J. C., Zeitler, U., Magnetotransport in single – layer graphene in a large parallel magnetic field. *Phys. Rev. B*, 94, 8, 085302 – 1 – 5, 2016.

[131] Novoselov, K. S., Geim, A. K., Morozov, S. V, Jiang, D., Katsnelson, M. I., Grigorieva, I. V, Dubonos, S. V, Firsov, A. A., Two – dimensional gas of massless Dirac fermions in graphene. *Nature*, 438, 197 – 200, 2005.

[132] Zhang, Y., Tan, Y. – W., Stormer, H. L., Kim, P., Experimental observation of the quantum Hall effect and Berry's phase in graphene. *Nature*, 438, 201 – 204, 2005.

[133] Betancur – Ocampo, Y., Cifuentes – Quintal, M. E., Cordourier – Maruri, G., de Coss, R., Landau levels in uniaxially strained graphene: A geometrical approach. *Ann. Phys.*, 359, 243 – 251, 2015.

[134] Vonsovsky, S. V. and Katsnelson, M. I., *Quantum Solid State Physics*, Springer, Berlin, 1989.

[135] Goerbig, M. O., Electronic properties of graphene in a strong magnetic field. *Rev. Mod. Phys.*, 83, 4, 1193 – 1243, 2011.

[136] Gusynin, VP. and Sharapov, S. G., Magnetic oscillations in planar systems with the Dirac – like spectrum of quasiparticle excitations. II. Transport properties. *Phys. Rev. B*, 71, 12, 125124 – 1 – 8, 2005.

[137] Katsnelson, M. I., Graphene: Carbon in two dimensions. *Mater. Today*, 10, 1 – 2, 20 – 27, 2007.

[138] Leconte, N., Ortmann, F., Cresti, A., Charlier, J. – Ch., Roche, S., Quantum transport in chemically functionalized graphene at high magnetic field: Defect – induced critical states and breakdown of electron – hole symmetry. *2D Materials*, 1, 021001 – 1 – 12, 2014.

[139] Yin, L. -J., Bai, K. -K., Wang, W. -X., Zhang, Y., He, L., Landau quantization of Dirac fermions in graphene and its multilayers. *Front. Phys.*, 12, 127208-1-37, 2017.

[140] McClure, J. W., Diamagnetism of graphite. *Phys. Rev.*, 104, 3, 666-671, 1956.

[141] McClure, J. W., Theory of diamagnetism of graphite. *Phys. Rev.*, 119, 2, 606-613, 1960.

[142] Miller, D. L., Kubista, K. D., Rutter, G. M., Ruan, M., de Heer, W. A., First, Ph. N., Stroscio, J. A., Observing the quantization of zero mass carriers in graphene. *Science*, 324, 924-927, 2009.

[143] Landau, L. D. and Lifschitz, E. M., *Quantum Mechanics: Non-Relativistic Theory. Course of Theoretical Physics*, third edition, Vol. 3, Pergamon Press, London, 1977.

[144] Sahalianov, I. Yu., Radchenko, T. M., Tatarenko, V. A., Prylutskyy, Yu. I., Magnetic field-, strain-, and disorder-induced responses in an energy spectrum of graphene. *Annals of Physics*, 398, 80-93, 2018.

[145] Zhang, Y., Jiang, Z., Small, J. P., Purewal, M. S., Tan, Y. -W., Fazlollahi, M., Chudow, J. D., Jaszczak, J. A., Stormer, H. L., Kim, P., Landau-level splitting in graphene in high magnetic fields. *Phys. Rev. Lett.*, 96, 13, 136806-1-4, 2006.

[146] Pereira, A. L. C. and Schulz, P. A., Additional levels between Landau bands due to vacancies in graphene: Towards defect engineering. *Phys. Rev. B*, 78, 12, 125402-1-5, 2008.

[147] Schweitzer, L. and Markos, P., Disorder-driven splitting of the conductance peak at the Dirac point in graphene. *Phys. Rev. B*, 78, 20, 205419-1-8, 2008.

[148] Dubrovskyi, I. M., The new theory of electron gas in a magnetic field and tasks for theory and experiment. *Usp. Fiz. Met.*, 17, 1, 53-81, 2016.

[149] Hummers, W. S., Jr. and Offeman, R. E., Preparation of graphitic oxide. *J. Am. Chem. Soc.*, 80, 6, 1339-1339, 1958.

[150] Pei, S. and Cheng, H. -M., The reduction of graphene oxide. *Carbon*, 50, 9, 3210-3228, 2012.

第15章 石墨烯作为有机转化高效催化模板剂

Anastasios Stergiou
希腊雅典国家希腊研究基金会理论与物理化学研究所

摘　要　在开发低成本、高效、耐用、对生态系统毒性小的催化剂方面,有机催化转化领域极具挑战性。现代化学着眼于原子经济,即"绿色哲学",以实现这些目标。"绿色"合成的探索是由化学的进步推动的,本章将介绍纳米材料的突破是如何有助于开发出比最先进的催化剂更为高效的催化系统。纳米技术将经典化学与多种碳基低维材料结合起来,如二维石墨烯和一维碳纳米管。石墨烯是一种蜂窝状的全sp^2杂化碳片,由于其比表面积($2630m^2/g$)、热性能($3000W/(m \cdot K)$)和电导率($10^4/(\Omega \cdot cm)$)引起了人们的极大兴趣。高比表面积使石墨烯成为先进催化系统的混杂载体。此外,石墨烯独特的机械强度,加上其可调谐的电子性能,扩大了催化在光催化和电催化领域的应用范围。本章将讨论基于石墨烯的纳米结构催化剂(GNC)在有机转化中的作用。氧化、还原、交叉偶联、缩合、加成、脱羧、氮杂-Michael反应和开环聚合是成功应用GNC的部分反应。原则上,制备的纳米结构催化剂允许在温和的条件下进行操作,与经典催化相比其主要优点是①形态多样性、②再循环性和③耐久性。在分离出单一石墨烯薄片的十三年后,GNC正走在工业和现实应用的道路上。

关键词　石墨烯,催化,有机转变,化学

15.1　引言

催化仍然是现代化学中一个新兴的话题,并以惊人的方式借助纳米技术实现飞跃。对高效、化学强效、耐用的催化剂的需求壮大了纳米结构催化剂的子领域,这也将经典的同质和异质催化体系和低维材料的研究进展结合在一起。到目前为止,石墨烯和石墨烯衍生物处于二维纳米结构催化体系的边缘。石墨烯和二维石墨烯衍生物(即氧化石墨、氧化还原石墨烯、CVD-石墨烯)既可以作为非金属催化剂,也可以作为功能底物用于已知的金属催化剂和应用。自从Novoselov等的开创性地通过分离和研究这种独特的二维晶体全碳sp^2复合材料开启了"石墨烯时代"以来[1],这项工作已经取得了重大进展[2]。根据已发表的研究文章,图15.1展示了石墨烯在过去十年中在这一领域的兴起催化作用和影响。假设石墨烯确实"正在召唤所有的化学家"是现实的[3],同时为了获得基于石墨烯的功能材料化学也变得极为重要[4]。

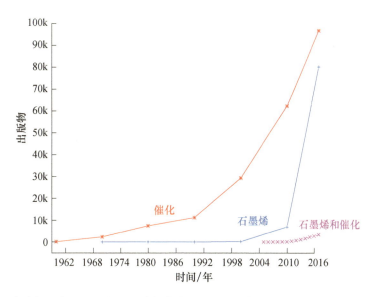

图 15.1 发表的研究主题包括:石墨烯、催化和石墨烯+催化(从 Scopus.com 获得的数据)

应该注意到,石墨烯是一个单原子厚度的蜂窝状 sp^2 碳原子单层晶格,因此在没有其他活性添加剂的情况下是化学上不活跃的。早在 20 世纪 80 年代,石墨,三维堆积石墨,已用于还原硝基化合物在水合肼存在下的反应,生产了大量的胺[5]。该反应过程的机理尚未被研究,但可以推测,该催化体系的还原能力可能来自于肼的还原强度,而不是石墨的还原强度。事实上,最近的研究证明了杂原子在石墨烯晶格中的重要作用[6-7]。最常见的官能团是氧基(—COOH,—C—O—C—,—C—OH),主要是在多层石墨剥离成单层和少层石墨烯的过程中产生的,这些石墨烯既可以在边缘找到,也可以在平面上找到[8]。即使在石墨薄片的边缘,羧酸的存在也是合理的,当我们移动到较小的横向尺寸时,它们的密度也会增加。这样,催化非活性石墨或石墨烯晶格可以通过氧氮等取代碳原子,转化为活性功能材料进行有机转化。值得注意的是,在处理氧化石墨烯(GO)纳米结构催化剂时,剥离方法对石墨烯材料纯度的影响,特别是对金属痕迹含量的影响。石墨氧化物及其衍生物(功能化 GO、rGO、杂原子掺杂 GO)对金属自由催化的趋势目前正在讨论中[10-11]。主要的争论是由于使用了含金属的试剂(如 $KMnO_4$),即使在进一步的功能化过程(即退火、掺杂)之后,也会在最终材料中捕获金属原子。后一种争论有助于更好地理解催化活性中心的发生机制和性质[12]。

本章对 GNC 在有机转化中的应用进行最新的详细综述(近 500 篇论文)。主要内容是对 GNC 促进的催化转化的广泛光谱、材料的结构和化学特性、活性中心的性质以及它们的效率等方面进行简要的代表性的讨论,其中包括 GNC 促进的催化转化的广谱、材料的结构和化学特征、活性中心的性质以及它们的效率。根据斯高帕斯数据库,在 2000—2017 年间,已经发表了超过 1.3 万篇关于 GNC 催化应用的原始论文。其中,只有一小部分(约 500 篇论文,3.8%)与有机转化有关,而主要的研究活动集中在电子和电催化方面。在图 15.1 中,后者的数据表明,GNC 是催化应用的非常新的候选者,并且正在迈出他们的第一步。

在本章中,我们将重点介绍 GNC 在有机转换中的应用。并且,在电催化[13]、传感[14]

和建模[15-18]等方面也进行了重要的探索。

下面介绍 GNC 的分类,并介绍使用(a)非金属石墨烯衍生物(剥离石墨烯,石墨氧化物和还原石墨氧化物),(b)石墨烯支撑的金属配合物和(c)石墨烯支撑的金属纳米粒子的催化反应。

15.1.1 氧化石墨、还原氧化石墨和非金属 GNC 催化的有机转化

如前所述,"无金属"催化概念正在争论中。在本节中,"非金属 GNC"是指携带少量金属杂质的石墨烯衍生物,这些杂质是在使用 $KMnO_4$(即 hummer 法氧化石墨)或其他金属基氧化剂对石墨进行普通氧化/剥离时产生的。

15.1.1.1 基于 GNC 的氧化石墨

1. 小分子合成

石墨碳网络和目前的氧官能团的结合产生了氧化催化应用,如 Frank 等所证明的,其中石墨纳米碳,如多壁碳纳米管和石墨(天然的或合成的),用在氧气气氛中将丙烯醛氧化为丙烯酸的催化剂[19]。氧化石墨烯(GO)是一种石墨烯衍生物(更准确地说是石墨衍生物),具有增强的氧功能和保留的 sp^2 碳—碳网络,对一系列化学反应显示出催化活性。Dreyer 等是首批引入 GO 作为多功能 GNC 的研究小组之一。在他们的工作中,GO 用于伯醇的氧化以及顺式苯乙烯和炔烃的水合反应[20]。起始化合物转化成相应产品的转化率从低(18%)到高收率(>98%)不等,尽管高 GO 负载是加速反应的必要条件。我们应该强调没有其他氧化添加剂(即分子氧)和 GO 的可循环使用长达 10 个周期。然而,由于氧官能团的热还原,这类催化剂在超过 75~100℃ 的连续加热下会失活,其中氧官能团对催化产量至关重要。

沿着同样的路线,顺式芳烃催化合成 1,2-二酮[21],过氧化氢催化戊二醛氧化成戊二酸[22],芳基和烷基硫醇和硫化物氧化成相应的二硫醚和砜[23],二氧化硫氧化成硫酸和三氧化硫[24]都能得到较好的催化效果。通过 GO 催化二氢吡啶衍生物在热甲苯中的环芳构化反应,观察到具有生物活性的对称和不对称 1,4-吡啶,产率超过 90%[25]。在没有任何溶剂的情况下,在分子氧存在下,苄胺氧化均偶联为 N-联苯胺,产率极高[26],同样适用于仲胺与迈克尔受体的氮杂-Michael 反应,生成叔胺[27]。GO 的酸性可用于酸催化反应,5,5-二甲基二吡咯甲烷和杯[4]吡咯大环的合成,取代其他固体酸催化剂,如沸石、大孔树脂[28]。在较低的 GO 负载量(5%(质量分数))下,α,β-二酮可以在无溶剂的条件下经过几个循环有效地转化为 β-酮烯胺,这为此类有价值的中间体的化学选择性合成提供了一条可能的可扩展的途径[29]。此外,苯乙烯—硝基化合物与 α,β-二酮类化合物的催化加成反应使在强碱基存在的情况下,在有机和水介质中都能得到高收率的反式 β-硝基烯烃[30]。如前所述,GO 的酸性位点可能是酸性催化反应的潜在候选位点。在此背景下,苯乙烯衍生物对 1,3-二甲氧基苯的傅列德尔-克拉夫茨烷基化反应在 100℃ 的氯仿中进行,收率和区域选择性在 3:1 到大于 20:1,负载率达到 200%(质量分数)[31]。其中,GO 介导烯烃的活化,形成四面体烷氧基中间体,与 Ar-H 键一起活化,导致产物的形成和 GNC 的再生。1,3-二甲氧基苯与苯甲醇的催化烷基化反应也突出了烷氧基-烯烃中间体的作用。在石墨氧化/剥离过程中,GO 上产生的 -COOH 官能团是其他酸催化反应的有价值的催化中心,如醇的缩醛(保护)[32]、醚合成[33]和环氧化物开环[34]。此外,

GO 的亲水性允许使用工业应用所需的水介质和环保方法。在水或水/醇混合溶剂中,通过 GO 催化 Ar–CHO 与羟基香豆素的环加成反应制备吡喃香豆素和双-4-羟基香豆素是一种高效的方法,可以高产率地获得这些具有重要生物意义的多环化合物[35]。

2. 聚合物合成

GO 对聚合物的合成有很强的影响,主要是由于它的表面积大和氧官能度对聚合物链的伸长有一定的影响。GO 在室温、无溶剂条件下能有效地催化环氧苯乙烯和苄胺的开环聚合,24h 内收率达 50%。GO—COOH 缺陷在温和的条件下诱导酸催化的环氧化物开环,使环氧树脂组分之间发生交联反应。在聚合物合成中的另一应用中,将 GO 纳米片作为 GNC,用于苄基醇的一步缩合定量聚合,用于制备杂化 GO/聚苯亚甲基复合材料[37]。GO 的催化效率很高,因此得到了纳米碳质量分数为 0.1%(催化剂负载量)的复合材料。在这种情况下,这些 GNC 废物不能循环再用,或很难达到循环再用的目的。然而,由于催化剂是一种理想的材料,因此,在不需要合成后步骤的情况下,获得目标功能复合材料。GO 可以有效地用于石墨烯/聚合物导电复合材料的制备,即使催化失活也是如此。Kim 等报道了纳米碳的环氧官能团介导 GO 催化合成聚噻吩、聚苯胺和聚吡咯。后一种聚合反应会导致导电功能 rGO/聚合物材料的形成,因为 GO 的氧基官能团会随着反应的进行,由于温度升高而逐渐降低[38]。总的来说,GO 既作为自由基聚合的氧化剂,又由于 GO 的热还原和石墨晶格缺陷周围 sp^2 性质的恢复而成为导电成分。聚合过程中的 GO 负载量影响单体的分子量(MW)、多分散性(PDI)和单体转化率。在无溶剂条件下,丁基乙烯基醚在 GO 存在下形成 PVBT 链,其 PDI 和 MW 随 GO 的质量分数而变化[39]。该通用方法还成功地应用于导电聚 4-苯乙烯磺酸钠、聚苯乙烯和聚 N-乙烯基咔唑的合成。与其他固体酸催化剂相比,GO 不仅有利于提高单体转化率,而且有利于催化剂的简单脱除,因为固体酸催化剂通常会污染最终物质并抑制其电子性能。

15.1.1.2 还原氧化石墨和杂原子掺杂 GNC

当酸度、表面积和电子转移是催化反应的重要因素时,氧化石墨是必不可少的。除了氧功能外,氮、硼和其他原子可以在石墨晶格中引入。例如,在联氨作用下,GO 化学还原为 rGO 的过程中引入了氮原子。N 掺杂的 rGO GNC 中的新的 N-缺陷对无金属催化剂的开发具有重要意义。Roy 等报道了 N 掺杂的 rGO 催化邻硝基胺和 1,2-二酮(或 α-羟基酮)的缩合反应[40]。根据这一方案,可以通过氮原子介导的羰基化合物活化反应合成一系列的喹喔啉类化合物。使用 rGO 衍生物作为 GNC 是有利的,因为导电碳网络可以参与基于电荷转移反应的催化反应。在 rGO 存在的情况下,H 偶氮氢化合物经过还原,即使在五次循环后也能以良好到优异的产率提供相应的重氮化合物。该反应通过自由基转移到分子氧,形成过氧阴离子,它攻击肼化合物的质子,并反向电子转移到 rGO[41]。沿 rGO 晶格的自由基(未配对电子)是强氧化剂,能够引发氧化反应。根据这一概念,在常温下,通过自由基转移到氧以及随后氧化 9H-芴酮的亚甲基碳,在 KOH 插层的 rGO 薄片上以极高的产率将 9H-芴烯氧化为芴酮[42]。在 rGO 催化下的自由基转移反应还包括由仲胺和二硫化碳在常温下 14h 内以良好到极高的产率合成双(氨基硫羰基)二硫化物[43]。掺杂 rGO 平面上的杂原子和未成对电子协同催化苯乙烯、环己烯、环辛烷等有氧氧化反应,产率和醇/酮选择性均较高[44]。这些 GNC 是基于含有大量杂原子(氮或硼)的碳源的热解而通过自下而上的方法制备的。在 GNC 的加热下,自由基被转移到氧原子上,并引发氧在烯烃和烷烃中的插入反应。尽管存在未配对的电子,杂原子缺陷,即氮,都是催化点,有利于反应中间体的稳定。Xu 等报道,常用的硼酸酐对醇的保护是通过中间体碳酸叔丁酯的稳定作用,由掺氮的 rGO 介导的[45]。杂原子掺杂的 GNC 也被用于乙炔和烯烃的选择性加氢反应,但其机理尚未描述[46]。实际上,GO 的后修饰为更先进的催化应用开辟了新的途径。

15.1.1.3 基于磺化氧化石墨的 GNC

含磺酸官能团的 GNC 是一类独特的纳米催化剂,具有无毒、易从反应混合物中分离等优点。这些催化剂很容易通过 GO 的磺化反应,采用标准的磺化工艺生产。GO 和 rGO – SO_3H 功能化 GNC 在酯合成[47]、酯水解[48]和酯交换[49]中是有价值的候选化合物。与最常用的酸(硫酸、对甲苯磺酸等)相比,所有催化剂在低 GNC(质量分数)和环境条件下都是可回收的。此外,磺化石墨烯能够进行环加成反应,与间苯二酚与乙酰乙酸乙酯的 Peckmann 反应类似,以较高的产率(高达 82%)得到相应的香豆素衍生物[50]。磺酸盐的存在对于果糖脱水成 5 – 羟甲基糠醛是必不可少的,即使在浓缩液中也能作为固体酸催化剂,产率高达 94%[51]。高活性也归因于这个 GNC 的二维结构,这增强了活性位点的可及性。GNC 的维度是多组分反应的有利条件,需要一个"底物"将个体聚集在一起。在无溶剂的环境条件下,磺化 GNC 可以有效地催化苯乙酮、苯胺和三甲基硅烷三组分反应,即使在 5 个周期后也能得到几乎定量的反应[52]。已分离出一系列的氨基腈,其收率非常好。Gómez – Martínez 等在宽底物范围的有机介质中研究了 GO 或磺化 rGO 催化的片呐醇重排和烯丙醇的直接亲核取代反应[53]。Li 等用磺化 GO 和 3 – [2 – (2 – 氨基乙氨基)乙氨基]丙基三甲氧基硅烷(AEPTMS)制备了这样的催化体系。后者成功催化苯甲醛二甲基乙醛的串联脱乙酰—硝基醛醇反应获得反式(2 – 硝基乙烯基)苯[54]。在这个例子中,磺酸缺陷定量催化苯甲醛二甲缩醛的脱乙酰化,然后在惰性条件下,碱性硅烷衍生物以中等的产率催化硝基醛醇反应。

15.1.1.4 其他非金属 GNC

在这一部分中,我们简要地指出了一些基于非金属的 GO 或 rGO 上附着的功能分子的 GNC。Song 等制备了具有铵功能的 rGO – 复合材料,在硼氢化钠作为还原剂的存在下,催化芳香胺和铁离子的还原[55]。其主要活性来自于 rGO 纳米片的 N 含量(C/N = 27)和二维结晶度,这使得底物能够吸引氨位。Wu 等证明,含氮分子和大分子在 Konevenagel 缩合反应中起着重要的作用。第三代 PAMAM 固定在 GO 表面,胺基催化苯甲醛和丙二酸二甲酯的缩合反应,反应时间短(10 ~ 30min),产率可达 99%[56]。阳离子态氮原子是将二氧化碳添加到环氧化合物中的重要场所。GO 纳米片与离子液体功能化,其形式为[SmIm] X,由正电咪唑环组成,能够在无溶剂条件下进行有机碳酸盐的形成[57]。同样,1,1,3,3 – 四甲基胍(TMG)通过氢键固定在 GO 纳米片上,对苯甲醛衍生物和丙酮的羟醛缩合反应具有很高的选择性(相对于相应的烯酮大于 92%)和高达 99% 的转化率[58]。在这里我们应该注意到,在没有 GO 的情况下,选择性较低。这差异可能与 GO/TMG GNC 中胍碱度降低有关,因为氢键作用使羟基酮衍生物的脱水最小化。

在现代化学中,光诱导反应是一个不断增长的趋势,特别是当需要的照射在可见光范围内的时候。Pan 等开发了一种基于孟加拉玫瑰红(RB)的 GNC,用于在绿光下将 CN^- 和 CF_3^- 添加到叔胺中[59]。在 GO 存在下,反应速度更快,产率更高,这可能是由于产物形成过程中发生的电荷转移反应的介导。杂化内电子转移对 GO/g‑C_3N_4 纳米催化剂催化的环己烷氧化也很重要[60]。这种纳米结构实际上是一种 p‑n 结结构,电子可以从 g‑C_3N_4 转移到 GO。这些电子最终可以转移到分子氧,产生过氧阴离子,这些阴离子是强氧化剂,能够激活 C—H 键提供环己酮。最后,GO 是固定化酶的有效载体。Hermanová 等基于酶和 GO 表面之间的亲水相互作用制备了 GO/脂肪酶组合[61]。脂肪酶具有 100% 的催化效率,有望开发出一种新型的 GO/酶 GNC,具有工业应用价值,可通过体脂水解生产生物柴油。

总的来说,非金属 GNC 已被用于表 15.1 中总结的一系列简单和更复杂的有机转换。它们的效率为良好到优秀,在大多数情况下,所获得的选择性是例外的。这类 GNC 在连续运行后仍然有效,并且可以通过简单的过滤很容易恢复。到目前为止,它还是一类仍在发展中的纳米催化剂。

表 15.1 由 GO、rGO 和非金属 GNC 催化的有机转变

a/a	GNC	反应	活性位	添加剂	添加量	周期	参考文献
1	石墨	丙烯醛氧化	氧功能性	O_2	n. a.	不适应	[19]
2	GO	1°醇的氧化、炔烃和顺式苯乙烯的水合作用	氧功能性		5% ~200%(质量分数)	10	[20]
3	GO	sp^3 C‑H 氧化	氧功能性		200% ~800%(质量分数)	不适应	[21]
4	GO	戊二醛氧化	氧功能性	H_2O_2	n. a.	4	[22]
5	GO	Ar‑、烷基硫醇和硫化物的氧化	—		60% ~300%(质量分数)	不适用	[23]
6	GO(泡沫)	SO_2 氧化	—	O_2	0.05%(质量分数)	不适用	[24]
7	GO	汉斯二氢吡啶类化合物的芳构化	氧功能性		200%(质量分数)	3	[25]
8	GO	1°胺氧化偶联	‑COOH·H_2O	O_2	50%(质量分数)	5	[26]
9	GO	氮杂‑迈克尔	—		n. a.	9	[27]
10	GO	二焦甲烷和钙[4]吡咯的合成	‑COOH		—	—	[28]
11	GO	β‑酮胺的合成	‑COOH		5%(质量分数)	—	[29]
12	GO	迈克尔	—	KOH	n. a.	—	[30]
13	GO	傅列德尔克拉夫茨反应	‑COOH		200%(质量分数)	—	[31]
14	GO	醛缩醛	‑COOH		n. c.	—	[32]
15	GO	醚合成	‑COOH, ‑OH		5%(质量分数)	—	[33]
16	GO	环氧开环	‑COOH	MeOH		3	[34]
17	GO	香豆素合成	‑COOH, ‑OH		n. c.	4	[35]

续表

a/a	GNC	反应	活性位	添加剂	添加量	周期	参考文献
18	GO	开环聚合	-COOH	—	3%(质量分数)	无	[36]
19	GO	脱水聚合	-COOH	H_2SO_4	0.01%~10%(质量分数)	无	[37]
20	GO	氧化聚合	-C-O-C(环氧化物)	HCl(对于PANI)	60%(质量分数)	无	[38]
21	GO	烯烃聚合	-COOH	—	0.01%~5%(质量分数)	无	[39]
22	GO, rGO	异环化	N-原子	$_2HNNH_2$	n.c.	4	[40]
23	rGO	-NH-NH 氧化	不成对电子	空气(O_2)	1%~10%(质量分数)	无	[41]
24	exG-KOH	9H-芴氧化	电子转移	O_2	n.a.	5	[42]
25	rGO	CS_2-2°胺加成	不成对电子	—	10%(质量分数)	5	[43]
26	B,N-rGO	sp^2、sp^3 CH 和苯乙烯氧化	自由基种类	O_2	2.5%~5%(质量分数)	不适用	[44]
27	N-GO	BOC-保护醇	N 缺陷	—	n.c.	4	[45]
28	(N)/(P)/(B)GO①	乙炔、乙烯、烯烃加氢	杂原子官能性	H_2	n.a.	不适用	[46]
29	GO-SO_3h	酯化	-SO_3H	—	>16%(质量分数)	5	[47]
30	rGO-BzSO_3H	酯水解	-SO_3H	—	n.c.	5	[48]
31	rGO-BzSO_3H	酯交换	-SO_3H	—	n.c.	3	[49]
32	GO, rGO, rGO-BzSO_3H	Peckmann	-SO_3H, (-COOH)	—	n.c.	5	[50]
33	GO-SO_3h	果糖脱水	-SO_3H, -OH	—	—	—	[51]
34	GO, GO-SO_3h	史特莱克反应	-SO_3H	—	②	5	[52]
35	GO, GO-SO_3h	频哪醇重排	-COOH, -SO_3H	—	20%(质量分数)	2(4)③	[53]
36	AEPTMS-GO-BzSO_3H	脱乙酰/亚硝醇	-SO_3H, -NH_2	—	—	—	[54]
37	rGO-PDDA, rGO-CTAC, rGO-PAA	芳胺和Fe^{+3}还原	H	$NaBH_4$	n.c.	—	[55]
38	GO/G3 PAMAM	Knoevenagel	-NH_2	—	④	—	[56]

续表

a/a	GNC	反应	活性位	添加剂	添加量	周期	参考文献
39	GO-[SmIm]X	CO_2 添加环氧化合物	Imidazole$^+$	—	—	—	[57]
40	GO-TMG	丁间醇醛	$R_2C=N$	—	n.c.	不适用	[58]
41	GO/RB	CN^-、CF_3^--3°胺的加成	RB$^+$⑥	绿灯	⑦	—	[59]
42	GO/g-C_3N_4	sp^3 C-H 氧化	电子转移	氧气	5%(质量分数)	3~6	[60]
43	GO/lipase	酯化	脂肪酶活性中心	—	—	—	[61]

①自下而上合成的掺杂纳米碳原子。
②12%~25%质量分数(GO-SO$_3$H),40%~100%(GO)。
③在循环3和循环4时,催化剂的初始效率分别降低了3/5和3/4以上。
④以G3 PAMAM为基础,40.5%(摩尔分数)。
⑤光激孟加拉玫瑰红(RB)。
⑥光激孟加拉玫瑰红(RB)。
⑦5 mol%的孟加拉玫瑰红(RB)和50%(质量分数)的GO。

15.1.2 石墨烯支撑的金属配合物催化的有机转变

15.1.2.1 基于GNC的非贵金属配合物

Wei 等将纳米沸石 Zn^{2+}咪唑(ZIF-8)固定在磺化 GO 表面,制备了一种富含路易斯酸的纳米催化剂,用于 1,3-环己二酮和 α,β-不饱和醛的[3+3]环加成反应[62]。该反应对 2,6,7,8-四氢-5H-色烯-5-酮和 7-甲基-4a,8a-二氢-2H,5H-吡喃并[4,3-b]吡喃-5-酮环具有良好的收率和选择性。Cu^I 在 rGO/CuI 体系中与哌嗪络合的阳离子对胺的芳基化[63]进行了测试,发现 Cr^x 和 Fe^x 在 TiBAl[64]存在下对乙烯聚合有活性。Huang 等在 Ziegler-Natta 催化剂的基础上合成了 GNC 用于丙烯聚合,并制备了具有质量分数为 4.9%的 GO 和高导电性的 GO/聚丙烯复合催化剂[65]。在日光和过氧化氢存在下,Fenton 催化剂催化苯酚在 rGO 纳米片上的氧化反应是一种简单的方法,可以使功能GNC 在几个小时内不失去活性[66]。甲基三氧铼(MTO)是一种席夫碱,共价接枝到 GO 纳米片上,用于各种次胺类化合物对硝基的氧化[67]。过氧化氢存在下,在 60℃条件下,双苄胺转化为相应的硝基酮。另一种席夫碱,氧-钒配合物,已经共价接枝到 GO 上,用于将乙醇氧化成相应的羰基衍生物,根据底物的不同,其 TON 可达到 260~490[68]。在 GO 和 rGO 上还制备了非贵金属过渡金属配合物,用于催化应用。通过点击化学方法将 Venturello 催化剂($PW_{12}O_{40}^{-3}$)共价连接到 GO 片上,可得到具有催化烯烃环氧化活性的 GNC,对于环辛烯,连续 5 个循环的最大转换频率为 450 h^{-1}[69]。Yang 等报道了 rGO/MoS$_2$纳米催化剂在氢气存在下,用于 COS 加氢脱硫[70]。表 15.2 总结了基于非贵金属配合物的 GNC。

15.1.2.2 基于贵金属配合物的 GNC

Blanco 等合成了一种咪唑功能化的 GO,用于形成铱的 N-杂环卡宾配合物(Ir-NHC)。基于 Ir 的 GNC 能有效催化酮还原成 TON 大于 900 的醇,实现氢转移到环己酮的反应[71]。过渡金属的第五个阶段为含金属的 GNC 产生了候选催化剂。将胺功能化的 GO 膜用于 Rh(PPh$_3$)Cl 络合物的共价接枝析氢和环己烯催化加氢反应,共进行了 5 个催化周期[72]。此外,通过重氮化学方法将钌配合物 Rh(CO)$_2$BPh$_4$ 接枝到咪唑-三氮唑配体修饰的 GO 薄片上,用于 1,2-二苯乙炔的硅氢化反应[73]。达到的 TON 为 480000,并且 GNC 可重复使用 10 次而不损失其反应性。钌催化剂是最常用的催化剂之一,也被用于开发功能性 GNC。Ruthenium Grubbs I 催化剂在开环易位聚合中被发现有活性[74]。关于钯配合物(Pd^{+2})接枝到 GO 片上,已用于杂芳磺酸盐的 Tsuji-Trost 烯丙化反应[75]和 C—C 和 C—N 交叉偶联反应,催化剂负载量低,可循环使用 5 次[76]。

表 15.2 含金属配合物的 GNC 催化的有机转变

a/a	GNC	反应	活性位	添加剂	添加量	转化频率/转化数量	周期	参考文献
1	GO-SO$_3$H-GO/ZIF-8	[3+3]环加物	ZIF-8,-SO$_3$H	—	—	—	10	[62]
2	rGO/CuI	N-芳基化	Cu^I	哌嗪	—	—	5	[63]
3	rGO/MAO 支撑的 CrBIP,FeBIP,Cr-1	乙烯聚合	Fe^x,Cr^{x}配合物	TiBAl	0.68%~1.70%(质量分数)	—	无	[64]
4	TiCl$_4$/(RMgCl/GO)	丙烯聚合	齐格勒-纳塔催化剂	—	1.25%(质量分数)	—	无	[65]
5	rGO-Fenton	苯酚氧化	Fe^{II},Fe^{III}/HO·	日光/H$_2$O$_2$	0.8%(质量分数)	—	不适用	[66]
6	GO/MTO	胺氧化	Re 络合物	H$_2$O$_2$	1 mol%③	—	是	[67]
7	GO-(oxo)V	醇氧化	V-席夫碱	TBHP	—	260~490	不适用	[68]
8	GO-Venturello 催化剂	环氧化	PW$_{12}$O$_{40}^{-3}$	H$_2$O$_2$	n.c.	190~450 h^{-1}	5	[69]
9	rGO/MoS$_2$	加氢脱硫	钼空位	氢气	不适用	0.21~4.41 s^{-1}	不适用	[70]
10	GO-Ir(NHC),rGO-Ir(NHC)	酮还原	Ir(NHC)	iPr-OH/KOH	0.1 mol%①	147~947,75~385	无	[71]
11	GO-NH$_2$Rh(PPh$_3$)$_2$Cl	环己烯还原	Rh 络合物	氢气	不适用	—	5	[72]
12	GO/Rh(CO)$_2$BPh4	氢化硅烷化	Rh^x	Et$_3$SiH	0.02 mol%②	5×10^3~48×10^3	10	[73]
13	GO-[Ru]	开环易位聚合	Ru Grubbs I	—	54%(质量分数)		无	[74]
14	GO-(NEt$_2$-2 N-PdCl$_2$	Tsuji-Trost 烯丙基化	Pd^{II}	K$_2$CO$_3$	n.c.		5	[75]
15	GO/PdCl$_2$	异芳磺酸盐的 C-C/C-N 交叉	Pd^{II}/配体	K$_3$PO$_4$,NaOAc,C$_2$CO$_3$,NaF,K$_2$CO$_3$	2.86%(质量分数)		5	[76]

①基于 Ir-NHC;
②指的是 Ru 络合物;
③基于 Re。

15.1.3 石墨烯支撑的纳米粒子催化有机转化

15.1.3.1 携带非贵金属纳米粒子的 GNC

非贵金属的金属氧化物纳米颗粒是一系列反应的特殊催化剂。GO 和 rGO 纳米片是极好的支撑材料,在大多数情况下能够稳定纳米粒子,有力地提高了催化性能。非晶态 Fe_2O_3、Cr_2O_3、SnO_2 和 SrO 纳米粒子被固定在 GO 或 rGO 薄膜上,对葡萄糖氧化为葡萄糖酸、葡萄糖异构化为果糖以及后者的氧化具有催化活性。石墨晶格上的残余态 –COOH 也参与了反应机理[77]。研究了在过氧化氢存在下,铜、铁、钒的氧化物对苯与苯酚的芳香羟基化[78]进行了研究。金属纳米粒子的平均粒径为 20nm,转化选择性超过 94%,产率较低(约 23%)。GO 片层通过 π – π 疏水相互作用稳定了苯分子,从而促进了反应。这种金属纳米粒子,即氧化铁,具有允许通过施加外部磁场去除 GNC 的磁性。Verma 等开发了一种 GO/(Fe/FeO)$_{NPs}$ 纳米催化剂,用于芳香族仲胺在过氧化氢存在下的氰化反应,产率很高[79]。混合 GNC 可以很容易地被磁铁除去,并且可以重复使用几个周期(8)而不会失去活性。生长在 GO 上的 0.5μm 左右的 MnO_2 纳米棒已被用作胺的均相偶联催化剂[80]。在 4~18h 后,相应的偶氮化合物的收率从 75%~90% 不等,GNC 可重复使用 6 次。在 GO 上生长的无定形 Mn_3O_4 粒子对聚对苯二甲酸乙二酯的糖醇解反应具有活性,产率为 96.4%,比无载体粒子高出 15%[81]。在低催化剂负载量(1%~5%(质量分数))下,生长在 rGO 上的约 5nm 的 MgO 小颗粒已用于乙苯脱氢反应 5 个循环,反应时间为 120h[82]。后者优异的稳定性和反应活性归功于纳米碳和金属纳米粒子之间的协同作用。脱氢反应也是在环境条件下生长在 GO 上的纳米钒颗粒的存在下实现的[83]。纳米粒子中的金属空位是这些含 GNC 金属纳米粒子中的主要催化点。以 rGO 为载体的 CuS 纳米晶为例,亚甲基蓝染料污染物在过氧化氢存在下的煅烧可以在 1.5h 内进行[84]。这些纳米晶不均匀,直径在 20~100nm 之间,但其反应性很高。烯烃(苯乙烯、己烯、丁烯等)的还原。rGO 负载均匀(直径 = 3~7nm)铁纳米粒子在氢与相应的烷烃存在下的低负载(0.9%(质量分数))对未来工业应用具有重要意义[85]。此外,在 rGO 纳米片上接枝钴纳米粒子和纳米晶被用于费歇尔 – 托罗普许氢化[86]和过氧一硫酸盐阴离子活化[87]。固定在 rGO 上的二元 Co/Se 纳米棒(Co$_{0.85}$Se)已被证明是联氨脱氢的有效催化剂,因此是一种有价值的长期废水处理催化剂[88]。咪唑稳定的纳米 Cu^I 纳米粒子负载于 rGO 上,已被报道为催化惠氏环加成反应、在碱存在下合成 1,2,3 – 三唑[89]和吲哚加成醛[90]的有效纳米粒子。Paulose 等开发了 Fe_3O_4 纳米粒子修饰的 GO 纳米片用于 NH_3ClO_4 的分解[91],最后以 rGO 为载体的 Ni 纳米粒子用于 Kumada – Corriu 交叉偶联反应[92]。表 15.3 总结了基于 GO 和 rGO 支撑的非贵金属纳米粒子的 GNC。

表 15.3 由携带非贵金属纳米粒子的 GNC 催化的有机转变

a/a	GNC	反应	活性位	添加剂	添加量	周期	参考文献
1	GO – 金属氧化物 rGO – 金属氧化物	葡萄糖的氧化/异构化 果糖氧化	Fe_2O_3、Cr_2O_3、SnO_2 和 SrO, –COOH/ –OH	—	1% (质量分数)	不适用	[77]
2	GO/M_xO_y(Cu,Fe,V)	芳香羟基化	M_xO_y	H_2O_2	—	4	[78]

续表

a/a	GNC	反应	活性位	添加剂	添加量	周期	参考文献
3	$GO/Fe(FeO)_{NP}$	胺氰化	$Fe(FeO)$	$NaCN/H_2O_2$	0.1g/mol	8	[79]
4	$GO-MnO_2$	胺均偶联	MnO_2	—	5%~15%（质量分数）①	6	[80]
5	GO/Mn_3O_4	糖酵解	Mn_3O_4	—	—	—	[81]
6	$rGO-MgO$	乙苯脱氢	$MgO(5nm)$, $-COOH$	—	1%~5%（质量分数）MgO	5×120 h	[82]
7	gO/v_{NP}	丙烷脱氢	V-defects	Air	不适用	不适用	[83]
8	rGO/CuS_{NC}	亚甲蓝煅烧	CuS_{NC}	H_2O_2	5%（质量分数）	5	[84]
9	rGO/Fe_{NP}	烯烃还原	Fe_{NP}	H_2	0.9%（摩尔分数）	—	[85]
10	rGO/Co_{NC}	费歇尔-托罗普许	Co_{NC}	H_2/Ar	5%~15%（质量分数）②	8	[86]
11	rGO/Co_{NP}	PMS 活化	Co_{NP}	—	n.c.	50	[87]
12	$rGO/CO_{0.85}Se$	肼脱氢	$Co_{0.85}Se$	—	—	10	[88]
13	$rGO-Ima/Cu^I_{NP}$	Huisgen 环加成法	Cu^I	衬底	n.c.	10	[89]
14	$GO-Cu^I_{NP}$	吲哚加醛	Cu^I_{NP}	—	0.05%（摩尔分数）③	7	[90]
15	$GO/Fe_3O_{4\ NP}$	NH_4ClO_4 分解	Fe_xO_y	—	3%	—	[91]
16	rGO/Ni_{NP}	Kumada-Corriu 反应	Ni_{NP}	—	0.05%~0.1%（摩尔分数）④	13	[92]

① 基于 MnO_2 纳米棒；

② 是指 Co_{NC}；

③ 基于铜；

④ 基于 Ni[93]。

15.1.3.2 携带贵金属纳米粒子的 GNC

用贵金属纳米粒子改性的石墨烯薄片可以获得一系列先进的催化系统,用于各种反应。金纳米粒子已被用于通过与氯化血红素[93]相互作用形成葡萄糖氧化酶模拟物,用于炔烃的氢胺化反应[94],以及乌尔曼交叉偶联反应[95]。此外,负载在离子液体钝化的 rGO 纳米片上的金纳米粒子成功地进行了多组分反应[96]。铂纳米粒子是贵金属纳米粒子的又一大类。到目前为止,PtNP 已被用于纤维素和纤维二糖的氧化[97]、一氧化碳的氧化[98]和对硝基苯酚的还原[99]。Rong 等合成了平均粒径为 5nm 的二元 Pt_xM_y(M=Co,Ni,Fe,Cu,Zn)纳米粒子,负载在 rGO 上,选择性还原肉桂醛为肉桂醇[100]。其中以 rGO/Pt-

$Co_{0.2}$ 纳米催化剂的催化活性最高，其 Pt(0) 与 Pt(Ⅳ) 比为 0.94/1.00，选择性高达 90%，肉桂醛的定量转化率最高此外，纳米钌已被用于一系列催化有机转化，如醇氧化和酮还原[101]、加氢脱氯反应[102]、芳烃加氢[103]和氨合成[104]。Wang 等已经用纳米钌修饰了 rGO 和磺化 rGO 纳米片，用于乙酰丙酸脱水反应生成 γ-缬内酯[105]。rGO/Ru 纳米粒子和 rGO-SO_3H/Ru 纳米粒子的循环可回收性在 8~10 个周期左右，且不会失去反应活性。纳米钯也是有机转化的有价值的候选材料。最新接枝石墨烯衍生物的钯纳米粒子已经被用于不对称氢化反应[106]、Hiyama[107]、Mizoroki-Heck[108]、Suzuki-Miyaura 反应[109]和茚头交叉偶联反应[110]。Saito 等用分散在 GO[111]上的 $Pd_{17}Se_{15}$ 纳米粒子描述了 C—O 偶联和芳基化反应，Pd 纳米粒子/Fe_3O_4 纳米粒子被证明是醋酸乙烯加氢的有效催化体系[112]。其他以 Pd 为载体的纳米粒子用于 NH_3-BH_3 脱氢反应[113]、硝基芳烃还原反应[114]和甲酸脱氢反应[115]也已有报道。最后，分别考察了 Rh 基纳米粒子[116]和 AgNP[117]在石墨烯片上的催化作用，用于丁腈橡胶(NBR)和脱羧反应的加氢反应。表 15.4 总结了基于贵金属纳米粒子的 GNC。

表 15.4 携带贵金属纳米粒子的 GNC 催化的有机转化

a/a	GNC	反应	活性位	添加剂	添加量	周期	参考文献
1	GO/$mSiO_2$,/Hemin/Au 纳米粒子	葡萄糖氧化酶模拟物	Hemin, Au_{NP}	H_2O_2	n. a.	n. a.	[93]
2	rGO/Au 纳米粒子	炔烃氢胺化反应	AU_{NP}	—	49%（质量分数）①	无	[94]
3	rGO-Au 纳米粒子	乌尔曼	AU_{NP}	衬底	1.0%（摩尔分数）②	6	[95]
4	GO-IL/Au 纳米粒子	A^3-偶联	AU_{NP}	—	1%（摩尔分数）③	5	[96]
5	GO/Pt,rGO/(Pt, Ni, Cu, Rh, Ru, Pd)	纤维素和纤维二糖的氧化	Metal	H_2	1~5%（质量分数）（rGO/Pt）	4（rGO/Pt）	[97]
6	rGO-Pt 纳米粒子	CO 氧化	pt^x	O_2	n. a.	n. a.	[98]
7	rGO-Pt@ $mSiO_2$	CO 氧化 4-NP 还原	pt^x	H_2O(H^- source)	—	4	[99]
8	rGO/Pt-$Co_{0.2}$	肉桂醛还原	Pt-$Co_{0.2}$	i-PrOH	n. a.	不适用	[100]
9	rGO-Ru 纳米粒子	醇氧化,酮还原	Ru^x	Potassium acetate/i-PrOH	0.036%（摩尔分数）	4	[101]
10	rGO/Ru 纳米粒子	加氢脱氯	RU_{NP}	H_2	n. a.	5	[102]
11	rGO/Ru 纳米粒子	芳烃氢化	RU_{NP}	H_2	10^{-4}%（摩尔分数）④	—	[103]
12	GO/Ru 纳米粒子	NH_3 合成	RU_{NC}	—	—	—	[104]

续表

a/a	GNC	反应	活性位	添加剂	添加量	周期	参考文献
13	rGO/Ru 纳米粒子, rGO-BzSO$_3$H/Ru 纳米粒子	乙酰丙酸脱水	-SO$_3$H, Ru$_{NP}$	—	n.c.	8~10	[105]
14	rGO/Pd 纳米粒子	不对称氢化	Pd^x	CD, H$_2$, (BA)	n.a.	—	[106]
15	rGO/Pd 纳米粒子	Hiyama 反应	Pd^x	TBAF/NaOH	0.5%(摩尔分数)⑥	5	[107]
16	GO/Pd 纳米粒子	沟吕木-赫克反应	Pd^x	K$_2$CO$_3$/C$_{16}$TAB, SDS 等	0.09%(摩尔分数)⑦	3	[108]
17	GO-Pd^{2+}, rGO-Pd^0-H$_2$, rGO-Pd^0-N$_2$H$_2$	铃木-宫浦反应	Pd^0, Pd^{II}	Na$_2$CO$_3$	3.4~3.5%(质量分数)⑧	3~4	[109]
18	rGO/Cu$_x$Pd$_{1-x}$	薗头反应	Cu$_x$Pd$_{1-x}$	衬底	n.a.	5	[110]
19	GO/Pd$_{17}$Se$_{15}$	C-O 芳基化	Pd$_{17}$Se$_{15}$	衬底	1.0%(摩尔分数)⑤	4(5)	[111]
20	rGO/Pd 纳米粒子/Fe$_3$O 纳米粒子	醋酸乙烯酯加氢	Pd$_{NP}$/Fe$_3$O$_{4NP}$	H$_2$	n.a.	—	[112]
21	GO/Pd@Co	NH$_3$-BH$_3$ 脱氢	Pd@Co	—	0.02⑨	—	[113]
22	CF/rGO/Pd(或 Pt)	亚硝基还原	Pd, Pt-H	NaBH$_4$	⑩	10	[114]
23	rGO/ZIF-8/AuPd-MnO$_x$	甲酸脱氢	AuPd-MnO$_x$	—	—	—	[115]
24	rGO/Rh 纳米粒子	NBR 加氢	Rh^1	PPh	0.035%⑪	—	[116]
25	GO-SH/Ag 纳米粒子	脱羧环加成	Ag$_{NP}$	K$_2$CO$_3$	1%(摩尔分数)⑫	6	[117]

① 是指 Au$_{NP}$;
② 基于 Au;
③ 基于 Au;
④ 基于 Ru;
⑤ 基于 Pd;
⑥ 基于 Pd;
⑦ 基于 Pd;
⑧ 基于 Pd;
⑨ 催化剂与 NH$_x$-BH$_x$ 的摩尔比;
⑩ 在贵金属中 0.45mmol/L(ICP 获得);
⑪ 基于 Ru;
⑫ 基于 Ag。

15.2 小结

对化学家和材料科学家来说,GNC 的发展仍然具有挑战性。一系列的缺点(例如,载体催化剂的浸出,GO 的热还原)仍然是限制 GNC 广泛采用的主要问题。然而,GNC 催化的有机转化的范围不断扩大,揭示了这些独特的纳米碳及其在不同反应中的具体作用和更多的基础知识。正如所描述的,在"经典"催化方面的努力正在与新的纳米碳族交流,并促进其快速发展。我们可以假设,GNC 在其存在的第一个十年中已经有了很大的进展,但仍然有很多工作要做。

参考文献

[1] Novoselov, K. S., Geim, A. K., Mozorov, S. V., Jiang, D., Zhang, Y., Dubonos, S. V., Grigorieva, I. V., Firsov, A. A., Electric field effect in atomically thin carbon films. *Science*, 306, 666, 2004.

[2] Rao, C. N. R., Sood, A. K., Subrahmanyam, K. S., Govindaraj, A., Graphene: The new twodimensional nanomaterial. *Angew. Chem. Int. Ed.*, 48, 7752, 2009.

[3] Ruoff, R., Graphene: Calling all chemists. *Nat. Nanotechnol.*, 3, 10, 2008.

[4] Eigler, S. and Hirsch, A., Chemistry with graphene and graphene oxide—Challenges for synthetic chemists. *Angew. Chem. Int. Ed.*, 53, 7720, 2014.

[5] Byung, H. H., Dae, H. S., Sung, Y. C., Graphite catalyzed reduction of aromatic and aliphatic nitro compounds with hydrazine hydrate. *Tetrahedron Lett.*, 26, 6233, 1985.

[6] Albro, J. and Garcia, H., Doped graphenes in catalysis. *J. Mol. Catal. A: Catalysis*, 408, 296, 2015.

[7] Haag, D. and Kung, H. H., Metal free graphene based catalysts: A review. *Top. Catal.*, 57, 762, 2014.

[8] Skaltsas, T., Ke, X., Bittencourt, C., Tagmatarchis, N., Nitrogen implantation of suspended graphene flakes: Annealing effects and selectivity of sp^2 nitrogen species. *J. Phys. Chem. C*, 117, 23272, 2013.

[9] Kong, X.-K., Chen, C.-L., Chen, Q.-W., Doped graphene for metal-free catalysis. 43, 2841, 2014.

[10] Wang, L., Ambrosi, A., Pumera, M., "Metal-free" catalytic oxygen reduction reaction on heteroatom-doped graphene is caused by trace metal impurities. *Angew. Chem. Int. Ed.*, 52, 13818, 2013.

[11] Chua, C. K. and Pumera, M., Carbocatalysis: The state of "metal-free" catalysis. *Chem. Eur. J.*, 21, 12550, 2015.

[12] Primo, A., Parvulescu, V. I., Garcia, H., Graphenes as metal-free catalysts with engineered active sites. *J. Phys. Chem. Lett.*, 8, 264, 2017.

[13] Deng, D., Novoselov, K. S., Fu, Q., Zheng, N., Tian, Z., Bao, X., Catalysis with two-dimensional materials and their heterostructures. *Nat. Nanotechnol.*, 11, 218, 2016.

[14] Garg, B., Bisht, T., Ling, Y.-C., Graphene-based nanomaterials as efficient peroxidase mimetic catalysts for biosensing applications: An overview. *Molecules*, 20, 14155, 2015.

[15] Zhang, X., Lu, Z., Yang, Z., Single non-noble-metal cobalt atom stabilized by pyridinic vacancy graphene: An efficient catalyst for CO oxidation. *J. Mol. Catal. A: Chemical*, 417, 28, 2016.

[16] Gracia-Espino, E., Hu, G., Shchukarev, A., Wagberg, T., Understanding the interface of six-shell cuboctahedral and icosahedral palladium clusters on reduced graphene oxide: Experimental and theoretical study. *J. Am. Chem. Soc.*, 136, 6626, 2014.

[17] Pulido, A., Boronat, M., Corma, A., Propene epoxidation with H_2/O_2 mixtures over gold atoms supported on defective graphene: A theoretical study. *J. Phys. Chem. C*, 116, 19355, 2012.

[18] Schneider, W. B., Benedikt, U., Auer, A. A., Interaction of platinum nanoparticles with graphitic carbon structures: A computational study. *Chem. Phys. Chem.*, 14, 2984, 2013.

[19] Frank, B., Blume, R., Rinaldi, A., Trunschke, A., Schlögl, R., Oxygen insertion catalysis by sp^2 carbon. *Angew. Chem. Int. Ed.*, 50, 10226, 2011.

[20] Dreyer,D. R. ,Jia,H. ‐ P. ,Bielawski,C. W. ,Graphene oxide:A convenient carbocatalyst for facilitating oxidation and hydration reactions. *Angew. Chem. Int. Ed.* ,49,6813,2010.

[21] Jia,H. ‐ P. ,Dreyer,D. R. ,Bielawski,C. W. ,C – H activation using graphite oxide. *Tetrahedron*,67, 4431,2011.

[22] Chu,X. ,Zhu,Q. ,Dai,W. – L. ,Fan,K. ,Excellent catalytic performance of graphite oxide in the selective oxidation of glutaraldehyde by aqueous hydrogen peroxide. *RSC Adv.* ,2,7135,2012.

[23] Long,Y. ,Zhang,C. ,Wang,X. ,Gao,J. ,Wang,W. ,Liu,Y. ,Oxidation of SO_2 to SO_3 catalyzed by graphene oxide foams. *J. Mater. Chem.* ,21,13934,2011.

[24] Dreyer,D. R. ,Jia,H. ‐ P. ,Todd,A. D. ,Geng,J. ,Bielawski,C. W. ,Graphite oxide:A selective and highly efficient oxidant of thiols and sulfides. *Org. Biomol. Chem.* ,9,7292,2011.

[25] Mirza ‐ Aghayan,M. ,Boukherroub,R. ,Nemati,M. ,Rahimifard,M. ,Graphite oxide mediated oxidative aromatization of 1,4 – dihydropyridines into pyridine derivatives. *Tetrahedron Lett.* ,53,2473,2012.

[26] Huang,H. ,Huang,J. ,Liu,Y. ‐ M. ,He,H. ‐ Y. ,Cao,Y. ,Fan,K. ‐ N. ,Graphite oxide as an efficient and durable metal – free catalyst for aerobic oxidative coupling of amines to imines. *Green Chem.* ,14,930, 2012.

[27] Verma,S. ,Mungse,H. P. ,Kumar,N. ,Choudhary,S. ,Jain,S. L. ,Sain,B. ,Khatri,O. P. ,Graphene oxide:An efficient and reusable carbocatalyst for aza – Michael addition of amines to activated alkenes. *Chem. Commun.* ,47,12673,2011.

[28] Shive,M. S. C. ,Sweta,M. ,Use of graphite oxide and graphene oxide as catalysts in the synthesis of dipyrromethane and calix[4]pyrrole. *Molecules*,16,7256,2011.

[29] Deng,D. ,Xiao,L. ,Chung,I. ‐ M. ,Kim,I. S. ,Gopiraman,M. ,Industrial – quality graphene oxide switched highly efficient metal and solvent – free synthesis of β – ketoenamines under feasible conditions. *ACS Sust. Chem. Eng.* ,5,1253,2017.

[30] Kim,Y. ,Some,S. ,Lee,H. ,Graphene oxide as a recyclable phase transfer catalyst. *Chem. Commun.* ,49, 5702,2013.

[31] Hu,F. ,Patel,M. ,Luo,F. ,Flach,C. ,Mendelsohn,R. ,Garfunkel,E. ,He,H. ,Szostak,M. ,Graphene – catalyzed direct Friedel – Crafts alkylation reactions:Mechanism,selectivity,andsynthetic utility. *J. Am. Chem. Soc.* ,137,14473,2015.

[32] Dhakshinamoorthy,A. ,Alvaro,M. ,Puche,M. ,Fornes,V. ,Garcia,H. ,Graphene oxide as catalyst for the acetalization of aldehydes at room temperature. *Chem. Cat. Chem.* ,4,2026,2012.

[33] Wang,R. ,Wu,Z. ,Qin,Z. ,Chen,C. ,Zhu,H. ,Wu,J. ,Chen,G. ,Fan,W. ,Wang,J. ,Graphene oxide: An effective acid catalyst for the synthesis of polyoxymethylene dimethyl ethers from methanol and trioxymethylene. *Catal. Sci. Technol.* ,6,993,2016.

[34] Dhakshinamoorthy,A. ,Alvaro,M. ,Concepción,P. ,Garcia,H. ,Graphene oxide as an acid catalyst for the room temperature ring opening of epoxides. *Chem. Commun.* ,48,5443,2012.

[35] Khodabakhshi,S. ,Marahel,F. ,Rashidi,A. ,Abbasabadi,M. K. ,A Green synthesis of substituted coumarins using nano graphene oxide as recyclable catalyst. *J. Chin. Chem. Soc.* ,62,389,2015.

[36] Mauro,M. ,Acocella,M. R. ,Corcione,C. E. ,Maffezzoli,A. ,Guerra,G. ,Catalytic activity of graphite – based nanofillers on cure reaction of epoxy resins. *Polymer*,55,5612,2014.

[37] Dreyer,D. R. ,Jarvist,K. A. ,Ferreira,P. J. ,Bielawski,C. W. ,Graphite oxide as a dehydrative polymerization catalyst:A one – step synthesis of carbon – reinforced poly (phenylene methylene) composites. *Macromolecules*,44,7659,2011.

[38] Kim,M. ,Lee,C. ,Seo,Y. D. ,Cho,S. ,Kim,J. ,Lee,G. ,Kim,Y. K. ,Jang,J. ,Fabrication of various con-

ducting polymers using graphene oxide as a chemical oxidant. *Chem. Mater.*, 27, 6238, 2015.

[39] Dreyer, D. R. and Bielawski, C. W., Graphite as an olefin polymerization carbocatalyst: Applications in electrochemical double layer capacitors. *Adv. Funct. Mater.*, 22, 3247, 2012.

[40] Roy, B., Ghosh, S., Ghosh, P., Basu, B., Graphene oxide (GO) or reduced graphene oxide (rGO): Efficient catalysts for one-pot metal-free synthesis of quinoxalines from 2-nitroaniline. *Tetrahedron Lett.*, 56, 6762, 2015.

[41] Bai, L.-S., Gao, X.-M., Zhang, X., Sun, F.-F., Ma, N., Reduced graphene oxide as a recyclable catalyst for dehydrogenation of hydrazo compounds. *Tetrahedron Lett.*, 55, 4545, 2014.

[42] Zhang, X., Ji, X., Su, R., Weeks, B. L., Zhang, Z., Deng, S., Aerobic oxidation of 9H-fluorenes to 9-fluorenones using mono-/multilayer graphene-supported alkaline catalyst. *Chem. Plus. Chem.*, 78, 703, 2013.

[43] Wang, M., Song, X., Ma, N., Reduced graphene oxide as recyclable catalyst for synthesis of bis(aminothiocarbonyl) disulfides from secondary amines and carbon disulfide. *Catal. Lett.*, 144, 1233, 2014.

[44] Dhakshinamoorthy, A., Primo, A., Concepcion, P., Alvaro, M., Garcia, H., Doped graphene as a metal-free carbocatalyst for the selective aerobic oxidation of benzylic hydrocarbons, cyclooctane and styrene. *Chem. Eur. J.*, 19, 7547, 2013.

[45] Xu, Y.-L., Qi, J.-M., Sun, F.-F., Ma, N., Carbocatalysis: Reduced graphene oxide-catalyzed Boc protection of hydroxyls and graphite oxide-catalyzed deprotection. *Tetrahedron Lett.*, 56, 2744, 2015.

[46] Primo, A., Neatu, F., Florea, M., Parvulescu, V., Garcia, H., Graphenes in the absence of metals as carbocatalysts for selective acetylene hydrogenation and alkene hydrogenation. *Nat. Commun.*, 5, 5291, 2014.

[47] Garg, B., Bisht, T., Ling, Y.-C., Sulfonated graphene as highly efficient and reusable acid carbocatalyst for the synthesis of ester plasticizers. *RSC Adv.*, 4, 57297, 2014.

[48] Ji, J., Zhang, G., Chen, H., Wang, S., Zhang, G., Zhang, F., Fan, X., Sulfonated graphene as water-tolerant solid acid catalyst. *Chem. Sci.*, 2, 484, 2011.

[49] Wang, L., Wang, D., Zhang, S., Tian, H., Synthesis and characterization of sulfonated graphene as a highly active solid acid catalyst for the ester-exchange reaction. *Catal. Sci. Technol.*, 3, 1194, 2013.

[50] Liu, F., Sun, J., Zhu, L., Meng, X., Qi, C., Xiao, F.-S., Sulfated graphene as an efficient solid catalyst for acid-catalyzed liquid reactions. *J. Mater. Chem.*, 22, 5495, 2012.

[51] Hou, Q., Li, W., Ju, M., Liu, L., Chen, Y., Yang, Q., One-pot synthesis of sulfonated graphene oxide for efficient conversion of fructose into HMF. *RSC Adv.*, 6, 104016, 2016.

[52] Sengupta, A., Su, C., Bao, C., Nai, C. T., Loh, K. P., Graphene oxide and its functionalized derivatives as carbocatalysts in the multicomponent Strecker reaction of ketones. *Chem. Cat. Chem.*, 6, 2507, 2014.

[53] Gómez-Martínez, M., Baeza, A., Alonso, D. A., Pinacol rearrangement and direct nucleophilic substitution of allylic alcohols promoted by graphene oxide and graphene oxide CO_2H. *Chem. Cat. Chem.*, 9, 1032, 2017.

[54] Li, Y., Zhao, Q., Ji, J., Zhang, G., Zhang, F., Fan, X., Cooperative catalysis by acid-base bifunctional graphene. *RSC Adv.*, 3, 13655, 2013.

[55] Song, J., Kang, S. W., Lee, Y. W., Park, Y., Kim, J.-H., Han, S. W., Regulating the catalytic function of reduced graphene oxides using capping agents for metal-free catalysis. *ACS Appl. Mater. Interfaces*, 9, 1692, 2017.

[56] Wu, T., Wang, X., Qiu, H., Gao, J., Wang, W., Liu, Y., Graphene oxide reduced and modified by soft nanoparticles and its catalysis of the Knoevenagel condensation. *J. Mater. Chem.*, 22, 4772, 2012.

[57] Xu, J., Xu, M., Wu, J., Wu, H., Zhang, W. - H., Li, Y. - X., Graphene oxide immobilized with ionic liquids: Facile preparation and efficient catalysis for solvent - free cycloaddition of CO_2 to propylene carbonate. *RSC Adv.*, 5, 72361, 2015.

[58] Ding, S., Liu, X., Xiao, W., Li, M., Pan, Y., Hu, J., Zhang, N., 1,1,3,3 - Tetramethylguanidine immobilized on graphene oxide: A highly active and selective heterogeneous catalyst for aldol reaction. *Catal. Commun.*, 92, 5, 2017.

[59] Pan, Y., Wang, S., Kee, C. W., Dubuisson, E., Yang, Y., Loh, K. P., Tan, C. - H., Graphene oxide and Rose Bengal: Oxidative C - H functionalisation of tertiary amines using visible light. *Green Chem.*, 13, 3341, 2011.

[60] Li, X. - H., Chen, J. - S., Wang, X., Sun, J., Antonietti, M., Metal - free activation of dioxygen bygraphene/g - C_3N_4 nanocomposites: Functional dyads for selective oxidation of saturated hydrocarbons. *J. Am. Chem. Soc.*, 133, 8074, 2011.

[61] Hermanová, S., Zarevúcká, M., Bouša, D., Pumera, M., Sofer, Z., Graphene oxide immobilized enzymes show high thermal and solvent stability. *Nanoscale*, 7, 5852, 2015.

[62] Wei, Y., Hao, Z., Zhang, F., Li, H., A functionalized graphene oxide and nano - zeolitic imidazolate framework composite as a highly active and reusable catalyst for [3 + 3] formal cycloaddition reactions. *J. Mater. Chem. A*, 3, 14779, 2015.

[63] Fang, F., Wu, K. - L., Li, X. - Z., Dong, C., Liu, L., Wei, X. - W., Reduced graphene oxide/CuI nanocomposite: An efficient and recyclable catalyst for the N - phenylation of indole. *Chem. Lett.*, 42, 709, 2013.

[64] Stürzel, M., Thomann, Y., Enders, M., Mülhaupt, R., Graphene - supported dual - site catalysts for preparing self - reinforcing polyethylene reactor blends containing UHMWPE nanoplatelets and *in situ* UHMWPE shish - kebab nanofibers. *Macromolecules*, 47, 4979, 2014.

[65] Huang, Y., Qin, Y., Zhou, Y., Niu, H., Yu, Z. - Z., Dong, J. - Y., Polypropylene/graphene oxide nanocomposites prepared by *in situ* Ziegler - Natta polymerization. *Chem. Matter.*, 22, 4096, 2010.

[66] Espinosa, J. C., Navalón, S., Álvaro, M., Carcía, H., Reduced graphene oxide as metal - free catalyst for the light - assisted Fenton - like reaction. *Chem. Cat. Chem.*, 8, 2642, 2016.

[67] Khatri, P. K., Choudhary, S., Singh, R., Jain, S. L., Khatri, O. P., Grafting of a rhenium - oxo complex on Schiff base functionalized graphene oxide: An efficient catalyst for the oxidation of amines. *Dalton Trans.*, 43, 8054, 2014.

[68] Mungse, H. P., Verma, S., Kumar, N., Sain, B., Khatri, O. P., Grafting of oxo - vanadium Schiff base on graphene nanosheets and its catalytic activity for the oxidation of alcohols. *J. Mater. Chem.*, 22, 5427, 2012.

[69] Masteri - Farahani, M. and Modarres, M., Clicked Graphene oxide supported Venturello catalyst: A new hybrid nanomaterial as catalyst for the selective epoxidation of olefins. *Mater. Chem. Phys.*, 199, 522, 2017.

[70] Yang, L., Wang, X. - Z., Liu, Y., Yu, Z. - F., Liang, J. - J., Chen, B. - B., Shi, C., Tian, S., Li, X., Qiu, J. - S., Monolayer MoS_2 anchored on reduced graphene oxide nanosheets for efficient hydrodesulfurization. *Appl. Catal. B: Environ.*, 200, 211, 2017.

[71] Blanco, M., Álvarez, P., Blanco, C., Jiménez, M. V., Fernández - Tornos, J., Pérez - Torrente, J. J., Oro, L. A., Menéndez, R., Graphene - NHC - iridium hybrid catalysts built through - OH covalent linkage. *Carbon*, 83, 21, 2015.

[72] Zhao, Q., Chen, D., Li, Y., Zhang, G., Zhang, F., Fan, X., Rhodium complex immobilized on graphene

oxide as an efficient and recyclable catalyst for hydrogenation of cyclohexene. *Nanoscale*, 5, 882, 2013.

[73] Wong, C. M., Walker, D. B., Soeriyadi, A. H., Gooding, J. J., Messerle, B. A., A versatile method for the preparation of carbon – rhodium hybrid catalysts on graphene and carbon black. *Chem. Sci.*, 7, 1996, 2016.

[74] Zhang, Q., Li, Q. – L., Xiang, S., Wang, Y., Wang, C., Jiang, W., Zhou, H., Yang, Y. – W., Tang, J., Covalent modification of graphene oxide with polynorbornene by surface – initiated ringopening metathesis polymerization. *Polymer*, 55, 6044, 2014.

[75] Zhao, Q., Zhu, Y., Sun, Z., Li, Y., Zhang, G., Zhang, F., Fan, X., Combining palladium complex and organic amine on graphene oxide for promoted Tsuji – Trost allylation. *J. Mater. Chem. A*, 3, 2609, 2015.

[76] Yang, Q., Quan, Z., Wu, S., Du, B., Wang, M., Li, P., Zhang, Y., Wang, X., Recyclable palladium catalyst on graphene oxide for the C – C/C – N cross – coupling reactions of heteroaromatic sulfonates. *Tetrahedron*, 71, 6124, 2015.

[77] Zhang, M., Su, K., Song, H., Li, Z., Cheng, B., The excellent performance of amorphous Cr_2O_3, SnO_2, SrO and graphene oxide – ferric oxide in glucose conversion into 5 – HMF. *Catal. Commun.*, 69, 76, 2015.

[78] Wang, C., Hu, L., Hu, Y., Ren, Y., Chen, X., Yue, B., He, H., Direct hydroxylation of benzene to phenol over metal oxide supported graphene oxide catalysts. *Catal. Commun.*, 68, 1, 2015.

[79] Verma, D., Verma, S., Sinha, A. K., Jain, S. L., Iron nanoparticles supported on graphene oxide: A robust, magnetically separable heterogeneous catalyst for the oxidative cyanation of tertiary amines. *Chem. Plus. Chem.*, 78, 860, 2013.

[80] Kumari, S., Shekhar, A., Pathak, D. D., Graphene oxide supported MnO_2 nanorods: An efficient heterogeneous catalyst for oxidation of aromatic amines to azo – compounds. *RSC Adv.*, 4, 61187, 2014.

[81] Park, G., Bartolome, L., Lee, K. G., Lee, S. J., Kim, D. H., Park, T. J., One – step sonochemical synthesis of a graphene oxide – manganese oxide nanocomposite for catalytic glycolysis of poly(ethylene terephthalate). *Nanoscale*, 4, 3879, 2012.

[82] Diao, J., Zhang, Y., Zhang, J., Wang, J., Liu, H., Su, D. S., Fabrication of MgO – rGO hybrid catalysts with a sandwich structure for enhanced ethylbenzene dehydrogenation performance. *Chem. Commun.*, 53, 11322, 2017.

[83] Fattahi, M., Kazemeini, M., Khorasheh, F., Rashidi, A., Kinetic modeling of oxidative dehydrogenation of propane(ODHP) over a vanadium – graphene catalyst: Application of the DOE and ANN methodologies. *J. Ind. Eng. Chem.*, 20, 2236, 2014.

[84] Qian, J., Wang, K., Guan, Q., Li, H., Xu, H., Liu, Q., Qiu, B., Enhanced wet hydrogen peroxide catalytic oxidation performances based on CuS nanocrystals/reduced graphene oxide composites. *Appl. Surf. Sci.*, 288, 633, 2014.

[85] Stein, M., Wieland, J., Steurer, P., Tölle, F., Mülhaupt, R., Breit, B., Iron nanoparticles supported on chemically – derived graphene: Catalytic hydrogenation with magnetic catalyst separation. *Adv. Synth. Catal.*, 353, 523, 2011.

[86] He, F., Niu, N., Qu, F., Wei, S., Chen, Y., Gai, S., Gao, P., Wang, Y., Yang, P., Synthesis of threedimensional reduced graphene oxide layer supported cobalt nanocrystals and their high catalytic activity in F – T CO_2 hydrogenation. *Nanoscale*, 5, 8507, 2013.

[87] Andrew Lin, K. – Y., Hsu, F. – K., Lee, W. – D., Magnetic cobalt – graphene nanocomposite derived from self – assembly of MOFs with graphene oxide as an activator for peroxymonosulfate. *J. Mater. Chem. A*, 3, 9480, 2015.

[88] Zhang, L. ‐ F. and Zhang, C. ‐ Y., Multifunctional $Co_{0.85}Se$/graphene hybrid nanosheets: Controlled synthesis and enhanced performances for the oxygen reduction reaction and decomposition of hydrazine hydrate. *Nanoscale*, 6, 1782, 2014.

[89] Nia, A. S., Rana, S., Döhler, D., Jirsa, F., Meister, A., Guadagno, L., Koslowski, E., Carbonsupported copper nanomaterials: Recyclable catalysts for Huisgen [3 + 2] cycloaddition reactions. *Chem. Eur. J.*, 21, 10763, 2015.

[90] Srivastava, A., Agarwal, A., Gupta, S. K., Jain, N., Graphene oxide decorated with Cu(i)Br nanoparticles: A reusable catalyst for the synthesis of potent bis(indolyl)methane based anti HIV drugs. *RSC Adv.*, 6, 23008, 2016.

[91] Paulose, S., Raghavan, R., George, B. K., Graphite oxide – iron oxide nanocomposites as a new class of catalyst for the thermal decomposition of ammonium perchlorate. *RSC Adv.*, 6, 45977, 2016.

[92] Bhowmik, K., Sengupta, D., Basu, B., De, G., Reduced graphene oxide supported Ni nanoparticles: A high performance reusable heterogeneous catalyst for Kumada – Corriu cross – coupling reactions. *RSC Adv.*, 4, 35442, 2014.

[93] Lin, Y., Wu, L., Huang, Y., Ren, J., Qu, X., Positional assembly of hemin and gold nanoparticles in graphene – mesoporous silica nanohybrids for tandem catalysis. *Chem. Sci.*, 6, 1272, 2015.

[94] Seral – Ascaso, A., Luquin, A., Lázaro, M. J., De La Fuente, G. F., Laguna, M., Muñoz, E., Synthesis and application of gold – carbon hybrids as catalysts for the hydroamination of alkynes. *Appl. Catal. A: General*, 456, 88, 2013.

[95] Mohaved, S. K., Fakharian, M., Dabiri, M., Bazgir, A., Gold nanoparticle decorated reduced graphene oxide sheets with high catalytic activity for Ullmann homocoupling. *RSC Adv.*, 4, 5243, 2014.

[96] Movahed, S. K., Lehi, N. F., Dabiri, M., Gold nanoparticle supported on ionic liquid – modified graphene oxide as an efficient and recyclable catalyst for one – pot oxidative A3 – coupling reaction of benzyl alcohols. *RSC Adv.*, 4, 42155, 2014.

[97] Wang, D., Niu, W., Tan, M., Wu, M., Zheng, X., Tsubaki, N., Pt nanocatalysts supported on reduced graphene oxide for selective conversion of cellulose or cellobiose to sorbitol. *Chem. Sus. Chem.*, 7, 1398, 2014.

[98] Grayfer, E. D., Kibis, L. S., Stadnichenko, A. I., Vilkov, O. Yu., Boronin, A. I., Slavinskaya, E. M., Stonkus, O. A., Fedrorov, V. E., Ultradisperse Pt nanoparticles anchored on defect sites in oxygen – free few – layer graphene and their catalytic properties in CO oxidation. *Carbon*, 89, 290, 2015.

[99] Shang, L., Bian, T., Zhang, B., Zhang, D., Wu, L. ‐ Z., Tung, C. ‐ H., Yin, Y., Zhang, T., Graphene-supported ultrafine metal nanoparticles encapsulated by mesoporous silica: Robustcatalysts for oxidation and reduction reactions. *Angew. Chem. Int. Ed.*, 53, 250, 2014.

[100] Rong, Z., Sun, Z., Wang, Y., Lv, J., Wang, Y., Selective hydrogenation of cinnamaldehyde to cinnamyl alcohol over graphene supported Pt – Co bimetallic catalysts. *Catal. Lett.*, 144, 980, 2014.

[101] Gopiraman, M., Ganesh Babu, S., Khatri, Z., Kai, W., Kim, Y. A., Endo, M., Karvembu, R., Kim, I. S., Dry synthesis of easily tunable nano ruthenium supported on graphene: Novel nanocatalysts for aerial oxidation of alcohols and transfer hydrogenation of ketones. *J. Phys. Chem. C*, 117, 23582, 2013.

[102] Ren, Y., Fan, G., Wang, C., Aqueous hydrodechlorination of 4 – chlorophenol over an Rh/ reduced graphene oxide synthesized by a facile one – pot solvothermal process under mild conditions. *J. Hazard. Mater.*, 274, 32, 2014.

[103] Yao, K. X., Liu, X., Li, Z., Li, C. C., Zeng, H. C., Han, Y., Preparation of a Ru – nanoparticles/ defective – graphene composite as a highly efficient arene – hydrogenation catalyst. *Chem. Cat. Chem.*, 4,

1938,2012.

[104] Zhao,J.,Zhou,J.,Yuan,M.,You,Z.,Controllable synthesis of Ru nanocrystallites on grapheme substrate as a catalyst for ammonia synthesis. *Catal. Lett.*,147,1363,2017.

[105] Wang,Y.,Rong,Z.,Wang,Y.,Wang,T.,Du,Q.,Wang,Y.,Qu,J.,Graphene – based metal/acid bifunctional catalyst for the conversion of levulinic acid to γ – valerolactone. *ACS Sustainable Chem. Eng.*,5,1538,2016.

[106] Szori,K.,Puskás,R.,Szollosi,G.,Bertóti,I.,Szépvölgyi,J.,Bartók,M.,Palladium nanoparticle – graphene catalysts for asymmetric hydrogenation. *Catal. Lett.*,143,539,2013.

[107] Rostamnia,S.,Zeynizadeh,B.,Doustkhah,E.,Hosseini,H. G.,Exfoliated Pd decorated grapheme oxide nanosheets(Pd$_{NP}$ – GO/P123):Non – toxic,ligandless and recyclable in greener Hiyama cross – coupling reaction. *J. Coll. Interf. Sci.*,451,46,2015.

[108] Saito,A.,Yamamoto,S.,Nishina,Y.,Fine tuning of the sheet distance of graphene oxide that affects the activity and substrate selectivity of a Pd/graphene oxide catalyst in the Heck reaction. *RSC Adv.*,4,59835,2014.

[109] G. M.,Rumi,L.,Steurer,P.,Bannwarth,W.,Müllhaupt,Palladium nanoparticles on graphite oxide and its functionalized graphene derivatives as highly active catalysts for the Suzuki – Miyaura coupling reaction. *J. Am. Chem. Soc.*,131,8262,2009.

[110] Diyarbakir,S.,Can,H.,Metin,O.,Reduced graphene oxide – supported CuPd alloy nanoparticles as efficient catalysts for the Sonogashira cross – coupling reactions. *ACS Appl. Mater. Interfaces*,7,3199,2015.

[111] Joshi,H.,Sharma,K. N.,Sharma,A. K.,Prakash,O.,Singh,A. K.,Graphene oxide grafted with Pd17Se15 nano – particles generated from a single source precursor as a recyclable and efficient catalyst for C – O coupling in O – arylation at room temperature. *Chem. Commun.*,49,7483,2013.

[112] Chandra,S.,Bag,S.,Das,P.,Bhattacharya,D.,Pramanik,P.,Fabrication of magnetically separable palladium – graphene nanocomposite with unique catalytic property of hydrogenation. *Chem. Phys. Lett.*,51520,59,2012.

[113] Wang,J.,Qin,Y. – L.,Liu,X.,Zhang,X. – B.,*In situ* synthesis of magnetically recyclable graphene – supported Pd@Co core – shell nanoparticles as efficient catalysts for hydrolytic dehydrogenation of ammonia borane. *J. Mater. Chem.*,22,12468,2012.

[114] Wang,X.,Liu,D.,Song,S.,Zhang,H.,CeO_2 – based Pd(Pt) nanoparticles grafted onto Fe_3O_4/graphene:A general self – assembly approach to fabricate highly efficient catalysts with magnetic recyclable capability. *Chem. Eur. J.*,19,5169,2013.

[115] Yan,J. – M.,Wang,Z. – L.,Gu,L.,Li,S. – J.,Wang,H. – L.,Zheng,W. – T.,Jiang,Q.,AuPd – MnO_x/MOF – Graphene:An efficient catalyst for hydrogen production from formic acid at room temperature. *Adv. Energy Mater.*,5,1500107,2015.

[116] Cao,P.,Huang,C.,Zhang,L.,Yue,D.,One – step fabrication of rGO/HNBR composites via selective hydrogenation of NBR with graphene – based catalyst. *RSC Adv.*,5,41098,2015.

[117] Kim,J. D.,Palani,T.,Kumar,M. R.,Lee,S.,Choi,H. C.,Preparation of reusable Ag – decorated graphene oxide catalysts for decarboxylative cycloaddition. *J. Mater. Chem.*,22,20665,2012.

第16章 剥离石墨烯基二维材料的合成及催化性能

Esmail Doustkhah[1,2], Mustafa Farajzadeh[2], Hamed Mohtasham[2], Junais Habeeb[3] and Sadegh Rostamnia[2]

[1]日本茨城县筑波日本国家材料科学研究所(NIMS)国际材料纳米结构中心(MANA)

[2]伊朗马拉盖市马拉盖大学理学院化学系有机和纳米小组(ONG)

[3]瑞典哥德堡查尔姆斯理工大学化学物理学院物理系

摘　要　由于石墨烯基材料具有较高的表面积,需要通过多种方法消除层间相互作用。有三种不同的途径来克服层间相互作用:插层、柱化和剥离。在剥离方法中,层之间的相互作用最小。通过提高剥离强度,可以调整和提高催化活性。在本章中,我们将研究界面和层间相互作用对石墨烯基材料催化特性的影响。此外,本章将展示如何剥离石墨烯(氧化物),以及其如何在有机转化催化中发挥作用。此外,本章还将讨论和比较由柱化和剥离引起的催化活性差异。

关键词　剥离,石墨烯,催化剂,柱化,表面活性剂,插层

16.1　导言

目前,碳基材料在纳米技术和纳米科学的发展中发挥着重要作用。巴克敏斯特富勒烯、纳米金刚石、石墨烯纳米层、氧化石墨烯纳米层和石墨烯量子点是纳米级的碳同素异形体的一些例子。石墨烯基纳米材料是一类重要的含二维结构的碳质材料,在电子、(光)催化、传感器、废水处理、生物和医药等领域占有非常重要的地位。

石墨烯生产的最简单定义是将石墨层分离成单层或多层,即石墨烯[1]。当部分双键碳被氧化时,羟基和环氧官能团被引入到层中。当石墨层可以彼此分离时,在这种情况下,这可以称为分层的剥离。石墨烯是目前碳基纳米材料领域的最后一个重大发现。这种材料由单独的二维层制成,使得其具有高表面积。由于碳原子含有 sp^2 杂化,具有与其他双键碳共轭的双键,因此可以在其整体结构中形成宽阔的蜂窝状网状结构。石墨烯是由 Novoselov 和 Geim 于 2004 年首次发现的,是一种新的二维材料,可以通过在石墨上粘贴透明胶带并用丙酮洗涤来获得。他们的发现导致了这一领域的一场大革命,并获得了诺贝尔奖[1]。然而,这一领域的研究最早始于 1840 年,当时石墨被首次报道[2]。1930 年,随着 X 射线衍射技术的发展,科学家们发现了石墨烯结构。尽管对其物理性质的系统研究始于 20 世纪 40 年代末,但最近对石墨插层化合物的研究已成为研究的热点[3]。1947 年,一系列理论分析表明,单层石墨烯可以表现出奇妙的电学性质[4-5]。几十年后,

这些预期被证明是正确的,并且发现单层石墨显示出其他显著的性能。显然,石墨烯的性质取决于其结构和形态,并且一直被认为是一个特定的领域。不仅在环境、医学、电子等领域,而且在新品种二维材料的生产中也越来越受到欢迎。石墨烯作为一种二维材料,同时具有奇妙的光学、电学和催化特性。关于石墨烯特殊的物理和化学性质方面,该领域发表了数千篇论文。一些特殊性能包括电导率(108S/m)[6]、高热导率(约5000W/(m·K))[7]、高拉伸强度(约130GPa)、杨氏模量(1.0 TPa)[8]、高本征迁移率($2\times10^5 cm^2/(s\cdot V)$)[9]、大比表面积($2360m^2/g$)[10]以及高机械和化学稳定性,可使其成为未来纳米电子器件[11]的合适材料。这些特征发展为单层和多层石墨烯[12-14],因此石墨烯的物理性质可以更加丰富和有吸引力(图16.1)。

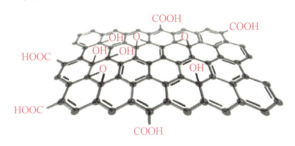

图16.1 GO 的一般结构,显示其功能团

不同层的石墨烯有不同的名称——a)单层石墨烯:剥离为单层的石墨烯;b)双层石墨烯:具有较少堆叠层的石墨烯,如2层和3~10层;c)多层石墨烯(MLG):由10个以上堆叠层组成的石墨烯[15](图16.2)。

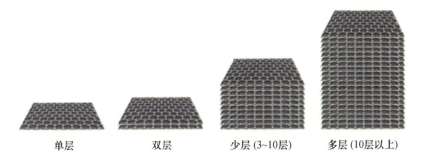

图16.2 石墨烯图式随层数的变化示意图

这些二维石墨烯材料最显著的特点是,即使化学结构完全一样,它们也具有与层数相关的物理性质。因此,控制石墨基材料的二维层数是至关重要的,也是制备二维纳米材料的难点,有必要使用可靠的识别方法来控制二维范德华材料的层数。另一方面,当石墨烯片含有一些氧基团时,则称为氧化石墨烯。

16.2 石墨烯基材料的合成

石墨具有层状和平面结构。在每个单独的层中,碳原子以0.142nm 的间隔排列在蜂窝网中,并且网层之间的距离为0.335nm。因此,石墨层在范德瓦尔斯力和 $\pi-\pi$ 的引力作用下平行堆叠;层间引力不强,各层彼此水平移动。然而,使完全剥离的吸引力足够强。

因此,为了得到石墨烯,我们必须解决相邻层之间的吸引力(图 16.3)。二维石墨烯的制备是近年来面临的主要挑战之一,不仅适用于基础研究,也适用于工业和制药应用[16-18]。石墨烯材料的合成一般分为自上而下和自下而上两个概念。在自上而下的方法中,石墨烯基材料通常由甲烷等小分子获得。在自上而下的情况下,需要剥离石墨或氧化石墨,因此,我已经开发了许多类型的策略,将在本章中进行讨论。

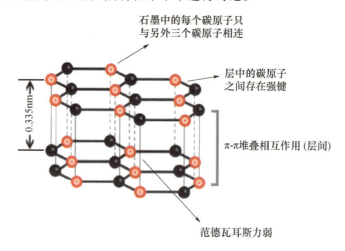

图 16.3　石墨烯相互作用和层间力的一般表示

16.2.1　自上而下技术

在自上而下的合成中,从块体材料合成纳米材料,可以通过物理或化学技术来实现。在石墨烯合成的情况下,可以假设石墨为块体材料,将其层分离为多层、几层或单层称为自上而下的方法。该种方法需要消除层间引力,主要是芳环之间的 π - π 堆叠力和范德瓦尔斯力。在此,对这两种合成石墨烯和氧化石墨烯的方法进行简要说明。

16.2.1.1　机械力合成

在石墨烯的机械力合成中,机械剂去除相邻石墨烯层之间的 π - π 堆叠和范德瓦尔斯力,从而形成石墨烯。从概念上讲,将石墨层分离成石墨烯片的机械力主要有法向力和横向力两种(图 16.4)。采用法向力可以简单地去除 π - π 堆叠力来分离石墨层;透明胶带的微机械剥离就是这种方法的简单有效的例子[1,19]。然而,用于块状石墨的微机械技术只能生产有限量的石墨烯片。此外,在整个过程中,很难控制参数,以生产具有可再现质量的石墨烯。

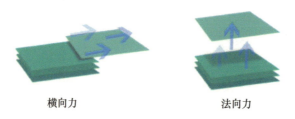

图 16.4　消除层间力的机制

该方法直接将石墨或氧化石墨分别剥离为石墨烯或氧化石墨烯,合成与剥离在同一机械方法中实现。因此,将在后面详细阐述这一部分。

16.2.1.2 化学氧化

化学氧化[20-21]是比较常见的生产石墨烯片的方式。与其他方法相比,该方法是一种从石墨大量生产石墨烯片的经济方法[22]。在这种方法中,石墨芳香环的氧化使某些功能团引入层间,并消除层间的作用力。表面主要功能团为环氧基和羟基,边缘以羧酸为主。氧化程度可由氧插入量决定[23-24]。石墨烯的氧化形式称为氧化石墨烯(GO)。随着氧化程度的增加,剥离程度也随之增加。

试剂最终生成还原氧化石墨烯(rGO),从化学结构来看rGO与纯石墨烯不完全相同,与rGO相比,GO易于剥离,因为氧化功能团可以产生排斥力。由于该方法的功能密度较高,可用于后修饰。此外,可以容易地与其他物质插层。与石墨烯不同,GO不是平面的,它会在氧与碳原子相连的sp^3碳原子上发生变形。

众所周知,氧化石墨烯与氧化石墨的不同之处在于其可以剥离成单层。使用不同的技术从氧化石墨中生产氧化石墨烯。化学还原是制备石墨烯的常用方法之一,该方法首先通过环氧化物或羧基等功能团氧化石墨。通过一些技术,如超声处理,氧化石墨剥离为氧化石墨烯(GO);通过还原GO,可以获得石墨烯片(图16.5)。

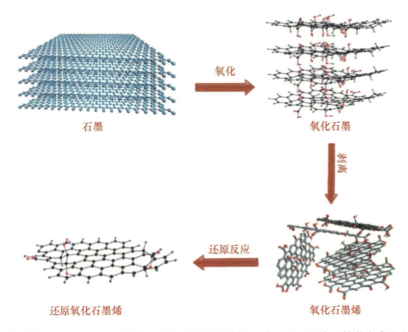

图 16.5　化学氧化法合成氧化石墨烯和还原氧化石墨烯的一般方法(经许可转载自参考文献[25])

16.2.2　石墨烯基材料自下而上合成

在碳化硅上外延生长和化学气相沉积(CVD)是石墨烯基材料合成中最常用的方法。在CVD技术中,过渡金属衬底和气体物质流入反应器并通过热区。在热区,碳氢化合物前驱体在金属衬底表面分解为碳自由基,最后碳自由基连接在一起,形成单层和少层石墨烯。在这一过程中,金属基底在石墨烯沉积机制中起着决定性的催化剂作用,最终影响石墨烯的质量。2008年和2009年首次报道了分别使用Cu和Ni衬底合成基于CVD的石墨烯[26-27]。随后,对各种过渡金属衬底进行了大量研究[28-29]。

在碳化硅(SiC)上外延生长是CVD中生产高质量和大面积石墨烯片的另一种方法[30]。通常通过SiC表面的超高真空退火来实现[12,30-32]。由于硅的升华速率高于碳,表面碳被留在表面,碳原子开始重新排列形成石墨烯片。

16.2.3 脱落石墨烯的仪器识别

石墨烯层的表征和计数是石墨烯研究的重要、关键和难点部分,涉及基于不同微观和光谱技术的测量。因此,各种技术可用于石墨烯和石墨烯基材料的分析。识别石墨烯片是否剥离的最简单方法之一是其水分散体是否表现出廷德尔效应,这可以通过光路径来测试。

XRD是测定工具之一,但对单层石墨烯的测定并不理想。在XRD图中,石墨在$2\theta=26.60$(图16.6(a))处显示出反射(002)峰。另一方面,当石墨氧化时,(002)峰在$2\theta=13.90$(图16.6(b))处向较低的角度移动,这是因为在石墨层之间存在氧功能团和水分子。然后当GO整体热剥离时,没有明显的衍射峰,这意味着GO结构被去除,石墨烯纳米片被组织起来[33]。利用谢乐公式,通过对(002)反射的洛伦兹拟合,可以从相应的谱线展宽中得到石墨烯的层数[34]。对于石墨,两层之间的距离(晶格间距)通常为0.335nm。通过石墨的氧化,晶格间距自然增加,表明石墨烯层中存在插入物质(如环氧化物和羟基)(图16.5)。XRD图谱中的强烈反射表明,样品中含有大量的层。峰值越强,说明叠加在一起的层越多。因此,随着剥离强度的增加,峰强度降低,在完全剥离层时,峰在XRD图谱中不再可见(图16.6(c)、(d))。

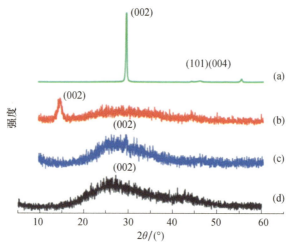

图16.6 (a)原始石墨、(b)剥离的GO、(c)电化学还原的GO和(d)化学还原的GO的X射线衍射图(经许可转载自参考文献[25])

原子力显微镜(AFM)是另一种用于表征石墨烯的技术。事实上,这是一种扫描探针显微镜(SPM)。单层石墨烯的厚度在0.34~1.2nm范围内[33,35-37]。石墨烯和GO的厚度不同,可以通过AFM成像来区分[38]。在AFM成像中,还原后的GO的厚度为0.6nm,GO的厚度为1.0nm,这种差异是由于GO层表面上存在作为功能团的氧原子。除了上述表征外,AFM还可用于研究石墨烯纳米片的电学、力学、磁性、摩擦和弹性特性[38]。

单层石墨烯可以通过 TEM 观察为透明薄片。横断面 HRTEM 显微图可以显示许多层叠在一起[39]。每一层石墨烯显示为一条暗线。此外,波纹石墨烯片与电子束平行放置[40]。另一种识别石墨烯层的方法是通过改变电子束与石墨烯薄片之间的入射角来实现纳米区域电子衍射模板[41-42](图 16.7)。

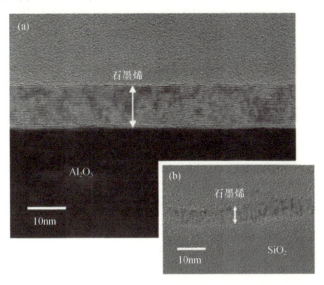

图 16.7 (a)在蓝宝石上和(b)在 SiO_2/Si 上合成的石墨烯的横截面 TEM 图像(经许可转载自参考文献[39])

拉曼光谱是一种振动光谱技术,用于提供有关晶体结构和分子振动的信息。该技术是通过测定石墨烯片的厚度来研究石墨烯片数量的简便快速的方法之一。不仅给出了样品层数的信息,还给出了能带结构、多层石墨烯的层间耦合、声子和电子声子耦合等物理性质的重要数据。在石墨烯的拉曼光谱中,通过研究 G 能带和 2D 能带的强度比可以预测石墨烯层数。在单层石墨烯中,在 2D 波段可以看到一个非常尖锐的强峰。因此,当石墨烯发生剥离时,2D 能带的出现证实了这种剥离。另一方面,随着 G 能带强度的降低,剥离程度增加。通过石墨烯层的聚集,G 能带强度增加[43](图 16.8)。

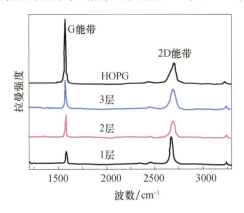

图 16.8 G 和 2D 能带在层剥离方面的比较(经许可转载自参考文献[43])

16.2.4 石墨烯基材料的化学修饰

通常,化学修饰可以通过共价键或非共价键相互作用来实现。第一种方法是通过有限的方法实现,例如与在石墨氧化过程中产生的 GO 或 rGO 上的现有功能团反应。然而,非共价修饰通常伴随着物质插入到基于石墨烯的材料的层间空间。主要的非共价相互作用有阳离子 – π、阴离子 – π 和范德瓦耳斯力相互作用。

16.2.5 剥离型石墨烯(氧化物)的制备

16.2.5.1 功能化剥离

石墨烯基材料的功能化是石墨烯基材料剥离的有效方法。利用具有适当疏水性的反应分子,通过与羟基和环氧基团反应,能穿透层间空间并与表面结合,从而实现功能化。功能化可以轻松消除层间力,并因此导致石墨烯片的剥离。

异氰酸酯是反应性分子,其可以通过结合到层间空间而使石墨烯层剥离。结果表明,异氰酸酯可与羟基和羧基反应生成酰胺和氨基甲酸酯。这种功能化可以简单地剥离石墨烯纳米片[44]。芳基重氮盐是另一种反应性分子,其通过直接在石墨烯表面进行功能化处理,可以将石墨剥离为石墨烯[45]。石墨烯层之间的聚合也可导致剥离的另一种方法。

石墨烯功能化的另一种方法是边缘羧酸的酯化或酰胺化。例如,像丙炔胺这样的胺可以通过酰胺化连接。酰胺化后,石墨烯表面存在的炔烃与叠氮壳聚糖的链接反应可导致表面上后合成三唑[46]。通过二茂铁对氧化石墨烯的共价改性,是应用于结合到边缘羧酸并随后剥离氧化石墨烯片的另一个实例。

16.2.5.2 机械力剥离

如上所述,利用机械力将石墨剥离为石墨烯是以低成本实现大规模生产的最有效方法之一。在机械方法中,可以通过剥离直接获得石墨烯。此外,该方法不会改变石墨烯片的化学结构,但可以处理裂解成更小的薄片。在本节中,重点介绍了基于机械剥离的不同剥离技术。机械剥离的主要方法包括超声处理、球磨、流体动力学和超临界方法。在本节中,将通过在每个案例中给出线索来进行简要解释[47]。

1. 声化学剥离

液相超声是实验室大规模生产石墨烯基材料的一种独特方法。2008 年,科尔曼的研究小组首次报道了利用液相超声技术进行石墨烯的高产研究[41]。在该技术中,石墨烯(氧化物)应分散在合适的溶剂中,而不添加任何分散剂或任何剥离剂,超声辐射可以使溶剂中的层剥离。在此机理中,选择合适的溶剂,使用添加剂,以及声波发生器的功率对剥离度有重要的影响。因为 GO(而不是石墨烯)可以容易地剥离。因此,在超声波辐射下,GO 比石墨烯可以更快地剥离[48]。

与其他技术相比,通过超声处理的剥离更有效。然而,这种用于层剥离的技术是暂时的,并且在停止超声辐射之后,石墨烯片的再聚集最终会发生。因此,为了达到石墨烯层的永久剥离,超声辐照时必须考虑另一种剥离技术[49-50]。

2. 球磨剥离

球磨机是一种研磨机,包含一个圆筒,用于研磨(或混合)矿石、化学品、陶瓷原料和油漆。在球磨机装置中,圆筒绕水平轴旋转,在圆筒内,钢球可以随着旋转而研磨材料。

该方法可以从球磨的石墨或氧化石墨中生产出剥离的石墨基材料。这种方法可以产生高度剥离的石墨烯,而无需任何进一步的化学过程[51-52]。当用球磨剥离时,石墨烯片的尺寸会减小。在这种方法中,石墨片的厚度将减小到 10nm[53-55]。因此,对于制作单层石墨烯来说并不适用。一般情况下,球磨法剥离一般有两种力。第一个是非常有效的力,即剪切力。这种类型的力有助于石墨的剥离,而不会对石墨片造成明显损坏。第二种力是碎裂力,其在石墨的剥离中不是很有成效,但是在石墨片的碎裂中非常有效。碎裂最终导致产生更小尺寸的石墨烯片。有时,甚至会破坏晶体结构,使其变成非晶相或非平衡相(图 16.9)[47]。

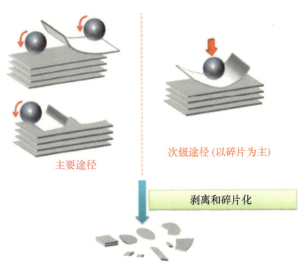

图 16.9　用球磨法剥离石墨的关键力示意图

除了石墨烯片剥离过程中的关键作用力外,球磨剥离有干法球磨和湿法球磨两种方法。在第一种情况中,球磨无需溶剂,而在后一种情况中,球磨则需要溶剂。在干法球磨中,加入盐如 Na_2SO_4 可以提高剥离强度。在湿法球磨中,需要选择合适的溶剂,如 NMP、DMF、四甲基脲。此外,可以加入一些添加剂如表面活性剂(如 SDS)或小分子(如三聚氰胺)以加速剥离。

3. 流体动力学

除了上述超声处理和球磨方法之外,用于石墨烯生产的流体动力学已在石墨烯的机械剥离中受到关注。通过流体动力学,石墨片与液体一起搅动,从而产生剥离的石墨烯。在这种方法中,石墨烯也可以大规模生产。同样,根据预期的质量和数量,流体动力学可以是温和的或强烈的。到目前为止,流体动力学分为三种方法:

(1)涡流射流膜;

(2)压力驱动流体动力学;

(3)混合器驱动流体动力学。

4. 石墨烯超临界流体剥离

超临界流体剥离(SFE)是一种可规模化生产氧化石墨烯的方法。在该方法的简单可视化中,超临界流体首先渗透到层间空间石墨烯中,然后超临界流体的快速减压最终导致层间空间的突然膨胀,从而导致剥离。这种机制可以称为 SFE。剥离程度取决于超临界流体的高扩散性、膨胀性和溶解性。将超临界流体 CO_2 排放到含有 SDS 的溶液中,导致石墨烯片明显剥离[56]。通过该方法获得的典型石墨烯片包含约10层。

作为超临界流体,一些溶剂也可用于石墨烯片的剥离。NMP、DMF 和乙醇是用于 SFE 溶剂的一些实例。在这种方法中,溶剂被加热到或高于其临界温度,这些溶剂含有低界面张力、优异的表面润湿和高扩散系数。因此,这些超临界流体可以很容易地渗入石墨的层间,从而导致石墨的剥离。迄今为止,通过这类溶剂的 SFE 法在 15min 内就可以获得少层石墨烯[57]。同样,SFE 可以与其他方法相结合,提高剥离的效率。将 SFE 与超声法[58]、功能化法[59]、球磨[60]和插层法[61]耦合在一起是已知的典型案例。1-芘甲酸(PCA)是辅助 SFE 方法剥离石墨烯片的实例[61-62]。芘-PEG 是在超临界流体 CO_2 存在下辅助石墨烯片剥离的另一种材料。PEG 是一种聚乙二醇聚合物,通过羧基连接到 1-芘甲酸,并在分子的疏水性和亲水性之间取得平衡,以很好地剥离石墨烯片[63]。除了这些芘衍生物,还有其他一些用于石墨烯片剥离的衍生物[64](图 16.10)。

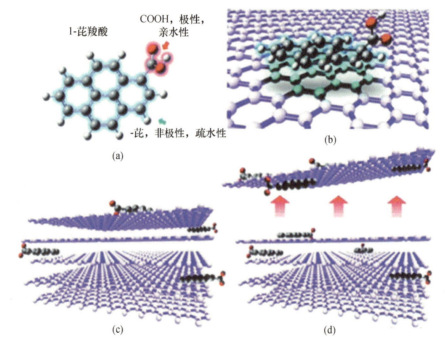

图 16.10　(a)1-芘羧酸(PCA)的化学结构;(b)~(d)水性介质中具有石墨层的 PCA 以及在这些条件下的剥离机理(经许可转载自参考文献[65])

16.2.5.3　插层剥脱

采用插层法对石墨烯片进行剥离处理后,其物理特性得到了保留,表面和边缘完好,引起了广泛的关注。因此,可以用来进行化学修饰。在这种剥离方法中,通常在液相中实现。石墨烯的剥离有许多不同的方法,本节将对其进行简要说明。通常,这些方法基于材料的种类性质进行分类,假设材料插入石墨层的层间空间,将其剥离为石墨烯[66]。在插层中,存在几种物质,包括离子液体、聚合物、表面活性剂、小分子、有机和无机盐以及生物分子(如蛋白质、多糖和核苷酸)。这些物质的剥离说明如下。

1. 离子液体剥离

如上所述,离子液体是可用于将石墨剥离为石墨烯的物质之一。由于离子液体是黏性材料,应该与另一种方法如超声或球磨相结合,以更好地剥离石墨烯片。1-丁基-3-甲基-咪唑双(三氟甲烷磺酰基)酰亚胺([Bmim]-[Tf$_2$N])是该方法的典型示例,通过尖端超声将石墨剥离为石墨烯片[67](图16.11)。

图16.11 超声辐射辅助离子液体对石墨片的剥离(经许可转载自参考文献[67])

1-己基-3-甲基咪唑六氟磷酸盐(HMIH)是另一个实例,其用于通过超声辅助将石墨剥离为石墨烯。该方法的优点是HMIH是一种商用离子液体,可用于少层石墨烯的可规模化生产。在剥离石墨烯分散体中表现出廷德尔效应,证明离子液体剥离石墨烯。迄今为止,在HMIH存在下的石墨烯分散体具有最高浓度的石墨烯[68]。

2. 通过聚合物和超分子剥离

聚合物也是剥离石墨烯片的可用途径之一。由于聚合物是巨大的分子,只能用于剥离。一些聚合物也被假定为表面活性剂。因此,在此解释聚合物的种类。Quinn及同事[69]通过使用α-环糊精(α-CD)超分子和三嵌段共聚物PEO-PPO-PEO来剥离石墨烯片,以制备用于药物释放系统的水凝胶。在另一种方法中,通过使用一种单体中含有芘基团的共聚物渗透到石墨烯片中,另一种单体含有亲水性的聚乙二醇,将石墨剥离成石墨烯复合材料。这可以产生极性的平衡,从而使石墨剥离为石墨烯片。聚合物插层石墨烯在700℃下N$_2$环境中退火,生成剥离的石墨烯复合材料[70](图16.12)。

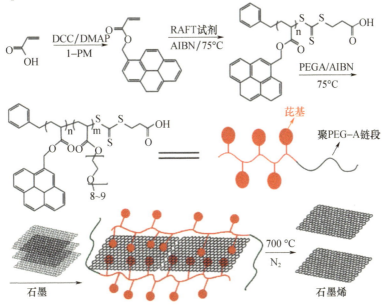

图16.12 使用共聚物合成剥离石墨烯复合材料的图示(经许可转载自参考文献[70])

具有多芳香结构的超分子也是剥离的良好选择。Zhao 和同事[50]在方法中加入了单宁酸,使石墨在水性介质中剥离为石墨烯。单宁酸是一种具有酸性(pKa 约为 10)的大分子多酚。在最佳条件下,生产出了高浓度的石墨烯,即 1.25mg/mL。在该剥离条件下,石墨烯浓度与石墨浓度之比为 92%。还有人声称,根据电导率,形成的石墨烯是少层石墨烯,据报道其电导率高达 488S/cm。用于在温和绿色条件下,以低生产成本大规模生产石墨(图 16.13)。

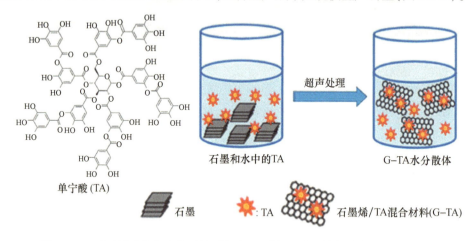

图 16.13 通过辅助单宁酸将石墨剥离为石墨烯(经许可转载自参考文献[50])

3. 表面活性剂剥离

表面活性剂在石墨烯片的剥离中起主要作用。表面活性剂分为三部分:阳离子(如十六烷基三甲基溴化铵(CTAB))[71]、阴离子(十二烷基硫酸钠(SDS))[72]和非离子(P123)[73]表面活性剂。这些材料都是通过液相剥离机制使石墨烯剥离。Narayan 和 Kim[74]回顾了石墨(氧化物)表面活性剂剥离形成石墨烯(氧化物)的方法,他们提到了目前使用表面活性剂剥离的挑战和优势。

4. 小分子剥脱

具有适当结构的小分子也是石墨剥离的良好选择。然而,通常伴随有互补的剥离方法,例如超声处理、球磨和 SFE 方法。草酸是与球磨一起使用以使石墨烯片剥离的实例。该球磨机为行星式球磨机[75]。一般来说,球磨有行星式球磨和搅拌球磨两种。草酸球磨假设使用行星式球磨,这是一种非常流行的球磨方法[52,76](图 16.14)。

一种引起石墨剥离的有趣的分子插层是 PCA。在 PCA 中,芘基序是疏水性的,羧酸部分则是亲水的。如图 16.8 所示,在诸如 H_2O 这样的极性介质中,PCA 的非极性部分(如芘)通过 π-π 堆叠机制被驱出到石墨表面的顶部,或渗透到层间空间,从而减少暴露于水的 PCA 的疏水部分。通过继续这一过程,PCA 分子更多地渗透到层间空间中,从而消除层之间的相互作用,从而导致层间剥离[65]。

5. 无机盐剥脱

还报道了通过使用无机盐的混合物将石墨剥离为石墨烯的方法。使用无机盐混合物,如 NaCl 和 $CuCl_2$,可以将石墨剥离成具有高质量和溶液可分散的少层石墨烯片的石墨烯分散体。在本研究中,该方法是将石墨分散在 NaCl 和 $CuCl_2$ 的水溶液中,然后在短时间超声下将其干燥并随后将其分散在正交有机溶剂中。据称,通过这种方法获得的石墨烯是少层石墨烯片,其中86%包含1~5层,横向尺寸约为210μm^2[77](图16.15)。

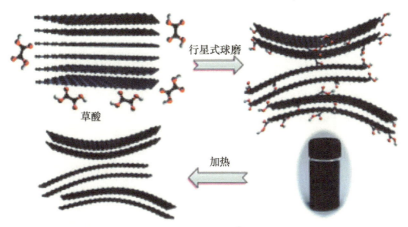

图16.14　草酸剥离(经许可转载自参考文献[75])

图16.15　通过辅助无机盐将石墨剥离成石墨烯片(经许可转载自参考文献[77])

6. 生物分子剥离

石墨(氧化物)材料到石墨烯(氧化物)纳米材料的生物分子剥离作为分散剂受到了极大的关注,因为其提供了许多优于常规合成表面活性剂优点。有多种生物分子在石墨烯型材料的剥离中是有效的。这些材料基本上包括蛋白质、多糖、核苷酸和核酸(如DNA和RNA)。每一种都可以根据生物分子的类型具有特殊类型的应用,如生物医学(光热和光动力治疗、生物成像、生物传感等)、能量存储(锂电池)、(生物)催化(如用于氧还原反应的催化剂载体或用于析氢反应的电催化剂)或复合材料[78](图16.16)。

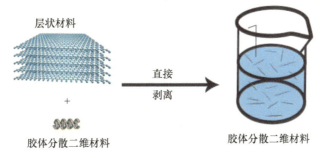

图16.16　石墨(氧化物)材料对石墨烯(氧化物)的直接生物分子剥离(经许可转载自参考文献[78])

1) 蛋白质剥离

Laaksonen 首先提出了通过蛋白质剥离,通过一类特殊的蛋白质 - 疏水蛋白(HFBI)在水性介质中直接从石墨剥离到石墨烯[79]。HFBI 是一类具有活性微生物粘附表面的蛋白质,参与丝状真菌的生长和发育。这些蛋白质在表面表现出两亲性特征,在其外部表面的一侧具有独特的疏水残基(图 16.17(a)),使这种类型的生物分子具有强烈的两亲性。相反,常规蛋白质的大部分疏水残基位于其内部,并且亲水残基大部分暴露在其外表面,因此不适合于石墨烯片的剥离。通过辅助超声辐射在石墨层中嵌入 HFBI 可以容易地导致在没有任何化学改性或氧化的情况下形成剥离石墨烯片[79-80]。

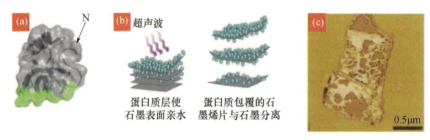

图 16.17　HFBI 剥离石墨(经许可转载自参考文献[79])

牛血清白蛋白(BSA)是另一种已经用于生产少层石墨烯的蛋白质。然而,为了用 BSA 剥离石墨,已经使用厨房搅拌机代替传统的超声等方法。与其他蛋白质(如卵白蛋白、乳球蛋白和血红蛋白)相比,BSA 在 pH = 7 时负电荷密度最高,得到的石墨烯层数最高。此外,BSA 的剥离导致异常高浓度(高达 7mg/mL)的 BSA/石墨烯水分散体的形成[81](图 16.18)。

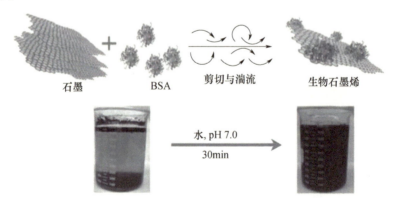

图 16.18　使用 BSA 作为分散剂在剪切力下石墨剥离示意图
所得到的 BSA 涂覆的石墨烯片被称为生物石墨烯。(经许可转载自参考文献[91])

2) 多糖剥离

多糖也是石墨烯插层和随后剥离的有效选择之一。透明质酸(HA)[82-83]、壳聚糖[84],角叉菜胶[85]、普鲁兰[83]、瓜尔胶和黄原胶[86]等多糖种类繁多,已报道可以作为石墨(氧化物)材料的剥离和/或分散剂。例如,HA(一种阴离子多糖)已用于石墨的剥离。对于这方法,芘共价连接到 HA 上,以增加 π - π 与石墨烯层堆叠的可能性,并最终使石墨烯层剥离[82]。壳聚糖(CS)是一种由随机分布的 β - (1-4) - 连接的 D - 氨基葡萄糖和

N-乙酰-D-氨基葡萄糖单元组成的阳离子天然多糖,可通过 NaOH 处理虾和其他甲壳类动物壳中的甲壳素脱乙酰化得到。CS 包括疏水性和亲水性基团和正电荷胺基。CS 还被用于通过辅助超声在短时间(30min)内剥离石墨,得到 5.5mg/mL 高质量石墨烯片的水分散体[83]。

3) 用于剥离的核酸和核苷酸

核苷酸是一类生物分子,其包含具有非极性和疏水性的芳族含氮碱基(核碱基)、具有五个碳原子的糖配基和强极性(聚)磷酸基团。这种两亲性结构可以被假定为石墨烯片的剥离剂。由于核苷酸是 RNA 和 DNA 等核酸的单体,因此其对于将石墨(氧化物)材料剥离成石墨烯(氧化物)更为有效。

黄素单核苷酸(FMN)是最常见的核苷酸,是维生素 B2 的衍生物,用于石墨的剥离/分散[87-88]。FMN 由作为核碱基的二甲基化异咯嗪单元、核糖醇基和单个磷酸基团组成(图 16.19(a))。也被用作碳纳米管表面活性剂[89]。结果表明,FMN 在还原氧化石墨烯纳米片时有较强的吸附作用[89],表明 FMN 可以作为分散剂分散(还原)石墨烯(氧化物)。当原始石墨粉在超声辅助下在 FMN 水溶液中成功剥离时(图 16.19(b)和(c))[87],证实了这一假说的可行性。

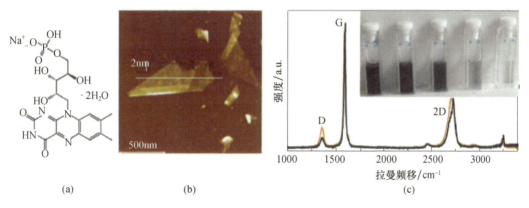

图 16.19 (a)黄素单核苷酸(FMN)结构;(b)FMN 剥离的石墨烯片的原子力显微照片;
(c)FMN 剥离的石墨烯(橙色线)和石墨粉(黑色)的拉曼光谱

较低的 D-G 能带比表明碳的有序度较大。插图:不同浓度的 FMN 剥离的石墨烯照片。(经许可转载自参考文献[79])

4) 电化学剥离

石墨(氧化物)向石墨烯(氧化物)的电化学剥离是第二种方法,在电解质中在石墨阳极/阴极之间施加电势差(适合于通过插层来剥离)。该方法在电解质插层的同时,石墨进行电化学剥离,所以可以将其称为电化学插层。因此,根据电解质的电荷,电化学剥离可分为阳离子和阴离子电化学剥离[90](图 16.20)。

两亲性阴离子(主要是带有磺酸盐基团的多芳香碳氢化合物)是适合的电解质,具有多种作用:①插入剂;②分散剂;③防止剥离期间石墨烯氧化的抗氧化剂;④促进纳米粒子锚定石墨烯片,产生功能性杂化物的连接剂。事实上,所有的阴离子电解质都不是抗氧化剂,因此,阴离子电化学剥离会导致石墨烯片的氧化[91](图 16.21)。

除了用于防止石墨烯在剥离期间氧化的抗氧化剂电解质之外,阳极剥离可以通过同时阳极剥离合成杂原子(氮、硫)掺杂的石墨烯[92]。这种掺杂会对石墨烯片的晶体结构产生缺陷。然而,它可以使石墨烯片在一些催化用途中更有效。

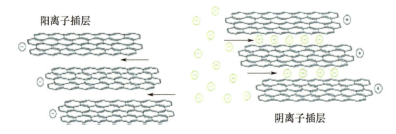

图 16.20　阴离子和阳离子电化学剥离示意图(经许可转载自参考文献[90])

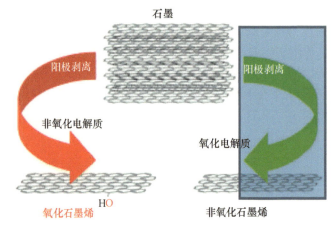

图 16.21　石墨电解剥离的两种方法示意图(经许可转载自参考文献[91])

报告中,以 KOH 和 $(NH_4)_2SO_4$ 为电解质,通过等离子体辅助,在较短的反应时间内实现阴极化学剥离[93]。这种剥离是通过在石墨层间形成氢气获得的,导致层间空间的初始膨胀,进而发生剥离(图 16.22)。

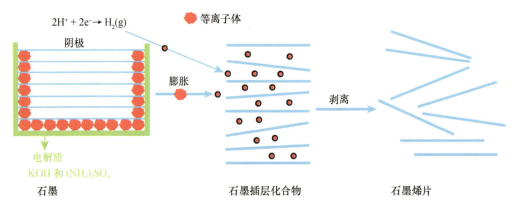

图 16.22　等离子体电化学剥离石墨烯片形成示意图(经许可转载自参考文献[93])

5)石墨烯柱化

石墨烯柱化是另一种有效的石墨烯层间空间活化方法。在此方法中,附加组件将层彼此连接,可以获得具有平行层和可调层间空间的新型三维材料。垂直插入碳纳米管

(CNT)是石墨烯柱化的方法之一。该结构也可以称为纳米多孔材料。这种纳米多孔材料的主要应用是 H_2 储存(图 16.23)。

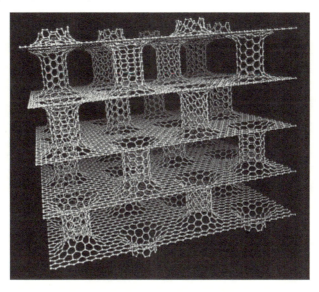

图 16.23 碳纳米管柱化氧化石墨烯(经许可转载自参考文献[94])

预期石墨烯的理论比表面积($2630m^2/g$)较高[95],尽管进行了许多研究,实验者还是成功地产生了具有如此高表面积的石墨烯[96-97]。最近,Froudakis 及其同事[94]的计算函数预测,单壁碳纳米管柱化石墨烯具有显著提高的表面积和储氢容量。

16.2.6 剥离型石墨烯基材料的催化应用

由于石墨烯的层之间存在巨大的表面,在正常情况下是相对钝化的,导致层剥离。

16.2.6.1 表面活性剂/聚合物基剥离石墨烯的催化性能

剥离型石墨基材料的催化应用是本课题组首次开发并提出的新概念[98]。我们发现,通过石墨烯片的剥离,催化效率增加。因此,我们研究了各种参数对石墨烯片剥离能力的影响及其对催化性能的影响。这项研究表明了许多有趣的结果,将在后续中进行阐述。

在石墨烯层之间沉积 Pd 纳米粒子会导致产生杂化催化剂,在 Suzuki – Miyaura[99]、Mizoroki – Heck[100] 和 Sonogashira 偶联反应等许多催化案例中都有研究[100-104]。近年来,表面活性剂在催化过程中对 GO 和 Pd/GO 剥离的研究表明,催化过程中的剥离对催化剂的催化效率有很大的影响[105]。使用 P123 等聚合物是提高催化效率的一个非常有效的方法。与阳离子表面活性剂 CTAB 和阴离子表面活性剂 SDS 相比,P123 的效果更好。因此,其催化活性应高于离子表面活性剂剥离的活性。考察了在包括 P123、CTAB 和 SDS 的剥离剂存在下 Pd/GO 在醇氧化中的催化活性,表明 P123 作为高分子表面活性剂在其他基团中具有较高的活性,在醇的氧化过程中显示出更好的裂解效果。假设通过石墨烯片的剥离,完全被石墨烯片覆盖的 Pd 纳米粒子可以在剥离后获得。除了剥离之外,添加表面活性剂可以通过将氧截留在聚合物网络中来帮助增加溶液中的溶解氧的量(图 16.24)[106]。我们还将相同的催化体系用于交叉偶联 Hiyama 反应,以了解剥离对反应过程的影响。因此,对不含表面活性剂和含表面活性剂的 Pd/GO 进行比较,以观察剥离效果。当其剥离时,反应效率提高。在 P123、CTAB 和 SDS 中,P123 对 Hiyama 产品的催化效率较高。

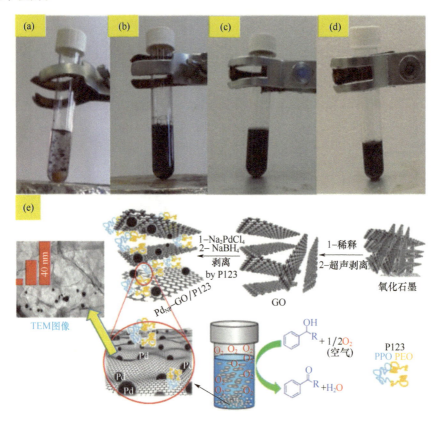

图 16.24　作为聚合物表面活性剂的剥离剂 P123 存在下 Pd/GO 的催化活性
（经许可转载自参考文献[106]）

为了显示催化剂的剥离效果,我们进一步考察了从苯甲醇氧化为醛,然后与胺进行氧化酰胺化的一锅法串联合成酰胺的催化体系。酰胺的生产过程是多步的,通过剥离 Pd/GO 来实现。事实上,当 Pd 纳米粒子沉积在层上时会部分剥离。然而,在 Pd 沉积和干燥之后发生再聚集。因此,表面活性剂插层导致其中存在 Pd 纳米粒子的层的额外膨胀。这是第一种应用于多步串联合成酰胺的 Pd 纳米粒子[107]。除了 P123、CTAB 和 SDS 外,我们还在该系统中使用 F127,观察额外的聚合物剥离对反应进程的影响(图 16.25)。

然后,监测了三种结构上相似的不同聚合物,在苯甲醛和盐酸羟胺的级联酰胺化反应中,该反应开始亚胺化并以重新排列结束。这些聚合物都是聚乙二醇型(PEG 型)聚醚,包括 PEG – 300、P123 和 F127。本研究表明,在剥离和催化效果方面,GO 是比 rGO 更好的宿主。在此反应中,F127 优于其他两种聚合物。该研究还表明,使用适当的聚合物剥离可以使反应物扩散到层中[108](图 16.26)。

16.2.6.2　用于催化的超声剥离

在催化过程中通过超声使石墨烯片剥离是已经深入研究的第二种类型的剥离方法。该方法也是非常有效的,因为超声波对反应介质没有任何污染,利用其高能作用于化学键能够对反应产生额外的积极影响。超声处理已经用于磺化还原氧化石墨烯($rGO - SO_3H$),其在层之间包含磺酸基团。这使得通过超声处理使层膨胀而使反应物向层间空间扩散成为可能。利用该催化体系,在超声作用下将羧酸与胺直接酰胺化成相应的酰胺。在较短的反应时间内,酰胺的产率很高(56%~95%),与非磺化类型相比效率更高[109](图 16.27)。

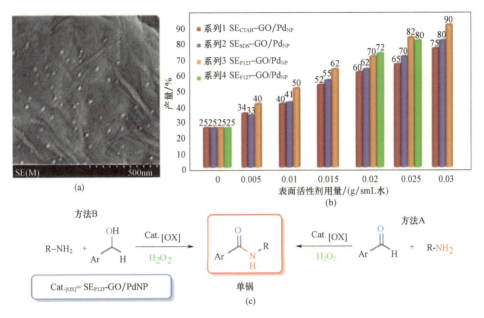

图 16.25　剥离的 Pd 负载 GO 催化醇直接氧化单锅合成酰胺(经许可转载自参考文献[107])

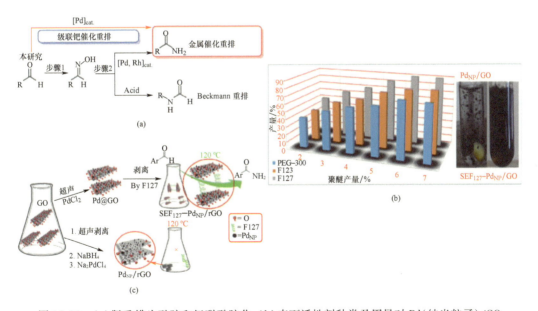

图 16.26　(a)肟重排为酰胺和级联酰胺化;(b)表面活性剂种类及用量对 Pd(纳米粒子)/GO 催化活性的影响;(c)SEF127-Pd(纳米粒子)/GO 的制备(经许可转载自参考文献[108])

由于氧化石墨烯具有氧化能力,可以作为氧化剂用于一些有机物种的氧化。例如,氧化石墨直接剥离成氧化石墨烯及其在苯甲醇氧化中的原位氧化活性。该剥离也是通过超声进行的[110]。

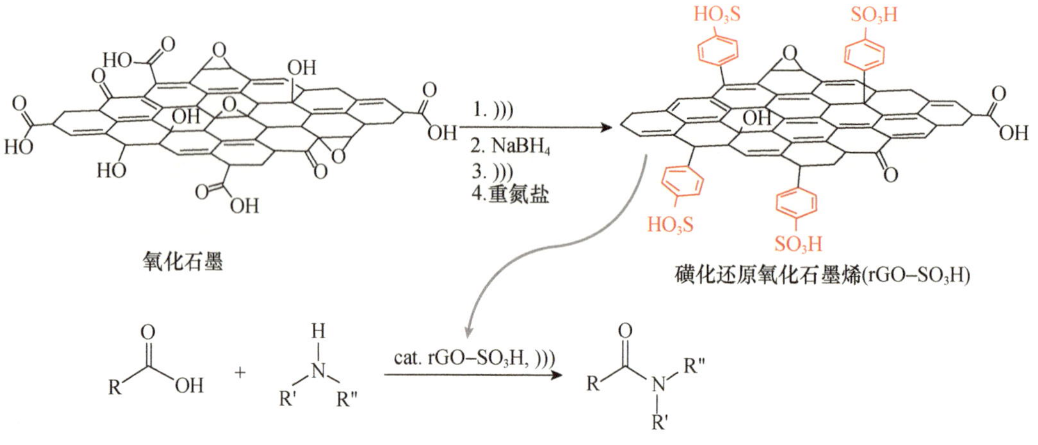

图 16.27 超声处理下 rGO – SO$_3$H 的催化活性(经许可转载自参考文献[109])

由于 GO 在有机物种氧化后转化为部分还原 GO,与替代氧化剂的 GO 再生可以循环利用 GO 在反应中的作用。这一概念已在二苯胺或 2 – 氨基苯硫醇与苯甲醛反应生成相应的噻唑或咪唑中得以实现。在所有这些过程中,超声处理用于石墨烯片的剥离,以提高催化能力[111](图 16.28)。

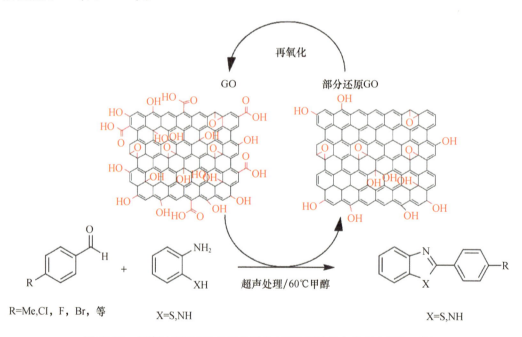

图 16.28 超声处理下 GO 的氧化行为(经许可转载自参考文献[111])

16.3 小结

本章对石墨烯基材料的合成进行了阐述和讨论。讨论了通过超声、球磨、SFE 以及使用聚合物和表面活性剂等各种方法对石墨烯片的剥离。最后指出,在催化过程中,表面活性剂的剥离对层间表面的活化具有主要影响,从而影响石墨烯片的催化性能,石墨烯片是反应进行时的催化剂。另一方面,由于表面活性剂的加入有助于溶解水溶液中的有机物,所以使用表面活性剂可以促进水溶液的溶解。

参考文献

[1] Novoselov, K. S., Geim, A. K., Morozov, S. V., Jiang, D., Zhang, Y., Dubonos, S. V., Grigorieva, I. V., Firsov, A. A., Electric field effect in atomically thin carbon films. *Science*, 306, 666 – 669, 2004.

[2] Schafhaeutl, C., Ueber die Verbindungen des Kohlenstoffes mit Silicium, Eisen und andern Metallen, welche die verschiedenen Arten von Gusseisen, Stahl und Schmiedeeisen bilden. *Adv. Synth. Catal.*, 19, 159 – 174, 1840.

[3] Dresselhaus, M. and Dresselhaus, G., Intercalation compounds of graphite. *Adv. Phys.*, 30, 139 – 326, 1981.

[4] Wallace, P. R., The band theory of graphite. *Phys. Rev.*, 71, 622, 1947.

[5] Cai, M., Thorpe, D., Adamson, D. H., Schniepp, H. C., Methods of graphite exfoliation. *J. Mater. Chem.*, 22, 24992 – 25002, 2012.

[6] Gagné, M. and Therriault, D., Lightning strike protection of composites. *Prog. Aerosp. Sci.*, 64, 1 – 16, 2014.

[7] Nika, D., Ghosh, S., Pokatilov, E., Balandin, A., Lattice thermal conductivity of graphene flakes: Comparison with bulk graphite. *Appl. Phys. Lett.*, 94, 203103, 2009.

[8] Lee, C., Wei, X., Kysar, J. W., Hone, J., Measurement of the elastic properties and intrinsic strength of monolayer graphene. *Science*, 321, 385 – 388, 2008.

[9] Morozov, S., Novoselov, K., Katsnelson, M., Schedin, F., Elias, D., Jaszczak, J. A., Geim, A., Giant intrinsic carrier mobilities in graphene and its bilayer. *Phys. Rev. Lett.*, 100, 016602, 2008.

[10] Huang, X., Qi, X., Boey, F., Zhang, H., Graphene – based composites. *Chem. Soc. Rev.*, 41, 666 – 686, 2012.

[11] Liang, X., Fu, Z., Chou, S. Y., Graphene transistors fabricated via transfer – printing in device active – areas on large wafer. *Nano Lett.*, 7, 3840 – 3844, 2007.

[12] Berger, C., Song, Z., Li, T., Li, X., Ogbazghi, A. Y., Feng, R., Dai, Z., Marchenkov, A. N., Conrad, E. H., First, P. N., Ultrathin epitaxial graphite: 2D electron gas properties and a route toward graphene – based nanoelectronics. *J. Phys. Chem. B*, 108, 19912 – 19916, 2004.

[13] Bunch, J. S., Yaish, Y., Brink, M., Bolotin, K., McEuen, P. L., Coulomb oscillations and Hall effect in quasi – 2D graphite quantum dots. *Nano Lett.*, 5, 287 – 290, 2005.

[14] Zhang, Y., Small, J. P., Pontius, W. V., Kim, P., Fabrication and electric – field – dependent transport measurements of mesoscopic graphite devices. *Appl. Phys. Lett.*, 86, 073104, 2005.

[15] Haigh, S., Gholinia, A., Jalil, R., Romani, S., Britnell, L., Elias, D., Novoselov, K., Ponomarenko, L., Geim, A., Gorbachev, R., Cross – sectional imaging of individual layers and buried interfaces of graphene – based heterostructures and superlattices. *Nat. Mater.*, 11, 764, 2012.

[16] Choi, W. and Lee, J. – W., *Graphene: Synthesis and applications*, CRC Press, 2016.

[17] Bae, S., Kim, S. J., Shin, D., Ahn, J. – H., Hong, B. H., Towards industrial applications of graphene electrodes. *Phys. Scripta*, 2012, 014024, 2012.

[18] Radhapyari, K., Kotoky, P., Das, M. R., Khan, R., Graphene – polyaniline nanocomposite based biosensor

[19] Novoselov, K., Jiang, D., Schedin, F., Booth, T., Khotkevich, V., Morozov, S., Geim, A., Two-dimensional atomic crystals. *Proc. Natl. Acad. Sci. USA*, 102, 10451–10453, 2005.

[20] McAllister, M. J., Li, J.-L., Adamson, D. H., Schniepp, H. C., Abdala, A. A., Liu, J., Herrera-Alonso, M., Milius, D. L., Car, R., Prud'homme, R. K., Single sheet functionalized graphene by oxidation and thermal expansion of graphite. *Chem. Mater.*, 19, 4396–4404, 2007.

[21] Stankovich, S., Dikin, D. A., Dommett, G. H., Kohlhaas, K. M., Zimney, E. J., Stach, E. A., Piner, R. D., Nguyen, S. T., Ruoff, R. S., Graphene-based composite materials. *Nature*, 442, 282, 2006.

[22] Stankovich, S., Dikin, D. A., Piner, R. D., Kohlhaas, K. A., Kleinhammes, A., Jia, Y., Wu, Y., Nguyen, S. T., Ruoff, R. S., Synthesis of graphene-based nanosheets via chemical reduction of exfoliated graphite oxide. *Carbon*, 45, 1558–1565, 2007.

[23] Robinson, J. T., Perkins, F. K., Snow, E. S., Wei, Z., Sheehan, P. E., Reduced graphene oxide molecular sensors. *Nano Lett.*, 8, 3137–3140, 2008.

[24] Dreyer, D. R., Park, S., Bielawski, C. W., Ruoff, R. S., *Chem. Soc. Rev.*, 39, 228, 2010.

[25] Hua, B., Chun, L., Gaoquan, S., Functional composite materials based on chemically converted graphene. *Adv. Mat.*, 23, 1089–1115, 2011.

[26] Li, X., Cai, W., An, J., Kim, S., Nah, J., Yang, D., Piner, R., Velamakanni, A., Jung, I., Tutuc, E., Large-area synthesis of high-quality and uniform graphene films on copper foils. *Science*, 324, 1312–1314, 2009.

[27] Yu, Q., Lian, J., Siriponglert, S., Li, H., Chen, Y. P., Pei, S.-S., Graphene segregated on Ni surfaces and transferred to insulators. *Appl. Phys. Lett.*, 93, 113103, 2008.

[28] Batzill, M., The surface science of graphene: Metal interfaces, CVD synthesis, nanoribbons, chemical modifications, and defects. *Surf. Sci. Rep.*, 67, 83–115, 2012.

[29] Ambrosi, A. and Pumera, M., The CVD graphene transfer procedure introduces metallic impurities which alter the graphene electrochemical properties. *Nanoscale*, 6, 472–476, 2014.

[30] Berger, C., Song, Z., Li, X., Wu, X., Brown, N., Naud, C., Mayou, D., Li, T., Hass, J., Marchenkov, A. N., Electronic confinement and coherence in patterned epitaxial graphene. *Science*, 312, 1191–1196, 2006.

[31] Hass, J., De Heer, W., Conrad, E., The growth and morphology of epitaxial multilayer graphene. *J. Phys. Condens. Matter*, 20, 323202, 2008.

[32] De Heer, W. A., Berger, C., Wu, X., First, P. N., Conrad, E. H., Li, X., Li, T., Sprinkle, M., Hass, J., Sadowski, M. L., Epitaxial graphene. *Solid State Commun.*, 143, 92–100, 2007.

[33] Zhang, H.-B., Zheng, W.-G., Yan, Q., Yang, Y., Wang, J.-W., Lu, Z.-H., Ji, G.-Y., Yu, Z.-Z., Electrically conductive polyethylene terephthalate/graphene nanocomposites prepared by melt compounding. *Polymer*, 51, 1191–1196, 2010.

[34] Rao, C., Biswas, K., Subrahmanyam, K., Govindaraj, A., Graphene, the new nanocarbon. *J. Mater. Chem.*, 19, 2457–2469, 2009.

[35] Cameron, J. S., Ashley, D. S., Andrew, J. S., Joseph, G. S., and Christopher, T. G., *Nanotechnology*, 27, 125704, 2016.

[36] Li, D., Müller, M. B., Gilje, S., Kaner, R. B., Wallace, G. G., Processable aqueous dispersions of graphene nanosheets. *Nat. Nanotechnol.*, 3, 101, 2008.

[37] Wu, P, Shao, Q., Hu, Y, Jin, J, Yin, Y, Zhang, H., Cai, C., Direct electrochemistry of glucose oxidase as-

sembled on graphene and application to glucose detection. *Electrochim. Acta*,55,8606 –. 8614 2010.

[38] Paredes,J. ,Villar – Rodil,S. ,Solís – Fernández,P. ,Martínez – Alonso,A. ,Tascon,J. ,Atomic force and scanning tunneling microscopy imaging of graphene nanosheets derived from graphite oxide. *Langmuir*,25, 5957 – 5968,2009.

[39] Miyoshi,M. ,Mizuno,M. ,Arima,Y. ,Kubo,T. ,Egawa,T. ,Soga,T. ,Transfer – free graphene synthesis on sapphire by catalyst metal agglomeration technique and demonstration of top – gatefield – effect transistors. *Appl. Phys. Lett.* ,107,073102,2015.

[40] Meyer,J. C. ,Geim,A. K. ,Katsnelson,M. I. ,Novoselov,K. S. ,Booth,T. J. ,Roth,S. ,The structure of suspended graphene sheets. *Nature*,446,60,2007.

[41] Hernandez,Y. ,Nicolosi,V. ,Lotya,M. ,Blighe,F. M. ,Sun,Z. ,De,S. ,McGovern,I. ,Holland,B. , Byrne,M. ,Gun'Ko,Y. K. ,High – yield production of graphene by liquid – phaseexfoliation of graphite. *Nat. Nanotechnol.* ,3,563,2008.

[42] Meyer,J. ,Geim,A. ,Katsnelson,M. ,Novoselov,K. ,Obergfell,D. ,Roth,S. ,Girit,C. ,Zettl,A. ,On the roughness of single – and bi – layer graphene membranes. *Solid State Commun.* ,143,101 – 109,2007.

[43] Cantarero,A. ,Raman scattering applied to materials science. *Procedia Mater. Sci.* ,9,113 – 122,2015.

[44] Stankovich,S. ,Piner,R. D. ,Nguyen,S. T. ,Ruoff,R. S. ,Synthesis and exfoliation of isocyanate – treated graphene oxide nanoplatelets. *Carbon*,44,3342 – 3347,2006.

[45] Lomeda,J. R. ,Doyle,C. D. ,Kosynkin,D. V. ,Hwang,W. – F. ,Tour,J. M. ,Diazonium functional ization of surfactant – wrapped chemically converted graphene sheets. *J. Am. Chem. Soc.* ,130,16201 – 16206,2008.

[46] Ryu,H. J. ,Mahapatra,S. S. ,Yadav,S. K. ,Cho,J. W. ,Synthesis of click – coupled graphene sheet with chitosan:Effective exfoliation and enhanced properties of their nanocomposites. *Eur. Polym. J.* ,49,2627 – 2634,2013.

[47] Yi,M. and Shen,Z. ,A review on mechanical exfoliation for the scalable production of graphene. *J. Mater. Chem. A*,3,11700 – 11715,2015.

[48] Notley,S. M. ,Highly concentrated aqueous suspensions of graphene through ultrasonic exfoli ation with continuous surfactant addition. *Langmuir*,28,14110 – 14113,2012.

[49] Wang,B. ,Jiang,R. ,Song,W. ,Liu,H. ,Controlling dispersion of graphene nanoplatelets in aque ous solution by ultrasonic technique. *Russ. J. Phys. Chem. A*,91,1517 – 1526,2017.

[50] Zhao,S. ,Xie,S. ,Zhao,Z. ,Zhang,J. ,Li,L. ,Xin,Z. ,Green and high – efficiency production ofgraphene by tannic acid – assisted exfoliation of graphite in water. *ACS Sustainable Chem. Eng.* ,2018.

[51] Jeon,I. – Y. ,Shin,Y. – R. ,Sohn,G. – J. ,Choi,H. – J. ,Bae,S. – Y. ,Mahmood,J. ,Jung,S. – M. , Seo,J. – M. ,Kim,M. – J. ,Wook Chang,D. ,Dai,L. ,Baek,J. – B. ,Edge – carboxylated graphene nanosheets via ball milling. *Proc. Natl. Acad. Sci.* ,109,5588 – 5593,2012.

[52] Zhao,W. ,Fang,M. ,Wu,F. ,Wu,H. ,Wang,L. ,Chen,G. ,Preparation of graphene by exfoliationof graphite using wet ball milling. *J. Mater. Chem.* ,20,5817 – 5819,2010.

[53] Antisari,M. V. ,Montone,A. ,Jovic,N. ,Piscopiello,E. ,Alvani,C. ,Pilloni,L. ,Low energy pureshear milling:A method for the preparation of graphite nano – sheets. *Scr. Mater.* ,55,1047 – 1050,2006.

[54] Janot,R. and Guérard,D. ,Ball – milling:The behavior of graphite as a function of the dispersal media. *Carbon*,40,2887 – 2896,2002.

[55] Milev,A. ,Wilson,M. ,Kannangara,G. K. ,Tran,N. ,X – ray diffraction line profile analysis of nanocrystalline graphite. *Mater. Chem. Phys.* ,111,346 – 350,2008.

[56] Pu,N. – W. ,Wang,C. – A. ,Sung,Y. ,Liu,Y. – M. ,Ger,M. – D. ,Production of few – layer graphene bysupercritical CO_2 exfoliation of graphite. *Mater. Lett.* ,63,1987 – 1989,2009.

[57] Rangappa, D., Sone, K., Wang, M., Gautam, U. K., Golberg, D., Itoh, H., Ichihara, M., Honma, I., Rapid and direct conversion of graphite crystals into high-yielding good-quality graphene by supercritical fluid exfoliation. *Chem. Eur. J.*, 16, 6488-6494, 2010.

[58] Gao, Y., Shi, W., Wang, W., Wang, Y., Zhao, Y., Lei, Z., Miao, R., Ultrasonic-assisted production of graphene with high yield in supercritical CO_2 and its high electrical conductivity film. *Ind. Eng. Chem. Res.*, 53, 2839-2845, 2014.

[59] Zheng, X., Xu, Q., Li, J., Li, L., Wei, J., High-throughput, direct exfoliation of graphite to graphene via a cooperation of supercritical CO_2 and pyrene-polymers. *RSC Adv.*, 2, 10632-10638, 2012.

[60] Chen, Z., Miao, H., Wu, J., Tang, Y., Yang, W., Hou, L., Yang, F., Tian, X., Zhang, L., Li, Y., Scalable production of hydrophilic graphene nanosheets via in situ ball-milling-assisted super-critical CO_2 exfoliation. *Ind. Eng. Chem. Res.*, 56, 6939-6944, 2017.

[61] Li, L., Zheng, X., Wang, J., Sun, Q., Xu, Q., Solvent-exfoliated and functionalized graphene with assistance of supercritical carbon dioxide. *ACS Sustainable Chem. Eng.*, 1, 144-151, 2013.

[62] Zhen, X. V., Swanson, E. G., Nelson, J. T., Zhang, Y., Su, Q., Koester, S. J., Bühlmann, P., Noncovalent monolayer modification of graphene using pyrene and cyclodextrin receptors for chemical sensing. *ACS Appl. Nano Mater.*, 2018.

[63] Zheng, X., Xu, Q., Li, J., Li, L., Wei, J., High-throughput, direct exfoliation of graphite to graphene via a cooperation of supercritical CO_2 and pyrene-polymers. *RSC Adv.*, 2, 10632-10638, 2012.

[64] Lee, D.-W., Kim, T., Lee, M., An amphiphilic pyrene sheet for selective functionalization of graphene. *Chem. Commun.*, 47, 8259-8261, 2011.

[65] An, X., Simmons, T., Shah, R., Wolfe, C., Lewis, K. M., Washington, M., Nayak, S. K., Talapatra, S., Kar, S., Stable aqueous dispersions of noncovalently functionalized graphene from graph-ite and their multifunctional high-performance applications. *Nano Lett.*, 10, 4295-4301, 2010.

[66] Du, W., Jiang, X., Zhu, L., From graphite to graphene: Direct liquid-phase exfoliation of graphite to produce single- and few-layered pristine graphene. *J. Mater. Chem. A*, 1, 10592-10606, 2013.

[67] Wang, X., Fulvio, P. F., Baker, G. A., Veith, G. M., Unocic, R. R., Mahurin, S. M., Chi, M., Dai, S., Direct exfoliation of natural graphite into micrometre size few layers graphene sheets using ionic liquids. *Chem. Commun.*, 46, 4487-4489, 2010.

[68] Nuvoli, D., Valentini, L., Alzari, V., Scognamillo, S., Bon, S. B., Piccinini, M., Illescas, J., Mariani, A., High concentration few-layer graphene sheets obtained by liquid phase exfoliation of graphite in ionic liquid. *J. Mater. Chem.*, 21, 3428-3431, 2011.

[69] Quinn, M. D. J., Wang, T., Al Kobaisi, M., Craig, V. S. J., Notley, S. M., PEO-PPO-PEO surfactant exfoliated graphene cyclodextrin drug carriers for photoresponsive release. *Mater. Chem. Phys.*, 205, 154-163, 2018.

[70] Liu, Z., Liu, J., Cui, L., Wang, R., Luo, X., Barrow, C. J., Yang, W., Preparation of graphene/polymer composites by direct exfoliation of graphite in functionalised block copolymer matrix. *Carbon*, 51, 148-155, 2013.

[71] Vadukumpully, S., Paul, J., Valiyaveettil, S., Cationic surfactant mediated exfoliation of graphite into graphene flakes. *Carbon*, 47, 3288-3294, 2009.

[72] Hassan, M., Reddy, K. R., Haque, E., Minett, A. I., Gomes, V. G., High-yield aqueous phase exfoliation of graphene for facile nanocomposite synthesis via emulsion polymerization. *J. Colloid Interface Sci.*, 410, 43-51, 2013.

[73] Wojtoniszak, M., Chen, X., Kalenczuk, R. J., Wajda, A., Łapczuk, J., Kurzewski, M., Drozdzik, M.,

Chu, P. K., Borowiak-Palen, E., Synthesis, dispersion, and cytocompatibility of graphene oxide and reduced graphene oxide. *Colloids Surf. B*, 89, 79–85, 2012.

[74] Narayan, R. and Kim, S. O., Surfactant mediated liquid phase exfoliation of graphene. *Nano Converg.*, 2, 20, 2015.

[75] Lin, T., Chen, J., Bi, H., Wan, D., Huang, F., Xie, X., Jiang, M., Facile and economical exfoliation of graphite for mass production of high-quality graphene sheets. *J. Mater. Chem. A*, 1, 500–504, 2013.

[76] Zhao, W., Wu, F., Wu, H., Chen, G., Preparation of colloidal dispersions of graphene sheets in organic solvents by using ball milling. *J. Nanomater.*, 2010, 1–4, 2010.

[77] Niu, L., Li, M., Tao, X., Xie, Z., Zhou, X., Raju, A. P. A., Young, R. J., Zheng, Z., Salt-assisted direct exfoliation of graphite into high-quality, large-size, few-layer graphene sheets. *Nanoscale*, 5, 7202–7208, 2013.

[78] Paredes, J. I. and Villar-Rodil, S., Biomolecule-assisted exfoliation and dispersion of graphene and other two-dimensional materials: A review of recent progress and applications. *Nanoscale*, 8, 15389–15413, 2016.

[79] Laaksonen, P., Kainlauri, M., Laaksonen, T., Shchepetov, A., Jiang, H., Ahopelto, J., Linder, M. B., Interfacial engineering by proteins: Exfoliation and functionalization of graphene by hydrophobins. *Angew. Chem. Int. Ed.*, 49, 4946–4949, 2010.

[80] Laaksonen, P., Walther, A., Malho, J. M., Kainlauri, M., Ikkala, O., Linder, M. B., Genetic engineering of biomimetic nanocomposites: Diblock proteins, graphene, and nanofibrillated cellulose. *Angew. Chem. Int. Ed.*, 50, 8688–8691, 2011.

[81] Ajith, P. and Vijaya, K. C., Kitchen Chemistry 101: Multigram production of high quality biographene in a blender with edible proteins. *Adv. Funct. Mater.*, 25, 7088–7098, 2015.

[82] Zhang, F., Chen, X., Boulos, R. A., Yasin, F. M., Lu, H., Raston, C., Zhang, H., Pyrene-conjugated hyaluronan facilitated exfoliation and stabilisation of low dimensional nanomaterials in water. *Chem. Commun.*, 49, 4845–4847, 2013.

[83] Unalan, I. U., Wan, C., Trabattoni, S., Piergiovanni, L., Farris, S., Polysaccharide-assisted rapid exfoliation of graphite platelets into high quality water-dispersible graphene sheets. *RSC Adv.*, 5, 26482–26490, 2015.

[84] Han, D., Yan, L., Chen, W., Li, W., Preparation of chitosan/graphene oxide composite film with enhanced mechanical strength in the wet state. *Carbohydr. Polym.*, 83, 653–658, 2011.

[85] Liu, H., Cheng, J., Chen, F., Hou, F., Bai, D., Xi, P., Zeng, Z., Biomimetic and cell-mediated mineralization of hydroxyapatite by carrageenan functionalized graphene oxide. *ACS Appl. Mater. Interfaces*, 6, 3132–3140, 2014.

[86] Ravula, S., Essner, J. B., Baker, G. A., Kitchen-inspired nanochemistry: Dispersion, exfoliation, and hybridization of functional MoS_2 nanosheets using culinary hydrocolloids. *Chem. NanoMat.*, 1, 167–177, 2015.

[87] Ayán-Varela, M., Paredes, J., Guardia, L., Villar-Rodil, S., Munuera, J., Díaz-González, M., Fernández-Sánchez, C., Martínez-Alonso, A., Tascón, J., Achieving extremely concentrated aqueous dispersions of graphene flakes and catalytically efficient graphene-metal nanoparticle hybrids with flavin mononucleotide as a high-performance stabilizer. *ACS Appl. Mater. Interfaces*, 7, 10293–10307, 2015.

[88] Munuera, J., Paredes, J., Villar-Rodil, S., Ayán-Varela, M., Pagán, A., Aznar-Cervantes, S., Cenis, J., Martínez-Alonso, A., Tascón, J., High quality, low oxygen content and biocompatible graphene nanosheets obtained by anodic exfoliation of different graphite types. *Carbon*, 94, 729–739, 2015.

[89] Lin, C., Zhang, R., Niehaus, T. A., Frauenheim, T., Geometric and electronic structures of carbon nanotubes adsorbed with flavin adenine dinucleotide: A theoretical study. *J. Phys. Chem. C*, 111, 4069–4073, 2007.

[90] Abdelkader, A., Cooper, A., Dryfe, R., Kinloch, I., How to get between the sheets: A review of recent works on the electrochemical exfoliation of graphene materials from bulk graphite. *Nanoscale*, 7, 6944–6956, 2015.

[91] Munuera, J. M., Paredes, J. I., Villar-Rodil, S., Ayan-Varela, M., Martinez-Alonso, A., Tascon, J. M. D., Electrolytic exfoliation of graphite in water with multifunctional electrolytes: En route towards high quality, oxide-free graphene flakes. *Nanoscale*, 8, 2982–2998, 2016.

[92] Paredes, J. I. and Munuera, J. M., Recent advances and energy-related applications of high quality/chemically doped graphenes obtained by electrochemical exfoliation methods. *J. Mater. Chem. A*, 5, 7228–7242, 2017.

[93] Van Thanh, D., Li, L.-J., Chu, C.-W., Yen, P.-J., Wei, K.-H., Plasma-assisted electrochemical exfoliation of graphite for rapid production of graphene sheets. *RSC Adv.*, 4, 6946–6949, 2014.

[94] Dimitrakakis, G. K., Tylianakis, E., Froudakis, G. E., Pillared graphene: A new 3-D network nanostructure for enhanced hydrogen storage. *Nano Lett.*, 8, 3166–3170, 2008.

[95] Stoller, M. D., Park, S., Zhu, Y., An, J., Ruoff, R. S., Graphene-based ultracapacitors. *Nano Lett.*, 8, 3498–3502, 2008.

[96] Lv, W., Tang, D.-M., He, Y.-B., You, C.-H., Shi, Z.-Q., Chen, X.-C., Chen, C.-M., Hou, P.-X., Liu, C., Yang, Q.-H., Low-temperature exfoliated graphenes: Vacuum-promoted exfoliation and electrochemical energy storage. *ACS Nano*, 3, 3730–3736, 2009.

[97] Wang, Y., Shi, Z., Huang, Y., Ma, Y., Wang, C., Chen, M., Chen, Y., Supercapacitor devices based on graphene materials. *J. Phys. Chem. C*, 113, 13103–13107, 2009.

[98] Rostamnia, S., Zeynizadeh, B., Doustkhah, E., Hosseini, H. G., Exfoliated Pd decorated graphene oxide nanosheets (PdNP-GO/P123): Non-toxic, ligandless and recyclable in greener Hiyama cross coupling reaction. *J. Colloid Interface Sci.*, 451, 46–52, 2015.

[99] Scheuermann, G. M., Rumi, L., Steurer, P., Bannwarth, W., Mülhaupt, R., Palladium nanoparticles on graphite oxide and its functionalized graphene derivatives as highly active catalysts for the Suzuki-Miyaura coupling reaction. *J. Am. Chem. Soc.*, 131, 8262–8270, 2009.

[100] Moussa, S., Siamaki, A. R., Gupton, B. F., El-Shall, M. S., Pd-partially reduced graphene oxide catalysts (Pd/PRGO): Laser synthesis of Pd nanoparticles supported on PRGO nanosheets for carbon-carbon cross-coupling reactions. *ACS Catal.*, 2, 145–154, 2011.

[101] Yamamoto, S.-I., Kinoshita, H., Hashimoto, H., Nishina, Y., Facile preparation of Pd nanoparticles supported on single-layer graphene oxide and application for the Suzuki-Miyaura cross-coupling reaction. *Nanoscale*, 6, 6501–6505, 2014.

[102] Hoseini, S. J., Heidari, V., Nasrabadi, H., Magnetic Pd/Fe_3O_4/reduced-graphene oxide nano hybrid as an efficient and recoverable catalyst for Suzuki-Miyaura coupling reaction in water. *J. Mol. Catal. A Chem.*, 396, 90–95, 2015.

[103] Shendage, S. S. and Nagarkar, J. M., Electrochemically codeposited reduced graphene oxide and palladium nanoparticles: An efficient heterogeneous catalyst for Heck coupling reaction. *Colloids Interface Sci. Commun.*, 1, 47–49, 2014.

[104] Shendage, S. S., Singh, A. S., Nagarkar, J. M., Facile approach to the electrochemical synthesis of palladium-reduced graphene oxide and its application for Suzuki coupling reaction. *Tetrahedron Lett.*, 55,

857-860,2014.

[105] Rostamnia, S., Nouruzi, N., Xin, H., Luque, R., Efficient and selective copper-grafted nanoporous silica in aqueous conversion of aldehydes to amides. *Catal. Sci. Technol.*, 5, 199-205, 2015.

[106] Sadegh, R., Esmail, D., Ziba, K., Soraya, A., Rafael, L., Surfactant-exfoliated highly dispersive Pd-supported graphene oxide nanocomposite as a catalyst for aerobic aqueous oxidations of alcohols. *Chem. Cat. Chem.*, 7, 1678-1683, 2015.

[107] Rostamnia, S., Doustkhah, E., Golchin-Hosseini, H., Zeynizadeh, B., Xin, H., Luque, R., Efficient tandem aqueous room temperature oxidative amidations catalysed by supported Pd nanoparticles on graphene oxide. *Catal. Sci. Technol.*, 6, 4124-4133, 2016.

[108] Rostamnia, S., Doustkhah, E., Zeynizadeh, B., Exfoliation effect of PEG-type surfactant on Pd supported GO(SE-Pd(nanoparticle)/GO) in cascade synthesis of amides: A comparison with Pd(nanoparticle)/rGO. *J. Mol. Catal. A Chem.*, 416, 88-95, 2016.

[109] Mirza-Aghayan, M., Molaee Tavana, M., Boukherroub, R., Sulfonated reduced graphene oxide as a highly efficient catalyst for direct amidation of carboxylic acids with amines using ultrasonic irradiation. *Ultrason. Sonochem.*, 29, 371-379, 2016.

[110] Mirza-Aghayan, M., Ganjbakhsh, N., Molaee Tavana, M., Boukherroub, R., Ultrasound-assisted direct oxidative amidation of benzyl alcohols catalyzed by graphite oxide. *Ultrason. Sonochem.*, 32, 37-43, 2016.

[111] Dhopte, K. B., Zambare, R. S., Patwardhan, A. V., Nemade, P. R., Role of graphene oxide as a heterogeneous acid catalyst and benign oxidant for synthesis of benzimidazoles and benzothiazoles. *RSC Adv.*, 6, 8164-8172, 2016.

第17章 分子和/或纳米粒子对石墨烯功能化的高级应用

Andrea Maio[1], Roberto Scaffaro[1], Alessio Riccobono[2], Ivana Pibiri[2]

[1] 意大利巴勒莫,巴勒莫大学土木、航天、环境、材料工程系
[2] 意大利巴勒莫,巴勒莫大学生物、化学和制药科学与技术系

摘　要　石墨烯被认为是第三个千年的新型材料,具有非凡的电子和机械性能,且有可能通过自下而上的方法调节其电导率、柔性、弹性、透明度和生物兼容性。本章综述了石墨烯和氧化石墨烯的性质与功能基团或纳米粒子的性质结合起来的可能性。所提出的共价或非共价的合成方法旨在适当地调整石墨烯的性质,以实现用于高级用途的材料,如生物医学应用、传感器、催化和能源器件。

本章特别讨论了基于共价连接和通过超分子相互作用的非共价功能化的方法,阐明了其主要优点和缺点,重点介绍了近年来在开发超前应用方面的论文。

关键词　共价功能化,超分子功能化,氧化石墨烯,复合材料,生物医学应用,传感器,催化,能源器件

17.1 石墨烯基材料及应用

石墨烯的定义是一个单原子厚度的蜂窝状碳板。然而,它通常以少层形式存在,表示为石墨烯纳米板(GNPL)或石墨烯纳米片(GNS)。石墨烯以及石墨烯纳米板和石墨烯纳米片的特征在于 sp^2 杂化原子,导致二维平面芳族结构。石墨烯纳米板、石墨烯纳米片及其多层对应物(即石墨)可以通过使用有机溶剂剥离成石墨烯或氧化为氧化石墨烯(GO)。后者的特征在于由 sp^2 和 sp^3 碳以及芳族和氧化域的可调存在构成的双蜂窝,受到广泛关注,特别是在生物应用中。事实上,石墨烯基材料的生物相容性随着亲水性的增加而增加,即 O/C 比值[1]。

GO 的高氧化样品可以确保良好的细胞兼容性并促进细胞粘附、信号传导和分化,这可能是由于亲水基团和皱褶结构的结合,因为发现含氧功能团的存在使石墨烯平面晶格变形为破碎的片状结构[2-6]。

近年来对 GO 结构建模的研究集中在其亚稳定性上,因此,GO 不具有给定功能模型

集的静态材料[2-3,7]。尽管存在差异,但对以前模型的所有修订都将 GO 视为一类密切相关的材料,或复合材料本身,其构成取决于合成和纯化步骤中使用的几种条件,随着时间的推移而演变。

石墨烯及其衍生物的导电性主要依赖于石墨晶格的长程共轭网络[8]。根据氧化程度,sp^2 共轭结构可能受到影响,π 电子将被局部化,这些特征决定了载流子迁移率和载流子浓度的降低(表 17.1)。GO 具有共轭带,即"sp^2 岛",分散于 sp^3 基质[9-11]。因此,长程导电性受到 sp^2 碳键簇之间缺乏渗透路径的阻碍,允许发生经典的载流子传输。因此,合成的 GO 通常是绝缘性的,电导率约为 10^{-1} S/cm,其电学特性(如带隙和电荷载流子迁移率)会根据 O/C 比、合成类型和多个工艺变量发生极大变化[12-13]。附着的基团和晶格缺陷改变了石墨烯的电子结构,并作为影响电输运的强散射中心。因此,GO 的还原通常涉及去除氧化基团和原子尺度晶格缺陷,特别是恢复石墨晶格的共轭网络。这些结构的变化导致石墨烯电导率和其他性质的部分恢复,从而使还原氧化石墨烯(rGO)特性实际上介于 GO 和石墨烯之间[6]。根据石墨材料的氧化程度,可以提供不同的性能,从而覆盖不同的应用领域。

表 17.1 石墨烯、GO 和 rGO 的主要特征

石墨烯材料	机械性能		电气特性			生物学特性	
	E/TPa	TS/GPa	m_{cc}/(cm^2/(V·s))	带隙/eV	σ/(S/cm)	细胞毒性	抗菌活性
石墨烯	~1[14]	130[15]	2×10^5[15]	0[15]	10^4[8]	高[16]	中[17]
GO	0.25~0.4[14-15,18]	30~60[14-15]	Vv[12-13]	Vv[12-13]	10^{-1}[8]	低[16]	强[19]
rGO	0.1~0.4[18]	30~99[14-15]	1×10^5[12]	0.01~0.05[12]	10^2~10^4[8]	中等[16]	中[17]

m_{cc}:电荷载体迁移率;σ:电导率;N/A:不适用;Vv:可变。

在有机分子和石墨烯之间的相互作用中,π-π 相互作用被认为是最有趣的相互作用之一,因为电子云对石墨烯纳米片表现出吸引作用。除了这些非共价的相互作用,石墨烯和氧化石墨烯都可以通过经典的湿化学方法共价连接到其表面的小分子、聚合物、纳米粒子和纳米结构上,如酰胺键[20]、酯化、重氮盐、原子转移自由基聚合或点击化学[10,11,21-23]。为了获得具有所需性能的石墨烯材料,开发了不同的功能化方法,以便在各个领域应用。

17.2 能源工程

17.2.1 电化学超级电容器

微电子和混合动力汽车对储能器件日益增长的需求刺激了旨在提高超级电容器性能的能源密集型材料的研究。后者具有功率密度高、循环稳定性好、充放电速度快、简易设备集成技术等优点,既可作为储能设备,也可作为高功率电源。超级电容器可以通过相反电荷的静电吸引和电解质与电极之间的快速法拉第电荷转移反应相结合来储存能量。超

级电容器中的能量存储机制基于在电解质-电极界面处的双电层(EDL)形成,而这又取决于电极材料的活性表面积、孔隙率和润湿性。rGO 的高表面积和中等亲水性,使其成为制造超级电容器的理想材料。此外,许多研究表明,rGO 与水溶性电活性化合物的非共价偶联通过赝电容贡献提供了更高的电容,同时增强了水分散性(重要的先决条件)。

聚吲哚和银纳米粒子可以很容易地锚定在水中的 GO 和 rGO 上,纳米粒子修饰的聚合物涂层片层具有很高的储能潜力。类似地,水溶性化合物如甲基绿(MG)、对氨基苯磺酸偶氮溴酚(SAC)、双酚 A(BPA)和 9-蒽羧酸(ACA)在水中通过 π-π 堆叠与 GO 或 rGO 非共价键合,得到的纳米杂化物的比电容分别为 341F/g、366F/g、425.8F/g 和 466F/g[24-27]。通过循环伏安法、恒流充放电和电化学阻抗谱(EIS)研究了纳米杂化物的电化学性能,证明了电活性化合物的快速氧化还原反应通常会产生额外的赝电容。非共价键合的 MG 使 rGO 的比电容提高了 180%,MG-rGO 结合显示出优异的倍率性能(从 1~20A/g 保持 72% 的电容)和较长的寿命周期(5000 次循环后 12% 的电容衰减)[24]。rGO 与 SAC 的非共价功能化在容量保持方面有类似的结果,并且在某种程度上类似于比电容,从而证实 SAC 的—SO_3H 部分在提供进一步的赝电容方面表现为 MG[25]。采用类似的方法制备 rGO-ACA 超级电容器。ACA 作为表面改性剂,支持可逆氧化还原反应。ACA 阴离子的苯环通过 π-π 作用连接到 rGO 表面,羧酸根阴离子通过氢键使杂化材料在水中具有较高的分散性。因此,水分散性、ACA 改性的 rGO(ACA-rGO)提高了在电解质水溶液中的润湿性和电容性能[26]。ACA-rGO 在扫描速率 10mV/s 和 100mV/s 时的最大电容值分别为 425.8F/g 和 271.6F/g,明显高于相同扫描速率下的 rGO(218.4F/g 和 110F/g)和 GO(144.4F/g 和 36.2F/g)。即使在这种情况下,纳米杂化物的电容性能也是由 EDL 和赝电容引起的,如图 17.1 所示,电荷-放电曲线的形状不是线性三角形。实际上,在充放电过程中,ACA-rGO 的 ACA 阴离子有望参与氧化还原反应,从而通过产生赝电容来提高总比电容。

相反,通过 π-π 相互作用将 BPA 锚定在 rGO 基面上,会导致更高的比电容(在 1A/g 的电流密度下为 466F/g)、倍率性能(相对于 1A/g,在 10A/g 下超过 81% 的保持率)以及循环稳定性(4000 次循环后 10% 的电容衰减)[27]。

近年来,通过蒽醌(AQ)和 GO 或聚(二烯丙基二甲基氯化铵)(PDDA)和 GO 在水中开发了具有极高孔隙率的 3D 结构[28-29]。所制备的气凝胶在前一种情况下表现出高效电化学储能,在后一种情况下表现出较好的锂离子吸收,可分别用作超快电容器和长寿命阳极电极[28-29]。

除了石墨烯,导电聚合物(CP)由于其在超级电容器中的优异性能也被认为是活性电极材料;其中聚苯胺(PANi)在有机溶剂中的不溶性限制了其应用,而聚(邻甲氧基苯胺)(POMA)具有更高的加工性能和溶解性。在此背景下,利用氨基在石墨烯表面引发的聚(邻甲氧基苯胺)原位氧化聚合法制备了共价接枝聚(邻甲氧基苯胺)氧化石墨烯纳米复合材料(POMA/f-GO)[30]。通过循环伏安法和恒流充放电来评价纳米复合材料的电化学性能,结果表明,在 0.5A/g 电流密度和良好的循环稳定性下(1000 次循环后电容损失 4.8%),电化学电容较高(422F/g)。与聚苯胺/f-GO 和聚邻氯苯胺/f-GO 相比,POMA/f-GO 纳米复合材料具有良好的循环稳定性。在 f-GO 片上生长的 POMA 阵列状纳米结构的独特的分级形貌,增加了氧化还原反应的可接近表面积,允许更快的离子扩散以获得优异的电化学性能,从而使 POMA/f-GO 纳米复合材料成为电化学超级电容器的理想材料。

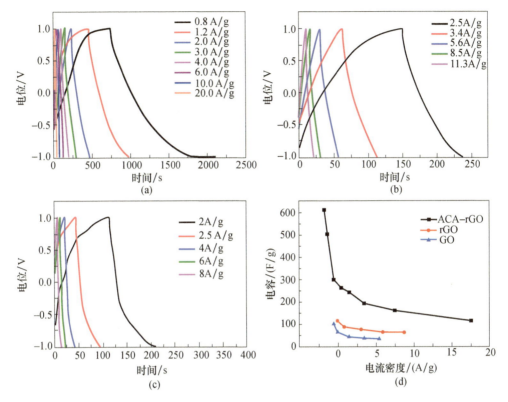

图 17.1 (a)ACA-rGO、(b)rGO 和(c)GO 以及(d)ACA-rGO、rGO 和 GO 在不同电流密度下的比电容值的检流计特性示出曲线(经英国皇家化学学会许可转载自参考文献[26])

在最近的研究中,采用受控和离子热法合成了一种基于共价三嗪基骨架的石墨烯偶联的夹心状二维多孔聚合物(G-CTF):在熔融氯化锌($ZnCl_2$)中,在对苯腈功能化的还原氧化石墨烯(rGO-CN)存在下,对苯二腈的三聚反应[31]。富氮多孔碳纳米片(G-PC)可以在惰性气氛中通过 G-CTF 直接高温碳化制备(图 17.2)。由于衍生自该新型二维多孔聚合物,其具有聚合物的二维形态;厚度可通过改变 rGO-CN 与对苯二腈的质量比来进行调节,并且具有良好的导电性。与其他多孔聚合物衍生的 PC 纳米片相比,其比表面积(高达 1982m^2/g)最高。由于 G-PC 具有纳米级的厚度、丰富的孔隙率、高氮含量和良好的导电性,与其他用于电化学能量存储器件(LIB、SIB 和超级电容器)的 PC 基电极材料相比,G-PC 具有优异的性能。该结果促进了用于通用能量存储和转换装置的异质原子掺杂二维 PC 的设计和可控合成。

需要增加 rGO 表面的受控功能化以增加润湿性防止重新堆积,且不损害电子性能。在本章中,室温离子液体(IL)由于其高热和电化学稳定性、离子电导率和低毒性而对于超级电容器应用非常有利。由于其具有宽的电位窗,已被广泛用于电化学应用的电解质。此外,IL 和聚 IL 已经与诸如碳纳米管(CNT)、石墨烯等的碳基材料结合使用,作为超级电容器器件开发中的电极材料[32-33]。

宽表面和层状结构使石墨烯片成为制备介电聚合物复合材料的理想填料,在这种情况下,分散性差是聚合物复合材料中需要控制的问题。石墨烯片的聚集将引起介电损耗,限制了所得聚合物基复合材料作为介电材料的应用。表面功能化对于控制石墨烯薄膜在聚合物基体中的分散及薄膜之间的界面非常关键。事实上,功能化提高了片材的剥离/分散及其在聚合物基质中的兼容性,并阻碍了石墨烯直接接触,从而增强了复合材料的介电性能。考虑到高分子链具有优良的绝缘性能,将环氧聚合物接枝到rGO表面,有望制备出具有优良介电性能的rGO/环氧复合材料。在文献[34]中,已发展出一种简便而有效的双酚A(DGEBA)分子二缩水甘油醚接枝到GO表面的方法。水合肼还原后,可制备DGEBA功能化rGO(DGEBA-rGO)。各种表征方法表明,DGEBA分子黏附在rGO表面。与GO和rGO片相比,共价连接的DGEBA(1%(质量分数))改善了介电性能,介电常数(约32)比纯环氧树脂高9倍以上,具有低损耗,提高了热稳定性。接枝的DGEBA分子促进了DGEBA-rGO的分散性,提高了薄膜与环氧基体的兼容性,避免了薄膜之间的直接接触,有效地抑制了介电损耗。该材料具有应用于高性能嵌入式电容器的潜力。

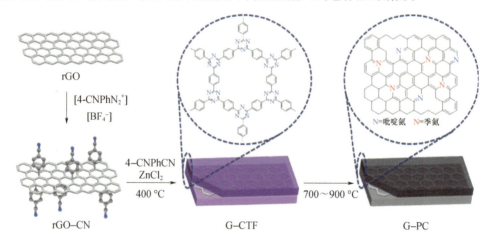

图17.2 基于共价三嗪基骨架(G-CTF)的石墨烯偶联的夹心状二维多孔聚合物

Bag等[35]描述了一种通过用亲水咪唑基IL(Im-IL)共价功能化rGO片来提高基于rGO的EDL对称超级电容器器件的能量密度的简便方法。在不存在任何其他还原剂和偶联剂的情况下,在170℃的条件下,实现GO的氧功能团的去除和Im-IL在碳骨架上的共价连接。胺端基离子液体(IL-NH_2)的NH_2基团与含氧功能团的反应发生在碳网络的外围和表面。rGO与亲水性Im-IL的共价功能化增强了润湿性,并增加了相邻rGO片之间的层间距离,从而有利于电极接近电解质,这将电极在水溶液中的电位窗增加到2V并增强了比电容。通过用凝胶电解质制备全固态超级电容器器件,证明了rGO-Im-IL的优异性能。研制了一种基于功能化rGO片的水性对称双电层超级电容器(rGO-Im-IL),在功率密度为2kW/kg时,其能量密度为36.67W·h/kg。具有非常好的循环稳定性,即使在5000次连续充电放电循环后,仍能保持其初始比电容的97%。

Pumera的研究小组利用GO的共价功能化,通过实现邻苯二胺(PD)对GO的快速标记,增强GO的导电性、电容电荷存储和荧光性[36]。GO的PD标记产生新的芳族吩嗪加合物,在薄膜边缘利用GO中存在的邻醌部分产生新的功能团。共价功能化总体上提高了材料的导电性。此外,由于吩嗪加合物的赝电容,比电容增加了两个以上数量级。获得了 191F/g 的高比电容(0.2A/g)，与最近的无黏合剂石墨烯超级电容器相当。由于附加的赝电容，高达 628mF·cm^2 的表面归一化电容也比单层石墨烯(21mF·cm^2)的固有电容大许多倍。在电流密度增加 10 倍的情况下，高容量保持在 85% 左右，进一步显示出优良的倍率性能。此外，在标记的 GO(最大值 540nm)上也能观察到明亮的绿色荧光，这是由于边缘点的标记和基面上的其他活性基团(如大量的环氧官能团)的标记所引起的变化。

Youan 等[37]详细研究了新型柱基材料在超级电容器中的应用。他们提出了一种设计和生成基于多孔石墨烯框架(PGF)的纳米结构的新策略，通过在水性条件下与 4-碘苯重氮盐反应，然后进行 Yamamoto 芳基偶联反应，对还原氧化石墨烯(rGO)进行原位共价功能化(图 17.3)。与 rGO 相比，由于联苯柱的引入，这种三维 PGF 显示出高比表面积。与 rGO 相比，新型柱状石墨基 PGF 电极材料在能量存储器件中显示出改进的电化学性能，包括在三电极和对称两电极超级电容器器件中的高比电容和高循环稳定性。这些材料的良好电化学性能归因于其固有的和稳定的微孔结构，从而提供高离子可接近的表面积并促进离子提取/插入。这保证了改进的比电容以及高的循环稳定性和倍率能力。这些结果概述了用于高性能能量存储器件的改进的石墨烯基电极材料的理想策略。

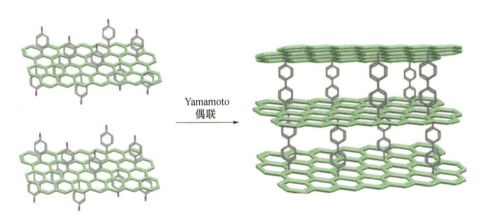

图 17.3　Yamamoto 芳基偶联反应原位共价功能化还原氧化石墨烯
设计和生成基于多孔石墨烯框架(PGF)的纳米架构的策略

17.2.2　电子学与光电子学

共轭晶格中电子的高迁移率使石墨烯成为下一代电子产品极为理想的材料。

通过将芘修饰的自旋交叉(SCO)配合物与溶液相预剥离少层石墨烯片非共价锚定[38]，获得了一种具有协同磁性和电学性能的新型杂化材料。在 Gr-SCO 杂化材料中保留 SCO，表现出比在体分子复合物中更渐进的自旋状态切换特性，为实现基于 SCO 的应用带来了有益的结果：①利用类似于石墨烯的化学掺杂的 SCO 复合物对石墨烯进行可逆的自旋状态相关的带隙调谐；②通过化学坚固的少层石墨烯电极之间的锚定基团(芘)-SCO 系留复合物的布线来探测电导率调制的自旋状态依赖性。

通过超声在水中制备了 GO 和 1-芘羧酸(PCA)通过 π-π 相互作用形成的组装体，证明了其是异常动态能量传递的供体材料，在光伏、光催化和光化学等领域具有广阔的应用前景[39]。在超声波作用下，GO 和螺吡喃芘在乙腈(ACN)中组装。这些纳米复合材料

表现出很高的 Zn^{2+} 配位趋势,在光学和光电领域具有良好的应用前景[40]。

通常,π-π 堆叠用于制造由共轭聚合物(或共聚物)和 GO 组成的 OLED[29,41-46]。特别是与 GO 和 rGO 结合,成功地测试了几种具有共轭功能的聚甲基丙烯酸甲酯(PMMA)衍生物[2,9,36]。利用 π-π 堆叠,甚至 π-阳离子和静电作用,可以在 DMF 或 NMP 中很容易地制备纳米复合材料。通常,添加 GO 可以同时改善 PMMA 的力学性能、光学和热性能,用于潜在的 OLED 和有机光伏应用。相反,PDDA-GO 纳米杂化物在水中处理,通过 π-π 和/或离子相互作用来确保组装[29,44]。这些材料在燃料电池应用中表现出很高的潜力,以及以类似方式组装的 1,1'-二甲基-4,4'二氯联吡啶 rGO 纳米杂化物[47]。

直觉上,认为共价功能化的石墨烯失去了其最吸引人的特性——导电性,因此成为一种不再用于储能或光电子等应用的材料。实际上,在 sp^2 晶格中产生 sp^3 碳原子的功能化显著地改变了石墨烯的电子和磁结构,具有显著降低的场效应迁移率。尽管如此,很多文献也显示了在这种类型的应用中共价功能化的石墨烯的衍生物。

有趣的是,通过用零价过渡金属(如铬)对石墨表面进行共价六亲修饰来应用有机金属化学。零价铬空位 dπ 轨道与石墨烯的占据 π 轨道建设性地重叠,而不改变 sp^2 碳原子的共轭。由于电子从中心金属原子到配体的去局域化程度很大,这些化合物是高度共价的;尽管如此,配体石墨烯仍然保持其平面性,这对电子性质是必不可少的。该方法表明,金属桥接共轭碳表面的电子传输,有望制备高迁移率器件(200~2000 $cm^2 \cdot V/s$)[48]。

通过与有机金属化合物的光活化反应,在实验中利用有机金属方法对石墨烯进行功能化,实现了第 6 组过渡金属与单层石墨烯的 h6-复合物[49]。将 CVD 石墨烯转移到具有预图案化的金电极的玻璃衬底上。采用光化学方法将石墨烯与不同的有机金属试剂反应,并对反应过程进行了原位测量。作者观察到,与铬的结合使电导率增加了 4 倍,而与 $Mo(CO)_6$ 和 $W(CO)_6$ 相比,器件电导率的提高不大。最后的观察表明,光反应的产率是有限的,这可能是由于量子效率非常低的原因。

由于无间隙能带结构是其在电子和光电子器件中应用的限制,控制石墨烯电性能的另一种方法是其掺杂有光开关部分。偶氮苯 AB 在光驱动开关应用中得到了广泛的研究,由于它可以在紫外线下发生反式-顺式光异构化,并伴随着独特的结构重排[50],例如,碳纳米管的电子性质通过侧壁上偶氮苯分子的构象变化进行了光学调谐[51]。AB 用作石墨烯场效应晶体管的光敏材料。在图案化石墨烯 FET 之后,通过将器件浸入偶氮苯重氮盐的溶液中来功能化该器件[52-53]。与原始石墨烯器件(狄拉克点为 7.4V)相比,共价 AB 功能化的石墨烯在紫外线处理(反式-顺式异构化)时表现出更明显的 p 型特征,狄拉克点为 13.6V,表明顺式偶氮苯的较高偶极矩使空穴载流子有所增加。在交替的紫外线和可见光照射下,狄拉克点是可逆的;顺式降低了费米能级,而反式提高了费米能级(图 17.4)。

这些切换事件至少可以重复 5 个周期,从而证明了系统的稳定性。晶体管特性分析表明,在保持原石墨烯迁移性的同时,通过紫外线和白光照明,电荷载流子浓度可以在 $\pm 1 \times 10^{12} cm^{-2}$ 范围内调整[52]。

为了获得用于光电子应用的材料,Yao 等[54]通过 Suzuki 偶联反应将石墨烯与噻吩和聚噻吩(PTH)共价功能化。所得材料在普通有机溶剂中具有良好的溶解性,使通过溶液处理更容易进行结构/性能表征和器件制造。共价接枝噻吩和 PTH 诱导石墨烯形成强烈的电子相互作用,用不同的光谱方法显示,与纯噻吩和 PTH 相比,石墨烯结合噻吩和 PTH 的电子离域增强,带隙能略有降低。

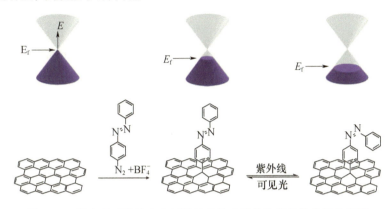

图 17.4　具有相对狄拉克点切换的共价功能化和光异构化的示意图

氧化石墨烯(GO)基电解质膜(EM)的发展以及碳基电极与电解质相容性的研究,引起了人们对轻量化和柔性可穿戴电子产品的广泛关注。GO 纳米片由于其扩展的表面积可以容易地形成稳定、轻质和柔性的膜。基于 GO 的 EM 的缺点是离子传导速率对操作条件和系统中的水含量高度敏感。GO 是质子导电、电绝缘体和高度亲水的材料,当水分子被捕获在其中时,其层间距变宽,增加了离子转移的速率。另一方面,一旦湿度降低,离子电导率就会急剧下降。为了最小化可穿戴电子设备对操作条件的性能敏感性,这些系统需要在对操作条件(如水含量和温度)的依赖性最小的情况下增强离子传导。利用 GO 基面上丰富的氧化官能团,Zarrin 及其同事开发了一种具有高离子电导率和对操作条件依赖性最小的柔性 GO 基 EM[55]。GO 与 1-己基-3-甲基咪唑氯化物(HMIM)离子液体通过酯化共价和静电 π-π 堆叠作用非共价功能化。通过光谱分析,可以发现两种不同的功能化机制:①开环 HMIM 键合到 GO 上的羟基和环氧环;②阳离子咪唑基团与带负电荷的 GO 纳米片的静电相互作用。离子液体保证了系统在不同温度、湿度和基本 pH 条件下的高离子电导率和电化学稳定性,允许独立 HMIM/GO 膜在 30% 湿度和室温下具有 $0.064 \pm 0.0021 \text{S/cm}$ 的优异氢氧化物电导率,与普通 GO 膜和来自 Tokuyama 的市售 A201 膜相比,对操作条件的依赖性最小。另外,通过将 5-HMIM/GO 膜组装在全固态锌空气电池和超级电容器中,评估了在柔性电子设备中使用独立式 x-HMIM/GO 膜的可行性。该系统在低湿和室温条件下表现出了较高的电池性能和电容性能。这一成果归功于 GO 纳米片表面键合的 HMIM 基团,证明了共价键在操纵 GO 基材料性能方面的强大潜力。

虽然荧光研究是研究构象或动态变化的最有力的技术之一,但功能化碳系统中的荧光猝灭机理仍然知之甚少。因此,非常需要克服恢复荧光的强相互作用的方法。Kim 等[56]通过 EDC 偶联方案将芘衍生物共价锚定到 GON 表面的酸官能团上,六个或四个碳原子的间隔基在 GON 和芘分子之间提供适当的距离来功能化氧化石墨烯纳米片(GON)。芘部分以"折叠"构象黏附在 GON 表面,通过从芘到 GON 的电子和能量转移导致其荧光猝灭。另一方面,一旦芘部分以"未折叠"构象从 GON 表面脱离,用十二烷基硫酸钠(SDS)表面活性剂超声辅助处理容易实现荧光恢复。白光下的光电流分析可以区分折叠和未折叠构象中的电子转移行为,表明有效的电荷分离只发生在"折叠"构象中,光电流也是如此。这些发现证明了这种复杂的 GON 体系中独立的荧光猝灭机制,在纳米结构场效应晶体管、成像和捕光器件中具有广阔的应用前景。

GO 纳米片的光学特性可以通过控制化学还原来调节,从而提高荧光强度[57]。在这方面,官能团的连接也已被用作操纵 GO 表面处的电子结构的简单和直接的方法。

Ji 等[58]报道了三种有机配体 GO 的功能化控制了化学气相沉积法生长的石墨烯片的功函数(WF)。最近,同一作者[59]通过用含有胺、哌嗪和哌啶作为连接基团的功能化试剂亲核取代 GO 表面上的环氧基,将不同的复合官能团连接到石墨烯上,成功地将石墨烯表面功能化。在反应过程中材料同时发生还原,从而提高了电导率。最终产物易于分散在不同的溶剂中,表明其具有广泛和适用性。通过紫外线电子能谱(UPS)得到的石墨烯在 3.73~5.1eV 之间,功能化产生了不同的 WF。根据 9 种功能分子的化学基团的类型和结构,分析了功能化氧化石墨烯(FGO)的 WF。最后,作为概念证明,基于 FGO 纳米片作为中间层来控制金属电极的 WF 的有机场效应晶体管提高了器件性能。

17.2.3 燃料电池

人类日益增长的能源需求和化石燃料储量的相对枯竭,促使科学界寻找替代能源,如直接甲醇燃料电池(DMFC),包括 Pt 复合材料作为阳极催化剂[60]。然而,由于一些原因,DMFC 作为一种能源的实际应用是不利的,原因包括 Pt 催化剂的高成本和单位面积的负荷要求相对较大。在这方面,Hoseini 等描述了用页硅酸镁黏土(也称为氨基黏土(RGC))胺基功能化还原 GO 纳米片的制备[61]。通过环氧基团在 GO 基面上进行共价功能化,在 80°C 的水中进行 24h 磁搅拌。然后用 Pt 纳米粒子修饰 RGC,研究了所得薄复合材料在甲醇氧化反应中的催化活性。循环伏安法研究表明,Pt/rGC 相对于 Pt 纳米粒子或 Pt/rGO 具有改进的催化活性。

除使用铂作为阴极材料外,燃料电池工业应用的主要障碍是缓慢的氧还原反应(ORR)动力学。许多研究人员正在采用石墨烯基催化剂来改善 ORR 动力学[62-64]。已经证明通过石墨烯的功能化,改善了石墨烯负载金属催化剂的电催化性能[65];通过调节电学和物理性质,功能化材料允许使用较低含量的金属纳米粒子。在 Park 等[66]的最近一项工作中,Pd 纳米粒子被 1,5-二氨基萘(DAN)共价功能化的 GO 负载。DAN 作为金属纳米粒子的稳定剂,NH_2 基团通过缩合反应与酸性基团反应形成 C—N 键,氧化石墨烯(GO)表面的氧官能团被电化学还原得到电化学还原氧化石墨烯(ErGO)。在所制备的 ERGODAN-Pd 中,Pd 纳米粒子粒径小,分散均匀,高效、耐蚀、高稳定、廉价的材料比目前最先进的 Pt/C 催化剂具有更高的电催化 ORR 活性和长期稳定性,显示了取代 Pt 基催化剂的前景。

17.2.4 太阳能电池

太阳能电池技术迫切需要新材料,而石墨烯和衍生物由于其优越的性质,显然已经在这一背景下被考虑在列。

关于聚合物太阳能电池(PSC),Vinoth 及其同事[67]开发了杂化石墨烯-聚合物组件作为 PSC 中的电子供体组分,为此,他们研究了这些材料的载流子分离和电子传输性能。将吡啶基苯并咪唑 Ru 配合物键合到聚苯胺(PANI)上,并通过简单的湿化学方法将这种金属聚合物(PANI-Ru)共价接枝到 rGO 片上。PANI-Ru 与 rGO 之间的化学键合诱导了 Ru 配合物通过共轭 PANI 链的主链向 rGO 的电子转移。通过用 rGO/PANI-Ru 制备本体异质结聚合物太阳能电池(PSC)器件,成功地证明了该材料是本体异质结聚合物太阳能电池(PSC)中的电子供体——事实上,与用 PANI-Ru(即没有 rGO)制备的标准器件相比,在 AM 1.5G 的照射下,在开路电位(V_{oc})和短路电流密度(J_{sc})上分别显示出 6 倍和 2 倍的增强。rGO 的存在显著地改善了 PANI-Ru 向 PCBM 的电子注入,从而提高了 PC 器件的整体性能。这种 rGO 与金属聚合物组装的共价连接是开发用于光捕获应用的新型杂化纳米材料的新策略。

在新一代太阳能电池中,染料敏化太阳能电池(DSSC)可能是最具吸引力的太阳能电池,因为其生产成本低且具有灵活性,光电转换效率提高到 13%[68]。研究的重点是优化其组件、半导体、电解质和染料,以提高器件性能[69-70]。为了提高 DSSC 的稳定性,需要解决的问题是有机溶剂型挥发性液体电解质的封装和泄漏问题。在此背景下,挥发性有机溶剂已被有机和无机固体电荷传输材料、离子液体和聚合物凝胶所取代[71-72]。尤其是离子液体由于其不挥发性、物理稳定性、电稳定性和高离子电导率而成为最有吸引力的电解质。Brennan 及其同事认为,使用 IL 基凝胶电解质可以解决泄漏问题。另外,在 IL 基电解质中加入少量石墨烯薄片(1%(质量分数))可以使 DSSC 的效率提高到 25%[73]。

Kowsari 等[74]研究了两种不同的 IL(具有不同链长的季铵阳离子)在表面功能化的 GO 上作为制备复合材料 IL 基电解质的添加剂,对 DSSC 性能的影响。在模拟太阳灯光照条件下,三丁基铵基 IL-GO 反应效果最好,提高了 I_3^- 还原的稳定性和电催化活性,在 AM1.5 模拟太阳光照下的转化效率 η 为 8.33%。这些有趣的结果展望了这些纳米杂化物在制备 IL 基复合电解质作为 DSSC 元件方面的应用前景。

探索在不排放温室气体(CO_2)的情况下利用太阳能的新途径是一个新兴的领域,显示出大规模应用的巨大潜力。一个有趣的例子是太阳能热燃料,其基于亚稳定分子形式,能够在外部刺激下通过再转化为稳定形式释放约 100% 的储存能量作为热源。这些是闭合循环系统,重排化学键的可逆转变将能量从环境中转移。这种耐人寻味器件应用的局限性在于低存储容量、低热力学稳定性(ΔH)和材料在长时间照射下的降解($\tau 1/2$)。这些问题迫切需要用于先进太阳能热燃料的新结构材料。构建这种装置的理想材料是由表面上的共价连接支持的高密度、强相互作用的局部刚性发色团分子。在这一背景下,具有吸引力的候选材料是共价连接到碳纳米结构杂化物的偶氮苯发色团(AZO),其具有可逆异构化、良好的光响应和可调节的热反转。利用密度泛函理论[75]对偶氮/碳纳米管杂化材料进行了计算,并预测碳纳米管表面的偶氮分子间的多次相互作用显著提高了材料的储存容量和稳定性。还原氧化石墨烯(rGO)是一种理想的纳米结构平台,通过 H 键和邻近偶氮分子间的邻近诱导堆积,在 rGO 表面具有良好的功能性,支持相互作用的光活性分子的高功能化密度。Luo 等[76]设计了一种太阳能热燃料纳米模板,由共价连接在石墨烯纳米片表面的甲氧基和/或羧基的偶氮分子组成。由于高的功能化密度和具有堆积相互作用的固态平面间捆绑,该纳米模板利用分子间 H 键和邻近诱导相互作用实现了高储存容量(112W·h/kg)和长期储存寿命(33 天 $\tau 1/2$)。结果表明,太阳能热燃料在 50 个循环周期内循环性能良好,使用寿命长,使用寿命至少为 4.5 年,为大规模太阳能热储存奠定了基础。

17.3 传感器和生物传感器

发展选择性、高效的分析方法,实现对生物样品中的疾病生物标记物和治疗靶点进行鉴定和识别,对临床诊断具有重要意义。

易于诊断的最丰富的生物标志物之一是分泌的细胞外蛋白,通常被糖基化,因此称为糖蛋白。事实上,后者是低聚糖链(glycans)在后转移修饰过程中共价连接到其多肽侧链形成的蛋白质。这一过程称为糖基化,糖蛋白在生物体的许多生物学事件中起着至关重要的作用。这些包括蛋白质折叠、构象、分布、稳定性和活性[77]。目前所开发的糖蛋白分析技术通常价格昂贵,耗时长,需要复杂的样品预处理和熟练的技术人员。包括毛细管电泳、酶联免疫吸附试验(ELISA)、液相色谱、高效阴离子交换色谱等。虽然 ELISA 可以实现较高的灵敏度和选择性,但成本高、物理/化学稳定性差、抗体难以获得等问题阻碍了该技术的广泛应用[78-82]。

在此背景下,分子印迹技术是一种具有高选择性、低成本、易于制备的通用分子识别方法。从这项技术发展了分子印迹聚合物(MIP),其存在于聚合物定制的亲和材料中,实现了长期稳定性模板链的独特优点,其选择性地与生物标记模板和天然生物受体(酶或抗体抗原)[83]。因此,MIP 与电化学器件的集成为开发灵敏和选择性的生化传感器提供了一种有吸引力的方法。

大的生物大分子如多肽、蛋白质和糖蛋白的印迹的固有问题主要在于这些大分子的大分子尺寸、结构复杂和在有机溶剂中的溶解性差。这些导致难以维持所需的实验条件,以保持生物大分子的构象完整性和活性,其也难以转移或洗脱。石墨烯和 GO 是制备表面分子印迹复合材料的理想材料[84-85]。事实上,石墨烯和 GO 结合了极高的表面体积比,其可以容纳具有突出导电性的多个识别位点,这为电化学检测并因此为制造高灵敏度的电化学传感器提供了极好的平台。

Huang 等最近提出了共价修饰石墨烯制备选择性电化学生物传感器的方法,其描述了基于石墨烯的仿生电化学传感器的制备 MIP 复合物用于糖蛋白检测[86]。首先,在他们的研究中,GO 与硼酸共价功能化得到硼化氧化石墨烯(BGO)。在 90℃下,使 GO 与氨基苯基硼酸盐酸盐在水/乙醇中反应1h进行硼化。其次,以卵清蛋白(OVA)为糖蛋白模板,通过四甲氧基硅烷和苯基三乙氧基硅烷在磷酸盐缓冲盐水(PBS)中室温溶胶凝胶聚合22h制备了 BGO-MIP 复合材料。将 BGO-MIP-OVA 复合材料接枝到裸玻碳电极(GCE)表面。通过 pH 控制从电极表面提取 OVA,使 BGO-MIP 传感器自由相互作用,从而检测 PBS 中溶解的生物流体样品的 OVA。这是由于传感器的不同电响应取决于 OVA 浓度,使用 $[Fe(CN)_6]^{3-}/^{4-}$ 作为探针(图17.5)。

利用差分脉冲伏安法和电化学阻抗谱研究了传感器的电化学性能,结果表明,模板糖蛋白(OVA)对辣根过氧化物酶(HRP)、牛血清白蛋白和牛血红蛋白具有显著的选择性。此外,分别制备了未改性 GO 的非印迹和复合材料,并在相同条件下进行测试,研究了结合引入的硼酸基团亲和力和分子印迹效应的作用。在优化的实验环境下,BGO-MIP 传感器在 $1.0 \times 10^{10} \sim 1.0 \times 10^{-4}$ mg/mL 浓度范围内对 OVA 具有良好的线性和选择性响应,检测极限为 2.0×10^{-11} mg/mL,并成功地应用于生物体液中 OVA 的监测。

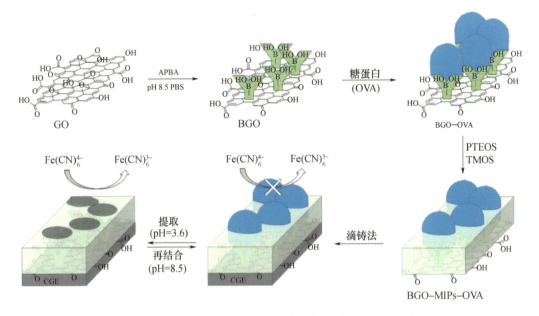

图 17.5 共价修饰石墨烯制备用于糖蛋白检测的基于石墨烯 MIP
复合材料的选择性电化学仿生传感器的方法

另一种选择性检测生物大分子标记(如糖蛋白)的常见策略涉及使用相对抗体(Ab)。抗体,也称为免疫球蛋白(Ig),是一种大的 Y 形蛋白,在生理上被生物系统的免疫系统用于中和特异性靶,例如病原体或更常见的亚部分。Ab 通过特异性和精确的结合识别一种称为抗原的独特分子。

例如,Eissa 等报道了一种简单策略,通过在酸性水溶液中原位制备的羧基苯基重氮盐的电化学还原,来实现化学气相沉积(CVD)单层石墨烯的共价功能化。EDC 协议活化接枝羧基后,通过将 OVA Ab 固定在石墨烯表面,将负载在玻璃衬底上的单层石墨烯进一步功能化,以制备用于电化学生物传感应用的电极材料[87]。然后在 $[Fe(CN)_6]^{3-/4-}$ 溶液中使用 EIS 监测表面固定化抗体与卵清蛋白之间的结合。结合后电荷转移电阻(Rct)的百分比变化对卵清蛋白浓度在 1.0pg/mL ~ 100ng/mL 范围内表现出线性依赖性,检出限为 0.9pg/mL。结果表明,开发的功能化 CVD 石墨烯平台具有较高的灵敏度,为 CVD 单层石墨烯在各种电化学生物传感器件奠定了基础。

如今,各种类型的癌症是医学在全球范围内对人类寿命的主要挑战。前列腺癌是男性第二常见的癌症,但如果早期发现,往往可以成功治疗。用于诊断该疾病的最常见的生物标志物是前列腺特异性抗原(PSA)。Barman 等开发了一种利用 Ab 抗 PSA 的生物传感器,该传感器与葡萄糖进行化学功能化,并用金纳米颗粒修饰表面,以改善 Ab 抗 PSA 的固定化[88]。将葡萄糖共价连接在 GO 表面上,在机械搅拌下在室温下在水中进行功能化 1h。在得到的 rGO 上电沉积金纳米粒子,通过 rGO 的残余 COOH 基团与 PSA Ab 的活化 – NH_2 基团之间的酰胺化反应将特异的 Ab 结合。因此,在某些干扰物的存在下进行了电化学反应,在 10ng/mL 的 PSA 下发现显著的电流变化。

核酸杂交是诊断遗传病和传染病的有效方法。具有 DNA 识别特异性的生物传感器在序列特异性检测中有广阔的应用前景。与其他 DNA 生物传感器相比,用于 DNA 检测的阻抗生物传感器具有优越性,包括简单、高敏感性和不要求标记目标[89-90]。

阻抗 DNA 生物传感器的工作原理通常是基于 DNA 探针固定和与靶 DNA 杂交后电极表面的界面电荷和构象的变化。Urbanová 等首次提出了氟原子在极性溶剂中简单亲核取代的共价功能化的例子[91]。用亲核巯基取代氟,将这种新型石墨烯衍生物作为低成本的生物传感器用于 DNA 杂交的阻抗检测。将氟化石墨在 DMF 中超声剥离,然后将 GF 与硫氢化钠在 DMF 中在室温下反应 3 天,制备了硫氟石墨烯 G(SH)F。结果表明,G(SH)FF 衍生物中的共价结合硫增强了 DNA 的阻抗传感。这可能是因为在 G(SH)F 传感平台上存在巯基,使得 DNA 单株能更好地固定和定位,导致对 DNA 靶的良好可接近性和高效的杂交过程。总的来说,这种新的石墨烯衍生物可以潜在地用作先进的基因传感器。

一方面,大分子如 DNA 或糖蛋白是非常有用的诊断生物标记,另一方面,较小和较简单的分子也能够在类似的分析工作中起到关键作用,并且这种小分子的测定在几种临床诊断和其他分析的常规中变得至关重要,例如在化学和食品工业中广泛用作氧化剂的 H_2O_2,或用于糖尿病临床诊断的葡萄糖。为此,Ren 等在碱性条件下通过一步反应将 GO 与三亚乙基四胺共价功能化,60℃下反应 24h[92]。三亚乙基四胺既是 GO 的交联剂又是还原剂。对三亚乙基四胺功能化石墨烯(TFGn)进行了表征,结果表明,三亚乙基四胺通过胺与环氧基团的共价键接枝到 GO 表面。TFGn 在水中均匀分散数周,表明氨基的引入大大提高了 TFGn 的亲水性。然后利用 IO_4^- – 氧化葡萄糖氧化酶(GO_x)的醛基与 TFGn 的氨基之间的共价键,通过层层自组装制备了葡萄糖生物传感器。制备了 $(GO_x/TFGn)_n$ 多层膜修饰的金电极,并对其进行了循环伏安法研究。以二茂铁/甲醇为氧化还原介质,得到的传感器对葡萄糖的氧化具有良好的稳定性和电催化反应。电极的性能与 $(GO_x/TFGn)_n$ 双电极数的增加呈线性相关,说明葡萄糖生物传感器的灵敏度可以调节。例如,由六层 $(GO_x/TFGn)_n$ 双层构建的生物传感器对葡萄糖浓度(至少 8m mol/L)表现出线性响应,灵敏度为 $19.9\mu A/[(m mol/L) \cdot cm^2]$。

同时,You 等报道了一种用于测定过氧化氢和葡萄糖的新型生物传感器,该传感器基于用 5 – 氨基 – 1,3,4 – 噻二唑 – 2 – 硫醇(TDZ)共价功能化的 GO 纳米片,进而共价键合到钯(Pd)纳米颗粒(GO – TDZ – Pd)[93]。GO 通过酰胺化改性,使其与 TDZ – Pd 在 THF 中在 50℃下在磁力搅拌下反应 12h。采用 GO – TDZ – Pd 覆盖电极表面,经电化学还原后,对 H_2O_2 表现出较高的催化活性,并能作为 H_2O_2 传感器。采用循环伏安法和计时安培法对 EGN – TDZ – Pd 的性能进行了表征,其线性范围为 $10\mu mol/L \sim 6.5m mol/L$。利用 GO_x 将 EGN – TDZ – Pd 修饰到玻碳电极(GO_x/EGN – TDZ – Pd/GCE)上,制备了葡萄糖生物传感器。GO_x/EGN – TDZ – Pd/GCE 在 0.1mmol/L 葡萄糖溶液中,在生理干扰(0.15mmol/L AA 和 0.5mmol/L UA)存在下,GO_x/EGN – TDZ – Pd/GCE 对 1.0mM H_2O_2 的还原电流分别降低了 2.6% 和 1.2%。

具有活性官能团的石墨烯片的电化学功能化是一种非常有效的可控方法,涉及温和的条件,可用于发展基于石墨烯的生物传感器。特别是在最近的工作中,通过胺封端的 PAMAM(第四代 PAMAM – $(NH2)_{64}$)树枝状大分子的阳极氧化,通过共价键(C—N)对石墨烯薄膜进行电化学功能化[94]。该方法在石墨烯表面产生高密度的胺官能团,从而提高了传感器的灵敏度。此外,为了研制高灵敏度的生物和化学传感器,它还能装载不同的分子,如酶、蛋白质、DNA、抗体、抗原等。将胺功能化的石墨烯修饰玻碳电极(GCE)表面的树状大分子作为共价固定酶的锚定载体,为生物分子提供了良好的微环境。作为概念证明,HRP 酶被固定化于氨基功能化石墨烯,用于检测 H_2O_2,在生物过程和工业中都具有重要意义。该平台具有较高的电催化活性、较高的储存稳定性(可达 1 个月)和较低的外加电位,并表现出较高的灵敏度($29.86mA/[(m mol/L)·cm^2]$),比功能化的玻碳电极检测 H_2O_2 高出 5 倍。为证明该传感器在实际应用中的可行性,已将其应用于人血清中。这些结果表明,PAMAM 在石墨烯上的电接枝是制备具有增强电催化活性、灵敏度和稳定性的传感器的一种很有前景的方法。

这种传感器的一个有趣的应用涉及奶牛健康管理。事实上,临床研究证实,循环血清 β-羟基丁酸(BHBA)水平是负能量平衡的良好指标,往往影响畜牧业生产。例如,奶牛体内高 BHBA 含量表明能量平衡呈负值,这与免疫系统薄弱、产后疾病、牛奶产量下降和生育能力下降等风险有关。一般来说,由于缺乏对 BHBA 的农场牛方测试,奶牛的生物样本被送到现场以外的实验室。文献表明,与以色谱和分光光度法为主要手段的传统定量方法相比,BHBA 的电化学检测更快、更方便。BHBA 水平的电化学测量基于使用由辅酶烟酰胺腺嘌呤二核苷酸磷酸($NADP^+$)支持的 β-羟基丁酸脱氢酶(HBDH)[98-99]。

在这些生产线上,Veerapandian 等描述了用于快速检测 BHBA 的电化学生物传感器平台[100]。将 GO 与钌(Ⅱ)NAD^+ 和 HBDH 共价功能化,构建了生物传感器平台。该生物传感器复合材料表现出增强的氧化还原行为,电流灵敏度为 $(22±2.51)μA/(m mmol/L)$。此外,HBDH 的固定很容易通过在 PBS 中孵育 20min 来操作,这使得传感器对 BHBA 浓度具有选择性和安培敏感性。提出的生物传感器为农场分析提供了有效的方法。事实上,用不同 BHBA 浓度的血清样品进行了测试,其过程快速有效,反应时间小于 1min。

Mao 及其同事[101]通过在含有乙烯基的 PPy/GO 纳米片表面共价修饰聚丙烯酰胺(PAM)、聚丙烯酸(PAA)和聚乙烯吡咯烷酮(PVP),制备了亲水性聚合物(HP)功能化的聚吡咯/氧化石墨烯纳米片(HP/PPy/GO)。制备方法包括以下几个步骤:①在超声辐射下,通过原位化学聚合制备 PPy/GO 纳米片;②在 DMF 中,通过烯丙基氯和 PPy/GO 与 KOH 的取代反应制备 PPyGO-CH_2-CH=CH_2 纳米片;③在 PPy/GO-CH_2-CH=CH_2 纳米片表面聚合 AM、AA 或 VP 制备 HP/PPy/GO 纳米片。共价功能化提高了 PPy/GO 在水中的分散性。同时测定多巴胺和抗坏血酸的电化学生物传感器(PAM/PPy/GO-、PAA/PPy/GO- 和 PVP/PPy/GCE)的不同性能也反映了这三种 HP 的不同化学性能其中两种在特定的 PAM/PPy/GO- 和 PAA/PPy/GO- 修饰的玻碳电极中表现出良好的电化学响应,能够区分混合物中一定浓度的多巴铵和抗坏血酸。相反,PVP/PPy/GO 修饰的玻碳电极不能获得相同的结果。在比较 PAA/PPy/GO 和 PAM/PPy/GO 时,后者的性能最好,这可能是由于给电酰胺基和吸电羧基的化学性质不同所致。

溶液中离子选择性定量传感器在环境监测、临床诊断和食品质量控制方面具有重要意义。在这方面,Olsen 及同事报告了设计和合成新的功能化石墨烯混合材料,以用于碱金属离子的选择性无膜电位检测,在特定实施例中为钾离子[102]。为了制备功能材料,还原氧化石墨烯(rGO)被具有致密表面覆盖的 18-冠[6]醚共价功能化;这种高功能密度通过引入柔性接头来实现。合成方法是首先将甘氨酸接头连接到冠醚上,然后连接到 GO 上,然后同时实现了 GO 的还原。由于 18-冠[6]醚腔除了提供离子偶极相互作用外,还能选择性地与钾离子的大小特异性匹配,高度稳定的杂化复合材料能够检测微摩尔量的钾离子,选择性超过其他阳离子(Ca^{2+}、Li^+、Na^+、NH_4^+)。此外,通过适当选择特定的冠醚,该方法可用于制备用于感测不同种类离子的多种其他石墨烯纳米复合材料。采用rGO-18-冠[6]醚材料滴浇铸在玻碳电极和丝网印刷碳电极(SPCE)上,研究了钾离子在相关离子干扰下的电位响应。这种材料可以进一步与一次性芯片结合,证明了其作为实际应用的有效离子选择性传感元件的前景。

与石墨烯类似,单壁碳纳米管(SWCNT)作为下一代电子设备的材料,包括场效应晶体管(FET)和纳米传感器,得到了深入地研究[103]。Peng等[104]的研究涉及一种复合薄膜,该复合薄膜集成了用于薄膜晶体管的高纯度半导体SWCNT和石墨烯的一些最佳性能。已经制备了包括半导体SWCNT网络和功能石墨烯层(T@fG)的碳基异质结构薄膜。石墨烯作为一个原子厚度的不透水层,可以通过表面重氮化学共价功能化,以提供高密度的表面官能团,同时保护底层的SWCNT网络免受化学修饰,即使是在共价化学反应期间。用T@fG制备的薄膜晶体管(TFT)具有较高的载流子迁移率($64cm^2·V/s$)和较高的晶体管离子/离断比(5400)。此外,石墨烯表面的羧酸基团可作为化学传感器,用于检测水铵阳离子(NH_4^+),在$1mmol/L$离子强度溶液中,传感极限接近$0.25mmol/L$,可与最先进的水铵纳米传感器相媲美。将羧酸以外的不同官能团连接到石墨烯上的可能性允许使用这种设备架构,并定制其他目标化学物质的检测。这种混合结构为可扩展电子器件和传感器的功能材料以及能量产生、存储纳米器件、智能涂层、无金属催化和生物成像提供了大量的可能性。

研究了金属四苯基卟啉与rGO的协同作用对多巴胺的选择性检测和电化学分析的可能性,旨在制备生物医学上具有重要意义的化学传感器。事实上,抗坏血酸和尿酸常常干扰多巴胺传感,从而影响多种生物传感器的选择性。由于多巴胺分子与石墨烯之间的π-π相互作用以及四苯卟啉特殊的生理活性,所制备的杂化生物传感器具有高灵敏度、低水平检测和对多巴胺检测的选择性[105-106]。利用四吡啶卟啉(TPyP)对GO和rGO进行功能化,实现了过氧化物酶的检测。在这种情况下,GO比rGO更有能力与TPyP生成稳定的复合物,因此,即使是氧功能也在TPyP的超分子组装中起作用。通常在DMF中制备卟啉衍生物和石墨烯材料,但低温热液工艺也可用于制备卟啉-石墨烯杂化物[107]。后者由π-π相互作用形成,是具有仿生、细胞兼容性和可重复使用的电化学传感器,并成功地用于感测一氧化氮(NO),一氧化氮是多种生物过程的关键调控因子。与单纯的起始材料相比,纳米杂化物显示出显著的灵敏度($3.6191\mu A/(\mu mol/L)$)和电催化性能(0.61V)。

酶电极可以通过离子束溅射沉积来制造。特别是,该技术被用于功能化具有Au和芘3D笼的石墨烯纳米点。利用芘与石墨烯之间的非共价π-π相互作用,将葡萄糖氧化酶和过氧化氢酶修饰到石墨烯纳米点包裹的多孔金电极中。得到的笼状纳米点显示出高灵敏度和可重复使用性[108]。GO和木质素磺酸盐(LS)是一种从木质素中提取的芳香族聚合物,通过π-π堆叠在水中组装而成,产生了具有对相对湿度高度敏感的电性能的材料,可用于制造呼吸频率传感器,如图17.6所示[109]。

发现其传感机理主要取决于rGO的p型半导体性质和LS的层间溶胀效应,而不是离子电导率。这些低成本、灵活的湿度传感器可以作为一种新型的非接触式用户界面来检测人类呼吸,这种新的应用能够扩展生物质废物中木质素的高价值利用。

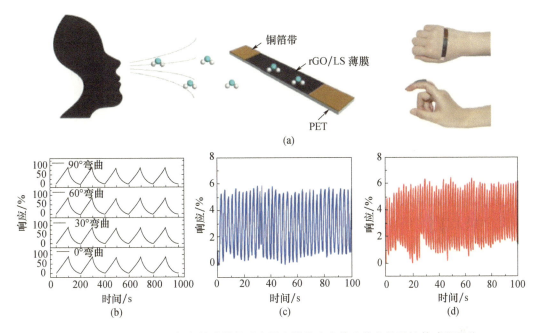

图 17.6 (a)柔性呼吸频率传感器的示意图和附着在人体皮肤上的柔性传感器照片；(b)柔性呼吸频率传感器在 0°、30°、60° 和 90° 进行五个循环的弯曲试验；(c)，(d)记录剧烈运动前后人体呼吸频率的响应时间曲线(经爱思唯尔许可转载自参考文献[109])

近年来，GO 和 rGO 在 THF 中通过 π-π 堆叠和聚合物包裹被集成到共轭聚合物中。所制备的材料显示出作为检测爆炸物的化学传感器的潜力[43]。在其研究中，Li 等通过氧化石墨烯(GO)的化学还原，通过湿化学制备了一种表现出聚集诱导发射(AIE)特征的可溶性石墨烯基材料[43]。利用 π-π 相互作用和聚合物包裹效应，在四氢呋喃(THF)溶液中还原 GO 时，使用三种含有四苯乙烯、咔唑和苯基的共轭聚合物作为稳定剂，得到的石墨烯复合材料在有机溶剂中可溶解数月。此外，rGO 的存在提供了 AIE 活性，纳米杂化物的 PL 强度是纯聚合物的 6.3 倍。这些改进的光学特性和 AIE 效应使得基于 rGO 的纳米复合材料能够作为一种化学传感器，用于以高灵敏度检测聚集体和固态的少量痕量爆炸物(如苦味酸)。在聚集状态下，可检测浓度低至 $1.3\mu g/L$，猝灭常数高达 $4.16 \times 10^6 (mol/L)^{-1}$。

17.4 生物医学工程

GO 的生物兼容性使其成为生物医学工程支架的良好候选材料[110]。最近的文献报道使用共价功能化 GO 作为生物传感器、药物载体和组织工程生物相容性材料的平台[111]。GO 提供了高度的功能化前景，允许获得具有特定性质和性能的所需材料，以响应生物医学工程的特定任务和要求。

17.4.1 组织工程

例如，组织工程的主要目标之一是开发能够储存和输送氧气的生物材料支架，以模拟或取代高度血管化的组织。事实上，有限的氧扩散影响组织的生存、功能和愈合过程，以及细胞的增殖和活动。全氟化碳(PFC)是传统用于改善生物应用的氧交换的化合物。在过去,基于 PFC 的生物材料由于其生物兼容性、惰性和溶解大量氧的能力被开发出来,并且在生物医学应用中显示了优势,如指导干细胞分化[112-114]。然而,由于其强疏水性或用作乳化剂的表面活性剂的细胞毒性,PFC 本身可能造成一些副作用。事实上,PFC 在表面的密度较低,导致与水的范德瓦尔斯力相互作用较差,造成了强烈的疏水性[115]。PFC 与 GO 的结合有望取得优异的结果。Maio 等用全氟化分子 3-十五氟庚基,5-全氟苯基-1,2,4-噁二唑(FOX)功能化 GO。通过在 DMF 中在室温下磁力搅拌下 24h 的 SNAr 反应,设法将 FOX 直接共价连接在 GO 表面[3]或整个 GO 硅纳米杂化物(GOS)[2]上的二氧化硅基团上。用 FOX 功能化的 GO 和 GOS(GOF 和 GOSF)显示出非常好的细胞兼容性,这主要是由于 GO 纳米平台的亲水性和其生物兼容性。此外,所制备的材料表现出很高的氧亲和力。GOSF 和 GOS 分别表现为饱和/扩散速率双倍和三倍的含氧量,而目前在组织工程中用作氧库的材料即使在低浓度下也是如此。这些纳米平台适合作为高级纳米复合材料的充氧填料,作为氧库广泛应用于生物医学器件领域。

制备基于天然聚合物的多层膜(例如,壳聚糖[116],海藻酸盐[117-118])可以获得适合于生物医学工程的其他生物兼容性材料。这些材料通常具有低毒、生物降解和凝胶形成能力,可以低成本制备。它们已经在生物医学领域找到了许多应用,如伤口愈合,药物传输和组织工程支架。在此背景下,Silva 等使用甲亚胺叶立德的 1,3-偶极环加成反应与 N-苄氧基羰基甘氨酸(Z-Gly-OH)共价功能化石墨烯纳米片,涉及多聚甲醛的使用[119]。反应在磁力搅拌下在乙醚中于 250℃下进行 3h。Silva 等利用共价功能化石墨烯在壳聚糖和海藻酸盐壳聚糖的逐层沉积过程中制备了新的自支撑膜(FS)。两种薄膜均具有细胞兼容性,功能化石墨烯的存在提高了薄膜的储能模量和动态力学响应,降低了电阻率。这些膜具有用于生物医学应用的巨大潜力,例如用于伤口愈合和骨骼及心脏组织工程的膜。

目前,生物相容性和生物可吸收支架在骨或软骨组织工程中的应用越来越受到人们的关注。事实上,骨/软骨缺损是创伤和感染引起的主要问题之一。这些缺损传统上通过骨移植和植入物治疗。然而,传统疗法显示出局限性和缺点,这主要是由于原料的可用性差。在过去的几十年里,骨组织工程已经成为克服原料缺乏的替代方案,满足要求的首选方案之一是淀粉。淀粉是由大量葡萄糖单元通过糖苷键连接而成的天然多糖,大多数绿色植物都会产生淀粉作为能量储存。Wu 及同事开发了一种完全淀粉衍生的生物活性三维多孔支架,将淀粉引入到纳米尺寸的氧化石墨烯(nGO)中[120]。通过微波辅助脱色和随后的氧化得到 GO 纳米点,由相同的淀粉得到 GO。通过在 DMSO 中在室温下进行 3 天的酯化反应将淀粉共价连接到 nGO 上。随后,通过冷冻干燥制备由淀粉和淀粉功能化 nGO (S/SNGO)组成的多孔支架(图 17.7)。

制备的基于 S/SNGO 的功能化支架具有良好的性能和良好的骨/软骨组织工程应用前景。事实上,支架是一种有效的锚定点,通过模拟体液中的生理再结晶诱导大量羟基磷灰石(CaP)的形成。支架诱导的羟基磷灰石由一种与骨骼非常相似的帽晶体组成。此外,支架的孔隙率和吸水能力可由 nGO 的浓度控制。

Sarvari 等最近获得了适合于组织工程的其它生物兼容性材料,作为通过静电纺丝制备的聚合物功能化的还原氧化石墨烯(rGO)的纳米纤维[121]。通过酯化反应将 3-噻吩乙酸(TAA)与 rGO 共价结合,得到 3-噻吩乙酸功能化的还原氧化石墨烯大分子单体

(rGO-f-TAAM)。反应在 DMSO 中于 140℃ 下在磁力搅拌下进行 6h。然后,将 rGO-f-TAAM 与 3-十二烷基噻吩(3DDT)和 3-噻吩乙醇(3TEt)共聚,得到 rGO-f-TAA-co-PDDT(rGO-g-PDDT)和 rGO-f-TAA-co-P3TEt(rGO-g-PTEt)。接枝 rGO 复合材料具有增强的电化学性能,可以通过聚己内酯电纺制备电纺纳米纤维。用电纺纳米纤维制备的支架在小鼠细胞中不能诱导细胞毒性,表现出适合于组织工程应用的力学性能和稳定性。

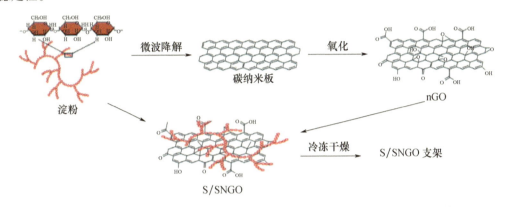

图 17.7　由淀粉和淀粉功能化的 nGO(S/SNGO)组成的多孔支架

Massoumi 等早前介绍了石墨烯与能够产生电纺纳米纤维的聚合物 GO 共价功能化的另一个例子[122]。在这一特定的工作中,通过亲核酰基取代将 GO 与乙酰氯进行预防性氯化(GO-Cl)。在 CuCl 催化剂存在下,采用原位聚合技术将聚甲基丙烯酸 2-羟乙酯(PHEMA)接枝到 GO-Cl 上。然后,通过开环聚合(ROP)方法将 ε-己内酯(CL)与 PHEMA 的羟基接枝共聚,得到 GO-g-P(HEMA-g-CL)纳米复合材料,并用于制备导电和生物兼容性的电纺纳米纤维。由于其生物相容性、可降解性和导电性,制备的纳米纤维再次被用作再生医学的支架材料。

在此背景下,非共价功能化也提供了一些前景:氧化部分的存在使得 GO 能够与胶原形成氢键,从而允许通过在水中混合溶剂来制造 GO 涂覆的膜。GO 的粗糙度和亲水性增强了膜的生物相容性,促进了细胞的粘附,从而使这些杂化材料在组织工程中具有特别的应用前景[123]。

17.4.2　药物输送

在石墨烯和衍生物的各种有前途的应用中,药物输送是一个新兴的目标,因为这些纳米材料具有很好的负载药物的能力。这种能力结合了大而灵活的生物相容性匹配特征,是药物输送研究面临的挑战。具体来说,石墨烯衍生物的两面通常用于药物的结合,从而进一步增强潜在可输送药物的量[124]。

受到这些进展的启发,Wang 等开发了一种简单的湿化学方法,在碱性水条件下通过环氧化物氨解制备共价功能化石墨烯[125]。典型的单胺,例如工业 Huntsman Jeffamine® M-2070 和 M-2005 聚合物,其具有亲水或疏水聚醚胺链、带正电荷的 2-氨基-N,N,N-三甲基丙铵、带负电荷的对氨基苯磺酸,甚至寡肽序列,被有效地接枝在部分还原的 GO 的血小板上。共价功能化是通过在水中回流 24h 实现的。所有五种功能化石墨烯

(G-J2070、G-J2005、G-AM、G-SA 和 G-OP)显示出良好的溶剂分散性和长期稳定性(其中一些在高浓度下在水中超过一个月)以及在水和极性有机溶剂如 THF、乙醇、DMF、DCM 和乙酸乙酯中优异的溶解性。总之,该策略为设计和合成高亲水性和无毒石墨烯衍生物提供了简便的途径,具有作为药物载体和生物药物的广阔应用前景。

适合作为药物传输平台的功能化石墨烯的另一个值得注意的例子由 Kavitha 及同事的开发提供。本章通过酰胺化和自由基聚合,将 GO 与聚4-乙烯基吡啶(P4VP)共价功能化,得到 P4VP 功能化的 GO(GO-P4VP),并对其进行了药物传输和抗菌应用测试[126]。在 80℃下通过无溶剂搅拌 24h 进行 GO 改性。GO-P4VP 具有较低的细胞毒性,可以通过 π-π 堆叠和疏水相互作用简单的物理吸附抗癌药物喜树碱(CPT)。通过这种方式,测试 GO-P4VP 对 CPT 的药物负载和通过 pH 调节的相对释放,在体外显示出高的抗癌特性。此外,还观察到显著的抗大肠杆菌和金黄色葡萄球菌的抗菌性能。总之,GO-P4VP 可作为具有高生物兼容性、溶解性和在生理溶液中的稳定性、合适的负载能力和优异的细菌毒性的药物传输载体。此外,这种材料具有成本低、面积大、可伸缩性好和有用的非共价相互作用的独特优势。

许多研究报告了用于提供抗癌药物的 GO 基平台的制备。在此背景下,与阿霉素的高 GO 亲和力激发了通过利用不同的非共价相互作用来制造智能递送装置的可能性。基于表面活性剂的非理想混合胶束理论,开发了羟乙基纤维素(HEC)和聚阴离子纤维素(PAC)混合表面活性剂对 GO 的非共价功能化[127]。由于 GO 的比表面积大、与阿霉素的 π-π 相互作用强,获得了较高的药物载量,负载阿霉素的纳米颗粒能有效地进入癌细胞,促进阿霉素在 SKOV3/DDP 细胞中的积累,其通常对游离阿霉素表现出较强的抗性。

Xie 等开发了一种方法,利用分层自组装技术,将 GO 与 CS 和 D_{ex}(葡聚糖)非共价功能化,用于抗癌药物传输应用。通过 π-π 堆叠和静电吸附将抗癌药物阿霉素加载到三元纳米复合材料中。在酸性环境下,纳米复合材料表现出 pH 敏感的阿霉素释放行为,并具有加速释放的作用。CS 和 Dex 的功能化提高了 GO 和负载阿霉素的 GO 纳米片在生理条件下的分散性,降低了 GO 纳米片对蛋白质的非特异性吸附,特别适合于生物医学应用。此外,负载阿霉素的 GO-CS/Dex 纳米复合材料一旦由 MCF-7 细胞摄取,就证明对癌细胞具有强的细胞毒性[128]。

获得 pH 响应性生物材料的另一种策略是通过静电相互作用和氢键键合将结构体锚定到水中[129]。这些天线装饰的薄片被证明适用于智能纺织品、传感器和生物电子器件。通过在水中 π-π 堆叠将 DNA 或嵌合肽附着到 GO 上,可以获得用于光/NIR 化疗的材料[130-131]。在前一种情况下,由于增强的电化学性能,GO-DNA 配合物甚至在生物传感应用中也是一种理想材料,而在后一种情况下,由 α-螺旋刷修饰的 GO 薄片表现出较高的光热杀死细胞活性。

在抗生素的传递方面,GO 和 rGO 通过不同的席夫碱(QAC)进行功能化,通过色烯与一系列偶氮吡啶盐反应合成。在水和乙醇中,这些 QAC 通过 π-π 相互作用在很大程度上负载到 GO 和 rGO 上,得到的纳米杂化物对革兰氏阴性菌和革兰氏阳性菌均表现出较强的抗菌活性[132]。

17.5 生物修复(水处理)

目前,由于染料在合成、印刷、纺织、食品、医药等领域的应用日益增多,水污染和相关问题日益突出,对水处理新材料提出了迫切的要求。在此背景下,成功地测试了 GO 表面分子印迹聚合物作为分散固相萃取吸附剂用于检测水中的头孢羟氨苄[133]。事实上,水环境的主要污染物之一是阳离子染料和金属离子,它们通常有毒,可降解性很低,而且在水中的溶解性很高,因此也很难去除[134-135]。吸附法是去除废水中染料和重金属离子的有效方法,其中涉及聚合物和复合材料进行有效的修复。新的污水处理系统的设计必须考虑吸附速率和效率等参数,并提供简单和低成本的操作[136]。在这方面,吸附剂的选择是一个真正的临界点。在几种候选结构中,GO 具有许多含氧缺陷的层状结构,这些特性可以提供潜在的吸附性能。事实上,氧化官能团为 GO 在水处理中用作吸附剂提供了优点。具体而言,文献报道这些氧化部分可用于吸附染料[137]或与水中的重金属离子反应,形成金属离子配合物[138]。而且,这些官能团提高了 GO[139] 的亲水性,使其与水处理兼容。

17.5.1 染料去除

聚合物水凝胶是由亲水性质的聚合物链组成的网络,尽管不溶于水,但部分聚合物能够在水中溶胀。这些水凝胶的交联结构允许甚至是其自身质量的 100 倍的水吸附,在溶胀时保持其形状。目前,以基于石墨烯和 GO 的水凝胶因其优异的性能引起了科学界的关注,这对于基于吸附的废水处理有很好的应用前景[140]。

例如,Soleimani 等合成了基于用纤维素纳米晶须共价功能化的 GO 的纳米复合水凝胶[141]。应用氮烯化学将纤维素固定到 GO 上,在 110℃ 的 DMF 中,在磁搅拌下进行 2 天的反应。采用纳米复合水凝胶对废水中的亚甲基蓝(MB)和罗丹明 B(RhB)等阳离子染料进行了去除,紫外可见吸收光谱显示出较高的吸收能力。具体地,对于低浓度溶液,100% 的 MB 和 90% 的 RhB 被去除,并且在 15min 内达到平衡状态。此外,样品经多次使用后性能稳定,易于回收,是适合废水处理的良好吸附剂。

离子液体(IL)被认为是合适的生态溶剂,具有高性能,用于有机染料和重金属的液体 - 液体萃取[142-143]和吸附(聚合物离子液体)[144-145]。然而,溶剂的回收或负载 IL 的损失往往是操作过程中需要考虑的大挑战。曾有文献报道过作为软材料的离子液体凝胶,其能够吸附大量的阳离子染料如 RhB 和亚甲基蓝(MB),且易于回收[146-147]。然而,IL 不总是能形成稳定的凝胶,因此很难将 IL 的特定吸附性能与上述凝胶结合以获得容易回收的超分子聚集体。

针对该项研究,Zambare 等通过在 DMF 中在室温下进行酰胺化 22h,合成了甲基咪唑鎓 IL 功能化的 GO(mimGO)[148]。由此,通过冷冻干燥制备海绵,并使用 mimGO 海绵从水溶液中除去偶氮染料直接红 80(DR80)。mim - IL 侧基上的质子化胺和阳离子基团有助于电荷诱导吸附,mimGO 海绵对 DR80 水溶液具有良好的净化性能。观察到 DR80 的超高吸附速率为 588.2mg/g·min,平衡吸附容量为 501.3mg/g,远高于未改性的 GO 和商业活性炭。此外,通过调节 pH,在水溶液中以更高的速率实现了 DR80 的 99.4% 的解吸。总体而言,在四次吸收 - 去吸收循环后,mimGO 海绵效率保持在 99.2%,证实了该材料在污水处理应用中的高潜力。

17.5.2 金属离子去除

重金属,如铅,镉,铜,以及其他放射性金属,是危害人类健康的主要担忧之一[149-151]。这些危险金属往往从各种制造业排出,它们扩散到环境中会引起一系列的紊乱和疾病[152]。在众多已知的去除废水中重金属离子的技术中,吸附法是操作简单、成本低的技术[152]。

Li 等用壳聚糖/巯基(CS/GO-SH)功能化 GO,通过共价修饰和静电自组装[153]。通过重氮化学方法在 GO 表面引入 4-氨基噻吩,合成了 CS/GO-SH,并利用 GO-SH 与壳聚糖通过静电作用进行自组装。得到的 GO 复合材料用于去除单金属离子和多金属离子体系中的 Cu(Ⅱ)、Pb(Ⅱ)和 Cd(Ⅱ)。CS/GO-SH 优异的化学特性和比表面积使其成为一种潜在的吸附材料。

Pan 等提出了一种通过席夫碱缩合将 GO 与带正电荷的季铵基团的伯胺衍生物共价功能化的新方法。在 60℃的水/DMSO 中进行了 12h 的磁搅拌反应,并且在伯胺衍生物的胺基和 GO 的醛基之间发生亲核加成[154]。在伯胺和 GO 之间形成亚胺键不必要求任何无水条件或使用苛刻的试剂,并且季铵基团的这种引入防止了堆积并改善了 GO 的分散性。改性 GO 对 Th(Ⅳ)和 U(Ⅵ)的吸附性能也优于原始 GO,对钍的吸附量可达 2.22mmol/g,对铀的吸附量可达 0.83mmol/g。

总之,上述讨论表明,GO 基材料具有高性能和显著优点,在去除废液中的金属离子和阳离子染料方面具有巨大的应用潜力。

17.6 催化工程

最近已经开发了将均相催化剂固定在合适的固体载体上的有效方法。这些方法利用了多相催化剂的优点,包括易于处理和回收,减少浪费,有利于可持续工艺的使用[155-157]。氧化石墨烯(GO)的特性及其可持续性使该材料成为固定大量均相催化剂和有机催化剂[158],金属纳米颗粒[159]以及无机酸和碱[158]的最佳选择之一。事实上,GO 显示出大的表面积,此外,其含氧官能团和强亲水性在有机反应中提供了良好的催化活性。另外,通过共价和非共价功能化,可以对该特性进行调制和改进。然而,与非共价策略相比,GO 的共价功能化是一种更有前途的方法,提供更有效的负载。锚定的分子和 GO 表面之间有更强的键合,在高温下的使用更加稳定[158]。文献表明,锚定在 GO 上作为平台的均相催化剂的探索还处于早期和发展阶段[160]。

基于 GO 平台的新型异质纳米催化剂的合成是近年来的研究热点。例如,Porahmad 等用 1,1,3,3-四甲基胍(TMG)共价功能化 GO,获得高效和耐用的纳米催化剂[161]。以 3-(氯丙基)-三甲氧基硅烷(CPTMS)为分子桥(GO-Si-TMG),两步合成了杂化材料。第一步是用 CPTMS 对 GO 进行功能化以制备 GO-Si-TMG,这是通过 CPTMS 与 GO 上的羟基和环氧基的脱水缩合而发生的。然后在甲苯中在 110℃下使 GO-Si-Cl 与 TMG 反应 2 天得到 GO-Si-TMG。GO-Si-TMG 定量促进丙二酸酯与各种取代硝基苯乙烯衍生物的迈克尔加成反应,该反应在温和、绿色的反应条件下,在 1:1 的水醇溶液中,在

30℃条件下进行。该催化剂具有较高的反应转化率,产率可达99%,且易于循环使用至少7次,而不会显著降低催化性能或改变结构。此外,催化剂的稳定性还允许在高温下应用而没有活性位点的显著浸出。

同时,Bhanja 等通过在 DMF 中用 3-氨丙基三乙氧基硅烷对 GO 进行合成修饰,然后在乙醇中与 2,6-二甲酰基-4-甲基苯酚进行席夫碱缩合反应,随后通过浸渍共价连接铜(Ⅱ),设计了一种铜-亚胺功能化的氧化石墨烯(Cu-IFGO)[162]。在微波辅助下,Cu-IFGO 对多种卤代芳烃与硫脲和苄基溴的 C-S 偶联反应具有较高的催化活性。此外,直到第六个反应循环,催化剂的产物产率没有显著降低。该结果表明,催化剂用功能化 GO 的亚胺和羟基螯合 Cu(Ⅱ),确保在偶联反应过程中铜与材料的良好连接。

17.6.1 工业应用合成

制药工业一贯使用 Pd 催化偶联用于药物的大规模合成。例如,铃木-宫浦反应肯定是最常用的反应之一,即用于构建联芳基合成[163]。然而,由于 Pd 基催化剂的毒性和回收成本,该反应的经济和环境方面受到严重限制并具有负面影响。实际上,实际应用涉及难以从均相反应混合物中分离这些昂贵的材料。为了克服这个分离问题,Fath 等将环金属化的钯配合物接枝到 GO 表面上。后者由 2-苯基吡啶和氯化物配位的环钯(Ⅱ)组成,然后通过与胺配体间隔基的进一步配位相互作用,通过共价键连接到 3-(氨甲基)吡啶功能化的 GO 上[164]。该负载型催化剂在室温下有效地促进了芳基卤化物和苯硼酸的铃木-宫浦反应,与均相类似物相比具有更高的性能。此外,负载型催化剂可以容易地循环多次而不发生任何明显的活性降低。

Huang 等通过 GO 与 3-氨丙基三乙氧基硅烷(APTS)共价功能化制备了固体碱催化剂[165]。共价接枝在氯仿/甲苯混合物中在 100℃下进行 72h 磁力搅拌。所得催化剂在 Knoevenagel 缩合反应中具有较高的催化性能,产率达 90% 以上,可重复使用性良好。这种新的 Knoevenagel 缩合催化剂被应用在广泛的底物上,显示出比通常用于这些反应的传统催化剂更高的产率。实际上,层状结构和良好的分散可能促进反应物向催化活性位点的良好扩散。

另一方面,Mohammadipour 等给出了固体酸催化剂的实例,报道了 5-磺基苯甲酸功能化的 GO(SBGO)的制备[166]。在这项研究工作中,GO 通过芳基重氮盐在 0℃ 水中机械搅拌共价功能化。该催化剂同时具有 SO_3H 和 COOH 布忍司特酸基团,酸基滴定表明催化剂的酸浓度为 $2.8 mmol/g(H^+)$。该催化剂用于多组分合成多氢吖啶衍生物,即使在 9 次运行后也可以观察到高活性。从环境和工业的角度来看,这种 GO 基复合材料具有性能好、可重复使用、成本低、无毒和易于使用等优点,是一种非常有前途的候选催化剂。

氮基杂环化合物的合成在治疗产品领域具有重要的意义。Acharya 等在 $P(OEt)_3$ 中,在 150℃ 下,通过 Arbuzov 反应磁力搅拌 36h,通过将亚磷酸三乙酯共价键合到 GO 表面上,制备了磷酸盐功能化的 GO(PGO)[167]。研究表明,PGO 是微波辅助三组分 Biginelli 缩合反应的催化剂。具体而言,PGO 高效地催化合成 3,4-二氢嘧啶-2(1H)(DHPM)和 4,6-二芳基嘧啶酮(DAPM),产率高(96%),具有良好的可循环性,其功能对催化活性起着重要作用。

17.6.2 绿色化学

世界范围内以化石燃料为基础的能源产生 CO_2 作为主要副产品,这被认为是全球变暖和气候变化的部分原因[168]。然而,CO_2 也可以被认为是一种丰富、经济和无毒的资源。实际上,CO_2 可以转化为有价值的化学物质,如环状碳酸酯。从这个角度来看,CO_2 是极性溶剂、锂离子电池中的电解质组分以及制造聚碳酸酯的单体的可再生构件[168]。在探索转化 CO_2 的各种途径中,从绿色化学和原子经济的角度来看,CO_2 与环氧化合物的环加成反应被认为是最有前途的过程,为此已开发了几种催化剂[168]。其中包括离子液体(IL),据报道它是反应的最有效催化剂[169-170]。然而,这种材料的均相性质代表了催化剂回收方面的关键缺点。

为了避免这个问题,Xu 等成功地将咪唑类离子液体(IL)固定在 GO 表面[171]。所用的 IL 以 1 -（三甲氧基甲硅烷基）丙基 - 3 - 甲基咪唑（标记为[SmIm]）与不同卤化物(Cl、Br 和 I)结合为基础,通过 GO 的醇羟基与离子液体的三甲氧基甲硅烷基共价缩合,将这些材料一步接枝到 GO 上。具体地,GO 乙烯基三甲氧基硅烷在 CO_2 到环氧丙烷的无溶剂环加成反应中显示出显著的催化活性,给出了碳酸丙烯酯的最大产率(约96%)和离散的重复使用性,而没有任何显著的活性损失。

世界农业生产的高速增长与有毒农用化学品成正比,这些化学品造成许多环境和健康问题[172]。在这方面,许多农药、杀虫剂,甚至化学战争都是以有机磷(OP)为基础的,促进这些物质的有效破坏越来越受到关注。针对这一点,Hostert 等开发了一种涉及衍生自 GO 共价功能化的咪唑基团(GOIMZ)的纳米催化剂的解毒方法[173]。具体地,1 -（3 - 氨基丙基）咪唑(API)与 GO 在水/甲苯中在室温下在磁力搅拌下反应 12h。该纳米催化剂用于破坏 OP,如有毒农药对氧磷,相比于目前使用的催化剂,催化速率提高显著。以粉末形式,GOIMZ 可以容易地过滤、洗涤和再利用,而且,可以连续地回收,保持了整体特性。此外,还通过液/液界面功能化获得薄膜形式的 GOIMZ,其处理甚至更实用,因为其可以浸入污染的介质中并比粉末容易分离。

Lia 等在使用两步法用四苯基卟啉(TPP)功能化 GO,包括用 $SOCl_2$ 氯化 GO 官能团和随后在 DMF 中进行的酰胺化以共价键合 TPP[174]。纳米复合材料和半胱氨酸分别作为光敏剂和给电子体应用于[FeFe] - 氢化酶仿生光催化体系中。乙醇水溶液中光驱动析氢(H_2)的结果表明,TPP - GO 的参与影响了产氢效率。

17.6.3 生物催化

GO 及其衍生物具有表面积大、表面含氧功能丰富、水分散性好等特点,可作为各种生物活性分子的理想固定化载体,包括酶[175]。在这方面,酶在 GO 上的固定化已被广泛研究,以用作生物传感器(如本章生物传感器部分所讨论)和纳米生物催化系统[176]。

开发有效的纳米生物催化剂的一个方法是通过在多层纳米材料系统中逐层沉积来固定酶[177]。例如,Patila 等通过多点共价固定云芝漆酶(TvL)制备了多层 GO 酶复合物(GO - TvL)[178]。固定化在30℃的乙酸盐缓冲液中进行,在 1h 内进行沉积。GO - TvL 的催化性能取决于纳米组件中存在的 GO 酶层的数量。GO - TvL 纳米组装体在高达60℃时表现出增强的热稳定性,相对于游离酶具有更高的活性。GO - TvL 有效地催化蒽的氧化以及工业染料氯化蒎腈的脱色,在五个反应循环后几乎完全保持活性。

同时,Wang 等利用壳聚糖和自组装磁铁矿(Fe_3O_4)纳米粒子($GO-CS-Fe_3O_4$)制备了磁性 GO 复合材料[179]。首先,GO 与壳聚糖(CS)在 PBS 中在室温下超声作用 6h 进行酰胺化。用 $FeCl_3 \cdot 6H_2O$ 通过在乙二醇中的高压溶剂热反应 8h,用 Fe_3O_4 修饰得到的三维网络。所得到的 $GO-CS-Fe_3O_4$ 复合材料结合了 GO 高表面积、CS 丰富的氨基和羟基官能团以及磁性纳米颗粒的磁性响应,显示出良好的固定化能力。其次,利用该复合材料通过静电吸附、共价键和金属亲和作用等不同策略固定皱褶假丝酵母脂肪酶(CRL)。最后,采用反向滴定法测定了游离脂肪酶和固定化脂肪酶对橄榄油水解的酶活性。因此,固定化 CRL 比游离 CRL 具有更好的 pH、温度稳定性以及更高的活性。此外,通过共价键固定的 CRL 显示出最高的重复使用性,平均剩余活性比其他两种类型高 5%,可进行 10 次循环。

同时,Rezaei 等提出了 GO 通过 Ugi 四组分组装过程(Ugi 4-CAP)的共价功能化,其中胺、醛、异氰化物和酸组分锚定在一锅法反应中,得到多功能化 GO 复合材料[180]。多组分反应表现出组合合成,组合合成可以从简单的反应物产生多样性和复杂性。本章提供了多功能化 GO 复合材料能够共价固定热链形芽孢杆菌脂肪酶(BTL),其生物催化活性相对于游离酶有所提高。

在类似的情况下,Vineha 等将 HRP 共价固定在功能化 rGO 上,以促进酶用于去除高浓度酚化合物的动力学参数、活性、稳定性和可重复使用性[181]。以戊二醛为交联剂对 rGO 进行共价键功能化,并采用共价键法固定 HRP。在 HRP 与戊二醛交联剂之间发生酰胺化反应,在 4℃条件下进行 24 h。固定化后,HRP 的催化常数和催化效率分别提高了 6.5 倍和 8.5 倍,并提高了酶的可重复使用性,10 次循环后仍保持 70% 的初始活性。固定化 HRP 对高浓度苯酚(2500mg/L)的去除率为 100%,而游离 HRP 的去除率为 55%。与游离 HRP 相比,固定化 HRP 对 pH 波动不敏感,在长时间储存或较高温度下更稳定。

总之,这些讨论的结果证明,GO 是一种优越的平台固定化有机催化剂,因此根据锚定催化剂对宽范围的底物具有高产率的优点,并且可以通过简单地过滤、回收并重复用于许多反应循环。

17.7 材料工程

在过去的几十年里,多功能复合材料和碳基纳米结构的潜在应用,特别是基于石墨烯或衍生物的复合材料和碳基纳米结构的潜在应用受到了强烈的关注。在研究的不同石墨烯纳米材料中,大多数石墨烯纳米材料由于其有利的热、电和力学性能而广受关注,可适用于各种应用[182-188]。事实上,石墨烯由于其优越的物理性质和独特的结构,被认为是未来最有前途的碳材料。当然,研究了 rGO 与各种乙烯基单体的 π-π 相互作用,旨在利用它们的附着力制备高性能涂层膜[189]。

17.7.1 先进的热和力学性能

最近,石墨烯基材料的热物理和传热性能有了显著的改善[182-185]。在这方面,石墨烯衍生物或从中获得的纳米流体是在能源系统应用中的竞争候选者。事实上,石墨烯基材料可以增强常规工作流体的导热性,提高传热系统的热性能[190]。在这方面,Sadri 等开发了石墨烯的生态和共价功能化,以在水性介质中合成高度稳定的没食子酸石墨烯纳米片(GAGNP)[191]。该技术是在回流条件下,80℃下在水中反应 12h,将没食子酸自由基接枝到石墨烯表面。通过电动电势和 UV-vis 光谱测量评估 GAGNP 在水性介质中的溶解度。纳米流体显示出显著改善的热物理性能,其中在 45℃下观察到比基础流体的热导率提高了 24.18%。该导热系数测量是在基液中纳米颗粒的低负荷(体积分数为 0.05%)下对 GAGNP-水纳米流体进行的记录。

此外,现代技术还对高性能的先进材料产生了兴趣,这些材料不仅具有机械强度和耐热性,而且重量更轻。石墨烯的出现为开发适合现代技术的轻质多功能复合材料开辟了新的途径。例如,Chhetri 等通过溶液混合制备了共价功能化还原的 GO 环氧复合材料[192]。具体地,使用氢氧化钾(KOH)作为亲核加成和还原剂的催化剂,用 3-氨基-1,2,4-三唑(TZ)功能化 GO。所得复合材料具有增强的力学性能和热稳定性。事实上,与纯 GO 相比,断裂韧性提高了 111% 左右。拉伸强度和杨氏模量分别提高了 30.5% 和 35%。最后,通过热重分析研究了复合材料的热稳定性。结果表明,在起始降解温度下,复合材料的热稳定性提高了 29℃。

另一个值得注意的例子是 Gan 等通过酯化反应用 D-葡萄糖化学功能化石墨烯[193]。化学功能化石墨烯在水中或 DMF 中的分散性优于石墨烯。这一方面有利于制备基于 D-葡萄糖功能化的石墨烯与聚乙烯醇和聚甲基丙烯酸甲酯组合的纳米复合材料。葡萄糖接枝的石墨烯均匀分散在聚乙烯醇和聚甲基丙烯酸甲酯中,提高了聚合物的热性能和力学性能。D-葡萄糖的引入使功能化石墨烯与聚合物之间产生了较强的氢键作用。

此外,在这方面有几个 GO 非共价功能化的例子;最近关于具有改进的传热的纳米流体的工作报道是通过使用普朗尼克(P123)作为表面活性剂在水中剥离 GNP 来制备的[194]。

Yong 等报道了基于聚酰亚胺(PI)和 3-氨基丙氧基硅烷功能化 GO(APTSi-GO)的高性能纳米复合材料的制备[195]。将 GO 和 APTSi 在 DMAc 中在 100℃下在磁力搅拌下反应 24h 制备 APTSi-GO。由于强界面共价相互作用,其显示出与聚合物基质的良好兼容性并用作增强填料。然后通过原位聚合和热亚胺化制备了 PI 基纳米复合材料,其力学性能和热稳定性比纯 PI 有显著提高。此外,复合材料性能的提高取决于 APTSi-GO 在复合材料中的百分比。例如,通过使用质量分数为 1.5% 的 APTSi,拉伸强度提高了 79%,拉伸模量提高了 132%,热导率提高了 200%。最后,APTSi 的加入也显著提高了玻璃转变温度和热稳定性。

Bian 等用乙二胺(EDA)(GO-EDA)和酸化碳纳米管(MWNT-COOH)共价功能化的 GO,以允许通过使用 L-天冬氨酸作为架桥剂来合成 L-天冬氨酸功能化的 GO-EDA/MWNT-COOH(LGC)杂化纳米材料[196]。事实上,L-天冬氨酸通过化学键连接 GO-EDA 和 MWNT-COOH,并以这种新的纳米杂化物为基础组分,增强了通过熔融共混法制备的高密度聚乙烯-g-马来酸酐纳米复合材料(HDPE-g-MAH)。SEM 分析表明,HDPE-g-MAH 和 LGC 在纳米复合材料中均匀分布。动态力学分析(DMA)、拉伸和冲击试验表明,纳米复合材料的力学性能比纯 HDPE-g-MAH 基体有很大的提高。在相同的纳米复合材料上,当 LGC 质量分数仅为 0.75% 时,热重量分析(TGA)显示最大分解温度比纯基体高 11.5℃。

最后,Li 等通过酰胺化反应和开环聚合的结合,将聚(γ-苄基-L-谷氨酸)(PBLG)共价接枝到 GO 上,从而获得了力学性能增强的杂化聚肽基有机凝胶纳米填料[197]。GO-PBLG 在甲苯等非极性有机溶剂中表现出良好的分散性,并用于制备 GO-PBLG/PBLG 杂化复合物。事实上,GO 血小板充当黏合剂,以较低的凝胶浓度触发 PBLG 的凝胶化。混合凝胶比基于 PBLG 的有机凝胶表现出更高的模量和断裂应力。

目前,由于消费者和其他利益相关方的高需求,对包装产品的要求越来越高。在这方面,工业不断开发用于活性食品/药品包装的新型可降解材料[198]或用于电子包装的具有高阻隔性能的材料[199]。具体来说,石墨烯材料的机械灵活性、化学耐用性和气体/防潮性能使得石墨烯材料在电子封装中具有广泛的应用前景。这些包括可滚动电子纸、电磁屏蔽、导电油墨、抗静电覆盖、层沉积和图案化[199]。例如,Gui 及其同事用液晶分子共价功能化的石墨烯纳米片:聚氨酯-酰亚胺(PUI)[200]和 4'-烯丙氧基-联苯-4-醇(AOBPO)[201]。在这两种情况下,通过共价键和 π-π 相互作用进行化学接枝,在超声下在乙醇中室温反应 0.5h。然后,采用 PUI 功能化和 AOBPO 功能化的石墨烯纳米片(PUI-GNS 和 AOBPO-GNS),以乙烯基硅树脂预聚物为基材制备了两种不同的树脂纳米复合材料。当功能化 GNS 的质量分数为 1.0% 时,PUI-GNS 和 AOBPO-GNS 硅树脂表现出较高的力学性能,拉伸强度分别比纯硅树脂提高了 521% 和 463%。同时,当硅树脂质量分数达到 2.0% 时,硅树脂纳米复合材料的弹性模量分别比纯硅树脂提高了 902% 和 1080%。热导率相对于纯树脂提高了 16.5 倍和 38 倍以上。具体地,PUI-GNS 树脂在质量分数为 10.0% 时显示出 1.38W/(m·K) 的改进,而 AOBPO-GNS 树脂在质量分数为 15.0% 时显示出 3.11W/(m·K) 的改进。功能化的 GNS 硅树脂纳米复合材料的热和力学性能为各种电子封装应用提供了重要材料。

17.7.2 润滑剂

水是研究实验室和工业中使用的最常见和最生态的溶剂。水具有成本低、导热系数高、环境影响小等优点,很大一部分水被用作润滑流体。然而,对于广泛用于机器元件表面的钢和附件材料,水并未表现出良好的润滑性能[202]。由于这些原因,最好开发高性能的添加剂,以改善所有涉及水润滑剂的操作。为此,许多纳米材料已分散在水中,以提高水的摩擦学性能,近年来石墨烯等碳纳米材料已成功地用作有效的水润滑添加剂[203]。然而,碳纳米材料天生具有疏水性,需要亲水处理作为水润滑添加剂。事实上,水添加剂的先决条件是以均匀分散在水中的能力为基础,因此疏水性材料在水环境下不能起到增强任何性能的作用。

含氟石墨烯(FG)由于其优异的性能而引起了人们的研究兴趣,但由于其具有很高的疏水性,实际上不能应用于水性环境。当然,FG 在水性环境中的应用受到 C-F 键的低表面自由能的限制[204]。此外,制备潜在的用于水环境的高性能 FG 是一个挑战。实际上,在这方面,用于 FG 功能化的候选材料被认为能够有效地取代氟并在水中获得良好的分散性。根据这些前提条件,Ye 等开发了无溶剂尿素熔融合成的方法,制备亲水性尿素改性 FG(UFG)[205]。在150℃条件下,尿素经 4h 共价接枝到 FG 表面。摩擦学试验表明,添加少量 UFG 后,水的抗磨损性能有了很大的提高。特别是当 UFG 水分散样品浓度为

1mg/mL时,该摩擦试验机对纯水的磨损率降低了64.4%,具有良好的抗磨性。

减少摩擦和磨损的另一个有吸引力的替代方案是纳米碳合金/IL混合材料。在这方面,证明了相对于非水润滑剂中的纯离子液体,碳纳米管IL[206-207]和石墨烯IL[207-208]润滑剂显著降低了磨损率和摩擦。在这种新型的复合纳米材料中,IL在液体润滑剂中起到了重要的作用,在某些情况下可以形成薄膜,从而减少钢/钢接触应力下的摩擦,而纳米碳骨架进一步降低了摩擦,提供了优良的抗磨损性能。因此,石墨烯-IL复合纳米材料已被开发成为新一代聚乙二醇(PEG 200)合成润滑油基础油的开发添加剂。针对这一点,Gusain等合成了石墨烯IL杂化纳米材料,以集成离子液体和石墨烯两者的减摩性能[209]。具体地,获得了三种不同的石墨烯IL,其中石墨烯通过丙基三甲氧基硅烷桥被甲基咪唑双(水杨酸酯)硼酸盐([MIM][BScB])、油酸盐([MIM][OL])和六氟磷酸盐([MIM][PF_6])共价功能化。值得注意的是,共价接枝的离子液体增强了石墨烯IL在PEG 200润滑油基础油中的分散,提高了摩擦学性能。具体而言,相对于PEG 200中相应的IL(7%~39%)共混物,石墨烯IL杂化纳米材料显示出改进的抗磨性能(55%~78%)。因此,石墨烯的机械强度提高了耐磨性,保护了接触界面,防止了材料的损失。以BScB为阴离子的石墨烯IL杂化纳米材料表现出最大的摩擦降低,而[MIM][OL]类似物表现出最小的磨损。此外,元素和显微拉曼分析表明,在钢界面上形成了由石墨烯IL组成的"摩擦化学"薄膜。

此外,以GO和PEG为起始原料,在水中通过γ-辐射溶解,制备出具有优异的减摩和抗磨损性能的摩擦材料[210]。

17.7.3 柔性电子

柔性电子又称柔性电路,是一种通过将电子器件安装在柔性基板上来组装电子电路的技术。柔性电子器件组装电子元件的期望形状,该电子元件可以在其使用期间弯曲。这项技术应用于各个领域,包括消费电子,甚至生物集成医疗设备[211-212]。理想情况下,柔性电子器件应具有弯曲性、捻度、拉伸性和稳定的电气性能,保证安全运行。为了研制一种轻便、薄、有弹性、延展性和高效的电子器件,通常需要一种柔性衬底作为支撑。在这方面,石墨烯可以成功地用作聚合物的补强填料,提供适当的结构、电和机械性能。尽管石墨烯通常在聚合物基体中表现出很差的分散性,但这种缺点可以通过功能化来克服。此外,石墨烯和衍生物的使用可以代表在保持良好柔性的同时提高聚合物的介电常数的方法。

针对这一点,Manna和Srivastava用十六烷基胺(HDA)共价功能化GO[213]。该反应通过环氧化物开环反应发生,并在对苯二酚存在下在乙醇中于100℃下进行24h。随后的还原得到功能化的石墨烯纳米片(GNS-HDA),然后通过溶液混合将其用作羧化腈橡胶(XNBR)纳米复合材料中的填料。XNBR/GNS-HDA纳米复合材料的机械测量表明,相对于原始XNBR,拉伸强度提高了60%,断裂伸长率提高了62%,杨氏模量降低了13%。在XNBR聚合物基体中加入GNS-HAD也提高了复合材料的热稳定性。此外,复合材料的介电常数显著提高(100Hz时为127.6:8.9),使得能够将XNBR/GNS-HDA用作柔性介电材料。

随着时间的推移柔性电子的实际应用将导致柔性基板的变形或机械应力下的意外断

裂。柔性电子器件的故障意味着功能和寿命的缩短,而且常常导致电子设备的整个部件故障,从而造成大量的电子浪费和安全危害。在这方面,一种智能材料-自修复基底,其具有在损伤后一次或多次自主或非自主修复或恢复的能力[214]。这些技术提供了对电子器件的安全性、寿命、能量效率和环境影响的改进。目前,这种自修复行为已应用于多种功能材料,如水凝胶、生物医用材料和形状记忆材料。为此,主要使用的结构之一是狄尔斯-阿尔德反应(D-A)化学,其包括共轭二烯和取代烯烃之间的有机化学环加成。D-A是建立在热可逆键的基础上,通过这种键可以在材料的外部加热下多次实现愈合。2002 年首次报道了基于 D-A 化学的自修复交联环氧树脂[215]。自这项创新工作以来,开发了许多其他具有不同设计的自修复材料。

然而,在研究文献中,柔性电子用可修复材料的发展很差。因此,开发可修复的衬底材料用于智能柔性电子的发展具有重要的材料工程学意义。例如,Wu 等通过与 rGO 共价连接的聚氨酯材料制备了一种复合材料,显示了在环境条件下的机械强度和红外(IR)激光自愈性能[216]。该复合材料通过 D-A 化学获得,在用乙醇胺功能化后的 GO 还原上进行。通过改变功能化石墨烯的数量和仅负载 0.5%(质量分数)的石墨烯,可以调整其机械强度;断裂强度为 36 MPa。断裂后,通过照射 980nm IR 激光 1min 恢复初始力学性能,恢复 96% 以上的愈合效率。此外,即使功能化石墨烯的百分比增加到 1.0%(质量分数),复合材料的体积电阻率也可达 $5.6 \times 10^{11} \Omega \cdot cm$。

Li 等提供了应用于可修复柔性电子器件并基于 D-A 化学的另一项值得注意的工作,开发了共价交联的功能化 rGO/聚氨酯(FrGO/PU)复合材料[217]。用糠胺对 GO 进行化学改性,在 60℃ 下在水中反应 12h,随后还原得到 FrGO 片。此时,FrGO 通过 D-A 化学与含糠基和双马来酰亚胺的线性聚氨酯(PU)共价交联。糠基的改性使 FrGO 具有良好的分散性和微波转化能力。FrGO/PU 复合材料表现出增强的力学性能、热稳定性和电磁波可修复性能。此外,以该复合材料为可弯曲基体,制备了用于传感器的柔性电子器件,能够检测手指弯曲的生物信号。而且,这些柔性电子器件可以在 5min 内通过微波有效地愈合,显示出可愈合柔性电子器件的高潜力。

这些结果将纳米复合材料描述为自愈合柔性基体,适用于下一代智能柔性电子。

17.7.4 光学限幅器

自 20 世纪激光发明以来,其已应用于从能源武器、光通信到化学测量和材料加工等众多领域。然而,基于激光的技术意味着要对敏感的光学设备和人眼使用保护措施。这些保护涉及光学限幅器(OL),其可用于避免激光引起的损伤,并且通常表现出随着激光注量的增加而降低的透射率。限幅器已应用于有机染料、金属纳米粒子、量子点和碳基材料中[218]。其中,石墨烯由于扩展的 π 共轭体系和电子能带结构的线性色散而具有较强的限幅器性质,引起了人们的广泛关注。然而,在以石墨烯为基础的几种复合材料、衍生物和混合物中,这些性质已被普遍观察到[218]。

在限幅器用途上,Xu 等用三种不同的含四苯乙烯、咔唑和苯基的共轭聚合物共价功能化 rGO[219]。该反应是通过 rGO 的羟基与插入聚合物中的咔唑基团的氮阴离子之间的亲核加成发生的。这些功能化在 60℃ 的四氢呋喃中进行了一个星期的磁搅拌。值得注意的是,rGO 的分散稳定性得到了改善,即使聚合物中的反应位点彼此相同,所得复合材料的限幅器性能也存在很大差异。这种差异归因于聚合物骨架的 π 共轭结构和空间位阻。此外,三种材料中有两种表现出优异的限幅器性能,即使在 $4\mu J$ 的输入激光强度下也有响应。总之,这些特性使复合材料作为抗强激光损伤的保护材料具有潜在的应用前景。

17.7.5 海洋防污涂料

海洋生物污损是由于微生物、植物、藻类或海洋动物在水下和潮湿表面上的生长而引起的现象。生物污损无处不在,但对海洋工业和其他海洋活动的经济意义最大,在这些活动中,生物污损大大增加了阻力,堵塞了表面或通道,降低了船舶的整体水动力性能,并增加了燃料消耗[220]。因此,海水浸没表面通常需要具有防污性能的适当涂层,以防止或控制生物污染。尽管具有功效,但由于其对周围环境的影响,一些杀生物涂料如含有三丁基锡的涂料,被禁止使用。

最常用的防污材料通常含有氧化亚铜(Cu_2O)和一些有机和环保的杀生物剂。然而,基于这种材料的防污涂料在海洋环境中表现出长期的稳定性,同时也需要进行同样多的长期测试。另一方面,在海洋环境中,由可生物降解材料制成的表面在海水或酶的侵蚀下逐渐分解和侵蚀。换句话说,降解导致生物的修正和自我更新的表面[221]。然而,这种材料的降解率低、粘接强度低,限制了其应用。可生物降解 PU 和聚丙交酯(PL)是具有优异力学性能、生物兼容性和柔性结构的材料,在许多领域有着广泛的应用,其中包括海洋防污涂料[221]。然而,可生物降解的 PU 通常表现出高结晶、慢水解速率和对基质的粘附性差。文献报道,将石墨烯共价掺入可生物降解的高分子链上,通常会提高抗菌性能,延长高分子复合材料的使用寿命,并能使产品更具可生物降解性。

Ou 等制备了聚氨酯共聚物聚(L - 丙交酯) - b - (4,4' - 二苯基甲烷二异氰酸酯)石墨烯(PLLA - b - PU - G)[222]。分别以苯酚功能化的石墨烯和辛酸锡为引发剂和催化剂,对 LLA 进行开环聚合,然后将 OH 封端的(L - 乳酸)功能化的石墨烯(G - g - PLLA)与 4,4' - 二苯基甲烷二异氰酸酯(MDI)进行缩聚。该共聚物材料预期可适用于光滑表面的海洋防污涂层。在海洋挂板上的模拟实验表明,PLLA - b - PU - G 具有比原聚氨酯更好的防污性能。此外,静态水解实验表明,石墨烯的加入也提高了聚氨酯的水解能力。

17.8 小结

石墨烯的扩展共轭晶格使其成为下一代材料的极具吸引力的支架。为了满足石墨烯在电子学、超级电容器、光电子学、电化学超级电容器、太阳能电池技术材料、太阳能热燃料、环境监测、临床诊断和食品质量控制的生物传感器和传感器、药物输送载体的支架以及组织工程的生物兼容性材料等领域的应用要求,我们对共价和非共价方法进行了改进。此外,我们还收集了其作为催化和生物催化、工业合成和绿色化学过程的合适平台,以及构建润滑剂、防污涂层、光学限幅器、柔性电子器件和具有先进热和力学性能的材料等材料的最新实例。

参考文献

[1] Scaffaro, R., Maio, A., Lo Re, G., Parisi, A., Busacca, A., Advanced piezoresistive sensor achievedby am-

phiphilic nanointerfaces of graphene oxide and biodegradable polymer blends. *Compos. Sci. Technol.* ,156, 166,2018.

[2] Maio,A. ,Giallombardo,D. ,Scaffaro,R. ,Palumbo Piccionello,A. ,Pibiri,I. ,Synthesis of a fluo – rinated graphene oxide – silica nanohybrid:Improving oxygen affinity. *RSC Adv.* ,6,46037,2016.

[3] Maio,A. ,Scaffaro,R. ,Lentini,L. ,Palumbo Piccionello,A. ,Pibiri,I. ,Perfluorocarbons – graphemeoxide nanoplatforms as biocompatible oxygen reservoirs. *Chem. Eng. J.* ,334,54,2018.

[4] Maio,A. ,Fucarino,R. ,Khatibi,R. ,Rosselli,S. ,Bruno,M. ,Scaffaro,R. ,A novel approach toprevent graphene oxide re – aggregation during the melt compounding with polymers. *Compos. Sci. Technol.* ,119, 131,2015.

[5] Scaffaro,R. ,Lopresti,F. ,Maio,A. ,Botta,L. ,Rigogliuso,S. ,Ghersi,G. ,Electrospun PCL/GO – g – PEG structures:Processing – morphology – properties relationships. *Compos. Part A Appl. Sci. Manuf.* ,92,97, 2017.

[6] Scaffaro,R. ,Maio,A. ,Lopresti,F. ,Botta,L. ,Nanocarbons in electrospun polymeric nanomatsfor tissue engineering:A review. *Polymers(Basel)* ,9,2017.

[7] Scaffaro,R. and Maio,A. ,A green method to prepare nanosilica modified graphene oxidetoinhibit nanoparticles re – aggregation during melt processing. *Chem. Eng. J.* ,308,1034,2017.

[8] Goenka,S. ,Sant,V. ,Sant,S. ,Graphene – based nanomaterials for drug delivery and tissue engineering. *J. Controlled Release* ,173,75,2014.

[9] Agnello,S. ,Alessi,A. ,Buscarino,G. ,Piazza,A. ,Maio,A. ,Botta,L. ,Scaffaro,R. ,Structural andthermal stability of graphene oxide – silica nanoparticles nanocomposites. *J. Alloys Compd.* ,695,2054,2017.

[10] Maio,A. ,Agnello,S. ,Khatibi,R. ,Botta,L. ,Alessi,A. ,Piazza,A. ,Buscarino,G. ,Mezzi,A. ,Pantaleo, G. ,Scaffaro,R. ,A rapid and eco – friendly route to synthesize graphene – doped silicananohybrids. *J. Alloys Compd.* ,664,428,2016.

[11] Scaffaro,R. ,Maio,A. ,Lopresti,F. ,Giallombardo,D. ,Botta,L. ,Bondì,M. L. ,Agnello,S. ,Synthesis and self – assembly of a PEGylated – graphene aerogel. *Compos. Sci. Technol.* ,128,193,2016.

[12] Kim,H. ,Kim,D. ,Jung,S. ,Yi,S. N. ,Yun,Y. J. ,Chang,S. K. ,Ha,D. H. ,*Charge transport in thickreduced graphene oxide film*,2015.

[13] Eda,G. ,Mattevi,C. ,Yamaguchi,H. ,Kim,H. ,Chhowalla,M. ,*Insulator to semimetal transitionin graphene oxide*,vol. 2,p. 15768,2009.

[14] Liu,L. ,Zhang,J. ,Liu,F. ,Mechanical properties of graphene oxides. *Nanoscale*,5910,2012.

[15] Suk,J. W. ,Piner,R. D. ,An,J. ,Ruoff,R. S. ,Mechanical properties of monolayer graphene oxide. *ACS Nano*,4,6557,2010.

[16] Pinto,A. M. ,Gonc,I. C. ,Magalhães,F. D. ,Biointerfaces graphene – based materials biocompati – bility: A review. *Colloids Surf.* ,B,111,188,2013.

[17] Liu,S. ,Zeng,T. H. ,Hofmann,M. ,Burcombe,E. ,Wei,J. ,Jiang,R. ,Antibacterial activity ofgraphite, graphite oxide,graphene oxide,and reduced graphene oxide:Membrane and oxidative stress. *ACS Nano*, 6971,2011.

[18] Zhu,Y. ,Murali,S. ,Cai,W. ,Li,X. ,Suk,J. W. ,Potts,J. R. ,Ruoff,R. S. ,Graphene and graphemeoxide: Synthesis,properties,and applications. *Adv. Mater.* ,22,3906,2010.

[19] Chen,J. ,Peng,H. ,Wang,X. ,Shao,F. ,Yuan,Z. ,Han,H. ,Graphene oxide exhibits broad – spectrum antimicrobial activity against bacterial phytopathogens and fungal conidia by inter – twining and membrane perturbation. *Nanoscale*,6,1879,2014.

[20] Xu,Y. ,Liu,Z. ,Zhang,X. ,Wang,Y. ,Tian,J. ,Huang,Y. ,Ma,Y. ,Zhang,X. ,Chen,Y. ,A graphemehy-

brid material covalently functionalized with porphyrin:Synthesis and optical limiting property. *Adv. Mater.*,21,1275,2009.

[21] Englert,J. M.,Dotzer,C.,Yang,G.,Schmid,M.,Papp,C.,Gottfried,J. M.,Steinrück,H. P.,Spiecker,E.,Hauke,F.,Hirsch,A.,Covalent bulk functionalization of graphene. *Nat. Chem.*,3,279,2011.

[22] Devadoss,A. and Chidsey,C. E. D.,Azide – modified graphitic surfaces for covalent attachmentof alkyne – terminated molecules by"click" chemistry. *J. Am. Chem. Soc.*,129,5370,2007.

[23] Wang,H. – X.,Zhou,K. – G.,Xie,Y. – L.,Zeng,J.,Chai,N. – N.,Li,J.,Zhang,H. – L.,Photoactivegraphene sheets prepared by"click" chemistry. *Chem. Commun.*,47,5747,2011.

[24] Ren,X.,Hu,Z.,Hu,H.,Qiang,R.,Li,L.,Li,Z.,Yang,Y.,Zhang,Z.,Wu,H.,Noncovalently – functionalized reduced graphene oxide sheets by water – soluble methyl green for supercapacitorapplication. *Mater. Res. Bull.*,70,215,2015.

[25] Jana,M.,Saha,S.,Khanra,P.,Samanta,P.,Koo,H.,Murmu,N. C.,Kuila,T.,Non – covalent functionalization of reduced graphene oxide using sulfanilic acid azocromotrop and its applicationas a supercapacitor electrode material. *J. Mater. Chem. A*,3,7323,2015.

[26] Khanra,P.,Uddin,M. E.,Kim,N. H.,Kuila,T.,Lee,S. H.,Lee,J. H.,Electrochemical performanceof reduced graphene oxide surface – modified with 9 – anthracene carboxylic acid. *RSC Adv.*,5,6443,2015.

[27] Hu,H.,Hu,Z.,Ren,X.,Yang,Y.,Qiang,R.,An,N.,Wu,H.,Non – covalent functionalization ofgraphene with bisphenol a for high – performance supercapacitors. *Chinese J. Chem.*,33,199,2015.

[28] An,N.,Zhang,F.,Hu,Z.,Li,Z.,Li,L.,Yang,Y.,Guo,B.,Lei,Z.,Non – covalently functionalizinga graphene framework by anthraquinone for high – rate electrochemical energy storage. *RSC Adv.*,5,23942,2015.

[29] Vinayan,B. P.,Schwarzburger,N. I.,Fichtner,M.,Synthesis of a nitrogen rich(2D – 1D)hybridcarbon nanomaterial using a MnO2 nanorod template for high performance Li – ion batteryapplications. *J. Mater. Chem. A*,3,6810,2015.

[30] Mohammadi,A.,Peighambardoust,S. J.,Entezami,A. A.,Arsalani,N.,High performanceof covalently grafted poly(o – methoxyaniline)nanocomposite in the presence of amine – functionalized graphene oxide sheets(POMA/f – GO)for supercapacitor applications. *J. Mater. Sci. Mater. Electron.*,28,5776,2017.

[31] Zhu,J.,Zhuang,X.,Yang,J.,Feng,X.,Hirano,S.,Graphene – coupled nitrogen – enriched porouscarbon nanosheets for energy storage. *J. Mater. Chem. A*,5,16732,2017.

[32] Trigueiro,J. P. C.,Lavall,R. L.,Silva,G. G.,Supercapacitors based on modified graphene elec – trodes with poly(ionic liquid). *J. Power Sources*,256,264,2014.

[33] Mao,L.,Li,Y.,Chi,C.,On Chan,H. S.,Wu,J.,Conjugated polyfluorene imidazolium ionicliquids intercalated reduced graphene oxide for high performance supercapacitor electrodes. *Nano Energy*,6,119,2014.

[34] Wan,Y. J.,Yang,W. H.,Yu,S. H.,Sun,R.,Wong,C. P.,Liao,W. H.,Covalent polymer functional – ization of graphene for improved dielectric properties and thermal stability of epoxy compos – ites. *Compos. Sci. Technol.*,122,27,2016.

[35] Bag,S.,Samanta,A.,Bhunia,P.,Raj,C. R.,Rational functionalization of reduced graphene oxidewith imidazolium – based ionic liquid for supercapacitor application. *Int. J. Hydrogen Energy*,41,22134,2016.

[36] Eng,A. Y. S.,Chua,C. K.,Pumera,M.,Facile labelling of graphene oxide for superiorcapacitiveenergy storage and fluorescence applications. *Phys. Chem. Chem. Phys.*,18,9673,2016.

[37] Yuan,K.,Xu,Y.,Uihlein,J.,Brunklaus,G.,Shi,L.,Heiderhoff,R.,Que,M.,Forster,M.,Chassé,T.,Pichler,T.,Riedl,T.,Chen,Y.,Scherf,U.,Straightforward generation of pillared,micropo – rous gra-

phene frameworks for use in supercapacitors. *Adv. Mater.*, 27, 6714, 2015.

[38] Senthil Kumar, K., Šalitroš, I., Boubegtiten-Fezoua, Z., Moldovan, S., Hellwig, P., Ruben, M., Aspin cross-over(SCO) active graphene-iron(II) complex hybrid material. *Dalt. Trans.*, 47, 35, 2018.

[39] Sakho, E. H. M., Oluwafemi, O. S., Thomas, S., Kalarikkal, N., Dynamic energy transfer innon-covalently functionalized reduced graphene oxide/silver nanoparticle hybrid(NF-rGO/Ag) with NF-rGO as the donor material. *J. Mater. Sci. Mater. Electron.*, 28, 2651, 2017.

[40] Perry, A., Green, S. J., Horsell, D. W., Hornett, S. M., Wood, M. E., A pyrene-appended spiropyran for selective photo-switchable binding of Zn(II): UV-visible and fluorescence spectroscopystudies of binding and non-covalent attachment to graphene, graphene oxide and carbon nanotubes. *Tetrahedron*, 71, 6776, 2015.

[41] Song, S., Wan, C., Zhang, Y., Non-covalent functionalization of graphene oxide by pyrene-block copolymers for enhancing physical properties of poly(methyl methacrylate). *RSC Adv.*, 5, 79947, 2015.

[42] Maity, N., Mandal, A., Nandi, A. K., Synergistic interfacial effect of polymer stabilized graphemevia non-covalent functionalization in poly(vinylidene fluoride) matrix yielding superiormechanical and electronic properties. *Polymers(United Kingdom)*, 88, 79, 2016.

[43] Li, P., Qu, Z., Chen, X., Huo, X., Zheng, X., Wang, D., Yang, W., Ji, L., Liu, P., Xu, X., Solublegraphene composite with aggregation-induced emission feature: Non-covalent functionaliza-tion and application in explosive detection. *J. Mater. Chem. C*, 5, 6216, 2017.

[44] Kaur, P., Shin, M.-S., Sharma, N., Kaur, N., Joshi, A., Chae, S.-R., Park, J.-S., Kang, M.-S., Sekhon, S. S., Non-covalent functionalization of graphene with poly(diallyl dimethylammo-nium) chloride: Effect of a non-ionic surfactant. *Int. J. Hydrogen Energy*, 40, 1541, 2015.

[45] Wang, H., Bi, S.-G., Ye, Y.-S., Xue, Y., Xie, X.-L., Mai, Y.-W., An effective non-covalent graft-ing approach to functionalize individually dispersed reduced graphene oxide sheets with highgrafting density, solubility and electrical conductivity. *Nanoscale*, 7, 3548, 2015.

[46] Cho, K. Y., Yeom, Y. S., Seo, H. Y., Kumar, P., Lee, A. S., Baek, K.-Y., Yoon, H. G., Ionic block copo-lymer doped reduced graphene oxide supports with ultra-fine Pd nanoparticles: Strategic real-iza-tion of ultra-accelerated nanocatalysis. *J. Mater. Chem. A*, 3, 20471, 2015.

[47] Ma, J., Wang, L., Mu, X., Cao, Y., Enhanced electrocatalytic activity of Pt nanoparticles sup-ported on functionalized graphene for methanol oxidation and oxygen reduction. *J. Colloid Interface Sci.*, 457, 102, 2015.

[48] Sarkar, S., Zhang, H., Huang, J. W., Wang, F., Bekyarova, E., Lau, C. N., Haddon, R. C., Organometal-lic hexahapto functionalization of single layer graphene as a route to high mobility graphene devices. *Adv. Mater.*, 25, 1131, 2013.

[49] Chen, M., Pekker, A., Li, W., Itkis, M. E., Haddon, R. C., Bekyarova, E., Organometallic chemistry of graphene: Photochemical complexation of graphene with group 6 transition metals. *Carbon N. Y.*, 129, 450, 2018.

[50] Feng, Y. and Feng, W., Photo-responsive perylene diimid-azobenzene dyad: Photochemistryand its morphology control by self-assembly. *Opt. Mater. (Amst).*, 30, 876, 2008.

[51] Zhou, X., Zifer, T., Wong, B. M., Krafcik, K. L., Léonard, F., Vance, A. L., Color detection usingchro-mophore-nanotube hybrid devices. *Nano Lett.*, 9, 1028, 2009.

[52] Deepshikha, Reversible optical switching of Dirac point of graphene functionalized with azo-benzene. *Russ. J. Gen. Chem.*, 85, 2167, 2015.

[53] Saini, D., Covalent functionalisation of graphene: Novel approach to change electronic struc-ture of gra-

phene. *Mater. Res. Innov.*, 19, 287, 2015.

[54] Yao, Y., Gao, J., Bao, F., Jiang, S., Zhang, X., Ma, R., Covalent functionalization of graphene with polythiophene through a Suzuki coupling reaction. *RSC Adv.*, 5, 42754, 2015.

[55] Zarrin, H., Sy, S., Fu, J., Jiang, G., Kang, K., Jun, Y. S., Yu, A., Fowler, M., Chen, Z., Molecular functionalization of graphene oxide for next-generation wearable electronics. *ACS Appl. Mater. Interfaces*, 8, 25428, 2016.

[56] Kim, H. J., Sung, J., Chung, H., Choi, Y. J., Kim, D. Y., Kim, D., Covalently functionalized graphene composites: Mechanistic study of interfacial fluorescence quenching and recovery processes. *J. Phys. Chem. C*, 119, 11327, 2015.

[57] Loh, K. P., Bao, Q., Eda, G., Chhowalla, M., Graphene oxide as a chemically tunable platform for optical applications. *Nat. Chem.*, 2, 1015, 2010.

[58] Ji, S., Kim, S. J., Song, W., Myung, S., Heo, J., Lim, J., An, K.-S., Lee, S. S., Work function-tunable transparent electrodes based on all graphene-based materials for organic-graphene photodetectors. *RSC Adv.*, 6, 19372, 2016.

[59] Ji, S., Min, B. K., Kim, S. K., Myung, S., Kang, M., Shin, H. S., Song, W., Heo, J., Lim, J., An, K. S., Lee, I. Y., Lee, S. S., Work function engineering of graphene oxide via covalent functionalization for organic field-effect transistors. *Appl. Surf. Sci.*, 419, 252, 2017.

[60] Li, X. and Faghri, A., Review and advances of direct methanol fuel cells (DMFCs) part I: Design, fabrication, and testing with high concentration methanol solutions. *J. Power Sources*, 226, 223, 2013.

[61] Hoseini, S. J., Bahrami, M., Maddahfar, M., Hashemi Fath, R., Roushani, M., Polymerization of graphene oxide nanosheet by using of aminoclay: Electrocatalytic activity of its platinum nanohybrids. *Appl. Organomet. Chem.*, 32, e3894, 2018.

[62] Wen, C., Gao, X., Huang, T., Wu, X., Xu, L., Yu, J., Zhang, H., Zhang, Z., Han, J., Ren, H., Reduced graphene oxide supported chromium oxide hybrid as high efficient catalyst for oxygen reduction reaction. *Int. J. Hydrogen Energy*, 41, 11099, 2016.

[63] Liu, K., Song, Y., Chen, S., Oxygen reduction catalyzed by nanocomposites based on graphene quantum dots-supported copper nanoparticles. *Int. J. Hydrogen Energy*, 41, 1559, 2016.

[64] Zhong, W., Tian, X., Yang, C., Zhou, Z., Liu, X., wen, and Li, Y., Active 3D Pd/graphene aero-gel catalyst for hydrogen generation from the hydrolysis of ammonia-borane. *Int. J. Hydrogen Energy*, 41, 15225, 2016.

[65] Yun, M., Choe, J. E., You, J. M., Ahmed, M. S., Lee, K., Üstündağ, Z., Jeon, S., High catalytic activity of electrochemically reduced graphene composite toward electrochemical sensing of Orange II. *Food Chem.*, 169, 114, 2015.

[66] Park, D., Ahmed, M. S., Jeon, S., Covalent functionalization of graphene with 1,5-diaminonaphthalene and ultrasmall palladium nanoparticles for electrocatalytic oxygen reduction. *Int. J. Hydrogen Energy*, 42, 2061, 2017.

[67] Vinoth, R., Babu, S. G., Bharti, V., Gupta, V., Navaneethan, M., Bhat, S. V., Muthamizhchelvan, C., Ramamurthy, P. C., Sharma, C., Aswal, D. K., Hayakawa, Y., Neppolian, B., Ruthenium based metallopolymer grafted reduced graphene oxide as a new hybrid solar light harvester in polymer solar cells. *Sci. Rep.*, 7, 1, 2017.

[68] Mathew, S., Yella, A., Gao, P., Humphry-Baker, R., Curchod, B. F. E., Ashari-Astani, N., Tavernelli, I., Rothlisberger, U., Nazeeruddin, M. K., Grätzel, M., Dye-sensitized solar cells with 13% efficiency achieved through the molecular engineering of porphyrin sensitizers. *Nat. Chem.*, 6, 242, 2014.

[69] Yang, W., Xu, X., Li, Z., Yang, F., Zhang, L., Li, Y., Wang, A., Chen, S., Construction of efficient-counter electrodes for dye – sensitized solar cells: Fe_2O_3 nanoparticles anchored onto graphemeframe-works. *Carbon N. Y.*, 96, 947, 2016.

[70] Cheng, W. Y., Wang, C. C., Lu, S. Y., Graphene aerogels as a highly efficient counter electrodematerial for dye – sensitized solar cells. *Carbon N. Y.*, 54, 291, 2013.

[71] Tao, L., Huo, Z., Dai, S., Ding, Y., Zhu, J., Zhang, C., Zhang, B., Yao, J., Nazeeruddin, M. K., Grätzel, M., Stable quasi – solid – state dye – sensitized solar cells using novel low molecular massorganogelators and room – temperature molten salts. *J. Phys. Chem. C*, 118, 16718, 2014.

[72] Wang, H., Li, H., Xue, B., Wang, Z., Meng, Q., Chen, L., Solid – state composite electrolyte LiI/3 – hydroxypropionitrile/SiO_2 for dye – sensitized solar cells. *J. Am. Chem. Soc.*, 127, 6394, 2005.

[73] Brennan, L. J., Barwich, S. T., Satti, A., Faure, A., Gun'ko, Y. K., Graphene – ionic liquid electrolytes for dye sensitised solar cells. *J. Mater. Chem. A*, 1, 8379, 2013.

[74] Kowsari, E. and Chirani, M. R., High efficiency dye – sensitized solar cells with tetra alkyl ammonium cation – based ionic liquid functionalized graphene oxide as a novel additive in nanocomposite electro-lyte. *Carbon N. Y.*, 118, 384, 2017.

[75] Kolpak, A. M. and Grossman, J. C., Azobenzene – functionalized carbon nanotubes as high – energy density solar thermal fuels. *Nano Lett.*, 11, 3156, 2011.

[76] Luo, W., Feng, Y., Cao, C., Li, M., Liu, E., Li, S., Qin, C., Hu, W., Feng, W., A high energy densityazobenzene/graphene hybrid: A nano – templated platform for solar thermal storage. *J. Mater. Chem. A*, 3, 11787, 2015.

[77] Rudd, P. M., Elliott, T., Cresswell, P., Wilson, I. A., Dwek, R. A., Glycosylation and the immunesystem. *Science (80 – .)*, 291, 2370, 2001.

[78] Zhang, C. and Hage, D. S., Glycoform analysis of alpha1 – acid glycoprotein by capillary electro – phore-sis. *J. Chromatogr. A*, 1475, 102, 2016.

[79] Lequin, R. M., Enzyme immunoassay (EIA)/enzyme – linked immunosorbent assay (ELISA). *Clin. Chem.*, 51, 2415, 2005.

[80] Stavenhagen, K., Plomp, R., Wuhrer, M., Site – specific protein, N –, and O – glycosylation analy – sis by a C18 – porous graphitized carbon – liquid chromatography – electrospray ionization massspectrometry approach using pronase treated glycopeptides. *Anal. Chem.*, 87, 11691, 2015.

[81] Yang, Y., Boysen, R. I., Chowdhury, J., Alam, A., Hearn, M. T. W., Analysis of peptides and protein digests by reversed phase high performance liquid chromatography – electrospray ionisation mass spectrometry using neutral pH elution conditions. *Anal. Chim. Acta*, 872, 84, 2015.

[82] Wang, J., Wang, Y., Gao, M., Zhang, X., Yang, P., Multilayer hydrophilic poly (phenol – formaldehyde resin) – coated magnetic graphene for boronic acid immobilization as a novelmatrix for glycoproteome a-nalysis. *ACS Appl. Mater. Interfaces*, 7, 16011, 2015.

[83] Chen, L., Wang, X., Lu, W., Wu, X., Li, J., Molecular imprinting: Perspectives and applications. *Chem. Soc. Rev.*, 45, 2137, 2016.

[84] Luo, J., Cong, J., Liu, J., Gao, Y., Liu, X., A facile approach for synthesizing molecularly imprintedgra-phene for ultrasensitive and selective electrochemical detecting 4 – nitrophenol. *Anal. Chim. Acta*, 864, 74, 2015.

[85] Liu, S., Pan, J., Zhu, H., Pan, G., Qiu, F., Meng, M., Yao, J., Yuan, D., Graphene oxide basedmolecu-larly imprinted polymers with double recognition abilities: The combination of covalentboronic acid and tra-ditional non – covalent monomers. *Chem. Eng. J.*, 290, 220, 2016.

[86] Huang, J., Wu, Y., Cong, J., Luo, J., Liu, X., Selective and sensitive glycoprotein detection viaa biomimetic electrochemical sensor based on surface molecular imprinting and boronate – modified reduced graphene oxide. *Sensors Actuators B Chem.*, 259, 1, 2018.

[87] Eissa, S., Jimenez, G. C., Mahvash, F., Guermoune, A., Tlili, C., Szkopek, T., Zourob, M., Siaj, M., Functionalized CVD monolayer graphene for label – free impedimetric biosensing. *Nano Res.*, 8, 1698, 2015.

[88] Barman, S. C., Hossain, M. F., Park, J. Y., Gold nanoparticles assembled chemically function – alized reduced graphene oxide supported electrochemical immunosensor for ultra – sensitiveprostate cancer detection. *J. Electrochem. Soc.*, 164, B234, 2017.

[89] Bonanni, A. and Del Valle, M., Use of nanomaterials for impedimetric DNA sensors: A review. *Anal. Chim. Acta*, 678, 7, 2010.

[90] Bonanni, A. and Pumera, M., Graphene platform for hairpin – DNA – based impedimetric geno – sensing. *ACS Nano*, 5, 2356, 2011.

[91] Urbanová, V., Holá, K., Bourlinos, A. B., Čépe, K., Ambrosi, A., Loo, A. H., Pumera, M., Karlický, F., Otyepka, M., Zbořil, R., Thiofluorographene – hydrophilic graphene derivative with semicon – ducting and genosensing properties. *Adv. Mater.*, 27, 2305, 2015.

[92] Ren, Q., Feng, L., Fan, R., Ge, X., Sun, Y., Water – dispersible triethylenetetramine – functionalizedgraphene: Preparation, characterization and application as an amperometric glucose sensor. *Mater. Sci. Eng. C*, 68, 308, 2016.

[93] You, J. – M., Han, H. S., Jeon, S., Synthesis of electrochemically reduced graphene oxide bondedto thiodiazole – Pd and applications to biosensor. *J. Nanosci. Nanotechnol.*, 15, 5691, 2015.

[94] Rao Vusa, C. S., Manju, V., Berchmans, S., Arumugam, P., Electrochemical amination ofgraphene using nanosized PAMAM dendrimers for sensing applications. *RSC Adv.*, 6, 33409, 2016.

[95] Ospina, P. A., Nydam, D. V., Stokol, T., Overton, T. R., Associations of elevated nonesterified fattyacids and β – hydroxybutyrate concentrations with early lactation reproductive performanceand milk production in transition dairy cattle in the northeastern United States. *J. Dairy Sci.*, 93, 1596, 2010.

[96] Fang, L., Wang, S. H., Liu, C. C., An electrochemical biosensor of the ketone 3 – β – hydroxybutyratefor potential diabetic patient management. *Sensors Actuators B Chem.*, 129, 818, 2008.

[97] Khorsand, F., Darziani Azizi, M., Naeemy, A., Larijani, B., Omidfar, K., An electrochemical bio – sensor for 3 – hydroxybutyrate detection based on screen – printed electrode modified by coen – zyme functionalized carbon nanotubes. *Mol. Biol. Rep.*, 40, 2327, 2013.

[98] Forrow, N. J., Sanghera, G. S., Walters, S. J., Watkin, J. L., Development of a commercial ampero – metric biosensor electrode for the ketone D – 3 – hydroxybutyrate. *Biosens. Bioelectron.*, 20, 1617, 2005.

[99] Kwan, R. C. H., Hon, P. Y. T., Mak, W. C., Law, L. Y., Hu, J., Renneberg, R., Biosensor for rapiddetermination of 3 – hydroxybutyrate using bienzyme system. *Biosens. Bioelectron.*, 21, 1101, 2006.

[100] Veerapandian, M., Hunter, R., Neethirajan, S., Ruthenium dye sensitized graphene oxide elec – trode for on – farm rapid detection of beta – hydroxybutyrate. *Sensors Actuators B Chem.*, 228, 180, 2016.

[101] Mao, H., Ji, C., Liu, M., Sun, Y., Liu, D., Wu, S., Zhang, Y., Song, X. – M., Hydrophilic polymer/polypyrrole/graphene oxide nanosheets with different performances in electrocatalytic applications to simultaneously determine dopamine and ascorbic acid. *RSC Adv.*, 6, 111632, 2016.

[102] Olsen, G., Ulstrup, J., Chi, Q., Crown – ether derived graphene hybrid composite for membrane – freepotentiometric sensing of alkali metal ions. *ACS Appl. Mater. Interfaces*, 8, 37, 2016.

[103] Jariwala, D., Sangwan, V. K., Lauhon, L. J., Marks, T. J., Hersam, M. C., Carbon nanomaterials forelec-

tronics, optoelectronics, photovoltaics, and sensing. *Chem. Soc. Rev.*, 42, 2824, 2013.

[104] Peng, Z., Ng, A. L., Kwon, H., Wang, P., Chen, C. F., Lee, C. S., Wang, Y. H., Graphene as a functional layer for semiconducting carbon nanotube transistor sensors. *Carbon N. Y.*, 125, 49, 2017.

[105] Sakthinathan, S., Lee, H. F., Chen, S.-M., Tamizhdurai, P., Electrocatalytic oxidation of dopa-mine based on non-covalent functionalization of manganese tetraphenylporphyrin/reducedgraphene oxide nanocomposite. *J. Colloid Interface Sci.*, 468, 120, 2016.

[106] Karuppiah, C., Sakthinathan, S., Chen, S.-M., Manibalan, K., Chen, S.-M., Huang, S.-T., A non-covalent functionalization of copper tetraphenylporphyrin/chemically reduced graphene oxidenanocomposite for the selective determination of dopamine. *Appl. Organomet. Chem.*, 30, 40, 2016.

[107] Suhag, D., Sharma, A. K., Patni, P., Garg, S. K., Rajput, S. K., Chakrabarti, S., Mukherjee, M., Hydrothermally functionalized biocompatible nitrogen doped graphene nanosheet based biomimetic platforms for nitric oxide detection. *J. Mater. Chem. B*, 4, 4780, 2016.

[108] Wang, J., Zhu, H., Xu, Y., Yang, W., Liu, A., Shan, F., Cao, M., Liu, J., Graphene nanodots encaged 3-D gold substrate as enzyme loading platform for the fabrication of high performance biosen-sors. *Sensors Actuators B Chem.*, 220, 1186, 2015.

[109] Chen, C., Wang, X., Li, M., Fan, Y., Sun, R., Humidity sensor based on reduced graphene oxide/lignosulfonate composite thin-film. *Sensors Actuators B Chem.*, 255, 1569, 2018.

[110] Wang, K., Ruan, J., Song, H., Zhang, J., Wo, Y., Guo, S., Cui, D., Biocompatibility of graphemeoxide. *Nanoscale Res. Lett.*, 6, 1, 2011.

[111] Shen, H., Zhang, L., Liu, M., Zhang, Z., Biomedical applications of graphene. *Theranostics*, 2, 283, 2012.

[112] Patil, P. S., Fountas-Davis, N., Huang, H., Evancho-Chapman, M. M., Fulthon, J. A., Shriver, L. P., Leipzig, N. D., Fluorinated methacrylamide chitosan hydrogels enhance collagen synthesis inwound healing through increased oxygen availability. *Acta Biomater.*, 36, 164, 2016.

[113] Gholipourmalekabadi, M., Zhao, S., Harrison, B. S., Mozafari, M., Seifalian, A. M., Oxygen-generating biomaterials: A new, viable paradigm for tissue engineering? *Trends Biotechnol.*, 34, 1010, 2016.

[114] Farris, A. L., Rindone, A. N., Grayson, W. L., Oxygen delivering biomaterials for tissue engineering. *J. Mater. Chem. B*, 4, 3422, 2016.

[115] Dalvi, V. H. and Rossky, P. J., Molecular origins of fluorocarbon hydrophobicity. *Proc. Natl. Acad. Sci.*, 107, 13603, 2010.

[116] Croisier, F. and Jérôme, C., Chitosan-based biomaterials for tissue engineering. *Eur. Polym. J.*, 49, 780, 2013.

[117] Lee, K. Y. and Mooney, D. J., Alginate: Properties and biomedical applications. *Prog. Polym. Sci.*, 37, 106, 2012.

[118] Morais, D. S., Rodrigues, M. A., Silva, T. I., Lopes, M. A., Santos, M., Santos, J. D., Botelho, C. M., Development and characterization of novel alginate-based hydrogels as vehicles for bone substitutes. *Carbohydr. Polym.*, 95, 134, 2013.

[119] Silva, M., Caridade, S. G., Vale, A. C., Cunha, E., Sousa, M. P., Mano, J. F., Paiva, M. C., 119. Silva, M., Caridade, S. G., Vale, A. C., Cunha, E., Sousa, M. P., Mano, J. F., Paiva, M. C., Alves, N. M., Biomedical films of graphene nanoribbons and nanoflakes with natural polymers. *RSC Adv.*, 7, 27578, 2017.

[120] Wu, D., Bäckström, E., Hakkarainen, M., Starch derived nanosized graphene oxide functional-ized bioactive porous starch scaffolds. *Macromol. Biosci.*, 17, 1, 2017.

[121] Sarvari, R., Sattari, S., Massoumi, B., Agbolaghi, S., Beygi-Khosrowshahi, Y., Kahaie-Khosrowshahi,

[122] Massoumi, B., Ghandomi, F., Abbasian, M., Eskandani, M., Jaymand, M., Surface functional-ization of graphene oxide with poly(2-hydroxyethyl methacrylate)-graft-poly(ε-caprolactone) and its electrospun nanofibers with gelatin. *Appl. Phys. A Mater. Sci. Process.*, 122, 1, 2016.

[123] De Marco, P., Zara, S., De Colli, M., Radunovic, M., Lazović, V., Ettorre, V., Di Crescenzo, A., Piattelli, A., Cataldi, A., Fontana, A., Graphene oxide improves the biocompatibility of collagenmembranes in an in vitro model of human primary gingival fibroblasts. *Biomed. Mater.*, 12, 2017.

[124] Zhang, H., Grüner, G., Zhao, Y., Recent advancements of graphene in biomedicine. *J. Mater. Chem. B*, 1, 2542, 2013.

[125] Wang, J., Feng, K., Xie, N., Li, Z. J., Meng, Q. Y., Chen, B., Tung, C. H., Wu, L. Z., Solution-processable graphenes by covalent functionalization of graphene oxide with polymeric monoamines. *Sci. China Chem.*, 59, 1018, 2016.

[126] Kavitha, T., Kang, I. K., Park, S. Y., Poly(4-vinyl pyridine)-grafted graphene oxide for drug delivery and antimicrobial applications. *Polym. Int.*, 64, 1660, 2015.

[127] Zhang, Q., Chi, H., Tang, M., Chen, J., Li, G., Liu, Y., Liu, B., Mixed surfactant modifiedgraphene oxide nanocarriers for DOX delivery to cisplatin-resistant human ovarian carcinomacells. *RSC Adv.*, 6, 87258, 2016.

[128] Xie, M., Lei, H., Zhang, Y., Xu, Y., Shen, S., Ge, Y., Li, H., Xie, J., Non-covalent modificationof graphene oxide nanocomposites with chitosan/dextran and its application in drug delivery. *RSC Adv.*, 6, 9328, 2016.

[129] Garriga, R., Jurewicz, I., Seyedin, S., Bardi, N., Totti, S., Matta-Domjan, B., Velliou, E. G., Alkhorayef, M. A., Cebolla, V. L., Razal, J. M., Dalton, A. B., Muñoz, E., Multifunctional, biocom-patible and pH-responsive carbon nanotube-and graphene oxide/tectomer hybrid compositesand coatings. *Nanoscale*, 9, 7791, 2017.

[130] Shim, G., Lee, J., Kim, J., Lee, H.-J., Kim, Y. B., Oh, Y.-K., Functionalization ofnano-graphenesby chimeric peptide engineering. *RSC Adv.*, 5, 49905, 2015.

[131] Zhou, G., Meng, H., Xu, Q., Long, Z., Kou, X., Zhang, X., Zhao, M., Mi, J., Li, Z., Three-dimensional DNA/graphene assemblies with favorable stability. *Sci. Adv. Mater.*, 9, 1146, 2017.

[132] Omidi, S., Kakanejadifard, A., Azarbani, F., Noncovalent functionalization of graphene oxideand reduced graphene oxide with Schiff bases as antibacterial agents. *J. Mol. Liq.*, 242, 812, 2017.

[133] Chen, X. and Ye, N., A graphene oxide surface-molecularly imprinted polymer as a dispersivesolid-phase extraction adsorbent for the determination of cefadroxil in water samples. *RSC Adv.*, 7, 34077, 2017.

[134] Benkli, Y. E., Can, M. F., Turan, M., Çelik, M. S., Modification of organo-zeolite surface for theremoval of reactive azo dyes in fixed-bed reactors. *Water Res.*, 39, 487, 2005.

[135] Meena Sundari, P. and Meenambal, T., A comparative study on the adsorptive efficiency of low-cost adsorbents for the removal of methylene blue from its aqueous solution. *Desalin. WaterTreat.*, 57, 18851, 2015.

[136] Batmaz, R., Mohammed, N., Zaman, M., Minhas, G., Berry, R. M., Tam, K. C., Cellulose nano-crystals as promising adsorbents for the removal of cationic dyes. *Cellulose*, 21, 1655, 2014.

[137] Kuo, C. Y., Wu, C. H., Wu, J. Y., Adsorption of direct dyes from aqueous solutions by carbonnanotubes:

Determination of equilibrium, kinetics and thermodynamics parameters. *J. ColloidInterface Sci.*, 327, 308, 2008.

[138] Atieh, M. A., Bakather, O. Y., Tawabini, B. S., Bukhari, A. A., Khaled, M., Alharthi, M., Fettouhi, M., Abuilaiwi, F. A., Removal of chromium(III) from water by using modified and nonmodi-fied carbon nanotubes. *J. Nanomater.*, 2010, 1, 2010.

[139] Compton, O. C. and Nguyen, S. T., Graphene oxide, highly reduced graphene oxide, and graphene: Versatile building blocks for carbon-based materials. *Small*, 6, 711, 2010.

[140] Gao, H., Sun, Y., Zhou, J., Xu, R., Duan, H., Mussel-inspired synthesis of polydopamine-functionalized graphene hydrogel as reusable adsorbents for water purification. *ACS Appl. Mater. Interfaces*, 5, 425, 2013.

[141] Soleimani, K., Tehrani, A. D. D., Adeli, M., Bioconjugated graphene oxide hydrogel as an effec-tive adsorbent for cationic dyes removal. *Ecotoxicol. Environ. Saf.*, 147, 34, 2018.

[142] Ferreira, A. M., Coutinho, J. A. P., Fernandes, A. M., Freire, M. G., Complete removal of textile dyes from aqueous media using ionic-liquid-based aqueous two-phase systems. *Sep. Purif. Technol.*, 128, 58, 2014.

[143] Gharehbaghi, M. and Shemirani, F., A novel method for dye removal: Ionic liquid-based dispersive liquid-liquid extraction(IL-DLLE). *Clean-Soil, Air, Water*, 40, 290, 2012.

[144] Gao, H., Kan, T., Zhao, S., Qian, Y., Cheng, X., Wu, W., Wang, X., Zheng, L., Removal of anionic azo dyes from aqueous solution by functional ionic liquid cross-linked polymer. *J. Hazard. Mater.*, 261, 83, 2013.

[145] Lu, Y., Zhu, H., Wang, W. J., Li, B. G., Zhu, S., Collectable and recyclable mussel-inspiredpoly(ionic liquid)-based sorbents for ultrafast water treatment. *ACS Sustain. Chem. Eng.*, 5, 2829, 2017.

[146] Marullo, S., Rizzo, C., Dintcheva, N. T., Giannici, F., D'Anna, F., Ionic liquids gels: Soft materials for environmental remediation. *J. Colloid Interface Sci.*, 517, 182, 2018.

[147] Cheng, N., Hu, Q., Guo, Y., Wang, Y., Yu, L., Efficient and selective removal of dyes using imidazolium-based supramolecular gels. *ACS Appl. Mater. Interfaces*, 7, 10258, 2015.

[148] Zambare, R., Song, X., Bhuvana, S., Antony Prince, J. S., Nemade, P., Ultrafast dye removal using ionic liquid-graphene oxide sponge. *ACS Sustain. Chem. Eng.*, 5, 6026, 2017.

[149] Inglezakis, V. J., Loizidou, M. D., Grigoropoulou, H. P., Equilibrium and kinetic ion exchange studies of Pb^{2+}, Cr^{3+}, Fe^{3+} and Cu^{2+} on natural clinoptilolite. *Water Res.*, 36, 2784, 2002.

[150] Feng, M. L., Sarma, D., Qi, X. H., Du, K. Z., Huang, X. Y., Kanatzidis, M. G., Efficient removal and recovery of uranium by a layered organic-inorganic hybrid thiostannate. *J. Am. Chem. Soc.*, 138, 12578, 2016.

[151] Bagla, P., India's homegrown thorium reactor. *Science*(80-.), 309, 1174, 2005.

[152] Bailey, S. E., Olin, T. J., Bricka, R. M., Adrian, D. D., A review of pontentially low-cost sorbents for heavy metals. *Water Res.*, 33, 2469, 1999.

[153] Li, X., Zhou, H., Wu, W., Wei, S., Xu, Y., Kuang, Y., Studies of heavy metal ion adsorption on chitosan/sulfydryl-functionalized graphene oxide composites. *J. Colloid Interface Sci.*, 448, 389, 2015.

[154] Pan, N., Li, L., Ding, J., Wang, R., Jin, Y., Xia, C., A Schiff base/quaternary ammonium salt bifunctional graphene oxide as an efficient adsorbent for removal of Th(IV)/U(VI). *J. Colloid Interface Sci.*, 508, 303, 2017.

[155] Erken, E., Yıldız, Y., Kilbaş, B., Şen, F., Synthesis and characterization of nearly monodisperse Pt nanoparticles for C 1 to C 3 alcohol oxidation and dehydrogenation of dimethylamine-borane(DMAB). *J.*

Nanosci. Nanotechnol. ,16,5944,2016.

[156] Baskaya,G. ,Esirden,İ. ,Erken,E. ,Sen,F. ,Kaya,M. ,Synthesis of 5 – substituted – 1H – tetrazolederivatives using monodisperse carbon black decorated Pt nanoparticles as heterogeneousnanocatalysts. *J. Nanosci. Nanotechnol.* ,17,1992,2017.

[157] Sun,L. – B. ,Liu,X. – Q. ,Zhou,H. – C. ,Design and fabrication of mesoporous heterogeneous basiccatalysts. *Chem. Soc. Rev.* ,44,5092,2015.

[158] Layek,R. K. and Nandi,A. K. ,A review on synthesis and properties of polymer functionalizedgraphene. *Polymers*,UK,54,5087,2013.

[159] Navalon,S. ,Dhakshinamoorthy,A. ,Alvaro,M. ,Garcia,H. ,Metal nanoparticles supported ontwo – dimensional graphenes as heterogeneous catalysts. *Coord. Chem. Rev.* ,312,99,2016.

[160] Navalon,S. ,Dhakshinamoorthy,A. ,Alvaro,M. ,Garcia,H. ,Carbocatalysis by graphene – basedmaterials. *Chem. Rev.* ,114,6179,2014.

[161] Porahmad,N. and Baharfar,R. ,Graphene oxide covalently functionalized with an organicsuperbase as highly efficient and durable nanocatalyst for green Michael addition reaction. *Res. Chem. Intermed.* ,44,305,2018.

[162] Bhanja,P. ,Das,S. K. ,Patra,A. K. ,Bhaumik,A. ,Functionalized graphene oxide as an efficientadsorbent for CO_2 capture and support for heterogeneous catalysis. *RSC Adv.* ,6,72055,2016.

[163] Magano,J. and Dunetz,J. R. ,Large – scale applications of transition metal – catalyzed couplingsfor the synthesis of pharmaceuticals. *Chem. Rev.* ,111,2177,2011.

[164] Hashemi Fath,R. and Hoseini,S. J. ,Covalently cyclopalladium(II)complex/reduced – grapheneoxide as the effective catalyst for the Suzuki – Miyaura reaction at room temperature. *J. Organomet. Chem.* ,828,16,2017.

[165] Huang,J. ,Ding,S. ,Xiao,W. ,Peng,Y. ,Deng,S. ,Zhang,N. ,3 – Aminopropyl – triethoxysilanefunctionalized graphene oxide:A highly efficient and recyclable catalyst for Knoevenagel condensation. *Catal. Lett.* ,145,1000,2015.

[166] Mohammadipour,M. and Amoozadeh,A. ,The synthesis of polyhydroacridines by covalent5 – sulfobenzoic acid – functionalized graphene oxide as a novel,green,efficient,and heteroge – neous catalyst. *Monatsh. Chem.* ,148,1075,2017.

[167] Achary,L. S. K. ,Kumar,A. ,Rout,L. ,Kunapuli,S. V. S. ,Dhaka,R. S. ,Dash,P. ,Phosphate func – tionalized graphene oxide with enhanced catalytic activity for Biginelli type reaction undermicrowave condition. *Chem. Eng. J.* ,331,300,2018.

[168] Roeser,J. ,Kailasam,K. ,Thomas,A. ,Covalent triazine frameworks as heterogeneous catalystsfor the synthesis of cyclic and linear carbonates from carbon dioxide and epoxides. *Chem. Sus. Chem.* ,5,1793,2012.

[169] Watile,R. A. ,Deshmukh,K. M. ,Dhake,K. P. ,Bhanage,B. M. ,Efficient synthesis of cyclic carbonate from carbon dioxide using polymer anchored diol functionalized ionic liquids as a highlyactive heterogeneous catalyst. *Catal. Sci. Technol.* ,2,1051,2012.

[170] Tharun,J. ,Hwang,Y. ,Roshan,R. ,Ahn,S. ,Kathalikkattil,A. C. ,Park,D. – W. ,A novel approachof utilizing quaternized chitosan as a catalyst for the eco – friendly cycloaddition of epoxideswith CO_2. *Catal. Sci. Technol.* ,2,1674,2012.

[171] Xu,J. ,Xu,M. ,Wu,J. ,Wu,H. ,Zhang,W. – H. ,Li,Y. – X. ,Graphene oxide immobilized with ionicliquids:Facile preparation and efficient catalysis for solvent – free cycloaddition of CO_2 to pro – pylene carbonate. *RSC Adv.* ,5,72361,2015.

[172] Kim, K., Tsay, O. G., Atwood, D. A., Churchill, D. G., Destruction and detection of chemicalwarfare agents. *Chem. Rev.*, 111, 5345, 2015.

[173] Hostert, L., Blaskievicz, S. F., Fonsaca, J. E. S., Domingues, S. H., Zarbin, A. J. G., Orth, E. S., Imidazole – derived graphene nanocatalysts for organophosphate destruction: Powder and thinfilm heterogeneous reactions. *J. Catal.*, 356, 75, 2017.

[174] Li, R. X., Liu, X. F., Liu, T., Yin, Y. B., Zhou, Y., Mei, S. K., Yan, J., Electrocatalytic propertiesof [FeFe] – hydrogenases models and visible – light – driven hydrogen evolution efficiency promotionwith porphyrin functionalized graphene nanocomposite. *Electrochim. Acta*, 237, 207, 2017.

[175] Liu, J., Cui, L., Losic, D., Graphene and graphene oxide as new nanocarriers for drug deliveryapplications. *Acta Biomater.*, 9, 9243, 2013.

[176] Patel, V., Gajera, H., Gupta, A., Manocha, L., Madamwar, D., Synthesis of ethyl caprylate inorganic media using Candida rugosa lipase immobilized on exfoliated graphene oxide: Processparameters and reusability studies. *Biochem. Eng. J.*, 95, 62, 2015.

[177] Dronov, R., Kurth, D. G., Möhwald, H., Scheller, F. W., Lisdat, F., A self – assembled cytochromec/xanthine oxidase multilayer arrangement on gold. *Electrochim. Acta*, 53, 1107, 2007.

[178] Patila, M., Kouloumpis, A., Gournis, D., Rudolf, P., Stamatis, H., Laccase – functionalizedgraphene oxide assemblies as efficient nanobiocatalysts for oxidation reactions. *Sensors, Switzerland*, 16, 1, 2016.

[179] Wang, J., Zhao, G., Jing, L., Peng, X., Li, Y., Facile self – assembly of magnetite nanoparticleson three – dimensional graphene oxide – chitosan composite for lipase immobilization. *Biochem. Eng. J.*, 98, 75, 2015.

[180] Rezaei, A., Akhavan, O., Hashemi, E., Shamsara, M., Ugi four – component assembly process: Anefficient approach for one – pot multifunctionalization of nanographene oxide in water and itsapplication in lipase immobilization. *Chem. Mater.*, 28, 3004, 2016.

[181] Besharati Vineh, M., Saboury, A. A., Poostchi, A. A., Rashidi, A. M., Parivar, K., Stability andactivity improvement of horseradish peroxidase by covalent immobilization on functional – ized reduced graphene oxide and biodegradation of high phenol concentration. *Int. J. Biol. Macromol.*, 106, 1314, 2018.

[182] Amiri, A., Sadri, R., Shanbedi, M., Ahmadi, G., Kazi, S. N., Chew, B. T., Zubir, M. N. M., Synthesisof ethylene glycol – treated graphene nanoplatelets with one – pot, microwave – assisted function – alization for use as a high performance engine coolant. *Energy Convers. Manag.*, 101, 767, 2015.

[183] Chatterjee, S., Wang, J. W., Kuo, W. S., Tai, N. H., Salzmann, C., Li, W. L., Hollertz, R., Nüesch, F. A., Chu, B. T. T., Mechanical reinforcement and thermal conductivity in expanded graphemenanoplatelets reinforced epoxy composites. *Chem. Phys. Lett.*, 531, 6, 2012.

[184] Baby, T. T. and Ramaprabhu, S., Investigation of thermal and electrical conductivity of graphemebased nanofluids. *J. Appl. Phys.*, 108, 2010.

[185] Sonvane, Y., Gupta, S. K., Raval, P., Lukačević, I., Thakor, P. B., Length, width and roughnessdependent thermal conductivity of graphene nanoribbons. *Chem. Phys. Lett.*, 634, 16, 2015.

[186] Yu, Z. G. and Zhang, Y. W., Electronic properties of mutually embedded h – BN and graphene: A first principles study. *Chem. Phys. Lett.*, 666, 33, 2016.

[187] Li, W., Bu, Y., Jin, H., Wang, J., Zhang, W., Wang, S., Wang, J., The preparation ofhierarchi – cal flowerlike NiO/reduced graphene oxide composites for high performance supercapacitorapplications. *Energy Fuels*, 27, 6304, 2013.

[188] Li, Z., Wang, R., Young, R. J., Deng, L., Yang, F., Hao, L., Jiao, W., Liu, W., Control of the functionality of graphene oxide for its application in epoxy nanocomposites. *Polymers, UK*, 54, 6437, 2013.

[189] Perumal, S., Lee, H. M., Cheong, I. W., A study of adhesion forces between vinyl monomers andgraphene surfaces for non-covalent functionalization of graphene. *Carbon N. Y.*, 107, 74, 2016.

[190] Yu, W., Xie, H., Wang, X., Wang, X., Significant thermal conductivity enhancement for nano-fluids containing graphene nanosheets. *Phys. Lett. Sect. A Gen. At. Solid State Phys.*, 375, 1323, 2011.

[191] Sadri, R., Hosseini, M., Kazi, S. N., Bagheri, S., Zubir, N., Ahmadi, G., Dahari, M., Zaharinie, T., A novel, eco-friendly technique for covalent functionalization of graphene nanoplatelets andthe potential of their nanofluids for heat transfer applications. *Chem. Phys. Lett.*, 675, 92, 2017.

[192] Chhetri, S., Adak, N. C., Samanta, P., Mallisetty, P. K., Murmu, N. C., Kuila, T., Interface engi-neering for the improvement of mechanical and thermal properties of covalent functionalizedgraphene/epoxy composites. *J. Appl. Polym. Sci.*, 46124, 46124, 2017.

[193] Gan, L., Shang, S., Yuen, C. W. M., Jiang, S.-X., Covalently functionalized graphene with d-glucose and its reinforcement to poly(vinyl alcohol) and poly(methyl methacrylate). *RSC Adv.*, 5, 15954, 2015.

[194] Sarsam, W. S., Amiri, A., Kazi, S. N., Badarudin, A., Stability and thermophysical propertiesof non-covalently functionalized graphene nanoplatelets nanofluids. *Energy Convers. Manag.*, 116, 101, 2016.

[195] Qian, Y., Wu, H., Yuan, D., Li, X., Yu, W., Wang, C., In situ polymerization of polyimide-basednanocomposites via covalent incorporation of functionalized graphene nanosheets for enhanc-ing mechanical, thermal, and electrical properties. *J. Appl. Polym. Sci.*, 132, 1, 2015.

[196] Bian, J., Wang, G., Lin, H. L., Zhou, X., Wang, Z. J., Xiao, W. Q., Zhao, X. W., HDPE compos-ites strengthened-toughened synergistically by l-aspartic acid functionalized graphene/carbonnanotubes hybrid nanomaterials. *J. Appl. Polym. Sci.*, 134, 1, 2017.

[197] Li, H., Shi, L.-Y., Cui, W., Lei, W.-W., Zhang, Y.-L., Diao, Y.-F., Ran, R., Ni, W., Covalent modifi-cation of graphene as a 2D nanofiller for enhanced mechanical performance of poly(glutamate) hybrid gels. *RSC Adv.*, 5, 86407, 2015.

[198] Gouvêa, R. F., Del Aguila, E. M., Paschoalin, V. M. F., Andrade, C. T., Extruded hybrids basedon poly (3-hydroxybutyrate-co-3-hydroxyvalerate) and reduced graphene oxide composite foractive food packaging. *Food Packag. Shelf Life*, 16, 77, 2018.

[199] Illyefalvi-Vitez, Z., Graphene and its potential applications in electronics packaging—A review. *Proc. Int. Spring Semin. Electron. Technol.*, 323, 2013.

[200] Gui, D., Yu, S., Xiong, W., Cai, X., Liu, C., Liu, J., Liquid crystal functionalization of graphemenano-platelets for improved thermal and mechanical properties of silicone resin composites. *RSC Adv.*, 6, 35210, 2016.

[201] Gui, D., Xiong, W., Tan, G., Li, S., Cai, X., Liu, J., Improved thermal and mechanical propertiesof silicone resin composites by liquid crystal functionalized graphene nanoplatelets. *J. Mater. Sci. Mater. E-lectron.*, 27, 2120, 2016.

[202] Tomala, A., Karpinska, A., Werner, W. S. M., Olver, A., Störi, H., Tribological properties of addi-tives for water-based lubricants. *Wear*, 269, 804, 2010.

[203] Kinoshita, H., Nishina, Y., Alias, A. A., Fujii, M., Tribological properties of monolayer graphemeoxide sheets as water-based lubricant additives. *Carbon N. Y.*, 66, 720, 2014.

[204] Chronopoulos, D. D., Bakandritsos, A., Pykal, M., Zbořil, R., Otyepka, M., Chemistry, proper-ties, and applications of fluorographene. *Appl. Mater. Today*, 9, 60, 2017.

[205] Ye, X., Ma, L., Yang, Z., Wang, J., Wang, H., Yang, S., Covalent functionalization of fluori-nated graphene and subsequent application as water-based lubricant additive. *ACS Appl. Mater. Interfaces*, 8, 7483, 2016.

[206] Carrión, F. J., Sanes, J., Bermúdez, M. D., Arribas, A., New single-walled carbon nanotubes-ionicliquid lubricant. Application to polycarbonate-stainless steel sliding contact. *Tribol. Lett.*, 41, 199, 2011.

[207] Zhang, L., Pu, J., Wang, L., Xue, Q., Frictional dependence of graphene and carbon nanotube indiamond-like carbon/ionic liquids hybrid films in vacuum. *Carbon N. Y.*, 80, 734, 2014.

[208] Khare, V., Pham, M. Q., Kumari, N., Yoon, H. S., Kim, C. S., Park, J., Il, and Ahn, S. H., Graphene-ionic liquid based hybrid nanomaterials as novel lubricant for low friction and wear. *ACS Appl. Mater. Interfaces*, 5, 4063, 2013.

[209] Gusain, R., Mungse, H. P., Kumar, N., Ravindran, T. R., Pandian, R., Sugimura, H., Khatri, O. P., Covalently attached graphene-ionic liquid hybrid nanomaterials: Synthesis, characterization and tribological application. *J. Mater. Chem. A*, 4, 926, 2016.

[210] Gupta, B., Kumar, N., Panda, K., Melvin, A. A., Joshi, S., Dash, S., Tyagi, A. K., Effective non-covalent functionalization of poly(ethylene glycol) to reduced graphene oxide nanosheets through γ-radiolysis for enhanced lubrication. *J. Phys. Chem. C*, 120, 2139, 2016.

[211] Salvatore, G. A., Münzenrieder, N., Kinkeldei, T., Petti, L., Zysset, C., Strebel, I., Büthe, L., Tröster, G., Wafer-scale design of lightweight and transparent electronics that wraps around hairs. *Nat. Commun.*, 5, 2982, 2014.

[212] Yao, S. and Zhu, Y., Nanomaterial-enabled stretchable conductors: Strategies, materials and devices. *Adv. Mater.*, 27, 1480, 2015.

[213] Manna, R. and Srivastava, S. K., Fabrication of functionalized graphene filled carboxylated nitrile rubber nanocomposites as flexible dielectric materials. *Mater. Chem. Front.*, 1, 780, 2017.

[214] Chen, Y., Kushner, A. M., Williams, G. A., Guan, Z., Multiphase design of autonomic self-healing thermoplastic elastomers. *Nat. Chem.*, 4, 467, 2012.

[215] Chen, X., Dam, M. A., Ono, K., Mal, A., Shen, H., Nutt, S. R., Sheran, K., Wudl, F., A thermally re-mendable cross-linked polymeric material. *Science (80-.)*, 295, 1698, 2002.

[216] Wu, S., Li, J., Zhang, G., Yao, Y., Li, G., Sun, R., Wong, C., Ultrafast self-healing nanocomposites via infrared laser and their application in flexible electronics. *ACS Appl. Mater. Interfaces*, 9, 3040, 2017.

[217] Li, J., Zhang, G., Sun, R., Wong, C.-P., A covalently cross-linked reduced functionalized graphene oxide/polyurethane composite based on Diels-Alder chemistry and its potential application in healable flexible electronics. *J. Mater. Chem. C*, 5, 220, 2017.

[218] Zheng, C., Li, W., Xiao, X., Ye, X., Chen, W., Synthesis and optical limiting properties of graphene oxide/bimetallic nanoparticles. *Optik (Stuttg.)*, 127, 1792, 2016.

[219] Xu, X., Li, P., Zhang, L., Liu, X., Zhang, H. L., Shi, Q., He, B., Zhang, W., Qu, Z., Liu, P., Covalent-functionalization of graphene by nucleophilic addition reaction: Synthesis and optical-limiting properties. *Chem. An Asian J.*, 12, 2583, 2017.

[220] Schultz, M. P., Bendick, J. A., Holm, E. R., Hertel, W. M., Economic impact of biofouling on a naval surface ship. *Biofouling*, 27, 87, 2011.

[221] Ma, C., Xu, L., Xu, W., Zhang, G., Degradable polyurethane for marine anti-biofouling. *J. Mater. Chem. B*, 1, 3099, 2013.

[222] Ou, B., Chen, M., Huang, R., Zhou, H., Preparation and application of novel biodegradable polyurethane copolymer. *RSC Adv.*, 6, 47138, 2016.

第18章 在石墨烯及其相关结构中构建半导体性质

V. Lytovchenko, A. Kurchak, S. Repetsky, M. Strikha

乌克兰基辅 V. Lashkarev 半导体物理研究所

摘　要　早在1947年 P. Walles 就对具有六方蜂窝状晶格的二维单层碳(石墨烯)进行了理论研究,比 A. Geim 和 K. Novosiolov 在2004年实验获得的二维单层碳(石墨烯)早了很多年。从那个时候就很清楚了:石墨烯是一种具有半金属参数和零质量的类相对论费米子作为载流子的零间隙材料。2000年代中期的实验研究立即证明了石墨烯独特的性质:极高的载流子迁移率、高的光学透明度等。然而,零隙带石墨烯光谱不允许创建具有逻辑"0"和"1"的竞争性器件,从而用一种新的碳电子取代传统的硅电子(石墨烯 FET 诞生后,这似乎是一个理想的目标)。如何通过氢化、石墨烯纳米带等方法使石墨烯成为具有至少 30meV 尺度间隙的半导体,从目前的技术的角度来看,都尚不够成熟。

关键词　零间隙材料,石墨烯导电,纳米,储氢

18.1　引言

近年来,正在深入研究通过引入杂质、缺陷、沉积表面原子和变形来设计石墨烯改性。基于离子注入法,石墨烯的光谱改性具有广阔的应用前景。因此,石墨烯成为制造一类新型功能材料的基本体系。这种材料有时会得到意想不到的应用—从纳米机械系统到氢气储存等。

1988年首次对这种改性的石墨烯体系进行了研究[1],远比 A. Game 和 K. Novosiolov 获得和实验研究石墨烯要早得多。在这项工作中,使用电反射数据,在 1.0~5.6eV 范围内观察到薄碳层和石墨层的电子光谱缺口。用紧密结合法创建了电子能谱的理论模型。该模型用能带杂化解释了半导体性质的出现,并与实验数据进行了定性的对应。还研究了晶化和氢化对电子光谱的影响。

在文献[2]中,在密度泛函理论下采用超软赝势方法计算了超薄六方 BN(h-BN)衬底上孤立的单层、双层和三层石墨烯的能带结构。结果表明,沉积在 h-BN 单原子层上

的石墨烯存在 57meV 的能隙。在文献[3]中,用类似的方法研究了含有 Al、Si、P 和 S 杂质的石墨烯。结果表明,含 3% P 杂质的石墨烯具有 0.67eV 的带隙。

在文献[4]中,利用 QUANTUM – ESPRESSO 计算程序证明了通过引入 B 和 N 杂质($E_g = 0.49eV$)以及通过引入 B 杂质和 Li 在石墨烯表面沉积($E_g = 0.166eV$)诱导石墨烯光谱间隙的可能性。

在文献[5-7]中,提出了石墨烯光谱修饰的理论,是由于点缺陷浓度的增加而引起的,并证明了在这种系统中金属 – 介质跃迁的可能性。该分析模型与数值实验一致,证明了局域态能级覆盖的准间隙的存在,以及杂质中心对和三联体的散射在局域化中的主导作用。

在文献[8-13]中,采用量子力学 Cubo Greenwood 方法,研究了杂质或沉积原子对石墨烯电子光谱和电导率的影响。在一个简单的单电子模型中,作者证明了石墨烯中出现了 $E_g = 0.49eV$ 的间隙,并且其表面吸收 K 原子。在文献[7]中,假设这种间隙是由于晶体对称性的变化而产生的。这一假设与文献[14]的结果是一致的,其中研究了原子有序化对合金能谱和导电的影响,文献[14]对此进行了证明。该间隙出现在长程有序合金光谱中,其宽度与合金成分的散射势之差成正比。结果表明,当费米能级位于这种带隙内时,可以发生金属电解质跃迁。

注意:当石墨烯光谱中出现带隙时,费米能级位于带隙中时,相应的电子速度会明显减小。这反过来又导致了石墨烯的迁移率和导电性的下降,并破坏了石墨烯作为 FET 材料的功能特性。在文献[15-16]中,研究了无序杂质对石墨烯电导率的影响。在文献[15]中证明,杂质可以显著降低石墨烯的电导率。然而,直到最近,人们还没有清楚地了解杂质对石墨烯导电性的影响。

在过去十年中,许多论文致力于研究变形对石墨烯电子性质的影响(参见文献[17]及其参考文献)。密度泛函方法内[18]的计算表明,即使是很小的变形也会引起能谱的间隙。然而,紧约束近似和线性弹性理论[19]的计算表明,只有当张力的大变形(约23%),接近破裂变形(约27%)[20]时,间隙才出现。正如文献[21]所证明的,在应变变形的情况下,石墨烯光谱的间隙也会发生。在 12%~17% 的应变和张力作用下,诱导间隙约可达 0.9eB[22]。对石墨烯在张力[23]和应变[21]下石墨烯输运性质的实验研究表明,尽管石墨烯电子性质降低,但即使在相当高的变形(约 22.5%)下,也没有实验证据从理论上预测间隙。因此,证明了均匀变形不会引起间隙[19]。同时,参考文献[24]的从头计算表明,沿齿状方向 16%~20% 级原子间距离的局部本征变化导致了约 1eV 级的间隙。然而,上述数值计算的普遍不足之处在于它们是针对原子量相对较小的石墨烯团簇进行的。

本章介绍了杂质、缺陷、变形和基底对石墨烯诱导间隙和导电性影响方面的现状。现整理如下。在 18.2 节中,提出了"金刚石和石墨之间"碳同素异形体的半经验紧密结合模型。在 18.3 节,讨论了具有相对移动层的双层石墨烯的电导率的各向异性。在 18.4 节中,研究了含有氮杂质的石墨烯的能谱和电导率。在 18.5 节,研究了吸附钾原子的石墨烯的能谱。在 18.6 节中,讨论了"金刚石和石墨之间"的碳同素异形体作为半导体的前景。

18.2 "金刚石和石墨之间"碳异质体的半经验紧束缚模型

18.2.1 总评

在过去的十年中,由于许多技术应用,"在金刚石和石墨之间"的新型碳同素异形体受到了深入的研究(文献[25-30]及其参考文献)。通常采用相当复杂的第一原理方法来获得这些"中间"同素异形体的特征[27-30]。在文献[27-28]中,研究了 sp^3—sp^2 结构(包括氢化反应)变形引起的间隙能 E_g 的变化。所得到的 $E_g \approx 3ev$ 按数值顺序对应于文献[26]的简单估算。

与基于第一原理的研究相比,这种方法相当简单(但与参考文献[26]相比,更为先进),在考虑四面体分子细胞变形的模型基础上,对其结构进行了分析,其结构由 sp^3 杂化到 sp^3/sp^2 杂化,最后变化到非杂化的 p_z。该模型建立在碳中的 sp^3 键非常强的基础上;然而,如果用 CH_{4-x} 等离子体生成的碳薄膜[25-26],其中一些可以被氢取代,因此本质上更弱。分子簇 CH_{4-n} 可以在 CH_{4-x} 等离子体中形成,并保留在沉积膜中,在沉积膜中发挥活性自由基的作用。

18.2.2 实验数据

采用 CVD 法($T=200 \sim 300 ℃$,CH_4—H_2 混合物,压力 $0.1 \sim 0.8 Torr$①,$U=2000V$),用微波 13.5MHz 场形成等离子体,以 Si 基底为阴极,得到具有非晶结构和变形原始原胞的 DLC 膜。用 EM 和 AFM 研究的外部形态学显示了多孔和球状结构。

采用低能气体等离子体($1 \sim 2eV$)在真空条件下制备类石墨微晶碳薄膜。为掺杂膜,向等离子体中加入 H_2。所得薄膜密度 $\rho = 2.4 \sim 2.5g/cm^2$,显微硬度约为 35GPa,电阻率 $10^4 \sim 10^5 \Omega \cdot cm$,厚度 $0.1 \sim 10\mu m$。为了改变缺陷的类型和数量,采用了技术状态变化和离子(N^+,Ar^+,C^+,H^+)注入。

使用 Tauc 方程 $\alpha = A(h\nu - E_g)^{1/2}$,从光谱椭偏数据测量了视觉光学范围中的间隙。根据该表达式,利用介质介电常数的长程尾部确定膜中存在的缺陷量的测量

$$\varepsilon(\omega) = \sum_j A_j (\hbar\varpi - E_{gj} + i\varGamma_j)^{-1}$$

式中:A_j 为振幅因子;E_{gj} 为相应的能隙;$\varGamma_j$ 为第 j 个振荡器加宽的洛伦兹参数[1,31-33]。

这些薄膜的光谱(长波范围内介电常数 $\varepsilon_2(\omega)$ 和吸收系数 $\alpha^{1/2}(\omega)$ 的虚部)表明,随着在氢气介质中的沉积,几个结构扇区部分变得更窄(见图 18.1 和图 18.2)。在 $\varepsilon_2(\omega)$ 的光谱中,几乎所有样品都可以区分出三个主要的奇异性。其中两个在 $\lambda \approx 3\mu m$ 和 $\lambda \approx 7\mu m$ 附近,分别是碳中的 C—H_n($n=1-3$)和 C—C 键[1,31]。第三个对应于价带和导带之间的间隙,对于高达 5ev 的类石墨薄膜,其基本上以数十毫电子伏特数量级的畸变量进行改变。

间隙宽度改变的原因可能与具有不同比例的 sp—轨道的相之间的转变有关:金刚石

---

① 1Torr = 133Pa。

sp³、类石墨 sp²、线性 sp 以及混合，这能够在高多晶型碳中观察到。因此，可以观察到间隙宽度为毫电子伏特级（石墨）到 6eV（金刚石）的中间结构。

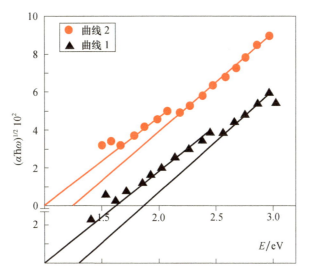

图 18.1 归一化吸收系数的典型光谱依赖性。曲线 1 和曲线 2 分别对应于在 H 介质和真空介质中制造的样品（经 AIP 出版许可转载）

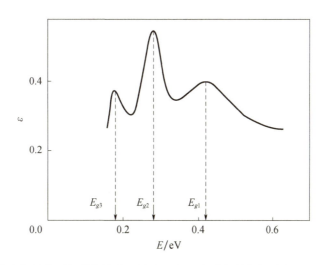

图 18.2 介电常数虚部的典型频谱依赖性。给出了在 H 介质中制备的厚度 $d=1\mu m$ 的样品的曲线。可以看到 0.2eV 级的导带和价带之间的间隙 E_{g3}（经 AIP 出版许可转载）

18.2.3 碳膜的半经验紧束缚模型及其与实验数据的比较

根据属于分子簇的原子的电子项计算分子簇 CH_{4-x} 的能量特性（图 18.3）。这里提出了"从金刚石到石墨"的三种可能情况：①两个连接的类金刚石细胞；②类金刚石细胞向类石墨细胞的转化（混合 sp³/sp² 杂交）；③被空位或氢原子干扰的类石墨结构[34]。

在混合（如 sp³/sp²）杂交的情况下，H 适当位置共价键的能量可以在 LCAO 近似内估计[33-37]。由于 C 原子 ε_s^C 被一个较低 H 原子 ε_s^H 所取代，它低于四价金刚石 $\varepsilon_c^h = (\varepsilon_s^C +$

$3\varepsilon_p^C)/4$ 键的能量。而在空位的情况下，中心位图 18.3 变成 3 价或甚至 2 价[38-39]。因此，与纯碳键相比，这种受缺陷干扰的键具有更强的化学活性。此外，l_z 长度可随结构改变而变化，从"金刚石"值(1.54A)到"石墨"值(3.34A)。随着 l_z 增加的杂化修饰首先发生在沿着该轴定位的键（将其表示为 z）：由 sp^3（在非扰动的金刚石四面体中）与 s 轨道 $\delta\varepsilon_s p_z$ 对纯石墨化 p_z 键的"分数"贡献以及其他三个键的非必要修饰。这种定位 p_z 键的模型允许对具有不同变化的杂交结构进行估计[40]。

下面对具有不同类型的分子簇的碳结构的能带特性进行计算（能隙 E_g，价能 E_v 和导电 E_c 边缘，以及电子亲和势的值，即光学功函数[33,35-39]）。

仅考虑最近邻相互作用，得到了波动方程 $H_{ij}\psi_{ij} = E\psi_{ij}$ 的能量本征值 E。上述能量可以通过原子电子轨道的表格能量(项) ε_s 和 ε_p 表示，对于杂化状态，可以通过一维、二维和三维结构的团簇的平均杂化项表示：

$$\varepsilon_{1d}^h = (\varepsilon_s + \varepsilon_p)/2 \qquad (18.1)$$

$$\varepsilon_{2d}^h = (\varepsilon_s + 2\varepsilon_p)/3 \qquad (18.2)$$

$$\varepsilon_{3d}^h = (\varepsilon_s + 3\varepsilon_p)/4 \qquad (18.3)$$

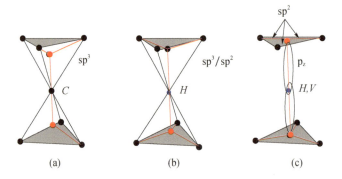

图 18.3 CH_{4-x} 分子簇模型

(a) 两个连接的类金刚石细胞；(b) 类金刚石细胞向类石墨细胞的转化；
(c) 受空位或氢原子干扰的类石墨结构（经 AIP 出版许可转载）

对于更复杂的混合键，得到

$$\varepsilon_{nd}^h = (\varepsilon_s + n\varepsilon_p)/(n+1) \qquad (18.4)$$

对于具有微扰能量为 $\delta\varepsilon_s$ 的微扰(分数)s-轨道的情况，与理想的类石墨结构相比，与原子结构畸变有关：

$$\varepsilon^h = (\delta\varepsilon_s + n\varepsilon_p)/(n+1) \qquad (18.5)$$

式中：n 可以是分数（分数杂交）。简单结构中相邻原子之间的距离由原子半径 r_a 确定，对于不同元素，原子半径 r_a 是不同元素的表列。

对于键合态 E_v^s（价带）和反键态 E_v^p（导带）的 κ 空间 ($E\kappa$) 能带可写成如下这样：[35-37]

$$E_v^P = \varepsilon_p + \sum_{x,y,z}^{3} V_\nu^* \cos(k_{x,y,z}a) \approx \varepsilon_p + V_\nu \qquad (18.6)$$

$$E_C^S = \varepsilon_s - V_\nu \sum_{i=1}^{6} e^{ikr_i} = \varepsilon_s - V_\nu \qquad (18.7)$$

式中:V_v 为一个价势,它是由邻近原子的电子云重叠引起的。对于布里渊区波向量为 0 的中心可以通过价键能 E_v 和金属键能 E_m 来确定能隙:

$$E_g = E_C - E_V = K[(\varepsilon_s - \varepsilon_p)] \tag{18.8}$$

式中:$K \approx 1.1 \sim 1.2$ 为原子凝聚对原子项影响的一个因子。结合能 $E_m = (\varepsilon_s - \varepsilon_p)$ 的金属成分为负,使化学键变弱。从物理上讲,它与自由载流子对库仑相互作用的筛选有关。

在最近邻近似下计算价键能(即类金刚石体中的重叠键)的方法可得到简单的关联[35-37]:

$$E_v = V_v(r) = \psi_1^h |H| \psi_2^h = \eta \, \hbar^2/m^* r_{ab}^2 \sim C/L^2 \tag{18.9}$$

式中:L 为晶格常数,对于类金刚石结构,单组分晶体 $L = \frac{4}{\sqrt{3}} r$,对于双组分晶体 $L_{AB} = \frac{2}{\sqrt{3}}(r_A + r_B)$(AB 型),以及三组分晶体体 $L_{ABC} = \frac{4}{3\sqrt{3}}(r_A + r_B + r_C)$(ABC 型),由原子间距离确定。所有四面体分子结构的系数 C 几乎相同:$C = K \times 7.62 (\text{eV/Å}^2)$。

ε_s 和 ε_p 项可计算为 $\varepsilon_s = \langle h_s |H| h_s^* \rangle$,$\varepsilon_p = \langle h_p |H| h_p^* \rangle$;相应的值可文献[35-37]。因此,对于三维金刚石结构中的金属键,得到了

$$E_m = V_m = -\langle h_s |H| h_p \rangle = -1/4(\varepsilon_p - \varepsilon_s) \tag{18.10}$$

对于三维 DLC 结构 $E_m = (\varepsilon_s - \varepsilon_p)/4 \approx 1.8 \pm 0.2 \text{eV}$;对于二维结构 $E_m = (\varepsilon_s - \varepsilon_p)/3$;对于一维结构 $E_m = (\varepsilon_s - \varepsilon_p)/3$;对于复杂的杂化键 $E_m = (\varepsilon_s - \varepsilon_p)/n$。

最后给出了不同(A,B,C,…I)化学性质的类金刚石四面体结构中间隙的相关性。能隙可以作为导电能和价能之间的差得到。根据式(18.8)~式(18.10),电子能由三个因素决定:价键能 V_V、金属键能 V_M 和离子键能 V_i,表达如下:

$$E_g = E_C - E_V = K \times (V_V^2 + V_i^2)^{1/2} \times [1 - V_m^{3D}/V_v^{3D}](l_D/l_i)^2 \tag{18.11}$$

对于具有小电负性的元素的情况,当可以选择离子加数时,三维情况的式(18.11)可以改写为

$$E_g^{3D} = K \times (l_D/l_i)^2 \times V_v^{3D}(1 - V_m^{3D}/V_v^{3D}) \tag{18.12}$$

式中:$V_v^{3D} = 7.6 \text{eV}$,l_D、l_i 为金刚石碳的原子间距,i 是分子的类型。

现在研究模型结构,使一个横键更长(从四面体簇内的 $l^{3D} = 1.42 \text{Å}$ 到层间石墨结构的 $l^{2D} = 3.4 \text{Å}$),并计算了相应的价键能 $E_v \approx 1/L^2$ 的降低。在这种情况下,键中波函数的重叠基本上减小,因此 σ 键变弱,转化为具有层间能量 $E < 1 \text{eV}$ 的 3π 键。

杂交率 $sp^3/sp^2 R$ 决定了无序碳复合材料中四面体(类金刚石)sp^3 键与 sp^2 键的相对份额。$R = 100\%$ 对应纯 sp^3 相;0% 对应纯 sp^2 相。对于较小的 R 值,六方相为主,对于较大的 R,四面体相为主。从简单相关的 $R = 100 - \frac{dR}{dn}(n - n_{min})$,的折射指数 n 的实验数据中估算出合适的试样的 R,其中 $n_{min} = 1.8$ 是金刚石的折射率[25-26]。

结果如图 18.4 所示。

在图 18.4 中可以看出,四面体分子簇模型中 E_g 的估计变化范围为 2~4eV,同时四面体修饰的杂交度变化范围为 80%~97%。相反,对于带有 $\delta\varepsilon_s/\delta p_z \leq 10\%$ 的石墨结构,间隙变化发生在 0~0.5eV 的范围内。

对于无扰动的类石墨结构，$E_g = 0$。然而，对于分数 s 项（具有 p_z, $\delta\varepsilon_s$ 的变形 sp 轨道），得到

$$\varepsilon_h = \frac{1}{2}(\delta\varepsilon_s + \varepsilon_p) \tag{18.13}$$

$$V_m = \frac{1}{2}(\varepsilon_p - \delta\varepsilon_s) \tag{18.14}$$

$$E_g = \varepsilon_h - V_m = \delta\varepsilon_s \tag{18.15}$$

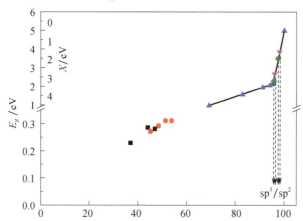

图 18.4 类石墨（左）和类金刚石相的 E_g 和光学功函数 X 修正的实验数据（点）和理论（线）（经 AIP 出版许可转载）

由式(18.13)~式(18.15)计算的值如表 18.1~表 18.3 所列。

E_g（式(18.15)）的结果如图 18.5 所示。

图 18.5 可以估计畸变石墨薄膜的能隙 $E_g \propto 0.2 \sim 0.3\,\text{eV}$ 和 ε_s 带的畸变值：$\delta\varepsilon_s/\varepsilon_s \propto 0.1$。因此，杂交程度 $\delta\varepsilon p_z$ 的变化范围为 $0.07 \sim 0.12$。

表 18.1 部分杂交的能隙 (E_g) 计算不同 $\delta\varepsilon_s/\varepsilon_s$ 值的类石墨碳团簇中的 $\delta\varepsilon_s p_z$

$\delta\varepsilon_s/\varepsilon_s$	0.01	0.05	0.1	0.15
E_g/eV	0.03	0.16	0.32	0.47

表 18.2 从类石墨氢掺杂碳膜的间隙实验数据估算

分数杂化值 $p_z - s^x p_z$（图 18.4 和图 18.5）

	a − C:H$_n$		
$\delta\varepsilon_s/\varepsilon_s$	0.07	0.08	0.09
E_g/eV	0.23	0.28	0.29

表 18.3 从非晶态类石墨碳膜的间隙实验数据估算

部分杂化值 $p_z - s^x p_z$（图 18.4 和图 18.5）

	a − C		
$\delta\varepsilon_s/\varepsilon_s$	0.09	0.095	0.103
E_g/eV	0.27	0.29	0.31

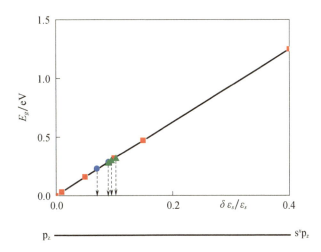

图 18.5 具有不同硼化程度的薄类石墨碳膜的理论(线(8.15))和实验点(经 AIP 出版许可转载)

对于六边形面内键,得到

$$\varepsilon_{sp}^h = \frac{1}{3}(\varepsilon_s^h + 2\varepsilon_p^h) = 11.5\text{eV} \tag{18.16}$$

这个值比类金刚石四面体结构更高。

对不同样品的碳同素异形体薄膜进行实验研究,考察了间隙随着一个同素异形体向另一个同素异形体相转变的变化。混合杂化结构,特别是众所周知的 sp^3/sp^2 结构,包含与六方石墨样团簇结合的类金刚石四面体团簇。

这两种构型都或多或少受到干扰;然而,它们保留了结构的一般特性。利用 sp^3/sp^2 对折射率的半经验依赖性,可以通过光谱方法在实验上估计以百分比表示的"去杂化度"[25-26]。此外,碳作为高同素异形体材料还可能发生其他类型的杂化和扭曲杂化,特别是在石墨和多层石墨烯材料中,混合杂化的 ε_s 层间轨道与非杂化的 p_z 键结合。这导致石墨的"横向"能隙分裂,并在层 s 轨道相当小的畸变下($\delta\varepsilon_s/\varepsilon_s \leq 0.1\sim 0.15$),使这种半金属结构转变为 $E_g \leq 0.5\text{eV}$ 的半导体结构[41-42]。即使是低键的混合物取代原子(如氢)和点缺陷(如空位)也会发生同样的分裂。

用可变长度化学键的碳簇模型模拟了金刚石、类金刚石和类石墨结构的碳团迁移过程,并对类金刚石的 sp^3/sp^2 进行了相应的杂交,对石墨相的 sp^2 进行了相应的模拟。这使得能够计算不同的同素异形体参数,如间隙 E_g、价能 E_v 和导带边 E_c,以及电子亲和势的值,即光学功函数 X,这些参数决定了基于同素异形体的器件的功。此估计与实验数据的一致性表明,该模型可以得出可靠的结果,并且可以在技术中用作相对简单的估计工具。

18.3 具有相对移动层的双层石墨烯的电导率各向异性

18.3.1 介于石墨烯与石墨之间的双层石墨烯

双层石墨烯(BLG)在过去几年中得到了深入的研究(参见文献[43]及其参考文献)。

它由两个石墨烯层组成,由于能量最小化的要求,当"上"层中的一半原子位于属于"下"层的原子之上时,这两个石墨烯层形成了 A-B(Bernal)堆叠(图18.6(a))的构型。实际上,BLG 是介于单层石墨和块状石墨之间的中间结构。BLG 和单层石墨烯一样都是零带隙材料,但在布里渊区 K 点附近,其光谱不是线性的,而是二次的(在 meV 和数十 meV 的能量区间内,随着 xy 平面上准波矢量的增加,其函数依赖性多次改变,最终变成线性的)[44]。

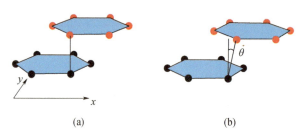

图18.6 BLG 中的 Bernal 填充(a)石墨烯层没有相对移动,(b)当石墨烯层沿轴 x 相互移动时

这个被揭示的现象增强了人们对 BLG 的研究兴趣。这种现象包括,当沿 z 轴施加电场时,"上"和"下"层的电化学电势之间出现的差异导致电子态和空穴态之间出现间隙,以及在能带谱中"墨西哥帽"的形成[45]。由于 BLG 以及单层石墨烯通常是"掺杂"的,通过向栅极施加一些电压,如果考虑到 BLG 中的石墨烯层之间的距离为 0.34nm,则该电压使得这两个平面潜在地不同,浓度为 $10^{12} cm^{-2}$,对应于间隙 10meV 的量级。这意味着,在浓度为 $10^{11} cm^{-2}$ 量级的情况下,可以忽略这种差异。

打开间隙的另一种方法是采用单轴弹性应力,这种应力类似于电场,降低了 BLG 的 A-B 对称性消除了 K[19,46] 点的退化,或者 BLG 平面中的任一个相对于另一个平面[47-48]旋转。在文献[49]中,紧密结合方法表明,在 6% 的极限范围内,单轴应力沿"扶手椅"和"曲折"方向在 xy 平面上施加 BLG,使近点 K 的状态得到了实质的重建;然而,在这种情况下,在传导状态和价态之间不会出现间隙。在文献[50]中,通过第一性原理的计算表明,可以通过在垂直于 BLG 平面的方向上对 BLG 施加机械应力来刺激带隙的扩展。则间隙保持为"直接",直到层间距离超过 0.25nm,而材料在较高的应力和较小的距离下变为间接间隙。

大量论文已经考虑了 BLG 中导电率和电荷载流子的散射问题[51-54]。这种考虑是在玻尔兹曼近似下和使用更复杂的数值模型下进行的。然而,由于衬底中的带电杂质的散射时间和 BLG 本身中的短程非均匀性,对于实际结构似乎是相同的,并且在二维结构中的屏蔽问题是困难的,所以这些过程的理论描述还远远不够完整。

在本文中,分析了一种情况,其实验实现比文献[19-48]中提出的更简单。在紧束缚模型中,考虑了 BLG 中两个"无应变"层相对的位移,这可以用 θ 角来描述(见图 18.1(b))。这种排列可以通过将 BLG 放在两个施加有相反偏压的介电基片之间来获得。在这种情况下,BLG 层之间的距离是恒定的,等于 3.4A。该值限制了可能位移的大小,应小于原子半径(碳原子半径为 0.8A),偏移角度 θ≤6°。

18.3.2 位移石墨烯层双层石墨烯的能带结构

在紧结合方法中,类似于文献[49]中所研究的,BLG 波函数 ψ 被构造为以两个平面内坐标的四个相邻原子为中心的波函数 χ 的线性组合 $r_{A,B}$（见图 18.7）。

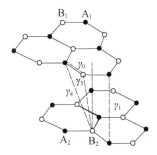

图 18.7　原子 A_1、A_2 和 B_1、B_2 在"伯纳尔"包装的两个 BLG 平面的排列

位置 A 被两个平面中的原子占据，而位置 B 只在其中一个平面中。x 轴对应于扶手椅方向，y 轴对应于"曲折"方向。标记的是排列紧密的原子对，它们构成相应的重叠积分 γ

$$\psi = C_{A1}\frac{1}{\sqrt{N}}\sum_{A1} e^{ikr_{A1}}\chi(\boldsymbol{r}-\boldsymbol{r}_{A1}) + C_{B1}\frac{1}{\sqrt{N}}\sum_{B1} e^{ikr_{B1}}\chi(\boldsymbol{r}-\boldsymbol{r}_{B1}) +$$

$$C_{A2}\frac{1}{\sqrt{N}}\sum_{A2} e^{ikr_{A2}}\chi(\boldsymbol{r}-\boldsymbol{r}_{A2}) + C_{B2}\frac{1}{\sqrt{N}}\sum_{B2} e^{ikr_{B2}}\chi(\boldsymbol{r}-\boldsymbol{r}_{B2}) \tag{18.17}$$

平面 2 可相对于平面 1 沿任何方向移动。相应的转变被描述为该平面的线性移动，

$$\delta x = I_c \tan\theta\cos\varphi \tag{18.18}$$

$$\delta y = I_c \tan\theta\sin\varphi \tag{18.19}$$

式中：I_c 为 BLG 平面之间的距离，$I_c = 0.34\mathrm{nm}$；θ 如图 18.6（b）所示，而 φ 是移动方向和 x 轴之间的夹角。

考虑式（18.18）和式（18.19），将 BLG 哈密顿量[44,49]修改为

$$\boldsymbol{H} = \begin{pmatrix} \gamma_6 & \gamma_0(h_1+h_2^*) & \gamma'_1 & \gamma'_4 h_1^* + \gamma''_4 h_2 \\ \gamma_0(h_1^*+h_2) & 0 & \gamma'_4 h_1^* + \gamma''_4 h_2 & \gamma'_3 h_1 + \gamma''_3 h_2^* \\ \gamma'_1 & \gamma'_4 h_1 + \gamma''_4 h_2^* & \gamma_6 & \gamma_0(h_1^*+h_2) \\ \gamma'_4 h_1 + \gamma''_4 h_2^* & \gamma'_3 h_1^* + \gamma''_3 h_2 & \gamma_0(h_1+h_2^*) & 0 \end{pmatrix} \tag{18.20}$$

式中

$$h_1 = e^{ik_x[b+\delta x]} \tag{18.21}$$

$$h_2 = 2\cos\left(k_y\left[\frac{b\sqrt{3}}{2}+\delta y\right]\right)e^{ik_x\left[\frac{b}{2}+\delta x\right]} \tag{18.22}$$

式中：b 为石墨烯平面中两个原子之间的键的长度，$b = 0.142\mathrm{nm}$。此外，根据式（18.18）和式（18.19）描述的位移，对图 18.7 所示的相邻原子之间的重叠积分进行了修正，从而

$$\gamma'_1 = \frac{\gamma_1 I_c^2}{I_c^2 + \delta x^2 + \delta y^2} \tag{18.23}$$

$$\gamma'_3 = \frac{\gamma_3(b^2+I_c^2)}{(b+\delta x)^2 + I_c^2 + \delta y^2} \tag{18.24}$$

$$\gamma''_3 = \frac{\gamma_3(b^2+I_c^2)}{\left(\frac{b}{2}+\delta x\right)^2 + \left(\frac{b\sqrt{3}}{2}+\delta y\right)^2 + I_c^2} \tag{18.25}$$

$$\gamma'_4 = \frac{\gamma_4(b^2 + l_c^2)}{(b+\delta x)^2 + l_c^2 + \delta y^2} \qquad (18.26)$$

$$\gamma''_4 = \frac{\gamma_4(b^2 + l_c^2)}{\left(\frac{b}{2}+\delta x\right)^2 + \left(\frac{b\sqrt{3}}{2}+\delta y\right)^2 + l_c^2} \qquad (18.27)$$

在下文中，使用无变形的 BLG 中重叠积分的标准数值[49]，即 $\gamma_0 = 2.598\text{eV}$ 描述同一石墨烯平面中相邻原子之间的结合能，$\gamma_1 = 0.364\text{eV}$ 描述来自不同平面的两个原子 A 之间的结合能，$\gamma_3 = 0.319\text{eV}$ 描述来自不同平面的两个原子之间的结合能，$\gamma_4 = 0.177\text{eV}$ 描述来自一个平面的原子 A 和来自另一个平面的原子 B 之间的结合能（图 18.7）。考虑到 A 和 B 位置原子的不同化学环境，出现了积分 $\gamma_6 = -0.026\text{eV}$。

本征值问题（式（18.20））的数值解给出了 BLG 能带谱的已知结构（图 18.8，为了说明的目的，其中仅显示了两个双联体中的一个；即形成传导和价带的双联体）。

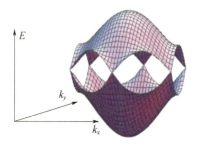

图 18.8　两个 BLG 双联体的"下"双联体的一般视图

在这种情况下，对于所有位移值 $\theta < 6°$ 时，即当模型仍然有效时，BLG 保持零能量间隙。但是，导带和价带接触点的位置在很大程度上取决于相对平面位移的方向（图 18.9）。这是含基晶格系在相对平面位移作用下对称约化的明显结果。这种位移的另一个后果是出现了实质的能带各向异性。应当注意的是单层石墨烯发生了类似的情况；即材料在感生应变的大值（10%～20%）上仍然保持零间隙，但是各向异性也出现在其中（参见文献[55]及其参考文献）。

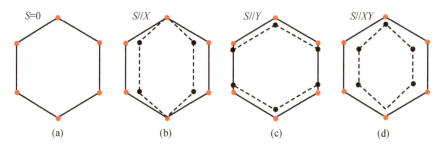

图 18.9　不同移位方向 S 的传导和价带之间的接触点位置的变化
(a)没有移动；(b)沿 x 轴移动；(c)沿 y 轴移动；(d)沿相对于 x 轴和 y 轴 45°的方向移动。（经 AIP 出版许可转载）

在图 18.10 中，显示出了平面沿 x 轴相互移位的未变形 BLG 和 BLG 的能带谱。它们是以图 18.9 中描述的 6 个极值的上部的数量来计算的。可以看出，在所选方向的未变形 BLG 中，各向异性（也有使用"翘曲"一词）在高达 0.5eV 的能量下是微不足道的。然而，只要平面移动,它就变得很重要。特别是有效质量沿半长轴几乎保持不变,而沿半短轴显著减小。

注意,一般来说,有效质量近似应适用于 BLG,但由于文献[44]中解释的原因,应在点 K 的附近(宽度为 1meV 量级)非常小心。然而,由于实参作为哈密顿(式(18.20))的数值解,可以用有效椭圆在平面(k_x,k_y)中近似,精度约为 5%,所以下面将使用这种近似。

图 18.11 和图 18.12 分别示出了沿 y 轴和沿 x 轴成 45°方向移动的类似结果。

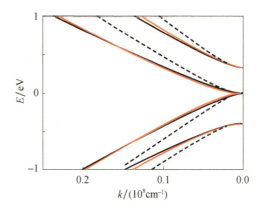

图 18.10 未变形 BLG(实线)和 BLG(随层沿轴 x 虚线,$\theta=5°$的计算)在图 18.9 极值附近上的能带谱 深(黑)曲线和点对应于沿 k_x 的方向;亮(红)曲线和点对应于沿 k_y 的方向。(经 UJP 许可转载)

从图 18.11 中可以看出,沿 y 轴移动得到的结果在性质上是相似的,但椭圆交换的半长轴和半短轴是互换的。另一方面,对于 x 轴沿 45°方向的位移(图 18.12),质量也变得各向异性;然而,它们的值比未变形的情况小得多。同时,应该注意到,移位减小了问题的对称性,并将六个物理上等价极值(图 18.9(a))分成两组,由两个和四个等价的极值组成(图 18.9(b)~(d))。因此,这些基团的特征在于它们自己的有效质量,其将由上标 1 和 2 表示。用色散定律的简单抛物线近似计算出它们的质量值,其精确的各向异性形式是在 0.09eV 的能量下数值获得的,这对应于 BLG 中 $10^{11}cm^{-2}$ 量级的实际浓度值。表 18.4 中列出了获得的具体值。

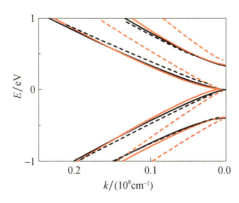

图 18.11 与图 18.10 相同,但对于沿轴线的偏移则是一样的(经 UJP 许可转载)

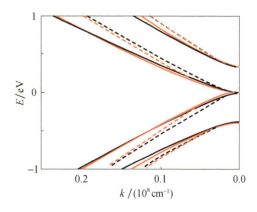

图 18.12 与图 18.10 相同,但沿与 x 轴线成 45°的方向移动(经 UJP 许可转载)

表 18.4 在椭圆等能面近似中获得的 BLG 中的有效质量(以自由电子质量单位表示):在没有偏移的情况下,沿着 x 轴偏移,沿着 y 轴偏移,以及沿着与 x 轴成 $45°$ 的方向偏移。在最后三种情况下,上标 1 对应于两个等价极值,上标 2 对应于四个等价极值,如图 18.9 所示

$S=0$		$S//X$				$S//Y$				$S//XY$			
m_t	m_l	m_t^1	m_l^1	m_t^2	m_l^2	m_t^1	m_l^1	m_t^2	m_l^2	m_t^1	m_l^1	m_t^2	m_l^2
0.064	0.069	0.042	0.062	0.051	0.051	0.051	0.053	0.048	0.058	0.041	0.053	0.044	0.050

18.3.3 具有位移石墨烯层双层石墨烯的电导率各向异性

在应用于多变量材料的标准方案框架内,考虑石墨烯层移位的 BLG 中的导电性(参见文献[56])如果半导体在导带中具有 M 个谷,则总电流密度等于谷上的电流密度之和,

$$j = \sum_{v=1}^{M} j^{(v)} \tag{18.28}$$

为了求出第 v 个的电流密度,电场向量 E 应写在与该谷的有效质量的主轴相连的坐标系中。由于问题是二维的,向量 E 看起来像

$$E = (E_1^{(v)}, E_2^{(v)}) \tag{18.29}$$

然后,查找当前电流读取

$$j^{(v)} = (j_1^{(v)}, j_2^{(v)}) = (\sigma_1^{(v)} E_1^{(v)}, \sigma_2^{(v)} E_2^{(v)}) \tag{18.30}$$

在下面的考虑中,使用标准的"Drude"表达式来表示特定电导率,考虑到在二维情况下,电荷载流子的浓度是 m^{-2} 的维度,Ω 的比电导率是一个特定维度[57]:

$$\sigma_i^{(v)} = \frac{e^2 n^{(v)}}{m_i} \langle \tau_\rho \rangle \tag{18.31}$$

式中:$n^{(v)}$ 为第 v 个的电荷载流子浓度;$<\tau_p>$ 为平均松弛时间,下面将讨论其可能的各向异性。

电流 j 可以用所有电导率张量 $\sigma^{(v)}$ 的形式表示在同一坐标系中。那么

$$j = \sum_{v=1}^{M} \boldsymbol{\sigma}^{(v)} E = \boldsymbol{\sigma} E \tag{18.32}$$

式中:$\boldsymbol{\sigma}$ 为张量 $\boldsymbol{\sigma}^{(v)}$ 的和。

在有关情况下,有六个能量最小值。它们与未变形 BLG 中的两个等价谷有关,因为这些最小值中只有 1/3 属于第一布里渊区。如果石墨烯层相对于彼此移动,则谷之间的等效性被打破。因此,在式(18.28)中对所有六个最小值进行求和,记住最终结果应除以 3(图 18.13)。

假设等能面在导带底部附近是椭圆的(上述讨论了这种近似的适用范围)。首先,在各自的坐标系中分别考虑每个椭圆,并写下相应的电导率张量,初步将它们简化为主轴。关于最小值的数值(图 18.13)以及在 BLG 层相对于彼此移动下将它们分成两组,包括两个等价最小值和四个等价最小值(图 18.9),得到

$$\boldsymbol{\sigma}^{(1)} = \boldsymbol{\sigma}^{(4)} = \begin{pmatrix} \sigma_{11}^{(1)} & 0 \\ 0 & \sigma_{22}^{(1)} \end{pmatrix}, \boldsymbol{\sigma}^{(2)} = \boldsymbol{\sigma}^{(3)} = \boldsymbol{\sigma}^{(5)} = \boldsymbol{\sigma}^{(6)} = \begin{pmatrix} \sigma_{11}^{(2)} & 0 \\ 0 & \sigma_{22}^{(2)} \end{pmatrix} \tag{18.33}$$

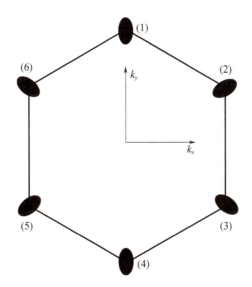

图 18.13 变形 BLG 中最小值的计算

由于每个组中的椭圆(1,4)和(2,3,5,6)是等价的,因此相应的电导率张量也必须是相同的。

必须在同一坐标系(X,Y,Z)中记录电导率张量$\boldsymbol{\sigma}^{(\nu)}$。为此,选择与张量$\boldsymbol{\sigma}^{(1)}$和$\boldsymbol{\sigma}^{(4)}$连接的坐标系。这意味着当从一个坐标系改变到另一个坐标系时,这两个张量保持不变,而其它张量必须根据张量分量变换的规则来写入,

$$A'_{ik} = \alpha_{i'l}\alpha_{k'm}A_{lm} \tag{18.34}$$

式中:α_{ij}为相应坐标轴之间的角度的余弦。相应的张量$\boldsymbol{\sigma}^{(2,3,5,6)}$在坐标系$(X,Y,Z)$中的分量如下

$$\begin{aligned}\boldsymbol{\sigma}'_{11} &= \alpha_{1'1}^2\boldsymbol{\sigma}_{11} + \alpha_{1'2}^2\boldsymbol{\sigma}_{22} \\ \boldsymbol{\sigma}'_{12} &= \alpha_{1'1}\alpha_{2'1}\boldsymbol{\sigma}_{11} + \alpha_{1'2}\alpha_{2'2}\boldsymbol{\sigma}_{22} \\ \boldsymbol{\sigma}'_{21} &= \alpha_{2'1}\alpha_{1'1}\boldsymbol{\sigma}_{11} + \alpha_{2'2}\alpha_{1'2}\boldsymbol{\sigma}_{22} \\ \boldsymbol{\sigma}'_{22} &= \alpha_{2'1}^2\boldsymbol{\sigma}_{11} + \alpha_{2'2}^2\boldsymbol{\sigma}_{22}\end{aligned} \tag{18.35}$$

那么,总电导率的张量可以写如下:

$$\boldsymbol{\sigma} = 2\boldsymbol{\sigma}^{(1,4)} + 4\boldsymbol{\sigma}'^{(2,3,5,6)} \tag{18.36}$$

式中:根据式(18.35)张量$\boldsymbol{\sigma}'^{(2,3,5,6)}$的分量用张量$\boldsymbol{\sigma}^{(2,3,5,6)}$的分量表示。

使能够确定每个椭圆的σ_{ii}的公式具有标准形式(18.31),它包括用简并电子气的二维态密度$D_{(\nu)}(E)$表示的浓度如[57]

$$n = \sum_{1,4}\int_0^{E_f} D_{1,4}(E)dE + \sum_{2,3,5,6}\int_0^{E_f} D_{2,3,5,6}(E)dE \tag{18.37}$$

式中:E_f为费米能量。在能量低于第二量子化能级[57]时,考虑有效质量各向异性,并假设各向异性的平方律带谱,得到的二维态密度表达式如下:

$$D_{(\nu)} = \frac{2(m_l^{(\nu)}m_t^{(\nu)})^{\frac{1}{2}}}{\pi\hbar^2} \tag{18.38}$$

考虑到表 18.4 中给出的式(18.31)、式(18.33)、式(18.34)、式(18.35)、式(18.37)

和式(18.38)以及有效质量,坐标系(X,Y,Z)中的张量(式(18.36))可写成如下:
(1)没有偏移的案例:

$$\boldsymbol{\sigma} = \frac{e^2 \langle \tau_p \rangle E_f}{\pi \hbar^2} \begin{pmatrix} 2 & 0 \\ 0 & 2 \end{pmatrix} \qquad (18.39)$$

BLG 的标准各向同性电导率发生了变化。

(2)对于沿轴 x 的偏移:

$$\boldsymbol{\sigma} = \frac{e^2 \langle \tau_p \rangle E_f}{\pi \hbar^2} \begin{pmatrix} 2.14 & 0 \\ 0 & 1.88 \end{pmatrix} \qquad (18.40)$$

即,出现与带谱的移位引起的各向异性相关联的可感知的各向异性。沿着轴 x 的电导率更高。

(3)对于沿 y 轴的偏移:

$$\boldsymbol{\sigma} = \frac{e^2 \langle \tau_p \rangle E_f}{\pi \hbar^2} \begin{pmatrix} 1.94 & 0 \\ 0 & 2.07 \end{pmatrix} \qquad (18.41)$$

式中:带谱的平移诱导各向异性存在明显的各向异性。沿 y 轴的电导率会更高。

(4)对于沿与 x 轴成45°的方向的移动:

$$\boldsymbol{\sigma} = \frac{e^2 \langle \tau_p \rangle E_f}{\pi \hbar^2} \begin{pmatrix} 2.05 & 0 \\ 0 & 1.96 \end{pmatrix} \qquad (18.42)$$

因此,当这些层沿轴 x 相对移动时,出现电导率的最高各向异性(约10%)。对于沿另外两个方向的位移,所产生的各向异性大约是其高度的1/2。

需要单独讨论假设弛豫时间不依赖于方向。如果电荷载流子被衬底中的带电杂质吸收,而这些杂质的浓度相当低,也就是说,当有效质量近似有效时,时间 τ_p 由文献[54]的修正公式(A16)确定:

$$\frac{1}{\tau_p} = \frac{(m_l m_t)^{1/2}}{\hbar} v_f^2 I \qquad (18.43)$$

此处,$v_f = 10^8 \text{cm/s}$,I 是一个无因次积分,这取决于特定的散射电势及其屏蔽,以及这些电势的排列与衬底中散射杂质的相对浓度的相关性。根据式(18.39)~式(18.42),使用式(18.43)对散射时间各向异性的附加解释,使电导率各向异性几乎是原来的两倍。然而,式(18.43)的适用范围以及 BLG 中载流子散射机制的一般问题仍存在争议[52-54]。

18.3.4 模型可能应用的限制

用紧密结合方法研究了具有相对位移的石墨烯的双层石墨烯(BLG)的能带谱变化。结果表明,BLG 在实验可获得的层移的整个间隔中保持具有零能隙的材料。然而,导带和价带之间的接触点的位置基本上取决于平面相对于彼此的移动方向。这一现象是系统中对称性减弱的结果,包括在移位作用下有一个基础的晶格。

这种偏移导致出现相当大的带各向异性,这又导致 BLG 电导率的显著各向异性(约10%~20%)。这种现象可应用于高灵敏度的机械张力传感器。它的另一种应用方式是在各向异性多值 BLG 中产生纯谷电流,条件是平均电子自旋和平均电子电流都等于零(即"谷电子学"[58-59])。在文献[60]中,首次讨论了在半导体量子阱中直接子带和带内光学跃迁产生这种现象的可能性。在文献[61]中提出了在偏振光的帮助下未变形石墨烯中的带"分离"机制(利用与可见光范围内的跃迁相对应的高能处的带谱的"自然"各向异性"翘曲")。文献[62]描述了在石墨烯中实验产生"谷"电流的可能方案之一。文献[63]从理论上考虑了变形单层石墨烯中谷电流的产生。这些效应可以更容易地在变形的 BLG 中观察到,因为在这种情况下,带谱的各向异性已经出现在电荷载流子的低动能中。

应该强调的是,我们的结果是在一些近似的框架下得到的,其适用范围如上所述。首先,在沿着 z 轴施加电压的情况下,则选择间隙开口,这限制了栅极对石墨烯"掺杂"的大小($10^{11} cm^{-2}$)。其次,类椭圆能带的近似迫使考虑动能高于 10meV 的电荷载流子,在该能带不再有三个横向最小值[44]。最后,平面间不变距离的近似值等于 0.34nm 时,对位移的大小有明显的限制($\theta \leq 6°$)。如果变形较大,它们将导致 $sp^2 - sp^3$ 杂化以及导带和价带之间出现间隙[64-66]),这种考虑将超出这里使用的简单紧束缚近似[49]的限制。

18.4 含氮石墨烯的能谱和电导率

基于无序晶体电子系统的二次格林函数,对其能谱和电导率进行了研究。作为这种团簇展开方法中的零阶单点近似,选择了相干势方法。结果表明,电子散射对团簇的贡献随着团簇中位点数量的增加而降低[66-68]。在上述工作中,对电子和电子光子相互作用的描述是基于温度格林函数的费曼图技术,该技术是对众所周知的同质电子气体技术的推广[69],应用了已知的温度光谱表示和二次格林函数之间的关系。在氮掺杂石墨烯的能谱和电导率的计算中,选择了中性非相互作用碳原子 2s 和 2p 态的实波函数。用密度泛函理论从 Kohn Sham 方程得到了中性非相互作用原子的波函数。使用元广义梯度近似法计算了交换相关电位[70]。在考虑前三个配位壳的情况下,用 Slater Koster 方法[71]计算了哈密顿量的矩阵元素。忽略了电子散射对三个原子团浓度和较大原子团浓度的贡献,这些原子团在参数的膨胀中是很小的[66,68],得到了电子态密度的下列关系[72]:

$$g(\varepsilon) = \frac{1}{\nu} \sum_{i,\gamma,\sigma,\lambda} P_{0i}^{\lambda} g_{0i\gamma\sigma}^{\lambda}(\varepsilon)$$

$$g_{0i\gamma\sigma}^{\lambda}(\varepsilon) = -\frac{1}{\pi} \text{Im} \left\{ \tilde{G} + \tilde{G} t_{0i}^{\lambda} \tilde{G} + \sum_{\substack{(nj) \neq (0i) \\ \lambda'}} P_{nj0i}^{\lambda'/\lambda} \times \tilde{G} [t_{nj}^{\lambda'} + T^{(2)\lambda 0i, \lambda' nj} + T^{(2)\lambda' nj, \lambda 0i}] \tilde{G} \right\}^{0i\gamma\sigma, 0i\gamma\sigma}$$

(18.44)

式中:i 为子格的阶数;ν 为子格的个数;γ 为能带的阶数;σ 为电子自旋投射到 z 轴上的量子数。在式(18.44)中,

$$T^{(2)n_1i_1,n_2i_2} = [I - t^{n_1i_1}\tilde{G}t^{n_2i_2}\tilde{G}]^{-1} t^{n_1i_1}\tilde{G}t^{n_2i_2}[I + \tilde{G}t^{n_1i_1}]$$

$t^{n_1i_1}$ 是单个站点上的散射算子,其确定如下:

$$t^{n_1i_1} = [I - (\sum^{n_1i_1} - \sigma^{n_1i_1})\tilde{G}]^{-1}(\sum^{n_1i_1} - \sigma^{n_1i_1})$$

(18.45)

在式(18.44)中,$P_{0i}^{\lambda}, P_{nj0i}^{\lambda'/\lambda}$ 分别是 λ 型原子放置的概率和条件概率。

式(18.44)和式(18.45)中的量是有效介质的延迟格林函数,相干电势 $\sigma^{n_1i_1}$ 对其进行了描述[66,68]。在文献[66]中利用立方体公式得到了无序晶体中电子系统电导率的表达式。忽略由三个和更多个位置组成的团簇上的散射过程的贡献,静态电导率可表示如下[66,72]:

$$\begin{aligned}\sigma_{\alpha\beta} = &\frac{e^2\hbar}{4\pi V_1}\Big\{\int_{-\infty}^{\infty}d\varepsilon_1\frac{\partial f}{\partial\varepsilon_{1s,s'=+,-}}\sum(2\delta_{ss'}-1)\times\sum_{\sigma\gamma,i}\{[v_\beta\tilde{K}(\varepsilon_1^s,v_\alpha,\varepsilon_1^{s'})]+\sum_{\lambda,m_{\lambda i}}P_{0i}^{\lambda m_{\lambda i}}\\&\tilde{K}(\varepsilon_1^{s'},v_\beta,\varepsilon_1^s)\times(t_{0i}^{\lambda m_{\lambda i}}(\varepsilon_1^s)\tilde{K}(\varepsilon_1^s,v_\alpha,\varepsilon_1^{s'})t_{0i}^{\lambda m_{\lambda i}}(\varepsilon_1^{s'})+\sum_{\lambda,m_{\lambda i}}P_{0i}^{\lambda m_{\lambda i}}\times\\&\sum_{\substack{lj\neq0i,\\\lambda',m_{\lambda' j}}}P_{lj0i}^{\lambda' m_{\lambda'}/\lambda m_{\lambda i}}[[\tilde{K}(\varepsilon_1^{s'},v_\beta,\varepsilon_1^s)v_\alpha\tilde{G}(\varepsilon_1^s)]\times T^{(2)\lambda m_{\lambda i}0i,\lambda' m_{\lambda'}lj}(\varepsilon_1^{s'})+[\tilde{K}(\varepsilon_1^{s'},v_\beta,\varepsilon_1^s)\\&v_\alpha\tilde{G}(\varepsilon_1^{s'})]\times T^{(2)\lambda' m'_{\lambda j},\lambda m_{\lambda i}0i}(\varepsilon_1^s)+[\tilde{K}(\varepsilon_1^s,v_\alpha,\varepsilon_1^{s'})v_\beta\tilde{G}(\varepsilon_1^s)]\times T^{(2)\lambda m_{\lambda i}0i,\lambda' m_{\lambda'}lj}(\varepsilon_1^s)+\\&[\tilde{K}(\varepsilon_1^s,v_\alpha,\varepsilon_1^{s'})v_\beta\tilde{G}(\varepsilon_1^s)]\times T^{(2)\lambda' m_{\lambda'}lj,\lambda m_{\lambda i}0i}(\varepsilon_1^s)+\tilde{K}(\varepsilon_1^{s'},v_\beta,\varepsilon_1^s)\times[(t_{lj}^{\lambda' m_{\lambda' j}}(\varepsilon_1^s)\\&\tilde{K}(\varepsilon_1^s,v_\alpha,\varepsilon_1^{s'})t_{0i}^{\lambda m_{\lambda i}}(\varepsilon_1^{s'})+\\&t_{lj}^{\lambda' m_{\lambda' j}}(\varepsilon_1^s)\tilde{K}(\varepsilon_1^s,v_\alpha,\varepsilon_1^{s'})T^{(2)\lambda m_{\lambda i}0i,\lambda' m_{\lambda' j}}(\varepsilon_1^{s'})+\\&T^{(2)\lambda' m_{\lambda' j},\lambda m_{\lambda i}0i}(\varepsilon_1^s)\tilde{K}(\varepsilon_1^s,v_\alpha,\varepsilon_1^{s'})t_{0i}^{\lambda m_{\lambda i}}(\varepsilon_1^{s'})+T^{(2)\lambda' m_{\lambda' j}lj,\lambda m_{\lambda i}0i}(\varepsilon_1^s)\tilde{K}(\varepsilon_1^s,v_\alpha,\varepsilon_1^{s'})\\&T^{(2)\lambda m_{\lambda i}0i,\lambda' m_{\lambda' j}lj}(\varepsilon_1^{s'})+\iint_{-\infty-\infty}^{\infty\infty}d\varepsilon_1 d\varepsilon_2 f(\varepsilon_1)f(\varepsilon_2)\langle\Delta G_{\alpha\beta}^{II}(\varepsilon_1,\varepsilon_2)\rangle\}\end{aligned} \quad (18.46)$$

式中:$\tilde{K}(\varepsilon_1^s,v_\alpha,\varepsilon_1^{s'}) = \tilde{G}(\varepsilon_1^s)v_\alpha\tilde{G}(\varepsilon_1^{s'})$,$\tilde{G}(\varepsilon_1^+) = \tilde{G}_r(\varepsilon_1)$,$\tilde{G}(\varepsilon_1^-) = \tilde{G}_a(\varepsilon_1) = (\tilde{G}_r)^*(\varepsilon_1)$,$f(\varepsilon)$ 为费米函数;V_1 为原始细胞的体积;e 为电子电荷;$\hbar$ 为普朗克常数。

式(18.46)中的量 $\Delta G_{\alpha\beta}^{II}(\varepsilon_1,\varepsilon_2)$ 是一个复合的两粒子格林函数,它是通过电子-电子相互作用的质量算符的顶点函数表示的[66,68]。从数值计算可以看出,最后一项对式(18.46)的贡献不超过百分之几;因此,在计算中忽略了这一贡献。

式(18.46)中电子速度 v_α 的 α 投影算符如下:

$$v_{\alpha i,i'}(k) = \frac{1}{\hbar}\frac{\partial h_{i,i'}(k)}{\partial k_\alpha} \quad (18.47)$$

在温度 $T=0K$ 时,计算了石墨烯的能谱和电导率。

图 18.1 显示了纯石墨烯中电子能量 ε 与波向量 $\mathbf{k}$ 的关系,波矢量由格林函数的极点条件得到,向量 $\mathbf{k}$ 从布里渊区的中心(Γ 点)指向 Dirac 点(点 K)。

在图 18.14 中,$a = \sqrt{3}a_0$,$a_0 = 0.142$ 是碳原子之间的最短间距。

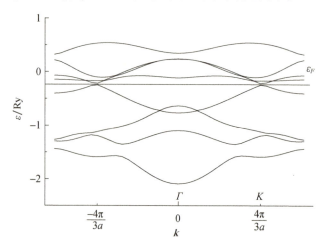

图 18.14 纯石墨烯的电子能谱(经 PMM 许可转载)

图 18.15 和图 18.16 显示了石墨烯与氮杂质原子的电子态 $g(\varepsilon)$(式 18.44)的能量依赖

性。这些图形中的垂直实线表示费米能级的位置。图18.16显示了费米能级附近的部分能谱。

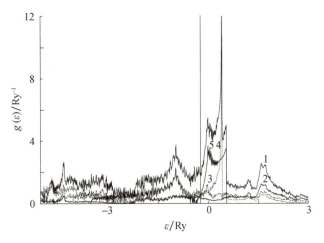

图18.15 含1%氮杂质的石墨烯的电子态密度 g(ε)
(1)总的态密度。部分成分为(2)2s、(3)2p_x、(4)2p_y 和(5)2p_z（经PMM许可转载）。

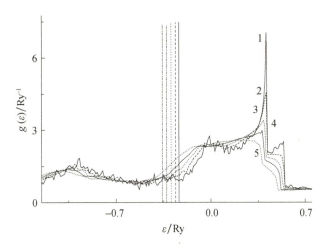

图18.16 氮掺杂石墨烯的电子态密度 g(ε)
(1)1、(2)3、(3)5、(4)7 和(5)10 在不同百分比的氮浓度。（经PMM许可转载）

从图18.14～图18.16可以看出，杂化导致能带中出现能隙，这是由(ppπ)键[71]引起的。用z对称的原子波函数描述了能带中的电子态。费米能级位于能隙的中间，其大小对应于狄拉克点的位置，带宽等于0.08Ry，即约1eV。

费米能级的位置对应于能量 ε_F = -0.23Ry ≈ -3.13eV。由于能带的重叠，间隙表现为电子能谱中的准间隙。这个间隙区域的电子态密度明显小于光谱相邻区域的态密度（图18.15）。费米能级的位置与氮浓度有关，位于 -36Ry ≤ ε_F ≤ -0.23Ry 范围内。准带宽度随着氮浓度的增加而减小，费米能级向光谱的左侧边缘移动。在多层 Al_2O_3/和石墨烯 SiO_2/Si 结构中，纯石墨烯的费米能级理论值与实验值相符[73]。

图18.17显示了在 T=0K 时通过方程(18.45)计算的石墨烯的静态电导率张量 $\sigma_{\alpha\beta}$

的分量的浓度依赖性。x 轴指向最邻近的原子。从图 18.17 中可以看出,石墨烯的电导率随着氮浓度的增加而降低。

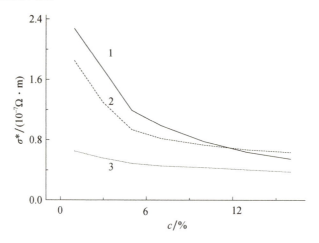

图 18.17 电导率张量分量与氮浓度 c 的关系
(1)σ_{xx};(2)σ_{yy};(3)σ_{xy}。(经 PMM 许可转载)

为了进行比较,给出了石墨电导率的实验值:在 300K 下,它等于 $9.82 \times 10^5 \Omega \cdot m$。[74]

图 18.5 显示了静态电导率张量的 σ_{xx} 分量的 2s 和 2p 部分分量的浓度依赖性。可以看出,电导率的主要贡献来自原子波函数 $2p_z$[71] 描述的电子态。

为了研究电导率的浓度依赖性的性质,需考虑弱散射情况下的极限表达式,该表达式由单带近似中的一般方程式(18.46)得出,表达如下:[72]

$$\sigma_{\alpha\alpha} = \frac{e^2 \hbar}{3 \, \Omega_1} \frac{g(\varepsilon_F) v^2(\varepsilon_F)}{|\Sigma''(\varepsilon_F)|} \tag{18.48}$$

此处,$\Sigma''(\varepsilon_F) = \mathrm{Im} \Sigma_e(\varepsilon_F)$ 是格林函数质量算符的虚部,$v(\varepsilon_F)$ 是费米能级的电子速度,Ω_1 是每个原子的体积。电子态 $\tau(\varepsilon_F)$ 的弛豫时间是由 $|\Sigma''(\varepsilon_F)| \tau(\varepsilon_F)$ 关系决定的。

图 18.18 显示了格林函数质量算符的虚部的总分量和 2s 和 2p 部分分量的浓度依赖性。

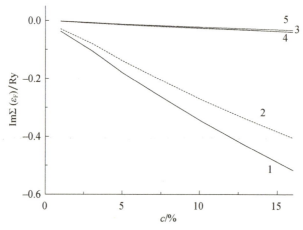

图 18.18 石墨烯的格林函数的质量算符的虚部的总分量和 2s 和 2p 部分分量对氮杂质浓度 c 的依赖性
(1)质量算符的一部分;部分分量:(2)2s,(3)$2p_x$,(4)$2p_y$,(5)$2p_z$。(经 PMM 许可转载)

图 18.19 显示了费米能级处电子态密度的总成分和 2s 和 2p 部分分量的浓度依赖性。

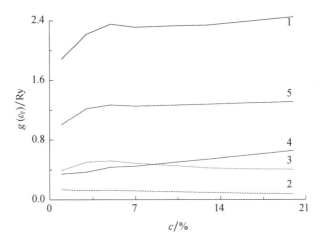

图 18.19　石墨烯费米能级电子态密度 $g(\varepsilon_F)$ 的总分量和 2s 和 2p 部分分量对氮杂质浓度 c 的依赖关系
1—总态密度；部分分量；2—2s；3—$2p_x$；4—$2p_y$ 和 5—$2p_z$。（经 PMM 许可转载）

从图 18.18 和图 18.19 可以看出，对电导率的主要贡献来自 $2p_z$ 部分分量。

由于费米能级的电子态密度随着氮浓度的增加而增加（图 18.19），图 18.17 和 18.20 中观察到的电导率的降低可以用电子态弛豫时间的急剧下降来解释（图 18.18）。

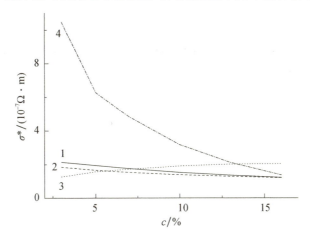

图 18.20　电导张量 $\boldsymbol{\sigma}_{xx}$ 分量的 2s 和 2p 部分分量与杂质浓度 c 的依赖关系
1—2s；2—$2p_x$；3—$2p_y$ 和 4—$2p_z$。（经 PMM 许可转载）

18.5　吸附钾原子的石墨烯的能谱

本章研究了吸附杂质钾原子对石墨烯电子能谱的影响。在自洽多波段强耦合模型框架下描述了系统的电子态。

根据电子子系统的格林函数极点方程计算石墨烯的电子能量对波矢量的依赖性[66]：

$$\det \| \varepsilon \delta_{\gamma\gamma'} \delta_{ii'} - h_{i\gamma,i'\gamma'}(k) - \sum_{i\gamma,i'\gamma'}(k,\varepsilon) \| = 0 \quad (18.49)$$

在式(18.49)中，$h_{i\gamma,i'\gamma'}(k)$是跳跃积分的傅里叶变换，$\sum_{i\gamma,i'\gamma'}(k,\varepsilon)$是电子-电子相互作用的质量算子，$i$是晶胞中子格的一个节点的个数。这里，$\gamma$是一个超级指数，它包含了主能量本征值的量子数$\bar{\varepsilon}$、角运动$l$和$m$的标准量子数以及自旋$\sigma$的$z$分量的超指数。

电子-电子相互作用的质量算符$\sum_{i\gamma,i'\gamma'}(k,\varepsilon)$是由方程组确定的。

$$G(k,\varepsilon) = \| \varepsilon \delta_{\gamma\gamma'} \delta_{ii'} - h_{ir,i'\gamma'}(k) - \sum_{i\gamma,i'\gamma'}(k,\varepsilon) \|^{-1} \quad (18.50)$$

$$\sum_{i\gamma,i'\gamma'}(k,\varepsilon) = \sum_{i\gamma,i'\gamma'}^{(1)}(k,\varepsilon) + \sum_{i\gamma,i'\gamma'}^{(2)}(k,\varepsilon) \quad (18.51)$$

$$\sum_{i\gamma,i'\gamma'}^{(1)}(k,\varepsilon) = -\frac{1}{4\pi i N}\int_{-\infty}^{\infty}d\varepsilon_1 \sum_{k_1} f(\varepsilon_1) \Gamma_{i\gamma,i'\gamma'}^{(0)i_2\gamma_2,i_1\gamma_1}(k;k_1;k_1)$$
$$[G_{i_1\gamma_1,i_2\gamma_2}(k_1,\varepsilon_1) - G_{i_1\gamma_1,i_2\gamma_2}^*(-k_1,\varepsilon_1)] \quad (18.52)$$

$$\sum_{i\gamma,i'\gamma'}^{(2)}(k,\varepsilon) = -\left(\frac{1}{2\pi i N}\right)^2 \iint_{-\infty}^{\infty} d\varepsilon_1 d\varepsilon_2 \sum_{k_1,k_2} f(\varepsilon_1)f(\varepsilon_2) \Gamma_{i\gamma,i'\gamma'}^{(0)i_2,i_1\gamma_1}(k;k_1+k_2-k;k_1)$$
$$\{[G_{i_2\gamma_2,i_5\gamma_5}^*(-k+k_1+k_2,\varepsilon-\varepsilon_1-\varepsilon_2) G_{i_1\gamma_1,i_4\gamma_4}(k_1,\varepsilon_1) - G_{i_2\gamma_2,i_5\gamma_5}$$
$$(k-k_1-k_2,\varepsilon-\varepsilon_1-\varepsilon_2) G_{i_1\gamma_1,i_4\gamma_4}^*(-k_1,\varepsilon_1)][G_{i_6\gamma_6,i_3\gamma_3}(k_2,\varepsilon_2) -$$
$$G_{i_6\gamma_6,i_3\gamma_3}^*(-k_2,\varepsilon_2)] + [G_{i_2\gamma_2,i_5\gamma_5}(k-k_1-k_2,\varepsilon-\varepsilon_1-\varepsilon_2) - G_{i_2\gamma_2,i_5\gamma_5}^*$$
$$(-k+k_1+k_2,\varepsilon-\varepsilon_1-\varepsilon_2)][G_{i_1\gamma_1,i_4\gamma_4}(k_1,\varepsilon_1) G_{i_6\gamma_6,i_3\gamma_3}(k_2,\varepsilon_2) -$$
$$G_{i_1\gamma_1,i_4\gamma_4}^*(-k_1,\varepsilon_1) G_{i_6\gamma_6,i_3\gamma_3}^*(-k_2,\varepsilon_2)]\} \Gamma_{i_4\gamma_4,i'\gamma'}^{i_5\gamma_5,i_6\gamma_6}(k-k_1-k_2,\varepsilon-$$
$$\varepsilon_1-\varepsilon_2;k_2,\varepsilon_2;k_1,\varepsilon_1) \quad (18.53)$$

在式(18.53)中：$\Gamma_{i_1\gamma_1,i\gamma}^{i_2\gamma_2,i_3\gamma_3}(k_1,\varepsilon_1;k_2,\varepsilon_2;k_3,\varepsilon_3)$为由表达式给出的电子相互作用的质量算子的顶点部分。

$$\Gamma_{i_1\gamma_1,i\gamma}^{i_2\gamma_2,i_3\gamma_3}(k_1,\varepsilon_1;k_2,\varepsilon_2;k_3,\varepsilon_3) = \sum_{n_1,n_2,n_3} \Gamma_{n_1i_1\gamma_1,ni\gamma}^{n_2i_2\gamma_2,n_3i_3\gamma_3}(\varepsilon_1;\varepsilon_2;\varepsilon_3)$$
$$\exp[-ik_1(r_{n_1,i_1}-r_{ni}) - ik_2(r_{n_2,i_2}-r_{n_1}) +$$
$$ik_3(r_{n_3,i_3}-r_{ni})] \quad (18.54)$$

$$r_{ni} = r_n + \rho_i \quad (18.55)$$

$$\Gamma_{n_1i_1\gamma_1,ni\gamma}^{(0)n_2i_2\gamma_2,n_3i_3\gamma_3}(\varepsilon_1;\varepsilon_2;\varepsilon_3) = \tilde{v}_{n_3i_3\gamma_3,ni\gamma}^{(2)n_1i_1\gamma_1,n_2i_2\gamma_2} \quad (18.56)$$

$$\tilde{v}_{n_3i_3\gamma_3,ni\gamma}^{(2)n_1i_1\gamma_1,n_2i_2\gamma_2} = v_{n_3i_3\gamma_3,ni\gamma}^{(2)n_1i_1\gamma_1,n_2i_2\gamma_2} - v_{ni\gamma,n_3i_3\gamma_3}^{(2)n_1i_1\gamma_1,n_2i_2\gamma_2} \quad (18.57)$$

在式(18.55)中：r_n为晶格节点的半径向量；ρ_i为子格i的节点的半径向量。在式(18.57)中：$v_{n_3i_3\gamma_3,ni\gamma}^{(2)n_1i_1\gamma_1,n_2i_2\gamma_2}$为二元电子-电子相互作用哈密顿量的矩阵元素[66]。在式(18.52)和式(18.53)中：$f(\varepsilon)$为费米函数。对于指数$i\gamma$(在式(18.52)和式(18.53)中出现两次)，应进行求和。

以中性非相互作用碳原子的2s和2p态的波函数为基础，计算了吸附钾原子的石墨烯的电子光谱。在计算哈密顿量的矩阵元素时，取了三个第一配位球。计算了温度$T=0K$时石墨烯的能谱。在计算中忽略了电子与电子相互作用的质量算符的顶点的重整化。也就是说，式(18.58)与式(18.53)建立了联系。

$$\Gamma_{n_1i_1\gamma_1,ni\gamma}^{n_2i_2\gamma_2,n_3i_3\gamma_3}(\varepsilon_1;\varepsilon_2;\varepsilon_3) = \tilde{v}_{n_3i_3\gamma_3,ni\gamma}^{(2)n_1i_1\gamma_1,n_2i_2\gamma_2} \quad (18.58)$$

在图18.21中，显示了具有吸附钾原子的石墨烯中的电子能量ε与波向量k的关系。

向量 k 从布里渊区中心（点 Γ）指向狄拉克点（点 K）。

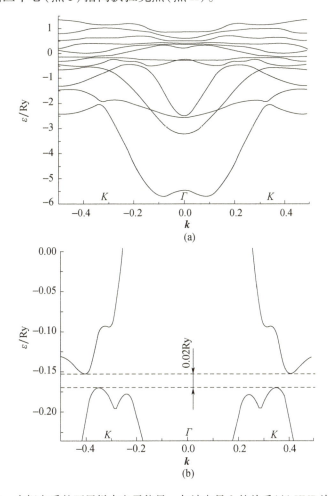

图 18.21 含钾杂质的石墨烯中电子能量 ε 与波向量 k 的关系（经 IJMP 许可转载）

图 18.21 中，从钾原子到碳原子的结构周期距离为 0.28nm。

从图 18.21 可以看出，在钾原子的有序排列下，石墨烯能谱中出现了带隙。它的值取决于被吸附的钾原子的浓度、它们在晶胞中的位置以及与碳原子的距离。在钾浓度使得单位晶胞包含两个碳原子和一个钾原子，后者位于石墨烯表面上的碳原子上方，距离为 0.286nm 时，带隙为 0.25eV。费米能级在能谱中的位置取决于钾浓度，在能量区间 $-0.36\mathrm{Ry} \leqslant \varepsilon_F \leqslant -0.23\mathrm{Ry}$ 内。如果将石墨烯放置在钾载体上，则实现了这种情况。

18.6 小结

在过去的十年里，由于许多技术应用，"介于金刚石和石墨之间"的新型碳合金受到了广泛的研究。用光学方法对这种异质结薄膜的能隙变化进行了实验研究。提出一种由金刚石和类金刚石转变为石墨结构的变长度化学键的碳团模型，并对类金刚石相的杂化 sp^3/sp^2 和类石墨相的杂化 sp_z 进行了相应的修正。这可以估计不同的同素异形体参数，如

间隙 E_g、价能 E_v 和导带边缘 E_c，以及电子亲和势的值，即光学功函数 X，这些都具有重要的实用价值。所得的估计值与实验数据一致。

在紧密结合模型框架下，研究了具有相对位移层的双层石墨烯能带结构的转变。证明了双层石墨烯在整个实验可达到的位移范围内仍然是一种零隙材料，但导带和价带之间的接触点的位置基本上取决于位移方向。这种位移导致带谱的显著各向异性，反过来又导致电导率双层石墨烯的显著各向异性（10%~20%）。讨论了在机械张力的高灵敏度传感器中使用这种各向异性的可能性，以及在电子的平均自旋和平均电流都等于零的情况下在多通道各向异性双层石墨烯中产生纯谷电流的可能性。

利用密度泛函理论中的交换关联势，基于紧密结合模型研究了含氮杂质石墨烯的电子结构。以中性非相互作用碳原子 2s 和 2p 态的波函数为基础。在研究哈密顿量的矩阵元素时，考虑了前三个配位壳。研究表明，电子能带的杂化导致了费米能级附近电子能谱的分裂。由于能带的重叠，产生的能隙表现为阿卡西能隙，其中电子能级的密度远低于光谱的其余部分。研究表明，石墨烯的电导率随着氮浓度的增加而降低。由于氮浓度的增加导致费米能级的态密度增加，电导率的降低是由于电子态弛豫时间的急剧减少。

研究了吸附杂质钾原子对石墨烯电子光谱的影响。描述了系统在强耦合的自洽多波段模型框架下的电子态。结果表明，在钾原子的有序排列中，在石墨烯的能谱中存在着一个间隙，对应最小自由能。结果表明，在钾离子浓度下，晶胞由两个碳原子和一个钾原子组成，钾原子位于石墨烯表面碳原子上方 0.286nm 时，能隙约等于 0.25eV。如果将石墨烯放置在钾载体上，这种情况就会实现。

在本章的研究结果中，展示了"介于金刚石和石墨之间"的碳同素异形体，以及经不同杂质和缺陷改性的石墨烯作为半导体材料在新一代 FET 中的不同应用的前景。

附 录

在化学键修饰下 E_g 的估计可以与实验依赖性 $E_g(n)$ 进行比较，并估计了受扰动的 sp^3 键和具有分数项 $\delta\varepsilon_{s,p_z}$ 的扰动 π 键的杂化修饰。

对于 z（转移）方向，得到

$$\overline{\varepsilon_s} = \frac{1}{n}\left(\sum_{i=1}^{n}\varepsilon_s^i\right) \tag{18.A1}$$

$$\overline{\varepsilon_p} = \frac{1}{n}\left(\sum_{i=1}^{n}\varepsilon_p^i\right) \tag{18.A2}$$

$$\varepsilon_h^{1D} = \frac{1}{2}(\delta\varepsilon_s + \varepsilon_{p_z})E_g^{1D} = \delta\varepsilon_s \tag{18.A3}$$

对于被氢（H）或被点空位（V）干扰的四面键（图 18.A1），得到

1. $C-C_3H$ 结构：

$$\varepsilon^h = \frac{1}{4}(\varepsilon_s^h + 3\varepsilon_p^h) = 10.85\text{eV} \qquad \varepsilon_s^h \frac{1}{4}(3\varepsilon_s^C + \varepsilon_s^H) = 16.5\text{eV}$$

$$\varepsilon_p^h = \frac{1}{4}(3\varepsilon_p^C + 0) = 6.72\text{eV} \qquad E_g = 3.87\text{eV}$$

2. $C-C_2H_2$ 结构:

$$\varepsilon^h = \frac{1}{4}(\varepsilon_s^h + 3\varepsilon_p^h) = 8.36\text{eV} \qquad \varepsilon_s^h \frac{1}{4}(2\varepsilon_s^C + 2\varepsilon_s^H) = 15.5\text{eV}$$

$$\varepsilon_p^h = \frac{1}{4}(2\varepsilon_p^C + 2\times 0) = 4.49\text{eV} \qquad E_g = 2.69\text{eV}$$

3. $C-C_3V$ 结构:

$$\varepsilon^h = \frac{1}{4}(\varepsilon_s^h + 3\varepsilon_p^h) = 10\text{eV} \qquad \varepsilon_s^h \frac{1}{4}(3\varepsilon_s^C + 0) = 13.13\text{eV}$$

$$\varepsilon_p^h = \frac{1}{4}(3\varepsilon_p^C + 0) = 6.73\text{eV} \qquad E_g = 3.51\text{eV}$$

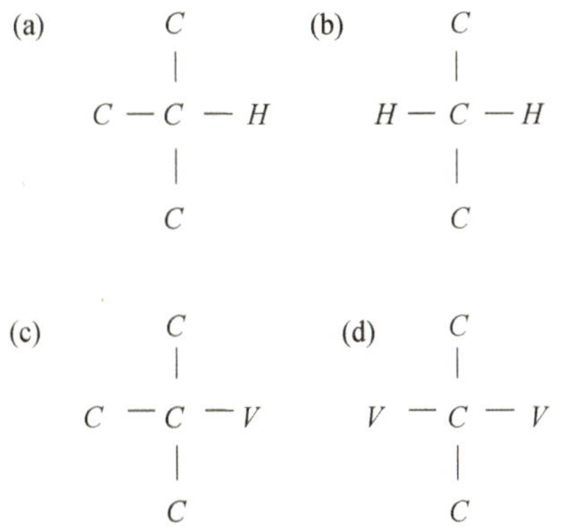

图 18.A1　不同类型畸变的分子簇 CHx 的结构

4. $C-C_2V_2$ 结构:

$$\varepsilon^h = \frac{1}{4}(\varepsilon_s^h + 3\varepsilon_p^h) = 6.7\text{eV} \qquad \varepsilon_s^h \frac{1}{4}(2\varepsilon_s^C + 2\times 0) = 8.8\text{eV}$$

$$\varepsilon_p^h = \frac{1}{4}(2\varepsilon_p^C + 2\times 0) = 4.5\text{eV} \qquad E_g = 2.34\text{eV}$$

表 18.A1　计算受不同缺陷(H)和空位(V)扰动的 DLC 的能隙(E_g)、功函数(X_0)和实验值 sp^3/sp^2

	金刚石	3C-H	2C-2h	3C-V	2C-2V
E_g/eV	5.5	3.87	2.68	3.5	2.3
(sp^3/sp^2)/%	100	98	96	97.4	95.7
X_0/eV	0	1.63	2.82	2	3.2

参考文献

[1] Gavrilenko,V. I. ,Klyui,N. I. ,Litovchenko,V. G. ,Strelnitskii,V. E. ,Characteristic features of theelectronic structure of carbon films. *Phys. Stat. Sol.* (*b*),145,209-217,1988.

[2] Yelgel,C. and Srivastava,G. P. ,*Ab initio* studies of electronic and optical properties of graphemeand graphene-BN interface. *Appl. Surf. Sci.*,258,8338-8342,2012.

[3] Denis, P. A., Band gap opening of monolayer and bilayer graphene doped with aluminium, silicon, phosphorus, and sulphur. *Chem. Phys. Lett.*, 492, 251, 2010.

[4] Xiaohui, D., Yanqun, W., Jiayu, D., Dongdong, K., Dengyu, Z., Electronic structure tuning, and bandgap opening of graphene by hole/electron codoping. *Phys. Lett. A*, 365, 3890–3894, 2011.

[5] Skrypnyk, Yu. V. and Loktev, V. M., Impurity effects in a two-dimensional system with the Diracspectrum. *Phys. Rev. B*, 73, 24, 241402, 2006.

[6] Skrypnyk, Yu. V. and Loktev, V. M., Local spectrum rearrangement in impure graphene. *Phys. Rev. B*, 75, 245401, 2007.

[7] Pershoguba, S. S., Skrypnyk, Yu. V., Loktev, V. M., Numerical simulation evidence of spectrumrearrangement in impure graphene. *Phys. Rev. B*, 80, 21, 214201, 2009.

[8] Los', V. F. and Repetsky, S. P., A theory for the electrical conductivity of an ordered alloy. *J. Phys.: Condens. Matter*, 6, 1707–1730, 1994.

[9] Repetsky, S. P., Vyshyvana, I. G., Kruchinin, S. P., Stefano Bellucci. Influence of the ordering ofimpurities on the appearance of an energy gap and on the electrical conductance of graphene. *Sci. Rep.*, 8, 9123, 2018.

[10] Repetsky, S. P., Vyshyvana, I. G., Kuznetsova, E. Ya., Kruchinin, S. P., Energy spectrum ofgraphene with adsorbed potassium atoms. *Int. J. Mod. Phys. B*, 32, 1840030, 2018.

[11] Radchenko, T. M., Shylau, A. A., Zozoulenko, I. V., Influence of correlated impurities on conductivityof graphene sheets: Time-dependent real-space Kubo approach. *Phys. Rev. B*, 86, 035418–1–13, 2012.

[12] Radchenko, T. M., Tatarenko, V. A., Sagalianov, Yu. I., Yu., Prylutskyy, I., Effects of nitrogen-dopingconfigurations with vacancies on conductivity in graphene. *Phys. Lett. A*, 378, 2270–2274, 2014.

[13] Radchenko, T. M., Shylau, A. A., Zozoulenko, I. V., Ferreira, A., Effect of charged line defects onconductivity in graphene: Numerical Kubo and analytical Boltzmann approaches. *Phys. Rev. B*, 87, 195448–1–14, 2013.

[14] Radchenko, T. M., Tatarenko, V. A., Sagalianov, I. Yu., Prylutskyy, Yu. I., *Configurations of structuraldefects in graphene and their effects on its transport properties, Graphene: MechanicalProperties, Potential Applications and Electrochemical Performance*, vol. 7, B. T. Edwards (Ed.), p. 219–259, Nova Science Publishers, Inc., Hauppauge, N. Y. USA, 2014.

[15] Duffy, J., Lawlor, J., Lewenkopf, C., Ferreira, M. S., Impurity invisibility in graphene: Symmetryguidelines for the design of efficient sensors. *Phys. Rev. B*, 94, 045417, 2016.

[16] Ruiz-Tijerina, D. A. and Dias da Silva, L. G. G. V., Symmetry-protected coherent transport fordiluted vacancies and adatoms in graphene. *Phys. Rev. B*, 94, 085425, 2016.

[17] Si, Z., Sun, Liu, F., Strain engineering of graphene: A review. *Nanoscale*, 8, 3207–3217, 2016.

[18] Gui, G., Li, J., Zhong, J., Band structure engineering of graphene by strain: First-principles calculations. *Phys. Rev. B*, 78, 075435–1–6, 2008.

[19] Pereira, V. M., Castro Neto, A. H., Peres, N. M. R., Tight-binding approach to uniaxial strain ingraphene. *Phys. Rev. B*, 80, 045401–1–8, 2009.

[20] Ni, Z. H., Yu, T., Lu, Y. H., Wang, Y. Y., Feng, Y. P., Ze, X., Shen, Uniaxial strain on graphene: Raman spectroscopy study and band-gap opening. *ACS Nano*, 3, 483–483, 2009.

[21] He, X., Gao, L., Tang, N., Duan, J., Xu, F., Wang, X., Yang, X., Ge, W., Shen, B., Shearstrain induced modulation to the transport properties of graphene. *Appl. Phys. Lett.*, 105, 083108(1–4), 2014.

[22] Cocco, G., Cadelano, E., Colombo, L., Gap opening in graphene by shear strain. *Phys. Rev. B*, 81, 241412(R)–1–4, 2010.

[23] He, X., Gao, L., Tang, N., Duan, J., Mei, F., Meng, H., Lu, F., Xu, F., Wang, X., Yang, X., Ge, W.,

and Shen, B., Electronic properties of polycrystalline graphene under large local strain. *Appl. Phys. Lett.*, 104, 243108, 2014.

[24] Gui, G., Morgan, D., Booske, J., Zhong, J., Ma, Z., Local strain effect on the band gap engineering of graphene by a first-principles study. *Appl. Phys. Lett.*, 106, 053113-1-5, 2015.

[25] Robertson, J., Diamond-like amorphous carbon. *Mater. Sci. Eng. Rep.*, 37, 129, 2002.

[26] Lytovchenko, V., Determination of the base parameters of semiconductor cubic crystals via the lattice constant. *Ukr. J. Phys.*, 50, 1175, 2005.

[27] Chaoyu He, L. Z., Sun, C. X., Zhang, K. W., Zhang, Peng, X, Zhong, J, New superhead carbon phases between graphite and diamond. *arXiv*, 5509, 2012, 1203.

[28] Chaoyu H., Sun, L. Z., Zhang, C. X., Zhong, J. X., Two semiconducting three-dimensional all-sp2 carbon allotropes. *arXiv*, 0104, 1207, 2012.

[29] Dattaa, J., Biswasb, H. S., Raoc, P., Reddy c, G. L. N., Kumarc, S., Rayd, N. R., Chowdhurya, D. P., Reddye, A. V. R., Study of depth profile of hydrogen in hydrogenated diamond like carbon thinfilm using ion beam analysis techniques. *arXiv*, 1311, 7463, 2014.

[30] Shin, H., Kang, S., Koo, J., Lee, H., Kwon, Y., Cohesion energetics of carbon allotropes: Quantum Monte Carlo study. *arXiv*, 1410, 0105, 2014.

[31] Gavrilenko, V. I., Frolov, S. I., Pidlisnyi, E. V., Optical properties of graphite-like carbon films. *Thin Solid Films*, 190, 255, 1990.

[32] Evtukh, A. A., Litovchenko, V. G., Marchenko, R. I., Klyui, N. I., Semenovich, V. A., Nelep, K. S., *Proceedings of the 8-th International Vacuum Microelectronics Conference IVMC' 95 TechnicalDigest*, Institute of Electrical and Electronics Engineers, p. 529, 1995.

[33] Litovchenko, V., Band characteristics of carbon structures with different types of molecular clusters (In Ukrainian). *Ukr. Fiz. Zh.*, 42, 228, 1997.

[34] Lytovchenko, V., Kurchak, A., Strikha, M., The semi-empirical tight-binding model for carbon allotropes between diamond and graphite. *J. Appl. Phys.*, 115, 243705, 2014.

[35] Harrison, W. A., *Electronic Structure and the Properties of Solids*, Dover Publications, Freeman, San Fransisco, 1980.

[36] Animalu, A. O., *Intermediate Quantum Theory of Crystalline Solids*, Prentice-Hall, Englewood Cliffs, 1977.

[37] Chelicowsky, J. R. and Cohen, M. L., Nonlocal pseudopotential calculations for the electronic structure of eleven diamond and zinc-blende semiconductors. *Phys. Rev. B*, 13, 826, 1975.

[38] Gavrilenko, V. I., Grekhov, A. M., Korbutyak, D. V., Litovchenko, V. G., *Optical Properties of Semiconductors*, Kyiv, Naukova Dumka, in Russian, 1987.

[39] Grigoriev, I. S. and Meilikhova, E. Z. (Eds.), *Physical Parameters*, in Russian, Energoizdat, Moscow, 1990.

[40] Zhong, Y., Rivas, C., Lake, R., Alam, K., Boyken, T., Klimeck, Y., Electronic properties of Silicion nanowires. *IEEE Trans. Electron Devices*, 52, 6, 1097-1103, 2005.

[41] Litovchenko, V. G., Klyui, M. I., Strkha, M. V., Modified graphene-like films as new class of semiconductors with variable energy gap. *Ukr. J. Phys.*, 56, 175, 2011.

[42] Litovchenko, V. G., Kurchak, A. I., Strikha, M. V., Anisotropy of conductivity in bilayer grapheme with relatively shifted layers. *Ukr. J. Phys.*, 59, 1, 79-86, 2014.

[43] Das Sarma, S., Adam, S., Hwang, E. H., Rossi, E., Electronic transport in two-dimensional graphene. *Rev. Mod. Phys.*, 83, 407, 2011.

[44] McCann, E. and Falko, V. I., Landau-level degeneracy and quantum Hall effect in a graphite bilayer. *Phys.*

Rev. Lett., 96, 086805, 2006.

[45] McCann, E., Asymmetry gap in the electronic band structure of bilayer graphene. *Phys. Rev. B*, 74, 161403(R), 2006.

[46] Gradinar, D. A., Schomreus, H., Falko, V. I., Conductance anomaly near the Lifshitz transitionin strained bilayer graphene. *Phys. Rev. B*, 85, 165429, 2012.

[47] Lopes dos Santos, J. M. B., Peres, N. M. R., Castro Neto, A. H., Graphene bilayer with a twist: Electronic structure. *Phys. Rev Lett.*, 99, 256802, 2007.

[48] Tabert, C. J. and Nicol, E. J., Optical conductivity of twisted bilayer graphene. *Phys. Rev. B*, 87, 121402(R), 2013.

[49] Lee, S. H., Chiua, C. W., Ho, Y. H., Lin, M. F., *Synth. Met.* 160, 2435, 2010.

[50] Raza H., Kan E. C., Field modulation in bilayer graphene band structure. *J. Phys.: Condens. Matter*, 21, 102202, 2009.

[51] Adam, S. and Das Sarma, S., Boltzmann transport and residual conductivity in bilayer graphene. *Phys. Rev. B*, 76, 115436, 2008.

[52] Das Sarma, S., Hwang, E. H., Rossi, E., Theory of carrier transport in bilayer graphene. *Phys. Rev. B*, 81, 161407, 2010.

[53] Xiao, S., Chen, J.-Y., Adam, S. et al., Charged impurity scattering in bilayer graphene. *Phys. Rev. B*, 82, 041406, 2010.

[54] Xu, H., Heizel, T., Zozulenko, I. V., Conductivity and scattering in graphene bilayers: Numericallyexact results versus Boltzmann approach. *Phys. Rev. B*, 84, 115409, 2011.

[55] Linnik, T. L., Effective Hamiltonian of strained graphene. *J. Phys.: Condens. Matter*, 24, 205302, 2012.

[56] Savchyn, V. P. and Shuvar, R. Ya., Electron transport in semiconductor andsemiconductorsstructures. University Press. *Lviv*, 686, 2008.

[57] Krugliak, Yu. A. and Strikha, M. V., Generalized Landauer–Datta–Lundstrom model in applicationto transport phenomena in graphene. *Ukr. J. Phys. Rev*, 10, 1, 3–32, 2015.

[58] Xiao, D., Yao, W., Niu, Q., Valley-contrasting physics in graphene: Magnetic Moment and topological-transport. *Phys. Rev. Lett.*, 99, 236809, 2007.

[59] Rycerz, A., Tworzydlo, J., Beenakker, C. W. J., Valley filter and valley valve in graphene. *Nat. Phys.*, 3, 172, 2007.

[60] Tarasenko, S. A. and Ivchenko, E. L., Pure spin photocurrents in low-dimensional structures. *JETP Lett*, 81, 292, 2005.

[61] Golub, L. E., Tarasenko, S. A., Entin, M. V., Magarill, L. I., Valley separation in graphene by polarizedlight. *Phys. Rev. B*, 84, 195408, 2011.

[62] Jiang, Y., Low, T., Chang, K., Katsnelson, M., Guinea, F., Generation of pure bulk valley currentin graphene. *Phys. Rev. Lett.*, 110, 046601, 2013.

[63] Linnik, T. L., Photoinduced valley currents in strained graphene. *Phys. Rev. B*, 90, 075406, 2014.

[64] Gavrilenko, V. I., Klyui, N. I., Litovchenko, V. G., Strelmtskii, V. E., Characteristic features of theelectronic structure of carbon films. *Phys. Status Solidi B*, 145, 209, 1988.

[65] Lytovchenko, V. G., Analog of the Davydov splitting in carbon graphite-like structures. *Ukr. J. Phys.*, 58, 6, 582–585, 2013.

[66] Kruchinin, S. P., Repetsky, S. P., Vyshyvana, I. G., Spin-dependent transport of carbon nanotubeswith chromium atoms, in: *Nanomaterials in Security*, J. Bonca and S. Kruchinin (Eds.), pp. 67–95, Springer, Dordrecht, 2016. https://doi.org/10.1007/978-94-017-7593-9_7.

[67] Repetsky, S. P., Tretyak, O. V., Vyshivanaya, I. G., Cheshkovskiy, D. K., Spin – dependent transportin carbon nanotubes with chromium atoms. *J. Mod. Phys.*, 5, 1896 – 1901, 2014.

[68] Repetsky, S. P. and Shatnii, T. D., Thermodynamic potential of a system of electrons and phononsin a disordered alloy. *Theor. Math. Phys.*, 131, 456 – 478, 2002.

[69] Abrikosov, A. A., Gorkov, L. P., Dzyaloshinski, I. E., *Methods of Quantum Field Theory inStatistical Physics*, Prentice – Hall, Inc., Englewood Cliffs, New Jersey, 1963.

[70] Sun, J., Marsman, M., Csonka, G. I., Ruzsinszky, A., Hao, P., Kim, Y. – S., Kresse, G., Perdew, J. P., Self – consistent meta – generalized gradient approximation within the projector – augmented – wavemethod. *Phys. Rev. B*, 84, 035117 – 035127, 2011.

[71] Slater, J. C. and Koster, G. F., Simplified LCAO method for the periodic potential problem. *Phys. Rev.*, 94, 6, 1498 – 1524, 1954.

[72] Repetskii, S. P., Vyshivanaya, I. G., Skotnikov, V. A., Yatsenyuk, A. A., Energy spectrum and electrical-conductivity of graphene with a nitrogen impurity. *Phys. Met. Metall.*, 116, 4, 336 – 340, 2015.

[73] Xu, K. L., Zeng, C., Zhang, Q., Yan, R., Ye, P., Wang, K., Seabaugh, A. C., Xing, H. G., Suehle, J. S., Richter, C. A., Gundlach, D. J., Nguyen, N. V., Direct measurement of Dirac point energy atthegraphene/oxide interface. *Nano Lett.*, 13, 131 – 136, 2013.

[74] Ubbellode, A. R. and Lewis, F. A., *Graphite and Its Crystalline Compounds*, Oxford Univ. Press, Oxford, 1960.